U0739070

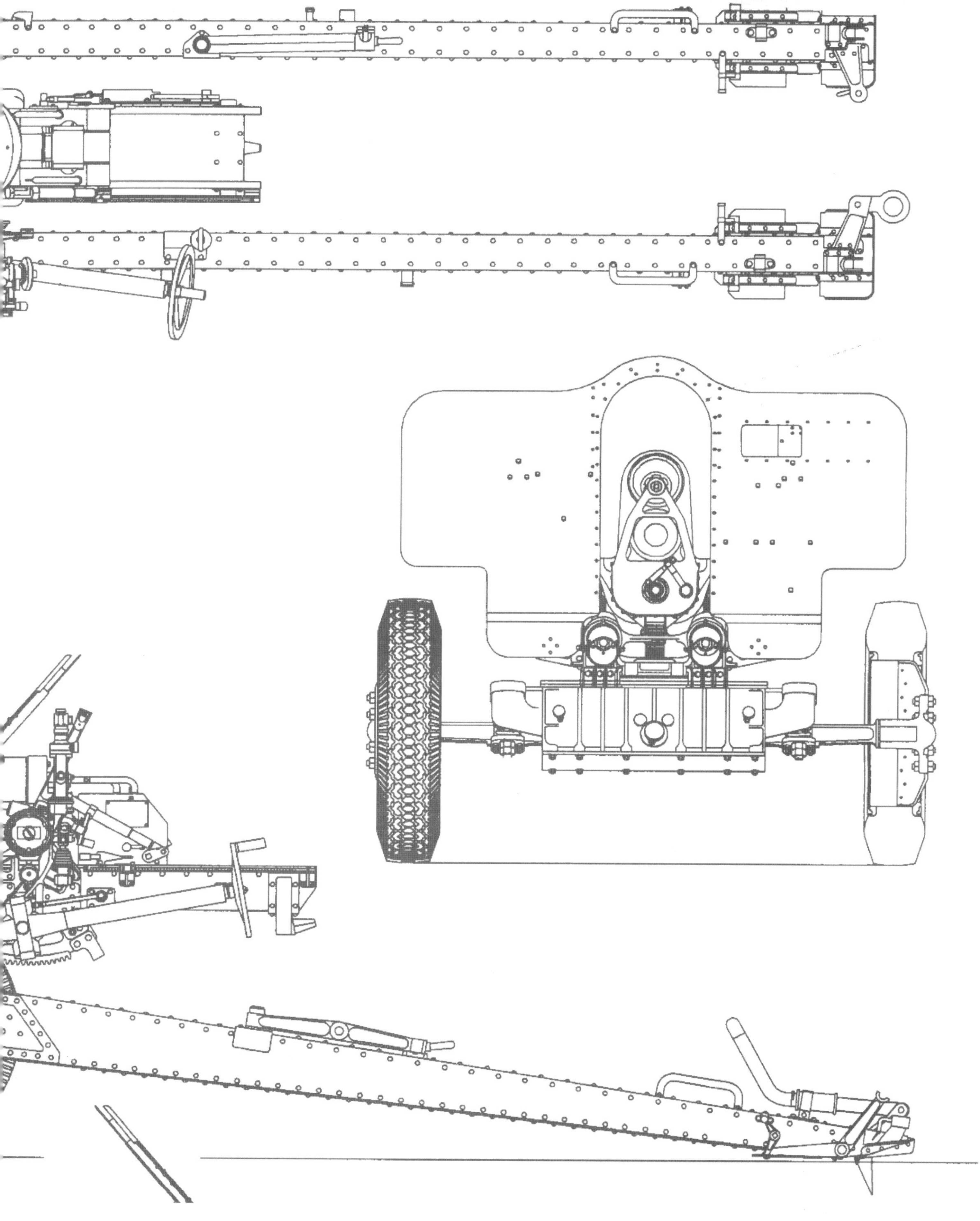

THE ENCYCLOPEDIA OF WEAPONS

枪与炮

武器百科全书

〔英〕克里斯·毕晓普（Chris Bishop） 主编　石　健　主译　徐玉辉　审校

ZHEJIANG UNIVERSITY PRESS
浙江大学出版社
·杭州·

前言

在少有的几种能够改变历史的军事技术进步中，火药的发明以及火药武器的发展绝对位列榜首。火药由中国发明，并率先实现武器化。

最初，枪炮之间除了尺寸之外没有任何区别。火炮大而笨重，枪械则更加轻巧，只需一到两人便可携带与发射。

绝大多数现存的早期枪炮都非常简单，就是一根装有火药与弹丸的直管，火药与弹丸通常从膛口填入。此外，早期枪炮还必须有引燃发射药的手段，这样才能依靠火药燃气将弹丸推出。最早的火枪通过将缓燃火种凑到在身管上钻出的打火孔来引燃发射药，在此后的500年间，大型火炮依然采用这种发火方式。但枪械开始采用更加先进的发火方式，例如燧石摩擦或击针撞击火帽。

轻武器

然而，19世纪工业革命的影响逐渐显现出来，最初是体现在轻武器上。金属弹壳的发展以及更高效的冶金工艺促使第一代实用的后膛装填式弹仓供弹步枪在19世纪中叶出现，如斯宾塞和亨利步枪，以及柯尔特转轮手枪，它们在美国内战中扮演了重要角色。交战双方大多数步兵装备的仍然是前装滑膛步枪，这种武器与30年战争期间在吕岑和1704年在布伦海姆所用的步枪相差无几。

第一款真正意义上的现代化军事步枪是普法战争期间使用的德莱塞击针枪和夏斯波后装步枪。这两种步枪为接下来80年里的栓动弹仓步枪设定了原型。不久之后，这些具有特色的武器利用新型的无烟硝化纤维素火药取代了黑火药，到20世纪初时，大部分步兵装备的武器都能精确地射击到距离1000米的目标。

手枪分成了两种主要类型。转轮手枪很早就成熟了，后来的改进大部分是更好的弹药和制造工艺。19 世纪 90 年代，第一代实用的弹匣供弹自动装填式手枪投入使用。当时有很多方法利用发射子弹时带来的后坐力为再次击发提供能量。与威力更大的转轮手枪不同，自动装填式（或称半自动式）手枪的射速更快。

19 世纪下半叶的历史还见证了第一代真正的高射速武器的发展。早期的手摇曲柄式多管枪械，如加特林机枪经过试验之后，真正意义上的机枪由海勒姆·马克西姆发明。现代机枪利用后坐力或火药燃气实现弹药的自动上膛，一名机枪手的火力便可匹敌一整个步兵排。

火炮

火炮领域的技术也发生了彻底革新。虽然前装直射火炮在战场上已无用武之地，但是主要由步兵部队装备的迫击炮从 1900 年前后又让前装火炮焕发了新的生命。前装火炮直到 19 世纪 60 年代的美国南北战争期间仍占据着主导地位，不过在此之后，液压反冲装置的发明使得火炮在发射时更易控制，新型火炮应运而生。步枪上采用的新型发射药同样也运用于火炮上，冶金技术的改良使得火炮身管能够承受更大膛压。因此，常规火炮的射程得到了大幅度提升。

弹药技术也得到了改进。将发射药与弹头填入金属药筒内的整装弹使得火炮的装填更加容易，间隔螺纹式闭锁机构同样极大地提升了火炮的射速。

随后火炮逐渐分成了两大主要类别。加农炮初速较高，弹道较低，主要采用整装弹。与之对应的榴弹炮主要采用发射药与弹丸分别装填的分装弹形式，以较大的仰角打击目标，对敌方坚固工事和关键阵地实施吊射。榴弹炮可以通过增减发射药包调节射程。

在 20 世纪的第一个 10 年间，枪炮完成了从文艺复兴时期状态向完全现代化的转变，并很快在第一次世界大战中得到了检验。

下图：虽然目前西方国家大部分现役火炮都已经实现了自行化，牵引式火炮仍然大量存在。美国陆军的 M119 榴弹炮是以英国的 105 毫米轻型榴弹炮为基础而研制的。它能为轻型步兵部队提供直接或间接的火力支援，并能以最小的战斗重量提供最大的火力输出

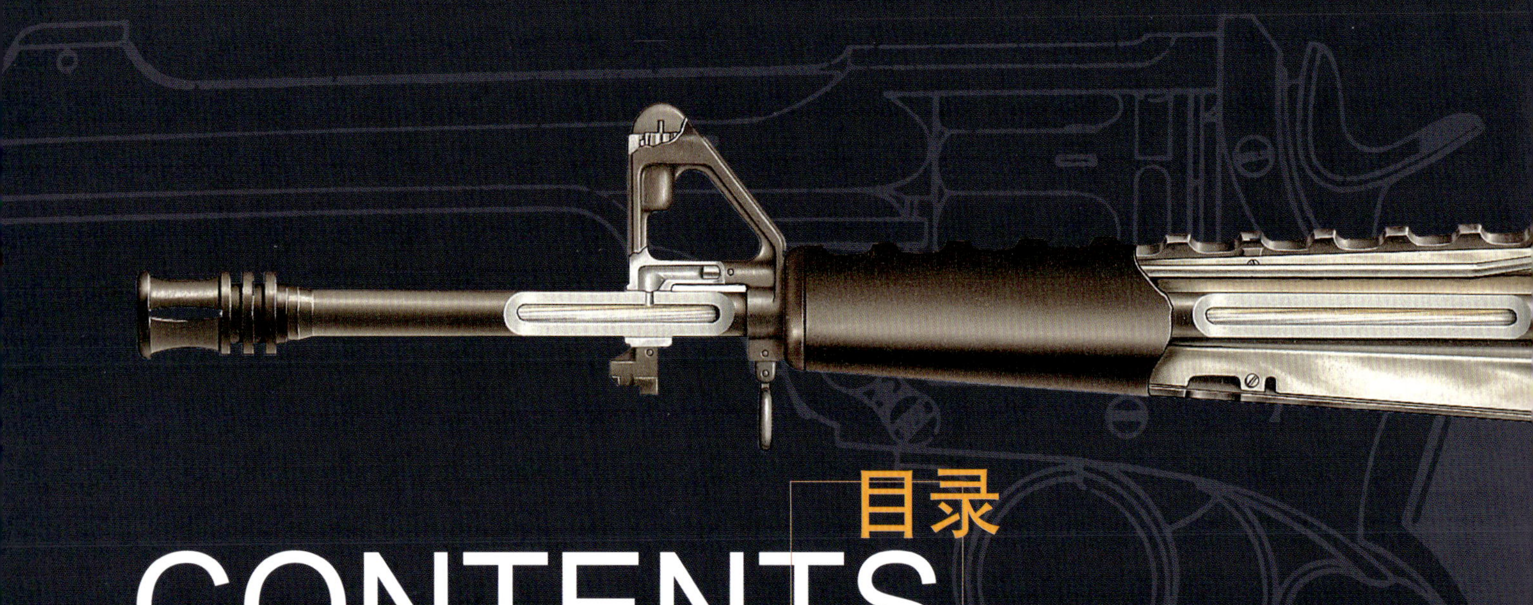

目录 CONTENTS

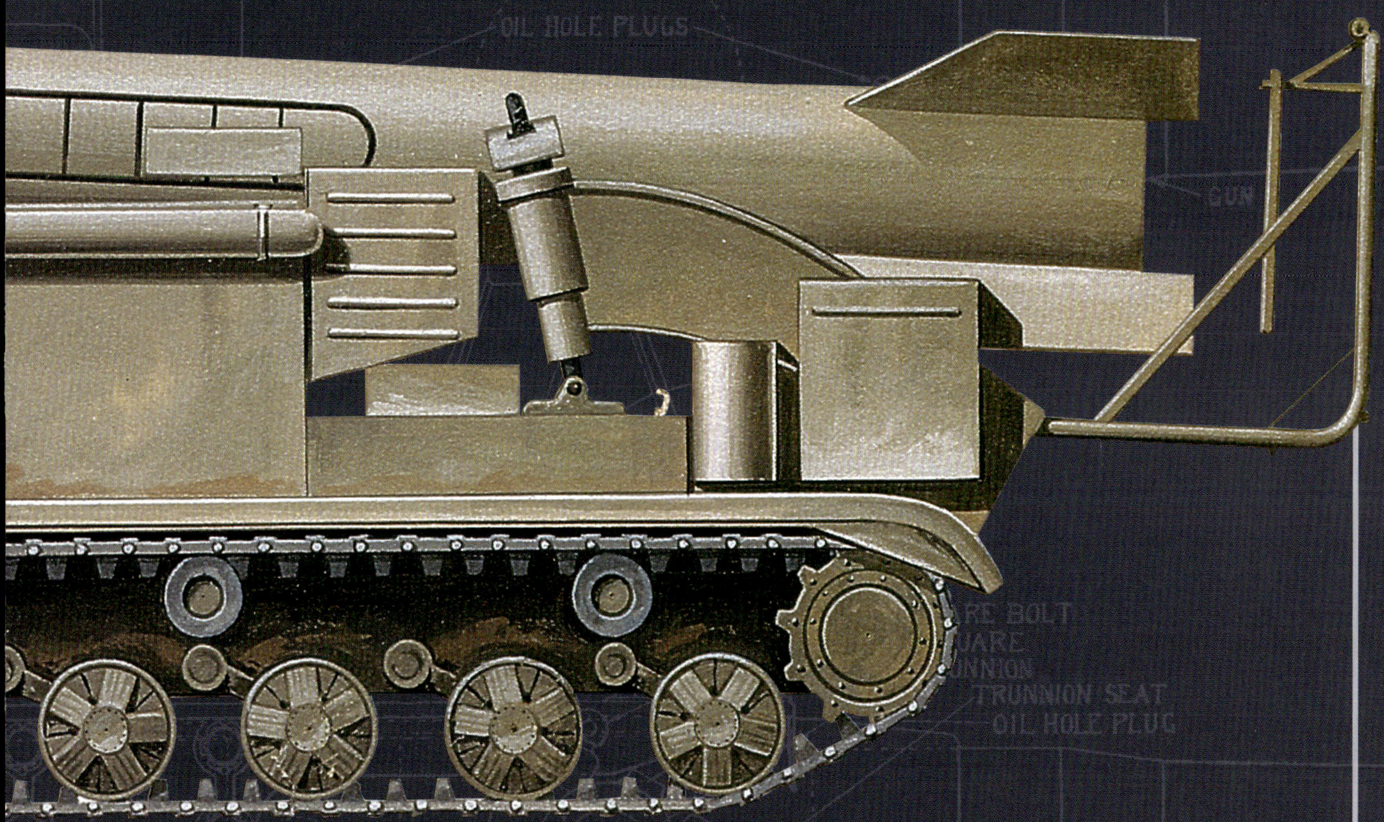

第二次世界大战后的轻武器 277

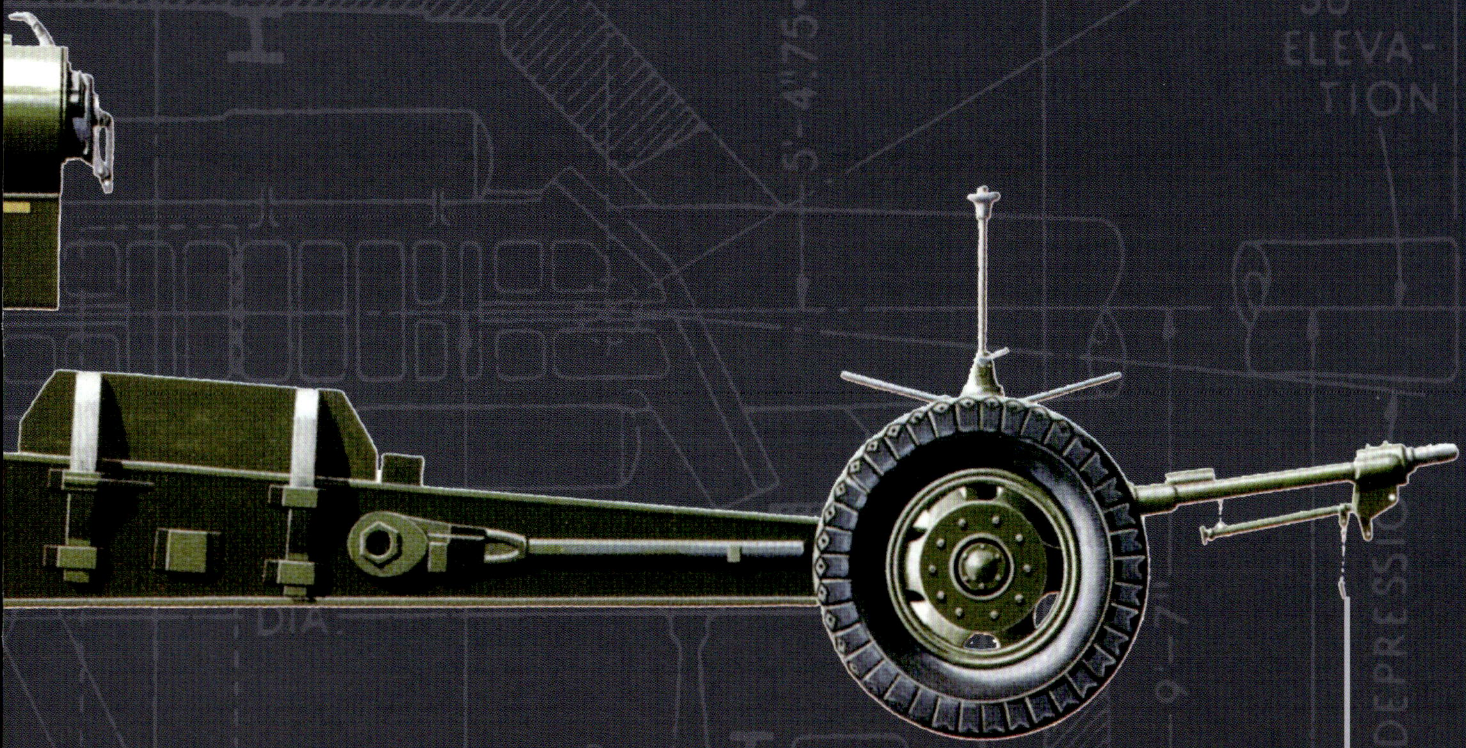

第二次世界大战后的火炮 521

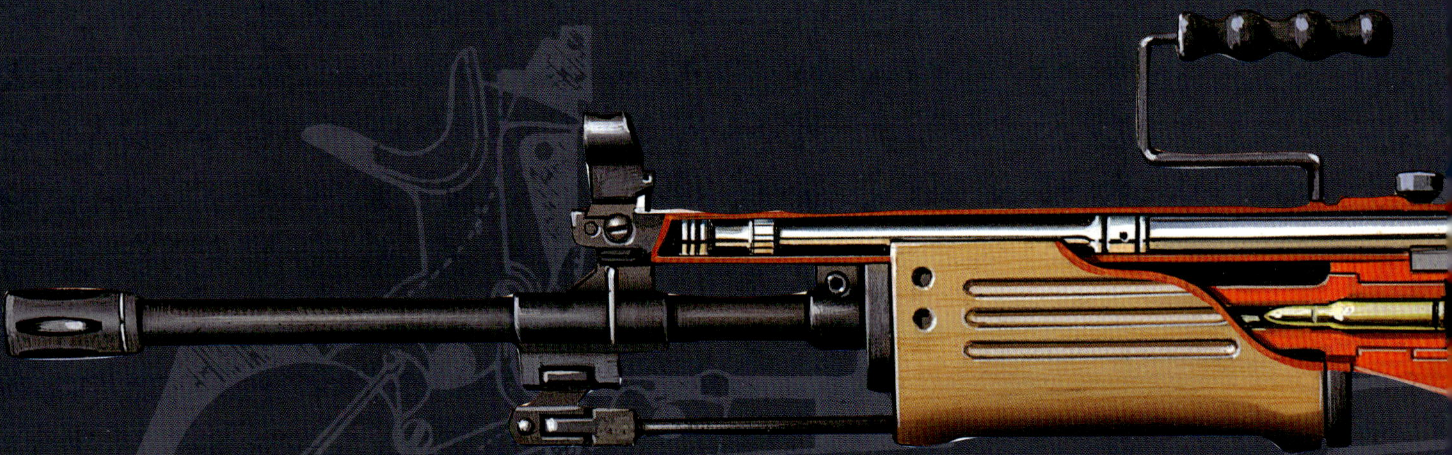

全尺寸的战斗步枪被突击步枪所取代，但它们更大的射程使其成为狙击手的理想选择。仍然在美国陆军中服役的 M21 步枪就是 M14 步枪的高精度型

第二次世界大战时期的轻武器

大部分国家的军队在第二次世界大战爆发时装备的主力轻武器仍是第一次世界大战甚至更早的的装备。不过步兵轻武器很快就会出现一个巨大变革。

脱胎于步兵对便于操控的堑壕战武器的需求的冲锋枪在两次世界大战期间变得越发重要。实用化的半自动步枪也在同一时期进入服役。实战经验很快证明传统栓动式步枪已经被自动武器彻底压制，到战争快要结束时，第一批真正意义上的突击步枪开始投入实战。

这一时期最重要的技术创新可能是德国研制成功的通用机枪。这种机枪轻巧到足够由步兵班组携行，既能够直接承担班组支援任务，也能安装到三脚架上执行间瞄火力支援任务，轻机枪与重机枪的优点综合到同一件武器上。

恩菲尔德 No.2 Mk 1 型和韦伯利 Mk 4 型手枪

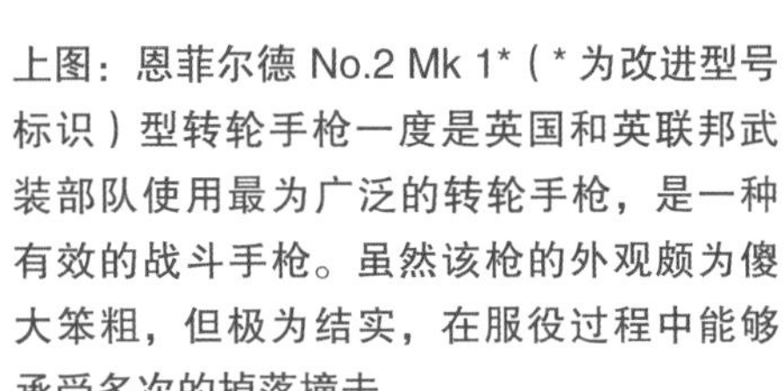

上图：恩菲尔德 No.2 Mk 1*（* 为改进型号标识）型转轮手枪一度是英国和英联邦武装部队使用最为广泛的转轮手枪，是一种有效的战斗手枪。虽然该枪的外观颇为傻大笨粗，但极为结实，在服役过程中能够承受多次的掉落撞击

在第一次世界大战期间，英军标准的军用手枪是不同型号的 11.6 毫米韦伯利转轮手枪。这种手枪在第一次世界大战中的典型近战——堑壕战中效果显著。这种手枪又大又重，如果士兵不接受大量训练，很难有效操作。

1919 年后，英国陆军决定制造一种比韦伯利手枪小一些的手枪。英军希望这种较小口径的手枪能够发射弹头较重的 9.65 毫米（0.38 英寸）子弹。这样一来，这种手枪和较大口径的手枪的作战效果相差无几，而且更易于操作，无需花费太多的训练时间。结果，韦伯利和斯科特公司被英国武器部队选中，成为这种新式手枪的正式生产商。该公司对它的 11.6 毫米转轮手枪进行了改进，将体积缩小后，把样品送给了英国军方。

双动式恩菲尔德手枪

令韦伯利和斯科特公司气愤的是，英国军方只接受了该公司的设计，做了较小改动后，就作为“正式”的政府设计，在米德塞克斯恩菲尔德－洛克皇家轻武器厂投入生产。韦伯利和斯科特公司于 1923 年提供了设计方案，恩菲尔德－洛克皇家轻武器厂于 1926 年接管了这种手枪的设计方案。韦伯利和斯科特公司虽然对此事颇有抱怨，不过，最终还是把它的 9.65 毫米转轮手枪投入市场。这种手枪在市场上被称为韦伯利 Mk 4 型手枪，民间市场销量有限。

恩菲尔德－洛克皇家轻武器厂生产的手枪随后被定型为 No.2 Mk 1 型手枪。在军中，事实证明该枪设计合理，效果不错。然而，在此期间，机械化理论的发展极快，这意味着多数 No.2 Mk 1 型手枪都要配给坦克乘员和其他机械化部队。不幸的是，他们很快发现这种手枪的击锤凸栓太长，容易碰撞到坦克和其他装甲车辆内部的零部件。这样，恩菲尔德手枪不得不重新设计，击锤凸栓被全部取消。并且，为了便于射击，扳机设置也变轻了，仅能以双动模式开火。这样一来，这种手枪就变成了 No.2 Mk 1* 型。并且，当时的 Mk 1 型手枪都按照这种标准进行了改进。双动模式使得该型手枪只能在极近距离上才能保证精度，不过此事对于英军而言只能算无关紧要。

在第二次世界大战中的表现

韦伯利和斯科特手枪在第二次世界大战期间再次登上战争舞台。当时恩菲尔德手枪的交货过程太慢，根本无法满足前线的需求。于是，英国就订购了韦伯利 Mk 4 型手枪来弥补前线的不足。同时，韦伯利和斯科特公司继续向英国军队供应恩菲尔德手枪。这两种手枪在外形上完全一样，但存在的多处细微差异导致它们的零部件无法互换。

性能诸元

No.2 Mk 1 型手枪

口径：9.65 毫米（SAA 子弹）
重量：0.767 千克
枪长：260 毫米
枪管长：127 毫米
枪口初速：183 米 / 秒
弹膛容量：6 发

韦伯利 Mk 4 型手枪

口径：9.65 毫米（SAA 子弹）
重量：0.767 千克
枪长：267 毫米
枪管长：127 毫米
枪口初速：183 米 / 秒
弹膛容量：6 发

上图：韦伯利 Mk 4 型转轮手枪可以看作恩菲尔德 No.2 Mk 1 型手枪的基础。由于 No.2 Mk 1 型手枪得到了英国政府的支持，所以 Mk 4 型手枪常会被人们忽略。第二次世界大战期间，英军对手枪的需求极大，以至于韦伯利和斯科特公司为英军生产了大量的 Mk 4 型手枪。在使用 Mk 4 型手枪的同时，英国军队也使用恩菲尔德手枪

战时表现

这两种手枪在 1939—1945 年期间的使用量极大，虽然双动式恩菲尔德转轮手枪（也就是 No.2 Mk 1 型手枪，为了适应战时的生产需要，作为权宜之计，它的击锤凸栓被取消了）是正式的标准手枪，但韦伯利 Mk 4 型手枪在英国及英联邦军队中的使用范围更广。这两种手枪直到 20 世纪 60 年代还在使用，并且，作为军用手枪，甚至在 20 世纪 80 年代，人们仍能看到它们的身影。

右图：在“市场花园”行动期间，一名英军空降兵在荷兰的一间房间中探身警戒。他的手枪是恩菲尔德 No.2 Mk 1*。为了防止与衣服或在车辆、飞机的狭小空间内与其他物品碰撞，它的击锤凸栓被取消了。担任滑翔机飞行员的空降兵配备了这种手枪

托卡列夫 TT-33 手枪

上图：托卡列夫 TT-33 手枪坚固结实，耐磨损。在整个第二次世界大战期间，苏军大量使用这种手枪。但是，它没有完全取代源自帝俄时代的纳甘 1895G 型转轮手枪

性能诸元

TT-33 手枪

口径：7.62 毫米（P 型）（M30 手枪弹）
重量：0.83 千克
枪长：196 毫米
枪管长：116 毫米
枪口初速：420 米 / 秒
弹匣容量：可装 8 发子弹的盒形弹匣

20 世纪初，俄军的标准手枪是纳甘 1895G 型手枪。十月革命后，这种手枪成了红军的标准手枪。它是一种非常传统的 7.63 毫米转轮手枪，旋转弹巢可装 7 发子弹。它是由比利时人设计的。尽管这种手枪最初是在比利时的列日制造的，但是被俄国采用之后，改由图拉兵工厂制造，供俄军以及后来的苏军使用。

标准型号

苏军使用的第一支自动手枪是费耶多罗 · V. 托卡列夫设计，图拉兵工厂制造的。由于这种手枪的设计型号的前缀为 TT，于 1930 年成为苏联红军的标准手枪，所以被称为 TT-30 手枪。不过在改进为 TT-33 手枪之前所生产的数量并不多。

1933 年，TT-33 手枪投入生产。继纳甘手枪之后，TT-33 手枪成为苏联军队的标准手枪。但是，直到 1945 年“伟大卫国战争”结束后，TT-33 才基本取代可靠的纳甘手枪。纳甘手枪之所以很长时间没有被完全取代，很大程度上是由于其庞大的生产数量，且从俄国内战开始，该型手枪在多个战场上经历了极端严酷环境的考验，且彻底展现了其极佳的可靠性和坚固性。

苏式仿制

像以前的 TT-30 手枪一样，TT-33 半自动手枪基本上是苏联版的柯尔特和勃朗宁手枪。TT-33 采用了枪管短后坐复进原理，并且使用了美国 M1911 手枪的扳机连杆。M1911 手枪是美军当时的制式武器，具备优良的性能。不过，TT-33 手枪却有其独到之处，它的击锤和击锤弹簧以及其他附属部件作为一个完整的模块安装在枪托后部的边缘部分，而且可以移动。讲究实用的苏联设计人员做了几处细微的改动（包括将闭锁凸起布置于枪管周围，而非枪管上方），在便于生产的同时，更容易在野战条件下维修。并且，如果弹匣装进时有轻微扭曲，弹匣就会受到损坏，随后会产生送弹错误。

为了避免发生这种问题，设计人员把易于受损的弹匣凸边部分设计在套筒座的内部。经过这样一番改进，这种手枪不仅实用，而且结实耐用。像苏联其他的著名武器一样，事实反复证明，其结实耐用的程度实在令人吃惊，而且性能完全不受影响。

缴获的武器

在第二次世界大战中，德军大量使用缴获的武器，其中有德国在战争初期缴获的多种轻型武器。战争初期，德军成功突袭苏联，占领了东至莫斯科的大片领土。

德国陆军部队和空军的机场守卫部队装备了大量的 TT-30 和 TT-33 手枪。德国人把这两种手枪命名为 Pistole 615（r）型手枪。德军之所以使用这两种手枪是基于如下事实：德军使用的苏联 7.62 毫米 1930P 型子弹和德国使用的 7.63 毫米毛瑟子弹极为相似，所以这两种手枪都可以使用德国的毛瑟子弹。

到 1945 年底，TT-33 手枪终于基本取代了现役的纳甘手枪。并且，随着苏联影响力的扩大，这种手枪的生产和使用也传到了东欧和世界上的其他地区，所以类似于 TT-33 手枪的型号随处都可以看到。波兰也生产了 TT-33 手枪，除了自用外，还出口到民主德国和捷克斯洛伐克。南斯拉夫把它制造的 TT-33 手枪称为 M65 式手枪，除了自用外，还出口到其他国家。朝鲜则把它自己生产的 TT-33 手枪称为 M68 式手枪。生产 TT-33 手枪最多的国家是匈牙利。它对 TT-33 手枪的设计进行了几处修改，口径也做了变动。改动后的 TT-33 手枪被命名为 48 式手枪，可发射 9 毫米帕拉贝鲁姆手枪弹。出口到埃及的 48 式手枪则被称为埃及的“提卡”手枪，主要供埃及的地方警察使用。

进入马卡洛夫时代

1952 年，苏联一线部队的 TT-33 手枪被马卡洛夫 PM 半自动手枪取代。马卡洛夫 PM 手枪是一种自由枪机式原理半自动手枪，重 0.73 千克，使用的是可装 8 发子弹的盒形弹匣，弹匣装在握把内。这种手枪使用专门为其设计的 9 毫米马卡诺夫手枪弹，以便充分发挥自由枪机式手枪的性能。

TT-33 手枪的庞大生产数量使得该型手枪在苏联的伙伴国和友好国家使用极为普遍，服役时间也相当长：该型手枪的加工工艺相较于西方国家手枪只能称得上粗劣。但对于第三世界国家而言，武器的制造标准如何并不是问题，相较于“时髦”的西方现代手枪，他们更看重 TT-33 手枪的可靠和廉价。

尽管马卡洛夫手枪投入生产，并装备了一线部队，但是多年之后，华约组织内部的许多二线部队和民兵部队仍在使用 TT-33 手枪，这不能不再次归因于它突出的优点：性能可靠，结实耐用。

左图：这是一张大约拍摄于 1944 年的使用苏联托卡列夫 TT-33 手枪的宣传照片。一名军官正率领攻击部队冲锋。注意：这种手枪的下部有一个枪带环。隐藏在各个角落的狙击手马上就会把他当成指挥员（使用这种手枪的人可能就是战场的指挥员），他极有可能成为狙击手猎杀的首要目标

鲁格 P08 手枪

目前人们所熟知的鲁格手枪的设计源自 1893 年首次生产的一种自动手枪。这种自动手枪是由一位名叫雨果 · 博查特的人发明的。乔治 · 鲁格对这种手枪做了进一步改进，后来这种手枪就以鲁格的名字命名。第一批制造出来的鲁格半自动手枪发射 7.65 毫米瓶颈式子弹。1900 年，瑞士军队最早使用了这种手枪。此后，多家制造商至少生产了 35 种不同类型的鲁格手枪，数量超过 200 万支。

标准武器

08 手枪（或称 P08 手枪）是鲁格手枪各种类型中的一种。1904 年，德国海军接受了第一支鲁格手枪之后，德国陆军也于 1908 年接受了鲁格手枪，并且直到 20 世纪 30 年代末，鲁格手枪一直是德国军队的标准武器。鲁格 P08 手枪的口径有 7.65 毫米和 9 毫米，主要是对应不同国家的军事需求而设计的。P08 手枪主要以 0.38 ACP 弹（9 毫米 ×17 毫米）的弹头直径为 9 毫米口径为主，另一种是 9 毫米的帕拉贝鲁姆手枪弹（9 毫米 ×19 毫米）。

P08 手枪的枪机工作循环为，在扣动扳机后，连接簧片向后挤压连杆，从而解除击针弹簧锁定，弹出的击针击发弹膛内的枪弹，在子弹穿过枪管的过程中，枪管与肘节枪机作为一个整体保持锁定，向后移动约 1.25 厘米。弹膛闭锁滑块后方连接着肘节，前方则由坚固的销栓与弹膛末端连接。在膛内压力降到安全范围时，闭锁滑块向后滑动，肘节因此向上折起。

卷簧

在枪机后坐的同时，位于闭锁滑块内的一根短螺旋弹簧会被压缩，将击针推回待发位置。位于闭锁滑块上表面的抽壳钩会在枪机后退时带动空弹壳退出弹膛，然后空弹壳被抛壳挺撞击，从而从上方的抛壳窗飞出，此时一根卷簧会推动抽壳钩复位。

随着肘节向上折起，与之连接的连杆（由插销固定，下方连接着布置在握把内的复进簧）会向上压缩复进簧。同时，弹匣内的弹簧会将下一枚子弹向上顶起至略高于闭锁滑块下缘位置。被压紧的复进簧此时则向下复位，带动肘节向下，从而将连接着前半部分肘节的闭锁滑块沿着导槽向前推动，闭锁滑块下缘将新一发子弹顶入弹膛内。

下图：1943 年 1 月，在向沃罗涅日前线发起的攻击中，德军的突击炮支援步兵冲锋，该型突击炮配备一门75 毫米榴弹炮。尽管右边士兵手持的手枪有些模糊不清，但显然是 P08 手枪

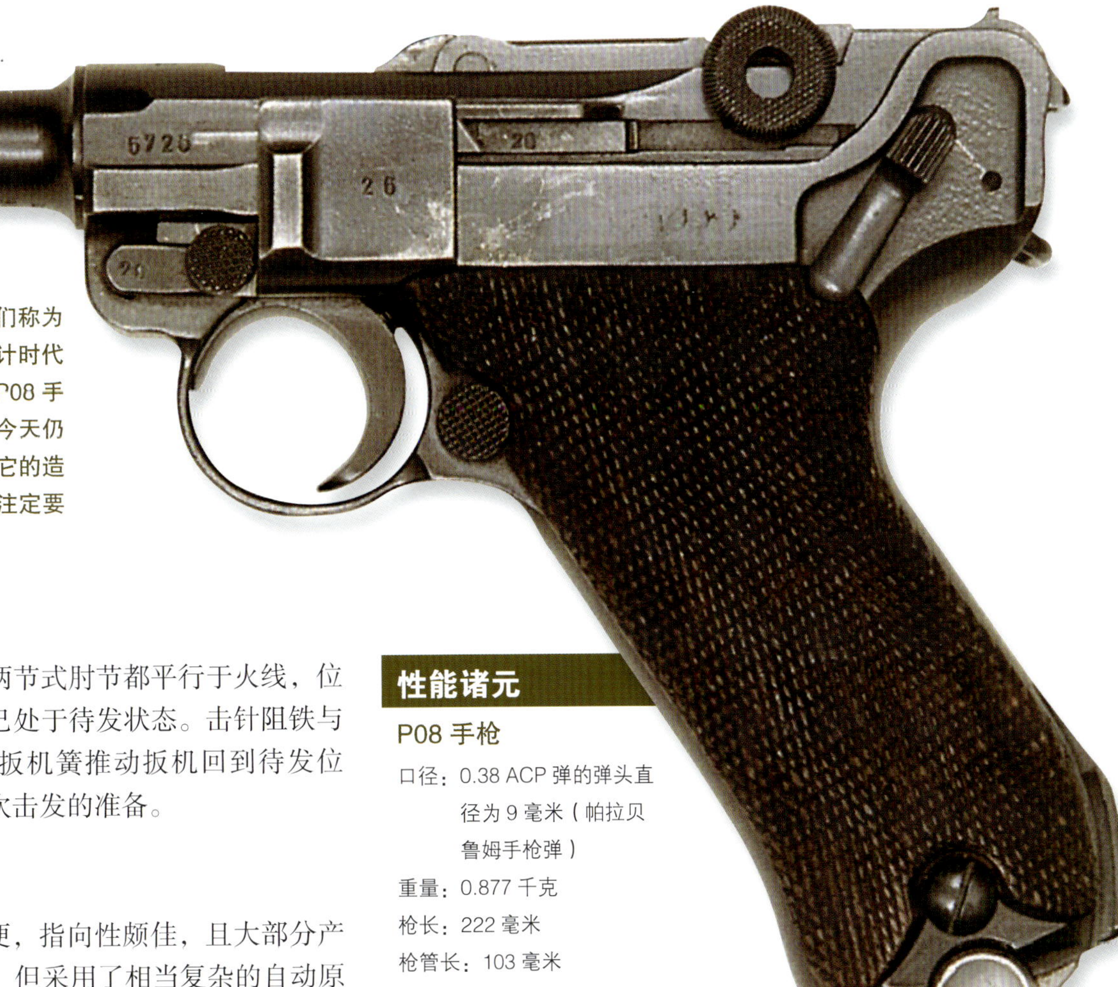

上图：P08 手枪通常被人们称为鲁格手枪，是整个手枪设计时代的杰作。从审美角度看，P08 手枪枪托的倾斜度和外形在今天仍有一定的吸引力。然而，它的造价太高，作为军用手枪，注定要被其他手枪取代

此时闭锁滑块与两节式肘节都平行于火线，位于下方的击针此刻也已处于待发状态。击针阻铁与扳机机构重新连接，扳机簧推动扳机回到待发位置，手枪便做好了再次击发的准备。

优良的“指向性”

P08 手枪操作简便，指向性颇佳，且大部分产品制造工艺极其精良，但采用了相当复杂的自动原理。实际上，大部分采用肘节式枪机的军用手枪的实际使用效果都不甚理想。由于 P08 手枪需要的生产原料太多，所以被 P38 手枪取代。但是直到 1942 年下半年，德国的 P08 手枪生产线才完全停止生产。然而，在德国军队中，P08 手枪从来没有被 P38 手枪完全取代。1945 年以后生产的鲁格手枪主要用于商业市场。

真正的经典手枪

标准的 P08 手枪枪管长 103 毫米，不过某些特殊了型号的枪管长度也会有所区别，例如 P17“炮兵型”手枪的枪管长度就为 203 毫米，有的型号甚至会更长。除了 8 发弹容量的标准弹匣外，鲁格手枪还配有 32 发容量的蜗壳形弹鼓。不过到第二次世界大战爆发时，P17“炮兵型”手枪已经不再装备部队。鲁格手枪是第一次世界大战和第二次世界大战中最著名的手枪。时至今日，仍有许多 P08 手枪被收藏者珍藏。作为一流的经典名枪，P08 手枪将继续引起世界各地手枪爱好者的关注和兴趣。

性能诸元

P08 手枪

口径：0.38 ACP 弹的弹头直径为 9 毫米（帕拉贝鲁姆手枪弹）
重量：0.877 千克
枪长：222 毫米
枪管长：103 毫米
枪口初速：381 米 / 秒
弹匣：可装 8 发子弹的分离式盒形弹匣

下图：在 1941 年德军突袭苏联时期，德军步兵以班为单位，使用 P08 手枪清理房屋。手持 P08 手枪的德国士兵装备有 35 型长柄手榴弹，身上缠绕着班用 MG34 机枪使用的子弹带

瓦尔特 PP 和 PPK 手枪

瓦尔特 PP 手枪最早生产于 1929 年，是一种半自动警用手枪。20 世纪 30 年代，许多国家的正规警察部队都使用这种手枪。PP 手枪重量轻，使用容易。它的显著特点是外形简洁流畅，非常适合装在手枪套中。便衣警察则会选用 PPK 手枪，其后缀 K 普遍认为是德语“袖珍型”（Kurz）的缩写，但也有人认为是“刑事警察”（Kriminal）的缩写。

军事用途

尽管这种武器是为民用警察部队设计的，但是，自从 1939 年宪兵使用 PP 和 PPK 手枪之后，军事人员也开始使用这两种手枪。这两种手枪在德国纳粹空军中使用非常普遍。德国警察机构的许多人员常常配备这两种手枪。参谋人员也常常把它们作为个人的防身武器随身携带。这两种手枪的口径有大有小。口径主要有两种：一种为 9 毫米口径（短小型），另一种为 7.65 毫米口径。其他口径有 5.58 毫米（0.22 LR 弹）和 6.35 毫米。

所有这些类型的 PP 和 PPK 手枪都采用了简单的反冲式后坐原理，且配备有相当完备的保险设计。其中一种保险设计被后世其他手枪大量借鉴：击锤前方设有一块阻铁，只有当扳机被切实扣动时，阻铁才会降下。另一项创新之处则是上膛指示杆，当膛内有弹时，指示杆会处于“上膛”位置。在战时为了大量生产，这些保险设计都被简化，同时枪支的表面处理工艺标准也被降低。在 1945 年后，土耳其和法国等国家继续生产这款手枪，匈牙利也继续使用该型手枪一段时间，随后德国版本的生产由瓦尔特公司在乌尔姆的工厂重新恢复。

这两种手枪仍以供警察使用为主。但对于手枪射击爱好者来说，有一点是相同的，他们喜爱这两种手枪的许多优点。

英国使用

对于 PP 手枪的喜爱有一段小小的插曲，如今已没有多少人知道，而且能够看到的人就更少了。这个小插曲就是英军曾将该枪定型为 XL47E1 型并少量装备。那些不得不身着便装、从事秘密活动的人非常适合配备这种手枪。英国驻北爱尔兰防卫团的士兵不在岗位上执勤时，为了防身，常常携带这种手枪。

上图：自手枪发明以来，瓦尔特 PP 手枪过去是，现在仍然是小型手枪中最优秀的一款。德国各级警察组织和德国纳粹空军的机组人员曾大量使用这种手枪

性能诸元

瓦尔特 PP 手枪

口径：9 毫米短弹（0.38 ACP）[1]，
7.65 毫米（0.32 ACP），
6.35 毫米（0.25 ACP），
5.58 毫米长弹（0.22 LR）
重量：0.682 千克
枪长：173 毫米
枪管长：99 毫米
枪口初速：290 米 / 秒
弹匣：可装 8 发子弹的盒形弹匣

瓦尔特 PPK 手枪

口径：9 毫米短弹（0.38 ACP），
7.65 毫米（0.32 ACP），
6.35 毫米（0.25 ACP），
5.58 毫米长弹（0.22 LR）
重量：0.568 千克
枪长：155 毫米
枪管长：86 毫米
枪口初速：280 米 / 秒
弹匣：可装 7 发子弹的盒形弹匣

[1] 0.38 ACP 弹的实际口径为 9 毫米。

瓦尔特 P38 手枪

研制瓦尔特 P38 手枪的主要目的是替代 P08 手枪。P08 手枪非常优秀，但造价过于昂贵。1933 年，纳粹执政后，制订了扩张德国军事力量的计划。按照计划，P08 手枪勉强合格。因为德国当时需要的是那种既能快速生产又易于使用的手枪，然而，当时所有类型的手枪设计（如手扣扳机和改进后的各种保险设置，后来的手枪大都有这些设置，共同点越来越多）都不太令人满意。1938 年，瓦尔特公司经过长期研制之后，终于获得了生产新式手枪的合同。

早在 1908 年，瓦尔特公司就生产出它的第一批自动手枪。随后，经过一系列改进，瓦尔特公司于 1929 年生产出了 PP 手枪。虽然 PP 手枪使用了许多富有创新思想的设计，但它主要供警察使用，不是为部队设计的，所以瓦尔特公司又研制出一种军用半自动手枪。这种手枪被称为 AP 手枪（或称为陆军专用手枪）。这种手枪没有 PP 手枪突出的击锤，但可以使用 9 毫米帕拉贝鲁姆手枪弹。后来，瓦尔特公司又生产出一种名为 HP（或称之为陆军手枪）的手枪，这种手枪的整个外形和将出世的 P38 手枪一模一样。但是为了能够快速投入生产，德国陆军要求再做一些细微改动。瓦尔特公司同意进行修改。这就是 P38 手枪成为德军军用手枪的来历。同时，HP 手枪作为民用手枪继续生产。瓦尔特公司从来没有满足德军对 P38 手枪的要求，于是，德国军队只好大量采购 HP 手枪来弥补 P38 手枪的数量缺口。

优秀的手枪

从一开始，P38 手枪就是一种出类拔萃的军用手枪。它不仅结实耐用、精度高，而且耐磨损。后来，不仅瓦尔特公司生产，毛瑟公司和斯普里威尔克公司也生产 P38 手枪。所有 P38 手枪的表面处理工艺都非常精良，黑色的塑料枪把闪闪发光，枪的整个表面都采用亚光黑色处理。这种枪易于拆卸，配有多种保险设置，包括借鉴 PP 手枪设计中的击锤保险和表明“弹膛已经装弹”的指示杆。和 P08 手枪相比，P38 手枪稍轻了一点，所以这种手枪非常受欢迎，很快就成了战争的宠儿。

1957 年，为了装备联邦德国陆军，P38 手枪重新投入生产。不过此时，它的名字被称为 P1 手枪。该型手枪使用硬铝合金套筒取代了此前的钢制套筒。P1 手枪生产的时间较长，许多国家的军队都使用过这种手枪。

下图：时至今日，P38 仍是非常优秀的军用手枪之一。研制 P38 手枪的目的是取代 P08 手枪，但是，由于 P38 手枪的产量不足，所以，直到 1945 年底，P08 仍在使用。P38 手枪使用了包括双动式扳机在内的诸多先进设计。图中的 P4 手枪是在 P1 手枪基础上安装消声器的版本

性能诸元

瓦尔特 P38 手枪

口径：9 毫米（帕拉贝鲁姆手枪弹）
重量：0.96 千克
枪长：219 毫米
枪管长：124 毫米
枪口初速：350 米 / 秒
弹匣：可装 8 发子弹的盒形弹匣

勃朗宁 1910 型自动手枪

在众多的手枪设计中，勃朗宁 1910 型自动手枪可谓特立独行。虽然，自 1910 年之后这种手枪的生产从未停止过，但从未被选用为制式手枪。许多手枪设计人员模仿或抄袭了这种手枪的基本设计原理。

手枪设计

如其名称所示，这种采用反冲式自动原理的自动手枪是具有丰富想象力的约翰·莫塞斯·勃朗宁的又一杰作。几乎所有的 1910 型自动手枪都是在比利时列日附近的国家武器制造厂（通常被称为 FN 公司）生产的。这种手枪历经风雨而经久不衰，其中的原因，现在谁也不太容易说清楚。但是，它的整个设计严谨而流畅，枪管为圆管状，被套筒的前部围绕。该枪的外形采用了特殊的设计：复进簧包裹在枪管周围，而其他手枪的后坐力弹簧则位于枪管的上方或下方。复进簧由枪口周围的凹槽固定，这是 1910 型自动手枪的又一处与众不同的设置。该型手枪同样配备有握把与手动保险。

1910型自动手枪的派生型号

勃朗宁 1910 型自动手枪有 7.65 毫米（0.32 ACP）和 9 毫米短弹（0.38 ACP）两种型号。两种型号的外观极其相似，且均采用内置的 7 发盒形弹匣。这两种手枪和 FN 公司的其他枪支一样，制造工艺精良，表面处理精美。但是，其他地方生产的同类手枪，如西班牙仿制的手枪质量就差多了。1940 年，德国占领比利时后，对手枪的需求量极大，这种手枪再次投入大规模生产。为了满足德军的需要，这种手枪的生产一直没有停止过。新生产出来的 1910 型自动手枪多数都送到了纳粹空军机组人员手中。他们称之为 P621（b）手枪。在 1910 型自动手枪小批量装备比利时军队之前，其他一些国家也获得了这种手枪，但数量有限，主要供这些国家的军队或警察使用。1910 型自动手枪的生产总数超过几十万支。

右图：勃朗宁 1910 型手枪从来没有被当作军用手枪而正式接受过，但是使用范围却极其广泛。它的许多设计优点被后来其他类型的手枪所吸收。许多比利时制造的勃朗宁 1910 型手枪被纳粹空军当作防身手枪使用，德国人称之为 P621（b）手枪

性能诸元

勃朗宁 1910 型自动手枪

口径：7.65 毫米（0.32 ACP）或 9 毫米（0.38 ACP）（小型）
重量：0.562 千克
枪长：152 毫米
枪管长：89 毫米
枪口初速：299 米 / 秒
弹匣：可装 7 发子弹

勃朗宁 HP 手枪

自手枪问世以来，勃朗宁 HP 手枪或许可以称得上是最成功的手枪设计之一。这种手枪不仅使用范围广，而且在许多国家都进行了生产，其生产数量之大，已经超过了其他型号勃朗宁手枪的总和。

投入生产

这种手枪是约翰·莫塞斯·勃朗宁于 1925 年逝世前设计的最后一种型号。但是，直到 1935 年，这种手枪才在列日附近的埃斯塔勒的 FN 公司投入生产。大家公认 HP 手枪的名字源自大威力手枪或勃朗宁 GP35 型手枪（大威力 1935 型手枪）。或许，勃朗宁手枪的类型太多了，但都可以发射 9 毫米帕拉贝鲁姆手枪弹，并且都有固定的和可以根据需要进行调整的后瞄准器。有些类型的勃朗宁手枪的枪柄上有一个凸槽，非常适合安装枪托（通常为木制枪托），这样就可以作为卡宾枪射击。为了减轻重量，另有一些 HP 手枪采用了轻合金套筒以减重。

所有类型的勃朗宁 HP 手枪都有两大共同特征：坚固结实，性能可靠。另一个令人青睐的特征是枪柄内的弹匣容量大，可装 13 发子弹。事实一次又一次证明了这种大容量弹匣的非凡价值。尽管这使得手枪的握把较宽，并不十分顺手，但只要经过必要的训练，射手便能够充分发挥这款手枪的巨大威力。该枪同样采用反冲式自动原理，并采用外置击锤，射击所需的动能来自射击时产生的强大后坐力。从许多方面看，它的击发装置可能会被认为和柯尔特 M1911 手枪（也是勃朗宁设计的）的击发装置完全一样，但是，为了适应生产需要，它的击发装置经过了改进，并且借鉴了 M1911 手枪的设计经验。

军用型手枪

勃朗宁 HP 手枪投入生产后，在短短几年时间内，包括比利时、丹麦、立陶宛和罗马尼亚在内的国家均将这款手枪列为制式手枪。1940 年后，FN 公司继续生产这种手枪。但是，此时正值德国横行欧洲，德国纳粹党卫队把这种手枪作为标准手枪使用。德国的其他部队也使用这种手枪。德国人称这种手枪为 P620（b）手枪。然而，德国人独享勃朗宁手枪的日子并没有维持多久。因为，加拿大多伦多的约翰·英格利斯公司又建成了新的勃朗宁 HP 手枪生产线，并且，从那里生产出来的勃朗宁手枪几乎被运送到所有的同盟国部队中。该公司生产的这种手枪被称为 FN 勃朗宁 9 毫米 HP No.1 手枪。1945 年后，在埃斯塔勒，勃朗宁 HP 手枪重新投入生产。现在，许多国家都把这种手枪当作标准手枪使用。同时，FN 公司还研制出了各种型号的民用勃朗宁手枪，并且，经过改进还生产出一种射击专用型号的勃朗宁手枪。英国陆军仍在使用勃朗宁手枪。不过，这种手枪在英国被称为 L9A1 自动手枪。2001 年，英国国防部宣布再订购 2000 支该型手枪。

性能诸元

勃朗宁 GP35 型手枪

口径：9 毫米（帕拉贝鲁姆手枪弹）

重量：1.01 千克

枪长：196 毫米

枪管长：112 毫米

枪口初速：354 米 / 秒

弹匣：可装 13 发子弹的盒形弹匣

上图：勃朗宁 GP35 型手枪自 1935 年问世以来，许多国家都使用过。目前在所有类型的手枪中，它一定是使用最为广泛的手枪。它具有结实耐用、抗击打和性能可靠等优点

“解放者”M1942 暗杀手枪

这是一种非常古怪的小型手枪。它诞生于美国陆军心理战联合委员会的会议室中，然后被出售给战略情报局（OSS）。它是一种理想的暗杀武器，操作简单。任何生活在被占领土内的人，无需接受训练，即可熟练使用。战略军种办公室对暗杀的观念深表赞成，随后命令美国陆军军械部制图。美国通用公司下属的盖德·拉姆普公司接受了生产任务，并且保证要在 1942 年 6—8 月至少生产出 100 万支。

“信号枪”

M1942 11.43 毫米手枪在当时为了保密而被称为 M1942“信号枪”，但也被称为“解放者”手枪或 OSS 手枪。它的构造非常简单，甚至简单到仅能发射一发子弹的程度。其结构几乎全部用金属冲压而成，采用滑膛枪管。该枪的击发装置设计和使用都非常简单：开枪后，向后拉动击发组件便可将扳机复位；击发组件同时会将空弹壳带出弹膛，只要用一根合适的棍状物将弹壳从后方顶飞，装入一枚 M1911 手枪子弹，再向前将子弹推入弹膛即可完成射击准备。

“单打一”

每支手枪和 10 发子弹一起被包在一个硬纸板盒子中，放入一个透明塑料袋内，硬纸板盒子拆开后便是一套连环画式的使用教程，足以让捡拾者在不懂任何文字的情况下明白如何使用这把手枪。枪柄的空间可装 5 发子弹，这种手枪只能单发射击，必须在极近距离上才有可能命中。这种手枪造价极低，美国政府只需为每支手枪支付 2.4 美元。至于它的效果如何现在还说不太清楚，因为这么多手枪过去是如何使用的、在哪些地方使用的，都没有留下任何记录。大家都知道，在第二次世界大战期间，大量此类手枪被空投到欧洲德国占领区，其实在远东和中国战场的投放量更大。这种手枪的表现应当令人满意，以至于 1964 年，这种观念再次兴起。当时有一种类似于“解放者”的暗杀手枪，不过这种名为“鹿枪”的手枪要比“解放者”先进得多。美国在越南可能使用过这种手枪。美国曾经制造了几千支这种手枪，但美国政府从没有公开透露过，或许这是此类手枪作为暗杀手段臭名昭著，虽然令人胆寒但也招致大量声讨的缘故。

性能诸元

“解放者”M1942 暗杀手枪

口径：11.43 毫米（M1911 手枪弹）

重量：0.454 千克

枪长：140 毫米

枪管长：102 毫米

枪口初速：336 米 / 秒

弹匣：无，但握把内可装 5 发子弹

左图：小型 M1942“解放者”手枪是一种专门用于暗杀的武器。它设计简单，造价低廉，使用极为方便。枪管没有膛线，没有抛壳装置，机械构造极其简单。然而，事实证明这种武器相当有效。在第二次世界大战中，主要供在远东活动的人员使用

柯尔特 M1911 和 M1911A1 自动手枪

在众多的手枪设计中，柯尔特 M1911 自动手枪一直是勃朗宁 HP 手枪的主要竞争对手，是世界上非常成功的手枪设计之一。自 1911 年被选中成为美军制式手枪之后 90 多年的时间里，柯尔特 M1911 自动手枪的生产数量达几百万支，而且，世界上几乎所有国家的部队都使用过这种手枪。

以柯尔特为蓝本的设计

追本溯源，柯尔特 M1911 自动手枪的设计出自柯尔特－勃朗宁 1900 手枪。美国陆军要求以柯尔特－勃朗宁 1900 手枪为基础，设计出一种新的可发射 11.43 毫米子弹的军用手枪，这是因为当时作为标准弹药的 9.65 毫米手枪弹弹头质量太轻，无法击倒冲锋中的敌人。1907 年，美国陆军进行了一系列试验。1911 年，美国陆军选中了口径 11.43 毫米的 M1911 自动手枪，并将其选定为陆军制式手枪。开始时，这种手枪的生产比较缓慢，但到了 1917 年，为了装备美国赴法国作战的迅速扩张的远征军，这种手枪进入了快速生产时期。

生产变化

根据在战场上获得的经验，美国决定对这种手枪的基本设计进行一些改进。这样，M1911A1 自动手枪就登上了历史舞台。总的来说，变化并不太大，归结起来，主要变化有增加握把保险、击锤凸柱的外形以及主弹簧槽。该型手枪的总体设计和射击机构改动极少，基本的射击机构在生产过程中一直保持一致，该枪的发射机构设计是史上极为坚固的代表。该枪与同期的其他许多手枪一样采用了枪管偏移式闭锁机构，相比同期其他手枪用于停止套筒后坐的阻铁，M1911 自动手枪采用了更加柔和的阻止方式，枪管下端与套筒座间由驻退耳连接在一起。在射击时，枪管会随套筒短距离向后滑行，在枪管行程的末端，由于下端与套筒座的连接，枪管驻退耳挂住套筒座终止后退行程。套筒则会继续向后运动，并抛出空弹壳，重新开始装填循环。这套系统十分坚固耐用，再加上手动保险和握把保险，使得 M1911 和 M1911A1 自动手枪非常安全可靠。不过该型手枪的握持手感和射击手感相对较差，使用者需要大量训练才能充分发挥其性能。

生产 M1911 和 M1911A1 自动手枪的公司不是只有柯尔特一家，许多公司也都制造这两种手枪。世界上许多国家都直接仿制过这两种手枪。当然，仿制水平可能较低。时至今日，经过各种“微调”的改进型 M1911 仍被美国海军陆战队和特种部队使用。

下图：这是第二次世界大战期间美国陆军使用的一支消声 M1911A1 自动手枪。和手枪一起展出的是装在盒内的 11.43 毫米子弹

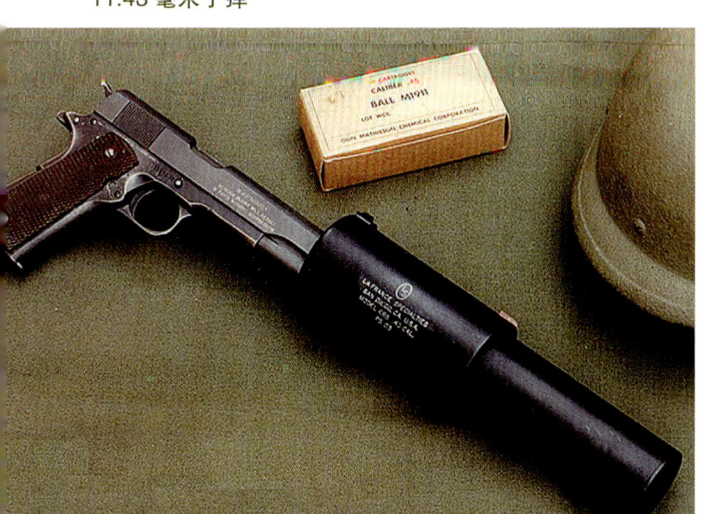

下图：这是一支 M1911 自动手枪。后来的改进型 M1911A1 自动手枪做了几处改动并作为美国陆军的标准武器使用了 80 多年。它使用的是 11.43 毫米实心弹，威力相当强大，可阻止敌人的冲锋。美中不足的是，只有使用者经过训练才能发挥它的最大潜力。目前，在美国陆军中，M1911A1 自动手枪已被口径 9 毫米的伯莱塔 M9 手枪（美国获得了生产许可证）取代

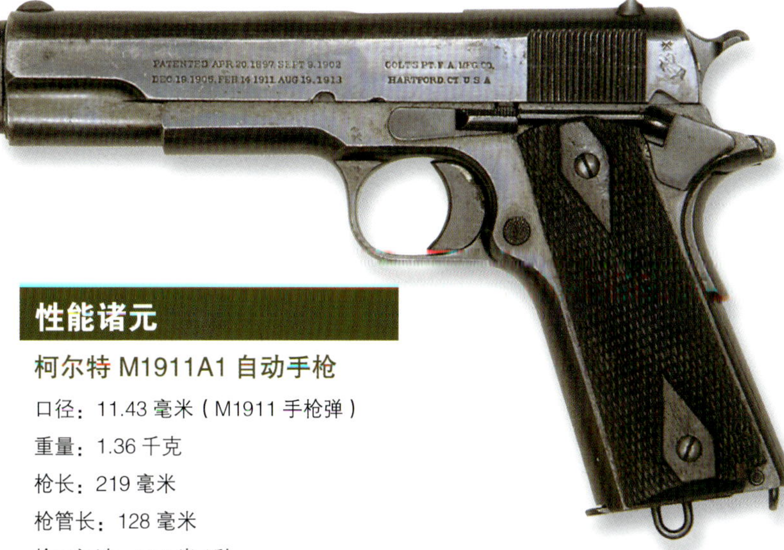

性能诸元

柯尔特 M1911A1 自动手枪

口径：11.43 毫米（M1911 手枪弹）
重量：1.36 千克
枪长：219 毫米
枪管长：128 毫米
枪口初速：252 米/秒
弹匣：可装 7 发子弹的盒形弹匣

史密斯和威森 0.38/200 转轮手枪

1940 年，在法国战役中惨遭战败并在敦刻尔克撤退后的英国陆军处境艰难，令人绝望。英国陆军不仅缺少经过战火考验的士兵，还缺少可以使用的武器。幸运的是，尽管当时美国没有作为真正的参战方参加战争，但仍出于对英国的同情为其生产或按照英国的设计生产了大量武器。英国计划大力加强军事力量，但面临着如何获得这些武器的问题。手枪只是英国要求美国提供的众多武器中的一种。史密斯和威森公司愿意按照英国手枪的规格标准为英国生产转轮手枪，生产出来的手枪被称为 0.38/200 转轮手枪，或 9.65 毫米史密斯和威森 No.2 左轮手枪。

左图：一名新西兰军官在沙漠中的一次战役中手持史密斯和威森 0.38/200 转轮手枪作战的情景。这种手枪枪绳的正确位置应该是围绕着脖子。不过，为了防止在近战中被敌人勒住脖子，许多士兵更喜欢把枪绳系在腰上

上图：史密斯和威森 0.38/200 转轮手枪集美国的精美做工和英国的作战经验于一身：虽然没什么装饰，却性能可靠，结实耐用。它是用最好的原材料制成的。有时，为了快速生产，表面处理工艺标准不高，但是制造标准却从没有降低过

左图：一名加拿大军士正在给他的史密斯和威森 0.38/200 转轮手枪装弹。射空弹药后，装有空弹壳的弹巢会向左弹出，通过按压附带于弹巢上、上膛时位于枪管下方的弹簧推杆，便可推出 6 发空弹壳，再次装填

性能诸元

0.38/200 转轮手枪

口径：9.65 毫米（SAA 手枪弹）

重量：0.88 千克

枪长：257 毫米

枪管长：127 毫米

枪口初速：198 米 / 秒

弹巢容量：可装 6 发子弹

传统设计和可靠性能

不管被赋予什么型号，总的来说，这种手枪的设计原理非常传统，设计简洁，易于操作。这种手枪不仅拥有史密斯和威森公司的精巧工艺，而且也符合英国的设计要求。制造出的手枪异常坚固。英国手枪生产线制造出来的手枪从来没有达到这么高的水平，而且英 / 美（混合型）设计弥补了英国手枪生产中所存在的缺陷。这种手枪装备了所有英国及英联邦的军队，甚至运送到欧洲各国的抵抗力量手中。1940—1946 年，史密斯和威森共生产出 89 万余支。第二次世界大战后，英国军队保留了一部分。直到 20 世纪 60 年代，在被勃朗宁 HP 手枪取代之前，英国的一些部队还在使用这种手枪。

简单的机械原理

0.38/200 转轮手枪使用弹头重量为 200 格令（1 格令 =0.0648 克）的 SAA 型 9.65 毫米手枪弹，并采用史密斯和威森公司经典的左旋弹巢设计。在完成射击后，射手可以通过按压退壳杆将空弹壳弹出弹巢。扳机可以在单动与双动模式间切换。由于生产线即便在没有任何延误的情况下都无法满足交货需求，该枪的表面处理工艺非常简单，有时甚至被彻底省略。不过，它的制造标准却从没有降低过，而且它所使用的原材料也是最好的。

正常情况下，这种手枪装在一个密封的皮套或网状的枪套里，这样它的击锤就被枪套罩住，从而避免了像恩菲尔德转轮手枪那样因击锤容易钩挂住其他物品而引起麻烦。英国手枪有一个典型的特点：为了防止在近战时手枪被敌人夺去，手枪的枪绳都系在腰上或脖子上。这种手枪问世后，从来没有出现过什么差错。即使在最糟糕的情况下，也是如此。

史密斯和威森 M1917 转轮手枪

在第一次世界大战期间，英国和美国签订了大量的采购各种武器的合同。其中英国政府和伊利诺伊州斯普林菲尔德市的史密斯和威森公司签订了一项合同，该公司负责向英国提供符合英国军用手枪标准的口径为 11.56 毫米（0.455 英寸）的手枪，并按照合同要求向英国提供了大量手枪。但是，1917 年，美国参加第一次世界大战后才发现，本国更需要大量手枪来装备其快速扩张的陆军部队。柯尔特公司生产的手枪无法满足美国日益增长的需要。美国政府当机立断，接过英国与史密斯和威森公司的合同，该公司把它为英国军队生产的手枪直接提供给美国部队。不过，这需要解决一个新的问题，即对这种手枪进行改进，使其能够发射美国的 11.43 毫米子弹。

半月形弹夹

1917 年的手枪子弹几乎都是供 M1911 半自动手枪使用的，而且都是无缘式子弹。正常情况下，转轮手枪都使用有缘式子弹，而转轮手枪的旋转弹膛在使用无缘式子弹时，会出现问题。结果是不得不采取一种折中的方法，把 3 发 M1911 自动手枪的子弹装入一个半月形弹夹。这种弹夹可以防止子弹在装弹时过于深入转轮手枪的弹巢。射击后，用同样的方法把空弹壳和弹夹一起弹出枪外。如果需要的话，弹夹还可以重复使用。如此一来，所存在的子弹差异问题就迎刃而解了。美国陆军装备了这种手枪，并且后来这种手枪还出售给法国和其他国家。

美国陆军把这种手枪命名为“M1917 史密斯和威森 0.45 口径手动抛壳转轮手枪”。这种手枪体积大，结实耐用。除了 3 发半月形弹夹的设计外，其设计、操作和制造都极为传统。在装弹和退出弹壳时，弹巢会向左甩出，扳机有单动和双动两种设置。M1917 转轮手枪和同类型的其他手枪一样，坚固异常，结实耐用。在美国陆军使用之前，英国陆军已经发现了它的这些优点。1940 年，美国向英国运送了大量的 M1917 转轮手枪，英国陆军再次使用这种手枪。并且，英国的国土防卫部队和皇家海军也装备了这种手枪。

柯尔特武器公司也生产出一种与史密斯和威森 M1917 转轮手枪极为类似的手枪。这种手枪被命名为“M1917 柯尔特 0.45 口径新型转轮手枪”。柯尔特武器公司还生产了一种口径为 11.6 毫米的 M1917 转轮手枪供英国军队使用。这种手枪使用可装 3 发子弹的半月形弹夹。柯尔特 M1917 转轮手枪的有关数据是：枪长 274 毫米，枪管长 140 毫米，重 1.135 千克，初速 253 米 / 秒。这两种手枪的总产量超过 300000 支。此外，1938 年，巴西还购买了 25000 支史密斯和威森公司的转轮手枪。直到 1945 年下半年，美军宪兵部队仍在大量使用这两种手枪。

上图：当美国于 1917 年参加第一次世界大战时，新征召的部队手枪数量不足。史密斯和威森 M1917 转轮手枪经过改进可以发射 11.43 毫米标准子弹之后，进入大规模生产阶段。这种手枪生产的数量极其庞大

性能诸元

史密斯和威森 M1917 转轮手枪

口径：11.43 毫米（M1911 手枪弹）
重量：1.02 千克
枪长：274 毫米
枪管长：140 毫米
枪口初速：253 米 / 秒
弹膛容量：可装 6 发子弹

拉多姆 wz.35 手枪

20 世纪初期，第一次世界大战后刚刚建立的波兰陆军在如何合理生产其武器装备的问题上仍处于探索阶段。波兰军队的装备大多是其他国家剩余的战争物资。当时，波兰陆军装备的手枪有几种型号。波兰很想拥有一种标准化的手枪。于是，波兰自己设计的手枪出现了。它的发明者是 P. 威尔尼克兹克和 I. 斯科尔兹平斯基。这种手枪开始在法布里卡 · 布罗尼 · 拉多姆兵工厂（简称为拉多姆兵工厂）投入生产时，由来自比利时 FN 公司的工程师监督制造。1935 年，这种新式的 9 毫米手枪被波兰军队选中，成为波兰军队的标准手枪。这种手枪被称为拉多姆 wz.35（拉多姆 35 型）或 VIS wz.35，其中 wz 代表 wzor，意思为型号。

混合身世

从整个设计原理上看，拉多姆 35 型手枪混合了勃朗宁和柯尔特的设计特点，并且，增加了波兰自己的一些独特设计。这种采用反冲式自动原理的半自动手枪在设计风格上完全是传统式的，但是，由于它缺少一个适用的保险阻铁，所以只能依赖于枪把的保险设置，它的设计特点是在套筒座左侧使用了一个保险阻铁。事实上，保险阻铁只有在手枪进行拆卸时才用得到。这种手枪可以发射 9 毫米帕拉贝鲁姆手枪弹，而且发射大威力的 wz.35 子弹也没有太大问题。这种手枪的尺寸和体积是这样设计的：手枪的发射应力经过手枪吸收后，已经降到非常低的程度，发射应力不会传给射手本人。和其他较为优秀的手枪相比，这种合二为一的设计使拉多姆 35 型手枪的使用期限更长。到 1939 年时，由于高标准的制造、高质量的原材料和精美的抛光，这种手枪的可靠程度和安全性能都达到了较高水平。1939 年，德国入侵波兰，标志着第二次世界大战的开始。

德国生产

1939 年 9 月，德国占领波兰时，接管了基本上未受到什么破坏的拉多姆兵工厂，并把它建成了自己的手枪生产线。德国人发现拉多姆 35 型手枪完全可以发射德国军队使用的标准子弹，于是，德国人就把这种手枪当作自己的军用手枪，继续生产，供德军使用，并正式将之命名为 P645（p）手枪。出于某种原因，这种手枪常被称为 P35（p）手枪。德国对手枪的需求量极大。为了加速生产，德国不得不取消了这种手枪的一些小设置，抛光标准也降到最低程度，以至于生产出来的 P645（p）手枪和早期的拉多姆 35 型手枪仅从外表上一眼就可分辨出来。从此，这种手枪进入大规模生产阶段，直到 1944 年，生产才被迫停止。1944 年，苏联军队在向西发动大规模进攻的时候，摧毁了拉多姆兵工厂。

收藏者的佳品

1945 年后，波兰重建新的陆军时，波兰军队使用的标准手枪是苏联的 TT-33 手枪。许多拉多姆 35 型手枪成为收藏者的收藏佳品。由于德国纳粹党卫队装备了大量拉多姆 35 型手枪，并且做了适当标记，这对手枪收藏爱好者来说，无疑增添了它的收藏价值。拉多姆 35 型手枪是第二次世界大战期间比较优秀的军用手枪。

下图：拉多姆 35 型手枪完全是传统型的设计，但其设计严谨合理，性能可靠。1935 年，波兰制造出第一批拉多姆 35 型手枪。1939 年后，德国进行了大批量生产，供德军使用。所以目前所发现的拉多姆 35 型手枪大多带有德国标记。这种手枪集柯尔特和勃朗宁手枪的优点于一身，并增添了波兰自己的设计特点，是一种优秀的军用手枪

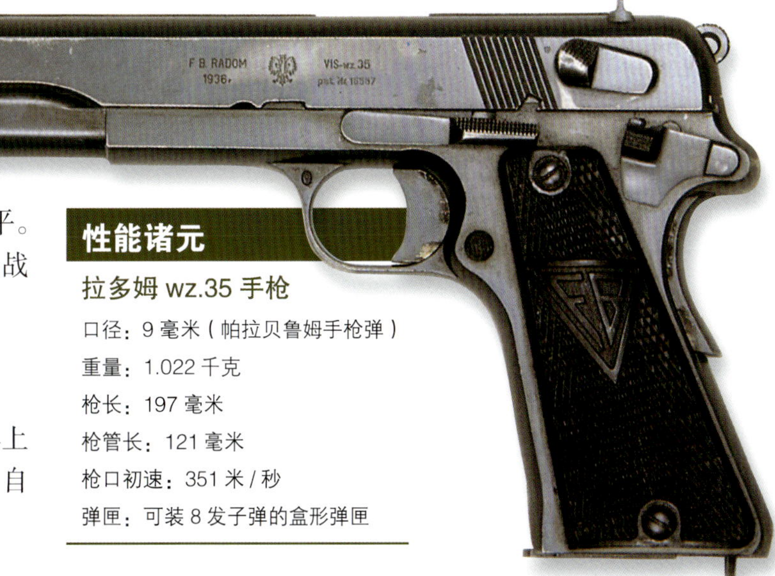

性能诸元

拉多姆 wz.35 手枪

口径：9 毫米（帕拉贝鲁姆手枪弹）
重量：1.022 千克
枪长：197 毫米
枪管长：121 毫米
枪口初速：351 米 / 秒
弹匣：可装 8 发子弹的盒形弹匣

vz.38（CZ 38）9 毫米自动手枪

到 1938 年和 1939 年德国军队侵占捷克斯洛伐克的时候，捷克已经建立起欧洲最有创新意识的军工企业。捷克甚至还向英国皇家海军的新型战舰提供装甲钢板。手枪只是捷克生产的众多武器类型中的一种。手枪生产主要集中在布拉格的切斯卡·兹布罗夫卡兵工厂（CZ），包括 vz.22/24/27/30（vz. 是捷克语 vzor，即“型号”的缩写）手枪在内的许多优秀手枪都是在这里生产的。这些手枪都可以发射 9 毫米短手枪弹，并且和同时代的瓦尔特手枪有许多共同之处。但是，1938 年以后生产的手枪则与捷克以前生产的手枪没有任何联系。

捷克斯洛伐克研制的新式手枪是 CZ 38（或称 vz.38 自动手枪）。从所有资料中可以看出，即便是在当时，CZ 38 手枪也算不上比较好的军用手枪。它的体积较大，使用简单的反冲后坐原理。虽然该枪的体积和重量已经足以使用威力较大的手枪弹，但该型手枪依然采用 9 毫米短弹。vz.38 的另一项在同期算得上古怪甚至是过时的设计是其扳机只能以双动状态发射。简而言之，击锤的钩挂与释放在扣动扳机的过程中会一次性完成，因此扳机力比单动式手枪要重。由于扳机力较大，这种手枪难以实现精确射击。其他的半自动手枪通常使用外置击锤，因此手枪在击发前击锤就已经就位。不过该枪有一个相当突出的优点，就是拆解方便，只需要拨动一根推杆就可以将套筒向上扳起，将枪管从套筒座上取出。

德国占领时期

在德国吞并捷克之前，捷克斯洛伐克军队并没有装备太多的 CZ 38 手枪。但是，这种手枪的生产时间还是比较长的。德国人把 CZ 38 手枪称为 P39（t）手枪。生产出的 P39（t）手枪大多送到了警察、陆军的二线部队和准军事部队手中，1945 年之后已所剩无几。vz.38 可以算作少有的几种无法为此后手枪设计提供参考价值的手枪之一。

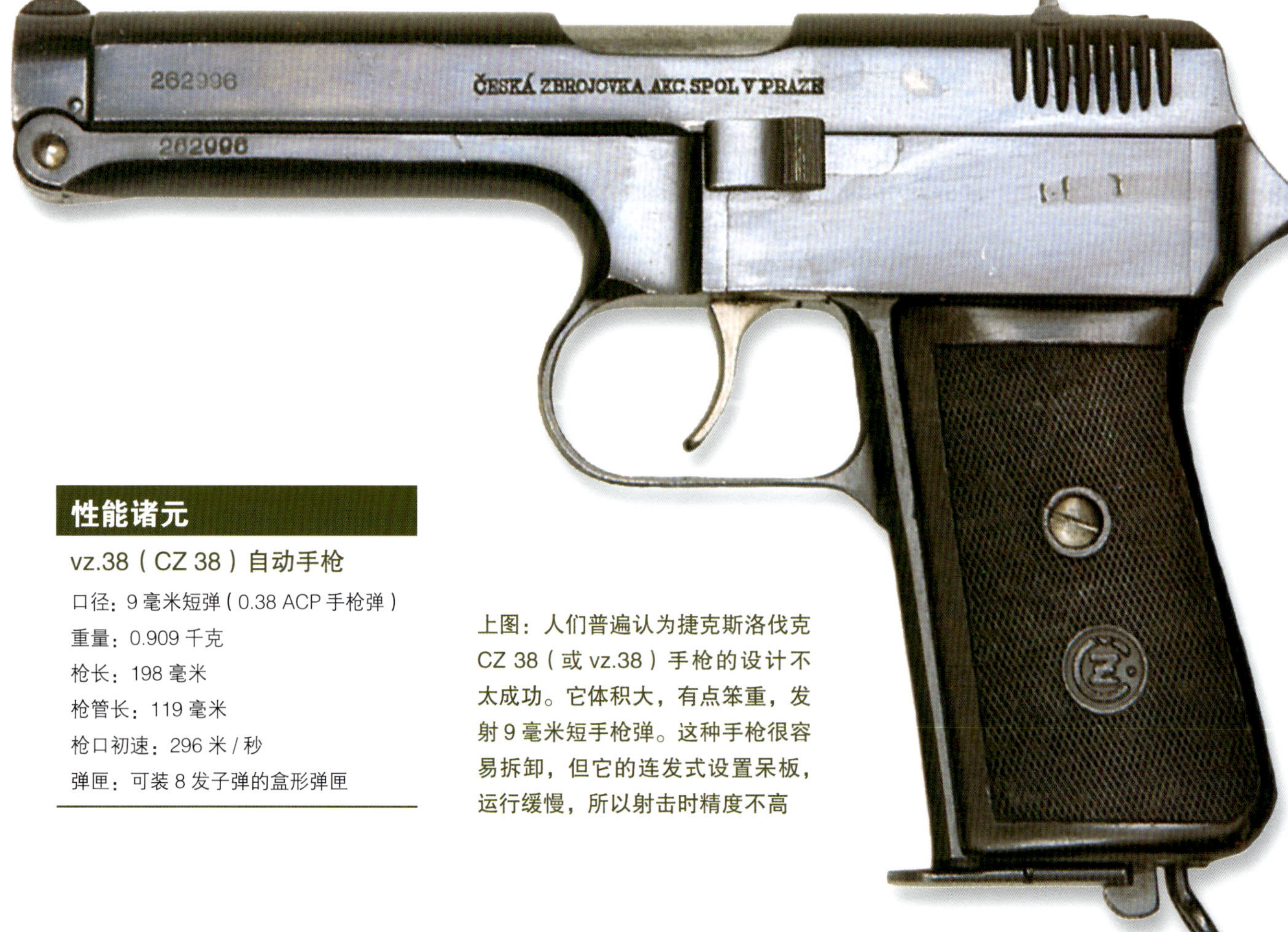

上图：人们普遍认为捷克斯洛伐克 CZ 38（或 vz.38）手枪的设计不太成功。它体积大，有点笨重，发射 9 毫米短手枪弹。这种手枪很容易拆卸，但它的连发式设置呆板，运行缓慢，所以射击时精度不高

性能诸元

vz.38（CZ 38）自动手枪

口径：9 毫米短弹（0.38 ACP 手枪弹）
重量：0.909 千克
枪长：198 毫米
枪管长：119 毫米
枪口初速：296 米 / 秒
弹匣：可装 8 发子弹的盒形弹匣

94式8毫米自动手枪

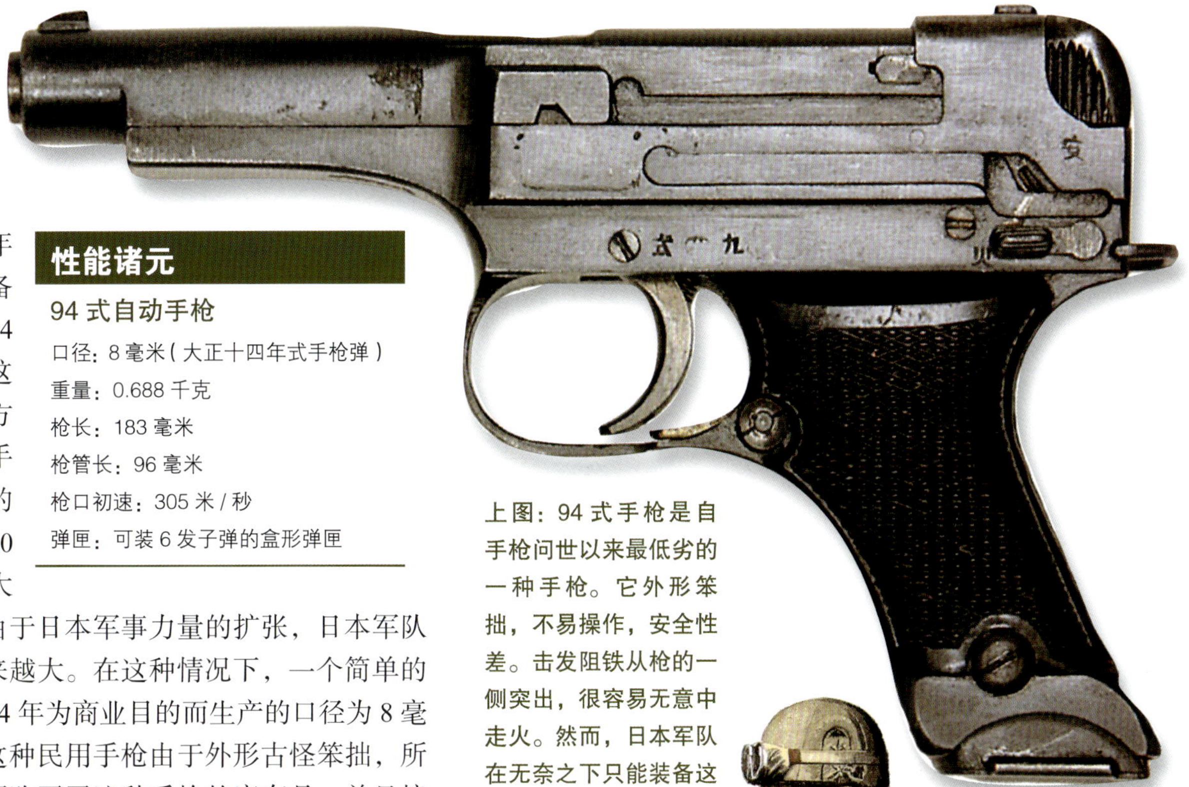

性能诸元

94式自动手枪

口径：8毫米（大正十四年式手枪弹）

重量：0.688千克

枪长：183毫米

枪管长：96毫米

枪口初速：305米/秒

弹匣：可装6发子弹的盒形弹匣

20世纪30年代，日军已经装备了相对堪用的14式8毫米手枪，这款手枪通常被西方人称为“南部”手枪（以其设计者的名称）。20世纪30年代中期，日本大举入侵中国后，由于日本军事力量的扩张，日本军队对手枪的需求越来越大。在这种情况下，一个简单的方法就是改进1934年为商业目的而生产的口径为8毫米的自动手枪。这种民用手枪由于外形古怪笨拙，所以销量很少。日军购买了这种手枪的库存品，并且接管了这种手枪的生产线。开始的时候，生产出来的手枪主要供坦克乘员和空勤人员使用，但是，到1945年（已生产超过了70000支）停止生产时，日军的其他军种也使用了这种手枪。

上图：94式手枪是自手枪问世以来最低劣的一种手枪。它外形笨拙，不易操作，安全性差。击发阻铁从枪的一侧突出，很容易无意中走火。然而，日本军队在无奈之下只能装备这种手枪，直到1945年，日本还在生产这种手枪

劣等手枪

从所有资料中可以看出，被定型为“94式拳铳”的94式手枪是自手枪问世以来最糟糕的军用手枪之一。它的基本设计从几个方面来看都不合理：总体外观相当不协调，握持手感也不令人满意。除此之外，安全性差，常常出现事故。击锤固定器位于枪身左侧的凸起内，如果在膛内有弹时受到按压就可能导致走火。此外，该枪为确保单发射击而安装的阻铁还可能导致子弹在完全进入弹膛前便被击发。诸多设计问题再加上低劣的生产质量和使用的劣质材料，这些缺点使这种手枪对射手本人所构成的威胁比对他想要射击的目标所构成的威胁还要大。

目前存世的这款手枪大都在枪身外打上了“报废”标记，再加上从枪机中渗出的枪油，都展现出存世94式手枪不应再随身带弹携带或射击：目前该型手枪应仅用于收藏。

右图：这名日军上尉是一名坦克军官，除了94式手枪之外，还佩带了一把传统的军刀。在狭小的坦克内，这把军刀一定难以施展。然而，在战斗中，它的确比94式手枪可靠而且有用得多。大家都认为这种手枪对射手本人构成的威胁比对它射击的目标还要大

格利森蒂 1910 型 9 毫米自动手枪

格利森蒂 1910 型自动手枪最初被称为布里扎亚手枪。在 20 世纪前 10 年里，索赛塔·塞德鲁吉卡·格利森蒂公司获得了这种手枪的生产权和其他专利权。1910 年，这种手枪成为意大利陆军的标准军用手枪。但是，在以后的多年时间里，该枪一直被意大利陆军作为古老的 1889 型 10.35 毫米左轮手枪的补充使用。事实上，这种古老的 1889 型转轮手枪直到 20 世纪 30 年代还在生产。

标新立异的设计

格利森蒂手枪的设计有几大非同寻常的特点，而且使用的自动原理在其他手枪的设计中也很少见到。该枪采用延迟反冲原理，射击时，枪管和套筒座向后反冲。枪管和套筒座向后运动时，旋转枪栓在击发装置的作用下开始旋转，并且枪管在移动大约 7 毫米后已经停止下来时，旋转枪栓仍在继续旋转。当套筒座再次向前移动，把新的一颗子弹送进弹膛时，枪管被一个上升的可以自由移动的楔子固定住。这些运动会产生几种后果：一是任何部件在移动时，击发装置都没有任何遮盖，如沙子之类的东西很容易从入口处进入（在北非沙漠中的确如此）；二是扳机柄太长，呈弯曲状，不利于准确射击。击发装置性能极不可靠，整个左侧缺少支撑架，只用一根螺丝钉和一个金属片固定在一起。使用时间一久，金属片就容易松动脱落，从而引起卡壳。即使是在金属片不松动的情况下，击发装置也常常出现故障。而且，零部件在内部运动中也经常出现错误。

为了解决击发装置中存在的最大问题，意大利人为这种手枪生产了一种特殊的 9 毫米格利森蒂子弹。这种子弹的外形 / 大小与标准的帕拉贝鲁姆手枪弹一模一样。但是为了减少后坐力，降低手枪内部的应力，它的助推火药减少了。这种子弹仅用于格利森蒂手枪。这种手枪即使是使用标配的 9 毫米子弹，如果无意之中装弹错误，射击时也可能对手枪和射手本人带来危险。直到 20 世纪 20 年代末期，格利森蒂手枪还在生产。而且，直到 1945 年，意大利陆军还在使用这种手枪。现在，它仅仅是手枪爱好者的收藏品而已。

左图：格利森蒂 1910 型自动手枪非同寻常地混合了多种富有创新思想的设计成果不过该枪的枪身强度存在不足。这种手枪可发射独特的 9 毫米格利森蒂子弹，这种子弹类似 9 毫米帕拉贝鲁姆手枪弹，但装药量较少。在意大利军队中，这种手枪是作为 1889 型转轮手枪的补充而存在的

性能诸元

格利森蒂 1910 型自动手枪

口径：9 毫米（格利森蒂手枪弹）

重量：0.909 千克

枪长：210 毫米

枪管长：102 毫米

枪口初速：320 米 / 秒

弹匣：可装 7 发子弹的盒形弹匣

伯莱塔 1934 型 9 毫米自动手枪

今天，手枪收藏者普遍认为小型的伯莱塔 1934 型自动手枪是手枪中的精品。1934 年，这种手枪成为意大利陆军的制式军用手枪。不过该枪其实是伯莱塔公司自 1915 年便开始生产的系列自动手枪中较新的一款。当时，意大利陆军迅速扩充，为满足军队的需要，意大利生产了大量的伯莱塔 1915 型自动手枪。虽然，伯莱塔 1915 型自动手枪使用极为广泛，意大利军方从未将其列为制式装备。早期的伯莱塔手枪的口径为 7.65 毫米。使用 9 毫米短弹的型号产量极少，不过后来的伯莱塔 1934 型却使用了短弹。

具有古典美的外形

1919 年之后，出现了其他型号的伯莱塔手枪。不过，它们都继承了伯莱塔手枪的基本设计风格。伯莱塔 1934 型沿用了伯莱塔自动手枪经典的优美外形，以及枪管上方，准星后方的套筒镂空的设计。短小的握把内，弹匣容量仅为 7 发，同时在弹匣井后方为美观而留有一个圆滑凸起，这个凸起的设计可以追溯至 1919 型。该枪采用的依然是传统的反冲式自动原理，并没有什么突破性的创新之处。不过该枪实现了空仓挂机功能，在弹匣射空后，后退的套筒就会被挂在后方，直到新的弹匣填入，才会解除空仓挂机，让套筒复位。伯莱塔 1934 型自动手枪使用的是外置式击锤。在关闭保险时，扳机处于锁定状态，所以击锤不受影响。击锤可以用手扣动，偶尔其他东西也会触动击锤。如果没有这一点瑕疵，伯莱塔的设计就接近完美了。

几乎所有的伯莱塔 1934 型自动手枪都是按照高标准制造的，而且表面工艺特别精美。在战争中，伯莱塔 1934 型自动手枪成为官兵竞相追逐的宠儿。1943—1945 年，在意大利前线作战的英美大兵们用缴获的伯莱塔手枪和后方的梯队人员做生意，狠赚了一笔。后方人员高价购买伯莱塔手枪是为了向别人炫耀他们的战功。事实上，伯莱塔 1934 型自动手枪主要供意大利陆军使用，而口径为 7.65 毫米的伯莱塔 1935 型手枪则主要供意大利空军和海军使用。但是，一些伯莱塔 1935 型手枪的口径和伯莱塔 1934 型自动手枪的口径完全相同。德国人把他们使用的伯莱塔 1934 型自动手枪称为 P671（i）手枪。尽管从技术上讲，伯莱塔 1934 型自动手枪的火力不够强大，但总的来说，其设计是成功的，不愧为第二次世界大战期间手枪中的精品。

右图：伯莱塔自动手枪太轻，所以不能成为有效的军用手枪。但是，作为诸如上校之类的军官的随身武器则非常合适

下图：第二次世界大战期间使用的伯莱塔自动手枪是战争中最受欢迎的武器之一。它主要有两种型号：分别采用 9 毫米短弹和 7.65 毫米子弹

性能诸元

伯莱塔 1934 型自动手枪

口径：9 毫米短弹（0.38 ACP 弹药）

重量：0.568 千克

枪长：152 毫米

枪管长：90 毫米

枪口初速：290 米 / 秒

弹匣：可装 7 发子弹的盒形弹匣

欧文冲锋枪

陆军中尉埃维林·欧文费尽九牛二虎之力才成功说服澳大利亚陆军使用他在 1940 年设计的冲锋枪。当时，澳大利亚陆军对他设计的冲锋枪兴致缺缺。但是，当时澳大利亚已经意识到冲锋枪的重要性，并且希望从英国获得司登冲锋枪。可是过了一段时间，澳大利亚的希望破灭了，因为英国陆军想把所有可能生产的冲锋枪都买下来。如此一来，在最后关头，澳大利亚才下定决心使用欧文冲锋枪。可即使到了这个时候，这种冲锋枪的口径还没有最终确定下来。在使用通用型 9 毫米子弹之前，共生产了四种口径的样枪供试验使用。

上置弹匣

欧文冲锋枪通过弹匣一眼就可认出，该枪的弹匣直立于枪身顶部，高过头顶。选择这样的设计除了这种弹匣便于使用外，显然没有其他什么理由。据说这种弹匣效果特佳。直到 20 世纪 60 年代，澳大利亚仍在使用欧文冲锋枪，并且其改进型也保留了这种弹匣。欧文冲锋枪的其他部分相当普通，并且非常结实耐用，适用于任何环境。随着生产增加，其设计也发生了一些变化。早期枪管周围的环形散热片被取消，握把和枪托也有多处调整，有全钢丝构型，全木构型和半包木钢丝构型。

欧文冲锋枪的另一个独特之处是枪管可以快速更换。其中的原因尚不清楚，因为这种冲锋枪的枪管在射击时要经过很长时间才会因发烫而无法使用。另一个奇特之处是欧文冲锋枪曾在新几内亚战争中，为了适应地形，作战时被涂上了伪装迷彩。在新几内亚的丛林战中，澳大利亚士兵发现欧文冲锋枪是近战的理想武器。这种冲锋枪比其他类似的冲锋枪重，但是，由于它使用了前置式枪把和手枪枪把，所以操作时相当方便。

上置式弹匣意味着它的瞄准具不得不装在枪体右侧，但这并没有产生什么不良后果，因为该枪通常采用腰射姿态射击。

欧文冲锋枪于 1945 年停止生产，但是，在 1952 年，许多老式欧文冲锋枪都重新进行了改进，枪口增加了可以安装长型刺刀的设置。部分在 1943 年生产的型号采用了更短的刺刀，这种刺刀使用独特的环形底座，被直接插在枪口上。

上图：欧文冲锋枪是一种结实耐用、性能可靠的武器，使用不久便声名鹊起。图中是一支涂有伪装迷彩的欧文冲锋枪

上图：澳大利亚的欧文冲锋枪最突出、最好辨认的特征就是垂直式安装的盒形弹匣。图中是早期生产的欧文冲锋枪

性能诸元

欧文冲锋枪

口径：9 毫米

重量：4.815 千克（装弹后）

枪长：813 毫米

枪管长：250 毫米

射速：700 发 / 分

枪口初速：420 米 / 秒

弹匣：可装 33 发子弹的垂直状盒形弹匣

ZK 383 冲锋枪

西方国家对于捷克斯洛伐克的 ZK 383 冲锋枪知之甚少，这是因为该型冲锋枪在东欧地区以外的使用极少，且仅用于对苏作战。ZK 383 在当时是一款非常重要的武器，其生产从 20 世纪 30 年代后期一直持续到了 1948 年。

ZK 383 冲锋枪设计于 20 世纪 30 年代初期，由著名的布尔诺兵工厂制造，该兵工厂后来因生产布伦机枪而名扬四海。相对于冲锋枪之类的武器来说，ZK 383 冲锋枪又大又重。该冲锋枪的一大特点是，有些型号的枪管下非同寻常地使用了两脚架。使用脚架是捷克陆军战术思想实际运用的结果。捷克陆军把这种冲锋枪当作一种轻机枪使用，这似乎违背了大家公认的冲锋枪只是一种近战武器的观点。如此古怪的思想和用法使 ZK 383 冲锋枪的设计相当奇特。ZK 383 采用了通过调整枪机重量调节射速的特殊设计，通过将一个重 0.17 千克的配重块连接或解脱出枪机，该枪的射速可在 500 发 / 分和 700 发 / 分两档之间调节。在解脱配重后，枪支的射速会加快，反之亦然。低射速档位主要用于展开两脚架的轻机枪状态，而高射速档位则用于作为突击武器使用时。

有限的出口

然而，这一使用思路似乎只有捷克陆军采纳，其他该型枪的用户都没有采用。保加利亚陆军把 ZK 383 列为制式冲锋枪使用（至少到 20 世纪 60 年代初还在使用）。生产 ZK 383 冲锋枪最多的还是 1939 年后的德国陆军。德国陆军占领捷克后发现 ZK 383 冲锋枪生产线完好无损，因此德国顺理成章地启用了该生产线。布尔诺兵工厂开始时生产纳粹党卫队使用的武器，包括 ZK 383 冲锋枪。纳粹党卫队只在东线使用这种冲锋枪。纳粹党卫队把

索米 m/1931 冲锋枪

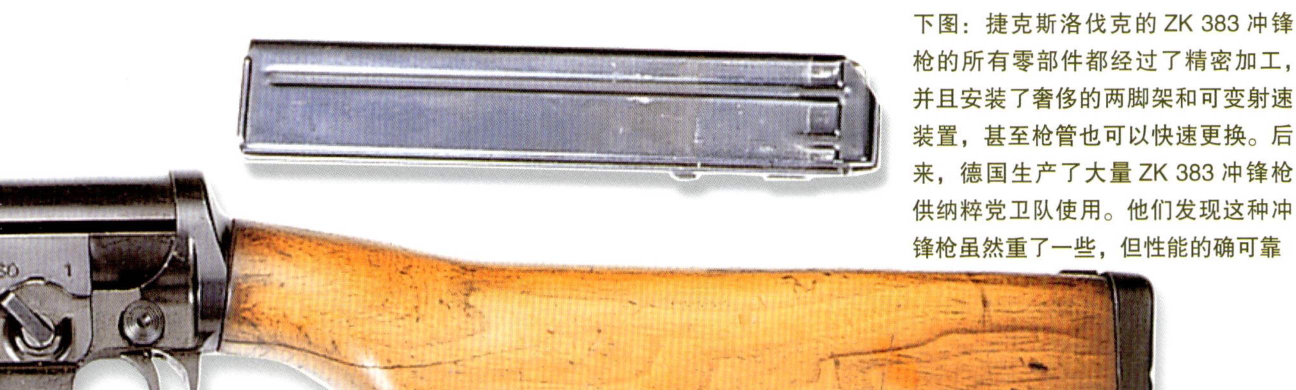

下图：捷克斯洛伐克的 ZK 383 冲锋枪的所有零部件都经过了精密加工，并且安装了奢侈的两脚架和可变射速装置，甚至枪管也可以快速更换。后来，德国生产了大量 ZK 383 冲锋枪供纳粹党卫队使用。他们发现这种冲锋枪虽然重了一些，但性能的确可靠

ZK 383 冲锋枪称为 vz.9 冲锋枪，并且发现这种武器非常有效，于是，vz.9 冲锋枪就成了纳粹党卫队的制式武器之一。第二次世界大战后，捷克保留了大量由德国生产的 ZK 383 冲锋枪，供捷克警察使用。不过捷克警察把这种冲锋枪称为 ZK 383P 冲锋枪。这种冲锋枪生产时取消了两脚架。

除了捷克斯洛伐克、德国和保加利亚之外，购买 ZK 383 冲锋枪的国家还有巴西和委内瑞拉，但购买数量都不大。这种冲锋枪除在东欧外，其他地区都没有太大兴趣。并且，从多方面来看，对于所扮演的角色来说，它太复杂了。捷克斯洛伐克陆军在设计时，偏向于将其当作轻机枪使用，从而导致它的设计过于烦琐累赘，超出了实际需要。

上面已经提到它的两种射速和使用两脚架，但是冲锋枪真的不需要复杂的枪管更换装置、全枪采用最优质钢材精细加工和采用倾斜插入枪托内的枪机复进簧。虽然有了这些装置，ZK 383 冲锋枪的性能变得更加可靠，但对于冲锋枪来说，这样做确实太复杂了。

性能诸元

ZK 383 冲锋枪

口径：9 毫米

重量：4.83 千克（装弹后）

枪长：875 毫米

枪管长：325 毫米

射速：500 或 700 发 / 分

枪口初速：365 米 / 秒

弹匣：可装 30 发子弹的盒形弹匣

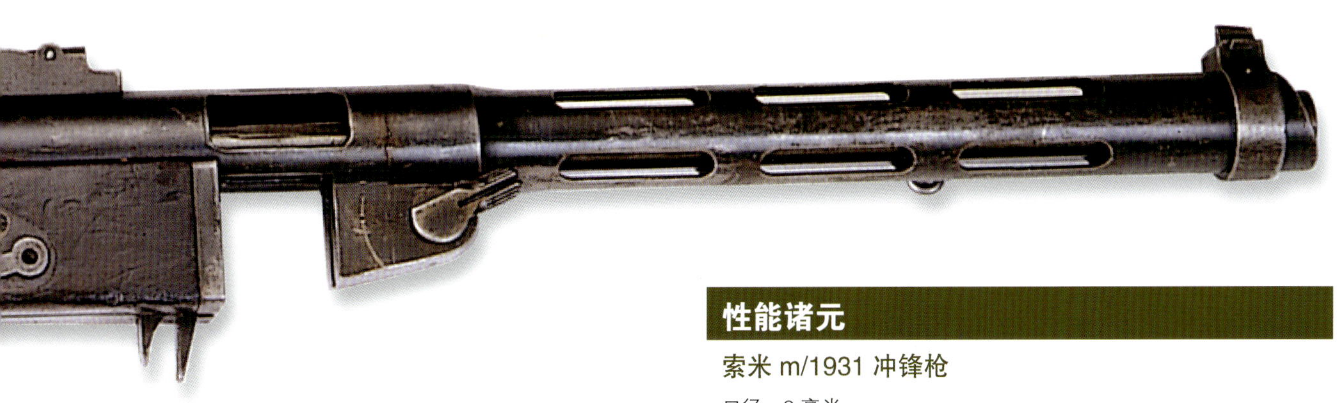

上图：索米 m/1931 是自冲锋枪诞生以来最优秀的冲锋枪之一，该枪的所有主要部件都采用高质量镍钢精细加工而成

性能诸元

索米 m/1931 冲锋枪

口径：9 毫米

重量：7.04 千克（鼓式弹匣装弹后）

枪长：870 毫米（枪托延伸后）

枪管长：314 毫米

射速：900 发 / 分

枪口初速：400 米 / 秒

弹匣：可装 30 发或 50 发子弹（盒形弹匣），71 发子弹（弹鼓）

上图：战斗中的索米 m/1931 冲锋枪。它的弹匣能装 71 发子弹。与其他冲锋枪不同的是，它的枪管较长，在有效射程内基本能做到精确射击

索米 m/1931 冲锋枪源于德国 20 世纪 20 年代初期的设计。在冲锋枪设计盛行一时的时候，m/1931 冲锋枪并没有什么惊人之处，因为它使用的是常见的自由枪机式自动原理和传统布局。与许多种类型的冲锋枪相比，它的优点在于精良的做工（它的原材料质量之高达到近于奢侈的程度，并且加工极为精细）和使用的非常完善的供弹系统。这种供弹系统后来被广泛模仿。它使用的装弹系统主要有两种型号：一种是可装 50 发子弹的垂直状盒形弹匣；另一种是可装 71 发子弹的圆形弹鼓。50 发垂直弹匣内部又被分为两个双排弹匣，采用交错单路进弹，这种设计使得弹匣能够在正常的长度内容纳 50 发子弹，因能比常规弹匣携带更多待发弹而深受士兵喜爱。此外索米冲锋枪还配备有常规构型的 30 发弹匣。

在军中得到证明

芬兰生产了大量 m/1931 冲锋枪，供芬兰陆军使用。1939—1940 年与苏联“冬季战争”期间，这种冲锋枪在战斗中证明了自身的价值。它有几种出口型号，其中有的枪管或枪体下装有小型两脚架。瑞典和瑞士都购买了这种冲锋枪，并且建立了自己的生产线。丹麦的一家公司也如法炮制。波兰警察在 1939 年前也使用这种冲锋枪。西班牙内战期间，交战双方都使用这种冲锋枪，数量之多，达到了惊人的程度。直到最近几年，在斯堪的纳维亚半岛各国有限的军队中仍能看到它的身影。如此长久的使用期限除了其精美的做工外，还有一个理由可以解释：在任何条件下，这种冲锋枪的性能都极其可靠，很少出现问题。此外，该枪还拥有如下优点：整支枪，大至枪的机架和枪栓，小至一颗螺丝钉，都是用坚固的镍钢加工而成的。

“索米”冲锋枪相当精准，大部分冲锋枪只能在十几米距离上精确射击，有效射程不超过 50 米。而 m/1931 冲锋枪在 300 米的射程内都非常精确。由于条件所限，这种冲锋枪在第二次世界大战期间使用较少。但是，其设计对第二次世界大战期间的许多种类型的冲锋枪产生了重要影响。1943 年，瑞士获得了这种冲锋枪的生产许可证，生产的 m/1931 冲锋枪供该国陆军使用。

MAS-38 冲锋枪

通常被简称为MAS-38的法国MAS 1938冲锋枪正如其年份所示，于1938年在圣安东尼兵工厂投产。MAS-38冲锋枪是在1935年研制的MAS-35冲锋枪基础上，经过一系列改进而研制成功的。但必须说明的是，虽然它的研制时间较长，但是，结果证明这是值得的。与其他冲锋枪相比，MAS-38冲锋枪走在了时代前列。

MAS-38冲锋枪有一些相当古怪的设计：这种冲锋枪的结构相当复杂，而且发射的子弹只能在法国生产。看到这些，人们也就明白了法国为什么要花费这么长时间进行设计。当时，冲锋枪似乎没有理由制作得那么简单，因为冲锋枪的生产数量有限，而且当时的生产技术已经完全能按要求进行高水平制作。它所使用的口径也很能说明这个问题，MAS-38冲锋枪的口径为7.65毫米，而且使用的7.65毫米“长”型子弹只有法国才能生产。虽然这种子弹精度较高，但威力不大。在9毫米子弹广泛普及后，其他国家便几乎不可能采纳这款子弹了。

复杂的枪机设计

MAS-38冲锋枪的机械设计非常复杂。该枪的枪机与拉机柄采用分离式设计，在开火时拉机柄不会往复，枪机顺着在枪身和枪托侧面留出凸起的滑轨斜向往复运动。该枪的一大亮点是装有弹匣防尘盖，在取出弹匣时可盖上盖子，避免泥沙进入枪内。其他冲锋枪极少使用这种设计，但大多数冲锋枪没有这种设计也照样使用。

对那些开始一点都不想接收这种冲锋枪的用户来说，事实证明MAS-38冲锋枪是一种非常优秀的武器。但是，当初装备法国部队时，法国陆军拒绝接收。无奈之下，最初生产的MAS-38冲锋枪有一部分装备了准军事部队，一部分装备了警察部队。1939年，当法国和德国之间的敌意骤然增加时，法国陆军马上回心转意，订购了大量MAS-38冲锋枪，但是由于加工过于复杂，生产速度太慢，以至于法国不得不从美国订购大量“汤姆森”冲锋枪，但为时已晚，这些措施对1940年5月和6月的战争无济于事。最后，法国战败投降。当法国军队在维希政权控制下重新武装时，MAS-38冲锋枪投入生产，事实上，法国直到1949年还在生产这种武器，并且在东南亚的战争中，法军仍然使用这种冲锋枪。

MAS-38冲锋枪从未得到它应得到的认可。它过于复杂，发射的子弹非常奇怪，并且在需要时又不能大批量投入生产。所以，目前除了法国和少数国家外，几乎很少有人知道它的存在。如果说它有什么影响的话，那就是现代武器中有些设计还要归功于它。使用这种冲锋枪的国家除了法国和它的几个前殖民地国家外，就数德国了。因为1940年德国缴获了一部分MAS-38冲锋枪，供驻扎在法国的德军使用。德军把这种冲锋枪称为722（f）冲锋枪。

性能诸元

MAS-38 冲锋枪

口径：7.65 毫米（长手枪弹）
重量：3.356 千克
枪长：623 毫米
枪管长：224 毫米
射速：600 发 / 分
枪口初速：350 米 / 秒
弹匣：可装 32 发子弹的盒形弹匣

上图：MAS-38冲锋枪是一款设计合理、比较先进的武器。它发射的子弹威力较小，并且只有法国才能生产。由于这种冲锋枪的设计过于复杂，所以生产速度极慢，而且造价过于昂贵

MP 38、MP 38/40 和 MP 40 冲锋枪

MP 38 冲锋枪于 1938 年投产时，这款冲锋枪不仅对冲锋枪的设计，而且对冲锋枪的制造方法都产生了革命性影响。在其投入生产的前一年（1937 年），德国军械人员还在以其高精度机械加工工艺，精美的木质配件为代表的枪匠技能而自豪。不过，这一切都已经过时，MP 38 冲锋枪使用了粗糙、简单的金属冲压技术，用印模压铸的零部件，用塑料代替木材，表面工艺也非常简陋，甚至连电镀工艺都没有。

MP 38 冲锋枪看上去非同寻常，它是一种为满足军事需要而大规模生产的武器。制造这种武器如此简单和便宜。在 MP 38 冲锋枪上，已经看不到木质枪托，取而代之的是由粗钢管折成的金属枪托，这种枪托比较重，可以折叠到枪体下面。在狭小的空间——如车辆内——使用较为方便。

冲压金属零部件

这种冲锋枪可在任何车间里用简单的金属冲压件制造，并且，枪机所需的工时也被压缩到最低。全枪表面大部分直接暴露出金属原色，充其量也只是涂上防锈漆。MP 38 冲锋枪节省费用的措施立即对冲锋枪的设计产生了重大影响。在 1938 年之后的几年里，越来越多的武器采用了类似 MP 38 冲锋枪最先使用的大规模生产技术。

MP 38 冲锋枪在设计方面则相当传统。该枪采用传统的自由枪机式自动原理。下置垂直弹匣将 9 毫米帕拉贝鲁姆手枪弹送入传统的供弹机构内。拉机柄位于枪身左侧，整个拉机柄槽完全是开放式的，虽然这种设计会导致尘土和泥沙进入枪身，但枪身内有足够的空间，在导致卡壳前容纳污物。该枪枪口下方有一个独特的凸起物，既可以作为在车上射击时钩挂车身的射击支点，也可作为枪口盖防止污物进入枪口。

1939 年，在战斗中，这种冲锋枪暴露出一个相当危险的缺陷：由于采用开膛待击，该枪在上膛后枪机便位于后方的待发位置，且由于枪机质量较轻，只要发生磕碰便可能导致枪机脱锁，进而走火。在改进之前，这一大缺陷导致许多人员伤亡。在后来的改进中，在枪机闭锁位置新增了一个拉机柄槽，将拉机柄前推至该槽中后，枪机便会被锁住，从而避免晃动。这次改进使 MP 38 冲锋枪变成了 MP 38/40 冲锋枪。

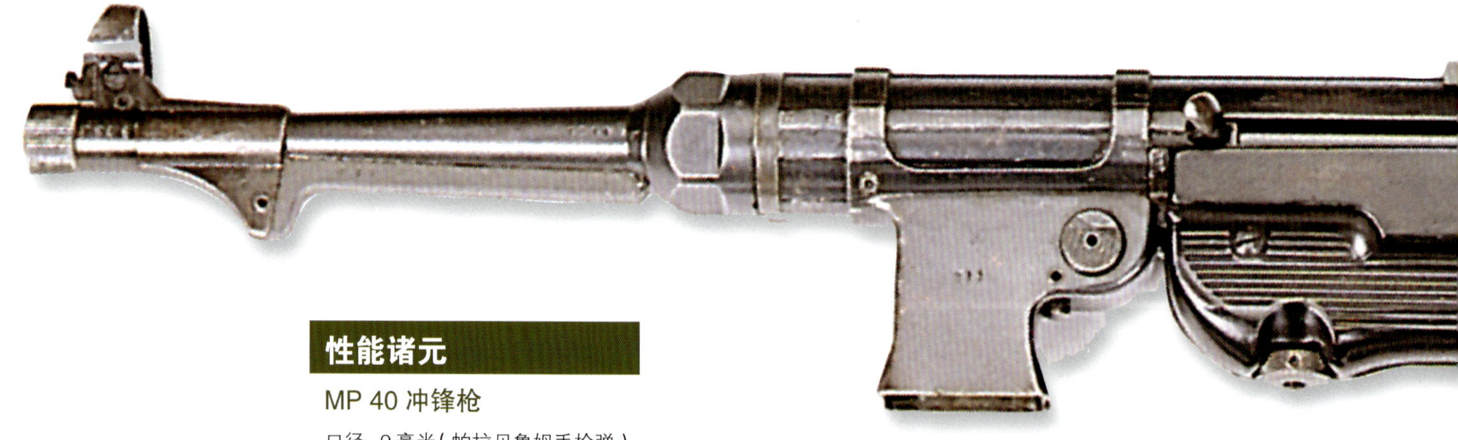

性能诸元

MP 40 冲锋枪

口径：9 毫米（帕拉贝鲁姆手枪弹）
重量：4.7 千克（装弹后）
枪长：833 毫米（枪托伸展后），
630 毫米（枪托折叠后）
枪管长：251 毫米
射速：500 发 / 分
枪口初速：365 米 / 秒
弹匣：可装 32 发子弹的盒形弹匣

进一步的简化

1940 年，由于出现了更多金属冲压件和更简单的工艺，MP 38 冲锋枪的制造方法变得更加简单。新的型号被称为 MP 40 冲锋枪。对战场上的士兵来说，虽然它与 MP 38/40 冲锋枪几乎没什么差别，但对德国来说，则意味着只要能在简单的车间生产出 MP 40 冲锋枪的配件，在中心车间进行组装，那么就可以在任何地方制造出 MP 40 冲锋枪。数以万计的 MP 40 冲锋枪就是这样经过简单加工而生产出来的。设计简单和便于生产的 MP 40 冲锋枪在战场上随处可见，盟军士兵发现或缴获各种各样的 MP 40 冲锋枪，他们也喜欢使用。并且，当时的抵抗力量和游击队也经常使用 MP 40 冲锋枪。

1940 年之后的 MP 40 冲锋枪，唯一重要的变化是使用了双排弹匣。使用双排弹匣的 MP 40 冲锋枪被称为 MP 40/2 冲锋枪。但这种双排弹匣没有成功，并且也极少使用。今天，世界上许多偏僻角落里仍然有人特别是游击队武装使用 MP 40 冲锋枪。

关于这种冲锋枪，有一个古怪的代称，大家一般都称为“施迈瑟”冲锋枪（Schmeisser）。至于这个词源自何处已无从考证，但是把它当作“雨果 · 施迈瑟”（Hugo Schmeisser）冲锋枪是绝对错误的，因为它与后者没有任何联系。后者是厄玛公司生产的武器。

右图：在德国入侵苏联期间，这名下士使用 MP 40 冲锋枪，除了制作更加简单之外，它与 MP 38 冲锋枪几乎一模一样

上图：这是一支最初生产的 MP 38 冲锋枪。尽管它是为大规模生产而设计的武器，但其套筒座和其他部件都是经加工制成的。而对后来的 MP 40 冲锋枪来说，这些部件则是冲压和焊接而成的

上图和右图：在斯大林格勒战役期间，德军使用的就是 MP 40 冲锋枪。尽管德国在宣传中总爱夸大其词地吹嘘 MP 40 冲锋枪的使用如何广泛，但是，事实上，这种冲锋枪的发放极为严格，主要供一线部队特别是德军装甲掷弹兵部队使用

MP 38 冲锋枪结构示意图

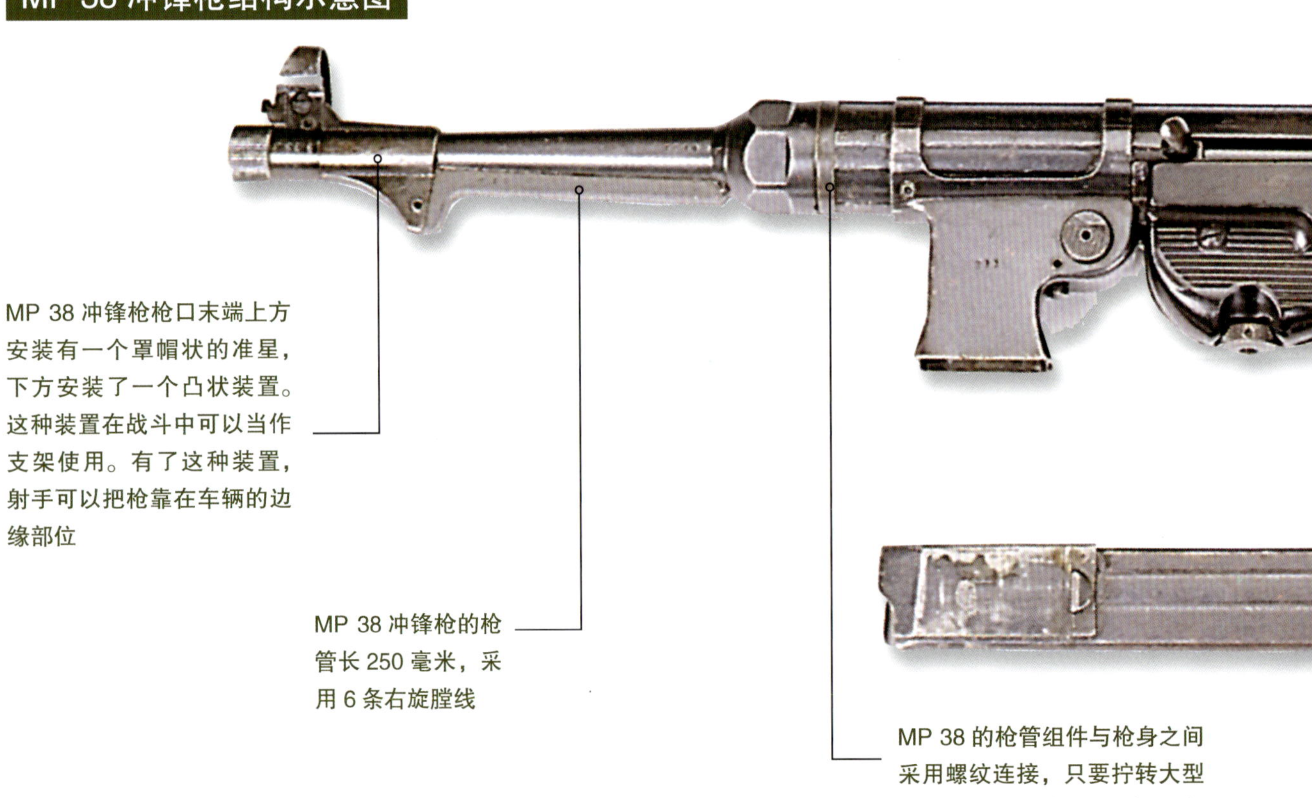

MP 38 冲锋枪枪口末端上方安装有一个罩帽状的准星，下方安装了一个凸状装置。这种装置在战斗中可以当作支架使用。有了这种装置，射手可以把枪靠在车辆的边缘部位

MP 38 冲锋枪的枪管长 250 毫米，采用 6 条右旋膛线

MP 38 的枪管组件与枪身之间采用螺纹连接，只要拧转大型螺帽就能将枪管组件拆卸下来

MP 38 冲锋枪

MP 38 冲锋枪的出现，预示着世界上对冲锋枪的看法将发生重大变化。从此以后，此类近距离攻击武器被视为半消耗品，适合用最廉价的方式进行大规模生产。尽管 MP 38 冲锋枪最早体现了这种设计思想，事实上，这种思想只是初露端倪，毕竟该枪的许多部件仍需要高质量的机加工。

上图：盟军士兵非常喜欢使用 MP 38 系列冲锋枪，个中原因正如德军喜欢使用这种冲锋枪一样。使用缴获的武器反过来对付它以前的主人，尤其是在弹药充足的时候，在第二次世界大战期间一点也不稀奇

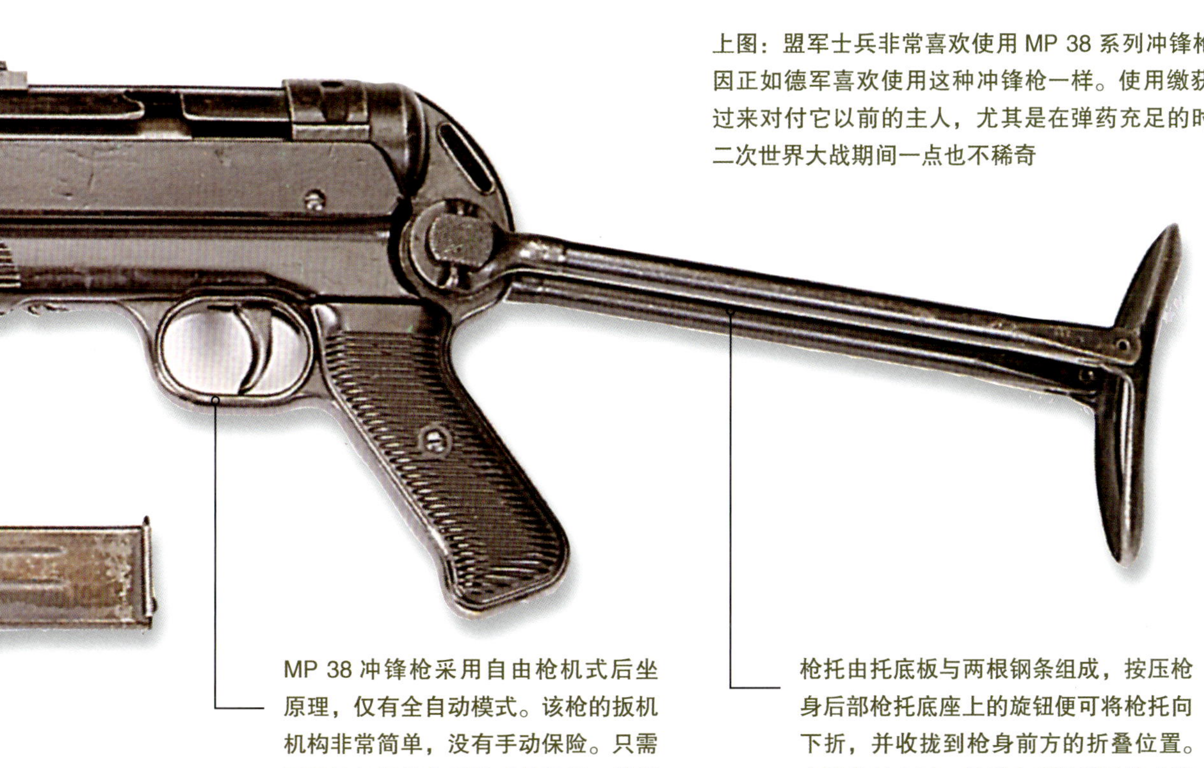

MP 38 冲锋枪采用自由枪机式后坐原理，仅有全自动模式。该枪的扳机机构非常简单，没有手动保险。只需要沿拉机柄槽向后拉动拉机柄，就能将枪机挂到待发位置

枪托由托底板与两根钢条组成，按压枪身后部枪托底座上的旋钮便可将枪托向下折，并收拢到枪身前方的折叠位置。在通常射击时，射手右手紧握手枪式握把，左手则抓住前方的弹匣井

MP 18、MP 28 、MP 34 和 MP 35 冲锋枪

尽管意大利的维拉－帕罗萨冲锋枪比 MP 18 更早诞生，但现代冲锋枪之父仍非 MP 18 冲锋枪莫属。从冲锋枪使用的总体设计、自动原理和整个外形看，MP 18 冲锋枪具备的这些特征后来都成了冲锋枪设计的标准。

MP 18 冲锋枪的设计始于 1916 年。为了向前线军队提供近距离内快速射击的武器，其设计被优先考虑。设计人就是大名鼎鼎的雨果 · 施迈瑟。后来他的名字就成了冲锋枪的代名词。直到 1918 年，这种被德国人称为 MP 冲锋枪的新型武器——MP 18 冲锋枪才开始装备西线德军，但对当时西线的战斗并没有产生什么影响。

自由枪机

MP 18 冲锋枪是一种简单的后坐力武器，发射著名的 9 毫米帕拉贝鲁姆手枪弹。MP 18 冲锋枪制作精良，枪托采用硬木制成。采用 32 发弹容量的蜗牛状弹鼓，弹匣槽位于枪架左侧。枪管的管套带有洞孔，射击后，这些洞孔有助于枪管散热。这种冲锋枪只能全自动射击。

1919 年，德国被解除武装后，为了保留 MP 18 冲锋枪的设计而把这些枪交给了德国警察。在 20 世纪 20 年代作为警用武器使用时，该枪取消了配用鲁格手枪的蜗牛状弹鼓，转而采用长方形盒状弹匣。后来这种弹匣成为竞相模仿的对象。1928 年，德国恢复了 MP 18 冲锋枪的生产，但生产数量有所限制。1928 年生产的产品被称为 MP 28 冲锋枪。MP 28 冲锋枪使用了新的瞄准具，并具有单发射击能力。内部闭锁装置也作了一些改动。外部则增添了可以安装刺刀的刺刀座。MP 28 冲锋枪采用了新的盒状弹匣。比利时、西班牙和其他国家都生产这种弹匣，并且还出口到世界各地。

型号确立

或许 MP 18 和 MP 28 冲锋枪的重要性不是作为武器在战场上如何使用，它们最重要的意义是为后来的冲锋枪设计提供了仿效的模板。

虽然随后出现的 MP 34 和 MP 35 冲锋枪乍一看和 MP 18 与 MP 28 极为相似，但是在细节上还是有许多区别。MP 34 和 MP 35 的弹匣井位于枪身右侧而非左侧，而且在射速控制方面，两种冲锋枪都采用了两段式扳机，轻扣扳机为单发，重扣为连发。

MP 34 冲锋枪是由伯格曼兄弟设计的，经过改进就变成了 MP 35 冲锋枪。MP 35 冲锋枪的枪管有长型和短型两种，另外还有刺刀架，甚至还有轻型两脚架。

可靠性能

MP 35 冲锋枪的可靠性能很大程度上要归功于其后置而非侧置的拉机柄，它可以将多数泥土和脏

上图：MP 28 冲锋枪是早期 MP 18 冲锋枪的改进型，它保留了前者的外形，但增加了在全自动与单发之间切换的功能

物挡在外面，从而保持枪内的清洁。这一点引起了纳粹武装党卫军的注意，后来武装党卫军成了它最大的用户。武装党卫军想和德国陆军分开，另起炉灶，单独订购这种武器。1940 年生产的 MP 35 冲锋枪被纳粹党卫队采购一空，这种情况一直持续到 1945 年第二次世界大战结束。今天，南美洲一些国家的警察仍然使用这种冲锋枪。为什么经过这么长时间还有人使用这种武器？道理非常简单，MP 34 和 MP 35 冲锋枪制作精良，所有零部件几乎都是用优质钢材加工而成。

上图：这些坐在卡车中的士兵手持的 MP 28 冲锋枪安装了刺刀。从质量上看，MP 28 冲锋枪非常优秀，但是要大规模生产，成本又过于昂贵

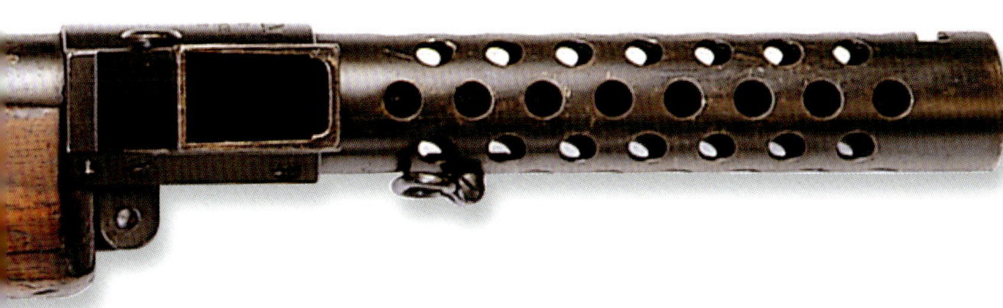

性能诸元

MP 18 冲锋枪

口径：9 毫米（帕拉贝鲁姆手枪弹）
重量：5.245 千克（装弹后）
枪长：815 毫米
枪管长：200 毫米
射速：350 ~ 450 发 / 分
枪口初速：365 米 / 秒
弹匣：可装 32 发子弹的蜗牛式弹匣，后来改为可装 20 或 30 发子弹的盒形弹匣

MP 35 冲锋枪

口径：9 毫米（帕拉贝鲁姆手枪弹）
重量：4.73 千克（装弹后）
枪长：840 毫米
枪管长：200 毫米
射速：650 发 / 分
枪口初速：365 米 / 秒
弹匣：可装 24 发或 32 发子弹的盒形弹匣

伯莱塔冲锋枪

伯莱塔系列冲锋枪中最早的一款被称为伯莱塔38A型冲锋枪。这种冲锋枪是由该公司富有设计天赋的首席设计师托里奥·马伦格利设计的，并在意大利北部布雷西亚市伯莱塔公司总部制造。首批样枪生产于1935年，但是直到1938年，38A型冲锋枪才大规模生产并装备意大利军队。术语“大规模生产”或许会使人对伯莱塔冲锋枪产生误解，因为伯莱塔冲锋枪是在常规生产线上生产的，而且每支都经过了细心和全面的检查，以至于人们会以为它们是手工制作的产品。事实上，在众多优秀的冲锋枪中，伯莱塔冲锋枪仍然被视为最优秀者之一，并且早期的38A型冲锋枪注定要名扬天下。

简单但制作精良

从设计上看，伯莱塔冲锋枪并没有多少能引起人们关注的地方。它的枪托是用木材精制而成的。采用略微前倾的盒式弹匣。枪管上有许多散热孔（部分型号枪口带有折叠刺刀）。这些东西实在没有什么吸引人的地方。事实上，最值得注意的是这种武器的整体平衡能力和操作方法。事实证明，38A型冲锋枪非常优秀。精良的做工、细致的组装和精美的表面处理令每一个使用过它的人都爱不释手。并且，在任何作战条件下，这种冲锋枪都具有性能可靠、精确射击的能力。

事实证明，38A型冲锋枪的供弹系统不太成功，但只要使用合适的弹匣，其表现还是不错的，它的弹匣有几种型号，分别装10、20、30或40发子弹。这些弹匣都带有一个装弹设置。早期的伯莱塔冲锋枪使用的是一种专用的高初速9毫米弹，不过后期型号换为了常见的9毫米帕拉贝鲁姆手枪弹。由于多种武器都采用帕拉贝鲁姆手枪弹，因此这种弹药非常常见。

意大利在1940年的6月参加第二次世界大战后，为了大规模生产这种武器，并快速送到意大利军队手中，对38A型冲锋枪作了小小的改动，但前线士兵很难发现这些改动，因为它的整体表面工艺仍很精美。仔细检查后就会发现，它的枪管上的散热孔装置是用冲压和焊接品制成的，这可能是为了适应大规模生产技术而不得不作出的改动，但38A新冲锋枪仍旧名声显赫，经久不衰。

德国使用

到1944年时，战争形势发生了巨大变化。意大利自1943年9月和盟军达成停战协定后就被一分为二了。支持盟军的一派占据着南方，而占据北方的一派则支持德国。所以北方亲德一派开始为德军生产伯莱塔冲锋枪。此时，伯莱塔冲锋枪的基本设计又发生了改变，组装和制造方法更加简单。使

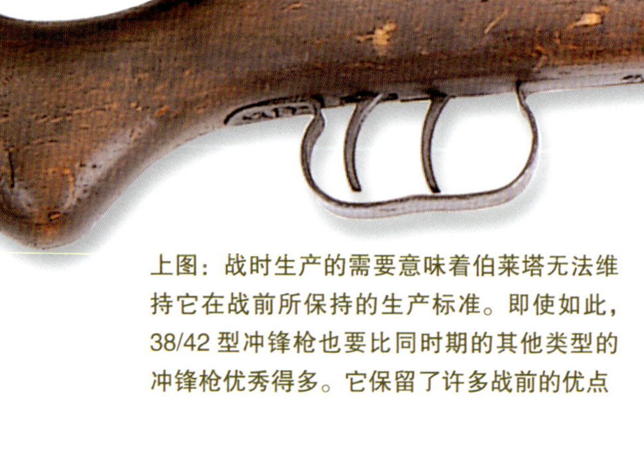

上图：战时生产的需要意味着伯莱塔无法维持它在战前所保持的生产标准。即使如此，38/42型冲锋枪也要比同时期的其他类型的冲锋枪优秀得多。它保留了许多战前的优点

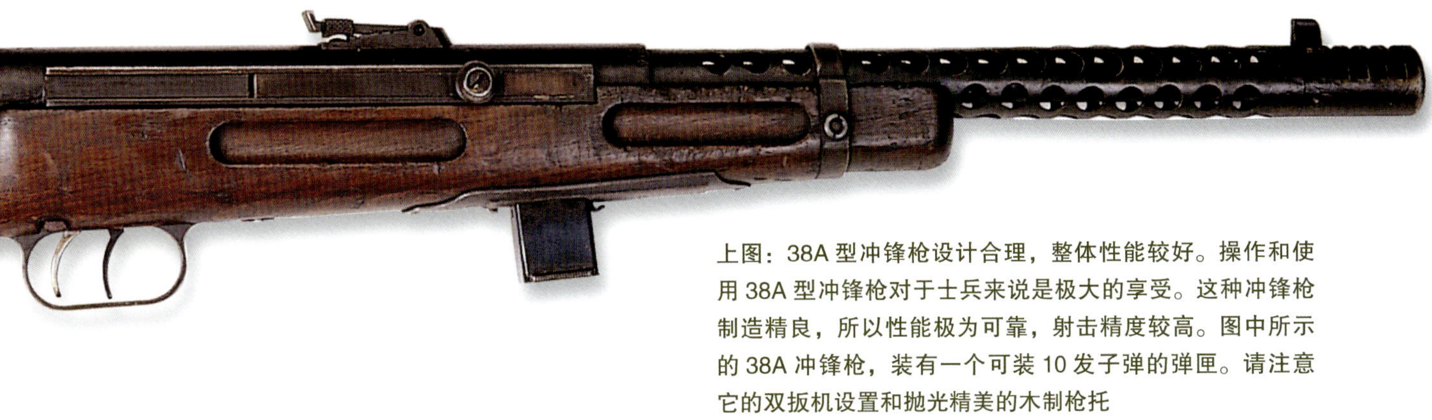

上图：38A型冲锋枪设计合理，整体性能较好。操作和使用38A型冲锋枪对于士兵来说是极大的享受。这种冲锋枪制造精良，所以性能极为可靠，射击精度较高。图中所示的38A冲锋枪，装有一个可装10发子弹的弹匣。请注意它的双扳机设置和抛光精美的木制枪托

上图：驻扎在突尼斯的意大利军队的士兵。伯莱塔38A型冲锋枪就放在身边。左边的伯莱塔38A型冲锋枪带有可装10发子弹的弹匣。这种弹匣在需要时可以单发射击。它的精度很高，在300米远的射程内，可以像步枪一样单发射击

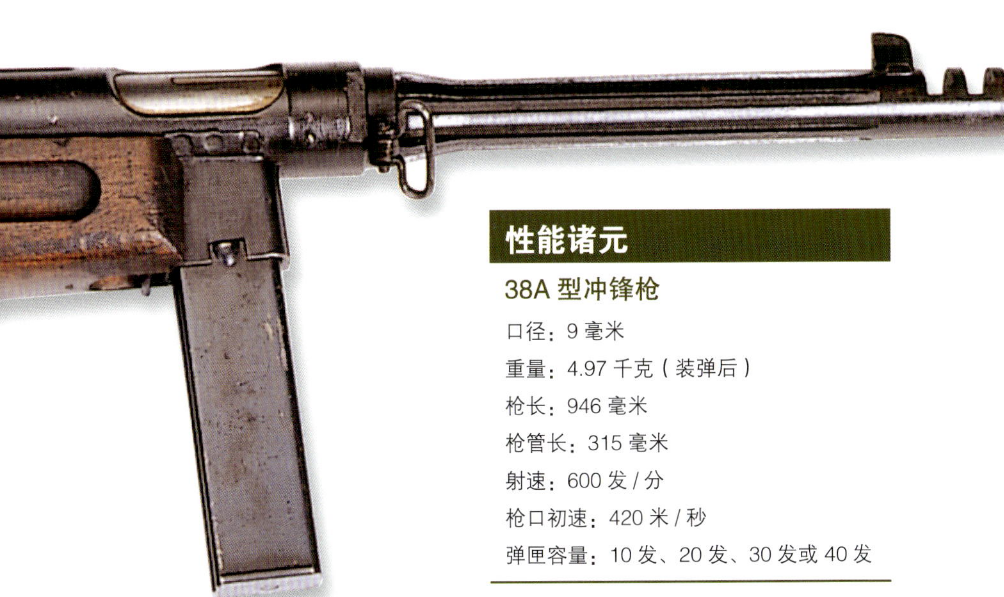

性能诸元

38A型冲锋枪

口径：9毫米

重量：4.97千克（装弹后）

枪长：946毫米

枪管长：315毫米

射速：600发/分

枪口初速：420米/秒

弹匣容量：10发、20发、30发或40发

用这种方法生产的38A型冲锋枪被称为38/42型冲锋枪，同时还有一种后来被称为1型的冲锋枪。虽然1945年后这两种型号的冲锋枪仍在生产，但相对来说，生产数量不多。这两种冲锋枪易于区分，虽然性能仍旧出色，但外形过于简陋，缺乏38A型所具有的优雅美观。

如上所述，到1944年底，意大利（北部）开始为德军生产伯莱塔冲锋枪。德军使用的伯莱塔冲锋枪有38A型和38/42型，德军将其分别称为MP 739（i）和MP 738（i）冲锋枪 。罗马尼亚军队也使用过38A型和38/42型冲锋枪。

盟军士兵对伯莱塔冲锋枪极为推崇，只要他们缴获足够多的伯莱塔冲锋枪，就会用其替换自己的武器。但是由于缺少伯莱塔弹匣，所以使用这种冲锋枪受到了限制。其实对于意大利军队来说，弹匣同样短缺。

右图：意大利法西斯政权要求年轻人在加入陆军时就已经能够熟练掌握大部分现役制式武器。当然，其中也包括伯莱塔38A型冲锋枪。图中一名年轻的法西斯党徒正在接受巴斯蒂科将军授勋，他背后的武器就是伯莱塔38A型冲锋枪

100式冲锋枪

日本人开始研制冲锋枪的时间之晚令人吃惊，不过明白了下述事实也就不足为奇了：在1941年之前，日本在中国的战线拉得越来越长，日军已经获得了丰富的作战经验，并且已经进口了许多种不同类型的冲锋枪供日军使用和评估。事实上，直到1942年，经过几年缓慢的研制之后，日本人才使用南部手枪的生产线制造出100式冲锋枪（正式型号为“100式机关小铳”）。这种冲锋枪的设计比较合理，但非常平常，毫无惊人之处，并成为日本在战时唯一大量生产的冲锋枪。

复杂的设置

100式冲锋枪的设计基本合格，不过有几处相当怪异。其中之一是该枪采用了复杂的进弹机构以保证在击针释放前子弹完全进入弹膛，但令人疑惑

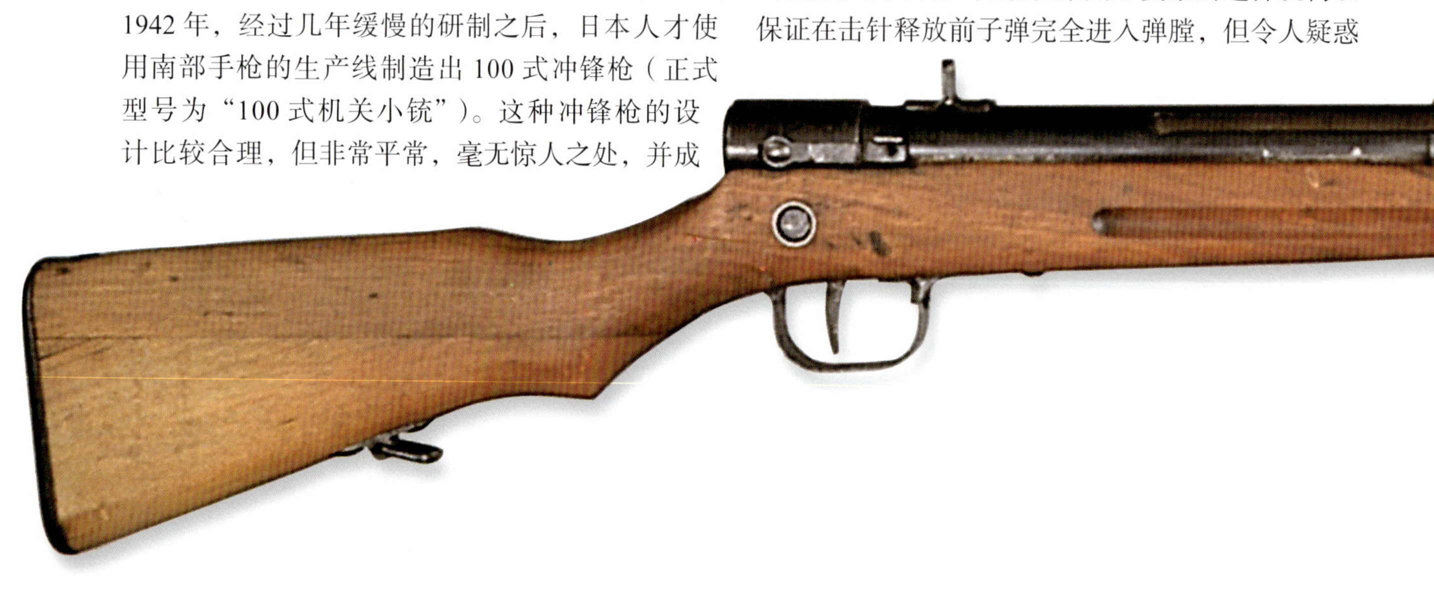

的是这项设计似乎并不是为了保证射手的安全，其具体目的仍然成谜。100 式冲锋枪采用的 8 毫米手枪弹威力较小，实战效果较差，且由于弹壳明显的瓶颈状收敛而不利于自动武器使用，进一步增加了供弹机构的问题。100 式冲锋枪的枪管镀铬，以便保持膛内清洁，减少磨损，此外该枪采用了复杂的瞄准具和弯曲弹匣。其他的特殊之处包括部分型号上相对复杂的枪口防跳器和位于枪管下方的大型刺刀座。为了提升卧姿射击精度，该枪还配有两脚架。

100 式冲锋枪有三种不同的型号。第一种型号枪长 867 毫米，枪管长 228 毫米。第二种型号有一个可折叠的枪托，一般供日军空降兵使用，枪托被铰链连接在枪架后部，可以沿枪的一侧向前折叠。这种枪托虽然减小了枪的长度（枪长只有 464 毫米），但在战斗中也削减了枪的威力。这种型号的冲锋枪生产数量极少。第三种型号出现在 1944 年，当时各条战线都需要冲锋枪。为了加速生产，日本人对 100 式冲锋枪进行了重新设计，其设计变得更加简单。1944 年型的全枪长度略有增加，木制枪托非常粗糙，射速从开始时的 450 发子弹 / 分增加到 800 发子弹 / 分。瞄准具也被简化至仅有少数几个瞄准分划。大型刺刀座也被缩小。枪口处的散热孔之前的枪管突出部分增多了，枪口制动器简化为双孔式。需要焊接的地方也尽可能简单。这样造出的武器和早期的武器相比当然要粗糙得多，但只要能使用和发挥冲锋枪的作用也就足够了。

对日本人来说，到 1944 年底，主要问题已不限于此。事实上，100 式冲锋枪已经无法满足越来越多的任务需要，而且，日本工业缺少大规模生产这些急需武器的能力。如此一来，日军在与装备精良的盟军的作战中一直处于劣势。在第二次世界大战后期的多次战役中，虽然日军垂死挣扎，拼命抵抗，但无济于事。

左图：这名日军一等兵手持的就是 100 式冲锋枪。在 1942 年前后，100 式冲锋枪是丛林战的标准武器

上图：100 式冲锋枪是为了快速生产而设计的。部分该型枪为简化工艺而采用了点焊和冲压等工艺，但仍无法满足战场的巨大需求

性能诸元

100 式冲锋枪

口径：8 毫米

重量：4.4 千克（装弹后）

枪长：900 毫米

枪管长：230 毫米

射速：800 发 / 分

枪口初速：335 米 / 秒

弹匣：可装 30 发子弹的弯曲状盒形弹匣

斯太尔－索洛图恩 S1-100 冲锋枪

尽管斯太尔－索洛图恩冲锋枪是作为瑞士武器而设计的，并且制造地点以瑞士为主，但事实上，这种冲锋枪是在奥地利设计的。奥地利冲锋枪成为瑞士武器，经历了复杂的过程，最远可追溯到第一次世界大战结束、同盟国（德国和奥匈帝国）战败时期。根据战后条约，德国和奥地利在设计和制造自动武器方面受到了严格限制。德国的莱茵金属公司收购瑞士的一家公司——索洛图恩公司，由于武器在中立国制造，所以成功绕过了这些条约的限制。在新的德国控股人的监督下，索洛图恩公司收购了奥地利的主要武器制造商——位于斯太尔的奥斯太尔里奇斯克武器制造公司的股份。这是奥地利最后一家生产冲锋枪的公司。该公司曾设计出多种冲锋枪，并且，在 20 世纪 20 年代完成了斯太尔－索洛图恩 S1-100 冲锋枪的最终设计。莱茵金属公司的路易斯 · 司登格尔于 1920 年提出了这种冲锋枪的设计方案。

为出口而生产的武器

到 1930 年时，这种冲锋枪已经进入全面生产阶段，主要供应出口市场。因为当时市场上冲锋枪的种类繁多，所以这种冲锋枪采用了通用的外形，并使用了德国 MP 18 冲锋枪的操作方法。MP 18 冲锋枪生产于第一次世界大战末期，是当时最先进的冲锋枪，那时瑞士制造商已完成了自己的设计，这种冲锋枪达到了最高境界。此时瑞士制造商已经完成了对于该型枪的进一步发展，通过设计上的改进与精良的制造工艺生产出了一代名枪。采用自由枪机原理的 S1-100 得益于优秀的设计和用最高品质的原材料以最精良的工艺生产，以及最精密的表面处理工艺，该枪非常坚固可靠，能够适应各种环境。优秀的适应性至关重要，得益于该枪的适应性，制造商可以根据用户需求生产各类口径的型号，并为其增添各种附件，各类附件中包括在枪身木质结构前端上方加装的弹匣导槽。

仅口径为 9 毫米的 S1-100 冲锋枪就至少有 3 种配用不同子弹的型号。除了生产使用 9 毫米帕拉贝鲁姆手枪弹的类型外，该公司还生产出可以使用 9 毫米毛瑟子弹和 9 毫米斯太尔子弹的两种类型的冲锋枪。9 毫米斯太尔子弹是专门为 S1-100 冲锋枪生产的。出口到日本和南美洲的 S1-100 冲锋枪使用的是 7.63 毫米口径的毛瑟子弹。葡萄牙购买

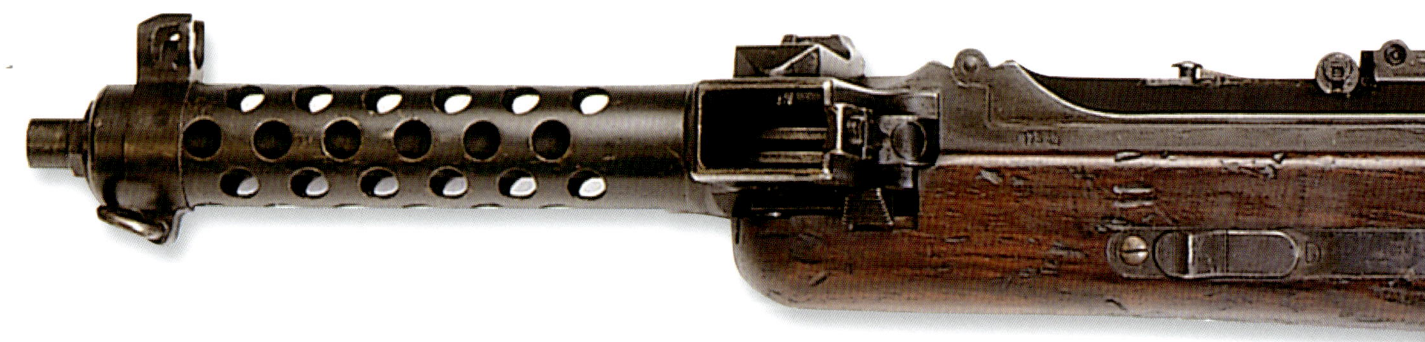

性能诸元

S1-100 冲锋枪

口径：9 毫米（帕拉贝鲁姆手枪弹）
重量：4.48 千克（装弹后）
枪长：850 毫米
枪管长：200 毫米
射速：500 发 / 分
枪口初速：418 米 / 秒
弹匣：可装 32 发子弹的盒形弹匣

了大量可发射 7.65 毫米帕拉贝鲁姆手枪弹的 S1-100 冲锋枪。至于其他附属设置及其种类更无法一一列举，其中最奇特的可能要数它的三脚架了，它可以把原来的冲锋枪转变成一支轻机枪。不过，想必这种轻机枪的效果不会太好。另外，它还有各式各样的刺刀固定设置。它的枪管长度有好几种规格，有的枪管非常长，事实上，只能使用手枪子弹。斯太尔 - 索洛图恩公司还使用了捆绑式销售的策略，该公司卖给客户的不仅仅是 S1-100 冲锋枪，还会顺便销售 S1-100 冲锋枪使用的特殊弹匣、清理工具及其他零部件等。

德国使用

到 20 世纪 30 年代中期，S1-100 冲锋枪成为奥地利军队和警察的标准武器，在 1938 年德奥合并后，德国接管了奥地利武装部队的所有装备。这样 S1-100 冲锋枪就变成了德国的 34（o）冲锋枪。人们一定会把它和德国的另一种 MP 34 冲锋枪——伯格曼冲锋枪混淆。在前线服役不长时间的德军也分不清这种冲锋枪使用的子弹（仅口径为 9 毫米的子弹至少有 3 种类型），这种武器需要相当长时间才能适应德国的武器供应网。后来，MP 34（o）冲锋枪主要供德国宪兵使用，而且，奥地利宪兵也保留了这种冲锋枪。

上图：图中为一名德军士兵使用斯太尔 - 索洛图恩 S1-100 冲锋枪进行射击训练。图片来自 1938 年德国吞并奥地利、占领奥地利兵工厂后出版的德军训练手册

上图：斯太尔 - 索洛图恩 S1-100 冲锋枪是 20 世纪 20—30 年代，奥地利以德国生产的 MP 18 冲锋枪为基础研制的武器。为了赚取利润，其产品主要供应出口市场。这种冲锋枪制作精良，可根据需要配备包括三脚架、刺刀和超大型弹匣等在内的大量附属装置

兰开斯特冲锋枪

1940年，敦刻尔克大撤退后，德国对英国的入侵迫在眉睫。英国皇家空军决定使用冲锋枪加强对英国机场的防护。由于没有时间研制新的冲锋枪，所以英国决定先直接仿制德国的MP 28冲锋枪。当时正值生死存亡，所以英国海军部决定和皇家空军联手研制新式冲锋枪。但是，最终研制出来的新式冲锋枪，只有皇家海军一家使用。

英国仿制的MP 28冲锋枪是在达格南的斯特灵武器公司制造的。为了纪念负责武器生产的乔治·H. 兰开斯特，这种冲锋枪被命名为兰开斯特冲锋枪。英国生产的兰开斯特冲锋枪设计合理，结实耐用。无论是执行跳帮（跳帮是指从一艘船跳到另一艘船的过程，通常用于军事或执法行动中）还是突袭任务，都是理想的武器。该枪结实耐用，充分运用了上一个时代的枪械设计和工艺成果：采用精加工木制护木和枪托，自由枪机原理的自动机构同样采用最优质的原料和最优秀的工艺，枪机的设计制造均非常精密，此外弹匣槽组件采用硬质黄铜合金制成。英国人在德国设计的基础上也加上了少许的本国特色，如在枪口为安装长刃刺刀而设置了刺刀座（在跳帮中非常实用），此外因为配用枪弹不同而采用了与德国原版不同的膛线设计。

较大弹匣

兰开斯特冲锋枪的直弹匣尺寸较大，可装50发子弹。套筒座顶部有一个阻铁可以帮助弹匣拆卸。英国生产的第一种型号的兰开斯特冲锋枪是9毫米的Mk 1卡宾枪型冲锋枪，它既可单发射击，也可以自动射击。而兰开斯特Mk 1*冲锋枪只有全自动模式。许多Mk冲锋枪都按照Mk 1*冲锋枪的标准在英国皇家海军的兵工厂里进行改造。

虽然兰开斯特冲锋枪完全是德国冲锋枪的翻版，但是，在整个第二次世界大战期间以及第二次世界大战之后，它在皇家海军的表现还是相当不错的。多年以后，许多老兵还对它念念不忘，言语中充满了敬意。但他们并不喜爱这种冲锋枪，因为它太重，形状也不怎么好看。如果枪中装有子弹，它的枪托在受到剧烈碰撞或震动时，还会走火。英国皇家海军直到20世纪60年代还在使用这种武器。目前，兰开斯特冲锋枪已经成为枪支爱好者的收藏品。

上图：兰开斯特冲锋枪是英国海军使用的标准武器。图为英国水兵在加拿大海港押送俘虏的德国潜水艇艇员上岸——蒙上俘虏的眼睛是正规程序。这种冲锋枪特别适宜于海上作战。它使用了李·恩菲尔德步枪的枪背带（译者注：李·恩菲尔德步枪是由恩菲尔德兵工厂生产的枪管和“李”式枪机结合而成的，1895 年装备英军）

性能诸元

兰开斯特 Mk 1 冲锋枪

口径：9 毫米

重量：4.34 千克（空枪）

枪长：851 毫米

枪管长：203 毫米

射速：600 发 / 分

枪口初速：大约 380 米 / 秒

弹匣：可装 50 发子弹的盒形弹匣

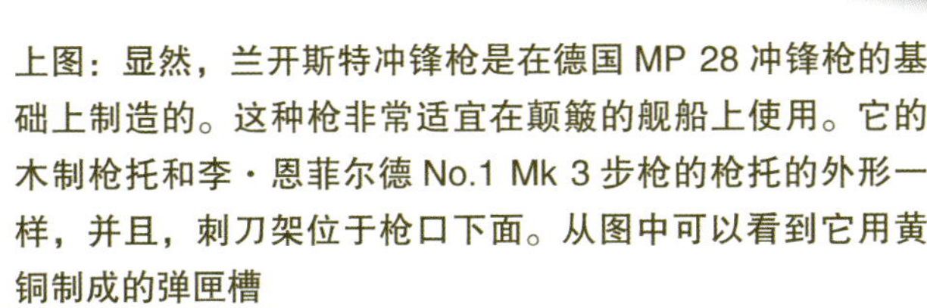

上图：显然，兰开斯特冲锋枪是在德国 MP 28 冲锋枪的基础上制造的。这种枪非常适宜在颠簸的舰船上使用。它的木制枪托和李·恩菲尔德 No.1 Mk 3 步枪的枪托的外形一样，并且，刺刀架位于枪口下面。从图中可以看到它用黄铜制成的弹匣槽

司登冲锋枪

1940 年 6 月，敦刻尔克大撤退之后，英国陆军的武器库中空空如也。为了尽快把丢盔弃甲的英军武装起来，英国军方发出紧急通知，要求研制出一种能大规模生产的简易冲锋枪。这种简易冲锋枪以德国 MP 38 冲锋枪的设计原理为基础。设计人员马上投入工作，在短短数周内就制造出了样品。设计人员是 R.V. 谢菲尔德少校和 H. J. 图尔平。他们都是恩菲尔德－洛克皇家轻武器厂（译者注：在历史不同阶段，一个厂家可能会修改多次名称还存在合资企业子公司等不同情况）的设计人员。这种新式冲锋枪被命名为司登（取自两名设计人员名字的第一个字母和制造厂名的前两个字母）。

司登冲锋枪的第一种型号为司登 Mk 1。这种冲锋枪一定会被视为冲锋枪设计以来最为丑陋的枪支之一。按照计划，这种枪要使用最简单的工具、花费最少的加工时间、尽可能迅速和廉价地投入生产，并且要尽可能使用钢管、冲压板、易于生产的焊接部件以及击针和闭锁等。它的枪机是用钢管制成的，枪托为钢质结构。枪管由拉伸钢管制成，留有 2 条或 6 条膛线，膛线刻制工艺十分粗糙。弹匣用钢板制成，扳机设置位于木制枪托内部。它有一个较小的前置式木制握把和一个简陋的消焰器。它的模样实在令人无法恭维，在初次发放部队时，就引来了无数尖刻的嘲讽和咒骂。但是一经使用，士兵们马上就接受了它，毕竟它是在极端环境下生产出来的杀人工具。

简单而有效的武器

司登 Mk 1 冲锋枪大约生产了 10 万支，并且在数月内就送到了英军手中。到 1941 年时，全金属结构的司登 Mk 2 冲锋枪投入了生产。它比前者还要简单，但一经问世，却被视为司登冲锋枪中的

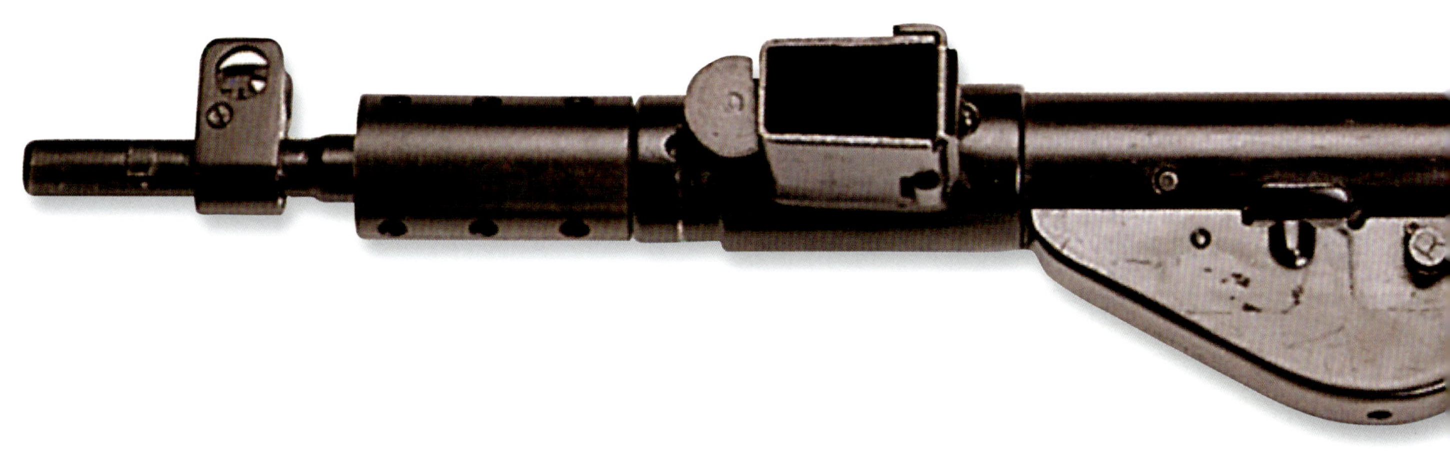

性能诸元

司登 Mk 2 冲锋枪

口径：9 毫米（帕拉贝鲁姆手枪弹）

重量：3.7 千克（装弹后）

枪长：762 毫米

枪管长：197 毫米

射速：550 发 / 分

枪口初速：365 米 / 秒

弹匣：可装 32 发子弹的盒形弹匣

"经典"。这种枪的所有部件都是用金属制成的。扳机装置上面的木制枪托不见了，取而代之的是一个简单的钢板盒。枪托尾部是一根钢管，管底布置有平面托底板。重新设计的枪管可以用螺丝固定或松动，以便于枪管改换。弹匣槽（弹匣布置于枪身左侧）被设计为一个独立的部件，可向下旋转，以避免在拆下弹匣后泥土与脏污进入枪体。为了便于闭锁装置的拆卸和弹簧的清理，枪托拆卸非常容易。

司登冲锋枪拆卸后，占用的空间很小，这是司登冲锋枪的最大优势。由于建立了几条生产线，包括在加拿大和新西兰建立的生产线，英国军队最初的武器需求得到了满足。但司登冲锋枪仍在大规模生产，并被空投到欧洲占领区，供抵抗力量使用。事实证明，司登冲锋枪的最大优点是简单和易于拆卸。

司登 Mk 2 冲锋枪还有一种产量极少的消声型号，这就是司登 Mk 2S 冲锋枪。这种枪主要供突击兵和奇袭部队使用。司登 Mk 2 冲锋枪之后是司登 Mk 3 冲锋枪。它比最初的 Mk 1 还要简单。它的枪管不能拆卸，并且被一根套管包裹。该型冲锋枪的产量同样数以万计。

最后的型号

司登 Mk 4 冲锋枪是一种供伞兵部队使用的冲锋枪，但是没有投入生产。到司登 Mk 5 冲锋枪问世的时候，局势已经朝着有利于盟军的方向发展了，因此司登 Mk 5 能够以更精细的工艺加工制造。Mk 5 冲锋枪自然成了司登系列冲锋枪中最优秀的型号，因为它的生产标准已经达到很高的程度，并且附属部件，如木制枪托、前握把和小型刺刀架的制造都极为精致。它使用了李 · 恩菲尔德 No.4 步枪的前瞄准具。1944 年，空降部队装备了 Mk 5 冲锋枪，第二次世界大战后，Mk 5 成为英军的制式冲锋枪。

几乎从每一个方面说，司登冲锋枪都是一种粗糙的武器（译者注：此处指的是在枪上配置了一些精巧的小附件，但是整体而言依旧是一种粗糙的武器），但是它的性能堪用，并且是在最危急的关头投入大规模生产的。在欧洲占领区内，抵抗力量把它当作一种理想的武器，并且全世界的地下武装几乎都原样不动地仿制了这种武器。甚至德国人为了弥补他们缴获的 Mk 3 冲锋枪和 Mk 2S 冲锋枪的数量缺口，也在 1944 年和 1945 年仿制出德国的司登冲锋枪。德国人把他们生产的司登冲锋枪分别命名为 MP 749（e）和 MP 751（e）冲锋枪。

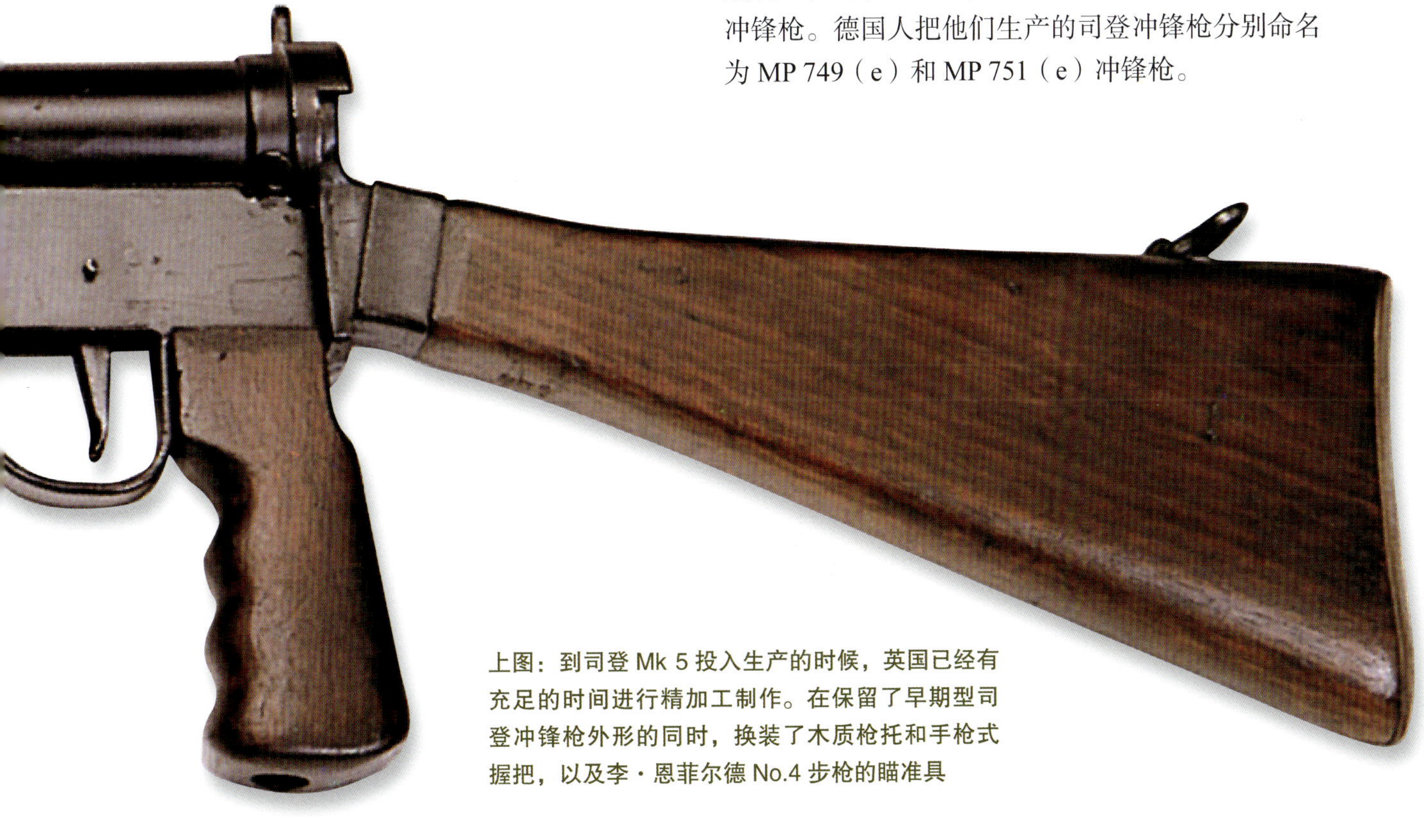

上图：到司登 Mk 5 投入生产的时候，英国已经有充足的时间进行精加工制作。在保留了早期型司登冲锋枪外形的同时，换装了木质枪托和手枪式握把，以及李 · 恩菲尔德 No.4 步枪的瞄准具

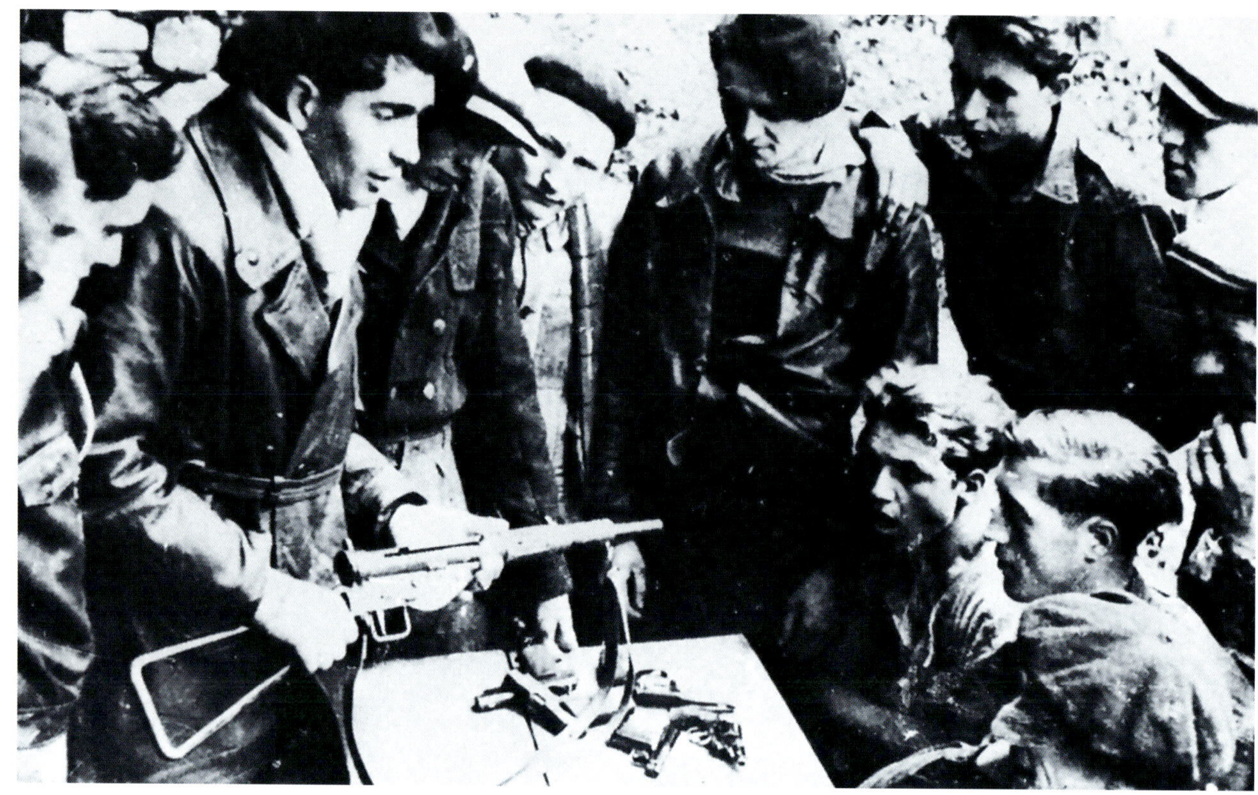

上图：卢瓦尔河的游击队正在训练课上学习如何使用司登 Mk 2 冲锋枪。这支司登冲锋枪的枪托为钢制品，其形状和常见的 T 形枪托不同。这两种类型的枪托都很容易拆卸

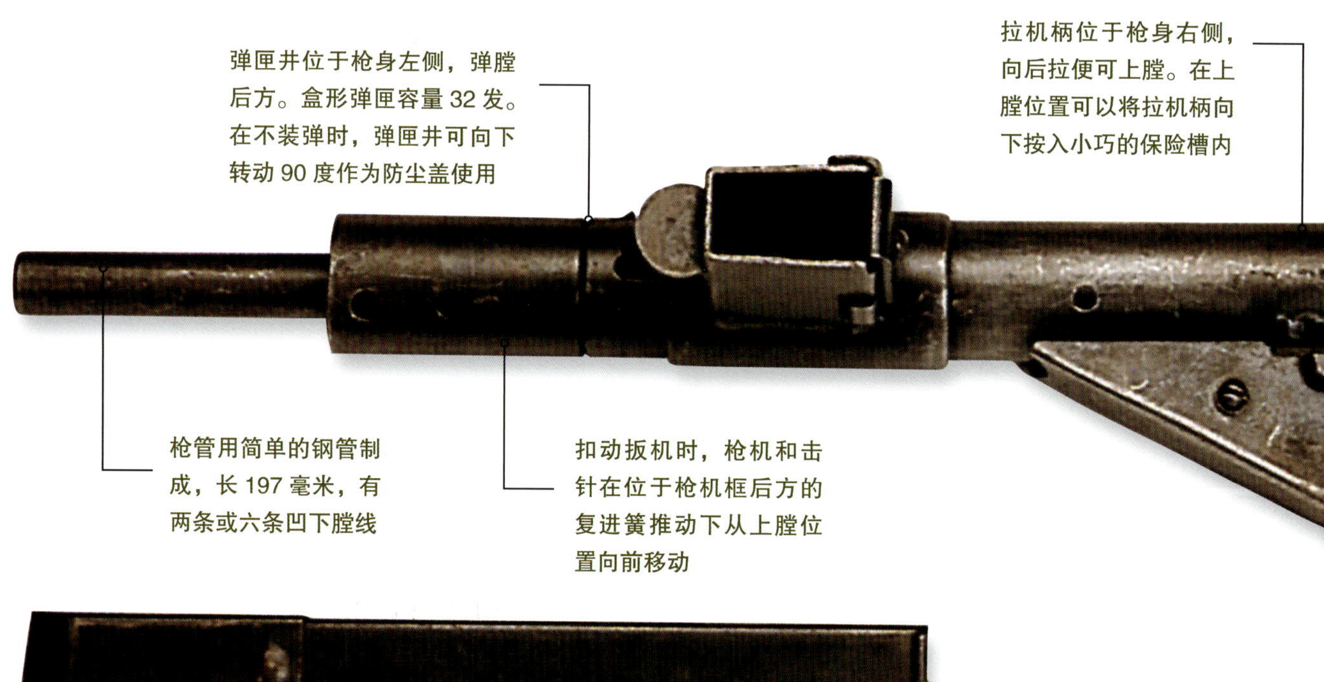

司登 Mk 2 冲锋枪

英国军队在 1940 年 6 月敦刻尔克大撤退后，正处于最困难时期。为了尽快重新武装，英国迅速设计并生产出了司登冲锋枪。这种冲锋枪造价低廉、性能可靠，而且易于大规模生产，是一种较为理想的武器。由于其设计非常简单，因此性能相当可靠。在第二次世界大战后期，由于时间和制造设施的改善，英国对这种冲锋枪进行了改进。

上图：这可能是法国抵抗力量在战斗中（1944 年）拍摄的照片。图中有两支司登冲锋枪和一支霰弹枪。这两种武器都是法国抵抗力量常用的武器

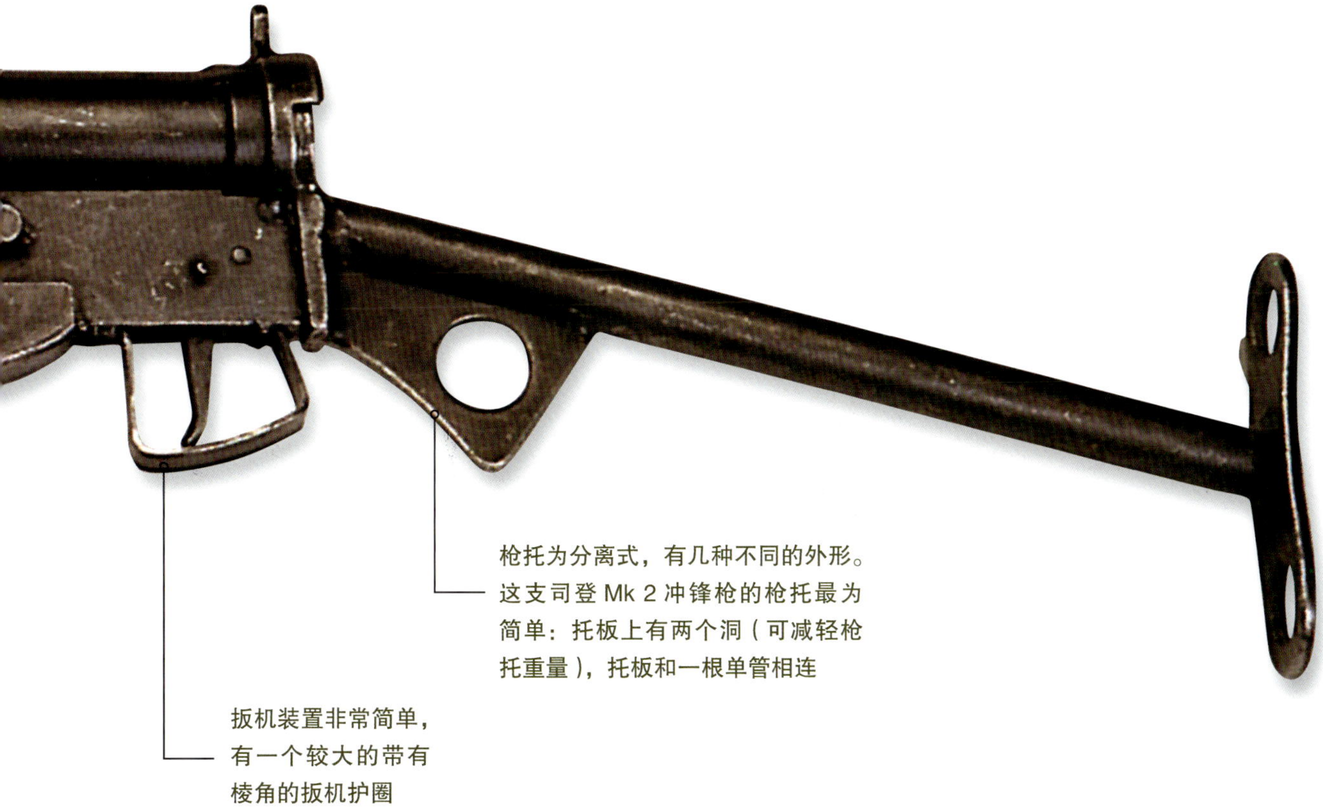

枪托为分离式，有几种不同的外形。这支司登 Mk 2 冲锋枪的枪托最为简单：托板上有两个洞（可减轻枪托重量），托板和一根单管相连

扳机装置非常简单，有一个较大的带有棱角的扳机护圈

上图：司登冲锋枪非常适合抵抗力量进行伏击和突袭活动。它可以使游击队拥有更强的火力。这种冲锋枪易于拆卸，利于隐藏

下图：图中为地中海战区街头巷战的情景。为了提高司登冲锋枪的操纵能力，司登冲锋枪大量加装了前握把，这支司登冲锋枪使用的是非标准的前置式枪把

汤姆森 M1 冲锋枪

汤姆森冲锋枪是历史上最著名的武器之一。它成为大家所熟知的武器的原因要归功于好莱坞的电影制片商。“汤米（汤姆森的昵称）冲锋枪”的名字起源于 1918 年第一次世界大战期间的堑壕战。

在残酷的堑壕战中，士兵们需要一种能够横扫堑壕中的敌人的短距离自动武器。因为此类“堑壕扫帚”只能在近距离内操作，所以不需要威力大、射程远的子弹。

第一代冲锋枪

德国陆军早就产生了这种想法，并且生产出了 MP 18 冲锋枪。而在美国，前军械主任约翰·汤姆森将军倡议研制一种自动武器，可使用标准的 11.43 毫米手枪子弹。这种武器就是后来大家所熟知的汤姆森冲锋枪。

汤姆森冲锋枪刚生产不久就进行了分类。它有许多种不同的型号。第一次世界大战结束后，美国禁止向外销售汤姆森冲锋枪。但是在禁售期间，汤姆森冲锋枪却成了臭名昭著的武器，因为流氓团伙和政府特工人员都把它当作理想武器。当好莱坞开始使用它拍摄枪战片时，汤姆森冲锋枪一夜间声名鹊起。

美国海军陆战队于 1927 年在尼加拉瓜使用过汤姆森冲锋枪。一年后，美国海军正式列装汤姆森 M1928 冲锋枪。

1940 年，欧洲有几个国家迫切需要汤姆森冲锋枪。它们没料到德国会在 1939 年和 1940 年的战争中大范围使用冲锋枪，其中英国和法国呼声最高，要求美国提供类似的武器，而美国能够提供的只有汤姆森冲锋枪。美国开始为英国、法国和南斯拉夫大规模生产这种武器，但订单仍如雪片般飞来，供不应求。

下图：1945 年，冲绳战役中的一名汤姆森冲锋枪射手正在射击。他使用的是汤姆森 M1A1 冲锋枪。该枪采用了水平前护木，并没有垂直前握把

上图：M1928 是汤姆森冲锋枪中的经典。流氓团伙、联邦特工和美军士兵都喜爱使用这种武器

法国和其他国家的订单都转给了英国。英国开始使用汤姆森冲锋枪，直到它自己研制的司登冲锋枪问世。即使如此，英国突击队仍然装备了汤姆森冲锋枪，后来在缅甸的丛林战中大显身手。

当美国加入第二次世界大战时，美国陆军也决定使用汤姆森冲锋枪，但是汤姆森冲锋枪必须重新设计才能符合大规模生产的要求。由于过去使用的加工程序比较复杂，所以汤姆森冲锋枪是在匆忙中投入大规模生产的。

汤姆森 M1 冲锋枪于 1942 年 4 月定型。该枪的设计相当简单，采用自由枪机式原理，不过并未采用在好莱坞枪战片中常见的圆筒弹鼓，而是朴实的盒形弹匣。1942 年 10 月生产的 M1A1 冲锋枪设计进一步简化，取消了前握把与枪管散热片，但大部分部件仍需通过机加工制造。尽管它的花费从 1939 年的 200 美元/支下降到 1944 年的 70 美元/支，但仍然无法和模样丑陋但性能良好的 M3“注油枪”冲锋枪进行竞争。后者每支仅需 10 美元甚至更低。

事实上，尽管 M1 冲锋枪较重，在战场上不易拆卸和维修，但是结实耐用，深受士兵们的喜爱。到 1944 年底，美国陆军下过最后一批订单后，它的总产量已达到 175 万支。1940—1944 年，大部分汤姆森冲锋枪都是由萨维奇武器公司制造的。

性能诸元

汤姆森 M1 冲锋枪

口径：11.43 毫米
重量：4.74 千克（装弹后）
枪长：32 英寸
枪管长：10.5 英寸
射速：700 发/分
枪口初速：280 米/秒
弹匣：可装 20 或 30 发子弹的盒形弹匣

上图：无疑，战时的汤姆森 M1A1 冲锋枪不如汤姆森 M1928 冲锋枪那样华丽精致。M1A1 冲锋枪结构简单，该枪采用简单的自由枪机原理，以及固定式击针与击锤

上图：温斯顿·丘吉尔使用汤姆森冲锋枪。这种冲锋枪的弹鼓可装 50 发子弹。事实证明，这种弹鼓过于复杂，在战场上不利于使用

左图：由于汤姆森冲锋枪结实耐用、性能可靠，所以深受士兵们的欢迎。经过第二次世界大战的大范围使用后，美国军队在朝鲜战争和越南战争中继续使用这种武器，直到今天，在一些偏僻地区的战争中仍有人使用这种武器

汤姆森 M1928 冲锋枪

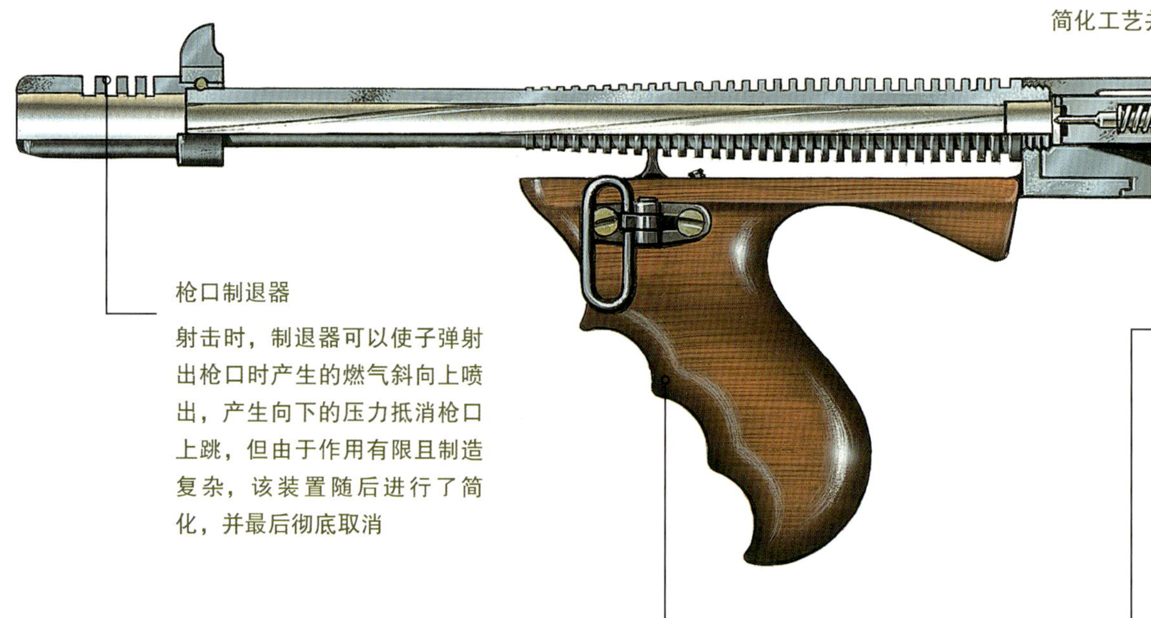

击针

最初的汤姆森冲锋枪使用的是分离式击针，用击锤撞击。但是，这样设置过于复杂。后来的型号改成了固定式击针，简化工艺并降低成本

枪口制退器

射击时，制退器可以使子弹射出枪口时产生的燃气斜向上喷出，产生向下的压力抵消枪口上跳，但由于作用有限且制造复杂，该装置随后进行了简化，并最后彻底取消

前握把

早期的汤姆森冲锋枪均安装有手枪式前握把。不过早在 20 世纪 20 年代海军陆战队在尼加拉瓜作战时便发现这种握把并非必要，随后的军用型号将前握把改为了水平护木

弹匣

在好莱坞电影中，M1928 冲锋枪最初使用的是可装 20 发子弹的盒形弹匣和可装 50 发子弹的弹鼓；然而在第二次世界大战期间，M1928 冲锋枪使用最多的是可装 30 发子弹的盒形弹匣

上图：使用手枪弹意味着汤姆森冲锋枪的射程很近。这种冲锋枪比较重，行军中会成为士兵们的负担。但和其他类型的又轻又廉价的冲锋枪相比，士兵们更喜爱这种冲锋枪

上图：在卡西诺战役中，一名廓尔喀士兵正在一栋被破坏的楼房中警戒。汤姆森冲锋枪射程较近，专门为堑壕战设计。该枪适合在建筑物密集的地区作战

瞄准具

20 世纪 20 年代的汤姆森冲锋枪有一个制作精良的“莱曼”后瞄准具，瞄准分划从 50 米到 550 米不等。后来它被简单的“L”形战斗瞄准具取代

枪托

如果需要，拧下图中所示的两颗螺丝钉就可以轻松地把枪托拆卸下来。在射击时极少将其拆卸下来，因为它可以帮助瞄准，减少射击误差。枪托挡板内可容纳一瓶枪油

射击选择器

它位于扳机装置的左侧。早期的汤姆森冲锋枪中，它能设定进行半自动单发射击或全自动连续射击（射速为 725 发 / 分）。M1928 冲锋枪和后续型号汤姆森冲锋枪的射速降低到了 600 发 / 分

固定枪托

战时状态下生产的汤姆森冲锋枪省去了可拆卸式的枪托，使用的是固定式木制枪托。其他变化包括取消了前握把和枪管上的散热片。枪机设计也进行了简化，拉机柄可以从机匣顶部直接拆下

M3 和 M3A1 冲锋枪

到 1941 年初时，尽管美国还没有直接参加第二次世界大战，美国军方已经清醒地认识到冲锋枪将在现代战场上发挥的重要作用。虽然已经拥有一定数量的汤姆森冲锋枪，但远远不够，他们需要更多的汤姆森冲锋枪。德国 MP 38 冲锋枪和英国司登冲锋枪的出现预示着冲锋枪在未来必须能够实现大规模生产。和进口的英国司登冲锋枪对比后，美国陆军军械理事会倡议对英国司登冲锋枪的设计进行研究，并制造出美国式的司登冲锋枪。研究结果递交给一个专家小组（该小组成员之一就是曾研制出海德 M2 冲锋枪的乔治·海德）。在极短的时间内，该小组就完成了设计工作，并生产出了试验用的冲锋枪模型，最后授权美国通用汽车公司进行大规模生产。

危机意识

试验用的冲锋枪模型交给军方的时间恰恰就在珍珠港事件爆发之前（美国随后参加了第二次世界大战）。由于美国把此事当作优先项目考虑，所以设计结果很快就出来了，新研制的冲锋枪被命名为 M3 冲锋枪。M3 冲锋枪和司登冲锋枪一样，外形都不怎么好看，全金属结构，许多零部件是用钢板简单冲压和焊接成的。只有枪管、枪机和部分扳机机构需要机加工，可伸缩枪托由钢丝弯成，该枪的设计简单到了极点，甚至没有任何保险装置，且只能以全自动模式射击。

该枪的枪体大部分为筒状钢制结构，下置弹匣容量为 30 发。拉机柄布置相当局促，其上膛位置就位于扳机前方，抛壳窗外侧有铰接式防尘盖。枪管通过螺纹直接旋入枪身。该枪的瞄准具极为简陋，甚至连背带环这样的“奢侈品”也被省去了。

早期存在的问题

由于 M3 冲锋枪是在匆忙中投入生产并装备部队的，所以马上就遇到了麻烦。它的丑陋的外表很快赢得了“注油枪”的绰号，并招致了大量非议。不过一经使用，这种枪表现出良好的性能。但这种冲锋枪毕竟是在匆忙中投入生产的，而且生产线过去主要用来生产汽车或卡车零部件，所以存在的问题马上暴露无遗：拉机柄容易断裂，钢丝弯成的枪托很容易变形，关键零部件由于材料机械强度不足而容易断裂等。这样一来，军方要求通用汽车公司对 M3 冲锋枪进行改进，但更重要的是，当时情况紧急，前线士兵急需武器，所以这种冲锋枪还是大批量投入了生产。

不受欢迎的型号

M3 冲锋枪从来没有摆脱它的外形所带来的坏名声。只要有可能，前线的士兵（欧洲战区）就会选择汤姆森 M1 冲锋枪或从德军手中缴获来的 MP 38 和 MP 40 冲锋枪。但是，在太平洋战区作战的美军士兵只能使用 M3 冲锋枪。即使如此，

性能诸元

M3 冲锋枪

口径：11.43 毫米或 9 毫米

重量：4.65 千克（装弹后）

枪长：745 毫米（枪托展开），
570 毫米（枪托收回）

射速：350 ~ 450 发 / 分

枪口初速：280 米 / 秒

弹匣：可装 30 发子弹的盒形弹匣

美军士兵也是勉强接受而已。对于美军的某些兵种（例如运输兵和坦克兵等）而言，M3 冲锋枪虽然使用的机会不多，但其短小便携，适合作为防身武器。

从开始的时候，按照设计，通过更换枪管、弹匣和枪机，M3 就可以快速转变，发射口径为 9 毫米的子弹。空投给欧洲抵抗力量的 M3 冲锋枪有的就具有这种功能。另外，M3 冲锋枪还有一种消声型号，但生产数量很少。

设计改进

1944 年，美国军方决定生产新式的像 M3 冲锋枪一样简单，甚至比 M3 冲锋枪还要简单的冲锋枪。美国把作战经验与新的生产技术结合，对 M3 冲锋枪进行了改进，制造出 M3A1 冲锋枪。这种冲锋枪继承了 M3 冲锋枪的基本特点。对于士兵而言，最重要的改进当数其抛壳口防尘盖放大到足以遮挡整个枪机行程范围，射手现在仅需用手指向前勾住从枪机延伸出的拉机柄并向后拉到位便可上膛，原有的那个操作别扭的拉机柄被直接取消。此外，该枪还在枪口加装了消焰管。除了这些改动外，还有其他一些小的变动。战争结束时，M3A1 冲锋枪仍在生产。此时，美国已经决定逐步淘汰汤姆森冲锋枪，继续使用 M3 和 M3A1 冲锋枪。

生产质量较差的武器

即便抛开外形不谈，M3 冲锋枪也谈不上优秀，该枪故障率高，供弹系统的表现也不理想，且由于没有手动保险，极易发生走火。但该枪的性能已经堪用，且能够大量装备，在战争中，这两大因素更重要。因为生产数量巨大，哪里有美国大兵，哪里就有 M3 和 M3A1 冲锋枪，美国大兵把它们带到了世界各地。

上图：在欧洲战区，M3 冲锋枪从来没有赢得美国士兵的欢心。而在太平洋战场上，M3 冲锋枪却成了别无选择的武器

下图：美国的 M3“注油枪”冲锋枪和英国的司登冲锋枪与德国的 MP 40 冲锋枪为同时代的冲锋枪，主要是为能快速地投入大规模生产而设计的。它的设计比较合理，但美国军队从来没有真正喜欢过它，他们更喜欢汤姆森冲锋枪

雷兴 M50 型和 M55 型冲锋枪

雷兴 M50 型和后来的雷兴 M55 型冲锋枪并没有采用冲锋枪普遍使用的自由枪机式原理，而是采用了理论上更优越的延迟后坐式原理，但其表现却事与愿违。1940 年，第一批雷兴 M50 型冲锋枪问世，与其他大多数冲锋枪的开膛待击（直到扣动扳机时枪机才会向前滑动）不同，雷兴冲锋枪采用了闭膛待击，上膛时枪机会将子弹顶入弹膛并在弹膛后部待击。虽然闭膛待击理论上能够提供更好的精度，但需要一系列连杆来触发位于枪机内的击针，而当枪机开始运动时，连杆与枪机之间就不再连接。这一设计增加了复杂性和制造成本，同时也使得击发系统中的部分零部件容易损坏。

商业冒险

雷兴 M50 型冲锋枪的研制是纯粹的商业冒险行为，该枪直到几年后才被考虑作为军用。雷兴 M50 型冲锋枪的一个突出特色是该枪的拉机柄布置于前护木底部的一根细槽内。这一布局的目的是避免将拉机柄布置在顶部导致污物进入枪身内部，但却造成了更为严重的后果：污物很可能进入下方的细槽内，且更难被清除，从而成为故障的潜在根源。虽然在外观上雷兴冲锋枪非常简洁，但该枪实际上内部结构相当复杂，容易发生故障。由于以上多项不利因素，该枪的总体可靠性较差。

当雷兴 M50 型冲锋枪首次交付美军试用时，该枪并没有登上海军陆战队的优先采购列表，不过由于其他型号冲锋枪的采购货源都已经被抢占，陆战队不得不采购大批雷兴 M50 型，不过这批冲锋枪很快被弃用，或被其他型号取代。英国军火采购委员会购买了部分雷兴 M50 型，但其中大部分没有投入使用；另有部分该型枪被提供给了加拿大，此外还有部分该型枪被运往苏联。雷兴冲锋枪的生产一直持续至 1945 年，产量超过 10 万支，不过对于制造商来说已经收回成本了。

此外还有部分雷兴冲锋枪为 M55 型，该枪与 M50 型除了将木枪托换为钢丝折叠枪托外完全一样。M55 型因此和 M50 型一样差评不断。

下图：雷兴 M55 型冲锋枪和雷兴 M50 型冲锋枪的不同之处在于：前者的枪托为可折叠的钢丝枪托，主要供空降部队使用；后者则为全木制枪托。两者的共同之处是都不受士兵们的欢迎，由于容易进入泥土，所以都容易发生故障

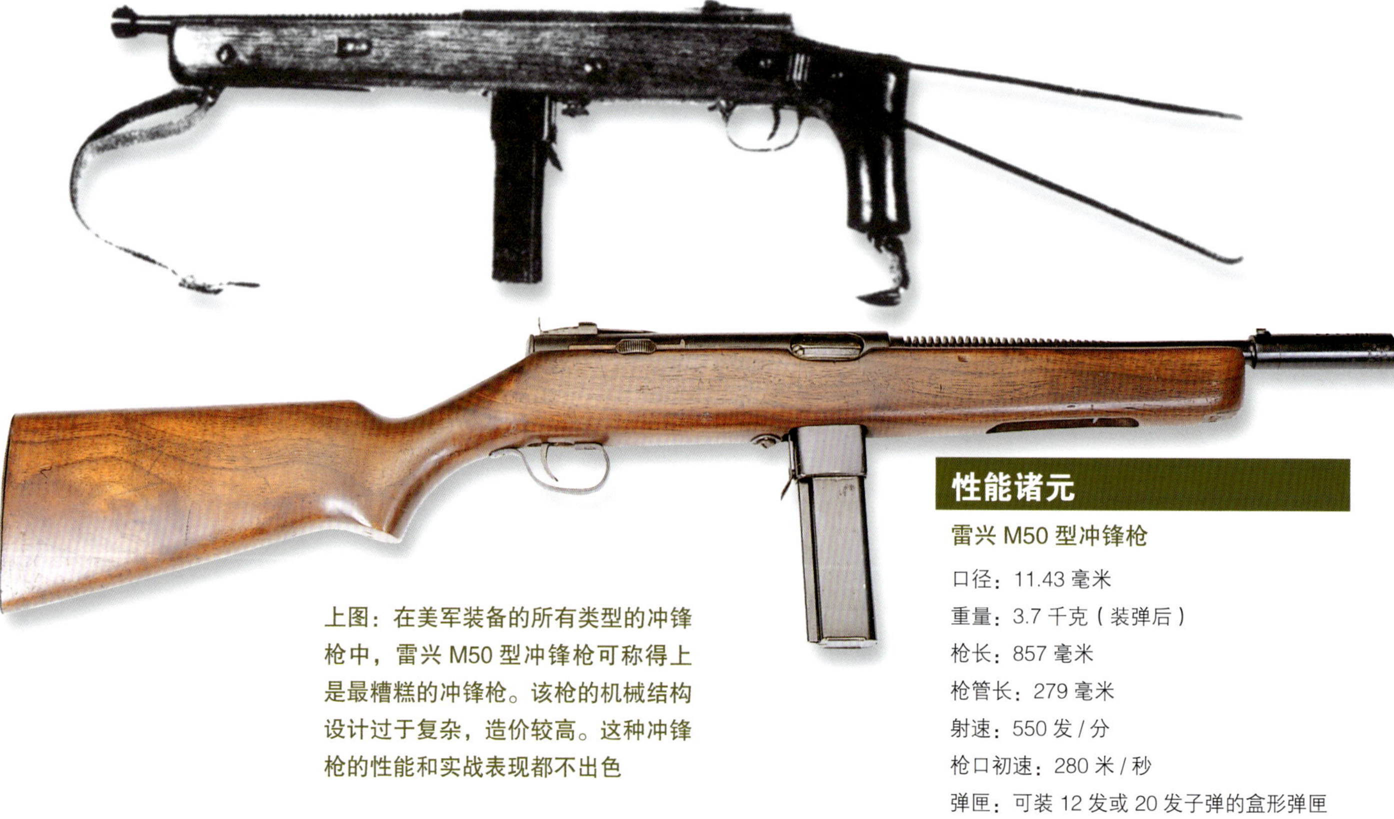

上图：在美军装备的所有类型的冲锋枪中，雷兴 M50 型冲锋枪可称得上是最糟糕的冲锋枪。该枪的机械结构设计过于复杂，造价较高。这种冲锋枪的性能和实战表现都不出色

性能诸元

雷兴 M50 型冲锋枪

口径：11.43 毫米

重量：3.7 千克（装弹后）

枪长：857 毫米

枪管长：279 毫米

射速：550 发 / 分

枪口初速：280 米 / 秒

弹匣：可装 12 发或 20 发子弹的盒形弹匣

联合防御 M42 冲锋枪

纵观 1939—1945 年美国所有类型的冲锋枪，有一种常常被人忽略。这种冲锋枪是根据一连串的姓氏命名的，通常被称为 UD M42 冲锋枪。它的设计时间恰好在第二次世界大战爆发前，使用 9 毫米子弹。设计这种冲锋枪的目的是满足商业上的需要。订购这种冲锋枪的单位被称为联合防御供应公司，并且订购背景也相当奇怪。该公司是美国政府的一个部门，订购武器主要是为了在海外使用，实际上该公司是美国情报机构使用的秘密“马甲”，负责在海外的地下活动。

联合防御供应公司为什么订购马林武器公司生产的武器，其中的原因现在无从得知。但是人们常把这种武器称为“马林”冲锋枪。这就是 UD M42 的来历。当时给人的印象是这种武器被运到欧洲，供那些为了美国利益而活动的地下组织使用。事实上，它的使用范围并不局限于欧洲，在日本入侵“荷属东印度”（今天的印度尼西亚）之前，有一些 UD M42 冲锋枪的确被运到这一地区，但是，奇怪的是，这批枪械就如泥牛入海一般不知所终。

大多数 UD M42 冲锋枪被运到了欧洲。但是，有些落到了非常奇怪的人手中。多数被送到地中海地区的德意占领区内或附近地区的抵抗力量和游击队组织手中。在这些地区，这些冲锋枪出现在一些活动中，最著名的一次活动是英国特工在克里特岛上绑架了德国的一名将军。其他活动同样波澜起伏，充满戏剧情节，但常常发生在远离公众视线的地方。以至于今天，这些活动和 UD M42 冲锋枪的使用情况被人们忘得一干二净。

现在，把 UD M42 冲锋枪归为第二次世界大战的名枪或许是出于对许多武器权威人士的同情。由于这种武器是以商业而非军事用途的名义生产的，所以不仅制作精良，而且结实耐用。发射装置稳定可靠，非常精确。并且，有关资料显示，人们非常喜爱这种冲锋枪。它经得起各种环境的考验，即使是被埋在泥泞之处和水中，取出后仍能使用。

性能诸元

UD M42 冲锋枪

口径：9 毫米
重量：4.54 千克（装弹后）
枪长：807 毫米
枪管长：279 毫米
射速：700 发 / 分
枪口初速：400 米 / 秒
弹匣：可装 20 发子弹的盒形弹匣

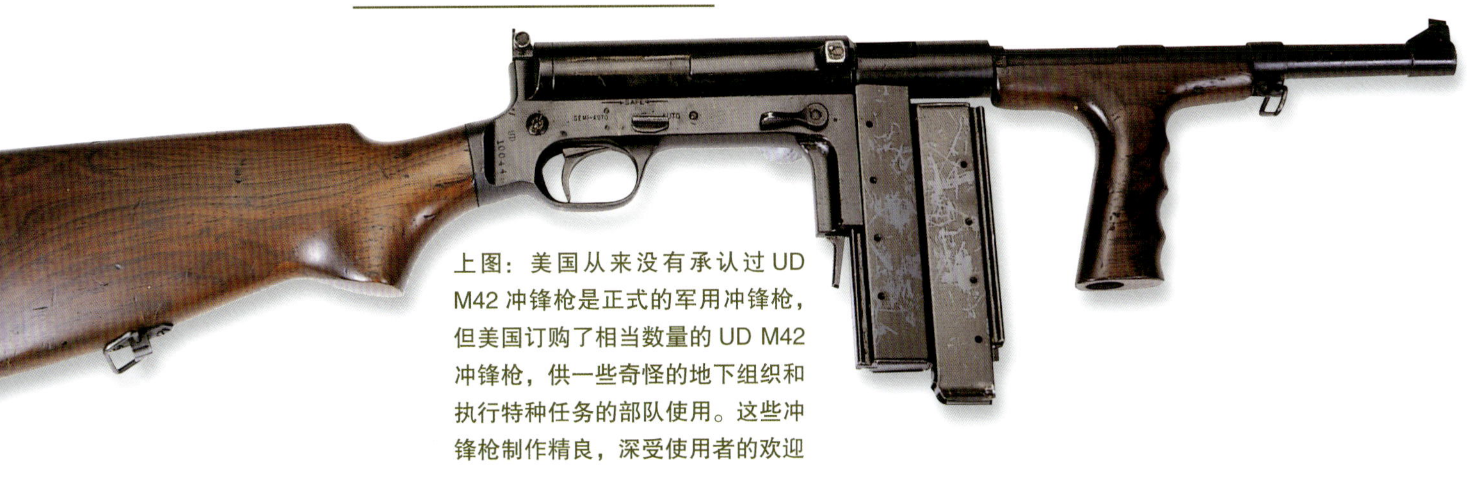

上图：美国从来没有承认过 UD M42 冲锋枪是正式的军用冲锋枪，但美国订购了相当数量的 UD M42 冲锋枪，供一些奇怪的地下组织和执行特种任务的部队使用。这些冲锋枪制作精良，深受使用者的欢迎

PPSh-41 冲锋枪

人们通常将什帕金 1941 型冲锋枪称为 PPSh-41 冲锋枪。对于苏联红军来说，相当于司登冲锋枪之于英军和 MP 40 冲锋枪之于德军：简而言之，该枪就是苏联战时大规模生产的制式冲锋枪，通过最大限度地优化设计，尽可能简化枪械结构，减少昂贵耗时的机加工零件的使用。但与 MP 40 和司登不同的是，PPSh-41 的设计更加合理，并尽可能地运用先进技术，因此相比司登冲锋枪等其他型号，该枪在性能方面有着全面的优势。

大规模生产

格奥尔基·什帕金从 1940 年就开始研制 PPSh-41 冲锋枪。但是，直到 1942 年初，这种冲锋枪才大规模装备苏联红军。此时正逢德国大举入侵苏联（从 1941 年 6 月开始）。这种冲锋枪的最初设计目的是要最大可能地易于生产。于是，从装备精良的兵工厂到乡村设备简陋的作坊，都开始夜以继日地制造这种武器。据估计，到 1945 年“伟大卫国战争”结束时，PPSh-41 冲锋枪共生产了 500 多万支。

作为一款需要大规模生产的枪械，PPSh-41 的设计非常优秀，枪托采用结实的硬木材料。该枪使用的依然是自由枪机原理，不过由于射速较快，为了吸收枪机后退所产生的震动，枪机框后方设置有鞣制皮革或毛毡制成的缓冲垫。枪机框与枪管套筒采用简单的冲压钢板零件，套筒口的斜切也可作为枪口防跳器抑制后坐力导致的枪口上跳。该枪的枪管采用了苏制枪械中普遍采用的镀铬工艺以降低清洁难度和枪管磨损。为满足庞大的产量需求，该枪的枪管直接由莫辛－纳甘步枪枪管截短而成。

上图：在第二次世界大战许多大规模的围攻战役期间，如列宁格勒、塞瓦斯托波尔和斯大林格勒战役中，甚至妇女和儿童都拿起了武器

PPSh-41 可采用 35 发弹匣或 71 发弹鼓。该枪的弹鼓与苏联此前使用的冲锋枪能够通用。单连发选择杆位于扳机护圈内，扳机之前。PPSh-41 大量采用焊接、铆接和冲压工艺，结实可靠且性能优越。

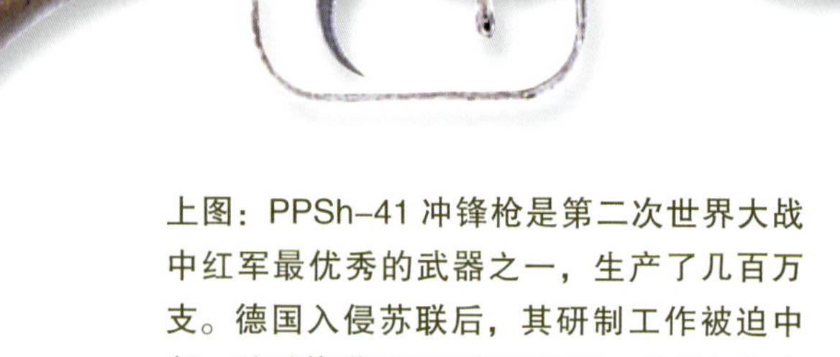

上图：PPSh-41 冲锋枪是第二次世界大战中红军最优秀的武器之一，生产了几百万支。德国入侵苏联后，其研制工作被迫中断，随后苏联进行了紧急设计，并投入生产

正是由于PPSh-41的优越性能，苏联红军在大量装备该型冲锋枪后，采用了一种与其他国家军队全然不同的使用方式。苏军往往给整营整团的部队全部配发PPSh-41，这些营团级部队甚至除了冲锋枪外就只有手榴弹，将作为突破集群的先锋，搭乘在T-34中型坦克上快速进入战场，对敌方发动猛烈突击。在战斗中这些突击部队往往除了吃饭和睡觉之外都在乘着坦克攻击敌人。这些突击部队的士兵仅携带随身弹药，个人生活条件也较差，往往会很快阵亡或受伤。但正是依靠成千上万这样的部队，苏联红军不仅收复了国土，还一路横扫了半个欧洲。而PPSh-41冲锋枪也因此成了令人畏惧的苏联红军的一大象征。

德军使用

在战场上，PPSh-41冲锋枪（该枪在使用者中有一个更为亲切的名称“波波沙”）几乎不需要维护，甚至连擦拭都不需要。该枪在东线战场上充分经历了各类严酷战场环境的考验，不论是尘土飞扬的夏季还是冰天雪地的冬季，不管是在完全冻干还是没有上油的情况下，该枪的枪机依然能够有效工作，不发生卡膛或冻住等故障。

由于这种冲锋枪的生产数量极大，德军也像红军一样把它当作德军的标准武器。他们甚至修改了从红军手中缴获的PPSh-41冲锋枪的口径，用来发射自己的9毫米帕拉贝鲁姆手枪弹。这需要替换PPSh-41冲锋枪的枪管和弹匣槽，使之能使用德国MP 40冲锋枪的弹匣。那些落入德军之手但未作修改的PPSh-41冲锋枪被德军称之为717（r）冲锋枪，至于那些口径被修改过的PPSh-41冲锋枪的型号则有待考证。

活动在德军背后的游击队发现，PPSh-41冲锋枪非常适合游击战。第二次世界大战结束后，苏联势力范围内的所有国家都使用这种冲锋枪。今天，世界各地的许多士兵仍在使用这种武器。毫无疑问，在相当长的时间内，它不会从人们的视线中消失。

上图：PPSh-41冲锋枪给德军留下了深刻印象。当德军自己的MP 40冲锋枪供应不足时，就使用从苏军手中缴获来的PPSh-41冲锋枪。如果没有苏军的7.62毫米子弹，他们就使用德国的7.63毫米毛瑟手枪子弹。到1945年时，德军改装了许多PPSh-41冲锋枪，改装后的PPSh-41冲锋枪能够发射德国的9毫米子弹

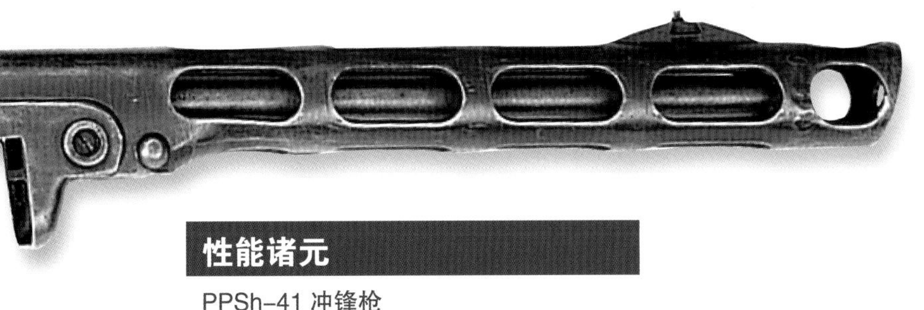

性能诸元

PPSh-41冲锋枪

口径：7.62毫米

重量：5.4千克（装弹后）

枪长：828毫米

枪管长：265毫米

射速：900发/分

枪口初速：488米/秒

弹匣：71发弹鼓，或35发盒式弹匣

PPD-1934/38 冲锋枪

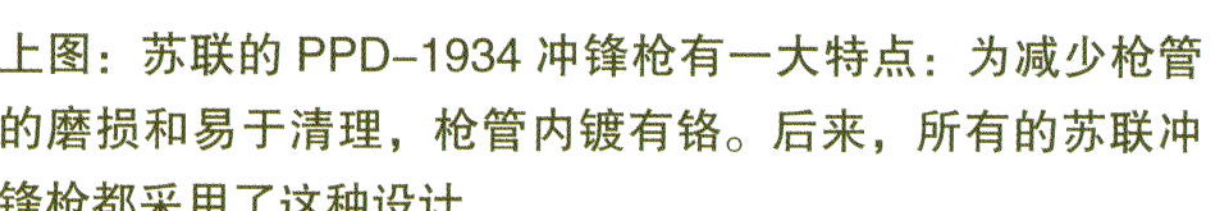

上图：苏联的 PPD-1934 冲锋枪有一大特点：为减少枪管的磨损和易于清理，枪管内镀有铬。后来，所有的苏联冲锋枪都采用了这种设计

在 20 世纪 20 年代和 30 年代，百废待兴的苏联尚无暇考虑为其军队装备先进武器。但是，在解决了国内问题之后，苏联有充裕的时间来考虑这个问题。苏军并没有把研制新型冲锋枪列入最优先考虑的项目，他们只想对当时的冲锋枪进行创新性改进。该计划由瓦西里 · 德戈雅列夫负责。他选择了混合型的设计方法，综合了当时其他国家冲锋枪的设计特点，生产出了德戈雅列夫 -1934 冲锋枪（或称为 PPD-1934 冲锋枪）。

派生设计

PPD-1934 冲锋枪于 1934 年投产。这种具有后坐力操作系统的武器综合了芬兰的 m/1931 冲锋枪和德国的 MP 18 与 MP 28 冲锋枪的设计特点。直到 1940 年，这种冲锋枪还在生产。1940 年，PPD-1934 冲锋枪经过改进，被命名为 PPD-1934/38 冲锋枪。PPD-1934/38 冲锋枪的设计可谓平平无奇，该枪的自动机构基本照搬了同期的德制冲锋枪，弹鼓直接仿制自芬兰的“索米”冲锋枪，71 发弹鼓随后也被用于后续的苏制冲锋枪上。不过，有时苏军也使用可装 25 发子弹的盒形弹匣。由于苏军冲锋枪使用的是 7.62 毫米口径的托卡列夫（P 型）无缘手枪弹，因为弹壳明显的瓶颈状外形，因此弹匣必须有一定的曲度。

PPS-42 和 PPS-43 冲锋枪

几乎没有几种武器像苏联的苏达列夫 -1942 冲锋枪（PPS-42 冲锋枪）一样，是在形势万分危急的情况下设计和生产的。1942 年，德国军队和芬兰军队分别从南面和北面包围了列宁格勒（现圣彼得堡）。被围的苏军缺少包括冲锋枪在内的所有战争物资。列宁格勒拥有多家机械制造厂和兵工厂，所以要让当地工厂生产和加工武器，供应苏军并不存在什么困难，但问题是他们迫切需要作战武器。在这种情况下，冲锋枪显然是他们最需要的武器。轻型武器设计师苏达列夫研制的冲锋枪在战火中诞生了。

粗糙但有效的武器

苏达列夫的设计受到了原材料的限制，他只能使用手头能得到的东西制造新式的冲锋枪。通过实用性试验，在经过多次失败后，他研制出的冲锋枪具有其他在紧急情况下设计出来的冲锋枪（如英国的司登冲锋枪和美国 M3 冲锋枪）的所有特点：简单、结实、零件使用钢板冲压制成，多数非常沉重。该型枪主要采用铆钉、插销和焊接完成组合，枪托为可折叠的钢管枪托；该枪采用的 35 发弹匣与 PPSh-41 的弹匣相比差别不大，不使用弹鼓的原因

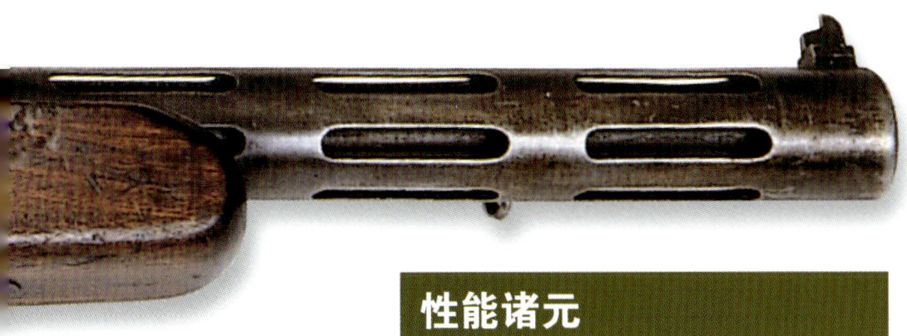

性能诸元

PPD-1934/38 冲锋枪

口径：7.62 毫米

重量：5.69 千克（装弹后）

枪长：780 毫米

枪管长：269 毫米

射速：800 发 / 分

枪口初速：488 米 / 秒

弹匣：71 发弹鼓，25 发盒式弹匣

总体改进

PPD-1934/38 冲锋枪有一款派生型号在 1940 年期间作为 PPD-1940 冲锋枪投入生产。这种新型的冲锋枪和早期的设计相比，进行了全面改进。它最好辨认的一个地方是：取消弹匣井，换为一个大型开放式弹鼓槽。其他冲锋枪很少采用这种供弹具固定设计。

1941 年，当德国及其盟国入侵苏联时，PPD 冲锋枪在红军中配发数量较少，因此在轴心国军队向东长驱直入的过程中，该型冲锋枪并未发挥太大作用。轴心国军队的初期胜利意味着缴获了一定数量的 PPD 冲锋枪，德国人把这些武器交给了二线部队。在德军中，这种冲锋枪被命名为 716（r）冲锋枪，并且，德国人还使用了缴获的苏军子弹，或使用德国的 7.63 毫米毛瑟子弹，毛瑟手枪弹与苏制手枪但相当相似，基本可以互换使用。到 1941 年底时，PPD-40 冲锋枪不再生产。原因非常简单：这种冲锋枪是由图拉和谢斯特罗列茨克兵工厂生产的，此时，这两个兵工厂都被德军占领了，并且苏联也没来得及在其他地方建立大量的兵工厂和生产线，所以红军不得不寻求一种更新、更易于生产的冲锋枪。

性能诸元

PPS-43 冲锋枪

口径：7.62 毫米

重量：3.9 千克（装弹后）

枪长：808 毫米（枪托伸展后），606 毫米（无枪托）

枪管长：254 毫米

射速：700 发 / 分

枪口初速：488 米 / 秒

弹匣：35 发弯曲盒形弹匣

上图：苏联的 PPS-42 冲锋枪是在列宁格勒被围、形势最危急的关头设计的，在投入大规模生产后被称为 PPS-43 冲锋枪。虽然 PPS-43 冲锋枪采用了一系列新技术，但基本上还是一种简单的武器很简单：当时的生产条件难以满足弹鼓的生产需求。

射击试验也极为简单：直接从生产车间拿出几支样枪送到前线，前线将对这种枪的评价和它的性能表现直接反馈到组装厂，现场进行改进。其中有一处改动：使用一个弯曲的钢板，钢板中间有子弹穿过的弹洞，把它放在枪口上，当作枪口制退器和防跳器使用。当冲锋枪投入生产时，这种设置就保留下来。这种新型的冲锋枪马上获得了官方的正式命名。

大规模生产

在列宁格勒被围困的战斗中，事实证明，PPS-42 冲锋枪的设计非常合理，并且能快速和廉价地投入生产。经过 900 天的围困，列宁格勒终于解围了。不久之后，这种武器就装备了红军正规部队。此时苏军已经有机会对于该型冲锋枪上的不完善之处进行改进，改进内容包括将枪托折叠方向改为向上折叠，枪托在折起时刚好能够挡住抛壳窗，兼做防尘盖，最初的原木制握把也被改为硬质橡胶握把。再加上对全枪表面工艺的改进，PPS-43 便得以诞生。PPS-43 和 PPSh-41 一同装备苏军部队，但装备数量比后者少许多。

由于这种冲锋枪设计于危难之时，再加上它在战斗中的表现，所以应该称得上是一种优秀的武器。1944 年，芬兰被苏联控制后，芬兰人也把它当作标准武器使用。德国也曾使用缴获的 PPS-43 冲锋枪，德国人把这种武器称为 709（r）冲锋枪。后来，苏联本国内的部队不再使用 PPS-43 冲锋枪，同时，与英国的司登冲锋枪一样，该枪也被许多土造作坊仿制。

勒贝尔和贝尔蒂埃步枪

因为法国从来舍不得淘汰旧的武器，所以到 1939 年的时候，法国陆军装备的步枪仍然种类繁多，极为混乱。其中甚至有最早的 1866 卡塞波特步枪和只能单发装填的格拉斯 1874 步枪。当 1940 年德国入侵法国时，法国的一些二线部队仍在使用这种老爷枪。

法军首先装备的勒贝尔步枪为 1886 型（Fusil d’infanterie mle 1886 即 1886 型步枪），随后又装备了在其基础上改进的 1886/93 型。另外，法军也装备了贝尔蒂埃卡宾枪——1890 型马枪（Mousqueton mle 1890）以及设计类似的 1892 型马枪。这种卡宾枪是最初的勒贝尔 1886 型步枪的改进型，使用曼利夏步枪的漏夹装填。贝尔蒂埃步枪采用传统的弹仓设计，由漏夹装填，而勒贝尔步枪则采用管状弹仓，单发装填，弹仓容量要大于前者。

贝尔蒂埃步枪

法军装备的首款贝尔蒂埃步枪为 1907 型，主要供殖民地部队使用。1915 年，法军开始将大部分老式贝尔蒂埃步枪改进为 07/15 型。随着贝尔蒂埃 07/15 型的列装，法国的步枪生产从勒贝尔步枪向贝尔蒂埃步枪转移，不过勒贝尔步枪也并未完全淘汰，直到 1939 年时仍在使用。

早期的贝尔蒂埃步枪弹仓容量仅为 3 发，不久后法军就意识到其弹仓容量不足，因此装备了弹仓容量为 5 发的贝尔蒂埃 1916 步枪。问题的复杂之处不仅在于法国拥有卡宾枪，或者上面提到的各类步枪，而且在两次世界大战期间，法国还把这些五花八门的步枪出售或赠送给许多国家，这些国家马

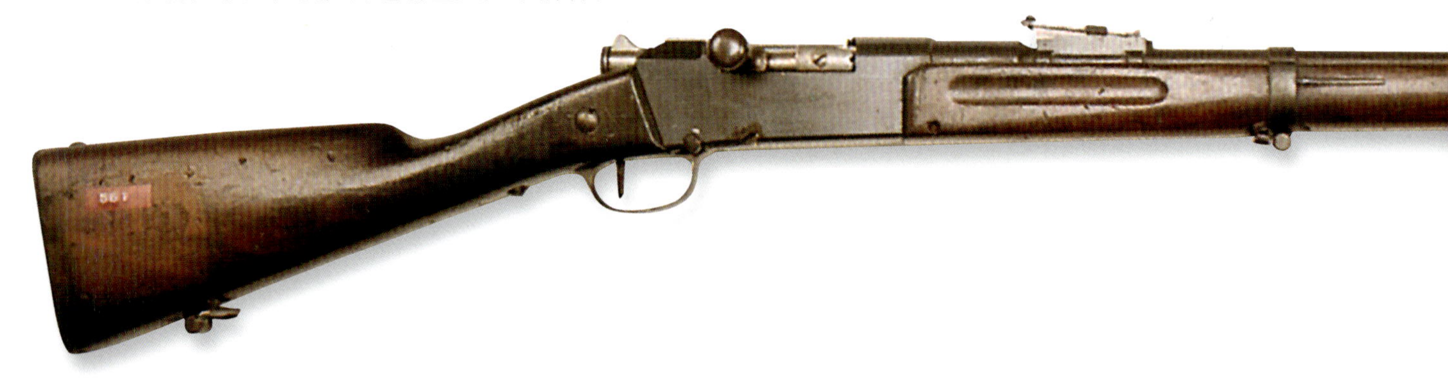

上按照自己的需要给这些步枪命名。如此一来，勒贝尔步枪和贝尔蒂埃步枪不仅遍布法国的殖民地，而且希腊、南斯拉夫、罗马尼亚和其他巴尔干国家也使用这两种步枪。

1934 年，法国决定全面淘汰现有步枪，使用新式口径的步枪。在此之前，法国标准步枪的口径为 8 毫米。1934 年，法国标准步枪的口径改为 7.5 毫米。

同年，法国开始改进老式的贝尔蒂埃步枪。改进内容包括：使用新的口径、新式的弹仓（仍然装 5 发子弹）、更换枪管和其他改进项目。这种新式步枪就是贝尔蒂埃 07/15 M34 步枪。但是，改进速度极慢，到 1939 年时，仅有部分步枪完成改进，这是因为其他步枪此时仍在使用。

德国使用的法国步枪

1940 年 6 月法国投降后，德国缴获了法国所有类型的步枪。德军发现有的步枪还能使用，于是就把许多能用的步枪发放给驻守要塞和二线的德国部队，剩下的则入库封存。1945 年，为了武装“国民冲锋队”和其他类似的部队才取出一部分。毫无疑问，德军发现法军装备的步枪和卡宾枪种类实在太过繁杂，且即便是启用这些库存，其数量也无法满足德国疯狂扩军所需。

今天想看到法国的老式步枪真的太难了，除非到博物馆和收藏家那里才能一睹其尊容。

性能诸元

勒贝尔 1886/93 型步枪

口径：8 毫米
重量：4.245 千克
枪长：1303 毫米
枪管长：798 毫米
枪口初速：725 米 / 秒
弹仓：8 发管状弹仓

勒贝尔 1907/15 M34 型步枪

口径：7.5 毫米
重量：3.56 千克
枪长：1084 毫米
枪管长：579 毫米
枪口初速：823 米 / 秒
弹仓：5 发固定式弹仓

上图：1939 年法国预备使用的步枪中还有一些是陈旧不堪的 1886 型步枪（图中所示）。该枪从服役起便没有进行过改进，因此落后其他国家步枪的技术水平至少 10 年

右图：这是维希政府殖民地陆军、摩洛哥 – 阿尔及利亚第 1 团的一名阿尔及利亚穆斯林士兵。他手持的是旧式的勒贝尔步枪。注意这名士兵腰带上插着长刺刀

MAS 36 步枪

在第一次世界大战结束后的一段时间里，法国陆军决定全面换装 7.5 毫米军用步枪弹。

这种新式子弹于 1924 年投入生产，但随后法国就把它列入非重要项目搁置起来。后来经过长期试验，法国发现这种子弹在一定环境下使用时不太安全，所以在 1929 年不得不对这种子弹进行改进。而且同样是在 1929 年，法国决定研制一种可以发射这种子弹的新式步枪，但是直到 1932 年，才完成这种步枪的基本设计。然后又经过一系列试验，时光就这样被慢慢浪费掉了，直到 1936 年，法军才装备这种新式步枪。

这种新式步枪就是 MAS 36 步枪（MAS 是圣安东尼武器制造公司的缩写）。这种步枪对毛瑟步枪的击发装置进行了多处改动，枪栓拉机柄以一定的角度向前突出。盒形弹仓可装 5 发子弹。MAS 36 步枪和其他同期的栓动式（世界各国的军用步枪以及后来的自动式）军用步枪相比有一个堪称离经叛道的设计：该枪遵循了法国步枪的传统，全枪没有任何保险机构，其外观相比起实际技术水平而言也颇为落伍。

缓慢的换装

由于新式步枪的生产过于缓慢，法军不得不开始改造老式步枪，使其适配新型步枪弹。当时，整个法国普遍缺少紧迫感。法国在第一次世界大战中元气大伤，到了 1936 年似乎还没有恢复过来。如此一来，到 1939 年的时候，只有一部分法国陆军装备了 MAS 36 步枪，并且主要供前线部队使用。在 1940 年 5 月和 6 月的战斗中，MAS 36 步枪几乎没有发挥任何作用。但是对于那些携带 MAS 36 步枪逃出法国的士兵来说，这些步枪后来都成了流亡海外的自由法国部队最喜爱的武器。德国也使用了一部分缴获的 MAS 36 步枪，德国人把这种步枪称为 Gewehr 242（f）步枪，供驻扎在法国的德军使用。

MAS 36 步枪中有一种古怪的型号——MAS 36 CR39 步枪。这种枪的枪管较短，主要供伞兵使用。它的枪托用铝合金制成。为了节省存放空间，枪托可以沿枪架向前折叠。这种步枪的生产数量相对较少，而当作军用步枪使用的就更少了。

第二次世界大战结束的时候，新的法国陆军再次使用了 MAS 36 步枪，继续服役多年。法国军队在北非和东南亚的战争中都使用过这种步枪。目前法国保留了一些 MAS 36 步枪，在举行盛大庆典时，作为阅兵式专用仪仗武器使用。许多法国前殖民地的军队和警察也使用这种步枪。

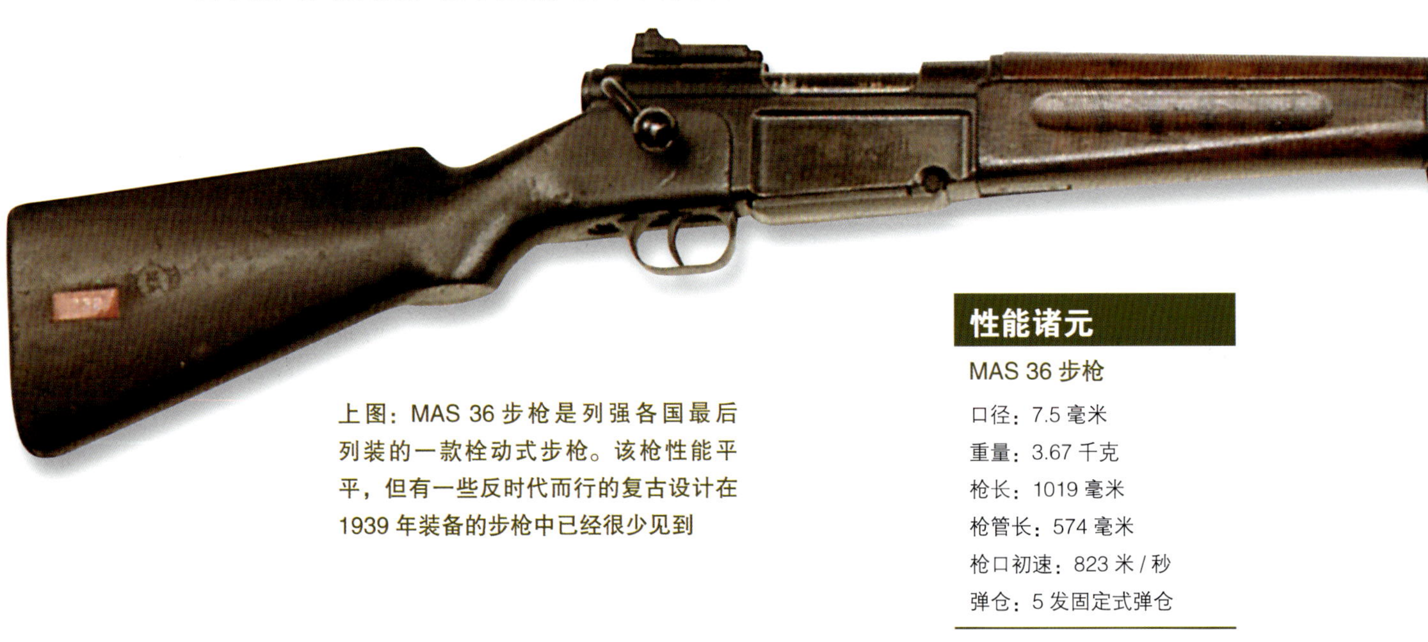

上图：MAS 36 步枪是列强各国最后列装的一款栓动式步枪。该枪性能平平，但有一些反时代而行的复古设计在 1939 年装备的步枪中已经很少见到

性能诸元

MAS 36 步枪

口径：7.5 毫米

重量：3.67 千克

枪长：1019 毫米

枪管长：574 毫米

枪口初速：823 米 / 秒

弹仓：5 发固定式弹仓

38 式和 99 式步枪

下图：99 式步枪是 38 式步枪的改进型，该枪采用 7.7 毫米步枪弹，并配有一根单脚架。日本人吸收了毛瑟步枪和曼利夏步枪的设计特点

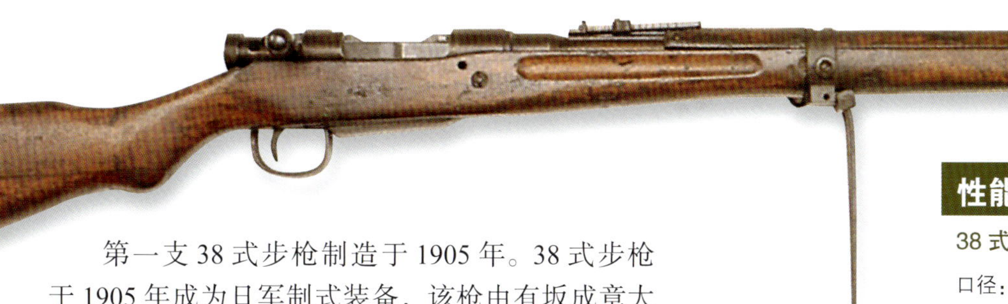

第一支 38 式步枪制造于 1905 年。38 式步枪于 1905 年成为日军制式装备，该枪由有坂成章大佐牵头的一个委员会，以日军此前装备的两款步枪为基础研制。研制过程中该枪吸收了同期较先进的毛瑟步枪和曼利夏步枪的设计特点，并结合了一部分日本的自行技术创新。因此该枪的总体设计较为合理，采用 6.5 毫米口径，再加上子弹较少的装药量，后坐力较为柔和，适合身材较为矮小的日军士兵使用。

38 式步枪的另一大特点则是其枪长较长：在加装刺刀后，较长的枪身使得日军士兵在白刃战中具备相当的优势，不过这也导致该步枪在携行时较为不便。该枪曾被出口至泰国，在军阀混战时期，中国多个军阀派系也使用过这种步枪。在第一次世界大战期间，该枪还曾出口英国，被英国陆军用作射击教练枪。

日军还装备有更短小的 38 式马枪，另有一种可折叠枪托的短枪管 38 式步枪供空降兵使用。另一种知名的 38 式步枪改进型则是 97 式狙击步枪，该枪加装了瞄准镜，并修改了枪栓拉机柄。

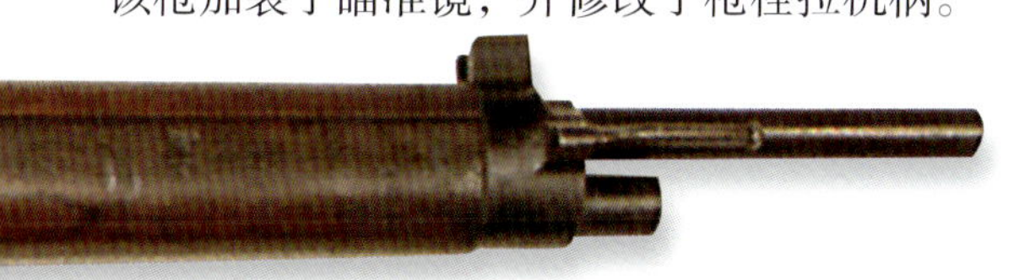

左图：日本步兵正在向缅甸的仁安羌油田发起猛攻。长条状的“有阪”步枪安上刺刀后更加显眼。这种步枪太长反而不利于操作。但是，在近距离格斗中，长枪和长刺刀为身材矮小的日军带来了很大优势

性能诸元

38 式步枪

口径：6.5 毫米

重量：4.2 千克

枪长：1275 毫米

枪管长：797.5 毫米

枪口初速：731 米 / 秒

弹仓：5 发固定式

新式口径的步枪

日军从 20 世纪 30 年代开始逐步装备新型 7.7 毫米步枪弹，并因此在 38 式基础上研制了 99 式步枪。该枪的几个新设计要素包括旨在用于有效射击敌方低空飞机的对空瞄准具，以及加装了用于改善射击精度的折叠式单脚架。该枪还研制有专用的伞兵型，即 2 式步枪，该枪可直接拆成两段携行，不过产量不大。

太平洋战争爆发后，尤其是从 1942 年开始，日本军用步马枪的产品标准迅速下降，几乎所有非必要的零件都被删去，同时还在生产线上简化了大量工艺。由于采用质量极差的原材料，在战争后期其步枪的质量已经下降到了威胁使用者生命的地步，但由于盟军的海上和空中封锁，此时的日本已经很难获得更加优质的原材料。

致命的海上封锁

到战争末期的时候，日本兵工厂的生产能力已经下降到了只能生产发射 8 毫米手枪弹的单发装填步枪，乃至黑火药枪的程度。甚至有人建议使用弓箭发射装有爆炸物的箭头。38 式步枪拥有漫长的战斗经历，并成为在远东地区使用最广泛的步枪之一。

Gew 98 步枪和 Kar 98K 步枪

德军在第一次世界大战期间一直在使用 Gew 98 7.92 毫米步枪。该步枪是 1898 年投产的一款毛瑟步枪，不过其设计是基于 1888 年研制的毛瑟委员会步枪。

作为军用步枪，毛瑟步枪的枪机设计结实可靠，不过在 1918 年，德军根据对一线战场的大量分析得出结论：Gew 98 步枪在战场上太长，太过笨重。德军随即开始将 Gew 98 步枪改进为 Kar 98B 型卡宾枪（Kar 为德语 Karabiner——卡宾枪的缩写）。不过实际上 Kar 98B 型的长度依然与 Gew 98 型相差不大，二者之间的区别仅限于拉机柄，背带环以及具备发射改进型弹药的能力。由于 Kar 98B 仍打有原本的 Gew 98 步枪的钢戳，因此外界极易将二者混淆。

上图：第二次世界大战初期，德军正在挖掘战壕。显然，毛瑟设计的 Kar 98K 步枪相当修长，使得其在狭小空间内使用不便。由于第二次世界大战期间的交战距离大体较短，Kar 98K 的远距离射击能力鲜有用武之地

毛瑟短步枪

虽然到 1939 年时，Kar 98B 仍在德军中服役（且一直使用至战争结束），但此时德军的制式步枪已经更换为 Kar 98K 型短步枪，该枪比 Kar 98B 稍短，但长度仍显著长于真正的马枪（卡宾枪），因此其后缀“Kurz”（短）可谓名不副实。Kar 98K 基于一款被称为“标准型”的民用型毛瑟步枪研制，并在两次大战期间被捷克斯洛伐克、比利时和中国大量生产。德国版本的 Kar 98K 于 1935 年投产，产量极为巨大。

标准下降

Kar 98K 的产品质量最初极为精湛，但在第二次世界大战爆发后，枪体的表面处理以及生产工艺标准开始逐步下降。到第二次世界大战末期，新枪的木制部件已经改用胶合板或劣质木材加工，甚至连刺刀卡榫等附件都被省去。心思精巧的德国人为 Kar 98K 研制了各种新奇配件，包括榴弹发射器、潜望瞄准镜等，并为空降兵研制了一款可以折叠枪托的型号。此外 Kar 98 也被改装为狙击步枪，部分型号将小型望远式瞄准镜安装于前护木中段的枪身上方，另有一些通过一个桥形支架将大型望远式瞄准镜安装于枪机上方。

虽然运用了各种各样的新式武器，但德军在二战中始终在生产 Kar 98K 步枪，该枪的外形与最初

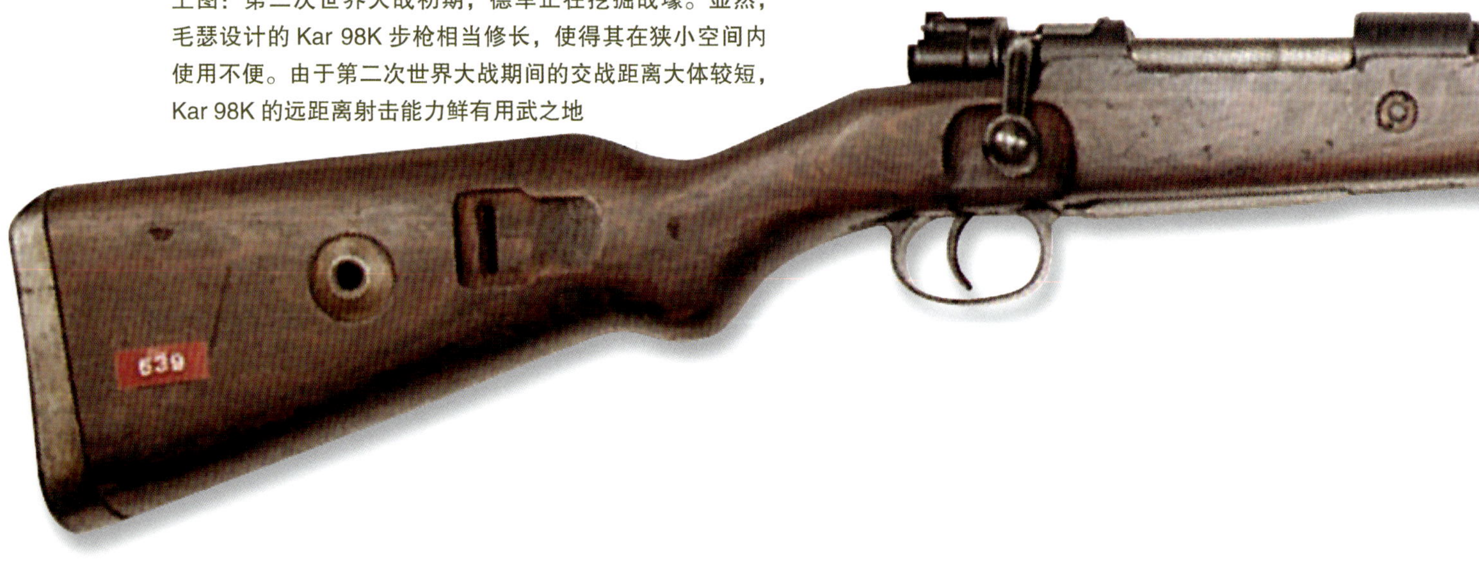

的 Gew 98 步枪区别不大，但由于战时的劳动力和原材料短缺，制造工艺已经大不如前。在战争中，德军通过缴获得到了欧洲近乎所有使用毛瑟步枪的国家的各种各样的毛瑟步枪，到 1945 年时，这些步枪又大部分被用于武装德军，这些缴获步枪大部分都与 Gew 98 或 Kar 98K 非常相似，德军于 1939—1940 年的攻势中在比利时和捷克斯洛伐克缴获的毛瑟步枪生产线也在继续生产。而在遥远的东方，中国军队装备了基于类似 Kar 98K 的毛瑟标准步枪仿制的型号。

上图：德军士兵手持 Kar 98K 步枪进行战斗训练。本图可能摄于两次世界大战之间的间战期，因为图中的士兵们同时佩戴着新旧两款头盔

作为制式步枪，毛瑟步枪与李·恩菲尔德、M1903 斯普林菲尔德以及 M1 加兰德等步枪孰优孰劣是一个争论不休的话题，虽然毛瑟步枪相比盟军的步枪在许多方面都算不上优越，但该枪被德军长期使用且性能可靠。现如今该枪已经极少使用，但还是有许多成为枪械爱好者的收藏品，或射击竞技用枪。

上图：Kar 98K 步枪仅比德军在一战期间使用的 Gew 98 步枪稍短。尽管该枪被称作卡宾枪，但其长度与同期的全尺寸步枪基本相当

性能诸元

Gew 98 步枪	Kar 98K 步枪
口径：7.92 毫米	口径：7.92 毫米
重量：4.2 千克	重量：3.9 千克
枪长：1250 毫米	枪长：1107 毫米
枪管长：740 毫米	枪管长：600 毫米
枪口初速：640 米 / 秒	枪口初速：755 米 / 秒
弹仓：5 发固定式弹仓	弹仓：5 发固定式弹仓

MP 43 冲锋枪和 StG 44 步枪

虽然阿道夫·希特勒曾多次强令终止，但德国国防军仍决心研制并装备了采用导气式原理的自动步枪，这款由路易斯·施迈瑟设计的步枪采用新型 7.92 毫米波尔特短弹。为了瞒天过海，该枪的试制工作以一个伪装型号展开。新的枪弹组合最初的型号为“机关卡宾枪 42（H）型”[Maschinenkarabiner 42（H）]，其中的 H 是指该枪的研制和生产公司黑内尔（Heanel）公司。不过在希特勒得知该枪的出色性能后，又欲盖弥彰地强行下令将该枪的型号改为“43 型冲锋枪”，即 MP 43。

在初步成型后，国防军便将研制中的该枪直接投产，首批下线的突击步枪被火速送往东线战场。该枪在东线很快证明了自身的价值。

右图：武装党卫军是首批装备 MP 43 步枪的部队，并在阿登战役中大量使用该型步枪。不过该枪的首次实战可能是在东线战场上，且在投入战场后很快取得了巨大成功

最早的突击步枪

MP 43 可以被视作如今的突击步枪的鼻祖。该枪可以在防御作战中使用单发模式精确射击，也可以在突击作战或近战中切换为连发模式。具备这一性能的前提是该枪选用了装药量较低的子弹，但其威力已经足以应付大部分距离上的交战，且在连发模式下依然易于控制。该枪的出现对于步兵战术产生了重大影响，使得步兵不再需要依赖机枪提供火力支援，使用突击步枪的士兵便可交替掩护。突击步枪的出现使得此前使用栓动式步枪的德军步兵在火力密度上实现了飞跃。

在该枪对步兵火力的提升得到全面认同后，MP 43 的生产便被提到了最高优先级上，且前线部队一直急切地要求配发更多该型枪。最初 MP 43 主要装备精锐部队，而之后则主要被配发至最为急需的东线战场。

与大多数德军战时研制的武器不同的是，MP 43 的量产拥有比改进更优先的地位，因此其只有一个重大设计调整的子型号：MP 43/1，该型号可以在枪口加装用于发射枪榴弹的杯形发射器。在 1944 年，该型枪因目前尚不清楚的原因被更名为 MP 44。同年下半年，希特勒放下了自己对于这款武器的偏见，并将该枪的类别改为了更具杀气，同时也更加准确的“44 型突击步枪”（Sturmgewher 44），缩写为 StG 44。StG 44 的设计并未出现太大改下图：MP 43 步枪专为发射 7.92 毫米中间威力短弹而研制，并成为第一款现代化突击步枪。德军根据对于实战结果的大量分析，认为在通常交战距离上不需要大威力枪弹，因而采用了威力更低的弹药

性能诸元

StG 44 步枪

口径：7.92 毫米

重量：5.22 千克

枪长：940 毫米

枪管长：419 毫米

枪口初速：650 米 / 秒

射速：500 发 / 分

弹匣：可装 30 发子弹的盒形弹匣

下图：图中是战争末期东线战场上一支装备精良的德军部队。除了图中左起第 3 人肩挎 MP 43 冲锋枪，此外该部队还装备了 MG 42 机枪和“黑豹”坦克

变。最后生产 StG 44 的公司有厄玛、毛瑟和黑内尔公司，这 3 家公司又分包了 7 家公司负责生产零部件或组装。

多种附件

MP 43 系列配有包括“吸血鬼”红外瞄准具在内的多种附件，其中最为古怪的当属“Krummlauf”枪管，其德语即意为“弯曲枪管”，它可以把子弹射向其他方向。显然这种专门研制的装置是供装甲车和坦克里的人员对付反坦克步兵使用的，但是，它的表现从来没有让人满意过，并且耗费了大量的研制力量。当时，德国人应该把研制方向放在更有价值的目标方面。这种弯曲枪管的射击角度在 30 度到 40 度之间，为了瞄准目标射击，它还安装了特殊的可以观察四周情况的瞄准镜。这种武器的生产数量很少，能在战斗中使用的就更少了。

战争结束后，有几个国家，如捷克斯洛伐克，曾大量使用 MP 43 步枪。另外，在早期的阿以冲突中，双方也曾使用这种武器。

G41（W）步枪和 G43 步枪

上图：通过在 G41（W）步枪基础上换用托卡列夫步枪的导气式自动原理制成的 G43 步枪在配备望远瞄准镜后便成为相当优秀的狙击步枪

性能诸元

G41（W）步枪	G43 步枪
口径：7.92 毫米	口径：7.92 毫米
重量：5.03 千克	重量：4.4 千克
枪长：1124 毫米	枪长：1117 毫米
枪管长：546 毫米	枪管长：549 毫米
枪口初速：776 米 / 秒	枪口初速：776 米 / 秒
弹匣：10 发可拆卸式弹匣	弹匣：10 发可拆卸式弹匣

德国陆军在战争期间成立了一个质量控制工作组。工作组一直在探索提高武器效率的方法。1940年，工作组认为德军需要一种新式的自动步枪。

有关这种自动步枪的规格和要求及时下发到德国的各个公司。瓦尔特公司和毛瑟公司分别提出了自己的设计方案。事实证明两者非常相似。两者都使用了一种为纪念丹麦设计师而命名为“班格”的系统。该系统的原理是利用枪口集气阀驱动活塞向后运动，从而完成整个装弹的过程。德军在试验后得出的结果证明毛瑟公司的设计不适合军用，所以毛瑟公司退出了竞争，瓦尔特公司的设计被德军选中。G41（W）步枪就此诞生。

对德国人来说真的很不幸：G41（W）步枪送到前线部队（主要是东线）手中后，事实证明其距离成功还差一段距离。在作战环境下，军队需要的步枪必须具备可靠的操作性能，但该枪的“班格”系统太复杂，并且这种步枪太过笨重，使用时很不舒服。似乎这些缺陷还不够，德军在使用时发现这种步枪装弹困难，而且耗时较多。但是，由于这种步枪在当时是德国唯一的自动步枪，所以德军就保留了这种步枪，并且生产了数万支。

多数G41（W）步枪用在了东线。在东线，德军缴获了苏军的托卡列夫系列半自动步枪，该系列步枪采用导气式自动原理，火药燃气通过导气管推动枪机运动。德国人马上对这种系统进行了研究，德国人认识到可以把这种系统应用于G41（W）步枪。经过改进，德国生产出了G43步枪，这种步枪和托卡列夫步枪使用的系统一模一样。

迅速停止生产

G43步枪投入生产后，G41（W）步枪的生产马上就停了下来。G43步枪更易于生产，并且马上进入大规模生产阶段。前线部队非常喜爱G43步枪，因为和以前的步枪相比，它易于装弹。为了快速生产，德国人采用了大量简化工艺的手段，例如将木制枪身改为胶合板甚至是塑料。1944年，德国人甚至生产出了进一步简化的43型卡宾枪（K 43型步枪），该枪的总长度减少了50毫米。

G41（W）步枪和后来的G43步枪都使用德军标准的7.92毫米步枪弹，但与采用7.92毫米短弹的突击步枪项目基本毫无关系。沿用大威力子弹使得G43作为狙击步枪时非常实用，所有G43狙击型都配备有望远瞄准镜基座。由于作为狙击步枪表现出色，捷克斯洛伐克陆军在战后仍保留的G43狙击型服役了多年。

FG 42 型伞兵步枪

到 1942 年时，纳粹空军与纳粹国防军之间的矛盾已经公开化，因此当陆军决定装备自动装填步枪时，纳粹空军不甘人后，也决心装备类似武器。

与陆军不同的是，纳粹空军并没有采用 7.92 毫米短弹，而是沿用 7.92 毫米标准步枪弹，要求莱茵金属公司为空降兵部队（Fallschirmjäger）研制自动步枪。

莱茵金属公司根据纳粹空军的要求研制了第二次世界大战期间令人印象相当深刻的一款轻武器——42 型伞兵步枪（Fallschirmjägergewehr 42，简称 FG 42），该枪通过精巧的设计将全自动射击所需的自动机构塞进了仅比普通栓动式步枪枪机稍大的空间内。

FG 42 的外观极具特色，第一批该型枪采用后倾角度很大的手枪式握把和造型古怪的塑料枪托，并在前护木前端设置有一具向后打开的两脚架。枪口配备有大型消焰器，同时设有安装尖锥状刺刀的卡榫。该枪的盒状弹匣从左侧插入枪身，采用导气式自动原理。总体上 FG 42 的结构相当复杂，但并未采用任何创新设计，而是将多套现有的系统进行了整合。

制造困难

不用说，德国空军欣喜若狂地接受了 FG 42，并且要求提供更多的 FG 42。但是，他们的要求没有得到满足，因为不久他们发现，这种新奇的步枪过于复杂，造价昂贵。为了加快生产速度，不得不对该枪进行一定的设计简化，例如将枪托换为更简单的木制枪托，手枪式握把也换为更传统的造型。两脚架也改为固定于枪管前端，向前展开，其他部件也得到了简化。即使如此，到战争即将结束的时候，这种步枪也仅仅生产了大约 7000 支。

FG 42 在战争结束后才声名鹊起，其许多设计要素被运用到了后续的其他枪械设计中。其中被借鉴得最多的设计可能是其紧凑的导气式自动系统，该系统在单发模式下采用闭膛待击，自动模式下则采用开膛待击。

FG 42 的设计在当时比较先进，并且还使用了其他先进的设计，其中包括步枪从枪口到枪托完全处于一条轴线上。但是，恰恰因为这些设计，才使这种步枪无法投入大规模生产。甚至到 1945 年时，德军仍有一些难题未能解决。尽管如此，从整体上看，FG 42 可称得上是步枪设计史上的一大杰作。

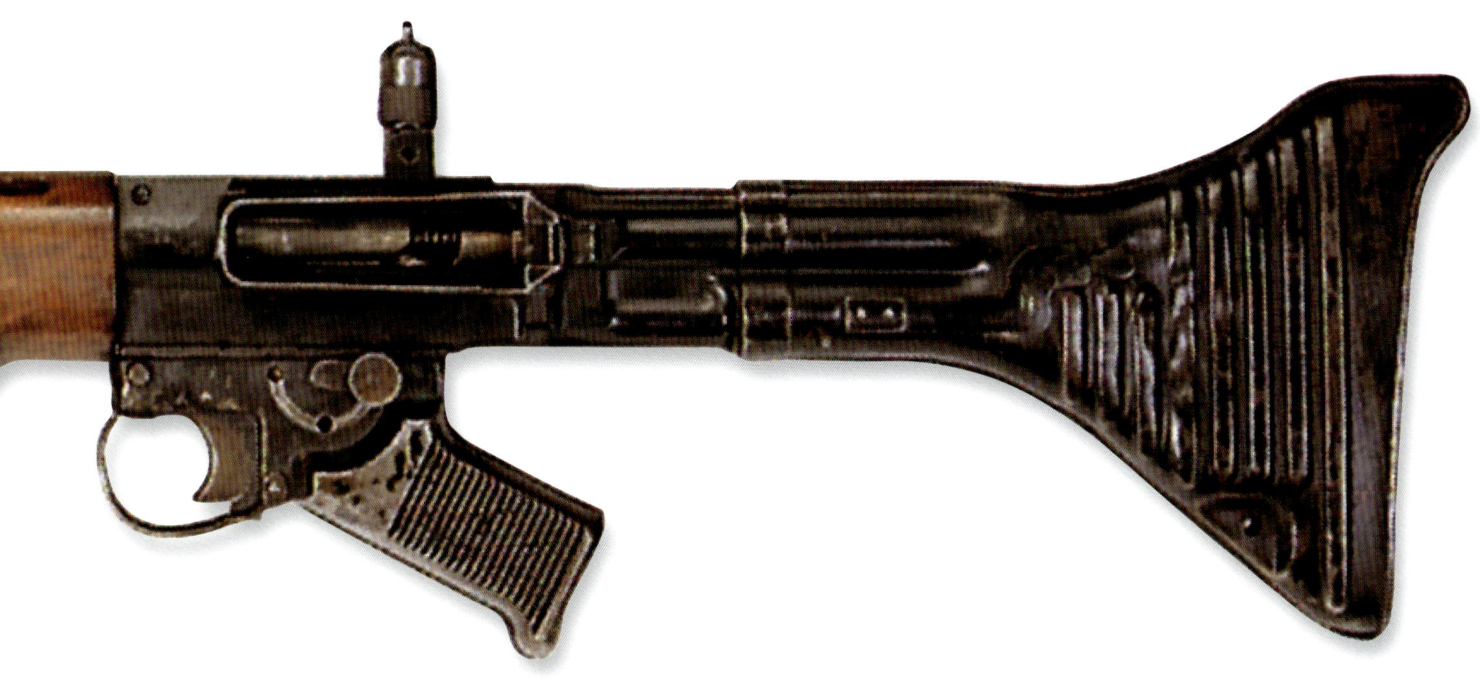

性能诸元

FG 42 型伞兵步枪

口径：7.92 毫米
重量：4.53 千克
枪长：940 毫米
枪管长：502 毫米
枪口初速：761 米 / 秒
射速：750 ~ 800 发 / 分
弹匣：可装 20 发子弹的盒形弹匣

上图：图中为早期的 FG 42。德国空降兵想使用一种能提供像机枪一样猛烈火力的步枪

下图：训练手册中，处于射击状态中的 FG 42。它带有一个可折叠的两脚架。FG 42 是现代概念中突击步枪的先驱

托卡列夫步枪

上图：SVT 40 步枪是苏联早期的自动步枪，通常只装备给军士和特等射手。它对后来的步枪产生了重大影响。该枪的设计影响了 MP 43 突击步枪，继而又催生了后来的 AK 系列步枪

许多年来，苏联人在轻武器的设计和革新方面表现出非凡的天赋。在自动步枪的发展史上，苏联起步较早。最早的自动步枪是由西蒙诺夫于 1936 年设计的 1936 型西蒙诺夫自动步枪（也称 AVS 36 自动步枪）。尽管这种步枪的生产数量较多，也装备了部队，但是 AVS 36 步枪并没有获得太大成功。因为该枪枪口焰较大，后坐力较大不易控制，且尘土和脏污特别容易进入复杂的枪械机构内部。AVS 36 步枪在军中使用的时间很短。

1938 年，AVS 36 步枪被弗·维·托卡列夫设计的 1938 型托卡列夫自动装填步枪（SVT 38）步枪取代。SVT 38 和 AVS 36 一样属于运用导气式原理的武器，但为减重而导致枪机部件强度不足，在长期使用中难以承受设计所导致的压力和冲击力。该枪同时运用了导气式自动原理与倾斜枪栓式闭锁原理，枪机在开锁时会向下缩入机匣底部的凹槽，这一设计虽然理论上合理，但仍导致故障频发，主要故障原因是枪机部件断裂。1940 年，SVT 38 步枪的生产被迫停止，被性能较好的 SVT 40 步枪取代。SVT 40 步枪保留了 SVT 38 步枪的基本原理和设计，但所有部件都被设计得更加结实。

继续存在的问题

SVT 40 步枪的后坐力和枪口焰都非常大，为解决这一缺陷，SVT 40 配备有枪口制退器，最初为每侧 6 孔式，后改为双孔式。该制退器的效能令人怀疑。

为了最有效地利用 SVT 40 步枪，这种步枪一般只装备给军士或那些训练有素，能够充分发挥半自动步枪快速射击能力的士兵。有的 SVT 40 步枪上还安装了望远瞄准镜，作为狙击步枪使用。有一些则改进成 AVT 40 全自动步枪，但是这种改进型步枪并没有获得成功。另外还有一种卡宾枪型，但由于后坐力过大问题更为严重，所以生产数量不大。

性能诸元

托卡列夫 SVT 40 步枪

口径：7.62 毫米
重量：3.89 千克
枪长：1222 毫米
枪管长：625 毫米
枪口初速：830 米 / 秒
弹匣：可装 10 发子弹的盒形弹匣

令德军印象深刻

德军在 1941 年入侵苏联后缴获了 SVT 38 和 SVT 40 步枪，立刻将其自用，并赋予了两种枪“258（r）型自动装填步枪”[Selstlade-gewehr 258（r）] 与“259（r）型自动装填步枪”的型号，两种枪所采用的导气式自动原理也被运用在了 G43 步枪上。

SVT 40 的生产一直持续至战争结束，不过该枪的产量一直没能满足需求。SVT 40 对未来的苏军轻武器发展产生了重大影响，并最终催生了 AK-47 系列。SVT 40 展现了提升步兵火力的重要性，尤其是在东线德军装备 MP 43 突击步枪之后。

下图：处于防御状态中的苏联北方舰队的海军陆战队（海军步兵）。或许他们正在摩尔曼斯克附近演习。图中最近的士兵使用的是 PPSh-41 冲锋枪，而其他士兵使用的是托卡列夫 SVT 40 步枪

莫辛－纳甘步枪

19 世纪 80 年代后期，俄国决定用弹仓装弹步枪取代老旧的博丹式步枪。俄军将比利时的纳甘兄弟和俄罗斯的莫辛上尉提交的两种设计中最优秀的要素结合起来，这种混合性步枪被称为莫辛－纳甘 1891 型步枪。沙俄军队直到 1917 年的最后战斗中仍在使用这款步枪，新生的苏联红军也继续使用 1891 型步枪，且继续使用多年。

1891 型步枪采用 7.62 毫米枪弹，其设计可谓中规中矩，枪机设计较为简单，弹仓设有隔断装置，在弹簧张力作用下一次只有一枚子弹被顶上准备装填。除了全枪长度较长，总体来说，该枪的设计仍相对合理。修长的枪身主要是为了配合修长的半固定式折叠长枪刺，在白刃战中占据优势。枪刺采用十字形枪头，可用来分解武器。

改为公制单位

1891 型步枪的表尺最初采用“大权”（旧俄制单位，1 大权相当于 0.71 米）作为分划单位。但从 1918 年起，将该枪的表尺改为公制单位。从 1930 年起，该枪开始进行现代化改进，随后新生产的步枪型号便改为 1891/30 型，1891/30 型是苏联红军在第二次世界大战期间的主力步枪。

骑枪

莫辛－纳甘也有骑兵使用的骑枪版本。最早出现的是 1910 型骑枪，随后出现的是基于 1891/30 型步枪的 1938 型骑枪，以及在 1944 年投产的 1944 型骑枪，其中只有 1938 型骑枪配有固定式折叠枪刺。

莫辛－纳甘步枪同时也被芬兰人采用（m/27 型相当于截短的 1891 型步枪，后续的 m/28/30 型更换了瞄准具，m/39 型更换了枪托），波兰人则装备了 wz 91/98/25 等型号的卡宾枪，德军也在第二次世界大战中使用了缴获的莫辛－纳甘步枪，将其配发给二线占领军和民兵部队。德军为 1891/30 型步枪赋予了 Gewehr 254（r）的型号，不过到 1945 年时，山穷水尽的德军甚至以 Gewehr 252（r）的型号向部队配发已经老旧不堪的 1891 型步枪。

随着在第二次世界大战结束后苏军换装自动步枪，莫辛－纳甘步枪很快退出了苏军的装备序列。

性能诸元

1891/30 型步枪

口径：7.62 毫米
重量：4 千克
枪长：1232 毫米
枪管长：729 毫米
枪口初速：811 米 / 秒
弹仓：5 发固定式弹仓

1938 型骑枪

口径：7.62 毫米
重量：3.47 千克
枪长：1016 毫米
枪管长：508 毫米
枪口初速：766 米 / 秒
弹仓：5 发固定式弹仓

上图：图中为 1940 年苏芬“冬季战争”中的红军士兵。他手持的步枪就是莫辛－纳甘 1930 型步枪，该枪的全枪长度略有减少

下图：一把 1938 年型莫辛－纳甘骑枪。该枪与 1930 型步枪一样都采用了简化生产工艺，主要配发骑兵部队。德军在战争爆发之初缴获了大批该型枪

No.4 Mk 1 步枪

尽管李·恩菲尔德 No.1 Mk 3 步枪在整个第一次世界大战期间表现不凡，但是由于这种步枪都是由手工制作的，所以造价昂贵，而且耗费时间较长。在 1919 年后的几年里，英国为了实现大规模生产，对它的基本设计进行了改进，并在 1931 年经过一系列试验后，生产出了 No.1 Mk 6 步枪。这种步枪比较适合用作军用步枪，当时由于缺少迅速投入生产的资金，所以这种步枪直到 1939 年 11 月才投入生产，生产出来的步枪被命名为 No.4 Mk 1 步枪。

No.4 Mk 1 步枪从设计之初便旨在实现批量生产，并且它和最初的 No.1 Mk 3 步枪在许多地方都有所区别：No.4 Mk 1 步枪的枪管较重，这样可提高射击的精度；枪口从前置式枪托处向前突出，非常容易和其他步枪分别出来；瞄准具向后移到了套筒座的上面，这样更易于使用。另外，该枪还加长了瞄准基线以提高射击精度。

不受欢迎的刺刀

No.4 Mk 1 步枪还有许多小的变化，大多是为便于量产。但是，对于士兵们来说最大的变化莫过于它的枪口了。No.4 Mk 1 步枪换装了新型的锥形刺刀，这种刺刀为了减重而没有刀柄，前线士兵因为没有了刺刀这种趁手工具而非常不满，但由于简单且便于生产，这种刺刀随后仍继续使用多年。

上图：在 1943—1944 年卡西诺战役中，新西兰步兵携带装有固定刺刀的 No.1 步枪冲进楼房

性能诸元

No.4 Mk 1 步枪

口径：7.7 毫米
重量：4.14 千克
枪长：1129 毫米
枪管长：640 毫米
枪口初速：751 米 / 秒
弹匣：10 发可拆卸式弹匣

上图：英军廓尔喀兵团的士兵在缅甸的丛林中发动袭击前听一名军官介绍情况。他们携带的就是 No.4 步枪。相对于身材矮小的廓尔喀人来说，这种步枪显得有点大，在丛林战中使用时有些笨拙，不太方便

上图：在法国卡昂地区诺曼底市的废墟中，英国步兵必须加倍小心，他们可能成为狙击手的目标。图中英军士兵携带的就是 No.4 步枪

和No.1步枪共存

第一批 No.4 Mk 1 步枪于 1940 年下半年装备英国部队，并且随后开始取代 No.1 Mk 3 步枪。但是，在第二次世界大战期间，No.1 Mk 3 步枪一直没有被全部取代，这是因为即便全英国甚至还有美国的轻武器公司都在生产这款步枪，但产能仍旧无法满足需要。这些美国步枪都是在朗布兰奇的史蒂文斯－萨维奇兵工厂制造的，其产品被命名为 No.4 Mk 1* 步枪。它们和英国的 No.4 Mk 1 步枪有所不同，前者的枪栓可以取下来进行清洁。这些“美国”步枪和英国的 No.4 Mk 1 步枪还有一些小的区别，主要是为了适应美式生产工艺。

作为军用步枪，事实证明 No.4 Mk 1 步枪是一种非常优秀的武器，以至于目前许多人都认为，该枪是栓动式步枪时代最优秀的制式步枪之一，能够在最严酷的环境下操作，并且能在长期使用中维持精度。拆卸和清理也非常方便。枪托底部装有清洁枪膛用的通条、油瓶和著名的两叠式清洁布。

另外，No.4 步枪中还有一种特殊的狙击型步枪。该型步枪曾配用多种瞄准镜和托腮垫，瞄准镜安装于机匣盖上方。狙击型通常从新生产的步枪中精选，然后进行改装被命名为 No.4 Mk 1（T）步枪。

目前，世界上仍在使用的 No.4 Mk 1 步枪已经不多了。其中许多都经过了改进，枪管换成了新式的 7.62 毫米枪管，有的则被改装为竞赛或狩猎步枪。

上两图：上方是一支 1941 年生产的 No.4 Mk 1 步枪。下面的 No.4 步枪是 No.1 或 SMLE 的简化型。两者的主要差异包括前者省去了鼻形枪口盖，后瞄准具的位置有所改变，前瞄准具进行了重新设计

No.5 Mk 1 步枪

到 1943 年的时候，战斗在缅甸丛林和其他远东地区的英国和英联邦军队开始对又长又笨重的 No.1 和 No.4 李 · 恩菲尔德步枪的适应能力提出了疑问。1944 年 9 月，英国批准生产新式的 No.5 Mk 1 步枪。和 No.4 Mk 1 步枪相比，除了枪管、枪托和瞄准具做了改进外，其他完全一样。No.5 Mk 1 步枪的枪管缩短了，并且为了适应新的枪管，前护木也进行了改进。枪上的表尺也因为截短枪管后的射程下降而有所修改。

消焰器

另外还有两处和其短枪管有关的改动：喇叭形消焰器和橡胶托底板。加装这两种附件是由于截短枪管带来的两个直接后果：击发时的强烈枪口焰和巨大后坐力。

在射击时，子弹的火药大部分会在全尺寸步枪枪管内燃烧完毕，因此枪口焰较小，但短枪管步枪发射时大量未充分做功和燃烧的火药燃气会喷出枪口，从而增加后坐力并产生巨大枪口焰。

令人缺乏热情的步枪

战士们不喜欢这种新式步枪，但他们不得不承认，在丛林战中，No.5 Mk 1 步枪携带和使用起来非常方便。他们还对这种步枪重新采用剑形刺刀赞不绝口，这种刺刀可以安装在枪口下的卡榫上。事实上，1944 年，这种步枪的第一批生产订单数量就达到了 10 万支。尽管存在枪口闪光和后坐力的问题，许多人都认为在第二次世界大战后的几年内，这种步枪将成为标准的军用步枪，但事实并非如此。

No.5 Mk 1 步枪存在一个与生俱来的问题，该枪的精度极差，即便经过精心的“枪口归零”，该枪的弹着点也会逐渐“游移”最后不知所终。虽然英军对其枪体进行了各种各样的改进，但该问题从没有得到根除，并且其真正的原因也从未找到。这样，No.5 步枪就无法成为标准的军用步枪，而 No.4 步枪则保留下来。到 20 世纪 50 年代，英国把比利时的 FN 步枪作为军用步枪。英军当时留用的 No.5 步枪中大部分由在远东和非洲执行特种任务的部队使用。在这些地区，有些国家的军队仍在使用这种步枪。

性能诸元

No.5 Mk 1 步枪

口径：7.7 毫米

重量：3.25 千克

枪长：1003 毫米

枪管长：476 毫米

枪口初速：大约 730 米 / 秒

弹匣：10 发可拆卸式弹匣

左图：专门为丛林战而研制的 No.5 步枪。由于其后坐力太大，所以取得的成就有限。在第二次世界大战末期，英国军队在肯尼亚和马来西亚（如图）都使用过这种步枪

M1903 步枪

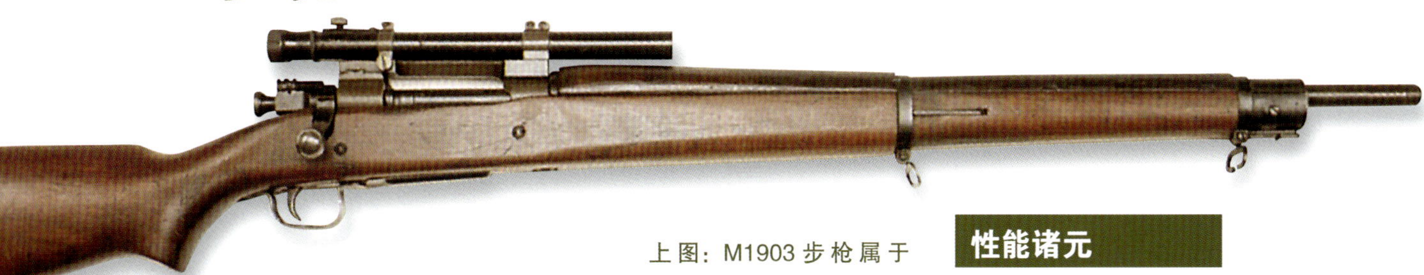

上图：M1903 步枪属于毛瑟型步枪。事实证明它是一种非常优秀的步枪，美军直到朝鲜战争时仍将该型枪列为制式装备。图中为狙击型 M1903 步枪，该枪配有“维瓦”望远式瞄准镜，常规机械式瞄准具则被全部取消

性能诸元

M1903A1 步枪

口径：7.62 毫米

重量：4.1 千克

枪长：1105 毫米

枪管长：610 毫米

枪口初速：855 米 / 秒

弹仓：5 发固定式弹仓

1903 年，美国陆军决定在毛瑟步枪的基础上研制一种新式步枪来取代正在使用的克拉格－约根森步枪。该枪的正式型号为“美国 1903 型 0.3 口径弹匣供弹步枪”，简称为 M1903 步枪。该枪最初由著名的斯普林菲尔德兵工厂生产，因此后来 M1903 也被称为“斯普林菲尔德”步枪。M1903 步枪供步兵和骑兵使用，所以和同时期的大部分步枪相比，要短一些，但是其设计极为合理，富有魅力。不久，事实证明它的确是一种优秀的军用步枪。

改进弹药

M1903 步枪投产后不久，型号为 0.3-06 的 7.62 毫米新式“尖头”步枪弹于 1906 年服役，取代了此前的圆头步枪弹。0.3-06 步枪弹继续作为美军制式弹药服役多年。在第一次世界大战期间，美军仍使用 M1903 步枪，1929 年，美军将改进后的 M1903A1 步枪列为制式步枪，该枪为了改善瞄准性能而更换为手枪式握把。M1903A2 则是为了降低成本在枪管中塞入次口径枪管的射击教练枪。

当美国于 1941 年加入第二次世界大战的时候，新型的 M1 加兰德步枪产量尚且不足，因此 M1903 重新开始大批量生产，此时生产的型号为 M1903A3 型，该型号虽然为大规模生产而修改了设计，但制造工艺非常精良。除了用冲压件取代机加工部件外，另一个主要变化是将后瞄具从枪栓前部移动到枪栓后方。

狙击型

其他类型的军用步枪是 M1903A4 步枪。这是一种专用狙击步枪，该枪配备了“维瓦”瞄准镜，并取消了固定式机械瞄具。在 20 世纪 50 年代的朝鲜战争中，美军仍在使用 M1903A4 步枪。

1940 年，这种步枪被运到英国，装备英国的国土防卫军。为了满足英国的订单，有的类型甚至重新投入生产。美国参战后，美国接过了订单，转而供美国军队使用。第二次世界大战期间，几个盟国的军队也使用 M1903 步枪。在 1944 年 6 月的诺曼底登陆中仍有盟军士兵使用该枪。

M1903 步枪及其改进型在今天一些小国的军队中仍然能够看到，但多数留存于世的该型枪仅被用作射击竞赛或狩猎用步枪。M1903 步枪仍被视为经典步枪之一。即使在今天，操作这种步枪进行射击都是一种享受。目前，出于各种原因，许多 M1903 步枪被武器爱好者收藏。

左图：M1903 步枪的精确性使它成为神枪手最喜爱的步枪。该枪精确的单发射击甚至可以在战斗中发挥决定性作用，其盒式弹仓容量仅 5 发，但已经够用

M1 加兰德步枪

M1 7.62 毫米口径步枪通常被称为加兰德步枪，是历史上第一款成为国家制式武器的自动装填式步枪。美军早在 1932 年就宣布列装加兰德步枪，但直到很长时间后才交付入列。其原因是：按照设计要求，它的制造过程比较复杂，所以需要时间来准备机床等生产设备。它的发明者是约翰 · C. 加兰德。加兰德花费了大量时间才把这种枪研制成功。这种步枪投入生产后，马上就获得了巨大利润。人们发现这种步枪几乎无需任何改动。最后生产的 M1 步枪和最早生产的 M1 步枪相差无几。

上图：一名美军步枪手在冲绳战役中冒着日军的射击快速冲向一个弹坑。面对使用栓动式步枪的日军，装备加兰德步枪的美军在火力上占有优势

金牌步枪

如上所述，M1 步枪制造工序复杂，造价较贵，大量零部件需要进行机加工处理。不过 M1 加兰德的设计相当结实，在实战中相当可靠。但这也是一柄双刃剑，结实的设计使得该枪的重量比栓动式步枪稍重。

M1 采用导气式原理，将发射后的火药燃气推入导气管，向后驱动导气活塞，活塞向后推动枪机开锁，枪机抽出空弹壳并将其弹出，随后枪机后坐到位，被复进簧向前推动，将新一枚子弹推入枪膛并完成闭锁，射手只需扣动扳机便可再次射击。

美国于 1941 年 12 月初参加第二次世界大战时，大多数美国正规部队都装备了 M1 步枪。然而，由于美军人数迅速扩充，M1 步枪的加工程序复杂，所以要想在短期内源源不断地从生产线上制造出 M1 步枪是不可能的。这就意味着 M1903 步枪不得不重新投入生产。而 M1 步枪的制造速度也逐步快了起来，到第二次世界大战末期，美国大约生产了 550 万支 M1 步枪。甚至在 20 世纪 50 年代初的朝鲜战争期间，美国又恢复了这种步枪的生产。

真正的战争赢家

对于美国部队来说，M1 加兰德步枪是战争中克敌制胜的法宝。它结构坚固，士兵们对它充满了敬意。但是在作战中，它有一个重大缺陷，那就是

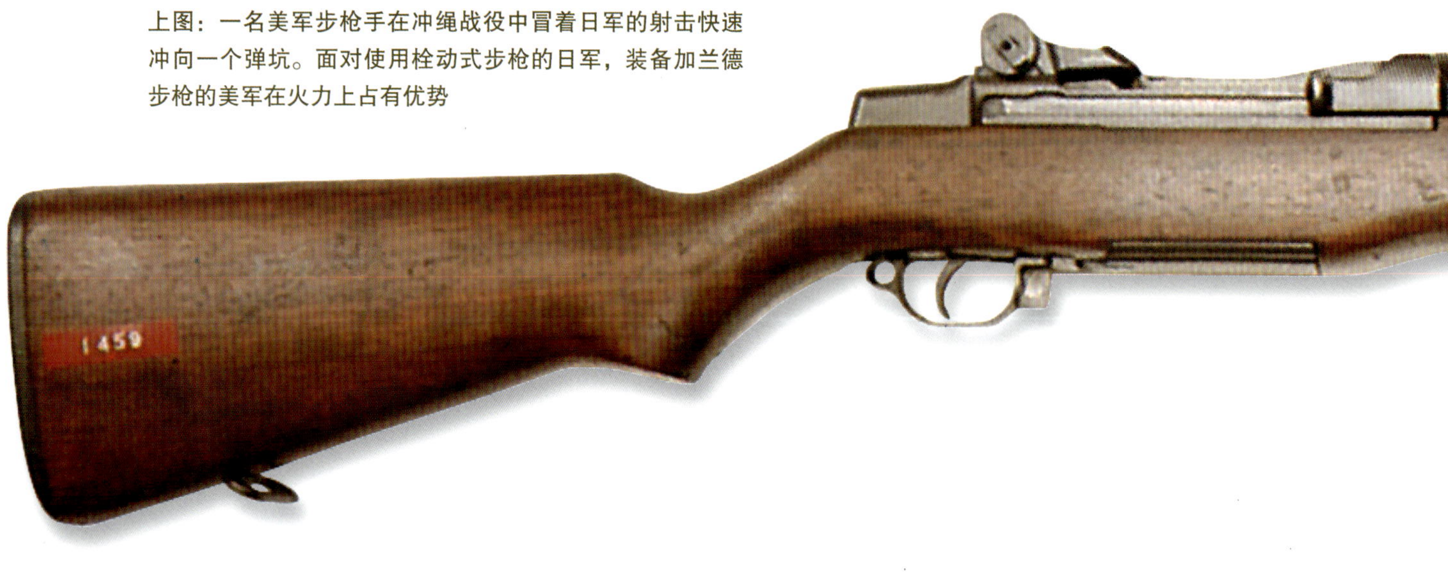

它的供弹系统。该枪的供弹具为8发漏夹，只能一次性装入一整个漏夹，无法单发装填。另外，当最后一发子弹发射出去后，从套筒座中弹出的空弹夹会发出尖锐的声音。这等于告诉附近的敌人，射手使用的步枪子弹已经打光。这个问题从M1步枪问世到1957年都没有解决。1957年后，美国陆军使用的M14步枪基本就是改为弹匣供弹的M1步枪。

另外，美国还生产出许多M1步枪的派生型号，但很少有像M1基本型步枪那样用途广泛的型号，但有两种特殊型号——M1C和M1D狙击步枪。这两型步枪从1944年开始进行小批量生产，加装了枪口消焰器和腮垫。

上图：1944年末和1945年初，美国第4装甲师向巴斯托涅迅速挺进，解救被德军包围的美军第101空降师。图为阿登战役中的美国第4装甲师士兵。他们使用的正是加兰德步枪

德国使用的M1步枪

德军将所有缴获的M1步枪都利用了起来，并赋予了其“251（a）型自动装填步枪”[Selbstladegewehr 251（a）]，日本人也生产了M1的仿制版本：7.7毫米五式步枪，不过直到战争结束时日军才刚刚完成该型号的原型枪设计。

第二次世界大战结束后，M1步枪继续作为美军制式步枪装备多年，随后该枪继续装备国民警卫队和其他二线部队，直到近年来才彻底退役。另有其他几个国家目前仍在使用M1步枪，许多轻武器设计者也在他们自己的产品上借鉴了M1的设计：如意大利的多款伯莱塔步枪就借鉴了加兰德步枪的原理，此外美国的鲁格公司也据此推出了Mini-14型5.56毫米步枪。

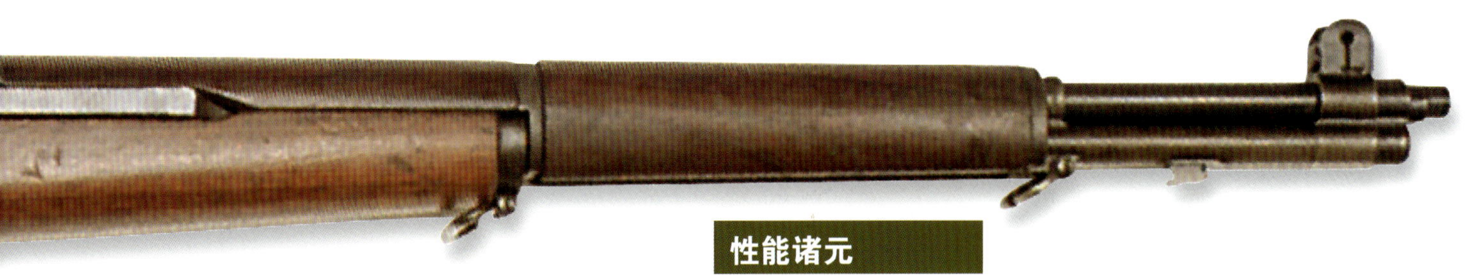

上图：加兰德步枪设计出第一款被接纳为制式武器的自动装填步枪。该枪采用导气式原理，设计结实可靠，不过比起栓动式的M1903步枪稍重

性能诸元

M1加兰德步枪

口径：7.62毫米
重量：4.313千克
枪长：1107毫米
枪管长：609毫米
枪口初速：855米/秒
弹仓：8发固定式弹仓

M1/ M1A1/ M2/M3 卡宾枪

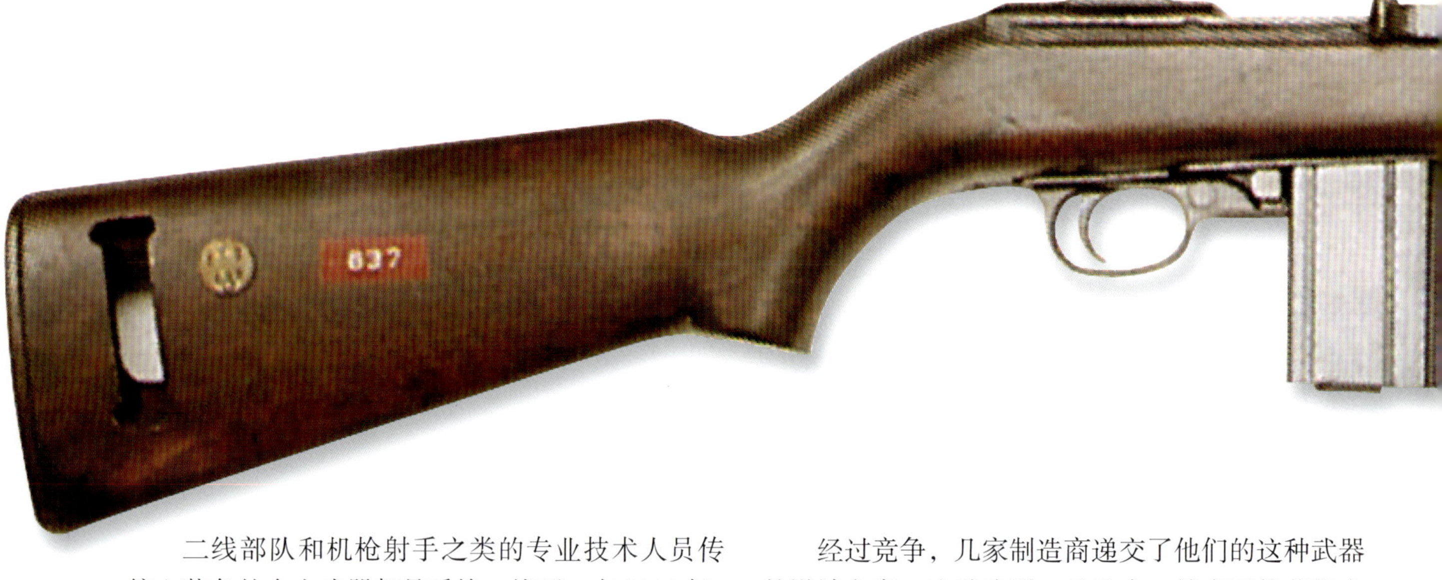

二线部队和机枪射手之类的专业技术人员传统上装备的个人武器都是手枪。然而，在 1940 年，美国陆军考察过这些部队人员的装备后，决定为他们装备一种卡宾枪式武器。这种武器易于操作，而且在他们经常使用的车辆中不会占用太大的空间。

经过竞争，几家制造商递交了他们的这种武器的设计方案。这种武器一旦选中，就有可能获得大批量的订单，从中获得丰厚的利润。最后，温彻斯特公司提出的设计方案胜出。该枪被定型为“M1 型 0.3 口径卡宾枪”。

中间威力枪弹

M1 卡宾枪采用了一套独特的短行程活塞导气式自动原理，发射的中间威力枪弹尺寸介于手枪弹和步枪弹之间。

这套自动原理的工作模式为：枪管内的火药气体从位于枪管中部的导气孔进入导气管，推动活塞撞击枪机框，枪机框向后滑动开锁并弹出空弹壳，压缩复进簧，后坐到位后受复进簧弹力作用向前运动，将下一颗子弹推入弹膛并完成闭锁。

M1 卡宾枪一装备部队就受到士兵们的欢迎。由于这种武器轻巧、易于操作，以至于出现了这样的情况：这种新式武器迅速从只装备二线部队扩展到装备前线部队的军官和重武器分队。

为了加快 M1 卡宾枪的生产，该枪只具备半自动射击模式，并且还有一种专门供空降部队使用的特别型号的 M1A1 卡宾枪。这种卡宾枪的枪托可以折叠。

左图：由于在水上或丛林中行军比较困难，前线士兵马上发现 M1 卡宾枪和步枪相比更轻巧、更易于操作，因此美国海军陆战队的一线部队开始装备该型卡宾枪

上图：M1 轻型卡宾枪最初由温彻斯特公司生产。后来有 10 多家公司都进行了生产。其生产数量超过了 600 万支

性能诸元

M1 卡宾枪

口径：7.62 毫米
重量：2.36 千克
枪长：904 毫米
枪管长：457 毫米
枪口初速：600 米 / 秒
弹匣：15 或 30 发盒形弹匣

在第二次世界大战后期，一种具备全自动射击能力的 M2 卡宾枪问世。M2 卡宾枪的射速为 750～775 发 / 分，使用弯曲状盒形弹匣，可装 30 发子弹。M1 卡宾枪也可以使用这种弹匣。

后来改进型的 M3 是一款特殊的夜战型卡宾枪，大约生产了 2100 支，由于当时战争已近尾声，所以未能批量生产。整个 M1 系列武器到战争结束时已经生产了 633 万支，成为整个第二次世界大战期间生产数量最大的单兵武器。

尽管 M1 系列卡宾枪轻巧、易于操作，但它有一个主要缺陷，那就是其中间威力枪弹的停止能力不足，甚至在近战中也是如此。另外，它的射程有限，有效射程只有 100 米左右。当然，这些缺陷因为该枪的便捷性被轻易抵消。M1 卡宾枪十分便于在车上或飞机上携带，带折叠式枪托的 M1A1 甚至比 M1 还要便携。这种武器使用时非常舒适。在第二次世界大战后期的欧洲战场上，德军非常喜爱从盟军手中缴获的 M1A1 卡宾枪，并将其定型为“455（a）型自动装填卡宾枪”[Selbsetladekarabiner 455（a）]。

快速消失

虽然经过了大规模生产，并且战争中也获得了巨大成功，但是，目前世界上却没有哪个国家的军队使用这种武器。不过，许多国家的警察仍在使用。其中的原因主要是它使用中间威力枪弹，与使用大威力的子弹相比，它可以尽可能减少对行人或其他人员造成的间接伤亡，尤其在城市战中更是如此。最典型的使用者当数英国在北爱尔兰的皇家警察。他们使用 M1 卡宾枪的主要目的是对付爱尔兰共和军中极端的分离主义分子及其对手——反对爱尔兰独立的极端分子。这些恐怖分子经常使用威力更大的阿玛莱特步枪。

关于 M1 卡宾枪还有一个小小的插曲：目前 M1 卡宾枪使用的中间威力子弹极其缺乏。虽然在战争年代，这种子弹的生产数量多得难以计算，但现在这种子弹极少被使用，并且其他类型的步枪也极少使用这种子弹。

下图：在太平洋战场上，美国海军陆战队的一名机枪班组士兵右手握的就是 M1 卡宾枪，左手握的是勃朗宁 7.62 毫米机枪使用的子弹带。他在等待同伴投掷手榴弹

ZB vz.26 和 vz.30 轻机枪

上图：捷克斯洛伐克的 ZB vz.26 机枪是当时影响最深远的设计之一，英国的布伦机枪就是以它为基础设计的。它采用盒形弹匣，可装 20 发或 30 发子弹

性能诸元

ZB vz.26 机枪	ZB vz.30 机枪
口径：7.92 毫米	口径：7.92 毫米
重量：9.65 千克	重量：10.04 千克
枪长：1161 毫米	枪长：1161 毫米
枪管长：672 毫米	枪管长：672 毫米
枪口初速：762 米 / 秒	枪口初速：762 米 / 秒
射速：500 发 / 分	射速：500 发 / 分
弹匣：20 发或 30 发前倾盒式弹匣	弹匣：30 发前倾盒式弹匣

1919 年后，捷克斯洛伐克成为一个独立的国家。当时捷克斯洛伐克保留了生活在该国的各方面人才，其中就有许多轻型武器的设计专家。20 世纪 20 年代初期，捷克斯洛伐克在布尔诺建立了“捷克斯洛伐克国营兵工厂”，负责研制各类轻武器。该公司早期推出了一款名为 ZB vz.24 轻机枪（Lehký kulomet ZB vz.24）的产品，采用盒式弹匣，不过该枪仅完成了原型枪设计，随后便利用其技术进行进一步设计改进，从而诞生了 ZB vz.26 轻机枪。

该型轻机枪一经投放市场便获得了巨大成功，并影响了此后的众多轻武器射击。ZB vz.26 采用了导气式自动原理，长行程导气活塞位于枪管下方，可调节式导气孔位于枪管中段。该型机枪的闭锁采用枪机偏转原理，导气活塞被火药燃气向后推动，由铰链连接的枪机组件通过在导槽中运动完成闭锁与射击。弹药从略微前倾的盒式弹匣向下供弹。该枪的设计便于拆解，使用维护方便。该枪的枪管表面车制有大量环形散热片，且可以快速更换枪管。

ZB vz.26 机枪装备捷克斯洛伐克部队后不久，就在武器出口市场上获得了巨大成功。包括南斯拉夫和西班牙在内的许多国家都使用过这种机枪。随后，经过轻微改进，捷克斯洛伐克又生产出新式的 ZB vz.30 机枪。但对于外行人来说，它们一模一样。ZB vz.30 机枪和 ZB vz.26 机枪只是在制造方法和内部设计上有所不同。它和 ZB vz.26 机枪一样，在出口市场上也获得了很大成功。采购它的国家有波斯（现伊朗）和罗马尼亚等国。许多国家获得生产许可证后，建立了自己的生产线。到 1939 年时，这两种轻机枪已经成为世界上众多轻机枪中的佼佼者。

德国使用

捷克斯洛伐克是德国占领的第一个国家，德国以此为起点占领了欧洲大多数国家。占领捷克斯洛伐克后，ZB vz.26 和 ZB vz.30 机枪也被德军装备。德国人把这两种武器分别命名为 MG 26（t）机枪和 MG 30（t）机枪。为了满足德军的需要，布尔诺兵工厂一直在生产这两种机枪。它们遍布世界各地，甚至德国的民事警察和宪兵也把它们当作标准机枪使用。

或许，ZB vz.26 和 ZB vz.30 机枪最持久的魅力是它们对其他类型的机枪产生的影响。日本人直接仿制了这两种机枪，西班牙也如法炮制，其产品被称为 FAO 机枪；英国的布伦机枪就是以 ZB vz.26 机枪为基础研制成功的；南斯拉夫则生产了其派生型号。

Mle 1924/29 型和 Mle 1931 型轻机枪

第一次世界大战后，法国试图以勃朗宁 BAR 的自动原理，研制发射法军制式的 7.5 毫米步枪弹的新型轻机枪。研制出的第一个型号为 1924 型自动步枪（Fusil Mitrailleur modèle 1924）。该枪的设计在当时较为先进，采用弹容量为 25 或 26 发的顶置盒式弹匣。分离式扳机可以分别进行单发或全自动射击。

磨合问题

在列装前，不管是机枪还是枪弹都没完成研制，因此发生了多次炸膛事故。最终通过削减发射药量并加固部分部件解决了问题，从而研制出了 Mle 1924/29 型自动步枪。Mle 1924/29 型还有一种特殊的改进型，用于“马奇诺防线”的防御工事，也供坦克和装甲车辆使用，这就是 M1931 型轻机枪（Mitrailleuse modèle 1931），该机枪的枪托造型独特，同时采用尺寸巨大的 150 发侧置弹鼓，其他设计与 Mle 1924/29 型相当，但总长和枪管长度都有所增加。作为主要用于静态防御和车载的机枪，增加重量并没有产生不便，因此 Mle 1931 型被大量生产。

德国使用

1940 年 6 月，法国战败投降，德军缴获了大量的 Mle 1924/29 型机枪和 Mle 1931 型机枪。德国分别把它们命名为 MG 116（f）轻机枪和 Kpfw MG 331（f）车载机枪。法国人手中只保留了一小部分，主要供法国驻中东和北非的部队使用。1945 年后，法国又恢复了 Mle 1924/29 型机枪的生产，而且法军又使用了很长时间。

德国在 1940 年缴获了大量战利品。这意味着它可以把大量的 Mle 1924/29 型机枪和 Mle 1931 型机枪投入后来的“大西洋壁垒”防御上，并且德国人特别喜爱把 Mle 1931 型机枪当作防空武器使用。但是，这些 Mle 1924/29 型机枪和 Mle 1931 型机枪在使用中常常出现事故，并且它们的子弹威力小，射程近，最大射程只有 500 米 ~ 550 米，而当时的多数机枪的射程都有 600 米或 600 米以上。

下图：Mle 1924/29 型机枪是 1940 年法军使用的标准轻机枪；它的口径为 7.5 毫米。它使用了两个扳机，一个用于自动射击，另一个用于单发射击

性能诸元

Mle 1924/29 型轻机枪	Mle 1931 型轻机枪
口径：7.5 毫米	口径：7.5 毫米
重量：8.93 千克	重量：11.8 千克
枪长：1007 毫米	枪长：1030 毫米
枪管长：500 毫米	枪管长：600 毫米
枪口初速：820 米 / 秒	枪口初速：850 米 / 秒
射速：450 ~ 600 发 / 分	射速：750 发 / 分
弹匣：25 发盒形弹匣	弹匣：150 发子弹弹鼓

布雷达公司的机枪

在第一次世界大战期间，意大利军队使用的标准机枪是菲亚特 1914 型水冷机枪。战后，该型机枪通过现代化改进成为菲亚特1914/35 型气冷机枪。后者比较重，使用新式空气冷却方法，由布雷达公司生产，是一种新式的轻机枪。该公司利用早期的 1924、1928 和 1929 型机枪的经验生产出了布雷达 30 型机枪。这种机枪后来成为意大利的标准轻机枪。

众多设计缺陷

30 型机枪是最终被认为无法满足需求的众多意大利机枪型号中的一种。从外观上看，它的形状和凸出部分非常奇怪。这些凸出物容易钩住衣服或其他装备，毫无疑问，任何携带它的人都会感到极不方便。除此之外，该枪还采用非常古怪的固定式 20 发弹匣，这种弹匣由铰链固定，子弹先装入弹匣内，再旋转插入枪机发射，而弹匣铰链非常脆弱，如果弹匣或铰链受到损坏，机枪便会无法发射。

除此之外，该型机枪的导气式自动机构故障频发，抽壳装置更是全枪最容易出问题的机构，为了提升机枪的可靠性，该枪在内部设置有油壶，向空弹壳涂抹润滑油以辅助抽壳。虽然润滑系统在理论上是可行的，但涂油会导致尘土和污物与润滑油混合黏附，导致枪械故障，而在北非，细密的沙土更是容易导致故障。更令人尴尬的是，该枪的枪管虽然可以更换，但没有枪管更换提把（也可兼做携行提把），因此射手必须佩戴隔热手套才能更换枪管。布雷达 30 型机枪只有口径改为 7.5 毫米的 38 型机枪，没有其他子型号。

另两种布雷达机枪的表现比 30 型稍好。其中之一是布雷达 RM 31 型重机枪，主要装备于意大利陆军的轻型坦克上，但该枪的 12.7 毫米弹药采用大型弧形盒式弹匣在装甲车辆内部操作非常不便。

重型机枪

布雷达公司生产的布雷达 37 型机枪是一种重型机枪。从整体上看它算得上是一种成功的武器。但是，从战术上看，由于它使用了一种与众不同的供弹设置，所以使用时极不方便，该枪采用的 20 发弹板在发射后会带着空弹壳继续移动至机匣的另一侧，这种多此一举的设计使得弹板在重新压弹前还必须撬出空弹壳。该枪还沿用了给枪弹涂油的设计，所以又把 30 型轻机枪中的阻塞问题“遗传”给了 37 型重型机枪。如此一来，尽管 37 型机枪成为意大利陆军的标准重型机枪，但其整体性能也不过如此。

另外，还有一种供坦克使用的 37 型机枪被称为布雷达 38 型机枪。

性能诸元

30 型机枪	37 型机枪
口径：6.5 毫米	口径：8 毫米
重量：10.32 千克	重量：19.4 千克（枪），18.7 千克（三脚架）
枪长：1232 毫米	枪长：1270 毫米
枪管长：520 毫米	枪管长：740 毫米
枪口初速：629 米 / 秒	枪口初速：790 米 / 秒
射速：450 ~ 500 发 / 分	射速：450 ~ 500 发 / 分
弹匣：20 发铰链固定弹匣	供弹具：20 发弹板

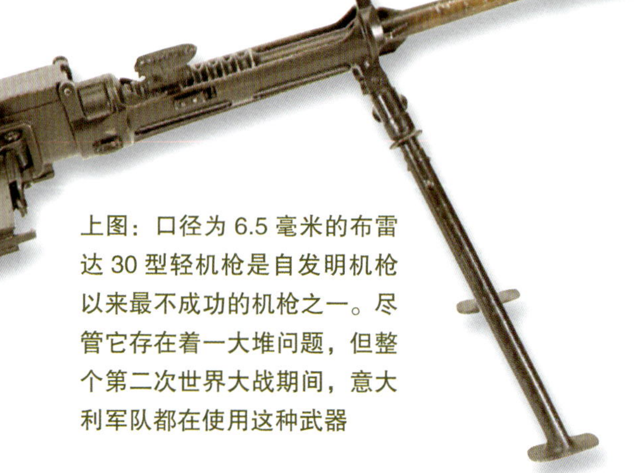

上图：口径为 6.5 毫米的布雷达 30 型轻机枪是自发明机枪以来最不成功的机枪之一。尽管它存在着一大堆问题，但整个第二次世界大战期间，意大利军队都在使用这种武器

11 式和 96 式轻机枪

上图：口径为 6.5 毫米的日本 96 式轻机枪罕见地安装了刺刀。这种机枪综合了捷克斯洛伐克和法国的设计

日军在 1941—1945 年使用的两种步兵重机枪的外形和法国的哈奇开斯重机枪颇为相似。而在轻机枪领域，日本人采用了自行设计，日本的第一款轻机枪采用了与哈奇开斯机枪相近的自动原理，不过在其他方面结合了本国的设计。

日军的首款轻机枪为 11 式 6.5 毫米轻机枪，于 1922 年装备部队，直到 1945 年日军仍在使用。该枪粗壮且带有散热片的枪管有哈奇开斯机枪的影子，但其内部设计并未全面抄袭。由于该枪由南部麟次郎设计，因此盟军称其为南部式机枪。

11 式轻机枪的供弹系统采用了仅在该枪上使用的弹斗式供弹具。位于枪机左侧的弹斗用于装填 5 发桥夹，设计人员认为此举可以让日军步兵班组的弹药通用，无需配备专用弹匣或弹链。不过在实战中这一优势被弹斗的复杂设计所抵消，且发射标准步枪弹时容易发生故障，因此只能发射专用的减装药弹。此外该枪也配有一个为枪弹抹油的油壶，这反而会使尘土和其他污物进入枪体内部导致故障。

只能自动射击

11 式机枪只能自动射击。射击时，弹斗很难保证枪体平衡，从而导致射击非常别扭。另外，日本还生产了一种特殊的坦克用型号——91 式坦克机枪，配备弹容量 50 发的弹斗。

性能诸元

11 式轻机枪	96 式轻机枪
口径：6.5 毫米	口径：6.5 毫米
重量：10.2 千克	重量：9.07 千克
枪长：1105 毫米	枪长：1054 毫米
枪管长：483 毫米	枪管长：552 毫米
枪口初速：700 米 / 秒	枪口初速：730 米 / 秒
射速：500 发 / 分	射速：550 发 / 分
供弹具：可装 30 发子弹的弹斗	弹匣：可装 30 发子弹的盒形弹匣

20 世纪 30 年代初期，在侵华战争期间，11 式机枪的缺点暴露无遗。于是，在 1936 年，日本又生产了一种新式的 96 式轻机枪。96 式确实是在 11 式的基础上改进而成的。由于日本的军工企业从来没有生产出足够的机枪供日军使用，所以早期的型号（11 式机枪）并没有退出军队。

96 式机枪，吸收了哈奇开斯机枪和捷克斯洛伐克的 ZB vz.26 机枪的设计特点。该枪改用了顶置弧形盒式弹匣取代了 11 式机枪的弹斗，但依然保留了润滑油壶（且仍会导致故障）。96 式机枪的枪管可以快速更换，该枪可以在机匣后部安装望远瞄准镜，或配备弹鼓，瞄准镜很快被移除，不过非常便捷的弹匣更换机构仍得到了保留。96 式轻机枪与其他轻机枪相比还有一个非常特殊的设计，即留有刺刀卡榫。

勃朗宁自动步枪

被普遍称为 BAR 的勃朗宁自动步枪是一个难以界定其具体分类的异类。该枪既可以被视作重型突击步枪，也可以被视为轻机枪，不过在实战中该枪通常被用作轻机枪。

BAR 是约翰 · 勃朗宁的创新杰作，在 1917 年研制出首批样枪，在向美国陆军进行演示后当即被采用，并于 1918 年随美军前往法国参战。不过此时该枪的使用规模并不大，且很少被用作重型自动步枪。值得一提的是，早期的 M1918 型 BAR 并没有配备两脚架，因此只能腰射或抵肩射击。直到 1937 年，M1918A1 型才加装两脚架。最后的量产型 M1918A2 型修改了两脚架设计，并为枪托增加了托肩板。美军在第二次世界大战期间主要装备的是 M1918A1 和 A2 型，且主要用于增强班组步枪火力，而非被用作班组支援火器。

原版的 M1918 型 BAR 在第二次世界大战中仍有一席之地，该枪在 1940 年被运往英国，以增强英国国土防卫部队的火力，另有部分该型枪装备了二线部队。随后的各个型号均被大量生产，且获得了士兵们的信赖。

子弹不充足

BAR 并不是没有缺陷，它的弹匣只能装 20 发

上图：图中为 1944 年美国士兵使用的勃朗宁自动步枪

上图：勃朗宁自动步枪 M1918A2。这是最后一批投产的 BAR 轻机枪（或称为自动突击步枪）。它使用的弹匣只能装 20 发子弹，和其他更为先进的轻机枪相比，它的枪管不能快速更换

左图：结合了突击步枪和轻机枪性能的勃朗宁自动步枪在两场世界大战中都受到了使用者的欢迎。该枪的最大问题就是其弹匣只有20发子弹，在作战中严重限制了步兵的火力。虽然该枪被当作一款过渡性武器研制，因此并没有多少出于战术和理论方面的考量，但士兵们非常喜爱BAR，并总是要求配发更多该型枪。

BAR在20世纪50年代初期的朝鲜战争中再次一展身手，并且直到1957年才被取代。

比利时制造

很少有人知道，在1939年之前，比利时的FN公司也生产了被称为FN 30型的BAR机枪。该公司以BAR为基础，后来该公司又生产了多种口径的BAR机枪，许多国家的军队都使用过这些武器。波兰建立了BAR机枪的装配线，不过波兰组装的BAR机枪使用7.92毫米子弹，而比利时生产的BAR机枪使用7.65毫米子弹。

许多波兰生产的BAR机枪在1939年后都落到了苏联人手中，甚至德国人也使用过他们缴获的BAR机枪。波兰人非常重视BAR的生产，还专门为BAR生产了一种结构复杂的非常沉重的三脚架。另外，波兰还有一种特殊的防空型BAR机枪。

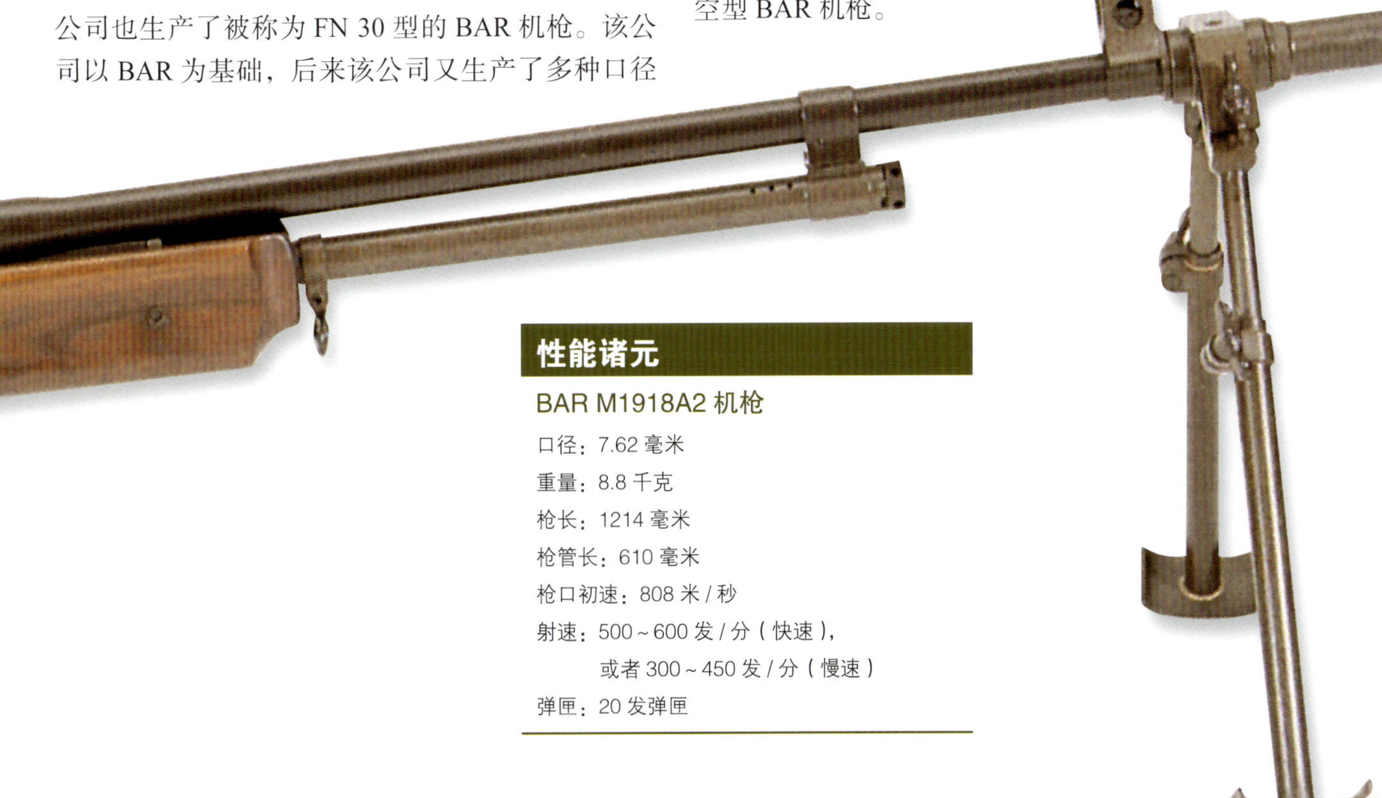

性能诸元

BAR M1918A2机枪

口径：7.62毫米

重量：8.8千克

枪长：1214毫米

枪管长：610毫米

枪口初速：808米/秒

射速：500～600发/分（快速），
或者300～450发/分（慢速）

弹匣：20发弹匣

勃朗宁 M1919 机枪

勃朗宁 M1919 机枪和 M1917 步枪有所不同。M1917 步枪使用的是水冷却枪管，而 M1919 使用的是空气冷却枪管。M1919 最初是供美国当时计划生产的坦克使用的，但是，战争结束后，生产坦克的合同被取消了，所以最初的 M1919 生产也被取消了。虽然如此，它的空气冷却枪管却被保留下来。M1919A1、M1919A2（美国骑兵使用）、M1919A3 机枪都使用这种枪管。早期的这些 M1919 型机枪的生产数量都很少，但是，M1919A4 机枪的生产数量却很多。到 1945 年时，M1919A4 的生产总量达到了 438971 支，并且此后还继续生产了更多。

M1919A4 主要供步兵使用。事实证明它是一流的重型机枪，能够发射雨点般密集的子弹，并且结实耐用，经得起任何作战条件的考验。作为 M1919A4 机枪的伴随武器，还有一种特殊的供坦克使用的 M1919A5 机枪。另外还有一种机枪——美国陆军航空兵使用的 M2 机枪，既可以安装在固定设施上使用，也可以在训练时使用。美国海军在 M1919A4 机枪的基础上也生产出了自己的 AN-M2 机枪。

所有这些 M1919 机枪，在漫长的生产过程中，或多或少都经过了改进，但 M1919 机枪的最基本设计却一直保留下来。M1919 机枪使用帆布或金属弹链。正常情况下需要使用三脚架，并且这些支架的种类繁多，有正规步兵使用的三脚架，也有较大而且复杂的供防空部队使用的支架。从吉普车到坦克等各种车辆使用的是环形和圆形的支架。另外，还有多种特殊的供小型飞机使用的支架。

轻机枪

或许 M1919 系列机枪中最奇怪的类型还得数 M1919A6 机枪。这种枪是作为向步兵提供火力支援的轻机枪生产的。在此之前，步兵不得不依赖 BAR 步枪提供的火力。M1919A6 机枪发明于 1943 年，它和 M1919A4 机枪非常相似，但安装了看上去有些笨拙的肩部枪托、两脚架、携行提把和轻型枪管。其实，这种轻机枪相当重，但至少具有一定的优点，就是在当时的生产线上能够快速生产。它的缺点是看上去有点笨拙，枪管变热后，换枪管时需要戴上手套。尽管如此，M1919A6 机枪还是大批量投入了生产（到战争结束时，已经生产了 43479 挺）。由于其性能优于 BAR 步枪，士兵们只好接受了它的缺点。

从整体上看，M1919 系列机枪的性能和承受作战环境的能力，是其他类型的机枪（或许维克斯机枪除外）都无法企及的。M1919 系列机枪使用

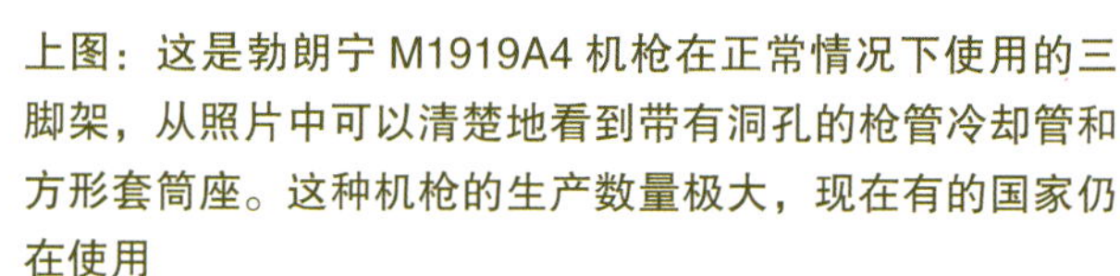

上图：这是勃朗宁 M1919A4 机枪在正常情况下使用的三脚架，从照片中可以清楚地看到带有洞孔的枪管冷却管和方形套筒座。这种机枪的生产数量极大，现在有的国家仍在使用

的是相同的枪管短后坐自动原理，枪口火药燃气向后推动整个枪管和枪机组件向后运动，随后枪栓在枪管运动到位后继续后坐，直至被复进簧弹回待发位置，如此反复循环。

目前，M1919 系列机枪（包括不太“可爱”的 M1919A6 机枪）仍在大范围使用。但使用 M1919A6 机枪的国家仅限于南美洲的几个国家。

右图：虽然勃朗宁 M1919A4 机枪采用气冷而非水冷设计，但依然具备强大的火力持续性。它使用的子弹带可以装在箱子里。子弹带是用纺织品或金属链制成的

性能诸元

勃朗宁 M1919A4 机枪

口径：7.62 毫米
重量：14.06 千克
枪长：1041 毫米
枪管长：610 毫米
枪口初速：854 米 / 秒
射速：400 ~ 500 发 / 分
供弹具：250 发弹链（帆布 / 金属）

勃朗宁 M1919A6 机枪

口径：7.62 毫米
重量：14.74 千克
枪长：1346 毫米
枪管长：610 毫米
枪口初速：854 米 / 秒
射速：400 ~ 500 发 / 分
供弹具：250 发弹链（帆布 / 金属）

勃朗宁 12.7 毫米重机枪

自 1921 年诞生以来，12.7 毫米勃朗宁重机枪一直是非常令人畏惧的反人员武器之一。该枪发射的弹药威力巨大，足以彻底将人打得支离破碎，甚至能击毁常规车辆和轻装甲车辆，尤其是在发射穿甲弹时。弹药可谓这款机枪的核心，而勃朗宁此前研制大口径机枪的多次尝试都因为没有合适的弹药而遭遇失败。

德制弹药

在对缴获的德制毛瑟 T-G 反坦克枪发射的 13 毫米子弹进行考察后，美国人找到了问题的解决方案，此前所面临的问题便迎刃而解。虽然勃朗宁机枪弹（BMG）的发射药和弹头种类极多，但该型弹的基本设计一直没有太大变化。

最初的勃朗宁 M1921 重机枪成为后来的 M2 系列重机枪的设计基础。这些大口径机枪的枪机设计与口径更小的 M1917 机枪非常相似。M2 的各子型号的区别之处是其枪管安装方式以及枪架的不同。

M2 系列机枪中产量最大的是 M2HB 型，其后缀 HB 意为“重型枪管”。HB 型被安装于各种基座上，因此被用作步兵机枪、防空机枪，以及飞机上的固定式和活动式机枪。步兵版本的 M2HB 机枪采用重型三脚架，不过也可以安装在车辆的立柱枪架上，环形枪架和枢轴枪架上。其他 M2 机枪中有不少型号采用了水冷枪管，主要用作防空机枪，其中使用最普遍的是美国海军使用的 M2 机枪，被安装在多联装枪架上，用于打击敌方来袭的低空飞机。此外岸上固定设施也用水冷枪管 M2 机枪作为防空机枪。

枪管长度

地面和空中使用的勃朗宁机枪的主要区别是：飞机上使用的机枪枪管长 914 毫米，而地面上使用的机枪枪管长 1143 毫米。除了枪管差异之外，

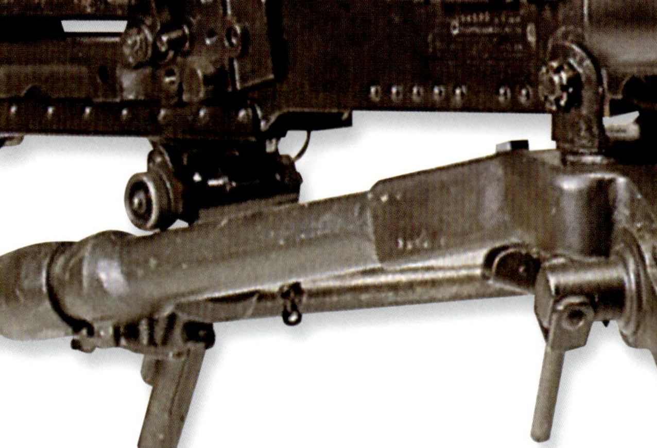

上图：安装在常用型三脚架上的著名的勃朗宁机枪。这种机枪于 1921 年投产，后来美国还在继续生产这种武器。自机枪问世以来，它是非常优秀的武器之一。另外，它还具备对付车辆和轻型装甲车的能力

性能诸元

勃朗宁 M2HB 机枪

口径：12.7 毫米

重量：38.1 千克（枪），
19.96 千克（M3 型三脚架）

枪长：1654 毫米

枪管长：1143 毫米

枪口初速：884 米 / 秒

射速：450 ~ 575 发 / 分

供弹具：110 发金属弹链

上图：战场上，美国陆军的勃朗宁 M2 重型机枪组，三脚架离地面较近，毫无疑问它身边有充足的弹药供应

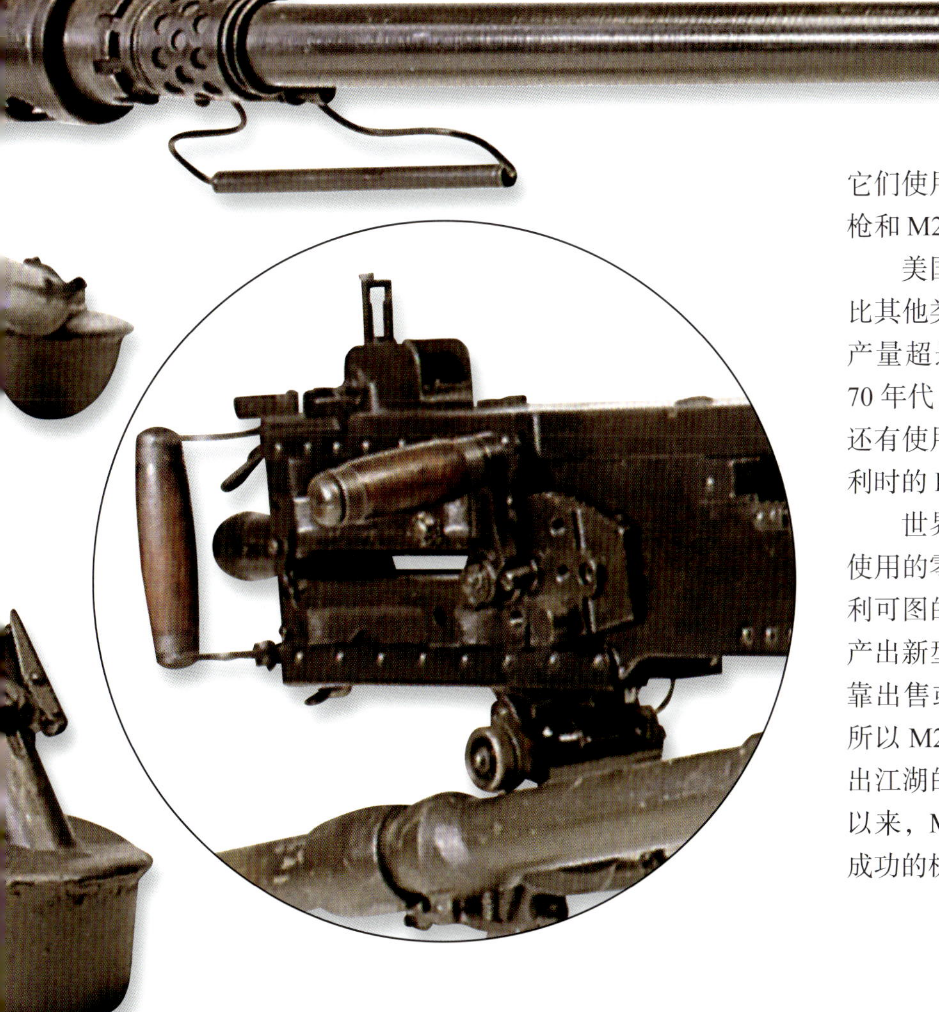

它们使用的支架也有所不同。M1921 机枪和 M2 机枪的许多部件可以互换使用。

美国生产的 12.7 毫米勃朗宁机枪要比其他类型的勃朗宁机枪的数量多，其产量超过了 100 万挺，并且在 20 世纪 70 年代，有两家美国公司发现这种机枪还有使用价值，又恢复了它的生产。比利时的 FN 公司也生产了这种机枪。

世界上许多公司发现提供 M2 机枪使用的零部件和其他附属装置是一件有利可图的事，并且弹药生产商也常常生产出新型的子弹；许多经销商发现仅仅靠出售或购买此类武器就能大赚一笔，所以 M2 机枪风行世界几十年，毫无退出江湖的迹象。公平地说，自机枪问世以来，M2 重型机枪确实称得上是非常成功的机枪之一。

布伦轻机枪

布伦机枪是从捷克斯洛伐克的 ZB vz.26 轻机枪演化而来的，但是在研制过程中，它综合了英国和捷克斯洛伐克的技术。在 20 世纪 20 年代期间，为了取代刘易斯机枪，英国陆军到处寻找新型轻机枪。英国士兵普遍对刘易斯机枪不满。英国陆军从各种渠道费尽心机地搜索到多种机枪的设计。1930 年，经过一系列的试验，捷克斯洛伐克 ZB vz.26 的改进型——ZB vz.27 轻机枪成为试验的优胜者。虽然 ZB vz.27 轻机枪使用 7.92 毫米子弹，但是英国希望将该枪改为发射本国制式的 7.7 毫米步枪弹，这种弹药使用的是相对落后的硝化棉无烟发射药和有缘弹壳。

随后该系列的改进以 ZB vz.27 为基础，先后研制出 ZB vz.30，过渡性的 ZB vz.32，最后是 ZB vz.33 机枪，在这些机枪的基础上，英国恩菲尔德－洛克皇家轻武器厂生产出了布伦机枪［布伦（Bren）一词由布尔诺兵工厂（Brno）的“Br”和恩菲尔德－洛克皇家轻武器厂（Enfield Lock）的“en”组合而成］。1937 年，在准备好工装与生产线后，恩菲尔德－洛克皇家轻武器厂生产出了第一批量产型布伦 Mk 1 轻机枪，直到 1945 年才停止生产。到 1940 年，英国已经生产了 30000 挺布伦机枪，不过仅限英国军队使用。但是敦刻尔克大撤退后，德国人缴获了一大批库存的布伦机枪和弹药，德国人把这种机枪命名为 MG 138（e）轻机枪。这样，为了重新装备英国陆军，英国对新式布伦机枪的需求变得更为迫切了。

简化后的布伦机枪

为了加快布伦机枪的生产，英国对最初的设计进行了改进，并且建立了新的生产线。英国保留了最初 ZB 机枪设计中的导气式自动原理，闭锁机构以及其他基本设计。但是，复杂的鼓式瞄准具和枪托下面的手柄等附件都经过了简化，这样就生产出了布伦 Mk 2 机枪。Mk 2 型还简化了两脚架，不过布伦机枪的 7.7 毫米弧形弹匣仍旧得到保留。经过进一步简化，英国还生产出了使用短型枪管的布伦 Mk 3 机枪和使用改进型枪托的布伦 Mk 4 机枪，并且，在加拿大制造的机枪中，还有口径为 7.92 毫米的布伦机枪。

一流的机枪

布伦机枪非常出色，它结实耐用，性能可靠，

上图：这款布伦机枪是最早生产的型号，该枪采用鼓形表尺与可调整两脚架。后来的型号中，为了易于制造和使用，这些都被更简单的设置所取代

上图：借助棕榈树的掩护和一辆“斯图亚特”轻型坦克的支援，澳大利亚士兵向日军在新几内亚的一个战略要地发起猛攻。前面的士兵使用的就是布伦轻机枪

性能诸元

布伦 Mk 1 轻机枪

口径：7.7 毫米
重量：10.03 千克
枪长：1156 毫米
枪管长：635 毫米
枪口初速：744 米 / 秒
射速：500 发 / 分
弹匣：29 发弧形弹匣

易于操作和保养，重量较轻。该枪的精度也非常出色。当时英军为布轮机枪研制了多种枪架和附件，其中就包括莫特利（Motley）型和加洛斯（Gallows）型等相当复杂的防空枪架。虽然英国研制出了可装 200 发子弹的弹鼓，却极少使用。英国还研制出各种可以安装在车辆上的支架。布伦机枪要比它的所有附属装置的寿命长多了，因为在 1945 年后，许多战时使用的装置已经不适合“高科技”的现代化战场，而且维修还需要费用，所以都被取消了，但是布伦机枪却被保留下来。

虽然布伦机枪和它使用的基本型两脚架也难免被历史淘汰，然而，有些国家的军队仍然在使用，不过该枪此时已经被改进为布伦 L4 系列机枪。经过改进，布伦 L4 系列机枪可以发射北约的 7.62 毫米标准子弹。为了减少磨损，L4 系列机枪的枪管镀了金属铬。在长时间射击时，只需操作简单的枪管更换装置就能更换枪管。

性能诸元

维克斯 Mk 1 机枪

口径：7.7 毫米

重量：18.1 千克（装满冷却水后），22 千克（三脚架）

枪长：1156 毫米

枪管长：721 毫米

枪口初速：744 米 / 秒

射速：450 ~ 500 发 / 分

供弹具：250 发帆布弹链

上图：从图中可以看出，后来生产的 7.7 毫米维克斯机枪的枪管套管上没有波纹。它的枪口设置比较简单，并且还安装了可以间接射击的瞄准具

维克斯机枪

维克斯系列机枪源自19世纪末的马克西姆机枪，除了维克斯机枪逆向使用了马克西姆机枪的闭锁开关设计外，其他方面都没有太大变化。维克斯Mk 1机枪在第一次世界大战中发挥了重要作用，各种表现几乎都超过了同时代的机枪。所以1918年后，作为标准的重机枪被保留下来，供英国和英联邦的军队使用。虽然维克斯机枪出口到世界各地，但是，由于在肯特郡克劳福德市的维克斯主要生产厂生产速度极慢，所以多数维克斯机枪都是从仓库中启封的型号。

然而，在1939年之前，维克斯机枪使用了创新性设计。坦克的出现全面改变了维克斯机枪的设计，英国需要装备新式的战斗机枪。1939年，维克斯公司生产出两种特殊的坦克专用机枪。

两种口径

这些坦克专用机枪有两种口径：口径为7.7毫米的维克斯Mks 4B、Mks 6、Mks 6x和Mks 7机枪；口径为12.7毫米，可以发射专用的维克斯机枪弹的维克斯Mks 4和Mks 5机枪。开始时，这两种机枪可应用于各类坦克，但是自从多数重型坦克使用BESA气冷式坦克机枪后，它们只能安装在轻型坦克或类似于“马蒂尔达”1和2之类的步兵坦克上。另外，该公司还为英国皇家海军生产了维克斯Mk 3机枪。这种机枪的口径为12.7毫米，配备有多种型号的枪架，可以安装在舰船和海岸基地上，防御来自空中的威胁。舰船上使用的支架包括四重支架。由于这种机枪使用的子弹威力较小，所以防空效果不佳。然而，当时又别无选择，这种机枪仍然大批量投入了生产，后来被口径为20毫米的机关炮和其他类似的武器取代。

1939年，英国军队仍然有大量的维克斯机枪。到1940时，为了加强英国本土的防御力量，肩负起保卫英国的重任，许多库存的包括紧急防空使用的各种支架在内的旧式机枪都从仓库中取了出来；而且，这些旧式机枪被迅速地大规模投入生产。英军对武器的需求非常急迫，因为敦刻尔克大撤退之前或其间，英国陆军的大多数军用仓库已经空空如也，所以必须采取快速生产的捷径。最简单的就是使用比较简单的平滑套筒取代围绕在枪管周围的波纹状水冷浸套筒。接着又使用了一种新式的枪口助推装置。到1943年时，英国军队已经开始使用新式的Mk 8Z船尾状子弹。这种子弹的有效射程可达4115米。这样，只要把迫击炮的瞄准具安装在维克斯机枪上，它就具备了间接射击能力。

第二次世界大战后，许多国家的军队，如印度和巴基斯坦，都使用过维克斯机枪。英国陆军在1968年才淘汰这种武器。英国皇家海军陆战队直到20世纪70年代还在使用这种武器。

左图：大约在1940年，柴郡团的士兵正在使用他们的维克斯机枪射击；注意放置于套筒下方的冷凝器可以将凝结的冷却水重新泵回套筒内

维克斯－贝尔蒂埃轻机枪

上图：这名印度士兵携带的是维克斯－贝尔蒂埃 Mk 3 机枪。他穿着标准的制服，胸前的携行具配有两个大型弹匣包。维克斯－贝尔蒂埃机枪的主要用户是印度陆军

维克斯－贝尔蒂埃系列轻机枪是从第一次世界大战前法国设计的机枪中演化而来的。尽管法国的设计很有前途，却没有几个国家使用。1925 年，英国维克斯公司购买了这种设计的专利权，主要供英国的克劳福德工厂使用。该公司希望生产一种能取代维克斯机枪的新式机枪。经过一系列试验，这种设计被英属印度陆军采用，成为印度标准的轻机枪，并在印度的伊沙波尔建立了生产线。这种轻机枪被称为维克斯－贝尔蒂埃 Mk 3 轻机枪。

和布伦机枪相似的武器

从设计和大致的外观上看，维克斯－贝尔蒂埃轻机枪和布伦机枪非常相似，但是从内部设置上看，两者间有许多不同之处。即使这样，当时的许多观察家都把维克斯－贝尔蒂埃机枪看成了布伦机枪。

除了和印度陆军签订一笔较大的合同外，只有波罗的海和南美洲的几个国家购买了这种轻机枪，并且

直到今天，维克斯－贝尔蒂埃轻机枪也是整个第二次世界大战期间所有机枪中鲜为人知的武器之一。其中的原因并不是这种枪本身有什么缺点。它的设计相当合理，性能也不错。真正的原因是新闻对它的报道太少了，又加上布伦机枪的生产数量远远超过了它。但是印度的预备役部队一直在使用这种机枪。

然而，有一种维克斯－贝尔蒂埃机枪的衍生型号却得到了较好的出头机会。它属于维克斯－贝尔蒂埃机枪的改进型，可以在机匣上方安装大容量弹盘。枪托位置则改为一个大型 D 形握把。它有一个特殊的设计——“斯卡福”环形枪架，这种枪架可以安装于敞开式座舱上，供观察员 / 机枪手使用。

航空机枪

另一种型号生产的数量较多，主要供英国皇家空军使用。它的名称是维克斯 G.O 机枪（G.O 代表导气式），或称为维克斯 K 机枪。但是，这种机枪使用不久，就出现了速度更快的飞机，飞机使用敞口驾驶舱的时代迅速结束了。事实证明，在狭小的座舱内，G.O 机枪很难使用，而且几乎不可能被安装在机翼内，所以几乎在一夜之间，这种枪又被送进了仓库。海军航空兵的“剑鱼”鱼雷机也使用这种机枪，并且一直使用到 1945 年，但数量相对较少。

1940 年，为了加强英国机场及相关设施的防御，英国又把许多 G.O 机枪从仓库中取出。在北非，散布在敌后作战的非正规部队，如波普斯基的私人军队，曾经广泛使用 G.O 机枪。他们把这种枪安装在有重型装备的吉普车和卡车上。事实证明，其效果非常显著。最初的维克斯－贝尔蒂埃机枪的性能不错，可惜没有崭露头角的机会。在第二次世界大战结束前，意大利和其他战区仍在使用 G.O 机枪，但该枪在战后便被撤装。

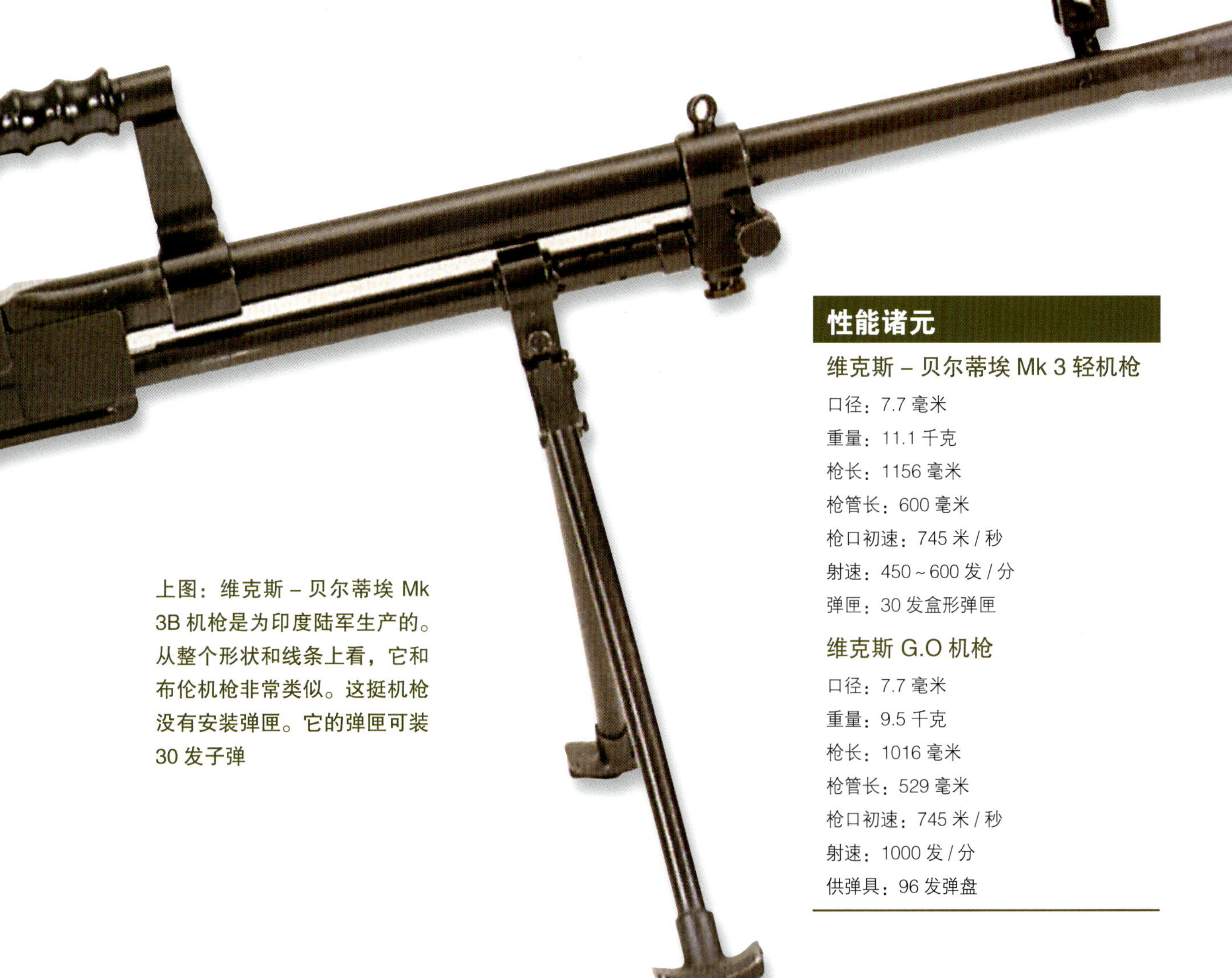

上图：维克斯－贝尔蒂埃 Mk 3B 机枪是为印度陆军生产的。从整个形状和线条上看，它和布伦机枪非常类似。这挺机枪没有安装弹匣。它的弹匣可装 30 发子弹

性能诸元

维克斯－贝尔蒂埃 Mk 3 轻机枪

口径：7.7 毫米
重量：11.1 千克
枪长：1156 毫米
枪管长：600 毫米
枪口初速：745 米 / 秒
射速：450 ~ 600 发 / 分
弹匣：30 发盒形弹匣

维克斯 G.O 机枪

口径：7.7 毫米
重量：9.5 千克
枪长：1016 毫米
枪管长：529 毫米
枪口初速：745 米 / 秒
射速：1000 发 / 分
供弹具：96 发弹盘

MG 34 通用机枪

1919 年签订的《凡尔赛和约》中有关条款特别规定：禁止德国研制任何形式的有持续射击能力的武器。然而，德国的莱茵金属－波西格武器公司在 20 世纪 20 年代初期巧妙地绕过了条约的限制，该公司在和瑞士交界的索洛图恩建立了一个由它控制的影子公司。

该公司通过不断的探索，设计出一种空气冷却的机枪。在这些设计的基础上最终演化成索洛图恩 1930 型机枪。这种机枪的设计相当先进，它的许多设计被后来的机枪采用。虽然当时该公司收到了几份订单，但德国人认为他们还能设计出更好的机枪。这样，1929 型机枪的生产时间较短。后来德国飞机开始使用这种机枪（被称为莱茵金属公司 MG 15 机枪）。MG 15 机枪的生产时间较长，主要供纳粹空军使用。

第一款通用机枪（GPMG）

自机枪问世以来，根据莱茵金属公司的设计而制造出的 MG 34 机枪，长期以来一直被认为是非常优秀的机枪之一。奥伯多夫制造厂的毛瑟公司设计人员以 1929 型机枪和 MG 15 机枪为基础，设计出一种新式通用机枪。该型机枪如果在两脚架状态下可以由步兵携带和使用，而如果安装在重型三脚架上时，该型机枪能够有效在长时间内提供火力支援。

可选择火力

MG 34 的主要枪机机构全部沿火线布置，为了

上图：这是一支安装在三脚架上的呈持续射击状的 MG 34 机枪。它安装有间接射击的瞄准具。这种瞄准具是为了攻击在 3000 米之外的目标而设计的，长时间射击时，这种配合有握把的潜望式瞄准镜非常便于操作

图中三脚架的三根支杆可以伸展，在要塞中可以抬高，架在墙上。三脚架折叠起来后，它前面的支杆上装有衬垫，携带人员可以把三脚架背在背上

由于间接射击瞄准具和扳机可以随时拆除，所以 MG 34 机枪可以在短时间内从三脚架上拆卸下来。它的两脚架和枪管是连在一起的，所以短时间内就可以把它转换成一支轻机枪

提升火力持续性而具备快速更换枪管的能力。该枪可使用继承自 MG 15 机枪的 75 发马鞍形弹链箱，也可直接使用长金属弹链。除了上述的技术创新外，该枪较高的射速也使得其在对付低空飞行飞机时相当有效。

MG 34 也是最早具备单发 / 连发可选择射击模式的机枪之一。该枪的扳机被铰链从中部固定，扣动上半部分可以单发射击，而扣动下半部分则可以全自动。

MG 34 机枪一问世就获得了极大成功，并且直接投入了生产，供德国军队和警察使用。一直到 1945 年，这种机枪供不应求，它所需要的支架和其他配件的供应也很紧张。

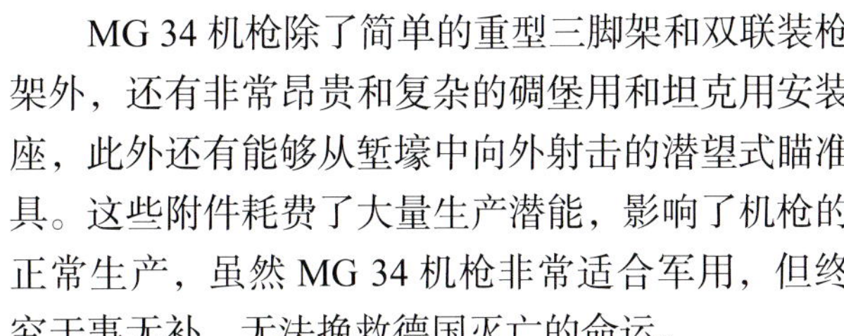

MG 34 机枪除了简单的重型三脚架和双联装枪架外，还有非常昂贵和复杂的碉堡用和坦克用安装座，此外还有能够从堑壕中向外射击的潜望式瞄准具。这些附件耗费了大量生产潜能，影响了机枪的正常生产，虽然 MG 34 机枪非常适合军用，但终究于事无补，无法挽救德国灭亡的命运。

MG 34 机枪的制造时间长，并且涉及许多昂贵和复杂的加工程序，所以造出的 MG 34 机枪确实卓绝超群，令其他类型的机枪难以匹敌。但是，虽然 MG 34 机枪性能超群，但制造费用极其昂贵，在战场上使用这种武器就像把名车当作出租车使用一样。

MG 34 机枪的基本型号包括 MG 34m、MG 34s 和 MG 34/41 机枪。MG 34m 配备有重型枪管护套，可以在装甲车内使用。MG 34s 和 MG 34/41 机枪较短，只能自动射击。这两种枪的全枪长度和枪管长度分别为 1170 毫米和 560 毫米。

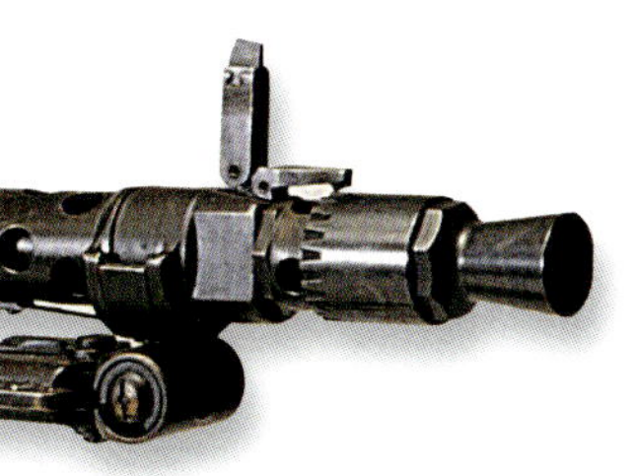

性能诸元

MG 34 机枪

口径：7.92 毫米

重量：11.5 千克（带两脚架）

枪长：1219 毫米

枪管长：627 毫米

枪口初速：755 米 / 秒

射速：800 ~ 900 发 / 分

供弹具：250 发金属弹链，或容纳在马鞍形弹链盒内的 75 发金属弹链

有效射程：700 米（直射），3500 米（间接射击）

上图：这是一支装在三脚架上的 MG 34 机枪。这种机枪性能稳定，效果显著。相对来说，它的重量轻，火力猛。这意味着安装在两脚架上射击时，枪的稳定性难以得到保证，从而会影响射击的精度

MG 42 通用机枪

MG 34 机枪确实太优秀了，但是其极高的成本与严格的技术要求相较其所担负的任务实在有些大材小用。除了通过全速生产满足部队对 MG 34 机枪的需求之外，到 1940 年时，毛瑟公司的设计人员开始考虑使用简单的生产方法，MP 40 9 毫米冲锋枪的制造商在这方面已经作出了示范，为了降低成本，生产要尽可能简单。根据这一成功经验，毛瑟公司的设计人员决心通过让新型机枪尽量少地采用昂贵耗时的机加工部件，同时采用新的自动机来提升产能。

混合型设计

新的机械装置取材于多种设计。MG 34 机枪的研制经验表明它的供弹系统仍有改进余地。1939 年占领波兰后，德国人从波兰的兵工厂中发现了一种全新的后膛闭锁系统，并且还从捷克斯洛伐克人那里获得了新的设计观念。在这些设计的基础上，德国人设计出一种具有创新思想的武器——MG 39/41 机枪。经过一系列试验，这种武器最终被命名为 MG 42 机枪。这种机枪是历史上效果非常显著、影响最深远的武器之一。

MG 42 机枪使用了大规模生产的制造技术。此前已经有机枪为了改善生产性能而尝试使用了金属冲压部件，但在极为严苛的使用环境下，这些尝试中成功的可谓屈指可数。

MG 42 机枪和早期机枪的不同之处是它的制造成本比较低廉，因此立即获得了成功。钢板冲压制品被广泛应用于枪机和枪管槽的制作。该枪采用了独创性的快速枪管更换系统，方便和快捷地更换枪管至关重要，因为 MG 42 机枪的射速高达 1400 发 / 分，几乎是盟军机枪射速的两倍。

射速

MG 42 机枪的射速如此之快是因为它使用了新式的闭锁系统。该系统是设计人员借鉴了多种设计经验才研制成功的，简单而有效。

上图：手持 MG 42 机枪的德国山地部队士兵。这种机枪在射击时，雨点般密集的子弹会发出一种撕裂油布般的声音，这种声音与众不同，令士兵毛骨悚然

MG 42 机枪闭锁装置有一对滚轴，一根弹簧持续将对称的垂直滚轴往外顶出，沿着机匣前后滑行，滑到机匣上的滚轴收纳槽时暂时将枪机闭锁，当子弹击发后产生的反冲力将枪机向后推送开锁

MG 42 在轻机枪状态下的射速过高，安装在两脚架上，甚至比它的前款 MG 34 机枪还难以瞄准。然而，德国国防军却反其道而行之，牺牲武器的精度，换来了拥有绝对优势的火力

上图：MG 42 机枪是德国军队步兵的主要武器。在部队行军时，士兵各有分工，射手扛着 MG 42 机枪，第二个士兵扛着三脚架，其他人携带备用部件和弹药

有了这些设计，设计人员才最终成功地研制出这种极为有效的通用型机枪，它能够和多种支架与附属装置一起使用。

1942 年，MG 42 机枪首次投入战场，几乎同时出现在苏联和北非战场。后来，德军在各条战线上都使用了这种机枪。一般情况下，它只装备德军的前线部队。尽管德国研制这种机枪的本意是完全取代 MG 34 机枪，但事实上，该枪依然和 MG 34 搭配使用。

虽然这种机枪是自有机枪以来非常优秀的机枪之一，但是毛瑟公司设计小组的工作人员并不满意，他们想精益求精，甚至希望它的射速赶上或高过 MG 42 机枪。虽然第二次世界大战结束后，德国暂时停止了 MG 42 机枪的改进工作，但是 MG 42 机枪及其后来的 MG 系列机枪一直服役于世界各地，并且在 21 世纪，许多国家的军队还把它当作重要的武器。

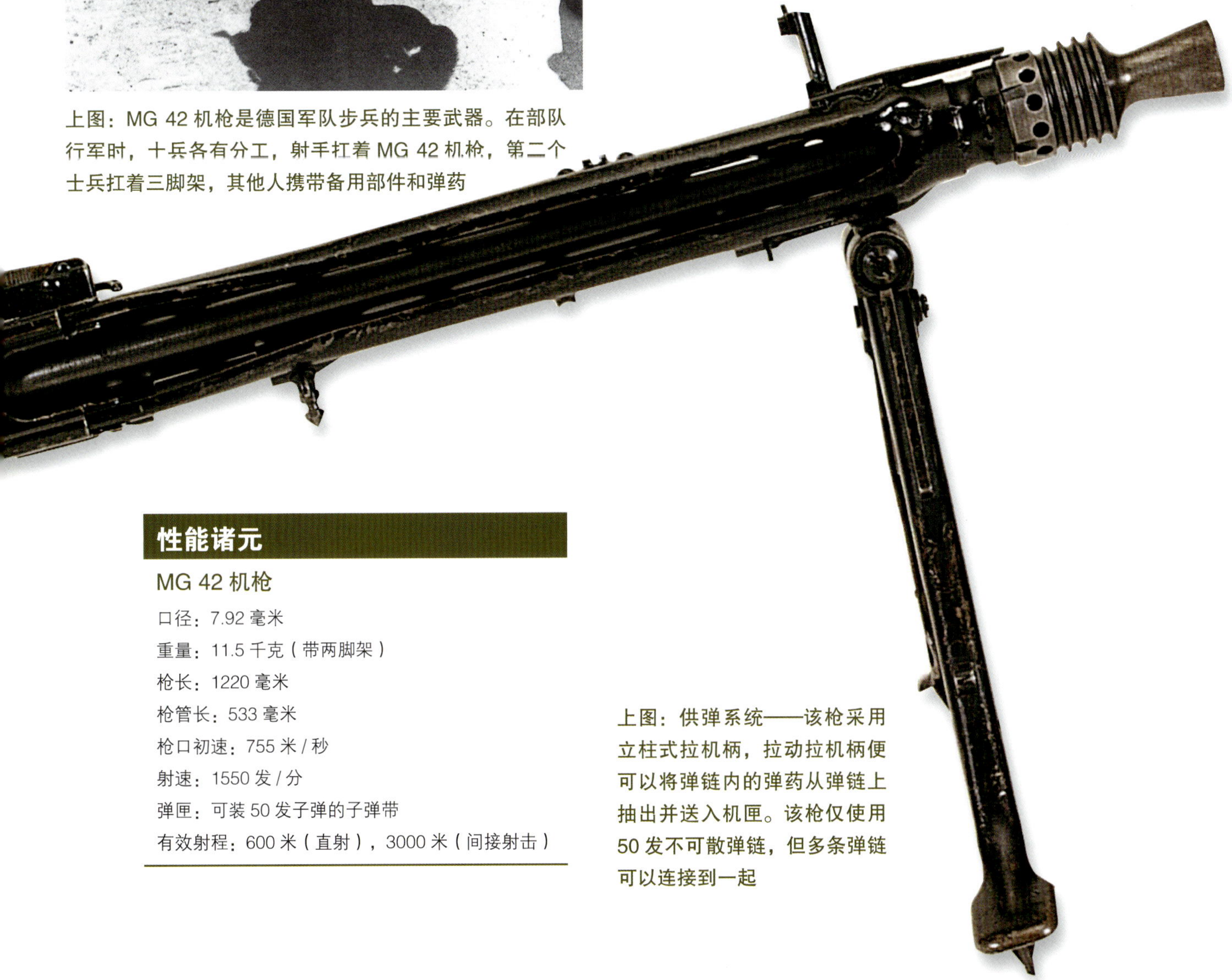

性能诸元

MG 42 机枪

口径：7.92 毫米

重量：11.5 千克（带两脚架）

枪长：1220 毫米

枪管长：533 毫米

枪口初速：755 米 / 秒

射速：1550 发 / 分

弹匣：可装 50 发子弹的子弹带

有效射程：600 米（直射），3000 米（间接射击）

上图：供弹系统——该枪采用立柱式拉机柄，拉动拉机柄便可以将弹链内的弹药从弹链上抽出并送入机匣。该枪仅使用 50 发不可散弹链，但多条弹链可以连接到一起

DShK 1938、SG 43 和其他苏制重机枪

如何区分俄罗斯 / 苏联设计的机枪和其他国家的机枪之间的差异？有一种简单的方法就是看它们的重量。俄罗斯 / 苏联在许多年间都将机枪设计得极为坚固耐用，而增加重量则是增强机枪强度的一种直接手段。最好的例子就是古老的马克西姆 M1910 机枪，该枪在加装轮式枪架和防盾后，重量几乎相当于一门小型火炮。后来，在部队机动性成为军事谋略的重点时，这种本可避免的特点却又被苏联红军继承下来。从 20 世纪 30 年代中期开始，苏联红军又产生了对新式重机枪的需求，但苏军依然将机枪的结实耐用作为最重要因素，而副产品就是其依然巨大的重量。

苏联打算生产一种和美国的 12.7 毫米勃朗宁机枪级别相同的新式重型机枪，但最后制造出来的新式机枪比美国的机枪稍微轻了一些。苏联机枪发射 12.7 毫米子弹，并且有各种类型。这款简称为 DShK 1938 的重机枪全名为“捷格加廖夫 - 施帕金大口径（机枪）”。事实证明它几乎和勃朗宁机枪一样成功。该枪的生产时间非常长，第二次世界大战后，改进型被称为 DShK 1938/46 机枪，该型号至今仍得到了广泛使用。

大型枪架

虽然 DShK 1938 机枪枪身要比勃朗宁机枪稍轻，但它们的支架可就另当别论了。因为 DShK 1938 属于步兵用机枪，所以保留了 M1910 机枪的轮式车架。另外，苏军还生产了一种专用防空三脚架，并使用至今，从 IS-2 以来的苏联坦克也大部分安装有 DShK 重机枪，捷克斯洛伐克也研制了一种四联装 DShK 1938 高射机枪枪架，甚至还有一种专门供装甲车辎重队使用的特殊支架。

1943 年，为了取代较早的 7.62 毫米机枪和古老的 M1910 机枪，苏联生产出一种较小口径的 SG 43 机枪。在德国入侵苏联的初期阶段，苏军遭受了包括机枪在内的巨大物质损失。如果想弥补这些损失，苏联必须尽可能多地使用先进的设计。这样，SG 43 机枪问世了。该枪采用导气式原理和气冷枪管，综合了多种机枪的自动原理（包括已经证明非常成功的勃朗宁机枪），整个设计非常新颖，并且不久事实就证明了这种设计非常合理。SG 43 机枪开始大批量装备部队，甚至直到今天，还有许多 SG 43 机枪的改进型——SGM 机枪被广泛使用。

SG 43 机枪和较大的 DShK 1938 机枪在操作上有一个共同点，那就是它们的简单性，部件数量尽量减少，结构非常简单易用，且仅需要少量日常维护。这些机枪能够在极端环境下操作，且能够耐受大量的尘土和脏污。换句话说，这两种机枪非常适合苏联的作战环境。

上图：为了取代旧式的马克西姆 M1910 机枪，苏联于 1942 年由 P.M. 格尔乌诺夫设计出了 SG 43 机枪。不过，SG 42 机枪保留了马克西姆 M1910 机枪的古老的轮式车架

上图：DShK 1938/46 机枪和口径为 12.7 毫米的勃朗宁 M2 机枪的性能不相上下。这种机枪目前仍被大量使用

性能诸元

DShK 1938 机枪

口径：12.7 毫米
重量：33.3 千克（枪身）
枪长：1602 毫米
枪管长：1002 毫米
枪口初速：843 米 / 秒
射速：550 ~ 600 发 / 分
供弹具：50 发金属弹链

SG 43 机枪

口径：7.62 毫米
重量：13.8 千克
枪长：1120 毫米
枪管长：719 毫米
枪口初速：863 米 / 秒
射速：500 ~ 640 发 / 分
供弹具：50 发金属弹链

DP/DPM/DT/DTM 轻机枪

1921 年，瓦西里·阿列克谢耶维奇·捷格加廖夫开始设计第一款完全由苏联研制的机枪。在 1926 年正式投入生产之前的两年多时间里，苏联进行了一系列的试验。这种武器就是 DP 机枪（捷格加廖夫步兵自动枪）。DP 机枪设计简单，结构合理，仅有 65 个部件，其中只有 6 个活动部件。它也有一些缺陷，尤其是许多部件在使用时有多余的摩擦，容易进入尘土，并且枪管更换费时、费力，从而造成枪管过热时由于没有备用枪管，所以替换也没什么用处。第一批 DP 机枪的枪管装有散热片，可以帮助散热。在 1936—1939 年西班牙内战期间，交战双方曾使用过这种机枪，随后苏联对它进行了改进。

DP 机枪采用导气式自动原理。该枪采用了与众不同的中间零件型卡铁撑开式（俗称鱼鳃撑板式）闭锁原理，当击针向前时强迫挡片向外伸出，卡在机匣内侧的闭锁面形成闭锁；当枪机框向后运动时，上边的开槽与闭锁挡片相互作用使其收回，使枪机框能带动枪机向后运动开锁。

上图：和所有苏联成功设计和制造的战术性武器一样，DP 机枪最引人注目的特点是在多种复杂的地形和气候条件下，作战性能不受影响

弹盘

该型机枪的供弹装置设计相当优秀：有底缘枪弹在轻型自动武器上使用时往往会导致故障，且在盒式弹匣上尤为容易出现。但捷格加廖夫为该枪设计了一个大型单排平板弹盘，采用钟表式机械装置转动，而不是依靠枪械机构进弹，从而解决了有底缘枪弹容易导致的进弹问题。该弹盘最初设计时可装填 49 发子弹，但为了避免卡壳，通常仅装填 47 发。

1944 年，又有一种 DPM 机枪出现了。它的枪管可以拆卸，但是需要借助特殊的扳手，花费点力气才行，该枪的主复进簧被转移到了位于枪管下方的一根套管中，从而避免了此前容易出现的主弹簧过热导致弹簧力降低的问题。

在坦克上使用的 DP 和 DPM 机枪分别被称为 DT 和 DTM 机枪。尽管从技术上讲，它们都已陈旧过时，但在目前世界上某些地区仍能发现这两种武器。

上图：从这支轻机枪突出的特点中，人们能够较好地了解 DP 机枪的设计，导气管位于枪管下方，主弹簧围绕在枪管下的导气活塞周围，前置两脚架，以及由钟表式机械装置拨动的弹盘。这一布局在射击时容易导致枪管快速过热，从而影响火力持续性和枪管寿命

上图：DPM 机枪克服了 DP 机枪的一些缺陷。最引人注目的是它具有枪管更换能力，但更换过程相当费力。它的主弹簧进行了重新布置，靠近套筒座下面装有一个单独的弯管。和 DP 机枪一样，DPM 机枪只能自动射击

性能诸元

捷格加廖夫 DP 机枪	捷格加廖夫 DTM 机枪
口径：7.62 毫米	口径：7.62 毫米
重量：11.9 千克	重量：12.9 千克
枪长：1265 毫米	枪长：1181 毫米
枪管长：605 毫米	枪管长：597 毫米
枪口初速：845 米 / 秒	枪口初速：840 米 / 秒
射速：520 ~ 580 发 / 分	射速：600 发 / 分
供弹具：47 发弹盘	供弹具：60 发弹盘

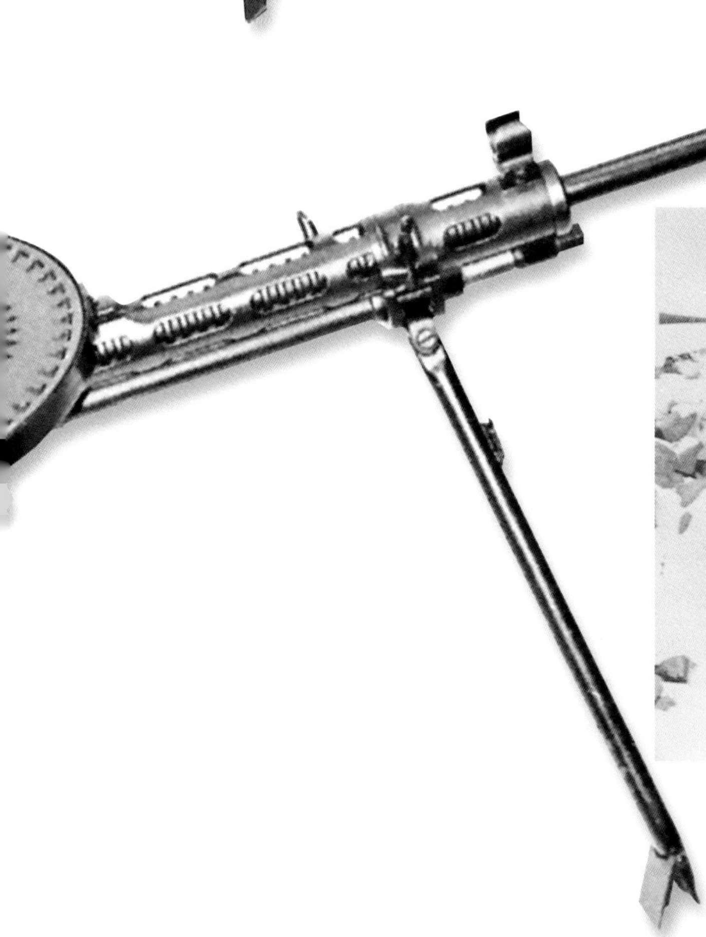

上图：DP 机枪的成本低廉，易于制造。只需使用无关紧要的原材料和半熟练的劳动力即可。尽管作战性能有一定的局限性，但是苏联人对它非常满意

“铁拳”轻型反坦克火箭筒

1941 年，当苏联优秀的坦克出现在德军面前时，令德军惊恐不已，德军的反坦克武器只有在近距离平射的状态下，才能将其击毁。从此，各国竞相开始研制步兵反坦克武器，生产出各种大口径的火炮，但是这些火炮体积太大，需要大量人员和车辆才能牵引得动。1941 年 6 月，德军首次在格罗德诺附近遇到苏联的 T-34 坦克，并且发现这种坦克要远远优于他们自己的 4 号坦克。当时德军的反坦克武器仍然是反坦克枪和小口径反坦克炮（德军常常在攻击中使用，而英国的战术却与此相反，英国人只在防御时才使用反坦克火炮），令德国人畏惧的是他们发现对付 T-34 坦克的唯一有效武器是口径为 88 毫米的高射炮。1941 年底，苏联的一辆 KV-1 坦克掩藏在一座桥梁附近的掩体内，将德军的一个整编师整整阻挡了 2 个小时，直到德军调来一门高射炮才将其击毁；即使如此，德军的高射炮发射了 7 发炮弹，而真正穿透坦克的仅有 2 发。在缺少高射炮的情况下，对付 T-34 坦克的标准防御方法只能靠士兵冲向坦克，将装上短延时引信的“泰勒”反坦克地雷埋设在坦克履带前方或丢到炮塔顶上。

德国的反应

为应对 T-34 坦克，德军研制了“铁拳”（又译作“浮士德”）反坦克火箭弹。这种一次性火箭筒可以发射一种威力巨大的小型弹头。“铁拳”不仅能有效应对 T-34 坦克，其打击目标也不限于 T-34，在诺曼底登陆日之后，所有的德国“国民冲锋队”在没有其他装备的情况下，用事实证明了“铁拳”的作用，1945 年 3 月 29 日，在盟军攻势最凌厉的一天，德国“国民自卫队”的一个小分队使用“铁拳”火箭筒挡住了英国皇家第 1 坦克团的一个中队的攻击。

聚能效应

研制“铁拳”火箭筒的计划是由雨果 · 施内德尔 AG 公司的兰吉特博士倡议发起的。他提议研制一种能够发射有效应对重装甲坦克的破甲弹头的新式武器系统。破甲弹头采用空心锥形装药，装药前方安装了向内凹的黄铜药罩，这样当弹头在距离装甲钢板最恰当的距离爆炸时，爆炸威力将会聚集于一处，将药罩熔化挤压为一束极高温的金属射流，以 6000 米 / 秒的速度侵彻装甲板。在击中坦克时，金属射流能够击穿装甲，超高温气体和熔化金属进入到坦克内部，从而引起坦克内部的弹药爆炸。一般情况下，坦克内的乘员很难幸免于难，问题的难点是如何投送破甲弹头。火炮的炮弹速度太快，威力太大，无法在最佳炸高引爆，这种炮弹要么从坦克上反弹出去，要么是在坦克前面爆炸，却不能穿透装甲。虽然误差常以毫米计算，但这已经足以让弹头失去效力。兰吉特博士的方法是使用一种一次性火箭发射器。这种武器由大众 - 沃克公司制造。到 1943 年时，该公司每月能够生产 200000 枚该型火箭弹。

最初，这种武器被称作“喷气式空心装药反坦克榴弹”。按照设计，

左图：纳粹德国组建了“国民冲锋队”，妄图阻挡盟军的前进。以前那些被认为不适宜到前线参加战斗的人员装备了“铁拳”火箭筒之后，几乎没有经过训练就被赶到了前线参加战斗

这种武器需要以与手臂呈直角的姿势瞄准武器，但这种姿势瞄准相当困难，需要在很近的距离上才能瞄准 T-34 大小的目标。这就是德国研制的第一代“铁拳”轻型反坦克火箭筒。

这种武器被正式命名为“铁拳”30 火箭筒。其发射管长 76.2 厘米，发射的炮弹重 1.5 千克，初速为 30 米 / 米，有效射程为 30 米；炮弹直径为 100 毫米，爆炸的弹药能以 30 度角穿透 140 毫米的装甲。

这种炮弹的助推力来自管底部的弹药，后来的火箭弹就是根据它而研制的。“铁拳”30 轻型火箭筒后来被“铁拳”60 和“铁拳”100 火箭筒（数字代表火箭筒的大致有效射程）代替。它们发射的炮弹重 3 千克，初速分别为 45 米 / 秒和 62 米 / 秒。火箭筒战斗部能够以 30 度角穿透 200 毫米的装甲。

“铁拳”火箭筒

“铁拳”火箭筒是对苏军和德军坦克造成了巨大威胁。在第二次世界大战末期，事实证明在欧洲战区它是一种非常重要的武器。希特勒的“国民冲锋队”在柏林战役中，使用这种武器取得了重大战果。从这种武器的图解中可以看出，其最重要的特点是作战中操作极其简单。

上图：1943—1945 年，“铁拳”火箭筒确实适合德军的防御战术。德国生产了大量“铁拳”火箭筒。如果在适当的距离内瞄准，那么每名德军士兵至少能击毁一辆盟军坦克

下图：到 1944 年 6 月时，德国的所有前线部队大量装备了“铁拳”火箭筒。这名可悲的德军士兵在 1944 年 7 月 30 日的诺曼底登陆战役中被盟军击毙。他身边就是“铁拳”30 火箭筒

上图："铁拳"30 火箭筒的瞄准具非常简单，呈叶片状，装有扳机。射手稍稍抬高火箭筒，使用表尺上的觇孔与弹头边缘重合就能瞄准坦克。炸弹发射后，有多个折叠式垂直尾翼可以使弹头在飞行中保持稳定状态

"铁拳"火箭筒的使用说明（图解）

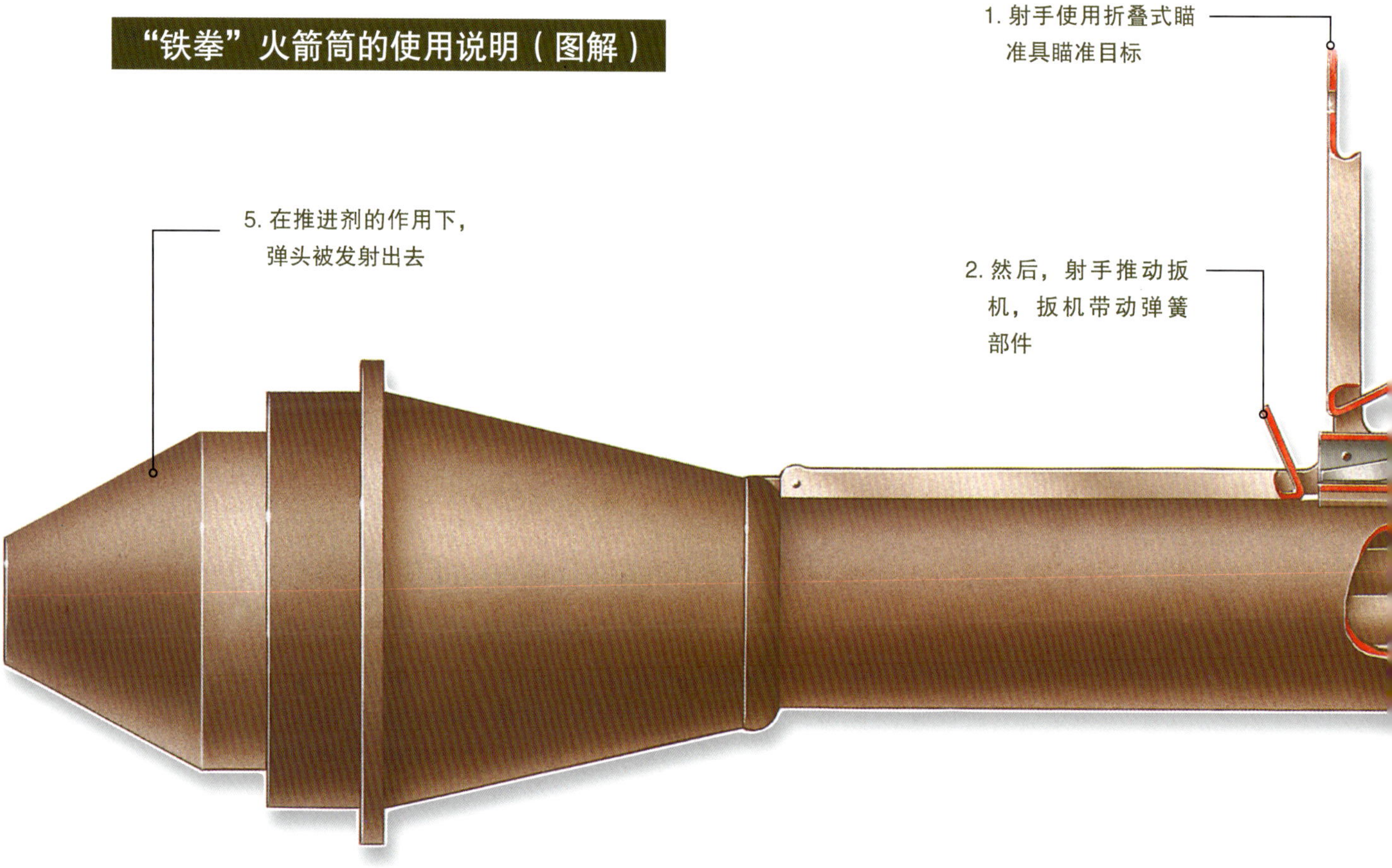

1. 射手使用折叠式瞄准具瞄准目标

2. 然后，射手推动扳机，扳机带动弹簧部件

5. 在推进剂的作用下，弹头被发射出去

上图：从装有更复杂的瞄准装置中可以看出这是一支“铁拳”60 火箭筒。火箭筒的弹头重 3 千克，能够穿透 200 毫米厚的装甲

性能诸元

“铁拳”30 火箭筒

射程：30 米

重量：1.475 千克（全重），0.68 千克（射弹）

射弹直径：100 毫米

初速：30 米 / 秒

穿甲能力：140 毫米

“铁拳”60 火箭筒

射程：60 米

重量：6.8 千克（全重），3 千克（射弹）

射弹直径：150 毫米

初速：45 米 / 秒

穿甲能力：200 毫米

日制 97 式反坦克枪和反坦克枪榴弹

在反坦克枪方面，日本总参谋部决定设计一种比当时大多数设计方案都先进的步枪——发射威力强大的 20 毫米反坦克枪弹。这就是后来的 97 式反坦克枪，按照当时的标准，它确实是一种强大的武器，但其重量也比同类武器重得多，携行时重量不低于 67.5 千克（148.8 磅），安置就位后重量不低于 51.75 千克（114.1 磅）。如此巨大的枪重很大程度上源自该枪所采用的导气式自动装置，以及倾斜枪栓式闭锁原理。该型步枪采用 7 发盒式弹匣从上方供弹。

两脚架安装

97 式反坦克枪在安放时需要借助枪体最前端的一个两脚架和枪托下方的一个单脚架。尽管后坐力惊人，该武器还是需要抵肩瞄准和发射，而这不可能赢得其使用者的喜爱。通常，97 式反坦克枪在固定阵地上也需要 2 人操作，但更多的情况下一个小组需要 4 人。该枪可以加装一面防盾，且在防盾上安装有类似自行车车把的搬运架，但后来因为全枪重量过大而取消。枪托下方也可以安装一个形状类似的提把。在实战中，97 式反坦克枪因枪身过长且火线太低而瞄准不便。

性能诸元

97 式反坦克枪

口径：20 毫米（0.79 英寸）
长度：总长 2.095 米（6 英尺 10.5 英寸），枪管长 1.063 米（3 英尺 5.9 英寸）
重量：运输时 67.5 千克（148.8 磅），作战时 51.75 千克（114.1 磅）
膛口初速：793 米 / 秒（2602 英尺 / 秒）

有限的穿透力

太平洋战役的前几个月里，事实证明 97 式反坦克枪能够有效打击轻型坦克，但更大型的坦克（如美国的 M4 谢尔曼坦克）出现之后，97 式反坦克枪也就没有什么价值了。该步枪最多能在 250 米（273 码）外击穿 30 毫米（1.18 英寸）的表面硬化装甲，但在更厚重的装甲面前就无能为力了。但日本人没有逐渐淘汰 97 式反坦克枪，因为他们严重缺乏现代化武器而不敢抛弃任何已有的武器。97 式反坦克枪被保留下来，不再被用于承担反装甲任务；相反，该型反坦克武器在太平洋岛屿上被广泛用作反登陆任务，能够对美军登陆艇和轻型两栖登陆车辆造成杀伤。仍有一些 97 式反坦克枪被用于执行反装甲任务，并加装了专用的榴弹发射器。圆形的枪口制退器松开之后，一个锁闭杆可以保证这些发射器与枪膛的安全。该理念来源于德国的“尿

上图：20 毫米（0.79 英寸）口径的 97 式反坦克枪采用导气式自动原理，但其巨大的后坐力意味着该型枪不可能实现全自动射击。该枪需要 4 个人才能够搬运，并可选装步枪防盾。该枪的盒式弹匣中可装填 7 枚子弹

杯”（Schiessbecker）榴弹发射器，并且也使用与之相似的榴弹。虽然总体而言 97 式发射反坦克枪榴弹虽然有一定的效果，但是枪榴弹原理还是更加适合标准步枪，在 97 式反坦克枪上实在是太大太复杂了，因此没有得到全面使用。

生产问题

总体来讲，97 式反坦克枪并没有在日军中大量使用。该武器的复杂性使其难以使用，生产成本也过于高昂，1942 年以后，对这种步枪的需求大大减少了。

97 式反坦克枪有多种弹药，除了常规的曳光穿甲弹之外，该枪还可发射曳光高爆弹（配有可选择自爆引信），高爆燃烧弹和训练弹。穿甲弹采用钢制穿甲体，此外该枪还有一款燃烧曳光弹。

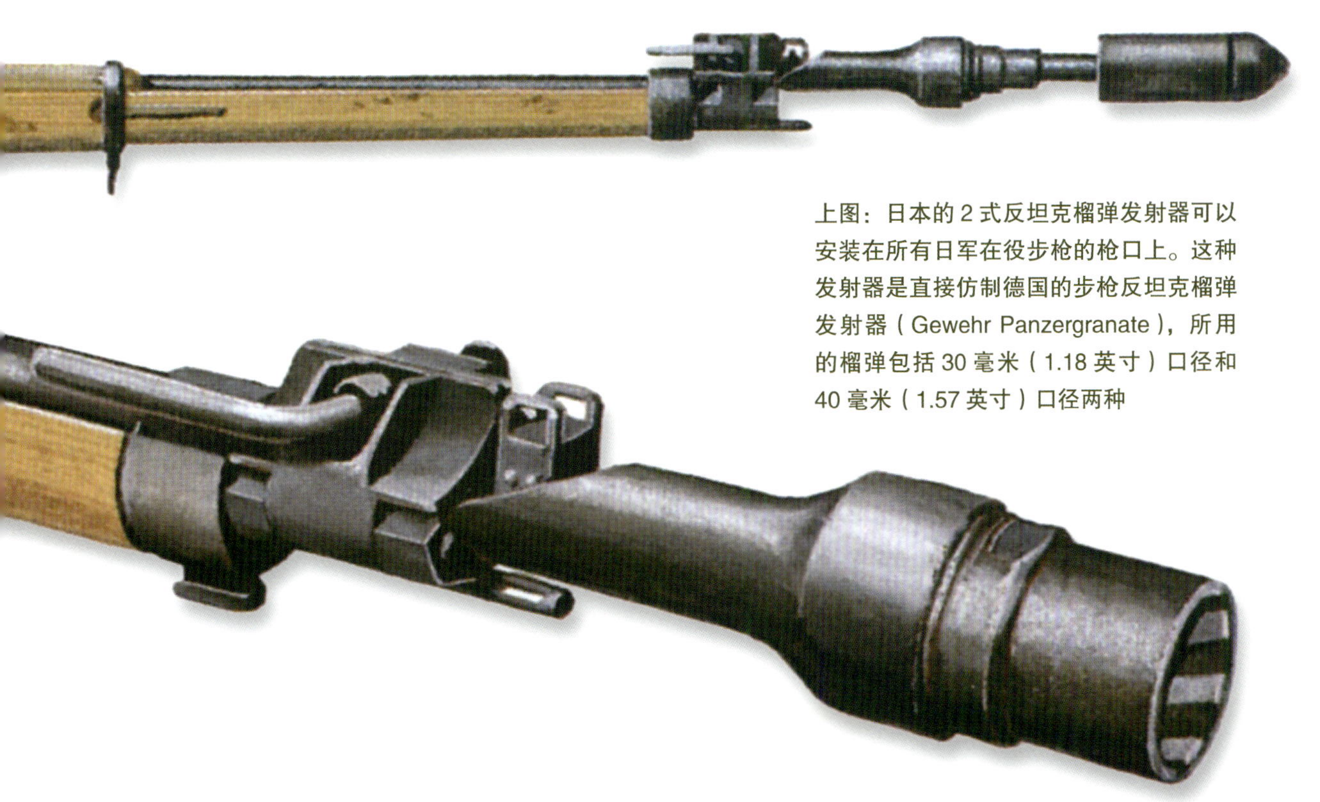

上图：日本的 2 式反坦克榴弹发射器可以安装在所有日军在役步枪的枪口上。这种发射器是直接仿制德国的步枪反坦克榴弹发射器（Gewehr Panzergranate），所用的榴弹包括 30 毫米（1.18 英寸）口径和 40 毫米（1.57 英寸）口径两种

德制轻型反坦克手榴弹

反坦克手榴弹（轻型）[Panzerwurfmine（L）]是德军为专门组建的“坦克猎手”部队研制的一种单兵近距离反坦克武器。这是一种专门的反坦克手榴弹，它带有空心装药弹头，能够击穿坦克装甲，并且在击中坦克时，能够保证弹头正对着坦克装甲。这种手榴弹有一个鳍状尾翼，能起到稳定飞行轨迹的作用。

反坦克手榴弹以一种特殊的方式投向目标。手榴弹战斗部后方有一段钢柱，其后方则是木柄，使用人员握紧木柄，在背后举起，弹头垂直向上；准备完毕后，手臂向前挥动，木柄脱离手掌。在榴弹向前飞行的过程中，四个帆布制成的鳍状尾翼自动打开，这些鳍状尾翼能够起到固定翼的效果，能保证弹头沿着正确的飞行方向前进，在击中目标时发挥最佳作战效果。但在实践中，反坦克手榴弹在使用时并不那么有效。从一开始，它的最大使用距离就受到投掷者的个人力量和能力的限制，常常只有 30 米或不到 30 米，只有使用训练弹反复练习才能保证投掷的准确性。

尽管存在这些缺陷，和其他德国近距离反坦克武器相比，一些德国反坦克士兵还是更喜爱反坦克手榴弹。这种武器相对较小，轻便，易于使用。它的弹头重 0.52 千克，装有旋风炸药（RDX）和梯

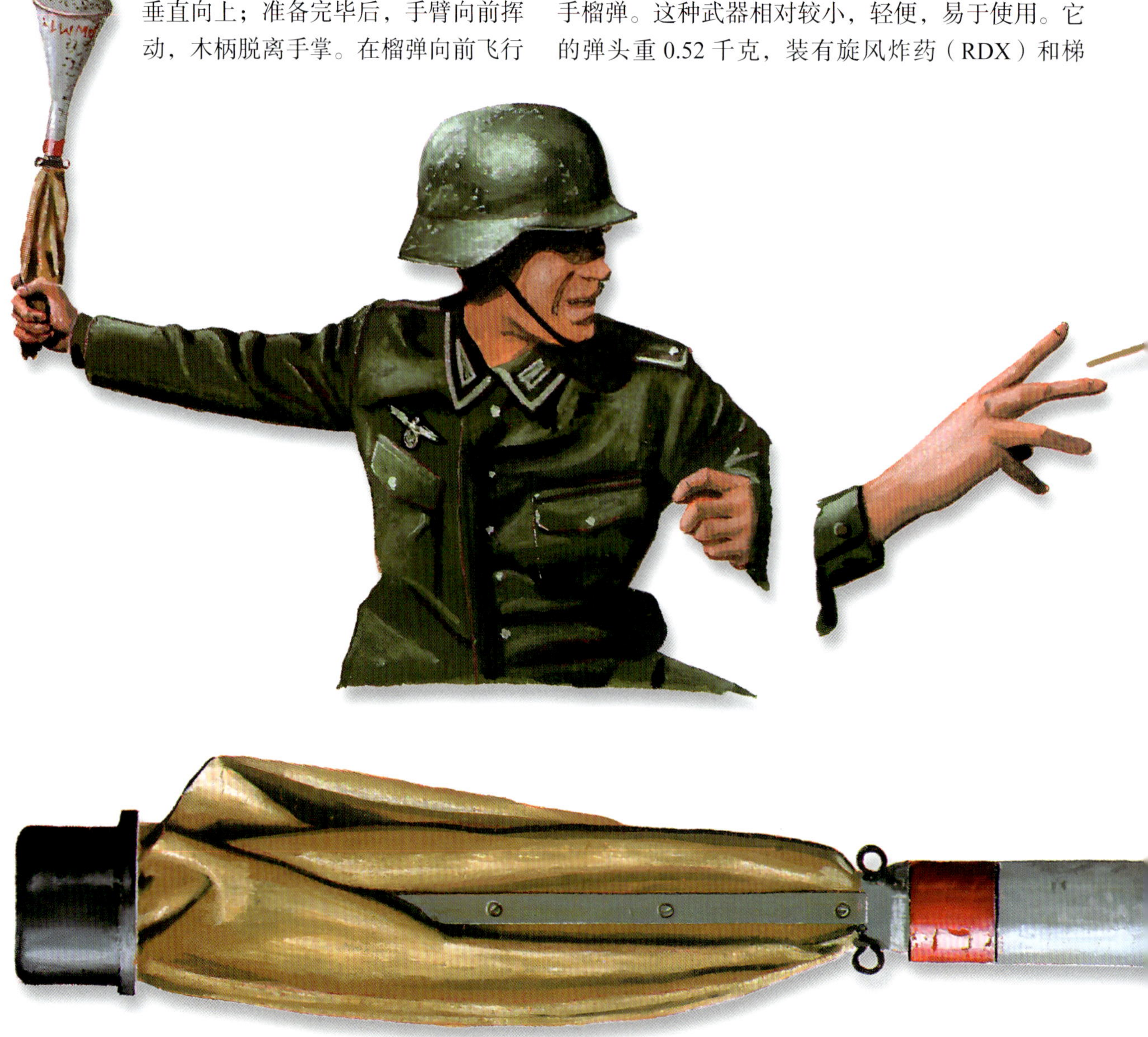

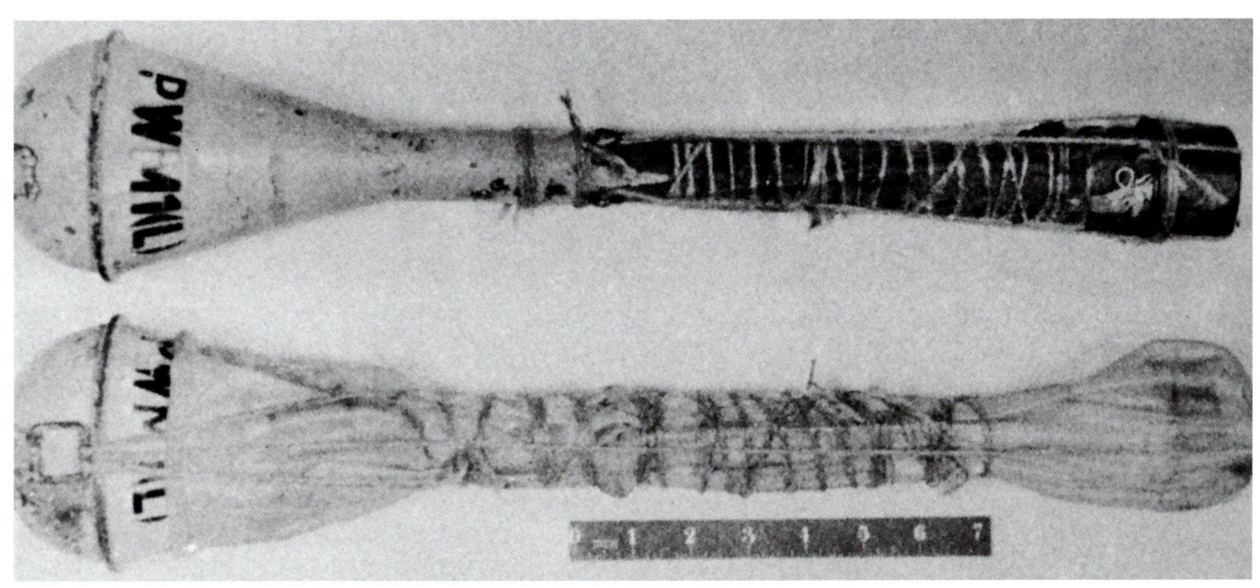

上图：图中为德军使用的两枚反坦克手榴弹（轻型）。和投掷柄相连接的尾翼起着稳定作用。这两种反坦克武器不能随便使用，它们需要经过反复训练才能发挥最大效能，所以这两种反坦克武器主要供德军的“坦克杀手”使用。他们都经过专门训练，只有在靠近坦克时，才会投掷这两种反坦克武器

左图：“坦克杀手”更喜爱使用轻型反坦克手榴弹。虽然它是一种近距离武器，但是它的弹头长 114 毫米，可以击毁盟军最重型的坦克。图中为投掷的标准姿势，这样可以保证装有空心弹药的弹头以正面碰撞目标

性能诸元

反坦克手榴弹（轻型）

弹体直径：114 毫米

长度：533 毫米（全长），
228.6 毫米（弹体长），
279.4 毫米（尾翼长）

重量：1.35 千克，
0.52 千克（弹头重）

恩梯炸药（TNT），而且使用空心装药的原理，因此威力较大，甚至能击穿当时最厚的坦克装甲。它的另一大优势是使用者不用靠近坦克，更不需要把榴弹贴到坦克上；另外，弹头保险只有在飞行时才完全打开，所以使用者的安全得到了进一步保证。

尽管反坦克手榴弹获得了成功，但是盟军中没有一个国家仿制这种武器。盟军缴获这种武器后，盟军士兵有时也使用这种武器，尤其是苏联红军；但是美国人一直对它重视不够，美国人刚看到它时，还以为是一种大号飞镖，差一点没把它扔到一边去。1945 年后，这种原理被华约组织的一些成员国采用。在 20 世纪 70 年代，埃及成功仿制了这种武器，把它当成本国军火工业取得的又一大成就。埃及人发现此类反坦克武器非常适合埃及步兵的反坦克战术。据报道，埃及生产的这种武器能够摧毁现代化的坦克。

“洋娃娃”火箭筒

德国发现大炮并不是发射空心装药弹头、击毁装甲目标最有效的工具后（空心装药弹头如果运动速度太快，就难以发挥最大威力），开始把火箭看作一种发射系统，随后生产出一种小型的 88 毫米火箭，这种火箭携带的空心装药弹头，可以击穿盟军任何一种坦克的装甲。

德国的设计人员当时显然不知道火箭筒究竟应该是什么样子。最后他们生产出了一种可以发射火箭的小型火炮。这种设备的名字叫“洋娃娃”，正式型号为 43 型火箭发射器（Raketenwerfer 43）。从外形上看，它和小型火炮没什么区别。“洋娃娃”配有一面防盾，轮式炮架可以拖行；进入阵地后，可以把轮子拆卸下来，降低发射器的火线高度，发射器此时直接架设在大架上。“洋娃娃”装填火箭弹后，需要像常规火炮一样关闭炮闩。“洋娃娃”和火炮的区别是它没有安装反后坐力装置。

性能诸元

“洋娃娃”火箭筒（反坦克炮）

口径：88 毫米

长度：2.87 米（全长），1.60 米（炮管长）

重量：146 千克（移动时），100 千克（发射时），2.66 千克（火箭）

俯仰射界：-18 ~ +50 度

方向射界：660 度

射程：最大射程 700 米，有效射程 230 米

下图：1943 年，在突尼斯战场，一名英国士兵演示从德军手中缴获而来的“洋娃娃”火箭筒。图中显示这种武器非常低矮。这款火箭筒没有配备反后坐力装置，使用的炮管比较简单，但是和 RP 43 系列火箭筒相比，结构却要复杂一些，而且造价昂贵。降低这种武器的高度时要先卸去它的车轮

上图：43 型 8.8 厘米火箭筒（或称“洋娃娃”反坦克炮）。图中为美军士兵正在检查这种武器。1943 年，它刚装备部队不久就被 RP 43 系列武器取代。RP 43 系列反坦克火箭筒发射的火箭弹和“洋娃娃”发射的火箭弹非常相似。和“洋娃娃”相比，RP 43 系列武器造价低，生产速度快

发射时产生的后坐力会被大型直杆炮架吸收。瞄准员使用一个双柄把手，控制发射管的方向，沿炮管方向进行瞄准。

“洋娃娃”火箭筒于 1943 年投入生产并装备部队。虽然它的最大射程约为 700 米，但打击坦克的有效射程大约在 230 米。它的瞄准系统相当简单，并且火箭的飞行时间能够以秒计算。每分钟大约能发射 10 枚火箭。“洋娃娃”火箭筒的其他特点是能够拆卸成 7 个主要零件进行分解运输，而且冬天可以装在雪橇上运送。该炮的防盾上甚至贴有使用说明，供那些在战场上未接受过训练的士兵使用。

逐步淘汰

“洋娃娃”火箭筒没有生产太长时间。它刚刚装备德军时，德国就在突尼斯缴获了美国的巴祖卡火箭筒，德国技术人员检查后发现，只需一根简单的管子就能发射他们的 88 毫米火箭，根本不需要“洋娃娃”火箭筒这么复杂的装备。然后，德国就把生产的重心转向了简单的 RPzB 系列火箭筒。那些已经制造和装备部队的“洋娃娃”火箭筒也没浪费，德军继续使用它们直到战争结束。尤其是在意大利战场，盟军缴获了不少这种武器，并且对它们进行了细致检查。

德国人似乎还想把改进后的“洋娃娃”火箭筒安装在装甲车上，但没有成功。

“战车克星”反坦克火箭筒

1943 年，德军在突尼斯缴获了美国的口径为 60 毫米的 M1 巴祖卡火箭筒，德国的技术人员马上对它进行了检查，迅速肯定了它的优点，即结构简单而且造价低廉。不久德国就生产出了同类型的武器。这种火箭筒发射的火箭和“洋娃娃”火箭筒发射的火箭非常相似，但是这种武器经过了改进，使用电发火装置。

德军的第一款肩扛式火箭筒是 43 型 8.8 厘米反坦克火箭筒（Raketenpanzerbüchese 43，缩写为 RPzB 43），其结构极其简单，除使用一根两头开口的管子外，其他实在没有多少东西。射手把瞄准具的肩托靠在肩部，然后按压，给小型电机充电，随后释放扳机，这样电源通过电线和火箭的电机相连接。再加上简单的瞄准系统，就构成了整套武器系统。

迅速成功

RPzB 43 反坦克火箭筒立即获得了成功。它能发射较大口径的火箭弹。反装甲能力要优于美国的巴祖卡火箭筒。但是它的射程有限，大约为 150 米。它的另一大缺陷是，当火箭弹离开“炮口”时，火箭弹仍在燃烧，这意味着射手必须穿上防护服和面罩，以免烧伤。火箭弹的废气非常危险，射击时可对射管后 4 米内的物体（人员）造成伤害，并且这种废气还会带起尘土和脏物，暴露出射手所在的位置。这一缺陷真让 RPzB 43 的使用人员讨厌至极。

经过进一步研制，德国人生产出了 RPzB 54 反坦克火箭筒。这种火箭筒有一个保护射手的盾牌，所以射手不必再穿防护服。后来，德国人又生产出了它的改进型——RPzB 54/1 反坦克火箭筒。虽然它的发射管较短，但是射程却达到了 180 米。RPzB 54 和 RPzB 54/1 反坦克火箭筒取代了早期的 RPzB 43 反坦克火箭筒，剩余的 RPzB 43 反坦克火箭筒都被送到了二线部队和预备役部队手中。

军中利器

这些反坦克武器马上被分发到德军手中。后来的火箭弹能够击穿 160 毫米厚的装甲。不过，它们都属于近距离武器，这意味着射手必须悄悄地接近目标。通常情况下，这种武器需要两名士兵操作，一名士兵负责瞄准和射击，另一名士兵负责装弹和连接电源。RPzB 系列武器有多种绰号，如“烟囱炉”“坦克煞星”等。

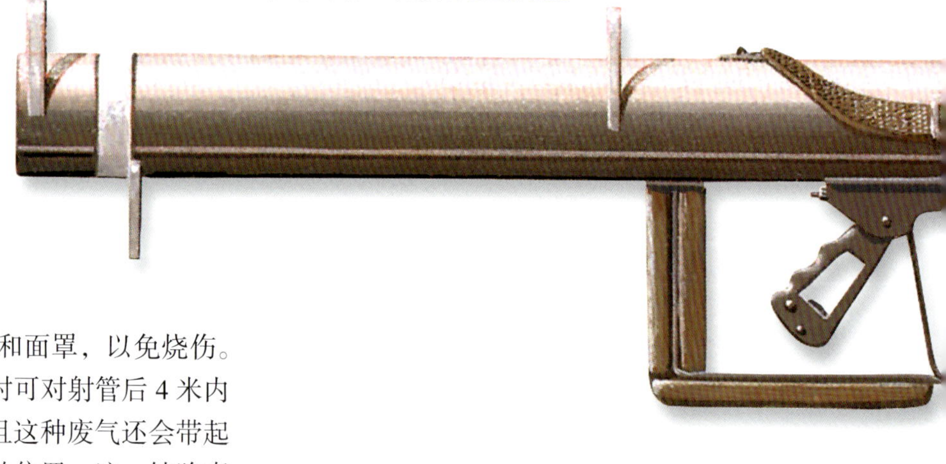

下图：德国的 RP 43 火箭筒借鉴了美国“巴祖卡”火箭筒的原理，但它使用的是大口径的 88 毫米火箭弹。RP 43 火箭筒有时被称为重型反坦克火箭筒，它的射程是 150 米，能够击毁盟军所有类型的坦克

上图：1944 年 7 月，英国士兵正在检查他们在诺曼底战役中缴获的一支 RPzB 54 火箭筒。图中能看到它的盾牌和射击时使用的电机控制杆，它位于发射管的下面，看起来像一个较大的扳机。RPzB 54/1 和 RPzB 54 相比，结构基本相同，但 RPzB 54/1 的发射管较短

性能诸元

RPzB 43 反坦克火箭筒

口径：88 毫米
长度：1.638 米
重量：9.2 千克（发射器），
3.27 千克（火箭弹），
0.65 千克（弹头）
射程：最大射程 150 米

RPzB 54 反坦克火箭筒

口径：88 毫米
长度：1.638 米
重量：11 千克（发射器），
3.25 千克（火箭弹）
射程：最大射程 150 米
射速：4～5 发 / 分

苏德反坦克枪

苏联红军在第二次世界大战期间使用两种反坦克枪。这两种步枪非常容易辨认，它们都比较长，使用 14.5 毫米子弹。当其他国家开始使用反坦克枪的时候，苏联并没有意识到反坦克枪的重要性；而在其他国家开始放弃反坦克枪，转而使用其他武器的时候，苏联人才开始使用这种武器。虽然如此，但我们不得不承认，和当时其他类型的反坦克枪相比，苏联的反坦克枪毫不逊色。

苏军使用的第一种反坦克枪是由德格特雅罗夫设计局研制的 PTRD 1941（或称 PTRD-41）反坦克枪。这种反坦克枪在 1941 年 6 月投入生产时，正好赶上德军入侵苏联。这种反坦克枪特别长，枪管几乎占了整个枪的长度。该枪采用单发装填，半自动退壳。在 500 米的射程内，它的钢 / 钨芯子弹能够穿透 25 毫米的装甲。它安装了一个较大的枪口制动器和两脚架。

苏军使用的另一种反坦克枪是西蒙诺夫设计局研制的 PTRS 1941（或称 PTRS-41）反坦克枪。和 PTRD-41 反坦克枪相比，PTRS-41 反坦克枪要重一些，结构也更为复杂。但两者在外表上完全一样。PTRS-41 反坦克枪的主要变化是使用了气动操作系统和可装 5 发子弹的弹匣。和简单轻便的 PTRD-41 反坦克枪相比，它更容易出现故障，其中有一个设计使 PTRS-41 反坦克枪更加复杂，为了便于携带，它的枪管更容易拆卸。

这两种步枪送到红军手中时，德国人已经加厚了他们的坦克装甲，从而降低了这两种步枪的反装甲能力。尽管如此，直到 1945 年苏联红军还在使用这两种步枪。红军发现这两种反坦克枪的用处极多：在对付如车辆之类的软装甲目标时，效果明显；在逐屋争夺的战斗中，虽然使用时不太方便，但威力强大；如果有机会，它们还能对付低空飞行的飞机。苏联红军的一些轻型装甲车常常配备这两种反坦克枪。根据《租借法案》，从美国运到苏联的通用汽车上也常常装备这两种反坦克枪。

苏联红军并不是唯一使用这两种反坦克枪的国家，德国也使用这两种反坦克枪（从苏联红军中缴获而来）。1943 年，德国分别把 PTRD-41 和

上图：苏联的 PTRS 1941 14.5 毫米反坦克枪。它使用导气式半自动结构。弹舱内可装填 5 发漏夹。这种反坦克枪结构相当复杂，容易卡壳，所以不像结构更为简单的 PTRD 1941 反坦克枪的应用那么广泛

上图：苏联的 PTRD 1941 反坦克枪和比它复杂的 PTRS 1941 反坦克枪使用的子弹完全相同。这种反坦克枪只能单发射击，但是使用的是半自动退壳机构，在苏联红军和游击队中应用比较广泛，甚至德国军队也使用这种反坦克枪。德国的要塞和卫戍部队都装备了德军从苏联红军手中缴获来的 PTRD 1941 反坦克枪。1945 年后，这种武器又使用了许多年

PTRS-41 反坦克枪命名为 783（r）14.5 毫米反坦克枪和 Pab 784（r）14.5 毫米反坦克枪。

德国陆军使用的反坦克枪主要有两种，但德国人一直想研制出更多的反坦克枪。德国的第一种反坦克枪是口径为 7.92 毫米的 38 型反坦克枪，这种步枪由莱茵金属－波西格公司生产。它的设计比较复杂，并且造价昂贵。它的后膛有一个小型的滑动式闭锁装置。自动抛壳装置可以把空弹壳弹出枪外。德国陆军大约订购了 1600 支，虽然德军保留了这种反坦克枪，但未能成为德国军队的标准武器，不过在战争前期该枪仍投入使用了。该型反坦克枪发射的 13 毫米缩颈弹药可以在 100 米距离上击穿 60 度斜角的 30 毫米装甲。

上图：这是一支行军状态中的 39 式反坦克枪（下方）。其两脚架放低，枪托伸展，表明已进入射击状态（上方）。由于坦克装甲厚度不断增加，所以德国的反坦克枪已经过时

德国的标准反坦克枪是口径为 7.92 毫米的 39 式反坦克枪，由古斯特洛夫－沃克公司制造。这种

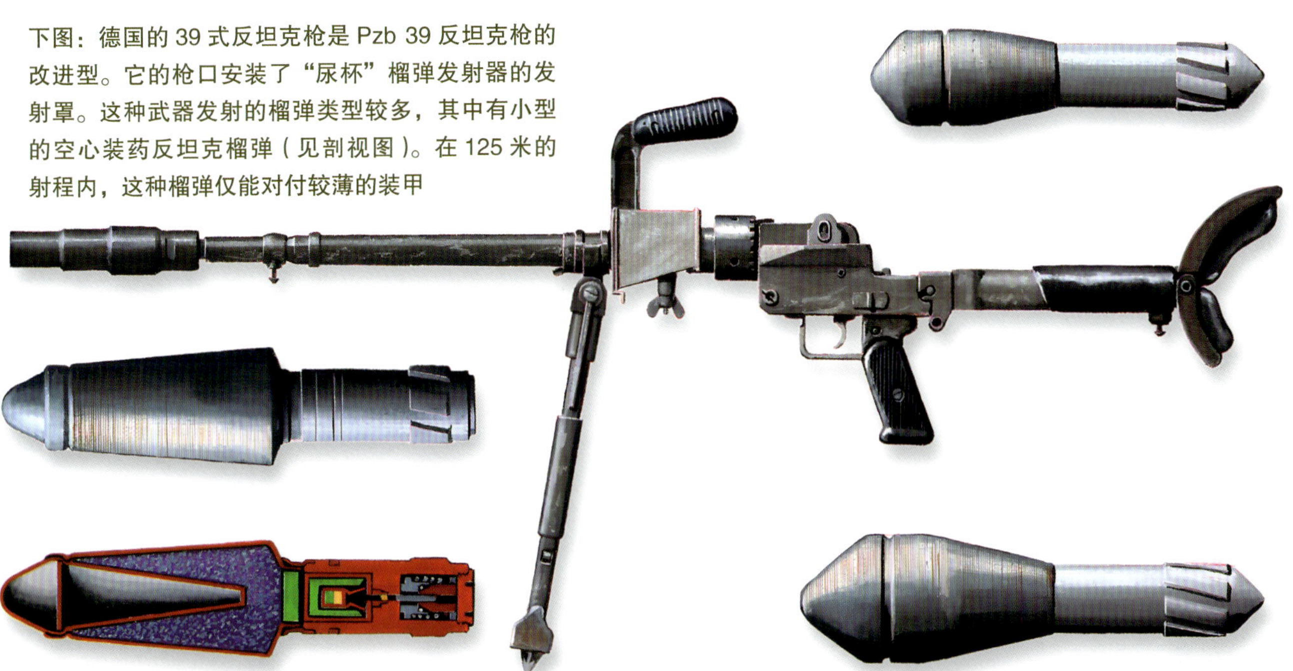

下图：德国的 39 式反坦克枪是 Pzb 39 反坦克枪的改进型。它的枪口安装了“尿杯”榴弹发射器的发射罩。这种武器发射的榴弹类型较多，其中有小型的空心装药反坦克榴弹（见剖视图）。在 125 米的射程内，这种榴弹仅能对付较薄的装甲

上图：这支 PTRD 1941 14.5 毫米反坦克枪的弹膛内，已经有一颗副射手用左手装进的子弹，装弹后他会轻轻敲打一下射手的钢盔，表明步枪已经做好射击准备

反坦克枪比 38 型反坦克枪简单，但两者有相同的穿甲能力。尽管它也使用了滑动式闭锁装置，但它是通过向下推压手枪枪把来操作的。和早期的反坦克枪一样，它属于单发射击武器。为了便于携带，它的枪托可以折叠。多余的子弹可以装在弹膛两侧的小盒内。

这两种反坦克枪使用相同的子弹。这种子弹一开始使用的是坚硬的钢芯。1939 年，德国人缴获了波兰的马罗斯科兹克反坦克枪，检查后发现波兰的步枪子弹使用了钨芯，穿甲能力更强。德国人利用这种原理改进了自己的反坦克枪，提高了它们的作战性能。由于坦克装甲厚度的增加，德军此前的反坦克枪都已经过时。

为了取代 Pzb 39 反坦克枪，德国研制了多种类型的反坦克枪，数量之多令人吃惊。尽管几家制造商生产出了多种样枪，所有样枪的口径都是 7.92 毫米，但没有一种通过试验。德国甚至还制订了研制反坦克机枪——MG 141 的计划，但同样也没有成功。

德军使用的另一种反坦克枪是瑞士生产的产品。这种反坦克枪的型号是 7.92 毫米的 MSS 41，是由索洛图恩公司按照德国设计生产的，但是，显然制造或交付的数量不多（有些在北非战场上使用过）。索洛图恩公司还制造出一种更精确的武器——口径为 20 毫米的 Pab 785（s）反坦克炮，是一种反坦克加农炮。它体积庞大，需要两轮支架牵引。德国对这种武器的订购很有限，其他则出售给了意大利。在意大利，它被命名为“福西尔”反坦克炮。它属于自动武器，使用可装 5 发或 10 发炮弹的弹匣，有时也有人称它为 s18-1100；1939—1940 年，荷兰也使用过这种武器，荷兰人称之为 tp 181110 型反坦克枪。

下图：图中为北非战场上，一名德军士兵和他的 Pzb 39 7.92 毫米反坦克枪。这种步枪只能单发射击，该型枪的弹药（即便是钨芯穿甲弹）穿甲威力也相当有限。1940 年之后，这种步枪除了能对付轻型坦克之外，其他作用极少

简易反坦克武器

“莫洛托夫鸡尾酒”燃烧弹易于制造，便于使用。最早用于1936—1939年期间的西班牙内战，当时西班牙共和国的军队使用这种武器对付叛乱的佛朗哥军队的坦克。

这种武器的基本结构是简单地使用一个装有汽油（或其他类似的可燃物）的玻璃瓶，瓶口包裹有用油浸过的布条或其他类似物。在瓶子被扔向目标前，立即点燃这根布条，当它击中目标时，瓶子破裂，布条引燃瓶内的可燃物。这种武器极其简单，便于使用，但缺陷是效果糟糕，而且人们还发现单用汽油对付坦克效果极差，因为即使汽油在坦克上燃烧，也容易从坦克侧部流下去。为了产生一种混合的黏合物，汽油内必须添加有更高浓度的易燃物质，如柴油、石油或其他橡胶等。

含磷榴弹

含磷榴弹可以弥补汽油弹的不足。有几个国家使用过这种武器。这种武器是作为发烟的枪榴弹而设计的。白磷是一种和空气接触后就会自动燃烧的物质。在反步兵和反装甲作战时，含磷榴弹是一种非常有用的武器。这些榴弹有多种类型，但典型的是英国的No.76磷自燃榴弹。玻璃瓶内装有磷、水和汽油的混合物，主要当作反坦克武器使用，既可以用手投掷，也可以使用发射器发射。它有一块发烟的橡皮，可以逐渐溶解里面的混合物，使之变黏变稠，更好地“粘贴”在目标上。每枚No.76榴弹大约重0.535千克。

博伊斯反坦克枪

博伊斯Mk 1 13.97毫米反坦克枪最初的名字叫“支柱枪”。它是作为英国陆军的标准反坦克枪而设计的。这种武器在20世纪30年代末期首次装备部队，但到1942年时，这种反坦克枪已经落伍了。

博伊斯反坦克枪的口径为13.97毫米，发射的子弹威力较大。在300米的射程内，弹头能够穿透21毫米的装甲。同样，这种子弹产生的后坐力也比较大。为了减少后坐力，它的细长枪管上安装了枪口制动器。该枪采用顶置式弹匣，可以装5发子弹，并采用栓动式原理。博伊斯反坦克枪又长又重，所以常常需要安装在通用输送车（或称布伦机枪运载车）或轻型装甲车上，作为它们的主要武器。

最初的博伊斯反坦克枪使用了前置式独脚支架，枪托下方安装有一具握把。敦刻尔克大撤退后，为了加快这种反坦克枪的生产，英国对它的多处装置进行了修改。其中包括，用布伦机枪的两脚架替代了原来的独脚形支架；新式的索洛图恩枪口制退器替代了原来的圆形枪口制退器。新式制动器的边缘部分钻有多个洞孔。和原来的反坦克枪相比，改进后的博伊斯反坦克枪更易于生产。由于在1940年

下图：这名法国军官可能会受到博伊斯反坦克枪后坐力的撞击。1940年，法国陆军使用了许多由英国提供的博伊斯反坦克枪；作为交换，法国向英国提供了许多口径为25毫米的哈奇开斯反坦克加农炮。这名军官使用的是最初的Mk 1反坦克枪。这种反坦克枪使用独腿支架

上图：“莫洛托夫鸡尾酒”是一种国际性的反坦克武器。图中所示从左向右：苏联的“莫洛托夫鸡尾酒”（图 1），苏联红军使用的标准燃烧瓶（图 2），英国使用的牛奶瓶（图 3），日本和芬兰使用的燃烧瓶（图 4 与图 5）。所有这些武器都使用了相同的原理：汽油混合物，汽油浸过的布条起到导火索的作用

下半年时，人们认为博伊斯反坦克枪的反装甲能力有限，所以它在军中的时间并不太长。但是，在 1941—1942 年北非战役期间，人们发现它是一种非常出色的反步兵武器。在北非，用它打击隐藏在岩石后及岩石附近的敌人时，它所击碎的岩石碎片对敌人造成了较大伤害。在 1942 年初的菲律宾战役期间，博伊斯在美国海军陆战队中也发挥了较大作用。美国士兵使用这种反坦克枪非常有效地打击了隐藏在掩体内的日军。另外，德国人也曾使用过这种武器。敦刻尔克战役后，德国把他们从盟军手中缴获的这种武器命名为 782（e）13.9 毫米反坦克枪。

1940 年，英国曾经计划生产博伊斯 Mk 2 反坦克枪。这种反坦克枪比博伊斯 Mk 1 反坦克枪短，重量也较轻，主要供空降部队使用，但是没过多久，英国就终止了该计划。

诺索弗发射器

敦刻尔克大撤退后，英国陆军两手空空，反坦克武器丢得一干二净。当时德国入侵迫在眉睫，英国急需易于生产的武器来装备英国陆军和新组建的地方防御部队（即后来的国土警卫队）。诺索弗迫击炮就是英国在匆忙中投入生产的一种武器，也有人称之为“瓶子迫击炮”，后来命名为诺索弗发射器。这种武器的结构极其简单，只有一根钢管，末端有一个简单的弹膛。弹药由老式的手榴弹和枪榴弹组成，推进力来自位于后膛的一枚小型黑火药子弹，后来发射的是 No.76 含磷榴弹（这就是“瓶子迫击炮”这一外号的来历）。它的后坐力没有进行过评估。它的瞄准具比较简单，但在 90 米的射程内相当精确。它的最大射程大约是 275 米。

1940 年以后有一段时间，诺索弗发射器成为英国国土防卫部队的标准武器，并且许多陆军部队也曾使用。在实际应用中，诺索弗和它发射的子弹所起的作用差不了多少，因为这些手榴弹和榴弹不仅陈旧而且极其简单，所以

上图：1940 年，英国军队在接受如何使用“莫洛托夫鸡尾酒”的训练。英国陆军把这种武器称为“瓶子炸弹”，甚至还建立了这种武器的生产线。这种瓶子炸弹内通常装有汽油和白磷

它们的反装甲能力实在令人不敢恭维。使用含白磷的榴弹无疑效果要好多了，但发射人员不喜欢这种武器，其中的道理非常简单，射击时，这种玻璃瓶常常在枪管内就破裂了。一般情况下，发射组由两名士兵组成，有时也会增加一人负责弹药和指示目标。国土警卫队的许多部队在当地进行了改进，改进后的诺索弗发射器更易于搬运。

这种发射器通常使用的四脚式支架操作相当复杂。为了简化操作程序，1941 年，英国生产出了较轻的诺索弗 Mk 2 发射器。但相对来说，生产的数量较少。

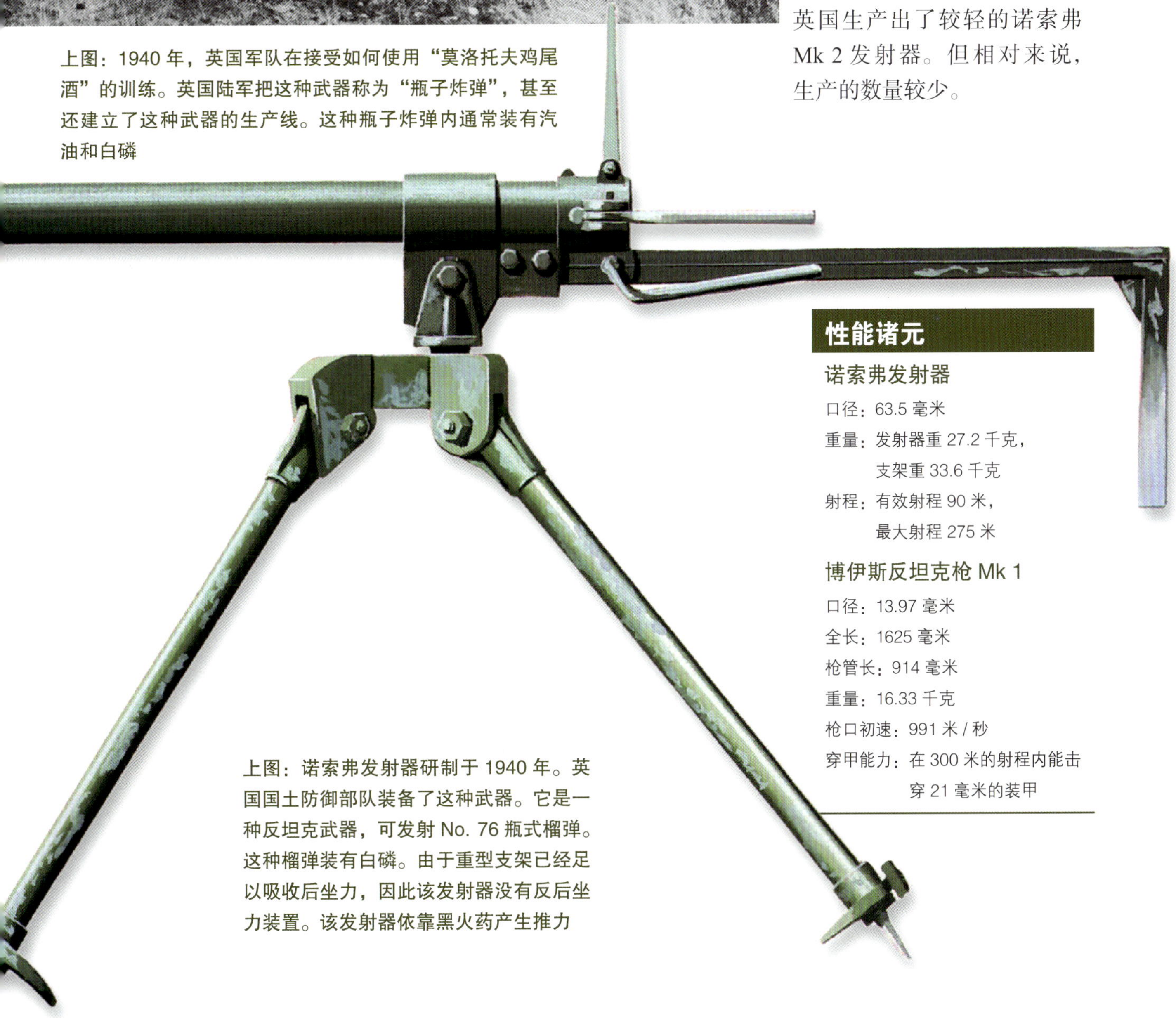

性能诸元

诺索弗发射器

口径：63.5 毫米

重量：发射器重 27.2 千克，支架重 33.6 千克

射程：有效射程 90 米，最大射程 275 米

博伊斯反坦克枪 Mk 1

口径：13.97 毫米

全长：1625 毫米

枪管长：914 毫米

重量：16.33 千克

枪口初速：991 米 / 秒

穿甲能力：在 300 米的射程内能击穿 21 毫米的装甲

上图：诺索弗发射器研制于 1940 年。英国国土防御部队装备了这种武器。它是一种反坦克武器，可发射 No. 76 瓶式榴弹。这种榴弹装有白磷。由于重型支架已经足以吸收后坐力，因此该发射器没有反后坐力装置。该发射器依靠黑火药产生推力

反坦克枪榴弹和反坦克手榴弹

英国陆军使用的反装甲手榴弹有 3 种类型。第一种是 No. 73 反坦克手榴弹。由于外形和体积像个大热水瓶，所以被称为“热水瓶”炸弹。该手榴弹完全依靠爆炸冲击力，对装甲没有什么效果，所以主要用于爆破。在第二次世界大战的前几年时间里，使用最多的还是 No. 74（ST）反坦克手榴弹。这种“黏性”炸弹外层涂有黏合剂，击中坦克后就能黏在坦克上，胶水壳外有两瓣半球形外壳，在投掷前需打开外壳取出手榴弹。

这种武器很不受欢迎，因为它的黏性物质会将任何它碰到的东西粘在一起，甚至在扔出去之前就粘在其他东西上，所以士兵们尽可能不使用这种武器。

英国最优秀的反坦克手榴弹是 No. 75 反坦克手榴弹，又称霍金斯手榴弹。这种手榴弹既可以用手投掷，也可以当作地雷埋在地下，炸毁坦克的履带。该型手榴弹采用压发引信。这种手榴弹重 1.02 千克，其中一半都是爆炸物。这种手榴弹常成串地使用，这样效果最佳。德国人在敦刻尔克战役之前缴获了这种武器，后来在修筑“大西洋壁垒”时当作地雷使用。德国人称之为 429/1（e）反坦克地雷。

No. 68 反坦克枪榴弹是一种使用 No. 1 Mk 3 步枪发射的榴弹。这种步枪的枪口安装了一个可发射榴弹的榴弹罩。在 1941 年后，这种枪榴弹除了对

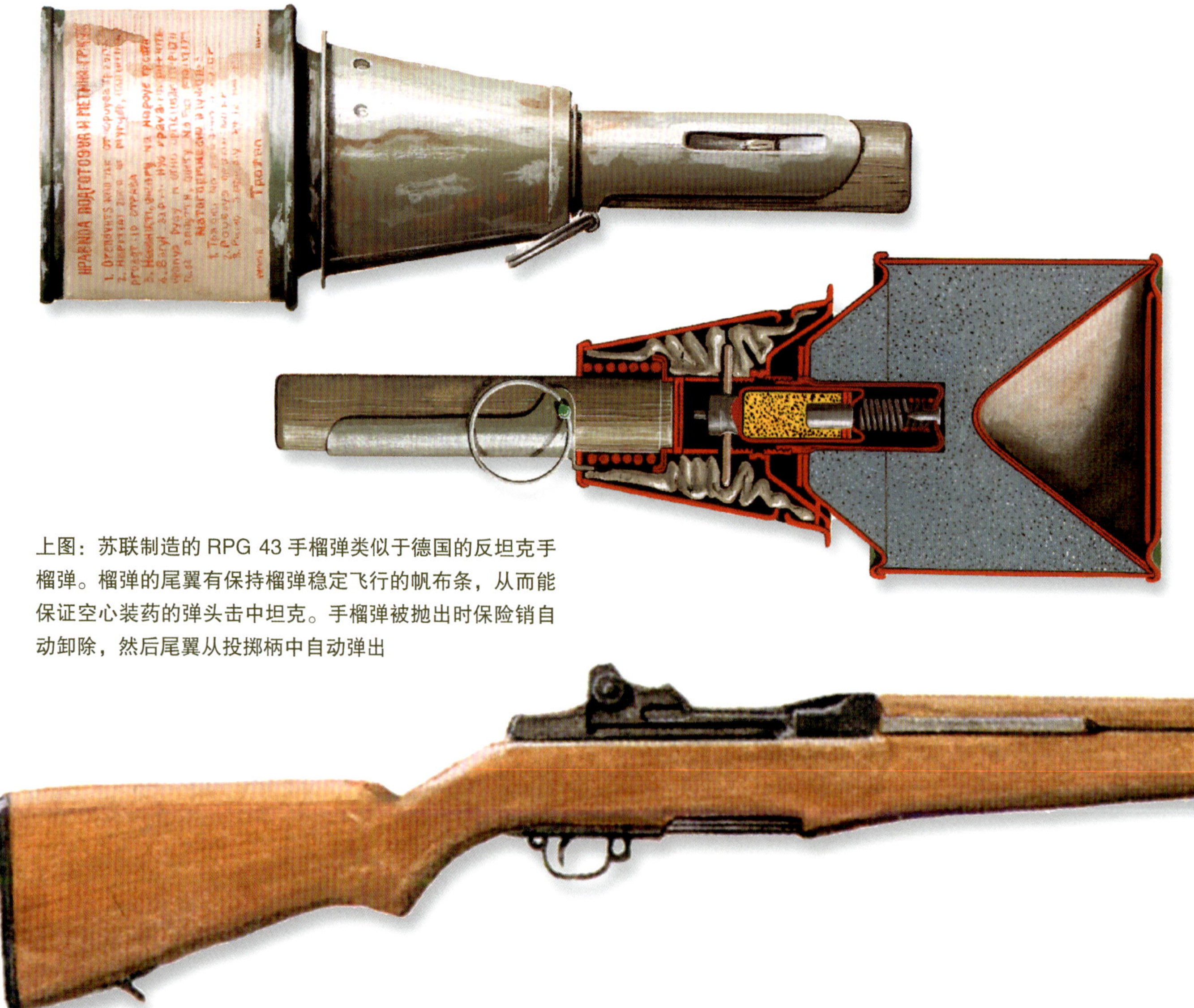

上图：苏联制造的 RPG 43 手榴弹类似于德国的反坦克手榴弹。榴弹的尾翼有保持榴弹稳定飞行的帆布条，从而能保证空心装药的弹头击中坦克。手榴弹被抛出时保险销自动卸除，然后尾翼从投掷柄中自动弹出

付特别薄的装甲之外，实在没有什么用处，所以很快就退出了军队。这种榴弹重 0.79 千克，也可以使用诺索弗发射器发射。

美国的榴弹

美国使用的类似于 No.68 的榴弹是 M9A1 反坦克枪榴弹。这种榴弹和英国的榴弹相比成功多了，加兰德 M1 步枪的 M7 发射器和 M1 卡宾枪的 M8 发射器都可以发射。M9A1 重 0.59 千克，弹头重 0.113 千克，弹头前面的薄钢环有一个触发引信。这种榴弹对付坦克的作用有限，但是在军中使用了很长时间，因为它在对付碉堡之类的目标时效果极为显著。为了保持飞行的稳定性，它有一个环形尾翼。

苏联的榴弹

和反坦克枪一样，苏联人一开始也忽视了反坦克榴弹的作用。在 1940 年，苏联不得不紧急生产这种武器。第一种反坦克手榴弹为 RPG 40。这种榴弹和短小的粘贴性榴弹非常类似，主要依赖炸药的冲击力，但不太成功，很快被别的榴弹所取代。同时期的 VPGS 40 是一种枪榴弹。在射击之前，需要在步枪的枪管上安装一个长杆。这种榴弹也没有获得成功。苏联最好的战时反坦克手榴弹是 1943 年生产的 RPG 43，在某种程度上是德国反坦克手榴弹的仿制品，但是并没有采用折叠尾翼，而是使用两条帆布带，以便装有空心装药的弹头瞄准目标。RPG 43 重 1.247 千克，投掷时有点困难，但由于装药多，所以效果甚佳。1945 年后，苏联军队还在使用这种榴弹。

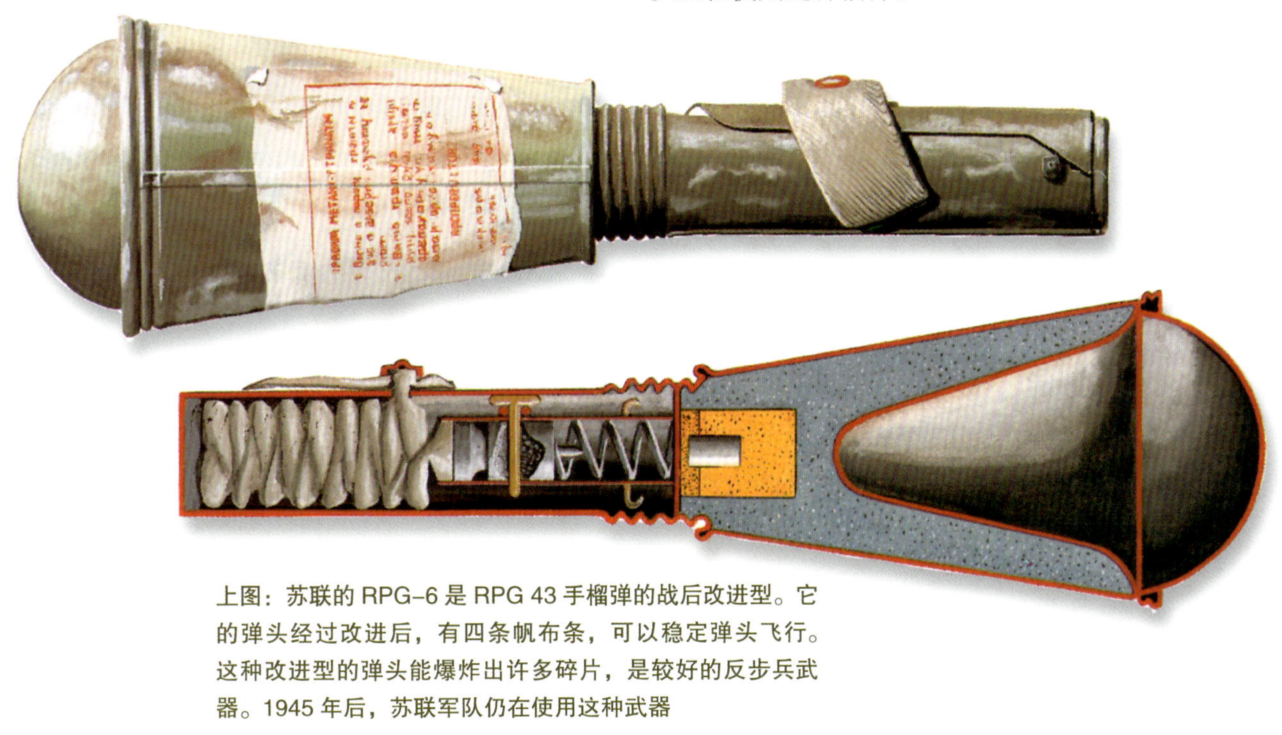

上图：苏联的 RPG-6 是 RPG 43 手榴弹的战后改进型。它的弹头经过改进后，有四条帆布条，可以稳定弹头飞行。这种改进型的弹头能爆炸出许多碎片，是较好的反步兵武器。1945 年后，苏联军队仍在使用这种武器

上图：加兰德 M1 步枪上的枪口装置可以发射美国的 M9A1 反坦克枪榴弹，射程大约是 100 米。它使用的是空心装药弹头，能够穿透 102 毫米厚的装甲。M1 卡宾枪上的 M8 发射器也可以发射这种榴弹

步兵反坦克发射器（PIAT）

Mk 1 步兵反坦克发射器（PIAT）是英国的一种反坦克武器。虽然它不太符合英国战争办公室的武器生产程序，但它是由一个与众不同的部门特许生产的。这个部门一般被称为“温斯顿·丘吉尔的玩具店”。研制这种武器的目的是探索空心装药弹头的穿甲效果。这种武器能发射一种极为有用的榴弹，几乎能穿透当时所有类型的坦克装甲，其性能和同时期美国的巴祖卡火箭筒和德国的“铁拳”火箭筒不相上下。

然而，步兵反坦克发射器发射榴弹使用的是压缩弹簧而不是化学能量。它使用了插口式迫击炮的原理，使用槽轨发射方法，在一个中心栓的作用下，榴弹开始移动，然后从裸露的弹槽中弹出。推压扳机，功率强大的主弹簧开始运行，在弹簧力量的作用下，中心栓从弹槽中撞击榴弹的助推火药，在火药助推力的作用下，榴弹被射出弹槽。同时，助推火药的反作用力使主弹簧复位，从而把第二颗榴弹装入弹槽。

上图：1941 年之后，步兵反坦克发射器成为英国陆军标准的反坦克武器，大多数作战部队和勤务部队都使用这种武器。这种武器在装弹时相当费劲，但是在近距离内能够击穿大多数坦克的装甲，而且它还能发射高爆榴弹（HE）和烟幕弹

多用途武器

步兵反坦克发射器主要是作为反坦克武器研制的，但是它也能发射高爆榴弹（HE）和烟幕弹，所以和同时期的反坦克武器相比，用途更为广泛。由于它使用的前置式独腿支架能够伸展，在狭小的空间中，射击角度容易控制，所以在逐屋争夺和城市战中用途较大。

步兵反坦克发射器取代博伊斯反坦克枪后，成为英国步兵的标准反坦克武器，在整个英国军队和英联邦军队中应用极为广泛。然而，这样并不能说明士兵们都喜爱这种武器，这种武器太大，需要两人一组才能操纵。它不受欢迎的主要原因在于它的主弹簧。这种弹簧张力强大，一般两个人才能推动。如果榴弹发射失败，这种武器也就失去了作用，因为敌人就在附近，想再次发射，就会面临极大的危险。英国所有的步兵部队都使用这种武器，它是轻型装甲车辆的主要武器。汽车也可以使用这种武器，在多用途支架上安装 14 个步兵反坦克发射器，其齐射威力不亚于一个迫击炮连。

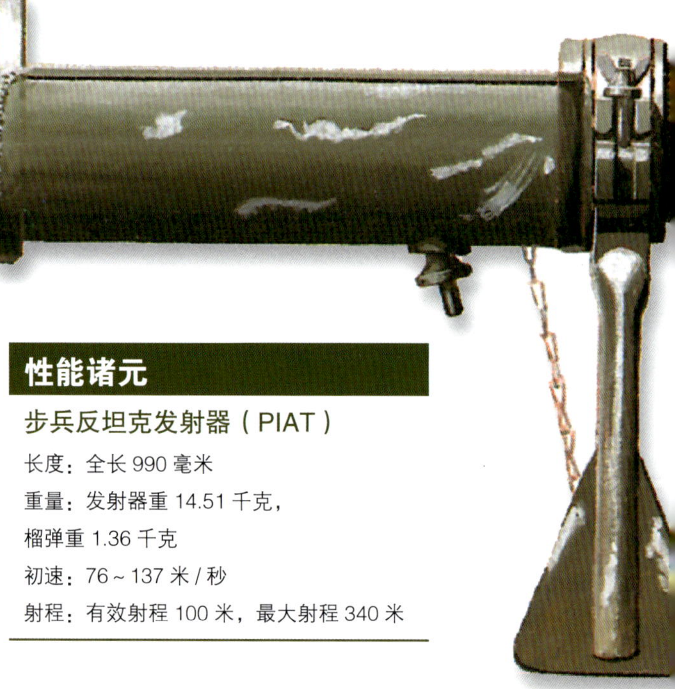

性能诸元

步兵反坦克发射器（PIAT）

长度：全长 990 毫米

重量：发射器重 14.51 千克，

榴弹重 1.36 千克

初速：76 ~ 137 米 / 秒

射程：有效射程 100 米，最大射程 340 米

第二次世界大战后，英国陆军还在使用这种武器。虽然它是有效的坦克杀手，然而其他国家的设计人员并没有使用它的发射原理。不过它确实有许多优点：能够大批量地投入生产，而且相对来说造价低廉，尤其是在当时急需反坦克武器的情况下。

上图：1944 年 7 月，一辆英国坦克被击中后，坦克乘员使用步兵反坦克发射器保护阵地，等待救援车的到来。他们是第 13 和第 18 轻骑兵团的士兵，地点位于法国北部的潘松山附近。注意 No. 4 步枪旁边就是步兵反坦克发射器

下图：当其他国家主张使用火箭助推、空心装药的反坦克火箭弹时，英国使用的是步兵反坦克发射器。它是一种运用插口式迫击炮原理的武器，依靠粗壮的弹簧，弹头从安装在前端的弹槽中弹射出去。虽然士兵们不是很喜爱它，但它确实是坦克的克星

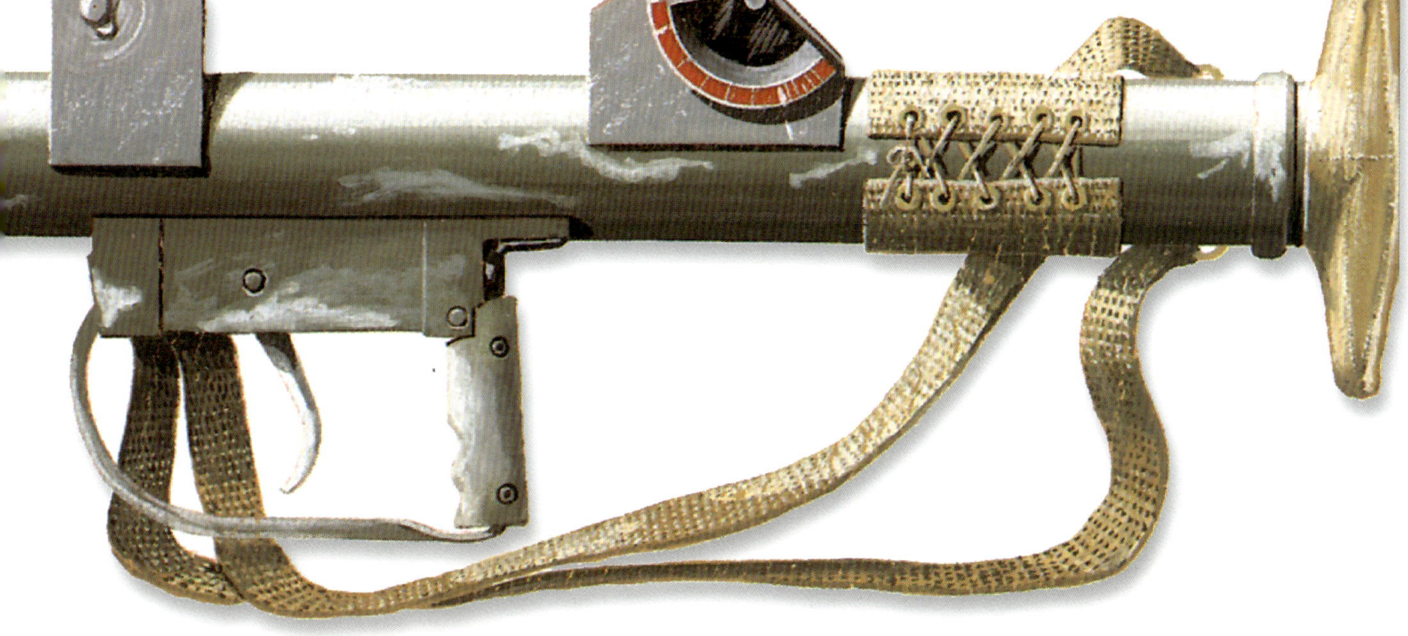

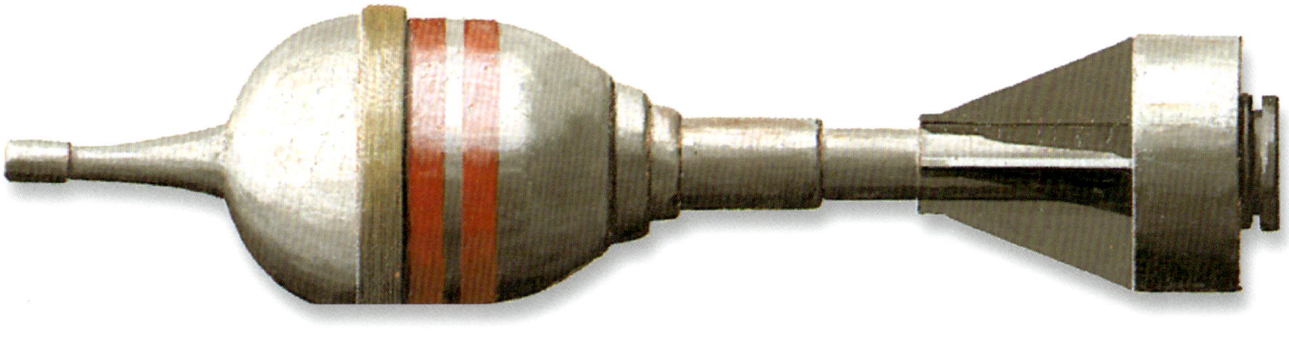

巴祖卡反坦克火箭筒

美国的巴祖卡火箭筒是诞生自第二次世界大战期间的新式武器之一，它是在对基本的火箭原理进行研究之后研制出来的武器。1933 年以来，马里兰州的阿伯丁实验场一直在研究火箭的基本原理。1942 年初，美军才开始积极研究将该火箭筒列装现役部队。1942 年 11 月，盟军发动代号为“火炬”的军事行动，在非洲西北部登陆。最早生产出来的巴祖卡火箭筒被直接送到北非战场。然而，该型火箭筒真正投入使用，对付纳粹德国的坦克是在 1943 年。

最早的巴祖卡火箭筒的全名是 M1 型 60 毫米火箭发射器 / 火箭筒，发射的 60 毫米火箭弹型号为 M6A3，教练弹型号为 M7A3。

巴祖卡火箭筒结构极为简单。它只有一根用于发射火箭弹和喷出推进气体的中空钢管，木制肩托，用于瞄准的两具握把的后手柄上安装了扳机装置。火箭装入后，由电打火发射。然而，并不是所有的助推火药都能在火箭离开发射管之前被消耗掉，而未消耗尽的火药会冲向射手的脸部。为了防止类似事情发生，炮口的后面装了一个小型的圆形铁丝网罩。在战斗中，巴祖卡火箭筒能够打击射程在 274 米以内的目标。由于火箭在飞行中的精度不够，所以一般都限定在 90 米的射程内。

上图：美国的巴祖卡火箭筒发射的火箭弹装有鳍状的稳定翼。火箭弹重 1.53 千克，最大射程 640 米，但只有在较近的距离内其精度才能得到保证

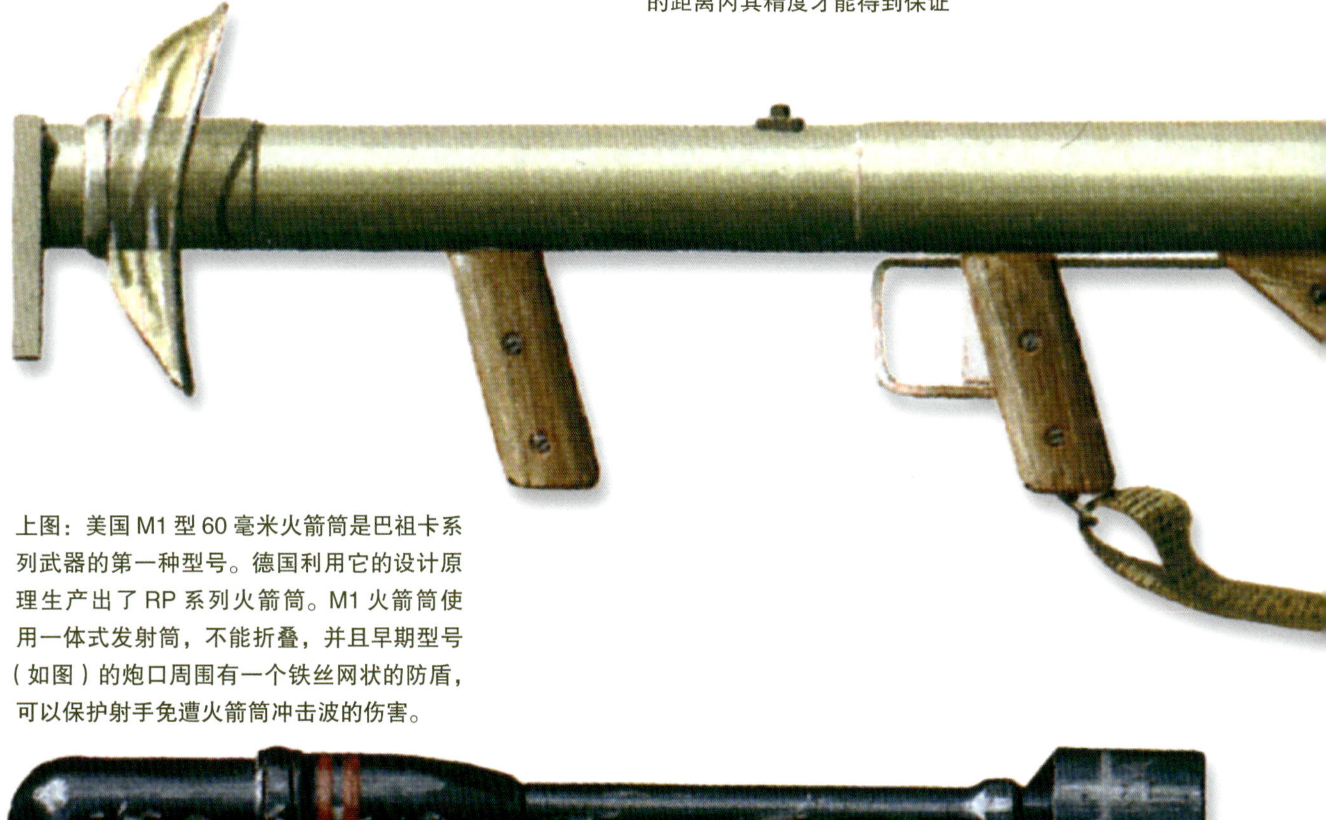

上图：美国 M1 型 60 毫米火箭筒是巴祖卡系列武器的第一种型号。德国利用它的设计原理生产出了 RP 系列火箭筒。M1 火箭筒使用一体式发射筒，不能折叠，并且早期型号（如图）的炮口周围有一个铁丝网状的防盾，可以保护射手免遭火箭筒冲击波的伤害。

改进型

巴祖卡 M1 火箭筒投入军队后不久就被和它类似的 M1A1 火箭筒取代。M1A1 火箭筒比较受士兵的欢迎，能够击毁当时任何类型的坦克。正常情况下，由两人组成的小组操作，一人负责瞄准，另一人负责装填火箭弹和连接电源导线。M1A1 火箭筒具有多种功能，这意味着它在战场上不仅能担负反坦克的任务，而且还能够担负更多任务，由于火箭弹使用的是空心装弹弹头，也可以轻松地击毁各种类型的碉堡，甚至可以把用铁丝网构筑的障碍物炸开一个大洞，还可以用来打击面目标，如能在 595 米的射程内攻击停车场。有时还可以在雷场上开辟一条安全通道。

上图：图中左侧就是最初的巴祖卡 M1 火箭筒，右侧是 M9 火箭筒。M9 火箭筒可以拆卸为两部分，便于装在车内携带和储存。到战争结束时，为了减轻重量，M9 火箭筒改为全铝结构，这就是新式的 M18 火箭筒

坦克杀手

在猎杀坦克的战场上，巴祖卡火箭筒战绩辉煌，成效极为显著，以至于德国人在 1943 年初期，在突尼斯缴获了 M1 火箭筒后，经过检查，利用它的设计原理，设计出了他们自己的反坦克火箭筒系列武器。尽管德国人设计的反坦克武器的口径较大，但美国人一直坚持用自己的 60 毫米口径，直到战争结束也没有改变。

到战争结束时，美国已经生产出一种新式型号的 M9 火箭筒。它和 M1 火箭筒有较大的区别，可以拆卸为两部分，携带比较方便。在 1945 年之前，美国研制并使用了烟幕弹和燃烧弹，大多数是在太平洋战区使用。在战争即将结束之际，美国又生产出一种全铝结构的 M18 火箭筒。

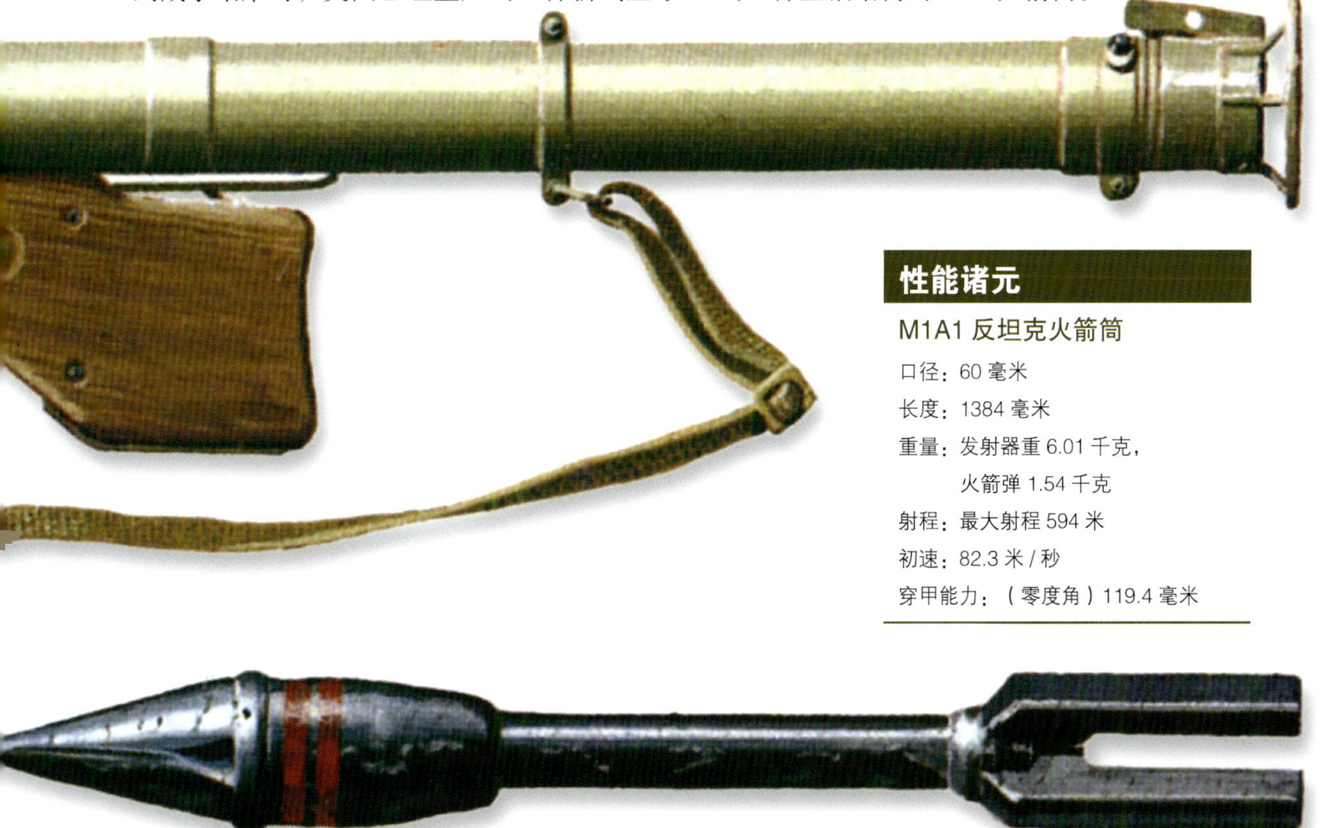

性能诸元

M1A1 反坦克火箭筒

口径：60 毫米
长度：1384 毫米
重量：发射器重 6.01 千克，
火箭弹 1.54 千克
射程：最大射程 594 米
初速：82.3 米 / 秒
穿甲能力：（零度角）119.4 毫米

德国的火焰喷射器

德国人最早使用火焰喷射器的时间是 1914 年。当时德国人在阿尔贡森林的战斗中，为了对付法国人，首次使用了这种武器；在 1916 年的凡尔登战役中，德国人第一次大规模地使用火焰喷射器，而且这次交战的对手还是法国人。这些早期的火焰喷射器体积太大，需要 3 个人才能操作。后来德国人又研制出了新的火焰喷射器。这种火焰喷射器的重量较轻，重 35.8 千克。

纳粹扩张

在 20 世纪 30 年代，德国军事力量迅速扩张。德国在 1918 年生产的火焰喷射器的基础上生产出新式的火焰喷射器——35 型火焰喷射器，德国新组建的部队都装备了这种武器。从设计上看，35 火焰喷射器和第一次世界大战时的装备没有多大区别，这种武器直到 1940 年还在生产。

持续演化

从 1941 年开始，为了弥补 35 型火焰喷射器的不足，德国人又生产出一系列的火焰喷射器，最早的一种是 40 型火焰喷射器。这是一种较轻的类似于“救生圈”型的火焰喷射器，装载的燃烧物较少。接着德国又研制出新的 41 型火焰喷射器，所以这种型号的火焰喷射器的生产数量较少。41 型火焰喷射器重新使用了 35 型火焰喷射器的设置，装有燃料和助推压缩气体的并列式燃料箱。直到战争结束，德军一直使用这样的火焰喷射器。1941—1942 年的冬季格外寒冷，当时德国的许多火焰喷射器的正常燃料点火系统都无法操作，于是德国进行了一次重要改进，用火药点火装置取代了燃料点火系统。这种装置的性能更加可靠，在寒冷的天气中也可以操作。这种型号被称为安装火药信管的 41 型火焰喷射器。它和标准的 41 型火焰喷射器从外观上看完全一样，重 18.14 千克，最大射程为 32 米。

下图：1939 年波兰战役打响后，德军使用 35 型火焰喷射器攻击波兰的一个混凝土工事（如图）。35 型火焰喷射器的射程在 25.6 米～30 米之间。它携带的燃料可以使用 10 秒。它的重量为 35.8 千克，常常需要两个人才能携带和操作

上图：图中为德军的一个攻击小组正在发起冲锋，其中一名士兵携带又大又重的 35 型火焰喷射器，一个人使用这种装备极不方便，尤其在进攻时更是如此。这种装备直到 1941 年还在生产

单发武器

这些武器都能够连续喷射。为了弥补它们的不足，德国还生产了一种古怪的型号，专门供空降部队和攻击部队使用。这种火焰喷射器是一种单发喷射的型号，能够在 0.5 秒内把火焰喷射到 27 米内的任何地方。不过，这种型号的火焰喷射器生产数量不多。

虽然如此，不要以为德国人只使用以上类型的火焰喷射装备。德国人的喷火武器种类繁多，几乎使用了所有类型的喷火武器。无论是在旧式武器基础上研制的新式武器，还是单独发明的喷火

性能诸元

35 型火焰喷射器

重量：35.8 千克

燃料容量：11.8 升

射程：25.6 米~30 米

持续喷射时间：10 秒

武器，这些武器或多或少都具有较强的实用性。除了 35 型火焰喷射器之外，德国还有一种需要两人操作的中型火焰喷射器。它的主燃料箱装在小型推车上，这种设备的容量是 30 升，而 41 型火焰喷射器只能装 7 升燃料。德国人似乎并不满足，他们还制造了一种容量更大的型号，可以装在拖车上，由一辆轻型车辆牵引。它的燃料足够使用 24 秒。最后，德国还有一种单发火焰喷射器，可以埋藏在地下，仅把喷射器的喷管露出地面，指向某一目标区域，当敌人接近时，可以遥控发射。

德国人还从盟军手中缴获了各种类型的喷火武器。毫无疑问，德国人最大可能地利用了这些武器。

上图：41 型火焰喷射器（如图）处于放置状态。它使用的是氢气点火系统。事实证明在东线寒冷的冬季，其性能极不可靠。后来被火药点火系统取代。两个较大的燃料箱中较大的一个装燃料，另一个装用于喷射的增压氮气

上图：图中为斯大林格勒战役中德军在夜间使用火焰喷射器发起攻击。火焰喷射器发出的火舌令人恐惧。因为使用火焰喷射器作战的成员在使用火焰喷射器进攻时容易遭到对方的袭击，所以附近的步兵必须向他们提供火力掩护

35 型和 40 型火焰喷射器

正如其名所示，意大利的 35 型火焰喷射器于 1935 年装备部队，当时正赶上意大利入侵阿比西尼亚（今埃塞俄比亚）。这种武器在作战中获得了成功。从设计上看，35 型火焰喷射器实在没什么特别的地方。相对来说，它属于一种便携式双缸背囊式喷火器，设计相当笨重。固定式点火装置安装在喷射器的头部。由于多种原因，这种点火系统的性能极不可靠，所以经过改进，意大利又生产出 40 型火焰喷射器。其外形、使用方法和 35 型火焰喷射器完全相同。

这些火焰喷射器专门供意大利的突击工兵部队（Guastori）使用。他们必须穿上厚厚的防护服，脸上戴着标准的军用防毒面具。这样的穿着大大限制了他们的作战机动性和视线范围，所以常常需要步兵小队提供支援和保护。这些装备移动时要装在卡车的特殊支架上，如果不能有序地放置在车辆上，就要给它们套上特殊的护具。火焰喷射器的燃料都装在一种贴有标识的特殊容器内。

非洲和俄罗斯

在非洲战区和东线战场上，意大利军队大量使用这两种类型的火焰喷射器。在这两个战区的战斗中，35 型和 40 型火焰喷射器都发挥了应有的作用，但有一个问题越来越值得人们关注，和同时期的火焰喷射器，尤其是德国后来的火焰喷射器相比，意大利的这两种火焰喷射器的射程太近。

火焰喷射器在阿比西尼亚的成功促使意大利当局决定生产一种更大的非单兵携带的火焰喷射器——L3 喷火坦克。由于 L3-35Lf 装甲车的轮廓较矮，所以它的内部空间有限，这样 L3 喷火坦克的燃料箱就放在外部一辆有轻型装甲保护的拖车内。燃料通过波纹管从拖车输送到发射器内。另外，还有一种配有拖车的喷火坦克，在喷火坦克后面的顶部有一个较小的平底燃料箱。虽然意大利军队制造了不少喷火坦克，但是这两种喷火坦克却极少使用。

上图：L3 喷火坦克的火焰喷射器安装在 L3 坦克的炮管处。意大利的这些喷火坦克战术价值有限，因为它们的装甲太薄，仅有两名乘员

性能诸元

35 型火焰喷射器

重量：27 千克

燃料容量：11.8 升

射程：大约 25 米

持续喷射时间：20 秒

下图：意大利的 L3 喷火坦克使用的燃料装在喷火坦克后面的拖车内，由一根比较灵活的软管和喷火管相连接。底盘后部有一个压缩气瓶，内有助推气体。但是后来的喷火坦克外部有两个燃料箱和一个气体箱。在机动性作战中，L3 喷火坦克是意大利应用最广泛的喷火武器

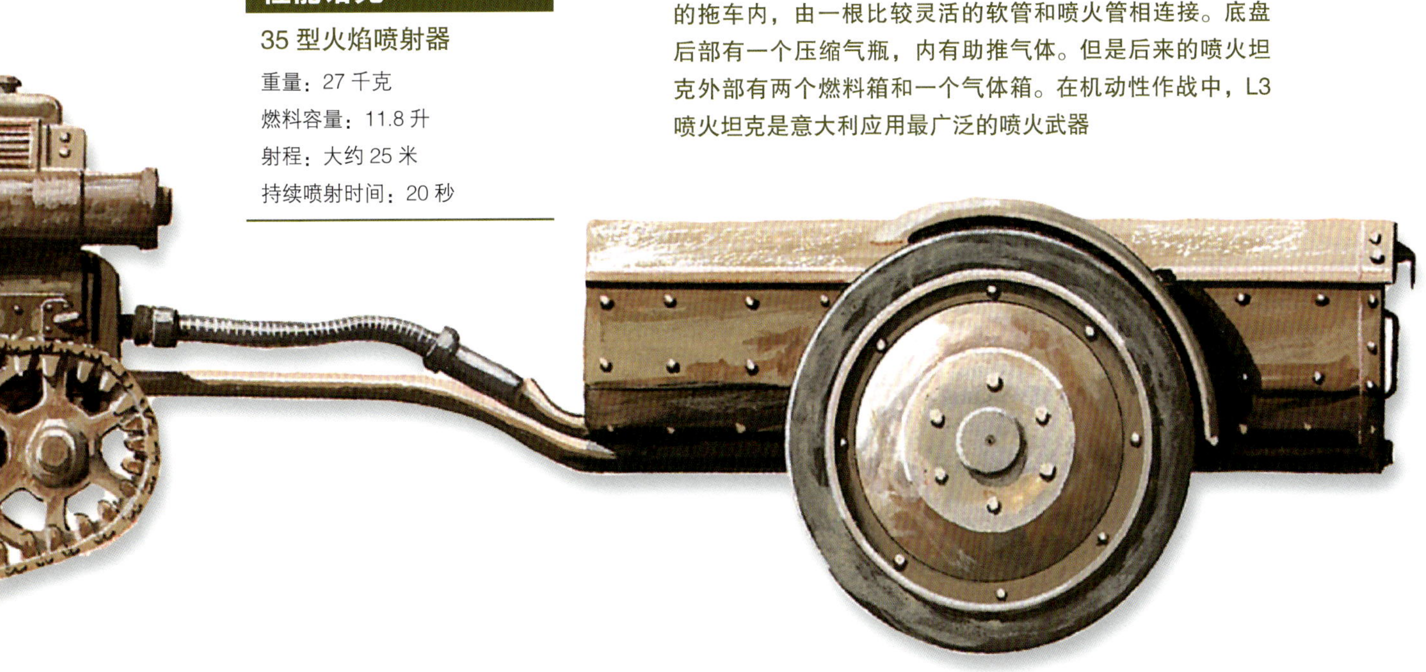

93 式和 100 式单兵火焰喷射器

日本人在第二次世界大战期间生产的第一种火焰喷射器是 93 式火焰喷射器。这种武器最早生产于 1933 年。其设计比较传统，很大程度上利用了德国在第一次世界大战中的经验。它使用了三个圆筒，背在背上相当笨重，两个圆筒装燃料，中间较小的圆筒储存用于喷射的压缩气体。从 1939 年开始，每个火焰喷射器都安装了用汽油驱动的小型空气压缩机。

这种火焰喷射器非常糟糕，性能令人难以恭维，1940 年，被外形与它类似的 100 式火焰喷射器取代。这种新式的火焰喷射器的手持喷枪长 0.9 米，而 93 式火焰喷射器的喷枪则长 1.2 米。喷枪的喷口非常容易更换，而 93 式火焰喷射器的喷嘴是固定的。

日本步兵在战斗中使用过火焰喷射器，而日本的坦克部队却极少使用。显然日本人也曾尝试生产喷火坦克：1944 年在菲律宾的吕宋岛上，日军的一支小规模部队曾经使用过喷火坦克。这些喷火坦克没有炮塔，车体前方装有障碍清除装备和一支向前突出的火焰喷射器，内外都有燃料箱。显然这种喷火坦克是用日军的 89 式中型坦克改装成的；另外，这种坦克上还安装了机枪。

上图：如果战时宣传值得相信的话，那么可以肯定日本陆军和海军陆战队在第二次世界大战期间曾经大规模使用火焰喷射器。这种看法可以从日本拍摄的一系列照片中得到佐证。这张照片拍摄于中国抗日战争期间。在战场上，此类武器会产生强大的心理效果，其震慑作用远远高于其实际杀伤力

性能诸元

100 式火焰喷射器

重量：25 千克

燃料容量：14.77 升

射程：在 23 米 ~ 27 米之间

喷火持续时间：10 ~ 12 秒

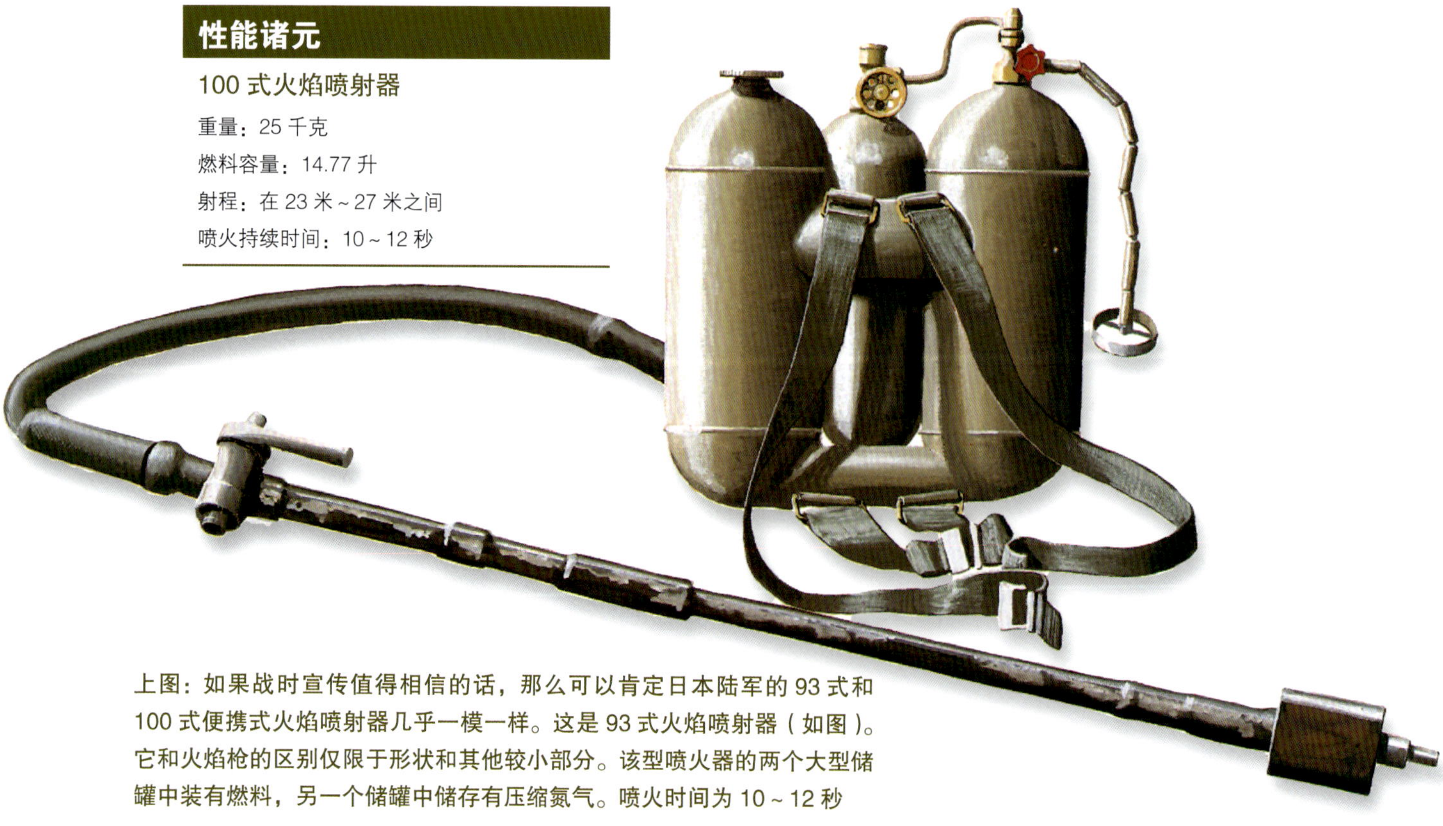

上图：如果战时宣传值得相信的话，那么可以肯定日本陆军的 93 式和 100 式便携式火焰喷射器几乎一模一样。这是 93 式火焰喷射器（如图）。它和火焰枪的区别仅限于形状和其他较小部分。该型喷火器的两个大型储罐中装有燃料，另一个储罐中储存有压缩氮气。喷火时间为 10 ~ 12 秒

“救生圈”火焰喷射器

英国于 1941 年开始研制火焰喷射器，后来被正式命名为 No.2 Mk 1 便携式火焰喷射器。英国的设计显然受到德国 40 火焰喷射器的影响。不过英国人的基本设计思路有些奇特，由于最适合储存高压气体的容器形状为球形，因此高压气瓶为球形，而为了尽可能地在较小的外部尺寸下增加容积，燃料箱被设计成了甜甜圈状，气瓶位于圆圈中央的空洞内。由于它与众不同的外形，人们给它起了个绰号“救生圈”，此名真是名副其实，极其形象。

上图：人们根据 Mk 1 和 Mk 2 火焰喷射器的外形，通常把它们称为“救生圈”。这种武器不太成功。英军在战斗中极少使用 Mk 1 火焰喷射器。在 1944 年下半年的战斗中，英军使用了 Mk 2 火焰喷射器

匆忙中投入生产

1942 年 6 月，在军队和其他单位对这种武器进行的试验结束前，英国已经做好了生产 Mk 1 火焰喷射器的准备，并且生产订单都下发了。这种火焰喷射器太不幸了，装备部队后就暴露出了许多严重问题，其中多数问题都是由于它的燃料箱外形过于复杂并且制作过程太匆忙引起的，点火后性能极不可靠，而且燃料箱下面的燃料阀的位置也不便于操作。这样，Mk 1 火焰喷射器的生产就草草结束了。从 1943 年 6 月开始，这种火焰喷射器仅在训练时使用。

改进型

1943 年，改进型火焰喷射器 No.2 Mk 2 出现了。英国陆军直到战争结束一直使用这种火焰喷射器，并且在战后又使用了许多年。Mk 2 和 Mk 1 火焰喷射器的形状差别不大。Mk 1 火焰喷射器于 1944 年 6 月停止生产。在诺曼底登陆期间和随后的战斗中，以及英军在远东的战斗中，英国陆军都使用了这种武器。虽然如此，英国陆军从来没有真正喜爱过这种便携式火焰喷射器，并且决定限制这种武器的生产数量，到 1944 年 7 月初，Mk 2 的生产结束了，它总共生产了 7500 件。事实证明，从整体上看，由于 Mk 2 依赖一节小型电池才能点燃燃料，所以它的性能并不可靠，并且，电池容易受潮，使用时间有限。为了减轻重量，英国研制了一种小型的火焰喷射器，这种火焰喷射器重 21.8 千克。英军有可能在远东战场上使用过这种武器。由于这种火焰喷射器的研制速度太慢，直到战争结束仍没有投入量产。

性能诸元

“救生圈”火焰喷射器

重量：29 千克
燃料容量：18.2 升
射程：27.4 米 ~ 36.5 米
喷火持续时间：10 秒

左图：Mk 2“救生圈”从 1944 年上半年成为英国军队的标准火焰喷射器，但英国士兵从来没有喜爱过这种武器。选择这种形状是为了内部能尽可能多地装填燃料，这种武器在战斗中使用的数量非常有限

下图：英国步兵列队前进，奔赴欧洲西北部的某前线。注意队伍后面的士兵，背后背的就是“救生圈”火焰喷射器

M1 和 M2 火焰喷射器

当 1940 年 7 月美国陆军要求提供一种便携式火焰喷射器的时候，美军化学战部还不知道该从何处入手。化学战部在 E1 便携式火焰喷射器的基础上设计出一种供部队试验用的 E1R1 火焰喷射器，有些被送到了巴布亚战场接受试验。E1R1 火焰喷射器容易发生故障，使用时较难控制，但是美国陆军接受了一种更为粗糙的型号——M1 火焰喷射器。它和 E1R1 火焰喷射器有许多相似之处，有两个圆筒，一个装燃料，另一个装压缩的氢气。

1942 年 3 月，M1 火焰喷射器投入生产。在 1942 年 6 月的瓜达尔卡纳尔岛战役中投入战场使用，其表现令人失望，它的点火线路使用电池供电，而电池在战场上常常不能供电。燃料箱容易被腐蚀，气体会从燃料箱的细缝向外泄漏。

改进后仍有缺陷

1943 年 6 月，新式的 M1A1 火焰喷射器装备部队。这种武器共生产了 14000 件。它是 M1 火焰喷射器的改进型，使用的燃料加入添加剂后变得更为黏稠，纵火能力因此更强。它的射程达到 46 米，

右图：便携式 M2-2 火焰喷射器是由美国生产的武器。它是世界上火焰喷射器生产数量最多的一种，1944 年 7 月在关岛战役中首次投入战场。1945 年后的许多年里，它一直是美军的标准火焰喷射器。在朝鲜战争期间，美军也曾使用这种武器。在条件合适的情况下，它的最大射程为 36.5 米

性能诸元

M1A1 火焰喷射器

重量：31.8 千克

燃料容量：18.2 升

射程：41 米 ~ 45.5 米

喷火持续时间：6 ~ 10 秒

M2-2 火焰喷射器

重量：28.1 ~ 32.7 千克

燃料容量：18.2 升

射程：22.9 米 ~ 36.5 米

喷火持续时间：8 ~ 9 秒

而 M1 的最大射程是 27.5 米。不幸的是，它的点火系统仍然没有任何改进。

到 1943 年 6 月，化学战部已经找到满足军队需要的方法，根据 E3 火焰喷射器的实验设计，在设计中对 M2-2 进行了多处改进。M2-2 使用新式的凝固汽油，但制作更为简单，这种武器可以装在一个背包式框架内（与弹药箱背架相似），使用火药式点火系统。它使用一种类似于转轮手枪的机械设置，一个弹巢可以点火 6 次。

1944 年 7 月，M2-2 火焰喷射器在关岛战役中首次投入使用，此时，这种武器已经生产了 25000 件。其他国家的军队也使用这种武器。

继续进步

尽管 M2-2 和 M1/M1A1 火焰喷射器的性能相比改进了许多，但美国陆军仍然认为这不是其真正想要的产品。于是，为了寻找一种更为完善和轻便的武器，改进工作继续进行。在战争即将结束之际，经过努力，美国设计出一种单发式火焰喷射器，使用后就可以扔掉。另有一种新型喷火器采用火药燃气喷射，单筒式燃料罐的容量为 27 升，采用凝固汽油，虽然该喷火器的设计已经完成，但在战争结束后，美国停止了该计划。这种火焰喷射器的设计射程为 27.5 米。

上图：美国的 M1 火焰喷射器是在早期 E1R1 火焰喷射器的基础上研制而成的。从技术上讲，它属于实验性武器，在 1943 年投入使用。在瓜达尔卡纳尔岛战役期间，M1 火焰喷射器首次投入战斗，当时该型喷火器还在使用低稠度燃料

下图：除了发出刺耳的噪声外，火焰喷射器在战场上还会产生强大的视觉效果，从而摧毁敌人的士气。只要看一眼它喷射的火舌，即使是最勇敢的士兵也会毛骨悚然，不寒而栗。在 1945 年 6 月的伊江岛战役中，美国的 M2-2 火焰喷射器大显神威

第二次世界大战时期的火炮

二战初期所用的大部分通用型火炮都可以追溯到一战。不过这些火炮都换上了更高效的炮架，同时，牵引车取代了挽马实现摩托化机动。

此后不久，火炮就被安装在装甲履带式底盘上，全新的自行火炮就此诞生，炮兵也因此具备了与装甲部队同样的强大机动性能。不过随着战争形态的改变，对于各个国家的军队而言，新的威胁也在不断出现。

各类轻重高射炮以及口径大小不一的反坦克炮成为了各国军队军械库中的重要组成部分。德国的8.8厘米高射炮是战时综合性能最为优秀的炮兵武器之一，该炮不仅是一款极为致命的防空武器，具备强大的反坦克能力，还成为令人生畏的纳粹德国国防军6号虎式重型坦克的主炮。

左图：1942 年秋季，阿拉曼附近的沙漠，英国陆军的中型 139 毫米加农炮正向轴心国阵地开火。火炮是二战期间同盟国为数不多的比纳粹德国国防军先进的武器

布朗特 27/31 型 81 毫米迫击炮

尽管第一次世界大战期间的“斯托克斯”迫击炮已经初步展现出迫击炮的完整形状和式样，但它仍然是一种非常简陋的武器。“斯托克斯”迫击炮除了一根炮管、一个简单的炮架和一块可以吸收后坐力的座钣外几乎别无他物。第一次世界大战结束后，法国布朗特公司细心地重新设计，几乎改变了“斯托克斯”迫击炮的一切，炮弹类型得到迅速改进。当第一眼看到它的时候，人们很难把它和老式的“斯托克斯”迫击炮联系在一起。虽然它保留了老式“斯托克斯”迫击炮的整个式样，但改进几乎无所不在。首先，从整体上看，它比较轻巧，更易于操作。这一点，新式的布朗特迫击炮体现得最明显。1927 年，这种新式的布朗特迫击炮投入生产，它的正式名称为布朗特 27 型 81 毫米迫击炮。1931 年，它的弹药进行了改进，改进后被称为 27/31 型迫击炮。

最初的“斯托克斯”迫击炮常需要一定时间才能架设完毕，但是重新设计的两脚架能够在任何地面上架设，使用两脚架时，仅需调整支架的单杆部分，便可以很快调整瞄准镜的水平视界。瞄准具被紧紧夹在距离炮口很近的位置，这样瞄准手无需站在比炮身更高的位置，很容易和武器保持同等高度；瞄准具的托架上还设有水平螺纹，能够较为方便地调整方向射界。不过它的主要变化是弹药。早期的“斯托克斯”迫击炮的炮弹也被流线型炮弹取代，新炮弹不仅装载的炸药多，而且射程更远。事实上，布朗特公司为它的 mle 27/31 型迫击炮生产了各种类型的炮弹。其中，主要有三种类型。第一种为高爆炮弹，是 27/31 型迫击炮的标准炮弹。第二种炮弹比第一种标准炮弹重两倍，但射程较近。第三种炮弹为烟幕弹。这三种炮弹上面印有各种各样的标记。如烟幕弹就印有各种颜色。

影响深远的设计

从布朗特公司宣布重新设计的那一年（1931 年）开始，27/31 型迫击炮对其他国家迫击炮的设计产生了极大影响。几年内，整个欧洲国家要么购买了它的生产许可证，要么完全抄袭了它的设计。它使用的 81.4 毫米口径也成了各国步兵迫击炮的通用标准，并且在第二次世界大战期间，几乎所有迫击炮都或多或少地借鉴了 27/31 型迫击炮的设计，其影响极其深远，在德国、美国、荷兰，甚至从苏联的标准迫击炮中都可以看到它的影子。所有这些国家虽然根据自己的需要进行了改进和革新，但核心设计基本上都取自 27/31 型迫击炮。

布朗特迫击炮的影响至今尚未消除。尽管当前 81 毫米迫击炮的射程几乎是 27/31 型迫击炮的 6 倍，但 27/31 型迫击炮相当完美，在整个第二次世界大战期间和战后的许多年内，各国仍在以各种形式使用这种武器。

性能诸元

布朗特 27/31 型 81 毫米迫击炮

口径：81.4 毫米

长度：炮身长 1.2675 米，炮管长 1.167 米

重量：战斗状态重 59.7 千克，两脚架重 18.5 千克，底盘重 20.5 千克

俯仰射界：45～80 度

方向射界：+8～+12 度（根据射角的变化调整）

最大射程：标准炮弹 1900 米，重型炮弹 1000 米

炮弹重量：标准 3.25 千克，重型 6.9 千克

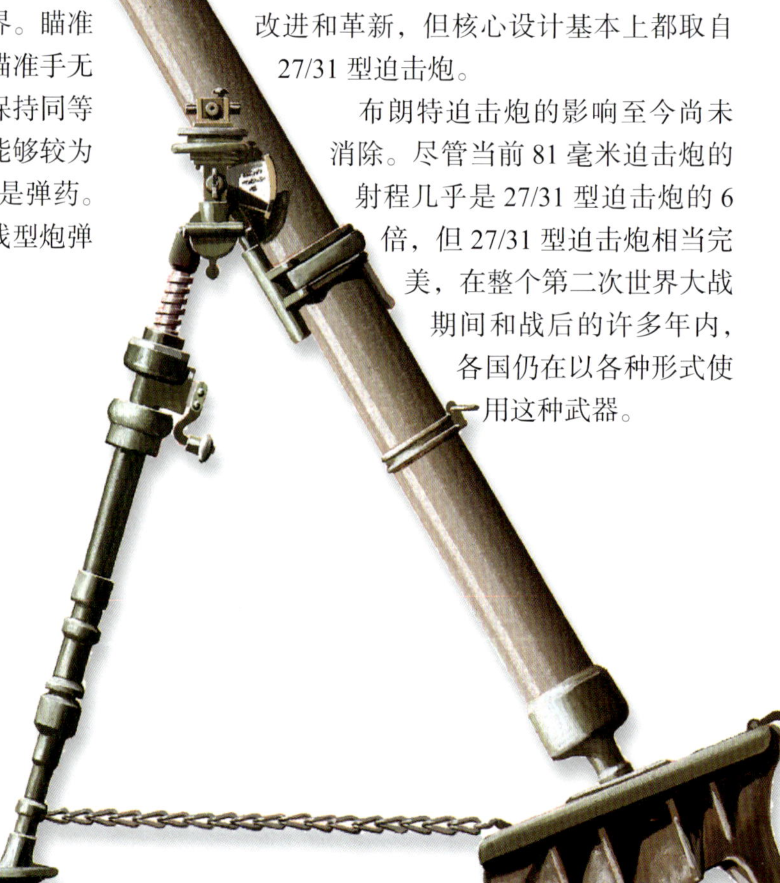

右图：最终定型的法国 27/31 型迫击炮。它是 20 世纪最有影响的迫击炮之一。许多国家利用它的设计原理制造出了自己的迫击炮

35 型 45 毫米布里夏迫击炮

35型45毫米布里夏迫击炮（45 modello 35 “Brixia”，简称 35 型迫击炮），无论是设计还是制造水平都远远超过了其他类型的迫击炮，因此说它是第二次世界大战期间最复杂的迫击炮毫不为过。至于为什么设计人员下了这么大力气，一一道来只会增加麻烦。由于这种轻型支援武器的使用非常有限，而且它的炮弹效果相对较差，所以现在要探究其中的原因实在太困难。不过，这种武器生产后就装备了意大利军队。

从迫击炮的名字可以看出 45 指该炮口径为 45 毫米，身管倍径为 5 倍，尽管事实上要比这长一点。如此小的口径只能发射较轻的炮弹，炮弹重量仅有 0.465 千克，相应来说，它装载的炸药也比较少。炮管为后膛装弹型，通过拉开操纵杆打开炮闩，装填后关闭。它的弹匣可装 10 发子弹。炮弹用扳机发射。为了调节射程，炮身上有一个可以打开或关闭的气孔，打开后可以减少发射燃气。另外，该炮还有一套复杂的射界和俯仰调整系统。

个人携带的武器

35 型迫击炮的炮管位于一个可以折叠的框架式装置内。这个装置紧靠在携带者的后背。为了减少对携带者后背的压力，紧挨身体处有一个软垫。使用时，框架不能折叠，如果需要的话，射手需要骑跨在武器的框架上。在战斗中，35 型迫击炮的射速大约是每分钟 10 发炮弹。如果射手经过训练，这种迫击炮相当精确。但是即使命中目标，毁伤效果仍不理想，主要原因是这种炮弹的装药量太少，常会导致炮弹的弹道偏移，炮弹破片的杀伤力较小。

意大利军队普遍使用 35 型迫击炮。所有意大利士兵都接受过使用这种迫击炮的训练。其中意大利的法西斯青年团也装备了一部分 35 型迫击炮，虽然这种迫击炮相当复杂，但效果较差，口径只有 45 毫米。这些迫击炮只能用于训练，在一般情况下使用教练弹训练。

意大利并不是 35 型迫击炮的唯一使用者。在北非战役中，德国非洲军团也使用过这种迫击炮。由于后勤供应不及时，德国军队不得不和意大利军队一起“分享”这种迫击炮，德军士兵甚至还有它的使用说明书。德国人称之为 176（i）45 毫米迫击炮。

35 型迫击炮的作用有限，让意大利士兵付出了血的代价，可是意大利军队却继续使用这种迫击炮。要解释这个原因，唯一的理由就是意大利的工业能力有限，在可预见的时间内，意大利几乎没有机会生产出比这更好的武器。把 35 型迫击炮送到士兵手中就花费了这么多时间和精力，要是再设计、研发和生产新式迫击炮，就会需要更多时间和精力，所以意大利士兵只能无可奈何地继续使用手中的 35 型迫击炮。事实上，许多意大利士兵还嫌这种迫击炮太少。

性能诸元

35 型 45 毫米布里夏迫击炮

口径：45 毫米

长度：炮身 0.26 米，炮管 0.241 米

重量：战斗状态重 15.5 千克

高低射界：10～90 度

方向射界：20 度

最大射程：536 米

炮弹重量：0.465 千克

上图：意大利的 35 型迫击炮是有史以来最复杂的迫击炮之一。它以操纵杆操作的闭锁装置为基础。它发射的炮弹重 0.465 千克，装药量少，在战术上缺乏实用性

50 毫米掷弹筒

在第二次世界大战期间，日军主要装备了两种采用迫击炮原理的掷弹筒。这种掷弹筒主要发射没有尾翼的小型榴弹，为步兵部队提供火力支援。

日军首先装备的是 1921 年投产的 10 式掷弹筒。该掷弹筒采用滑膛炮管，配有扳机拉火机构，可通过拧转漏气阀调节射程。10 式掷弹筒最初主要发射高爆弹，后来又具备发射照明弹的能力。10 式掷弹筒最大的问题是最大射程仅 160 米左右，为解决这一问题，日军又研制了第二款掷弹筒——89 式掷弹筒。

左图：日本的十年式 50 毫米掷弹筒最早生产于 1921 年，后来被改进的 89 式掷弹筒取代。十年式掷弹筒的射程极为有限，仅 160 米。这种迫击炮非常轻巧，便于携带。它能发射榴弹、烟幕弹和燃烧弹

性能诸元

89 式掷弹筒

口径：50 毫米

长度：0.61 米（全长），0.54 米（炮管）

重量：4.65 千克

最大射程：650 米

榴弹重量：0.79 千克

陆军通用武器

到 1941 年的时候，日军中 89 式掷弹筒已经完全取代了 10 式掷弹筒。与 10 式掷弹筒相比，89 式掷弹筒有诸多不同之处：一是用线膛身管取代了 10 式的滑膛身管，二是主要变化是 10 式掷弹筒的泄气孔被取消。89 式掷弹筒的射程通过调节击针位置进行，击针可以在炮管内上下调节位置，当击针位置靠近炮管上方时，掷弹筒射程较远，当击针靠近炮管下部时，射程较近。89 式掷弹筒能够发射多种榴弹，射程可达 650 米，与十年式掷弹筒相比射程有明显提升。89 式掷弹筒配用的弹种包括常用的高爆弹、烟幕弹、照明弹和燃烧弹。此外日军还为空降兵部队研制了一种专用的掷弹筒。十年式和 89 式掷弹筒都可以在分解后装入一个专用皮制携行套内。

89式掷弹筒

盟军在战场上遇到的主要是 89 式掷弹筒。盟军部队把这种武器称为“膝上”迫击炮。这个称呼实在让人困惑不解。事实上，这种完全错误的称呼到底导致多少未经训练的士兵大腿骨折，目前已经无法查清。但是，如果发射时将大腿垫在座钣下方，那么大腿立即就会受伤。这种武器虽小，但它的后坐力相当大，它的底盘必须紧靠在地面上或其他结实的物体上。它的瞄准具相当简陋，仅在炮管上涂有标示线。但是这种迫击炮非常容易操作，很短时间内，几乎每一个士兵都能学会如何正确地操作和使用。它轻便，灵巧，便于携带。但是该炮的榴弹太轻，难以发挥真正的威力。但是，重要的是，士兵扛起迫击炮，仍然能够携带一发炮弹，这无疑能够增强火力，尤其是使用 89 式远程炮弹时，更是如此。

左图：如何避免做出这样的傻事？不知为什么，美国人竟然错误地认为发射 89 式掷弹筒时可以直接用大腿或膝盖垫着掷弹筒发射（“膝上”迫击炮的名字由此而来）

苏制轻型迫击炮

在第二次世界大战期间，苏联红军大量使用迫击炮。通常苏联使用的迫击炮性能不错，和同时期的其他国家使用的迫击炮相比，苏联的迫击炮比较重，更结实耐用。

在20世纪30年代，苏联的武器设计人员研制出几种轻型的步兵迫击炮。最小的一种相当古怪，口径只有37毫米。它的炮管由一个独腿支架支撑，支架和炮管后部的底盘可以当作挖掘战壕的工具。德国人把这类迫击炮称为37毫米迫击炮。

苏联的标准轻型迫击炮的口径为50毫米。50毫米系列迫击炮是从50-PM 38迫击炮开始的。德国把从苏联军队手中缴获的这种迫击炮命名为50毫米205/1（r）迫击炮。它的设计比较传统，射程由位于炮管底部的气体入口控制。炮管由两脚架支撑，可以在一定仰角内调节。这种型号的迫击炮的生产比较困难，所以后来被50-PM 39迫击炮取代。德国把50-PM 39称为205/2（r）50毫米迫击炮。这种迫击炮没有导气口，但它使用了标准的两脚架，这种支架可以调整射击的角度。这种迫击炮同样难以生产，所以不久被50-PM 40迫击炮取代。德国人称后者为205/3（r）50毫米迫击炮。

上图：苏联陆军发现50毫米迫击炮之类的武器非常适合城市战。它的弹道较高，能够越过楼房击中目标

左图：苏联一线部队大量使用82毫米迫击炮。步兵在发起冲锋之前，使用这种迫击炮可以消灭敌人的火力

大规模生产

50-PM 40 迫击炮是为了大规模生产而设计的。它的两脚架和底盘都是简单的钢材冲压制品。事实证明这种迫击炮的性能可靠，适于战场的需要，尽管它的射程有限。苏联 50 毫米口径的迫击炮还有一个型号——50-PM 41 迫击炮。德国人将其称为 200（r）50 毫米迫击炮。该炮的两脚架被一个大型铲形底座取代，另外，该炮继续采用泄气孔，但这种型号的迫击炮生产数量不多。苏联的生产重点是 50-PM 40 迫击炮。

苏联的连和班级部队都使用 50 毫米迫击炮，同时苏联的营级部队开始使用口径为 82 毫米的迫击炮。82 毫米迫击炮系列主要有三种型号。82-PM 36 迫击炮直接仿制了法国布朗特公司的 27/31 迫击炮。德国人称为 274/1（r）82 毫米迫击炮。它的改进型被称为 82-PM 37 迫击炮。这种迫击炮带有后坐力弹簧，射击时可以减少两脚架的负荷。为了便于大规模生产，简化后的 82-PM 41 迫击炮大量使用了钢材冲压制品，而且为了便于手工拖拉，其短小的支架底部安装了轮子。德国将这种迫击炮称为 274/3（r）82 毫米迫击炮。82-PM 41 迫击炮的改进型是 82-PM 43 迫击炮，不仅支架底部安装了轮子，而且连支架都做了进一步简化。

山地迫击炮

苏联还有一种值得一提的轻型迫击炮。这就是口径为 107 毫米的 107-PBHM 38 迫击炮。这是一种专门用于山地作战的迫击炮，德国人称之为 328（r）107 毫米迫击炮。它是 82-PM 37 迫击炮的放大版，可以用骡马牵引，也可以拆卸成几部分，打包运送，既可以用正常的膛口装填重力击发，又可以使用扳机拉火发射。在第二次世界大战期间和战后，这种迫击炮的应用比较广泛。

上图：迫击炮与身管火炮相比有一个显著优点：可以击中非常小的点目标

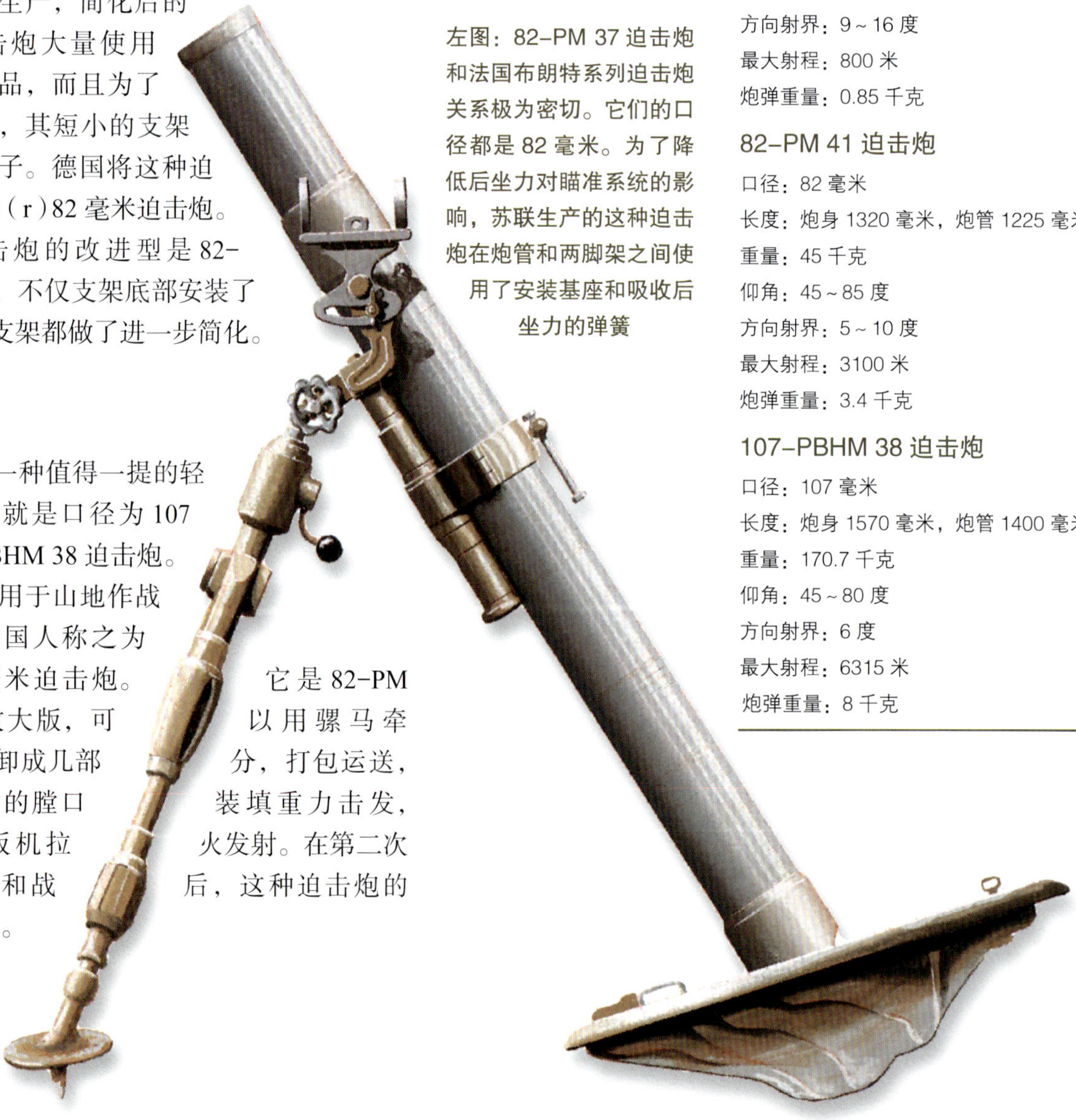

左图：82-PM 37 迫击炮和法国布朗特系列迫击炮关系极为密切。它们的口径都是 82 毫米。为了降低后坐力对瞄准系统的影响，苏联生产的这种迫击炮在炮管和两脚架之间使用了安装基座和吸收后坐力的弹簧

性能诸元

50-PM 40 迫击炮

口径：50 毫米
长度：炮身 630 毫米，炮管 533 毫米
重量：9.3 千克
仰角：45～75 度
方向射界：9～16 度
最大射程：800 米
炮弹重量：0.85 千克

82-PM 41 迫击炮

口径：82 毫米
长度：炮身 1320 毫米，炮管 1225 毫米
重量：45 千克
仰角：45～85 度
方向射界：5～10 度
最大射程：3100 米
炮弹重量：3.4 千克

107-PBHM 38 迫击炮

口径：107 毫米
长度：炮身 1570 毫米，炮管 1400 毫米
重量：170.7 千克
仰角：45～80 度
方向射界：6 度
最大射程：6315 米
炮弹重量：8 千克

120-HM 38 迫击炮

苏联的口径为120毫米的120-HM 38迫击炮是自有迫击炮以来战绩非常卓著的迫击炮之一。它于1938年装备部队，直到今天仍在大范围使用。这种武器的使用期限如此长的一个主要原因是它具备了炮弹重、机动能力强、射程远等多种优点。在生产这种武器时，它被认为是一种供团级部队使用的迫击炮，在提供支援火力时可以取代身管火炮。在第二次世界大战期间，由于它的生产数量较多，所以苏联军队的营级部队也装备了这种武器。

从设计上看，120-HM 38迫击炮没有特别显眼之处，但事实证明其较大的圆形座钣非常有用，因为它无需挖掘地面就可以迅速改变射角，调整好新的射击方向；而传统的矩形座钣在调整射击方向时，常常需要不少时间。在武器和底盘相连的情况下，将其装在轮式炮架上就可以运送到其他地方。安装在炮口边的环形装置可以当作牵引环使用，并且可以装在小型的107-PBHM 38迫击炮使用的车架上。一般情况下，这种车架内部有一个铝制弹药箱，可装20发炮弹，既可以用车辆牵引，也可以用骡马拖拉。

高度的机动性

120-HM 38迫击炮投入和撤出战斗的速度相对较为迅速，所以在射击后，常在德国人开始报复性射击之前就迅速撤出阵地。

1941年和1942年，当德国军队席卷苏联大片国土的时候，德军对苏联的120-HM 38迫击炮强大的火力和机动性印象颇深。由于德军多次领教了它的威力，所以有充分的理由对它使用的炮弹弹头进行深入检查，随后，德国决定以此为基础，设计

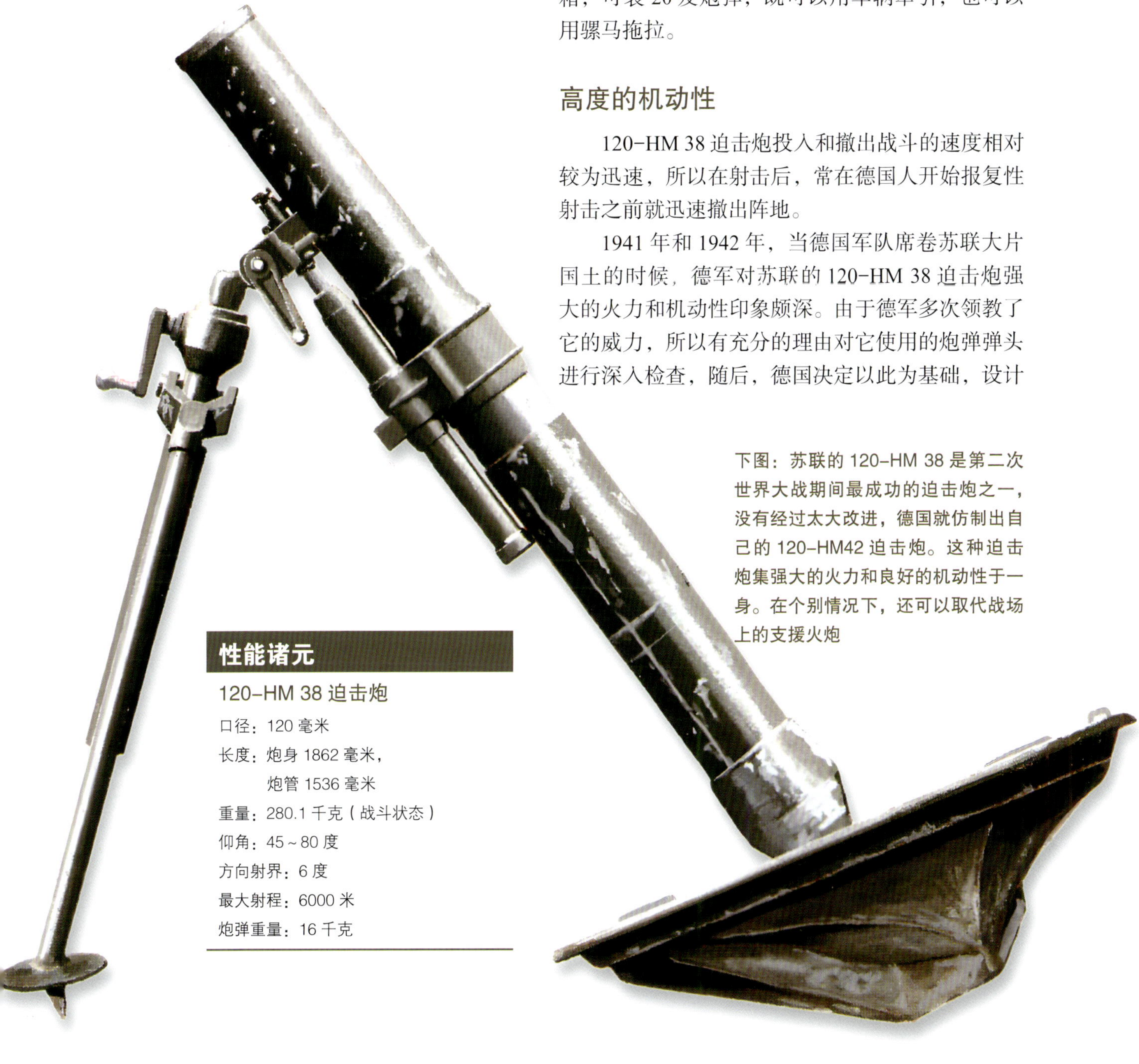

下图：苏联的120-HM 38是第二次世界大战期间最成功的迫击炮之一，没有经过太大改进，德国就仿制出自己的120-HM42迫击炮。这种迫击炮集强大的火力和良好的机动性于一身。在个别情况下，还可以取代战场上的支援火炮

性能诸元

120-HM 38迫击炮

口径：120毫米
长度：炮身1862毫米，
　　　炮管1536毫米
重量：280.1千克（战斗状态）
仰角：45～80度
方向射界：6度
最大射程：6000米
炮弹重量：16千克

上图：120–HM 38 迫击炮可以由车辆或者畜力牵引

出自己的迫击炮炮弹。在短期内，作为权宜之计，德军大量使用从苏军手中缴获的炮弹。德军把这种迫击炮命名为 378（r）120 毫米迫击炮。随后，德国人进一步研究，并在德国进行了仿制。德国人把仿制的迫击炮称为 42 型 120 毫米迫击炮，并且广泛应用于一些步兵部队，甚至取代了提供支援火力的短管火炮。这样，在东线的战斗中，交战双方使用的迫击炮竟然完全一样。

有效的炸弹

苏联和德国双方的 120–HM 38 迫击炮所发射的炮弹一般都是高爆弹，但是也能发射烟幕弹和化学弹（尽管化学弹从来没在战场上使用过）。炮弹射速为每分钟 10 发，所以在极短的时间内，一个由 4 门 120–HM 38 迫击炮组成的炮连就能把大量炮弹倾泻到敌人的阵地上。经过战斗，它需要重新固定炮位。但是 120–HM 43 迫击炮部分解决了这个问题。它和 120–HM 42 迫击炮不同，它的炮管和两脚架使用了内部设有弹簧的后坐力吸收装置。从那之后，这种型号就没有太大的变化，而且今天人们仍有可能遇到这种武器。时光飞逝，多少年过去了，它所使用的炮弹已发生了很大变化，并且它的射程和战时相比已经提高了许多；它的另一大变化是，现代型的迫击炮都可以装在各类机动式车辆上。

苏联还基于 120–HM 38 迫击炮研制并列装了更大口径的 160 毫米迫击炮。这种迫击炮的型号为 160–HM 43。该型火炮采用后膛装填和扳机拉火击发装置，供师级炮兵部队使用。该炮发射重 41.14 千克的榴弹，最小射程为 750 米，最大射程为 5150 米，射速为每分钟 3 发。

左图：1942 年 9 月在高加索山脉的山麓，红军正在安装 120–HM 38 迫击炮

德国的迫击炮

在两次世界大战期间，德国的武器设计人员在迫击炮的设计方面没有任何准备，这样，当德国需要轻型步兵迫击炮时，莱茵金属-波西格公司的设计组在迫击炮的设计中，没有因循守旧采用普通的炮管/底盘/两脚架，而是设计出了一种设计独特的迫击炮，炮管与大型铲形座钣连接在一起，通过调节座钣上的俯仰装置调节射角。这种小口径迫击炮就是1936型50毫米轻型榴弹发射器（leGrW 36），1936年生产并装备部队。

德国人普遍喜爱自己设计的武器，leGrW 36就是一个极好的例子。从设在底盘上的仰角调节装置到非常复杂而完全多余的瞄准镜，德国的设计人员费尽心机。他们希望安装上望远式瞄准镜能够提升迫击炮的精度，但是这种设置极少使用，因为只需在炮管上涂一条简单的直线，一切问题就迎刃而解了。1938年，瞄准镜被拆卸下来。

炮管底座有一个手柄，借助它，一名士兵就可以携带leGrW 36。虽然它比较小，但重量可不轻，有14千克。这样一名士兵负责携带迫击炮，另一名士兵负责背装在一个钢盒内的弹药（该炮仅能发射高爆弹）。在作战中，底盘置于地面上，炮管可以使用控制旋钮进行调整。控制旋钮虽然粗糙，但相当好用，使用扳机发火。

就在德国的设计人员为他们的“杰作”而自豪的时候，前线的德军对这种武器并不满意。他们认为leGrW 36不仅太重，而且结构太复杂，使用的炮弹也不理想。它的炮弹仅重0.9千克，最大射程只有520米。

制造费用昂贵

从整体上看，虽然德国的设计人员费尽心机，但leGrW 36并没有成为优秀的武器，他们把一件轻武器搞得太复杂了，而且要想改进又需要一笔不小的费用，德国陆军敏锐地察觉到这个问题，所以果断采用了其他更先进的武器。

1941年，这种武器停止了生产。已经发送到前线士兵手中的leGrW 36则逐渐被性能

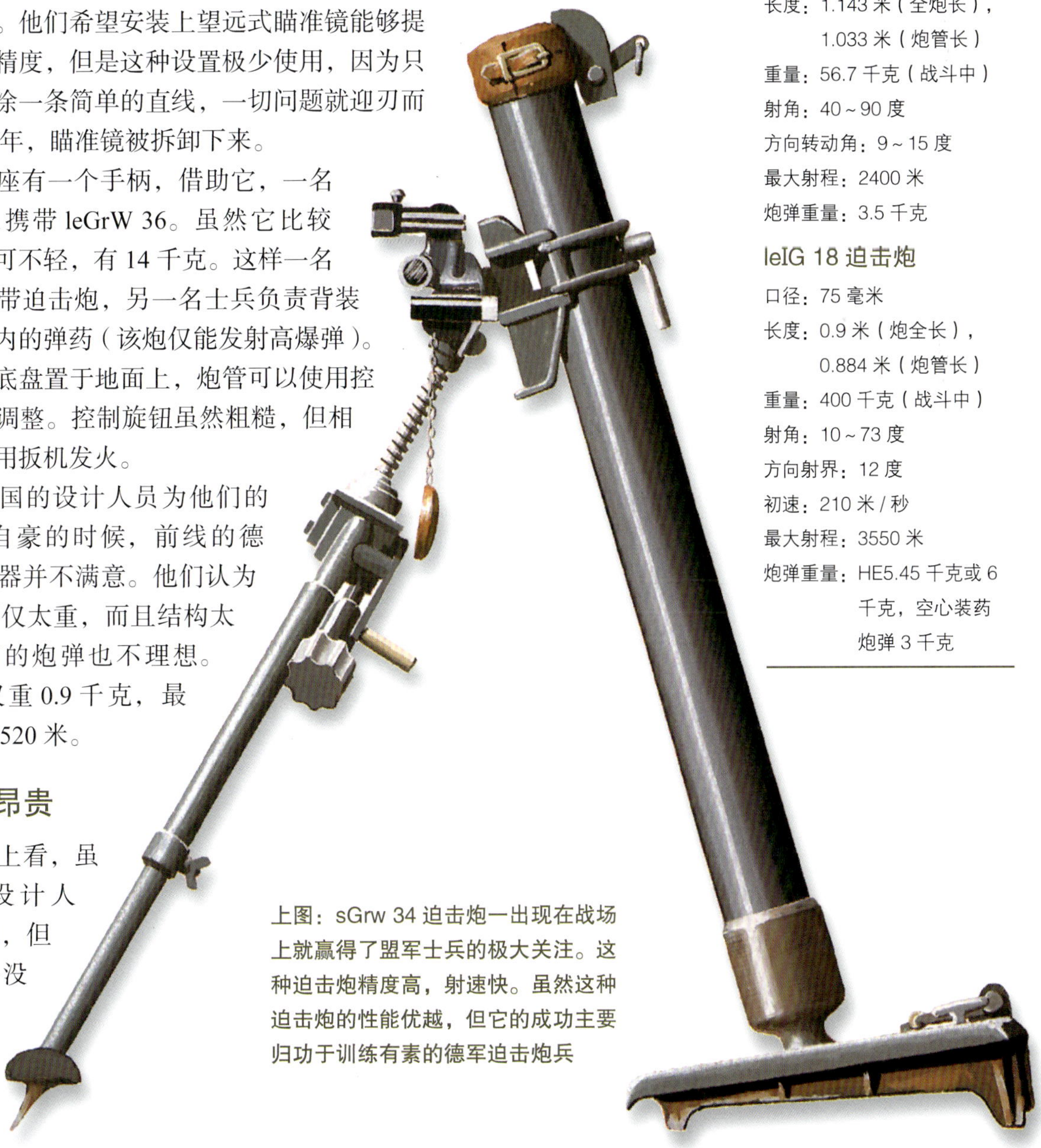

上图：sGrw 34迫击炮一出现在战场上就赢得了盟军士兵的极大关注。这种迫击炮精度高，射速快。虽然这种迫击炮的性能优越，但它的成功主要归功于训练有素的德军迫击炮兵

性能诸元

leGrW 36 迫击炮

口径：50毫米
长度：0.465米（全炮长），0.35米（炮管长）
重量：14千克（战斗中）
射角：42～90度
方向转动角：34度
最大射程：520米
炮弹重量：0.9千克

sGrW 34 迫击炮

口径：81.4毫米
长度：1.143米（全炮长），1.033米（炮管长）
重量：56.7千克（战斗中）
射角：40～90度
方向转动角：9～15度
最大射程：2400米
炮弹重量：3.5千克

leIG 18 迫击炮

口径：75毫米
长度：0.9米（炮全长），0.884米（炮管长）
重量：400千克（战斗中）
射角：10～73度
方向射界：12度
初速：210米/秒
最大射程：3550米
炮弹重量：HE5.45千克或6千克，空心装药炮弹3千克

上图：1940 年，炮兵正在接受 leIG 18 75 毫米步兵炮的操作训练。注意：正在递送给装炮手的炮弹体积较小，一名士兵正跪在炮架后部，这样做可以起到稳定炮身的作用

更好的武器代替。那些被前线淘汰的 leGrW 36 则供二线部队和要塞部队使用，许多都被送到了西线，作为海滩防御武器的一部分，供构筑“大西洋壁垒”的部队使用，有些则送给了意大利军队。

沿着口径的阶梯前进

德国陆军的 sGrW 34 80 毫米迫击炮（又称 1934 型重型榴弹发射器）因其出色的精度和射速令盟军前线士兵羡慕不已。只要有德国作战的地方，就一定会有这种武器。因为从 1939 年到 1945 年 5 月战争结束的最后几天时间内，它一直是德军的标准武器。名义上它是由德国莱茵金属－波西格公司重新设计而成的，事实上，该炮与法国的布朗特 27/31 迫击炮非常相似。它们的口径都是 81.4 毫米。

尽管它作为高质量的武器，名声日盛，但是它的设计并没有特别突出的地方。作为战场上使用的武器，它之所以获得盟军士兵的厚爱，实则得益于使用它的德军士兵，德军士兵经过了严格的训练，从而发挥了它的最大效能。在整个战争期间，德军的迫击炮人员一直优于对手。他们成为操纵 sGrW 34 迫击炮的行家里手，既能快速投入战场，又能迅速撤出战斗，而且善于使用炮兵方向盘和其他火控装置，从而把精确射击发挥到出神入化的程度。

sGrW 34 迫击炮的设计简单，制作精良（后期制造更注重结实耐用）。它可以拆卸成三部分供士兵携带，其余人携带弹药。另外，还有一种型号可以装在 SdKfz 250/7 半履带车辆后部的支架上。

生产 sGrW 34 迫击炮的厂商有好几家，而生产弹药的厂商就更多了。sGrW 34 迫击炮使用的弹药种类繁多，其中包括通用的高爆炮弹、烟幕弹等，而且经过革新，德国又生产出了照明弹和能够帮助飞机对地攻击的目标指向炮弹。德国人甚至还研制出一种特殊的 39 型 80 毫米“空炸炮弹”，击中地面后反弹到空中，飞到预定高度后爆炸。使用小型

下图：从图中可以清楚地看到 sGrW 34 8 厘米迫击炮的炮弹形状。这枚炮弹正在装入炮口。这种炮弹重 3.5 千克。弹尾有几个鳍状的尾翼，以提升炮弹飞行的稳定性。一名士兵正在使用安装在两脚架上的简单的瞄准具调整方位角

上图：作战中的 sGrW 34 8 厘米迫击炮炮手。他正把梨形的炮弹装进炮口。炮弹从炮口沿炮管下降到固定的击针位置处，炮手击发发射药，炮弹就会飞向远方。它的最大射程是 2400 米

火箭发射器就能发射这种炮弹。这种炮弹和常规炮弹相比，炮弹破片的覆盖范围大，杀伤力更强。不过这种典型的德式炮弹真的太昂贵了，并且一般情况下，性能也不太可靠，所以生产数量有限。sGrW 34 迫击炮还有一个额外的优点，它能发射各种德国所缴获的（迫击炮）炮弹。不过使用这些炮弹时，它的射程会受到一定影响。

德国在 1940 年还研制出一种供空降部队使用的特殊 sGrW 34 迫击炮——kGrw 42 迫击炮。这种迫击炮的炮管较短，大约从 1942 年起，开始批量生产。但是空降部队并没有得到多少，大部分 kGrw 42 都被用于取代小型的 leGrW 36 50 毫米迫击炮。该炮采用与 sGrW 34 相同的弹药，但最大射程却减少了一半还多。

步兵火炮

在第一次世界大战中，德国陆军在战术上获得了许多经验，其中之一就是德军希望能够向每一个步兵营提供炮火支援，所以德军要求每一个步兵营装备轻型榴弹炮。在 20 世纪 20 年代，德国武器工业受到了严格限制，研制一种新式的轻型步兵火炮成为德军研制的重点。早在 1927 年，莱茵金属 - 波西格公司生产出了一种口径为 75 毫米的步兵炮，并且在 1932 年装备部队。这种迫击炮被命名为 leIG 18 75 毫米步兵炮。

第一批 leIG 18 75 毫米步兵炮使用了木制辐轮，后来供摩托化部队使用的迫击炮则使用了带有橡胶轮胎的金属轮。leIG 18 迫击炮使用了非同寻常的弹药装填设置：扳下装填杆时火炮并不会打开炮尾，而是会将炮管与炮膛在内的一整套矩形外壳内的部件一起向上翘起，然后将空弹壳弹出，再填入新炮弹，之后再压下连杆让整个部件复位。这一系统是德国的又一大创新，而且只有德国火炮使用这种系统。这种系统和常规系统相比并没有真正的优势可言。这种步兵炮的其他部件都属于传统设计，结实耐用而且性能可靠。它的炮管较短，射程有限。

两种类型

leIG 18 步兵有两种类型。一种供山地作战的部队使用。这种迫击炮是 18 型轻型山地步兵火炮，于 1935 年开始研制。它可以拆卸成十部分，可以用骡马或轻型车辆打包装运。为了节省重量，原来普遍使用的箱式炮架被管式钢制骨架代替，防盾也改为选装。leGebIG 18 步兵炮比最初的 leIG 18 步兵炮重得多，但是由于可以拆解，所以更适合用作机动火炮。这意味着它属于过渡性武器，但直到 1945 年，德军还在使用这种迫击炮。

另外，德国还生产了一种供空降部队使用的 leIG 18F 步兵炮，其中 F 代表伞兵。这种武器可以拆卸成四部分，装在特制的空投箱内。该炮的炮轮很小，没有火炮防盾，也取消了管式钢制炮架，但由于空降兵开始装备无后坐力炮，制造商因为失去了订单而仅生产了 6 门。

下图：leGrW 50 毫米迫击炮是第二次世界大战初期德国陆军的标准轻型迫击炮。它发射的炮弹较小，并且设计过于复杂，因此，从 1941 年开始就逐渐退出了前线

英国的迫击炮

英国的迫击炮生产于1918年第一次世界大战即将结束之际，但是没有使用多久，在1919年就被废弃了。直至20世纪30年代，英国军队再也没有使用过轻型迫击炮。20世纪30年代，班、排级部队使用轻型迫击炮的观念再次盛行起来。当时英国还没有研制小型迫击炮的历史，所以英国决定举行一次竞标，从各个武器制造公司的设计方案中挑选。英国首先从各公司采购了一些模型，经过一系列试验后从中选中了一种设计。

上图：英国汉普郡团第1营的士兵在西西里的战斗中使用了50.8毫米迫击炮。图中炮手扣动扳机后，他的战友正在观察炮弹下落情况

获胜的设计

优胜者是来自西班牙ECIA制造公司的设计。英军认为该公司的初始型号需要改进。英国完成改进工作后，于1938年全面投入生产。最初的型号被称为Mk 2 ML迫击炮（使用口径为50.8毫米的炮弹，ML代表炮口装弹）。这种迫击炮有一长串的标记。在基本设计中，口径为50.8毫米的迫击炮有两种类型。一种是纯步兵使用型号，只有一根简单的炮管、小型座钣和装填后开火的拉发装置。另一种安装在轻型履带车上，它的座钣较大，瞄准系统更加复杂。如果需要，使用手柄就可以从车辆上拆卸下来，在地面上使用。这两种迫击炮至少有14处不同的地方，它们的炮管长度、瞄准方式和生产工艺也各有区别。另外，英国还生产了供印度陆军和英国空降师使用的特殊型号。

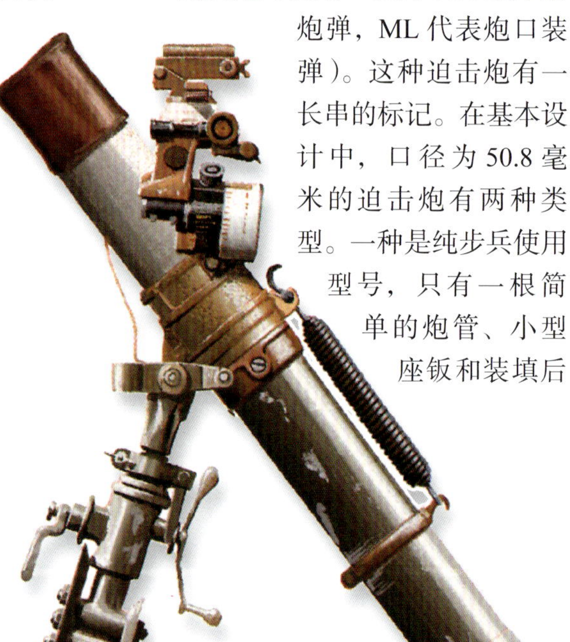

上图：在第二次世界大战期间，76.2毫米迫击炮是英国和英联邦军队的标准步兵支援武器。这种迫击炮的作战能力较强，具有较高的使用价值。但是在战争初期，和同类的迫击炮相比，它的射程较近。经过对发射装药和炮弹的逐步改进，其射程得到提高。它使用方便，越来越受英军士兵的喜爱

炮弹类型

为了和迫击炮的类型相适应，英国开发出一系列不同类型的炮弹。50.8毫米迫击炮常用的是高爆弹，但有时也使用烟幕弹和照明弹，后

性能诸元

Mk 2 50.8毫米迫击炮

口径：50.8毫米
长度：炮身665毫米，炮管506.5毫米
重量：4.1千克（战斗中）
最大射程：455米
炮弹重量：1.02千克（HE炮弹）

Mk 2 76.2毫米迫击炮

口径：76.2毫米
全长：1295毫米
炮管长：1190毫米
重量：57.2千克（战斗中）
射角：45～80度
方向射界：11度
最大射程：2515米
炮弹重量：4.54千克（HE炮弹）

106.7毫米迫击炮

口径：106.7毫米
长度：炮身1730毫米，炮管1565毫米
重量：599千克（战斗状态）
射角：45～80度
方向射界：10度
最大射程：3750米
炮弹重量：9.07千克

者主要用于夜间目标照明。由于使用拉火击发装置，该炮可以以几乎水平的角度射击，在逐屋争夺战中，这种装置尤为重要。该炮的炮弹通常装于炮弹包装筒内，每个包装筒可以装填3枚炮弹，3根包装筒束为一个弹药包。正常情况下，50.8毫米迫击炮小组由两名士兵组成，一名士兵负责携带迫击炮，另一名士兵负责携带弹药。

76.2毫米迫击炮

英国陆军最早使用76.2毫米迫击炮的时间是1917年3月。这种迫击炮最初的型号是“斯托克斯”迫击炮，英军在第一次世界大战后一直使用。在两次世界大战之间——经济萧条的20世纪20年代，英军的武器研制费用少得可怜，所以“斯托克斯”迫击炮虽然使用多年，却没有任何改进。然而，在20世纪30年代初期，英国对它的基本设计进行改进后，1932年，决定用76.2毫米迫击炮取代94毫米榴弹炮，并把76.2毫米ML迫击炮定为英军一线部队的标准步兵支援武器。标准的迫击炮并不是最初的Mk 1 76.2毫米ML迫击炮，而是Mk 2 76.2毫米ML迫击炮。1939年9月第二次世界大战爆发后，英国军队使用的就是这种迫击炮。它和第一次世界大战中使用的Mk 1迫击炮有许多不同之处，尤其是弹药。Mk 2迫击炮的炮弹使用了法国布朗特公司发明的多项创新性设计。

需要更远的射程

战争爆发后，尽管Mk 2迫击炮结实耐用，性能可靠，但和同类型的迫击炮相比，它的射程太近。早期的Mk 2迫击炮射程只有1465米，而德国的sGrW 34 80毫米迫击炮射程却高达2400米。使用新式发射药后，经过一系列试验，Mk 2迫击炮克服了早期的缺陷，射程增加到2515米，但要把新式炮弹送到前线士兵手中，还需要一些时间，所以有时，英国军队使用许多从德军手中缴获来的迫击炮，尤其是在北非战役期间。

除了弹药上的差异外，英国还进行了其他改动。后来的Mk 4迫击炮采用了各种研制成果。这种迫击炮装备了新式座钣（这种座钣较重），瞄准装置也得到了改进。另外，英国还生产了一种特殊的型号——Mk 5轻型迫击炮。这种迫击炮只生产了5000门，主要在远东使用，并且出于显而易见的原因，一部分装备给了英军空降师。

上图：在1943年的西西里战役中，盟军使用106.7毫米迫击炮攻击埃特纳山下的德军阵地。炮兵手捂耳朵，以免遭到炮口风的伤害

下图：图中是1944年6月下旬的诺曼底战役中英国皇家苏格兰步兵团的一个50.8毫米迫击炮小组。这种迫击炮的体积小，便于携带，使用方便

运输方式

迫击炮投入战斗时常用的方法是拆卸成三部分，由人力携带。但英国机械化营的迫击炮都装在特殊的通用运输车辆上。有些迫击炮是用车辆运输的，然后在地面组装供地面作战使用，迫击炮本身不能从车辆上射击。车辆还可以存放迫击炮的弹药。运送迫击炮时，先把炮管和两脚架放在一个箱子内，然后再把底盘放在另一个箱子内，第三个箱子装运弹药。

最短的射程

英军的迫击炮主要使用榴弹和烟幕弹，尽管英国也研制了其他类型的炮弹，如照明弹。通过增加助推弹药和调整炮管射角，迫击炮的最近射程可以被压缩到115米。在近距离作战中，迫击炮是一种非常有用的武器。

从某种程度上讲，76.2毫米迫击炮从来没有赢

上图：在 1945 年 1 月的残酷战斗中，盟军士兵使用 76.2 毫米迫击炮攻击马斯河对岸的德军阵地。从他们堆放的备用炮弹可以看出，这个炮兵小组执行任务的时间较长

得士兵们的敬意。但是，不可否认，在克服最初射程较近的缺陷后，76.2 毫米迫击炮已经成为相当不错的武器。英国陆军直到 20 世纪 60 年代还在使用这种迫击炮。英联邦国家中有些小国的军队也使用过这种迫击炮。

106.7毫米迫击炮

到 1941 年时，英国陆军参谋部的决策人员发现英军迫切需要一种能够发射烟幕弹和其他用途炮弹的迫击炮。在战场上投放烟幕弹能起到遮蔽、掩护或其他目的。在这种情况下，英国陆军领导人无疑非常重视来自前线部队的报告。英国前线部队特别重视德国投放烟幕的部队的作战能力。德军的烟幕部队使用 100 毫米“喷烟者”发烟迫击炮。

根据前线部队的报告，英国研制出新式的 106.7 毫米重型迫击炮。但是就在准备装备给英国工程兵投放烟幕的部队时，英国改变了决定——把这种迫击炮改装成能够发射常规高爆炮弹的重型迫击炮，供英国皇家炮兵部队使用。这样，这种新式迫击炮就变成了 SB 106.7 毫米迫击炮（SB 意为滑膛炮）。

下图：图中是 1944 年 6 月的诺曼底战役中，使用 76.2 毫米迫击炮的是苏格兰高地禁卫团的士兵。这门迫击炮放置在一个挖掘的坑内，并且使用了伪装网

106.7 毫米迫击炮投入生产之际，正赶上英国国防工业全面展开之时，当时的所有生产设施都存在原料供应不足的情况。尤其值得注意的是它的炮弹生产，为了减轻重量，设计人员想使用铸钢材料制造炮弹的弹体，这样炮弹的弹道会更加合理，当时由于缺少所需的锻压设施，所以无法使用这种弹体。这种新式迫击炮的最大射程只有 3020 米，而不是所需要的 4025 米。

别无选择

由于当时的新式流线型炮弹尚未投入生产，所以英军只好使用这些短射程炮弹。新式炮弹是用铸钢制造而成的，它们的射程达到 3660 米。那个时候，迫击炮主要使用高爆炮弹，但仍然保留了最初投放烟幕弹的功能，所以英国也生产了一部分烟幕弹。

沉重的装备

想用人力移动 106.7 毫米迫击炮可不是一件易事，所以一般情况下，投入战场时，这种迫击炮需要使用吉普车或其他轻型车辆牵引。它的底盘和炮管 / 两脚架设计比较合理，无需花费太大的力气就可以安放在轮式支架上，炮管和两脚架可以快速组装。甚至用通用汽车装运时比这还要简单，从背后放下底盘，插入炮管，夹好两脚架，基本上就可以发射了。撤出战斗和投入战斗一样快捷。这样它就引起了那些火力支援部队的疑虑。他们对 106.7 毫米迫击炮进行评估的时候发现：一个 106.7 毫米迫击炮连射击后，在敌人的防炮兵火力到来之前，已经撤出阵地。而在 106.7 毫米迫击炮连撤出一段距离后，靠近迫击炮连原来阵地的部队正好会遭到敌人炮火的打击，而敌人的炮火本来是想报复迫击炮连的。

106.7 毫米迫击炮在英国皇家炮兵中使用较为广泛，许多野战炮兵团都装备了 106.7 毫米迫击炮。从 1942 年下半年开始，所有现役的英国军队都使用 106.7 毫米迫击炮。在朝鲜战争期间，英国军队仍在使用这种迫击炮。英军使用这种迫击炮攻击位于山后或山谷后坡的目标。

美国的迫击炮

在第二次世界大战期间，美军使用了大量的迫击炮。美军使用的小型迫击炮——M2 型 60 毫米迫击炮并非源自美国，而是购买了法国布朗特公司的生产许可证后制造的。1938 年，美国购买了 8 门布朗特迫击炮供评估之用。美国人称之为 M1 型 60 毫米迫击炮。美国人马上意识到它的能力，并购买了它的生产许可证。不久，美国开始生产这种迫击炮。这种迫击炮被命名为 M2 型 60 毫米迫击炮，后来成为美国陆军的标准迫击炮，供连级部队使用。美国生产了包括标准的 M49A2 高爆炮弹在内各种类型的炮弹。另外，美国还生产了一种古怪的 M83 炮弹，这种炸弹可以在夜晚照明，帮助发现低空飞行的飞机，这样，地面部队使用轻型防空武器就可以对付敌人低空飞行的飞机。

尽管 M2 迫击炮的性能不错，提高了美国陆军战场的支援能力——能为小规模部队提供火力支援，但美国陆军决策者不久就意识到，可以使用美国的技术改进这种先进的迫击炮。改进的内容主要和减少重量、提高机动能力有关。

表现不佳

在 M2 迫击炮的基础上，美国研制出自己的

上图：M1 型 81 毫米迫击炮（图中）在这种地形中正好发挥它的特长。在高射击角度的情况下，它的炮弹可以穿过如树林之类的障碍物，把炮弹投送到敌人的阵地上

性能诸元

M2 型 60 毫米迫击炮

口径：60 毫米
长度：0.726 米（炮管长）
重量：19.05 千克（战斗中）
射角：40～85 度
方向射界：14 度
最大射程：1815 米
炮弹重量：1.36 千克

M1 型 81 毫米迫击炮

口径：81.4 毫米
长度：1.257 米（炮管长）
重量：61.7 千克（战斗中）
射角：40～85 度
方向射界：14 度
最大射程：3008 米
炮弹重量：3.12 千克

106.7 毫米化学迫击炮

口径：106.7 毫米
长度：1.019 米（炮管长）
重量：149.7 千克（战斗中）
射角：45～59 度
方向射界：7 度
最大射程：4023 米
炮弹重量：14.5 千克

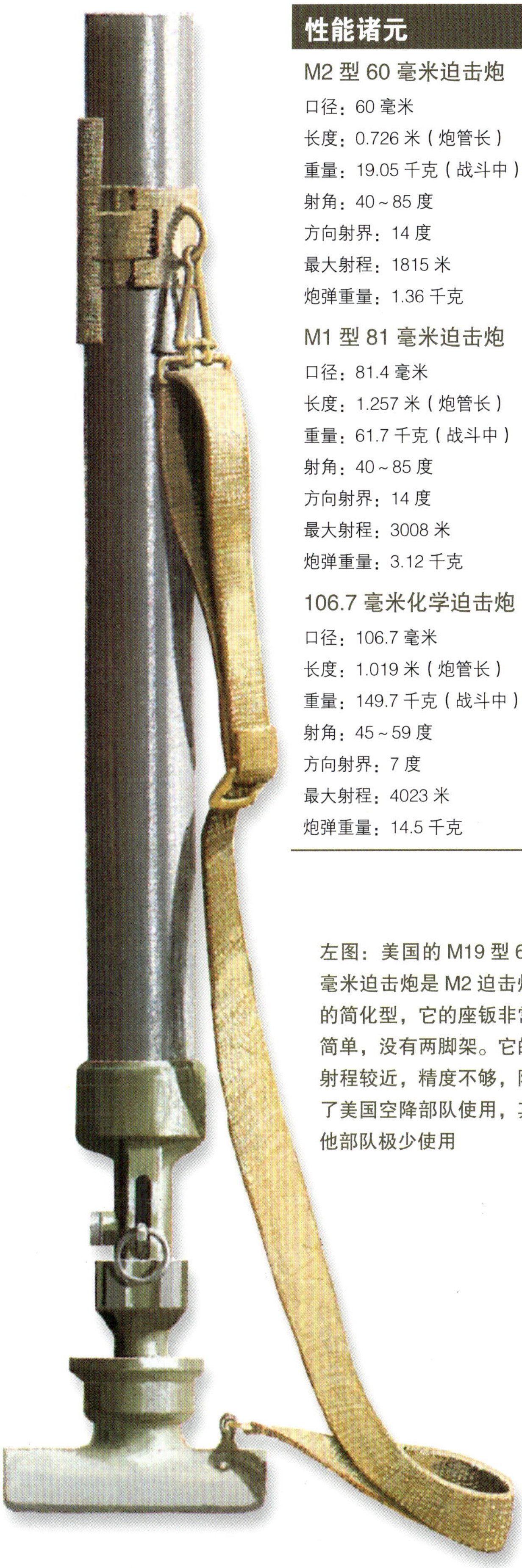

左图：美国的 M19 型 60 毫米迫击炮是 M2 迫击炮的简化型，它的座钣非常简单，没有两脚架。它的射程较近，精度不够，除了美国空降部队使用，其他部队极少使用

上图：图中为在所罗门群岛战役中，美军在阿伦德尔岛使用的106.7 毫米化学迫击炮。注意这门迫击炮旁边码放的大量炮弹。这些炮弹的形状和常规火炮的炮弹极为相似

上图：M2 型 60 毫米轻型迫击炮是一种比较理想的武器。它可以向前线的小规模部队提供火力支援。炮弹离开炮口时，初速是 158 米 / 秒

上图：迫击炮可以调整俯仰角，也可以使用水平螺纹调节方向射界

M19 型 60 毫米迫击炮。它和英国的 50.8 毫米迫击炮非常相似，美国人认为它们是同级别的迫击炮。M19迫击炮和 M2 60毫米迫击炮相比，主要变化是它没有支撑炮管前部的两脚架，该炮将大型（圆角）矩形座钣改为小型铲状矩形座钣，在任意方向都能有效支撑射击。

M19 迫击炮的生产数量不多，因为装备部队后不久，人们发现它的射程和精度存在一定的缺陷。由于空降部队的伞兵和滑翔机部队需要轻型支援武器，所以大多数的 M19 迫击炮被配发给了他们。M19 和 M2 迫击炮的标准发射药号相同，但 M19 只有一种装药，而 M2 有 5 种（即 4 种加强装药）。M19 迫击炮的性能诸元为：口径为 60.5 毫米，全长 0.726 米，战斗重量为 9 千克；由于该炮采用手持发射，因此方向和高低射界基本不受限制；最小射程为 68 米，最大射程为 750 米。高爆炸弹重 1.36 千克，初速为 89 米 / 秒，有效射程为 320 米。

重型火力

美国陆军标准的营级部队使用的迫击炮是布朗特公司的另一种迫击炮（根据许可证生产），它更接近于 27/31 迫击炮的设计。美国自己生产的这种迫击炮被命名为 M1 81 毫米迫击炮。为了适应本国生产，美国对它进行了轻微改动。第二次世界大战期间，这种迫击炮全面投入生产。第二次世界大战的每一个战区，凡是有美军战斗的地方，一定会有 M1 迫击炮。这种迫击炮的炮弹有多种类型，其中至少包括两种高爆弹和一种烟幕弹。从战术上讲，它的射程校正托架制造得非常灵活，该炮的装药分为 6 个药号。

美国人使用了一种古怪的装置，可以把迫击炮和炮弹装在小型手推车上，两名士兵就可以推动。这种装置被称为 M6A1 “手推车”。另外还有一种手推车可以用骡子拉运，骡子使用的工具经过了特别的改装。不过，使用最多的还是 M21 半履带车搭载，M1 迫击炮无需从车上拆卸下来就可以射击。

轻微改进

在整个使用期间，M1 迫击炮基本上没有

左图：M1 型 81 毫米迫击炮之类的武器在步兵作战中具有极高的价值。因为在近距离的战场上，迫击炮的炮弹能够迅速、准确地落到敌人头上

下图：迫击炮组的典型作战状态，这里是在山区作业的 M1 型 81 毫米迫击炮。如果要保持高射速，这种武器除了需要两名人员负责射击外，还需要弹药供应人员

什么变化。它使用了特殊的 T1 炮管延伸管，可以延长炮弹的射程，但使用的机会不多。另外，它还有一种缩短的型号，名为 T27“通用”型迫击炮。人们对它寄予了厚望，但在使用期间，并没有被士兵接受。

或许在整个第二次世界大战期间，美国最著名的迫击炮还要数 106.7 毫米化学迫击炮。其名声如此显赫的主要原因是，直到近些年美军还在使用。和同类型的英国迫击炮一样，它是用来发射烟幕弹的（因此被定名为化学迫击炮），但是不久后人们就发现用它发射高爆炸弹效果也非常好。这种迫击炮尺寸和重量都非常可观，座钣又大又重（后来被轻型底盘代替）。它的炮管有膛线，发射的炮弹和常规火炮的炮弹极其类似。由于炮管带有膛线，所以 106.7 毫米化学迫击炮极为精确，它的炮弹也比滑膛炮使用的炮弹要重一些。在作战中，这种迫击炮常用作步兵支援武器，但投放烟幕弹的部队也使用这种迫击炮。106.7 毫米化学迫击炮的主要缺陷是体积和重量，部署起来相当困难。为了装运这种迫击炮，美国发明了各种自行牵引车辆。

特殊用途的迫击炮

美国还制造了口径为 105 毫米的 T13 迫击炮和口径为 155 毫米（6.1 英寸）的 T25 迫击炮，但这两种迫击炮的使用极其有限。T13 迫击炮生产于 1944 年，在两栖部队登陆而重型武器没有到达时，使用 T13 迫击炮能够提供迅速的炮火支援。这种迫击炮重 86.4 千克，发射的炮弹重 15.9 千克，最大射程为 3660 米。然而，106.7 毫米化学迫击炮的实用性更强，它的炮弹类型繁多，许多种类型的炮弹对 T13 迫击炮来说根本不能使用，而且，少数刚刚制造和发放的 T13 迫击炮，在第二次世界大战结束后就被立即撤装了。

和 T13 迫击炮同时期的 T25 迫击炮主要用于向两栖部队提供重型火力支援。在西南太平洋战区，美军曾少量使用。大多数用于作战评估了。T25 迫击炮重 259.2 千克，发射的炮弹重 28.83 千克，最大射程为 2285 米。

1897 型 75 毫米加农炮（75 毫米野战炮）

一战期间，被昵称为“75 小姐”的法制 1897 型 75 毫米加农炮（以下简称为“75 加农炮”）成为带领法国取得胜利的传奇武器。它甚至在 1914 年之前就已闻名遐迩，该炮被视为现代化野战炮的先驱：1897 型采用了一套高效的反后坐系统，先进的速射炮炮闩，再加上整装式炮弹使得该炮具备了当时前所未见的极高射速。1914 年之前，75 加农炮实际上属于国家机密，在投入战争后，该炮的表现也证明了其价值，从某种意义上而言，法军在战争初期依靠该炮巨大的射速优势成功掩盖了本国大口径火炮的数量不足。

海外服役

到 1939 年，75 加农炮已经不再是最优秀的野战炮，且正在被更现代化的野战炮所超越，但此时法军仍然装备有 4500 多门该型火炮。其他使用 75 加农炮的国家数量非常多，其中包括美国（装备自行仿制的 M1897A2 和 M1897A4 野战炮）、波兰（armata polowa wz 97/17）、葡萄牙、希腊、罗马尼亚、爱尔兰、大部分法国殖民地、一些波罗的海国家以及其他国家。1939 年时的 75 加农炮已经与 1918 年时的状态有了很大区别，美国和波兰版本采用了开脚式大架取代了原版的一体式单杆炮架，此外许多国家（包括法国）都用充气式轮胎炮轮取代了此前的辐条式炮轮，以便进行摩托化牵引。

75 加农炮曾出现了多种不同的用途。早在 1918 年之前，就有大量的 75 加农炮的身管被安装在简陋的高射炮架之上，这些高射炮既有固定式的，也有机动式的，虽然这些高射炮在 1939 年时作用已经非常有限，但仍旧在使用。75 加农炮此后也通过各种改装成为一款坦克炮，同时美国人还在该炮的基础上发展出了 M3 和 M4 中型坦克的主炮。到二战时，法军已经将其装备的 75 加农炮升级为 1897/33 型加农炮，为其换装了开脚式大架，不过到 1939 年仅有少量一线的 75 加农炮完成升级。

在 1940 年 5 月和 6 月混乱的战场上，大量 75 加农炮落入德军手中，德军对此喜出望外，并很快开始使用这些野战炮，德军对该型炮赋予的型号为 FK 231（f）75 毫米野战炮，当然该炮还有个更常见的型号，FK 97（f）75 毫米野战炮。最初，很多 75 加农炮被分配给要塞驻地和二线部队，而其他后来被整合到“大西洋壁垒”的海滩防御力量。还有大量火炮被储存起来，以便在需要时随时调用。1941 年，德国人发现苏联 T-34/76 坦克的装甲几

性能诸元

1897 型 75 毫米加农炮

口径：75 毫米（2.95 英寸）
炮身长度：2.72 米（8 英尺 11.1 英寸）
重量：运输时 1970 千克（4343 磅），
作战时 1140 千克（2513 磅）
俯仰角：-11 ~ +18 度
方向射界：6 度
炮口初速：575 米 / 秒（1886 英尺 / 秒）
射程：11110 米（12150 码）
炮弹重量：6.195 千克（13.66 磅）

右图：1897 型 75 加农炮在 1939 年时仍然在大量服役；图中这门火炮装上了大型的充气轮胎以实现机械化牵引。并不是所有二战期间的 75 加农炮都采用这种配置，但无论以哪种炮轮，老旧的 75 加农炮在 1939 年的战场上仍然是一款合适的野战炮，并在 1940 年之后继续在德国军队中服役

乎可以防御德国所有的反坦克武器。作为临时手段，德军将库存的75加农炮从库房中调出，在炮管上套上加强箍，并将炮身安装在Pak 38型50毫米反坦克炮的炮架上。炮口加装了制退器，并为该炮紧急生产专用的特制穿甲弹（AP）。该炮在改装后被紧急送往东线战场，并在实战中证明该炮足以击穿苏制坦克的装甲。虽然这款被德军定型为Pak 97/38型75毫米反坦克炮的新型火炮因为后坐力太强，其轻型反坦克炮架难以承受，不过该炮一直在前线使用到更优秀的反坦克炮就位为止。

上图：不是所有的1897型75加农炮都安装了适合机械化牵引的轮胎，图中展示的这门正被一辆雪铁龙－克雷塞（Citroen-Kegresse）半履带车牵引着

反舰武器

Pak 97/38型75毫米并不是75加农炮在战争期间唯一的发展，后来，美国人将75加农炮安装到了B-25“米切尔”轰炸机上充当一种反舰武器。1945年之后，75加农炮被很多国家陆军保留下来，并一直服役了很多年。时至今日，它仍然是一款卓越的火炮武器，所获得的名誉也是实至名归。

L 13 S型加农炮（105毫米野战炮）

20世纪前10年里，法国施耐德公司考虑接管俄国普提洛夫兵工厂，这是其深思熟虑的商业扩张计划之一。普提洛夫一直是俄罗斯主要的武器生产商，但在20世纪初期由于俄罗斯商业环境的落后导致其扩张理念受到制约，所以法国资本的注入是一个决定性优势。

普提洛夫的绘图板有一种先进的107毫米（4.21英寸）野战炮设计方案，它在射程和效率方面都比同时代其他火炮领先。施耐德公司急切地研制这种火炮并将其呈送给法国陆军，但最开始没有引起军方的兴趣，因为当时法军装备有大量75加农炮，当时没有更重型火炮的需要。但最终施耐德公司推销取得成功，1913年，法国陆军采用了俄罗斯设计方案，即1913型施耐德105毫米野战炮，它通常被简称为L 13 S型加农炮。1914年的事实让法国人充分认识到75加农炮无法提供所需要的炮火支援，更重型的火炮也是必要的。因此L 13 S获得了优先权，施耐德公司源源不断地生产了大量的此种火炮。

良好的性能

1914—1918 年，L 13 S 一直在战场上使用。它是一款“英俊的”火炮，炮管修长，传统的盒形大架使得火炮能够具备足够的仰角，能将 15.74 千克（34.7 磅）的炮弹送到 12000 米（13125 码）的地方。1918 年之后，L 13 S 成为法国的出口产品，卖给或送给大量受到法国影响的国家军队。这些国家包括比利时、波兰和南斯拉夫，但主要的市场渗透是在意大利。在意大利，L 13 S 被叫作 Cannone 105/28 加农炮，该炮在 1943 年之前一直充当意大利军队的主力野战炮。波兰人改造了他们的 L 13 S，采用了一种新型的开脚式大架，1939 年德国发起进攻时，这款 wz 29 火炮正在服役。

1940 年之后，德国人发现 L 13 S 是一种可行的武器，除了 1940 年 5 月缴获法国正在战场上使用的 854 门，他们还获得了很多存储在仓库的 L 13 S。大量 L 13 S 野战炮被分给了占领军，直到 1941 年，大部分“战利品”才找到自己的用武之地。当时“大西洋壁垒”计划装备 L 13 S，并决定将其用作主要武器。他们手上有足够数量的该野战炮，它可以成为所有部队的标准配备，同时存储的弹药也随时可以投入使用。因此，L 13 S 在德军中的标准型号为 K 331（f）105 毫米火炮，并且即将在第二次世界大战中扮演最重要的角色。以前的比利时火炮被命名为 K 333（b）105 毫米火炮。

旋转的炮座

德国人将火炮从它们的炮架上卸下来，然后装在一种特殊的转盘上，并且增加了弯曲的或成角度的装甲防盾。这种野战炮安放在法国和其他海岸国家海滩上的地下掩体中，时至今日，大西洋海岸的沙丘里仍然能看见很多这种炮台。作为岸防火炮，L 13 S 显然非常胜任，这些坚固的岸防炮台也相当难以摧毁。幸运的是，1944 年 6 月的诺曼底登陆绕过了大部分这种沙坑。这些碉堡中的施耐德加农炮并非全部缴获自法军，还有一些甚至是从遥远的南斯拉夫和波兰运来的。德国人缴获并使用的施耐德加农炮还包括意大利和南斯拉夫的 K 338（i）105 毫米和 K 338（j）105 毫米火炮，而缴获的波兰武器有改进和未改进两种型号，分别被德军定型为 K 13（p）105 毫米和 K 29（p）105 毫米 。

性能诸元

L 13 S 型加农炮

口径：105 毫米（4.13 英寸）
炮身长度：2.98 米（9 英尺 9.3 英寸）
重量：运输时 2650 千克（5842 磅），
作战时 2300 千克（5071 磅）
俯仰角：0 ~ +37 度
方向射界：6 度
炮口初速：550 米 / 秒（1804 英尺 / 秒）
射程：12000 米（13125 码）
炮弹重量：法国版本的为 15.74 千克（34.7 磅），意大利版本的为 16.24 千克（35.8 磅）

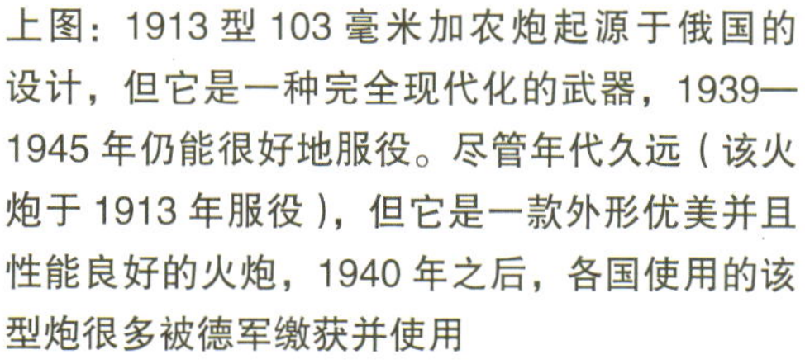

上图：1913 型 103 毫米加农炮起源于俄国的设计，但它是一种完全现代化的武器，1939—1945 年仍能很好地服役。尽管年代久远（该火炮于 1913 年服役），但它是一款外形优美并且性能良好的火炮，1940 年之后，各国使用的该型炮很多被德军缴获并使用

1935B 型 105 毫米短管加农炮

到 20 世纪 30 年代中期时，法国的野战炮开始出现过时的趋势。在役的大部分火炮都是从一战时期保留下来的，不是已经过时就是正在变得过时。法军当时装备的火炮中 75 加农炮仍是绝对主力，这款火炮虽然此前曾创下辉煌的战果，但到 30 年代时其性能的局限已经暴露无遗，例如无法提供对于攻击敌方坚固防御至关重要的大角度曲射火力。新的战场环境也需要野战火炮能够快速转移，支援机械化部队。法军为此研制了两款新型火炮。

正统的设计

第一款火炮就是著名的 1934 型 S 型 105 毫米短管炮。它是施耐德公司设计的，整体而言在设计方案和外观上都非常传统，仍然采用了相对较短的炮管。虽然 1934 型被称为火炮，但它与榴弹炮有更多的相似之处。1934 型火炮投入了生产，但优先级很低，当时在等待一种更好的设计方案。

更好的设计来自国营布尔日工厂在 1935 年推出的产品，当时称之为 1935B 型 105 毫米短管加农炮［Canon de 105 court Modele 1935 B：court 表示短管，B 表示布尔日（Bourges）］。1935 型火炮在当时是一种非常先进的设计方案，但它也采用了相对较短的炮管，实际上甚至比施耐德公司设计的上一款火炮更短。炮架采用开脚式大架，炮架展开时车轮会向前内倾，从而增强对炮组的防护。炮架展开后，大架末端的大型驻锄会被插入地面以固定炮架。该炮的炮轮可能是带实心轮圈的钢制裸轮，也可以换为充气轮胎，采用充气轮胎时可由拉菲力牵引车拖曳。该炮的射速可达 15 发 / 分，领先于同口径的其他火炮。

投入生产

1935 型火炮投入了生产，但实际生产进度缓慢，最初订购的 610 门火炮最终没有完成生产目标。相反，该火炮的生产在 1940 年中断，以优先生产更多的反坦克火炮，后者在当时具有更高的生产优先级。因此，当德国在 1940 年 5 月发起进攻时，当时仅有 232 门 1935 型火炮在役（以及 144 门施耐德 1934 型火炮）。在实战中，事实证明它们是一款优秀的小型野战炮，所以德国人尽可能多地缴获了这种火炮。德国人在认识到 1935B 型 105 毫米短管加农炮的真正职能后为其赋予了一个榴弹炮型号——10.5 厘米 leFH 325（f）。这些火炮被分配给许多的二线驻防部队，主要被用于训练。还有一些被分配给海岸和滩头防御部队。

上图：这张 1935B 型 105 毫米短管加农炮的照片很好地展示了钢制车轮如何通过前倾为炮架和炮手提供额外的保护

性能诸元

1935B 型 105 毫米短管加农炮

口径：105 毫米（4.13 英寸）
炮身长度：1.76 米（5 英尺 9.3 英寸）
重量：运输时 1700 千克（3748 磅），
作战时 1627 千克（3587 磅）
俯仰角：-6 ~ +50 度
方向射界：58 度
炮口初速：442 米 / 秒（1450 英尺 / 秒）
射程：10300 米（11270 码）
炮弹重量：15.7 千克（34.62 磅）

斯柯达 vz.30 76.5 毫米加农炮（野战炮）/ vz.30 100 毫米榴弹炮

在第一次世界大战结束，奥匈帝国被分裂后，新生的捷克斯洛伐克共和国继承了奥匈帝国在皮尔森建立的、规模庞大的斯柯达军火生产综合体，该国也因此成为中欧国家的主要武器供应商。不过从1919 年起，国际武器市场因为大量第一次世界大战剩余物资涌入而需求疲软，此时斯柯达的破局之道便是研制当前市场上独一无二的拳头产品。到在1928 年，斯柯达公司终于找到了这个突破口。

武器提议

斯柯达的设计师发现，当时的火炮市场没有一种“能让所有人满意”的产品。他们的提议是设计一种具备大仰角的野战炮，从而使其既可以用作高射炮，也可以用作一种有效的山炮。由于当时的人们尚未认识到高射炮所需的特殊性能要求，斯柯达的火炮提议吸引了浓厚的兴趣。该公司就此推出了两种新型武器：一种可以兼做高射炮与野战炮的75 毫米（2.95 英寸）火炮，以及一款可以在山地使用的 100 毫米（3.9 英寸）野战炮。

两类火炮的头一批产品就是著名的 vz.28 75 毫米加农炮（kanon）和 vz.28 100 毫米榴弹炮（houfnice），它们均在 1928 年投产。两种火炮都在南斯拉夫和罗马尼亚找到了现成的市场，并采用了外观上看起来很传统的炮架。这两款火炮的仰角都达到了 80 度，这在当时是一个巨大的性能优势，且在辐条炮轮下方可以放置一个环形转向盘，从而快速转向以追踪空中目标。毋庸讳言，该火炮应对飞机的能力不尽如人意，到 20 世纪 20 年代后期时，人们才意识到防空能力不仅仅是将炮口朝向天空就行了。但作为野战炮和山炮，vz.28 火炮则让人满意得多，因此防空角色后来被抛弃了。相反，武器的多角色性能由于炮架的改进而得到增强，该型火炮可以被分解为三大部分后由马车运输，从而更适应山地战的角色。

改进

1930 年，捷克斯洛伐克陆军决定采纳两款斯柯达火炮，并给予了两型火炮 vz.30 的型号。它们与出口版本最大的区别在于将火炮的口径修改为 76.5 毫米（3.01 英寸）以适应捷克斯洛伐克标准的火炮口径，其结果就是 vz.30 76.5 毫米加农炮。vz.30 100 毫米榴弹炮装备了新式的橡胶轮胎式车轮。这两种改进火炮是更让人满意的野战炮和榴弹炮，因此捷克斯洛伐克陆军炮兵部队装备了这两种火炮。

这些武器在捷克斯洛伐克手中没有机会展现自己的价值。1938—1939 年，2/3 的捷克斯洛伐克领土被德国占领，这意味着德国人不费一枪一弹就接管了捷克斯洛伐克陆军的大部分火炮和位于皮尔森的斯柯达兵工厂。所有捷克斯洛伐克的火炮和大部分出口版本的火炮最终都进入德国陆军服役，斯柯达公司也被迫为德国军队提供弹药、零部件，甚至是更多完整的火炮。德国各种部队都使用了这两种火炮，从前线作战部队到“大西洋壁垒”沿线的海滩防御部队，两款火炮的型号也分别改名为 Fk 30（t）76.5 毫米和 leFH 30（t）100 毫米。

左图：斯柯达 vz.30 76.5 毫米加农炮是当时尝试生产一款高俯仰角、可作为高射炮的野战炮的产物。虽然事实证明它是一款足够完善的野战炮，但作为防空武器并不是非常成功，该火炮曾被捷克斯洛伐克和其他国家陆军使用过

性能诸元

vz.30 76.5 毫米加农炮

口径：76.5 毫米（3.01 英寸）
长度：3.61 米（11 英尺 10.1 英寸）
重量：运输时 2977 千克（6564 磅），作战时 1816 千克（4004 磅）
俯仰角：-8 ~ +80 度
方向射界：0 度
炮口初速：600 米 / 秒（1968 英尺 / 秒）
射程：13505 米（14770 码）
炮弹重量：8 千克（17.64 磅）

斯柯达 vz.14 100 毫米榴弹炮和 vz.14/19 榴弹炮（野战榴弹炮）

奥匈帝国时代，斯柯达公司在欧洲军火制造商中排名仅次于克虏伯公司，很多欧洲国家陆军装备的武器都是位于皮尔森的斯柯达公司生产的。直至 1914 年，斯柯达的产品设计在各方面尚均不输于其他公司产品，经营范围也比大多数军火企业更大，同时在山炮领域更是业界佼佼者。其中一款产品是安装在一个特殊炮架上的 100 毫米（3.9 英寸）山地榴弹炮，该炮架可以拆分成几部分以便于在不利地形区域运输，该武器吸引了很多国家军队的注意。但许多国家都不喜欢这种可分解式炮架，因为这种炮架的重量太大，而对于只希望将该炮作为普通火炮使用的国家而言又毫无意义。而在将榴弹炮安装在新型野战炮架上之后，著名的 vz.14 100 毫米榴弹炮便应运而生。

主要在意大利服役

有趣的是，vz.14 的最主要用户反而是意大利陆军，意大利在 1918—1919 年的奥匈帝国解体过程中获得了大量该型火炮。该火炮成为意大利军队标准的武器，并被称为 Obice da 100-17 modello 14，直至 1940 年这种火炮都在意大利军队大量服役。由于本国装备数量巨大，意大利人开始自己生产零部件和弹药，该炮参加了北非作战，也跟随意大利军队与德国人一起参与了东线战场的行动。但在 1943 年，意大利退出战争，他们的 vz.14 榴弹炮被德国人接管，在被定型为 leFH 315（i）100 毫米之后一直服役到 1945 年，与从奥地利手中接管的相似武器——leFH 14（ö）100 毫米共同使用。该火炮也在波兰和罗马尼亚陆军中服役过。

当斯柯达在新独立的捷克斯洛伐克重新开始生产时，vz.14 是投入生产的第一批武器之一。然而，该设计方案获得了现代化升级的机会，主要的改变包括炮管长度从 L/19 增加至 L/24，即身管倍径增长至 24 倍（100 毫米 ×24，2.4 米 /7 英尺 10.5 英寸）。这提高了火炮射程，新的设计方案还引入了新的弹药，火炮的性能因此得到全方位提升，该炮在不久之后被定型为 vz.14/19 100 毫米榴弹炮。

vz.14/19 很快便受到广泛欢迎，并被大量出口到希腊、匈牙利、波兰（Haubica wz 1914/1919）和南斯拉夫（M.1914/19）。意大利也获得配件以对其榴弹炮进行现代化升级，捷克斯洛伐克陆军也将 vz.14/19 指定为其标准的野战炮之一。总而言之，vz.14/19 成为中欧国家最重要的野战炮之一，直至 1939 年，该榴弹炮还在大量服役，数量达到上万门。它是一款“矮胖”的武器，几乎没有额外的

下图：斯柯达 vz.14 100 毫米（3.9 英寸）榴弹炮是一战期间奥匈帝国陆军中非常好的野战炮之一，它在二战期间进入多国陆军服役。当时使用的许多该型火炮都已经在经历多处改进后被升级至 vz.14/19 型标准

性能诸元

vz.14/19 100 毫米榴弹炮

口径：100 毫米（3.9 英寸）
长度：2.4 米（7 英尺 10.5 英寸）
重量：运输时 2025 千克（4465 磅），作战时 1505 千克（3318 磅）
俯仰角：-7.5 ~ +48 度
方向射界：5.5 度
炮口初速：415 米/秒（1362 英尺/秒）
射程：9970 米（10905 码）
炮弹重量：14 千克（30.86 磅）

修饰，因而可以使用很长时间。意大利的很多火炮都装上了轮胎式车轮以便于摩托化运输（Obice da 100/24），但直到 1939 年之后，很多火炮还是保留了原始的辐条轮，并通过马队送上战场。

在德国人手中

1940 年之后，很多 vz.14/19 进入德国陆军服役。截至此时，捷克斯洛伐克陆军的很多存货都到了德国人手中，实际上在 1939 年之后，这些武器完全就在德国人手中了。因此，vz.14/19 榴弹炮在 1940 年 5 月和 6 月的法国战役中大量使用，当时被德军赋予的型号为 leFH 14/19（t）100 毫米。更多的这种火炮在 1941 年德国入侵苏联初期被大量使用，但从那时以后，vz.14/19 榴弹炮逐渐退居二线部队使用。很多被分配到“大西洋壁垒”法国段的防御部队。从希腊接管的那部分被称为 leFH 318（g）100 毫米火炮，从波兰和南斯拉夫接管的分别被叫作 leFH 14/19（p）100 毫米火炮和 leFH 316（j）100 毫米火炮。

FK 16 nA 75 毫米野战炮和 leFK 18 75 毫米轻型野战炮

德国陆军在 19 世纪末装备新式野战炮后，很快将 77 毫米（3.03 英寸）定为标准的野战炮口径。1896 年，德国人制造了该口径的 C/96 火炮，1916 年，他们在 C/96 火炮的基础上进行升级和改造，由此而诞生了 FK 16（Feldkanone：野战炮；16 代表 1916 年）77 毫米野战炮。

1918 年以后，德军对武器的观念彻底发生改变，其中最大的变化就是采用 75 毫米（2.95 英寸）口径的野战炮。75 毫米是当时（甚至一直到最近）的国际标准野战炮口径，德军也因此能够借鉴国外经验快速追上国际先进水准。由于《凡尔赛和约》

上图：与 FK 16 nA 野战炮相比，leFK 18 75 毫米拥有很多优势，但它的造价过于昂贵，并且对于同样的炮弹而言它的射程也小很多

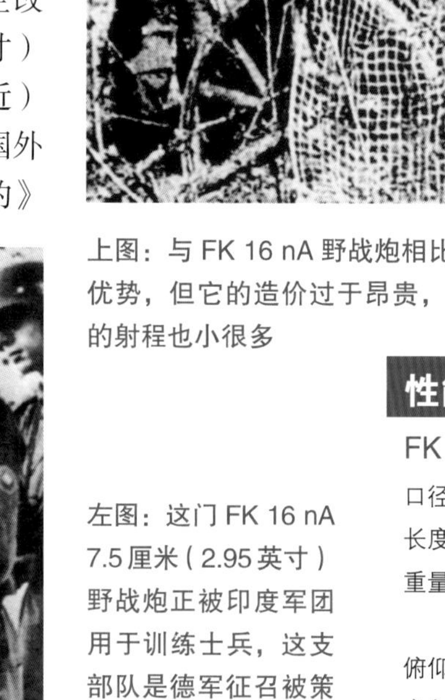

左图：这门 FK 16 nA 7.5 厘米（2.95 英寸）野战炮正被印度军团用于训练士兵，这支部队是德军征召被策反的英印军战俘组建的，这些被策反战俘将与自己的同胞刀兵相向

性能诸元

FK 16 nA 75 毫米野战炮

口径：75 毫米（2.95 英寸）
长度：2.7 米（8 英尺 10.3 英寸）
重量：运输时 2415 千克（5324 磅），作战时 1524 千克（3360 磅）
俯仰角：-9 ~ +44 度
方向射界：4 度
炮口初速：662 米/秒（2172 英尺/秒）
射程：12875 米（14080 码）
炮弹重量：5.83 千克（12.85 磅）

的严格限制，德国国防军只能使用老旧的 FK 16 野战炮，因此在后来的改进中，德军为这些老炮换上了全新的 75 毫米身管，由此而诞生了 FK 16 nA 75 毫米野战炮（nA 即 neuer Art，新款）。

重新列装

更换身管的火炮从 1934 年开始列装，首批被交付给用于支援骑兵部队的挽马牵引炮兵连。德军直到 1945 年仍保有骑乘马匹的骑兵部队，不过 FK 16 此时已经彻底过时，该炮的设计过于老旧沉重，机动性差，无法跟上骑兵部队。相反，很多火炮被用于训练，或者分发给二线部队。尽管如此，战争结束时仍然有大量这种火炮在役，其中一门在 1944 年 6 月诺曼底滩头堡附近成功牵制盟军装甲部队一段时间而创造了历史：该炮至少击中了 10 辆盟军坦克才最终被摧毁。

现代化野战炮

就在为老旧的 FK 16 火炮更换炮管的过程中，发展一款新型骑兵炮的呼声便已经出现。1930 年和 1931 年，克虏伯公司和莱茵金属公司均提出了设计方案，虽然克虏伯公司的方案最终被选中，但直到 1938 年他们的第一例产品才投入使用。新的设计方案就是 leFK 18（leichte Feldkanone：轻型野战炮）75 毫米，这款火炮具备现代化特征，如采用开脚式大架以增大火炮方向射界（在反装甲作战中非常有用），配用的弹药中也有空心装药的破甲弹。leFK 18 被认为是一款成功的野战炮，不过其射程不如它所取代的火炮，并且复杂的炮架使其造价过于昂贵而不适于投产。因此，最终生产出来的数量不多，野战炮口径也被改为 105 毫米（4.13 英寸）。然而，leFK 18 一直保持生产，以通过出口来换取国际影响力，其中一些被卖到了南美洲国家。

sIG 33 型 15 厘米重型步兵炮（步兵榴弹炮）

德国陆军在 20 世纪 20 年代早期发布他们的步兵火炮要求时，共提出了两种武器。一种是 75 毫米（2.95 英寸）步兵炮，另一种是更重的 15 厘米（5.9 英寸）榴弹炮。重型步兵炮的研发从 1927 年开始，但进度要求宽松，因此直到 1933 年才最终获得批准。即使如此，直到 1936 年第一批成品才从生产线上下线，重型步兵炮的编制数量为每个步兵营 2 门。

上图：苏联红军士兵正在检查两门 sIG 33 型 15 厘米步兵炮，背景中挥舞捣槌的士兵似乎正在摧毁什么东西。注意照片前景中火炮笨重的炮架和庞大的后膛。大量该型火炮都因移动不便而被敌军缴获

多少有些让人迷惑的是，这款 15 厘米榴弹炮的正式型号中所使用的并不是“榴弹炮”（haubitze），而是“加农炮”（Schütz），其全称为“33 型 15 厘米重型步兵炮”（15-cm schwere Infantriegeschütz 33）。不过该炮显然仍是一款身管粗短的榴弹炮，炮管安装在笨重的盒状炮架上，早期型火炮采用金属压制，外套钢圈的炮轮，由马匹牵引，不过装备摩托化部队的后期型在轮毂外侧包裹了橡胶外胎。

重量级武器

莱茵金属 - 波西格公司再一次成为基础设计方案的负责方（虽然生产是由其他几个制造商完成的），且并没有在该炮上采用不必要的复杂设计，sIG 33 的设计方案简单而传统。如果有什么区别的话，那就是对于步兵炮手而言太过于传统了，对于标准设计方案的坚持意味着 sIG 33 过于沉重而不适

上图：一支摩托化步兵部队的 sIG 33 型 15 厘米正在东线战场上作战。这些火炮的炮轮增加了橡胶外胎，因此可以推测该部队已经实现了摩托化

上图：1938 年，一门 sIG 33 型 15 厘米的炮手正在接受训练。瞄准手正在调整火炮瞄准具，而另两名炮手则准备利用位于驻锄上方的提把快速调整火炮射向

合步兵部队使用。它的运输需要一支庞大的马队，而且一旦 sIG 33 布置好以后，它就很难再移动了。1939 年之前，人们尝试利用轻合金材料来减轻笨重的炮架的重量，但这些材料供应不足，因为它们被全部用于满足纳粹德国空军，因此步兵部队不得不忍受这种笨重的火炮。

整个战争期间，大部分 sIG 33 都依靠挽马牵引，虽然在可能的情况下也使用了卡车或半履带式车辆。即使使用牵引车，在战斗时操作该火炮也是一项困难的工作，直至 sIG 33 被安装在自行底盘上，该炮才真正发挥出其潜力。该炮因能够发射多种弹药而成为一种备受欢迎的强大支援武器。大部分配合该炮组合成自行火炮的底盘都来自吨位和战斗力都已经不再适合上阵作战的老旧坦克；实际上 sIG 最初被搭载于 1 号坦克底盘上，并成为德军的第一款自行火炮。该自行火炮于 1940 年在法国战役期间首次投入实战。

与同时代的所有其他武器相似，sIG 33 也被要求具备反坦克能力，该炮因此配备了破甲弹，但破甲弹在实战中实用效果欠佳，反坦克效能甚至不如常规的 150 毫米高爆弹，而后者的制造和射击难度都要小于破甲弹。但是对于真正坚固的目标，sIG 33 可以发射前装式的 42 型长杆弹（Stielgranate 42）。这种弹药依靠尾部小翼维持飞行稳定，射程极短，但可以有效打击碉堡、机枪巢以及其他各类坚固工事。

下图：sIG 33 型 15 厘米（5.9 英寸）共有两种服役版本——利用马匹牵引的（图中所示）钢制车轮版本和机械化牵引的橡胶轮胎版本。两种版本在其他方面都是相似的，都是作战效率高、战斗价值大的武器，但事实也表明它们过于笨重而不适合步兵部队使用，因为它们在前线作战的环境下无法快速移动。在实战中，它们的射程（4700 米 /5140 码）足以胜任大多数火力支援任务，它们通常发射 38 千克（83 磅）的高爆弹，这种炮弹的威力足以摧毁大部分类型的夜战坚固工事

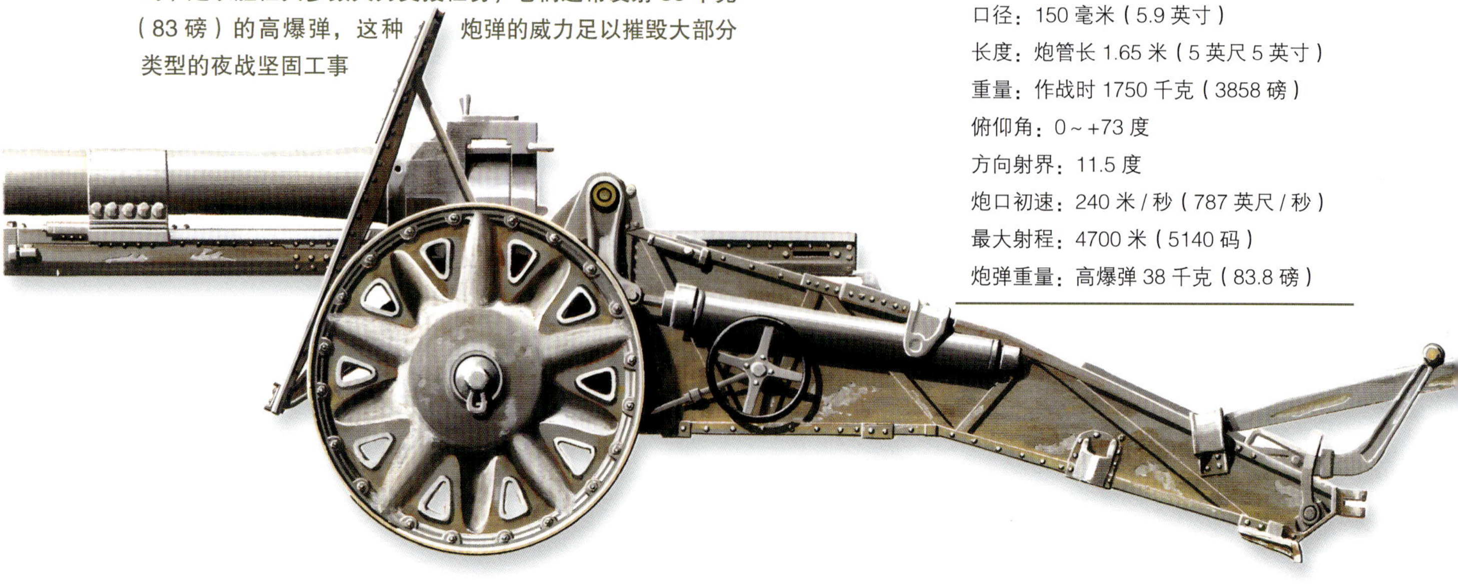

性能诸元

sIG 33 型步兵炮

口径：150 毫米（5.9 英寸）

长度：炮管长 1.65 米（5 英尺 5 英寸）

重量：作战时 1750 千克（3858 磅）

俯仰角：0 ~ +73 度

方向射界：11.5 度

炮口初速：240 米 / 秒（787 英尺 / 秒）

最大射程：4700 米（5140 码）

炮弹重量：高爆弹 38 千克（83.8 磅）

德制 10.5 厘米榴弹炮（野战炮）

上图：1940 年 5 月，法国，leFH 18 10.5 厘米榴弹炮正在战斗中，当时这些榴弹炮依靠半履带车运送到战场，它们比大多数法国炮兵部队的装备先进，进而帮助德军横扫整个法国

一战之前，德国陆军选择了 10.5 厘米（4.13 英寸）作为其野战榴弹炮的标准口径，并且一直使用。一战期间，标准的野战榴弹炮是 leFH 16（leichte FeldHaubitze：轻型野战榴弹炮）10.5 厘米，其炮架使用的是当时标准的 FK 16 7.7 厘米野战炮炮架。1918 年停战后，该型火炮仍在魏玛国防军中继续大量服役，主要用于训练下一代炮手，而这些炮手在第二次世界大战中均成为炮兵指挥官和军士。

德国的战争策划者在 20 世纪 20 年代所做的实战分析表明，在未来的战争冲突中，10.5 厘米炮弹将远比 75 毫米（2.95 英寸）炮弹有效，而且火炮运输系统的重量也不会显著增加。因此，他们选中了一款新型的 10.5 厘米榴弹炮，设计工作早在 1928—1929 年就开始了。莱茵金属公司是项目主导者，火炮成品在 1935 年即准备好服役。

新型武器就是 leFH 18 10.5 厘米——一款设计中规中矩榴弹炮，重量适中，射程也令人满意。如果非要挑出 leFH 18 的不足的话，那就是其重量还是略大，但由于火炮采用摩托化牵引，至少在理论

性能诸元

leFH 18/40 10.5 厘米榴弹炮

口径：10.5 厘米（4.13 英寸）

长度：3.31 米（10 英尺 10.3 英寸）

重量：运输时和作战时均为 1955 千克（4310 磅）

俯仰角：-5～+42 度

方向射界：60 度

炮口初速：540 米/秒（1770 英尺/秒）

射程：12325 米（13478 码）

炮弹重量：14.81 千克（32.65 磅）

下图：leFH 18 10.5 厘米（4.13 英寸）榴弹炮的原始状态，没有炮口制退器，采用德国典型的压制钢车轮，以及早期的粗壮炮架。该炮由莱茵金属公司研制，性能优秀，但重量过大不利于机动作战，尤其是在俄罗斯战场的泥泞环境下

上图：1944 年 6 月，诺曼底，一门被抛弃的 leFH 18（M）10.5 厘米榴弹炮。注意该炮笨重的驻锄和大架，沉重的炮架使得该炮并不适合进行快速机动作战

上，其重量算不上一个缺陷。leFH 18 成为一款重要的出口产品，大量该型火炮被卖到西班牙、匈牙利、葡萄牙和一些南美洲国家；不过更多该型火炮还是在驶下生产线后被直接交付给规模不断扩张的德军部队。

炮口制退器

炮兵们一如既往地呼吁增加火炮的射程，leFH 18 也因此不断增加装药量。与此同时该炮也加装了炮口制退器，改装后的火炮被更名为 leFH 18（M）10.5 厘米，后缀 M 表示 Mundungbremse（炮口制退器）。加装炮口制退器后，该炮又在经过细微修改后具备了发射 88 毫米（3.45 英寸）次口径炮弹的能力。

leFH 18 系列榴弹炮被投入战场后，实战证明它们是非常有效的，但在 1941—1942 年冬季的苏联战场上该炮开始遭受严重损失。这场战役正值冰雪消融，大量 105 毫米榴弹炮被摧毁，因为它们的重量过大而不利于牵引车辆在满是泥泞的道路上转移。因此，重量过大的榴弹炮暴露出不足，随后德国就匆忙开始寻找替换的炮架。

临时的替代品也不令人满意。Pak 40 7.5 厘米反坦克火炮的炮架被直接用于 leFH 18（M），并配有大型防盾。其结果比原始的略轻了一些（但不是很明显），这种临时组合还遭遇了许多始料未及的问题。德军曾希望这款被定型为 leFH 18/40 10.5 厘米的榴弹炮能够成为德军部队的标准榴弹炮，不过这一希望最终并未实现。

下图：图中清晰地展示了 leFH 18（M）10.5 厘米野战榴弹炮。炮口制退器可使榴弹炮采用更强的发射装药，从而提升射程。该炮使用过多种形制的炮口制退器，最终采用的版本可以让火炮发射次口径炮弹

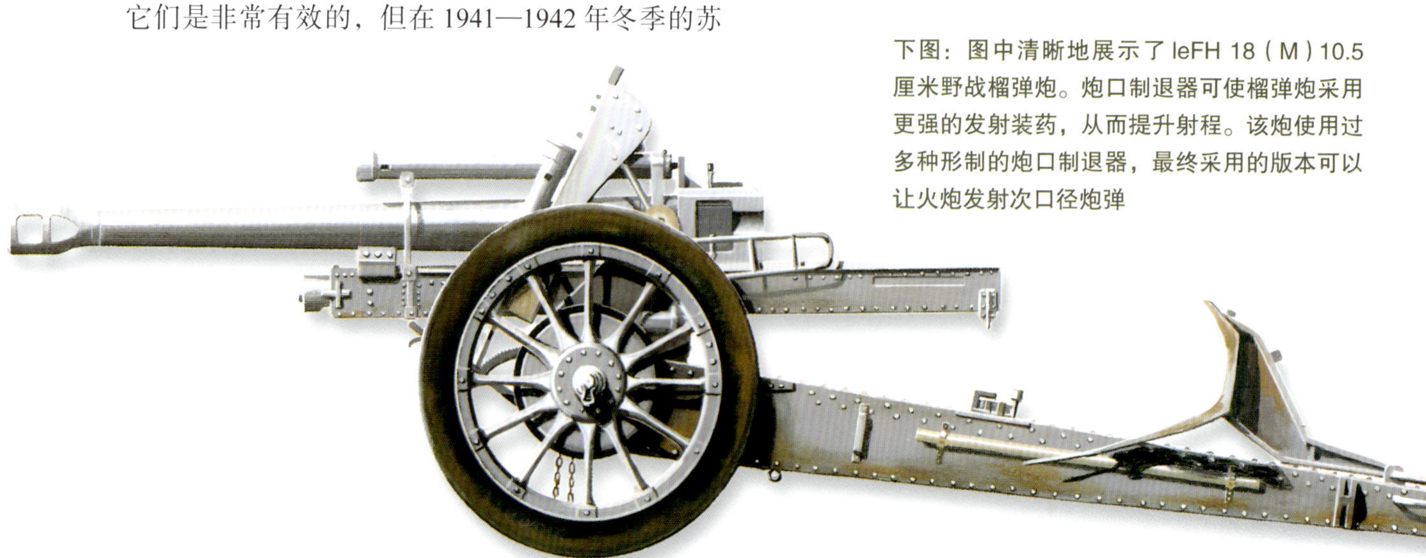

意大利 75/27 加农炮系列 M1906 和 M1911 型 75 毫米野战炮

意大利陆军的 M1906 型 75 毫米 27 倍径野战炮是第二次世界大战期间仍在服役的最古老的野战炮之一，且该炮当时仍是意大利陆军野战炮体系内的制式装备。该炮最初由德国克虏伯公司为出口而研制，意大利陆军在采用该炮后于 1906 年获得生产许可证，此后该炮一直在意军中服役，直至 1943 年意大利与盟军签订停战协议。

该炮在克虏伯公司的型号为 M.06，设计中规中矩，不过结构相当坚固可靠。该炮采用的单脚炮架限制了火炮的最大仰角并因此限制了射程，不过其射程作为野战炮已经足够。该炮采用的仍是同时期常见的木制辐条炮轮，由挽马牵引，不过到 1940 年时部分该型炮改用了橡胶炮轮并实现机械化牵引。改装后的该型火炮是在意大利本土之外最常见的意大利火炮。

火炮部署

钢制车轮的火炮在整个北非和其他意大利殖民地广泛使用，且在德军火炮数量紧张时一度被配发给北非的德军野战炮兵部队。德国人甚至为 75/27 火炮赋予了德国型号——FK 237（i）7.5 厘米。1906 型 75/27 火炮在意大利军队中使用相当广泛，并研制出了专门用于要塞防御的固定式型号。

变种型号

1906 型火炮不是唯一在意大利军队中服役的 75/27 火炮。另一种火炮的型号为 M1911 型 75/27 加农炮。该炮同样是按许可证生产的型号，其设计据称源于法国德波特设计中心。M1911 型有一种独特的反后坐与复进机构设计，在其他几乎所有的身管火炮上，反后坐 / 复进系统通常紧挨着炮管布置并与炮管一同俯仰，但 M1911 型的反后坐 / 复进系统始终保持水平状态，炮管则独立俯仰。这种设计虽然并没有出现太大问题，但也没有得到其他设计者的认可，因此不久后便被抛弃了。

不过到 1940 年时，M1911 型火炮仍在意大利军队中大量服役，主要用于支援骑兵部队，不过也有部分装备野战炮兵部队。与 M1906 型一样，部分 11 型也换装了橡胶炮轮以实现摩托化牵引，德军赋予该炮的型号为 FK 244（i）7.5 厘米。

尽管如此，1911 型火炮在 1940 年时仍然在意大利军队大量服役，主要用于支援装甲部队，但也有一些被送到野战阵地上使用。与 1906 型相似，一些 1911 型火炮也改装了橡胶轮胎式车轮以实现动力牵引，还有一些被德国人使用并被更名为 FK 244（i）7.5 厘米。

左图：一名美国士兵正在检查一门缴获的 M1911 型 75/27 野战炮。该炮的炮管和反冲装置并没有刚性连接

性能诸元

M1906 型 75/27 野战炮

口径：75 毫米（2.95 英寸）
长度：2.25 米（7 英尺 10.6 英寸）
重量：运输时 1080 千克（2381 磅），
作战时 1015 千克（2238 磅）
俯仰角：-10～+16 度
方向射界：7 度
炮口初速：502 米 / 秒（1647 英尺 / 秒）
射程：10240 米（11200 码）
炮弹重量：6.35 千克（14 磅）

M35 型 75/18 轻型野战榴弹炮

自意大利建国以来，她的武装力量就始终与专业化的山地战联系在一起。这就需要适合山地战的特种火炮。很多这种山地火炮都来自奥匈帝国的斯柯达公司。

武器的重新设计

到 20 世纪 30 年代时，意军的大量山炮都已经过时，并亟待彻底替换。因此，意大利的安萨尔多公司承担起新型山地榴弹炮的设计任务。1934 年，新型榴弹炮诞生，即 34 型 75/18 榴弹炮（Obice da 75/18 modello 34），这是一种实用的轻型山地榴弹炮，该炮能够分解为 8 个部分由驮马驮载。出于标准化口径以及简化后勤的考虑，75/18 榴弹炮被意大利陆军选定为常规野战炮部队的制式轻型榴弹炮，因此军方要求在该炮基础上换装不可分解的常规炮架，这种野战炮被定型为 35 型 75/18 榴弹炮（简称 35 型榴弹炮）。

生产的困难

35 型榴弹炮被要求全面投入生产，但与其同时代的 37 型火炮类似，它最终也没有生产出所需要的数量。事实即是如此，尽管 35 型榴弹炮的炮架在很多方面都与后来的 37 型火炮相似，此外，炮管和后坐装置与山地榴弹炮中所用的完全相同。

供应的形势没有得到缓解，因为意大利还需将生产的一部分 35 型榴弹炮用于出口以获得急需的外汇。1940 年，一大批该火炮被卖给葡萄牙，更多数量的火炮被卖给南美洲国家以支付意大利进口原材料的费用。大量该炮的产能被转移到生产各种各样的自行炮架上，但这些自行化火炮中只有很少的数量交付到前线部队手中。事实证明，那些到达前线部队的火炮至少与德国的突击火炮（Sturmgeschutze）性能相当。

意大利在 1943 年签署停战协议后，德军缴获大量意大利军队的火炮，并很快将 35 型榴弹炮投入战场，该型榴弹炮也获得了德军赋予的型号——leFH 255（i）7.5 厘米。

上图：意大利炮手正在训练操作 35 型 75/18 榴弹炮。车轮旁边的盒子里装的是瞄准器，而不是弹药。从炮口上的灰尘可以推断出他们并没有真正发射炮弹。图中可清晰地看出它是一款小型的榴弹炮

下图：与二战期间很多其他的意大利火炮相比，35 型 75/18 榴弹炮是一款现代化的高效轻型野战炮。安萨尔多公司设计的这款火炮是山地榴弹炮的野战榴弹炮版本，因此，它失去了拆卸运输的灵活性

性能诸元

35 型 75/18 榴弹炮

口径：75 毫米（2.95 英寸）
长度：1.557 米（5 英尺 1.3 英寸）
重量：运输时 1850 千克（4080 磅），
作战时 1050 千克（2315 磅）
俯仰角：-10 ~ +45 度
方向射界：50 度
炮口初速：425 米 / 秒（1395 英尺 / 秒）
射程：9565 米（10460 码）
炮弹重量：6.4 千克（14.1 磅）

M37 型 75/32 加农炮

意大利在第一次世界大战结束后经济长期不景气，因此也没有能力支持军队的大规模换装项目，军队只能沿用第一次世界大战时代的老式武器，再加上大量缴获自战败的奥匈帝国的武器。到 20 世纪 30 年代时，意大利已经认识到了本国的大部分武器都无法应对潜在对手所装备的大量现代化武器，因此启动了一个新型武器设计生产计划。意大利陆军首先考虑的就是野战炮的换装，而野战炮也就此成为意大利陆军自第一次世界大战结束后装备的第一款全新火炮，该炮的型号为 M37 型 75/32 加农炮。

新火炮是由安萨尔多公司设计的。它是一款优秀的、全面的、现代化的设计方案，从设计之初就考虑使用摩托化牵引。该炮身管较长，安装有炮口制退器，膛口初速较高，足以担负一定的反坦克作战任务。

该炮采用开脚式大架，放列后方向射界达 50 度，这在装甲战中无疑非常实用，不过大架末端的地钉却抵消了这一优点，地钉会穿过大架插入地面以传递后坐力，但也导致火炮难以快速大幅度调整射向。尽管存在这一缺点，M37 型仍是一款非常实用的野战炮，意大利炮兵部队也要求尽可能多装备该型炮。

资源的压力

不幸的是，士兵的呼吁是无效的，因为意大利的工业能力根本无法生产出所需要数量的火炮。很简单，当时意大利没有工业潜力用于生产这种火炮，原材料或者至少是大部分原材料必须依赖进口。因此，在意军其他军兵种换装的同时，火炮的产能较为有限：但空军部队的优先级远远高于炮兵，意大利海军也吸走了大量本来就不足的原材料和生产资料。所以 M37 型火炮一直处于供不应求的状态，到 1943 年时，意大利军队的炮兵主力还是一战甚至更早期的火炮。

1943 年，意大利与盟军签署停战协议。德国人已经注意到了 M37 型火炮的先进之处，当意大利退出轴心国时，德军迅速缴获了意大利军队的武器——至少是尽可能多地接管他们手上所有的武器。在这场抢夺之后，意大利本土的大量 M37 型火炮被改名为 FK 248（i）7.5 厘米。德国人使用这些战利品一直到战争结束，不仅在意大利使用，还用于混乱的巴尔干半岛针对希腊和南斯拉夫游击队的战役中。

性能诸元

M37 型 75/32 加农炮

口径：75 毫米（2.95 英寸）

长度：2.574 米（8 英尺 5.3 英寸）

重量：运输时 1250 千克（2756 磅），作战时 1200 千克（2646 磅）

俯仰角：-10～+45 度

方向射界：50 度

炮口初速：624 米 / 秒（2050 英尺 / 秒）

射程：12500 米（13675 码）

炮弹重量：6.3 千克（13.9 磅）

下图：M37 型 75/32 加农炮是安萨尔多公司的另一个设计方案，它是一款优秀的现代化武器，足以和同时代的任何其他火炮相媲美。意大利陆军最大的缺陷是他们能用的火炮一直处于不足的状态。1943 年之后，德国人缴获大量此种火炮，并一直在自己的军队中使用

92 式 70 毫米步兵炮

尽管外表看似老旧简陋，小巧的 92 式 70 毫米步兵炮（简称 92 式步兵炮）是第二次世界大战期间非常成功的步兵支援武器之一。它被分配到每个日军步兵大队，使用方式也多种多样，除了集结为炮群使用外，更多情况下是单炮游动射击，发挥袭扰火力。

现代化设计

尽管外表看起来与众不同，92 式步兵炮是完全现代化的设计方案。外表看起来奇特主要是因为采用的炮管较短，并且炮架使用了大型的钢制车轮。通常情况下，火炮由马匹或骡子牵引，但独具日本特色的是炮架上开有大量孔槽，可以从中穿入长杆，供炮组在短途转移中抬行。如果需要，防盾可以拆掉以节省重量，车轮安装在曲柄轴上，该轴可以在作战需要时旋转 180 度以降低火炮的轮廓高度。虽然是一款轻武器，但 92 式步兵炮的使用也需要 10 个人，其中大部分人用于推动火炮前进，还有一部分人负责传递弹药。而在作战中最多 5 人便可发挥火炮全部威力。

92 式步兵炮使用常规的榴弹，此外还配发有烟幕弹和在近距离作战时非常有效的榴霰弹。此外该炮也配发有性能较差的穿甲弹。火炮的最大射程仅大约 2745 米（3000 码），而有效射程只能达到一半，由于 92 式步兵炮的瞄准器非常简单，因此通常只能直瞄打击目标。这在实战中问题不大，92 式步兵炮也确实在战斗中大量使用。92 式步兵炮在防御和进攻中的直接射击和吊射都是非常有效的，一些盟军的报告称 92 式步兵炮被按照迫击炮的方式使用。日本人使用 92 式步兵炮的常见方式是在丛林战中的骚扰性射击。一个小队携带 92 式步兵炮在前方开路，象征性地向已知的目标射击几次之后迅速转移到新的射击位置，或者完全离开这片区域。利用这种简单的战术，一门火炮就能让大量盟军士兵时刻保持警备状态。

近程武器

尽管被贴上火炮的标签，但 92 式步兵炮采用了一套可调节的发射装药号，可以通过采用最低装药号以大仰角（如 45 度仰角）发射炮弹打击距离不到 100 米处的敌人。该炮的高爆弹威力相当大，榴霰弹也能够有效打击密集冲锋的步兵——中国军队经常发起密集步兵冲锋。还有一种专为在试验性坦克上使用的 92 式步兵炮版本，但这种型号生产出来的数量不多（被称为 94 式）。

92 式步兵炮是一种小型火炮，但它通常能对敌人造成巨大的影响，这种影响是同等尺寸、射程和炮弹重量的火炮所达不到的。很多这种被高度评价的火炮成为具备极高价值的博物馆藏品。

性能诸元

92 式步兵炮

口径：70 毫米（2.76 英寸）
炮管长度：0.622 米（2 英尺 0.5 英寸）
重量：作战时 212.47 千克（468.4 磅）
俯仰角：-10 ~ +50 度
方向射界：90 度
炮口初速：198 米 / 秒（650 英尺 / 秒）
最大射程：大约 2745 米（3000 码）
炮弹重量：3.795 千克（8.37 磅）高爆弹

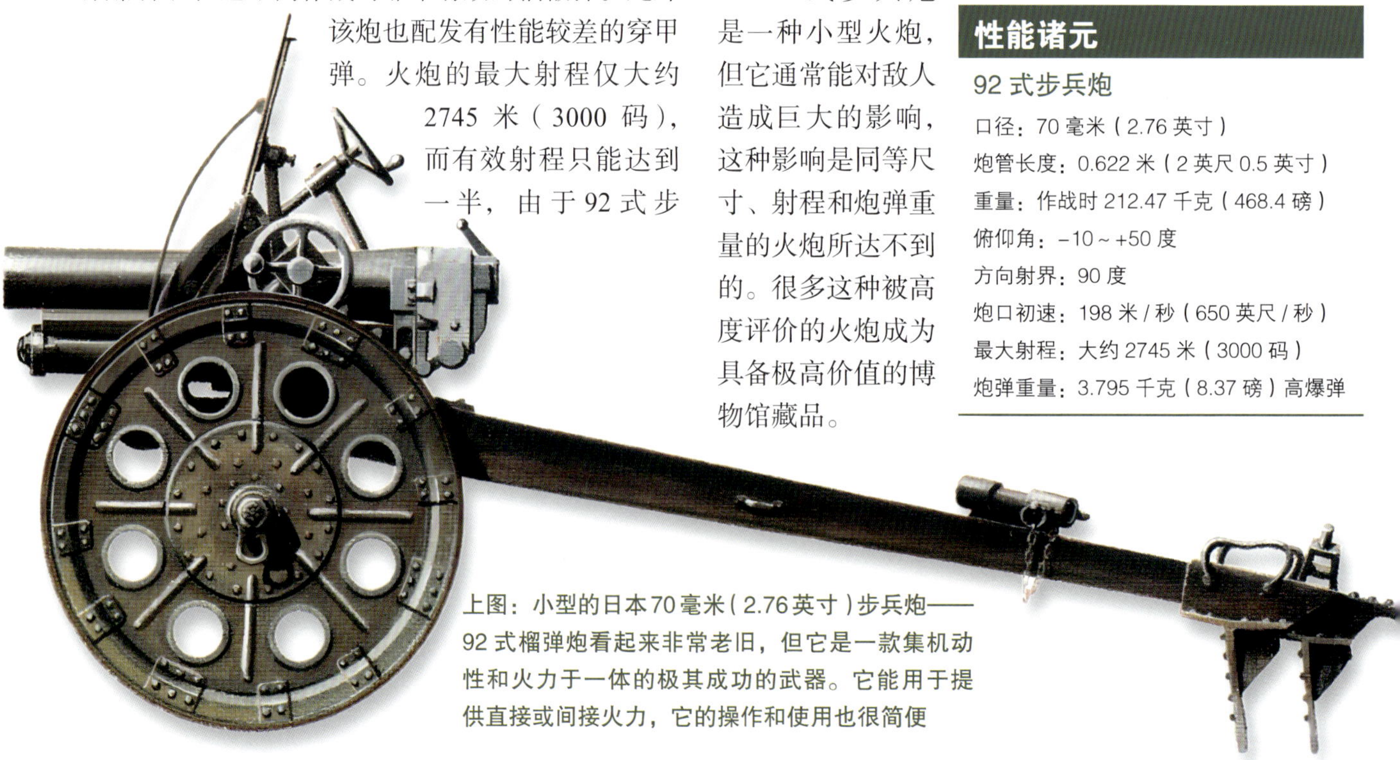

上图：小型的日本 70 毫米（2.76 英寸）步兵炮——92 式榴弹炮看起来非常老旧，但它是一款集机动性和火力于一体的极其成功的武器。它能用于提供直接或间接火力，它的操作和使用也很简便

38 式 75 毫米野战炮（改进型）

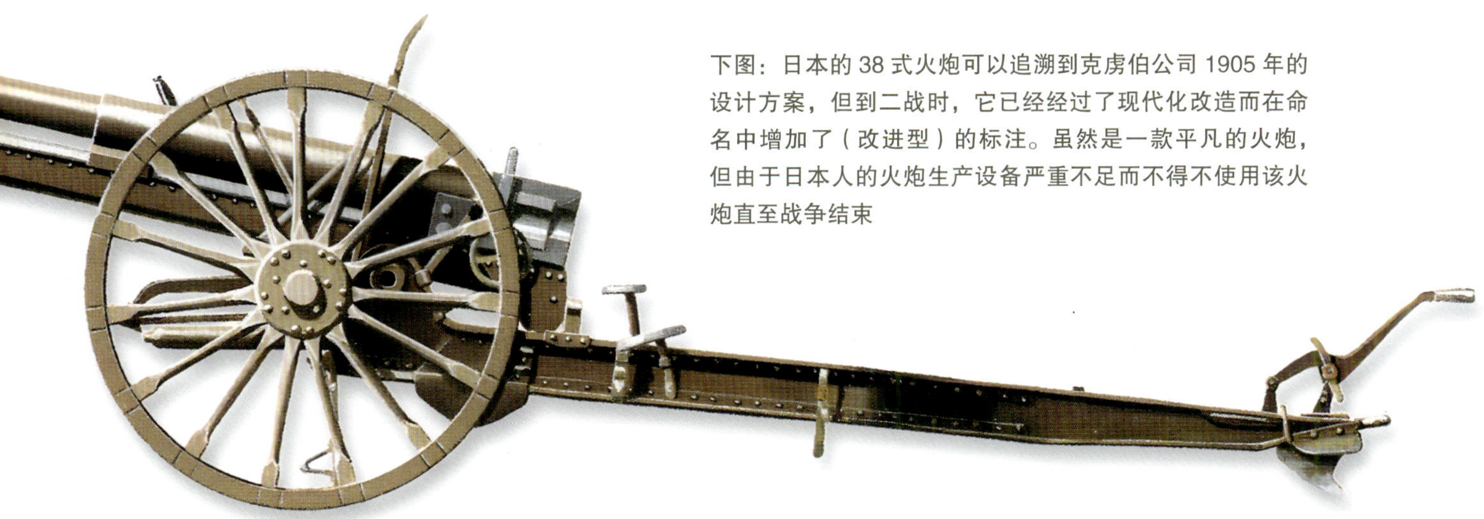

下图：日本的 38 式火炮可以追溯到克虏伯公司 1905 年的设计方案，但到二战时，它已经经过了现代化改造而在命名中增加了（改进型）的标注。虽然是一款平凡的火炮，但由于日本人的火炮生产设备严重不足而不得不使用该火炮直至战争结束

38 式 75 毫米野战炮（改进型）是西方情报机构对 1935—1945 年日本战场上广泛使用的一种野战炮的称呼。火炮起源于克虏伯公司的一个设计方案，该方案早在 1905 年就获得了生产许可。这就是原始的 38 式火炮，一战期间，日本人仔细研究了其他火炮的发展过程，进而对原始的设计方案做出了改进。

盒式炮尾

可能日本人引入的最明显的创新就是利用盒式大架取代了原始的克虏伯直杆炮架。这一创新提高了火炮俯仰角，射程也随之增大了。其他的变化主要是调整了火炮耳轴位置以配平，后坐装置也有小幅调整。虽然盟军对改进的火炮全称为 38 式 75 毫米野战炮（改进型），到 1941 年时，几乎所有原始的 38 式火炮都做了修改，所以也无需带上括号了。

骡队

尽管日本人改进了 38 式火炮，但是整体设计方案是没变的，整体性能给人的印象也不深刻。其在整个服役生涯中都没有采用车辆牵引，所以直到 1945 年仍使用驮马或骡子牵引。它的外表看起来非常古老，不过它也确实是上个时代设计风格的残留物，之所以继续服役是因为日本人没有足够的工业潜力去生产他们所需要数量的火炮。虽然日军在二战爆发前夕开始装备更新式的 75 毫米或以上口径野战炮，但它们的数量远不足以完全替换 38 式野战炮。因此，在得不到其他武器的情况下，日本炮手不得不使用这些过时的装备。

在 20 世纪 30 年代日本对中国作战的初始阶段，事实证明 38 式火炮足以胜任所有需要它的作战场景，但 1941 年盟军介入之后，情况发生了很大的变化。在早期取得许多胜利后，日本炮兵很快发现他们甚至在面对数量更少的盟军炮兵时都会被对方的猛烈炮火所压制。实际上，38 式火炮此时已经成为拖后腿的因素，由于依靠马匹拉运，它无法根据敌人的行动或作战的地形灵活移动，日军很多宝贵的火炮就是因为无法及时转移而被摧毁或损失。1945 年之后，大量 38 式火炮进入东南亚各国的武装力量，既有正规武装，也有非政府武装，它还在东南亚被用于与法国部队作战。

性能诸元

38 式 75 毫米野战炮（改进型）

口径：75 毫米（2.95 英寸）

长度：2.286 米（7 英尺 6 英寸）

重量：运输时 1910 千克（4211 磅），
作战时 1136 千克（2504 磅）

俯仰角：-8～+43 度

方向射界：7 度

炮口初速：603 米 / 秒（1978 英尺 / 秒）

射程：11970 米（13080 码）

炮弹重量：6.025 千克（13.3 磅）

博福斯 M1934 型 75 毫米山地榴弹炮

博福斯 M1934 型 75 毫米山地榴弹炮（简称 75 毫米博福斯榴弹炮）在设计之初被定位于山地榴弹炮，于 20 世纪 20 年代投入市场。当时，世界范围内的火炮市场充斥着一战时期剩余的产品，但也有一小部分专业化武器的需求，而 75 毫米博福斯榴弹炮就属于这个范畴。与位于卡尔斯克鲁纳的博福斯工厂生产出来的其他所有产品一样，75 毫米博福斯榴弹炮也是由最精细的材料制造的，其设计方案是全面而优秀的。该榴弹炮正是荷兰陆军所需要的火炮类型。

人们可能认为，像荷兰这种地形平坦的国家最不需要的就是山地榴弹炮了，但荷兰人需要这种火炮并不是在本土使用，而是在世界的另一端——荷属东印度群岛使用。当时荷兰人在那里维持了大量兵力，那些岛屿就是现在的印度尼西亚，那里的地形不是杂草丛生，就是山峦绵绵，因此某种形式的驮载火炮还是需要的。

上图：1942 年早期，荷属东印度群岛，荷兰陆军的一门 75 毫米博福斯榴弹炮准备就绪，即将与日本人开战

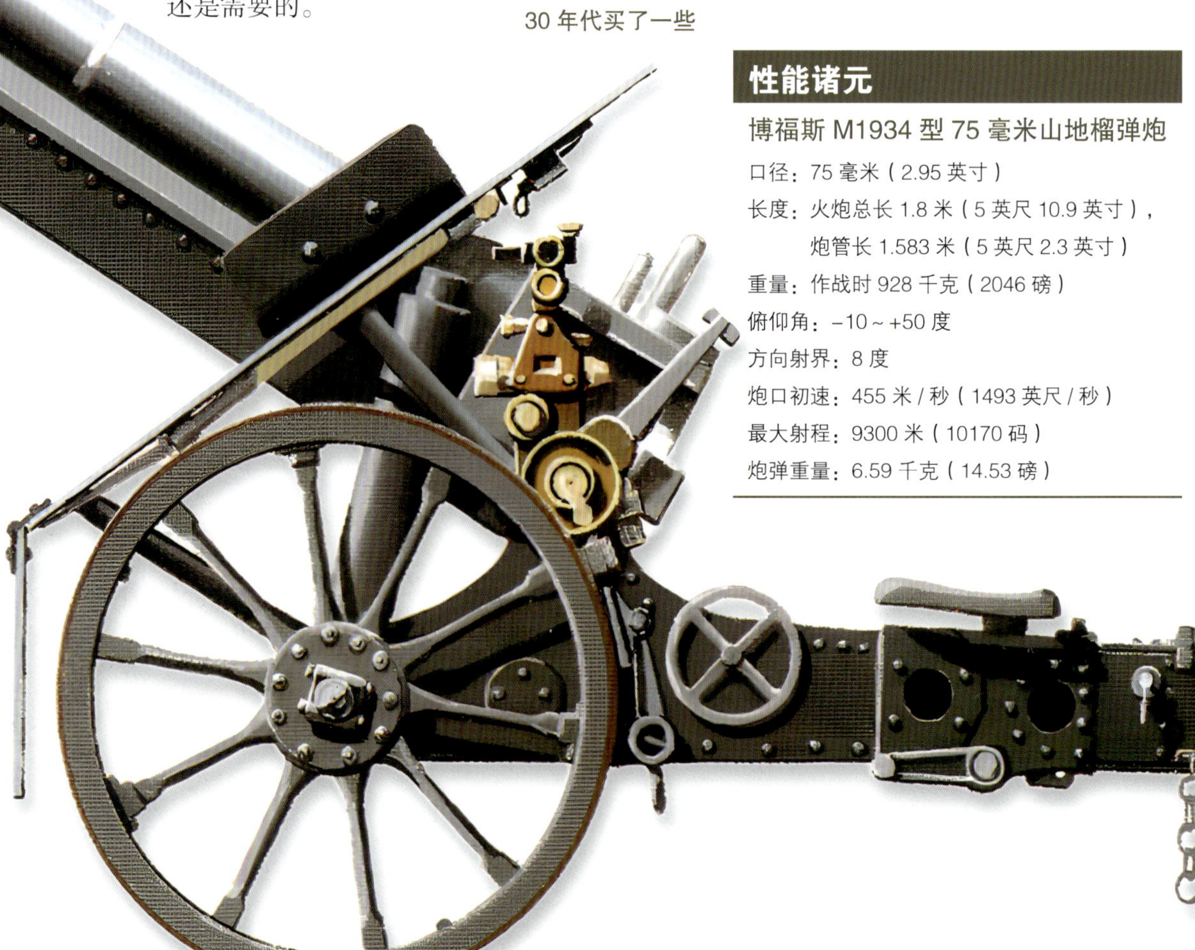

下图：二战之前，好几个国家购买了 75 毫米博福斯榴弹炮，其中包括比利时和荷兰，甚至德国陆军也在 20 世纪 30 年代买了一些

性能诸元

博福斯 M1934 型 75 毫米山地榴弹炮

口径：75 毫米（2.95 英寸）
长度：火炮总长 1.8 米（5 英尺 10.9 英寸），炮管长 1.583 米（5 英尺 2.3 英寸）
重量：作战时 928 千克（2046 磅）
俯仰角：-10～+50 度
方向射界：8 度
炮口初速：455 米/秒（1493 英尺/秒）
最大射程：9300 米（10170 码）
炮弹重量：6.59 千克（14.53 磅）

上图：荷兰陆军正在荷属东印度群岛使用他们的博福斯M1934型75毫米山地榴弹炮，他们将火炮拆成几部分，然后利用骡子运输

四匹马小队

博福斯式火炮很显然正是荷兰人所需要的，因此他们订购了一大批这种榴弹炮。博福斯武器可以分解成八部分，借助特殊的马具由骡子驮运，但标准的牵引则需要一个四匹马组成的小队，外加六匹骡子运载弹药和其他部件；炮手们则不得不步行。当二战的战火烧到太平洋时，这些榴弹炮还在使用，随着日本人的入侵，这些火炮还使用过一小段时间，随后便落入日本人手中。它们新的主人按照自己的方式使用这些榴弹炮，直至储存的弹药耗尽，到1945年时，这些弹药几乎所剩无几。

二战前，一些75毫米博福斯榴弹炮被卖给了土耳其，但是主要的买主是另一个似乎用不上山地炮的国家。这个用户便是比利时，博福斯工厂为其生产了一款专用产品，其比利时型号为“1934型75毫米加农炮”。

这一次比利时军队主要在阿登地区边境线上使用这种火炮，但由于该区域拥有完备的公路和铁路，便没有必要再拆卸运输火炮了。因此，1934型75毫米加农炮在生产时也成为“一体化”武器，为了节省牵引长度的唯一特征就是可以向上折叠的盒式炮尾。比利时的1934型75毫米加农炮主要由轻型履带式牵引车牵引，火炮也安装了橡胶轮胎的钢制车轮。

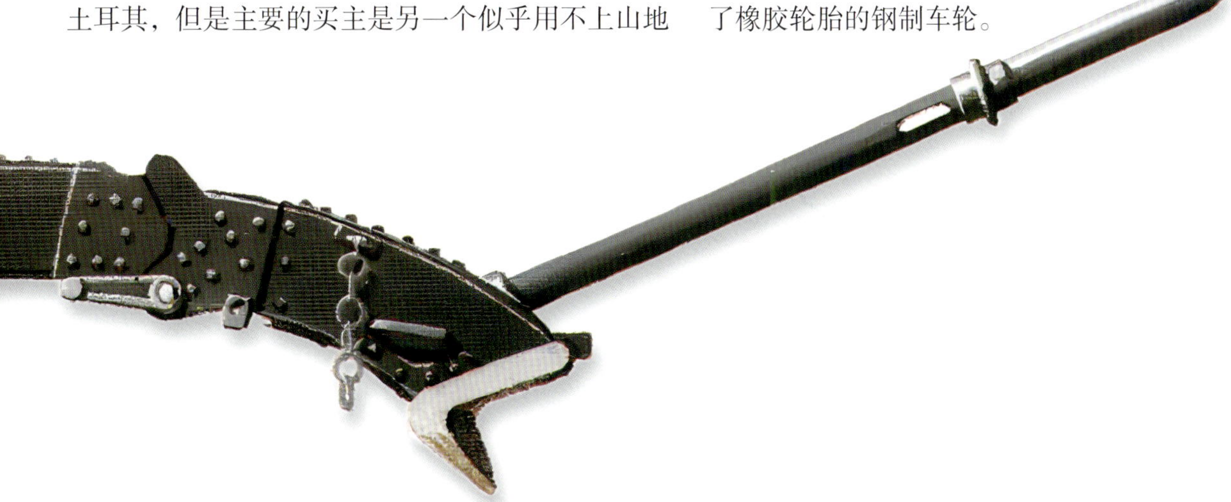

M1936 型 76.2 毫米野战炮

到 20 世纪 30 年代早期时，苏联红军的炮兵参谋已经意识到他们的火炮在威力和效率上已经落后于欧洲其他国家了。因此苏联开始了一项新武器的研制计划。作为其中的一项早期尝试，苏军将新型 76.2 毫米（3 英寸）（译者注：76 毫米和 76.2 毫米是根据各国官方规定口径，有的火炮的正式型号中为 76 毫米，有的是 76.2 毫米，全书不再统一）身管安装到 122 毫米（4.8 英寸）野战炮的炮架上，虽然只是用于弥补缺陷的权宜之计，但该炮在入役时是全世界综合性能最好的野战炮。

令人印象深刻的火炮

新火炮于 1936 年引进，即著名的 M1936 型 76.2 毫米野战炮，通常简称为 76-36 火炮，该炮的设计局型号则为 F-22USV 火炮。这是一个优秀的设计方案，当其细节对外公布时，给所有火炮设计者都留下了深刻印象。76-36 火炮拥有一个长而细的炮管，安装在一个看起来很简单的开脚式炮架上，该结构可提供一个很大的方向射界。这是特意加入火炮设计方案之中的特征，因为当时苏联红军的反坦克理论认为苏联的每一门火炮和榴弹炮都必须具备反坦克能力。即使发射标准的高爆弹，76-36 火炮也具有强大的反装甲能力。

76-36 火炮首次服役是在 1939—1940 年针对芬兰的“冬季战役”期间。它在这次战役中表现卓越，但在第二场战役——德国入侵苏联——中没有延续优秀战绩。不是 76-36 火炮的性能不佳，而是它们在战场上很少能派上用场。突飞猛进的德国人前进得如此之快以至于苏军大量部队被直接分割包围，继而被围歼。大量 76-36 火炮落入德国人手中，他们还占领了很多生产火炮的工厂。因此，几乎所有苏联储备的 76-36 火炮在很短的时间内都落入德国人手中。

射击试验

德国的火炮专家迅速聚集到这些缴获的火炮周围，他们进行测量，开展自己的射击试验，随后给出两条建议。第一条是 76-36 火炮应该成为标准的德国火炮，并将之更名为 296（r）7.62 厘米野战炮，因为当时手上的弹药足以使用一段时间，而长期的计划则是在德国自行生产弹药。

第二条建议也得以实施，即 76-36 火炮应该改装成专业的反坦克火炮，用于应对更强大的苏联装甲坦克。因此，大量 76-36 火炮被送往德国，并在那里进行改造以使用新型炮弹，由此而诞生的就是 36（r）7.62 厘米反坦克炮（Panzerabwehrkanone），事实证明它是二战时期最优秀的反坦克炮之一。改做反坦克炮的其他改进内容还包括炮架的变化（例如将高低机和方向机的操作手轮从需要两人操作改为只需一人便可操作）以及一些其他方面的改进。

因此，德国人使用苏联的野战炮与苏联人一样多。随着德国推进的停滞，76-36 火炮再也没有全力投入生产了，但一些备用配件还是用到了苏联手中的一些 76-36 火炮上。到 1944 年时，76-36 火炮完全退出苏联红军的武器清单，因为那时苏联人又有了一款新型的火炮。

左图：远离“家乡”的这门 M1936 型 76.2 毫米野战炮于 1941 年在东线战场被德国人缴获，随后它被改造成了一门高效的反坦克炮，并参与了北非的战役

性能诸元

M1936 型 76.2 毫米野战炮

口径：76.2 毫米（3 英寸）

长度：3.895 米（12 英尺 9.3 英寸）

重量：运输时 2400 千克（5292 磅），作战时 1350 千克（2977 磅）

俯仰角：-5 ~ +75 度

方向射界：60 度

炮口初速：706 米/秒（2316 英尺/秒）

射程：13850 米（15145 码）

炮弹重量：6.4 千克（14.1 磅）

M1942 型 76.2 毫米野战炮

1941 年下半年，苏联大部分火炮制造设备都在德国的推进下丢失，苏联参谋部必须做出艰难的决定。储备的各种各样的武器都落入德国人之手，新武器的制造意味着要迅速在偏远地区生产临时的制造设施，而那些地方没有任何工业基础。对苏联人有利的一点是，苏联火炮设计局拥有承前启后的稳健发展思路，他们不喜欢大规模的革新，更偏向于逐步改进，如新火炮与现存的炮架组合，或者现存的火炮与新炮架组合。

上图：图中展示的是 76-42 火炮及其弹药箱，还可以看到炮弹已经做好装填的准备。每个炮兵师都有一个轻型炮兵旅，每个旅由三个（后来改为两个）24 门火炮的炮兵团组成

更小型的设计

1939 年，苏军列装了新型火炮——M1939 型 76.2 毫米野战炮，也叫作 76-39 火炮，该火炮在 1941 年之后仍然在苏联军队中服役。然而一个事实是，尽管是一款优秀的火炮，但 76-36 火炮在战术使用中体型过大，因此他们需要一款更小火炮的设计方案。76-39 的炮架是从 76-36 火炮演变而来的，但它使用了更短的炮管。

德国人在 1941 年大举推进时没有占领生产 76-39 火炮炮管的工厂，虽然他们确实占领了 76-36 火炮的炮架生产工厂。因此，利用 76-39 火炮的炮管和反后坐装置搭配一套新的炮架可以再次启动火炮的生产。这种方式生产出来的火炮叫作

下图：1944 年 10 月，美国陆军的士兵正利用一门 1942 式苏联火炮向德国人射击。因此，一个盟军成员国的火炮被另一个成员国用于与轴心国作战

M1942 型 76.2 毫米野战炮，后来也被叫作 76-42 火炮或 ZiS-3。

76-42 火炮因生产数量超过二战时期所有其他的火炮而为人们所熟知。它共计生产了数万门，事实也证明它是一款性能全面的优秀武器，既能用作野战炮，也能用作反坦克炮，也能被用作坦克炮和自行火炮。新型炮架简单而坚固，采用分离式杆状大架，另外还有一个简单的防盾。炮身也有所改动以安装炮口制退器，以减小后坐，从而减轻炮架重量，整个设计方案都强调批量生产的便利性。在实战中，事实证明 76-42 火炮非常轻巧，易于操作，同时也具有不错的射程。为了简化红军部队的后勤保障，苏联人严格地对弹药进行了标准化处理，所有 76-42 火炮均使用 T-34 中型坦克的 76.2 毫米火炮所用的炮弹，很多其他类似火炮也同样如此。二战期间通常使用的只有两种炮弹，即高爆弹和穿甲弹，但有的场合也使用过烟幕弹。

上图：苏联士兵正在学习使用 76-42 火炮。这款卓越的火炮分配给了步兵部队的炮兵团，坦克部队以及火炮部队

上图：1942 年至 1943 年冬季斯大林格勒惨烈的战场上，一门 M1942 型 76.2 毫米野战炮正在拖拉机工厂的废墟中作战。交战双方都充分利用了该型火炮的反坦克能力

仍然在服役

德国人将缴获的 76-42 火炮称为 FK 288（r）7.62 厘米。76-42 火炮的生产数量是如此之大以至于至今仍有国家在使用。在朝鲜和东南亚战场上，我们可以见到这种火炮，在非洲和远东地区的战场上也还能遇到该火炮。76-42 火炮在游击队部队中广泛使用，如中东地区的巴勒斯坦解放组织（PLO）和非洲西南部的西南非洲人民组织（SWAPO），似乎它的服役寿命没有时间限制。

人们多次尝试将 76-42 火炮安装在自行加农炮的炮架上，但只有一个型号投入批量生产——SU-76 自行火炮。

性能诸元

M1942 型 76.2 毫米野战炮

口径：76.2 毫米（3 英寸）
长度：3.246 米（10 英尺 7.8 英寸）
重量：运输时和作战时均为 1120 千克（2470 磅）
俯仰角：-5 ~ +37 度
方向射界：54 度
炮口初速：680 米 / 秒（2230 英尺 / 秒）
射程：13215 米（14450 码）
炮弹重量：6.21 千克（13.7 磅）

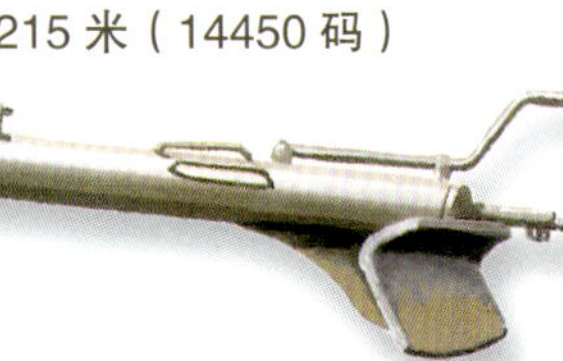

下图：M1942 型 76.2 毫米（3 英寸）野战炮的生产数量超过二战时期任何其他火炮。它也被称为 76-42 火炮或 ZiS-3，它是一款简单的没有什么装饰的设计方案，其性能优越，发射 6.21 千克（13.7 磅）的炮弹，最大射程为 13215 米（14450 码）

QF.“25 磅”野战炮 [1]

这款英国皇家炮兵最著名的火炮起源于一战之后的作战分析，当时分析指出皇家炮兵部队应该拥有一款兼具加农和榴弹炮双重优势的轻型野战炮。20 世纪 30 年代中期，英国决定研发新型火炮以替换英国陆军所用的老旧的“18 磅”野战炮和 114 毫米（4.5 英寸）榴弹炮。

敦刻尔克

20 世纪 30 年代，世界范围内还存在大量老旧的“18 磅”野战炮，英国财政部坚持强调寻找使用这种火炮的新方法。由此而诞生的就是 Mk 1“25 磅”野战炮，它就是在“18 磅”野战炮炮架上安装了一个新的炮管。英国远征军正是装备这种武器在 1939 年走向战场。老旧的炮架升级为新型的充气轮胎，当然还有一些其他变化，但 Mk 1“25 磅”野战炮还没有机会展现自己就在敦刻尔克全部损毁了。

此后，利用 Mk 1“25 磅”野战炮炮架的 Mk 2“25 磅”野战炮登上舞台。这是专为替换旧野战炮而制造的武器，该炮被称为加农 - 榴弹炮。它的弹药系统与榴弹炮一样可以调整装药号，但同时也能低角度射击而不影响作战效率。该炮的身管设计相当传统，但是采用了一套沉重的立式滑动炮闩，

上图：加拿大炮手正在瞄准“25 磅”野战炮，该野战炮是很多英联邦国家陆军的标准野战炮。该照片可能拍摄于 1943 年中期

其炮架也采用了一些非常规设计。该炮的盒形弯曲下方布置有一具大型转向盘，可以让火炮快速转换射向。火炮在设计之初就考虑使用动力牵引，常用的牵引车辆是大型的 4 系列牵引车。

炮口制退器

第一批“25 磅”野战炮在北非参战时，它们就被强行用作了反坦克炮。当时环形的转向盘发挥了巨大作用，因为火炮能快速地从一个目标转向另一个目标，但“25 磅”野战炮由于当时还没有穿甲弹而只能依靠炮弹的爆炸威力杀伤敌坦克。英军

性能诸元

Mk 2“25 磅”野战炮

口径：87.6 毫米（3.45 英寸）
长度：2.4 米（7 英尺 10.5 英寸）
重量：运输时和作战时 1800 千克（3968 磅）
俯仰角：-5 ~ +40 度
方向射界：使用炮架时为 8 度，使用环形转向盘时为 360 度
炮口初速：532 米 / 秒（1745 英尺 / 秒）
射程：12253 米（13400 码）
炮弹重量：11.34 千克（25 磅）

上图：英国的“25 磅”野战炮是二战期间“经典”的野战炮之一。它在 1940 年之后的所有战场上出现过，它第一次引起人们注意是在著名的阿拉曼战场上的炮战中。在被用作野战炮的同时，它也在西部沙漠战场上被迫充当反坦克炮的角色

[1] QF.“25 磅”野战炮采用了英国以炮弹重量命名的传统方式，这种命名方式源于早期火炮的划分习惯。QF.“25 磅”野战炮口径是 87.6 毫米（实际为 3.45 英寸），发射 25 磅（约 11.3 千克）炮弹。该类火炮均沿用传统命名方式，不使用公制，特此说明。

随后为该炮研制了专用穿甲弹，但这种穿甲弹必须使用强装药，因此该炮根据这一要求加装了炮口制退器，而在二战余下的时间中，“25 磅”该野战炮都一直安装有制退器。

为了适应某些要求，“25 磅”野战炮炮架有所改动，如专门为丛林战和空战而设计了一款更窄的版本（利用 Mk 2“25 磅”野战炮炮架的 Mk 2“25 磅”野战炮），还生产了一款铰链式打架的型号（利用 Mk 3“25 磅”野战炮炮架的 Mk 2“25 磅”野战炮）以在山地战中增加该炮的俯仰角。澳大利亚人还进行过大幅修改以拆卸分散运输，甚至还有人提出过一个海军版本以供讨论。加拿大生产的“教堂司事”（Sexton）自行火炮就是“25 磅”野战炮的自行化版本，当然还有很多试验和实验版本，一款经典的临时版本就是在“25 磅”野战炮炮架上安装“17 磅”反坦克炮炮管。被德国人缴获的“25 磅”野战炮更名为 FK 280（e）8.76 厘米野战炮。

“25 磅”野战炮在服役期间表现优异。该炮的射程合理，炮架能够承受各种发射条件下的后坐力。1945 年之后，很多国家的军队里还能见到这种火炮服役。“25 磅”野战炮是一款“经典”火炮，很多以前的炮手回忆起这款火炮时都充满喜爱之情。

Mk 2 QF.“25 磅”野战炮

二战期间英国最优秀最全面的野战炮——“25 磅”野战炮具备一流的加农炮直接射击能力和榴弹炮间接射击能力。第一款这种武器是 Mk 1“25 磅”野战炮，它以“18 磅”火炮为基础，但采用“25 磅”分装式弹药，并使用了盒式或开脚式炮架。最终的 1940 式是经典的 Mk 2“25 磅”，该炮采用盒式炮架，通过更先进的设计具备了更大的仰角，同时环形转向盘能够让火炮快速调整射向。

上图：战斗中的 Mk 2“25 磅”野战炮。该火炮的一个较大的限制是其重量，这也促使后来空降部队专用版本的诞生，但总体而言，“25 磅”野战炮在二战期间以及战争结束后很长一段时间的军事冲突中很好地帮助了英国及其盟友

右图：“25 磅”野战炮在夜间发射时炮口产生的火花映射出盒式炮尾的两侧，该结构使火炮的最大俯仰角达到 +40 度

左图：一门 Mk 2“25 磅”野战炮在一处伪装阵地上，图中可清晰地看出该炮没有炮口制退器，图中该炮正处于后坐的状态，因为炮口处还能看到刚发射的炮弹留下的推进剂气流

上图："25 磅"野战炮在训练有素的炮手手中可以达到很高的射速，这也对后勤组织提出更高要求，因为要保持火炮的弹药供应

上图："25 磅"野战炮的炮手调整好火炮，准备发射。将火炮固定在牢牢嵌入地下的转台上非常重要，因为这样可以吸收后坐力，炮手不需要移动位置，并迅速做好下一次发射准备

上图：火炮及炮位是轰炸机和战斗轰炸机喜爱的目标，所以对于诸如"25 磅"野战炮的炮手而言，将他们的火炮及弹药隐藏在故意打乱外观的伪装网下方非常重要

上图：由于重量和宽度限制，"25 磅"野战炮不适合丛林战。因此，澳大利亚人研制了一个可以拆卸分散运输的"缩小"版本

性能诸元

Mk 3 "25 磅"野战炮（或者是安装 Mk 1 "25 磅"野战炮炮架的 Mk 3 "25 磅"野战炮）

火炮：口径：87.6 毫米（3.45 英寸）
炮管长度：2.35 米（7 英尺 8.5 英寸）
炮口制退器：双室炮口制退器
重量：运输时和作战时（带有转向盘）均为 1801 千克（3970 磅）
尺寸：运输时长度：7.924 米（26 英尺）
运输时宽度：2.12 米（6 英尺 11.5 英寸）
运输时高度：1.65 米（5 英尺 3 英寸）
火线高度（发射时炮管水平放置）：1.168 米（3 英尺 10 英寸）
离地净高：0.342 米（1 英尺 1.5 英寸）
轮距：1.778 米（5 英尺 10 英寸）
轮胎：22.86 厘米 × 40.64 厘米（9 英寸 × 16 英寸）
俯仰角：-5 ~ +40 度
方向射界：使用炮架时为 8 度，使用转向盘时为 360 度
弹药类型：高爆弹，穿甲弹（实心），榴霰弹，烟幕弹，彩色烟幕弹，照明弹
射程：12250 米（13400 码）
最大射速：名义上为 5 发 / 分
炮手：6 人

左图：一般认为"25 磅"野战炮最后一次大规模参战是在 1971 年印度与巴基斯坦之间的战争，交战双方都使用了这种野战炮。然而，直到 20 世纪 80 年代，南非国防部队仍在使用该型野战炮

Mk 2 95 毫米步兵榴弹炮

1942 年，英国决定制造一款步兵营属轻型榴弹炮，但当时没有征询步兵的意见：可能规划者受到了德国和美国步兵所用火炮的影响。为了充分利用生产设施，英国人要求新武器必须融合已有武器的设计。炮管来自 94 毫米（3.7 英寸）高射炮，炮闩来自“25 磅”野战炮，反后坐系统和大架来自“6 磅”反坦克炮。为了简化弹药供应，新型榴弹炮使用老式 32 英寸驮载榴弹炮和支援坦克上安装的短管榴弹炮通用的炮弹。该项目的火炮被称为 Mk 2 95 毫米步兵榴弹炮，选择 95 毫米是为了区分其他 94 毫米武器。

不是成功之作

Mk 2 步兵榴弹炮并不是二战期间成功的案例。将各种不同武器的部件整合到新焊接的钢制炮架上使得新火炮看起来更老旧，其性能也很糟糕。“6 磅”反坦克炮的反后坐系统实现不了吸收后坐力的功能，并且经常出现故障。火炮轮距过窄导致运输时非常颠簸。整体的构造也很糟糕，虽然设计中考虑为了便于运输可以将该炮分解为 10 个部分，但在长时间射击之后会导致零部件松动。进一步的改进可能消除了大部分缺陷，但等到这些改进措施提出时火炮已经投入生产了。

事与愿违

正在此时，步兵也参与到此项目之中。他们很快声称他们不需要新武器。新武器的研制没有征询他们的意见，他们称已经拥有足够数量的武器了。

这一事件导致 95 毫米步兵榴弹炮项目彻底流产，大量生产出来的装备从未派上用场。它们在 1945 年之后全部销毁。

该火炮仅准备了两种炮弹——高爆弹和烟幕弹。当时也有计划配备一种破甲弹，但这是另一个 95 毫米坦克榴弹炮项目的成果。此外，还有人提议为其装备燃烧弹。该型炮的发射药总共有 3 个装药号。整个 95 毫米步兵榴弹炮项目现在看来更像新型武器系统的设计、发展和制造如何脱节的典型案例。

下图：试验性的 95 毫米（实际上是 3.7 英寸 /94 毫米）步兵榴弹炮是由各种现存武器的部件组合而成的。这款榴弹炮没有取得成功，特别是步兵明确表示不欢迎它，因此这款火炮也没有全面投入军队服役

性能诸元

Mk 2 95 毫米步兵榴弹炮

口径：95 毫米（3.7 英寸）

长度：炮管长 1.88 米（6 英尺 2 英寸），
炮膛长 1.75 米（5 英寸 8.9 英寸）

重量：运输时 954.8 千克（2105 磅）

俯仰角：-5 ~ +30 度

方向射界：8 度

炮口初速：330 米 / 秒（1083 英尺 / 秒）

最大射程：5486 米（6000 码）

炮弹重量：11.34 千克（25 磅）

M1A1 75 毫米驮载榴弹炮

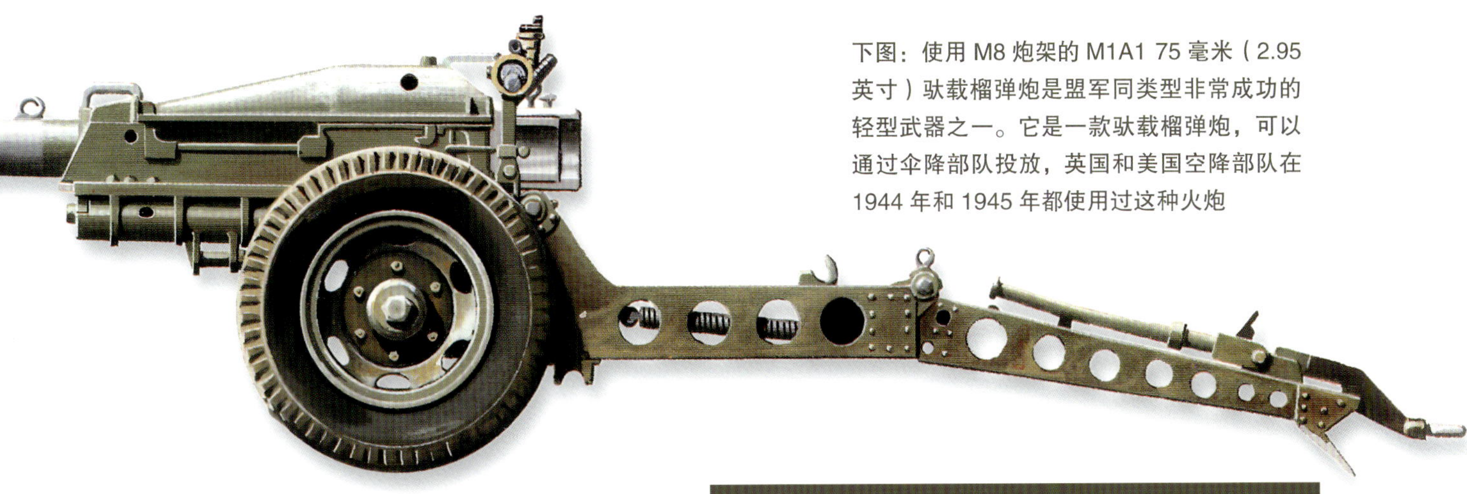

下图：使用 M8 炮架的 M1A1 75 毫米（2.95 英寸）驮载榴弹炮是盟军同类型非常成功的轻型武器之一。它是一款驮载榴弹炮，可以通过伞降部队投放，英国和美国空降部队在 1944 年和 1945 年都使用过这种火炮

一战之后，韦斯特维尔特委员会在 1920 年建议为山地战设计一款新型 75 毫米（2.95 英寸）轻型榴弹炮，同时也是通用的驮载榴弹炮。这是该委员会当时为数不多得到通过的提议之一，到 1927 年时，Mk 1 75 毫米驮载榴弹炮已经成为美军的制式装备；后来在生产过程中做了一些改变，同时也更名为 M1A1 75 毫米驮载榴弹炮（简称 M1A1）。

炮架

该榴弹炮安装在精妙设计的炮架上，它可以拆分成 6 个部分以便于运输。榴弹炮本身也可以拆卸运输，炮管可以拆下来放进顶部一个带盖子的槽中；这也让火炮从外面看起来与众不同。火炮方向射界的调整依靠一套螺纹系统，俯仰角调整装置安装在一个曲柄上。

第一批 M1A1 使用 M1 炮架，后者主要依靠牲畜拉运，因此它使用木制辐条轮。摩托化牵引车的出现使得炮架换成了使用橡胶轮胎金属车轮的 M8 炮架。这款小型的榴弹炮成为盟军第一批空降部队火炮武器，它几乎分配给了盟军的所有空降部队，其中包括英国的空降师。但不能因此认为 M1 炮架就过时了：这种炮架在二战期间还在生产，并分配给了同盟国的陆军，如当时还在使用榴弹炮的中国军队。

无论使用哪种炮架，M1A1 都是一款非常有用的武器。它在作战中操作简便，射程可达 8925 米（9760 码）。

性能诸元

M1A1 75 毫米驮载榴弹炮

口径：75 毫米（2.95 英寸）

长度：总长 1.321 米（4 英尺 4 英寸），炮管长 1.194 米（47 英寸）

重量：全重 587.9 千克（1296 磅）

俯仰角：-5 ~ +45 度

方向射界：6 度

炮口初速：最大 381 米 / 秒（1250 英尺 / 秒）

最大射程：8925 米（9760 码）

炮弹重量：6.241 千克（13.76 磅）

虽然该炮很轻，但也有许多被改造为自行火炮，另有一些被安装在半履带车上，且实战表现相当成功。

游击队的使用

讽刺的是，M1A1 并没有经常在山地战中使用。几乎没有战役需要盟军动用山地武器。一个例外是南斯拉夫。英国军官训练那里的游击部队使用 M1A1 火炮，而游击队员们在后来解放国土的战斗中很好地使用了这些火炮。

M1A1 最为人们所牢记的可能是该炮是盟军第一款可以空降的身管火炮。它们曾在阿纳姆使用过，当时是哈米尔卡滑翔机将它们投放到战场上，榴弹炮也能拆分成 9 个部分然后利用降落伞投放。

并不是所有的 M1A1 都有这样充满传奇的经历。很多仅仅被用作步兵支援武器，或者在远东地区的茂密丛林中充当驮载火炮。然而，M1A1 的重量很轻，还可以在两栖进攻行动中使用。

M2A1 105 毫米榴弹炮

由于在 1917 年加入第一次世界大战时装备非常落后，美军决定装备法国 mle 1897 型 75 毫米加农炮，并实现自行仿制。该炮在战争结束时刚刚开始批量仿制，因此导致美军库存有大量的 75 毫米加农炮，且一直库存至 1942 年。

早期起源

韦斯特维尔特委员会在 1919 年推荐了一款 105 毫米（4.13 英寸）榴弹炮。当时美国军方没有采取任何措施去落实这条建议，所以该方案直到 1939 年才最终实现。该武器在第二年投入生产，从那以后，数以千计 M2A1 105 毫米榴弹炮（简称 M2A1）从美国的生产线上下线。

M2A1 也将成为美国在二战期间使用非常广泛的武器之一。

M2A1 是一款传统火炮，整体设计方面没有独特之处。配套的 M2A2 炮架为开脚式，炮架与炮身的组合使得火炮的重心位于炮架前方不远处。该炮从一开始就没有考虑过挽马牵引，因此从设计之初便考虑配备橡胶轮胎。M2A1 的重量对于其口径而言有些过大，但巨大的强度冗余使得这款榴弹炮非常耐用，炮管和炮架能够在高强度战场环境下持续有效使用。M2A1 在欧洲到太平洋的各个战场上都有使用。

下图：虽然提议时间可以追溯到 1919 年，但第一门 M2A1 成品直到 1939 年才问世。此后，该炮的产量达到了上万门，它也成为美国陆军标准的野战榴弹炮。它是一款简单而坚固的火炮，能够支持任何使用方式

上图：朝鲜战争期间一门正在作战的 M2A1 105 毫米（4.13 英寸）榴弹炮。照片拍摄于 1950 年，这是很多战役中火炮常见的使用方式。该火炮最终更名为 M101 105 毫米榴弹炮，它在 21 世纪初期还在美国海军陆战队和其他超过 50 个国家军队中使用

战时的发展

整个战争期间，该炮的基础设计方案经过了众多的试验和改进，其弹药种类也非常繁多。战争结束时，M2A1 所用的弹药包括常见的高爆弹，各种各样的烟雾标记炮弹，以及非致命的催泪弹。并不是所有的 105 毫米榴弹炮都需要牵引。部分 M2A1 榴弹炮被安装到了自行火炮上，其中使用最为广泛的是 M7 自行火炮，英军炮兵部队将其亲切地称为“牧师”。

性能诸元

M2A1 105 毫米榴弹炮

口径：105 毫米（4.13 英寸）

长度：2.574 米（8 英尺 5.3 英寸）

重量：运输时和作战时均为 1934 千克（4260 磅）

俯仰角：–5 ~ +65 度

方向射界：45 度

炮口初速：472 米 / 秒（1550 英尺 / 秒）

射程：11430 米（12500 码）

炮弹重量：14.97 千克（33 磅）

斯柯达 vz.37 149 毫米榴弹炮（K4）

20 世纪 30 年代早期，斯柯达公司设计、发展和生产了与一战火炮完全不同的全新火炮，截至当时那些过时的火炮一直是该公司的主要输出产品。到 1933 年时，斯柯达公司生产的最重要的产品就是全新的 149 毫米（5.87 英寸）榴弹炮，也就是著名的 K 系列火炮。该系列的首款产品——K1 于 1933 年问世，完全投产后，这些 vz.33 型火炮主要出口到土耳其、罗马尼亚和南斯拉夫。K1 是一款完全现代化的火炮，采用一部沉重的开脚式炮架，既可以用马匹拉运，也可以使用摩托化牵引方式运输。在进行摩托化牵引时，火炮可以一体式机动，而在挽马牵引时，火炮身管可以拆下来单独运输。

进一步发展

尽管 K1 是一款成功的火炮，捷克斯洛伐克陆军还是认为它没有达到他们的要求，因此他们要求进一步发展 K1。由此而诞生的就是 K4，它完全满足了军方的要求。K4 在很多方面与 K1 相同，但它的炮管更短，由于捷克斯洛伐克陆军全力推行完全机械化，该炮取消了能够拆下身管的设计。K4 还用充气橡胶轮胎取代了 K1 上固定钢制跑轮外包胶皮的设计，此外该炮还为了满足摩托化牵引需求进行了多项改进。

替换

捷克斯洛伐克陆军决定采纳改造后的 K4，因为它是标准的重型野战榴弹炮，适合替换大部分一战时期遗留下来的老旧武器。陆军称 K4 为 vz.37 149 毫米榴弹炮（hruba houfnice），vz.37 表示该武器在 1937 年投入使用。斯柯达公司起草了生产计划，但这个长期项目后来被德国人接管了，因为德国占领了捷克斯洛伐克边境地区——苏台德区。随后生产计划变得更加疯狂，随着苏台德区防御线被攻破，捷克斯洛伐克全面暴露出来，1939 年，德国人全线入侵，占领了捷克斯洛伐克剩下的领土。

德国人还占领了斯柯达的工厂，并在其生产线上找到首批 vz.37 武器的成品，虽然仅有少部分样品，但德国军队将其带回德国后自行测试了射程，他们发现 vz.37 是一款性能全面、适合服役的榴弹炮，其射程可达到 15100 米（16515 码），并且能发射高效的 42 千克（92.6 磅）炮弹。因此，德国人决定按照他们自己的要求在皮尔森继续生产 vz.37，从那时起，德国人将 vz.37 更名为 37（t）15 厘米重型野战榴弹炮（schwere Feldhaubitze），全称为“1937 型 15 厘米重型野战榴弹炮（捷克斯洛伐克）”，（t）表示捷克（tschechish）。在德国陆军中，sFH 37（t）成为很多部队的标准武器，构成了师级炮兵部队的装备，甚至一些军属炮兵也使用了该榴弹炮。1940 年 5 月和 6 月的法国战役，以及随后 1941 年的入侵苏联行动中，德国陆军均使用了该榴弹炮。还有一些甚至到 1944 年还在东线战场上服役，但那时很多火炮已经交给德国控制下的各种巴尔干军事力量了，如后来的南斯拉夫。

左图：德国在东线战场取得胜利的全盛时期是在 1942 年夏季结束的时候，当时 A 集团军突击 300 多千米（约 185 英里）到达斯大林格勒东南部。图中，一门 sFH 37（t）15 厘米榴弹炮正在轰击高加索山脉山脚下的苏联阵地

性能诸元

斯柯达 vz.37（t）149 毫米榴弹炮

口径：149 毫米（5.87 英寸）
长度：3.6 米（11 英尺 9.7 英寸）
重量：运输时 5730 千克（12632 磅），作战时 5200 千克（11464 磅）
俯仰角：-5～+70 度
方向射界：45 度
炮口初速：580 米 / 秒（1903 英尺 / 秒）
最大射程：15100 米（16515 码）
炮弹重量：42 千克（92.6 磅）

斯柯达 220 毫米榴弹炮

斯柯达 vz.37 榴弹炮是一款全新的设计方案，比其稍早一点的斯柯达 220 毫米榴弹炮则是针对更早的战争模式研制的产品。直至 1918 年，斯柯达公司一直是一战时期奥匈帝国军队的最大武器供应商，皮尔森的斯柯达工厂在重型火炮制造方面仅排在德国克虏伯公司之后，整体性能方面，重型斯柯达榴弹炮更是首屈一指的产品。因此，当斯柯达公司在当时独立的捷克斯洛伐克再次开始生产时，“传统”的榴弹炮成为该公司的主要产品。

然而，重型火炮的重点再也不仅仅强调大口径了。尽管大口径火炮在摧毁防御工事方面极其有效，一战期间东线战场和西线战场都证明了这一点，但这种武器还是过于笨重而不适于运输，它们的最大射速也极其低下，此外，它们购买和使用的成本也过于昂贵。因此，当一战结束后新成立的国家开始购买武器装备时，他们仍然希望重型火炮，但又不想太过笨重的。作为过渡性的 220 毫米（8.66 英寸）口径的火炮仍然足以摧毁固定防御工事和其他重型工事，但需要注意的是榴弹炮本身不应该过于沉重。斯柯达公司发现了这一新的市场需求，因此他们设计了所要求的 220 毫米火炮，融合了同类火炮的大量经验，此后不久购买者就找到他们签单。

第一个是南斯拉夫，该国家是由一战之前的几个巴尔干半岛国家组成的。新成立的国家认为他们备受邻国的威胁，因此在整个欧洲范围内大量购买各种各样的武器。南斯拉夫是斯柯达公司的好顾客，1928 年，斯柯达公司向南斯拉夫交付一批 12 门斯柯达 220 毫米榴弹炮，并将其命名为 M.28。另一个买主是波兰，他们订购的数量不少于 27 门。这些火炮后来在第二次世界大战爆发前大量出现在波兰陆军的宣传照片之中。所有的照片都有一个共同特征：炮膛装置总是以某种方式遮挡起来，通常是一名士兵，这也是波兰人在所有公开的火炮宣传照片中常见的保密手段。

实用的武器

波兰人确实不幸运，1939 年，德国入侵波兰，并在一个月之内摧毁或者俘虏了波军所有炮兵力量。

上图：斯柯达公司制造了一战时期最优秀的重型火炮，公司延续了 220 毫米榴弹炮的传统，这种火炮也出口到波兰和南斯拉夫。德国人入侵和占领欧洲东部和南部大部分地区后，他们使用缴获的武器进攻了苏联的堡垒城市——克里米亚半岛的塞瓦斯托波尔

性能诸元

斯柯达 220 毫米榴弹炮

口径：220 毫米（8.66 英寸）
长度：4.34 米（14 英尺 2.9 英寸）
重量：运输时 22700 千克（50045 磅），作战时 14700 千克（32408 磅）
俯仰角：+40 ~ +70 度
方向射界：350 度
炮口初速：500 米 / 秒（1640 英尺 / 秒）
最大射程：14200 米（15530 码）
炮弹重量：128 千克（282.2 磅）

不幸的南斯拉夫也在 18 个月之后惨遭同样的厄运。德军也因此得到了大量斯柯达 220 毫米榴弹炮，这些火炮也立即成为德国陆军的装备。德国的闪电战概念中没有这种相对笨重的武器，所以缴获的榴弹炮主要分配给了防御部队和被占领区域的非机动部队。其中一些远在挪威服役，但到了 1941 年，大量榴弹炮被聚集起来充当攻城武器，主要用于攻占克里米亚半岛塞瓦斯托波尔的苏联堡垒。这也是最后一次以古老的方式集结和使用攻城武器进攻堡垒的案例，重型榴弹炮也在堡垒的攻克中发挥了重要作用。

K 18 和 K 18/40 10.5 厘米加农炮

在第一次世界大战中损失殆尽后，德军提出研制新一代火炮，其中就包括军属加农炮，这款火炮也是当时处于严格保密状态的德国军火产业的复出之作，1926 年，克虏伯和莱茵金属公司各自提出了设计方案；1930 年，两厂又提交了各自的样炮。

标准的武器

面对双方提出的设计方案，德国陆军一时间还无法得出孰优孰劣的结论，最终的妥协就是在克虏伯公司生产的炮架上安装莱茵金属公司生产的炮管。克虏伯炮架此后也将成为所有德国火炮炮架中使用最广泛的一种，因为更大型的 sFH 18 15 厘米榴弹炮系列也使用这种炮架。直到 1934 年，第一批成品才发放到士兵手中，当时它们叫作 K 18 10.5 厘米（K 表示 Kanone：加农炮），该系列将成为德军中口径炮兵部队的标准装备。

好景不长，事实证明 10.5 厘米（4.13 英寸）的中口径火炮并不受军方欢迎。简单地说，这种火炮相对于它所发射的炮弹而言太过笨重。更大型的 15 厘米（实际上是 14.9 厘米 /5.87 英寸）榴弹炮可以在几乎同样的射程下发射威力更大的炮弹，同时还不增加火炮的重量。当然还有其他障碍：当 K 18 投入使用时，德国陆军甚至还没有实现部分机械化，所以火炮必须由马队拉运，火炮过于沉重而导致一个马队难以应付，所以炮管和炮架必须分别运输，而这对于 10.5 厘米火炮而言，是一项让人难以忍受的任务。后来，半履带式牵引车的出现使得火炮可以整体牵引，但那时 K 18 的生产优先级已经非常靠后了。

下图：在西部沙漠一处抛弃的德国阵地上，一门 K 18 10.5 厘米“骄傲”地矗立在阵地中央。背景中是一门著名的 88 式高射炮，这也表明这里是一处战略要点

上图：英国步兵正在检查一门 K 18 10.5 厘米，它庞大的身躯显得格外突出。驻锄上方手杆用于在快速改变方向射界或准备转移到新阵地时收放大架

升级版本

为了让 K 18 成为更强大的武器，德国陆军参谋部要求增加其射程。想增加射程，就必须增加炮管的长度，于是 52 倍径身管被加长到了 60 倍径。改进型号的第一例成品在 1941 年问世，当时人们称之为 K 18/40 10.5 厘米，但它直到后来更名为 sK 42 10.5 厘米（schwere Kanone：重型加农炮）之后才投入生产，而且总的生产数量不是很多。

到 1941 年时，K 18 及其后来版本的 10.5 厘米火炮的弊端逐渐显现出来，但这些火炮依然有着自身的一席之地，主要被用于其庞大尺寸和重量并不会造成太大困扰的方向。它们主要用于沿岸防御。德国当时正在法国建立“大西洋壁垒”防线，它们急需各种武器，所以 K 18 被分配到相对固定的防御部队。作为一种沿岸防御武器，它凭借较大的射程而占据优势，不过炮弹重量作为反舰火炮时依然不足。为了增强该型火炮的对海打击能力，该炮还配备了多种新型炮弹，其中就包括一款用于测距的专用海上标记弹。

性能诸元

K 18 10.5 厘米加农炮

口径：10.5 厘米（4.13 英寸）
长度：5.46 米（17 英尺 11 英寸）
重量：运输时 6434 千克（14187 磅），作战时 5624 千克（12400 磅）
俯仰角：0 ~ +48 度
方向射界：64 度
炮口初速：835 米 / 秒（2740 英尺 / 秒）
射程：19075 米（20860 码）
炮弹重量：15.14 千克（33.38 磅）

sFH 18 15 厘米重型榴弹炮

自 19 世纪和 20 世纪之交以来，克虏伯和莱茵金属公司就成为德国两大火炮制造商。两个公司都在一战中毫发无损，但随着主要市场的崩溃，二者都决定开始生产新产品。因此，对于二者而言，20 世纪 20 年代都是紧缩和研究时期，等到 1933 年纳粹党上台，他们已经做好准备为新的“顾客”服务。“新顾客”非常狡诈，对于扩张的德国军队提出的每种新型火炮都要求二者提交设计方案，因此当一款新型的重型野战榴弹炮的需求出现时，两家公司都已经有了一套准备好的设计方案。

军方决策者的问题是两个提案一样优秀。因此，最终的结果是一种妥协，即莱茵金属公司的炮管安装在克虏伯公司的炮架上。这一决定在 1933 年确立，由此而诞生的火炮被命名为 18 15 厘米重型野战榴弹炮（schwere Feldhaubitze）（sFH 18 15 厘米），但真实的火炮口径是 149 毫米（5.87 英寸）。该榴弹炮很快成为标准的德国重型野战榴弹炮，它也从全德国的生产线上源源不断地被生产出来。

sFH 18改型

sFH 18 的早期型号依靠马匹牵引，并且炮管和炮架需要分解运输。之后投产的改进型可以由半履带牵引车实现摩托化机动，并成为主要量产型号。事实证明它是一款性能全面且坚固的榴弹炮，并在二战期间德国所有战役中表现优异。然而，1941 年入侵苏联行动开始后，德国人很快就意识到该榴弹炮被苏联的 152 毫米（6 英寸）火炮所超越。他们做了各种努力以增加射程，包括在已有的 6 个标准发射药号基础上再增加两个强装药药包。强装药作用有限，但对炮管造成过度磨损，同时也严重损耗了炮架的后坐装置。为了解决反后坐系统遇到的问题，一些榴弹炮安装了炮口制退器以减小后坐力，但这种改进没有取得很大的成功，随后该做法被摒弃；改进后的火炮更名为 sFH 18（M）15 厘米。

上图：这门 sFH 18 15 厘米重型榴弹炮正由一辆 SdKfz 7 半履带式牵引车拖进一架 Me 323 运输机中。大部分德国火炮都靠马匹拉运，但 sFH 18 15 厘米重型榴弹炮在战争早期就做了改进以使用车辆牵引

随着战争的进行，sFH 18 被安装到坦克底盘上，由此诞生了著名的“黄蜂”和“野蜂”自行榴弹炮，并成为部分装甲师的师属炮兵的一部分。并不是所有的 sFH 18 火炮都被部署于野战部队，“大西洋壁垒”防线上的部队也使用 sFH 18 来增强沿岸的防御力量，这些火炮通常由德国海军管理。一些 sFH 18 被交给了德国的盟友，特别是意大利（他们接手后更名为 obica da 149/28），另外芬兰也得到了一些（m/40）。

1945 年战争结束时，还有大量 sFH 18 在役，并且在很长一段时间内很多国家的陆军还在继续使用这种榴弹炮。值得注意的是，捷克斯洛伐克直至冷战结束前夕还在使用一种升级版本的 sFH 18，该版本也在葡萄牙陆军中服役了很长一段时间。南美洲中部某些国家直至 20 世纪 80 年代还在使用这种榴弹炮，实践证明 sFH 18 是德国性能非常全面且非常坚固的火炮之一。

下图：图中展示的是涂有东线战场伪装图案的 sFH 18 15 厘米重型榴弹炮，它是克虏伯公司和莱茵金属公司设计方案的折中产品，也是第二次世界大战期间德军的制式重型野战炮

性能诸元

sFH 18 15 厘米重型榴弹炮

口径：15 厘米（5.87 英寸）
长度：4.44 米（14 英尺 6.8 英寸）
重量：运输时 6304 千克（13898 磅），作战时 5512 千克（12152 磅）
俯仰角：-3 ~ +45 度
方向射界：60 度
炮口初速：520 米 / 秒（1706 英尺 / 秒）
最大射程：13325 米（14570 码）
炮弹重量：43.5 千克（95.9 磅）

K 18 15 厘米加农炮

德国陆军在1933年要求为师级炮兵部队装备一款新型大口径火炮，莱茵金属公司最终得到该合同。利用sFH 18 15厘米榴弹炮相同的炮架，莱茵金属公司设计了一款长而匀称的火炮，射程超过24500米（26793码），这远远超过了当时所有其他火炮。设计方案没有立即投入生产，因为当时优先权给予了sFH 18。直到1938年陆军才收到第一门18 15厘米加农炮（15厘米K 18）样品。

德国陆军接收K 18 15厘米火炮后，对射程和炮弹产生了深刻印象，但炮架存在的某些问题成了拦路虎。由于身管过长，除了短距离转移外，其他状况下该炮的炮管与炮架都必须分解后分别运输。炮管需要使用专用运输拖车，而炮架则需要在加装双轮前车后牵引。运输的这些准备工作需要大量时间，这非常不利于作战部队快速投入和撤出战斗。炮架还增加了另外一个特征：一个由两部分构成的旋转台，火炮放到上面可以实现360度的方向射界。这也必须在投入和撤出战斗时专门准备，因此炮架配备了坡道和吊车以便于必须拆卸运输时将火炮拆成两个部分。

糟糕的发射率

似乎耗费时间的安装和拆卸过程还不是唯一的缺陷，K 18的射速最高仅能达到两发/分。毫无意外，炮手要求更好的火炮，但是临时火炮正在生产之中，炮手们必须使用手上所有的武器。实际上，很多K 18被分配到静态的沿岸防御炮台或者卫戍部队，因为机动性的不足对他们不会造成太大的影响。所以，沿岸防御炮台很快就发现K 18是一款优秀的沿岸火炮：它超远的射程和360度的方向射界使其成为理想的沿岸防御火炮，不久之后，使用红色颜料的特种标记炮弹也被生产出来，专门用于火炮的标记和测距。

K 18 15厘米在战争结束前停止生产，因为当时出现了更重型的火炮。然而，对于已经投放到战场上的火炮，它们还有各种各样的弹药以及标记炮弹可以使用。该炮还配有一款专用混凝土破坏弹，此弹的装药量大幅度减小，同时还有一款薄壁杀伤弹，通过增加装药量提高爆炸威力。

评价

名义上K 18本应该是莱茵金属公司最好的设计方案之一，因为它射程大，发射的炮弹重（43千克/94.8磅）。然而，对于使用这种火炮的炮手而言，操作它是一件非常困难的事情。无论使用什么武器，炮手都可以通过训练以快速投入和撤离战斗，但K 18似乎给他们的感觉是操作艰难，仅能成为战场上一款勉强接受的武器。

性能诸元

K 18 15 厘米加农炮

口径：15 厘米（5.87 英寸）
长度：8.2 米（26 英尺 10.8 英寸）
重量：运输时 18700 千克（41226 磅），作战时 12460 千克（27470 磅）
俯仰角：-2～+43 度
方向射界：在旋转台上时为 360 度，在炮架上时为 11 度
炮口初速：865 米/秒（2838 英尺/秒）
最大射程：24500 米（26800 码）
炮弹重量：43 千克（94.8 磅）

左图：英国人在利比亚占领的一处德军炮兵阵地，一门K 18 15厘米似乎是这里最吸引人注意的武器。莱茵金属公司设计的这款火炮拥有不错的射程，但其部署和撤离非常耗费时间，这在战场上是非常危险的

K 39 15 厘米加农炮

K 39 15 厘米加农炮（简称 K 39）对于德国人而言来得有些曲折。该火炮最初是克虏伯公司在 20 世纪 30 年代后期为其一个传统客户——土耳其设计和制造的。火炮在设计时定位于野战炮和沿岸防御火炮的双重角色，所以它结合了开脚炮架和当时的一项创新——一个便携式旋转平台，火炮吊放到上面后可达到 360 度的方向射界，这个特征对于沿岸防御火炮而言非常有用。1939 年二战爆发时，订购的第一批两门火炮已经交付了，但再向土耳其交付更多火炮就很困难了。深陷战争的德国陆军发现他们需要尽可能多的新型野战炮，该设计方案没做任何改变直接被德国人采纳，位于埃森的生产线专门为德国陆军生产这种火炮。

上图：一门 K 39 被抛弃在寒冷的大平原上，引起了正在向西前进的苏联士兵的极大兴趣。K 39 由于后勤保障问题而最终撤回到训练部队。还有一些被分配到“大西洋壁垒”，充当沿岸防御火炮，而这也是它最原始的角色

德国陆军发现这是一款庞大但非常有用的火炮，它在运输时必须拆成三个部分：炮管、炮架和旋转台。对于大多数用途而言，旋转台实际上是不必要的，仅在岸防任务时用得上；该旋转台由一个中央旋转器，一系列悬臂梁横杆和一个外部的桥式圆环组成。整个旋转台由钢铁制造，使用时固定在某个位置。伸展的炮尾与外部桥式圆环相连，整个火炮因而可以通过一套手动曲柄控制移动。这个平台吸引了很多其他设计团队的注意，其中美军将其用作了 M1 155 毫米（6.1 英寸）加农炮的“凯利炮座”（Kelly Mount）式旋转基座的设计基础。

K 39 可以发射常规的德国炮弹，但刚开始服役时使用的是大量储存的专为土耳其人生产的炮弹。该炮弹采用分为 3 个药号的发射装药，所用弹药是高爆炮弹和半穿甲弹，后者最初被土耳其人用作反舰炮弹。所有这些非标准炮弹逐渐耗尽之后，德国人转向他们常规的炮弹。

但那时 K 39 已经不再是德国陆军的标准武器了。为德国陆军生产的 K 39 总量仅大约 40 门，这可以理解为 K 39 过于笨重而不适于后勤保障。因此，K 39 被分配给训练部队和后来的“大西洋壁垒”防御部队，在那里它们又回归到设计之初的岸防火炮角色。在静态的“大西洋壁垒”防线阵地上，旋转台的功效得到最大程度的发挥。

左图：K 39 15 厘米加农炮是克虏伯公司专为土耳其人设计的。二战爆发时仅向土耳其交付了两门火炮，相反，德国陆军采纳了该火炮，但使用的弹药是大量按照土耳其人的要求而生产的炮弹

性能诸元

K 39 15 厘米加农炮

口径：15 厘米（5.87 英寸）
长度：8.25 米（27 英尺 0.8 英寸）
重量：运输时 18282 千克（40305 磅），作战时 12200 千克（26896 磅）
俯仰角：-4 ~ +45 度
方向射界：使用旋转台时为 360 度，在炮架上时为 60 度
炮口初速：865 米 / 秒（2838 英尺 / 秒）
最大射程：24700 米（27012 码）
炮弹重量：43 千克（94.8 磅）

K 18 17 厘米加农炮和 M 18 21 厘米臼炮

当谈到两次世界大战之间的火炮设计时，克虏伯公司是当之无愧的领导者。克虏伯公司全面的推进战略，再加上积极的创新策略，造就那个时代普遍使用的最引人瞩目的火炮产品，这些创新也成为二战时期服役的著名火炮的显著特征。其中一项创新是“双重后坐力”炮架，在这种炮架中，后坐力会经过两次吸收，第一次由传统的靠近炮管的后坐机械装置吸收，第二次由向内部滑动的炮架轨道吸收。通过这种方式，后坐力几乎能被全部吸收，同时火炮在地面上不发生滑动。其他改进措施还使得整个炮管和炮架可以安放到一个轻型发射平台上。该平台可提供一个旋转支点以帮助火炮快速改变射击方向。

上图：随着英国第 8 集团军深入推进到突尼斯，这门 K 18 17 厘米加农炮被原封不动地缴获，然后被用于对付其以前的主人——非洲军团。由于射程超过 M 18 21 厘米臼炮，1942 年之后，所有生产设施全部用于生产 K 18 加农炮

克虏伯武器

该复式炮架的主要使用者包括两种克虏伯武器——口径较小的 K 18 17 厘米加农炮（实际口径是 172.5 毫米 /6.79 英寸）和大口径的 M 18 型 21 厘米大口径臼炮（Mörser，德国人通常按照欧洲大陆的惯例将重型榴弹炮称为臼炮）。17 厘米（6.8 英寸）火炮和 21 厘米（8.3 英寸）火炮分别于 1941 年和 1939 年服役。事实证明两者都是优秀的武器，对它们的需求急剧增大以至于克虏伯公司不得不委托位于汉诺威的哈诺玛格工厂帮助生产。在这两种武器中，优先权首先给予了 M 18 21 厘米臼炮，并为它研发了各种各样的特种炮弹，其中包括混凝土破坏弹。但随着 K 18 17 厘米加农炮的出现，17 厘米炮弹在威力上与 21 厘米炮弹相差无几，但前者的射程却大得多（29600 米 /32370 码），而 21 厘米迫击炮的射程仅为 16700 米（18270 码）。因此，在 1942 年，优先权又给予了 K 18 17 厘米加农炮，M 18 21 厘米臼炮则被停产。

然而，M 18 21 厘米臼炮一直使用到战争结束，而 K 18 17 厘米加农炮继续给所有遇到它的人留下深刻印象，无论是操作这款火炮的炮兵，还是遭受重达 68 千克的炮弹轰炸的可怜人。实际上，盟军有时候充当了炮手，因为在 1944 年，当盟军常规炮弹的弹药补给由于诺曼底到德国边境线之间漫长的后勤补给线断裂而中断时，部分盟军炮兵部队也使用缴获的 K 18 17 厘米加农炮。虽然尺寸与重量都相当庞大，17 厘米（6.8 英寸）和 21 厘米火炮的操作依然相对容易。仅需一人就可以实现 360 度射界的转动，虽然两种火炮都必须拆成两部分运输，但它们都装备了曲柄和坡道设备以保证快速将炮管从炮架上拆下来。对于短距离运输，两者都可以不拆卸而直接牵引。

下图：21 厘米臼炮使用与 K 18 17 厘米加农炮相同的炮架。德国人习惯把重型榴弹炮称为臼炮

K 3 24 厘米加农炮和 HM.1 35.5 厘米榴弹炮

1935 年，莱茵金属公司开始设计一款新的重型火炮，以满足德国陆军要求的发射重型炮弹的远程反炮兵火炮。第一门样品在 1938 年生产出来，不久之后德国又订购了一批，并被称为 K 3 24 厘米加农炮（24-cm Kannoe 3，简称 K 3）。K 3 是一款超重型火炮，它使用“双重后坐力”炮架，以及一个可以很容易旋转 360 度的发射台。火炮仰角可达 56 度，从而能够对敌方坚固堡垒和野战工事实施吊射，让炮弹具备最强的杀伤力。

K 3 的炮架很好地融合了多项技术创新。为了让火炮尽可能便捷地转移，火炮和炮架可以被分解为 6 个部分，并通过炮兵部队携带的大量设备（如坡道和绞车）实现快速且方便地组装。火炮还融合了各种安全保障措施以防组装时出现差错；例如，炮膛组装错误会导致火炮无法发射。其他安全措施保证绞车绳索断裂时，牵引的部件不会滑动很远而造成损坏。所有这些措施需要 25 人花费 90 分钟才

性能诸元

K 3 24 厘米加农炮

口径：24 厘米（9.37 英寸）
长度：13.104 米（42 英尺 11.5 英寸）
重量：运输时（拆成六部分）84636 千克（186590 磅），作战时 54000 千克（119050 磅）
俯仰角：-1 ~ +56 度
方向射界：在旋转台上时为 360 度，在炮架上时为 6 度
炮口初速：870 米 / 秒（2854 英尺 / 秒）
最大射程：37500 米（41010 码）
炮弹重量：152.3 千克（335.78 磅）

HM.1 35.5 厘米榴弹炮

口径：35.5 厘米（14 英寸）
长度：10.265 米（33 英尺 8 英寸）
重量：运输时 123500 千克（272271 磅），作战时 78000 千克（171960 磅）
俯仰角：+45 ~ +75 度
方向射界：在旋转台上时为 360 度，在炮架上时为 6 度
炮口初速：570 米 / 秒（1870 英尺 / 秒）
最大射程：20850 米（22800 码）
炮弹重量：高爆弹 575 千克（1267.6 磅），可穿透混凝土的炮弹 926 千克（2041.5 磅）

下图：庞大的 HM.1 35.5 厘米火炮的服役生涯至今充满了神秘，图中它正在东线战场上作战。其中几门这种火炮被用于摧毁塞瓦斯托波尔的苏联防御堡垒

能完成。一旦火炮开始作战，炮架内嵌的一台发电机将持续运转以给火炮提供能量。K 3 的生产数量不多；大部分记录为 8 门或 10 门。所有这些火炮均由同一支部队使用——第 83 重型炮兵营（摩托化）(schwere Artillerie Abteilung 83)。这个摩托化炮兵营有 3 个炮兵连（每个连下辖两门火炮），他们参与了从苏联到诺曼底的整个欧洲的战斗。

脱壳弹

K 3 是德国设计师进行大量试验的载体。为了发射试验性炮弹，德国人设计了特殊的炮管，如一种炮弹的弹带上刻有槽线，在与膛线认膛（认膛是指在进行火炮射击前，将炮弹的刻槽对准膛线，使其与膛线啮合，确保炮弹能够顺利入膛击发的过程）对齐后才能装填发射。其他的炮管还能发射射程更大的脱壳弹，甚至还有一种装置安装在炮口上方，用于“勒紧”特殊的次口径炮弹以增加射程。此外，还生产了一些滑膛炮管以发射远程的“箭壳”炮弹（Peenemunder Pfeilgeschosse: arrow shells）。

由于偶然的生产计划，莱茵金属公司设计的 K 3 武器实际上是由克虏伯公司制造的。克虏伯公司的工程师并没有对 K 3 的工程设计留下深刻印象，他们认为自己可以做得更好，因此他们生产了他们自己的版本，即 24 厘米 K 4。这是一个先进的设计方案，炮座安放在两个无炮塔的虎式坦克之间。甚至还有人提出了自行化型号，但其原型火炮在 1943 年针对位于埃森的克虏伯公司的一次空袭中被摧毁，然后整个计划被终结。战争结束时 K 3 仍然在服役，至少有一门落入美国陆军手中。这门火炮被带到美国，并得到了大量研究。试验结束后，它被送往马里兰州的阿伯丁试验场（Aberdeen Proving Grounds），那里现在还能看到这门火炮。

1935 年，德国陆军要求莱茵金属公司生产一款 K 3 的放大版本，虽然这种火炮的设计还处于初步阶段，但莱茵金属公司已经取得先机，并生产了一款新设计的 35.5 厘米（14 英寸）口径版本的火炮。第一门火炮在 1939 年战争爆发之前已经被生产出来，该炮基本上就是 24 厘米（9.37 英寸）榴弹炮按比例放大而来。该炮被命名为 M.1 35.5 厘米榴弹炮（HM.1 35.5 厘米，简称 HM.1），它融合了很多 24 厘米火炮设计方案的特征，其中包括“双重后坐”炮架。该火炮在运输时甚至需要拆成三个部分，但它还需要额外的一个部件，即组装和拆卸这个庞然大物所需要的特殊起重机架。该机架使用电力动力，电源是 18 吨的半履带式牵引车上携带的一台发电机，这台牵引车用于牵引拆散的起重机架。其他 18 吨的半履带式牵引车用于牵引其他部件，如托架、炮架顶部部件、炮管、炮架底部部件、旋转台和炮尾平台。

似乎没有记录表明 HM.1 做好战斗准备需要多长时间，但肯定的是时间一定很长。众所周知，该武器只有一个部队使用过，即第 641 炮兵营第 1 炮兵连（1 Batterie der Artillerie Abteilung 641）。可以确定的是，这个摩托化炮兵连参与过塞瓦斯托波尔的包围和进攻行动，但它在其他时候的具体行踪无法确定。

制造

关于 HM.1 的服役生涯至今仍有大量未知的事实。甚至确切的生产数量都无法确定。众所周知，该火炮是由莱茵金属公司在杜塞尔多夫制造的，但完成的数量在不同的资料中有所不同，从 3 门到 7 门不等。它使用的炮弹包括 575 千克（1267.6 磅）高爆弹，还有一种 926 千克（2041.5 磅）的混凝土穿透弹。接通电源后，它可以在炮架平台上实现 360 度的方向射界。

由于重量和外形的限制，HM.1 的射程不大，因此火炮的效率值得怀疑。现在看来，当时在这款榴弹炮中投入了大量财力、人力和装备，但其射程是否值得这些投入有待商榷。当然，HM.1 发射的炮弹如果落到目标上则一定会造成毁灭性打击。即使是最坚固的防御堡垒，在经受几枚这种炮弹的命中后也很难继续运转了，毫无疑问，这让该榴弹炮成为一种合适的武器。然而，可供 HM.1 摧毁的目标很少，它们唯一发挥巨大作用是在塞瓦斯托波尔。记录表明当时这些榴弹炮发射了 280 发炮弹，而这一定经历了很长时间，因为 HM.1 的最大射速仅为每 4 分钟一发。

M35 型 210/22 榴弹炮

20 世纪 30 年代，意大利陆军决心对其大部分重型炮兵部队实施装备换代，当时的意军重型炮兵部队就像一个规模庞大的火炮博物馆。他们选中了两款优秀的完全现代化的设计方案，一个是 149 毫米（5.87 英寸）口径的加农炮，另一个是 210 毫米（8.26 英寸）口径的榴弹炮。该型榴弹炮由陆军下属的“武器与弹药技术局”（STAM）设计，但制造是由位于波佐利的安萨尔多公司完成的。

榴弹炮被命名为 35 型 210/22 榴弹炮（简称 M35 型榴弹炮）。虽然原型炮在 1935 年就诞生了，但直至 1938 年它才被投入使用，当时的生产订单数量超过 346 门。35 型榴弹炮是一款全面而现代化的设计方案。该炮采用开脚式大架，每侧各有两具炮轮。投入战斗后，这些车轮被抬离地面，其重量由主轴下方的一个发射平台承担。在拔出用于固定的驻锄桩后，整个火炮可以很容易地旋转 360 度。

意大利人面临的主要问题是，虽然设计出了一流的榴弹炮，但他们无法将其生产出来。尽管意大利陆军的想法是好的，他们还是不得不带着老旧的火炮武器进入战争，现代化的装备与数量庞大的老旧武器相比微不足道，等到 1942 年秋季时，M35 型榴弹炮的总数仅 20 门，其中 5 门在意大利，剩余的在苏联战场上使用。出现这种情况的部分原因是虽然意大利陆军大量订购了该火炮，但很多完成的 35 型榴弹炮都被卖给了匈牙利，毫无疑问是为了换取原材料和食物。匈牙利人发现，为了更好地使用 21 厘米 39.M 火炮，他们有必要改进炮架，最终他们在 1943 年建立了自己的 21 厘米 40.M 以及后来的 21 厘米 40a.M 生产线。

服役历史

M35 型榴弹炮在服役中取得了巨大的成功。它在运输时需拆成两部分，但对于远距离运输，它还可以进一步拆成四部分，外加额外的组装设备和配件。M35 型榴弹炮吸引了德国人的注意，意大利在 1943 年 9 月投降后，安萨尔多公司被迫为驻守在意大利境内的德国部队生产火炮。因此，M35 型榴弹炮更名为 21 厘米 520（i）榴弹炮，并在德国军队中一直服役到战争结束。

1945 年之后，安萨尔多公司尝试将 M35 型榴弹炮卖往意大利国内以及外贸市场。但他们没有找到买主，因为意大利国内市场被美国装备牢牢占据，战争遗留的剩余物资可谓唾手可得。

性能诸元

M35 型 210/22 榴弹炮

口径：210 毫米（8.26 英寸）
长度：5 米（16 英尺 4.8 英寸）
重量：运输时（两部分）24030 千克（52977 磅），作战时 15885 千克（35020 磅）
俯仰角：0 ~ +70 度
方向射界：75 度
炮口初速：560 米 / 秒（1837 英尺 / 秒）
最大射程：15407 米（16850 码）
炮弹重量：101 千克或 133 千克（222.7 磅或 293.2 磅）

下图：意大利的大部分 M35 型榴弹炮都落入匈牙利人手中，并被用在东线战场的战斗中。意大利投降时，那些尚在意大利的该型榴弹炮立即被德国人接管，并在 1945 年顽固的防御行动中发挥巨大作用

上图：意大利人在一战期间大量使用重型火炮，但到20世纪30年代时，这些大型火炮已经过时了，新武器也获得了订单。M35 型 210/22 榴弹炮是一款优秀的设计方案，但意大利的工业能力无法快速大量生产

苏联 M1910/30 型、M1937 型和 M1910/34 型 152 毫米火炮

当谈到苏联的火炮发展历史时，人们的第一反应通常是苏联的火炮设计团队很少设计全新产品。相反，他们更强调稳步的发展计划，即新的火炮要以现存的炮架为基础，或者新的炮架使用已有的加农炮或榴弹炮炮身。他们坚持的目标是生产一款尽可能轻的火炮，但同时也要发射尽可能重的炮弹并尽可能增加射程。

主要型号

苏联 152 毫米（6 英寸）重型火炮的发展尤为符合上述特征。该火炮主要存在 3 种型号，当然还有一些其他的型号，其中最早的一款可以追溯到 1910 年。尽管年代比较久远，1910 型 152 毫米榴弹炮在 1930 年升级后改名为 1910/30 型 152 毫米野战炮（M1910/30）。这种火炮一直服役到 1941 年德国人入侵苏联。M1910/30 型野战炮是一款平凡的火炮，它过于笨重而必须拆成两部分运输，在现代化的炮兵作战中使用非常不便。到 1941 年时，M1910/30 型野战炮已经逐渐淘汰。德国人将缴获的这种火炮称为 K 438（r）15.2 厘米火炮。

1937 年，苏联设计团队提出一个替换方案。这就是 1937 型 152 毫米加农榴弹炮（即 M1937），它在现有火炮——1931/37 型 122 毫米（4.8 英寸）野战炮炮架的基础上安装了一款新型长身管。这款加农榴弹炮在实战中被证明是一款全能且威力强大的武器，德国人缴获之后称之为 K 433/1（r）152 毫米。

炮架组合

苏联人想要的是巨大的数量，但位于彼尔姆的第 172 号火炮厂无法生产足够的数量，因此苏联人又为这些加榴炮寻找了另一个来源。这一次采

上图：苏联的 152 毫米火炮在德国人手中被用作海岸防御火炮，这是一款坚固的可靠性高的武器，它的生产数量巨大。密集的重型火炮部队在德国人从莫斯科撤回柏林途中扮演了至关重要的角色

用的是 M1937 型火炮炮管，但炮架用的是更早的 M1931 型 122 毫米野战炮的炮架。这种组合被苏联人称为 M1910/34 型 152 毫米加农榴弹炮，而德国人称为 K 433/2（r）15.2 厘米火炮。

苏联当时还有另一款 152 毫米野战炮，但现在几乎找不到关于它的资料。很显然它是 1941—1942 年出现的一种紧急设计方案，在 203 毫米（8 英寸）榴弹炮的炮架上安装 152 毫米海军舰炮的炮管。更多关于它的细节现在无法得知。

性能诸元

M1937 型火炮

口径：152.4 毫米（6 英寸）
长度：4.925 米（16 英尺 1.9 英寸）
重量：运输时 7930 千克（17483 磅），作战时 7128 千克（15715 磅）
俯仰角：–2 ~ +65 度
方向射界：58 度
炮口初速：655 米 / 秒（2149 英尺 / 秒）
最大射程：17265 米（18880 码）
炮弹重量：43.5 千克（95.9 磅）

两款主力加榴炮——M1937 型和 M1910/34 型成为苏联红军在整个战争中重型野战炮的中流砥柱。虽然世界各国后来的发展重点集中到了榴弹炮上，但事实证明野战炮是非常有用的武器。它们的射程一般超过德国对应的武器，德国炮手对其留下深刻印象，因此德国人尽可能多地使用他们缴获的苏联 152 毫米火炮。很多被缴获的火炮被用于攻击它们以前的主人，还有很多被分配到“大西洋壁垒”防线。

也许，最能证明 M1937 型榴弹炮在引进时是多么的优秀就是它们在冷战时期还在广泛使用的事实。冷战之后，该炮的型号被改为 ML-20，并在全球范围内很多受苏联影响的国家服役很长时间。

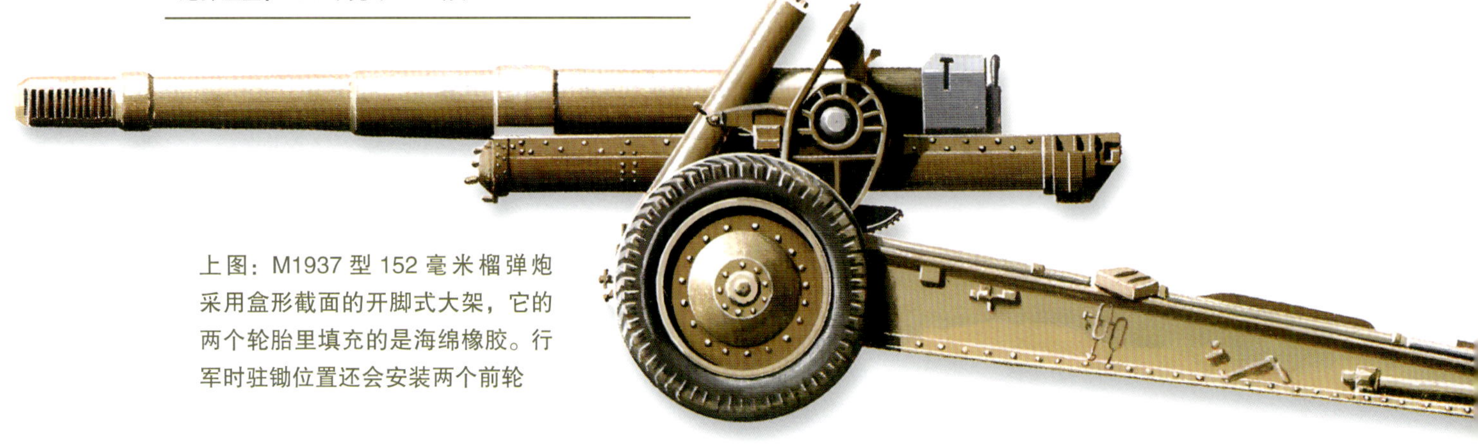

上图：M1937 型 152 毫米榴弹炮采用盒形截面的开脚式大架，它的两个轮胎里填充的是海绵橡胶。行军时驻锄位置还会安装两个前轮

苏联 M1909/30 型、M1910/30 型、M1938 型和 M1943 型 152 毫米榴弹炮

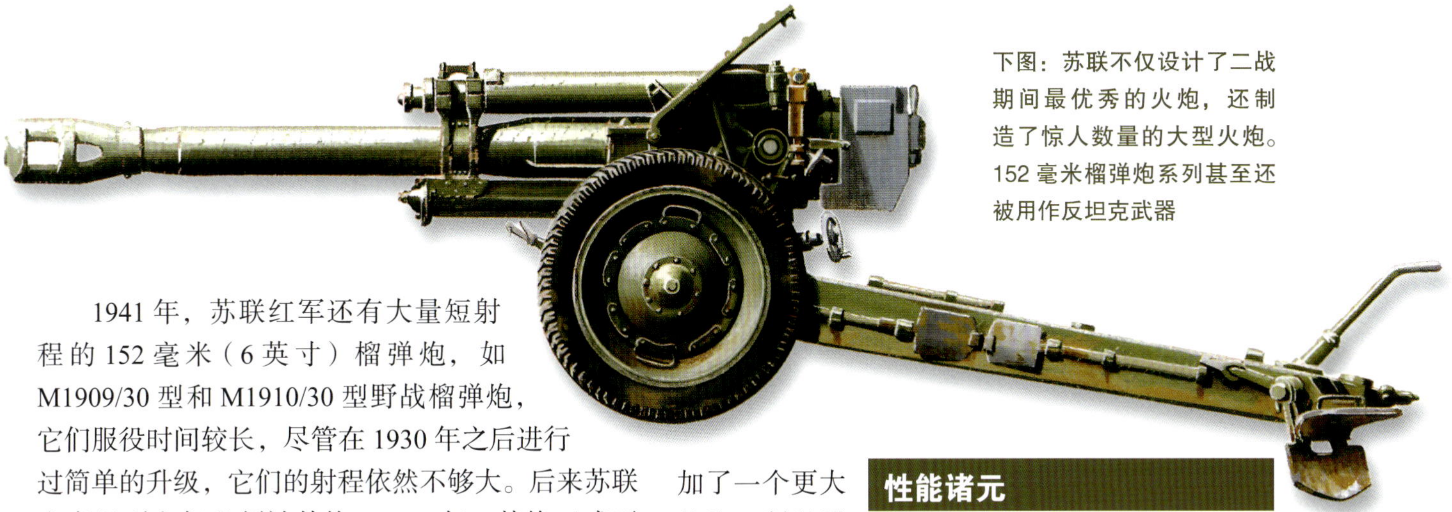

下图：苏联不仅设计了二战期间最优秀的火炮，还制造了惊人数量的大型火炮。152 毫米榴弹炮系列甚至还被用作反坦克武器

1941 年，苏联红军还有大量短射程的 152 毫米（6 英寸）榴弹炮，如 M1909/30 型和 M1910/30 型野战榴弹炮，它们服役时间较长，尽管在 1930 年之后进行过简单的升级，它们的射程依然不够大。后来苏联人意识到它们必须被替换，1938 年，替换正式开始。这款武器刚出现时是全新的设计方案，结合了 152 毫米炮管和坚固而稳定的开脚式大架。它在两个火炮工厂投入生产——位于彼尔姆的第 172 号火炮厂和位于沃尔金斯克的第 235 号火炮厂。事实证明，后来被称为 M-10 的 M1938 型野战榴弹炮取得了巨大成功并得以广泛使用，后来更成为苏联红军在整个战争中服役的主要火炮之一。苏联红军逐渐认为榴弹炮的灵活性比其射程更有价值，并在战争初期找到了入侵的德国陆军的弱点，即重型的 51.1 千克（112.6 磅）高爆弹是有效的反坦克武器。

反坦克角色

152 毫米榴弹炮被用作反坦克武器源自苏联红军的普遍做法，即把战场上所有可用的火炮都用作反坦克武器，M1938 型榴弹炮配发的重达 40 千克（88.2 磅）的新型实心穿甲弹取得了不小的成功，能击穿当时所有已知的坦克。德国人高度赞赏 M1938 型榴弹炮，并且尽可能多地使用他们缴获的战利品，他们将 M1938 型榴弹炮称为 sFH 443（r）15.2 厘米火炮，在苏联境内和“大西洋壁垒”防线上都曾使用过，更多出现在法国和意大利。

苏联的火炮设计者持续不断地努力改进 M1938 型榴弹炮，尽可能使其更轻，效率更高，后来，苏联人将 M1938 型榴弹炮炮管安装到了 M1938 型 122 毫米（4.8 英寸）榴弹炮的炮架上。他们还增加了一个更大的炮口制退器以减小（至少部分地）更大口径带来的更大后坐力，这一新组合就是 M1943 型 152 毫米野战榴弹炮。其名字表明这个新的榴弹炮 / 炮架组合于 1943 年投产，不久之后它就取代了更早期的 M1938 型榴弹炮。它沿用了 M1938 型榴弹炮所用的炮弹类型，它们的射程也没有变化。到 1945 年时，它还在苏联红军中大量服役，该炮的型号后来被改为 D-1。

性能诸元

M1943 型榴弹炮

口径：152.5 毫米（6 英寸）
长度：4.207 米（13 英尺 9.6 英寸）
重量：运输时 3640 千克（8025 磅），
作战时 3600 千克（7937 磅）
俯仰角：-3～+63.5 度
方向射界：35 度
炮口初速：508 米 / 秒（1667 英尺 / 秒）
最大射程：12400 米（13560 码）
炮弹重量：高爆弹 51.1 千克（112.6 磅）

战后的服役

战后，M1938 型和 M1943 型榴弹炮在很多军事冲突中出现过。M1938 型榴弹炮逐渐从战场上消失，它最后一次在前线部队作战是在罗马尼亚，但 M1943 型榴弹炮服役时间则长很多。直到 20 世纪 80 年代初期，该炮仍装备苏联红军的预备役部队。几乎所有受到苏联影响的国家都使用过 M1943 型榴弹炮，从捷克斯洛伐克到伊拉克，从古巴到越南。它甚至还出现在埃塞俄比亚和莫桑比克。

M1931 型 203 毫米榴弹炮

苏联在 1941—1945 年使用的最重型野战武器是 M1931 型 203 毫米榴弹炮，它也被称为 B-4。这是一款强大而沉重的武器，现在通常认为它是为数不多的使用履带式炮架的火炮武器之一，炮架布置在依靠卡特彼勒拖拉机履带行走的炮轮上。它也是苏联在 20 世纪 20 年代和 30 年代大量投资牵引车项目的成果之一，这些牵引车履带的使用是苏联火炮设计者采取的一项鲜明而经济的措施。履带的使用意味着 M1931 型 203 毫米榴弹炮（简称 M1931 型榴弹炮）可以在糟糕的松软地形上行驶，而其他重量差不多的武器则无法应对。

履带对于重型的 M1931 型榴弹炮而言是至关重要的。大部分版本都过于笨重，虽然在短距离运输时可将其分解成两部分，但长途转移时必须分解成六个独立的部分运输。某些版本可分解成五个部分，但 M1931 型榴弹炮共有六种不同的版本。所有版本都使用履带式炮架，但牵引方式各不相同。M1931 型榴弹炮在移动时需要使用前车将大架抬起，进而牵引前进，牵引车通常是农业上使用的重型履带式拖拉机。有的前车也使用履带，有的则使用一个大型车轮，也有的使用两个小一些的车轮。

在战斗中

对于前线作战的士兵而言，这些自行化之间差别很小，因为榴弹炮本身在其整个服役生涯中几乎没有什么变化。它在战斗中是一款笨重的武器，最大射速通常限制在每 4 分钟一发，但最大射速后来也有所提高。该炮能够编织起恐怖的弹幕，也被用于摧毁厚重的战略要塞，对于后者，火炮专门配备了重型的 100 千克（220 磅）高爆弹。但总体来讲，它是一款静态使用的武器，最大移动速度限制为 15 千米 / 时（9.3 英里 / 时）。意料之中的是，无论何时遇到运动作战，M1931 型榴弹炮都处于劣势，由于无法快速转移而经常落入德国人手中。德国人

上图：战争期间苏联最重型的野战炮 M1931 型 203 毫米榴弹炮安装在改装的农业拖拉机的履带式底盘上，这种牵引车在当时的苏联非常普遍。该火炮发射 100 千克（220 磅）炮弹，最大射程为 18 千米（11 英里）。

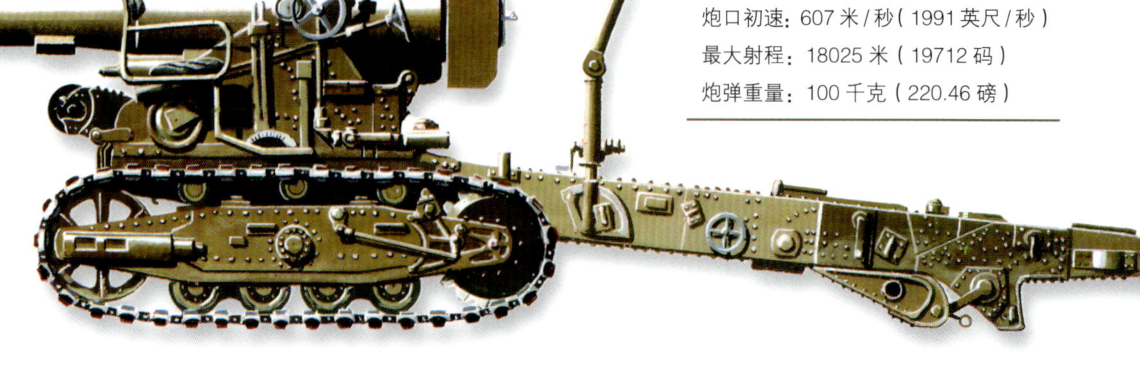

下图：直至 20 世纪 80 年代早期，强大的 M1931 型 203 毫米榴弹炮仍然在苏联陆军的某些重型火炮部队服役，但那时它不再使用履带式底盘了。德国人很乐意使用他们缴获的 M1931 型榴弹炮，不仅在苏联使用，也在意大利和欧洲西北部使用

性能诸元

M1931 型 203 毫米榴弹炮

口径：203 毫米（8 英寸）
长度：5.087 米（16 英尺 8.3 英寸）
重量：作战时 17700 千克（39022 磅）
俯仰角：0 ~ +60 度
方向射界：8 度
炮口初速：607 米 / 秒（1991 英尺 / 秒）
最大射程：18025 米（19712 码）
炮弹重量：100 千克（220.46 磅）

也极缺重型火炮，因此他们尽可能多地使用他们的“战利品”，主要在苏联使用，1941 年之后也在意大利和欧洲西北部使用，他们给予缴获的 M1931 型榴弹炮的型号为 20.3 厘米 H 503（r）。

后来的服役

1945 年之后，M1931 型榴弹炮似乎逐渐消失了，但一些年之后它又再一次出现。它在苏联红军的重型炮兵旅中一直服役到 20 世纪 80 年代，它也被用于摧毁在战斗中遇到的重要火力点。到这个阶段时，它已经没有了履带式运输装备，取而代之的是新型的多轮式炮架，每侧各串列有两个炮轮。这种炮架结构使得 M1931 型榴弹炮可以整体牵引。20 世纪 70 年代中期 2S7（M-1975）203 毫米自行火炮的出现彻底淘汰了 M1931 型榴弹炮。

Mk 2 114 毫米中型加农炮

20 世纪 30 年代后期，英国炮兵参谋部官员意识到，英军中口径加农炮部队将需要更好的新型火炮。有人提出，使用规划中的 139 毫米（5.5 英寸）榴弹炮炮架的新型 114 毫米（4.5 英寸）火炮非常适合，这个方案被采纳了，火炮射程要求达到 18290 米（20000 码）。

上图：1944 年 3 月 17 日，英国的一门 Mk 2 114 毫米中型加农炮向安齐奥滩头阵地射击。据报道，此次行动中一枚炮弹直接命中了被德国人用作指挥所的房屋

下图：Mk 2 114 毫米中型加农炮首次参战是在北非战役的后期阶段

开始服役

火炮的设计阶段非常顺利，并在 1940 年晚期开始投入生产。主要由于炮架生产遇到困难，直到 1941 年中期第一批成品才交付炮兵部队。它们及时地赶上了北非战役的后期阶段。不久之后，老旧的 Mk 1 114 毫米火炮在英国被降级为训练武器。

除了炮身外，Mk 2 114 毫米中型加农炮［Mark 2 与 Mark 1 的主要区别在于后者采用 27.21 千克炮弹（60 磅），并且 Mark 1 的射程也更短］和 139 毫米榴弹炮本质上几乎完全相同，仅 Mk 2 114 毫米中型加农炮的炮管比 139 毫米榴弹炮略长一些。Mk 2 114 毫米中型加农炮（简称 Mk 2 114 毫米火炮）发射 24.97 千克（55.04 磅）的高爆弹，射程为 18758 米（20513 码），而 139 毫米榴弹炮的射程为 14823 米（16210 码）。

有限的火力

然而，火炮手指出了 Mk 2 114 毫米火炮炮弹的一个显著缺陷。由于各种原因，Mk 2 114 毫米火炮炮弹的高爆炸药占炮弹重量的比例过低，结果导致炮弹对目标的摧毁效果大打折扣。正是由于这个

上图：1944 年，诺曼底，盟军向瑟莱河畔蒂利推进。图中，一门 Mk 2 114 毫米火炮正在射击以支援英国步兵。作战时，操作该型炮需要多达 8 名炮手

原因，139 毫米榴弹炮成为更受欢迎的武器，特别是它发射的 36.32 千克（80.07 磅）炮弹对目标的摧毁效果远远超出 Mk 2 114 毫米火炮。因此，生产的优先权给予了 139 毫米榴弹炮，但 Mk 2 114 毫米火炮在战争中也继续充当重要的反炮兵武器。除了英国人，没有其他国家使用 Mk 2 114 毫米火炮，该火炮也没有使用除高爆弹之外的其他炮弹。

Mk 2 114 毫米火炮的炮架与 139 毫米榴弹炮有细微差别，因为它们的炮管重量和长度有所不同，但采用通用的开脚式大架，前伸的炮管通过耳轴位置的两根向上突出的平衡杆配平。炮管的左右方向射界均为 30 度。

火炮的操作

早期的一些炮架问题解决之后，事实证明该火炮非常结实耐用，很少出现问题。操作这款相对较重的火炮需要的炮手多达 8 名，并且还有 2 个主要的气动轮胎式车轮平衡重量，大架打开和闭合也是一项困难的工作。该炮在开火状态下车轮不会吸收后坐力，所有的后坐力均会被液气反后坐装置以及两根大架末端的驻锄吸收。

虽然 Mk 2 114 毫米火炮自 1945 年战争结束后就不再服役于一线部队，一小部分继续充当训练武器，但至少持续到 20 世纪 50 年代后期，执行训练任务时使用的基本上都是储存的 Mk 2 114 毫米火炮。

性能诸元

Mk 2 114 毫米火炮

口径：114 毫米（4.5 英寸）
长度：4.764 米（15 英尺 7 英寸）
重量：作战时 5842 千克（12879.4 磅）
俯仰角：-5～+45 度
方向射界：30 度
炮口初速：高达 686 米 / 秒（2250 英尺 / 秒）
最大射程：18758 米（20513.9 码）
炮弹重量：24.97 千克（55 磅）

Mk 1—5 和 Mk 6 183 毫米榴弹炮

两次世界大战之间，英国陆军似乎忽略了火炮的发展，因此等到 1940 年需要重型火炮时，他们手上只有大量一战时期的 203 毫米（8 英寸）榴弹炮，但这种火炮的射程在当时已经满足不了需求了。作为权宜之计，英国人决定将现存的 203 毫米炮管口径改造为 183 毫米（7.2 英寸），并研制一系列新型炮弹。原始的 203 毫米火炮炮架被保留下来，但更换了新型的充气轮胎，这就是后来的 183 毫米榴弹炮。

上图：183 毫米榴弹炮对其炮手而言，就像对其目标一样恐怖。图中展示的是 1944 年 9 月在法国鲁托的战场上，10 吨重的火炮发射全装药的炮弹后跳到了空中。虽然这款临时的设计方案让人惊讶不已，事实证明它仍然是一款相对有效的武器

可怕的后坐力

新型炮弹大幅增加了射程，但当火炮发射全装药炮弹时，炮架无法吸收过大的后坐力。183 毫米榴弹炮发射全装药炮弹的风险很大，因为整个火炮可能会向后跳起。这种不希望出现的移动可以通过在每个车轮后方放置一个楔形的斜坡而消除，但即使如此，榴弹炮有时甚至会直接冲出斜坡。但事实证明改装之后的火炮是一套优秀的炮弹发射系统，射程和精度均有大幅提高，以至于战场上的炮兵们要求提供更多这种火炮。

为了供应更多，改装的 203 毫米榴弹炮种类最终达到 6 种，根据原始的炮管和改装的类型进行区分；一些 203 毫米炮管来自美国。第一批 183 毫米榴弹炮在北非战役的后期阶段首次投入使用，再后来参与了诺曼底登陆行动。

但到 1944 年时，大量 183 毫米火炮都采用了进口的美国 M1 炮架。事实证明，这些优秀的炮架正适合 183 毫米榴弹炮，因为它们就是为美国 155 毫米（6.1 英寸）加农炮和 203 毫米榴弹炮而设计的。183 毫米炮管和 M1 炮架的组合被称为 Mk 5 183 毫米榴弹炮。这种组合的生产数量很少，因为很显然 M1 炮架可以承载更多的改装类型。如一种更长的 183 毫米炮管安装到了 M1 炮架，这就是 Mk 6 183 毫米榴弹炮。更长的炮管将火炮射程大幅提高到 17985 米（19667 码），炮架也比老旧的 203 毫米炮架稳定得多。随着可用的 M1 炮架数量越来越多，它们也开始使用新型的 Mk 6 炮管，等到 1944 年底时，原始的 203 毫米炮架已经几乎看不到了。稳定性的增加带来精度的提高，Mk 6 榴弹炮也因为良好的射击性能而获得美誉。

性能诸元

Mk 1–5 183 毫米榴弹炮

口径：183 毫米（7.2 英寸）
长度：4.343 米（14 英尺 3 英寸）
重量：作战时 10387 千克（22900 磅）
俯仰角：0 ~ +45 度
方向射界：0 度
炮口初速：518 米 / 秒（1700 英尺 / 秒）
最大射程：15453 米（16900 码）
炮弹重量：91.6 千克（202 磅）

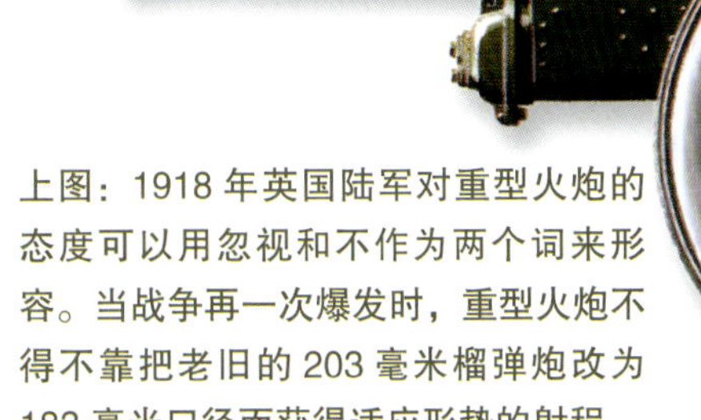

上图：1918 年英国陆军对重型火炮的态度可以用忽视和不作为两个词来形容。当战争再一次爆发时，重型火炮不得不靠把老旧的 203 毫米榴弹炮改为 183 毫米口径而获得适应形势的射程

M1 240 毫米榴弹炮

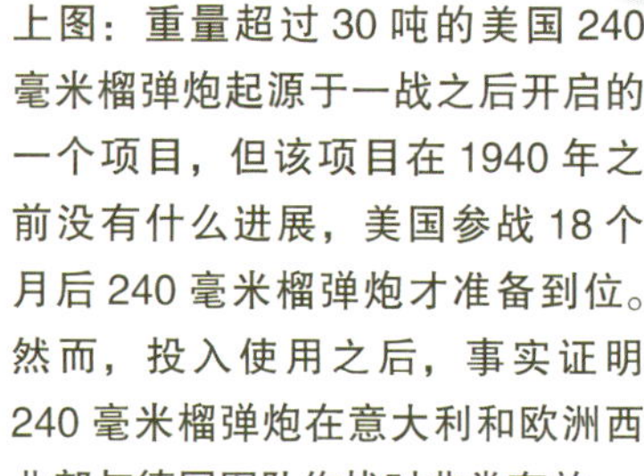

上图：重量超过 30 吨的美国 240 毫米榴弹炮起源于一战之后开启的一个项目，但该项目在 1940 年之前没有什么进展，美国参战 18 个月后 240 毫米榴弹炮才准备到位。然而，投入使用之后，事实证明 240 毫米榴弹炮在意大利和欧洲西北部与德国军队作战时非常有效

性能诸元

M1 240 毫米榴弹炮

口径：240 毫米（9.4 英寸）

长度：8.407 米（27 英尺 7 英寸）

重量：全重 29268 千克（64525 磅）

俯仰角：+15 ~ +65 度

方向射界：45 度

炮口初速：701 米 / 秒（2300 英尺 / 秒）

最大射程：23093 米（25255 码）

炮弹重量：163.3 千克（360 磅）

1939 年，美国陆军重新开启了一个联合项目，即基于通用的炮架而设计的 203 毫米加农炮 /240 毫米榴弹炮，而该炮架早在 1919 年就首次提出来了。第一批 203 毫米（8 英寸）加农炮直到 1944 年才投入使用，但 240 毫米（9.4 英寸）榴弹炮问题较少，在 1943 年 5 月就准备完毕了。M1 240 毫米榴弹炮是一款相对较重的火炮，其炮架本质上讲就是放大版的 M1 炮架，这种炮架也在 M1 155 毫米（6.1 英寸）加农炮上使用。不过 M1 240 毫米榴弹炮的炮身和炮架通常不会一体化运输，炮架会安装上 6 个炮轮进行牵引，在抵达阵地展开后，炮轮将拆除，而炮管则由另一台半挂车运输。在进入选定的发射阵地后，炮架将先行就位，随后炮手将挖掘一个驻锄坑，以确保地面能够承受最大仰角时的发射后坐力。随后炮管被拖入阵地，用起重机吊运到火炮上。炮架的移动和大架的展开也依靠这部移动式起重机进行。

准备就绪后，该榴弹炮是一款强大的武器，虽然在机动作战中该型火炮很难发挥作用，但一旦战线陷入静止状态，就能派上很大的用场。战斗持续进行时，一般不移动火炮，因为该武器投入和撤出战斗都需要大量时间，但它使用的 163.3 千克（360 磅）高爆弹具有毁灭性打击能力。该榴弹炮在美国和英国陆军中一直服役到 20 世纪 50 年代。

左图：一门 240 毫米榴弹炮正在做战斗准备：它依靠 6 个轮子的炮架移动，而该炮架放置在一个深坑之中以吸收后坐力

M1 155 毫米加农炮

上图：1944 年上半年，盟军第 5 集团军位于意大利的安齐奥滩头堡，一门 155 毫米（6.1 英寸）“长脚汤姆”火炮正在内图纳区域射击。类似于 M1 这种超大射程的武器对于阻止德国人登上滩头阵地是至关重要的

美国在 1917 年 4 月参加第一次世界大战时，陆军重型火炮装备很差，因此他们接受了各种各样的盟军火炮，其中包括法国的 155 毫米（6.1 英寸）GPF（Grand Puissance Filloux：大威力加农炮）。该炮是当时综合性能最优秀的加农炮之一，但在 1918 年以后，美国的火炮设计者开始寻求改进火炮和炮架的整体性能，并在整个 20 世纪 20 年代引进了一系列改进型号。有时该项目会停顿几年，但到了 20 世纪 30 年代后期，新

右图：1944 年，一门 155 毫米“长脚汤姆”火炮向菲律宾莱特岛杜拉格后方高山上的日军炮兵阵地发射一轮炮弹后，它的炮手用双手捂住自己的耳朵。超大射程的 M1 加农炮成为一款优秀的反炮兵武器

上图：移动中的 M1 155 毫米加农炮，可以看到炮尾与前车相连。它在十几个国家中一直服役到 20 世纪 80 年代。它在使用时共需要 14 人，可以保持每分钟两发的最大射速

的设计方案（非常简单，即原始的 GPF 炮管装上阿斯伯里炮膛装置）被美军定型为标准装备，即使用 M1 炮架的 M1 155 毫米加农炮，然后这种 155 毫米武器开始在几个美国的兵工厂稳定地生产。

M1 炮管和炮架组合是对法国 GPF 加农炮的全面改进，但也引入了一些新的特征。身管为 45 倍径，炮架采用开脚式大架，炮架前方设置有两根轮轴，采用双排双轮设计（共 8 个轮胎），该炮架在作战时需要将炮轮升起，炮架前部接地：实战证明这种设计非常有效。因为它能提供良好的稳定性。这种结构使得火炮的精度大幅提高，最终英国人在他们的 183 毫米榴弹炮上也采用了这种炮架。牵引时，炮尾支架被收起来放进一个前车中。这种前车共有两种——M2 和 M5，后者可以快速向上提起，这保证了火炮能在战斗中快速撤收，但对于没接受过训练的炮手而言也是危险的。正是这个原因，M2 前车通常更受欢迎。

改进型号

M1 逐渐发展成 M1A1，然后在 1944 年又发展成 M2 型。型号之间的变化主要限制在生产上的方便，而不影响火炮性能，实战证明它们的作战性能非常优秀：43.1 千克（95 磅）炮弹可以发射到 23220 米（25395 码）的距离处。

不久之后，M1 成为美国陆军的标准重型火炮之一，它同时具备精度和射程的优势，这意味着它经常用于反炮兵作战。大量这种火炮被分配到盟军国家，M1 不久之后也成为英国陆军炮兵部队的组成部分，并在欧洲战场上积极参战，它还参与了 1944 年 6 月的诺曼底登陆战役。

性能诸元

M1A1 155 毫米加农炮

口径：155 毫米（6.1 英寸）
长度：7.366 米（24 英尺 2 英寸）
重量：运输时 13880 千克（30600 磅），作战时 12600 千克（27778 磅）
俯仰角：-2～+65 度
方向射界：60 度
炮口初速：853 米 / 秒（2800 英尺 / 秒）
最大射程：23221 米（25.395 码）
炮弹重量：42 千克（92.6 磅）

美军还尝试将 M1 改造为自行火炮，该炮被安装在大幅度改装的 M4A3E8“谢尔曼”坦克底盘上，火炮布置于敞开的战斗室中，这个车辆 / 火炮的组合被称为 M40 自行火炮。由于直到 1945 年才投入量产，因此 M40 的主要服役生涯是在第二次世界大战结束后，该炮被广泛使用，英军也采用了该炮。

改进的命名

1945 年后，美国陆军进行了装备型号体制的调整，其间 M1 和 M2 更名为 M59。战后这段时期还见证了前车装置的终结，因为人们发现，对于当时在役的大部分重型牵引车而言，所有需要做的仅仅是直接把炮尾连到牵引车的牵引挂钩，通常使用铰链。M59 155 毫米以这种形式在世界范围内很多国家陆军中一直服役到 20 世纪 90 年代，此后它也还在少量服役，虽然该炮此时仍被认为是一款优秀的武器，但其射程此时已经存在不足，且射程调整较为困难。

M1 203 毫米榴弹炮

上图：这些 M1 203 毫米榴弹炮正在 1944 年 12 月欧洲西部寒冷的天气中行驶，它们穿越比利时，加入美国第 1 集团军。火炮在诸如阿登高地的区域极其有效，那里的道路几乎没有明显的阻塞点

美国加入一战后，其陆军在法国接收的各种重型火炮中有英国的 Mk 7 和 Mk 8 203 毫米榴弹炮，偶然的是，它们是英国人订购的，但是在美国生产的。美国陆军很乐意地接受了这种火炮，不久之后美国人就发现它是一款精度很高的火炮。1918 年之后，美国陆军设计了他们自己的生产版本。这一计划得到了著名的顾问团——韦斯特维尔特委员会的支持，该委员会还推荐引进 M1 155 毫米加农炮，他们还建议，155 毫米火炮和 203 毫米榴弹炮应该使用同样的炮架，因此，新型的榴弹炮使用了与 M1 155 毫米加农炮相同的 M1 炮架。

性能诸元

M1 203 毫米榴弹炮

口径：203 毫米（8 英寸）

长度：5.324 米（17 英尺 5.6 英寸）

重量：运输时 14515 千克（32000 磅），作战时 13471 千克（29698 磅）

俯仰角：-2 ~ +65 度

方向射界：60 度

炮口初速：594 米 / 秒（1950 英尺 / 秒）

最大射程：16595 米（18150 码）

炮弹重量：90.7 千克（200 磅）

缓慢的发展

尽管有韦斯特维尔特委员会的推荐，新型榴弹炮的发展依然非常缓慢和不稳定，有时甚至中断。

下图：除了接收法国的 M1 155 毫米火炮，美国陆军在 1918 年还接收了英国的 M1 203 毫米榴弹炮，它随后也被用作了战后美国重型榴弹炮设计方案的底盘。M1 203 毫米榴弹炮由于研究经费不足而经历了多次中断，最终直至 1940 年才正式问世。然而，它在作战中再一次给人留下深刻印象。它精度高，操作困难，但仍然被广泛使用，并最终发展成为 M110 自行榴弹炮

上图：一门作战中的 M1 203 毫米榴弹炮，图中可以看到炮膛机械装置。4 名炮手准备抬起这枚 90.7 千克（200 磅）的炮弹，其重量也解释了为什么火炮最大射速仅为每分钟一发

因此，直到 1940 年，该榴弹炮才被定型为 M1 203 毫米榴弹炮。它与原始的英国设计方案很相似，但炮管更长，还使用了 M1 炮架，精度也比英制榴弹炮好。然而不能简单认为 M1 203 毫米榴弹炮和 M1 155 毫米加农炮可以使用同样的炮架，虽然二者的炮身可以互换，但互换炮管的工作需要耗费大量时间，同时也会导致很多问题。

强大的 M1 203 毫米榴弹炮投入使用之后，它很快就成为一种非常受欢迎的武器。其高精度使得该炮能够对于靠近友军的敌军据点目标以猛烈打击，因此，它经常被用于摧毁战斗要塞和碉堡。M1 203 毫米榴弹炮发射的炮弹最初是 90.7 千克（200 磅）的高爆弹，203 毫米岸防炮也使用这种炮弹，但后来被换成了所谓的 M106 特种高爆弹，它们的重量相同，但后者的射程可达到 16596 米（18150 码）。M1 203 毫米榴弹炮仍然使用 M106 炮弹，战争结束后 M1 203 毫米榴弹炮被更名为 M115 榴弹炮。

与 M1 155 毫米加农炮一样，M1 203 毫米榴弹炮被尝试改装为自行火炮，但第一个版本直到 1946 年才出现。那就是 M43，它使用大幅改造的 M4A3E8 坦克底盘作为载体。随后沿着这条路线发展的结果就是 M110 系列，它们最初使用几乎没改动的牵引版 203 毫米榴弹炮炮身，但后来逐渐发展成为使用加长身管的 M110A2。

M115 牵引式榴弹炮多年以后仍然在 8 个国家中广泛服役。因此，203 毫米榴弹炮也可以说是世界上服役时间最长的现代化重型火炮之一。

下图：203 毫米炮发射时的巨大冲击波不仅会损害听力，还有可能导致炮手的身体被震伤。图中是 1944 年 7 月 4 日（美国独立日）在诺曼底战场参与弹幕射击的一门 M1 203 毫米榴弹炮

149/40 自行加农炮

意大利陆军认识到对突击炮的需求并不比德军晚太多，意军研制了一系列外观上与德军 StuG 3 突击炮相似的突击炮。这些意大利突击炮的产量较为可观，且相比同期的意大利坦克装甲更厚，所需生产工时更少。但等到这些突击炮投入使用时，意大利已经基本退出战争，因此意军装备的大部分突击炮都落入了德军手中。

高需求

大部分意大利自行火炮（somovente）安装各种长度的 75 毫米（2.95 英寸）或 105 毫米（4.13 英寸）加农炮和榴弹炮，但由于这些突击炮都是直瞄火炮，意大利炮兵部队仍然需要自行曲射火炮以支援装甲部队。因此，安萨尔多公司将其以前的一些研发设施转用于设计一款强大的可以安装在卡车底盘上的火炮武器。最终，安萨尔多公司选中了一款现存的武器——modello 35 型 149/40 加农炮，并决定将其安装在大幅改造的 M.15/42 坦克底盘上。挑选这两件组合是为了打造尽可能合适的炮架 / 武器组合，但障碍是意大利陆军对上述的两款火炮和坦克存在大量需求。意大利的工业能力根本无法满足现有的需求，因此，新型的自行火炮——149/40 自行加农炮在不确定的情况下迅速停止了。

性能诸元

149/40 自行加农炮

乘员：（随车）2 人

重量：24000 千克（52911 磅）

动力平台：一台 SPA 汽油发动机，功率 186.4 千瓦（250 马力）

尺寸：长度 6.6 米（21 英尺 7.8 英寸），宽度 3 米（9 英尺 10 英寸），高度 2 米（6 英尺 6.7 英寸）

性能：公路最大行驶速度 35 千米 / 时（21.75 英里 / 时）

武器装备：一门 149 毫米（5.87 英寸）火炮

不受保护的武器

149/40 自行加农炮基本没有防护，因为长长的炮管就安装在开放的无炮塔坦克底盘上。炮手毫无保护地站在外面操作火炮，火炮耳轴布置在车体后方以吸收火炮射击时带来的一些后坐力。直到 1942 年后期，第一门原型炮才准备就位，进行拖延已久的射击试验，但甚至在这些试验还没结束时就开始尝试投产，而火炮还没有从生产线上下线意大利人就向盟军投降了，因此德国人接管了意大利剩下的武器。149/40 原型炮依然是唯一看起来有希望的设计方案。149/40 自行加农炮确实是一款实用的武器：它能发射 46 千克（101.4 磅）的炮弹，射程达到 23700 米（25919 码），考虑到该炮极远的射程，炮手缺乏装甲防护所造成的影响应当不大。

149/40 自行加农炮在战争中保留下来，现在还能在美国的亚伯丁试验场看到它。它看起来仍然像一款完全现代化的武器，在很多现代化火炮的环绕下也不显得太落后。

左图：在马里兰州亚伯丁试验场可以看到长斜线条形的意大利 149/40 自行加农炮。尽管对炮手、储存在车辆里的弹药以及其他设备没有保护措施，它看起来还是非常像一款现代化的火炮武器

4 式自行火炮

第二次世界大战期间，日本人在装甲技术发展方面可谓全方位落后。日军早期在侵略中国东北以及内地的过程中的胜利误导了其发展思路，使得日军更加重视轻型坦克和袖珍坦克的发展。这一发展路线也符合当时日本的工业实力，由于还处于工业化的初级阶段，日本缺乏坦克的大规模生产能力。日军在自行火炮的发展方面也因此居于人后，只生产出了少量型号。

榴弹炮改装

4 式自行火炮（日军军内的片假名代号为“ホロ”，罗马音“Ho-Ro”）便是日本军工产业所给出的答案之一，该炮由 38 式 150 毫米（5.9 英寸）榴弹炮和 97 式中型坦克组合而成。该炮的设计相当简单粗暴，就是将榴弹炮直接安装在位于车体正面的防盾上，顶部和侧后都完全敞开，车体的侧面装甲也聊胜于无，甚至没有延伸到战斗室尾部。38 式榴弹炮是一款由德国克虏伯公司设计的型号，可追溯至 1905 年。该炮发射重 35.9 千克（79.15 磅）的炮弹时射程为 5900 米（6452 码），由于过于老旧且磨损严重，该炮从 1942 年开始退出常规使用。采用老式炮闩设计，使其射速相当慢，不过安装在当时的车体底盘上也算足够。

4 式自行火炮的底盘用的是 97 式 CHI-HA 的底盘，后者按照日本人的标准属于中型坦克，可以

上图：97 式将其 150 毫米（5.9 英寸）榴弹炮安装在通常炮塔所在的位置。榴弹炮的本意是被用作机动型野战炮，但它通常被用于近距离火力支援

下图：97 式安装一门射程有限的短炮管 38 式榴弹炮，但日本人没有足够的能力生产出所需要的数量，这些火炮主要用于局部射击支援武器，通常单独使用或两门一起使用

性能诸元

4 式自行火炮

乘员：4 人或 5 人

重量：没有记录，但大约为 13600 千克（29982 磅）

动力平台：一台 V-12 柴油发动机，功率为 126.8 千瓦（172 马力）

尺寸：长度 5.537 米（18 英尺 2 英寸），宽度 2.286 米（7 英尺 6 英寸），高度（防盾顶部）1.549 米（5 英尺 1 英寸）

性能：公路最大速度 38 千米 / 时（23.6 英里 / 时）

武器装备：一门 150 毫米（5.9 英寸）榴弹炮

追溯到1937年。97式坦克底盘机动性较强，但装甲厚度较薄且采用落后的铆接式车体，火炮防盾厚度也仅为25毫米（1.1英寸）。虽然此时大部分的坦克都已经抛弃了铆接式结构，但由于工业能力的限制，97式坦克仍采用铆接车体。

有限的产量

由于缺乏产能，4式自行火炮只能少量生产，且即便是这些火炮也基本上是纯手工生产的，似乎也没有大规模量产的计划。日军也并不是仅计划装备4式自行火炮，此外日军还生产了装备75毫米加农炮的2式自行火炮，该炮既能作为曲射火炮，也能作为坦克歼击车使用。4式自行火炮的装备规模很小，最大的编制也仅为4门制的炮兵连。目前尚无记录证明该炮曾以更大的编制投入使用，实战中盟军通常也只能一次缴获或击毁一到两门。该炮被大量用于岛屿防御，尤其是对抗不断逼近日本本岛的两栖登陆行动中，只有少量该型车被完整缴获。

sIG 33 自行重型步兵炮

德军每个步兵团都下辖有一个小规模的炮兵分队，其中包括4门7.5厘米（2.95英寸）轻型步兵炮和两门15厘米（5.9英寸）重型步兵炮，用于建制内火力支援。15厘米榴弹炮就是著名的sIG 33（schwere Infantrie Geschutz 33）自行重型步兵炮（简称sIG 33），它是一款全面而高效的武器，但其重量很大，分配给大多数步兵编队用于移动火炮的“装备”就是马队。所以当德国陆军还是考虑越来越高程度的机械化改造时，sIG 33在考虑名单中名列前茅。

性能诸元

sIG 33 自行重型步兵炮

乘员：4人

重量：11500千克（25353磅）

动力平台：一台普拉加6缸汽油发动机，功率111.9千瓦（152马力）

尺寸：长度4.835米（15英尺10.4英寸），宽度2.15米（7英尺0.6英寸），高度2.4米（7英尺10.5英寸）

性能：最大公路行驶速度35千米/时（21.75英里/时），最大公路行驶距离185千米（115英里）

涉水深度：0.914米（3英尺）

武器装备：一门15厘米（5.9英寸）榴弹炮

下图：德国第一批自行加农炮改型之一就是在1号坦克轻型坦克底盘上安装sIG 33 15厘米（5.9英寸）步兵榴弹炮，这就是sIG 33 15厘米重步兵炮1号B型运载车

机动型武器

机动型 sIG 33 首次使用是在 1940 年 5 月的法国战役。它是所有德国自力推进装备中最简单和最基础的一款。sIG 33 连带着炮架和轮子直接安装到无炮塔的 1 号轻型坦克底盘上，由此诞生了“1 号 B 型 sIG 33 15 厘米火炮运载车”。火炮还为 4 名炮手提供了装甲防盾。但这种改造并不让人满意，因为它的重心大幅升高了，另外重量也超过了底盘承载能力。此外，保护装甲不够好，因此，1942 年，2 号坦克底盘被选中用于改造，由此诞生了“2 号 C 型 sIG 33 火炮运载车（SdKfz 121）”，该车的火炮安装在车体位置，其设计取得了相当的成功。德军还从 1943 年开始生产加长车体的版本，即“2 号加长型底盘 sIG 33 15 厘米火炮运载车”。

捷克斯洛伐克的 PzKpfw 38（t）也被改造成 sIG 33 运载车。1942 年，首批 PzKpfw 38（t）底盘搭配 sIG 33 火炮的“野牛”自行火炮（SdKfz 138）完成改装下线。第一批战车将 sIG 33 安装在车体顶部向前的位置，前方还有一个开放式装甲上层结构，事实证明，这种武器 / 车辆的组合是非常成功的，它也在 1943 年正式成为新的生产版本。该型号由工厂全新生产，而不是对现有坦克的改装，它们的发动机安装在车辆前部（而不是像原始的构造那样安装在车体尾部），因此，战斗室被移到车体尾部。这就是 SdKfz 138/1（SdKfz 表示 Sonder Kraftfahrzeug：特种车辆），正是这种车辆一直保留在德国陆军，充当标准的 sIG 33 运载车，直至战争结束。包括司机在内，SdKfz 138/1 共有 4 名乘员，车上携带 15 枚炮弹。由于战斗室已经非常狭窄，因此该车无法携带更多的弹药。

上图：这张照片来自德国的新闻影片，它清晰地展示了安装于 1 号坦克底盘上的 15 厘米榴弹炮的真实高度以及整体笨拙的轮廓。乘员的保护措施有限，弹药储存空间狭小，但它为德国人提供了一种未来战争需要什么的启示

不同的版本

还有另一种 sIG 33 自行加农炮版本，这一次采用的是 3 号坦克的底盘，这款 1941 年研制的自行火炮正式型号为“sIG 33 15 厘米火炮 3 号运载车”，该车在底盘上安装了一个大型箱式结构用于容纳 sIG 33。这似乎不是一个好的改进方式，因为底盘对于火炮而言太大了，火炮仅需更轻型的车辆即可运输。因此，它们始终没有完全投入生产，最终仅生产了 12 辆。这些车辆全部用于东线战场的战斗。

在所有自行化 sIG 33 都继续承担着本职任务，为步兵部队提供支援火力，其中最为成功的自行化型号是 SdKfz 138/1，该型车的产量达到 370 多辆。

下图：sIG 33 15 厘米自行重型步兵炮

“黄蜂”自行榴弹炮

甚至早在1939年，小型的2号坦克就被认为已经过时，该型坦克在当时便已经火力不足，防护薄弱。然而，它仍然在生产，并且非常可靠，因此，当德军需要大量自行火炮时，2号坦克被选为leFH 18 10.5厘米（4.13英寸）野战榴弹炮的运载车。将坦克车体改装用作榴弹炮载体的方法非常简单，榴弹炮直接安装在车体尾部顶端的装甲防盾后面，战斗室和弹药架周围增加了防护装甲。最大装甲厚度为18毫米（0.7英寸）。

笨重

改装的结果就是“黄蜂”自行榴弹炮，其官方全称为Fgst PzKpfw 2（Sf）SdKfz 124“黄蜂”leFH 18/2，但人们习惯直接称之为“黄蜂”自行榴弹炮。这是一款非常受欢迎的自行榴弹炮，不久之后它就凭借其可靠性和机动性而获得赞誉。第一批采用2号F坦克底盘，并在1943年投入东线战场作战。该炮在战场上主要编制于装甲师和装甲掷弹兵师的师属炮兵团，通常每个炮兵营下辖5个炮兵连，每个连下辖5门“黄蜂”这种部署形式能够为所有机动部队提供有效的间瞄火力支援。

“黄蜂”的“巢穴”

“黄蜂”自行榴弹炮在炮火支援方面取得了巨大成功，希特勒本人亲自下令，所有可用的2号坦克底盘应该全部用于“黄蜂”自行榴弹炮，很多其他基于2号坦克底盘的武器方案都被放弃了，或者改用其他底盘。“黄蜂”的主要生产中心是位于波兰的费姆工厂，那里的生产速度很快，到1944年中期时已经制造了682辆“黄蜂”自行榴弹炮。当时“黄蜂”自行榴弹炮的生产暂停了一段时间，但不久之后又完工了158辆；这些车辆在安装榴弹炮的装甲板上留下了缺口，装甲板后方的空间用于存储弹药。

包括司机在内，“黄蜂”自行榴弹炮投入战斗时需要5名乘员，通常携带32枚炮弹。装备“黄蜂”的炮兵连实现了彻底的机动化，不过有些车辆是用于运载弹药和其他补给的无装甲卡车。前部的观察员通常乘坐轻型装甲车辆，但有些也使用前捷

上图：从这张“黄蜂”自行榴弹炮的照片可以看出，战斗室的顶部是开放的，但后方布置有装甲。注意，从火炮乘员在战斗室里的高度可以看出车辆实际上非常小

克斯洛伐克或俘获的法国坦克。射击指令通过无线电传送到后方的炮兵连，而连射击诸元则通过野战电话传输到各炮阵地。“黄蜂”装载的火炮仍是标准的leFH 18 10.5厘米榴弹炮，大部分都安装了炮口制退器，使用与牵引式火炮同样的弹药。二者的射程也相同，均为10675米（11675码）。

性能诸元

“黄蜂”自行榴弹炮

乘员：5人

重量：11000千克（24251磅）

动力平台：一台迈巴赫6缸汽油发动机，功率104.4千瓦（140马力）

尺寸：长度4.81米（15英尺9.4英寸），宽度2.28米（7英尺5.8英寸），高度2.3米（7英尺6.6英寸）

性能：最大公路行驶速度40千米/时，最大公路行驶距离220千米（137英里）

涉水深度：0.8米（2英尺7.5英寸）

武器装备：一门105毫米（4.13英寸）榴弹炮，配备32枚炮弹，一挺MG34 7.92毫米（0.31英寸）机枪

下图：SdKfz 124“黄蜂”自行榴弹炮是专门为轻型105毫米（4.13英寸）榴弹炮而生产的载体车辆，其基础就是PzKpfw 2轻型坦克的底盘。它首次于1942年投入使用，车辆乘员为5人

“野蜂”自行榴弹炮

“野蜂”自行榴弹炮的底盘是将3号和4号坦克的零件组合而成的“3/4号火炮运载车”。首批底盘于1941年下线，该型底盘采用加长版的4号车体以及4号的悬挂和行走装置，而动力总成、履带和传动装置则采用3号坦克同款。新型底盘采用由轻质装甲板围成的开放式上装，可以搭载两种武器。

自行反坦克炮将安装一款88毫米（3.46英寸）反坦克炮，自行榴弹炮则安装一门特殊的FH 18 15厘米（5.9英寸）野战榴弹炮。

搭载FH 18野战榴弹炮的车辆的正式型号为“15厘米装甲野战榴弹炮GW 3/4 SdKfz 165‘野蜂’”，它从1942年以来即成为装甲师和装甲掷弹师的重型野战炮力量。该武器也被叫作18/1装甲野战榴弹炮，它可以发射43.5千克（95.9磅）炮弹，射程为13325米（14572码）。生产的第一批自行榴弹炮安装了大型炮口制退器，但经验证明，士兵不需要这种装置，因此在后来的生产版本中取消了炮口制退器。装甲厚度为50毫米（1.97英寸）。

下图：“野蜂”自行榴弹炮是一款专门研制的自行火炮，采用利用3号和4号坦克零件组合成的专用底盘。它在所有前线战场上均出现过，它是一款成功的武器，其生产也一直持续到战争结束。火炮乘员为5人

驾驶员的豪车

“野蜂”自行榴弹炮共有5名乘员，其中驾驶员坐在前部有装甲保护的位置。为司机单独生产一个装甲驾驶舱在战前的生产版本中是一个奢侈的享受，设计者非但没有取消这一特征，反而通过扩大装甲保护区域并使用更多平钢板而降低整个车辆的成本。因此，这些乘员获得了更多内部空间。

“野蜂”自行榴弹炮只能携带18枚炮弹，更多的炮弹只能由附近的车辆携带，并在需要的时候调过来使用。对于弹药运输角色而言，卡车的作用有

性能诸元

“野蜂”自行榴弹炮

乘员：5人

重量：24000千克（52911磅）

动力平台：一台迈巴赫V-12汽油发动机，功率197.6千瓦（268马力）

尺寸：长度7.17米（23英尺6.3英寸），宽度2.87米（9英尺5英寸），高度2.81米（9英尺2.6英寸）

性能：最大公路行驶速度42千米/时，最大公路行驶距离215千米（134英里）

涉水深度：0.99米（3英尺3英寸）

武器装备：一门15厘米(5.9英寸)榴弹炮，配备18枚炮弹，一门7.92毫米（0.31英寸）机枪

上图：1942 年，俄罗斯大草原，4 门“野蜂”自行榴弹炮做好战斗准备。火炮的密集布置和整体缺乏隐蔽性意味着当时战场纳粹德国空军具有很大的空中优势，在这种情况下火炮应该更分散地前进，并采取伪装措施

限，因此到 1944 年晚期时，150 多辆“野蜂”自行榴弹炮没有安装榴弹炮，并且将分成两部分的前部装甲换成一整块。这些卡车主要充当“野蜂”自行榴弹炮炮兵连的弹药运输车辆。

“东线履带”

截至 1944 年底，“野蜂”自行榴弹炮生产数量超过 666 辆，它们的生产一直持续到战争结束。事实证明它们是有效的受人欢迎的武器，所有战场前线都有它们的身影。后来又出现了名为“东线履带”(Ostkette)的更宽履带的特殊版本，用于冬季的东线战场，开放的上层结构通常覆盖一层油帆布以抵挡恶劣天气。火炮乘员通常居住在车辆里面，所以很多“野蜂”自行榴弹炮不仅外挂有各种各样的伪装物，还携带有睡垫、厨具和个人工具包。

“野蜂”自行榴弹炮是德国生产的非常成功的专业化自行火炮之一。它为乘员预留了大量空间，炮架也给予了榴弹炮足够的机动性以跟上装甲部队。

武器运载车

(榴弹炮运载车)

“武器运载车”(Waffentrager)在 1942 年首次提出时对德国人而言是完全新颖的概念。武器运载车是把炮塔中的火炮运往战场，然后拆下并投入战斗，不使用时再将火炮运走。这种装备的战术需求在提出时就不甚明晰，因为在 1942 年，德军装甲师的机动作战能力仍远胜于其他对手，而静态部署的牵引式火炮则不需要这样大费周章。

改装

尽管定位不明确，总共 8 辆 4 号 B 型武器运载车（绰号“蚂蚱”）仍被生产了出来，这批车辆改装自 4 号坦克底盘，在车尾安装有一部吊车，以起吊并运输战斗室内存放的 105 毫米（4.13 英寸）轻型榴弹炮。火炮可以被放置在地面上发射，运输时也可拖在车体后方牵引，这种状态下该车的战斗室内空间将全部用于储存炮弹。

这 8 辆原型车毫无疑问都用到了战斗之中，其中一辆被俘，现在停放在伦敦的帝国战争博物馆，

上图：“蚂蚱”运载车是德国大量试验车辆之一，它将火炮运输到发射地点，然后将火炮卸下安放在地面上再进行发射。“蚂蚱”牵引车是很多相似设计方案中唯一投入生产的车型

该型车没有得到更多的订购需求。

德国的防御

到1944年时，形势多少发生了一些变化。德国陆军几乎在所有地方都处于防御状态，他们在研究所有能阻止盟军前进的武器。武器运载车的概念即属于这个范畴，当时提出了众多设计方案。其中一个临时设计方案将一款常规的野战榴弹炮（leFH 18/40 10.5厘米）安装到一辆改装的3/4型自行火炮底盘（通常用于“野蜂”自行榴弹炮）顶部的装甲化上层结构之中。榴弹炮可以从车辆上发射，但当时的设计也可以用一个起重器和滑车将其拆卸下来，然后装上轮子和炮架当作常规的野战炮使用。

下图：这辆“蚂蚱”原型车将105毫米（4.13英寸）野战榴弹炮安装在PzKpfw 3号和4号坦克底盘之上。该设计方案要求在挑选好射击地点后将榴弹炮拆下放置在地面上

该设计方案最终没有实现，因为一系列设计方案在战争结束时都未能提上日程。

1944年末和1945年初的武器运载车全部采用了1942年的4B“蚂蚱”牵引车中所用的可拆除炮塔概念。它们的底盘有很多种，其中包括改造的PzKpfw 4和3/4型自行火炮。涉及的火炮从10.5厘米榴弹炮到15厘米榴弹炮不等。最终确立为标准配置的是在十字形炮架上安装10.5厘米或15厘米榴弹炮，这些“43”系列的火炮都采用十字形炮架，且一直处于原型阶段。榴弹炮安装在一个开放式炮塔之中，它们能从炮架上发射，或者挪动到地面上发射。它们也能在安装到常规野战炮架上后牵引。但后者太过复杂，操作步骤烦琐，还要使用坡道和绞车，这种概念也是众多典型的没有到达实施阶段的想法之一。但一些装备赶在战争结束之前生产出来了，随即被遗弃。

性能诸元

“蚂蚱”牵引车

乘员：5人

重量：17000千克（37479磅）

动力平台：一台迈巴赫汽油发动机，功率140.2千瓦（190马力）

尺寸：长度5.9米（19英尺4.3英寸），宽度2.87米（9英尺5英寸），高度2.25米（7英尺4.6英寸）

性能：最大公路行驶速度45千米/时，最大公路行驶距离250千米（155英里）

武器装备：一门10.5厘米（4.13英寸）榴弹炮

卡尔系列攻城臼炮

被称为卡尔的重型臼炮设计之初便用于摧毁混凝土工事，计划用于摧毁马其诺防线要塞和其他类似防御工事。它们在20世纪20年代经过大量数学和理论研究之后在20世纪30年代投入生产。真正开始制造硬件是在1937年，第一批装备于1939年准备就位。

卡尔系列是世界上最大的自行火炮，共有两个型号，分别是60厘米（23.62英寸）口径的040型巨型臼炮（Mörser Gerät 040）和54厘米口径的041型巨型臼炮（Mörser Gerät 041），两款火炮在进入德军服役后均被称为“托尔”。

“碉堡克星”

两款“卡尔”都可以发射专用的混凝土破坏弹。040型的射程为4500米（4921码），041型为6240米（6824码）。两种炮弹都可以穿透2.5米~3.5米（8英尺2.4英寸~11英尺6英寸）的混凝土，随后爆炸以获得最大的破坏力。这些炮弹都体型巨大。60

厘米炮弹重量不小于2170千克（4784磅），不过也有略轻一些的型号。小口径的54厘米炮弹重量也达到1250千克（2756磅）。

两款卡尔臼炮都巨大而笨重，虽然设计为自行式，但由于庞大的尺寸和重量，履带式底盘只能在很小的范围内进行转移。卡尔的底盘采用柴油机，功率为432.5千瓦（580马力），行驶速度仅为4.8千米/时（3英里/时），长途运输时该炮会被架在两节专用铁路重载车皮上。短程运输时可以将炮管从炮架上拆下来，然后将炮管和炮架放置在独立的特种拖车上，然后由重型牵引车牵引。组装和拆卸需要特殊的可移动的起重机架。虽然整个运输过程极为烦琐，但卡尔臼炮本来也不计划用于机动作战。它们的原始角色是摧毁堡垒，这就意味着它们需要按照计划好的漫长的路线抵达发射地点，它们的最大射速很低（最快只能达到每10分钟一发），一旦堡垒被摧毁，它们就需稳妥地拆解撤离。卡尔臼炮在作战时需要109名地面工作人员，其中大约30人负责操作炮架。

围攻塞瓦斯托波尔

卡尔臼炮问世时间太晚而没有赶上马其诺防线战役，这条防线在1940年时覆盖了法国大部分领土。卡尔臼炮以其设计的角色第一次参战是在塞瓦斯托波尔包围战。在那次包围战中取得胜利之后，更多的卡尔臼炮被用到了镇压华沙起义，它们被用于摧毁华沙城中心，消灭藏于地下的波兰起义者。

到1944年时，大多数早期的60厘米炮管都被换成了54厘米炮管，但华沙是它们参战的最后一战。战争后期越来越多的运动战让卡尔臼炮没有机会展示自己强大的能力，大多数卡尔武器在战争结束前夕被它们的乘员损毁。仅有少量为卡尔臼炮运输弹药的4号底盘改装的专用弹药输送车被保留下来，用于盟军情报人员的测试。有一门卡尔臼炮可能被保存下来，并成为俄罗斯的博物馆藏品。

上图：庞大的60厘米和54厘米卡尔臼炮是名副其实的堡垒摧毁装备，但它们的战术机动性非常有限

性能诸元

041型臼炮

乘员：大约30人

重量：124000千克（273373磅）

动力平台：一台V-12汽油发动机，功率894.8千瓦（1200马力）

尺寸：炮管长度6.24米（20英尺6英寸），炮架长度11.15米（36英尺7英寸），履带长度2.65米（8英尺8.3英寸）

性能：最大速度大约为4.8千米/时（3英里/时）

武器装备：一门54厘米（21.26英寸）榴弹炮/迫击炮

下图：卡尔臼炮必须由特殊的拖车运输到发射阵地，然后现场组装。此外还需要4号坦克底盘改装的专用弹药运输车的辅助

“灰熊”突击炮

虽然StuG 3突击炮取得了全面的成功，到1943年时它们作为进攻者还是被认为装甲太薄，因此当时要求一款新的重型突击炮。已有的sIG 33 15厘米（5.9英寸）自行火炮缺乏执行近距离支援任务必需的防护装甲，随着4号坦克逐渐被豹式和虎式坦克所取代，利用后续版本的4号坦克底盘生产一款特种车辆的机会来临了。

第一批新车型于1943年问世，当时被叫作4号“灰熊”突击炮（Sturmpanzer 4 Brummbar）。“灰熊”采用盒式结构，在安装固定式战斗室4号坦克正面布置了倾斜前上部装甲，装甲上布置有一门专门设计的榴弹炮。榴弹炮就是著名的43式突击榴弹炮，这是sIG 33 15厘米榴弹炮的短炮管版本，炮管长度仅为12倍径。提供的装甲也是全方位的［前部装甲厚度为10厘米（3.9英寸）］，所以5名乘员受到很好的保护。后来又增加了翼侧装甲，大部分车辆都要求涂装石膏防磁涂层以防止靠近的敌军反坦克步兵小队向突击炮投掷磁吸炸弹。后来的生产版本在车体前部装甲板上安装了一挺机枪，更早期的版本缺乏这种自我防御武器。“灰熊”突击炮宽敞的战斗室可以容纳多达38枚15厘米炮弹。炮长坐在榴弹炮后方位置，利用安装在车顶的潜望镜选定目标。两名炮手负责操作火炮和装填弹药，另有一名瞄准手。驾驶员一般坐在前方左侧的座位上。虽然在大部分场合对目标仍采取直瞄射击，但车上留有间瞄射击设备。

生产

战争结束之前大约生产了313辆“灰熊”突击炮，大部分似乎用于直接支援装甲掷弹兵部队和步兵部队。车辆跟随第一波进攻部队前进，同时射击摧毁战斗要点和粉碎碉堡。步兵必须紧挨着车辆以防止敌方坦克歼击车小队近距离接近“灰熊”突击炮，因为它们总是很容易受到近距离反坦克武器的破坏，尤其是仅3厘米（1.18英寸）厚的侧面装甲。“灰熊”突击炮通常单独行动，或者两辆分散在进攻区域两侧。它们不适合用作防御武器，因为短炮管的榴弹炮面对装甲时无能为力，而其主要任务则是发射威力巨大的高爆弹。一个限制“灰熊”突击炮整体机动性的因素就是其重量，这也导致车辆在地面上留下沉重的“脚印”：它在公路上行驶速度适中，但在跨越乡村时经常陷入松软的泥泞地中。

“灰熊”突击炮是一款备受欢迎的战车，因为它总是能正好提供步兵所需要火力支援。不利的一面是其过于笨重，并且早期的版本缺乏近距离自卫能力，但它们能很好地防御大多数敌方武器。

下图：大部分德国自力推进车辆仅装备轻型装甲，所以当军队要求一款专业的近距离支援突击炮时，装甲厚重的“灰熊”突击炮成为首选

上图：“灰熊”突击炮通常在近距离步兵坦克歼击车小队可能靠近时使用，并且经常用于巷战。因此，它通常涂有防磁涂层以防止磁吸反坦克炸弹粘到车体上

性能诸元

“灰熊”突击炮

乘员：5人

重量：28200千克（62170磅）

动力平台：一台迈巴赫V-12汽油发动机，功率197.6千瓦（265马力）

尺寸：长度5.93米（19英尺5.5英寸），宽度2.88米（9英尺5英寸），高度2.52米（8英尺3英寸）

性能：最大公路行驶速度40千米/时（24.85英里/时），最大公路行驶距离210千米（130英里）

涉水深度：0.99米（3英尺3英寸）

武器装备：一门15厘米（5.9英寸）榴弹炮，一挺或两挺0.792厘米（0.3英寸）机枪

“突击虎”突击炮

斯大林格勒会战使德国军队吃了很多苦头，特别是当时德军的装备在近距离巷战中非常不利。德军典型的想法是，在未来的巷战中，利用超重型武器直接消灭所有防御性建筑或工事，而不需要逐屋争夺。因此，他们决定研制一种海军武器——深水炸弹的陆地版本。

1943 年，德国人生产了一个特别版本的虎式坦克，它有很多名字，如 38 厘米突击臼炮（Sturmmörser），6 号突击坦克（Sturmpanzer），或“突击虎”（Sturmtiger）。无论是哪个名字，该武器都以虎式坦克为基础，将坦克炮塔换成大型的盒式上层结构，短管炮管从前部倾斜的装甲板中伸出。该炮管不是火炮炮管，而是不同寻常的 38 厘米（15 英寸）61 型火箭弹发射器，它发射一种重量不低于 345 千克（761 磅）的火箭推进式“深水炸弹”。这种炮弹主要基于海军深水炸弹的设计，几乎所有重量都来自高爆炸药；即使最坚固的防御工事被该炮弹击中的后果也是可以想象的。火箭最大射程为 5650 米（6180 码），发射器的布置结构保证火箭的燃气射流从围绕炮口环的文丘里（Venturi）管中排出。“突击虎”的保护装甲完备，前部装甲厚度为 15 厘米（5.9 英寸），翼侧为 8 厘米（3.15 英寸）至 8.5 厘米（3.35 英寸）。

上图：“突击虎”是德国最大型的近距离支援武器，它装备一个 38 厘米（15 英寸）的火箭发射器，配备陆地版本的海军深水炸弹，用于摧毁建筑物。它们在设计中用于城市战。图中这辆“突击虎”被美国士兵俘获了

性能诸元

“突击虎”突击炮

乘员：7 人

重量：65000 千克（143300 磅）

动力平台：一台迈巴赫 V–12 汽油发动机，功率 484.7 千瓦（650 马力）

尺寸：长度 6.28 米（20 英尺 7 英寸），宽度 3.57 米（11 英尺 8 英寸），高度 2.85 米（9 英尺 4 英寸）

性能：最大公路行驶速度 40 千米 / 时（24.86 英里 / 时），最大公路行驶距离 120 千米（75 英里）

涉水深度：1.22 米（4 英尺）

武器装备：一部 38 厘米（15 英寸）火箭发射器，一挺 0.792 厘米（0.3 英寸）机枪

乘员

“突击虎”共有 7 名乘员，其中包括炮长、瞄准手、驾驶员，他们 3 人均在宽敞的装甲化上层结构之中。另外 4 人则负责火箭发射器的操作。由于人数众多，上层结构中仅能容纳 12 枚炮弹，发射器中还可以再存放一枚。上层结构尾部的一个小型起重吊臂可以把火箭装上车辆，其旁边的一个小舱门用于乘员进出车辆。进入内部之后，头顶的横杆可以帮助火箭沿着两侧的机架移动，将火箭装入发射器则依靠一个装弹槽实现。

虽然“突击虎”原型车在 1943 年晚期就问世了，但直到 1944 年 8 月才开始生产这种庞大的战车。该型车的生产数量仅为 10 辆，它们通常单独或两辆一起在前线作战，但多数情况下它们强大的武器没有体现出优势。因此，不久之后，大部分“突击虎”在战斗中被摧毁，或者由于燃料耗尽而被乘员抛弃。

在战斗中

“突击虎”一般独立作战，如它们参加过意大利北部区域的战役，庞大的身躯引起了遭遇该型火炮的盟军的极大兴趣，因此也有很多详细的关于它们的情报报告。大部分人逐渐意识到，“突击虎”是一款高度特化的武器，它在战争的后期直接被投入战场，而当时德国人把手中所有可用的武器都投入使用。如果“突击虎”被用于巷战，它将是令人敬畏的武器。然而，等到它投入使用时，大规模巷战的阶段已经过去了。

3 号突击炮

总结一战作战经验，德国陆军发现，装甲化的机动型火炮可以跟上步兵的进攻，提供火力支援，摧毁作战要点和碉堡。20 世纪 30 年代，德国人利用 3 号坦克的底盘、悬挂装置和传动装置设计出了这样一种火炮。这款装甲炮就是 3 号突击炮（Sturgeschütz 3），其正式型号为 SdKfz 142 7.5 厘米装甲自行火炮（Gepanzerte Selbstfahrlafette für Sturmgeschütz 7.5-cm Kanone SdKfz 142），它将常规的坦克上部车体和炮塔换成了一款厚重的装甲壳，并在前部安装一门 7.5 厘米（2.95 英寸）火炮。3 号 A 型突击炮（StuG 3 Ausf A）首次于 1940 年投入使用，不久之后又出现了该炮的大量改进型号，逐渐整合了整体改进方式和某些细节改进之处，以至于 1945 年战争结束时还有大量 3 号突击炮在所有前线战场服役。1941 年出现的版本是 3 号 B 型，3 号 C 型和 3 号 D 型突击炮，进一步改进的 3 号 E 型突击炮出现于 1942 年。

上图：一门突击炮正在东线战场上进攻远处的一个目标。为了更好地瞄准，一名火炮乘员正在车顶上观察前方。突击炮安装了“东线履带”以应对积雪的松软地面

7.5 厘米火炮
最初装备的是短炮管的 7.5 厘米火炮，图中展示的 F 型于 1942 年引进，它装备一门长炮管的 7.5 厘米火炮，显著提高了反坦克作战能力。

坦克歼击车
装备 L/48 7.5 厘米火炮、更重型装甲和烟幕发射器的 G 型更像坦克歼击车，而不是简单的自行火炮。与之对照的是，早在 1941 年出现的变体型号在生产时安装的都是 10.5 厘米（4.1 英寸）榴弹炮。

III 号坦克
SdKfz 142 突击炮基于 3 号坦克底盘，并在车体上安装了火炮。司机的位置与坦克相同，但其身后改成了一个大而拥挤的作战室。除了图中这辆，1943 年之后的车型都安装了标准的装甲“裙摆”。

火炮升级版本

3 号突击炮系列的主要改变是火炮的逐渐升级。最早安装的短身管 7.5 厘米炮仅为 24 倍径（L/24），对付远距离目标无能为力，因此 3 号突击炮开始先后换装性能有所改进的长炮管火炮，最初是 L/43（3 号 F 型突击炮），随后是 L/48（3 号 G 型突击炮）。后者还为 3 号突击炮系列提供了反坦克作战能力，这在某种程度上是对原始的进攻支援概念的损害，因为生产一门突击炮远比生产一辆坦克简单，因此很多装备 L/48 火炮的 3 号突击炮被分配给装甲部队并取代坦克作战。作为反坦克武器，3 号突击炮具有重大优势，但它缺乏左右转动的灵活性以及充足的保护措施。然而，它不得不继续用于坦克战场，因为德国工业能力无法为装甲部队生产出足够的坦克。

上图：为了满足纳粹国防军在 1936 年提出的装甲化近距离支援车辆的需求，1940 年引入了 3 号突击炮，它兼具火炮和坦克歼击车双重角色，参与了 1945 年之前的所有战役

下图：1944 年，苏联境内，两门 3 号突击炮正在前进。它们装备了 7.5 厘米（2.95 英寸）反坦克炮，并安装了额外的履带链以增加保护。更多的保护措施是装甲侧裙板（德国人称之为“裙摆”），主要防御近距离空心反坦克炮弹

突击炮乘员被认为是火炮部队的精英，他们身穿特殊的灰色战场制服。截至 1944 年春季，3 号突击炮令人震惊地摧毁了 20000 辆敌军坦克

上图：一门3号F型突击炮，一辆装备4.7厘米（1.85英寸）火炮的PzKfw 1坦克正在靠近（背景中央位置）。部队徽章（车尾）表明这辆突击炮隶属于纳粹党卫军的“阿道夫·希特勒师”

作为突击炮，3号突击炮系列非常成功。最终到了战争后期阶段，3号突击炮经过不断升级已经装备上了强大的10.5厘米（4.13英寸）突击榴弹炮，这是一种专为3号突击炮而生产的突击榴弹炮。第一批装备42 10.5厘米突击榴弹炮的3号突击炮在1943年完工，但该变型的制造非常缓慢。相反，装备7.5厘米L/48火炮的版本源源不断地从生产线上下线并被分配给装甲部队。

3号突击炮共有4名乘员，额外的机枪通常安装在顶部的一个防盾后面。主炮防盾，最终沿用的是“猪鼻”（Saukopf）型防盾，事实证明它能提供良好的保护。更多针对近距离空心炮弹的保护是在火炮两侧增加的装甲“裙摆”（Schützen）。它们就是简单的两片装甲板，作用是在炮弹击中车辆装甲之前引爆炮弹，装甲侧裙板在1943年之后的很多德国坦克上都有所使用。

作为一款近距离进攻支援武器，3号突击炮系列是一个优秀的车辆/武器组合。它相对便宜，易于生产，在战时对德国产生了重要影响。因此，该系列战车生产数量巨大，是最重要的德国装甲车辆之一。

战斗中的3号突击炮

将3号突击炮送到战场不是一件容易的事情。与大多数装甲车辆相似，3号突击炮的内部很狭窄，不舒适。主战室大部分空间被7.5厘米火炮的炮膛所占据。弹药架挨着白色内壁放置，无线电设备和其他黑盒子占据了舱壁空间的剩余部分。司机坐在前方左侧的专用位置，大部分时间盯着他的有装甲保护的视野窗，并试图确认车辆行驶方向。一般而言，驾驶员按照炮长的命令驾驶，炮长坐在驾驶员后方的车长塔下方。条件允许时，指挥官会打开舱门，并把头伸到舱外以获得更好的视野，但在战斗中，他退回到舱内后所能看到的并不比驾驶员多。装填手有时通过车内的控制装置瞄准和发射0.792厘米（0.31英寸）机枪。在条件允许时，装填手会架起防盾，在防盾后操作机枪。装填手坐在指挥官右侧，他的头顶也有一个舱门，但在战斗中很少使用；尾部舱门上还有一个小舱口，空弹壳从此处抛出。指挥官正前方，几乎紧挨着指挥官膝盖，是火炮瞄准手以及他的火炮控制装置。他的视野有限，透过他的视野装置所能看到的范围很小，视野装置是一个安装在车顶的用于间接射击的全景望远镜和一个安装在前部的用于直接瞄准的望远镜。鉴于发动机的噪声、悬挂装置持续的颠簸，以及火炮和燃料散发出的烟雾和味道，可以想象突击炮乘员的生存环境非常不舒适。但是他们可以振作精神，因为与他们的坦克手同事相比，他们至少拥有足够的保护装甲，很多坦克的内部空间甚至比3号突击炮更狭窄。

性能诸元

3号E型突击炮

乘员：4人

重量：23900千克（52690磅）

动力平台：一台迈巴赫V-12汽油发动机，功率197.6千瓦（265马力）

尺寸：长度6.77米（22英尺2.5英寸），宽度2.95米（9英尺8英寸），高度2.16米（7英尺1英寸）

性能：最大速度40千米/时（24.9英里/时），公路行驶距离165千米（102英里）

涉水深度：0.8米（2英尺7.5英寸）

武器装备：一门75毫米（2.95英寸）火炮，两挺7.92毫米（0.3英寸）MG 34或MG 42机枪

SU-76 型 76.2 毫米自行火炮

在 1942 年令人绝望的日子里，苏联红军的损失如此惨重以至于苏联指挥层不得不把最高优先权给予批量生产现成的武器装备，为了削减不同装备的数量，当时只挑选了为数不多几种武器留作未来使用。其中之一就是优秀的 ZiS-3 76.2 毫米（3 英寸）火炮，它不仅是一款卓越的野战炮，在当时还算得上是良好的反坦克炮。当决定采纳 ZiS-3 时，苏联红军拥有了一款非常优秀的武器，因此也有将该炮改装为自行火炮的考虑。

1941 年的实战经验表明，苏联红军的轻型坦克几乎派不上用场，这类武器按照计划也将逐渐停止生产和服役。然而，T-70 轻型坦克还有一条生产线，苏联人决定将 T-70 坦克改造为高机动性反坦克武器——ZiS-76 火炮。由此而诞生的就是 SU-76（SU 表示 Samokhodnaya Ustanovka：自行火炮）。安装 76.2 毫米火炮和携带 62 枚炮弹非常简单，但 T-70 底盘必须加宽，并且增加额外的负重轮以承担额外的重量。第一批成品将火炮安装在了中间位置，但后来的型号将火炮移到了偏左侧。装甲最大厚度为 25 毫米（0.98 英寸）。

火力支援

1942 年晚期第一批 SU-76 才投入生产，但直到 1943 年中期它们才大量进入苏联红军服役。但那时 ZiS-3 火炮在面对厚度大幅增加的德国坦克装甲时已经没有优势了，因此，SU-76 逐渐退居到苏联红军步兵部队，提供直接火力支援。新的反装甲弹药引进后，它的一些反坦克能力被保留下来，但到战争结束时，SU-76 彻底被装备更大口径火炮的战车取代。截至 1945 年 6 月，位于基辅的 30 号工厂、位于梅季希的 40 号工厂和位于高尔基的 GAZ 工厂生产的 SU-76 超过 14000 辆。1943 年夏季投入使用后，这些火炮最初被编入混成自行炮兵团，每个团装备 21 辆 SU-76，其中包括 4 个炮兵连，每个连下辖 5 门火炮和一辆指挥车，虽然不久之后人们意识到 SU-76 更适合近距离支援步兵部队。因此，到 1944 年时，大部分该型火炮被编入轻型自行火炮连，每个连装备 16 门 SU-76，配属于正规步兵师建制内。

到 1945 年时，很多 SU-76 被改装为其他用途。常规的做法是拆除火炮，用作补给和弹药运载车，或者火炮牵引车，或者轻型装甲修理车。还有一些装上了高射炮。

“泼妇”

1945 年之后，苏联人手中还有很多 SU-76，因此它们被送给很多友好国家，这些火炮在 1950 年的朝鲜战争中再次登上舞台。更多的进入华沙组织的一些武装力量。新的接收者是否欢迎 SU-76 值得怀疑，因为它是战时权宜之计，根本没有考虑乘员的舒适性。除了少数安装了装甲化车顶，SU-76 的乘员舱是开放式的，司机不得不坐在双联发动机旁边，并且中间没有挡板。苏联红军戏称 SU-76 为“泼妇”（Sukarni）。

因此，SU-76 以机动型反坦克武器开始职业生涯，最终结束时成为火炮支援武器。毫无疑问，它在后者的角色中是一款非常有用的武器，但本质上讲该炮仍然是在绝境中仓促投入生产的简单消耗品。

性能诸元

SU-76 自行火炮

乘员：4 人

重量：10800 千克（23810 磅）

动力平台：两台 GAZ 6 缸汽油发动机，每台功率为 52.2 千瓦（70 马力）

尺寸：长度 4.88 米（16 英尺 0.1 英寸），宽度 2.8 米（8 英尺 11.5 英寸），高度 2.17 米（7 英尺 1.4 英寸）

性能：最大公路行驶速度 45 千米/时（28 英里/时），最大公路行驶距离 450 千米（280 英里）

涉水深度：0.89 米（2 英尺 11 英寸）

武器装备：一门 76.2 毫米（3 英寸）火炮，一挺 7.62 毫米（0.3 英寸）机枪

上图：苏联红军的士兵在 SU-76 76.2 毫米火炮的近距离火力支援下发动进攻，该图形象地展示了近距离支援火炮如何发挥作用。到 1945 年时，SU-76 几乎不再用作初始的机动型野战炮了

下图：苏联 SU-76 是在战时匆忙改装而成的火炮，它以 T-70 轻型坦克为基础，安装一门 76.2 毫米（3 英寸）野战炮，虽然它生产数量很多，但没有得到乘员的喜爱，并且被称为“泼妇”

ISU-152 152 毫米自行火炮和 ISU-122 122 毫米自行火炮

苏联第一款重型自行加农炮是 1943 年出现的 SU-152，当时正好赶上库尔斯克的坦克战。它以 KV-2 重型坦克底盘为基础，是典型的二战时期坦克设计方案，在 SU-152 中，坦克底盘几乎没有改动，车体前部安装了一个大型装甲壳体。武器是 M-1937 152 毫米（6 英寸）榴弹炮，安装于上层结构前部装甲板上的一个重型防盾后方，车体顶部装有舱门，其中一个安装有防空机枪。

上图：ISU-152 是 IS 重型坦克系列中的一个直接改装版本，它安装一门 152 毫米（6 英寸）榴弹炮，这是一款强大的近距离支援火炮武器；它也是一款强大的坦克歼击武器。榴弹炮安装在厚重的上层结构中，前部装有厚重的装甲（译者注：图中的是一辆装备 U-22 榴弹炮的 SU-122 自行火炮，以 T-34 为底盘改装）

第一批 SU-152 计划用作反装甲武器和重型进攻武器，因为苏联红军在战术中不区分反坦克武器和其他武器。SU-152 依赖绝对的炮弹重量和动能去摧毁敌方装甲。

KV 坦克系列逐渐被 IS 系列取代，两者均用作了 SU 自行火炮。改造也紧随原始的 SU-152 改装进行，以 IS 坦克底盘为基础的改装型号被称为 ISU-152。对于普通的使用者而言，SU-152 和 ISU-152 基本上是没有区别的，但 ISU-152 安装了更现代化的榴弹炮，即 ML-20S（20 枚炮弹），它在战术上属于加榴炮，是一种非常强大的武器，特

下图：1956 年，ISU-152 仍然在最前线服役，当时苏联红军在布达佩斯的街道上，ISU-152 无法左右转动，这是一个严重的缺陷。火炮的炮控系统始终没有实现现代化，俯仰和装填工作仍需依靠手动完成

别是在苏联红军战术允许的进攻范围之内。该榴弹炮受到一个装甲壳体的保护，壳体由倾斜的厚装甲构成，顶部边缘装有扶手，用于搭载“坦克搭载兵”。最大的装甲厚度为 75 毫米（2.95 英寸）。

ISU-152 同时期的型号还有 ISU-122，它们大体上相同，但后者安装的是 M-1931/4 或 A-19S 型 122 毫米（4.8 英寸）加农炮（备弹 30 发），该火炮是当时标准的 M-1931/37 122 毫米火炮的改造型号，此外也有部分 ISU-122 安装 D-25S 火炮，它的发射与 A-19S 相同，但生产方式有所不同。从数量上讲，ISU-122 远少于 ISU-152，但 122 毫米炮的型号具备更大的性能潜力。因为它的炮弹炮口初速远高于更重型的 152 毫米武器，后者更依赖炮弹的重量产生摧毁效果。

性能诸元

ISU-122 自行火炮

乘员：5 人

重量：46430 千克（102361 磅）

动力平台：一台 V-12 柴油发动机，功率 387.8 千瓦（520 马力）

尺寸：总长度 9.8 米（32 英尺 1.8 英寸），车体长度 6.805 米（22 英尺 3.9 英寸），宽度 3.56 米（11 英尺 8.2 英寸），高度 2.52 米（8 英尺 3.2 英寸）

性能：最大公路行驶速度 37 千米 / 时（23 英里 / 时），公路行驶距离 180 千米（112 英里）

涉水深度：1.3 米（4 英尺 3.2 英寸）

武器装备：一门 122 毫米（4.8 英寸）火炮和一挺 12.7 毫米（0.5 英寸）防空机枪

柏林战役

1944 年和 1945 年期间，ISU-152 和 ISU-122 充当苏联红军的先锋部队，穿过德国开向柏林。第一批进入柏林的苏联部队就包括 ISU-152 部队，它们利用榴弹炮近距离摧毁战略要点，清扫出通往城市中心的道路。

如果非要指出 ISU 武器的缺陷的话，那就是车内存储弹药的空间不足。因此，它们必须依赖装甲车辆从外部定期送来弹药，而这通常来讲是一项充满危险的任务。ISU 车辆携带的重型武器在直接支援苏联红军坦克和摩托化步兵部队方面具有重大价值。

ISU-152 的批量生产一直持续到 1955 年，彼时已经生产出了 2450 辆，此外战争期间共计生产了 4075 辆。ISU-122 在战争结束时停止生产，但在 1947 年又重新开始生产了。

IS 底盘后来用作了 R-11（SS-1b“Scud-A”）弹道导弹的发射车辆，但后来均换成了人们更熟悉的 MAZ 轮式发射车。

下图：ISU-122 是 IS 坦克系列的改装版本，它在倾斜的装甲化上层结构前部安装一门 122 毫米（4.8 英寸）榴弹炮。它作为近距离支援角色而被大量生产，但也被用作静态的火炮支援角色

“教堂司事”自行火炮

1941 年早期，英国采购委员会在华盛顿问美国人，M7“牧师”能否改装以安装英国的“25 磅”野战炮。英国人很满意 M7“牧师”自行火炮的底盘，但最大的不足是它所安装的 105 毫米（4.13 英寸）榴弹炮不是英国当时标准的武器口径。美国根据英国人的要求制造了一款安装“25 磅”炮弹的 M7 版本，他们将之命名为 T51，但与此同时，他们也宣称无法大量生产 T51，因为他们手上的订单已经达到最大生产能力了。因此，英国人又开始寻求别的生产者，他们发现加拿大人刚设立一条“公羊”坦克的生产线，该型号不久之后就被美国的 M3 和 M4 坦克取代了。因此“公羊”坦克被改造以安装“25 磅”炮弹，由此而诞生的就是“教堂司事”（Sexton）。

“教堂司事”采用 M7“牧师”的整体结构布局，但引入了很多改进以满足英国人的要求。如司机的位置改到了右手边。“教堂司事”没有 M7 显眼的控制室，但作战室改成了开放式的，仅在顶部搭一

上图：“教堂司事”自行加榴炮可容纳 6 名乘员（炮长、驾驶员、瞄准手、操作手、装填手和无线电员），它在大部分时间里被用作装甲部队的火炮支援力量

下图：“教堂司事”安装英国的“25 磅”野战炮，是一款备受欢迎的可靠性高的车辆，它在二战后很长一段时间里继续在很多国家服役。该型火炮在印度一直服役到 20 世纪 80 年代

上图：英国陆军使用“教堂司事”一直到20世纪50年代后期，图中这辆“教堂司事”正和一架“食蚜虻”Mk 2直升机参加一场早期的联合作战行动

块帆布为乘员遮风挡雨。“教堂司事”可容纳6名乘员，大部分内部空间用于储存弹药和一些乘员的个人物品；更大的储存空间是尾部的箱子。最大装甲厚度为32毫米（1.25英寸）。

反坦克能力

“25磅”加榴炮安装在一个加拿大人专为“教堂司事”设计的专用炮架上，左向射界可达25度，右向可达40度，这对于反坦克角色而言是非常有用的（配备18枚穿甲弹），但“教堂司事”最终几乎没有机会用到这一功能。相反，从1944年开始，它在欧洲西北部更多地被用作支援装甲部队的野战炮（87枚高爆弹和烟幕弹）。还有一些其他改型，所有型号在生产中都逐渐融合了改进措施，它们均在位于索雷尔的蒙特利尔机车厂制造。那里的生产一直持续到1945年，共生产出2150辆该型火炮。

“教堂司事”是一款备受欢迎的可靠性高的火炮和武器组合，事实证明它取得了巨大的成功，以至于在战后很多年里世界范围内很多地方还能见到它的身影。其中一辆收藏于威尔特郡的皇家炮术学院博物馆中。

还有一些“教堂司事”改型也投入了战争，有些经改造后在诺曼底登陆战役中“游”到了岸上，但这种角色似乎没有在白天使用的。更常见的改装是将加榴炮换成额外的地图桌和无线电设备，这就是“教堂司事”射击阵地指挥官指挥车；每个炮兵连都装备有一辆该型指挥车。战后，一些“教堂司事”被转交给了意大利等国家。

性能诸元

“教堂司事”自行火炮

乘员：6人

重量：25855千克（57000磅）

动力平台：一台“大陆”9缸星型发动机，功率298.3千瓦（400马力）

尺寸：长度6.12米（20英尺1英寸），宽度2.72米（8英尺11英寸），高度2.44米（8英尺）

性能：最大公路行驶速度40.2千米/时（25英里/时），最大公路行驶距离290千米（180英里）

涉水深度：1.01米（3英尺4英寸）

武器装备：一门“25磅”加榴炮，两挺无枪架的7.7毫米（0.303英寸）布伦机枪和一挺安装在枢轴枪架上的12.7毫米（0.5英寸）勃朗宁机枪

“主教”式自行火炮

“主教”式自行火炮诞生于“25 磅”野战炮在北非沙漠被迫用作反坦克武器并惨遭失败的时候。当时考虑把“25 磅”野战炮安装在一个移动的炮架上以增加对火炮手的保护，不久之后人们就发现“瓦伦丁”步兵坦克底盘很适合这种改装。不幸的是，这种火炮 / 坦克的组合从一开始就不受欢迎。装甲兵希望得到一辆安装大口径火炮的坦克，而火炮手则希望得到一款能够自行移动的火炮。这些争论从未真正得到解决，虽然火炮手取得了胜利，最终的结果仍然是双方妥协的折中物。

下图：“主教”式自行火炮是英国人早期自行火炮尝试的代表，他们把“25 磅”野战炮安装在了瓦伦丁坦克底盘之上。火炮安装在固定的炮塔之中，炮管俯仰角有限，这种结构没有取得成功，很快就被 M7“牧师”自行火炮取代了

瓦伦丁改型

瓦伦丁“25 磅”野战炮是直线思维改装的产物（正式型号为“瓦伦丁底盘 Mk 1 型“25 磅”自行火炮”)，常规的炮塔被换成更大的可以安装“25 磅”火炮的炮塔。这种新炮塔是固定的，并采用侧面扁平的设计方案。一方面新炮塔过大而不利于战场隐蔽，另一方面它又太小而无法为火炮手提供足够的内部空间。炮塔的设计还存在一个缺陷，那就是它限制了炮管的俯仰，因此将火炮射程限制在

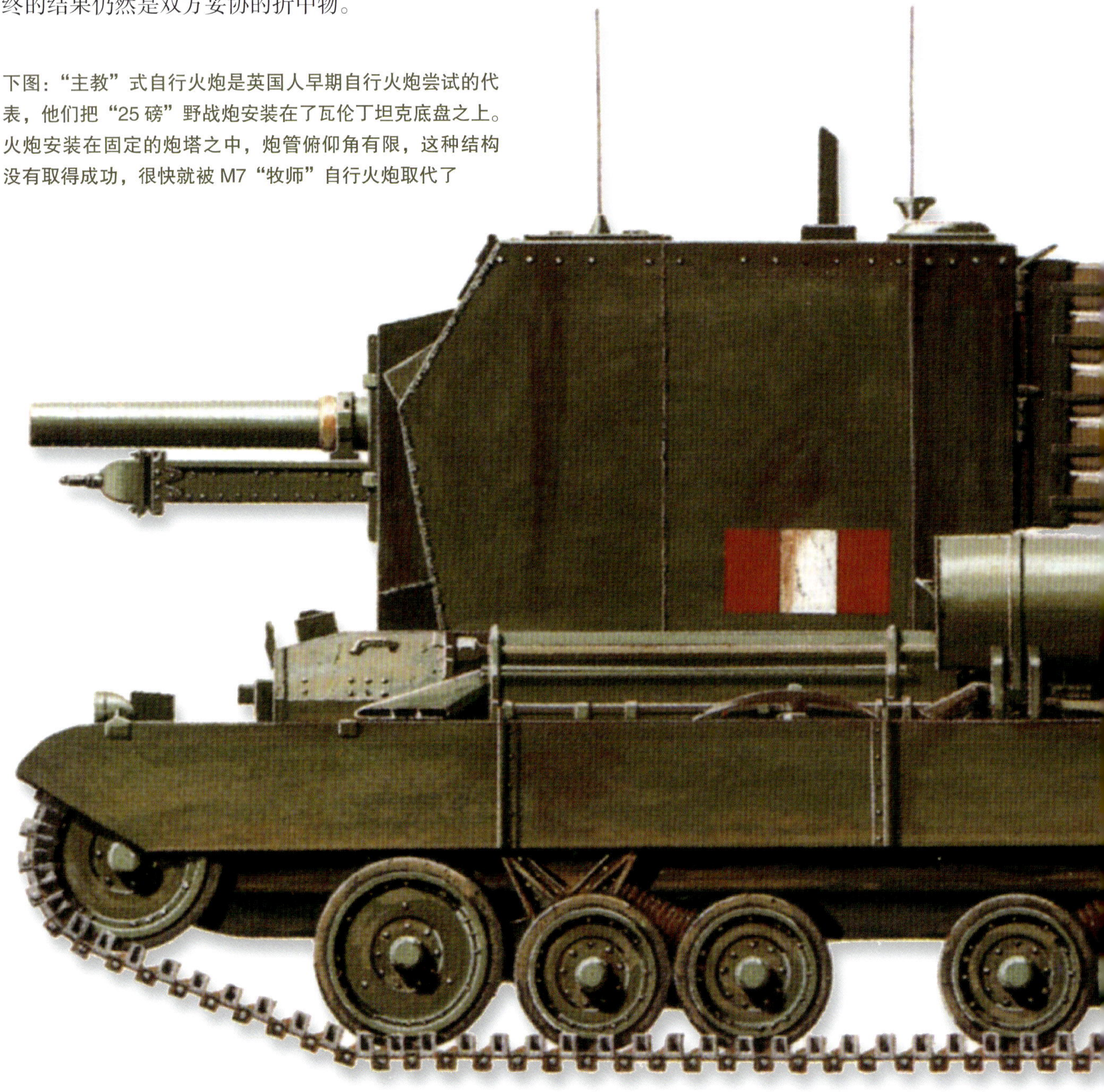

上图：一辆“主教”式自行火炮正在行驶之中，指挥官位于固定炮塔的外面，因为炮塔内部仅能容纳两名炮手。固定的炮塔限制了炮管的俯仰角，进而限制了火炮射程

性能诸元

“主教”式自行火炮

乘员：4 人

重量：7911 千克（17440 磅）

动力平台：一台 AEC 6 缸柴油发动机，功率 97.7 千瓦（131 马力）

尺寸：长度 5.64 米（18 英尺 6 英寸），宽度 2.77 米（9 英尺 1 英寸），高度 3.05 米（10 英尺）

性能：最大公路行驶速度 24 千米 / 时（15 英里 / 时），最大公路行驶距离 177 千米（110 英里）

涉水深度：0.91 米（3 英尺）

武器装备：一门“25 磅”（87.6 毫米 /3.45 英寸）火炮

5852 米（6400 码），这对于正常的 12253 米（13400 码）而言是一个大幅削减。增加射程的唯一途径就是生产复杂的斜坡，火炮驶上斜坡以增加俯仰角进而增加射程，但这非常不利于战术部署。方向射界也受到严重限制，左右两侧最大仅为 4 度。车辆内部可存储 32 枚炮弹，但车后牵引的放置弹药箱的前车还可以装载一些。车辆装甲厚度从 8 毫米（0.315 英寸）到 60 毫米（2.36 英寸）不等。

“25 磅”瓦伦丁在北非战场的后期阶段进入那里作战，当时“25 磅”炮弹不再用作反坦克炮，因此这些武器被完全作为自行火炮使用，英国皇家炮兵从这些火炮中学到很多经验。该火炮最终被命名为“主教”式自行火炮，它也在西西里岛和意大利本土的战役中使用过。

在这些战役中，它暴露出所有缺陷，但同时也彰显出第一次投入使用的英国自行加农炮的潜力。后勤的必要性怎么强调都不为过，与前线观察员的无线电通信状况也急需改进。

“主教”式自行火炮也暴露出未来设计中需要避免的问题。最明显的就是无论怎么使用，火炮灵活的机动性必须保证；此外，火炮的操作空间也应该更大，因为“主教”式自行火炮的炮塔非常狭窄，通风性太差。更大的内部弹药储存空间也是必要的，运载弹药的车辆必须能够跟上坦克。作为一款步兵坦克，瓦伦丁底盘速度过慢而无法跟上装甲部队。

所有这些不足在 M7“牧师”自行火炮问世时都得到了解决。火炮手非常乐意地接受了 M7，不久之后“主教”式自行火炮就被抛弃了。它们可能被认为不够完美，但“主教”式自行火炮确实是英国陆军的第一款自行加农炮武器。

上图：一辆“主教”式自行火炮在那不勒斯附近作战，此时它已经到了服役生涯的后期。火炮手从弹药补给车上取完炮弹后正递送到火炮炮塔，前景中可以看到补给车的一部分，它们通常牵引在火炮后面

M7“牧师”自行火炮

将105毫米（4.13英寸）榴弹炮安装在半履带式车辆的经验让美国陆军相信，把榴弹炮安装到全履带式炮架上将会取得更好的效果，因此美军将M3中型坦克改造为新型自行火炮的底盘。M3底盘经过大幅改动，上层结构变成了开放式的，榴弹炮安装在其前部。经此改造的车辆被称为T32，随后的试验包括在主炮右侧加装一挺机枪，该炮的正式型号为“M7型105毫米机动榴弹炮架”。车辆最大装甲厚度为25.4毫米（1英寸）。

作战中的“牧师”式自行火炮

第一批成品是为美国陆军生产的，但很多在不久之后的租赁协议中分配给盟军国家，其中包括英国陆军。由于环形机枪塔的外形酷似牧师在主持仪式时手扶的祭台，因此英军给予了M7“牧师”的绰号。英国的火炮手很乐意地接受了M7，它首次参加战斗是在1942年10月的第二次阿拉曼战役之中。截至1943年底，仅英国人就要求为他们生产5500辆M7，但如此大的订单最终没有完成。无论如何，这个数字也印证了M7的成功，同时它也深受英国炮兵的喜爱。他们尤其赞赏M7的空间和机动性，以及额外的乘员空间。一个障碍是榴弹炮不是标准的英国陆军武器：因此必须单独为M7炮台准备弹药（每辆M7可携带69枚炮弹），而这带来了严重的后勤保障问题。直到装备“25磅”野战炮的“教堂司事”在1944年出现时才解决这个问题。英国的M7参与了所有意大利战役，其中一些还在1944年6月的诺曼底登陆行动中使用，虽然

上图：M7的重量达到22967千克（50634磅），这也导致了车辆机动性的降低，严重影响了其战时在山地区域的使用

上图：1945 年，一辆 M7 在阿登高地作战，开放的作战室顶部盖了一块油帆布以抵御恶劣的天气。M7 后方的坦克障碍物被轻易地跨越过去了

性能诸元

M7“牧师”自行火炮

乘员：5 人

重量：22967 千克（50634 磅）

尺寸：长度 6.02 米（19 英尺 9 英寸），宽度 2.88 米（9 英尺 5.4 英寸），高度 2.54 米（8 英尺 4 英寸）

动力平台：一台“大陆”R-975 空气冷却 9 缸星型发动机，功率 279.6 千瓦（375 马力）

性能：最大公路行驶速度 41.8 千米 / 时（26 英里 / 时），最大公路行驶距离 201 千米（125 英里）

涉水深度：1.22 米（4 英尺）

武器装备：一门 105 毫米（4.13 英寸）M2 榴弹炮，一挺 12.7 毫米（0.5 英寸）M2 机枪

左图：英国火炮手戏称美国的 M7 自行火炮为“牧师”，它的炮塔更像一个指挥室，12.7 毫米（0.5 英寸）的机枪安装在里面，主要用于防空和自卫

不久之后它们就被“教堂司事”自行火炮取代了。

随后英军基于的 M7 的变形车仍在继续服役：部分 M7 拆除了榴弹炮，车体被用作装甲运兵车，也被戏称为“袋鼠”运兵车。不久之后大量淘汰的 M7 都被如此使用了，这种做法随后蔓延至意大利。

在美国的服役

美国也大量使用了 M7，虽然为美国陆军的生产没有一直持续下去。1942 年之后，M7 的生产进入停滞的状态。某段时间里，原始的 M3 底盘被换成了后来的 M4A3“谢尔曼”底盘，这种 M7 也被称为 M7B1。1945 年之后，大量 M7 被转交给巴西和土耳其等国家。M7 还在朝鲜战争中广泛使用。105 毫米榴弹炮仍然是世界范围内的一种标准武器。在其整个服役生涯中，M7 都表现出了卓越的可靠性，并且证明了它们跨越艰难地形的能力，虽然在山区的性能有些让人失望。

右图：图中展示了一辆带有美国陆军标记的 M7 自行火炮，该型炮有很大数量根据《租借法案》交付给了英国

GMC M40 型 155 毫米自行加农炮

上图：M40 型 155 毫米自行加农炮发射时，火炮手们站在车辆尾部的支架上方铰接的一个平台上

美国人在二战期间批量生产的第一种 155 毫米（6.1 英寸）自行火炮就是 M12，它在最初设计时叫作 T6，以改装的 M3 中型坦克底盘为基础。从 1943 年 12 月开始，一种新型的武器 / 炮架组合出现了。火炮是名为“长脚汤姆”的 M1A1 155 毫米火炮（备弹 20 发），炮架基于 M4A3 中型坦克的底盘，但增加了宽度，并安装了新的悬挂弹簧。发动机从尾部移到了前端，增加了一个驻锄以吸收后坐力，支架在火炮移动时可以收起。火炮后膛下方增加了一个操作平台。火炮射程为 23514 米（25715 码），发射的炮弹重量为 43.1 千克（95 磅），这使其成为一种有效的反炮兵火炮和远程火炮。装甲厚度为 12.7 毫米（0.5 英寸）。

M40 型自行加农炮（正式型号为 CMG，155 毫米，M40；CMG 是“炮架、机动化、加农炮”的缩写）的研发时间远远超过预期，直到 1945 年 1 月首辆量产型才从生产线上下线。它们及时地越过大西洋见证了战争在德国结束。

M40 参加了科隆炮击行动以及随后的一次短暂行动。1945 年 1—5 月期间生产的 M40 数量不少于 311 辆，生产一直持续到战争结束。M40 还参与了

性能诸元

M40 自行加农炮

乘员：8 人

重量：37195 千克（82000 磅）

尺寸：总体长度 9.04 米（29 英尺 8 英寸），宽度 3.15 米（10 英尺 4 英寸），高度 2.84 米（9 英尺 4 英寸）

动力平台：一台“大陆”R-975 空气冷却星型发动机，功率 294.6 千瓦（395 马力）

性能：最大公路行驶速度 38.6 千米 / 时（24 英里 / 时），最大公路行驶距离 161 千米（100 英里）

涉水深度：1.07 米（3 英尺 6 英寸）

武器装备：1 门 155 毫米（6.1 英寸）火炮

左图：M40 的司机坐在车辆前端，发动机在其身后。顶部的两个舱门用于进出车辆前部

左图：M40 的开放式战斗室从今天的角度看来可谓匪夷所思，随着核武器的出现，开放式战斗室的装甲车辆在核条件下可谓全无用武之地

朝鲜半岛的军事冲突。

M40 对乘员没有防护措施，在设计时考虑到所有装备都在远离前线的地方使用，因而没有增加保护措施。M40 可容纳 8 名乘员，车体内预留了武器和个人物品的存储空间。同样的底盘也用于装备 203 毫米（8 英寸）榴弹炮，但 M43 型 203 毫米自行榴弹炮没有大量投入使用；生产数量仅为 48 辆。1945 年之后，M40 被分给了其他国家。英国陆军使用了一段时间。更多的在法国等国家使用，后来它们被广泛地用在了东南亚。另一种变型——T30 型装甲运输车可以用作补给运输车辆，虽然它常规的部署是为 M40 炮台输送弹药。

M40 具有显著意义，因为以它为基础的下一代自行武器一直服役到 20 世纪 90 年代。M40 证明了只有装甲炮塔能给自行火炮带来足够的防护，而装甲炮塔也由此成为现代化自行火炮的象征。

右图：虽然 M40 在二战晚期才出现，它仍然是战时非常好的自行火炮之一，它在二战结束之后还服役了很长时间。它的基础是 M4 坦克底盘

QF."2磅"反坦克炮

"2磅"反坦克炮（型号全称为Ordance, Q.F., 2 pdr）是非常不幸的武器之一，它仅仅因为在一个不再适合的时机投入使用而获得糟糕的评价。它与同时代的设计方案同样优秀，但20世纪30年代后期坦克装甲厚度的增加使其不再适用，而那时正好是它大量投入使用的时候。

"2磅"反坦克炮起源于英国参谋部在1934年提出的一项要求。早期研制工作大部分由维克斯-阿姆斯特朗公司完成，生产的第一批火炮和炮架用于出口。一些被销往西班牙，但主要的接收者是英国陆军，他们在1938年收到第一批成品。随后火炮又进行了一系列改进，直至英国陆军所有的要求参数都被满足，直到1939年最常见的炮架（Mk 3型"2磅"反坦克炮架）才正式列装。

与当时已经存在的很多设计方案相比，"2磅"反坦克炮是一款复杂的武器，它的重量几乎是同级别其他火炮的2倍。重量如此之大的主要原因是它在作战时依赖于一个很低的三角支架为火炮提供360度的方向射界。火炮为炮手们提供了一个很高的防盾，弹药箱也位于火炮防盾后方。设计方案背后的理念也与同时代的想法不同。很多欧洲国家陆军都倾向于利用将反坦克炮用于机动作战，但"2磅"反坦克炮却用于静态的防御阵地。英国皇家炮兵的专业反坦克炮部队也这样使用过"2磅"反坦克炮。

缺陷

1940年的实战表明"2磅"反坦克炮彻底过时了，英国远征军不得不将其"2磅"反坦克炮抛弃在敦刻尔克。"2磅"反坦克炮威力不足，无法击穿大部分德国坦克的装甲，过小的有效射程也不利于战术部署；炮弹重量过轻而无法在目标坦克的机枪射程外对敌造成伤害，因此很多炮手在近距离射击之前就被消灭了。然而，英国没有任何生产现代化反坦克火炮的基础设施，而英国陆军又几乎没有坦克防御能力。因此，英国工业界不得不继续生产"2磅"反坦克炮，虽然当时已经意识到它不再是一种有效的武器了。这一后果最终在1941—1942年的北非战役期间显现出来，事实证明"2磅"反坦克炮根本无法应对北非军团，以至于"25磅"野战炮不得不被用于反坦克任务。

所有试图让"2磅"反坦克炮适应形势的改进方法都尝试过了，如在一辆开放式卡车后方安装一门火炮以提供一个机动平台，还有"小约翰"适配器——安装在炮膛上的锥膛装置，再如发射特殊的有缘炮弹以改善炮弹性能。

然而，这些措施都没有实质性作用，1942年之后，"2磅"反坦克炮退出反坦克炮部队，并被分配给步兵部队用于反坦克防御。坦克防御者角色的"2磅"反坦克炮也没有使用多久，但在远东地区，"2磅"反坦克炮一直服役到1945年，因为那里的坦克目标一般而言都是轻型的，"2磅"反坦克炮还可以应对它们。

下图："2磅"反坦克炮的炮手正在一次化学战争演习中进行训练。前景中的火炮展示了每门火炮上携带的弹药箱

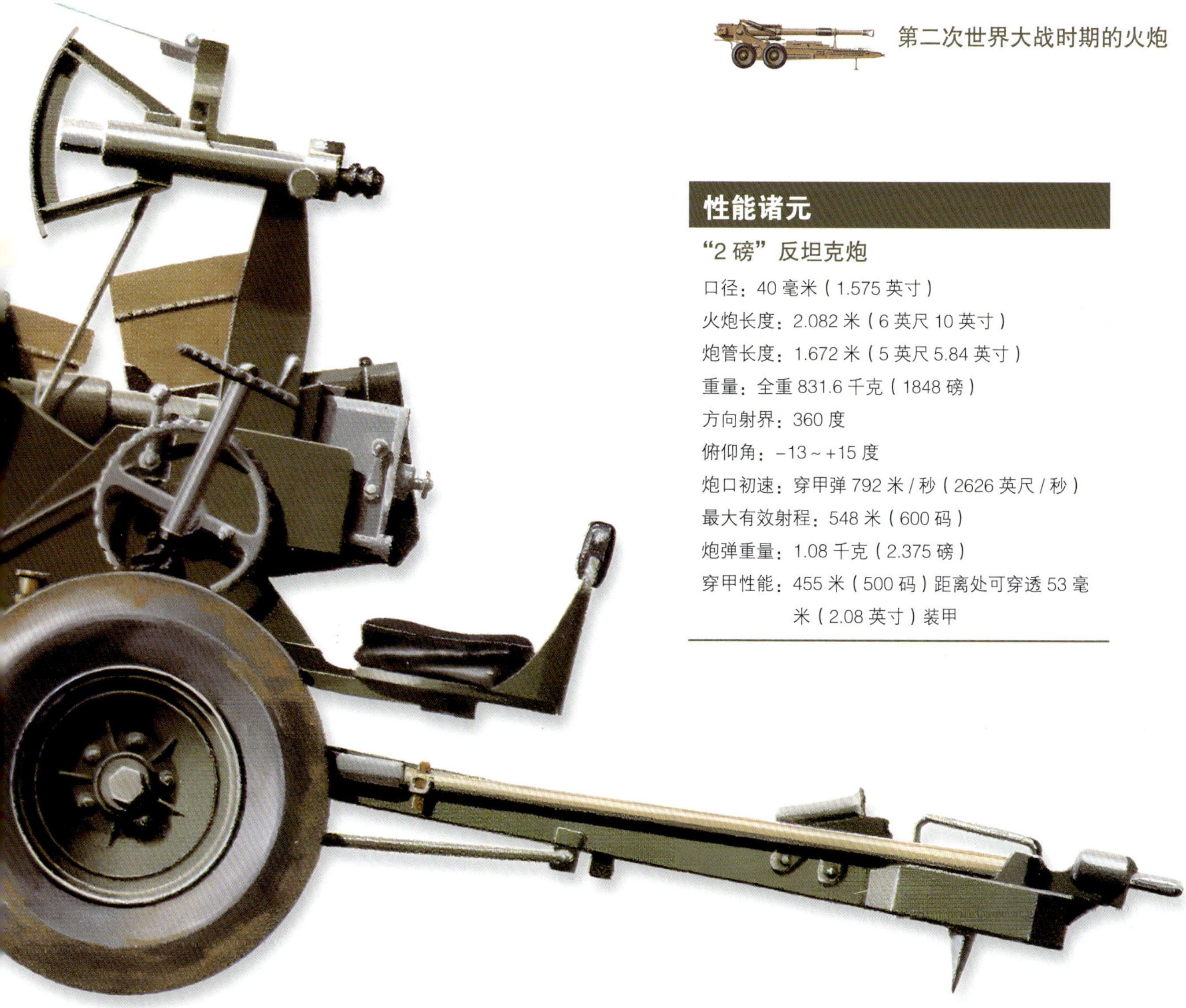

性能诸元

“2 磅”反坦克炮

口径：40 毫米（1.575 英寸）
火炮长度：2.082 米（6 英尺 10 英寸）
炮管长度：1.672 米（5 英尺 5.84 英寸）
重量：全重 831.6 千克（1848 磅）
方向射界：360 度
俯仰角：-13～+15 度
炮口初速：穿甲弹 792 米/秒（2626 英尺/秒）
最大有效射程：548 米（600 码）
炮弹重量：1.08 千克（2.375 磅）
穿甲性能：455 米（500 码）距离处可穿透 53 毫米（2.08 英寸）装甲

上图：一门“2 磅”反坦克炮做好了牵引准备，通常用一辆小型卡车或吉普车牵引。“2 磅”反坦克炮是一款相当复杂的武器，该炮采用三脚式炮架，与同时代其他设计方案相比，它的重量过大而不适合战术部署。到 1941 年时，由于敌方坦克装甲厚度的增加，它几乎无法继续使用，因此被分配给步兵部队用于反坦克防御，但它们还在远东地区继续使用。后期型号可以通过拆除炮轮来提升隐蔽性

下图：这张照片展示了一门作战中的“2 磅”反坦克炮及其炮手，图中炮手正准备装填炮弹。注意，炮弹从一个箱子中送进反坦克炮尾部，炮盾上的弹药箱通常仅用于紧急时刻

QF.“6 磅”反坦克炮

下图：虽然作为专业的反坦克火炮使用时间相对较短（最多从 1941 年至 1943 年），“6 磅”反坦克炮继续成为一款有用的反坦克和支援武器。美国人仿照它制造了 M1 和 M1A2 57 毫米反坦克炮，并且被几乎所有盟军国家采用

性能诸元

Mk 4“6 磅”速射炮

口径：57 毫米（2.244 英寸）
火炮总长度：2.565 米（6 英尺 8.95 英寸）
炮管长度：2.392 米（7 英尺 10.18 英寸）
重量：全重 1112 千克（2471 磅）
方向射界：90 度
俯仰角：-5 ~ +15 度
炮口初速：900 米 / 秒（2700 英尺 / 秒）
炮弹重量：2.85 千克（6.28 磅）
穿甲性能：915 米（1000 码）距离处可穿透 68.6 毫米（2.7 英寸）装甲

英国的武器设计者早在 1938 年 4 月就预见到需要一款比“2 磅”反坦克炮威力更大的反坦克炮，但新武器的研发和投产需要时间。1940 年末，新武器的投产被推迟，因为“2 磅”反坦克炮占据了生产线，以至于直到 1941 年末新火炮才到达士兵手中。新武器的口径为 57 毫米（2.244 英寸），发射重 2.72 千克（6 磅）的炮弹，因此新火炮也被称为“6 磅”反坦克炮。

等到“6 磅”反坦克炮抵达部队时，英军对新型反坦克炮已经望眼欲穿，投入战斗后，事实证明它能有效地应对敌方坦克。与“2 磅”反坦克炮相比，“6 磅”反坦克炮更常规，采用开脚式大架，方向射界可达 90 度。“6 磅”火炮主要存在两种改型：Mk 2“6 磅”速射炮（Ordnance, Q.F., 6 pdr Mk 2）和 Mk 4“6 磅”速射炮（Ordnance, Q.F., 6 pdr Mk 4）；Mk 1“6 磅”速射炮仅用于训练，Mk 3 和 Mk 5 是坦克炮。Mk 2 和 Mk 4 的主要区别在于炮管长度，Mk 4 的更长一些。生产中炮架有一些轻微改动，但改动最激进的是 Mk 3“6 磅”火炮，它是专为空降部队而设计的。它比常规的火炮更窄，大架也被缩短以存储在滑翔机之中；这种特殊火炮在空降阿纳姆的战斗中广泛使用。

下图：1942 年 5 月 3 日，一门安装在卡车上的“6 磅”反坦克炮在托布鲁克附近作战。隆美尔在一个月之内攻占了小镇，同时迫使第 8 集团军退回至马特鲁港和阿拉曼

“6 磅”反坦克炮在北非表现优异，但虎式坦克出现后，人们意识到“6 磅”速射炮的时代也要过去了，因为 2.85 千克（6.28 磅）的炮弹无法击穿虎式坦克厚厚的前部装甲，除非幸运地击中坦克侧部才能产生作用。因此，从 1943 年开始，“6 磅”反坦克炮逐渐退出皇家炮兵部队。相反，它们被分配给步兵反坦克部队，并与步兵一起度过了战争剩下的岁月。这款反坦克炮也被大量转交给了苏联红军。

苏联人不是唯一的“6 磅”反坦克炮接收者，美国人也采用了这种火炮。当美国人意识到他们也需要一种比他们的 M1 37 毫米（1.46 英寸）加农炮更重型的反坦克炮时，他们发现最直接的方法就是仿制“6 磅”反坦克炮，1941 年早期，他们得到了英国人提供的设计图，然后加以改进，以适应他们自己的生产方式。其结果就是 M1 57 毫米反坦克炮。最初，美式炮架将英式炮架上的肩托更换为了高低机手轮，不过在 M1A2 型上又恢复了肩托，并一直使用至 1945 年战争结束。此外，美制 M1 反坦克炮也被大量安装到自行式底盘上，其中有许多被安装到半履带车上，美军和英军都大量使用了半履带车搭载的 M1 反坦克炮。“6 磅”反坦克炮虽然无法对抗虎式等重型坦克，但却能够对付几乎所有比虎式更轻的德国坦克。该炮也是一款轻巧且便于操作的武器。

QF. “17 磅”反坦克炮

到 1941 年时，英军已经认识到即便是“6 磅”反坦克炮也无法应对快速增强的坦克防护了。为了应对预期的装甲厚度增加，英国决定研制下一代反坦克火炮，口径为 76.2 毫米（3 英寸），发射的炮弹重量不小于 7.65 千克（17 磅）。很显然，由此而诞生的火炮将会非常庞大，但同时似乎又没有其他选择，火炮的研制过程非常匆忙。

第一批成品（Ordnance, Q.F., 17 pdr）早在 1942 年 8 月就诞生了，但它们仅是原型炮，真正投入生产还需要更多时间。戏剧性的结果来自北非，当时得到消息称，虎式坦克马上就要投入战场。当时一些火炮已经准备就绪，但还没有炮架。为了将重型反坦克武器送到士兵手中，美国人决定空运 100 门火炮到北非，然后在那里将其安装到“25 磅”野战炮炮架上，由此而诞生了被称为“17/25 磅炮”的混合型反坦克炮。这些改装非常及时，几周之后，第一批虎式坦克就出现了，“17/25 磅炮”立即用于与它们作战。这些“17/25 磅炮”一直服役至“合适的”“17 磅”反坦克炮于 1943 年在意大利战役早期投入使用。

定型的“17 磅”反坦克炮外形低矮，重量也不算笨重。火炮的大架相当修长，且张开角度较大，炮盾相当厚重。火炮炮管修长，炮口安装有制退器，炮尾处布置有沉重且巨大的立楔式炮闩。火炮的操作至少需要 7 个人，如果需要搬运或转移，还需要再增加人手。幸运的是，该火炮发射的炮弹可以远程击穿敌人所有坦克的装甲，且该炮的射速达到了惊人的每分钟 10 发。

到 1945 年时，“17 磅”反坦克炮成为英国皇家炮兵反坦克部队的标准武器，并大量援助给其他盟国。“17 磅”反坦克炮是英国陆军的最后一款常规反坦克火炮（英军还计划研制一种口径为 94 毫米 /3.7 英寸的 32 磅反坦克炮，但最后选中了一门 120 毫米 /4.72 英寸无后坐力炮），很多在英国陆军一直服役到 20 世纪 50 年代。此外还生产了各种形式的“17 磅”反坦克炮。

上图：1942 年晚期，少量“17 磅”反坦克炮首次投入使用，它们随即成为盟军强大的反坦克火炮之一，虽然异常笨重并且难以运输。“17 磅”反坦克炮的口径为 76.2 毫米（3 英寸），能在大约 1000 米（1094 码）处击穿厚达 130 毫米（5.12 英寸）的装甲板。它偶尔也能发射高爆弹而充当野战炮的角色

性能诸元

“17 磅”反坦克炮

口径：76.2 毫米（3 英寸）
火炮总长度：4.443 米（14 英尺 6.96 英寸）
炮管长度：3.562 米（11 英尺 8.25 英寸）
重量：作战时 2923 千克（6444 磅）
方向射界：60 度
俯仰角：-6～+16.5 度
炮口初速：950 米 / 秒（2900 英尺 / 秒）
炮弹重量：7.65 千克（17 磅）
穿透装甲能力：915 米（1000 码）距离处可穿透 130 毫米（5.12 英寸）装甲

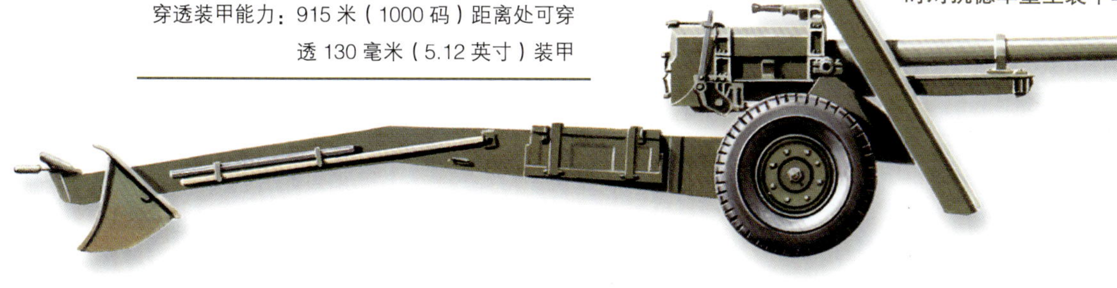

下图：到 1944 年 9 月时，事实已经证明“17 磅”反坦克炮是一款极其有效的武器，该炮成为英军第 8 集团军突击“哥特防线”时对抗德军重型装甲车辆的中坚力量

Pak 35/36 型 3.7 厘米反坦克炮

Pak 35/36 型 3.7 厘米反坦克炮（正式型号为 3.7-cm Pak 35/36；Pak 表示 Panzerabwehrkanone：反坦克炮）的源头可追溯至 1925 年。这一年莱茵金属公司开始研制一款新的反坦克炮。制造从 1928 年开始，当时德国陆军大部分火炮还是需要马匹牵引，安装辐条轮的火炮依靠马匹拉运。新的设计方案是当时非常现代化的武器，它采用倾斜的防盾、管状的开脚大架以及长而细的炮管。

生产扩张

该型火炮的产量最初相对有限，但纳粹党在 1933 年掌权后，火炮的生产大幅加速。1934 年出现了第一个安装钢制车轮和充气轮胎的版本，它们适于车辆牵引，并在 1936 年被正式命名为 Pak 35/36 型 3.7 厘米反坦克炮（简称 Pak 35/36 型火炮）。

Pak 35/36 型火炮在 1936 年的西班牙内战中首次投入使用。事实证明，这款小型火炮能有效地应对战争中使用的相对轻型的装甲车辆。它在 1939 年面对武装力量较弱的波兰军队时也很成功，但在 1940 年遭遇防护厚重的法国和英国坦克时惨遭失败，他们小心瞄准的穿甲弹被攻击的坦克车体装甲板反弹了回来。事实是 Pak 35/36 型火炮的时代在 1940 年就终结了。它再也无法击穿更现代化的坦克装甲了，它的位置必须由更大口径的武器取代。然而，新武器无法快速生产出来，所以 3.7 厘米（1.46 英寸）火炮不得不在 1941 年 6 月德国入侵苏联（巴尔巴罗萨行动）时再次投入战场：此时 Pak 35/36 型火炮已经完全无法应对 T-34/76 坦克了。德军采取了一些措施去延长火炮的服役寿命，如发射前装式的重型插口式破甲弹：这种炮弹虽然杀伤力可观，但其过近的射程令人对其效能产生怀疑。最终，Pak 35/36 型火炮被分配到二线部队和卫戍部队，以及一些训练学校，所以它们在 1945 年时还在有限地服役。后来，很多炮架经过改造，安装了 75 毫米（2.95 英寸）炮管以用于步兵支援任务。

出口的成功

Pak 35/36 型火炮在 1939 年之前被广泛用于出口，日本人仿照该炮的设计研制了 97 式速射炮。

其他接收国包括意大利（Cannone contracarro da 37/45），荷兰（莱茵金属公司 37 毫米火炮）以及苏联。苏联人接收 35/36 型火炮后将其改名为 M30，它被大量模仿使用，逐渐成了整个 37 毫米和 45 毫米反坦克炮系列的基础，而该系列火炮甚至在 1945 年之后还服役了很多年。美国人也模仿 Pak 35/36 型火炮而制造了 M3 37 毫米反坦克炮，当然他们仅复制了火炮的概念，M3 在很多细节方面与德国原始方案不同。德国人还曾生产了一种专用于伞降部队的特殊版 Pak 35/36 型火炮。

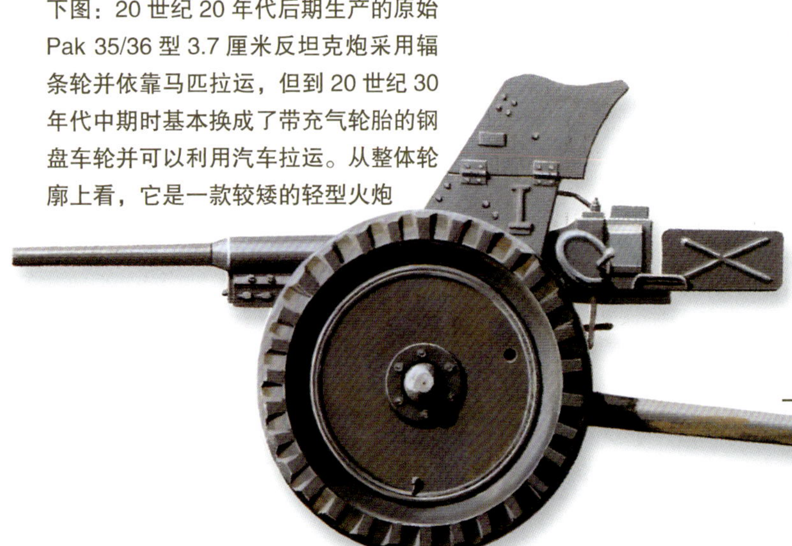

下图：20 世纪 20 年代后期生产的原始 Pak 35/36 型 3.7 厘米反坦克炮采用辐条轮并依靠马匹拉运，但到 20 世纪 30 年代中期时基本换成了带充气轮胎的钢盘车轮并可以利用汽车拉运。从整体轮廓上看，它是一款较矮的轻型火炮

性能诸元

Pak 35/36 型 3.7 厘米反坦克炮

口径：3.7 厘米（1.46 英寸）
火炮长度：1.665 米（5 英尺 5.6 英寸）
炮管长度：1.308 米（4 英尺 3.5 英寸）
重量：运输时 440 千克（970 磅），作战时 328 千克（723 磅）
方向射界：59 度
俯仰角：-8 ~ +25 度
炮口初速：穿甲弹 760 米 / 秒（2495 英尺 / 秒）
最大射程：7000 米（7655 码）
炮弹重量：穿甲弹 0.354 千克（0.78 磅），高爆弹 0.625 千克（1.38 磅）
穿甲性能：365 米（400 码）距离处可击穿 38 毫米（1.48 英寸）的 30 度倾斜装甲

Pak 38 型 5 厘米反坦克炮

上图：Pak 38 型 5 厘米反坦克炮是一款轻型武器，整体轮廓较低，移动和隐蔽较为方便。炮尾支架下方的可拆除的小轮子使得手动搬运火炮变得相对容易。炮架制造过程中轻合金材料的大量使用意味着火炮的操纵也很轻便

到 1940 年时，Pak 35/36 型 3.7 厘米反坦克炮在大多数现代化坦克面前已经没有价值了。幸运的是，德国陆军早在 1937 年就预见到了这一点，到 1938 年时，莱茵金属公司已经研制出一款新的 5 厘米（1.97 英寸）口径火炮。到 1939 年时，新火炮准备投入生产，但直到 1940 年夏季第一批成品才发送到士兵手中。新火炮被命名为 Pak 38 型 5 厘米反坦克炮（简称 Pak 38 型火炮），它出现太晚而没有赶上欧洲西部的战役，并且直到 1941 年才第一次参与大型战役。

苏联坦克的歼击者

这次大型战役就是入侵苏联行动，那时新火炮已经用上了一种名为 AP40 的新型钨芯穿甲弹。这种炮弹是从缴获的捷克斯洛伐克和波兰的炮弹中发展而来的，因为新炮弹的高密度钨芯可以大幅增加装甲穿透能力。当苏联的 T-34/76 出现在战场上时，实战证明发射 AP40 炮弹的 Pak 38 型火炮是唯一能击穿苏联坦克厚重装甲的火炮 / 炮弹组合。然而，战场上的 Pak 38 型火炮数量有限，它不可能在所有地方使用，因此反坦克防线上的很多漏洞只能用老旧的法国 75 毫米（2.95 英寸）火炮临时填补。此后，实战经验表明 50 毫米火炮也足够优秀，它可以在战争后续阶段使用，虽然它后来也被更大口径的火炮所取代。

Pak 38 型火炮采用了曲面防盾，钢制车轮以及管状的开脚大架，当大架展开时，扭力杆悬挂装置将被锁住。炮架的整个生产过程中都使用易于处理的轻合金材料，大架尾部装有小轮子以便于收放火炮时使用。此外，炮管上安装了炮口制退器。

Pak 38 型火炮是德国陆军标准的反坦克炮之一，该炮曾试用过全自动弹药装填装置。这套系统也使得火炮可以用作一款重型的机载武器，一款 Me 262 喷气式战斗机变型机也确实安装过这种火炮的变型版本，这款基于反坦克炮的自动航炮也被改装为陆基防空炮，不过这种使用方式仅在战争末期昙花一现，似乎也没有进行专门生产。此外德军还生产了与 Pak 38 型火炮相当的坦克炮，并派生出许多型号，许多该型火炮都被安装到了“大西洋壁垒”作为岸防炮。

Pak 38 型火炮被安装到大量履带式装甲车辆上。英国人曾一度缴获了大量这种武器以至于他们将其储存起来作为英国反坦克炮生产出现危机时的紧急备用武器。

性能诸元

Pak 38 型 5 厘米反坦克炮

口径：5 厘米（1.97 英寸）
火炮长度：3.187 米（10 英尺 5.5 英寸）
炮管长度：2.381 米（7 英尺 9.7 英寸）
重量：运输时 1062 千克（2341 磅），作战时 1000 千克（2205 磅）
方向射界：65 度
俯仰角：-8～+27 度
炮口初速：穿甲弹 835 米 / 秒（2903 英尺 / 秒），AP40 1180 米 / 秒（3870 英尺 / 秒），高爆弹 550 米 / 秒（1805 英尺 / 秒）
最大射程：高爆弹 2650 米（2900 码）
炮弹重量：穿甲弹 2.06 千克（4.54 磅），AP40 0.925 千克（2.04 磅），高爆弹 1.82 千克（4 磅）
穿甲性能：（AP40 炮弹）740 米（820 码）距离处可击穿 101 毫米（3.98 英寸）装甲

Pak 40 型 7.5 厘米反坦克炮

1939 年，关于下一代苏联坦克的消息源源不断地传回柏林的德国作战参谋部。虽然新型的 Pak 38 型 5 厘米（1.97 英寸）反坦克炮尚未到达战场，但德国人已经感觉到他们需要更重型的武器去应对新型苏联坦克的装甲，因此，莱茵金属公司接到命令，被要求提出一个新的设计方案。莱茵金属公司所做的基本工作就是将 Pak 38 型 5 厘米反坦克炮放大至 7.5 厘米（2.95 英寸）口径，身管加长至 46 倍径。由此产生的武器在 1940 年被采纳，并被命名为 Pak 40 型 7.5 厘米反坦克炮（简称 Pak 40 型火炮），但直到次年末第一批成品才从生产线上下线，并分配到东线战场上处于困境的士兵手中。

源自Pak 38型5厘米反坦克炮

从外观上看，Pak 40 型火炮与其前任相似，但除了尺寸之外还有很多不同之处。5 厘米反坦克炮的基本布局被保留下来，但由于很多原材料的不足（特别是轻合金材料被指定优先满足纳粹德国空军的需求），Pak 40 型火炮在制造时主要采用钢料，因此它也比同类型火炮重很多。为了简化并加速生产过程，防盾不再采用曲面钢板，直接使用平面钢板，其他类似改动还包括取消 Pak 38 型 5 厘米反坦克炮中方便操作炮尾支架的小轮子。然而，它依然是一款优秀的火炮，几乎可以应对所有前线战场上遇到的盟军坦克。

Pak 40 型火炮计划一直生产到 1945 年二战结束。它也有逐渐发展起来的对应的坦克炮，但 Pak 40 型火炮本身在整个服役过程中几乎没有发生变化。不过还是诞生了机载版本即 Bordkanone 7.5，Pak 40 型火炮的炮架甚至还被用于安装短炮管的 75 毫米（2.95 英寸）炮管，由此而产生了混合的步兵支援和反坦克炮，主要由步兵部队使用。Pak 40 型火炮的炮身甚至还安装到了 105 毫米（4.13 英寸）榴弹炮炮架上，从而被用作一款轻型野战炮，此外还有将 Pak 40 型火炮直接作为野战炮使用的情况：到 1945 年时，已有多支炮兵部队使用这种 FK 40 7.5 厘米火炮（FK 表示 Feldkanone：野战炮）。

性能诸元

Pak 40 型 7.5 厘米反坦克炮

口径：7.5 厘米（2.95 英寸）

火炮长度：3.7 米（12 英尺 1.7 英寸）

炮管长度：2.461 米（8 英尺）

重量：运输时 1500 千克（3307 磅），作战时 1425 千克（3141.5 磅）

方向射界：45 度

俯仰角：-5 ~ +22 度

炮口初速：高爆弹 750 米 / 秒（2460 英尺 / 秒），AP40 930 米 / 秒（3050 英尺 / 秒），高爆弹 550 米 / 秒（1805 英尺 / 秒）

最大射程：高爆弹 7680 米（8400 码）

炮弹重量：高爆弹 6.8 千克（15 磅），AP40 4.1 千克（9.04 磅），高爆弹 5.74 千克（12.65 磅）

穿甲性能：2000 米（2185 码）距离处可击穿 98 毫米（3.86 英寸）装甲

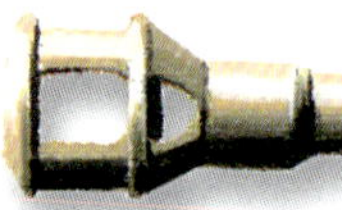

上图：Pak 40 型火炮被认为是一款优秀的武器，它也成为德国陆军的标准反坦克炮。该武器在 1941 年末首次投入使用

但是 Pak 40 型火炮最主要的任务是反坦克炮。很多德国炮兵称它是最好的全方位武器，很多盟军的坦克乘员也同意这种观点。Pak 40 型火炮可以使用多种炮弹，从常规的实心穿甲弹到 AP40 型钨芯穿甲弹。该炮还能发射高爆弹，且高爆弹装药量较大，因此可以作为一款实用的野战炮。此外，Pak 40 型火炮还能发射多种空心装药破甲弹。从下列射程 / 穿甲性能数据中就能体现 Pak 40 型火炮的优秀性能：在 2000 米（2185 码）范围内，AP40 炮弹可击穿不低于 98 毫米（3.86 英寸）的装甲板，作战时在 500 米（545 码）距离处这一数字增加至 154 毫米（6.06 英寸）。

在德国陆军中，专业化反坦克部队利用 Pak 40 型火炮取代了更早期的 3.7 厘米（1.46 英寸）和 5 厘米反坦克炮，并被广泛应用至战争结束。德国反坦克火炮战术利用 Pak 40 型火炮填补了更重型的 88 毫米火炮之间的空当。

Pak 43 型和 Pak 43/41 型 8.8 厘米反坦克炮

Flak 18 型 8.8 厘米高射炮（Flak：Fliegerabwehrkanone，高射炮）作为反坦克武器的成功，启发德国人研制一款相似的坦克炮以装备虎式重型坦克。进一步的设计方案考虑研制一系列坦克炮、反坦克炮和高射炮。由此而诞生的一系列设计方案就是 Greät 42（Greät 表示所有尚处于设计阶段的装备），但最终 88 毫米（3.46 英寸）口径无法满足新型高射炮的技术要求，因而设计者仅聚焦于坦克炮和反坦克炮。

上图：安装在其特有炮架上的德国 Pak 43 型火炮。在 1000 米（1094 码）开外的范围内，它几乎能摧毁所有盟军的坦克。然而，需要一直大于供给——而这也为盟军坦克的炮手缓解了一部分压力

克虏伯公司得到了最终的新型反坦克炮生产合同，1943 年，他们生产出了 Pak 43 型 8.8 厘米反坦克炮（简称 Pak 43 型火炮）。这是一款真正出色的火炮，但它的体型也相对较大。转移 Pak 43 型火炮需要一辆大功率牵引车和一个大规模炮组，安放好之后，火炮从其双轴炮架上卸下，再安装到一个大型十字形炮架上。因此，它缺乏小型反坦克火炮的机动性，后者在战场上的活动范围远远超过它，但它几乎能摧毁所有进入打击范围之内的坦克，有时甚至在 25000 米（2735 码）的射程之外。Pak 43 型火炮聚集了很多先进特征，如半自动炮闩，带有安全断流器的电子点火电路（可防止危险的电弧），以及较低的可旋转的炮架。Pak 43 型火炮难以批量生产，因为盟军的轰炸机部队持续骚扰克虏伯公司的各地工厂，因此火炮的产出也时常被打断。

开始服役

当 Pak 43 型火炮投入使用后，所有前线的指挥官都要求供应更多这种火炮，但总的需求远远超过供给能力。按照德国一贯的做法，他们临时让莱茵金属公司利用已有的资源生产自己的版本。由此

而产生的就是 Pak 43/41 型 8.8 厘米火炮，该炮通过将多种型号火炮的部件组合起来，以满足性能要求。Pak 43 型火炮的基本构造被保留下来，但换用了一个新型单轴炮架，并采用常规的开脚式大架。Pak 43/41 型火炮的炮架和炮轮也是源自不同型号的火炮，其他部件都来自各种其他资源。他们生产了新的防盾，整体看来，这是最笨拙的设计方案，唯一的可取之处就是它可以投入使用。尽管很难操作和部署，Pak 43/41 型火炮保留了原始的 Pak 43 型火炮的威力。因此，使用者忍受了新的火炮，但它从来没有获得优秀的 Pak 43 型火炮所得到的尊敬和赞誉。

少量半履带式版本——在一个 12 吨半履带车底盘上安装 88 炮——也被生产出来，并于 1940 年进入法国服役。

性能诸元

Pak 43 型 8.8 厘米反坦克炮

口径：8.8 厘米（3.46 英寸）

火炮长度：6.61 米（21 英尺 8 英寸）

炮管长度：5.13 米（16 英尺 10 英寸）

重量：运输时 4750 千克（10472 磅），作战时 3650 千克（8047 磅）

方向射界：360 度

俯仰角：-8 ~ +40 度

炮口初速：穿甲弹 1130 米 / 秒（3707 英尺 / 秒），高爆弹 950 米 / 秒（3118 英尺 / 秒）

最大射程：高爆弹 15150 米（16570 码）

炮弹重量：穿甲弹 10.16 千克或 7.3 千克（22.4 磅或 16.1 磅），高爆弹 9.4 千克（20.7 磅）

穿甲性能：2000 米（2190 码）距离处可穿透 184 毫米（7.244 英寸）装甲

坦克炮

到 1945 年时，两种火炮都还在生产。Pak 43 型火炮被改造以在各种自行反坦克炮上使用，KwK 43 8.8 厘米坦克炮成为强大的“虎 2”型坦克的主武器。这些武器发射的弹药也与更早期的高射炮所用的 88 毫米（3.46 英寸）炮弹不同，装药量更大。

Pak 43 型火炮使用的弹药也可以胜任野战炮的职能，尽管在 1945 年，所有方向的战场都急需反坦克炮，但仍有许多 Pak 43 型火炮被装备给了野战炮兵部队。

下图：早期曾尝试将著名的 88 炮——Flak 18 型 8.8 厘米高射炮安装到一个可移动的平台上，图中是基于一辆 12 吨半履带车的自行高射炮

作战中的 88 炮：从高射炮到坦克歼击车

上图：1945 年 1 月，一门 88 炮缴获后被拖走。这些火炮在美国陆军中服役了一段时间。尾部安装的炮管是 202 型轮式炮架的显著特征

关于二战期间服役的反坦克炮的一个最奇怪的事实就是最著名的此类武器不是反坦克炮，而是一款高射炮。它就是著名的 88 炮，该火炮能在常规的反坦克炮射程之外摧毁几乎所有类型的坦克。它所获得的众多美誉在某种程度上掩盖了火炮的不足，但事实是 88 炮在二战最早期时被用作反坦克炮，直至战争结束它也还在摧毁坦克。

Flak 18型8.8厘米高射炮

Flak 18 型 8.8 厘米高射炮（右图）是由在瑞典的一个克虏伯团队设计的（为了规避《凡尔赛条约》的限制），它于 1933 年投产，同年纳粹党开始登上历史舞台。最初，Flak 18 型 8.8 厘米高射炮采用一体式炮管，后来的型号改用了多段式炮管，从而可以更换磨损的部分。图中的 Flak 18 型高射炮安装在 201 型炮架上（后来的 202 型炮架将炮管的行军状态朝向改为了向后），它通常由 8 吨的 SdKfz 7 半履带式车辆牵引。

改进88炮

对于88炮最早的改进措施被应用于一个全新型号——Flak 41型8.8厘米高射炮上。这是由莱茵金属公司设计和研发的一款全新的火炮，尽管全方位性能优异，并且能发射各种各样的炮弹，它仍然存在很多技术缺陷（事实证明是固有存在的），大量生产出来的成品都被分配到防空防御部队了。Flak 41型8.8厘米高射炮开始服役后不久，克虏伯公司就接到通知要求研发一款能同时用作高射炮、坦克炮和反坦克炮的新型火炮。克虏伯公司将新的设计方案称为Greät 42，也就是后来的43型8.8厘米反坦克炮。

下图：图中，一门8.8厘米36型高射炮正在苏联境内执行防空任务。1941年寒冬的磨难过后，德国陆军已经越来越习惯零下气温的作战了

Flak 41型8.8厘米高射炮

由于结构的复杂性，Flak 41型8.8厘米高射炮（下图）在其整个服役生涯中一直问题不断。图中展示的是展开状态下的201型炮架上的Flak 41型高射炮，它经常被留在德国境内服役。尽管操作起来十分困难，它仍然被广泛地认定为最好的德国重型防空武器。该型火炮的射速可达25发/分，1000米/秒（3280英尺/秒）的炮口初速让火炮最大有效射程达到14700米（48320英尺），制造过程的复杂性使得最终仅生产出318门该炮。

铁路机动88炮

88炮也被用作列车炮。虽然这种角色的88炮仅用于防空任务，大量火炮由专列运载至全德国境内受到盟军空袭的防御地区。

机动88炮

自Flak 18型高射炮诞生之初，德军就开始尝试将其改装为自行高射炮，最初的尝试是将该炮安装于轮式底盘上，但到1940年时，安装在半履带式底盘上的88炮开始在法国服役（重型半履带式车辆也用于牵引88炮）。Pak 43型8.8厘米火炮列装后，该型火炮被安装在多款履带式底盘上以改装为自行反坦克炮。象式（Elefant）坦克歼

击车便是改装的早期代表，但该型武器在库尔斯克战役中惨遭失败。后来的自行火炮大都成功得多，也有部分并未进入实际服役阶段。优秀的自行式88炮当属猎豹（Jagdpanther）坦克歼击车，该车在黑豹坦克底盘上安装了一个带有大倾角前装甲的战斗室，配备一门专用版本的Pak 43型8.8厘米反坦克炮，是第二次世界大战期间综合性能最优秀的坦克歼击车。

上两图：88炮取得成功的关键是其极高的炮口初速。它发射高爆弹即可对大多数盟军坦克造成伤害，如果发射穿甲弹的话，则可以造成致命性损伤。反坦克炮和高射炮有很多相同的关键特征——二者平射炮弹的初速都很高。为高射炮提供合适的炮弹，就能让其化身高效的反坦克炮。然而，在战争爆发之初，只有Flak 18型高射炮被赋予了打击敌方坦克的任务

早期发展

88炮在设计和发展时定位于高射炮，但实际的设计和研发过程并不是在德国完成的，而是在瑞典，因为在20世纪20年代，《凡尔赛条约》禁止克虏伯公司设计火炮武器。但克虏伯公司没有因此而受制，他们在瑞典设立了一个设计团队，资金由德国陆军提供。到1932年时，他们已经生产出了一款优秀的高射炮，该炮前后各安置一对车轴用于机动，展开后炮架会变为十字形，并可全向旋转。它的炮管细而长，炮口初速也很高，在820米/秒（2690英尺/秒）至840米/秒（2755英尺/秒）之间。炮弹重量为9.6千克（21.16磅），最大射程为10600米（34775英尺）。当时，这些性能指标可以说是史无前例的，当新组建的德国陆军在1933年重整军备时，大量88炮已经从克虏伯公司位于埃森的生产线上下线了。

德制锥膛反坦克炮

德国的锥膛反坦克炮（简称锥膛炮）是主流的反坦克火炮之外的一种产品，虽然设计很成功，但由于德国战时经济无法提供足够数量。生产并投入使用的锥膛炮一共有三种，它们都是按照格尔里希的理念生产的，简单而言就是使用一种小型的钨芯炮弹，钨是一种坚硬的致密金属，非常适于击穿装甲板。为了让钨芯炮弹的击穿能力最大化，格尔里希系统所用的火炮口径从后膛到炮口逐渐变窄。特殊的炮弹采用边缘凸起的形式，凸起的部分随着炮管的变窄可以向后折叠。这样带来的一个优势是增加了炮弹的膛口初速，从而能够击穿远距离的坚固目标。这种理念引起了德国军械设计者极大的兴趣，他们将其应用到了反坦克炮上，但这种理念也有一些弊端：为了保证火炮威力的最大化，必须使用昂贵而稀少的钨合金制造弹芯，且火炮本身的价格也较为昂贵。

第一批投入使用的锥膛炮是 sPzB 41 型 2.8 厘米重型锥膛反坦克炮（schwere Panzerbüchse，简称 sPzB 41），它实际上几乎与重型反坦克枪一样，但炮膛口径从后膛的 2.8 厘米（1.1 英寸）逐渐减小为炮口的 2 厘米（0.787 英寸）。该炮使用一种轻型炮架，但后来德国空降部队甚至还使用了一种更轻的炮架版本。战争结束时两种形式的炮架都还在使用。

轻型反坦克炮

锥膛炮系列的第二个产品是 lePak 41 型 4.2 厘米反坦克炮（4.2-cm leichte Panzerabwehrkanone 41，简称 4.2cm lePak 41）。它使用 Pak 35/36 型 3.7 厘米火炮的炮架，但炮膛口径从后膛的 4.03 厘米（1.586 英寸）逐渐减小为炮口的 2.94 厘米（1.157 英寸）。这些火炮都被分配到了空降部队，即纳粹德国空军的伞兵部队（Fallschirmjäger）。

三者中最大型的是 Pak 41 型 7.5 厘米火炮。这是一款强大而先进的武器，炮膛口径从 7.5 厘米（2.95 英寸）逐渐减小至 5.5 厘米（2.16 英寸）。德军曾对 Pak 41 型火炮寄予厚望，希望该炮能够取代 Pak 40 型 7.5 厘米火炮成为德军的标准反坦克炮，尽管穿甲能力更强，该炮最终还是由于德国钨原料的不足而无法大量投产。钨通常用于机械工具以生产更多的武器，但原材料必须突破封锁线才能运送到德国，当盟国在公海上的封锁越来越难突破时，钨原料的供应也就减少了。德国人必须在反坦克炮和机械工具之间做出选择，结果当然是机械工具。因此，锥膛炮的生产停止了。Pak 41 型火炮仅生产出了 150 门，当弹药储备用完后，Pak 41 型火炮就停止使用了。

性能诸元

sPzB 41 型 2.8 厘米反坦克炮

后膛口径：2.8 厘米（1.1 英寸）
炮口口径：2 厘米（0.787 英寸）
炮管长度：1.7 米（5 英尺 7 英寸）
重量：作战时 223 千克（492 磅）
方向射界：90 度
俯仰角：-5 ~ +45 度
炮口初速：穿甲弹 1400 米 / 秒（4593 英尺 / 秒）
炮弹重量：穿甲弹 0.124 千克（0.27 磅）
穿甲性能：365 米（400 码）距离处可击穿 56 毫米（2.205 英寸）装甲

Pak 41 型 7.5 厘米反坦克炮

后膛口径：7.5 厘米（2.95 英寸）
炮口口径：5.5 厘米（2.16 英寸）
炮管长度：4.32 米（14 英尺 2 英寸）
重量：作战时 1390 千克（3064 磅）
方向射界：60 度
俯仰角：-10 ~ +18 度
炮口初速：穿甲弹 1230 米 / 秒（4035 英尺 / 秒）
炮弹重量：穿甲弹 2.5 千克（5.51 磅）
穿甲性能：455 米（500 码）距离处可击穿 171 毫米（6.73 英寸）装甲

lePak 41 型 4.2 厘米反坦克炮

后膛口径：4.03 厘米（1.586 英寸）
炮口口径：2.94 厘米（1.157 英寸）
炮管长度：2.25 米（7 英尺 4.6 英寸）
重量：作战时 560 千克（1234.5 磅）
方向射界：60 度
俯仰角：-8 ~ +25 度
炮口初速：1265 米 / 秒（4150 英尺 / 秒）
炮弹重量：穿甲弹 0.336 千克（0.74 磅）
穿甲性能：455 米（500 码）距离处可击穿 72 毫米（2.835 英寸）装甲

上图：一门 sPzB 41 型 2.8 厘米反坦克炮安装在一辆 Kfz 15 轻型信号车上，以此方式为轻型部队提供有用的火力支援。图中可看到火炮带着其轻型轮式炮架一起安装在信号车上

左图：41 型 2.8 厘米反坦克炮是德国锥膛炮中最小的一款，它共有两种生产形式：一种装有大型的负重轮，另一种就是图中展示的空降版本，后者采用小轮子和轻合金炮架

下图：41 型 7.5 厘米反坦克炮是德国锥膛炮中最大型的一款，但由于钨原料储备不足而没有成为标准的德国陆军重型反坦克炮

伯勒尔 4.7 厘米反坦克炮

小型的伯勒尔 4.7 厘米（1.85 英寸）反坦克炮首次于 1935 年投产，因此有时它也被叫作 35 型。它首次在奥地利投产，但其使用迅速扩散至其他国家，意大利还获得了火炮的生产许可证。实际上，意大利的产量之大一度让人们以为伯勒尔火炮是意大利本土武器，它在意大利被称为 47/32 M35 加农炮。

伯勒尔火炮是一款有用的武器，不久之后就转变为其他角色了。它被广泛用作步兵火炮，由于它能快速拆成众多部件，它也经常被用作山地炮。尽管事实表明伯勒尔火炮是某种多功能武器，但它的所有其他额外角色都没有取得完全的成功。然而，

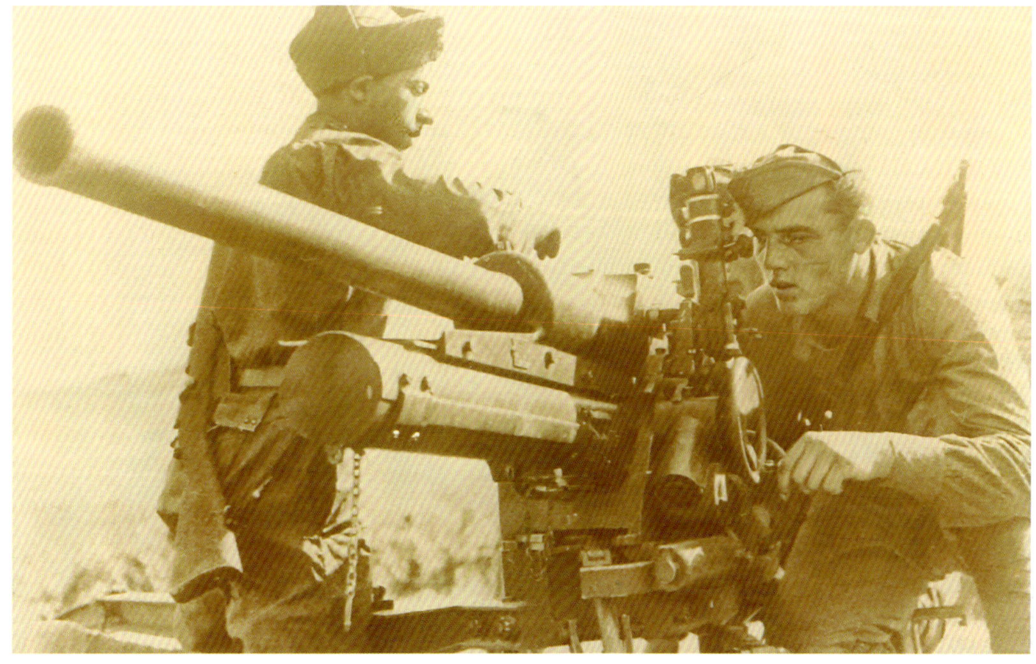

上图与左图：在作战中，伯勒尔 4.7 厘米（1.85 英寸）反坦克炮通常拆下车轮，炮架前部搭载在一个射击平台上。即使用作反坦克角色，它也使用潜望镜瞄准，并且通常不安装防盾。火炮可以拆成几部分打包运输

上图：意大利制造了大量 47/35 M35 火炮，图中该炮正在北非支援步兵作战，高昂的炮口是为了曲线射击远距离目标

它确实是一款相对有效的反坦克炮，并在战争早期被大量国家使用。意大利是主要的使用者，其他使用者还包括荷兰（Kanon van 4.7）和罗马尼亚，该火炮也在苏联出现过（数量较少，名字为 M35B）。还有一些在 1938 年德国统治奥地利后进入德国陆军服役，并更名为 4.7 厘米 Pak 火炮。

基本的伯勒尔火炮系列出自公司的卡普芬贝格工厂，但后来经历了一系列发展。虽然基本的火炮结构没有改变，但炮架轮子种类、炮架轴宽等细节却存在大量变化。一些火炮安装了炮口制退器，另一些则没有。所有型号都有一个共同点，那就是车轮都可以拆除，然后火炮依靠炮尾支架支撑，车轴下方还有一个用于发射的小型平台。这一特征让火炮整体轮廓较低，有利于发射和隐蔽。火炮既可以发射穿甲弹也可以发射高爆弹，后者的射程可达到 7000 米（7655 码），因此可以充当步兵支援角色。随着坦克装甲厚度的增加，伯勒尔火炮系列越来越强调步兵支援角色了。

伯勒尔火炮还有一个不为人知的“副业”。1942 年，北非的盟军部队仍然缺乏武器装备，缴获的大量意大利伯勒尔火炮成为一笔意外财富。大约 100 多门在亚历山大的一处缴获武器仓库中经翻新后被分配给各个二线部队。但这个故事中最离奇的可能是英国人为空降部队改装的 96 门：原始火炮的高低机和方向机被改造以便于一个人就能操作火炮，炮架也被修改以便于降落伞空投；另外还增加了一个瞄准的射击望远镜和来自“6 磅”反坦克炮的肩托式高低机。有记录表明，这些改进“非常受欢迎”。不幸的是，我们无法追踪具体涉及的部队，但这些伯勒尔火炮肯定是较早被用作空投的火炮。

性能诸元

伯勒尔 4.7 厘米反坦克炮

口径：4.7 厘米（1.85 英寸）

炮管长度：1.68 米（5 英尺 6 英寸）

炮膛长度：1.525 米（5 英尺）

膛线长度：1.33 米（4 英尺 4.4 英寸）

重量：运输时 315 千克（694.5 磅），作战时 277 千克（610.6 磅）

方向射界：62 度

俯仰角：-15 ~ +56 度

炮口初速：穿甲弹 630 米 / 秒（2067 英尺 / 秒），高爆弹 250 米 / 秒（820 英尺 / 秒）

最大射程：高爆弹 7000 米（7655 码）

炮弹重量：穿甲弹 1.44 千克（3.175 磅），高爆弹 2.37 千克（5.225 磅）

穿甲性能：500 米（550 码）距离处可击穿 43 毫米（1.7 英寸）装甲

斯柯达 P.U.V. vz.36 47 毫米反坦克炮

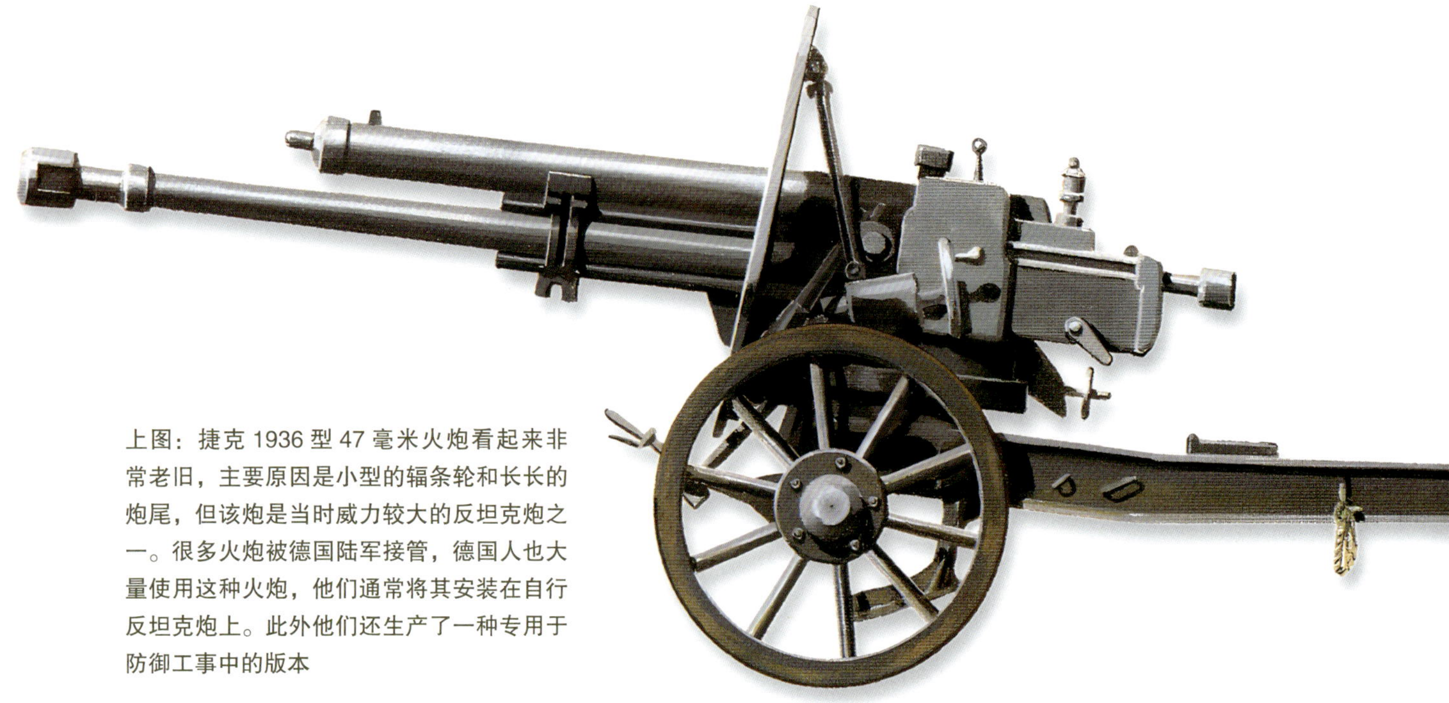

上图：捷克 1936 型 47 毫米火炮看起来非常老旧，主要原因是小型的辐条轮和长长的炮尾，但该炮是当时威力较大的反坦克炮之一。很多火炮被德国陆军接管，德国人也大量使用这种火炮，他们通常将其安装在自行反坦克炮上。此外他们还生产了一种专用于防御工事中的版本

位于皮尔森的捷克斯柯达公司是欧洲第一个将注意力转到专用反坦克炮上的武器制造商。整个 20 世纪 20 年代，斯柯达公司的技术人员和设计师开展了一系列设计研究和试验，寻找一款合适的反坦克炮，1934 年，公司生产了一款 37 毫米（1.46 英寸）口径的火炮。由于多种原因，该武器没有被广泛采纳（各国军方此时似乎已经更希望得到更大口径的火炮），1936 年，斯柯达 P.U.V. vz.36 47 毫米加农炮（简称 vz.36）问世。vz.36 的口径为 47 毫米（1.85 英寸），捷克陆军迅速订购了这种火炮。

vz.36 是当时所有欧洲同时代反坦克炮中最强大的一款。它发射的炮弹相对较重——1.65 千克（3.6 磅），这种炮弹可以在 640 米（700 码）外击穿当时在役的任何坦克，而大多数类似火炮仅能在 186 米（200 码）~275 米（300 码）的范围内达到该效果。尽管威力很大，vz.36 看起来仍然很笨拙。它采用了过时的辐条轮，开脚式大架非常细长，且在到达阵地后会展开。车轮护板上方为炮组设有火炮防盾，作战时防盾可以展开，但怪异的是防盾顶端采用了非对称曲线，目的是增强隐蔽性，因为波浪线会扰乱火炮整体轮廓。火炮炮管上装有一个驻退筒，另一个识别特征则是该炮的单室炮口制退器。

服役中的vz.36

捷克陆军的生产具有很高的优先权，同时一些火炮曾出口到了南斯拉夫。投入使用后，vz.36 被分配至捷克陆军的特种反坦克部队，不

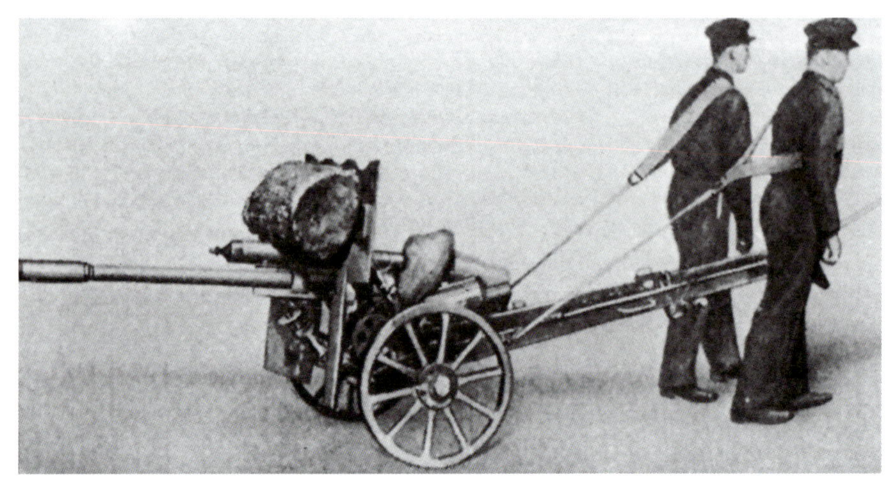

左图：该图来源于斯柯达公司的宣传册，展示了他们用于出口的 1936 型 47 毫米反坦克炮。图中，火炮由两根拉绳牵引

性能诸元

斯柯达 P.U.V. vz.36 47 毫米反坦克炮

口径：47 毫米（1.85 英寸）

炮管长度：2.04 米（6 英尺 8 英寸）

重量：运输时 605 千克（1334 磅），作战时 590 千克（1300 磅）

方向射界：50 度

俯仰角：-8～+26 度

炮口初速：穿甲弹 775 米 / 秒（2543 英尺 / 秒）

最大射程：4000 米（4375 码）

炮弹重量：穿甲弹 1.64 千克（3.6 磅），高爆弹 1.5 千克（3.3 磅）

穿甲性能：640 米（700 码）距离处可击穿 51 毫米（2 英寸）装甲

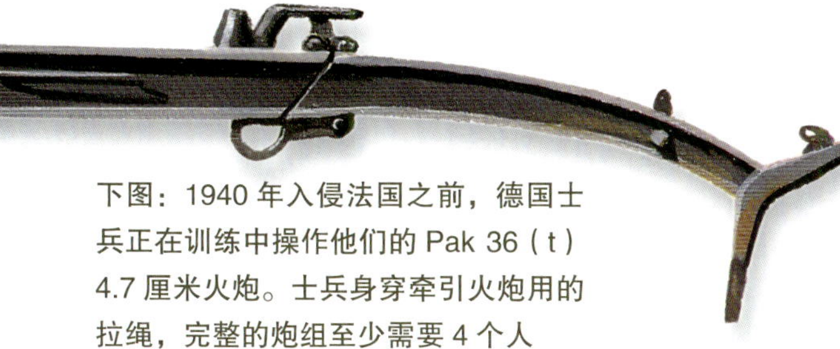

过由于步兵反坦克炮部队认为这种反坦克炮的操作有些许不便，因此斯柯达又生产了一款更早期的 37 毫米反坦克炮的改进版本。由此产生的就是 P.U.V. vz.37 加农炮，虽然它与更大型的 47 毫米火炮大体上相同，但它明显的识别特征是现代化的安装橡胶轮胎的钢制车轮。

vz.36 没有为它的捷克主人开过一炮，因为 1938 年签订的《慕尼黑协定》让德国人不费一枪一弹接管了捷克苏台德区防线。德国人对大量专用于静态防御工事中的特殊版本 vz.36 火炮留下深刻印象，第二年德国占领捷克其余领土后，大量 vz.36 也落入他们手中。vz.36 被德军称为 Pak 36（t）4.7 厘米，并匆忙投入德国的火炮战场。捷克的火炮实际上成为德国陆军标准的武器，并在德国一些二线部队一直服役到 1945 年战争结束。它被安装到各种类型的履带式底盘上，并被用作为德国的坦克歼击车辆，事实证明它确实是一款非常合用的反装甲武器。

然而，1941 年之后，P.U.V. vz.37 没在德国服役多久就退役了。

下图：1940 年入侵法国之前，德国士兵正在训练中操作他们的 Pak 36（t）4.7 厘米火炮。士兵身穿牵引火炮用的拉绳，完整的炮组至少需要 4 个人

1 式 47 毫米对战车炮

与很多其他武器一样，日本也缺乏反坦克炮，他们的生产能力有限，无法完成所需要的数量。1934 年，日军开始为步兵部队装备 94 式 37 毫米速射炮（反坦克炮），但逐渐认识到该火炮的性能有限，因此，日本又购买了 97 式 37 毫米速射炮的生产许可权，该反坦克炮就是仿制德国的 3.7 厘米 Pak 35/36 型火炮。

1941 年，日本日军又装备了更重型的反坦克炮——1 式 47 毫米速射炮（反坦克炮）。整体而言，日本称为“1 式对战车炮”的设计中规中矩，采用开脚式大架和大倾角防盾。与当时欧洲生产的同类武器相比，1 式对战车炮的威力不是很大，但日本人认为已经足够了，因为该炮有借鉴自德军装备的 47 毫米（1.85 英寸）反坦克炮的半自动式炮闩，进而拥有更高的最大射速，可能达到每分钟 15 发。

与很多其他日本武器一样，操作的简单性是首要考虑因素，事实证明 1 式对战车炮在作战时操作简便，其重量也相对较轻。但在战斗中该优势无法体现出来，因为随着盟军的推进，这些火炮通常安放在固定的位置，而操作的炮手宁愿战死也不愿被俘。

下图：日本的 1 式对战车炮是日本本土大量生产的唯一反坦克炮，虽然能有效地应对大部分盟军轻型装甲，但它的生产数量严重不足，因而没有给人们留下全面的深刻印象

极端的措施

1 式对战车炮的产量从未满足日本陆军的需求，随着盟军在各条前线的推进，以及在两栖登陆行动中部署越来越多的装甲力量，日本人迫切需要更多火炮。因此，日本人被迫使用各种形式的临时反坦克措施，包括强行使用海军火炮和高射炮，甚至让反坦克兵背着炸药包进行自杀式攻击。到 1945 年时，这些极端措施变得越来越常见，同时付出了人员伤亡的巨大代价。

日本人在早期的军事冲突中就认识到他们的小型坦克无法应对盟军对应的坦克，因此日军将 1 式对战车炮作为 97 式坦克改进型的主炮。1 式对战车炮被日军视作制式反坦克炮，大部分列装联队和师团属反战车部队，其生产从 1941 年一直持续到 1945 年战争结束。

性能诸元

1 式 47 毫米对战车炮

口径：47 毫米（1.46 英寸）

炮管长度：2.527 米（8 英尺 3.5 英寸）

重量：作战时 747 千克（1660 磅）

方向射界：60 度

俯仰角：-11～+19 度

炮口初速：穿甲弹 824 米 / 秒（2700 英尺 / 秒）

炮弹重量：穿甲弹 1.528 千克（3.37 磅），高爆弹 1.4 千克（3.08 磅）

穿甲性能：915 米（1000 码）距离处可击穿 51 毫米（2 英寸）装甲

苏联 45 毫米反坦克炮：M1932、M1937、M1938 和 M1942

早在 1930 年，苏联就购买了一批莱茵金属公司的 37 毫米（1.46 英寸）反坦克炮，给予了该炮 M30 的型号，与此同时，德国陆军也采用了同一型号的火炮，并称之为 Pak 35/36 型火炮。苏联人决定购买许可证自行生产，但他们在 1932 年制造了自己的 45 毫米（1.17 英寸）口径的版本。这就是 M1932，它可以通过辐条轮识别出来，这种车轮在未经改造的莱茵金属公司炮架中非常常见。到 1940 年时，大量 M1932 火炮进入苏联红军服役，甚至还在西班牙内战期间被共和军部队使用过。

1937 年，略作改动的 M1937 出现了，第二年又生产了该炮坦克炮版本——M1938。这两款火炮首次参与重大行动是在 1939 年和 1940 年与芬兰短暂而激烈的战争中，但就很多方面而言，这场战争让苏联红军对装备的反坦克炮的效能产生了错误的评估。芬兰人仅有少量轻型装甲车辆，事实证明 M1932 和 M1937 面对这些装甲车时非常有效。但是当德国人在 1941 年入侵苏联时，苏联红军发现他们的火炮无法击穿大部分德国坦克的装甲。苏联红军阻止德国进攻的唯一办法就是利用火炮向德国部队密集射击，虽然更重型反坦克炮的需求是显而易见的，但苏联战时工业此时无力紧急研制全新反坦克炮。德国的快速推进摧毁了很多苏联军事工业中心，在苏联腹地重建基础设施还需要大量时间。

加长的型号

苏联确实生产了新的火炮，但只不过是已有火炮的加长版本。原始的 M1932 火炮炮管长度是口径的 46 倍（L/46），而新火炮则为 66 倍径。更长的炮管带来更高的炮口初速，从而具备更强的穿甲能力。新的长身管型反坦克炮在 1942 年的某段时间投入生产，因此也被称为 M1942，但足够数量的

下图：作战中的苏联 45 毫米反坦克炮。它是一个德国设计方案的复制和放大版本，虽然面对更重型的德国装甲时无能为力，但一直留在战场上使用

上图：一门 M1942 火炮在 1945 年早期的战役中，当时是苏联红军在战争的最后一个冬季进攻但泽的阶段。当时 M1942 火炮还在苏联红军中大量使用，并一直延续到战争结束

火炮抵达前线还需要时间。在此期间，M1938 被临时调来填补火炮缺口。大量的这种坦克炮被安装到简单的临时炮架上，并匆匆投入使用。改装的火炮意义有限，因为它们的方向射界很小，但它们也能发挥一定作用，因为有总比没有强。

服役中的M1942

M1942 真正到达前线后，实践证明它比更早期的火炮更有效，但作用依然有限，而苏联人则在整个战争中生产了大量 M1942 火炮。M1942 火炮将更早期的辐条轮换成了钢制车轮，大架变得更长，但莱茵金属公司原始设计方案的影子还可以看到。虽然 M1942 火炮对后来的坦克无能为力，二战结束后，它仍然在某些受苏联影响的国家中服役了很长时间。

1941 年，苏联的武器设计者也跟随当时流行的做法，不断增加火炮口径。首先列装的新型反坦克炮是 57 毫米（2.24 英寸）口径的 ZiS-2 型反坦克炮，当时被称为 M1941。1944 年又装备了口径为 100 毫米（3.94 英寸）的 BS-3 型重型反坦克炮，相应地被称为 M1944。

性能诸元

M1942 45 毫米反坦克炮

口径：45 毫米（1.77 英寸）
炮管长度：2.967 米（9 英尺 8.8 英寸）
重量：作战时 570 千克（1257 磅）
方向射界：60 度
俯仰角：-8 ~ +25 度
炮口初速：820 米 / 秒（2690 英尺 / 秒）
炮弹重量：1.43 千克（3.151 磅）
穿甲性能：300 米（330 码）距离处可击穿 95 毫米（3.74 英寸）装甲

下图：M1942 45 毫米（1.77 英寸）火炮是更早期 M1930 37 毫米（1.46 英寸）火炮的放大版本。M1930 是获得德国 Pak 35/36 火炮生产许可后苏联人自行生产的火炮。M1945 45 毫米反坦克炮的炮管长径比惊人，并用钢丝轮毂的炮轮取代了原始的盘状钢制轮毂

苏联 76.2 毫米野战炮：M1936、M1939 和 M1942

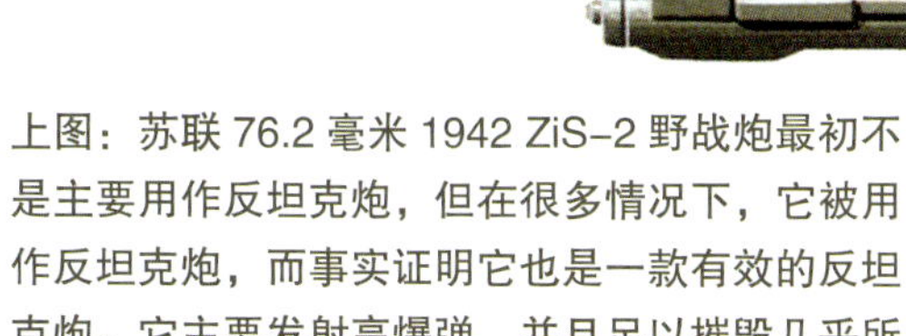

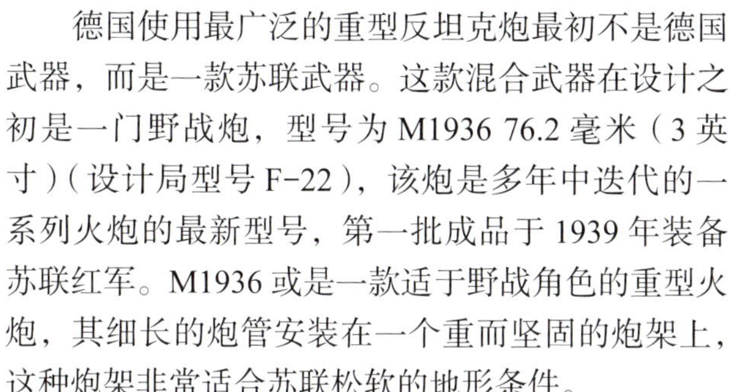

上图：苏联 76.2 毫米 1942 ZiS-2 野战炮最初不是主要用作反坦克炮，但在很多情况下，它被用作反坦克炮，而事实证明它也是一款有效的反坦克炮。它主要发射高爆弹，并且足以摧毁几乎所有同时代的坦克，至少造成严重损伤

德国使用最广泛的重型反坦克炮最初不是德国武器，而是一款苏联武器。这款混合武器在设计之初是一门野战炮，型号为 M1936 76.2 毫米（3 英寸）（设计局型号 F-22），该炮是多年中迭代的一系列火炮的最新型号，第一批成品于 1939 年装备苏联红军。M1936 或是一款适于野战角色的重型火炮，其细长的炮管安装在一个重而坚固的炮架上，这种炮架非常适合苏联松软的地形条件。

1941 年，除了 M1932 45 毫米（1.77 英寸）火炮之外，苏联没有其他合适的反坦克火炮了，当时的权宜之计是将野战炮用于防御坦克。M1936 在实战中证明自己是一款优秀的反坦克火炮，其发射的高爆弹命中后就足以重创德军坦克。这个事实特别引起了德国人的注意，因此他们开始使用 1941 年和 1942 年期间缴获的大量 M1936 火炮。很多火炮转而向它们以前的主人开火，但更多数量的火炮被

性能诸元

Pak 36（r）76.2 毫米野战炮

口径：7.62 厘米（3 英寸）

火炮长度：4.179 米（13 英尺 8.5 英寸）

炮管长度：2.93 米（9 英尺 7.4 英寸）

重量：作战时 1730 千克（3770 磅）

方向射界：60 度

俯仰角：-6 ~ +25 度

炮口初速：AP40 990 米 / 秒（3250 英尺 / 秒）

最大射程：高爆弹 13580 米（14580 码）

炮弹重量：穿甲弹 7.54 千克（16.79 磅），AP40 4.05 千克（8.9 磅）

穿甲性能：（AP40）500 米（545 码）距离处可击穿 98 毫米（3.86 英寸）装甲

下图：一门在德国人手中使用的 M1936 火炮，它在北非服役时被用作反坦克炮，并被称为 Pak 36（r）7.62 厘米，M1936 在执行反坦克任务时非常成功

送回德国，加以改装之后发射德国生产的炮弹。德国人为该炮加装了炮口制退器，还针对反坦克角色改造了系统，由此而诞生的就是 Pak 36（r）7.62 厘米，这是一款优秀的重型反坦克炮，它在从北非到苏联所有的前线战场上都使用过。

回到苏联，早在 1939 年，一款比 M1936 更轻的新型野战炮问世，即 M1939。该炮的整体尺寸比 M1936 小，炮管也更短。再一次，很多 M1939 火炮在 1941 年时落入德国人手中，它们也被德国人改造，一些还被用作反坦克炮。苏联的设计者在 1941 年又生产了其他 76.2 毫米野战炮，在最绝望的时候，他们甚至将 76.2 毫米坦克炮安装到应急炮架上以充当阻止德军前进的武器，不过苏联很快在 1942 年研制出了可兼作两种用途的火炮。

双重用途火炮

这就是 M1942 76.2 毫米火炮，或者叫作 ZiS-3，它是一款通用的轻型野战炮，如果必要的话可以直接用作反坦克炮。M1942 的炮架很轻，并采用管状开脚式炮架，炮管上安装了炮口制退器。等到它首次出现在前线时，苏联红军已经能熟练地将野战炮用于打击装甲车辆了，在很多战役中，苏联红军仅依靠野战炮进行防御。他们简单地将所有口径的火炮转向目标，然后射击。平衡性较好的 M1942 火炮是这种部署方式的理想选择。它发射的 6.21

M3 型 37 毫米反坦克炮

当美国陆军军械部在 1939 年决定研制一款反坦克炮时，他们设法得到了一门德国 Pak 35/36 型 3.7 厘米反坦克样品，并以此为基础设计了一款相似产品，口径也是 37 毫米（1.46 英寸）。美国设计的火炮在外表上看起来与德国的不同，但很大程度上受到了德国火炮的影响。美军将该炮命名为 M3 型 3.7 厘米反坦克炮，投产后没多久美国人又决定给火炮装上炮口制退器，型号也改为 M3A1 型。

安装炮口制退器是为了减小炮座的后坐力，美国版本的炮架甚至比德国的还轻，但不久之后人们发现炮口制退器不是必须装备的，因此就拆除了，但为了生产的方便，火炮生产过程中还是预留了炮口制退器安装基座。火炮和炮架其他部分没有什么值得注意的地方。炮架采用常规的开脚式大架，但主炮架轴比其他类似设计方案更宽。此外，火炮为炮手增加了一块小的平板型防盾，炮闩设计直接照搬了德制反坦克炮。

太平洋上的服役

等到小型的 M3A1 型开始服役时，它已经过时了。1941 年的战役已经证明，需要比 3.7 厘米火炮更重型的武器才能击穿敌军坦克的侧面撞击，虽然美国陆军此后还在北非继续使用 M3A1 型，但正在逐步撤下并换成更重型的火炮。然而，太平洋战场上却是另一番景象，那里的敌方坦克都是轻型的（并且也较少在战役中出现），因此 M3A1 型还有机会充当一款步兵支援武器。高爆弹和榴霰弹在各种越岛作战中发展起来，穿甲弹也经常在“碉堡摧毁战”中出现。事实证明，火炮较轻的重量在这些两栖行动中是一个

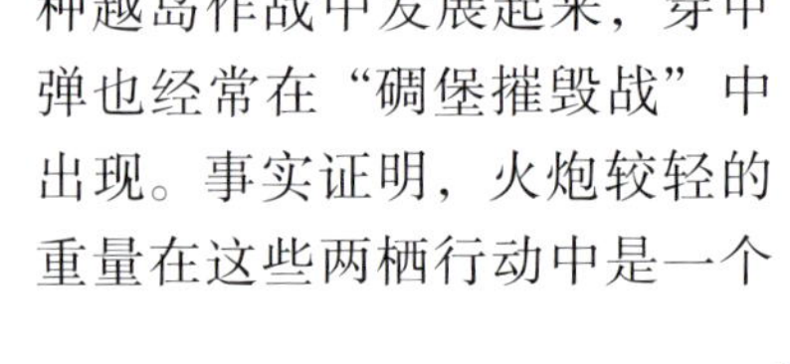

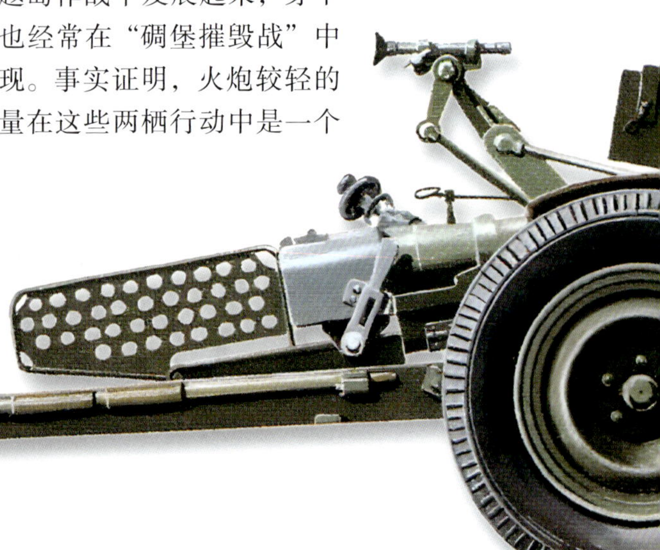

千克（13.69磅）炮弹可对坦克造成有效的打击。事实证明，M1942是苏联生产的非常好的火炮之一，其生产数量也达到数万门，甚至在冷战时期它还在世界范围内很多国家中充当前线作战装备。1943—1945年，德国人也全部用上了所有缴获的M1942火炮。

上图：苏联76.2毫米火炮是一款卓越的专用反坦克炮，很多国家称之为最好的全方位反坦克炮

性能诸元

M3A1型37毫米反坦克炮

口径：37毫米（1.45英寸）
火炮长度：1.98米（6英尺6英寸）
重量：运输时410.4千克（912磅）
方向射界：60度
俯仰角：-10～+15度
炮口初速：穿甲弹885米/秒（2900英尺/秒）
最大有效射程：457米（500码）
炮弹重量：0.86千克（1.92磅）
穿甲性能：915米（1000码）距离处可击穿25.4毫米（1英寸）装甲

上图：虽然欧洲战场表明M3型已经过时了，但1943年时它仍然在凯塞林隘口的美国陆军部队中服役，不幸的是，它无力应对非洲军团强大的装甲力量

左图：虽然外表看起来有很大差异，实际上M3A1型37毫米受到德国莱茵金属公司Pak 35/36型3.7厘米反坦克炮很大的影响。由于欧洲战场上装甲厚度的不断增加，很多M3A1型转移到太平洋上充当步兵支援武器

巨大优势，因此M3A1型的生产没有中断，并且专用于太平洋上的作战。到1945年时，M3型的生产数量超过18702门。另外还生产了一个坦克炮版本，用于美国的轻型坦克和装甲车辆。

1945年之后，很多M3A1型被送给美国的友好国家，如大量M3A1型一直在南美洲国家服役。还有一些也被改装为礼炮。

二战期间，人们多次尝试将M3A1型改装成自行反坦克武器，但很少成功，因为火炮的威力不足以应对在战场上可能遇到的坦克。然而，实践证明它是一款优秀的步兵支援武器。

M5 型 76.2 毫米反坦克炮

当美国陆军军械部在 1942 年决定生产一款新的重型反坦克炮时，他们考虑了其他地方发生的各种作战行动：因此，美国人决定利用已有武器的部件制造一款新武器。火炮本身来自 M3 76.2 毫米（3 英寸）高射炮，但炮管略有改变以使用不同炮弹。新火炮还改造装上了 M2A1 105 毫米（4.13 英寸）榴弹炮的炮闩，全面投产后，同种榴弹炮也被用于提供炮架和后坐系统。新的炮架被称为 M1 炮架，105 毫米榴弹炮原始的垂直防盾被保留下来，但不久之后就改成了倾斜防盾，炮架也更名为M6炮架。

穿透能力

新火炮被命名为 M5 型 76.2 毫米反坦克炮（简称 M5），事实证明它是一款精工细作的武器。虽然该炮的尺寸和重量要超过同期的同口径反坦克炮，但反过来也使其成为同时代最优秀的反坦克炮，在作战中，它能在 2000 米（2190 码）的距离处击穿 84 毫米（3.3 英寸）厚的倾斜装甲板。M5 成为美国陆军反坦克部队中最受欢迎的武器也就不意外了，它被用到了战争中的所有战场上。人们曾为 M5 研制了多种穿甲弹，但使用最广泛的还是名为 M62 的风帽穿甲弹。然而，M5 也存在不足，那就是它的重量。快速移动 M5 是一项艰难的工作，牵引 M5 必须使用重型的 6×6 卡车，当然地形条件允许时也可以偶尔使用轻型牵引车。

下图：M5 型 76.2 毫米反坦克炮是利用一款高射炮的炮管、一款 105 毫米榴弹炮的炮闩和炮架，以及某些新的部件而临时拼凑的武器。合成的武器取得了意想不到的效果，实践表明它是一款非常有效的坦克歼击武器，虽然在快速移动时略显笨拙

第一批 M5 于 1941 年 12 月投入使用，但全面部署使用还需要一段时间。M5 还是一系列坦克歼击车计划中备选的对象，由此而产生的最重要车辆就是 M10A1，它以顶部开放的 M4 谢尔曼坦克改型为基础，然后将 M5 安装到一个专门设计的炮塔中。这个计划的重要性可以从一组数字中看出来：作为反坦克角色的 M5 共生产了 1500 门，而作为坦克歼击车的 M10A1 则生产了 6824 辆。

退役

战争结束后，M5 逐渐从美国陆军中退役，并转移到后备部队。随后它逐渐被技术更先进的反坦克武器所取代，少量 M5 一直使用到 1950 年后。

性能诸元

M5 型 76.2 毫米反坦克炮

口径：76.2 毫米
火炮长度：4.02 米（13 英尺 2.3 英寸）
重量：运输时 2653.5 千克（5850 磅）
方向射界：46 度
俯仰角：-5.5～+30 度
炮口初速：穿甲弹 793 米 / 秒（2600 英尺 / 秒），风帽穿甲弹 853 米 / 秒（2800 英尺 / 秒）
最大有效射程：1830 米（2000 码）
炮弹重量：穿甲弹和风帽穿甲弹均为 6.94 千克（15.43 磅）
穿甲性能：1830 米（2000 码）距离处可击穿 84 毫米（3.31 英寸）装甲

M1934/1937 型 SA-L 25 毫米反坦克炮

两款法国 25 毫米反坦克炮中的第一款就是 1934 型 SA-L 25 毫米轻型加农炮（Canon léger de 25 antichar SA-L mle 1934）。它是由霍奇斯基公司生产的，设计方案源自一战时期的坦克炮，但出现太晚而未能赶上第一次世界大战，因为它直至 1920 年才最终完工。1932 年，为了回应法国军方的要求，霍奇斯基公司考虑将其安装到一个轻型轮式炮架上。该方案于 1934 年被采纳（因此被称为 1934 型），到 1939 年时，法国军队中服役的 1934 型火炮达到 3000 多门。

另一款法国 25 毫米火炮是 1937 型 SA-L 25 毫米轻型加农炮（Canon léger de 25 antichar SA-L mle 1937）。它出现的时间较晚，由皮托锻造厂（Atelier de Puteaux）设计和研制，于 1937 年首次交付，但直到 1938 年才真正投入使用，生产数量也从未超过 1934 型。从外观上看，1937 型与 1934 型很相似，但它更轻，炮管也更长一点。实际上，两款火炮设计的角色是不同的：1934 型被分配给了几乎所有法国装甲部队和专业反坦克部队，而 1937 型则用于步兵部队的支援力量。后者主要由马匹拉运，火炮挂在一辆小型前车后面，然后由一匹马牵引，前车里装载弹药和所有炮手的工具和装备。当以这种方式运输 1937 型火炮时，其锥形的炮口制退器被拆下，放在后膛上方。

英国军队的使用

1934 型火炮在服役期间表现良好，但口径太小而无法应对 1940 年横扫法国的德国装甲力量。当时 1934 型火炮也在英国军队中使用。为了彰显盟军之间的合作，当时决定英国远征军也将 1934 型火炮作为他们的反坦克炮，但这一次没有成功。英国远征军是当时欧洲唯一的全机械化部队，当用车辆牵引 1934 型火炮时，他们很快发现火炮过于脆弱而经不起碰撞。因此，英国远征军直接将 1934 型火炮安放在车辆上，1934 型火炮也成为第一款英国车载炮。

1937 型在服役中的表现甚至更差，它比 1934 型更容易损坏，即使用马匹拉运，也经常出现故障。两款火炮共有的问题就是发射的炮弹过小而无法对装甲板造成实质性损伤，另外它们的作战射程也仅有 300 米（330 码）左右。即使在 1940 年，这一射程也不满足战术要求，但法国军队在 25 毫米火炮上投入巨大，所以他们经常只有这种武器可用。

在 1940 年的战役中，大量 25 毫米火炮落入德国人手中，他们称之为 Pak 112（f）25 毫米和 Pak 113（f）25 毫米，并将其分给卫戍部队充当反坦克武器。1942 年之后不久它们就不再使用了。

性能诸元

1937 型 SA-L 25 毫米轻型加农炮

口径：25 毫米（0.98 英寸）
炮管长度：1.925 米（6 英尺 4 英寸）
重量：作战时 310 千克（683.5 磅）
方向射界：37 度
俯仰角：-10 ~ +26 度
炮口初速：900 米 / 秒（2953 英尺 / 秒）
最大射程：1800 米（1968 码）
炮弹重量：穿甲弹 0.32 千克（0.7 磅）
穿甲性能：400 米（440 码）距离处 25 度仰角射击可击穿 40 毫米（1.57 英寸）装甲

下图：图中是一张润饰过的图画，事实证明 M1934 型 25 厘米轻型加农炮即使在面对 1940 年的轻型坦克装甲时都无能为力

下图：25 毫米霍奇斯基反坦克炮曾经分配给了英国远征军使用，它太易于损坏而无法用车辆牵引，但由于重量很轻而被直接放置在一辆 15 英担的卡车上（1 英担 =50.8 千克）

1937 型 SA 4.7 厘米反坦克炮

皮托锻造厂设计的 1937 型 SA 4.7 厘米反坦克炮是法国在二战中最优秀的反坦克炮。法国军队意识到德军 4 号坦克的装甲厚度后，要求快速研制新型火炮并尽快投入使用。考虑到时间紧迫，1937 型反坦克炮可以认为是 1939 年在役的所有反坦克炮中最好的一款。但对法军而言最主要的问题则是到 1940 年 5 月时仍没有足够的该型火炮可供使用。

1937 型反坦克炮从 1938 年开始小批量服役，而大批量生产则要等到 1938 年，该型火炮以连为单位，支援陆军的师级和旅级部队，每个连 6 门。该型火炮通常由“索玛”半履带车辆牵引到战场，作战中，它们较低的轮廓使其易于隐蔽。它们几乎可以击穿战场上遇到的所有坦克装甲。在外观上，1937 型看起来威力强大，整体轮廓较低。炮架安装了压制钢车轮，并采用硬橡胶轮胎。防盾顶部采用波浪形轮廓以增强隐蔽性。

在生产牵引型 1937 型的同时，法国还为马奇诺防线上的固定防御工事制造了一款固定型号。该版本没有牵引式火炮的炮架，相反，它借助吊轨被投放到射击阵地（专门为其生产了射击孔）。1939 年，还出现了一个在细节上略有修改的版本，即 SA 1937/39 型 47 毫米反坦克炮。1940 年，SA 1939 型 47 毫米反坦克炮问世。它使用原始的火炮，但安装在一个新型三角式炮架上，新的炮架可让火炮达到 360 度的方向射界。安放火炮时，炮架的前支架需要放下，尾部支架则平铺在地上，然后车轮被抬高到两侧的防盾高度。该型号火炮最终没有投入使用，因为 1940 年 5 月的德军入侵中断了它的生产。

1940 年 5 月和 6 月，大量 1937 型反坦克炮落入德国人手中。德国人高度重视该型火炮并从 1940 年开始广泛使用，且赋予其德语型号 Pak 141（f）4.7 厘米；1944 年 6 月，盟军在诺曼底登陆时，1937 型火炮还在使用。德国人还利用 1937 型火炮装备很多早期的坦克歼击车，这些歼击车的底盘主要来自缴获的法国坦克。

性能诸元

1937 型 SA 4.7 厘米反坦克炮

口径：4.7 厘米（1.85 英寸）
炮管长度：2.49 米（8 英尺 2 英寸）
重量：运输时 1090 千克（2403 磅），作战时 1050 千克（2315 磅）
方向射界：68 度
俯仰角：-13 ~ +16.5 度
炮口初速：855 米 / 秒（2805 英尺 / 秒）
最大射程：6500 米（7110 码）
炮弹重量：1.725 千克（3.8 磅）
穿甲性能：200 米（220 码）距离处可击穿 80 毫米（3.15 英寸）装甲

左图：皮托 1939 型火炮是 47 毫米 1937 型火炮进一步发展的版本，它采用了更复杂的 360 度射界炮架，但有些在生产时也使用了常规的轮式炮架

41 型 15 厘米炮兵火箭

德国的 15 厘米（5.9 英寸）炮兵火箭是德国陆军中大量“喷烟者”部队（Nebelwerfer 字面意为“喷烟者”）的主力武器，这些部队最初被用于在战场上投放烟幕，但也同时作为火箭炮兵部队使用。20 世纪 30 年代后期，德国人在库莫斯多夫密集测试了 15 厘米火箭，到 1941 年时，第一批成品已经准备就绪。

15 厘米炮兵火箭主要有两种型号：41 型 15 厘米火箭高爆破片弹（Wurfgranate 41 Spreng）和 41 型 15 厘米纵火火箭弹（Wurfgranate 41 w Kh Nebel）。从外观上看，二者很相似，整体布局都很奇特，因为保证自旋稳定性的文丘里管安装在火箭主体 2/3 处，而主要载荷位于文丘里管后方。这样可以保证炮弹主要载荷爆炸时，火箭发动机可以增加整体的破坏效果。火箭在飞行时发出独具特色的嗡嗡声，因此盟军也戏称其为“呻吟的米妮”（Moaning Minnie）。此外，德国人还专门研制了北极地区和热带地区专用的版本。

下图：42 型 15 厘米自行火箭炮不仅机动性更好，生存能力也更强；火箭发射后可能会暴露它们的位置，所以，为了避免敌方炮兵的轰炸，它们需要快速地转移

发射器类型

这些火箭所用的第一种发射器是一款名为“Do-Gerät”（取自德国火箭部队领导——多恩伯格将军的名字）的单轨设备。很显然，这是为空降部队所准备的，但最终也没有大量使用。相反，15 厘米火箭的主要发射器是 15 厘米“喷烟者”41 型火箭炮。该管状发射器安装在改装的 Pak 35/36 型

性能诸元

41 型 15 厘米火箭高爆破片弹

尺寸：长度 97.9 厘米（38.55 英寸），直径 15.8 厘米（6.22 英寸）

重量：总重 31.8 千克（70 磅），推进剂 6.35 千克（14 磅），装药量 2.5 千克（5.5 磅）

性能：炮口初速 342 米 / 秒（1120 英尺 / 秒），射程 7055 米（7715 码）

41 型 15 厘米纵火火箭弹

尺寸：长度 1.02 米（40.16 英寸），直径 15.8 厘米（6.22 英寸）

重量：总重 35.9 千克（79 磅），推进剂 6.35 千克（14 磅），填充物 3.86 千克（8.5 磅）

性能：炮口初速 342 米 / 秒（1120 英尺 / 秒），射程 6905 米（7550 码）

上图：15 厘米（5.9 英寸）火箭是德国陆军较早广泛使用的武器之一，因为战前他们进行了大量的试验和测试。最初，发射器共有 6 个发射管，安装在改装的 Pak 35/36 火炮炮架上，1942 年又研制成功了 10 管发射架

火炮炮架上，一次可发射 6 发炮弹。发射管大致呈圆形排列，按照一定的顺序每次自动发射一发炮弹，间隔时间大约为 10 秒。火箭发射时，炮手需至少撤离 15 米（16 码）。

火箭的最大射程不是固定的，但通常在 6900 米（7545 码）左右，它们通常采用密集发射的方式，如 12 门火箭炮实施齐射。这种轰炸方式会带来毁灭性效果，因为火箭弹可覆盖的打击范围本身就很大，炮弹爆炸时的冲击波威力也是巨大的。

半履带式载体

转移时，“喷烟者”41 通常由轻型半履带车牵引，此外，牵引车还将装载额外的弹药和其他设备，但在 1942 年时出现了一种半履带式发射器。这就是 42 型 15 厘米自行火箭炮，它继续使用 15 厘米火箭，管状发射器水平排列两排，每排 5 个，安装于 Opel SdKfz 4/1 半履带装甲车顶部。这些高效的自行火箭炮被用于为装甲部队提供支援，它们的机动性使其比静态发射器更容易存活下来。自行火箭炮（Panzerwerfer）42 发射器中的火箭多达 10 个，每个火箭配备十多枚炮弹。后来，同样的发射器也被用于重型半履带式装甲车（armoured schwere Wehrmachtschlepper halftracks：SWS），它们可以搭载更多的“喷烟者”41。15 厘米火箭弹也能被安装了专用适配架的 30 厘米火箭发射器发射。

42 型 21 厘米炮兵火箭

15 厘米（5.9 英寸）火箭取得成功之后，德国的设计师决定生产一款更大型的火箭，即 1941 年出现的 210 毫米（8.27 英寸）设计方案，全称为 42 型 21 厘米高爆破片火箭弹，第一眼看上去，它与常规的火炮炮弹完全一样，但细致地检查后可发现，弹体上安装有 22 个倾斜布置的文丘里管，给予了火箭很高的自旋稳定性。该型火箭弹的外形相当独特，其战斗部位于头锥后方，头锥前端是空心的。火箭的有效载荷不低于 10.17 千克（22.4 磅），爆炸时会带来威力巨大的冲击波效应。该型火箭弹的威力极为强大，因此仅投产了高爆弹版本。

火箭发射器

21 厘米火箭只使用一种发射器，即“喷烟者”42 型。该设备于 1943 年首次在苏联投入使用，因为发射器设计方案最终确定下来花费了一段时间。

上图：1943 年开始服役的“喷烟者”42 型使用与 15 厘米（5.9 英寸）火箭相同的炮架，但发射管数量有所减少以平衡增加的口径。美国人对 21 厘米火箭印象深刻，并将其带回美国进行了仿制

下图：21 厘米火箭从表面上看与常规的火炮炮弹没有区别，但它流线型的前端是空心的，并且弹底安装了 22 个成角度的文丘里管以保证自旋稳定性

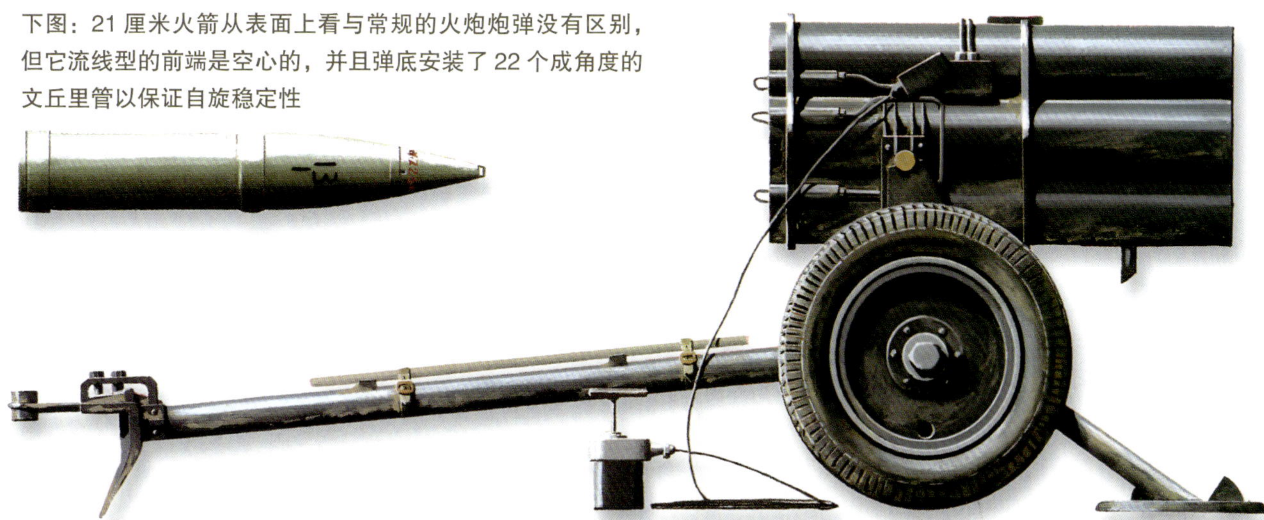

性能诸元

42 型 21 厘米高爆破片火箭弹

尺寸：长度 1.25 米（49.21 英寸），直径 21 厘米（8.27 英寸）

重量：总重 109.55 千克（241.5 磅），推进剂 18.27 千克（40.25 磅），装填物 10.17 千克（22.4 磅）

性能：炮口初速 320 米 / 秒（1050 英尺 / 秒），射程大约为 7850 米（8585 码）

最初，它仅仅是现有的 6 个发射管的“喷烟者”41 型 15 厘米火箭的放大版，但更大的口径带来了平衡性问题，尤其当发射器牵引和发射时，所以发射管数量最终减少为 5 个，平衡性问题也得以解决。在其他方面，炮架与更早期的设计方案相同，也是来自改装的 Pak 35/36 型 3.7 厘米火炮炮架。与 15 厘米火箭一样，21 厘米火箭也采用电发火发射。火箭炮弹装填完毕后，炮手需要撤退至安全距离（甚至隐蔽起来），收到发射指令后，一名炮手控制特殊的开关装置，满载的火箭炮按照一定的顺序发射，每次发射一发炮弹。

火箭的连续发射会带来大量烟雾和尘土，这会暴露出发射器和阵地的位置，火箭在飞行过程中也会发出独具特色的嗡嗡声，这也使其很容易被识别出来。烟雾、尘土和噪声的组合意味着“喷烟者”炮班必须熟练地快速投入和撤出战斗，因为任何连续大规模轰炸都会很快引起对方火炮或火箭的反击，这反过来会对发射器阵地造成影响。

美国仿制版

21 厘米火箭给所有见识过其威力的人都留下深刻印象，美国人尤为认可，他们认为 21 厘米火箭及其发射器是当时最值得复制和生产的武器，因此他们将火箭及发射器样例带回了美国。美国的版本就是 T36 210 毫米（8.27 英寸），它进行了一系列试验以创造一款可用的武器，美国人也通过 T36 的研制掌握了大量关于炮兵火箭的知识。

28 厘米和 32 厘米破片弹炮兵火箭

28 厘米（11 英寸）和 32 厘米（12.6 英寸）火箭在 15 厘米（5.9 英寸）火箭之前进入德国军队服役，第一批于 1940 年投入使用。两款火箭使用相同的发动机，但有效载荷不一样。两者都体型庞大，略显笨拙，弹道性能也很糟糕，但均能携带大量载荷。

两者中较小的一款是 28 厘米破片高爆弹（Wurfkörper Spreng），它装备一个重型高爆弹头，较大的一款是 32 厘米 Wurfkörper M F1 50，弹头内装有液体燃烧剂。两者的射程都仅有 2000 米（2185

码），尽管自旋稳定性良好，但精度很差，因此经常采用大规模密集发射方式。可以平衡这些劣势的是，它们命中目标后会带来毁灭性的后果，高爆弹火箭被认为极其适用于城市快速夷平各类房屋和建筑。

发射方式

两种火箭都装在木制板条箱中运往战场。这些储运箱（Packkiste）也兼做发射架，可以在加装简易支架后实施瞄准。德军突击工兵有时会使用这两种火箭以简易瞄准方式摧毁敌方碉堡或坚固工事，两款火箭更常见的使用方式是借助简单的发射器框架，即"重型发射器 40 型"或"重型发射器 41 型"，二者的差别在于后者采用管状钢制结构，而前者是木质结构。它们都能用于提前布置的弹幕，如 1942 年的塞瓦斯托波尔围攻战。然而，这种发射方法是静态的，后来为了加强机动性又研制了"喷烟者"41 型 28/32 厘米火箭炮。这是一种简单的拖车，可并排重叠安装 6 个火箭，每排 3 个，它是继"喷烟者"41 型 15 厘米火箭炮之后火箭兵部队最重要的早期发射器。

下图：射程小但威力巨大的 28 厘米（11 英寸）和 32 厘米（12.6 英寸）火箭是第一批安装到车辆上的火箭炮，图中展示的是普遍使用的 SdKfz 251 半履带式车辆。该型改装车被称为"步行斯图卡"或"咆哮的母牛"

半履带式发射器

另外一款机动性更强的发射器是 schwerer Wurfrahmen 40，它在 SdKfz 251/1 半履带车辆两侧各安装 6 个发射器。火箭装载于板条箱中，安装在车辆两侧。瞄准通过简单地旋转车辆来实现，然后火箭按照一定顺序每次发射一枚。这种简易自行火箭炮有许多绰号，其中使用最普遍的是被戏称为"步行斯图卡"（Stuka-zu-Fuss）和"咆哮的母牛"（Heulende Kuh）的发射车，它们经常用于支援装甲作战行动，特别是在入侵苏联的"巴巴罗萨"行动早期。后来，战争中又出现了其他车辆，通常是缴获的法国车辆或其他令人印象深刻的车辆，它们造就了更多数量的机动型发射器。各种各样的轻型装甲车辆都被当作这种角色，有些装备简化的 4 个发射器。诺曼底战役期间德军使用大量临时改装的发射车。

性能诸元

28 厘米破片高爆火箭弹

尺寸：长度 1.19 米（46.85 英寸），火箭直径 28 厘米（11 英寸）

重量：总体重量 82.2 千克（181 磅），推进剂 6.6 千克（14.56 磅），装填物 49.9 千克（110 磅）

性能：射程大约为 2138 米（2337 码）

M F1 型 32 厘米破片火箭弹

尺寸：长度 1.289 米（50.75 英寸），火箭直径 32 厘米（12.6 英寸）

重量：总体重量 79 千克（174 磅），推进剂 6.6 千克（14.56 磅），装填物 39.8 千克（87.7 磅）

性能：射程大约为 2028 米（2217 码）

42 型 30 厘米破片弹炮兵火箭

与之前的 28 厘米（11 英寸）和 32 厘米（12.6 英寸）火箭相比，30 厘米破片弹（Wurfkörper Spreng）42 型炮兵火箭弹（也叫作 Wurfkörper Spreng 42）是对早期设计方案的重大改进，它于 1942 年晚期登上火炮战场的舞台。它不仅在空气动力学上更光滑和简洁，还拥有比其他德国炮兵火箭都高的推进剂 / 负载比率。然而，对于战场上的士兵而言，这些技术远不如火箭所用的更高级推进剂重要，因为新的推进剂产生更少烟雾，排气尾迹也比其他火箭更少，因此不易暴露自己的位置。但即使有所改进，30 厘米（11.8 英寸）火箭在射程方面与现存的火箭相比没有明显优势。它的理论射程大约为 6000 米（6560 码），但实际射程可能仅有 4550 米（4975 码）。

导轨式发射器

新型 30 厘米火箭所用的第一种发射器就是“喷烟者”42 型 30 厘米火箭炮。该火箭炮是从“喷烟者”41 型 28/32 厘米火箭炮的简单改装版本，即改造了简单的导轨式发射器以适用于新的火箭形状和尺寸。但简单的改装版本没有使用多久就发布了一个新的规范化项目，将“喷烟者”41 型和 42 型的专用拖车换成了一款基于 Pak 38 5 厘米（1.97 英寸）反坦克炮炮架的新拖车，30 厘米火箭发射器框架即安装在此车辆上，新的组合即是 56 型 30 厘米火箭炮；为了保证新的发射器能最大程度地使用，拖车均安装了一系列发射器轨道以便于需要的时候发射 15 厘米（5.9 英寸）火箭。不需要的时候，这些 15 厘米轨道可以折叠放置在 30 厘米框架顶部。

另一项规范化措施就是 30 厘米火箭也可以安装在 SdKfz 251/11 半履带车辆的重型火箭弹发射器框架上，该车辆最初准备用于 28 厘米和 32 厘米火箭。当从这些框架上发射时，30 厘米火箭装载于它们的储运箱（Packkiste）中，毫无疑问，30 厘米火箭可由火箭炮兵直接从板条箱中发射，这种发射方式在更早期的 28 厘米和 32 厘米武器中也见到过。

有限的使用

尽管与更早期的炮兵火箭相比有很多改进之处，30 厘米火箭并没有大量使用。更早期的火箭一直服役到战争结束，尽管战争后期尝试更换已存在的武器，如利用全新的 12 厘米（4.72 英寸）自旋稳定火箭替换 30 厘米火箭。但由于决定时间太晚而未能投入前线。

42 型 30 厘米破片高爆火箭弹的一个非常规使用是安装在 U-511 潜艇上，1942 年夏季，潜艇上试验性安装了 6 个火箭发射导轨。火箭从水下 12 米（39 英尺）深度处发射，意图以此成为一款强大的对岸轰炸武器。

性能诸元

42 型 30 厘米破片弹炮兵火箭

尺寸：长度 123 厘米（48.44 英寸），火箭直径 30 厘米（11.8 英寸）

重量：总重 125.7 千克（277 磅），推进剂 15 千克（33.07 磅），爆炸物 44.66 千克（98.46 磅）

性能：炮口初速 230 米 / 秒（754 英尺 / 秒），射程大约为 4550 米（4975 码）

左图：一名火炮手在 30 厘米火箭发射器上盖上一层伪装物。30 厘米火箭最初由改装的 28/32 厘米发射器发射，但不久之后它就拥有了自己的炮架——基于 Pak 38 5 厘米（1.97 英寸）反坦克火炮而改造的发射车辆

日本的火箭炮：20 厘米和 44.7 厘米火箭弹

日本人很快意识到了炮兵火箭对于常规武器落后的日军的巨大价值，因此他们开展了大量设计和研究工作，希望制造一种武器以弥补他们工业能力的不足。不幸的是，他们的结果非常零碎，并且一直落后于盟军的进展。日军没有成功的一个重要原因就是同时开展多个项目，典型代表包括陆军和海军同时研制的 20 厘米（7.87 英寸）火箭。

陆军 20 厘米火箭可能是两者中更胜一筹的方案。它具有良好的自旋稳定性，设计了 6 个喷口以保证推进气体的流动，整体上看火箭与火炮炮弹非常相似。火箭的发射需要一门超大型的迫击炮，即 4 型火箭发射器。火箭被插进炮管之中，炮管上部朝向斜上方，炮管下部可以朝侧面打开。发射器的精度相对较高，但这种火箭似乎使用得很少，大部分都被用于海岸防御。

海军 20 厘米火箭在很多方面与陆军的相似，但发射时使用简单的木制发射槽，或者是更精致的金属槽。有时，火箭简单地直接从地面的洞穴中发射。一种更常规的发射器就是在轻型榴弹炮炮架上安装一个简单的炮管，但这种方式也用得不多。

性能诸元

陆军 20 厘米火箭

尺寸：长度 98.4 厘米（38.75 英寸），直径 20.2 厘米（7.95 英寸）

重量：总体重量 92.6 千克（44.95 磅），装填物 16.2 千克（35.7 磅）

海军 20 厘米火箭

尺寸：长度 1041 毫米（41 英寸），直径 210 毫米（8.27 英寸）

重量：总体重量 90.12 千克（198.5 磅），推进剂 8.3 千克（18.3 磅），装填物 17.52 千克（38.6 磅）

性能：射程 1800 米（1970 码）

火箭发动机

这些 20 厘米火箭构成了日本火箭项目的主体，但也存在其他项目。其中一个是 10 型火箭发动机，它是一套简单的推进系统，用于从槽道或坡道发射机载炸弹。至少存在两种版本的 10 型发动机，但它们的精度都不高，最大射程仅为 1830 米（2000 码）。配备这些火箭发动机的火箭弹通常为各种材料简易制造，至少有一种已知的使用方式：日军将 250 千克航空炸弹的尾翼更换为大型火箭发动机，然后只能从简单的木制槽道上发射。1945 年的某些情报表明这些发射器可能安装到了卡车上，但无法确认消息的真实性。

日本火箭的最大直径为 44.7 厘米（17.6 英寸），44.7 厘米火箭的自旋稳定性多少有些不足，它们参与过硫黄岛和吕宋岛的战役。该火箭最大射程可到达 1958 米（2140 码），从短的木制轨道或框架发射。它们的精度不高，但弹头重量达到 180.7 千克（398 磅）。等到这些火箭投入使用时，日本工业的状况使得常规的高爆弹通常不得不被换成简单的苦味酸装药。

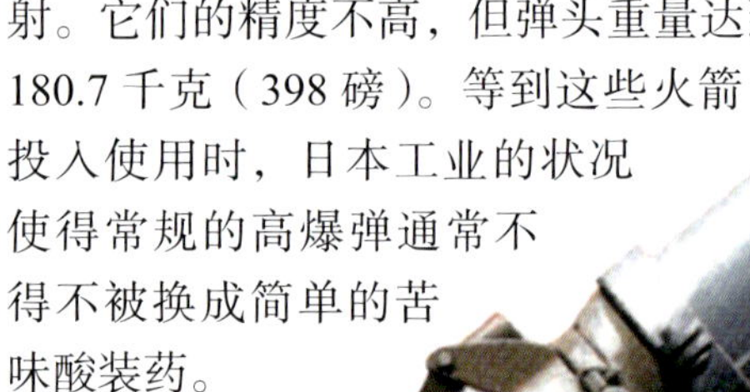

上图：日本在火箭方面开展了大量研究，但还是远远落后于交战对手，他们几乎没有生产出可用的武器。图中这种陆军 20 厘米火箭是少量投入使用的火箭之一

苏制 M-8 型 82 毫米火箭弹

20 世纪 20—30 年代，苏联投入大量科研资源研究适于批量生产的火箭所用的推进剂。早在 1918 年之前，俄国人就一直提倡研究火箭，此后，苏联人决定保持火箭技术的领先地位，尽管他们备受工业能力不足的困扰，这也反过来引导他们选择更简单更易于制造的自旋稳定火箭弹，而不一味追求精度更高的火箭。它们最初的设计方案之一就是著名的 M-8 型 82 毫米（3.23 英寸）火箭弹，并于 20 世纪 30 年代后期投产。

M-8 型火箭弹是一个机载火箭项目的副产品。机载火箭项目的成果便是 RS-82，它是苏联火箭研发项目中真正投入使用的一款火箭弹。M-8 型火箭弹是一款小型火箭，最大射程为 5900 米（6455 码），携带一枚破片杀伤弹头。它装载于一系列轨道之中，并从那里发射，承载车辆是 6×6 卡车，这些轨道发射器仅仅是一系列名为喀秋莎（Katyusha）的武器中的一种。第一批多联装发射器安装在 ZiS-6 的 6×6 卡车上。由于该车能携载和发射 36 枚 M-8 型火箭弹，它也被称为 BM-83-6，BM 是“作战车辆”（combat vehicle）的缩写，以此掩盖该车的真正用途。

BM-83-6 不是唯一的 M-8 型火箭弹的发射车，因为还有大量美国提供的租赁卡车也被用作 M-8 型火箭弹发射车辆：典型的包括斯图贝克 6×6（Studebaker 6×6），它比 BM-83-6 更大，足以安装发射 48 枚火箭弹的发射滑轨，因此也被称为 BM-8-48。由于是轮式车辆，这些发射器并不是总能应付苏联复杂的地形，或者跟上它们支援的坦克部队。苏联人曾一度尝试在坦克炮塔侧面安装单轨发射器，但没有取得成功。相反，大量 T-60 轻型坦克——此时该型车早已经不适合投入实战——被改造并安装了 24 个 M-8 型火箭弹发射轨道，因此也被称为 BM-8-24。

山地火箭

M-8 型火箭弹还有其他发射器，如一种专为山地部队设计的 8 联装版本。所有的 M-8 型火箭弹发射器都不能密集齐射，而是在一个电动旋转开关的控制下逐个发射。

M-8 型火箭弹对攻击对象——德国士兵造成了巨大的影响，他们不得不忍受 M-8 型火箭弹的破片杀伤弹头。纳粹党卫队对 M-8 型火箭弹印象如此深刻以至于决定直接仿制（连带发射器轨道），并称之为“希姆莱风琴”（Himmlerorgel）。M-8 型火箭弹在整个战争中一直在服役，但 1945 年之后，它们逐渐被更重型的作战用火箭所取代。

性能诸元

M-8 型火箭弹

尺寸：长度 660 毫米（26 英寸），火箭直径 82 毫米（3.23 英寸）

重量：总体重量 8 千克（17.6 磅），推进剂 1.2 千克（2.645 磅），爆炸物 0.5 千克（1.1 磅）

性能：炮口初速 315 米/秒（1033 英尺/秒），最大射程 5900 米（6450 码）

左图：图中的 M-8 型 82 毫米火箭弹安装在一辆 T-70 轻型坦克的顶部，M-8 型火箭弹最初源自一个机载火箭项目；事实证明它取得了巨大的成功，并在整个战争中一直使用。纳粹党卫军对它留下深刻印象并决定直接仿制

苏制 M-30 型和 M-31 型 300 毫米火箭弹

M-30 型 300 毫米（11.8 英寸）火箭于 1942 年服役，当时认为它与 M-8 和 M-13 火箭一样优秀，但更重型的高爆弹头是其优点所在。M-30 使用改进的 M-13 火箭发动机，球形的弹头可装载 28.9 千克（63.7 磅）炸药，这远远超过了要求，但射程仅有 2800 米（3060 码）。

第一批 M-30 从可以直接从储运箱中发射，这种框架式储运箱被称为“拉玛”（Rama），它与德国发射火箭所用的储运箱非常相似。拉玛非常笨拙，在前线上难以安装，苏联红军的士兵都表示不喜欢该设备。但是他们确实都很喜欢 M-30 型火箭，因为它的威力巨大，甚至将 M-30 用于摧毁坦克或用于巷战。在面对坦克时，M-30 简单地将其板条箱朝向目标，然后在很近的距离处发射。

到 1942 年底时，一种更新的 300 毫米火箭问世了，为了区分之前的 300 毫米火箭，它被称为 M-31。M-31 采用改进的火箭发动机，火箭射程达到 4300 米（4705 码）。与 M-30 一样，M-31 也可以从拉玛框架中发射，但后来的拉玛框架发射架可以装载 6 个 M-31 或 M-30 火箭（以前是 4 个）。1944 年 3 月，机动型 M-31 型火箭炮出现了。它们可装填 12 枚 M-31（自行火箭炮则不再使用短射程的 M-30），因此也被称为 BM-31-12。

卡车发射器

最早版本的卡车发射器使用 ZiS-6 型 6×6 卡车，但战时生产最多的是租赁的斯图贝克 US-6 的 6×6 卡车。这些美国的卡车在驾驶室的窗户上安装了钢制百叶窗以抵挡火箭发射时带来的冲击波。

1945 年之后，M-31 型火箭没使用多久就淘汰了，因为它们射程过短，经常遭到反火炮力量的反击。但基本的 M-31 在最终退役之前还经历了一些发展。

M-31-UK 型火箭利用一部分射流气体产生自旋，以此增加稳定性，进而提高射击精度。射程有所减小，但 M-31-UK 能大幅减少火箭炮的射击散布，由此增加密集度，进而提升对点目标的杀伤概率。M-30 和 M-31 均只使用高爆弹头。毫无疑问，它们是威力巨大的炮弹，可以造成惊人的爆炸效果，但它们射程太小，在大部分战斗中，它们几乎没有机动性，因为它们必须从静止的拉玛框架中发射。直到战争尾期，才出现了具有一定机动性的 BM-31-12 火箭炮，而这对于东线的德军士兵而言反而是一件幸事。

性能诸元

M-30 型火箭弹

尺寸：长度 1200 毫米（47.24 英寸），火箭直径 300 毫米（11.8 英寸）

重量：总体重量 72 千克（158.7 磅），推进剂 7.2 千克（15.87 磅），爆炸物 28.9 千克（63.7 磅）

M-31 型火箭弹

尺寸：长度 1760 毫米（69.3 英寸），火箭直径 300 毫米（11.8 英寸）

重量：总体重量 91.5 千克（201.7 磅），推进剂 11.2 千克（24.7 磅），爆炸物 28.9 千克（63.7 磅）

性能：炮口初速 255 米/秒（836 英尺/秒）

下图：1942 年投入使用的 M-30 型 300 毫米火箭所装载的炸药量几乎是 M-13 的 6 倍，但其巨大的重量导致火箭射程降低为 3 千米（1.8 英里）。第一种机动型发射器于 1944 年出现

M-13 型 132 毫米火箭弹

二战期间苏联使用最多的作战火箭是 M-13 型 132 毫米（5.2 英寸）火箭弹（简称 M-13）。它设计于 20 世纪 30 年代，当德国人在 1941 年入侵苏联时，M-13 发射器的产量很小，储备的火箭也寥寥无几。由于情况紧急，仅有的火箭也被强行投入使用，它们于 1941 年 7 月首次在斯摩棱斯克前线参与战斗，当时它们对德国士兵造成了近乎恐慌的影响。战场上的情景让人难以想象，因为在不到 10 秒的时间里，一个 M-13 炮兵连就能够用高爆炮弹轰炸一大片区域，这是在战场上前所未有的恐怖杀伤效能。

战斗中的“喀秋莎”

第一批 M-13 炮兵是非常专业的部队。M-13 自旋稳定火箭的发射器安装在 ZiS-6 的 6×6 卡车上，一部发射车安装有 16 具发射滑轨。苏联人称这些轨道为“长笛”（Flute），因为它们外面有一排排孔，但不久之后又被昵称为喀秋莎，还曾被称为“柯斯蒂克夫火炮”（设计师的名字）。出于保密考虑，发射器在不用时通常盖上一层帆布，操作人员也是专门挑选的，目的是保证机密性。但不久之后 M-13 就开始广泛使用了，它们的秘密也成为公开的常识。

火箭设计

基本的 M-13 火箭射程大约为 8000 米（8750 码）~ 8500 米（9295 码）。常见弹头是高爆破杀伤弹头，与其他自选稳定火箭一样，精度始终不高。但由于 M-13 通常密集使用，精度问题不会带来严重影响。M-13 后来的版本利

上图：1945 年 3 月，喀秋莎火箭正在轰炸德国国会大厦附近的最后一处据点，注意关闭的钢制百叶窗。苏联的工业能力强大，到 1945 年时，他们共计生产了上万辆发射车以及 1200 万枚火箭弹

上图：起源于二战时期的喀秋莎火箭受到巴勒斯坦解放组织的高度喜爱，并一直服役到 20 世纪 80 年代。1982 年，以色列人在贝鲁特消灭了巴勒斯坦解放组织后缴获了很多喀秋莎火箭，并转为己用

下图：令人恐惧的弹幕是苏联红军发动进攻的预兆，静态的发射器在前线附近密集发射火箭。图中展示的是 1943 年 1 月，受困于斯大林格勒的德国第 6 集团军遭受的第一轮齐射，他们的厄运也由此而开始

用射流气体带来更多自旋以提高精度，但这种方式进一步削减了射程。与上文提到的那样，第一代发射器装备 16 个轨道，因此被称为 BM-13-16，但美国租赁的卡车到来后，它们也被用作喀秋莎发射车辆。另一些品牌的卡车也有所使用，如斯图贝克、福特、雪佛兰、万国等，还有 STZ-5 火炮牵引车和其他车辆。这些 BM-13-16 发射车的发射架无法左右调整射界，并且仰角调整也有限，它们的瞄准就是简单地将发射车辆对准目标。一些发射车辆为司机和炮手安装了百叶窗以抵挡发射时的冲击波。

上图：被抛弃在道路旁边的是战时最著名的火箭：装于卡车上的喀秋莎火箭。由于导弹在飞行中发出的独特声音，德国人戏称其为“斯大林风琴”

弹头类型

随着战争的深入，更多类型的 M-13 弹头不断出现，其中包括摧毁坦克编队的穿甲弹、夜间照明的照明弹，以及燃烧弹和信号弹。一种变型是 M-13-DD，它安装了两台火箭发动机，将火箭射程提高到 11800 米（12905 码），该火箭仅从发射器顶部的轨道发射。M-13-DD 是二战期间所有固体推进炮兵火箭中射程最大的火箭。

1945 年之后，M-13 火箭在苏联红军中一直服役到 1980 年，直到被新型火箭炮彻底取代。然而，1980 年之后，M-13 仍然继续在很多国家服役，但老旧的战时发射车被换成了更现代化的卡车。实际上，基本的 M-13 一直服役到 21 世纪，因为有的国家继续将其用作一种布雷设备，即 74 式火箭布雷车。该系统安装在 CA-30A 的 6×6 卡车的尾部。

上图：M-13 132 毫米火箭发射器在柏林外围作战。可怕的噪声以及火箭带来的烟雾，再加上密集发射带来的震撼效果，通常会给防御者带来恐慌氛围

性能诸元

M-13 型火箭弹

尺寸：长度 1410 毫米（55.9 英寸），火箭直径 132 毫米（5.2 英寸）

重量：总体重量 42.5 千克（93.7 磅），推进剂 7.2 千克（15.87 磅），爆炸物 4.9 千克（10.8 磅）

性能：炮口初速 355 米/秒（1165 英尺/秒），射程 8500 米（9295 码）

服役时处于高度的保密状态，炮手也是专门挑选的，苏联第一代火箭发射器在 1941 年 7 月 7 日首次接受战争的考验。该型火箭炮不久之后又被称为喀秋莎（当时的一首流行歌曲）。火箭安装于各种各样的车辆上，从过时的轻型坦克到 ZiS-6 卡车，但最常见的组合是 M-13 132 毫米火箭和美国的斯图贝克 6×6 卡车。注意窗子外的钢制百叶窗，目的是保护驾驶室免受发射冲击波的影响

51 毫米防空火箭

20 世纪 30 年代后期，英国改善空防能力的需求迫在眉睫，但当时认为生产足够的高射炮来满足直接的需求需要太长时间。因此他们考虑火箭能否作为一种廉价的易于制造的替代品，第一批设计方案就包括 51 毫米防空火箭（英军的正式型号为“2 英寸”防空火箭）。事实证明，后来的 76 毫米防空火箭更具希望，但当时小型火箭的发展似乎鼓舞人心，因此发展势头仍然很旺盛。

51 毫米防空火箭是一种简单的装备，它使用不溶解的无烟火药（SCRK）作为推进剂。武器整体的简易性可以从作战实践中看出来，最早期的设计方案是在火箭前端安装一个直接传动的风标，以便于发射后熔断引信。火箭还装有一个自毁计时器，当火箭飞行 4.5 秒后，它会自动引爆，而那时火箭正好到达最大高度——大约 1370 米（4500 英尺）。

海军的应用

最终，51 毫米防空火箭主要被用于装备海军轻型舰船，以及一些商船。它们拥有各种各样的简单的发射装置，如基本的垂直发射器，安装在很多轻型舰船指挥塔的两侧。它们主要用于攻击低空袭击舰船的飞机。随着火箭的升空，它们还携带一长段细钢丝，目标是缠住飞机的螺旋桨，进而使其坠落。这种方法没有成功，很多其他相似的，或看起来更有希望的设备都没有成功。还有一种高爆版本的火箭，它携带一个 0.25 千克（0.56 磅）的弹头，但等到其问世时，人们认为更大型的 76 毫米（3 英寸）防空火箭更实用，因此 51 毫米防空火箭的生产数量相对较少。

“邮筒”

一种在陆地上使用的海军发射装置是 Mk 2 51 毫米火箭发射装置“邮筒”。它们在局势危急的 1940—1941 年期间使用过，当时被用作沿岸防空设备，能一次发射多达 20 枚火箭。火箭垂直排布，中心筒两侧各安装两排，每排 5 枚，瞄准员在筒内进行简单的控制。正是中心筒使得它被赋予“邮筒”的名字。瞄准员利用电点火方式一次发射 20 枚火箭，也可以分两次发射，每次发射 10 枚。当然也存在其他形式的陆用 51 毫米防空火箭发射器，它们也被用作临时的防御措施。51 毫米防空火箭由于尺寸太小而无法实现有效毁伤，但战时火箭的设计经验给后来的设计带来了积极影响。

性能诸元

51 毫米防空火箭

尺寸：长度 914 毫米（36 英寸），火箭直径 57 毫米（2 英寸）

重量：总体重量 4.88 千克（11 磅），弹头 0.25 千克（0.56 磅）

性能：炮口初速 457 米 / 秒（1500 英尺 / 秒）

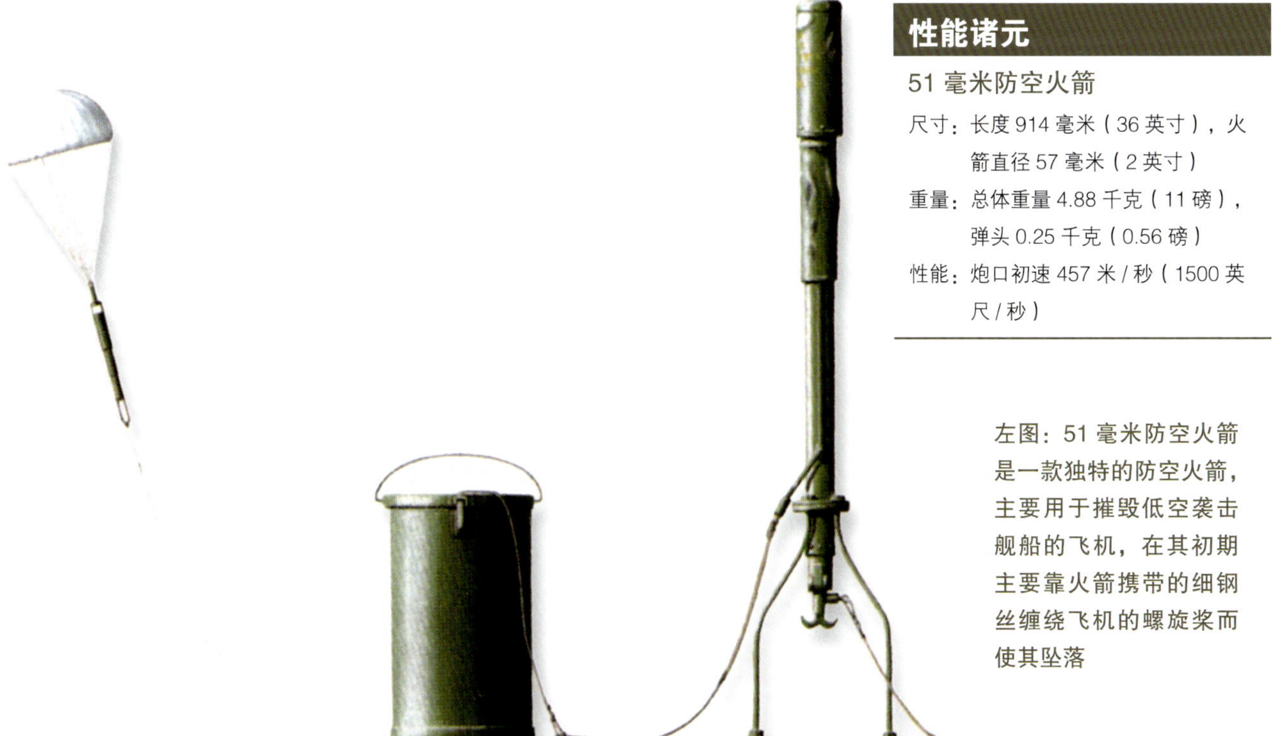

左图：51 毫米防空火箭是一款独特的防空火箭，主要用于摧毁低空袭击舰船的飞机，在其初期主要靠火箭携带的细钢丝缠绕飞机的螺旋桨而使其坠落

76 毫米防空火箭

英国炮兵火箭的设计工作早在1934年就开始了，虽然当时的优先权很低，但到1937年时，76毫米防空火箭已经被提议作为防空火炮的替代品了；实际上，火箭所用弹头的重量与94毫米（3.7英寸）高射炮弹相同。在严格的保密要求下，新研制的火箭采用了伪装名字——UP（Unrotated Projectile：不旋转炮弹）。早期的发射在威尔士的阿伯珀斯进行，1939年时在牙买加进行了最终的测试射击。有趣的是，阿伯珀斯的试验炮台首次“击杀”了一架纳粹德国空军的轰炸机。这些试验促进了南威尔士加的夫附近第一批实用炮台的建立，并且被称为Z炮台。

第一批Z炮台使用名为Mk 1 76毫米投射机（Projector, 3-in, Mk 1）的单轨发射器。它是一个非常简单，或者说是简陋的设备，但英国陆军和皇家海军都采用了该装备，虽然最终皇家海军将大部分装备都分配给了商船队。火箭就是一个装有发动机的简单的自旋稳定管，使用与51毫米防空火箭相同的SCRK无烟发射药。这些早期的设计方案或多或少存在性能不稳定的问题，并且精度不高，必须要求Z炮台的所有发射器同时密集发射以增加命中飞机目标的概率。它们确实取得了成功，但数量很少，并且直到2号Mk 1 76毫米火箭发射器（Projector, Rocket, 3-in, No. 2 Mk 1）出现才算有了显著的改进。它采用一套双轨发射系统，并且生产数量巨大。它仍然发射76毫米防空火箭，但装备了更精细的引信系统，其中包括早期尝试的近炸引信和其他电磁设备。一些2号发射器参与了北非的行动，其中包括托布鲁克港口的防御。

快速连射

进一步改进的发射装置是4号Mk 1和Mk 2 76毫米火箭发射器（Projector, Rocket, 3-in, No. 4 Mk 1 and Mk 2）。它安装的发射轨道不少于36个，可以快速连续发射9枚火箭。它们再一次被用于北非。英国所有76毫米火箭发射器中最大的是6号Mk 1 76毫米火箭发射器（Projector, Rocket, 3-in, No. 6 Mk 1），它能连续发射四轮，每轮发射20个火箭。它于1944年开始服役，计划用于本土固定防空阵地。

上图：拥有36个发射轨道的4号Mk 1和Mk 2 76毫米火箭发射器具有机动能力，因为它安装在一辆改装的76毫米防空火箭平台牵引车上

性能诸元

76毫米防空火箭

尺寸：长度1.93米（76英寸），火箭直径82.6毫米（3.25英寸）

重量：总体重量24.5千克（54磅），推进剂5.76千克（12.7磅），弹头1.94千克（4.28磅）

性能：最大速度457米/秒（1500英尺/秒），有效射高6770米（22200英尺），水平射程3720米（4070码）

下图：76毫米防空火箭作为一款地面武器获得了巨大的成功，虽然最初设计时是一套防空系统。然而，它更以一款空对地武器而出名，因为霍克台风式战斗机在诺曼底登陆战役中使用过该火箭

防空火箭项目的一个意料之外的结果是地面发射的76毫米防空火箭被用作了机载武器。机载版本的火箭从机载短滑轨上发射，事实证明它是一款极具毁灭性的对地攻击火箭弹，特别是打击坦克，1944年的战斗证明了它是强大的反坦克武器之一，当时霍克台风式战斗机在诺曼底战场上使用了这种火箭。战争末期，机载的76毫米防空火箭甚至被用于袭击德军潜艇。战争快结束时，冷溪禁卫团甚至在他们的坦克炮塔两侧各加装了一具76毫米防空火箭发射滑轨。

LILO 短程火箭

到1944年时，盟军已经逐渐习惯日本人的战术，即利用重兵防守的碉堡拖延盟军的推进，不仅在太平洋岛屿，东南亚的陆地战场也是如此。摧毁这些严防死守的防御工事唯一有效的途径就是近距离使用重型火炮，但日本人生产碉堡的地方并不总是重型火炮可以到达的地方。很显然，火箭是一种相对便捷的应对这些障碍物的工具，因此盟军当时启动了一个代号为LILO的项目。

“碉堡克星”

LILO是一款非常简单的单管发射器，设计用于近距离发射火箭攻击碉堡类目标。它发射的炮弹由7号Mk 1 76毫米火箭推动，该火箭可携带两种弹头。两者都是高爆弹头，一种重17.8千克（39.25磅），另一种重35.5千克（78.25磅）。设计的想法是LILO发射器可由一个人携带至发射点，另一个人利用合适的背包运送火箭。然后将发射器安放在距离目标尽可能近的地方，而火箭从发射管前端装进发射器。缺口标尺用于武器的瞄准，通过调整发射架后腿来调整高度。一切准备就绪后，火箭借助一个小型的3.4伏电池自动发射。

下图：为了将日本人赶回日本本土，盟军研制了众多武器去摧毁日军牢固的碉堡。其中一款武器就是LILO——短程单发27.2千克（60磅）火箭

LILO可以击穿3.05米（10英尺）厚的泥土（外加一层木头），所以它基本上可以击穿日军所有的碉堡。但主要问题是命中目标：尽管火箭发射时拥有一定的自旋，但由于火箭炮天然的低精度使得进攻方必须在45米~55米（49码~55码）距离上发射5枚火箭弹才能保证95%的毁伤概率。这听起来可能不够经济，另一种方式——重型火炮的运输需要更多人力，同时也意味着更大的风险。

美国的同类型号

美国人也使用了一款与LILO相同的短程火箭。他们的设备叫作M12火箭发射器，主要用于发射114毫米（4.5英寸）火箭，它与LILO在很多方面都很相似，除了第一批M12所用的一次性塑料发射管。即使美国战时经济强大，这种系统也过于浪费，因此美国人后来又研制了一个版本——M12E1，它采用可重复使用的镁合金发射管。这些发射器在冲绳岛上被用于将日本士兵从严密防守的洞穴中驱赶出来。

性能诸元

LILO 短程火箭（9.35千克/21磅弹头）

尺寸：长度1.24米（49英寸），火箭直径83毫米（3英寸）

重量：总体重量17.8千克（39.25磅），推进剂1.93千克（4磅），爆炸物1.8千克（4磅）

LILO 短程火箭（27.2千克/60磅弹头）

尺寸：长度1.32米（52英寸），火箭直径152毫米（6英寸）

重量：总体重量35.5千克（78.25磅），推进剂1.93千克（4磅），爆炸物6.24千克（14磅）

“地铺”火箭炮

虽然英国战时火箭的早期发展是为了研制一款防空武器，但也考虑过生产一款炮兵火箭。早期的尝试之一是设计的127毫米（5英寸）火箭，它被陆军否决，但被皇家海军采用了，海军将其用在改装的登陆艇上，通过密集火箭发射清理海滩登陆的障碍。该想法最终的成品就是“床垫”（Mattress）发射架，但其射程有限。然而，进一步的研究表明可以通过在发射时引入一定的自旋来提高射程，同时还能提高精度，改进措施非常简单，就是利用机载76毫米火箭发动机驱动一枚海军13千克（29磅）弹头。这样将射程提高到7315米（8000码），使得炮兵火箭再次成为合适的选择。因此“床垫”变成了“地铺”（Land Mattress）。陆军为这些新型“地铺”火箭炮所用的第一代发射器共有32个发射管，随后的改进型减为30个。发射器的演示给加拿大陆军参谋部官员留下深刻印象，他们随即要求生产12个炮兵连所需的发射架，并在1944年11月1日之前准备就绪。

上图：将30.5千克（67磅）的火箭装进32管发射器中是一项耗费精力的工作，但为了保证有效性，火箭必须采用密集齐射的方式。在跨越斯凯尔特河战役期间，首次参战的“地铺”发射器在6个小时内发射了1000枚火箭

首次参战

首批“地铺”发射器参与了跨越斯凯尔特河战役，并取得重大成功，最终军方要求加大生产和供应。“地铺”发射器的俯仰角有限，从23度到45度，这不仅使其最大射程限制为7225米（7900码），也使其最小发射距离达到6125米（6700码）。为了降低最小射程，发射器在火箭尾气上方增加了一套旋转扰流板系统。旋转扰流板通过控制尾气流动来扰乱废气，进而将最小射程降低至3565米（3900码）。

尽管“地铺”发射器取得了成功，但在1944年5月欧洲战场的战斗结束之前没有大量进入实战。当时很多发射架才刚刚从工厂下线，准备发往东南亚，但由于发射器重量和体积较大，它们最终的使用非常有限。此外还研发了一个由吉普车牵引的16管版本，但从未投入使用。

性能诸元

“地铺”火箭炮

尺寸：长度1.77米（70英寸）

重量：总体重量30.5千克（67磅），推进剂5千克（11磅），爆炸物3.18千克（7磅）

性能：最大速度335米/秒（1100英尺/秒），最大射程7.2千米（4.4英里）

左图：“地铺”火箭炮是一款古怪的武器——结合机载火箭发动机和127毫米海军弹头的陆军武器。早期的发射器性能严重受限，因为俯仰角被限制在23～45度之间

M8/M16 114 毫米火箭弹

美国在1941年12月参加第二次世界大战时，他们的武装部队根本没有在役的火箭，甚至没有考虑过使用火箭。但美国人利用他们的技术知识和工业潜力快速地弥补了这一缺口。他们在看似不可能的时间里建立了大量各种提议的火箭生产设施（第一批火箭甚至在工厂建完之前就交付使用了），然后开始设计和生产各种用途的火箭。

批量生产

批量投产的众多火箭之一就是相对直接的尾翼稳定火箭，在其研制和试验阶段称为T12，但开始服役后正式称为M8 114毫米高爆火箭。这款114毫米的火箭携带一个引信位于前端的弹头，其尾部安装了折叠翼以增加稳定性。它的生产数量比二战期间绝大部分炮兵火箭都大，仅次于苏联便携式82毫米（3.23英寸）和132毫米（5.2英寸）武器，截至1945年二战结束生产总数不少于253.7万枚。使用方式与M8完全相同的M8A1、M8A2和M8A3是基础的M8变型版本，其中M8A1采用了更强大的火箭发动机以应对多种气候条件，M8A2的弹头更小，但壳体更厚以提高破片杀伤性能，而M8A3在M8A2的基础上对尾翼稍作了修改。

技术细节

M8由30块火箭固体燃料推进剂提供动力，尾气从尾翼里的一个文丘里管喷嘴排出，发射由一个电子线圈，或者火帽，或者黑火药点火器控制，具体取决于发射器种类。

尾翼稳定的M8（不是常见的自旋稳定火箭）存在先天性的精度问题，因为火箭离开发射器时轻微的偏差都会被射程放大，因此它不用于针对点状目标，而是用于大片区域。因此，它被广泛用于在两栖登陆之前密集轰炸目标区域，或者是作为密集火炮轰炸的补充。但即便是在近距离上，M8的精度也不稳定，因此几乎所有M8火箭弹的发射器都为多联装，通过齐射来确保覆盖目标。

性能诸元

M8 114 毫米火箭弹

尺寸：长度838毫米（33英寸），直径114.3毫米（4.5英寸）

重量：总体重量17.5千克（38.5磅），推进剂2.16千克（4.75磅），爆炸物1.95千克（4.3磅）

性能：最大出口速度259米/秒（850英尺/秒），最大射程4205米（4600码）

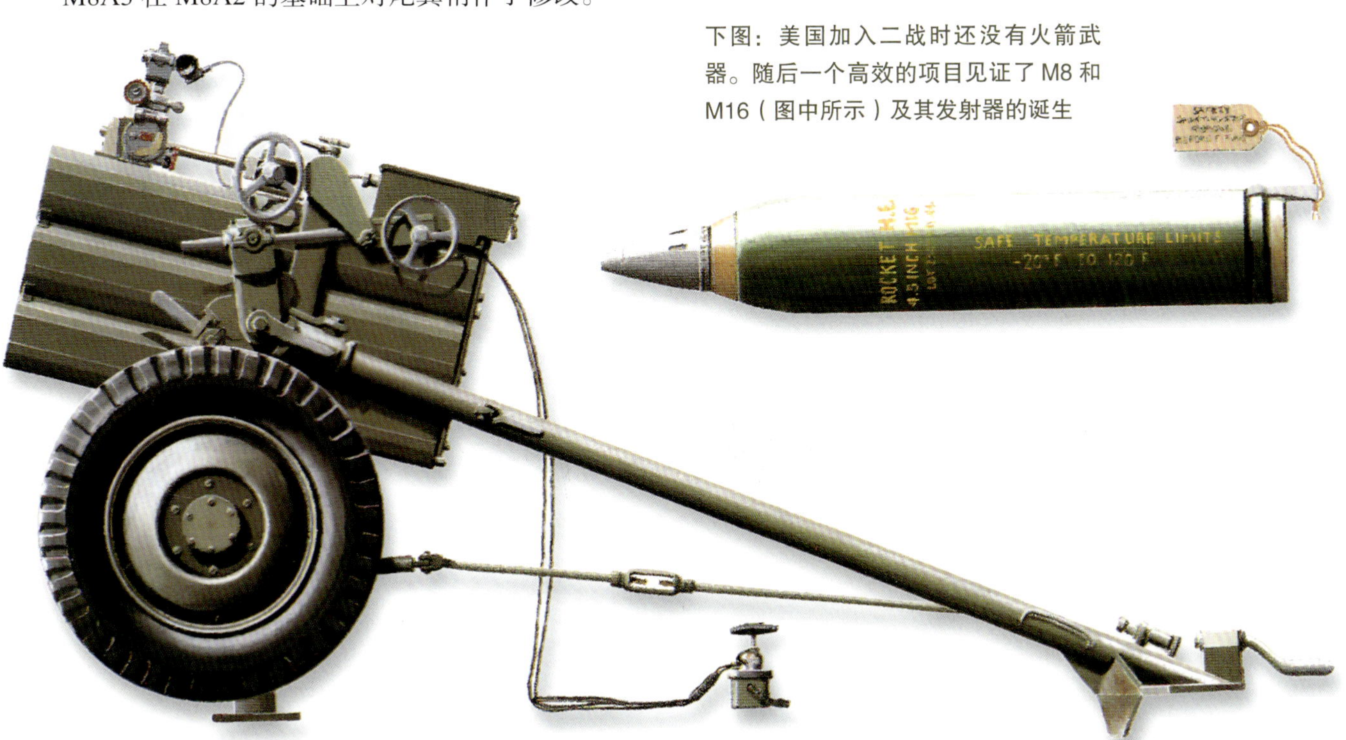

下图：美国加入二战时还没有火箭武器。随后一个高效的项目见证了M8和M16（图中所示）及其发射器的诞生

上图：1945 年 1 月 1 日，加拿大第 1 集团军第 12 军前方的德军阵地，一名火控指挥官正准备释放一轮大规模弹幕

专用发射架

T-27 多联装火箭发射器是 M8 的典型专用发射架，安装于 GMC 或斯图贝克 2.5 吨卡车上，炮座可提供 50 度的俯仰角（-5～+45 度），射程也随着俯仰角的不同而变化。发射器朝向车身右侧，配备有一具 M6 望远镜瞄准器。该发射器存在两个改型版本，即可以拆卸运输的 T27E1 和可以装载 24 枚火箭的 T27E2（分成 3 排，每排 8 枚）。

下图：一名装备 M1 卡宾枪的美国陆军士兵正将一个 114 毫米火箭装进发射器框架里的发射管中

T34（绰号“管风琴”）是一款安装于 M4 谢尔曼中型坦克炮塔顶部的大型发射器。“管风琴”的发射管不少于 60 个（上部的两层每层 18 个发射管，下部的两层每层包含两排，每排 6 个发射管），它是由胶合板制造的，主要用于攻击战略要点，每次用完即丢弃。“管风琴”的长度大约为 3.05 米（10 英尺），方向射界由炮塔的转动角度决定，俯仰角由坦克火炮的炮管决定，发射完成后或者紧急情况下整个发射装置可以整体拆下，从而转换为可以正常作战的火炮坦克。T34 的改型版本包括 T34E1 和 T34E2。T34E1 的上部有两层发射管，每层 16 个，下部的两层分成两排，每排包括 7 个发射管。T34E1 的射击散布比 T34 小，因为后者采用正方形的发射管，而前者采用圆形发射管。

T44 是比“管风琴”更大型的发射器，它共有 120 个发射管，安装于 DUKW 两栖卡车或 LVT 两栖车辆的货舱内。T44 是一款简单的，用于对大面积区域覆盖的发射器，因此无法调节射向与俯仰。一款相似的设备叫作“蝎子”（Scorpion），但它拥有 144 个发射管，同样安装于 DUKW 两栖卡车上，主要在太平洋战场上使用。T45 是成对的 14 管发射器系统，可以安装于不同车辆的两侧，包括轻型卡车、M24 轻型坦克和 LVT 两栖车辆。该发射器无法调整射界，但能够在 0～+35 度间调节仰角 35 度。另一种发射 M8 火箭的发射器是 M12（研制期间型号为 T35），它也是一次性使用的“碉堡克星”（同时具备摧毁日军洞穴据点的能力），它与英国人的 LILO 发射器一起使用，M12 在一根塑料发射管上安装了前二后一布局的三根支架。加上一枚 M8 火箭，整套火箭炮的重量为 23.6 千克（54 磅）。M12A1 是 M12 的改进版本，而 M12E1 的发射管采用镁合金材料，因此可以重复使用。

提高精度

尽管生产数量巨大，并且在欧洲战场和太平洋战场上广泛使用，但 M8 的精度确实不高，以至于人们认为它无法完全用作真正的炮兵火箭。利用从缴获的德国火箭中学到的知识，美国人研制了一种自旋稳定火箭，他们称之为 M16 114 毫米高爆火箭。该火箭总体长度为 787 毫米（31 英寸），总重量为 19.3 千克（42.5 磅），其中推进剂 2.16 千克（4.75 磅），装填炸药 2.36 千克（5.2 磅），最大飞行速度初速为 253 米 / 秒（830 英尺 / 秒），最大射程为 4805 米（5250 码）。

上图：图中 M8 炮兵火箭所用的 T34“管风琴”60 管发射器并不是安装在标准的 M4 中型坦克上，而是装到了一辆俘获的德国半履带车辆上

下图：这些 M4 谢尔曼中型坦克都安装了 60 管的 T34 发射器（通常被称为“管风琴”）。由于设计时考虑使用次数不多（整个发射器在完成一次齐射后就不再使用了，以让坦克履行其主要的职责），发射器主要使用胶合板发射管

专用发射器

M16 的发射器是 T66 114 毫米多联火箭发射器。它共有 3 层发射管，每层的内部是圆形截面，外部是六边形截面，安装在一个两轮炮架上，然后由轻型卡车牵引。发射器通过移动炮尾来控制方位角，并可实现 0～+45 度的俯仰角。发射器空重为 544 千克（1200 磅），加上 24 枚火箭后重量为 1007 千克（2220 磅），火箭从发射管前端装填，而不像 M8 火箭发射器那样从尾部装填。T66 发射器装填火箭需要大约 90 秒，而齐射 24 枚火箭弹仅需 2 秒。

该火箭 / 发射器组合在战争后期才出现在战场，并且在战争结束之前仅使用过一次，当时是美国第 1 集团军第 8 军第 282 野战炮兵营在德国境内的一场遭遇战。M16 没有在太平洋战场上使用过。

上图：任何炮兵火箭的发射都会产生明显的光亮和声音，而从轮式或履带式车辆上发射多联火箭时会更显著

下图：一名炮手正在检查简单的 T72 8 管发射器的瞄准器，该发射器通常安装在 GMC 或斯图贝克 21/2 吨卡车上。在海滩进攻行动中，M8 也使用 DUKW 搭载的发射架

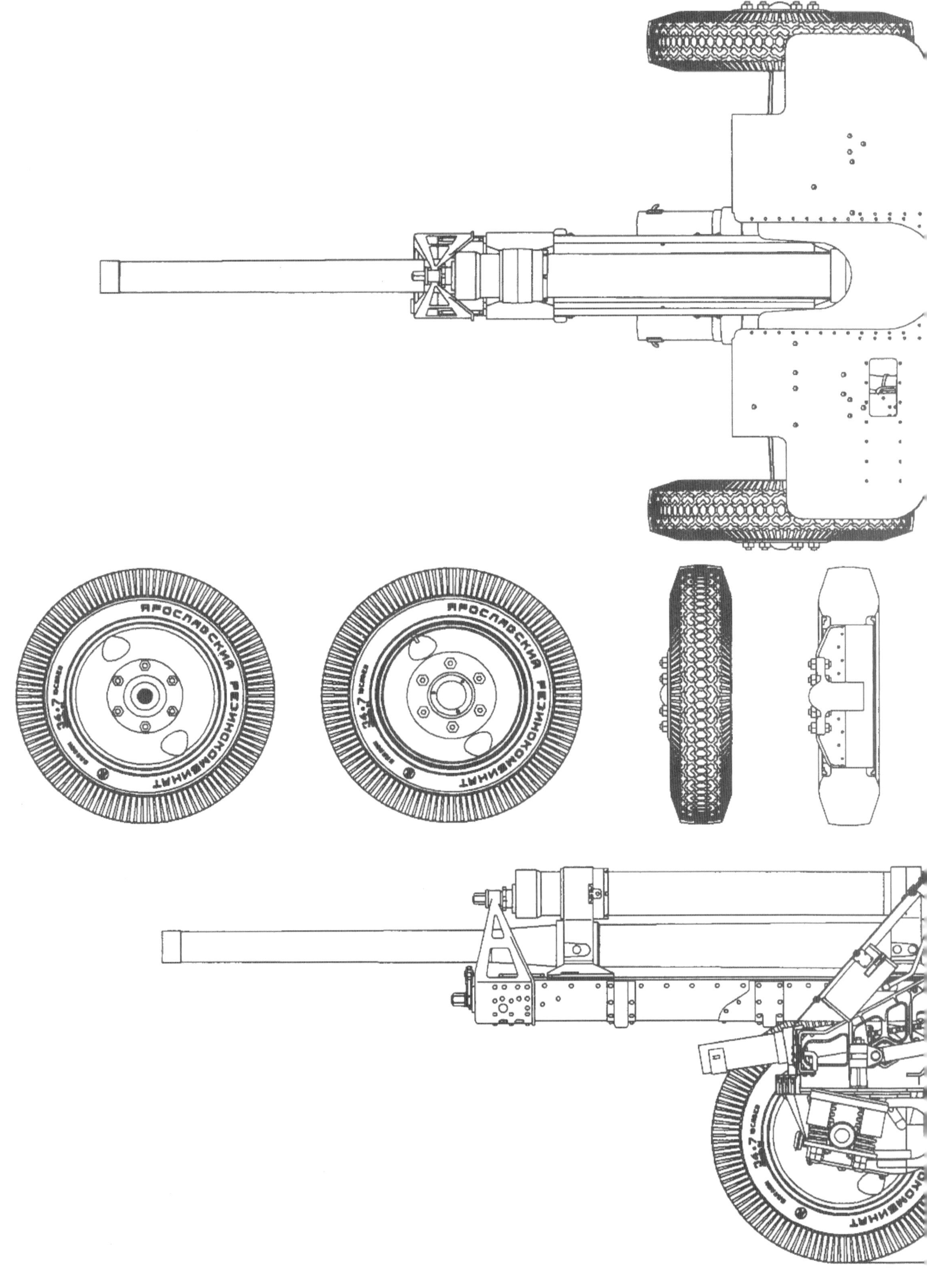

ЯРОСЛАВСКИЙ РЕЗИНОКОМБИНАТ
34×7

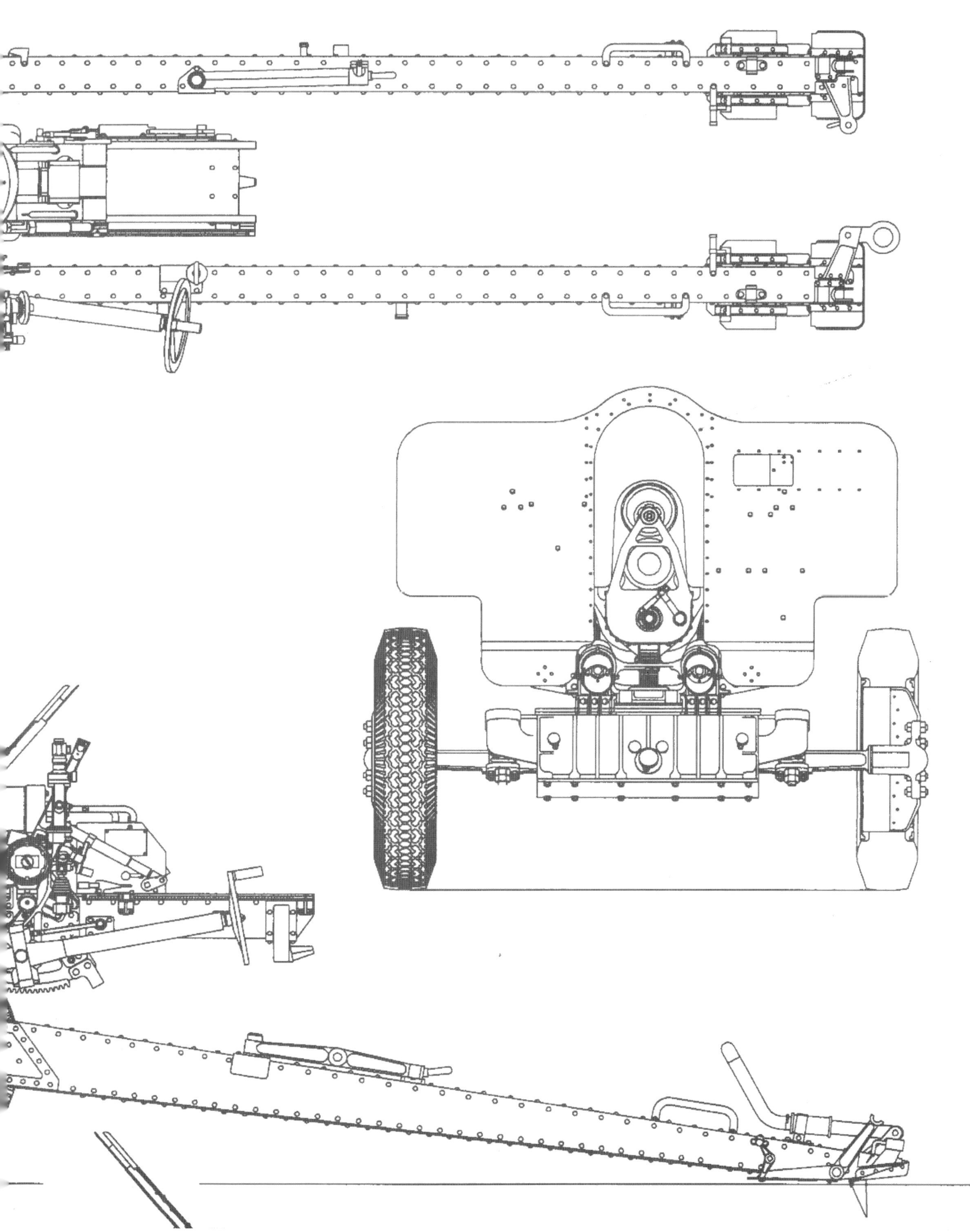

THE ENCYCLOPEDIA OF WEAPONS

枪与炮武器百科全书

〔英〕克里斯 · 毕晓普（Chris Bishop） 主编 石 健 主译 徐玉辉 审校

ZHEJIANG UNIVERSITY PRESS
浙江大学出版社
· 杭州 ·

第二次世界大战后的轻武器

二战之后，栓动步枪被全自动突击步枪取代，后者在战场上有效射程可达300米（328码）。制造也发生变化：不再使用高级钢材料，大多数现代武器都采用冲压钢或聚苯乙烯材料，极大地降低了生产成本。

战后的岁月还见证了大量步兵支援武器的诞生，其中包括迫击炮、榴弹发射器，以及单兵便携式反坦克武器和防空武器。到20世纪末时，新一代单兵武器开始服役，但最大的变化是步兵装备。

未来的作战步兵看起来更像“星舰战将”，而不再是过去士兵的形象了，他们头戴夜视传感器头盔，装备数字化通信和导航系统，身穿轻型防弹衣，使用装备夜视仪和激光测距仪的武器。

左图：服役了40多年的M16是美国陆军的标准突击步枪。M16是第一批投入使用的现代化小口径武器，它比之前沉重的M14步枪更轻，也更易于操纵

格洛克手枪

格洛克手枪重量轻，结实耐用，射击精度高，适用于各种作战条件，是军队、特种部队和执法人员的首选武器

格洛克手枪在20世纪80年代初首次亮相时，似乎就打破了手枪设计中的所有规律。它使用的大部分原材料都是塑料。对照当时时髦的观点，它的外形毫不落伍。当第一支格洛克手枪出现时，有关这种塑料手枪的报道铺天盖地。人们对这种新式手枪的评价褒贬不一：这种武器是否充满了不祥之兆？为什么用塑料制造？难道是为了逃避机场安全检查而故意设计的？它会不会成为恐怖分子使用的最新式武器？

事实上，从法律和秩序方面来说，格洛克手枪也是无可挑剔的。它的滑座、枪管和扳机组件都是用金属制成的，所以无法逃过X光设备的检查。现在，世界上已经生产了200多万支格洛克手枪，许多国家的军队和警察都在使用格洛克手枪。格洛克手枪在美国执法部门使用的自动手枪中所占的比例大约为40%。

非传统的武器

为什么格洛克手枪使用了如此非同寻常的设计？部分原因是这样的：它不是由传统的武器制造商设计的。它是由奥地利的一位名叫加斯托·格洛克的人发明的。格洛克是一名专门研究塑料和钢铁制品的工程师。20世纪80年代，奥地利军方为了找到一种新的军用手枪而举行了一次武器大赛。结果格洛克创造性的发明一举夺冠。

格洛克手枪的套筒座由既耐热又耐冷的硬塑料制成。那句古老的名言“简单即为美”在格洛克手枪的设计中得到了最好的应用。它仅有33个零部件，并且在数秒内就可以拆卸。最出色的是它没有外露的保险阻铁，所以也就无需考虑应力设置了。格洛克手枪几乎和所有的军用手枪都不一样，它几乎在拔出枪套的瞬间就可以进入发射状态。你所要做的全部活动就是抽出和射击两个动作。如果不扣动扳机，内部的保险设置则完全可以保证手枪处于安全状态。

下图：格洛克手枪的设计极其简单，仅有33个零部件，易于拆卸和清理，这在军用时是一个巨大的加分项

军事用途

格洛克 17 9 毫米手枪是格洛克系列手枪中应用最广泛的型号。不仅奥地利陆军使用，而且全世界各国的陆军及特种作战部队都在使用。格洛克 17 手枪的确是出类拔萃的手枪。格洛克 18 是全自动型手枪，可当作微型冲锋枪使用。为了防止在未经授权的情况下改装这种手枪，格洛克 17 手枪的枪机部件不能与格洛克 18 互换。

从商业角度讲，格洛克 17 手枪在美国获得的成就最大。美国警察和普通公民都使用这种手枪。为了满足市场需要，经过改进，出现了各种口径的格洛克手枪。最早能够发射 10 毫米子弹的是格洛克 20 手枪。格洛克 20 手枪在探索手枪子弹口径的极限方面又迈出了一大步。它所使用的 10 毫米子弹和大多数国家军队标准的 9 毫米帕拉贝鲁姆手枪弹相比更加致命。格洛克 21 手枪可以发射 11.43 毫米 ACP 子弹；而格洛克 22 和格洛克 23 手枪则可以发射史密斯和威森公司生产的 10.16 毫米子弹。这种 10.16 毫米子弹在美国非常受欢迎。而且，较小型的格洛克手枪也有各种口径。这些小型手枪便于随身携带，主要供着便装的警察使用。

格洛克手枪是功能设计的杰作。或许，传统主义者不大喜欢它，但事实胜于雄辩，它凭借实力在世界范围内获得了成功。

性能诸元

格洛克 17 手枪

口径：9 毫米 ×19 毫米（帕拉贝鲁姆手枪弹）

重量：0.63 千克（装弹前），0.88 千克（装弹后）

枪长：186 毫米

枪管长：114 毫米

枪口初速：350 米 / 秒

弹匣容量：17 发

操作

格洛克手枪使用枪管短后坐原理，开火产生的后坐力向后推动套筒。然后，另一发子弹被送入弹膛。

弹匣

格洛克手枪使用双排式弹匣，可装 17 发子弹。

弹药

格洛克 17 手枪可发射北约标准的 9 毫米 ×19 毫米帕拉贝鲁姆手枪弹。其他还可以发射颇受人们欢迎的 10 毫米子弹、史密斯和威森公司的 10.16 毫米子弹和 11.43 毫米 ACP 子弹。

滑座

使用高强度聚合物塑料制成。格洛克手枪的套筒座可承受零下 50℃至零上 200℃的气温变化。

保险

格洛克手枪没有手动保险。在扳机未扣动的情况下，有一个击发击针闭锁可将手枪自动锁定。扳机前部装有简易阻铁可以将击发击针闭锁和扳机隔离。

重量

使用塑料和铝合金意味着格洛克手枪和其他体积与弹药容量类似的手枪相比，重量要轻得多。

勃朗宁大威力手枪

上图：勃朗宁大威力手枪的弹膛轴线位于射手的手下方。射击时，可以减小枪口跳动。保险阻铁位置适当，需要解除保险时，大拇指会落在击发位置

勃朗宁大威力手枪是约翰·摩西·勃朗宁逝世前设计的杰作。勃朗宁于 1926 年逝世。这种手枪由比利时埃斯塔勒的 FN 公司生产制造。整个第二次世界大战期间，交战双方都使用这种手枪，生产数量高达数百万支。时至今日仍在生产中。

尽管在第二次世界大战后，加拿大也生产了大量的勃朗宁大威力手枪的零部件，但是目前这种手枪的最大生产商仍是 FN 公司。20 世纪 90 年代，比利时在葡萄牙建立一个加工厂，但不久就关闭了，全部生产设施又回到埃斯塔勒。

型号种类

FN 公司制造的勃朗宁大威力手枪有多种型号。事实上，它们的内部结构都一模一样，都使用了勃朗宁枪管短后坐自动原理和双排式弹匣。这种弹匣使勃朗宁大威力手枪成为第一种能够大量装弹的先进手枪。不过，各型号的外观和表面处理工艺还是有很大区别。

和原来的型号相比，军用型勃朗宁大威力手枪 Mk 2 和 Mk 3 型对于表面处理工艺和握把设计进行了改进。大威力标准型是一款民用手枪，而大威力练习手枪则是专为射击比赛而设计的。

上图：由于勃朗宁大威力手枪性能可靠，英国特别空勤团（SAS）把这种手枪当作首选武器。英国特别空勤团组建了世界上第一支人质营救小组

便携微型手枪

近年来，勃朗宁大威力手枪诞生了多种减重版本，一些型号采用轻量化套筒和轻合金部件以减重。所有的减重型都发射 9 毫米帕拉贝鲁姆手枪弹，且市场反响良好，即便市面上已经有了更现代化的手枪设计仍会有人购买该枪。

在 20 世纪 80 年代初期，又有厂家研制了采用双动式击锤（BDA）的型号，不过其销量并不如采用单动扳机的传统型号。

勃朗宁大威力系列手枪畅销的一个原因是这些手枪质量一流，极其结实耐用。即使在最恶劣的使用条件下，只要进行适当的维护和装上合适的子弹，就可正常使用。

大威力手枪在操作时可能会遇到一点尴尬的问题。为和它使用的双排式盒形弹匣相匹配，它的枪把略宽，对于那些手比较小的人来说这点显得尤为突出。然而，瑕不掩瑜，它已经成为 50 多个国家的标准军用手枪。

上图：大威力和大容量弹匣使民用勃朗宁大威力手枪成为世界市场上的抢手货，其销售对象主要是保镖和警卫人员

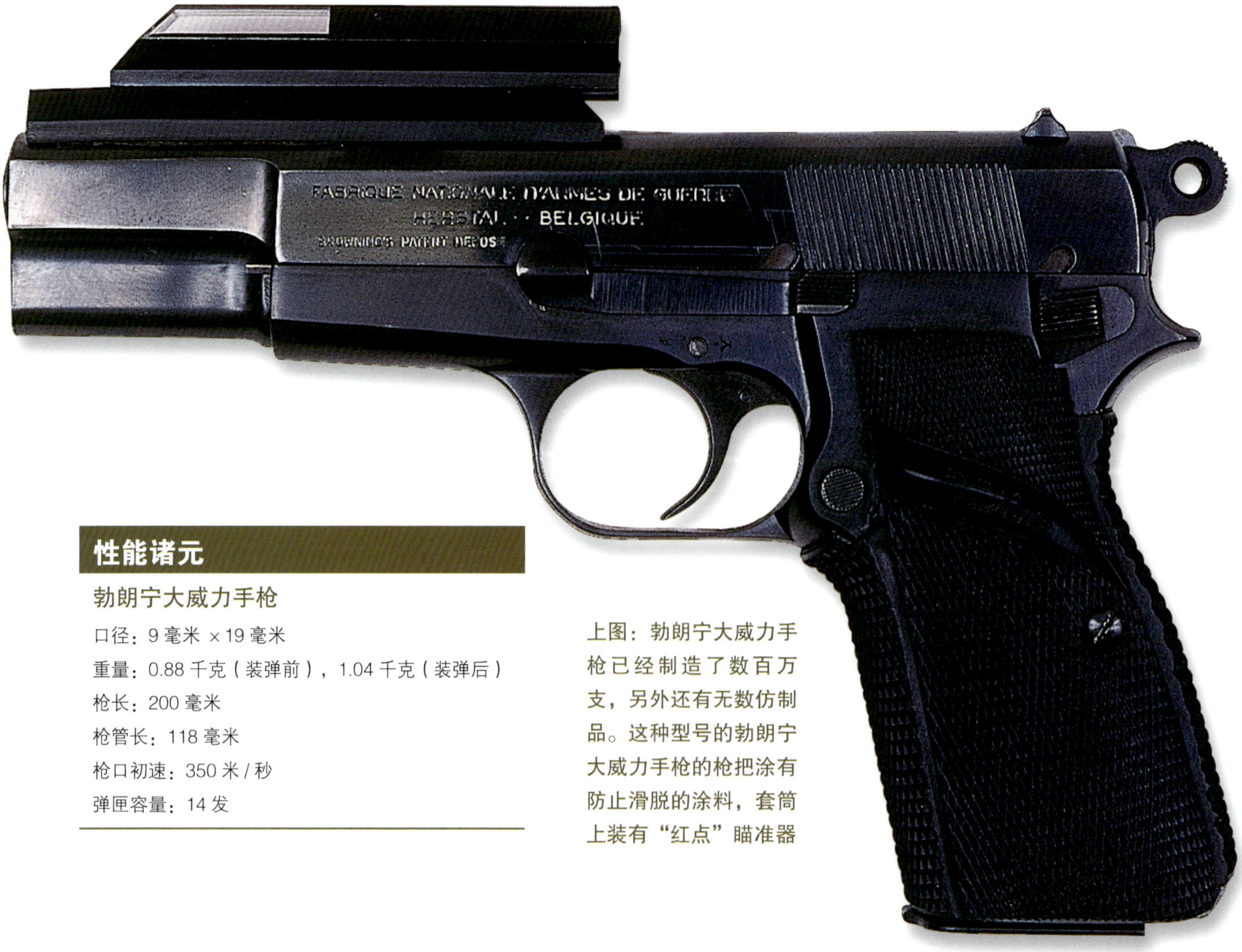

性能诸元

勃朗宁大威力手枪

口径：9 毫米 ×19 毫米

重量：0.88 千克（装弹前），1.04 千克（装弹后）

枪长：200 毫米

枪管长：118 毫米

枪口初速：350 米 / 秒

弹匣容量：14 发

上图：勃朗宁大威力手枪已经制造了数百万支，另外还有无数仿制品。这种型号的勃朗宁大威力手枪的枪把涂有防止滑脱的涂料，套筒上装有“红点”瞄准器

比利时 FN 产勃朗宁大威力手枪

1925 年，美国著名的武器设计大师约翰 · 莫塞斯 · 勃朗宁发明了勃朗宁大威力（HP）手枪。时至今日，这种手枪仍在生产和使用。这种优秀手枪的最大制造商是比利时埃斯塔勒的 FN 公司。该公司从 1935 年开始生产这种武器。在第二次世界大战期间，加拿大的英格利斯公司也生产了该枪的部件。

目前，FN 公司除了生产勃朗宁基本型号的军用手枪外，还生产其他型号的勃朗宁大威力手枪。所有类型的勃朗宁大威力手枪都采用了枪管短后坐原理，并且，由同一工厂制造而成，所以很容易辨认。大威力 Mk 2 就是比较著名的一种。该枪是勃朗宁大威力手枪的升级型号，不过没有修改内部设计，仅改进了表面处理工艺和握把，继承了基本型的可靠和稳定性能。大威力 Mk 3 在 Mk 2 的基础上增加了一个自动射击击针保险装置。FN 公司制造的大威力手枪在套筒左侧都带有“FABRIQUE NATIONALE HERSTAL BELGIUM BROWNING’S PATENT DEPOSE FN（生产年份）”的钢戳。

标准的军用勃朗宁手枪有 3 种型号：基本的军用手枪型号是 BDA-9S；较小的 BDA-9M 使用了和 BDA-9S 一样的底座，但套筒和枪管更短；袖珍型的 BDA-9C 也使用了更短的套筒和枪管。这使得手枪更小，枪把较短，只能装 7 发子弹，这一点和其他能装 14 发子弹的标准型号有所不同。BDA-9C 属于“口袋手枪”，主要供身着便装的警察和执行特殊任务（如保护重要人物）的人员使用。

进入 21 世纪后，该公司又生产出了其他型号的大威力手枪。为了减轻重量，换用了轻型套筒，其他一些零部件则使用了铝合金材料。所有型号的勃朗宁手枪都可以发射 9 毫米的帕拉贝鲁姆手枪弹。虽然被各种先进手枪所充斥的世界手枪市场已趋于饱和，但勃朗宁手枪依然销量不减。

勃朗宁大威力手枪的销量持续上升的一个原因是它久负盛名的优点，经久耐用，安全可靠。勃朗宁手枪以及 FN 公司制造的武器自始至终都具备这两大优点。勃朗宁手枪能够在最恶劣的环境中长时间使用。当然这需要一个条件，只要进行适当的清理和维修，装上合适的弹药，即可正常射击。

大威力手枪在操作时可能会遇到一个尴尬的小问题：除 BDA-9C 外的其他勃朗宁大威力手枪的握把都较宽。这主要是为了满足双排式盒形弹匣的需要而设计的。这种弹匣能装 13 发子弹，在战斗中非常有用。不过握把较宽这一问题并未影响该枪被广泛作为射击训练用手枪使用。

上图：这是一张勃朗宁大威力手枪的剖面图。从中可以看出这种自动手枪的所有工作部件。由于这种手枪性能优越，表现非凡，所以比利时将它命名为大威力手枪

性能诸元

FN 9 毫米大威力手枪

口径：9 毫米

重量：0.882 千克（装弹前），1.04 千克（装弹后）

枪长：200 毫米

枪管长：118 毫米

枪口初速：350 米 / 秒

弹匣容量：13 发

捷克 CZ 75 手枪及 CZ 系列手枪

设计和制造陆地作战武器，尤其是轻型武器和火炮，长期以来一直是捷克的专长。捷克共和国中部城市布尔诺是公认的首屈一指的轻型武器制造中心。布伦机枪的名字就取自布尔诺（Brno）的前两个字母 Br。捷克著名的武器公司——切斯卡 · 兹布罗夫卡兵工厂的总部就设在布尔诺。这家公司一般被称为 CZ 公司。捷克的大多数手枪都是由该公司设计的。

捷克斯洛伐克的第一款半自动手枪是 vz.22。vz.22 手枪采用枪管短后坐原理，发射 9.65 毫米弹。在被 vz.24 手枪（闭锁和击发装置进行了轻微改进）取代之前生产的数量很少。vz.24 手枪之后是 vz.27 手枪。第二次世界大战爆发前，在 vz 系列手枪中，vz.27 手枪的生产数量较多。vz.27 手枪发射 7.65 毫米 ACP 弹（柯尔特自动手枪使用的子弹）。握把内的盒形弹匣可装 8 发子弹。vz.27 手枪也使用了枪管短后坐原理。子弹射出弹膛时，从弹匣中弹出的另一发子弹被送入弹膛。vz.27 手枪生产的数量也不是太多。后来的 vz.38 手枪也采用枪管短后坐原理，发射 9 毫米短弹。

接下来投入生产的捷克手枪是 vz.50 7.65 毫米手枪。这种手枪也采用枪管短后坐原理，弹匣可装 8 发子弹。vz.50 手枪之后是 vz.52 手枪。vz.52 手枪发射的是 vz.48 手枪弹，这种子弹比苏联同口径的 P 型手枪弹的威力要大。vz.52 手枪同样采用枪管短后坐自动原理，弹匣可装 8 发子弹。自从第二次世界大战之后，在欧洲，捷克设计的最优秀的手枪是 vz.75。后来，人们逐渐把 vz.75 称为 CZ 75 手枪。这种手枪的生产数量较大，并且许多国家都进行了仿造。它使用的是著名的 9 毫米帕拉贝鲁姆手枪弹。显然，这种手枪借鉴了勃朗宁与众不同的设计灵感。CZ 75 有半自动和全自动手枪等多种子型号，它的弹匣可装 16 发子弹。CZ 85 手枪除了有一个非常灵巧的保险阻铁和套筒之外，其他设计和 CZ 75 手枪基本相似。为了防止出现手枪保险下滑的情况，CZ 85B 型手枪增加了一个击针击发保险。CZ 85 “战斗”型手枪是 CZ 85 手枪的改进型，它增加了包括可调整的照门在内的其他设置。

反吹式

CZ 83 采用了双动式枪机，可发射 7.65 毫米 ACP 弹、9 毫米短弹或 9 毫米马卡洛夫手枪弹，弹匣容量为 15 或 13 发。CZ 83 是利用反吹式自动原理的“口袋”型手枪。它的扳机护圈较大，以便在戴手套的情况下使用。

CZ 92 是为个人防卫而设计的自动手枪。该枪同样采用反吹式自动原理。这种手枪没有安装手动保险。每次射击之后，击锤便返回到原来的位置。

左图：CZ 75 手枪的枪把较大。这种枪把有利于操作和提高射击的精度。注意这种手枪使用的双排式弹匣

性能诸元

CZ 75B 手枪

口径：9 毫米

重量：1 千克（空弹匣）

枪长：206 毫米

枪管长：120 毫米

枪口初速：大约 370 米 / 秒

弹匣容量：11 发或 16 发

为了防止意外走火，它的保险进行了改进。该型手枪配备有弹匣保险，在卸下弹匣后扳机会被自动锁死。

CZ 100 手枪采用了新颖的闭膛待击，以及大量现代化的设计概念，同时大量采用高强度塑料和钢材减重。该枪采用双动式扳机，击针击发保险，套筒阻铁和带缺口的弹匣的设计使得该枪具备空仓挂机功能：弹膛内无弹时套筒会挂在后方，露出弹膛。该枪的外形设计便于在戴上手套时使用，同时左右手均可操作。

最后，捷克在 CZ 100 手枪的基础上又研制出了 CZ 110 手枪。CZ 110 手枪采用半自动装填和双动式击发原理。它的最大优点是：当子弹处于弹膛中时，即使随身携带手枪，也不会发生走火。

左图：这是一支处于待发状态的 CZ 75 手枪。弹膛内装的是 9 毫米子弹。这种手枪有许多地方借鉴了勃朗宁手枪的设计原理。它使用的弹匣可装 16 发子弹

下图：CZ 75 采用枪管短后坐自动原理，从这张后坐状态下的照片可以看到被抽出的弹壳和下方的待发弹。CZ 75 手枪的卡壳概率相当低

法国 MAS 1950 型和 PA 15 型自动手枪

法国 MAS 1950 型 9 毫米手枪是由法国东部的圣安东尼国家兵工厂设计、法国西部的卡特尔勒伦特国家兵工厂生产制造的。从 1950 年开始，这种手枪成为法国陆军和几个前法国殖民地国家军队的标准军用手枪。

这种手枪的弹匣可装 9 发 9 毫米帕拉贝鲁姆手枪弹。向后拉动套筒，然后松开，一颗子弹就被送入弹膛。手枪的保险阻铁位于套筒座后侧的左部。保险阻铁的保险杆处于水平状态则说明手枪处于安全状态。

枪管顶部的闭锁棱条安装在套筒内部的凹槽内，从而枪管和套筒可以一起向后移动。枪管较低的后尾部和套筒座被一根旋转链连接起来。枪管和套筒一起向后移动一段较短距离，然后，由于铰链下半部分和套筒座是连接在一起的，所以铰链就会向下推压枪管的后尾部。这样枪管的闭锁棱条就会离开套筒内部的凹槽槽沟。当闭锁系统分离时，枪管处于静止状态，而套筒则在惯性作用下，继续向后滑动。空弹壳底部被固定在枪机上随枪机向后运动离开弹膛，直到撞击抽壳钩被弹出弹膛。

装弹的流程则为：当复位弹簧推动套筒向前移动时，枪机的正面把弹匣内最上面的一颗子弹向前顶入弹膛。枪机装置和枪管接触后，推动枪管向前移动，此时旋转链把弹膛拉高，枪管上面的闭锁棱条就会进入套筒的凹槽槽沟内，把两者锁定。当枪管底部的凸槽和套筒的阻针接触时，枪管停止向前移动。

性能诸元

MAS 1950 型自动手枪

口径：9 毫米

重量：0.86 千克

枪长：195 毫米

枪管长：112 毫米

枪口初速：354 米 / 秒

弹匣：可装 9 发子弹的盒形弹匣

上图：MAB PA 15 9 毫米手枪在 20 多年的时间里一直是法国陆军的制式军用手枪。长且宽大的握把，可以提高射击的精度。这种手枪使用的是延迟后坐自动原理

MAB PA 15手枪

MAB PA 15 手枪设计于 1970 年，并且作为法国陆军的制式军用手枪投入生产。它最显著的特点是握把又大又长。握把大有利于操作，可以提高射击的精度。握把长则利于增加弹匣的容量。它的弹匣可装 15 发 9 毫米帕拉贝鲁姆手枪弹。这种手枪套筒座后面有一个很显眼的凸柱。此外，它还有一个带孔击锤。

MAB PA 15 手枪直到 20 世纪 80 年代末才停止生产。1991 年底，法国宣布和当时的南斯拉夫政府签订了一项合同，允许南斯拉夫在塞尔维亚的扎斯塔瓦武器制造厂制造 MAB PA 15 手枪。据说在南斯拉夫内部，许多部队都装备了这种手枪。

MAB PA 15 手枪的枪架左侧上面有一个安在支架上的保险阻铁。另外，手枪内部还有一个弹匣保险。更换弹匣时，弹匣的保险阻铁可以防止走火。该枪采用延迟后坐自动原理。

性能诸元

MAB PA 15 手枪

口径：9 毫米

重量：1.09 千克

枪长：203 毫米

枪管长：114 毫米

枪口初速：350 米 / 秒

弹匣：可装 15 发子弹的盒形弹匣

上图：在MAB PA 15 手枪于 1970 年生产之前，MAS 1950 型手枪一直是法国及前法国殖民地国家陆军的标准军用手枪。它的保险阻铁位于套筒后部的左侧［译者注：MAS 1950 型手枪最初由莱劳特武器制造厂（Manufacture d'armes de Châtellerault，MAC）生产，后来改由圣埃安蒂安武器制造厂（Manufacture d'Armes St. Etienne，MAS）生产］

赫克勒和科赫有限公司（H&K）的手枪

20 世纪 50 年代，赫克勒和科赫有限公司（以下简称 H&K）在毛瑟 HSc 手枪的基础上研制出了 HK 手枪。该枪在握把上留出了拇指槽，外形相当时尚。它有四种口径，HK4 手枪于 20 世纪 60 年代末期销往美国，但在商业上并没有获得太大的成功。HK4 手枪于 20 世纪 80 年代停止生产。H&K 在赢得为新组建的联邦德国陆军研制 G3 步枪的合同后，生意兴隆，业务蒸蒸日上。不过好事多磨，1990 年，作为 G3 步枪替代品的 G11 步枪最终落选了，该公司又陷入财政困境。于是该公司被英国宇航公司的子公司皇家武器公司收购。英国宇航公司根据获得的许可证生产了大量 HK 手枪。

P9 手枪使用了延迟后坐自动原理和枪管滚转闭锁原理。延迟后坐自动原理源自 G3 步枪。P9 手枪使用口径为 7.65 毫米和 9 毫米的帕拉贝鲁姆手枪弹。套筒座左侧有一个带反向锥杆的内置式击锤。1977 年，该公司在美国市场又推出一种使用双动式击发装置的 P9S 手枪。这种手枪可以发射 11.43 毫米 ACP 子弹。许多国家的军队或准军事部队购买了这两种手枪。美国海军陆战队购买了大量枪管刻有螺纹、可安装消音器的 P9S 手枪。1990 年，P9 手枪停止生产。

VP70手枪

从 20 世纪 70 年代到 80 年代中期，H&K 研制成功了双动式的 VP70 全自动手枪，该枪具备 3 发

上图：P9 手枪使用的滚筒式闭锁延迟锁定系统源自 H&K 生产的系列步枪

性能诸元

P9 手枪

口径：9 毫米（帕拉贝鲁姆手枪弹）
重量：0.88 千克（装弹前），1.07 千克（装弹后）
枪长：192 毫米
枪管长：102 毫米
枪口初速：350 米 / 秒
弹匣容量：9 发

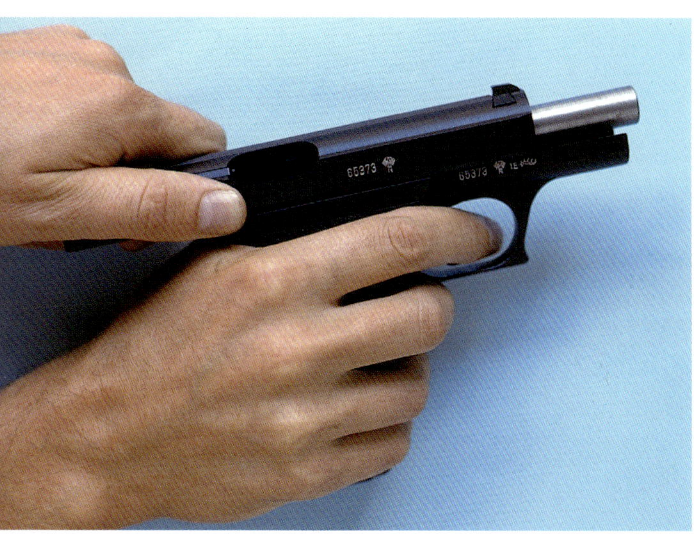
上图：P7 手枪演示

点射模式。它的分离式抵肩枪托可以拆卸。VP70 手枪主要是面向军用市场生产的。这种手枪对一些第三世界国家限制销售。今天，在一些第三世界国家，人们可能会遇到许多没有安装点射装置的既非军用又非民用的 VP70 手枪。

性能诸元

P7M8 手枪

口径：9 毫米（帕拉贝鲁姆手枪弹）
重量：0.8 千克（装弹前），0.95 千克（装弹后）
枪长：171 毫米
枪管长：105 毫米
枪口初速：350 米 / 秒
弹匣容量：8 发

VP70 手枪

口径：9 毫米（帕拉贝鲁姆手枪弹）
重量：0.82 千克（装弹前），1.14 千克（装弹后）
枪长：204 毫米
枪管长：116 毫米，545 毫米（装上枪托后）
枪口初速：360 米 / 秒
弹匣容量：18 发

USP 手枪

口径：9 毫米（帕拉贝鲁姆手枪弹），
11.35 毫米（史密斯和威森子弹），
11.43 毫米（0.45 ACP 手枪弹），9.2 毫米（SIG 子弹）
重量：0.72 千克
弹匣容量：15 发（9 毫米型）

Mk 23 手枪

口径：11.43 毫米（.45 ACP 手枪弹）
重量：1.1 千克（未装弹）
枪长：245 毫米
弹匣容量：12 发

P7手枪

P7 手枪是专门为联邦德国警察而设计的。该型手枪可以在不拨动外置保险的情况下完成拔枪射击。这种手枪于 1979 年全面投入生产，供联邦德国警察和边防部队使用。这种手枪的握把设计非常独特，在握把前部设有保险凸钮，射击时必须按住保险凸钮，如果松开握把，击针便和扳机组件分离，手枪处于保险状态。联邦德国陆军和准军事部队使用的是 P7K3 手枪。这种手枪使用了简单的枪管短后坐原理，发射 9 毫米短弹。P7M8 和 P7M13 手枪分别使用可装 8 发和 13 发子弹的弹匣。为了适应发射威力更大的帕拉贝鲁姆手枪弹，两款手枪还改用了基于导气活塞的反吹式延迟后坐自动原理。1987 年，为了打入美国市场，该公司又生产出了 P7M45 手枪。这种手枪发射 11.43 毫米 ACP 子弹。为了延迟套筒的更强后坐力，该枪采用的不是气动延迟杆，而是油压延迟杆。这种设计相当于为手枪配备了火炮上才能使用的反后坐装置。这就使 P7M45 手枪成为一种非常昂贵的武器，再加上激烈的竞争，它在商业上失利也就不足为奇了。

H&K 于 20 世纪 80 年代研制出 Mk 23 手枪。这种手枪在美国特种作战司令部为特种部队举行的手枪比赛中一举成名，并于 1996 年装备部队。这种大型自动手枪发射 11.43 毫米 ACP 子弹，使用双动式扳机，扳机带有保险和反向击杆。套筒座采用内嵌钢材的聚合物套筒座。这种手枪安装有激光瞄准仪和战术闪光灯。枪管刻有螺纹线，可以安装消音器。

近年来 H&K 力推的军用手枪则是 USP 手枪，USP 是“通用型自动装填手枪”（Universal Selbstlade Psitole）的缩写。在 20 世纪的最后 10 年里，该公司已经生产出多种类型的通用型自动手枪。这种手枪主要供执法部门当作自卫武器使用。USP 手枪包括运动型手枪和 USP “战术”手枪。USP “战术”手枪发射 11.43 毫米子弹，供美国一些特种部队使用（美国特种部队已经不再使用较大的 Mk 23 手枪）。德国陆军使用的 USP 手枪被命名为 P8 手枪。德国警察使用的 USP “袖珍”手枪被称为 P10 手枪。这两种德国手枪都使用 9 毫米帕拉贝鲁姆手枪弹。

瓦尔特 PP 和 PPK 手枪

上图：PP 自动手枪属于经典类手枪，精美的做工和过硬的质量是它时至今日仍在生产的保证

性能诸元

PPK 手枪

口径：7.65 毫米

重量：0.58 千克（未装弹）

枪长：154 毫米（6 英寸）

枪管长：84 毫米（3.31 英寸）

弹匣容量：7 发

瓦尔特公司的PP（警用手枪）手枪生产于1929年，今天这种武器仍在生产。在第二次世界大战期间，德国军队及其他轴心国军队大量使用这种手枪。而PPK手枪（小型警用手枪）要比PP手枪小，主要供警察，尤其是便装警察使用。PPK手枪生产于1931年。在20世纪40年代，德国有一些剩余的PPK手枪。在007系列间谍电影中，邦德常常使用这种手枪（该系列电影在1998—2008年使用的都是P99手枪）。瓦尔特手枪是第一批成功的双动式自动手枪，第二次世界大战后停止生产，但在20世纪60年代中期又恢复生产。PP和PPK手枪自问世以来，使用范围极其广泛。最初的PP手枪口径为7.65毫米和9毫米短弹。自20世纪60年代以来，采用口径为5.59毫米的0.22 LR步枪长弹的型号在市场上销量极好。在第二次世界大战爆发之前，有一部分PP手枪的口径为6.35毫米。另外，还有一种奇怪的PPK/S手枪，使用PP手枪的套筒座和PPK手枪的枪管与套筒，这种设计的目的是规避美国的《1968年枪支控制法》。该法案对进口手枪的最小尺寸进行了限制。PP“超级”手枪有一个左右手都可使用的扳机护圈。这种手枪发射9毫米警用子弹。小型的TP和TPH手枪在20世纪70年代时停止了生产，尽管根据生产许可证美国可以在一定期限内生产这两种手枪。

下图：小巧轻便的PP手枪和比它还要小巧的同类型PPK手枪可轻松装进口袋。虽然一线部队大量使用这两种手枪，但它们更适合警察和准军事人员使用

所有型号的PP手枪都使用了简单的枪管短后坐原理和良好的保险设置。其中，有一种保险设置曾被许多国家仿制：当闭锁装置向前移动时，保险正好位于击针的位置；只有在扳机的确受到推压时，闭锁装置才会移开。PP手枪使用的另一个创新性设计是击锤上面安装了上膛指示杆。子弹装进弹膛时，上膛指示杆表明“已装弹”。第二次世界大战期间生产的瓦尔特手枪省略了上膛指示杆。

瓦尔特的现代化手枪：P5、P88和P99

由于在第二次世界大战中瓦尔特P38自动手枪的出色表现，1979年，这种手枪再次投入生产。改进后的P38手枪被称为P5手枪，改进的主要部分是它的保险装置。德国和荷兰等国的警察部队都使用P5手枪。一些非洲国家也订购了这种手枪。另外，还有一种“袖珍”型P5手枪，它的枪长只有169毫米，弹匣可装8发子弹。

1988年，瓦尔特一改其传统的使用楔形闭锁装置的设计风格，改用柯尔特手枪和勃朗宁手枪的铰链式闭锁装置。使用铰链式闭锁装置生产出来的瓦尔特手枪被称为P88手枪。许多国家的军队（其中包括英国陆军）渴望找到一种新式的军用手枪，它们对P88手枪进行了试验，但是，P88手枪并没有引起它们太大的兴趣，也没有哪个国家的军队愿意授权该公司大规模生产这种手枪。

为了努力克服P88手枪所存在的问题，在20世纪90年代中期，该公司研制出了P99手枪，它比P88手枪性价比更高，并且增加了现代军队喜爱的设计。虽然该枪没有手动保险装置，却使用了三大保险装置：扳机保险装置、弹匣拔出装置和击针保险装置。在套筒的上部有一个反向击发按钮。军用型手枪的套筒是用复合材料制成的，颜色是橄榄绿色，而不是传统的黑色。

史密斯和威森公司根据生产许可证在美国生产的P99手枪被称为史密斯和威森99手枪：枪架和击发装置由德国制造，滑座由美国制造商提供。为了满足美国市场的需要，最后的组装工作是在美国进行的。史密斯和威森99手枪发射史密斯和威森公司生产的10.16毫米子弹，弹匣容量有所缩小，可装12发子弹。

下图：P38手枪和它的改进型P5手枪使20世纪30年代中期和20世纪70年代末期之间的P系列手枪的设计思想完美地连接在一起。套筒左侧瓦尔特商标后方写有“P5/卡尔·瓦尔特公司—乌尔姆/Do”（P5/Carl Walther Waffenfabrik Ulm/Do）字样铭文。该型手枪的生产序列号位于套筒座右方。瓦尔特P5手枪的基本技术要求是由德国警察提出的

下图：一流的设计、高质量的制作使最新式的瓦尔特半自动手枪——P99 手枪的性能更加安全可靠。P99 手枪于 1999 年投入生产。另外的一种新式手枪——P990 手枪使用了双动式击发装置

性能诸元

P5 手枪

口径：9 毫米（帕拉贝鲁姆手枪弹）
重量：0.795 千克
枪长：180 毫米
枪管长：90 毫米
弹匣容量：8 发

P88 手枪

口径：9 毫米（帕拉贝鲁姆手枪弹）
重量：0.9 千克
枪长：187 毫米
枪管长：102 毫米
弹匣容量：15 发

P99 手枪

口径：9 毫米（帕拉贝鲁姆手枪弹）
重量：0.72 千克（未装弹）
枪长：180 毫米
枪管长：102 毫米
弹匣容量：16 发

以色列军事工业公司（IMI）“沙漠之鹰”手枪

以色列军事工业公司生产的自动手枪被称为IMI“沙漠之鹰”，最初是由美国明尼苏达州明尼阿波利斯市的MRI有限公司设计出来的。以色列对这种手枪进行改进之后，极其先进和威力巨大的“沙漠之鹰”手枪就诞生了。这种手枪对电影制造商产生了重大影响，在许多枪战片中，都能看到被人们挥动着的“沙漠之鹰”手枪。

“沙漠之鹰”手枪既可使用9毫米马格努姆弹，也可使用威力更大的10.92毫米（0.44马格努姆）弹。后者是目前威力非常大的手枪子弹之一。从一种口径转到另一种口径，只需替换几个零部件。为了保证绝对安全，在使用这些大型子弹时，“沙漠之鹰”手枪使用了旋转式枪栓，可以最大限度地发挥闭锁装置的功效。左右手都可以触摸到保险阻铁。当手枪处于保险状态时，击锤和扳机相分离，并且击针处于锁死状态。

可延伸的枪管

这种手枪的标准枪管是152毫米，但是它的标准枪管可以和203毫米、254毫米和356毫米长的枪管互换使用。枪管延长后可以射击远距离的目标，并且在套筒座顶部的支架上还可以安装望远瞄准器。改换枪管时不需要特殊工具。“沙漠之鹰”手枪还有其他独到的设计：扳机可以调整，可以安装不同型号的固定瞄准器，扳机护圈左右手都可以使用，如果需要的话，还可以安装特殊的枪把。正常情况下，这种手枪都是用优质钢材和铝合金制成的。

“沙漠之鹰”手枪既可当作强大的军用武器，也可以当作警用武器。并且，目前这种手枪已经向某些国家的平民或射击爱好者出售。然而，许多军事部门反对使用马格努姆弹。从普通的军事用途方面来看，这种子弹的威力远远超出了实际需要。因为要想最大限度发挥这种手枪的威力，射手必须接受大量训练。从先进的军事用途方面来看，这真是一大讽刺——这种手枪仅仅当作防身武器配发给那些在正常情况下根本就不希望射击的人员。可是使用这种手枪，要想成为一个准确的射手，仅仅学一点基本的射击技巧是远远不够的，射手必须接受正规的训练。而且，即使是在训练有素的军队中，使用这种手枪出现事故也不是什么稀罕事。如此一来，像“沙漠之鹰”这样的手枪似乎命中注定只能供特种警察部队和那些只想拥有最好的、最大威力手枪的狂热爱好者使用了。

下图：以色列军事工业公司凭借“沙漠之鹰”手枪打入世界手枪市场。这种自动手枪采用有史以来最受欢迎的9毫米马格努姆弹。“沙漠之鹰”手枪的套筒后部安装有非常灵巧的保险阻铁。它既可以锁定击针，也可以断开扳机和击锤装置的接触，不过各国军方对这款手枪兴致缺缺

性能诸元

“沙漠之鹰”手枪

口径：9毫米或10.92毫米（马格努姆弹）

重量：1.701千克（未装弹）

枪长：260毫米

枪管长：152.4毫米

枪口初速：436米/秒（9毫米马格努姆弹），448米/秒（10.92毫米马格努姆弹）

弹匣容量：可装9发9毫米马格努姆弹或7发10.92毫米马格努姆弹

上图：0.357 马格努姆手枪弹曾广受美国警察喜爱，其性能显著优于口径为 9 毫米的帕拉贝鲁姆手枪弹和 0.38 特殊手枪弹。尽管后坐力巨大，但“沙漠之鹰”仍基本可控，该枪采用导气式开锁原理

伯莱塔 M1951 型和 92 系列 9 毫米手枪

M1951 型手枪仍然保留了伯莱塔的开盖式套筒。该公司开始时希望用铝制套筒，但最终放弃了，改用全钢材料。

由于伯莱塔公司一直想寻找一种令人满意的轻型套筒，所以 M1951 型手枪的首批样品直到 1957 年才问世。最近几年，该公司使用铝制套筒的梦想已成为现实。

标准手枪

M1951 型 9 毫米手枪成了以色列、埃及和意大利的标准军用手枪。为了制造这种手枪，该公司在埃及建立了生产线。埃及生产的这种武器被称为“赫勒万”手枪。M1951 型手枪虽然使用了闭膛待击，但仍然使用了伯莱塔手枪的基本设计。复进杆与复进簧位于枪管下部。枪管裸露处较大。握把倾斜度恰到好处。弹匣位于握把内，可装 8 发子弹。这种手枪使用的是外置式击锤。使用击锤时，保险阻铁和击发阻铁相接触。大多数手枪的前后瞄准器都可以根据需要进行调整。

新型手枪

1976 年，伯莱塔公司有两种新的自动手枪系列投入生产。使用后坐力操作系统的伯莱塔 81 型手枪可发射口径为 7.65 毫米及更大口径的子弹。伯莱塔 92 型手枪可发射普通的 9 毫米帕拉贝鲁姆手枪弹。92 型手枪系列之一的 92F 型手枪（或称 M9 型手枪）取代了美国的 M1911A1 军用手枪，成为美国陆军的标准自动手枪。

套筒保险

92S 型手枪源于 92 型手枪。经过改进，92S 型手枪的保险位于套筒上面，而 92 型手枪的保险位于套筒下面。这样，当击针和击锤不在同一直线时，击锤的位置就降至弹膛的上面。此时弹膛装弹后处于绝对保险状态。

92SB 型手枪和 92S 式手枪基本相同，但安装在套筒上的保险可以从左右两侧使用。92SB-C 型手枪是 92SB 型手枪的缩小版，更易于操作。

下图：事实证明，1976 年生产的 92 型手枪的确是 1951 型手枪的设计理念继承者。它的保险阻铁安装在枪架上（后来的型号中，保险安装在套筒上）。92 型手枪主要供意大利陆军使用

美国陆军使用的伯莱塔手枪

美国陆军使用的 92F 型手枪是 92SB 型手枪的改进型。美国和意大利都生产了这种手枪。它和 92SB 型手枪的主要区别是：为了适应双手握枪的需要，它的扳机护圈的形状有所改动。弹匣的底座加长了，握把和枪纲环也都有所改动。枪膛内镀有铬合金，枪管外层涂有聚四氟乙烯类型的涂料。

继 92F 型手枪之后，该公司又推出了 92F 袖珍型手枪。它和 92SB-C 型手枪及美国陆军使用的 92F 型手枪从外形上看没什么区别。

另外，伯莱塔公司使用相同的生产线还生产出一种 92SB-C 型 M 式手枪。这种手枪的弹匣可装 8 发子弹，而 92 型手枪的弹匣可装 15 发子弹。另外，92 系列手枪中还有两种主要型号，只是口径要小一点：98 型手枪和 99 型手枪（已停止生产），这两种手枪的口径都是 7.65 毫米，分别是 92SB-C 型手枪和 92SB-C 型 M 式手枪的改进型。

上图：伯莱塔 M1951 型手枪是意大利武装部队的制式手枪。曾经出口到包括以色列和埃及在内的许多国家。目前这种手枪的数量正在减少。图中是一把埃及生产的“赫勒万”手枪

性能诸元

M1951 型手枪

口径：9 毫米

重量：0.87 千克（装弹前）

枪长：203.2 毫米

枪管长：114.2 毫米

枪口初速：350 米 / 秒

弹匣容量：8 发

性能诸元

92F 型手枪

口径：9 毫米

重量：1.145 千克（装弹后）

枪长：217 毫米

枪管长：125 毫米

枪口初速：大约 390 米 / 秒

弹匣容量：15 发

伯莱塔 93R 型 9 毫米冲锋手枪

具备三发点射能力的伯莱塔 93R 型手枪是介于冲锋手枪和可选择射击模式手枪之间的武器。这种手枪源自伯莱塔 92 型手枪，它可以作为正常的自动手枪使用。但是，在选择三发子弹点射时，射手必须采取双手持枪姿势握紧手枪。

前握把

为了维持射击稳定，伯莱塔公司为伯莱塔 93R 设计了一个短小精悍的前握把。在射击时射手右手正常持枪，而左手则可以握持安装于扳机护圈前方的小型折叠式握把，这样便能双手举枪。枪管前端设置有防跳器，同时也兼做消焰器。

折叠式枪托

射击时为了保持更大的稳定性，射手可以在枪把上安装金属折叠式枪托。不用时，枪托可以装在一个特殊的枪套内，需要时则安装在手枪上。全枪长度由此延长了 2 倍，更便于射手射击。

性能诸元

93R 型 9 毫米冲锋手枪

口径：9 毫米
重量：1.12 千克（15 发子弹弹匣装弹后），1.17 千克（20发子弹弹匣装弹后）
枪长：240 毫米
枪管长：156 毫米
枪口初速：375 米 / 秒
弹匣容量：15 发或 20 发

下图：93R 型手枪具备三发点射模式。尽管携带和操作方法都和常规手枪一样，但更准确地说，93R 型应当是一款“冲锋手枪”

93R 型手枪使用的盒形弹匣有两种。一种可装 15 发子弹，另 种可装 20 发子弹。这种手枪使用普通的 9 毫米帕拉贝鲁姆手枪弹。

93R 型手枪的设计极其周密。毫无疑问，从其前瞻性的设计中可看出这一点，它在扳机护圈布置有一个前置式握把。这样设计的理由是，原来双手射击时需要用双手紧握较大些的枪把，而这种前置式枪把，虽然同样是双手握枪，但一前一后握枪比双手握枪更加稳定。

在三发子弹点射时，使用前握把可以提高射击的精度。因为双手之间有一段距离，这样握力的基点变长；双手之间的距离较近，射击时可以防止任何一只手产生抖动。在连发点射时无需使用延伸式金属枪托。当然，如果真想更精确地射击（即使是单发射击），建议最好使用延伸式金属枪托。

93R 型手枪已从研发阶段向前迈出了一大步，在公开的武器市场上随处都能见到它的身影。然而，这种手枪存在一个问题：三发点射功能使得枪械设计变得相当复杂。从目前情况看，只有训练有素的专业技师才能维护和修理这种手枪。

一旦解决了这个难题，93R 型手枪就能成为令人生畏的近战自卫武器。

上图：意大利武装部队和其他国家的特种部队使用 93R 型手枪。该枪的套筒座与 92 型手枪类似，该枪的快慢机布置在握把右侧。为了对付远距离的目标，或加强设计近距离目标时的控制能力，前置握把能够迅速展开

马卡洛夫 9 毫米手枪

马卡洛夫手枪于 20 世纪 50 年代初开始研制，1952 年投产，但西方情报机构直到 20 世纪 60 年代初才首次发现这款手枪。从某种程度上讲，这种手枪是德国 1929 年生产的半自动手枪——瓦尔特 PP 型手枪设计的放大版。时间已经验证了 PP 型手枪是有史以来非常优秀的手枪之一。值得注意的是，马卡洛夫手枪的设计借鉴了 PP 手枪的设计原理。马卡洛夫手枪使用的是 9 毫米 ×18 毫米子弹，虽然这种子弹和西方 9 毫米的警用子弹口径相同，但事实上，这种子弹和任何一种子弹都不相同。马卡洛夫手枪弹于 1951 年研制成功，最初是为搭配斯捷奇金（Stechkin）冲锋手枪而研制的，后者是一种弹匣容量为 20 发的全自动手枪，这种手枪弹的威力介于 9 毫米帕拉贝鲁姆手枪弹和 9 毫米短弹

上图：马卡洛夫手枪是一种简单的、基于反吹式自动原理的半自动手枪。显然，它是在瓦尔特 PP 手枪和 PPK 手枪的基础上设计出来的，它和第二次世界大战前的德国手枪有着密切的联系

性能诸元

马卡洛夫 9 毫米手枪

口径：9 毫米（马卡洛夫手枪弹）

重量：0.663 千克（装弹前）

枪长：160 毫米

枪管长：91 毫米

枪口初速：315 米 / 秒

弹匣容量：8 发

之间。马卡洛夫手枪弹似乎是基于德国在第二次世界大战期间研制的“Ultra”手枪弹研制的，虽然“Ultra”在战时并未被德军采纳，但在一段时间里面仍吸引了西方国家的注意。“Ultra”手枪弹未能被西方国家采用，但苏联认为该弹的设计对于开膛待击的枪械而言相当理想。

简单的自动原理

马卡洛夫手枪弹使得PM手枪能够采用直接反吹式自动原理，而无需如其他采用反吹式自动原理的手枪一样配用威力更大的枪弹。PP手枪和马卡洛夫手枪的另一大区别是，后者的扳机装置比瓦尔特手枪的扳机装置更加简单，不过这也使得该枪在双动模式下的扳机手感非常差。

苏联人称马卡洛夫手枪为PM手枪。不仅所有的苏联武装部队和所有华约组织成员的军队，而且大多数华约组织成员的警察都装备了这种手枪。

马卡洛夫手枪设计合理简单，适合在恶劣的条件下操作，但制作较为粗糙。多种资料表明这种手枪不易操作，因为它的枪把相当厚，所以使用时比较困难，但这对于东欧集团各国的士兵来说也没什么不方便，因为他们每年大多数时间都要戴上厚厚的手套。

除苏联以外，别的国家也制造过这种手枪。民主德国是另一个马卡洛夫手枪的制造国，其产品和苏联的一模一样，但名字被称为M手枪。另外，波兰也生产了和马卡洛夫类似的手枪，波兰人把这种手枪称为P-64手枪。上述国家还生产了本国专用的马卡洛夫手枪弹。

未被接受的改进型

马卡洛夫手枪的主要问题是它的弹匣容量小，并且子弹威力也不够大。苏联军方意识到这个问题，并且在20世纪80年代初，试图在PMM（PM手枪的改进型）手枪中克服这些缺陷，PMM手枪使用可装12发子弹的双排式弹匣和装药量较大的手枪弹（初速可增加100米/秒），但结果都彻底失败了。

左图：一名手持马卡洛夫9毫米手枪弹的苏联海军步兵军官，苏联海军步兵规模比陆军部队小得多，但被视作苏联战斗力最强的部队

PSM 型 5.45 毫米手枪

20 世纪 70 年代，苏联当局需要一种新式的、体积小、重量轻的半自动手枪，作为个人防身武器，供高级军官和安全人员使用。这种手枪要尽可能做到小巧精致，外部没有多余的装饰，从而避免和衣服内部的物体发生钩挂或碰撞。其设计目的显然是使这种手枪既能藏在衣服内，又能快速从口袋中拔出使用。

这种新式手枪使用的子弹是新研制的 5.45 毫米 ×18 毫米子弹，它的弹壳为瓶颈状，弹头呈尖形，其性能要超过 5.59 毫米（0.22 英寸）LR 弹和勃朗宁 6.35 毫米（0.25 英寸）ACP 手枪弹。

尽管这种子弹的初速不是太快，但有消息说这种子弹有强大的穿透能力，可穿透一定级别的防弹衣。

短小轻便

为发射这种有用的子弹而设计出来的武器就是 PSM 手枪（全称为“小型自动装填手枪”）。1980 年，这种手枪投入生产，不久就装备部队。PSM 手枪是一种中规中矩的运用反吹式自动原理、双动扳机击发式手枪。手动操作的保险（为了使手枪处于安全状态要向后推动保险阻铁）装在滑座后部的左侧，没有滑座阻针。这种枪的主要制造原料是钢，但为了减轻重量和宽度，枪把的侧板用细薄的铝合金制成，仅有 18 毫米厚，所以这种手枪极易藏在衣服口袋里。

为了便于从口袋中拔出手枪，扳机护圈非常平滑，套筒座的外形也非常光滑。和标准的现代半自动手枪一样，枪管有 6 条右旋膛线，弹匣位于握把内。

小型弹匣

这种手枪的弹匣只能装 8 发子弹。作为自卫武器，8 发子弹已经足够了。按压位于握把底部的弹匣卡榫即可更换弹匣。卸下弹匣后，手枪将处于保险状态，向后拉动套筒即可检查膛内是否有弹，并将膛内子弹弹出（套筒右侧有一个抛壳窗）。在后拉套筒到位后，释放套筒便可使其复位，扣扳机即可击发。

PSM 手枪仍然在少量生产，供军队和准军事部队使用，并且还流入欧洲和其他地区的武器黑市上。

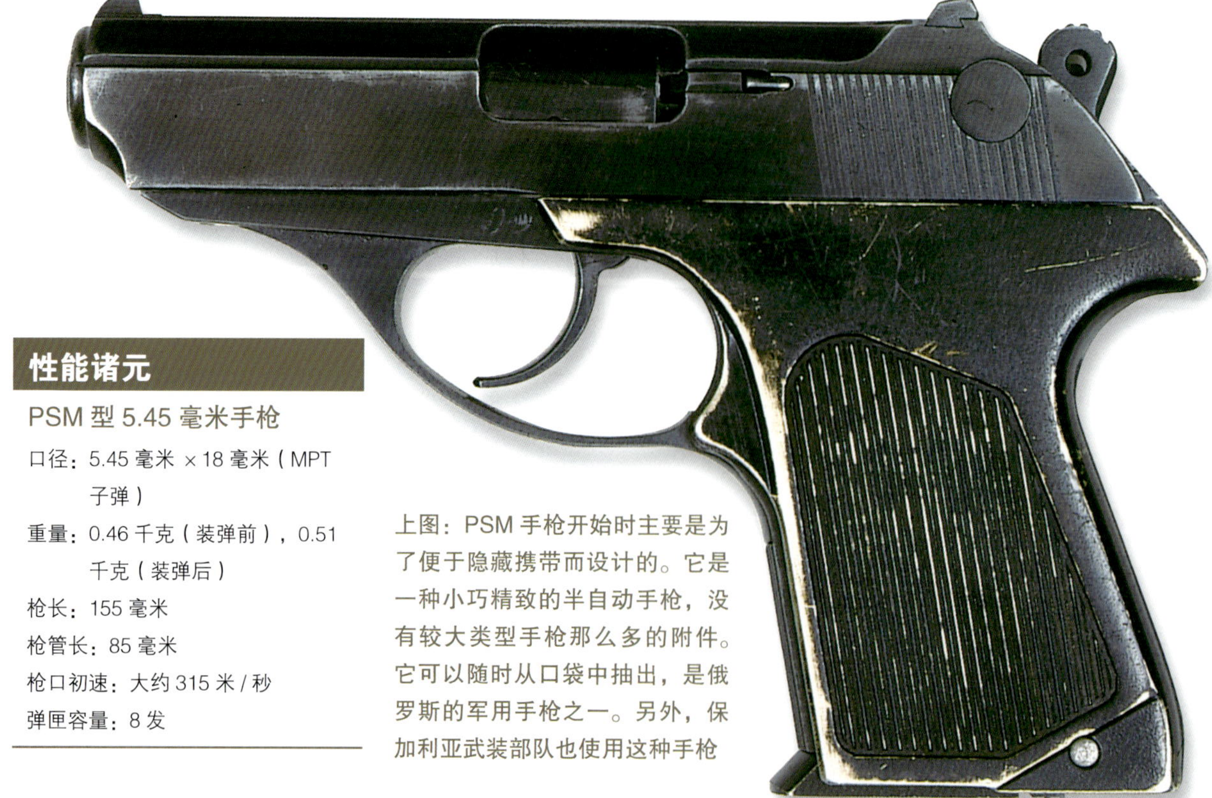

上图：PSM 手枪开始时主要是为了便于隐藏携带而设计的。它是一种小巧精致的半自动手枪，没有较大类型手枪那么多的附件。它可以随时从口袋中抽出，是俄罗斯的军用手枪之一。另外，保加利亚武装部队也使用这种手枪

性能诸元

PSM 型 5.45 毫米手枪

口径：5.45 毫米 ×18 毫米（MPT 子弹）

重量：0.46 千克（装弹前），0.51 千克（装弹后）

枪长：155 毫米

枪管长：85 毫米

枪口初速：大约 315 米 / 秒

弹匣容量：8 发

右图：P220 手枪已经生产了 150000 支，其中有35000支75式手枪供瑞士军队使用。这种手枪的设计显然对伊朗的 ZOAF 手枪产生了重大影响。图为 1978 年瑞士工业集团在其 125 周年庆典中展出的 P226 手枪

瑞士 P220 系列手枪

许多年以来，位于纽毫森－莱茵的瑞士工业集团（SIG）工厂一直在生产一流的武器。该公司一直受到瑞士法律的严格限制，不得向国外出口有军事用途的武器。但是，由于该公司和德国绍尔父子公司结成了联盟，最后得以将其产品移到联邦德国，然后再进入世界武器市场。这就是西格－绍尔（SIG-Sauer）公司成立的根本原因。

两家公司结盟后成立的新公司研制出的第一批军用手枪就是西格－绍尔 P220 手枪。该枪采用了延迟后坐闭锁原理，兼备单动 / 双动击发性能。虽然谈起 P220 时难免有过誉之嫌，但在许多方面，它确实是一种了不起的手枪。该枪的生产和表面处理工艺极为严格，同时通过大量使用金属冲压和铝合金来降低成本和重量。这种手枪操作时给人的感觉极好，一枪在手，舒适之感顿生。这种手枪非常精确，整个设计非常严谨，异物和尘土很难进入枪内，无需担心引起阻塞。除此之外，这种枪极易拆卸和维护，而且拥有常规手枪常用的保险装置。

4种口径可供选择

从整体上看，P220 手枪最突出的特点是有 4 种口径，可以任意选择。这 4 种口径是：普通 9 毫米帕拉贝鲁姆、7.65 毫米帕拉贝鲁姆、11.43毫米 ACP 和 9 毫米“超级”（但不能与 9 毫米帕拉贝鲁姆手枪弹混用）。另外，P220 手枪还可以转换为另一种口径，在使用辅助工具的情况下，可以发射 5.59 毫米 0.22LR 弹进行射击训练。发射 9 毫米帕拉贝鲁姆手枪弹时，它的弹匣可装 9 发子弹；而发射 11.43 毫米 ACP 子弹时，弹匣只能装 7 发子弹。

P220 手枪的这些优点为西格－绍尔公司赢得了大笔订单。瑞士军队就装备了这种手枪，瑞士人把这种手枪称为 75 型 9 毫米手枪（9-mm Pistole 75）。有时候，公司在供货时，也把 P220 手枪称为 75 型手枪。

P220 手枪的改进型被称为 P225 手枪。和 P220 手枪相比，它稍微小了一点，并且只能发射 9 毫米帕拉贝鲁姆手枪弹。使用 P225 手枪的联邦德国和瑞士警察把这种手枪称为 P6 手枪。继 P225 手枪之后研制出来的 9 毫米帕拉贝鲁姆 P226 手枪的弹匣可装 15 发子弹。该公司研制 P226 手枪是为了和其他手枪竞争，使之成为美国 M1911A1 手枪的替代者，但是由于它的价格过于昂贵，未能成功。P228 手枪于 1989 年投产。其实，P228 就是小型的 P226 手枪，它的弹匣较小，被美国空军选中使用，美国空军称之为 M11 手枪。P229 手枪则是专门发射 10.16 毫米史密斯和威森子弹的 P228 手枪。

性能诸元

P220 9 毫米手枪

口径：9 毫米
重量：0.83 千克（空枪）
枪长：198 毫米
枪管长：112 毫米
枪口初速：345 米 / 秒
弹匣容量：9 发

上图：瑞士 P220 手枪是瑞士工业集团和德国绍尔父子公司合作研制而成的优秀武器。这种手枪避开瑞士政府的限制之后才成功出现在世界武器市场上

美国自动手枪

虽然美国有多家生产供军队、安全和执法部门使用的半自动手枪的武器制造商，但是，在手枪市场上最为有名的还要数鲁格公司以及史密斯和威森公司。

1987 年，鲁格公司最先进的发射 9 毫米帕拉贝鲁姆手枪弹的鲁格 P85 手枪投入生产。从那以后，鲁格公司又制造出多种鲁格系列手枪。这些鲁格手枪都采用了枪管短后坐原理，闭膛待击，除了 9 毫米的 P95 手枪和 11.43 毫米口径的 P97 手枪外，其他型号均采用铝合金套筒座。

鲁格系列手枪的彼此差异主要在于它们的扳机、枪管长度和弹匣容量。1991 年，P85 手枪停止生产。它的扳机为双动，枪管长 114 毫米，弹匣可装 15 发子弹。P89 手枪是 1991 年投入生产的。它和 P85 的区别在于具备不同双动模式，可在解除击锤双动与扳机双动间切换。P90 手枪的口径为 11.43 毫米，带有连动式装置和连动式反向击铁扳机，弹匣可装 7 发子弹。P91 手枪在 1992—1994 年期间投入生产，口径为 10.16 毫米，枪管长 110 毫米，可选择双动式扳机或带击锤解除杆的双动式扳机，弹匣可装 11 发子弹。9 毫米口径的 P93 手枪于 1994 年投入生产，枪管长 99 毫米，带有连动式反向击铁和连动式装置，弹匣可装 10 发子弹。9 毫米口径的 P94 手枪和同年生产的 10.16 毫米口径的 P944 手枪枪管长 108 毫米，扳机装置有 3 种击发方式可供选择，弹匣可装 10 发子弹。1996 年生产的 P95 9 毫米手枪，枪管长 99 毫米，有 3 种击发方式可供选择，弹匣可装 10 发子弹。最后是 1998 年生产的 P97 11.43 毫米手枪，枪管长 99 毫米，有 3 种击发方式可供选择，弹匣可装 8 发子弹。

史密斯和威森手枪

史密斯和威森公司也生产了大量半自动手枪。最初的半自动手枪是 1949 年生产的史密斯和威森 39 型手枪。这种手枪使用后枪管短后坐原理，用高碳钢，不锈钢和铝合金材料制造。39 型手枪弹匣可装 8 发子弹，它和在它之后的 59 型手枪（弹匣可装 14 发子弹）同属于史密斯和威森公司的第

AMT 手枪是现代半自动手枪的代表。它可发射 9 毫米或 10.16 毫米史密斯和威森子弹。它的枪架是用铝加工而成的，其他部件用铸钢制成。弹匣可装 15 发子弹。而 10.16 毫米史密斯和威森手枪的弹匣只能装 11 发子弹，但这种子弹的威力较大

一代半自动手枪，并且在1980年都停止了生产。史密斯和威森公司的第二代手枪于1980年投入生产。第二代手枪在第一代39型手枪和59型手枪的基础上设计而成，共有3种类型，每种类型的枪身制造原料、双排式弹匣以及带有保险和击锤释放杆的传统型双式扳机都有所不同。了解第二代手枪的关键在于要明白手枪型号序列中数字的含义，第一个数字4/5/6分别代表这种手枪的枪架是用铝合金、碳钢或不锈钢制成的；第二个数字和第三个数字代表弹匣容量和枪架的尺寸［59指该枪为9毫米，弹匣为双排式；39指该枪为9毫米，弹匣为单排式；69指该枪为9毫米（袖珍型），弹匣为双排式］。第三代手枪是从1990年投入生产的。第三代手枪的型号序列数由4位数字组成。第三代手枪有小巧灵活的保险，具备击锤释放击发和双动击发两种模式。口径分别为10.16毫米、11.43毫米和10毫米。要了解第三代手枪的关键在于明白它的前两个数字分别代表口径和弹匣的类型［如39代表该手枪的口径是9毫米，弹匣是单排式；59代表该手枪的口径是9毫米，弹匣是双排式；69代表该手枪的口径是9毫米（袖珍型），弹匣为双排式］。第3个数字代表扳机类型和枪身尺寸（例如5意为双动式扳机和袖珍型机身）。第4个数字代表枪架的制作材料（3和6分别代表枪架是用铝和不锈钢制成的）。第三代手枪的所有套筒都是用不锈钢制成的。

上图：柯尔特公司著名的M1911手枪经过柯尔特和其他许多武器制造公司的不断改进而成为先进的手枪型号，可发射目前执法人员最喜爱的10毫米大威力手枪弹

性能诸元

鲁格P97手枪

口径：11.43毫米
重量：0.86千克
枪长：185毫米
枪管长：99毫米
枪口初速：不详
弹匣容量：8发

下图：手枪长期以来一直用于军事，主要作为个人防身武器使用。然而，作为警察和准军事人员使用的武器，手枪的重要性更为突出，只有经过不断训练才能发挥手枪的最大效能

史密斯和威森、柯尔特和鲁格公司的转轮手枪

虽然史密斯和威森公司现在已停止生产转轮手枪，尤其是军用转轮手枪，但是，许多国家的武装部队仍然使用史密斯和威森公司过去生产的转轮手枪，使用者一般为军人和安全人员。

目前可以发射马格努姆手枪弹的转轮手枪应当是最受欢迎的武器了。这种子弹具备强大的停止能力。这些手枪主要有：1955 年生产的 No.29 手枪，可发射 10.92 毫米（0.44 英寸）手枪弹。由于它的后坐力较大，大多数射手感到操作困难。1964 年生产的 No.57 手枪，可发射威力稍小一点的 10.41 毫米（0 .41 英寸）马格努姆手枪弹。No.57 手枪和 No.29 手枪的规格完全相同，具有相当强大的阻拦火力，但是也不太容易操作。

史密斯和威森公司还生产了几种口径为 9 毫米的转轮手枪。其中典型的是扁平的 No.38 转轮手枪。这种手枪有一个凸缘式击锤和一个可装 5 发子弹的旋转弹膛。它和 No.49 手枪的区别在于该枪采用钢制枪身，而后者的枪身则采用铝合金。

柯尔特转轮手枪

现代的柯尔特军用转轮手枪采用双动扳机。大家最为熟悉的柯尔特军用转轮手枪非“蟒蛇”手枪莫属。“蟒蛇”生产于 1955 年，采用包裹有衬套的枪管，弹巢内装填 0.357 马格努姆手枪弹。“蟒蛇”威力极大，沉重而又威力巨大的子弹在发射时对手枪的影响较大。为了吸收子弹的冲击力，这种手枪制造得非常重（1.16 千克）。其枪管长度有两种：一种为 102 毫米，另一种为 152 毫米。

“骑兵”手枪生产于 1953 年。它的枪管长度和口径可分为许多种。取代“骑兵”手枪的是“执法者”Mk 3 手枪。后者只能发射 0.357 马格努姆手枪弹，枪管只有 51 毫米。

鲁格转轮手枪

在开始设计转轮手枪的时候，斯图姆－鲁格公司决定对转轮手枪的每个设计环节进行彻底检查，制造出先进的转轮手枪，这种手枪风行了近一个世纪。它采用新式钢材和其他材料制成。在生产中，这种左轮手枪已经实现了模块化，可以通过任意组合不同类型模块制造成各类不同的手枪。

鲁格转轮手枪的枪管长度和制作原料（包括不锈钢）各不相同。它的口径有大有小，从 0.38 专用型到各种马格努姆手枪弹，应有尽有。军用转轮手枪有“军用-6”型，它可发射 0.38 专用型或 0.357 马格努姆手枪弹。枪管长度有 70 毫米或 102 毫米。“军用 -6”型手枪和“警用 -6”型手枪基本接近。“警用 -6”型手枪主要供警察使用。它的枪管较长一些。这两种手枪都有单动式和双动式扳机。有些鲁格转轮手枪使用的子弹是无缘式 9 毫米帕拉贝鲁姆手枪弹，可以装在特殊的半月形弹夹内，每个弹夹可装 3 发子弹。

鲁格“黑鹰”转轮手枪生产于 1955 年。这种手枪一出世就产生了轰动效应。它可以发射 0.44 马格努姆手枪弹（口径为 10.92 毫米）。对于大多数使用者来说，这种子弹威力太大。为了解决这个问题，鲁格公司增加了“黑鹰”的产品线覆盖范围，改用其他威力更小的子弹。目前，许多手枪爱好者仍然对这种手枪钟爱有加。

右图：转轮手枪的一大优势就是在恶劣环境下，仍然能保持良好的操作性能。类似于柯尔特“蟒蛇”转轮手枪的大威力转轮手枪对一名中美洲的游击队员来说，其价值是难以估量的。在美国，许多人非常钟爱“蟒蛇”转轮手枪、子弹及其零部件，而且总有机会买到这些东西

性能诸元

"执法者" Mk 3 手枪

口径：9 毫米

重量：1.022 千克

枪长：235 毫米

枪口初速：大约 436 米 / 秒

弹巢容量：6 发

上图：柯尔特转轮手枪口径有许多种。大威力的"执法者" Mk 3 手枪使用的是实际口径 9 毫米（0.357 英寸）马格努姆手枪弹。柯尔特"眼镜蛇"转轮手枪（图中没有展示）和"蟒蛇"转轮手枪极为相似，但它发射的是 0.38 特殊型手枪弹，而非 0.357 马格努姆手枪弹

左图：鲁格 Speed-Six 手枪被美国陆军称为 GS-32N 手枪。这种手枪有两种型号：一种可发射 0.357 马格努姆和 0.38 特殊型手枪弹；另一种可发射 9 毫米帕拉贝鲁姆手枪弹。由于该枪采用无底缘 9 毫米手枪弹，为保证顺利退壳，该枪采用半月形桥架

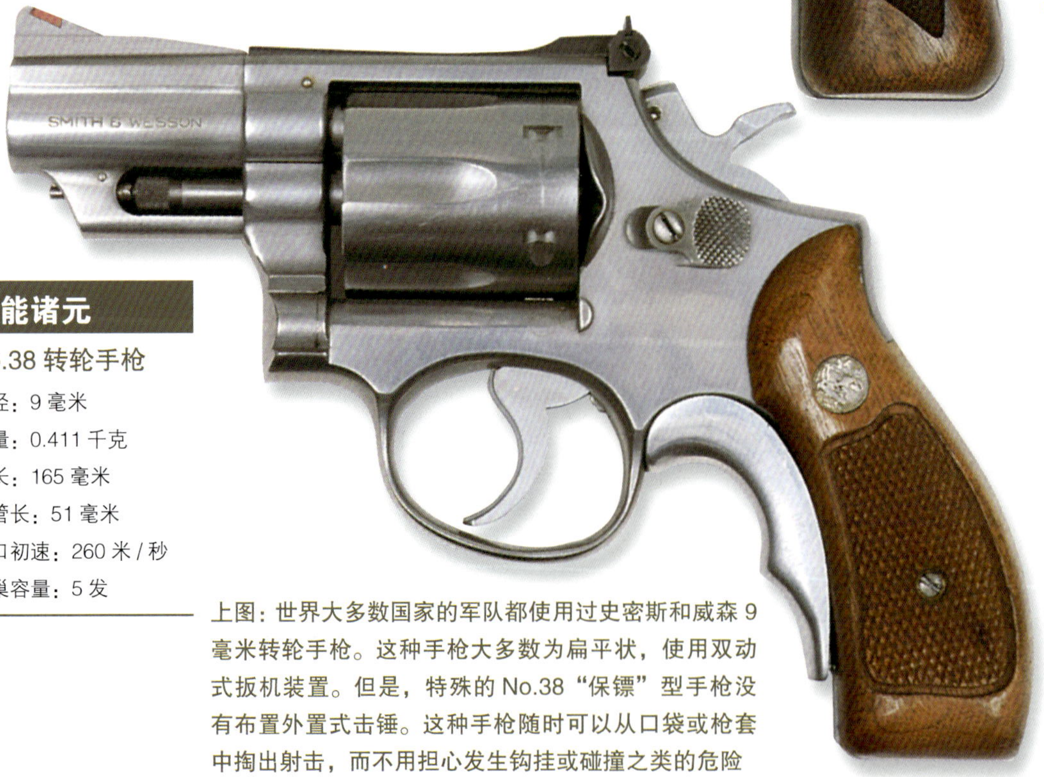

性能诸元

9 毫米"军用 -6"型手枪

口径：9 毫米

重量：0.935 千克

枪长：235 毫米

枪管长：102 毫米

枪口初速：260 米 / 秒

弹巢容量：6 发

性能诸元

No.38 转轮手枪

口径：9 毫米

重量：0.411 千克

枪长：165 毫米

枪管长：51 毫米

枪口初速：260 米 / 秒

弹巢容量：5 发

上图：世界大多数国家的军队都使用过史密斯和威森 9 毫米转轮手枪。这种手枪大多数为扁平状，使用双动式扳机装置。但是，特殊的 No.38 "保镖"型手枪没有布置外置式击锤。这种手枪随时可以从口袋或枪套中掏出射击，而不用担心发生钩挂或碰撞之类的危险

斯捷奇金冲锋手枪

斯捷奇金冲锋手枪是从20世纪50年代开始进入苏联军队服役的全自动手枪。它是为数不多的几个成功的冲锋手枪设计方案：作为手枪不是太大，同时作为全自动武器也非常有效。

斯捷奇金冲锋手枪是新旧手枪的怪异组合：武器的某些特征是过时的，但最终的成品又是一款非常成功的特种部队武器。斯捷奇金冲锋手枪配发的木制枪盒可以兼做枪托，因此可以像冲锋枪一样抵肩射击，照门分划达到200米（656英尺）。斯捷奇金冲锋手枪与伯莱塔93R手枪很相似，但意大利手枪的金属框架看起来比斯捷奇金冲锋手枪尾部的大型木质枪托更现代化一些。

与常见的苏联步兵武器不同的是，斯捷奇金冲锋手枪没有出口到华沙组织的其他国家，它也没有提供给第三世界的附属国——虽然一些样品放在礼盒中赠送给了某些特别喜爱此类礼品的领导人。

斯捷奇金冲锋手枪在苏联境外时也仅由苏联士兵使用。9毫米（0.354英寸）马卡洛夫弹较小的后坐力能很好地被吸收，该枪在全自动模式下可以对25米外的人体大小目标进行点射。斯捷奇金冲锋手枪被分配给了特种部队，其中包括KGB（克格勃）和MVD（内务部）的特种部队：1989年在芬兰俘获一名北大西洋公约组织机构中从事间谍活动的比利时人，在他的汽车驾驶室中藏了一把斯捷奇金冲锋手枪。

斯捷奇金手枪使用直接反吹式自动原理和开膛待击。该枪的9毫米手枪弹膛压较小，因此无需闭膛待击。在斯捷奇金手枪开火时，该枪的套筒在自身重量和复进簧弹力作用下仍处于原位，随着火药燃气压力逐步克服阻力，套筒会被向后推动，从而将击锤顶至待发位置，同时弹出空弹壳。在套筒后坐到位后，复进簧的弹力将驱动套筒向前运动，将下一枚子弹顶入弹膛并闭锁。在快慢机调至全自动模式时，在子弹上膛的同时击锤就会运动。而在半自动模式下，手枪需要再度扣动扳机才能击发。

上图：虽然斯捷奇金冲锋手枪作为一款手持式武器相对较大，特别是与马克洛夫军用手枪（右下方）或者PSM警用手枪（顶部）相比，但也没有大到影响使用，经过训练的使用者都可以轻松驾驭该枪

左图：斯捷奇金冲锋手枪通常被认为是一款失败的产品。但如果它完全没有成功之处的话，也不会分配至前线部队和特种部队，而后者是苏联军事力量中这种手枪的主要使用者

斯捷奇金：苏联特种部队的手枪

9 毫米斯捷奇金冲锋手枪是造工精良的全自动射击手枪的典型代表。虽然相对较大，但还不至于影响其作为常规手枪的操作和使用，它还拥有令人印象深刻的精度。在安装木制枪托后，该枪在全自动状态下可以视作一款有效的冲锋手枪或轻型冲锋枪。

斯捷奇金冲锋手枪还有一种消声版本。1979 年，攻进阿富汗总统府的克格勃在进攻初期使用了大量消声冲锋手枪。冲锋手枪的消声器不会影响瞄准。与木制手枪套 / 枪托的版本不同，消声版冲锋手枪采用折叠钢丝枪托，这使之成为特种部队突击小组手中一种紧凑的突击武器。

枪管

冲锋手枪的枪管长 127 毫米（5 英寸），此长度与 M1911 手枪相同。实际上，冲锋手枪的整体尺寸与 M1911 手枪相似。它采用 4 槽右旋膛线。与瓦尔特 PP 手枪一样（冲锋手枪似乎是受到它的影响），冲锋手枪的复进簧也缠绕在枪管周围

精度

冲锋手枪套筒后部有一个可调节鼓形表尺，可以设置 25 米、50 米、100 米或 200 米（82 英尺、164 英尺、328 英尺或 656 英尺）的瞄准分划，虽然可以安装枪托，但 200 米分划仍然过于乐观了。普通射手无需接受太多训练便可使用斯捷奇金手枪在 100 米内进行精确射击。保险 / 快慢机可以在单发和连发模式下切换。手枪的击锤弹簧连接着一个配重块，通过延迟击锤释放降低手枪射速。击锤簧配重块也可以作为缓冲器，减慢套筒的移动速度，然而，虽然冲锋手枪是较易控制的全自动武器之一，它也存在一个严重缺陷。弹匣释放钮位于握把底部，这使得手枪几乎无法快速换弹匣，而这却是手枪关键的性能之一。

重装

冲锋手枪的循环射速为 750 发 / 分，它能在不到 2 秒钟的时间里清空弹匣里的 20 颗子弹。由于弹匣安全性的优先级高于快速重装，特种部队的使用者发现冲锋手枪的换弹匣动作极为笨拙。

苏军装备的大部分斯捷奇金手枪被卡拉什尼科夫短步枪（AKSU）取代。对于空降兵，坦克车组以及其他专业技术人员而言，AKSU 火力更强，射程更远，精度更高，且尺寸并没超过常规冲锋枪。不过斯捷奇金——尤其是消声版本——仍然是特种部队的一款有效武器，而且还会在一段时间内继续使用。

上图：冲锋手枪的弹匣可容纳 20 颗子弹。弹匣释放钮位于握把底部，虽然这种方式提高了安全性，但不利于快速更换弹匣

右图：冲锋手枪的造工精良，虽然或多或少有点大，但可以按照正常枪支使用。在训练有素的使用者手中，冲锋手枪可在 100 米（328 英尺）范围内命中目标

弹药

苏联人延续了世界上其他国家的政策，即使用不同的弹药。冲锋手枪装备 9 毫米 ×18 毫米子弹，该子弹是为当时的马卡洛夫手枪研制的，其威力介于 0.38ACP（9 毫米短弹）和 9 毫米帕拉贝鲁姆手枪弹之间，后坐力也处于可接受范围内

左图：冲锋手枪的手枪套——笨拙的木制盒子——是一款很难快速拔出的设备。这个木盒也可作为可拆卸枪托

下图：冲锋手枪发射 9 毫米 ×18 毫米马卡洛夫手枪弹，其威力略小于北约国家装备的 9 毫米帕拉贝鲁姆手枪弹，但也因此更容易控制全自动射击

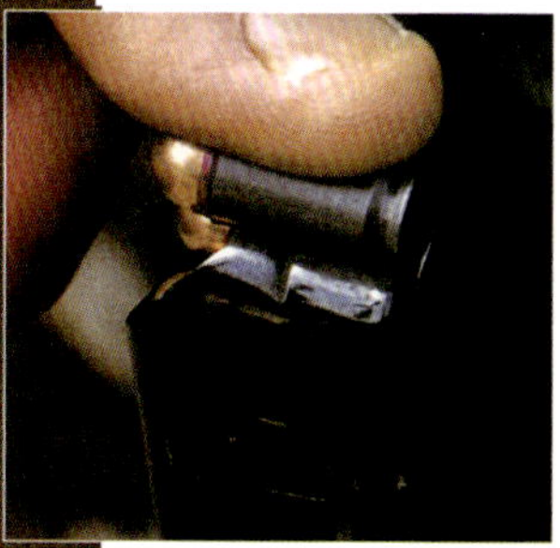

瞄准

冲锋手枪采用常规的片状前端瞄准器和一个倒立的 L 形照门。借助手枪支架，它能在 100 米（328 英尺）或更远的距离处命中人体大小的目标，但全自动射击模式下射程还能再增加 25 米（82 英尺）。

射击

斯捷奇金冲锋枪采用常规反吹式自动原理。火药燃气压力将套筒向后推动，在抛出弹壳的同时，手枪再次上膛。在半自动模式下击锤直到再次扣下扳机才会释放。在套筒左后方的快慢机切换到全自动模式时，后膛关闭后击锤就会自动释放。

F1 冲锋枪

澳大利亚陆军中尉埃维林·欧文发明了以他的名字命名的冲锋枪。在第二次世界大战期间，澳大利亚士兵使用了这种冲锋枪，并且在战后又使用了许多年。欧文冲锋枪的最大设计特点是上置弹匣，这种弹匣从设计到性能都无过人之处，只是澳大利亚人非常喜欢它而已。当时澳大利亚陆军正在寻求一种新式冲锋枪，所以对垂直弹匣的设计没有表示反对。

在 F1 冲锋枪（目前的名字）被选中之前，澳大利亚人对许多种冲锋枪进行了试验，试验的冲锋枪有“科科达”和 MCEM 等。虽然它们各有优点，但澳大利亚军方认为它们性能不佳，不适合澳大利亚的环境。在 1962 年，一种名为 X3 的设计被选中并投入生产，这就是 F1 冲锋枪。澳大利亚军方的偏好非常明显，因为 F1 冲锋枪同样采用上置弹匣。但是为了提高和其他武器互相兼容的能力，这种垂直弹匣目前已经被改成了弯曲状弹匣，与英国的斯特林冲锋枪和加拿大的 C1 冲锋枪使用的弹匣完全一样。

除了弹匣外，F1 冲锋枪的其他设计也都相当重视与其他枪械的通用性，该枪的握把与 L1A1 7.62 毫米半自动步枪相同，并且它的刺刀也和另一种斯特林冲锋枪使用的刺刀完全一样。事实上，澳大利亚人趋向于把 F1 冲锋枪当作澳大利亚的斯特林冲锋枪看待，但两者有许多不同之处：F1 冲锋枪是简单的直进式设计，枪托是固定的，和管状的枪身处于同一轴线上；并且，手枪式握把的布置与斯特林冲锋枪的握把相比也有一些区别。由于采用上置弹匣，该枪的瞄准存在一定的不便。其瞄准具采用偏置布局，其叶状照门（可折叠到筒状机匣上）和固定式前准星都是偏置的。

保护性设计

F1 冲锋枪有一个非同寻常却行之有效的安全设计，由于冲锋枪枪管较短，射手有可能因用手握住太靠近枪管的位置导致灼伤，但 F1 通过一种简单的设计就避免了这一问题，该枪在散热片后布置有凸起的背带环，可以防止手指过于接近枪口。

F1 冲锋枪还有一些有趣的设计：该枪的拉机柄布局直接取自 L1A1 步枪，操作方法也一模一样。拉机柄带有防尘盖，可以防止尘土等异物进入枪机内部，如果枪机内部尘土太多导致枪机卡死时，在紧急情况下可以通过强行拉动拉机柄带动枪栓闭锁。

由于 F1 冲锋枪具有这些特点，所以 F1 冲锋枪的使用范围仅限于澳大利亚及其附近地区。澳军曾一度提出用 M16A1 步枪全面取代 F1 冲锋枪，但 F1 冲锋枪此后依然处于现役状态。

性能诸元

F1 冲锋枪

口径：9 毫米

重量：4.3 千克（装弹后）

枪长：714 毫米

枪管长：213 毫米

射速：600～640 发 / 分

枪口初速：366 米 / 秒

弹匣：可装 34 发子弹的弯曲状弹匣

下图：F1 冲锋枪取代了澳大利亚军队最喜爱的欧文冲锋枪。F1 冲锋枪保留了澳大利亚独特的设计特点：垂直式顶部装填弹匣。另外，F1 冲锋枪和斯特林冲锋枪非常类似

上图：F1 冲锋枪的原型为 X3 冲锋枪。其设计虽然简单，但效果极佳。越南战争期间，它在湄公河三角洲一带的战斗中表现尤其突出。和第二次世界大战时的欧文冲锋枪相比，它的先进构造使它的重量减少了近 1 千克

FMK-3 冲锋枪

从 1943 年开始，阿根廷布宜诺斯艾利斯市的哈尔肯轻武器公司生产了一系列冲锋枪。这些冲锋枪都采用反吹式自动原理，可以发射 9 毫米帕拉贝鲁姆手枪弹和 11.43 毫米 ACP 子弹。阿根廷军队从来没有把它们当作一线武器使用，但是二线部队和警察使用过这种冲锋枪。在这一系列冲锋枪中，最早的是 1943 型冲锋枪。它有一个非常明显的特征：该枪的缓冲器布置于枪托上方，枪托前端安装了手枪枪把。1946 型冲锋枪与前者的最大差异是使用了金属枪托，取代了 1943 型冲锋枪使用的木制枪托。57 型冲锋枪属于轻型冲锋枪，其设计思想变化较大：枪管取消了鳍状的散热片，机匣呈圆柱状，而不是柱形；弹匣呈弯曲状，而不是直形。最后一种类型是 60 型冲锋枪，它是在 57 型冲锋枪的基础上生产出来的，该枪取消了枪身上的快慢机，而改用双扳机设计。

由罗萨里奥市的法布里卡军火公司（FMAP）制造的 PAM 冲锋枪是美国 M3A1 冲锋枪的派生型，它短小、轻便。这种冲锋枪有两种型号：PAM-1 冲锋枪只能自动射击；而 PAM-2 冲锋枪具有选择射击能力（单发或全自动）。

先进的设计

FMAP 公司百尺竿头，更进一步，研制出一种更加先进的 PA3-DM 冲锋枪。这种冲锋枪和 PAM 冲锋枪一样，也采用反吹式自动原理，发射口径为 9 毫米帕拉贝鲁姆手枪弹。这种可选择单发或连发射击的冲锋枪有一个可装 25 发子弹的盒形弹匣。弹匣斜插在握把内。塑料前护木位于机匣下方。这种冲锋枪有两种类型：一种使用木制枪托，另一种使用的枪托与 M3 冲锋枪的枪托一样，由钢丝弯成。PA3-DM 冲锋枪的其他设计特点包括：枪身由金属冲压而成；为了便于枪管的拆卸，枪管前部有一个带螺纹线的螺帽。与枪栓联动的拉机柄位于机匣左侧，拉机柄防尘盖遮住了拉机柄槽，可防止尘土进入，从而降低在恶劣环境下发生故障的概率。

PA3-DM 冲锋枪供阿根廷一线部队使用。1986 年，这种冲锋枪被 FMK-3 冲锋枪取代。FMK-3 冲锋枪由现在的法布里卡塞内斯军事公司生产。这种冲锋枪被认为是 PA3-DM 冲锋枪的改良型。FMK-3 冲锋枪可切换射击模式。另外，该公司还生产了一种供民用的 FMK-5 半自动冲锋枪。

FMK-3 冲锋枪主要供阿根廷军队和警察使用。

上图：FMK-3 冲锋枪为直筒式设计，机匣由钢板卷为筒状；可伸缩式枪托由钢丝弯成，前护木为塑料材质，金属后握把内布置有弹匣井

该枪采用圆筒状机匣，在后膛关闭时套筒会套住枪管的后部，双排式弹匣、套筒座和手枪枪把都用钢板冲压而成；保险和快慢机位于手枪式握把左侧，握把后方设有握把保险。

FMK-3 冲锋枪的瞄准具为向上翻滚式，后瞄准具的照门呈 L 形。FMK-3 冲锋枪的射程为 50 米 ~ 100 米。枪托和美国的 M3 冲锋枪的枪托一样，采用钢丝弯成的伸缩式枪托。

左图：FMK-3 冲锋枪完全是一种传统而又实用的冲锋枪。这种冲锋枪由阿根廷设计和制造，供该国军队使用

性能诸元

FMK-3 冲锋枪

口径：9 毫米

重量：3.4 千克（装弹前）

枪长：693 毫米（枪托延伸后），
523 毫米（枪托取消后）

枪管长：290 毫米

射速：650 发 / 分

枪口初速：400 米 / 秒

弹匣：可装 25、32 和 40 发子弹的垂直盒形弹匣

MPi 69 冲锋枪

MPi 69 冲锋枪是由雨果 · 斯托瓦塞尔率领的一个小组研制成功的，并由奥地利的斯太尔 – 戴姆勒 – 普赫公司（目前称为斯太尔 · 曼利夏公司）生产。这种冲锋枪看上去和以色列的乌兹冲锋枪极为相似，但是差别极大。事实上，它比乌兹冲锋枪简单多了。MPi 69 冲锋枪目前已经停止生产，被另两种斯太尔武器——TMP 冲锋枪和 AUG 伞兵冲锋枪取代。

MPi 69 冲锋枪采用反吹式自动原理，具有选择单发射击或全自动连续射击的功能。该枪的前背带环被直接安装在由钢板冲压而成的简易拉机柄上，通过拽动枪带便可上膛。

该枪的机匣是用压制过的轻型钢板制成的，钢板被焊接成盒状，开有抛壳孔（位于中部）和前部的枪管孔（枪管基座，释放滑钮和枪管安装螺纹）。抽壳钩就是一根简单的向右弯曲钢条，被铆接在机

匣底部的枪机滑槽底部。机匣后部点焊有伸缩式钢丝枪托的导槽和释放钮，同时机匣后方还设有分解舱口盖。机匣顶部的前后瞄准具均为螺接固定。机匣下方则是尼龙材料的下机匣组件，内部布置有扳机机构，手枪式握把内装有弹匣。

冷锻枪管

MPi 69 冲锋枪的枪管为冷锻加工，不仅成本较低，且产品质量较高。枪机采用固定式击针，击针位于枪机击发面的正中，被枪机环绕，枪机右侧有开口，以便抽壳。新一发枪弹直到完全入膛前都不会与击针接触，这一设计与其他保险措施一道提升了该枪的安全性。在轻扣扳机时为单发，全力扣动扳机即可连发射击。

MPi 69 冲锋枪之后派生出了 MPi 81 冲锋枪，该枪与上一代的区别在于采用了布置在机匣左侧的常规拉机柄，该枪的射速也提升至 700 发 / 分。

上图：MPi 69 冲锋枪有一个向下倾斜的由金属丝制成的枪托。空弹壳从枪右侧的抛壳窗中弹出。机匣顶部的背带环也兼做拉机柄

上图：MPi 69 冲锋枪采用了“直入式”设计原理。弹匣槽位于手枪枪把内，可装 25 发或 32 发子弹

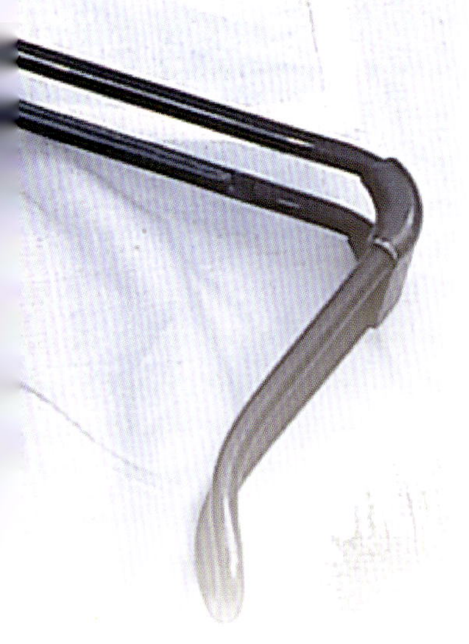

左图：奥地利设计的 MPi 69 冲锋枪显然受到以色列的乌兹冲锋枪的影响。它可以发射通用的 9 毫米帕拉贝鲁姆手枪弹

性能诸元

MPi 69 冲锋枪

口径：9 毫米

重量：3.52 千克（装弹后）

枪长：673 毫米（枪托延伸后），470 毫米（枪托取消后）

枪管长：260 毫米

射速：550 发 / 分

枪口初速：381 米 / 秒

弹匣：可装 25 或 32 发子弹的垂直状盒形弹匣

斯太尔战术冲锋枪

奥地利的9毫米（0.354英寸）口径斯太尔战术冲锋枪（TMP）也被看作一款手枪，但武器的全自动性能和常规配置使其更是一款“单兵自卫武器”，同时也可纳入轻型冲锋枪范畴。实际上，TMP拥有手枪的尺寸，但提供的是轻型冲锋枪的火力。

TMP部件

TMP采用闭膛待击原理，采用9毫米×19毫米（0.354英寸×0.7英寸）帕拉贝鲁姆手枪弹（又叫鲁格弹），但计划中也有其他口径的子弹，如美国还研制过一种10毫米（0.39英寸）子弹。TMP仅有41个部件，框架和顶盖是由高分子材料制造的。机匣组件几乎全部由聚合物材料制造。机匣顶部安装有一具集成导轨，用于安装各种各样的光学和光电瞄准设备，根据使用者的选择，还可以安装常规的“熨斗”瞄准具。手枪整体线条平滑，前握把保证手枪在连续射击时也能控制武器指向目标。这一点可以在不安装枪托的情况下实现，另一种可用的战斗配件是坚固的塑料基板材料制造的可拆卸式枪托，使用该配件后射手可以实现更稳定的持续射击。

该枪采用旋转枪管闭锁原理，枪管由套筒座内一个凹槽里的单耳片控制，通过枪管旋转完成闭锁。拉机柄位于后瞄具下方，拉动即可上膛。该枪的三合一保险/快慢机可以在单发和全自动模式间切换。该枪的手枪式握把内的弹匣容量为15发或30发。

上图：TMP取代MPi 69和MPi 81成为斯太尔投产的标准轻型冲锋枪。该枪采用可折叠前握把，并可以增加消声器

紧凑的尺寸

TMP紧凑性的体现就是它的尺寸（不安装枪托）仅有一张标准的A4纸那么大。TMP可以安装消声器，或其他枪口附属配件，如激光目标指示设备。该枪确实投入了生产，但主要的使用者却不太清楚。马来西亚的SME军械公司获得了生产TMP的授权。TMP也有仅具备半自动射击功能的版本，被称为斯太尔特种手枪（SPP）。单发的SPP没有TMP的可折叠前握把，但配备有大尺寸的枪口装置，二者在外观上看起来相似，并且使用同样的15或30发弹匣。

性能诸元

斯太尔战术冲锋枪

口径：9毫米（0.354英寸）鲁格弹
总体长度：282毫米（11.1英寸）
枪管长度：130毫米（5.12英寸）
重量：未装弹时1.3千克（2.87磅）
循环最大射速：大约900发/分
弹匣：盒型弹匣，容量15发或30发子弹

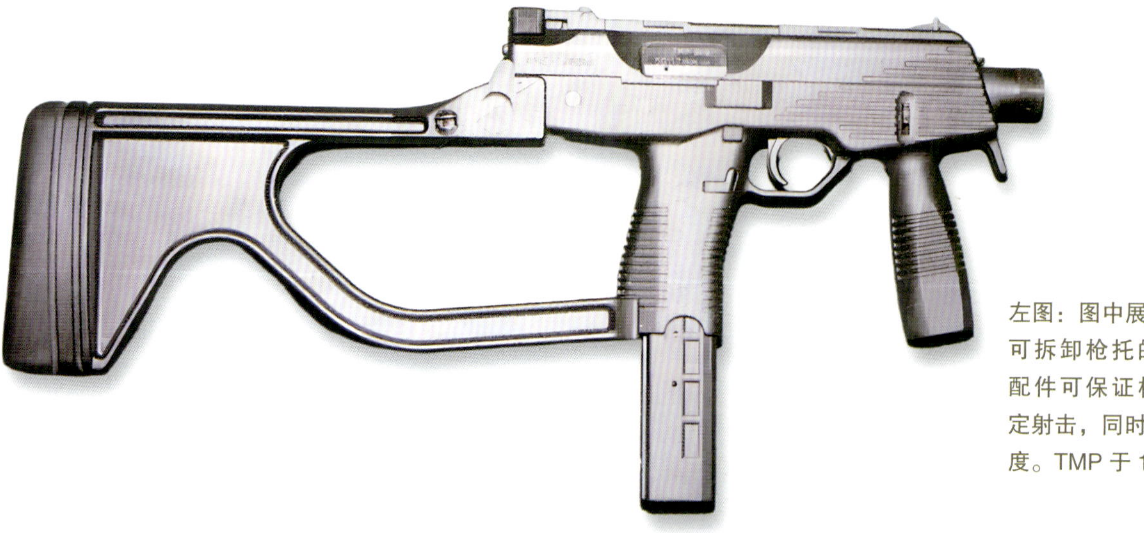

左图：图中展示的是装有可拆卸枪托的TMP。该配件可保证枪支连续稳定射击，同时也提高了精度。TMP于1993年投产

FN-赫斯塔尔 P90 轻型冲锋枪

FN-赫斯塔尔 P90 轻型冲锋枪（简称 P90）及其 5.7 毫米 ×28 毫米（0.2 英寸 ×1.1 英寸）SS190 弹匣是比利时国营赫斯塔尔公司（FN-赫斯塔尔）专为通常无需使用轻武器的军事人员所研制的。P90 也适用于需要密集火力的特种部队，它也在警察和准军事机构中使用。

P90 采用反吹式自动原理，闭膛待击。手枪整体设计方案非常注重人体工程学，穿指式握把位于手枪式握把前端，这种布局使得机匣与射手的手臂基本处于平行状态。该枪的控制装置非常便捷：枪械两侧均布置有拉机柄，滚转式的保险 / 快慢机位于扳机下方。

弹匣

弹匣位于机匣顶部，枪管上方，弹匣与机匣轴线成 90 度角排布。弹匣采用双排布局，弹匣容量为 50 发，在弹匣前端，双排进弹会转为单排进弹，然后通过一个旋转弹膛将子弹旋转 90 度至与弹膛轴线平行，然后送入进弹坡道。半透明弹匣便于通过目视确认剩余弹药量。

完整的反射瞄准部件包括一个圆圈和一个点；在低光照下可以看到一个十字准线。瞄准器可以在双眼都睁开的情况下使用，并且能快速捕捉目标并保证瞄准的精度。瞄准器底座上安装了两套“熨斗”瞄准器，两侧各装了一个。

P90 在野战维护状态下可方便地拆成三部分。主体部件和大部分内部装置都是由高强度塑料制造的，仅有枪机和枪管是由钢制造的。空弹壳通过机匣下方的抛壳口弹出。

位于瞄具两侧的导轨可以安装战术手电和激光指示器等部件。其他配件还包括背带、空包弹射击部件、清洁套件、弹匣袋和装填器。此外枪口还可加装消音器。

P90 出现过两种特种部队使用的变型，它们均装备了激光目标指示器。P90 还可以加装各类夜视或红外瞄准镜。

性能诸元

P90 轻型冲锋枪

口径：5.7 毫米（0.224 英寸）
总体长度：500 毫米（19.69 英寸）
枪管长度：256.5 毫米（10.1 英寸）
重量：空重 2.54 千克（5.6 磅），加上空弹匣时 2.68 千克（5.91 磅），弹匣装满时 3 千克（6.61 磅）
循环最大射速：900 发 / 分
弹匣：弹匣容量 50 发子弹

左图：P90 轻型冲锋器在设计时定位于军事自卫武器，其有效作战范围达到 200 米（219 码），最大射程为 1790 米（1958 码）

克罗地亚冲锋枪：Zagi 和 ERO

20 世纪 90 年代，南斯拉夫解体，导致其不同种族间长时间的军事冲突，在此期间，从自卫部队到非常规军事部队的武器采购都变得异常困难。克罗地亚的情况比大多数国家略好，因为他们可以仅靠自己的技术和资源生产武器，因为这个国家长期以来就在轻武器的生产方面经验丰富。他们所设计的武器中就包括轻型冲锋枪。

第一代

最初，轻型冲锋枪在任何可能的地方生产，从机床厂到街头车库。可以想象，生产的数量巨大，但大部分工艺粗糙，可靠性极低。另一方面，也有一些展现出了现代化的符合人体工程学的特征，整体上是相对较好的产品。很多当时的轻型冲锋枪都没有正式型号，其绰号包括 Zagi、Sokacz 和 Agram 等，除此之外还有很多其他型号。克罗地亚的第一代轻型冲锋枪有两个共同特征。它们均使用 9 毫米 ×19 毫米（0.354 英寸 ×0.7 英寸）帕拉贝鲁姆手枪弹，并且生产的数量很少。

随着时间的流逝，大部分第一代轻型冲锋枪都停用了，很多落入到欧洲的犯罪分子手中。取代第一代轻型冲锋枪的是设计更精良的 ERO 冲锋枪。

ERO 9 毫米冲锋枪很显然是基于以色列 IMI Uzi 9 毫米轻型冲锋枪而设计的，所以使用方法和常规机械构造与 Uzi 相似。机柄位于机匣上方，这使得机枪对于惯用左手和右手的使用者而言都很方便，ERO 还有一套双保险系统。握把后方的握把保险可以防止走火，只有使用者加大握把上的握力时安全开关才能松开，然后开始射击。常规的安全装置就在扳机上，并且由机匣上方左手边的一个转换开关控制。

性能诸元

Zagi M91 冲锋枪

口径：9 毫米帕拉贝鲁姆手枪弹

总体长度：枪托展开 850 毫米（33.46 英寸），枪托收起 565 毫米（22.24 英寸）

枪管长度：220 毫米（8.66 英寸）

重量：空重 3.41 千克（7.52 磅）

循环最大射速：600 发 / 分

弹匣：盒形弹匣，容量 32 发

右图：ERO 就是直接复制的以色列成熟的 Uzi 轻型冲锋枪。因此，ERO 与 Uzi 几乎无法分辨出来。ERO 的生产开始于 1995 年

性能诸元

ERO 冲锋枪

口径：9 毫米帕拉贝鲁姆手枪弹
总体长度：650 毫米（25.59 英寸）
枪管长度：260 毫米（10.24 英寸）
重量：3.73 千克（8.22 磅）
循环最大射速：650 发 / 分
弹匣：盒形弹匣，容量 32 发

ERO 造工精良，并被用于出口，一些地方政权得到了这种武器。还有一种更紧凑的版本——Mini-ERO，它的枪管更短，保留了可伸缩枪托，射速极高，但整体仍然是以 Uzi 为基础。除了用于出口，ERO 还曾装备克罗地亚宪兵。

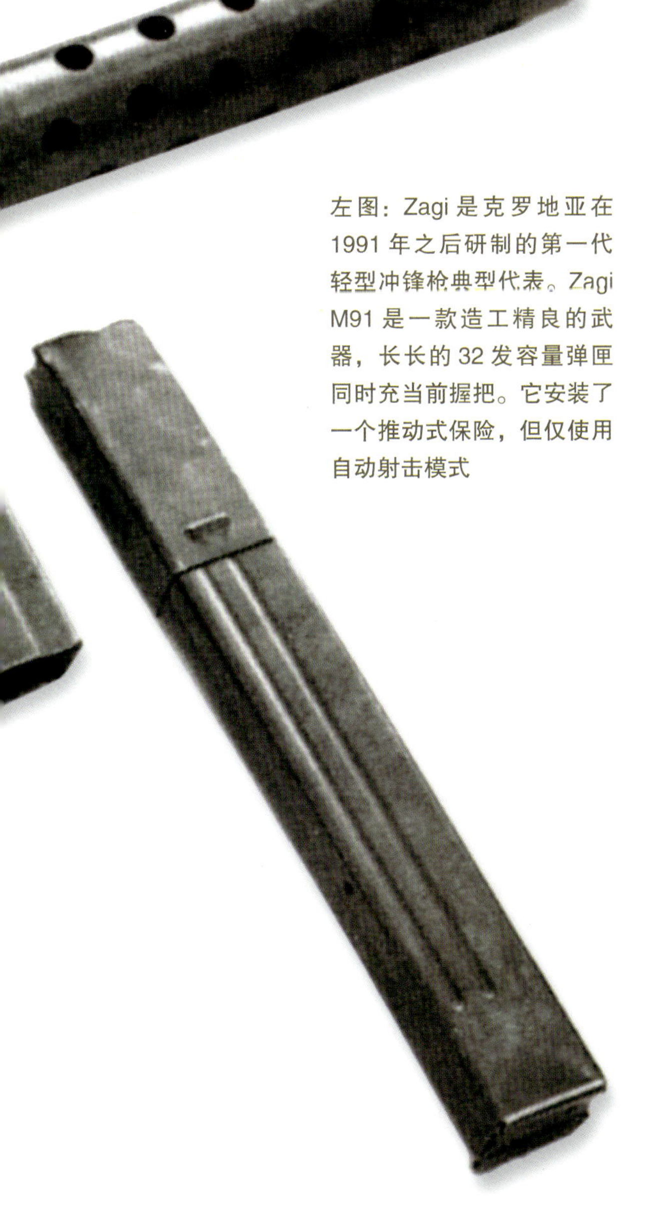

左图：Zagi 是克罗地亚在 1991 年之后研制的第一代轻型冲锋枪典型代表。Zagi M91 是一款造工精良的武器，长长的 32 发容量弹匣同时充当前握把。它安装了一个推动式保险，但仅使用自动射击模式

上图：Mini-ERO 是基于以色列的 Mini-Uzi 而设计的，虽然尺寸上比标准武器小，它与标准尺寸的 ERO 使用相同的 9 毫米帕拉贝鲁姆手枪弹

AUG 伞兵（Para）冲锋枪

奥地利斯太尔－戴姆勒－普赫公司于 1988 年投产的 AUG 伞兵冲锋枪是基于该公司的 AUG 突击步枪（AUG 为“陆军通用步枪”的缩写）研制的。AUG突击步枪主要发射SS 109型5.56毫米步枪弹，在改装为冲锋枪后 AUG 伞兵冲锋枪发射 9 毫米帕拉贝鲁姆手枪弹。改装方法非常简单：冲锋枪型换用了短枪管，机匣内的枪击总成也被更换。AUG 伞兵冲锋枪使用 MPi 69 冲锋枪的 25 或 32 发弹匣。该枪并没有采用突击步枪型的导气式自动原理，而是使用了冲锋枪常见的反吹式自动原理。反吹式原理已经成为所有现代化冲锋枪的标准设计。

闭膛待击

AUG 伞兵冲锋枪采用闭膛待击原理，因此具备优良的安全性和精度，此外该枪明显长于其他冲锋枪的枪管长度也使得该枪具备比其他冲锋枪更高的膛口初速，从而具备更好的有效射程和精度。该枪的弹膛进行了镀铬处理，可以延长寿命并简化清洁维护。

AUG 伞兵冲锋枪也被称为 AUG 9，该枪的枪口螺纹可以安装多种消声器，此外还可以通过加装枪榴弹发射器发射 CS 或 CN 型枪榴弹。该枪的枪口还具备加挂刺刀的能力，这在冲锋枪中是很少见的。

性能诸元

AUG 伞兵冲锋枪

口径：9 毫米（帕拉贝鲁姆手枪弹）
重量：3.3 千克（空枪）
枪长：665 毫米
枪管长：420 毫米
射速：700 发 / 分
枪口初速：不详
弹匣：可装 25 发或 32 发子弹的垂直状盒形弹匣

技术尖兵

斯太尔公司是最早凭借敏锐的商业和军事嗅觉，推出可将突击步枪转换为冲锋枪的枪械型号的军火厂商之一。这类枪械最为吸引人之处便是仅需更换少量部件便可在两种枪械间切换，从而大大简化使用中的维护保障和后勤需求。为了提升 AUG 突击步枪和 AUG 伞兵冲锋枪之间的通用性，斯太尔公司推出了一套包括三大主要部件的套件，可在 10 分钟内完成两种枪型间的切换。

AUG 伞兵冲锋枪沿用了 AUG 安装在枪管后方机匣前方的固定式光学瞄准具（光学瞄准具顶部还有紧急情况使用的机械瞄准具。）同时该枪也沿用了 AUG 的无托式布局，弹匣位于扳机后方，此外该枪还在手枪式握把前方设置有可折叠的前握把。前握把采用工程塑料通过注塑工艺制造。

保险和击发装置

保险装置以位于扳机上方的保险阻铁为主，保险阻铁横贯于整个枪栓：从右向左用力推动保险装置，枪处于安全状态；从左向右推动保险装置，枪处于发射状态。该枪的击针保险整合在了保险装置中，采用两段式扳机实现可选择火力：扣压扳机一段为单发，继续扣压至第二段则为全自动射击。

下图：显而易见，AUG 伞兵冲锋枪和 AUG 系列突击步枪有着密切联系。但相比步枪型，冲锋枪型枪管更短，发射口径更大的手枪弹时初速更慢

vz.61“蝎”式冲锋手枪

上图：枪托全面延伸后，vz.61 可在 200 米内精确射击。它使用简单的反吹式自动原理。空弹壳直接向上弹出

1960—1975 年，捷克生产维塞卡 · 兹布罗约维卡 vz.61“蝎”式冲锋手枪。它最初是由捷克设计和制造的。这种武器既不是手枪，也不是真正的冲锋枪，它介于两者之间，具有轻武器的功能。人们把这种武器称为“冲锋手枪”。这种武器体积很小，便于携带，射击时像手枪，但需要时则具有全自动武器射击的能力。如此一来，vz.61 兼有手枪和冲锋枪的优点和缺点，也在某些方面同时逊于手枪和冲锋枪，虽然该枪原本是为了作为捷克正规军的制式武器和捷克特种部队的隐蔽携行近战武器研制的，但却成了最令人生畏的“地下”武器。

个人防身武器

“蝎”式冲锋手枪是专门为坦克乘员、通信人员和其他人员设计的。这些人除了手枪外，没有必要携带体积较大的武器。但是，手枪射程较近，而使用全自动设计则使手枪在近距离内作战时拥有更大的威力。“蝎”式冲锋手枪与常规手枪不同之处在于，弹匣不在枪托内，而是位于扳机装置的前面。使用枪托射击有助于提高射击的精度。可折叠式枪托是用金属线制成的。从整个外形看，这种武器又短又小，较厚，可以装在体积稍大的枪套内。

全自动射击时，这种武器的射速约为 840 发 / 分。在近距离内作战时，如此密集的火力相当惊人。但是，这种优势会受到两个因素的制约。一是在全自动状态下射击时，射击的精度无法控制。射手的手和肩上的冲击力会引起枪口上跳和震动，这样在极短的时间内，要想准确射击是极其困难的。另一个因素是“蝎”式冲锋手枪使用的弹匣只能装 10 发或 20 发子弹，全自动射击时，子弹在极短的时间内会耗尽。不过，在近距离内射击时，“蝎”式冲锋手枪的火力之猛确实惊人。

折叠式金属枪托

“蝎”式冲锋手枪使用后坐力操作系统。在选择单发射击时，它的折叠式金属枪托可以帮助射手瞄准目标。标准的 vz.61“蝎”式冲锋手枪发射美国设计的 7.65 毫米手枪弹——该枪是华约组织的武器中唯一采用此类弹药的。另外 vz.63 冲锋枪发射 9 毫米短弹，vz.68 型发射 9 毫米帕拉贝鲁姆手枪弹。此外“蝎”式还有消声版本。

恐怖分子的武器

除了在捷克斯洛伐克使用之外，“蝎”式冲锋手枪还被出售到一些非洲国家。但是，人们最担心它会落入恐怖分子和各类游戏队手中。“蝎”式冲锋手枪在近距离内的火力极为猛烈，最适合暗杀和恐怖活动，所以，恐怖组织最喜欢使用这种武器。正因为如此，世界各地——从中美洲到中东，都能看到这种武器的影子。

性能诸元

vz.61“蝎”式冲锋手枪

口径：7.65 毫米

重量：2 千克（装弹后）

枪长：513 毫米（枪托延伸后），269 毫米（枪托折叠后）

枪管长：112 毫米

射速：840 发 / 分

枪口初速：317 米 / 秒

弹匣：可装 10 发或 20 发子弹的盒形弹匣

上图：vz.61“蝎”式冲锋手枪是巴勒斯坦解放组织最喜爱的武器。这种武器体积小，易于隐藏

作战中的“蝎”式冲锋枪：恐怖分子的选择

“蝎”式冲锋枪的尺寸与大型手枪相当，但它可以全自动射击，弹匣容量为20发。它的可折叠枪托可以帮助操作熟练的使用者达到100米（110码）范围内的精确射击。

虽然由于恐怖分子的使用而声名狼藉，但实际上“蝎”式冲锋枪最初就是一款军用枪械。它是捷克斯洛伐克在20世纪50年代后期设计的。虽然新生政权摒弃了很多当时正在研制的武器，他们也以惊人的速度启动了几个项目。其中包括为坦克乘员和装甲运兵车驾驶员设计的自卫武器。

坦克乘员由于必须靠近敌方步兵而很容易受到攻击。步兵通常会严厉报复那些刚刚从装甲车辆里向他们射击的敌人。二战期间，苏联陆军尽最大努力保护他们受训的坦克乘员，因为他们不想让训练坦克乘员的时间和精力白白浪费。苏联人甚至还设立了特殊的医院，配备烧伤科专家医生，确保受伤的坦克乘员尽快返回战场。战后，苏联人开始寻找可能的武器，用于坦克在敌人附近瘫痪时坦克乘员的自卫。苏联人设计了斯捷奇金手枪，捷克斯洛伐克的工程师也受命为装甲车辆乘员研制一款冲锋枪。

上两图：南斯拉夫制造的vz.61“蝎”式冲锋枪在射击时让人很不舒服，因为它的空弹壳垂直向上弹出。该枪基本无法采用腰射

个人防御

所有装甲车辆的内部都异常拥挤，苏联的装甲车辆尤其如此。由于可用空间的不足，装甲车辆乘员可携带的防御性武器大小不能超过一支冲锋枪。然而，学会手枪的精确射击需要大量时间和训练，手枪在没有接受过训练的使用者手中几乎没有价值。“蝎”式冲锋枪是一款小型的轻型冲锋枪，但这种枪支通常被归为冲锋枪。一名没有经验的使用者借助枪托从肩部射击要比使用常规的手枪更容易命中目标。“蝎”式冲锋枪紧凑的造型使得坦克乘员携带起来毫无困难。

上两图：“蝎”式冲锋枪是一款直接的易于学习使用的武器。经过少量的训练（使用时加上枪托），它能在75米～100米（80码～110码）范围内命中人体大小的目标

不幸的是，由于“蝎”式冲锋枪恶劣的名声，一个人的自卫武器变成了另一个人的隐蔽杀人工具。在冷战鼎盛时期的东欧制造出来成批的“蝎”式冲锋枪不久之后将通过外交邮包流向世界各地。由于能容易地进一步改装成消声武器，“蝎”式冲锋枪受到恐怖分子的青睐，它成为巴解组织（PLO）最喜爱的武器之一。

“蝎”式冲锋枪是一款简单的武器，就是直接的射击、拆解和维修。快慢机的标记“0”表示安全，“1”表示单发射击，“20”表示全自动射击。奇怪的是，作为一款苏联武器，它使用0.32 ACP

（柯尔特自动手枪弹）——通常称其为 7.65 毫米 ×17 毫米子弹。该型手枪弹的优势就是简单易得，设计者或许在研制期间就考虑到了这一点，以及出口和特种部队使用的可能。

手枪的使用

0.32 ACP 较小的后坐力意味着可以直接利用这部分后坐力。设计时膨胀的气体产生的压力驱动弹壳移动。这克服了枪栓和两个传动弹簧的惯性，进而推动枪栓向后移动。退壳器将空弹壳垂直向上弹出，这也使得“蝎”式冲锋枪的腰射令人感到非常难受。

射速

“蝎”式冲锋枪的枪机很轻，一部分原因是降低重量，一部分原因是减少它的移动对瞄准带来的干扰。但除非采取其他措施，“蝎”式冲锋枪的射速一般不会低于 1000 发 / 分。因此，“蝎”式冲锋枪的枪托中安装了一个“减速器”。枪栓到达移动的端点时，它会由一个安装在后背板上的弹簧承载的挂钩钩住。与此同时，枪栓驱动弹簧承载的重量进入握把，到底之后反弹上升，进而释放钩住枪栓的挂钩。当然，延迟仅达到百分之一秒的水平，但循环射速被降低至大约 840 发 / 分。

上图：“蝎”式冲锋枪是一款易于隐藏的轻武器，这使其在 20 世纪 70 年代和 80 年代成为恐怖分子喜爱的武器。图中展示的“蝎”式冲锋枪没有通常会安装的枪托或消声器

左图：南斯拉夫制造的捷克版本“蝎”式冲锋枪可以通过其黑色的握把而容易地识别出来，该版本被称为 61(i) 型，而捷克版本的正式名称为 CZ vz.61。这款轻武器于 1960—1975 年在捷克斯洛伐克生产

虽然捷克斯洛伐克也试验了 0.38 ACP 手枪弹版本和 9 毫米帕拉贝鲁姆手枪弹版本，但 0.32 ACP 是迄今为止最常见的一款。它的优势在于后坐力不超过 0.22 口径手枪的水平，所以它的操作极其简单，并且能够轻松实现消声射击。实际上，该枪弹的枪口动能甚至还不如初速更高的 0.22LR 弹。0.32 ACP 子弹使得“蝎”式冲锋枪成为世界上威力较小的手枪之一。由于 0.32 口径子弹完全不是一种大威力枪弹，“蝎”式无法击穿几乎所有装甲，并且很容易被轻型掩盖物，甚至是车门反弹回来。然而，在可直接命中的范围内，“蝎”式冲锋枪与很多更大型冲锋枪一样有效。

“蝎”式冲锋枪在东欧剧变前数年就停产了。扎斯塔瓦公司——位于贝尔格莱德的南斯拉夫军工厂购买了一些工具设备，并开始生产这种武器，他们称之为 61(i) 式冲锋枪。除了将胶合板握把换成了黑色塑料握把，它与捷克的版本完全相同。

“蝎”式：捷克冲锋枪

捷克斯洛伐克在 20 世纪 60—70 年代设计并制造了“蝎”式冲锋枪，后来它又在南斯拉夫生产，并在 20 世纪 90 年代南斯拉夫内战中被交战双方使用。由于没有消声器，并且枪托可以折叠在枪体上方，“蝎”式冲锋枪长度仅为 269 毫米（10.6 英寸）。隐蔽性与便携性使其成为一些恐怖主义组织钟爱的武器。枪托完全展开后，它的精确射击距离达到 100 米（110 码）。这对于一款大小不超过手枪的武器而言已经相当不错了。然而，在自动射击模式下，其较轻的重量以及高达 840 发 / 分的射速使其在任何范围内的精度都无法保证。

垂直抛壳

“蝎”式冲锋枪是为数不多的垂直向上弹射空弹壳的武器之一。坐射是最不推荐的使用方式。

枪托

枪托完全展开后，“蝎”式冲锋枪的总长度增加至 513 毫米（20.2 英寸）。枪托使得抵肩射击变得非常舒服——抵肩射击是唯一击中 30 米（33 码）距离之外目标的方式——虽然它不适合胳膊太长的士兵使用。

握把

“蝎”式冲锋枪可以像手枪那样用一只手或两只手射击，但这样会降低精度。与大多数冲锋枪一样，它也是一款精度糟糕的手枪，并且作为一款自动射击武器，它的整体性能也不如真正的冲锋枪有效。

麦德森冲锋枪

尽管丹麦人少地狭，但是仍然拥有几家轻武器制造公司，其中最著名的是麦德森公司。该公司的正式名称为丹斯克·森迪卡特工业公司。丹麦在第二次世界大战后使用的冲锋枪是由芬兰的苏米公司和瑞典的胡斯克瓦纳公司设计的，而麦德森公司生产冲锋枪则在出口市场上取得了成功。

第二次世界大战后，麦德森系列冲锋枪的第一种型号——麦德森 45 型冲锋枪问世。这种冲锋枪虽然有多处引人注目的设计，但未能获得成功。而接下来的 46 型、50 型和 53 型冲锋枪销量甚佳，为该公司赢得了丰厚的利润。

45 型冲锋枪（或称 P13 冲锋枪）使用 9 毫米帕拉贝鲁姆手枪弹。盒形弹匣位于机匣下方，可装 50 发子弹。虽然这种武器使用了木制部件，但减重设计非常出色，空枪重量仅为不到 3.2 千克。该枪为此采用了一些非常独特的设计，包括采用拉机滑块而非拉机柄上膛，位于滑槽下方的复进簧包裹住了枪管，轻重量的枪机借助运动中的弹簧和滑块的重量在机匣中往复运动。

很快过时

45 型冲锋枪仅生产了一年就被 46 型冲锋枪（或称 P16）取代了，46 型冲锋枪是专门为易于生产而设计的。它的枪身由两瓣钢板冲压成的外壳铰接在一起，铰链位于枪身后部，前部由枪管固定螺栓固定在一起。枪托为一根弯曲成“冂”字形的钢管，钢管两段分别铰接在枪身末端与握把后部，可以向右折叠。和 45 型冲锋枪一样，46 型冲锋枪发射 9 毫米帕拉贝鲁姆手枪弹，弹匣可装 32 发子弹。46 型冲锋枪的射速为 480 发 / 秒，而 45 型冲锋枪的射速为 850 发 / 分。46 型冲锋枪的子弹初速比 45 型冲锋枪的子弹初速慢，两者的子弹初速分别为 380 米 / 秒和 400 米 / 秒。46 型冲锋枪不装弹匣时重量仅有 3.175 千克。

46 型冲锋枪和 45 型冲锋枪的拉机滑块设计与 45 型基本相同，位于枪身后上方，伸出两块磨铣过的凸棱，以便于射手操作。在 50 型上，凸棱被一颗直接连接在枪机上的凸柱取代。两者的枪托都可以折叠，使用可装 32 发子弹的两翼水平的垂直状盒形弹匣。1946 型冲锋枪的其他数据为：重 3.175 千克，子弹初速 380 米 / 秒，射速 550 发 / 分。

英国对麦德森冲锋枪的兴趣

该公司在许多国家演示过它的 50 型冲锋枪，并收到了许多订单。英国一度想购买这种冲锋枪，供其二线部队使用，同时，同时一线部队换装 EM-2 步枪。但是最后都没有购买，而

性能诸元

53 型冲锋枪

口径：9 毫米
重量：4 千克（装弹后）
枪长：808 毫米（枪托展开后）
枪管长：213 毫米
射速：600 发 / 分
枪口初速：385 米 / 秒
弹匣：可装 32 发子弹的弧形弹匣

上图：第二次世界大战期间出现了各种简单、廉价的冲锋枪。麦德森 46 型冲锋枪是专门为易于生产和维修而设计的武器

选择了斯特林冲锋枪。英国对 50 型冲锋枪的最大意见就是想用双排式弹匣替代它的单排式弹匣。宽大的弧形弹匣能改善进弹效果，且能够在不影响枪械机构运行的情况下让脏污和尘土落到弹匣底部。

定型后的 53 型冲锋枪就使用了这种弹匣。53 型冲锋枪是继 46 型和 50 型冲锋枪之后的新式冲锋枪。仔细检查就会发现它和以前的冲锋枪固定铰接式枪身的方式正好相反：53 型冲锋枪的枪管的闭锁螺帽拧到枪管内，而 46 型冲锋枪和 50 型冲锋枪的枪管闭锁螺帽则拧到滑座的前部。旋转闭锁螺帽，枪管会向前移动，直到枪管后部的凸缘和枪架内部相接触。这种布局使整个组件的结构更加坚固可靠。

枪内部的其他变动有：修改了枪机的形状使其运动更加顺畅。枪管上包有一个可以拆卸的套管，如果需要，可以安装专用的小型刺刀。和其他的麦德森冲锋枪一样，53 型冲锋枪基本仅有全自动模式，但可根据客户需求安装，可选择火力模式，并且安装了完整的保险装置，在受到震动或掉到地上时，可以防止走火。

杰迪－玛蒂克冲锋枪

在 20 世纪 70 年代，杰迪·图马里在芬兰开始设计一种高精度的 5.59 毫米半自动射击专用手枪。在试验射击的时候，却变成了一连串的全自动射击。图马里对被击中的靶子进行调查后发现弹洞非常密集。如此一来，这次半自动变成全自动射击的偶然事件成了杰迪－玛蒂克冲锋枪的起源。这种冲锋枪可以发射通用的 9 毫米帕拉贝鲁姆手枪弹。在目前世界各国的军用武器中，确实是一种外形极为特殊的武器。

古怪的外表

杰迪－玛蒂克冲锋枪的枪管和枪架明显不在同一直线上，相差角度令人吃惊，以至于令人顿生恐惧感。而这正是图马里的发明专利——倾斜枪机系统，这种系统有助于延迟枪机向后运动，同时机匣上翘也导致握把的位置高于其他同类武器，枪身外观颇不协调，但这种布局却使得枪管轴线与后坐力方向保持一致，从而解决了射击时枪口上跳的问题。这个问题在世界各地所能见到的其他冲锋枪中普遍存在，而且由于存在这个问题，射手几乎不可能在连射或长点射期间击中目标。对于杰迪－玛蒂克冲锋枪来说，在射手持枪射击时，较高的握把可以保证后坐力带来的冲击不会导致枪口上跳，而是直接向后运动，从而使射手能一直瞄准目标。这种设计的最大局限是削弱了冲锋枪的枪口指向性能。

杰迪－玛蒂克冲锋枪的其他设计特点包括：折叠式前握把被铰接在枪身前部，在收起时同时兼做武器保险。该枪采用两段式扳机，第一段为单发，第二段为全自动射击。弹匣可装 20 发或 40 发子弹。

反吹式自动原理

杰迪－玛蒂克冲锋枪采用反吹式自动原理，机匣由滚压钢板制成，机匣盖与枪身铰接在一起。该枪的折叠式前握把在展开后也兼做拉机柄。该枪没有枪托，完全由前后两个握把控制武器。

1980—1987 年，泰姆普仁·阿塞帕加·奥伊公司制造了一定数量的杰迪－玛蒂克冲锋枪。后来，

左图：杰迪－玛蒂克的前握把在展开时可兼做拉机柄，收起时则作为保险，前握把下缘的凸起在收起时会卡住枪机，防止其移动

上图：杰迪－玛蒂克冲锋枪的全套装置包括一个夜视仪、枪套、可装20发和40发子弹的弹匣，以及清理和保养工具

在1995年，另一家芬兰制造公司——奥伊·戈登武器有限公司又生产了一批。

杰迪－玛蒂克公司从1995年开始量产的GG-95 PDW（单兵防卫武器）进行了大幅度修改，取消了影响枪口指向性的“倾斜火线”设计。

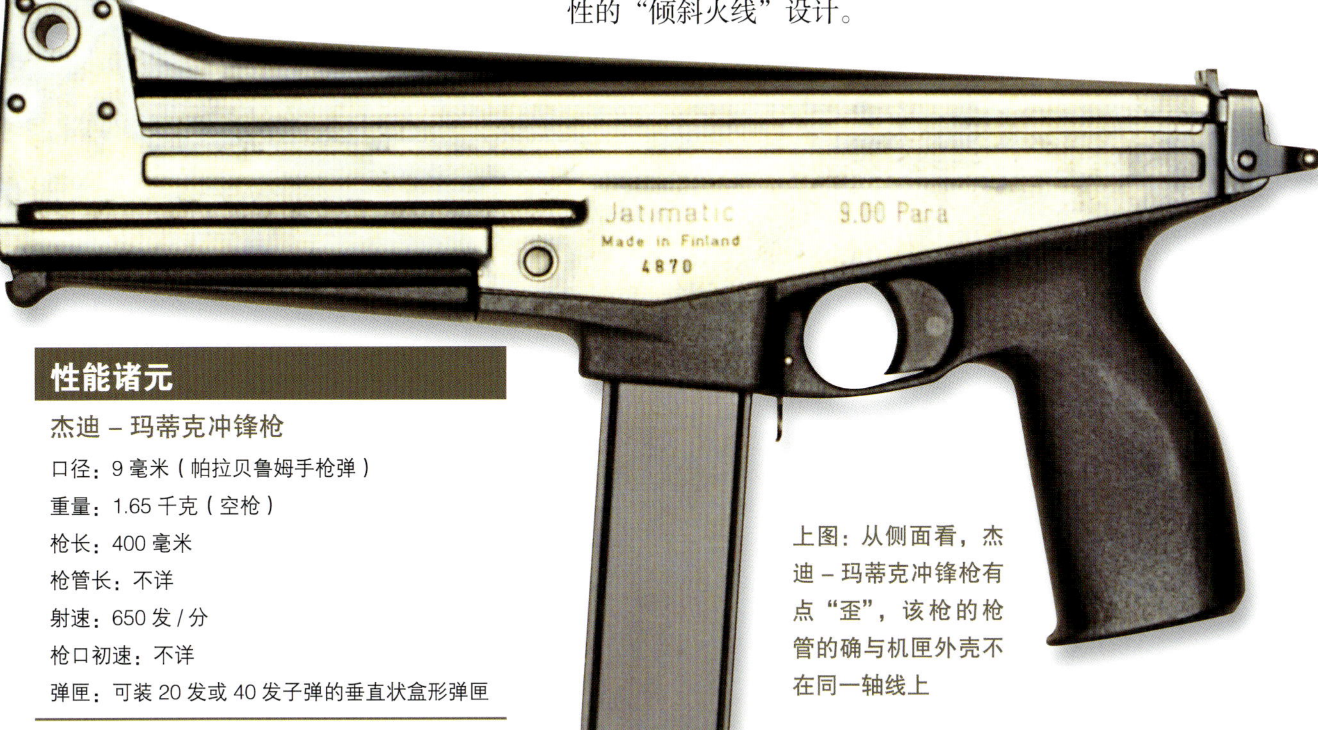

上图：从侧面看，杰迪－玛蒂克冲锋枪有点“歪”，该枪的枪管的确与机匣外壳不在同一轴线上

性能诸元

杰迪－玛蒂克冲锋枪

口径：9毫米（帕拉贝鲁姆手枪弹）

重量：1.65千克（空枪）

枪长：400毫米

枪管长：不详

射速：650发/分

枪口初速：不详

弹匣：可装20发或40发子弹的垂直状盒形弹匣

MAT 49 冲锋枪

第二次世界大战刚刚结束时，法国武装部队装备的武器种类极其繁杂。这些武器有的来自法国国内，有的来自国外，种类相当混乱。冲锋枪亦是如此：有的是法国在第二次世界大战前（1939 年）设计制造的，有的是美国和英国在第二次世界大战期间援助给改编的法国军队的美制和英制武器。这些武器使用数年，弹药的口径和种类五花八门，数量繁多，给后勤供应和储存带来了极大困难。法国开始对这些武器进行分类选择。随后，法国当局决定，未来研制的冲锋枪必须使用标准的 9 毫米帕拉贝鲁姆手枪弹。

上图：口径为 9 毫米的 MAT 49 冲锋枪于 1949 年装备法国军队。这种冲锋枪的设计相当粗糙，用耐用钢冲压制成。它的手枪枪把和弹匣槽可以向前折叠，利于携行和保存

新武器

法国需要研制自己的新式冲锋枪，并且 3 家兵工厂都作出了积极的反应。法国蒂尔武器制造厂的设计（这种冲锋枪被称为 MAT）被选中。1949 年，新式冲锋枪投入生产。法国要用自己设计和制造的性能更好的武器重新武装法国军队，以增强法军的战斗能力。

这种新式冲锋枪就是 MAT 49 冲锋枪。由于制作精良，性能良好，所以今天仍在大量使用，不像其他冲锋枪的使用期限那样短暂。该枪采用了当时的冲锋枪所采用的常规结构：零部件和组件用钢板冲压制成，但是 MAT 49 冲锋枪的许多零部件都是用耐用钢材精制而成的，非常坚固，经得起摔打和碰撞。这对法国来说极其重要，法国军队在随后的 15 年甚至是更长时间里，在世界许多地区（如东南亚和北非）积极参加了大量军事行动。这些地方环境恶劣，需要能连续使用而性能不受影响的武器。

上图：为驻扎在法国殖民地的法军设计的 MAT 49 冲锋枪。在东南亚战争中，法军大量使用这种冲锋枪。在阿尔及利亚的残酷战斗中，法军也大量使用了这种冲锋枪。MAT 冲锋枪成功经受了严峻的考验

久经考验的机构设计

该型冲锋枪采用反吹式自动原理，同时采用法国独特的包络式枪机闭锁：为了减小机匣尺寸，MAT 49 冲锋枪的包络式枪机会部分进入弹膛，而其他冲锋枪则没有此类设计。MAT 49 冲锋枪的另一大设计是具有法国风格的弹匣槽：为了减少储存和携行时的体积，弹匣插入弹匣槽后，弹匣槽可以向前折叠。这一设计直接继承自战前的 MAS 38 冲锋枪，法军认为这种设计效果不错，因此，MAT 49 冲锋枪就保留下来：阻铁下压，弹匣槽（带有一个装满子弹的弹匣）向前折叠，放在枪管下面；需要再次使用时，只需将弹匣向后推拉，弹匣槽就可以当作前置式枪把使用。这种前置式枪把的作用非常重要：MAT 49 冲锋枪只能全自动射击，因此在射击时需要有结实的握把才能有效操纵武器。

为了确保尘土和异物无法进入机械装置内部，MAT 49 冲锋枪的设计经历了惨痛的教训，这也是过去留下的一大教训：当 MAT 49 冲锋枪在北非大沙漠中刚投入使用时，沙子很容易进入枪的内部。现在这个问题已经解决：当弹匣在弹匣槽前面的位置时，拍打一下弹匣，就可以把脏物震出去。如果需要清理或维修，这种冲锋枪不需要借助什么工具就可以将其分解。握把保险既可锁定扳机装置，又可以锁定枪栓，使其无法向前移动。

所有的 MAT 49 冲锋枪都具有结构简单而坚固耐用的特点。有的 MAT 49 冲锋枪现在还被法国军队、警察和准军事部队使用。另外，它还被出口到许多法国的前殖民地以及和法国有重大利益关系的地区。自从 FAMAS 5.56 毫米突击步枪问世后，法国军队使用的 MAT 49 冲锋枪的数量越来越少，但是仍有相当多的人在使用，短时间内，它是不会消失的。

性能诸元

MAT 49 冲锋枪

口径：9 毫米（帕拉贝鲁姆手枪弹）
重量：4.17 千克（装弹后）
枪长：720 毫米（枪托延伸后），460 毫米（枪托折叠后）
枪管长：228 毫米
射速：600 发 / 分
枪口初速：390 米 / 秒
弹匣：可装 20 发或 32 发子弹的垂直状盒形弹匣

瓦尔特 MP-K 和 MP-L 型冲锋枪

到 1963 年时，位于德国乌尔姆的卡尔－瓦尔特公司对轻武器市场造成了更大的影响，而不是仅仅依靠销售各种各样的警用手枪和军用手枪。

新版本

经过数年的研制和测试之后（可以追溯至 20 世纪 50 年代后期），卡尔－瓦尔特公司在他们的武器产品中推出了两种基本形式的轻型冲锋枪。它们分别是 MP-K（短款）和 MP-L（长款）。两款武器是相似的，主要区别在于枪管的长度以及包络几乎整个枪管长度的护木的长度。

MP-K 和 MP-L 都发射 9 毫米 ×19 毫米帕拉贝鲁姆手枪弹，且均具备可选择火力（单 / 连发）模式，采用开膛待击。此外客户也可以购买仅具备全自动模式或仅具备半自动模式的型号。枪机位于枪管上方，后膛关闭时与枪膛末端重合。枪机和复进簧都安装在一个导杆上。枪机上加了凹槽，可避免侵入的灰尘或碎片造成阻塞。一个非同寻常的设计特征是机匣左手侧的拉机柄不会随着做枪机往复运动，但可以通过拉动拉机柄让枪机排出哑弹。火控开关是双手通用的。野外分解和维护也简单快捷。

机匣是由坚固耐磨冲压钢制成的，32 发容量的盒型弹匣向上插入机匣中，弹匣正好位于手枪式握把正前方。钢丝伸缩枪托可以向前收入机匣两侧以便携行。此外该枪还配有背带环。

瞄准装置的创新则是由两部分组成的表尺。简单的缺口配合前方的准星护翼组成的瞄准系统能够快速瞄准 75 米内的目标，而如果要精确射击 150 米（这一射程在实战中过于乐观）内的目标，射手可以翻倒照门，一个觇孔瞄准具便会被同时翻起，与前方的准心共同处于瞄准线上。枪口上可安装一个消声器或空包弹射击附件，同时也可在前端的护手下方安装一个战术灯。

众多警察和武装部队大量测试了 MP-K 和 MP-L，但都没有下达大量订购的订单。两者都是全面的武器，具有很多引人注意的特征，但它们出现的时候潜在的市场仍然充斥着二战遗留下来的武器。曾有报道称少量联邦国的警察部队采购过少量该型冲锋枪。

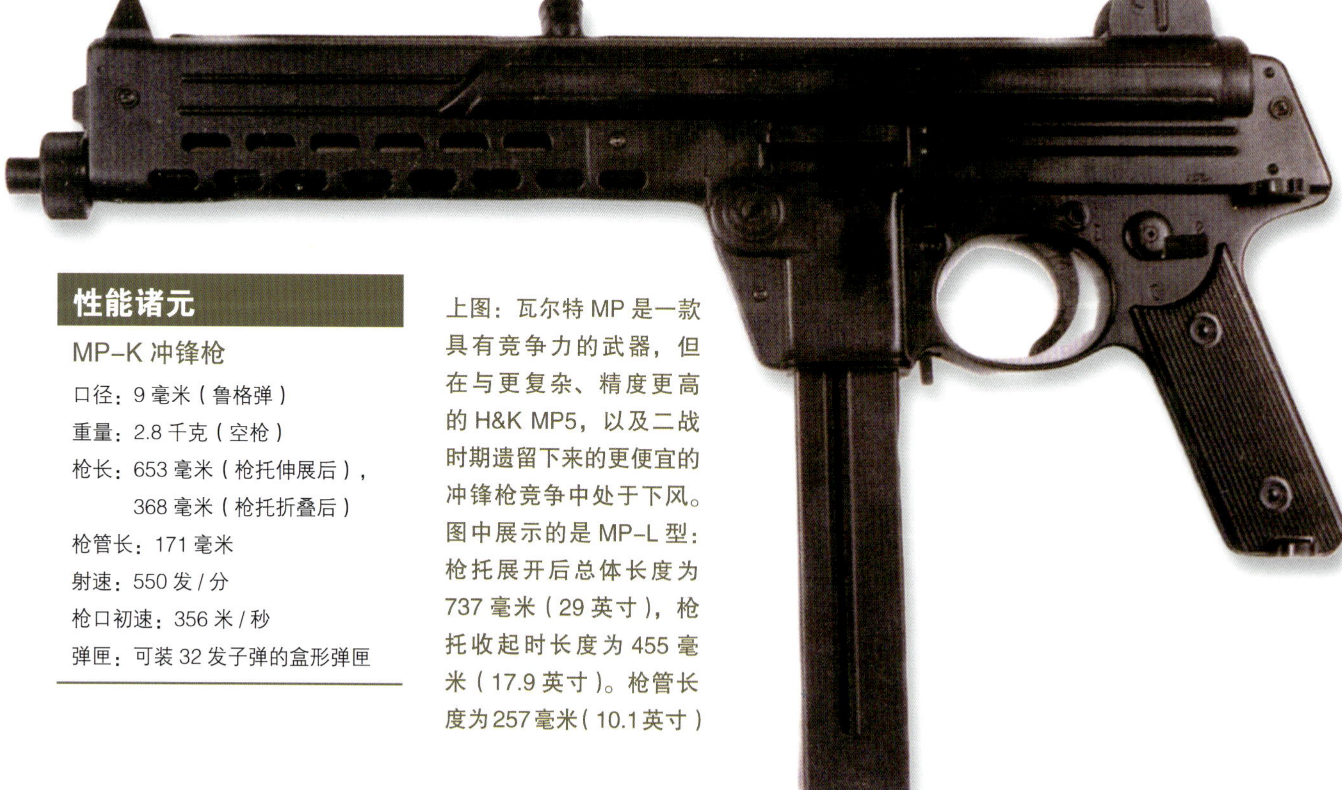

上图：瓦尔特 MP 是一款具有竞争力的武器，但在与更复杂、精度更高的 H&K MP5，以及二战时期遗留下来的更便宜的冲锋枪竞争中处于下风。图中展示的是 MP-L 型：枪托展开后总体长度为 737 毫米（29 英寸），枪托收起时长度为 455 毫米（17.9 英寸）。枪管长度为257毫米（10.1英寸）

性能诸元

MP-K 冲锋枪

口径：9 毫米（鲁格弹）
重量：2.8 千克（空枪）
枪长：653 毫米（枪托伸展后），
368 毫米（枪托折叠后）
枪管长：171 毫米
射速：550 发 / 分
枪口初速：356 米 / 秒
弹匣：可装 32 发子弹的盒形弹匣

H&K MP5 冲锋枪

自第二次世界大战以来，德国的 H&K 一直是欧洲最大和最重要的轻武器制造商。它的成功很大程度上是因为成功生产出了 G3 步枪。G3 步枪是北约许多国家的制式步枪，现在世界各地的许多国家仍在使用。20 世纪 60 年代，该公司在 G3 步枪的基础上，又研制成功了 MP5 冲锋枪。

以步枪为基础的冲锋枪

MP5 冲锋枪是专门为发射标准的 9 毫米 ×19 毫米帕拉贝鲁姆手枪弹设计的。这种子弹属于威力相对较小的手枪弹。MP5 冲锋枪采用与大威力的 G3 步枪相同的滚柱闭锁原理。不过相比在安全性方面的提升，较为复杂的枪机设计还是可以接受的。与其他冲锋枪不同，MP5 冲锋枪采用闭膛待击：当射手扣动扳机时，枪机仍位于前方闭锁位置，这一设计使得射手的瞄准不会因为扣下扳机后的枪机运动而受到干扰。因此 MP5 的精度要高于许多冲锋枪。MP5 冲锋枪使用了许多与 G3 步枪相同的零部件，因此二者在外形上非常相像。

有 50 多个国家的军队和执法部门使用 MP5 冲锋枪。MP5 冲锋枪被公认为世界上著名的冲锋枪。该枪的派生型号多达 120 余种，能够满足各种不同的战术需求。得益于模块化设计，MP5 冲锋枪可以安装各种类型的枪托、前护木、瞄准具基座和其他附件，极高的灵活性使得该枪能够胜任各种类型的任务。

MP5 冲锋枪的主要型号有：带有固定枪托的 MP5A2 冲锋枪；使用倾斜式金属支柱枪托的 MP5A3 冲锋枪；MP5A4 和 MP5A5 分别是在 MP5A2 和 MP5A3 基础上增加三发点射功能的产品。

MP5SD 冲锋枪安装了消音器，主要在特种作战和反恐作战时使用该枪的可拆卸式消声器在安装后也不会影响全枪的长度和轮廓。MP5SD 冲锋枪的消音器（使用了润湿技术）用完整的铝或不锈钢制成。它和大多数消音武器不同，不需要使用亚音速子弹，就能达到有效消音的效果。

隐蔽性武器

MP5K 冲锋枪专门供特种部队使用。在特种作战中，如何隐藏武器非常重要。它是 MP5 冲锋枪

上图：H&K 的 MP5K 冲锋枪

性能诸元

MP5K 冲锋枪

重量：2.1 千克（空枪）

枪长：325 毫米

枪管长：115 毫米

枪口初速：375 米 / 秒

弹匣：15 发或 30 发盒形弹匣

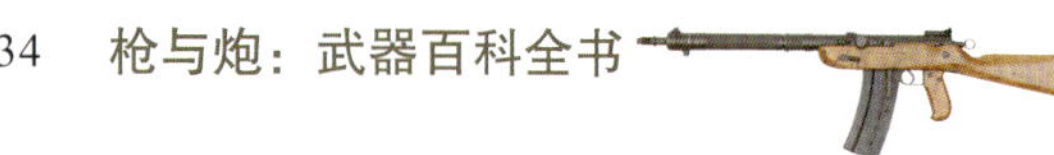

H&K 的 MP5A3 冲锋枪

性能诸元

MP5A2 冲锋枪

口径：9 毫米（帕拉贝鲁姆手枪弹）
重量：2.97 千克（装弹后）
枪长：680 毫米
枪管长：225 毫米
射速：800 发 / 分
枪口初速：400 米 / 秒
弹匣：15 发或 30 发盒形弹匣

MP5SF 冲锋枪

口径：10.16 毫米（0.40 英寸史密斯和威森）
重量：2.54 千克（装弹后）
枪长：712 毫米
枪管长：225 毫米
射速：只能半自动射击
枪口初速：330 米 / 秒

H&K 的 MP5A2 冲锋枪

上图：这支 MP5A3 采用倾斜的金属支柱枪托，大大缩短了枪的长度。早期的 MP5 冲锋枪使用的是垂直式弹匣

上图：伦敦大都会区警察局局长约翰·斯蒂芬在视察大都会区警察局新型枪械和公共秩序中心期间手持一把 H&K MP5 冲锋枪留影

的袖珍型，长度仅有 325 毫米。该枪的垂直前握把是其突出外形特征，前握把就位于枪口下方，而枪口几乎与前护木齐平。MP5KA1 冲锋枪是 MP5 系列冲锋枪中的特殊型号，没有突出部分，所以能装在衣服或特殊的枪套内。

MP5N 冲锋枪或“海军”型冲锋枪是为美国海军的“海豹”特战小队专门生产的。该枪采用左右手均可操作的快慢机和扳机，枪口车有螺纹。

尽管 MP5 冲锋枪的设置极为复杂，但事实证明，它确实是一种优秀、可靠的武器。联邦德国警察和边防部队最先使用了这种冲锋枪。不久，瑞士警察和丹麦军队采购了许多 MP5 冲锋枪。执法部门的工作人员一般使用单发射击的型号，因为他们常常要在人群拥挤的地方，如机场等处执行任务。

然而，自从英国特别空勤团使用 MP5 冲锋枪后，这种武器就成了世界各国特种作战部队的首选武器。由于 MP5 冲锋枪采用闭膛待击，因此先天具备较为优秀的进度。在人质营救过程中，平民的生命随时会受到威胁，能够准确瞄准和精确射击目标是营救人质时使用武器的最基本要求。

上图：这支 MP5A2 冲锋枪有一个固定的塑料枪托。1978 年后，为了改善供弹性能，所有的 MP5 冲锋枪都改用弧形弹匣

H&K MP5A3 冲锋枪

执法专用武器

为了满足美国执法部门的需求，H&K 于 1991 年生产了一种可以发射 10 毫米口径子弹的 MP5 冲锋枪；随后又生产了可发射 10 毫米（0.4 英寸）口径的史密斯和威森手枪弹和 11.43 毫米（0.45 英寸）口径的柯尔特手枪弹的冲锋枪型号。MP5SF（单发射击）卡宾枪是一种只能半自动射击的武器。警察巡逻队喜欢使用这种武器。它可以支援或替代警察使用的霰弹枪。和霰弹枪相比，它的后坐力小、射程远、弹匣容量大，尤其适合身材矮小的警察使用。

模块式武器系统

H&K 的 MP5 冲锋枪的模块式设计主要由除了枪背带之外的六大部分组成。各种各样的枪托，前护木，瞄准镜基座和其他辅助设备使得该型枪具备前所未有的灵活性。这些组件可以和其他组件互相交换，几乎能满足任何条件下的作战需要。各个组件既可单独拆卸下来修理，也可以换上新的组件，迅速投入战斗。

护木固定销
击针
用于加装枪口附件的凸笋
拉机柄
复进弹簧
固定销前护木
前护木
前背带环（套）
口径为 9 毫米的帕拉贝鲁姆手枪弹
弹匣释放杆
可装 30 发子弹的弹匣
击发阻铁
扳机弹簧

上图：快慢机可以让射手自由选择单发射击、全自动 2 发子弹点射或 3 发子弹点射。快慢机开关易于使用，甚至戴着手套也可以使用

上图：弹匣并联器是一种简单便宜且极为有效的附件。全尺寸 MP5 冲锋枪通常采用 15 发或 30 发弧形弹匣，加装并联器可以快速更换弹匣，从而有效增强 MP5 冲锋枪的火力

上图：H&K 为 MP5 冲锋枪研制出了全套辅助设施。这是供警察使用的激光瞄准仪和电筒

MP5A3 冲锋枪的剖面图

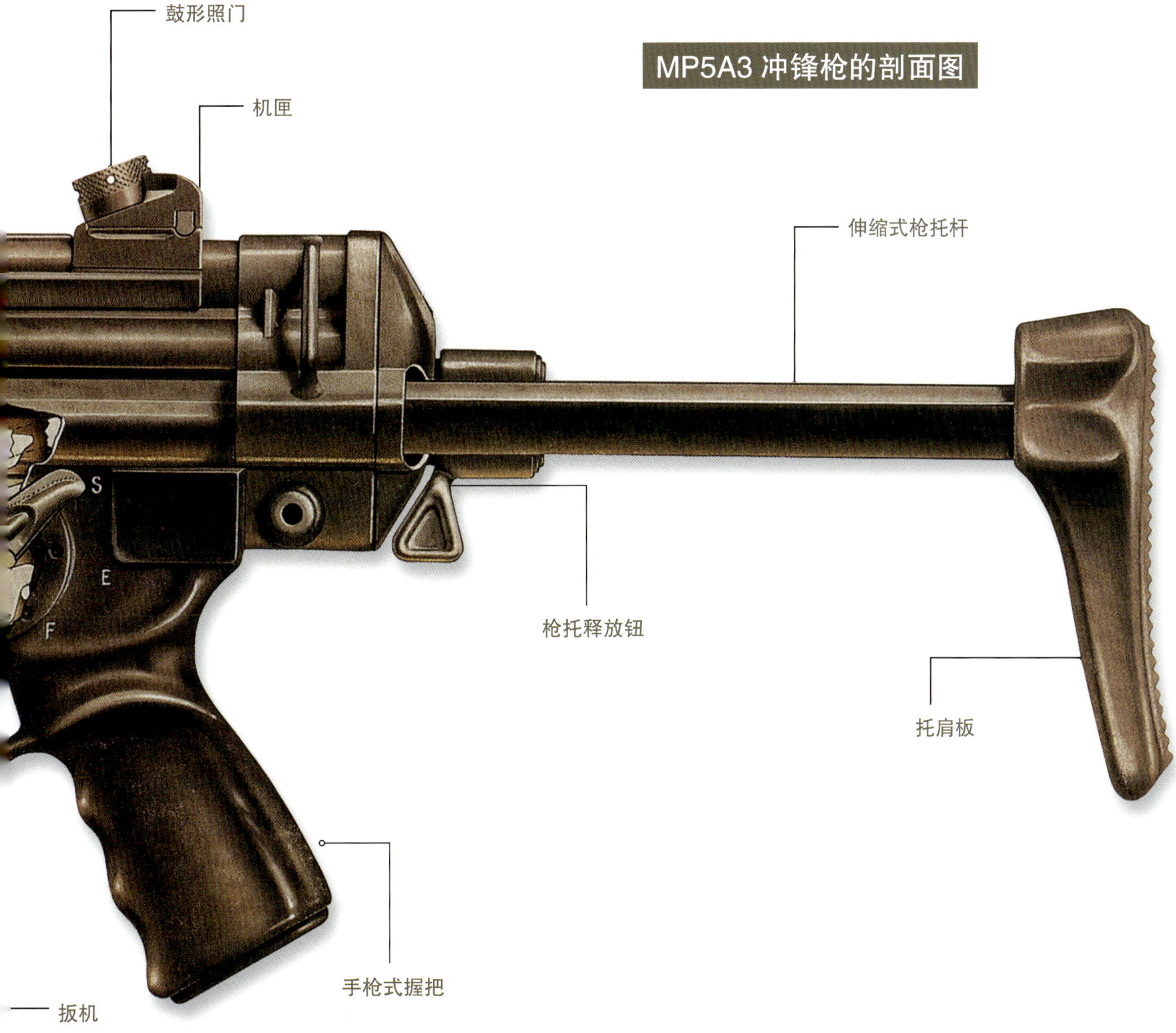

鼓形照门

机匣

伸缩式枪托杆

S

E

F

枪托释放钮

托肩板

手枪式握把

扳机

H&K MP7 型单兵自卫武器

上图：MP7 在设计时定位于一款近距离自卫武器，主要由那些由于职责所限而不能携带如突击步枪或常规冲锋枪等较大尺寸武器的军事人员使用

性能诸元

MP7 单兵自卫武器

口径：4.6 毫米

重量：1.6 千克（空枪）

枪长：590 毫米（枪托伸展后），380 毫米（枪托折叠后）

枪管长：180 毫米

射速：950 发 / 分

枪口初速：750 米 / 秒

弹匣：20 发或 40 发盒形弹匣

上图：图中展示的 H&K MP7 的可伸缩式枪托和前部握把都收起来了。MP7 的主要作战子弹是 BAE 系统公司研制的钢芯普通弹，总重量为 6.3 克（0.22 盎司）

左图：除了机械瞄准具，MP7 还可使用红十字内点瞄准器，通用导轨可以兼容其他类型的瞄准具，拉机柄也是左右手通用的

H&K MP7 被划归为单兵自卫武器（PDW）范畴。4.6 毫米（0.18 英寸）单兵自卫武器是一项有争议的创新，它本计划给那些必须携带自卫武器，但又由于军事活动而不能装备突击步枪或轻型冲锋枪的士兵使用，同时这些士兵又必须装备比短射程的手枪火力更强的武器。众多军事人员都是潜在的单兵自卫武器使用者，从无线电操作员到司机和办事员，他们可能需要随时携带自己的单兵自卫武器，同时还要求武器必须具有致命性杀伤力，易于精确射击，射程达到 200 米（219 码）。

使用的简易性

为了实现使用的简易性，H&K MP7 是一款紧凑而轻巧的武器，配套的绳带使其既可以挂在肩上使用，也可以用作手枪皮套，同时对使用者造成最小程度的妨碍。为了保证在设计作战范围内良好的弹道性能，H&K 专为 MP7 研制了一种新的 4.6 毫米 ×30 毫米弹药，全弹重量仅为 6.3 克（0.22 盎司）。该枪主要使用的是专用的钢芯铜被甲普通弹，弹头重量仅为 1.6 克（0.05 盎司），但可在 100 米（109 码）外击穿 1.5 毫米（0.06 英寸）厚的钛板和 20 层凯夫拉纤维。这意味着该型子弹足以击穿大部分国家使用的军用防弹衣。其他类型的弹药包括曳光弹、空尖弹（弹头在击中后会发生变形）。此外该枪还配有廉价的训练弹、易碎弹、空包弹和演习弹。其他种类的弹药目前也在研制当中。

MP7 采用导气式自动原理，旋转枪机闭锁。该枪大量采用聚合物材料以降低重量，伸缩式抵肩枪托收起时，枪体长度仅为 380 毫米（15 英寸）。它可以像手枪那样单手发射，但为了让射击更可控，枪托可以伸展开来（枪支总体长度也增加至 590 毫米 /23.2 英寸），同时前部的握把可以折叠起来。枪支空重仅为 1.6 千克（3.5 磅），盒型弹匣向上插入后握把中，容量为 20 或 40 发。MP7 循环最大射速大约为 950 发 / 分，可采用单发射击模式。

机匣顶部装有一条“皮卡汀尼”导轨，上面可安装各种类型的光学瞄准器——当然也可以安装机械瞄准具。大多数使用者似乎更偏爱某种内红点瞄准器。保险、快慢机、弹匣释放钮和拉机柄都是左右手通用的。MP7 战斗配件包括枪口上的消声器，以及机匣某侧安装的一个战术灯。

德国特种部队从 21 世纪初开始换装 MP7，其他国家也对该枪进行了长期的测试，特别是英国，英军首批将订购大约 14000 支 MP7 型 PDW。

左图：MP7 可以仅用单手发射，虽然人们更偏爱的用法是借助扳机前方的可折叠握把进行双手操作。该枪在展开枪托抵肩射击时的有效射程可达 200 米（219 码）

大宇 K7 消音冲锋枪

2003 年问世的 9 毫米（0.354 英寸）口径大宇 K7 消声冲锋枪（简称 K7）是专门为韩国特种部队设计的，且该枪在发射时仅会发出很小的声音。该枪的设计颠覆了外界对于韩国轻武器的传统认知。

尽管具有创新的一面以及特殊的性能，K7 仍然不是全新的设计方案，它基于一款现成的武器——大宇 K1A 短突击步枪，后者发射 5.56 毫米 ×45 毫米（0.219 英寸）北约标准步枪弹，该步枪弹已经在成为世界许多国家的制式弹药。

武器的潜力

K7 和 K1A 采用了相同的机匣和可伸缩枪托，但采用了不同的自动原理。K1 短步枪采用的 5.56 毫米步枪弹也改为了低初速的亚音速全被甲手枪弹，虽然低初速导致杀伤力有所下降，但在近距离这一缺点并不明显。同时，低初速与低膛压使得冲锋枪的发射特征变得非常小。再加上大型消声器，武器发射时的噪声会基本被完全压制。大型消音器为圆筒形，被直接固定在短枪管的周围。消声器不仅压制了射击的噪声，枪口焰也会完全被消声器遮蔽，从而使得该枪在夜间射击时几乎不会被发现。

弹药

手枪弹的低初速也使得 K7 没有采用 K1A 的导气式自动原理，类似卡拉什尼科夫突击步枪的导气式枪机被更换为了旋转闭锁枪机。K7 采用传统的反吹式自动原理，枪机依靠前冲的惯性克服子弹击发所产生的冲击力，直到子弹飞出枪口，弹膛内压力降低至安全水平后才会开始后坐。

该枪采用 30 发直弹匣供弹，由于仍然保留了 K1A 步枪的弹匣井，因此在原有的弹匣井内部加装了转接件以容纳尺寸更小的弹匣。该型步枪有 3 种可选的射击模式，最常用的是单发模式，不过也具备三发点射和全自动模式。但是全自动模式长时间射击很可能损坏消声器内部的隔板，尤其是该枪的循环射速高达 1150 发 / 分，如此之高的射速是由该枪过于轻量的枪机所导致的。

改进的瞄准器

与 K1A 步枪相比，K7 的机械瞄具经过大幅修改以使用低初速枪弹。该枪的瞄准具最大表尺为 135 米（150 码），不过大多数情况下遭遇战是在更

上图：韩国大宇公司制造的 K7 轻型冲锋枪在战斗中噪声很小，但这牺牲了射程和杀伤力。不过这对于特种部队的使用来说并没有太大的影响

近距离上爆发的。K7 还可以装备一种夜间瞄准器，该枪还配有枪背带。

使用 K7 最多的部队可能是第 707 特战营，该部队隶属于韩国陆军的特种作战司令部。特战营是韩国最重要的反恐力量和快速反应力量。该部队的士兵头戴与众不同的黑色贝雷帽，主要负责城市反恐任务，战时则执行秘密特种作战任务。

这支精英部队是在 1972 年恐怖分子对慕尼黑奥运会发动恐怖袭击后建立的，当时韩国政府意识到他们需要一支特种部队去处理紧急威胁，作战对象包括特种部队和韩国境内的外国恐怖分子。

新的行动

1982 年，韩国政府为特战营部署了一项新任务，即在 1988 年的汉城奥运会中对任何恐怖行动做出快速响应。该部队立即启动一项计划，提高特战营的作战能力和装备整体性能，部队规模也几乎扩大了 3 倍。特战营在 1986 年的亚运会和 1988 年的奥运会中为重要人物和场所提供安全保障。

特战营基地位于城南市，总人数大约为 300 人，被分成 6 个大队，其中两个专门用于反恐行动。每个反恐小组包括 4 个 14 人的小队，每个小队配有支援和爆破分队。据报道，特战营还保留了一支女性队员组成的分队，用于恐怖分子组织可能认为女性不会带来威胁的场景。特战营队员仅从合格的特种部队队员中挑选。特种部队的训练和挑选为期一年，其中包括 6 个月的基本步兵战斗训练，以及 6 个月的特种战场和跳伞训练。在特种战场训练期间，士兵会接受基本的跳伞技巧、索降、山地战场、格斗、轻型武器使用以及爆破等训练。

韩国特种部队以其过硬的身体素质而闻名，第 707 特战营的士兵则更胜一筹。训练管理强调身体适应性，标准项目包括雨雪天气和零摄氏度以下天气的体操训练，以及不带保护措施在结冰的湖中游泳训练。

性能诸元

大宇 K7 消音冲锋枪

口径：9 毫米

重量：3.4 千克（空枪）

枪长：788 毫米（枪托伸展后），606 毫米（枪托折叠后）

枪管长：134 毫米

射速：1150 发 / 分

枪口初速：295 米 / 秒

弹匣：30 发盒形弹匣

特种训练

志愿加入特战营的特种部队队员首先必须经过严格而全面的背景审查，并完成为期 10 天的挑选过程，最终仅留下 10% 的志愿者。特战营的反恐训练更加集中，进入特战营的人员将接受全面的作战技巧训练。

据报道，特战营的训练设施是全世界最全面的，他们拥有各种各样的训练设施，用于士兵作战技能的训练和发展。

特战营也与韩国其他特种部队一样，与其他国家的相似部队保持密切联系，其中包括新加坡的警察特工队（STAR）和澳大利亚特别空勤团的战术突击组，但其联系最紧密的部队是美国陆军第 1 特种大队和“D 部队”（“三角洲”部队）。

特战营训练和作战的经费十分充足，因此，他们有机会使用各种各样的国外武器和本土制造的武器。手枪包括改进型柯尔特 M1911A1 11.43 毫米（0.45 英寸）手枪和大宇 DP51 9 毫米手枪。H&K MP5 是突击行动中首选的轻型冲锋枪，大宇 K7 的使用则更为低调。该部队装备的 K1 和 K2 突击步枪也主要是改进型号，加装了前握把和微光夜视瞄准镜。后备部队则训练使用了装备握把的伯奈利 Super 90 霰弹枪。H&K PSG1 和 M24 步枪是标准的短程狙击枪，更远距离的狙击任务则由 12.7 毫米（0.5 英寸）RAI 步枪承担。至于更重型的火力，特战营拥有 M203 40 毫米榴弹发射器，以及 M60E3 7.62 毫米和 K3 弹链式机枪。特战营还装备有便携式地空导弹用于应对来自空中的袭击。

PM-63（wz 63）冲锋枪 / 冲锋手枪

彼得·维尼茨教授领导的团队设计的 PM-63（wz 63）冲锋枪（简称 PM-63）主要使用者是波兰特种部队、空降部队和装甲部队，维尼茨教授还是 ViS 35 手枪的设计者之一。PM-63 更为人知的名字是 RAK（Reczny Automat Komandosa 即波兰语的“突击自动枪”），它使用苏联的 9 毫米 ×18 毫米（0.354 英寸）马卡洛夫手枪弹。PM-63 由位于拉多姆的卢兹尼克（Z.M. Lucznik）兵工厂生产，最终于 1980 年停止生产。

与其说 PM-63 是一款轻型冲锋枪，不如说它更像一款全自动手枪，它结合了自动装填式手枪和全自动冲锋枪的典型特征。因此，PM-63 拥有一个优势——单发射击可以单手完成，但全自动射击时需要展开枪托，前护木可以放倒成为稳固的前握把。

双弹匣

弹匣卡榫位于手枪式握把的根部，与同期的其他华约手枪相似，采用 15 或 25 发容量的双排弹匣。该枪采用简单的自由枪机原理，开膛待击。该枪需要向后拉动套筒才能上膛，不过也可以将凸出的枪口防跳器抵住硬物上膛。

在扣动扳机后（该枪没有快慢机，两段式扳机第一段为单发，第二段为全自动），套筒会释放，并在复进簧驱动下向前运动，从而将弹匣内的一发子弹推入弹膛。在子弹进入弹膛后抽壳钩便会抱住子弹底缘，在套筒尚在向前滑动的同时子弹便会击发。

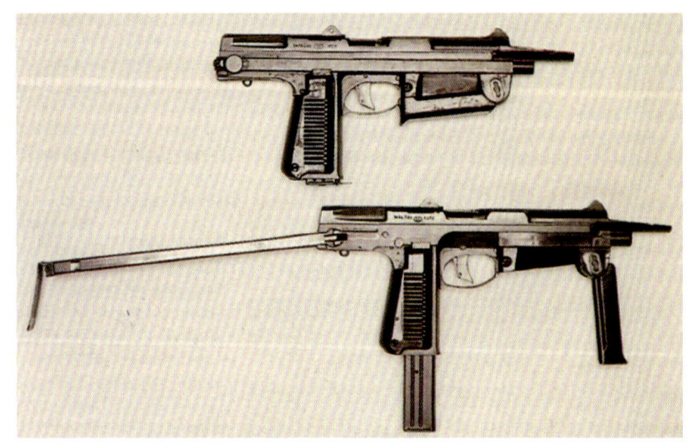

上图：图中上方的枪支是枪托收起状态的 PM-63，下方则是枪托展开时的样子。展开枪托进行抵肩射击可以一定程度上提升射击精度

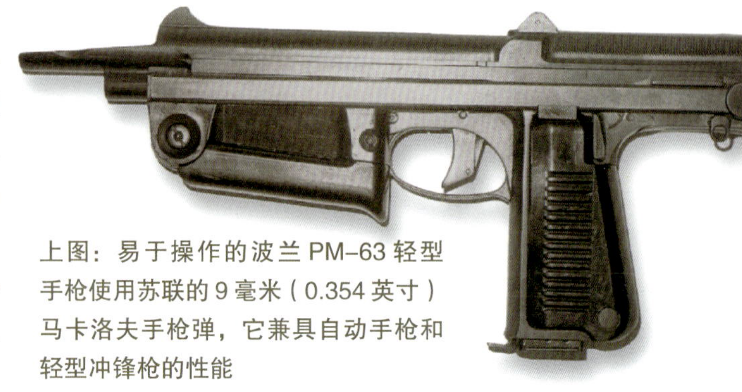

上图：易于操作的波兰 PM-63 轻型手枪使用苏联的 9 毫米（0.354 英寸）马卡洛夫手枪弹，它兼具自动手枪和轻型冲锋枪的性能

击发产生的冲击力让套筒向后运动，空弹壳被向后拉至位于右侧的抛壳窗位置然后弹出。套筒继续向后移动，直到枪管下方的复进簧完全压缩为止。

延迟动作

随后套筒在向后运动的过程中会挂上减速阻铁，阻铁此时位于枪机尾部，在惯性作用下继续后退的过程中减速阻铁会压缩减速弹簧，弹簧在压紧后会向前释放，从而使得减速阻铁向下脱离枪机。在套筒后坐到位后，如果扳机仍被扣住且弹匣内仍然有弹，击发流程将再次开始，如此循环往复。减速阻铁将枪支的循环最大射速控制在了 600 发 / 分，而在不受控制的情况下最大射速可能达到 840 发 / 分。最大射速的降低使得 PM-63 成为一款易于控制的武器。

上述延迟动作并不意味着 PM-63 就是一款完美的武器，因为它也存在一些缺陷和不足。首先，该枪制造工艺复杂，枪上的一体化套筒尤为复杂，因而生产成本高昂。其次，瞄准具会随着套筒前后移动，这导致该枪在连发模式下几乎无法调整弹着点。

性能诸元

PM-63 冲锋枪

口径：9 毫米

重量：1.8 千克（空枪）

枪长：583 毫米（枪托伸展后），333 毫米（枪托折叠后）

枪管长：152 毫米

射速：600 发 / 分

枪口初速：323 米 / 秒

弹匣：15 发或 25 发盒形弹匣

持续的服役

然而，不可否认的事实是 PM-63 的服役时间很长：该武器于 1963 年被引进，直至 21 世纪前十年还能在波兰武装力量中见到它的身影。

以色列IMI乌兹冲锋枪

乌兹冲锋枪的设计可以追溯到半个世纪前，自这种武器问世以来，其作战效果一直声名显赫。这种冲锋枪是以它的设计者乌兹埃尔·盖尔的名字命名的。这种小型冲锋枪研制于以色列四面临敌的危急关头，且当时缺少加工制造设施。乌兹冲锋枪的主要部件是用廉价的压钢制成的，易于制造和维修。

第二次世界大战前，捷克的CZ 23冲锋枪给盖尔留下了深刻印象。乌兹冲锋枪采用包络式枪机，全枪的大部分质量位于前部，在击发时枪机大部分会包住枪管。这种设计使得乌兹冲锋枪的总体尺寸相当紧凑，但实际枪管比其他常规冲锋枪要长一些。

廉价制造

乌兹冲锋枪主要是用冲压钢板焊接制造。枪身主体是由耐用钢板制成的，两侧冲压的凹槽可以吸收尘土、泥泞或沙子。这些异物一旦进入枪内，可能会影响枪的操作。如此简单的设计使乌兹冲锋枪可以在最恶劣的条件下使用。在军事应用方面，可靠的性能为这种冲锋枪赢得令人羡慕的美名。

枪口后面有一个大型螺栓将枪管固定在机匣上。扳机组件位于中心位置，盒形弹匣从手枪式握把中装弹插入。这样的设计非常有利于在黑夜中装弹，因为左手可本能地找到右手。正规的作战用弹匣可装32发子弹。但是，一般情况下，都是用一个交叉式夹子或胶带将两个弹匣夹在一起，这样做可以快速地更换弹匣。握把上设有握把保险，快慢机正好位于枪把上方，利用它可以选择半自动射击（单发射击）。原来的枪托用结实的木材制成，后来

下图：乌兹冲锋枪精度极差。然而，在有效射程内，它所拥有的强大火力足以令目标无处躲藏

迅速改成了金属枪托。为了减少枪的长度，枪托可以折叠到机匣后下方。

虽然使用了折叠式枪托，但许多射手还是想使用更加轻巧的冲锋枪。以色列军工公司根据全尺寸乌兹冲锋枪研制出迷你乌兹冲锋枪，它和最初的乌兹冲锋枪只是在尺寸大小和重量上有所区别。虽然它的基本设计经过了一些改进，但仅是外观上的修改，枪械内部结构设计没有发生变化。因为迷你乌兹冲锋枪比全尺寸的乌兹冲锋枪轻一些，该枪的枪机也变得更轻，因此射速高达 950 发 / 分，比全尺寸版本的乌兹冲锋枪快许多。两者最明显的区别是迷你乌兹冲锋枪使用单杆式金属枪托代替了全尺寸型的折叠式枪托。这种单独的支柱式枪托可以向枪身右侧折叠，折叠后的枪托可以将抵肩板作为前握把抓握。

下图：预谋刺杀里根总统的约翰·辛克利由于距离罗纳德·里根总统不够近，所以很快被美国密勤局的总统保镖按倒制服。毫无疑问，如果保镖们不想生擒他的话，他或许早就被持有乌兹冲锋枪的保镖击毙了

进一步缩小

“微型”乌兹冲锋枪的尺寸更小，主要是为特工或安全人员研制的，仅比大型手枪大一点。由于该枪的枪机尺寸极小，因此射速高到令人不可接受，为了通过增加枪机质量的方式来降低射速，该枪的枪机甚至采用了钨合金材料。但即便如此，“微型”乌兹的射速仍超过 1200 发 / 分。

半自动乌兹卡宾枪也属于乌兹系列冲锋枪。生产这种枪是为了满足美国部分州的法律要求：美国有些州禁止私人拥有全自动武器。另外，该公司还研制出了一种乌兹手枪。

乌兹系列冲锋枪已经成为以色列军事力量的象征。以色列并不是唯一使用乌兹冲锋枪的国家。目前，至少有 30 多个国家和地区的警察和军队购买了这种武器。德国警察和军队购买了大量乌兹冲锋枪，称之为 MP2 冲锋枪。比利时的 FN 公司也获得了这种武器的生产许可证。

上图：最初的乌兹冲锋枪使用常规的木制枪托，但是目前为了简洁、方便，大多数乌兹冲锋枪都使用折叠式金属枪托

性能诸元

乌兹冲锋枪

口径：9 毫米（帕拉贝鲁姆手枪弹）

重量：4.1 千克（装上 32 发弹匣后）

枪长：650 毫米（带木制枪托），
　　　470 毫米（折叠式枪托收起后）

枪管长：260 毫米

射速：600 发 / 分

枪口初速：400 米 / 秒

有效射程：200 米

弹匣：装 25 发或 32 发盒形弹匣

上图：迷你乌兹冲锋枪和全尺寸的乌兹冲锋枪采用了完全相同的内部设计。不过，由于使用了短枪管和轻重量枪机，前者射速更快

性能诸元

迷你乌兹冲锋枪

口径：9 毫米（帕拉贝鲁姆手枪弹）

重量：3.11 千克（装上 20 发弹匣后）

枪长：600 毫米（枪托伸展后），
　　　360 毫米（枪托折叠后）

枪管长：197 毫米

射速：950 发 / 分

枪口初速：352 米 / 秒

弹匣：20 发、25 发或 32 发盒形弹匣

伯莱塔 PM12 型冲锋枪

在第二次世界大战期间，伯莱塔冲锋枪就已经成为意军的对手最希望缴获的战利品。意大利军队和准军事部队也在战后多年间继续使用这款冲锋枪。战后，伯莱塔公司又生产出一系列新式伯莱塔冲锋枪，这些新式冲锋枪被称为伯莱塔 4 型和伯莱塔 5 型冲锋枪。后者生产于 1949 年，制造精良——但实在是过于精良，以至于其售价奇高，且生产速度缓慢。

先进的设计

在 20 世纪 50 年代，该公司又生产出一种全新的冲锋枪。1958 年，伯莱塔 PM12 型冲锋枪问世了。该枪的设计彻底摈弃了此前的伯莱塔冲锋枪的设计。PM12 型冲锋枪采用了筒形机匣，并采用大量的冲压材料部件，而在此之前其他许多冲锋枪生产商已经采用冲压材料许多年。

尽管 PM12 型冲锋枪的外观相当简洁，但该枪的制造工艺和表面处理工艺都相当精良。

PM12 型冲锋枪的内部结构相当传统，不过该枪是较早采用包络式枪机的冲锋枪之一，且包络式枪机目前已经在冲锋枪上得到广泛运用。包络式枪机使得冲锋枪非常短小便携，且精良的制造工艺提升了其性能。该枪可以配备折叠式金属枪托，也可以配备固定枪托。PM12 型冲锋枪采用 9 毫米帕拉贝鲁姆手枪弹，配用容量为 20/30/40 发的弹匣。

海外销售

PM12 型冲锋枪在商业上获得了巨大成功。它被出售到南美洲、非洲、中东和南亚的许多国家和地区。印度尼西亚和巴西获得生产许可证后也生产这种武器，它们生产的产品不仅供应本国，而且还出口到世界各地。然而，自从 1961 年就开始使用这种冲锋枪的意大利军队相对来说采购数量并不多，主要供该国的特种部队使用。1978 年，PM12 型冲锋枪停止生产，被更先进的伯莱塔 12S 型冲锋枪取代。从外观上看，两者极为类似，但有几处明显的区别，其中，最明显的就是后者使用了环氧树脂涂料工艺，所以这种冲锋枪经得起腐蚀和磨损。

PM12 型冲锋枪采用了一体式的按压式快慢机，位于手枪式握把上方，左右侧均可操作。PM12S 型冲锋枪采用了更加传统的带保险的单拨片式快慢机，同时配备握把保险。

上图：PM12S 冲锋枪和早期的 PM12 型冲锋枪的区别可从该枪的单拨片保险 / 快慢机看出。白色的 S 代表安全状态，I 代表半自动射击状态，R 代表全自动射击状态

上图：PM12 型冲锋枪和战前的伯莱塔冲锋枪在设计上的最大区别是 PM12 型冲锋枪的弹匣槽和机匣是用高强度厚钢板冲压成的

改进

改进后的折叠式枪托在展开和锁定位置都更加顺手。瞄准具也经过了修改。从 PM12 型冲锋枪中继承下来的最值得称道的设计是该枪在枪机两侧布置的凸出导槽，导槽可以防止尘土等脏污进入枪内，即使在恶劣的条件下，PM12S 型冲锋枪也不会出现什么问题。

意大利军队和其他几个国家的军队采购了 PM12S 型冲锋枪。比利时埃斯塔勒的 FN 公司获得生产许可证后也进行了生产，巴西的福贾斯 · 托拉斯公司也生产了这种冲锋枪。

性能诸元

PM12S 型冲锋枪

口径：9 毫米（帕拉贝鲁姆手枪弹）

重量：3.81 千克（装上 32 发弹匣后）

枪长：660 毫米（枪托伸展后），
418 毫米（枪托折叠后）

枪管长：200 毫米

射速：500～550 发 / 分

枪口初速：381 米 / 秒

弹匣：20 发、32 发或 40 发盒形弹匣

上图：尽管 PM12 型冲锋枪和它的改进型大量出口到国外，但意大利陆军使用的数量极为有限，仅供特种作战部队和安全部队使用

“幽灵”冲锋枪

意大利 SITES 公司从 20 世纪 70 年代末开始生产“幽灵”冲锋枪。1983 年，这种冲锋枪首次出现在国际武器市场上。这种冲锋枪虽然性能出众，但在商业上却没有获得成功，或许人们低估了它的能力。从技术上看，它应该获得成功。和所有的冲锋枪一样，这种冲锋枪主要是为近距离作战设计的。现在的冲锋枪与其说适合战场，不如说更适合警察和反恐部队使用。因此，这种武器朝着越来越小、易于携带、战斗中安全系数较高等方向发展，并具有瞬间投入作战的能力。

“幽灵”冲锋枪有 4 种子型号：“幽灵”HC 是半自动手枪、“幽灵”H4 是全自动冲锋枪、“幽灵”PCC 的枪管长 230 毫米（装有消音器）、“幽灵”卡宾枪——唯一使用 407 毫米长枪管的类型。

下图：图中的“幽灵”冲锋枪处于加装消音器的状态，且作为推销广告摆拍，卸下了其大容量弹匣

易于隐藏

“幽灵”冲锋枪的设计目的是发挥它的最大作战能力而非降低制作费用。与 H&K 的 MP5 冲锋枪之类的一流武器相比，它的制造费用较低。该枪采用钢制冲压机匣，聚合物握把，以及折叠时收纳于机匣顶部的可折叠式枪托。该枪的枪管被包络于护

性能诸元

“幽灵”H4 冲锋枪

口径：9 毫米

重量：2.9 千克

枪长：580 毫米（枪托伸展后），350 毫米（枪托折叠后）

枪管长：130 毫米

射速：850 发 / 分

枪口初速：不详

弹匣：30 发或 50 发垂直状盒形弹匣

套内，全枪没有明显的突出物，从而可以避免在出枪时钩挂衣物；枪托可向上方翻起，进行抵肩射击。

“幽灵”冲锋枪采用后坐式自动原理，闭膛待击，同时采用在冲锋枪上少见的平行击锤击发。该枪的击锤由两根弹簧控制。射击过程中，闭膛待击能够提升武器的稳定性，显著降低枪身震动和枪口上跳（这在其他许多冲锋枪都非常常见）的出现频率。与常规冲锋枪采用的扳机相比，“幽灵”的扳机更类似于半自动手枪，采用双动击发，这在冲锋枪中是独一无二的。该枪没有手动保险，但设有待击解除杆，从而有效防止走火。该枪即便在膛内有弹的情况下，只要击锤处于释放状态，仍能够保证携行时的安全性，且在紧急情况下只要扣下扳机就能开火。

冷却设计

该枪的枪机在自动机构动作过程中也会作为抽气泵，让冷空气通过枪管护套抽入枪身内，从而降低枪管与枪机在长点射过程中的温度。“幽灵”冲锋枪另一项值得一提的设计是其紧凑的大容量弹匣，该枪采用相对短且宽的4排弹匣，弹容量达到50发，且长度仅与MP5冲锋枪的30发弹匣相当。这对于随身隐蔽携行的武器来说是一大突出优点。

为了最大程度地扩大“幽灵”冲锋枪的潜在销售市场，除了使用9毫米帕拉贝鲁姆手枪弹的标准“幽灵”冲锋枪外，该公司还生产出使用包括10.16毫米史密斯和威森子弹、11.43毫米ACP子弹在内的其他口径的“幽灵”冲锋枪。

上图：得益于前后两个握把，抵肩枪托和专门设计的枪械机构，即便是在全自动射击状态下，“幽灵”也能有效指向目标

下图：非洲某国军队的士兵正在接受“幽灵”冲锋枪的射击训练。和其他类型的冲锋枪相比，“幽灵”冲锋枪的安全系数较高，价格低，性能显著。不过，它更适合于准军事部队使用

m/45 冲锋枪

m/45 9 毫米冲锋枪最初是由卡尔·古斯塔夫·格瓦斯法克托里公司（该公司目前已经被 FFV 集团收购）生产的。一般情况下，人们把这种冲锋枪称为卡尔·古斯塔夫冲锋枪。m/45 冲锋枪的设计非常简朴，属于传统型设计。m/45 冲锋枪采用普通的反吹式自动原理、常规的筒状机匣、带护套的枪管以及铰接在手枪式握把上的钢丝折叠枪托，该枪从整体上看，没什么特别之处。

但是，这种冲锋枪最引人注意的地方是它的弹匣。对于冲锋枪来说，弹匣是最容易引起麻烦的部件。因为弹匣要依靠简单的弹簧压力才能把子弹顶入机匣，然后从机匣内进入发射机构。在战斗中，如果所有子弹不能排成一排进入发射系统，就会导致送弹失效或发生阻塞。最初的 m/45 冲锋枪使用的弹匣曾经是第二次世界大战前索米 37 型冲锋枪和索米 39 型冲锋枪所使用的弹匣。该弹匣容量达 50 发，当时被认为是最好的弹匣。1948 年，投入使用的新弹匣弹容量为 36 发，采用双排单进设计，双排弹匣在收敛区会逐渐交替过渡为单排。

万无一失的供弹系统

事实证明这种新式弹匣极其可靠，使用时没有出现过什么问题。不久，许多公司纷纷开始仿制。

m/45 冲锋枪问世不久，为了适应索米式弹匣或新式楔形弹匣，该公司对它的弹匣槽进行了改进。使用新式弹匣的 m/45 冲锋枪被称为 m/45B 冲锋枪。后来的 m/45 冲锋枪只能采用楔形弹匣。

上图：m/45 冲锋枪通常被称为卡尔·古斯塔夫冲锋枪。这种武器自从 1945 年后开始装备部队，并且大批量出口到国外。瑞典军队的 m/45B 冲锋枪使用 9 毫米帕拉贝鲁姆手枪弹

m/45 冲锋枪和 m/45B 冲锋枪成为瑞典为数不多的出口武器之一。它被卖到丹麦和其他一些国家，如爱尔兰。埃及获得了生产 m/45B 冲锋枪的许可证。埃及把自己生产的 m/45 冲锋枪称为“赛义德”冲锋枪。另外，印度尼西亚也仿造了这种冲锋枪。

或许，使用 m/45B 冲锋枪最奇怪的非越南战争莫属。美国中央情报局订购了一批 m/45 冲锋枪，并且，在美国进行了改装，安装上特殊的消音器后，供美国执行秘密任务的特种部队使用。从许多相关报道中可以看出，该枪消音器的效果并不显著，不久，美国就放弃了这种武器。

m/45 冲锋枪有许多辅助装置。其中，最古怪的是枪口附加装置。它既可以充当空包弹射击装置，又可以当作近距离射击训练装置。这种附加装置可以使用特殊的塑料子弹，出于安全上的考虑，当子弹离开枪口时，就裂成碎片。膛口装置能够在发射训练或空包弹时维持足够全自动射击的膛压。此外，空包弹的膛压还足以让膛口装置发射一枚可以复用的钢珠，从而用于进行近距离射击训练。

左图：埃及（在 1967 年和以色列的战争中）和美国（特种部队在越南战场上使用的带有消音器的型号）等许多国家的军队都使用过卡尔·古斯塔夫冲锋枪。目前，瑞典军队仍然大量使用这种武器

性能诸元

m/45B 冲锋枪

口径：9 毫米
重量：4.2 千克
枪长：808 毫米（枪托伸展后），551 毫米（枪托折叠后）
枪管长：213 毫米
射速：550～600 发 / 分
枪口初速：365 米 / 秒
弹匣：可装 36 发子弹的垂直状盒形弹匣

Z-84 冲锋枪

Z-84 冲锋枪是西班牙博尼法里奥－艾科维利亚公司（品牌名为“星”）于 20 世纪 80 年代中期研制的武器，是 Z-62 和 Z-70B 冲锋枪的改进型，但是它和这两种冲锋枪有所不同，它只能发射 9 毫米帕拉贝鲁姆手枪弹。

Z-84 冲锋枪采用了先进的机械原理和结构——短小、轻便、操作和射击比较舒适。机匣用冲压钢材制成，由上下两部分组成。弹匣被插入手枪式握把内。该枪采用后坐式自动原理，包络式枪机。枪机沿着枪身两侧的导槽内滑动。枪机和机匣内部的空间很大，因此即便容纳大量脏污，冲锋枪仍能继续使用。

枪支保险

该枪采用开膛待击，保险位于扳机护圈内部、扳机后方。在上保险后扳机会直接锁死。其他的保险措施还包括枪机挂机钮，在按下后枪机会被直接锁死在行程前部，即便向后拉动拉机柄枪机也不会运动。机匣左侧设有快慢机，具有单发和连发两种功能。

上图：图中的是 Z-70B 冲锋枪，该枪已经被 Z-84 冲锋枪取代

性能诸元

Z-84 冲锋枪

口径：9 毫米

重量：3 千克

枪长：615 毫米（枪托伸展后），
410 毫米（枪托折叠后）

枪管长：215 毫米

射速：600 发 / 分

枪口初速：不详

弹匣：25 发或 30 发垂直状盒形弹匣

上图：按照设计，Z-84 冲锋枪非常易于操作。该枪的表尺分划为 200 米。图中 Z-84 冲锋枪的枪托设置在裸露处

BXP 9 毫米轻型冲锋枪

20 世纪 60 年代，南非国内的叛乱行动越来越多（很多受到周边国家政府的暗中支持），因此南非军方决定升级其武装力量，最初，他们意识到现代化的轻型冲锋枪是首要的需求。在此大方向下，南非军方采取的第一步措施就是从以色列获得乌兹手枪的生产许可证，该武器发射常见的 9 毫米 ×19 毫米帕拉贝鲁姆手枪弹，该枪的南非仿制型被定型为 S-1。

磨损

在接下来的 20 年里，该武器被广泛使用，但生产非常有限，这意味着南非的很多 S-1 冲锋枪磨损非常严重。南非此时面临 2 种选择，一种是重新开始生产 S-1，或者是不顾联合国的军售禁令，通过合法购买或非法仿制等方式获取更现代化的武器设计，最终南非决定采用第 3 种方式，即生产一款南非本土设计的武器，从而精准地满足南非的需求。

这项任务交给了南非米切姆公司，他们给出的设计方案兼具乌兹手枪和一款美国制造的轻型冲锋枪——英格拉姆 MAC10 手枪的典型特征，它们的基本构造相似，但枪机和机匣的设计有所不同。他们陆陆续续进行了一系列小的改动，但最终积累起来产生了显著的区别。

设计的影响

该武器不仅要在南非军方服役，还要提供给警察部队使用，由此而产生的武器就是发射标准的 9

性能诸元

BXP 轻型冲锋枪

口径：9 毫米

重量：2.6 千克

枪长：607 毫米（枪托伸展后），
387 毫米（枪托折叠后）

枪管长：208 毫米

射速：800～1000 发 / 分

枪口初速：380 米 / 秒（大约）

弹匣：20 发或 32 发垂直状盒形弹匣

下图：南非 BXP 冲锋枪是一种可靠的武器，可以提供大量的配件包括一个手提箱，消焰器和多种枪口附件

毫米帕拉贝鲁姆手枪弹的 BXP。新的武器基于 20 世纪 80 年代出现的一种设计方案（从 1988 年开始生产），总体构造与乌兹相同。因此，BXP 的设计称得上是中规中矩，采用自由枪机后坐式自动原理，开膛待击，包络式枪机包裹了枪管的部分长度，采用包络式枪机不仅在保证枪管长度的同时缩短了枪身的整体长度，包络式枪机的另一个显著优点是让冲锋枪的质心位于握把上方，从而可以仅靠紧握握把就能准确射击，而无需展开枪托增强稳定性。这意味着折起的枪托板在枪托收起时可以用作一个辅助握把，从而让射击者的手远离枪管，避免被枪支发射时产生的热量烫伤。

与乌兹相似，直立的盒型弹匣（有 22 发容量和 32 发容量的两种类型）插在枪支握把上，这也有助于保持枪支的重心。

制造

BXP 主要由不锈钢冲压件和精密铸件构成，这种方式让机械加工的工作量达到最小，进而有助于降低制造成本：例如，机匣仅由上下两块部件构成。金属部件外面镀有一层抗锈材料，同时也充当可延长枪支使用寿命的干式润滑剂，还能减少日常清洁的次数，将维护成本降至最低。此外，当 BXP 的枪栓在其前方时，机匣的所有缝隙都被密封起来了，从而有助于防止灰尘和碎屑进入枪支内部，进而降低枪支阻塞的可能性，延长枪支使用寿命。BXP 可在几秒钟之内简单分解，因此非常适合野外作战时的保养。

BXP 轻型冲锋枪的使用非常简单。虽然可以使用一种 22 发容量的弹匣，但 32 发容量的弹匣使用得更多，弹匣插入握把之后，拉动机匣上方的拉机柄即可上膛，左右手均可上膛。机匣两侧均设有保险 / 快慢机，位于扳机后方，这种设计便于使用者分别用左右手操作：这是在 MAC 10 冲锋枪基础上的一个重大改进，因为该枪只适合右手射手使用。上保险后，安全杆会锁住扳机、击锤阻铁和枪机，而枪机则位于前部或后部两个位置之一。另一项保险设计是当枪支掉落时，或射击者在上膛过程中手滑动时，枪支也不会走火。

当保险选择至“射击”位时，枪支没有射击模式选择装置：轻压扳机是单发射击，而重压扳机则触发全自动射击模式，循环射速约为 800 发 / 分，但有报道称其循环射速可达到 1000 发 / 分。

上图：BXP 冲锋枪是为了南非国防军队的特殊需要设计的，是一种非常可靠和易于维护的武器

枪口配件

BXP 枪管长度为 208 毫米（8.19 英寸），枪管前端刻有螺纹以增加不同种类的枪口配件。最常见的配件是充当防热盾的带孔护罩，用于保护射击者免受枪管热度的烫伤。此类装置还能降低枪口上跳。另一个大多数轻型冲锋枪不常用的配件是枪榴弹发射器，它可借助空包弹发射多种类型的榴弹，通常由防暴部队使用。枪口还能安装一种可以有效降低枪口噪声和枪口焰的消音器：但要想让改装至发挥最大效果必须使用专用的亚音速弹。

其他配件还包括枪套、手提袋和背带。除了枪上的机械瞄准具之外，该枪还能加装其他瞄准具，如阿姆森公司的 OES（Occluded Eye Sight：准直式瞄准器），它将一个红点投射到无穷远处以充当瞄准点。

半自动的 BXP 冲锋枪是主要的面向民间的半自动型号，主要改动之处在于因仅具备单发模式而改为闭膛待击，从而改善精度。

柯尔特 9 毫米轻型冲锋枪系列

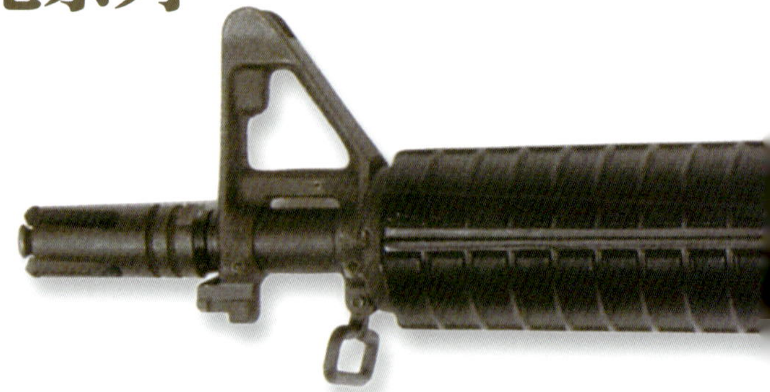

柯尔特 9 毫米冲锋枪短小精悍，采用反吹式自动原理。该枪采用与柯尔特公司研制的 M16 5.56 毫米突击步枪相同的“直线式”设计。再加上发射后坐力较小的 9 毫米 ×19 毫米帕拉贝鲁姆手枪弹，柯尔特冲锋枪的枪口上跳较小，精度也非常出色。

严格的测试

美国缉毒局（DEA）在对其他 9 毫米轻型冲锋枪进行了大量试验之后采纳了柯尔特 9 毫米轻型冲锋枪。美国其他的执法机构和军事力量（包括特种部队）也使用该系列武器，它也得到了世界范围内多个国家政府部门的赞誉。尽管越来越多的人逐渐接受短突击步枪，后者同时具备了 5.56 毫米或 5.45 毫米步枪弹带来的火力，以及冲锋枪的尺寸和性能，然而，在很多任务中，步枪的威力过剩使得小威力的 9 毫米 ×19 毫米子弹更受欢迎。

下图：柯尔特 9 毫米轻型冲锋枪系列在执法机构中的使用远远多于武装部队。图中右侧的队员手中即是一款柯尔特 9 毫米武器。该武器于 1990 年投产

性能诸元

柯尔特 RO635 型冲锋枪

口径：9 毫米
重量：3.19 千克（装弹后）
枪长：730 毫米（枪托伸展后），650 毫米（枪托折叠后）
枪管长：267 毫米
射速：800 ~ 1000 发 / 分
枪口初速：396 米 / 秒（大约）
弹匣：20 发或 32 发盒形弹匣

上图：柯尔特 9 毫米轻型冲锋枪很显然与 M16 突击步枪系列有着密切联系，但它整体上更短，配备套筒伸缩式枪托，并可配备多种瞄准装置

与 M16 步枪一样，柯尔特 9 毫米轻型冲锋枪也采用闭膛待击，并具备 M16 系列的空仓挂机功能：在膛内最后一发弹药射出后枪机会挂在后方，便于射手更换弹匣并射击。该枪有 3 个档位的伸缩枪托，这方便了不同身材的人对枪支的使用，同时它还能在野外快速分解，而不需要任何特殊工具。枪支的训练和使用也与 M16 系列的步枪和卡宾枪相似，因而省去了使用者大量训练的过程。

柯尔特冲锋枪使用标准的 9 毫米帕拉贝鲁姆手枪弹，弹匣为 20 发或 32 发容量的盒型弹匣。弹匣插在 M16 系列的 5.56 毫米弹匣井中。弹匣井内安装有装填帕拉贝鲁姆手枪弹的弹匣适配组件。帕拉贝鲁姆手枪弹原本是为手枪研制，不过之后几乎成为西方冲锋枪的标准弹药。枪上的液压缓冲器不仅能够降低射手的体感后坐力，同时也将循环射速降低至 200 发 / 分。上述因素提高了枪械的射击精度，改善了可控性，同时缩短了射手重新瞄准的时间。

该枪的后机械瞄具具备风偏修正功能，同时有两档可调节觇孔，其中一个瞄准距离为 0 米 ~ 50 米，另一个为 50 米 ~ 100 米。准星则可以调整高度。该型冲锋枪还可以安装其他类型的瞄准具，如望远瞄准镜、反射瞄准镜或夜视瞄准镜。

众多版本

柯尔特 9 毫米轻型冲锋枪存在多个型号。RO635 型有安全模式、半自动射击模式和全自动射击模式。RO639 型基本上与 RO635 型相似，但没有全自动射击模式，而是增加了三发连射模式。还有一种为警察部队和准军事部队设计的 AR6451 型，它只有单发射击模式。正是该型号替换了更早期的 RO634 型。

柯尔特 9 毫米轻型冲锋枪系列还有两种变型，但生产厂家已经不再制造了。RO633HB 型的枪管长度仅为 178 毫米（7 英寸），相比之下，RO635 型的枪管长度为 267 毫米（10.5 英寸），同时配备液压缓冲器降低后坐力。而基本型 RO633 型仅有一个简单的机械减震器。

由于 M16 方便易得，且生产数量巨大，许多枪械制造商都在该枪基础上仿制或改进出了类似型号。其中不乏基于柯尔特 9 毫米冲锋枪研制的冲锋枪型，且这些型号在某些性能方面可能相对原版做出了改进。这些制造商包括大毒蛇公司和“法特”（La France Specialities）公司。后者推出了 M16K 型冲锋枪，该枪同样发射帕拉贝鲁姆手枪弹，并在枪管外包裹有套管，枪管长度仅 184 毫米，枪口安装有消焰器。

L2A3 9毫米斯特林冲锋枪

上图：图中的斯特林冲锋枪在马来西亚、文莱、沙捞越和沙巴等地大量使用。虽然该枪存在射击精度不佳的痼疾，但事实证明在使用时从没有出现过问题

第二次世界大战后期，英国进行了新式冲锋枪的试验。这种新式冲锋枪的早期型号被称为“帕切特”，但是，1955年，当英国陆军使用这种冲锋枪时，该枪被更名为“斯特林”冲锋枪，认为“帕切特”冲锋枪将取代司登冲锋枪，但是，直到20世纪60年代，英国军队还在使用司登冲锋枪。

英国陆军使用的冲锋枪被命名为L2A3冲锋枪，它相当于埃塞克斯郡达格南区的斯特林武器公司生产的斯特林Mk 4冲锋枪（用于出口）。在战后武器出口中，它获得了较大成功，被出口到90多个国家，并且2002年印度还在生产这种冲锋枪。斯特林冲锋枪的最基本的军用型号设计比较简单，采用传统的筒形机匣和折叠式金属枪托。但是，它和其他冲锋枪的区别是使用了从左装填的弧形弹匣。事实证明这种设计非常有效。印度陆军使用这种冲锋枪多年，的确没有出现过什么问题。在加拿大，这种冲锋枪被称为C1冲锋枪，加拿大对其作了轻微改动。

反吹式自动原理

斯特林冲锋枪采用简单的反吹式自动原理，同时枪机设计非常优秀：枪机表面有螺旋条状凸筋，这种设计利于把尘土和异物清理出去，从而能在最恶劣的环境下使用。普通弹匣可装34发子弹。该枪的配件包括刺刀和一种可以装10发子弹的弹匣。它可以安装各种类型的夜视装置或瞄准装置，尽管这些东西用途不是太广。斯特林冲锋枪目前有几种型号，其中之一就是英国陆军使用的L34A1消声冲锋枪。

L34A1冲锋枪使用的固定式消音系统安装在特殊的枪管上，射击时产生的气体从枪管两侧进入带有消音碗的消音器，这种消音器效果极佳，使用时几乎不会发出任何声音。另外，还有多款斯特林冲锋枪供伞兵当作手枪使用，只有手枪组件、套筒座、小型弹匣和非常短的枪管，既有单发射击型号，也有冲锋手枪型号。

事实证明，从各个方面看，斯特林冲锋枪都可以称得上是一种性能可靠、结实耐用的武器。许多国家不必携带正规军用步枪的二线部队都使用这种冲锋枪。并且，在车辆上，这种冲锋枪折叠后所占的空间较小。虽然英国陆军的L2A3冲锋枪正逐渐被5.56毫米的单兵武器取代，但是，世界各地仍有大量的斯特林冲锋枪。这意味着在以后许多年内，许多人还会使用这种冲锋枪。

下图：图中在巴辛伯恩参加军事演习的英军使用的就是斯特林冲锋枪。斯特林冲锋枪被L85 5.56 毫米自动步枪取代

上图：9 毫米斯特林冲锋枪取代了英国陆军使用的司登冲锋枪。图中为枪托伸展后的斯特林冲锋枪。事实证明，即使在最恶劣的环境下，这种冲锋枪依然性能稳定，效果显著

英格拉姆 10 型 9/11.43 毫米冲锋枪

有史以来，还没有哪种武器会像英格拉姆冲锋枪那样受到新闻界和好莱坞的如此关注。在英格拉姆 10 型冲锋枪问世之前，戈登 · B. 英格拉姆已经设计出一系列不同类型的冲锋枪。这种冲锋枪最初打算使用西奥尼克斯公司生产的消声器。在 20 世纪 60 年代中期第一批英格拉姆 10 型冲锋枪问世之后，由于它的射速和高效的消声器，立即引起公众的极大关注。

在好莱坞大量影视作品中添油加醋的评论和宣传使英格拉姆冲锋枪就像 20 世纪 20 年代的汤姆森冲锋枪一样顿时红遍天下。

与众不同的武器

英格拉姆冲锋枪的确是一种出色的武器。虽然该枪的枪身直接由钢板焊成，但设计非常精良，火力尤为猛烈。它的射速高达 1000 发 / 分，却能操纵自如，这当然要归功于安装在中央位置的手枪形组件的出色的平衡性能。弹匣通过中央组件插入枪内。大多数英格拉姆冲锋枪的金属枪托都可以折叠，而英格拉姆 10 型冲锋枪的枪托可以拆卸下来。许多没有安装长管状抑制器的英格拉姆冲锋枪都在枪身前部安装了可以当作前握把抓持的绳圈。大多数英格拉姆冲锋枪的枪口都车有螺纹，可以装上消声器。消声器上可以裹上隔热的帆布套或者塑料网，从而作为前护木握持。拉机柄位于呈方形的机匣顶部，拧转 90 度便可作为保险使用。射手只要处于瞄准姿态就能了解枪支是否处于保险状态，该枪还配有常见的扳机保险。

M10型冲锋枪

M10 型冲锋枪（这个型号被美军装备后被称为 M10 型）既可以发射著名的 11.43 毫米子弹，又可以发射普通的 9 毫米帕拉贝鲁姆手枪弹。小型的英格拉姆 11 型冲锋枪也可以发射 9 毫米帕拉贝鲁姆手枪弹。而在正常情况下，英格拉姆 11 型冲锋枪发射威力较小的 9 毫米短弹（0.38ACP 弹）。无论使用什么口径的子弹，英格拉姆冲锋枪的性能和效果都极其出色，所以它被销往世界各地，供许多国家的准军事部队、保镖和安保部队使用，就不足为奇了。

上两图：英格拉姆 11 型冲锋枪（下图）发射 9 毫米短弹（0.38ACP 弹）。英格拉姆 10 型冲锋枪（上图）安装有抑制器，既能发射 9 毫米帕拉贝鲁姆手枪弹，又能发射 11.43 毫米 ACP 子弹。这两款冲锋枪通过采用包络式枪机获得了较好的平衡性

隐秘的操作者

英格拉姆冲锋枪极少大规模出售，但是，有几个国家以“试验和评估”的名义订购了一部分。有消息称英国特别空勤团已经获得少量的英格拉姆冲锋枪用于试验。由于其所有权和制造权常常易手，所以英格拉姆冲锋枪想在市场上大批量销售是很困难的。但是目前名为科布雷 M11 的英格拉姆 10 型冲锋枪和英格拉姆 11 型冲锋枪又重新投入了生产，而且使用的是 9 毫米短弹和 9 毫米帕拉贝鲁姆手枪弹。为了保证英格拉姆冲锋枪能持续地销售，该公司设计出了各种型号的英格拉姆冲锋枪：有的型号只能单发射击；有的型号没有折叠式枪托。该公司一度还生产了一种长枪管的型号，由于没找到合适的市场，所以生产数量极为有限。

许多国家都购买过英格拉姆冲锋枪，但各国，如希腊、以色列和葡萄牙购买的英格拉姆冲锋枪有所不同。美国海军也购买了少量的英格拉姆冲锋枪。许多英格拉姆冲锋枪被卖到包括玻利维亚、哥伦比亚、危地马拉、洪都拉斯和委内瑞拉在内的中美洲和南美洲国家。

上图：英格拉姆冲锋枪的射击选择器由扳机所受到的压力决定。扣压一下扳机，可单发射击；连续扣压扳机可以实现全自动连续射击

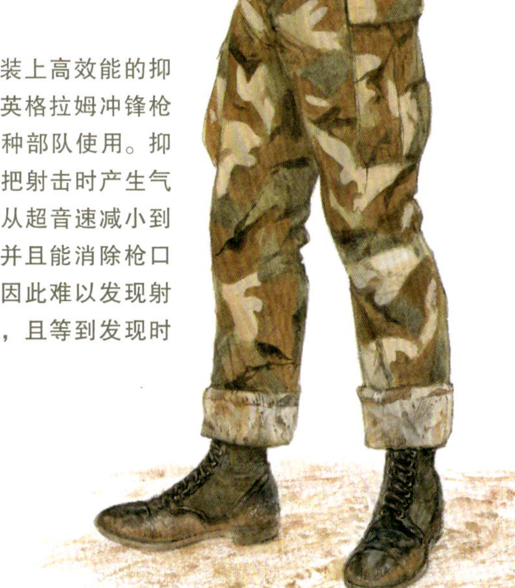

右图：安装上高效能的抑制器后，英格拉姆冲锋枪可以供特种部队使用。抑制器可以把射击时产生气体的速度从超音速减小到亚音速，并且能消除枪口焰。敌人因此难以发现射手的位置，且等到发现时为时已晚

性能诸元

M10 型冲锋枪

口径：11.43 毫米

重量：3.818 千克（装上有 30 发子弹的弹匣后）

枪长：548 毫米（枪托伸展后），
269 毫米（折叠后）

枪管长：146 毫米

抑制器长：291 毫米

射速：1145 发 / 分

枪口初速：280 米 / 秒

弹匣：30 发盒式子弹

AKSU 冲锋枪

正当西方各主要国家的军队把 7.62 毫米的大口径子弹改为 5.56 毫米的较小口径时（因为小口径的子弹更适合于近距离作战，西方长期以来一直认为近距离作战是现代步兵作战的主要方式），苏联也把它的 M1943 7.62 毫米 ×39 毫米子弹改为 M1974 5.45 毫米 ×39 毫米子弹。这种子弹和前者相比，重量轻、威力小。这就需要研制并生产出一种新式的可发射这种较小子弹的系列武器。因为苏联对正在使用的标准型号的 AK-47 卡拉什尼科夫突击步枪和改进型 AKM 的表现和性能比较满意，所以苏联人选择了最简单的方法，缩小卡拉什尼科夫突击步枪的尺寸，使其能够发射新式的小口径子弹。

AK-74 和采用折叠式枪托的 AKS-74 突击步枪就是这样问世的。这两种武器于 1974 年装备部队。它们和 AKM 突击步枪一样，都采用导气式原理和枪机回转闭锁。尽管理论射程可达 1000 米，但通常实战中的射程要近得多。AK-74 和 AKS-74 突击步枪投入了大批量生产，供苏联军队和苏联盟国及其附属国的军队（即华约组织内部和外部的国家）使用。在实战中，事实证明它们是美国 M16 系列突击步枪的真正令人生畏的对手。虽然苏联的武器和美国的 M16 相比，精度稍差一点，但是，在性能、耐用性和战场清理和维修等方面都要优于 M16 突击步枪。

武器研制

尽管苏联步兵对 AK-74 和 AKS-74 突击步枪非常满意，但是苏联认为那些专业性较强的部队，如坦克乘员、通信兵和炮兵以及二线部队应该佩带更轻便的武器，所以苏联又研制出了 AKSU（又称 AKS-74U）。大家普遍认为，与其说它是一种小型突击步枪，倒不如说它是冲锋枪更合适，并且装备这种武器的人都把它称为“烤肉串者”。和它前面的几种突击步枪一样，AKSU 性能可靠，易于保养，但是精度稍差，所以更适合于军队的要求，而保安和警察机构使用则有点不太适宜。

上图：AKSU 冲锋枪，又称 AKS-74U 冲锋枪，是 AKS-74 冲锋枪的改进型，主要供装甲车辆内部乘员和其他专业部队和二线部队使用

性能诸元

AKS-74U 冲锋枪

口径：5.45 毫米

重量：2.71 千克（空枪）

枪长：735 毫米（枪托伸展后），490 毫米（枪托折叠后）

枪管长：210 毫米

射速：不详

枪口初速：不详

弹匣：20 发或 30 发盒形弹匣

上图：和卡拉什尼科夫轻武器家族的其他类型武器一样，AKSU 冲锋枪结实耐用，性能可靠。它的可靠性能要归功于严谨的设计和精良的制作，即使在最恶劣的环境下，也能有效地射击

另外，基于卡拉什尼科夫导气式自动结构和带双凸缘的回转枪机闭锁原理，俄罗斯还研制出许多类似的枪械。例如，AK-101 是为了扩大在国际市场上的销售量，在 AK-47 的基础上而设计出来的。它使用 5.56 毫米 ×45 毫米北约子弹。这种武器的枪托伸展后长 943 毫米，枪托折叠后长 700 毫米，枪管长 415 毫米，重 3.4 千克，使用的弹匣可装 30 发子弹，射速 600 发 / 分。

同样，为了扩大在国际武器市场上的销售量，俄罗斯在此基础上又研制了多款系列枪型，如 AK-103。实际上该枪就是发射华约 7.62 毫米 ×39 毫米步枪弹的 AK-47 突击步枪。当然，在作战经验、优质原材料和先进的制造工艺基础上，俄罗斯对该枪进行了不少改动。AK-102、AK-104 和 AK-105 是发射不同口径弹药的短步枪型号，分别发射 5.56 毫米 ×45 毫米、7.62 毫米 ×39 毫米和 5.45 毫米 ×39 毫米子弹。它们使用的弹匣都可以装 30 发子弹。其他数据包括：重（未装弹）3 千克，枪托伸展后枪长 824 毫米，枪托折叠后枪长 586 毫米，枪管长 314 毫米，射速 600 发 / 分。

AK-107 5.45 毫米和 AK-108 5.56 毫米突击步枪采用平衡后坐自动原理。因此，它们的基本设计原理更为先进。这种系统有两个方向正好相反的导气活塞（一个驱动枪机运作，一个为平衡枪机运动反向运行）。射击时，枪的重心不会改变，因此可以减小枪口上跳，改善射击精度。

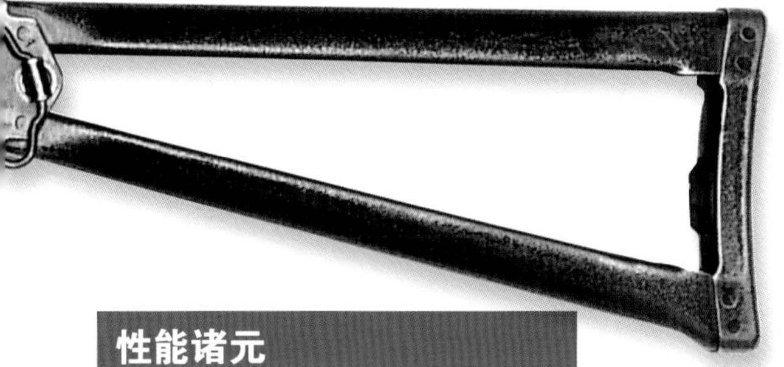

性能诸元

AK-107 和 AK108 冲锋枪

口径：5.56 毫米

重量：3.4 千克

枪长：943 毫米（枪托伸展后），
700 毫米（枪托折叠后）

枪管长：415 毫米

射速：850 发 / 分（AK-107），
900 发 / 分（AK-108）

枪口初速：不详

弹匣：30 发弧形盒形弹匣

现代俄罗斯冲锋枪

世界范围内普遍的观点认为冲锋枪将逐渐被短突击步枪取代。但俄罗斯的选择不同。他们继续研制和销售一系列的轻型冲锋枪，其中一些具有非同寻常的特点。

最不寻常的一款当数 PP-90M 9 毫米（0.354 英寸）。与大多数俄罗斯冲锋枪一样，发射 9 毫米 ×18 毫米马卡洛夫手枪弹，但越来越多的俄罗斯轻型冲锋枪现在都可以使用 9 毫米 ×19 毫米帕拉贝鲁姆手枪弹以满足西方市场的需求（使用帕拉贝鲁姆手枪弹的型号为 PP-90M1）和促进出口销量。PP-90M 在携行时尺寸仅与一个步枪弹匣相当。在需要时该枪可以立即展开枪托，作为单兵自卫武器使用，并可安装消声器和红点瞄准具等配件。PP-90 系列的生产可能已经停止，据报道是因为该系列枪支在俄罗斯联邦武装部队中服役的效果不令人满意。

让人有所混淆的是，还存在另一种 PP-90M1 型号，该枪仅能发射 9 毫米 ×19 毫米帕拉贝鲁姆手枪弹。该型号的造型非常独特，该枪既可发射常规的 32 发直弹匣，也能换装弹容为 64 发的螺旋供弹弹筒。射手可根据自身需求采用不同的供弹具。

滚转弹筒也是“野牛”冲锋枪的典型特征，它在枪管下安装一个固定的 64 发弹筒（使用 9 毫米 ×19 毫米帕拉贝鲁姆手枪弹时容量为 53 发）。为了拓展民间销售市场，“野牛”冲锋枪可以使用多种子弹，其中包括老旧的 7.62 毫米 ×25 毫米托卡列夫弹。

特种部队轻型冲锋枪

俄罗斯的其他产品更为常规，除了强大的 SR-2 9 毫米。该武器主要提供给特种部队使用，它发射一种特殊的 9 毫米 ×21 毫米子弹系列，其中包括穿甲弹。

与大多数俄罗斯轻型冲锋枪一样，SR-2 也采用折叠式金属枪托以节省携带空间。另一种仅发射 9 毫米 ×19 毫米帕拉贝鲁姆手枪弹的特种部队武器是 OTs-22，它在外部轮廓上与以色列的乌兹相似，20 发或 30 发容量的盒型弹匣插入手枪握把中。更大型的科夫罗夫 AyeK-919 “卡什坦”（栗子）冲锋枪也采用相同的弹匣布局，俄罗斯联邦武装部队在车臣地区使用过这种武器。除了外形比 OTs-22 更大，“卡什坦”冲锋枪还采用套筒伸缩式枪托。

PP-93 9 毫米冲锋枪的布局也与乌兹冲锋枪相似，该枪显然是为了大规模量产而设计的紧凑型冲锋枪，全枪主要采用冲压钢部件。该枪可以发射包括性能更强的新型 57-N-181SM 弹在内的 9 毫米

上图：按照制造商的分类，SR-3 9 毫米风暴（Vikhr）属于短突击步枪，而不是冲锋枪，该枪旨在用于杀伤 200 米（656 英尺）内穿着轻型防弹衣的目标。SR-3 的部分技术参数为：带弹全枪重 2 千克（4.4 磅），弹匣容量为 10 发或 20 发，枪托展开时长度为 610 毫米（24 英寸），枪托收起时长度为 360 毫米（14.17 英寸）

性能诸元

PP-90M 冲锋枪

口径：9 毫米（马卡洛夫手枪弹）
重量：1.83 千克（空枪）
枪长：490 毫米（枪托伸展后），
　　　270 毫米（枪托折叠后）
射速：600～700 发 / 分
枪口初速：320 米 / 秒
弹匣：30 发盒形弹匣

上图：PP-90M1 9 毫米冲锋枪的供弹具包括 64 发弹筒（安装于枪上）和 32 发弹匣（图中展示了弹匣及供弹转换器）

×18 毫米马卡洛夫手枪弹。

OTs-02 “柏树” 冲锋枪的外形酷似大号冲锋手枪，其设计可追溯至 1972 年，主要供特种部队使用。因为某些原因，该枪直到 1991 年才开始量产，主要装备俄罗斯联邦内务部部队，该枪也能安装消声器或激光瞄准器。

性能诸元

OTs-22 冲锋枪

口径：9 毫米（马卡洛夫手枪弹）
重量：1.2 千克（装弹前）
枪长：460 毫米（枪托伸展后），
　　　250 毫米（枪托折叠后）
射速：800～900 发 / 分
弹匣：20 发或 30 发盒形弹匣

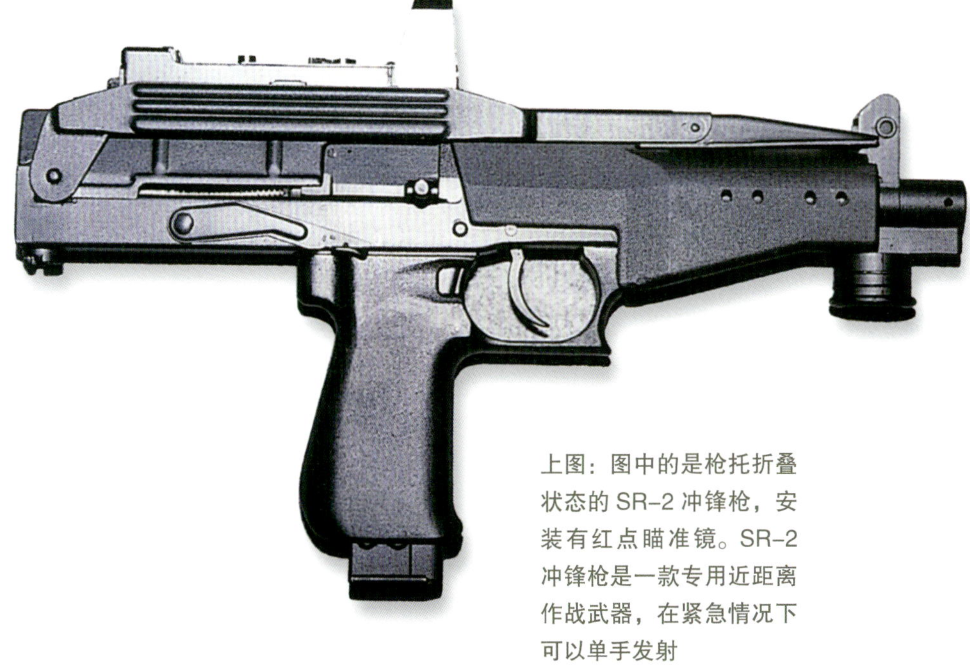

上图：图中的是枪托折叠状态的 SR-2 冲锋枪，安装有红点瞄准镜。SR-2 冲锋枪是一款专用近距离作战武器，在紧急情况下可以单手发射

赛特迈 58 型突击步枪

赛特迈 58 型突击步枪的历史悠久，可以追溯到德国第二次世界大战时的 StG 45 步枪。毛瑟公司的设计人员试图生产出一种造价低廉的突击步枪。该枪采用了一套当时相当新颖的滚柱闭锁延迟后坐系统——在发射瞬间，枪机会被滚柱抱住延迟后坐力传递。第二次世界大战结束后，StG 45 步枪设计组的核心人员转移到西班牙，在位于马德里郊外的赛特迈公司的支持下成立了一个设计小组。

随着赛特迈（CETME）公司的滚筒闭锁系统的逐步完善，一种新的突击步枪即将问世。这种新式突击步枪和 StG 45 步枪乍看上去没有什么区别，但最初想节省费用的目的却达到了。赛特迈公司生产的突击步枪大量采用低性能钢材和冲压工艺。这种步枪具有自动射击能力。从整体上看，这种武器设计简单，制作标准不高。

初期在德国销售

1956 年，在第一批赛特迈公司生产的突击步枪运到联邦德国销售之前，这种步枪仅生产了 400 支。德国人决定对这种步枪进行一些改进，以满足他们的需要。在签订一系列的许可证生产协议（赛特迈公司允许在丹麦和德国的 H&K 生产）之后，赛特迈步枪就变成了 H&K 的 G3 步枪。西班牙从这笔交易中几乎未捞到任何好处。

1958 年，西班牙陆军决定使用 B 型的赛特迈步枪。这种步枪就是 58 型（Modelo 58）步枪。这种步枪使用一种特殊的子弹。这种子弹从外表上看和北约的 7.62 毫米标准子弹一模一样，但是弹头更轻，发射药装药量更少。这样，这种步枪射击就变得更加容易（减小了后坐力）。由于该型弹与北约标准弹药规格不同，因此在 1964 年，西班牙决定换装北约标准步枪弹，因此赛特迈步枪也相应进行了改进，被称为赛特迈 C 型。

58 型步枪自生产以来生产了多种型号，其中部分配备有两脚架，部分仅具备半自动模式，部分采用折叠式枪托，还有安装望远式瞄准镜的狙击型号。最后诞生的型号为 Modelo L 型，发射 5.56 毫米（0.219 英寸）步枪弹，不过赛特迈公司目前仍在生产基本型 58 型步枪。

上图：1958 年，西班牙陆军把赛特迈步枪确定为该国的标准军用步枪。最初订购的是可以发射独特口径——7.62 毫米子弹的赛特迈 B 型步枪。这种子弹的重量较轻。1964 年，西班牙决定使用北约的威力更大的 7.62 毫米子弹。赛特迈公司对 B 型步枪经过适当改进后，又制造出 C 型步枪

性能诸元

C 型步枪

口径：7.62 毫米
重量：4.49 千克
枪长：1016 毫米
枪管长：450 毫米
枪口初速：780 米 / 秒
射速：600 发 / 分
弹匣：20 发盒形弹匣

上图：在第二次世界大战后，曾研制出德国 StG 45 步枪的毛瑟公司的核心人员逃到了西班牙。在西班牙的庇护下，他们在 StG 45 步枪的基础上，研制出一种新式的突击步枪——58 型突击步枪。58 型突击步枪是用低劣的钢材制成。制作的侧重点放在了低廉的造价和可靠的性能方面，而对枪的外表考虑不多

瑞士工业集团（SIG）的突击步枪

上图：瑞士工业集团生产的 StuG 57 突击步枪是第二次世界大战后与众不同的步枪之一。该枪采用独特的静止枪机和浮动式枪管设计，从整体上减少了枪的长度。这种步枪在操作中存在的缺陷是有时会因为弹膛过热发生爆炸或走火。另外，这种步枪还容易出现卡壳

性能诸元

SG 510-4 步枪

口径：7.62 毫米
重量：4.45 千克
枪长：1016 毫米
枪管长：505 毫米
枪口初速：790 米 / 秒
射速：600 发 / 分
弹匣：20 发弹匣

瑞士在突击步枪的研制方面发展相当缓慢，但一旦研制成功就一鸣惊人。瑞士最初的突击步枪是 StuG 57 步枪。这种步枪使用了最先由西班牙赛特迈步枪使用的延迟后坐自动原理和滚柱闭锁原理。该型步枪由瑞士工业集团生产，使用了赛特迈步枪的凹槽式弹膛，发射瑞士陆军的 7.5 毫米步枪弹。

一流的操作

刚看到 StuG 57 突击步枪时，人们会感到这种步枪模样古怪和笨拙，但是使用起来感觉极佳。瑞士工业集团一贯的高标准制作使这种步枪非常易于操作。瑞士士兵非常喜欢它的两脚架和枪榴弹发射器。由于瑞士政府限制这种步枪的子弹向外销售，所以瑞士工业集团就研制出了可以发射国际上通用子弹的 SG 510 系列步枪。从许多方面看，SG 510 步枪和 StuG 57 步枪非常类似。它的制作工艺极为精致。这意味着，获得这种步枪是各国士兵的最大梦想。这种步枪价格昂贵，所以销售量很少。瑞士陆军订购了一部分，有些则被出售到非洲和南美的一些国家。

种类繁多的派生型号

瑞士工业集团的设计师们并没有想到该枪居然会诞生如此之多的派生型号。首先诞生的派生型号为 SG 510-1，该枪采用 7.62 毫米北约标准步枪弹。SG 510-2 是 SG 510-1 的轻量化型号。SG 510-3 发射 AK-47 使用的 7.62 毫米中间威力枪弹。SG 510-4 是另一款发射 7.62 毫米北约弹药的型号。此外还有一种被称为 SG-AMT 的单发运动型号，瑞士射击运动爱好者购买了大量该型步枪。

SG 510-3 和 SG 510-4 在原有设计基础上增添了部分功能，其中之一是弹匣上设置了余弹指示器，还有一个是可折叠的冬季用扳机。这两款步枪不仅保留了折叠时收纳于枪管上方的两脚架，还都留有可供多种白光和夜视瞄准镜使用的安装基座。

StuG 57 与 SG 510 目前仍有许多被悬挂在瑞士陆军预备役士兵家中的墙上。玻利维亚和智利军队也仍在大量使用 SG 510 步枪。

伯莱塔 BM59 步枪

1945 年，伯莱塔公司获得了为意大利军队生产美国 M1 加兰德半自动步枪的许可证。到 1961 年的时候，该公司大约生产了 100000 支，其中有一部分出口到丹麦和印度尼西亚。由于这些步枪只能发射美国在第二次世界大战时期的 7.62 毫米子弹，北约换装统一的 7.62 毫米 ×51 毫米北约标准步枪弹意味着意军需要更换自动步枪。对意大利军队使用的加兰德步枪的口径重新设计意味着意大利在步枪设计方面已经落后了许多年。

“改进型”加兰德

在 1961 年之前，意大利一直在考虑对基本型号的加兰德步枪进行改进，在尽可能保留原有内部结构设计的基础上，研制具备单 / 连发可选择射击能力的步枪。改进后的步枪被命名为伯莱塔 BM59 步枪。它使用了加兰德步枪的核心内部设计，但具备根据需求切换单 / 连发射击的功能。该枪发射北约标准 7.62 毫米步枪弹，新的可拆卸式弹匣容量 20 发，取代了加兰德步枪的 8 发漏夹。虽然 BM59 步枪在其他设计上也有所改动，但总体设计仍基于加兰德步枪。

特殊地位的类型

几乎在 BM59 步枪投入生产的同时，不同类型的 BM59 步枪出现了。它的基本型号是 BM59 Mk 1，主要供意大利陆军使用；然后是 BM59 Mk 2。这种步枪加装了手枪式握把和轻型两脚架。接下来的两个型号采用相同的可折叠枪托：BM59 Mk 3“伞兵”步枪和 BM59 Mk 3“山地”步枪。前者供空降部队使用，枪口有移动式榴弹发射器；后者供山地部队使用，有固定式榴弹发射器。这两种步枪都有折叠式枪托和轻型两脚架。而 BM59 Mk 4 步枪的两脚架更加坚固和结实。该型步枪作为班组火力支援武器（轻机枪）研制，配有重枪管和托肩板以适应火力支援任务。

事实证明，BM59 步枪的改进非常成功。目前意大利军队仍在使用这种步枪。摩洛哥和印度尼西亚获得生产许可证后也开始生产这种步枪。尽管尼日利亚曾考虑引进 BM59 步枪仿制，但随着比夫拉战争的爆发，此事也就告吹。

BM59 步枪和其他同时代的步枪相比有两大缺陷：一是它太重，二是制造工序烦琐。但总的来说，它牢固结实，性能可靠。目前仍有一些国家的军队使用这种步枪。

性能诸元

BM59 Mk 1 步枪

口径：7.62 毫米
重量：4.6 千克（未装弹）
枪长：1095 毫米
枪管长：490 毫米
枪口初速：823 米 / 秒
射速：750 发 / 分
弹匣：20 发弹匣

上图：BM59 步枪是以美国的 M1 加兰德自动步枪为基础制造出来的。当北约使用 7.62 毫米 ×51 毫米子弹时，伯莱塔公司获得了生产这种步枪的许可证。为了发射新式子弹，伯莱塔公司对 M1 步枪的设计进行了改进

FN-49 型半自动步枪

上图：49 型步枪是 FN FAL 步枪的鼻祖

FN-49 型半自动步枪是由比利时埃斯塔勒的国家武器制造厂制造的。这种步枪还有几个名字：有人称之为“赛弗”步枪；还有人称之为 SAFN 步枪（FN 半自动步枪）；更多的人称之为 ABL 步枪（“比利时军用轻型步枪”的缩写）。这种步枪的准确设计时间是在第二次世界大战之前。但是，在战争爆发后，比利时暂时中断了它的研制计划。当和平再次到来的时候，比利时人开始重新设计。这种步枪是由比利时人 D.J. 赛弗设计的。1940 年，在德国占领比利时后，他逃到了英国。在战争期间，他一直在英国从事轻武器的设计。1945 年，他把在战前的设计提供给英国人，但是英国人经过试验，又将其退还。

性能诸元

FN-49 型半自动步枪

口径：7 毫米、7.65 毫米、7.92 毫米和 7.62 毫米

重量：4.31 千克

枪长：1116 米

枪管长：590 毫米

枪口初速：取决于所发射的子弹

弹匣：10 发弹匣

返回比利时

赛弗带着这种新式步枪的设计回到比利时后，这种步枪就投入生产。制造商是 FN 公司。在 20 世纪 40 年代后期，FN 公司生意兴隆，新式步枪产销两旺，一派繁荣景象。

合理的设计

无论它的名字如何，从其设计的基本原理看，FN-49 步枪采用导气式自动原理。采用前方闭锁，枪机沿机匣侧面的导槽运动，在闭锁位置会沿导槽的倾斜定向上方，在正确的时机进入闭锁位置。这种枪机设计相当坚固可靠，因此能够经受长时间粗暴使用的考验，不过这也导致该枪的枪机必须由高质量原材料经过精加工制成。

高质量的原料和精细的加工使这种步枪的造价极为昂贵。1949 年，FN-49 型步枪公开上市销售，销量之好令人吃惊，其中的部分原因是 FN-49 型步枪拥有多种类型的口径，从 7 毫米和 7.65 毫米（这两种口径都是欧洲大陆各国使用步枪的标准口径）到 7.92 毫米（德国在第二次世界大战期间控制的欧洲国家使用的步枪口径）以及美国的 7.62 毫米。无论哪种口径，FN-49 型步枪使用的都是大威力的步枪子弹。

FN-49 型步枪不仅在欧洲出售，而且还出口到南美洲的委内瑞拉和哥伦比亚，以及东南亚的印度尼西亚。这种步枪的最大买主是埃及。FN-49 型步枪在埃及使用了很长时间。

或许这些并不重要，ABL 步枪所产生的最重要的影响莫过于它开启了 FN FAL 步枪（法语“轻型自动步枪”的缩写）设计的新时代。在随后的几十年里，无论北约，还是世界其他地方，FN FAL 步枪注定成为世界上重要的步枪之一。

上图：高标准制造的武器常会败给造价低廉的武器，但是 FN 公司却成功地把这种步枪销售到许多国家。这种步枪拥有不同的口径。这名埃及人携带的是口径为 7.92 毫米的 FN-49 步枪

vz.52 自动步枪

在第二次世界大战结束后的几年里，捷克斯洛伐克是一个完全独立的国家，其武器制造业也逐步恢复到战前水平。第二次世界大战前，捷克是欧洲武器制造业中的佼佼者。

第二次世界大战

在第二次世界大战期间，德国全面利用了捷克的武器制造业。捷克拥有经验丰富的轻型武器设计人员和各种生产设施。

在战后初期阶段，捷克最先研制的轻型武器是口径为 7.62 毫米的 vz.52 半自动步枪（简称 vz.52），这种步枪沿袭了第二次世界大战后期德国自动步枪设计中的许多特点。

新型弹药

参照德国在战争期间为新型突击步枪研制的短弹，捷克也研制出了 vz.52 中间威力步枪弹。根据德军对于战斗经验的分析，对于大部分步兵而言，有效射程达到千米级别的全尺寸步枪弹威力已经彻底过剩，步兵的交战距离很少超过 300 米，甚至很多战斗爆发的距离还不到 100 米。

独立自主的捷克设计

捷克和过去一样继续沿自己的设计道路前进。vz.52 设计独特，其特色远非仅有枪机偏转闭锁原理而已。

vz.52 安装有固定式的可折叠刺刀，采用 10 发盒型固定式弹仓，桥夹装填。该枪采用导气式自动原理，导气活塞环绕在枪管周围。扳机组件则并没得到太多创新，几乎直接照搬了美国 M1 加兰德步枪的设计。

vz.52 总体重量较大，不过得益于此，它的后坐力相对较小，因此射击较为容易。不过即便存在上述优点，vz.52 的发展潜力目前已经被挖掘殆尽，且其结构在当时也过于复杂。

随着性能更优秀的步枪（如 vz.58 突击步枪）的出现，捷克军队仅短暂列装 vz.52，撤装后的该枪被出口到许多国家。

华约的通用化换装

在 vz.52 退役时，捷克已经处于苏联的势力范围内。捷克的 vz.52 7.62 毫米步枪弹和苏制同类枪弹虽然都是参考德国设计，但两者并不通用。苏军非常强调华约组织国家的装备标准化问题，捷克也就因此放弃了本国自研的步枪弹，转而接受苏制口径。

由于捷克和苏联的中间威力枪弹在尺寸上存在巨大差异，因此无法实现简单换用，vz.52 步枪也因此需要进行改造，进行了发射苏制步枪弹改造的 vz.52 被定型为 vz.52/57。

出口的vz.52

许多 vz.52 被捷克封存起来。后来大多数都被出口到苏联及其第三世界的盟友，主要是古巴和埃及。相当一部分 vz.52 落到游击队手中。

性能诸元

vz.52 自动步枪

口径：7.62 毫米
重量：4.281 千克（装弹前），
4.5 千克（装弹后）
枪长：1003 毫米（刺刀折叠后），
1204 毫米（刺刀伸展后）
枪管长：523 毫米
枪口初速：大约 744 米 / 秒
弹仓：10 发固定式弹仓

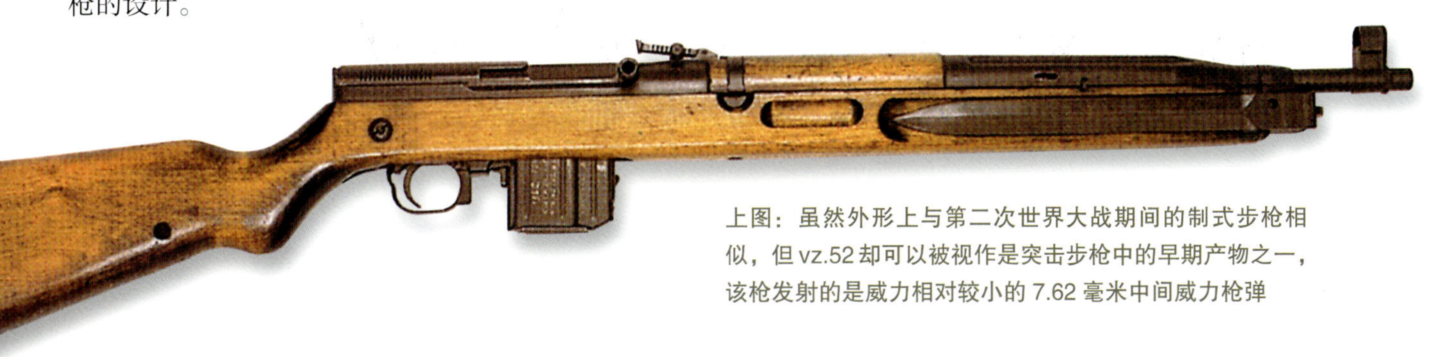

上图：虽然外形上与第二次世界大战期间的制式步枪相似，但 vz.52 却可以被视作是突击步枪中的早期产物之一，该枪发射的是威力相对较小的 7.62 毫米中间威力枪弹

MAS 49 型军用步枪

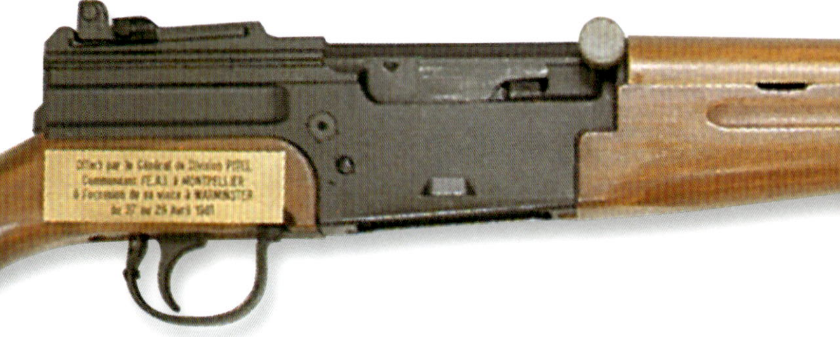

下图：MAS 49/56 采用导气式原理。该枪在 FAMAS 列装前一直是法国军队的标准军用步枪。MAS 49 是西方盟国最早列装的制式半自动步枪之一

性能诸元

MAS 49/56 型军用步枪

口径：7.5 毫米

重量：3.9 千克（装弹前），
4.34 千克（装弹后）

枪长：1010 毫米

枪管长：521 毫米

枪口初速：817 米/秒

弹匣：10 发弹匣

由圣安东尼武器制造公司设计的 49 型军用步枪（简称 MAS 49 步枪）是第二次世界大战后最早被军队采用的半自动步枪。虽然该枪的外形酷似栓动式的 MAS 36 步枪，但该枪并非 MAS 36 的半自动型号，而是全新设计的，该枪全枪重高达 4.5 千克，令使用者颇有微词。但是，在 20 世纪 50—60 年代法国参加的东南亚和阿尔及利亚的战争中，事实证明，这种步枪坚固结实，颇受法军喜爱。从 1979 年开始，法军中的 MAS 49 步枪被 FAMAS 突击步枪取代。

导气式原理

MAS 49 步枪采用了诞生自 20 世纪初的直接气吹式自动原理。该枪早在 20 世纪 20—30 年代就开始研制

下图：在法国的某个前殖民地，法军士兵正在谨慎地靠近一名游击队员。图中近处这名法军士兵手持的就是一支 MAS 49/56 型步枪

下图：图中为手持 MAT 49 冲锋枪（左）和 MAS 49/56 步枪（右）的法国外籍军团第 2 伞兵团（2nd REP）士兵。这种步枪发射标准的 7.5 毫米 ×54 毫米普通弹，此外还能发射穿甲弹和曳光弹

和生产原型枪。在德军被驱逐出法国后，法军在 1944 年生产了一批基于该设计的 MAS 44 半自动步枪供部队试用。MAS 49 步枪作为一款导气式步枪，并没有采用导气活塞，导气管最直接从枪管将火药燃气引至枪机框前方。发射时的火药燃气直接将枪机框向后推动。这种设计会产生严重的火药积垢，因此大多数步枪并没有采用直接气吹式设计，但 MAS 49 步枪并没有遇到太大的问题。该枪的闭锁原理与 FN-49 步枪一样，为倾斜枪栓式。

新式弹匣

虽然 MAS 49 步枪源自 MAS 44 步枪，但两者之间有许多不同的地方。MAS 44 的 5 发固定式弹仓被替换为 10 发可拆卸式弹匣，可以在紧急情况下直接更换弹匣。该枪在枪机框前方还设有桥架导槽，可以用 2 个 5 发桥夹将子弹压入弹匣内。与众不同的是，MAS 49 步枪自带有完整的枪榴弹发射装置，并在枪身左侧布置有枪榴弹专用瞄准具。

1956 年，经过改进的 MAS 49 步枪被定型为 MAS 49/56 型，该枪后来被 FAMAS 突击步枪取代。MAS 49/56 步枪的外形和 MAS 49 很容易区分：该枪的前护木更短，准星加高，枪口防跳器和榴弹发射器整合为一体。全枪长缩短了 90 毫米（3.54 英寸），枪管长缩短 60 毫米（2.36 英寸），并预留了安装矛头状刺刀的基座。与 MAS 49 一样，MAS 49/56 在机匣左侧安装了一条导轨，用于安装 APX L mle 1953 型望远瞄准镜。固定式瞄准具的表尺分划可达 1200 米（1315 码），包括安装在前护木上的带护圈准星，以及位于机匣后端上方的觇孔。

过时的子弹

法国不合时宜地使用了过时的 7.5 毫米 ×54 毫米 mle 1929 子弹，不过法国还是对少量 MAS 49/56 进行了改进以测试发射北约标准 7.62 毫米步枪弹。法国还生产了 7.5 毫米穿甲弹，但这种弹药会严重磨损 MAS 49/56 的枪管。

M14 步枪

在 20 世纪 50 年代末和 60 年代初，美国使用的标准军用步枪是M14步枪。早在20世纪50年代，美国就简单地研制出了这种步枪的原型。当美国军方领导人把 7.62 毫米子弹强加给北约盟国的时候，美国不得不加快研制步伐，以找到能发射这种子弹的新式步枪（M14 步枪）。

美国综合了各方面的考虑才决定对现有的 M1 加兰德步枪进行改进，并采用具备可选择射击模式的内部结构，但事实证明这些改进困难重重，因此从 M1 到 M14 中间经历了多款“T 字头”的测试和验证枪迭代。

计划装备两种型号

美军在 1957 年宣布 T44 型步枪的设计被选中，并决定其 M14 步枪这一正式型号投产。美军原本计划再装备一款重枪管型 M14 但未能如愿。M14 投入批量生产后，曾同时有 4 个不同厂家生产该型枪。

改进后的加兰德步枪

M14 步枪基本上沿袭了 M1 半自动步枪的设计。它使用新式的盒形弹匣（20）并具备单 / 连发可选择射击模式。虽然 M14 步枪又长又重，但制作工艺精良，采用大量的精加工和复杂工艺，而此时其他枪械设计师们已经开始另辟蹊径，寻求其他解决思路。不过财大气粗的美国能够承受该枪的昂贵成本，美军士兵也喜欢这种步枪。在服役过程中该枪的故障非常少，不过可选择射击模式由于远

下图：使用美国的 7.62 毫米子弹后，多数北约国家选择了比利时的 FAL 步枪。美国人至今对于西方盟国对其轻武器“缺乏创意”的评语耿耿于怀，并决意装备美国自行研制的步枪。M14 步枪是在 M1 步枪的基础上研制的，两者的口径有所不同。和 M1 步枪的弹匣相比，M14 步枪使用的弹匣较大

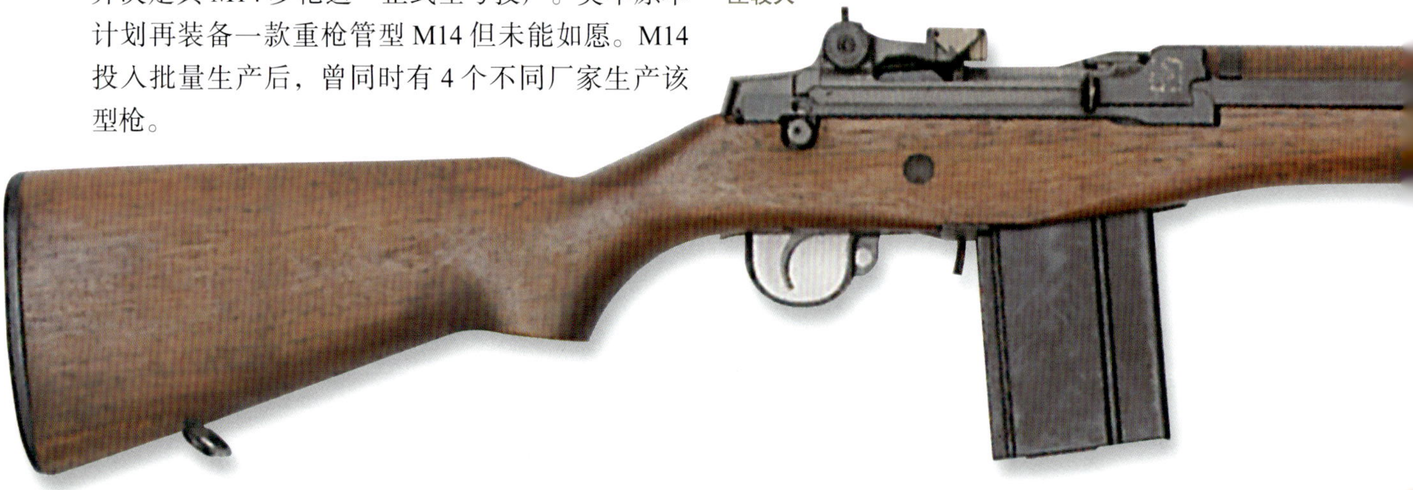

未完善而很快被取消：美军在应用中发现，该枪在连续长点射时枪管会很快过热，而如果点射不够密集，那么连发就完全是在浪费弹药。

主要生产

1964 年，美国停止了 M14 步枪的生产。这种步枪总共生产了 1380346 支。美国于 1968 年研制出一种新的步枪——M14A1 步枪。这种步枪带有手枪式握把和两脚架，并且还有其他一些变化，主要用作班火力支援武器，可全自动射击，但连续射击的时间较短。枪管过热影响连续射击的问题仍未得到解决。另外，美国还生产一种试验性的带有折叠式枪托的型号和 M21 狙击步枪。

接着 M14 步枪被 M16 步枪取代。美国的一线部队不再使用 M14 步枪，只有国民警卫队和预备役部队才使用这种步枪。许多 M14 步枪被卖给其他国家，如以色列。以色列国防军使用了许多年，直到被加利尔突击步枪取代。

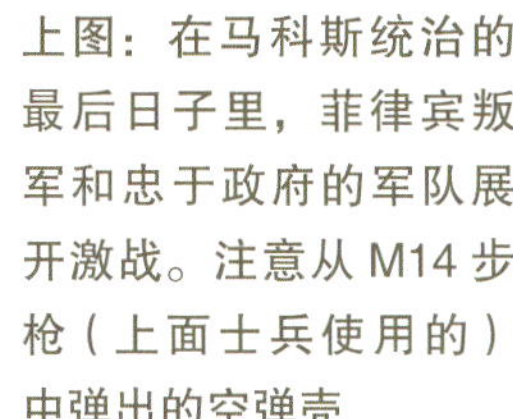

上图：在马科斯统治的最后日子里，菲律宾叛军和忠于政府的军队展开激战。注意从 M14 步枪（上面士兵使用的）中弹出的空弹壳

上图：M14A1 步枪是 M14 步枪中的一个类型，专门作为班火力支援武器而研制。该枪具备全自动射击模式，配有两脚架、手枪式握把和前握把

性能诸元

M14 步枪

口径：7.62 毫米

重量：3.88 千克

枪长：1120 毫米

枪管长：559 毫米

枪口初速：853 米 / 秒

射速：（M14A1）700 ~ 750 发 / 分

弹匣：20 发弹匣

斯通纳 63 枪族

尤金·斯通纳是 20 世纪 50—60 年代最有影响力和创新精神的武器设计师，时至今日，许多轻武器的设计者还在使用他的设计技巧。他的革命性思维是使用了一种模块式武器系统——斯通纳 63 系统。

这种系统是斯通纳在 20 世纪 50 年代后期离开阿玛莱特公司不久后生产的。斯通纳 63 枪族共有 17 个模块。这些模块可以按照一定的方式排列和组装，可以组装出一系列的轻武器。该系统的基础是回转枪机闭锁原理。AR-10 步枪最先使用了这种装置，后来的 AR-15 步枪和 M16 步枪也都使用了这种装置。然而，斯通纳枪族的导气式原理与 AR 系列有所区别，该枪族采用了长行程活塞系统。

系列组件

斯通纳 63 枪族中各型号都采用相同的机匣、枪机、导气活塞、复进簧和扳机组件。除了这些核心部件外，诸如枪托、供弹具、枪管和两脚架乃至三脚架等部件都可以根据射手的需要灵活组装。最初研制的斯通纳 63 枪族发射北约的 7.62 毫米子弹，但是该弹随后被 5.56 毫米北约步枪弹取代。斯通纳对该系统进行了改进，使之能适应轻型子弹。发射轻型子弹（5.56 毫米子弹）的最大好处是可以减少该系统的许多组件的重量，并且这种武器本身也变得更加轻便，从而在战术上具有许多优势。

该枪族的标准型为带折叠枪托的卡宾枪型；此外还有突击步枪；带轻型两脚架的，采用弹匣或弹

上图：图中为一挺斯通纳 63 枪族的中口径机枪，该枪被安装在一具供美国海军陆战队评估的三脚架上

上图：这是斯通纳 63 系统系列武器中带有固定枪托的突击步枪。它使用的弹匣可装 30 发子弹。枪口处的附加装置兼具消焰器和枪榴弹发射器的双重功能

链供弹的轻机枪；在此基础上换装重枪管，采用弹链供弹并安装三脚架，就能最终研制出中型机枪。此外该枪族中甚至还有供装甲车辆使用的同轴机枪型号。

斯通纳枪族

由于斯通纳 63 系统所具有的显著优势，一经问世就引起了人们的极大关注。取得斯通纳的同意后，凯迪拉克 · 盖奇公司开始将其小批量地投入生产。荷兰的一家公司在获得生产许可证后也计划生产这种系统，但此举并未引起美国军方的关注。美国海军陆战队进行了一系列试验，以色列也对它进行了反复试验。该系统顺利通过了所有试验，但是美国和以色列却没有大批量订购这种系统。个中原因实在难以确定，最主要的原因或许是它需要生产的零部件太多，不同的零部件作用各不相同；而且生产这么多不同的零部件又得作出某些妥协。如此一来，该枪族的各型号相比专门研制的同类武器在性能方面可能存在不小的劣势。斯通纳枪族由此停止了生产并逐渐退役。

性能诸元

斯通纳 63 枪族（突击步枪）

口径：5.56 毫米

重量：4.39 千克（装弹后）

枪长：1022 毫米

枪管长：508 毫米

枪口初速：大约 1000 米 / 秒

射速：660 发 / 分

弹匣：30 发弹匣

下图：斯通纳 63 枪族中的轻机枪，该枪在射击时通常会展开两脚架，从图中可以看到该枪采用装在弹链盒内的弹链供弹

左图：在越南战争期间使用斯通纳 63 轻机枪型射击的美国海军“海豹”特种部队士兵，塑料弹链箱内可容纳 100 发弹链

阿玛莱特 AR-10 突击步枪

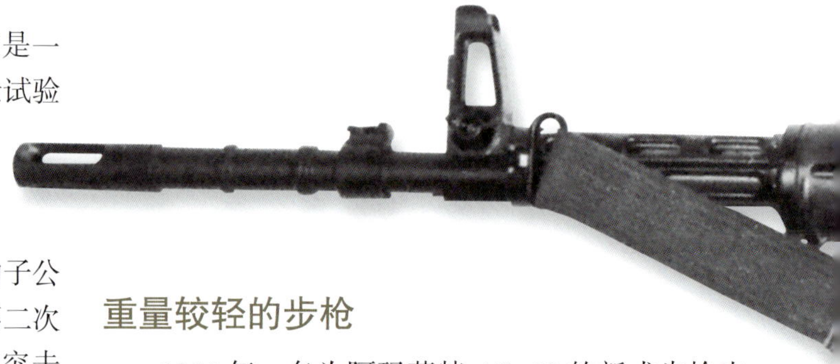

AR-10 突击步枪是 M16 步枪的鼻祖。它是一种优秀的步枪，优于其他大多数参加北约步枪试验的步枪，按道理应该长期使用。然而，它生不逢时，虽然具有雄厚的实力，却未能参加北约的步枪试验。

1954 年，费尔柴尔德发动机 / 飞机公司的子公司——阿玛莱特公司开始研制一种能够发射第二次世界大战时的口径为 7.62 毫米的步枪子弹的突击步枪。1955 年，尤金 · 斯通纳加盟后，研制工作开始朝使用北约的新式 7.62 毫米的子弹的方向发展。尽管阿玛莱特公司设计团队深受斯通纳的影响，但并没有局限于斯通纳一贯采用的设计思想，他们在步枪瞄准具中创新地使用了“整体式”结构原理。这种原理对轻武器研制的最大贡献是：在突击步枪的设计中再次使用了旋转式枪栓闭锁装置，而这种装置目前已经成为世界上所有突击步枪设计的标准。

重量较轻的步枪

1955 年，名为阿玛莱特 AR-10 的新式步枪出现了。这种步枪的原材料为铝合金。只有枪管、枪机和枪机框是用钢材制造的，这种设计大幅度降低了枪支的重量，但是由于重量太轻，射击时枪口上跳严重，以至于必须安装枪口防跳器。拉机柄位于机匣顶部，后瞄具安装在提把上。根据原计划，阿玛莱特 AR-10 还会研制冲锋枪和轻机枪型号，但这两种型号都只造出了原型枪。

上图：阿玛莱特 AR-10 步枪的创新之处在于，全枪除了枪管，枪机和枪机框是用钢材制成的，其余部件都是用铝合金制成的。枪的重量较轻意味着枪口在射击时会剧烈上跳，不过通过安装枪口防跳器解决了这个问题

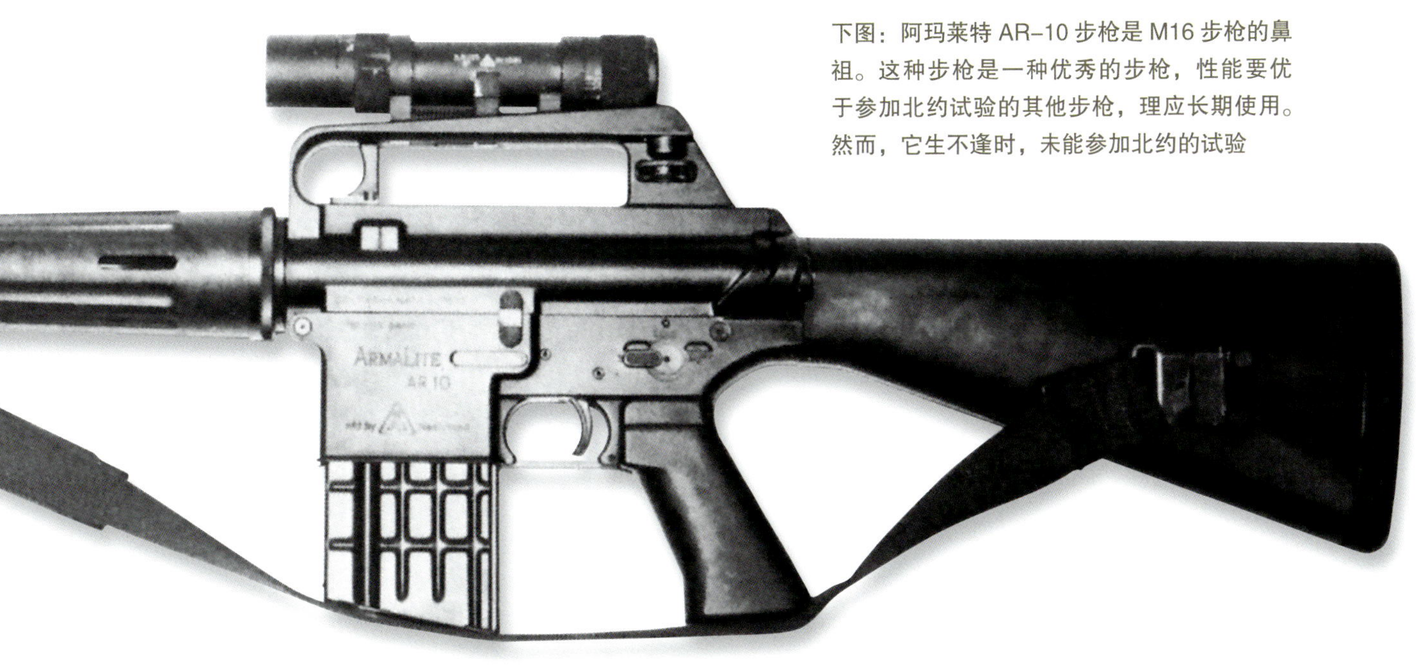

下图：阿玛莱特 AR–10 步枪是 M16 步枪的鼻祖。这种步枪是一种优秀的步枪，性能要优于参加北约试验的其他步枪，理应长期使用。然而，它生不逢时，未能参加北约的试验

阿玛莱特公司设计团队发现在市场上推销这种产品要比设计困难多了，所以这种步枪的生产速度很慢，而且在阿玛莱特 AR–10 步枪问世的时候，北约已经决定自己生产新式步枪，所以阿玛莱特 AR–10 步枪的销量并不理想。虽然和荷兰的 NWM 公司达成了协议，该公司同意在获得这种步枪的生产许可证后，在市场上销售这种武器，尽管做了大量的准备性工作，但计划最终不了了之。

虽然阿玛莱特 AR–10 步枪从设计、性能到操作等方面都比北约使用的步枪优秀强劲，遗憾的是，如此具有市场潜力的步枪，销量却不大。该枪的最大买主是苏丹，葡萄牙也订购了 1500 支，其他用户还包括缅甸和尼加拉瓜。

对于阿玛莱特 AR–10 步枪来说，或许最重要的是它在 1961 年停止了生产，为 AR–15（M16）步枪的生产铺平了道路。

性能诸元

阿玛莱特 AR–10 步枪

口径：7.62 毫米

重量：4.82 千克（装弹后）

枪长：1029 毫米

枪管长：508 毫米

枪口初速：845 米 / 秒

射速：700 发 / 分

弹匣：20 发弹匣

瓦尔米特 / 萨科 Rk.60 和 Rk.62 突击步枪

尽管芬兰不是华约组织的成员国，但是在 20 世纪后半个世纪的大多数时间里，芬兰政府一直采取亲苏政策。芬兰对外采取中立的外交政策，但在一些问题的看法上不可避免地站在了苏联一方。如此看来，在 20 世纪 50 年代末期，芬兰决定使用新式军用步枪时，使用了苏联的 AK-47 突击步枪及其弹药也就没什么奇怪的了。经过谈判，芬兰获得了生产 AK-47 突击步枪及其弹药的许可证。AK-47 突击步枪一到手，芬兰瓦尔米特公司的轻武器设计人员便决心进行改动，生产出自己的瓦尔米特 m/60 步枪。后来，这种步枪被命名为 Rk.60 步枪。

源自AK-47突击步枪

从 Rk.60 步枪的身上很容易找到 AK-47 步枪影子。但是，经过改进，这种步枪在各个方面都超过了 AK-47 步枪。Rk.60 步枪的结构中没有木制配件，AK-47 步枪中的木制品被塑料或金属管取代。Rk.60 步枪的管状枪托易于生产，而且更加坚固，便于携带和清理。手枪式握把和前护木采用硬质塑料制成。扳机没有护柄，戴手套也可以使用。

上图：m/60 步枪事实上是 m/62 步枪的原型。人们所熟知的 Rk.62 步枪就是 m/62 步枪。图中的步枪是非标准的 m/60 步枪，带有大型扳机护圈

右图：Rk.62 步枪是芬兰在苏联AK-47 步枪的基础上经过改进而研制的芬兰式步枪。该枪凭借芬兰强大的机械加工工艺完美地适应了芬兰的特殊自然环境

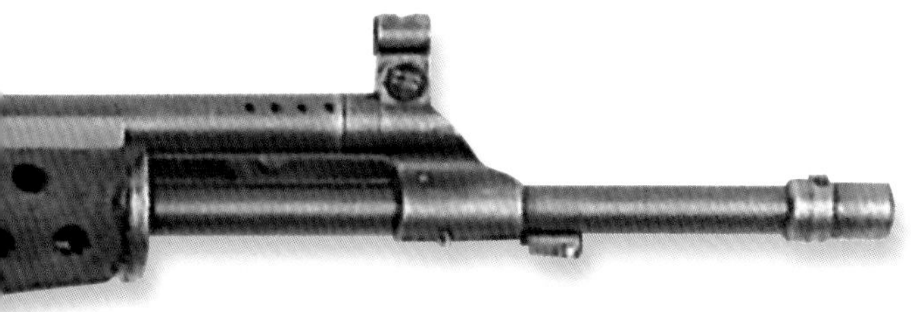

其他不同于 AK-47 步枪的设计包括：瞄准具进行了细微改动，枪口处的消焰器呈三叉状，修改了刺刀座以安装芬兰的刺刀。除了采用不同的加工工艺外，Rk.60 步枪的内部结构和 AK-47 步枪没什么两样。Rk.60 步枪没有对弹匣卡榫和插口进行任何修改，可以直接插入 AK-47 步枪的弹匣。

后来的 m/62 或 Rk.62 步枪除了在前置式枪托上钻了几个额外的冷却孔和使用了简单的扳机护圈之外，其余和 Rk.60 步枪完全相同。另外，该公司还生产了口径为 5.56 毫米的出口型号。

性能诸元

Rk.62 步枪

口径：7.62 毫米

重量：4.7 千克（装弹后）

枪长：914 毫米

枪管长：420 毫米

枪口初速：719 米 / 秒

射速：650 发 / 分

弹匣：30 发弹匣

改进后的类型

瓦尔米特公司和萨科公司合并后，成立了一个轻武器研制小组。Rk.60 步枪经过改进就变成了 Rk.76 步枪和 Rk.95TP 步枪。前者将机匣制造工艺从机加工改为冲压，从而减轻了重量，并且枪托用 4 种不同的原料制成（Rk.76W 步枪、Rk.76P 步枪、Rk.76T 步枪和 Rk.76TP 步枪分别使用了固定式木制枪托、固定式塑料枪托、固定式管状枪托和折叠式管状枪托）。后来被命名为萨科 Rk.75 步枪的套筒座是加工制成的，枪托用折叠式钢丝架制成，并且使用的是新式扳机护圈，消焰器也经过了改进。

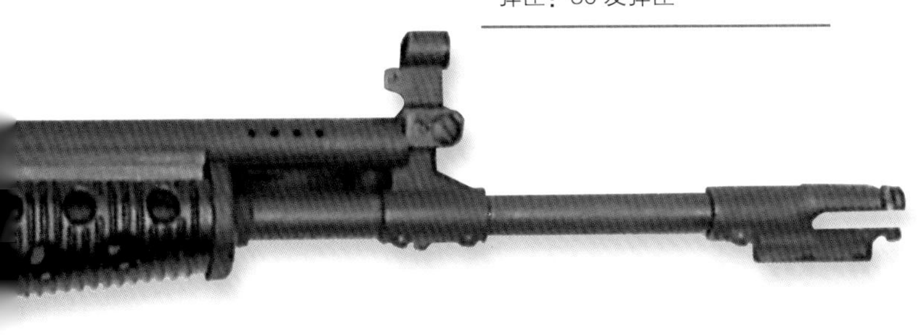

上图：Rk.62 步枪有专门设计的扳机护圈，护圈尺寸较大，即使在冬季，士兵戴上手套也可以使用

SKS 步枪

SKS 步枪（又称西蒙诺夫 1945 年式自动卡宾枪）是在第二次世界大战中研制的半自动步枪，但是直到战争结束后才投入生产。它是由萨吉·加维里洛维奇·西蒙诺夫设计出来的。苏联的许多重要的轻武器都是由他负责研制的。在研制 SKS 步枪时，西蒙诺夫采用了相对保守的设计以确保稳妥。事实上，从设计上看，这样生产出来的产品相对来说缺少创新和灵感。

SKS 步枪是最先使用苏联新式的 7.62 毫米子弹的武器。这种新式子弹源自德国第二次世界大战时的口径为 7.92 毫米的子弹（短小型）。

SKS 步枪采用导气活塞式自动原理，偏移式闭锁枪机，整体外形较为保守。从外观上看，它甚至和传统的栓动式步枪没什么两样。它大量采用木质结构。枪口下面安装了固定的折叠式刺刀。盒式固定弹仓安装在机匣下方，仅露出下半部。弹仓容量为 10 发，装填时既可以使用桥夹，也可以单发压入。在分解时可以打开弹仓底部的底盖，卸下仓内弹药。SKS 步枪具有典型的苏联风格——非常坚固结实，所以西方的许多观察家嘲笑这种步枪过于沉重（相对于它所使用的轻型子弹来说）。然而，SKS 步枪能经受住可能遇到的任何摔打和碰撞，并

且成为华约组织多年使用的标准军用步枪。直到华约国家装备了大量的 AK-47 突击步枪和后来能够发射较小口径的子弹的 AKM 步枪后，SKS 步枪才退出军队。

分阶段地退出军队

到 20 世纪 80 年代中期，华约组织已经停止使用 SKS 步枪，SKS 步枪仅在阅兵式或仪仗队中作为仪式性武器使用。然而，由于这种步枪的生产数量极其庞大，所以世界上的其他地区还能看到这种步枪。除苏联外，民主德国和南斯拉夫都生产过这种步枪。民主德国和南斯拉夫分别称之为卡拉贝纳尔 -S 步枪和 m/59 步枪。从 m/59 步枪中还演变出了 m/59/66 步枪。m/59/66 步枪的枪口安装有套管式榴弹发射器。

由于 SKS 步枪的生产数量极其庞大，所以中东和远东地区的许多国家使用这种步枪就不足为奇了。最近几年，这种步枪才有所减少。在越南战争期间，美国和南越的部队在战场上遇到了大量的 SKS 步枪。这些步枪随后又从越南流入非正规力量手中。射手稍加训练即可使用这种步枪。在未来的相当长的时间内，SKS 步枪是不会消失的。

性能诸元

SKS 步枪

口径：7.62 毫米
重量：3.85 千克（装弹前）
枪长：1021 毫米
枪管长：521 毫米
枪口初速：735 米 / 秒
弹仓：10 发固定式弹仓

上图：SKS 步枪在外观上与栓动式步枪非常相似，但该枪采用的是导气式自动原理，采用 10 发固定弹仓

上图：56 式步枪从许多方面看，和苏联的 SKS 步枪几乎一模一样。56 式步枪使用了锥形刺刀

斯太尔 AUG 突击步枪

下图：斯太尔 AUG-A1 步枪
早期的 AUG 步枪在实战中证明了其极其坚固，能经受住各种类型的试验，其中有一个事例：被一辆 10 吨重的卡车碾过后，它还能射击，唯一损坏的只是塑料制的机匣外壳

性能诸元

斯太尔 AUG 突击步枪

口径：5.56 毫米

重量：4.09 千克（装弹后）

枪长：790 毫米

枪管长：508 毫米

弹匣：30 发弹匣

射速：650 发 / 分

上图：尽管 AUG 突击步枪长着一副太空时代的模样，但是奥地利军队已经使用这种突击步枪很久了

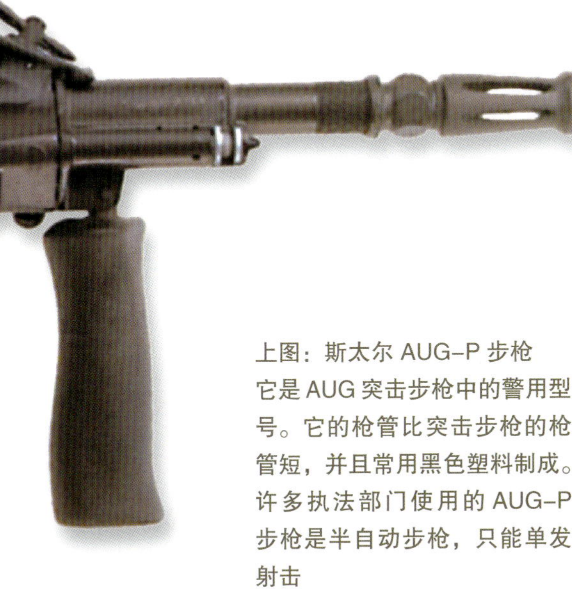

上图：斯太尔 AUG-P 步枪它是 AUG 突击步枪中的警用型号。它的枪管比突击步枪的枪管短，并且常用黑色塑料制成。许多执法部门使用的 AUG-P 步枪是半自动步枪，只能单发射击

在所有现代突击步枪中，外观如“星球大战”般科幻的 AUG 突击步枪可能是最令人惊奇的突击步枪了。作为军用步枪，其使用时间之长令人吃惊，奥地利陆军从 1977 年就开始使用这种突击步枪。

无托结构（Bullpup）设计

AUG 突击步枪由历史悠久的斯太尔公司制造。它采取了无托结构设计——扳机装置位于弹匣前面，这使这种步枪成为一种灵巧、轻便的武器。由于使用了尼龙和非金属材料，所以这种步枪显得非常现代化。

使用金属制成的部件只有枪管、机匣以及机匣内部结构，套筒座也是用铝合金压铸成的。所有的原材料的质量都非常高。弹匣用坚硬的半透明塑料制成。这种弹匣具有一大优点：士兵们只要瞥一眼就能知道弹匣内还剩下多少子弹。

枪族

斯太尔基于 AUG 突击步枪发展出了一整套模块化枪族，通过更换不同的枪管、枪机部件和弹匣，就能组合成不同型号的步枪，例如冲锋枪、卡宾枪、精确射手步枪和轻机枪。通过更换机匣上方的部件，AUG 能够安装各类夜视仪或望远瞄准镜，该枪标配的是适用于正常交战距离内的光学瞄准镜，这种瞄准镜内部画有瞄准分划线。

AUG 步枪在需要维护时可以轻松实现快速分解。该枪枪管镀铬，维修也非常方便，可以直接更换整个模块。

AUG 步枪于 1978 年全面投入生产。自那之后，斯太尔 AUG 突击步枪不仅供奥地利军队使用，还出口到中东、非洲和南美各国。另外，澳大利亚、新西兰和爱尔兰等国的军队也使用这种突击步枪。

AUG 突击步枪也是世界各国特种部队的常规武器。英国特种空勤团和德国第 9 边防大队的人质营救分队一直使用这种步枪。

许多国家的执法部门也都非常喜爱 AUG 突击步枪。这种步枪在美国的商业市场上也获得了极大成功。

FN FAL 突击步枪

FN FAL 步枪（FAL 是法语“轻型自动步枪”的缩写），是由比利时著名的武器制造商比利时国营兵工厂（FN 公司）生产的。这种步枪最早可追溯到 1948 年。最初的 FN FAL 步枪是为了发射第二次世界大战时德国的 7.92 毫米 ×33 毫米短弹而研制的。北约弹药实行标准化之后，FN 公司对 FN FAL 步枪做了重新设计。重新设计的 FN FAL 步枪可以发射北约新式的 7.62 毫米 ×51 毫米标准子弹。

经典战斗步枪

重新设计的 FN FAL 步枪质量一流。它坚固结实、性能稳定、经得起实战考验，并且在作战距离内极其精确。在它长期的军旅生涯中，有 90 多个国家使用过这种步枪。许多国家，如英国、以色列、加拿大、墨西哥、印度和南非获得了它的生产许可证。这些海外生产的 FAL 步枪和 FN 公司生产的正宗 FAL 步枪有所差异，但从外表上看都非常相似。

FAL 步枪非常坚固。它使用了 20 世纪中出现的多种制造方法。所有部件都用优质的原材料制成，精密的加工足以使其达到最大的使用期限。FAL 采用短行程活塞导气自动原理，带有气体调节器，火药燃气在枪管上方的导气管内推动活塞，活塞又向后推动枪机实现开锁。该枪还采用了延迟开锁设计以提升射击安全性。FAL 步枪的大部分型号都具备全自动射击能力。

FAL 步枪种类繁多，型号齐全，多数都有硬质木材或尼龙的枪托、握

性能诸元

FN FAL 突击步枪

口径：7.62 毫米

重量：5 千克（装弹后）

枪长：1143 毫米

枪管长：554 毫米

射速：650～700 发 / 分（FAL，连发），30～40 发 / 分（单发）

枪口初速：838 米 / 秒

弹匣：20 发弹匣

下图：多数 FAL 步枪具有自动射击功能。安装了重枪管和两脚架的 FAL 步枪，操作方便。这支重枪管型号的 FAL 步枪（上）和带有折叠式枪托的伞兵型（下）都是英军在马尔维纳斯群岛战争中缴获的战利品

上图：在挪威参加军事演习的荷兰海军陆战队正在使用他们的 FAL 步枪瞄准射击。人们对这种步枪的喜爱说明它具有出众的性能，能够在任何气候 / 地形条件下使用

把和护木。另有部分供空降部队使用的型号，伞兵型通常带有特殊设计的坚固可折叠枪托。坚固性是 FAL 步枪的一大特点。事实证明，这种步枪能够经受住各种环境的考验，无论是沙漠，还是丛林，甚至是冰天雪地的北极地区。

英国的L1A1步枪

提到 FAL 步枪的生产型号，不能不说说英国的 L1A1 步枪。英国武装部队在经过长期的系列试验和改进后才选中了 L1A1 步枪。改进后的 L1A1 步枪取消了 FAL 步枪的自动射击装置。另外，它和 FAL 步枪还有其他一些区别。包括印度在内的许多国家都使用 L1A1 步枪，印度直到 20 世纪 90 年代还在生产这种步枪。澳大利亚不仅使用 L1A1 步枪，为了适合身材矮小的新几内亚军队的需要，甚至还生产了一种短步枪型号——L1A1-F1 步枪。

FAL 步枪和 L1A1 步枪都安装有榴弹发射器，但是目前使用的极少，通常都安装了刺刀。有的 FAL 步枪使用重枪管，安装两脚架后就可以当作轻机枪使用。这两种步枪也可以根据需要安装夜视仪。

尽管作为军事步枪，口径为 7.62 毫米的 FAL 步枪已不再大规模生产，但是世界各国的军队和预备役仍在使用这种步枪。自从 20 世纪 80 年代以来，突击步枪的发展趋势已经朝着小口径的方向发展，多数军事大国重新研制的突击步枪，口径都是 5.56 毫米。

FN FAL、L1 和 FNC 突击步枪

由比利时 FN 公司生产的 FN FAL 步枪（轻型自动步枪）在 1948 年首次投产时发射的仍是德国研制的 7.92 毫米短弹，但随后为了适应北约武器标准化的要求，FAL 步枪经过了改进，发射北约 7.62 毫米步枪弹。不仅北约所有的成员国，而且其他许多国家也大量使用这种步枪。许多国家还获得了它的生产许可证，如南非和墨西哥。海外生产的 FAL 步枪和原版的 FAL 步枪有所不同，但是外形上非常相似。

FAL 步枪非常坚固。所有部件都是用优质的原材料经过精密加工制成的。该枪采用短行程活塞导气式自动原理，配有气体调节器，火药燃气通过枪管上方的导气管推动导气管内部的活塞，活塞向后推动枪机，从而实现开锁；为提升安全性，FAL 还采用了延迟开锁设计。各类型号的 FAL 都在扳机附近布置了快慢机。

FAL 步枪的种类繁多，型号齐全。多数都有固体的木制或尼龙枪托和其他装饰部件。有的型号（常常供空降部队使用）还安装了折叠式枪托。坚固性是 FAL 步枪的一大特点。

新口径

目前，突击步枪的设计潮流正朝着口径为 5.56 毫米的方向发展，FN 公司也顺应潮流推出了“FN 卡宾枪”（FNC 步枪）。

FNC 步枪于 1978 年研制成功。自那之后，比利时、印度尼西亚和瑞典一直使用这种步枪，并且瑞典和印度尼西亚还得到了这种步枪的生产许可证。这两个国家生产的 FNC 步枪的型号分别为博福斯 AK-5 步枪和宾达德 SS1 步枪。FNC 步枪采用旋转枪机闭锁原理，上机匣采用冲压钢材，下机匣采用铝合金；手枪式握把、前护木均采用塑料材质，钢制折叠枪托外也包裹有塑料外层，同时也可选择换装固定式枪托。FNC 步枪既可以单发射击、3 发子弹点射，也可以全自动连发射击。

性能诸元

FNC 步枪

口径：5.56 毫米

重量：4.06 千克（装弹前）

枪长：997 毫米

枪管长：449 毫米

射速：大约 650 发 / 分

枪口初速：不详

弹匣：30 发弧形弹匣

左图：FNC 步枪从以前的突击步枪，如 AK-47、M16和加利尔的设计中汲取了丰富的经验。该枪采用导气式自动原理，回转枪机闭锁。FNC 步枪标准型采用折叠式枪托，另有专供空降部队使用的 FNC-Para 型短步枪

上图：澳大利亚步兵使用的是他们自己生产的 L1A1 突击步枪。这种步枪是在澳大利亚新南威尔士州的利斯戈制造的。澳大利亚还生产了一种小型的 L1A1–F1 步枪，供新几内亚当地的军队使用。另外，新几内亚军队还使用 M16A1 步枪

上图：图中是 L1A1 步枪，曾经是英国步兵的标准步枪，缺少自动射击能力

上图：图中是短枪管的 FAL 步枪

上图：图中是阿根廷的 FAL 步枪，带有折叠式枪托。它和 FAL 步枪一样，具有自动射击能力

FA MAS 突击步枪

在第二次世界大战后的几年时间里，法国军工企业在轻型武器设计方面落后于其他国家。为了弥补差距，法国生产了 FA MAS 突击步枪，FA MAS 是“圣安东尼兵工厂突击步枪”的缩写。FA MAS 完全属于现代型的突击步枪，效果显著。它也采用了无托结构设计而且获得成功。这种设计方法虽然简洁，却极为合理。该枪的设计在其诞生之时堪称离经叛道，但到现在这种设计已经非常普遍。无托式布局将扳机组件布置在弹匣前方，从而整体缩短了枪支全长。FA MAS 的设计非常精巧，即便是在无托步枪中仍可归入短小的范畴。

短小精悍

FA MAS 是从 1972 年开始研制的。1978 年，FA MAS F1 的基本型号被指定为法国武装部队的制式军用步枪。这样，在圣 · 安东尼工厂长期生产就得到了保证。

第一批 FA MAS F1 装备了一些伞兵和特种部队。1983 年，法国军队首次使用这种步枪参加了在乍得和黎巴嫩的战斗。

FA MAS F1 易于射击。其外形和其他突击步枪不太一样。它发射美国的 M193 5.56 毫米子弹。修长的提把从机匣前端一直延伸至枪身前端，机械瞄准具就固定在提把上，短粗的枪托向上凸起。较长的枪管只有很短一段从枪身前部伸出，并安装有枪榴弹发射器。

3种射击方法的选择设置

这种步枪安装了标准的小型刺刀和折叠式两脚架。射击选择器有 3 个位置，分别供单发射击、三发点射和全自动射击时使用。快慢机安装在枪托内，和复杂的扳机设置相连。FA MAS F1 采用延迟

下图：榴弹发射器在战场上已经不如过去那样受到士兵的欢迎，但对于海军和海岸警卫队士兵们而言，枪榴弹仍是一个迫使小型船只的驾驶者停船接受登临检查的不错选择

后坐自动原理。枪的零部件的原料尽可能用塑料制成，最后的制造程序——抛光并没有得到特殊重视，例如，钢制的枪管没有镀铬。

尽管其外形与众不同，使用 FA MAS F1 的操作和射击都非常舒适、方便，并且不容易发生故障。这种步枪最引人注目的是榴弹发射器的瞄准装置。在使用时，这种瞄准装置极易瞄准。事实证明，这种步枪易于操作。还有一种型号可以使用小型的火花气缸来推动惰性弹球进行射击训练的专用枪，效果极佳，可大大节省训练费用。这种型号的 FA MAS 教练枪和军用型 FA MAS 看上去完全一样。

在 FA MAS F1 之后研制而成的是过渡型 FAS MAS F2。接下来的型号是 FA MAS G2。FA MAS G2 的两脚架的功能被枪背带取代（不过仍可加装两脚架）。该枪取消了固定式枪榴弹发射器，扳机护圈延长至盖住整个握把，经过改进的弹匣并不仅可以装入 FA MAS 专用弹匣，也可以使用北约标准弹匣。

下图：法国的口径为 5.56 毫米的 FA MAS F1 是现代突击步枪中体积最小、设计最为简洁的突击步枪。FA MAS F1 步枪（图中）的弹匣被拆卸下来，可以看到该枪的提把上方布置有机械瞄准具，下方则是拉机柄，两脚架处于折叠状态

性能诸元

FA MAS F1 突击步枪

口径：5.56 毫米

重量：4.59 千克（装弹后带枪背带）

枪长：757 毫米

枪管长：488 毫米

射速：1000 发 / 分

枪口初速：960 米 / 秒

弹匣：25 发弹匣

下图：这支 FA MAS F1 的枪口下安装了一个 TN21 红外线夜视聚光灯。这种聚光灯的有效范围是 150 米。这名士兵可以根据眼上戴的夜视仪中形成的图像迅速作出反应。法国陆军装备了这种夜视仪

INSAS 5.56 毫米突击步枪 / 轻机枪

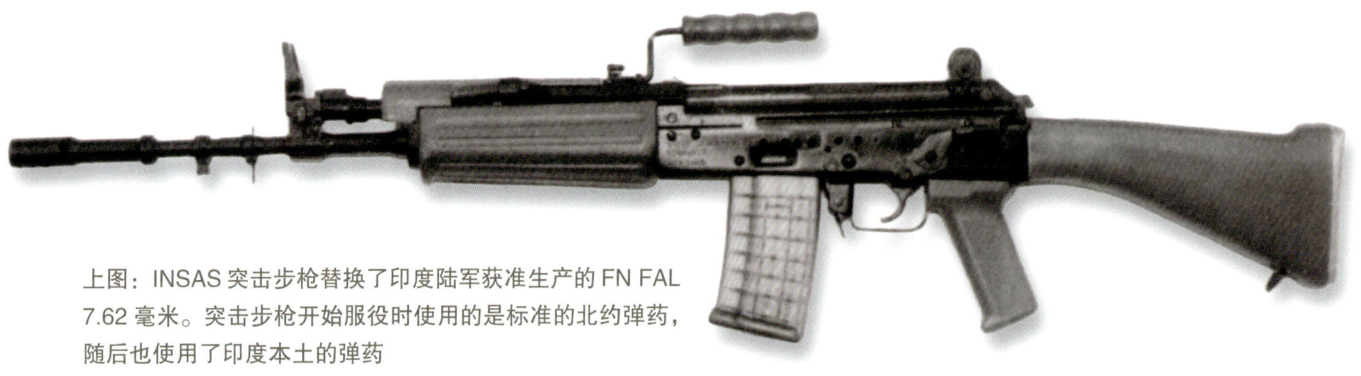

上图：INSAS 突击步枪替换了印度陆军获准生产的 FN FAL 7.62 毫米。突击步枪开始服役时使用的是标准的北约弹药，随后也使用了印度本土的弹药

INSAS（Indian Small Arms System：印度轻武器系统）突击步枪是印度的 5.56 毫米（0.219 英寸）枪族的组成部分。该枪族采用相同的基本设计，其他型号包括轻机枪、冲锋枪和短突击步枪 / 卡宾枪。

INSAS 步枪研制于 20 世纪 80 年代中期，计划用于替换印度军队中所有在役的步枪。由于印度本土缺乏 5.56 毫米 ×45 毫米子弹的生产设备，预计的服役时间被推迟。这种专用于 INSAS 步枪的子弹是基于北约 SS109 弹药而设计的。到 1995 年时，INSAS 项目已经落后最初的时间表 4 年左右了，而到 2000 年又发生了一次延误。

性能诸元

INSAS 突击步枪

口径：5.56 毫米

重量：3.2 千克（空枪），
4.1 千克（满弹）

枪长：945 毫米（固定枪托版本），
960 毫米（可折叠枪托版本枪托伸展后），
750 毫米（可折叠枪托版本枪托折叠后）

枪管长：464 毫米

射速：650 发 / 分

枪口初速：915 米 / 秒

弹匣：20 发或 30 发弹匣

上图：INSAS 轻型支援武器安装 30 发容量的苏联盒型弹匣，该弹匣也可安装在基础的突击步枪上。轻型支援武器没有三发连射模式

然而，截至1999年2月，30000多支INSAS步枪已经进入印度陆军服役，而计划要求的数量为528000支，超过一半的数量在2001年中期交付，其中大部分随后都被分配给了驻克什米尔部队。然而，2001年的一份关于INSAS的报告指出，各种技术问题仍然存在，还需进一步消除问题。

短程突击步枪/卡宾枪变型仍然在研制之中，但技术问题也妨碍了该子型号的研制。

尽管存在不足，1999年初期，INSAS步枪还是推出了出口版本。

INSAS的设计

INSAS突击步枪采用导气式自动原理，可选择单/连发射击模式。有趣的是该枪借鉴了众多不同枪械的设计，这也反映出印度从众多不同国家采购轻武器装备军队的特点。该枪的机匣和握把很明显有AK-47风格的影响，枪托、气体调节器和消焰器采用了FN FAL的设计，枪身前部的设计似乎源于AR-15/M16，前置拉机柄似乎又是借鉴了德国H&K的设计风格。导气式自动系统采用常见的前锁回转枪机。机匣采用冲压薄钢板制造，枪管与击针均进行了镀铬处理。该枪的握持部分均采用塑料材料。弹匣井尺寸可以容纳美国M16步枪的标准弹匣，而INSAS步枪的专用弹匣则采用半透明塑料材料，容量为20发。INSAS轻机枪型则采用30发半透明弹匣，这种弹匣也能装在步枪型上。

该枪采用现代自动步枪常见的导气式自动原理和回转枪机闭锁。基于印军在斯里兰卡的作战经验，INSAS步枪型采用单发和三发点射模式，没有全自动射击模式。机匣左侧，握把上方布置有大型快慢机旋钮。快慢机和保险为一体式设计。

INSAS突击步枪最令人感到意外的特征是其保留了李·恩菲尔德No.1 Mk 3步枪的托底板，印度曾按许可证生产这种栓动步枪。INSAS的枪托内可以储存油壶和清洁工具等附件，其中还包括清理枪管所需的通条。

INSAS突击步枪可安装多种被动夜视瞄准镜和光学瞄准镜。枪口装置兼具消焰器和枪榴弹发射器功能。INSAS突击步枪有固定枪托和钢管折叠枪托（伞兵型）两种版本。其他配件包括空包弹助退器、多用途刺刀和背带。

班组支援武器

除了INSAS突击步枪，同样的武器还包括一款同样口径为5.56毫米的轻机枪。INSAS轻机枪基于突击步枪型研制，采用更重型的枪管以实现持续开火；该枪也有固定式和折叠式枪托两种版本。轻机枪型沿用了INSAS突击步枪型的导气式自动原理和枪机回转闭锁，具备单发和全自动模式，循环射速与突击步枪型一样均为650发/分。轻机枪型仅有两脚架，枪管、步枪型不同，步枪型枪管镀铬，膛线也不同（4条右旋膛线，而步枪型为6条右旋膛线）。不同的膛线可以改善弹道性能，提高对远距离目标的射击能力。该枪的枪管无法快速更换，采用标准的30发弹匣。另一个出乎人们意料的是，INSAS轻机枪的两脚架直接取自印度从第二次世界大战期间就开始生产的布伦轻机枪和VB型轻机枪的两脚架。

INSAS轻机枪的机械瞄准具瞄准分划达到1000米（1904码），枪口外径为符合北约标准的22毫米（0.87英寸），因此可以直接发射北约标准枪榴弹。

与INSAS突击步枪一样，轻机枪型目前也已经获准列装印度武装部队，但由于弹药短缺而推迟服役。

性能诸元

INSAS轻机枪

口径：5.56毫米
重量：6.23千克（固定枪托版本装弹前），
5.87千克（可折叠枪托版本装弹前）
枪长：1050毫米（固定枪托版本），
1025毫米（可折叠枪托版本枪托伸展后），
890毫米（可折叠枪托版本枪托折叠后）
枪管长：535毫米
射速：650发/分
枪口初速：925米/秒
弹匣：30发弹匣

H&K G3 突击步枪

H&K 的 G3 突击步枪是由西班牙的赛特迈设计小组研制出来的。该设计小组的绝大多数成员都是德国的轻武器设计专家。1959 年，这种步枪被联邦德国国防军采用。从多个方面来看，事实都证明 G3 突击步枪的确是第二次世界大战之后德国最成功的一种设计。这种突击步枪投入生产后，不仅供德国本国的军队使用，而且许多国家的军队都使用这种武器。许多国家获得生产许可证后，也制造出他们自己的 G3 突击步枪。这样的国家共有 13 个，其中包括希腊、墨西哥、挪威、巴基斯坦、葡萄牙、沙特阿拉伯和土耳其等。世界上有 60 多个国家的军队都使用过这种突击步枪。

低廉的造价

制造商可能不太喜欢说出来，人们把 G3 突击步枪视为最接近轻武器设计人员所设想的武器——“用过就扔”的步枪。G3 步枪从一开始就是为大规模生产而设计的。其设计思想是尽可能减少加工程序，越简单越好，这样就能大大地减少加工设备和加工流程的费用。在赛特迈设计的基础上，H&K 又对这种设计进行了改进——尽可能地使用廉价和易于找到的原材料，如塑料和冲压钢材。H&K 保留了赛特迈研制的滚柱闭锁原理。射击后，该系统以延迟式后坐力操作的方式开始运作。从整个结构上看，G3 步枪和 FN FAL 步枪非常类似，但是两者有许多不同之处。G3 步枪比 FN FAL 步枪整整早了一个时代。从 G3 突击步枪及其一系列步枪来看，无论是它的整体结构，还是它所使用的原材料，以及它的设计思想都体现了这一重要事实：G3 突击步枪种类繁多、型号齐全。有一些是卡宾枪类，枪管很短，完全是合格的冲锋枪；有一些是狙击步枪类；有一些是带有重枪管和两脚架的轻机枪；还有专门供空降部队或其他特种部队使用的类型——G3A4 步枪。G3A4 步枪采用左右方均可操作的折叠式枪托。

特殊的设计

虽然从整体上看，G3 步枪的设计比较简单，然而它却使用了许多与众不同的设计。例如该枪的枪机在闭锁时大部分质量位于弹膛上方，在开锁时

性能诸元

H&K G3A3 突击步枪

口径：7.62 毫米

重量：5.025 千克（满弹时）

枪长：1025 毫米

枪管长：450 毫米

射速：500 ~ 600 发 / 分

枪口初速：780 ~ 800 米 / 秒

弹匣：20 发弹匣

上图：H&K 的 HK21 轻机枪口径为 7.62 毫米，在 G3 步枪的基础上改进而来。该枪采用弹链供弹，但也可根据需要采用 20 发弹匣。图中这支 HK21 由葡萄牙生产，该枪被出口到非洲多个国家

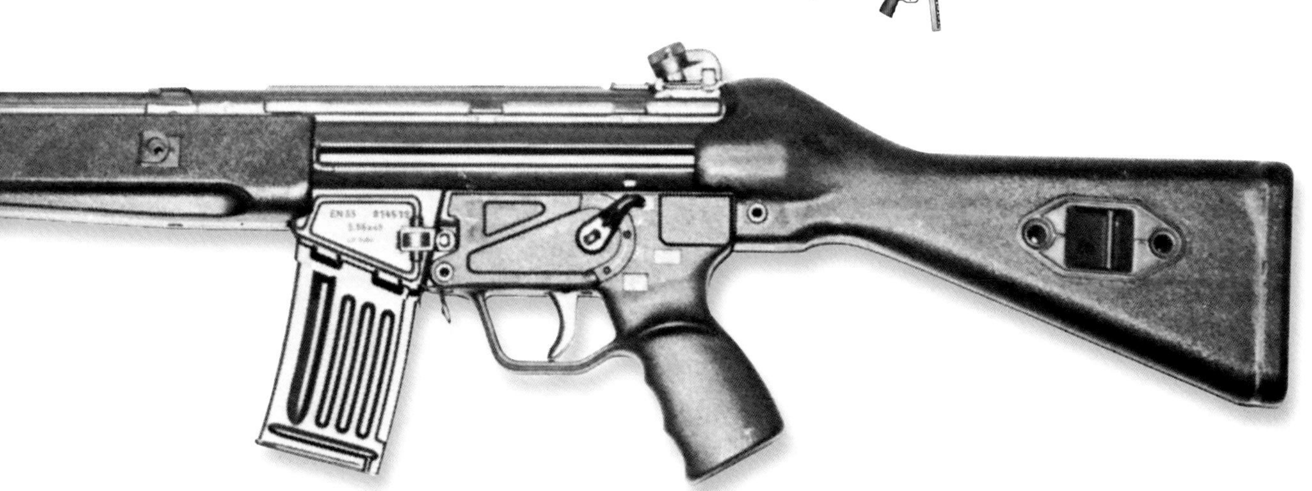

上图：这是口径为 5.56 毫米的 HK33 步枪，其设计和基本型的 G3 突击步枪完全相同。HK33 步枪使用 20 发或 40 发弹匣。轻机枪口径为 7.62 毫米，同样是在 G3 步枪的基础上改进而来

左图：这名德军士兵使用的单兵武器是 G3 突击步枪。G3 突击步枪的枪托上装有望远镜。他背上的背包内装有反坦克武器——发射火箭弹的火箭筒

可增加额外的质量。该枪的分解非常简单，枪身内的活动部件也非常少。H&K 对 G3 步枪的口径稍加改动就生产出口径为 5.56 毫米的 HK33 步枪。

许多国家的军队使用 G3 突击步枪，从中也可以看出 G3 步枪的设计是非常成功的。1979 年，伊朗爆发伊斯兰革命，G3 突击步枪表现突出。罗德西亚（今津巴布韦）虽然当时面临全面制裁，但仍设法得到了大量 G3 突击步枪，罗得西亚战争最终以白人政府被推翻，新生的津巴布韦独立告终。一些国家发现生产 G3 突击步枪有利可图，就购买了生产 G3 突击步枪的许可证。这些国家生产 G3 突击步枪的主要目的是出口，而不是供自己国家的军队使用。法国和英国就属于此类国家。

流行的武器

无论从哪个方面来讲，在所有现代突击步枪中，G3 突击步枪都可以被看作最重要的突击步枪。它使用北约的大威力 7.62 毫米 ×51 毫米子弹。从设计上看，它和 FAL 突击步枪非常类似。它是受欢迎的步枪之一。在未来的相当长时间内，许多国家的军队仍会使用这种步枪。

H&K HK53 突击步枪

H&K 的 HK53 突击步枪是一种高性能的武器，其性能介于冲锋枪和突击步枪之间。根据它所使用的子弹，大多数军事评论员都把它划入突击步枪的范畴。

HK53 突击步枪是口径为 7.62 毫米的 G3 枪族的组成部分。制造商在研制 G3 突击步枪时使用了导气式原理和延迟后坐原理，其中后者基于两段式枪机：枪机由枪机头和后面较重的枪机构成。枪机头有两个垂直连接的滚柱，当该武器准备开火时，楔形的枪机机体把滚柱顶入导槽内；在子弹进入弹膛的过程中，枪机体向前移动，将滚柱从导槽内挤出。当子弹射出时，枪管内的火药燃气压力会迫使枪机头向后移动，滚柱沿导槽移动，进入导槽内后，枪机头就不再向后移动。在复进簧的弹力支持下，闭锁楔铁会进一步限制滚柱向内运动。在滚柱被向内挤压时，枪机机体会加速移动，滚柱也迫使闭锁楔铁后退；在滚柱推动闭锁楔铁向后运动的时候，由于枪机头仍然受到限制，枪机机体的移动速度加快，枪机头则承受子弹发射所产生的后坐力。此时，滚柱完全被挤进枪机头内，子弹离开枪口，随后枪机的两部分在剩余后坐力作用下，开始一起向后移动。在复进簧被压缩的同时，空弹壳被抽壳挺抽出并弹出，枪机在后坐到位后重新向前运动，新的一发子弹进入弹膛，当滚柱被再次挤出时，枪机进入锁定状态。

可选择射击模式

如果将快慢机拨到连发档位，扣下扳机后击锤便会自由运动实现连发，而拨到单发档位时，第一发射出后扳机阻铁会挂住击锤。这也意味着该枪采

上图：这是 HK53 突击步枪中非常少见的一种型号。它是专门为在装甲车辆内向外射击而设计的。前瞄准具被取消了。为了防止空弹壳在装甲车内部弹射出去时发生危险，该枪在抛壳窗处布置了一个弹壳收集袋

用的是闭膛待击原理，虽然这种设计有利于单手操作，但也很容易导致在长点射后发生炸膛或走火。

相关的类型

HK53 突击步枪和 20 世纪 60 年代中期研制的 HK33 突击步枪的关系极其密切。HK33 突击步枪从 1968 年开始投入生产。这种突击步枪是 G3 突击步枪按比例缩小后的型号。研制 HK 33 突击步枪的目的是使用后来的新式 5.56 毫米 ×45 毫米雷明顿子弹。HK33 突击步枪被出口到智利、马来西亚和泰国等许多国家。自 1999 年以来，土耳其也获得了 HK33 突击步枪的生产许可证。HK33 突击步枪仍在德国生产，并且以它为基础，又研制出 G41 突击步枪和 HK53 袖珍型突击步枪。制造商生产 HK53 袖珍型突击步枪时，是把它当作冲锋枪生产的。

HK53 是 HK33 的超级袖珍型。由于 HK33 使用的子弹是中等威力的子弹，所以人们把 HK33 划入紧凑型（小型）突击步枪的范畴。HK 53 是在 20 世纪 70 年代中期研制成功的。

性能诸元

H&K HK53 突击步枪

口径：5.56 毫米
重量：3 千克（装弹前）
枪长：780 毫米（枪托伸展后），565 毫米（枪托折叠后）
枪管长：211 毫米
射速：750 发 / 分
枪口初速：不详
弹匣：20 发、30 发或 40 发弹匣

HK33 突击步枪是可选择性射击的步枪。机匣由冲压钢板支撑制成，并且带有固定式塑料枪托（HK33A2）或可收缩的金属枪托（HK33A3）。有一种 HK33 卡宾枪型被称为 HK33k。HK33k 的枪管又短又小，带有类似的固定枪托（HK33kA2）或可收缩的金属枪托（HK33kA3）。HK33 突击步枪的不同型号有不同的扳机组件，有的具有三发点射功能，有的没有这种功能。

从内部结构上看，HK53 突击步枪和 HK33 突击步枪非常类似。但是它不能发射步枪榴弹，也不能安装 40 毫米枪管榴弹发射器或刺刀。这种突击步枪有一个长长的、带有 4 个叉的消焰器。HK33 突击步枪和 HK53 突击步枪都使用可装 25 发、30 发和 40 发子弹的盒形弹匣，但是最后一种弹匣目前已经停止生产。

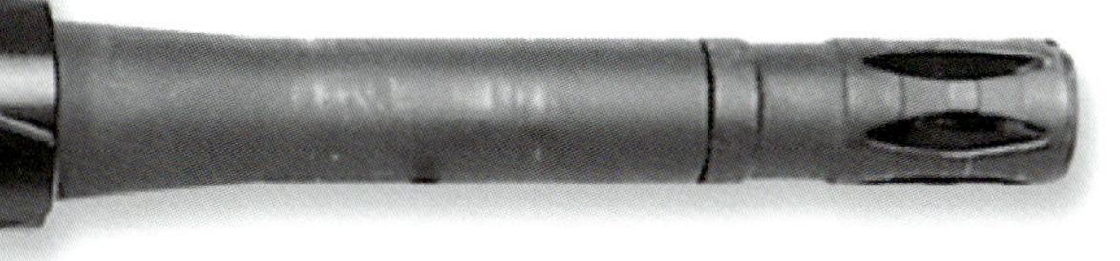

下图：HK53 突击步枪尺寸介于冲锋枪和步枪之间，和 MP5 步枪相比略大一些。HK53 突击步枪发射北约的 5.56 毫米子弹。使用这种子弹射击时，突击步枪不易控制，只有经验丰富的射手才能发挥它的最大效能

上图：为了研制出适应现代化战争的武器，HK33 突击步枪和 HK53 突击步枪系列步枪的研制重点放在了减轻重量和减小体积上。使用较大的弹匣和安装多功能的射击选择装置，可以最大程度地发挥火力的灵活性

H&K G36 突击步枪

20 世纪 60 年代后期，当联邦德国陆军作出使用一种重量较轻、命中率更高的武器来取代 G3 步枪的决定后，H&K 开始研制 G11 步枪。该公司在最初研究成果的基础上，采用了一种新的设计原理，可以发射无壳弹药（由诺贝尔炸药有限公司研制）的小口径步枪。G11 虽然口径较小，但射速极高，且采用大容量弹匣和三发点射功能，从而具备凶猛的火力。

G11 突击步枪的设计原理极为先进，并且 20 世纪 80 年代后期的官方评估证明它确实是一种出色的武器。但是，由于经济和北约武器标准化等原因，H&K 最终被迫取消了整个研制计划。

供二线部队使用的步枪

就在 H&K 对 G11 步枪的设计进行修改，准备装备给联邦德国一线部队的时候，按照计划，G41 步枪也在研制中。联邦德国准备生产 G41 步枪供二线部队使用。G41 步枪是从 20 世纪 80 年代初在 HK-33E 突击步枪的基础上开始研制的。G11 步枪的研制计划被取消后，G41 步枪也遭到相同的命运。事实上，G41 步枪只是 G3 步枪的进一步发展而来的型号，采用与 G3 相同的滚柱闭锁延迟后坐原理，发射 5.56 毫米子弹。

目前的武器

G36 突击步枪是 20 世纪 90 年代初期德国实施 HK50 计划时研制而成的。1999 年，G36 突击步枪被德国陆军采用，取代了 G3 突击步枪，成为德军继 G3 突击步枪之后的新一代军用突击步枪。G36 突击步枪和早期的 H&K 的突击步枪有所不同，该枪采用短行程导气活塞自动原理、回转式多突笋闭锁。机匣采用钢板加固的塑料支撑，扳机组件被安装在塑料手枪式握把内部。部分型号具备三发点射能力，有的型号则没有。拉机柄位于机匣顶部，可以向左右偏转。

G36 突击步枪的弹匣采用聚合物支撑，四周为半透明状。为了便于快速换弹，弹匣可以通过卡扣并联。塑料枪托向右折叠。机匣盖顶部有一条大型提把，提把上内嵌有瞄准镜。标准型 G36 突击步枪安装有 2 种瞄准镜：放大倍率 3.5 倍的望远式瞄准镜和 1 倍的红点瞄准镜。红点瞄准镜可以快速瞄准近距离目标。G36E 型主要用于出口，G36K 型则仅配备放大倍率 1.5 倍的瞄准镜。G36 突击步枪安装北约制式枪口装置，因此可以发射北约标准枪榴弹，还可以安装刺刀或 40 毫米枪挂式榴弹发射器。

另外，还有一款更短小的 G36C 近距离突击步枪。这种突击步枪主要是为特种部队及类似部队而研制的。

性能诸元

H&K G36 突击步枪

口径：5.56 毫米

重量：3.6 千克（装弹前）

枪长：998 毫米（枪托伸展后）

枪管长：480 毫米

射速：750 发 / 分

枪口初速：不详

弹匣：30 发弹匣

下图：G36 突击步枪是突击步枪中的佼佼者，该枪制造工艺精良，性能可靠，重量轻，弹匣容量适中，射速和精度较高，而且具备难以用数据直观体现的“优良人机工效”

加利尔和 R4 突击步枪

以色列的加利尔突击步枪究竟源自何处一直是一个谜，尽管以色列声称是依靠自己的努力而研制成功的。这种步枪明显和芬兰的瓦尔米特突击步枪有些相似的地方。瓦尔米特突击步枪有各种类型和口径。如此一来，事情变得更加扑朔迷离了。因为瓦尔米特突击步枪是在苏联 AK-47 设计的基础上使用了芬兰自己的加工方法，而不是苏联的钢制冲压套筒座部件。虽然它们在枪械原理（都采用回转枪机闭锁）和整体设计上有类似的地方，但要说加利尔突击步枪就是 AK-47 突击步枪的派生类型，那就过于简单了。因为目前多数突击步枪的设计都具有这些特点。以色列最初制造加利尔突击步枪的设备是由瓦尔米特公司提供的，而且是按照瓦尔米特公司的加工说明书制造的，所以事情变得更加复杂了。

加利尔突击步枪生产有两种口径：5.56 毫米和 7.62 毫米。以色列武装部队装备了各种类型的加利尔突击步枪。这种突击步枪目前是世界上使用非常广泛的武器。它主要有三种类型。一种是加利尔 ARM 突击步枪，带有两脚架和携行提把，属于多用途突击步枪。第二种是加利尔 AR 突击步枪，没有两脚架和携行提把。第三种是加利尔 SAR 突击步枪，它的枪管较短，也没有两脚架和提把。这三种类型的突击步枪都有折叠式枪托。ARM 突击步枪的两脚架也可以作为切断铁丝网的剪线钳。为了防止士兵使用类似于开瓶器的武器部件（如弹匣抱弹唇），这三种型号的突击步枪都安装了标准的开瓶器。另外，该枪的枪口装置也可以用作枪榴弹发射器。

三种规格的弹匣

加利尔 ARM 突击步枪可当作轻机枪使用。它有两种弹匣可供选用：一种可装 35 发，另一种可装 50 发子弹。另外，加利尔 ARM 突击步枪还有一种特殊的弹匣，可装 10 发子弹。这种弹匣可以装发射枪榴弹的特殊子弹。这种突击步枪一般都装有刺刀。

上图：这支以色列加利尔 ARM 突击步枪带有金属枪托，可以向前折叠以减少枪的长度。该枪可以发射 5.56 毫米和 7.62 毫米子弹

下图：加利尔 ARM 突击步枪的主要设计特点包括直接导气式设计，导气系统安装于枪管上方，两脚架可以被收纳到前护木下方，弹匣位于扳机组件的前面

事实证明，加利尔突击步枪的效果极其显著，引起了海外的极大关注。一部分加利尔突击步枪已出口到国外，并且有的国家还进行了仿制，瑞典的口径为 5.56 毫米的 FFV 890C 突击步枪显然就是在加利尔突击步枪的基础上研制出来的。

通过谈判获得生产许可证，在当地进行生产的国家是南非。南非生产的加利尔突击步枪被称为 R4 突击步枪。R4 突击步枪是南非国防军前线部队的标准军用步枪。R4 突击步枪的口径为 5.56 毫米。R4 突击步枪和以色列的加利尔突击步枪相比略有不同。南非根据在纳米比亚地面长满低矮树丛中取得的作战经验，对加利尔突击步枪作了适当改进。R4 突击步枪也被出口到许多国家。

性能诸元

加利尔 ARM（7.62 毫米）突击步枪

口径：7.62 毫米
重量：4.67 千克（装弹后）
枪长：1050 毫米
枪管长：533 毫米
射速：650 发 / 分
枪口初速：850 米 / 秒
弹匣：20 发弹匣

性能诸元

加利尔 ARM（5.56 毫米）突击步枪

口径：5.56 毫米
重量：4.62 千克（使用可装 35 发子弹的弹匣装弹后）
枪长：979 毫米
枪管长：460 毫米
射速：650 发 / 分
枪口初速：980 米
弹匣：35 发或 50 发弹匣

伯莱塔 AR70 和 AR90 突击步枪

AR70 突击步枪是伯莱塔公司在公司内部经过一系列试验后才研制成功的武器。试验的方法非常简单，采用了许多突击步枪都采用的导气式自动原理和枪机回转闭锁设计。为了增加安全性能，伯莱塔公司决定在弹膛的周围增加额外的金属，从而达到加固闭锁系统的目的。这种突击步枪功能齐全、制作精良，可以轻松分解为几大部分。

正常的选择

AR70 突击步枪有 3 种生产型号：AR70（普通型）突击步枪，带有尼龙枪托和护木；SC70 突击步枪，带有用管状钢材制成的折叠式枪托；SC70 短突击步枪和 SC70 突击步枪相同，但枪管较短，专门供特种部队使用。AR70 突击步枪和 SC70 突击步枪可发射口径为 40 毫米的枪榴弹，而 SC70 短突击步枪则没有这种功能。

上图：这是在马来西亚丛林中使用的伯莱塔 AR70 突击步枪。注意枪身涂有伪装颜色。AR70 突击步枪使用可装 30 发子弹的弹匣时，仅重 4.15 千克，所以这种武器非常适合身材矮小的亚洲军人使用

AR70 突击步枪可以和国际市场上的任何一种突击步枪相媲美，高标准的制作使它成为与众不同的武器。工艺精良是伯莱塔公司所有轻型武器设计和制造的一大特点。

AR70 突击步枪确实对国际轻型武器市场产生了一定冲击。意大利特种部队订购了一部分，还有一部分出口到约旦和马来西亚，但交易量都不大。伯莱塔公司不仅在设计和制作上极其精巧细心，而且更为神奇的是，AR70 系列突击步枪的精度极高，如果需要，标准型号的 AR70 突击步枪还可以安装上瞄准镜。

在 20 世纪 80 年代初期，意大利陆军要求伯莱塔公司提供一种新式的 5.56 毫米步枪，AR70 突击步枪的派生枪——AR90 突击步枪正好能满足这一要求。于是，在 20 世纪 90 年代，AR90 突击步枪成为意大利的军用步枪。该枪在机匣上方加装了携行提把，后瞄准具被挪到了提把上方。标准的 AR90 突击步枪的枪管较长，使用固定式枪托。但有的型号的枪管有长有短。所有型号的 AR90 突击步枪都带有两脚架和折叠式枪托。

上图：AR70 突击步枪有几种装备可供选择：其中包括夜视仪、刺刀或 MECAR 枪榴弹发射器。它的枪托很容易拆卸下来，换上折叠式枪托后，就转换成了 SC70 突击步枪

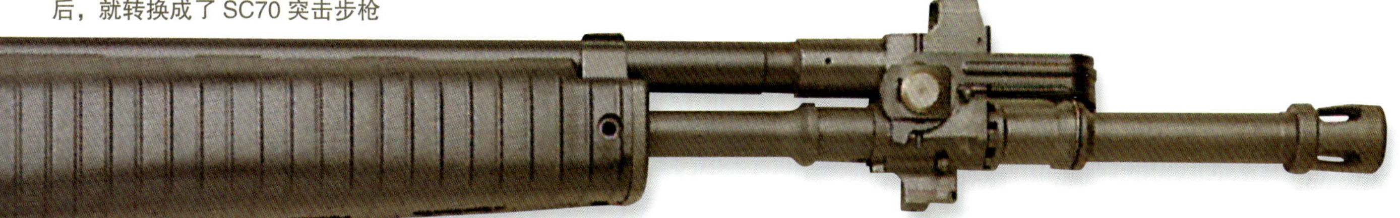

上图：这是一支伯莱塔 AR70 突击步枪。从其 30 发弹匣就可以看出这种步枪线条清晰、表面处理精美。意大利对付游击队的特种部队就使用这种突击步枪。虽然有一些出口到了约旦和马来西亚，但出口量较小

性能诸元

AR70 突击步枪

口径：5.56 毫米

重量：4.15 千克（装弹后）

枪长：955 毫米

枪管长：450 毫米

射速：650 发 / 分

枪口初速：950 米 / 秒

弹匣：30 发弹匣

ST 动能公司的 5.56 毫米系列步枪

新加坡特许工业集团（现在被称为新加坡技术动能公司，或 ST 动能公司）生产的第一支突击步枪是口径为 5.56 毫米的 SAR80 突击步枪。这种突击步枪是英国斯特林公司设计的。新加坡公司和斯特林公司签订合同后获得了 SAR80 突击步枪的生产权。第一批 SAR80 突击步枪生产于 1978 年。

在设计方面，SAR80 突击步枪采用了气吹式自动原理和枪机回转闭锁。整体设计基于美国 M16 突击步枪。新加坡早已获得了 M16 突击步枪的生产许可证。新加坡生产的 M16 突击步枪主要供新加坡军队使用。虽然订单数量较大，但 SAR80 突击步枪在新加坡并没有完全取代美国的 M16 突击步枪，除新加坡军队装备了少量该型枪之外，SAR80 并未成功外销。

逐渐演化

新加坡公司再次向国际轻武器市场发起冲击的武器是它的 SR88 5.56 毫米突击步枪及随后的 SR88A 突击步枪。从设计上看，SR88 突击步枪被认为是 SAR80 的改进型。和 SAR80 突击步枪相比，SR88 突击步枪在设计上进行了多处改动，其目的主要是提高出口吸引力。另外，还有一种被称为 SR88A 的卡宾枪型。不过，SR88A 仍然未能销售出去，只能无果而终。

继 SR88 突击步枪和 SR88A 突击步枪之后，新加坡又生产出了 5.56 毫米的 SAR21 突击步枪。这种突击步枪和前两种突击步枪相比，销售情况似乎要好多了，引起人们的极大兴趣。这种突击步枪大约从 1995 年开始研制。该公司研制这种步枪的目的是想用它来取代新加坡

上图：SAR80 突击步枪是由英国斯特林公司设计，新加坡特许工业公司（后来称为 ST 动能公司）生产的。生产 SAR80 突击步枪是新加坡试图进军有利可图但又困难重重的国际轻武器市场的第一次尝试

性能诸元

SAR80 突击步枪

口径：5.56 毫米
重量：3.7 千克（装弹前）
枪长：970 毫米
枪管长：459 毫米
射速：600 ~ 800 发 / 分
弹匣容量：30 发

SR88A 突击步枪

口径：5.56 毫米
重量：3.68 千克（装弹前）
枪长：960 毫米
枪管长：460 毫米
射速：700 ~ 900 发 / 分
弹匣容量：30 发

下图：SAR21 突击步枪是使用无托结构设计的现代突击步枪。这种突击步枪有几大组成部分：枪管、枪机、上机匣、下机匣组件和弹匣

军队使用的所有军用步枪。1999 年，这种突击步枪第一次公开亮相后投入系列生产。SAR21 突击步枪采用了无托结构——为了保证做到制作精巧和使用方便，弹匣设在了扳机组件的后面。为了提高操作效能，制作时使用了大量的聚合物和塑料。

模块式结构有助于维修。这种突击步枪拆卸后只有五大部分，其中之一就是可装 30 发子弹的盒形弹匣。SAR21 突击步枪继续使用早期步枪设计中的气动操作系统和旋转式枪栓装置。套筒座上安装了永久性的可放大 1.5 倍的望远镜。

派生型号

SAR21 枪族有多个不同型号。其中的 SAR21 P-Rail 突击步枪用皮卡汀尼导轨取代了 SAR-21 标配的光学瞄准镜，导轨上可以安装各种光学或夜视瞄准装置。

SAR21/40 突击步枪的枪管下可以安装 40 毫米的榴弹发射器。SAR21 精确射手型配有专门供神射手使用的 3 倍光学瞄准镜。另外，还有一种轻机枪型的 SAR21，该型枪采用重枪管，带有两脚架，只能全自动射击。而其他型号的突击步枪，如果需要，都可以选择单发射击。SAR21 突击步枪的射速每分钟可达 450 ~ 650 发子弹。

性能诸元

SAR21 突击步枪

口径：5.56 毫米
重量：3.82 千克（装弹前）
枪长：805 毫米
枪管长：508 毫米
射速：450 ~ 650 发 / 分
弹匣容量：30 发

赛特迈 L/LC 型突击步枪（西班牙 5.56 毫米突击步枪）

由于赛特迈公司被圣芭芭拉公司收购（后者现在又被通用动力公司收购），广为人知的赛特迈突击步枪已经成为历史。赛特迈步枪最初是从 1945 年开始设计的。它使用了德国人发明的延迟式后坐闭锁装置（基于导气式自动原理）。在射击的瞬间，滚筒进入套筒座壁内的槽沟。西班牙在开始研制 5.56 毫米步枪之前，使用延迟后坐闭锁原理研制了 7.62 毫米和 7.92 毫米的赛特迈系列步枪（并且德国的 H&K 基于该枪研制出了 G3 系列步枪）。

CETME 是“西班牙特种材料技术研究中心”（Compania de Estudios Tecnicos de Materiales Especiales）的缩写。公司把 7.62 毫米步枪改进成为一种重量轻、体积小、使用更加方便的 5.56 毫米突击步枪。改进后生产出来的 5.56 毫米突击步枪有两种型号：一种是 L 型，另一种是 LC 型。前者带有固定枪托，后者采用伸缩枪托，因此 LC 型的全枪长度比 L 型短，且因为枪管较短，射速比 L 型更快。

西班牙生产

1986—1991 年，L 型和 LC 型突击步枪开始

下图：赛特迈 5.56 毫米选择性射击突击步枪生产有两种型号：一种为标准型号（L 型），带有固定枪托；另一种为 LC 型，枪管较短，采用伸缩枪托。原版弹匣容量为 20 发

性能诸元

L 型突击步枪

口径：5.56 毫米
重量：3.4 千克（装弹前）
枪长：925 毫米
枪管长：400 毫米
射速：600 ~ 750 发 / 分
弹匣容量：30 发

LC 型突击步枪

口径：5.56 毫米
重量：3.4 千克（空枪）
枪长：860 毫米或 665 毫米
枪管长：320 毫米
射速：650 ~ 800 发 / 分
弹匣容量：30 发

投入生产并装备西班牙部队。这种武器的主要设计特点是：步枪的外部部件是大量采用聚合物注塑工艺。早期型号使用可装 20 发子弹的盒形弹匣，后来改为 M16 突击步枪使用的可装 30 发子弹的弹匣。后来，可装 30 发子弹的弹匣成为标准弹匣，尽管偶尔也会见到可装 10 发子弹的盒形弹匣。

生产中的一大变化是它的瞄准装置。原来使用的瞄准具有 4 档分划，表尺射程 400 米。改进后则使用更为简单的“翻转”式瞄准装置，瞄准距离为 200 米。另一大变化是快慢机。最初生产的步枪除了保险、单发射击和全自动档位之外，还有三发点射档位，事实表明这个限制器没有安装的必要，所以后来生产的突击步枪都取消了这一装置。

上图：LC 型突击步枪和它的孪生兄弟 L 型突击步枪可以从伸缩式枪托中分辨出来。尽管从总体上讲，这两种突击步枪的设计是成功的，但 L 系列突击步枪暴露出了容易损坏的缺陷

赛特迈 5.56 毫米步枪只装备西班牙武装部队。在使用中，事实证明它容易损坏，需要精心维护。要想解决这个问题，一劳永逸的方法就是用新式突击步枪取而代之，所以在 1998 年 6 月，西班牙称将用德国 H&K 的 G36 步枪替换。西班牙预计需要 115000 支 G36 突击步枪。为此西班牙购买了 G36 突击步枪的生产许可证，并已建立生产 G36 突击步枪的工厂。

瑞士工业集团 SG 550 突击步枪

SG 550 系列 5.56 毫米突击步枪的研制是为了满足瑞士陆军的需要，取代瑞士陆军所使用的 Stgw 57（又称 SG 510-4 步枪）7.5 毫米。瑞士工业集团最初研制出的两种基本型号是 SG 550 和 SG 551 突击步枪。瑞士陆军把 SG 550 命名为 Stgw 90 突击步枪，同时瑞士陆军也使用 SG 551 突击步枪。不过和 SG 550 突击步枪相比，SG 551 突击步枪短一些，没有两脚架。1984 年，这两种突击步枪开始装备瑞士陆军，并且继续投入生产。

自那之后，SIG 集团又继续推出 SG 550 系列枪族。SG 550 SP 和 SG 551 SP 属于半自动运动步枪，主要供应瑞士射击专用步枪市场。SG 551 SWAT 和 SG 551 突击步枪几乎完全一样，主要供特种部队或特种执法机构使用，并且安装有光学瞄准具，护木可以加装 40 毫米榴弹发射器。SG 550 精确射手型步枪采用了长枪管，导轨上可安装高精度瞄准镜和其他射击辅助设备。约旦警察也使用 SG 550 狙击步枪。SG 552“突击队”步枪生产于 1998 年 6 月，重量轻、体积小，属于短步枪，也带有折叠式枪托和有多种光学瞄准仪，主要供特种部队使用。

高规格的步枪

SG 550 系列步枪做工精美，价格昂贵。整个制造标准之高和操作之简便都是前所未有的。在制作中，为了减轻重量，在选择制作的原材料时，尽可能多地使用塑料。该枪采用常见的导气式自动原理和回转枪机闭锁原理。

SG 550 系列步枪的最引人注目的设计是它的透明塑料弹匣。这种弹匣可以保证射手一眼就能判断出弹匣内的子弹的数量。弹匣可以装 20 或 30 发子弹。弹匣的侧面有多个凸笋和卡槽，可以把多个弹匣连接在一起。当某一个弹匣没有子弹时，射手可以抽出空弹匣，然后再把装满子弹的弹匣装进去。显然，如果一次供应 60 甚至 90 发子弹，射手就可以在战术上获得明显优势。另外，还有一种用于装填发射枪榴弹所需弹药的 5 发弹匣。

在携带或存放时，为了减少枪的长度，它的枪托可以向机匣右侧折叠。据称该枪在枪托折叠状态也能在有效射程内实现较好的精度。该枪的瞄准具相当简单易用，并为夜间射击专门安装了发光管。SG 550 还设有瞄准镜基座，并可选装三发点射限制器。

下图：从这支 SG 550（Stgw 90）突击步枪中可以看出，该枪的 3 个塑料弹匣通过卡扣并联在一起，从而显著提升备弹量

性能诸元

SG 550 突击步枪

口径：5.56 毫米
重量：4.1 千克（装弹前）
枪长：998 毫米
枪管长：528 毫米
射速：700 发 / 分
弹匣容量：20 发或 30 发

SG 551 突击步枪

口径：5.56 毫米
重量：3.4 千克（装弹前）
枪长：827 毫米
枪管长：372 毫米
射速：700 发 / 分
弹匣容量：20 或 30 发

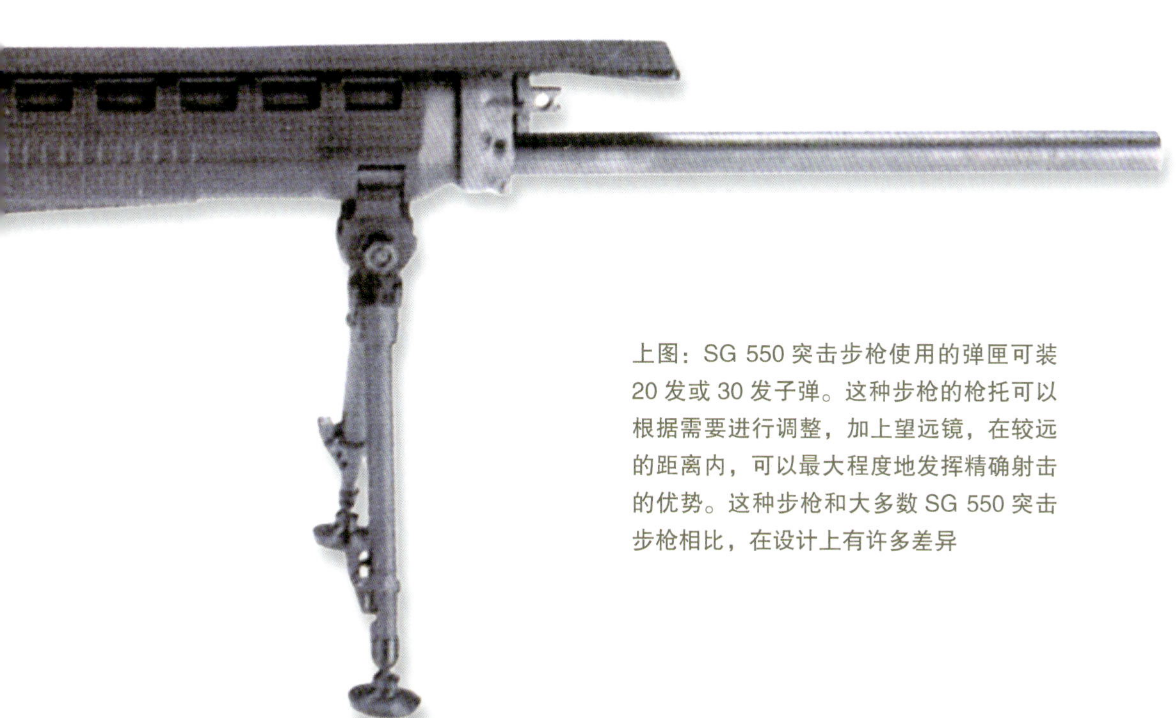

上图：SG 550 突击步枪使用的弹匣可装 20 发或 30 发子弹。这种步枪的枪托可以根据需要进行调整，加上望远镜，在较远的距离内，可以最大程度地发挥精确射击的优势。这种步枪和大多数 SG 550 突击步枪相比，在设计上有许多差异

迪玛科 C8 型 5.56 毫米突击卡宾枪

上图：挪威特种部队队员使用的正是从基本的 C7 突击步枪演变而来的特种部队武器。图中这款步枪换装了伸缩式枪托和更高效的缓冲装置

迪玛科C8型5.56毫米（0.219英寸）突击卡宾枪（简称C8）是加拿大军队基本的C7突击步枪的紧凑版本。它是迪玛科公司从美国柯尔特公司获得M16A2步枪生产许可后制造出来的产品。C8的一个特征是具有三段式套筒伸缩型枪托和缩短的枪管，同时保留可以与C7和M16步枪互换的通用部件。C8被分配给加拿大武装部队的装甲兵以及特种部队，还有其他需要比C7更紧凑的单兵武器的部队。C8还在荷兰、丹麦和挪威特种部队中使用过。C8A1是采用标准卡宾枪枪管的更轻型版本，而C8A2则采用更重型枪管以实现持续射击，此外还能安装M203A1榴弹发射器和各种其他配件。

尽管枪管很短，但C8在服役中表现出了几乎与C7相同的精度，它延续了突击步枪的大多数射击和操作特征。卡宾枪使用与步枪相同的锻造枪管，从而延长了使用寿命，提高了射击精度，它还沿用了C7所有的配件。英国特种部队使用的C8可能还能装备H&K AG36型40毫米（1.57英寸）榴弹发射器。

CQB武器

加拿大特种部队接受了C8，但效仿了美国特种部队的做法。

美国特种部队提出了一套室内近战（CQB）武器配置和工具，在执行此类任务时，射手可以根据需求灵活拆装枪上的部件。缩短的轻型C8CQB的作战工具装于一个安全箱中，其中包括反射瞄准器、光学瞄准器和夜视瞄准器、40毫米榴弹发射器、前握把、红外线和激光目标瞄准器、战术灯、消声器、背带和其他作战配件。需要强调的是并不是所有配件都需要全部用上：根据特殊的任务选择所需的配件，用完拆下之后再放回工具箱。

改造的C8枪管长度为400毫米（15.7英寸），并被称为“特种作战武器”，该枪与美国基于M4A1卡宾枪改造的M4A1 CQB卡宾枪非常相似。特种部队武器的典型特征是在机匣上方的“平顶”上安装的导轨，该型枪的前护木上也安装有导轨，可以快速拆装配件。战术导轨使得该枪在加装各类瞄准镜后也不会影响枪械的归零。

上图：一名身着冬季伪装服的加拿大士兵，他使用的是C8A2突击卡宾枪。C8A2具有单发射击、全自动射击和三发连射等三种射击模式

上图：C8A2卡宾枪是C8安装重型枪管的版本。它还能装备一个战术底盘，其中可安装一些作战配件，如探照灯、激光器和前部握把

性能诸元

C8卡宾枪

口径：5.56毫米
重量：2.7千克（装弹前），
3.2千克（装弹后）
枪长：840毫米（枪托伸展后），
760毫米（枪托折叠后）
枪管长：370毫米
射速：900发/分
枪口初速：920米/秒（大约）
弹匣：30发弹匣

卡拉什尼科夫 AK-47 突击步枪

AK-47（全称为“1947 年型卡拉什尼科夫自动枪”）是自轻武器生产以来设计最成功、应用最广泛的轻武器。其应用遍及世界，甚至时过半个多世纪之后，许多国家仍在以不同的方式生产各种类型的 AK-47 突击步枪。

AK-47 突击步枪基于 7.62 毫米中间威力枪弹设计，而该型弹药又是苏联参考德国的 7.62 毫米短弹研制而来。苏联红军在缴获德国的系列突击步枪（MP43、MP44 和 StuG 44）之后，生产出自己的（类似于德国的）突击步枪。结果就出现了 7.62 毫米 ×39 毫米子弹和 AK-47 突击步枪。这种突击步枪的设计者是米哈伊尔·卡拉什尼科夫，所以这种步枪通常被称为卡拉什尼科夫突击步枪。

第一批试验性 AK-47 突击步枪于 1947 年发放

到红军手中，但当时还没有大规模装备部队。直到20世纪50年代，苏联红军才大规模地装备AK-47突击步枪。后来，AK-47突击步枪逐渐成为华约组织的标准武器。苏联的AK-47突击步枪的生产线极其庞大，但是，华约组织对这种步枪的需求更大，多数华约组织成员国都建立了自己的生产线。从那以后，又派生出各种类型的AK-47突击步枪。直到今天，许多枪支爱好者仍对它痴迷不已。

可靠的质量

基本型的AK-47突击步枪设计合理、制作精良，和德国战时的突击步枪一样，未能大规模投入生产。AK-47突击步枪的机匣需要精密机加工，使用的原材料都是优质钢材和优质木材，生产出来的AK-47突击步枪结实耐用，经得起任何条件的考验。

由于该枪的活动部件较少，所以拆卸起来极为简单，维修也很简单，士兵接受短时间的训练就能使用。

多年来，在基本型号的基础上又出现了多种类型的AK-47突击步枪。这些AK-47突击步枪有一个共同的特征：都带有可折叠的枪托。

所有不同型号的AK-47突击步枪使用的机械原理完全相同，即简单的回转枪机闭锁原理：在枪机凸柱的推动下，枪机进入机匣内对应的凹槽。该枪采用导气式原理，火药燃气从枪管上的小孔引入导气管，推动枪机往复运动。

世界制造

生产AK-47突击步枪的国家有波兰和民主德国等。还有一些国家模仿了AK-47突击步枪的枪机设计，如芬兰的瓦尔米特突击步枪和以色列的加利尔突击步枪。

虽然获得了种种成功，20世纪50年代，苏联还是认为AK-47在生产中仍采用了太多的机加工工艺。因此苏军对AK-47进行了改进，从而研制出“现代化卡拉什尼科夫自动枪”，即AKM突击步枪。在外观上AKM与早期型AK-47非常相似，但为了便于大规模生产，AKM进行了大量改进。

AKM最重大的改进是其机匣，AKM的机匣改为冲压工艺，而非此前的精密机加工铣切，内部结构方面也进行了许多改进，闭锁系统得到简化。虽然还有其他方面的改进，但最显著的改进还是在制造工艺方面。

AKM突击步枪并没有立即取代AK-47突击步枪。为了弥补AKM突击步枪数量上的不足，仍有许多AK-47突击步枪留在军中。其他华约组织的成员国逐渐调整了它们的生产线，使之能够生产AKM突击步枪。一些国家（如匈牙利）甚至走得

左图：图中为埃及军队在1973年“赎罪日战争”（第四次中东战争）期间所拍的照片。他们使用的武器是AKM突击步枪。它的枪口配件比较独特，并且前护木上有凸棱。AKM突击步枪作为埃及的标准军用步枪长达20多年

原版 AK-47 突击步枪
最受欢迎的卡拉什尼科夫系列突击步枪，它安装了可折叠的金属枪托

现代化 AKM 突击步枪
从不同的枪口制动器配件和前护木上的凸起可以分辨出它和 AK-47 突击步枪的区别

中国的 56 式突击步枪
中国型号的 AK-47 突击步枪。它有自己完整的刺刀装置，见图中前置式枪托下面折叠的刺刀

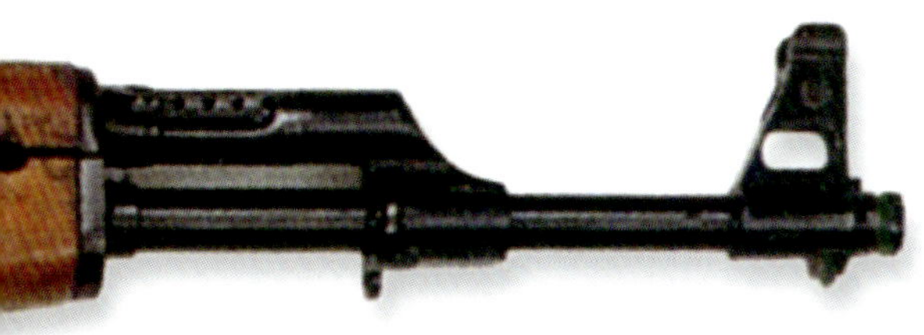

性能诸元

AK-47 突击步枪

口径：7.62 毫米
重量：5.13 千克（装弹后）
枪长：869 毫米
枪管长：414 毫米
射速：600 发 / 分
枪口初速：710 米 / 秒
弹匣：30 发弹匣

性能诸元

AKM 突击步枪

口径：7.62 毫米
重量：3.98 千克（装弹后）
枪长：876 毫米
枪管长：414 毫米
射速：600 发 / 分
枪口初速：710 米 / 秒
弹匣：30 发弹匣

上三图：卡拉什尼科夫突击步枪的生产数量超过了历史上任何一种轻武器。在 20 世纪下半期发生的任何一场战争中几乎都能见到它的身影

更远，对 AKM 突击步枪的设计进行了改进，生产出自己的型号。这些突击步枪通常和最初的 AKM 突击步枪在许多方面存在差异。匈牙利的 AKM-63 突击步枪和苏联的 AKM 突击步枪从外表上看差别极大，但保留了 AKM 突击步枪的基本机械装置。有一种型号是 AKMS 突击步枪，它带有可以折叠的钢制枪托。

庞大的生产数量

AK-47 系列突击步枪的生产数量超过了 5000 万支，并且 AK-47 和 AKM 突击步枪一直在军队中使用，顺利地迈进 21 世纪。它们的使用期限如此之长，部分原因在于它们的使用范围广泛，这两种突击步枪随处都能见到；另外还有一个原因是它们惊人的生产数量。但是，最根本的原因是这两种突击步枪设计合理，结实耐用，而且易于使用和维修。

下图：AK-47 、AKM 和华约组织各成员国生产的各种类型的突击步枪。图中民主德国步兵手持的是民主德国制造的 MPiKM 突击步枪

AK-47

左图：作为阿富汗军事冲突中最引人注目的武器，AK-47 也是战争中使用最多的步枪。苏联卡拉什尼科夫冲锋枪与巴基斯坦等仿制型一起投入使用。图中的 3 名游击队员中，除了中间的使用李·恩菲尔德步枪外，另外两人都使用的是 AK-47 步枪

左图：什叶派穆斯林武装组织的一名民兵正向躲在贝鲁特难民营边缘的建筑物中的巴勒斯坦游击队员开火。AK-47 在黎巴嫩残酷的 15 年内战中大量使用，基督教派和巴勒斯坦解放组织支持下的伊斯兰教派都有所使用

上图：1987 年，贝鲁特，一名什叶派穆斯林民兵在与德鲁士非正规武装的小规模冲突中使用他的 AK-47。这场冲突持续了一个星期，目标是夺取贝鲁特的穆斯林区域

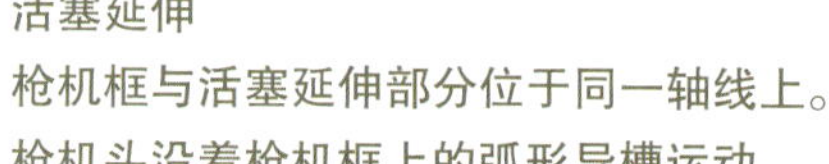

活塞延伸

枪机框与活塞延伸部分位于同一轴线上。枪机头沿着枪机框上的弧形导槽运动

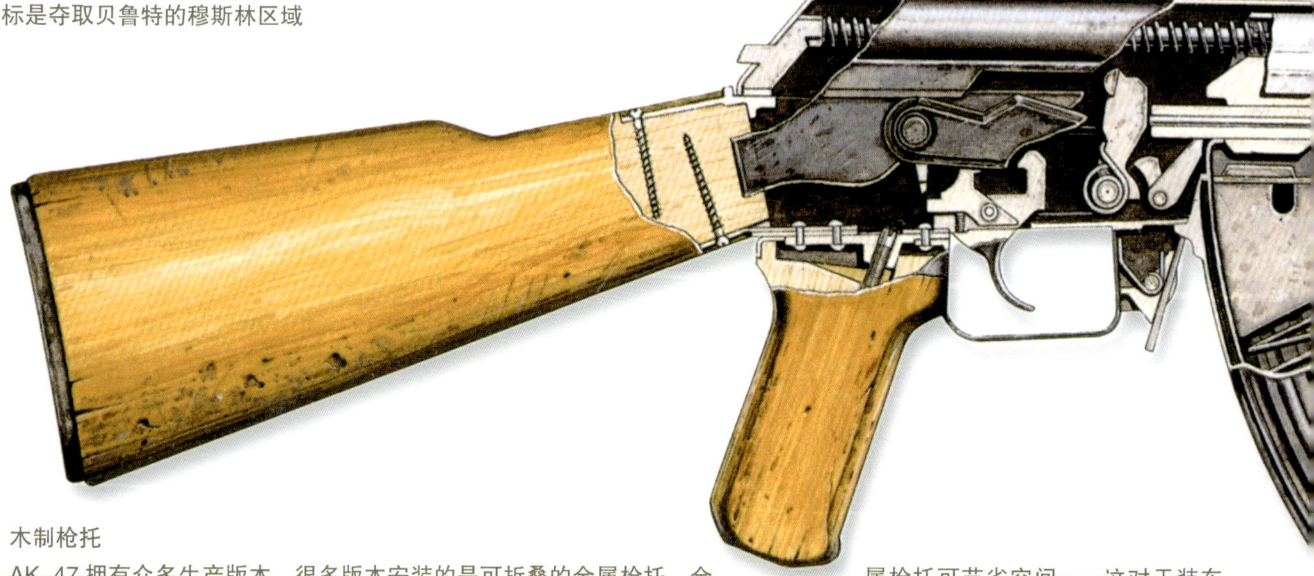

木制枪托

AK-47 拥有众多生产版本。很多版本安装的是可折叠的金属枪托。金属枪托可节省空间——这对于装车部队或空降部队而言是至关重要的；但可折叠枪托在使用一段时间之后会松动，这使得精确射击的难度增大。一些东欧版本的 AK 采用塑料枪托和前握把。即使木制枪托在外表看来也各不相同，从暗黑色到装饰鲜艳的胶合板，后者在某些版本中尤为常见。1990 年，苏联陆军开始接受现代化的 AK-74M，该版本装备一个可折叠的塑料枪托。东德的 MPiKM 则采用的是固定塑料枪托

左图：AK 系列所采用的 M43 型弹药于 1943 年定型，但苏军当时并没有研制出该型弹药的枪械。M43 步枪弹在同尺寸弹药中性能相当卓越，AK-47 的弹匣也非常结实耐用

下图：游击队员在一枚地雷引爆后冲上一处被火烧毁的斜坡。突袭和埋伏是常用手段，卡拉什尼科夫步枪使得他们在战斗中只需要少量后勤补给

导气系统
当子弹穿过枪管上的导气箍时，部分火药燃气被导入上方的导气管，驱动管内的弹簧活塞，导气活塞在火药燃气压力下前后往复运动，从而实现枪械的自动射击

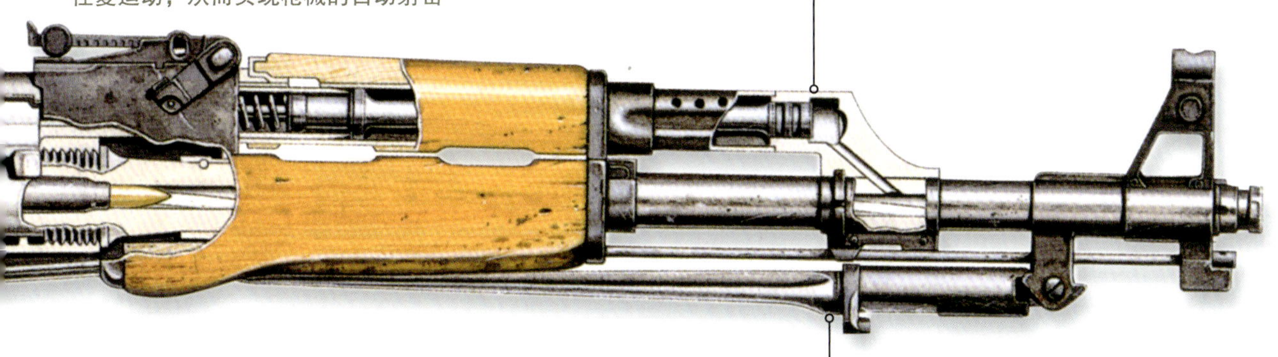

照门与快慢机
图中的这支卡拉什尼科夫步枪的照门处于最常见的位置——放平位置。这一位置的瞄准分划为 200 米及以内，照门的斜坡与滑标组成的瞄准分划最大可达 800 米，不过大多数缴获都发生在 30 米以内，往往并不需要调整分划。
AK 系列的快慢机拨片位于扳机上方，在完全拨下时处于半自动模式，位于中间时为全自动模式，拨到顶时则会锁住扳机，并顶住枪机使其无法走完全部行程，从而实现保险。射手必须要通过拉开固定式拉机柄才能检查膛内是否有弹

可折叠刺刀
向枪口拉动刺刀底座并旋转 180 度可以让其归位。众多中国 AK 系列枪支安装了固定的三棱形刺刀

世界范围内的 AK 系列步枪

AK-47 成为世界范围内游击队员的首选武器并不仅仅因为它的普遍性。它的使用非常简单，掉进泥土中后还能在不擦拭的情况下发射数千发子弹。它的维护也非常便捷，备用配件很容易得到，几乎所有人——即使没有接受过正规武器训练——都能很快学会如何使用它。

上图：1990 年 9 月，在沙特阿拉伯，叙利亚突击队员身负武装在一次训练演习中穿过沙漠。这些士兵来自 1500 人的叙利亚部队，他们属于防御伊拉克发动进攻的阿拉伯军事力量中的一部分

上图：这名哨兵装备了一款原始的 AK-47，弹匣正前方长长的凹槽以及前握把中没有任何凹槽证明了它是原始的 AK-47

性能诸元

AK-47 突击步枪

口径：7.62 毫米
重量：4.3 千克（装弹后）
枪长：880 毫米
枪管长：415 毫米
射速：600 发 / 分
枪口初速：715 米 / 秒
弹匣：30 发弹匣

AKM 突击步枪

口径：7.62 毫米
重量：3.86 千克（装弹后）
枪长：880 毫米
枪管长：415 毫米
射速：600 发 / 分
枪口初速：715 米 / 秒
弹匣：30 发弹匣

AK-74M 突击步枪

口径：5.45 毫米
重量：3.7 千克（装弹后）
枪长：943 毫米（枪托伸展后）
枪管长：415 毫米
射速：650 发 / 分
枪口初速：900 米 / 秒
弹匣：30 发弹匣

AKS-74U 短突击步枪

口径：5.45 毫米
重量：3.2 千克（装弹后）
枪长：730 毫米（枪托伸展后）
枪管长：206.5 毫米
射速：650 ~ 735 发 / 分
枪口初速：735 米 / 秒
弹匣：30 发弹匣

AK101 突击步枪

口径：5.56 毫米
重量：3.63 千克（装弹后）
枪长：943 毫米（枪托伸展后）
枪管长：415 毫米
射速：600 发 / 分
枪口初速：910 米 / 秒
弹匣：30 发弹匣

上图：作为一款使用了 40 多年的传统游击队武器，AK-47 成为西南非洲人民组织（SWAPO）、津巴布韦非洲民族解放军（ZANLA）、津巴布韦人民革命军（ZIPPA）、莫桑比克解放阵线（FRELIMO）、安哥拉民族独立运动全国联盟（UNITA）、安哥拉人民解放军（FAPLA）以及活跃在南非的其他部队的标准武器。它在战场上的可靠性，加上操作的简易性和维护的便捷性，造就了众多改造型号以满足不同的作战环境，如装备可折叠枪托的版本。尽管受到大众欢迎，很多游击队员都有过度依赖它猛烈但不精确的射击的倾向

左图：当扣动 AK-47 的扳机时，击锤被释放并向前移动以发射子弹。枪机框在火药燃气驱动下压下击锤，并被扳机阻铁拦下，在枪机框复位后，阻铁释放，击锤被释放，另一发子弹被射击出去。不松开扳机的话，AK-47 将以 600 发 / 分的速率持续射击

下图：1983 年，“紧急狂暴”行动，美国部队在一个仓库中发现这些 AK-47。美国意识到古巴和苏联在格林纳达的存在给他们带来了威胁，但他们在这次行动中仅发现了大约 50 名古巴“军事顾问”

上图：在反对苏联占领阿富汗的漫长的战斗中，阿富汗游击队员和伊斯兰教志愿兵几乎使用过所有版本的 AK-47。图中的穆斯林游击队员背着一把从敌人那里缴获的 AKMS。这是一款安装可折叠枪托的 AKM

卡拉什尼科夫 AK-74 突击步枪

西方在步枪设计中采用小口径子弹后，苏联在这方面的进展却非常缓慢，实在令人吃惊。或许是因为苏联军中已经大量装备性能堪用 AK-47 和 AKM 突击步枪，从而使小口径子弹未被列入优先研制项目。所以直到 20 世纪 70 年代初期，华约组织才宣布使用新式子弹。此时，出现了一个问题，要想发射口径为 5.45 毫米 ×39 毫米的新式子弹，就需要研制出一种新式步枪。

这个时候，AK-74 突击步枪出现了。为了满足苏联红军的需要，AK-74 马上进入全速生产状态。和早期的 AK-47 突击步枪一样，华约组织的其他成员国也制造了各种类型的 AK-74 突击步枪。

AK-74 突击步枪基本上是 AKM 突击步枪的改进型。改进目的是发射小口径的新式子弹。它的外形、重量和整体规格与 AKM 突击步枪几乎一模一样。它和 AKM 突击步枪不同的地方是：它使用的是塑料弹匣，有一个尺寸巨大的枪口装置，有的型号带有木制枪托和折叠式金属枪托。

和 AK-74 突击步枪有关的一件事应该特别注意，那就是它使用的子弹。为了在发射口径为 5.45 毫米子弹时获得最大的初速度，苏联设计人员采取了一种非常有效但却违反国际法的设计，该型枪弹采用钢制弹芯，但被甲内留有一个空腔，当弹头击中目标后，弹头就会发生变形。随后子弹的重心向后偏移，子弹的推动力会使之持续向前运动，这样，子弹就会发生翻滚。使用这种方法，小口径子弹对较远目标产生的效果更加显著。一些高速飞行（初速）的子弹常常能产生惊人的效果。有的子弹如西方的 M193 5.56 毫米子弹，虽然也会产生这种效果，但它不是故意设计的，只是子弹射击时的附带效果而已。而苏联的 5.45 毫米子弹的射击效果则是故意设计的。

上图：图中可能是 1988 年的一名苏联步兵。他身穿树叶迷彩服，戴有防毒面罩和核生化过滤器。他使用的就是标准的 AK-74 突击步枪。到这个时候（1988 年），苏联前线部队的 AK-47 突击步枪已经全部被 AK-74 突击步枪取代

性能诸元

AK-74 突击步枪

口径：5.45 毫米
重量：3.6 千克（装弹前）
枪长：930 毫米
枪管长：400 毫米
射速：650 发 / 分
枪口初速：900 米 / 秒
弹匣：30 发弹匣

新式的卡拉什尼科夫突击步枪

苏联解体后，卡拉什尼科夫突击步枪的改进只是表面现象而已。事实上，它并没有什么实质性的改进。目前供出口的卡拉什尼科夫突击步枪被称为“AK-100 系列”。AK-101 突击步枪使用的是北约 5.56 毫米 ×45 毫米子弹。AK-102 突击步枪是前者的短步枪型号。AK-103 突击步枪使用的是 AK-47 最初使用的 7.62 毫米 ×39 毫米子弹。AK-105 突击步枪是 AK-74 突击步枪的短管型，依然发射高初速的 5.45 毫米 ×39 毫米子弹。

上图：AK-74（上）和 AK-47（下）相比较，AK-74 突击步枪有一个用钢架做成的枪托。但是，请注意它突出的枪口制动器和棕色的塑料弹匣。另外，还要注意两种子弹规格上的差异

下图：AK-74 突击步枪在阿富汗战场上首次亮相。在阿富汗，被缴获的 AK-74 突击步枪马上落到游击队手中。从此之后，从车臣到刚果的武装冲突中，人们都能看到 AK-74 突击步枪的身影

阿玛莱特 AR-15/M16 突击步枪

M16 突击步枪是著名的设计大师尤金·斯通纳发明的，起源于阿玛莱特 AR-10 步枪。AR-10 突击步枪是 20 世纪 50 年代中期最具创新色彩的大威力军用步枪。这种步枪使用 5.56 毫米子弹后被命名为阿玛莱特 AR-15 突击步枪。

AR-15 步枪参加了美国陆军为挑选新的标准军用步枪而举办的轻武器试验大赛。在大赛之前，英国陆军订购了 10000 支，成为大批量订购这种新式步枪的第一个客户。1961 年之后不久，美国空军也订购了一批 AR-15 步枪。

标准步枪

经过角逐，AR-15 步枪被美国陆军选中，成为美国陆军新的标准军用步枪——M16 步枪。然而美国陆军却把 M16 步枪交给了柯尔特武器公司生产，并和阿玛莱特公司签订了销售许可。

1966 年，根据在越南战场上获得的经验，美国为 M16 步枪增加了一个枪机关闭设置。于是，M16 步枪就变成了 M16A1 步枪。M16A1 最初装备部队时，尤其在战场上，出现了许多问题。然而，它的设计经过几处改动，再加上良好的训练和加强维护保养，这些问题得到了解决。M16A1 成为美国陆军的标准军用步枪。

此后，M16 系列步枪的生产数量超过了 300 万支，应用非常广泛，并且还被出售到世界上许多国家和地区。经过大量改进和试验，出现了不同类型、不同型号的 M16 步枪。其中有一种轻机枪类型，它的枪管较重，带有两脚架。而短枪管型号的 M16 则供特种部队使用。

操作

M16 步枪采用气吹式自动原理，枪机回转闭锁，机匣顶部的提把上布置着照门，全枪所有握持部分都由尼龙制成。M16 步枪大量使用了塑料制品。这对于那些已经习惯使用上一代军用步枪，如 M14 步枪沉重的木制部件的士兵来讲，手持 M16 步枪时，则有一种把玩玩具的感觉。但是 M16 步枪可不是小玩具。M16 步枪发射的是口径为 5.56 毫米的子弹。和以前相比，这意味着士兵可以携带更多子弹，子弹威力的降低意味着普通士兵能够首次使用全自动武器进行射击。

M16A2步枪

在 20 世纪 80 年代，改进型 M16A2 步枪开始服役，该枪最显著的变化是其握把和护木设计得以调整，圆形护木更适合握持。另一个不那么容易被发现的区别是：该枪的枪管更加粗壮，膛线缠度改为 177.8 毫米（7 英寸）。这种枪管可发射北约标准的 SS109（M855）子弹。M249 自动武器（SAW）也可以发射这种子弹。使用M855弹可以增大射程，增强子弹的穿透能力。

左图：最初的 M16 突击步枪是借助越战而名闻天下的。它是数以万计的步兵使用的标准军用步枪。采用短枪管与伸缩枪托的“柯尔特突击队”突击步枪主要供特种作战部队使用

M16A2 步枪还可以发射旧式的 M193 子弹，这种子弹是为 305 毫米（12 英寸）缠度的枪管设计的。该枪将全自动射击模式取消，改为三发点射模式，这样不仅能节省弹药，还能增强射击精度。

M4/M4A1卡宾枪

M16A2 步枪的卡宾枪型号被称为 M4/M4A1 5.56 毫米卡宾枪。它是专门为那些在近距离和狭小空间内执行任务的单个士兵提供火力掩护而设计的。

M4 卡宾枪和 M16A2 的许多零部件（超过 80%）可以互相交换。M4 卡宾枪已经取代了口径为 11.43 毫米（0.45 英寸）的冲锋枪以及装甲车乘员和特种作战部队等使用的手枪。

M16步枪的使用

M16 出人意外地使用了清洁子弹，并且作为“免清洁”步枪迅速名闻天下。然而，军用弹药带来了更多污垢。这对于那些不经常清洁武器、缺少经验的新兵来说，使用 M16 步枪时，经常会发生阻塞问题，而职业军队则很少遇到这种问题。

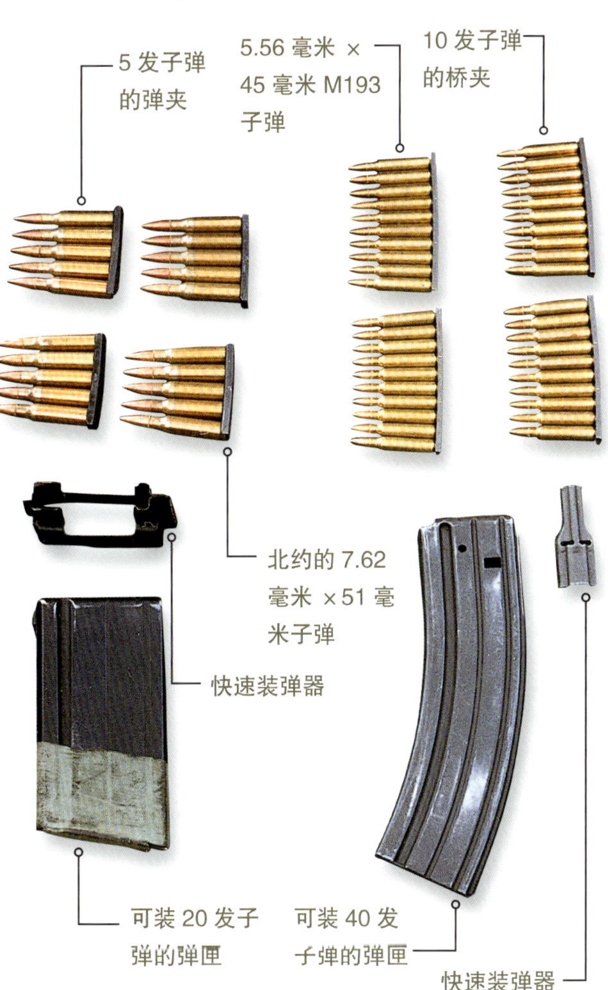

上图：子弹
如 M16 之类的小口径步枪（右边是它的子弹和弹匣）的主要优势在于：装备 M16 步枪的士兵和装备大口径——7.62 毫米步枪的士兵相比，前者携带的子弹量是后者的两倍

上图：21 世纪美国陆军的“陆地勇士”系统中使用的步枪就是 M4 卡宾枪。M4 卡宾枪是 M16 突击步枪的一种（卡宾枪型号）

左图：AR-15 突击步枪（图中右边的一支）是美国于 20 世纪 50 年代在 AR-10 步枪（图中左边的一支）的基础上研制而成的。AR-10 步枪发射北约的 7.62 毫米子弹，是较早大量使用塑料和铝合金部件的步枪

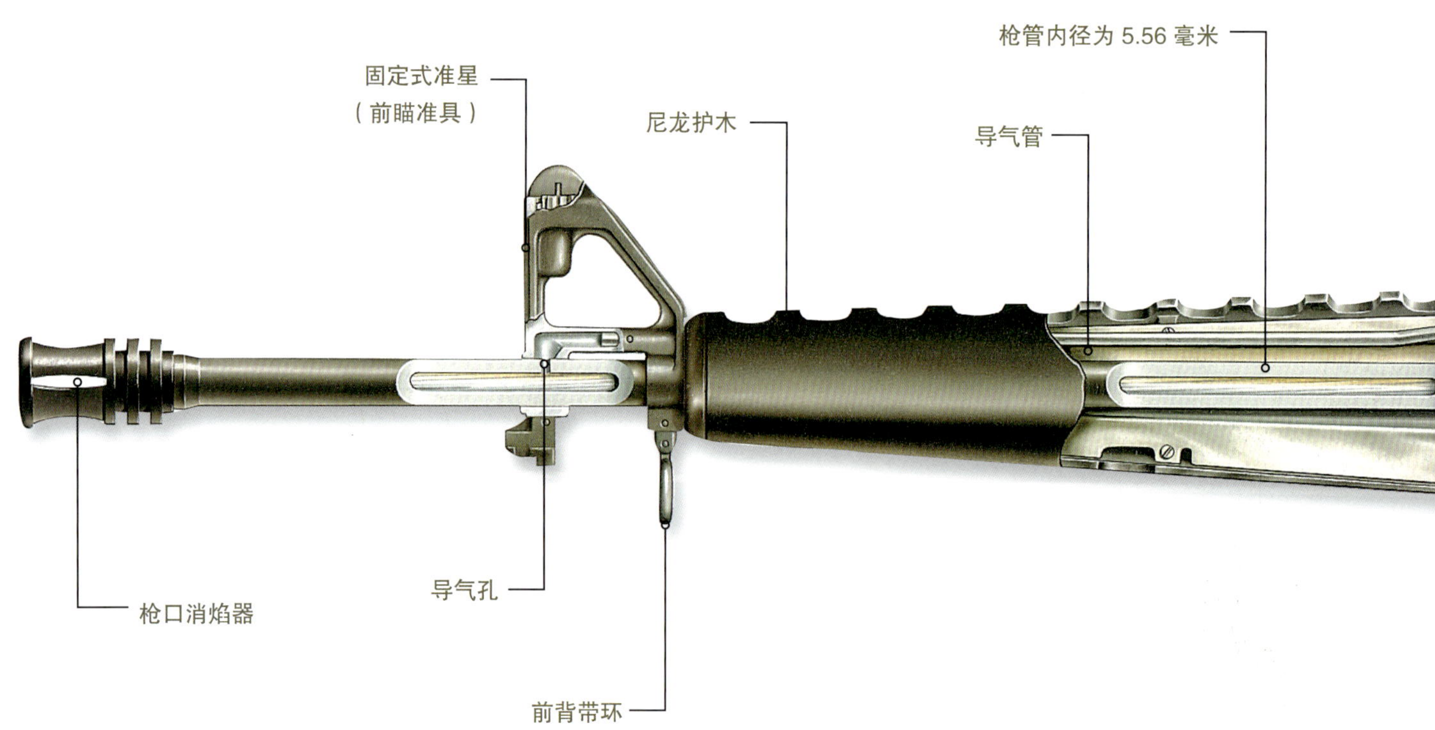

阿玛莱特 AR-15/M16 突击步枪剖面图

对页图：只要扯出固定销，M16 就可以连铰链将机匣分解为两部分。清洁、维护或修理非常方便

右图：在“霍索恩行动”期间，装备 M16 步枪的美国第 101 空降师士兵正在得苏县（Dak To）附近参加战斗。M16 步枪是美国于 1966 年越南战争期间研制成功的

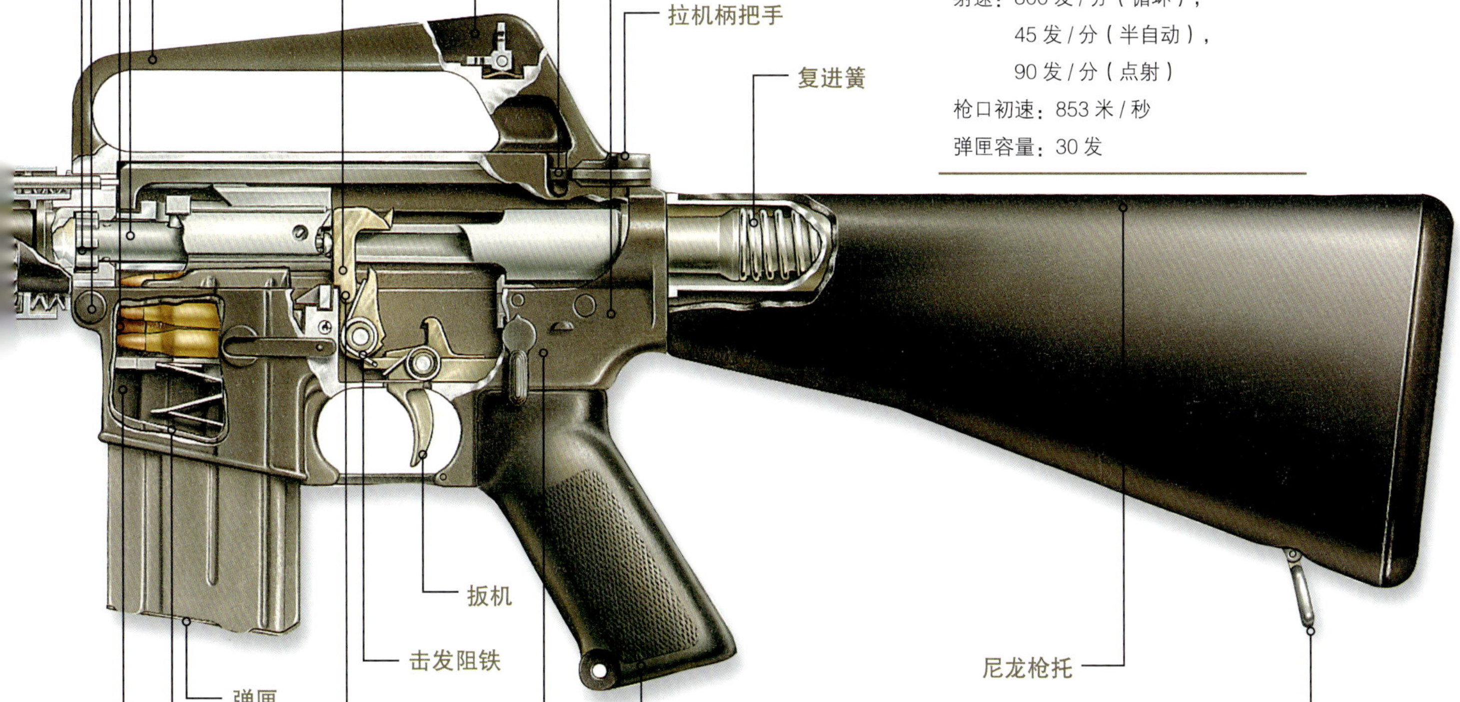

性能诸元

M16A2 突击步枪

口径：5.56 毫米
重量：3.99 千克（装弹后）
枪长：1006 毫米
枪管长：508 毫米
射程：最大射程 3600 米，
有效射程 550 米，
正常作战范围 200 米之内
射速：800 发 / 分（循环），
45 发 / 分（半自动），
90 发 / 分（点射）
枪口初速：853 米 / 秒
弹匣容量：30 发

枪机头
枢轴栓
口径为 7.62 毫米（0.3 英寸）的子弹
枪机
携行提把
照门
拉机柄
击铁
分解固定销
拉机柄把手
复进簧
扳机
击发阻铁
弹匣
弹匣弹簧
顶弹板
击铁弹簧
快慢机拨杆
手枪式握把
尼龙枪托
后背带环

SA80突击步枪

SA80突击步枪是英国陆军目前的制式军用步枪，该枪在英军中的正式型号为L85A1突击步枪。SA80突击步枪非常精确，同时在理论上更易于维护，并且非常易于射击。它的后坐力较轻，将出现问题的可能性降到了最小程度，能使射手尽可能放松地瞄准目标。它安装有特殊的光学瞄准具，即使在最微弱的光线下，射手也能清楚地发现目标。SA80突击步枪最引人注目的地方是它极其精巧。采用无托结构意味着弹匣位于扳机组件的后部，这样对于规格较小的步枪来说可以使用较长的枪管。虽然SA80突击步枪的枪管和它所取代的SLR步枪（自动装填步枪）的枪管相比短了一点，但是，从整个枪的长度相比，SA80却比SLR短30%。这样，尤其在狭小的空间，如装甲车内，使用SA80突击步枪就显得更加方便。

SA80突击步枪体积小，这一点对于英国士兵来说非常重要，对于乘坐装甲车辆作战的部队来说，SA80突击步枪是最理想的武器。搭乘“武士”步兵战车的英军士兵在“沙漠风暴”中就使用了这种步枪。

在巷战中，SA80突击步枪表现突出。事实证明，它的三点式枪带作用明显，SA80枪背带可以从背后挎在胸前，士兵双手持枪，前后左右，运用自如；枪带可以从顶部松开，需要时可迅速投入战斗。

由于SA80突击步枪采用的是无托结构，空弹壳会从右侧抛壳窗向外抛出，所以它只适合于右手持枪的人使用。

SUSAT瞄准镜

SA80突击步枪是最早使用光学瞄准镜作为标准瞄准具的军用步枪。这种“特里鲁克斯”轻武器瞄准具（SUSAT）的放大倍率为4倍，依托非常舒适的橡胶目镜框，士兵可以根据瞄准分划（白天发暗，夜晚光线很差时，“特里鲁克斯”辐射灯会自动发出光亮）清楚地发现并瞄准目标。

上图：轻武器的设计人员面临的一个问题是，要研制出能够在任何环境下，包括可能需要穿上核生化防护服的典型高技术战争时，都可以使用的武器

下图：SA80突击步枪注重人体工程学设计，非常适合现代战争的要求。它携带方便，利于机动，随时都可以进入射击状态

快慢机拨动至 R（循环）处时，表示士兵可以单发射击；拨动至 A（自动）处时，表示士兵只要连续扣动扳机，如果弹匣内还有弹药就可以持续不停地射击。

SA80 突击步枪使用的是口径为 5.56 毫米的子弹。这种子弹的重量较轻，每个士兵可以携带 8 个弹匣和一盒散装弹药。由于弹头较轻，该枪的理论射程只有 500 米，不过实战中轻武器极少射击 300 米外的目标，这是由于风会影响子弹的飞行，因此在瞄准远距离目标时，必须不断修正瞄准点才能准确击中目标。

SA80 突击步枪取代了 3 种步兵武器：自动装填步枪（SLR）、口径为 9 毫米的斯特林冲锋枪和口径为 7.62 毫米的通用机枪。为了取代通用机枪，SA80 突击步枪还有一种轻型支援武器的型号。这种轻型支援武器被称为 L86A1，使用重枪管，带有两脚架。它和 SA80 突击步枪几乎一模一样，所以士兵只需熟悉一种武器，就能够发挥以往 3 种枪械的作用。

事实证明，SA80 突击步枪在军中并没有受到士兵们的青睐。一线部队使用时，士兵们发现了许多问题。所以 H&K 对 SA80 突击步枪的许多机械部件进行了重新设计，从而研制出 L85A2 突击步枪。和 SA80 突击步枪相比，L85A2 突击步枪的性能更加可靠，但士兵们仍然抱怨说，在尘土飞扬和高温条件下，其性能仍然存在不少问题。

上图：SA80 突击步枪体积很小，非常适合那些在诸如装甲车之类狭小的空间内参加战斗的部队使用

下图：如图所示，手持 SA80 突击步枪的步兵正在巡逻。SA80 突击步枪已经成为北爱尔兰冲突的标志性武器

性能诸元

L85A1（SA80）突击步枪

口径：5.56 毫米 ×45 毫米（北约标准）
重量：3.80 千克（无弹匣和光学瞄准镜），
4.98 千克（装弹后）
枪长：850 毫米
枪管长：518 毫米
射程：有效射程 500 米，正常射程 300 米
射速：610 ~ 775 发 / 分
枪口初速：940 米 / 秒
弹匣：30 发弹匣

阿玛莱特 AR-18 准军事步枪

阿玛莱特公司得知其设计的 AR-15 步枪被美国陆军选中并交给柯尔特武器公司生产（产品被称为 M16 系列步枪）的消息后，马上决定把注意力转向未来的新式步枪。由于口径为 5.56 毫米的子弹已经被各国普遍接受，于是阿玛莱特公司认为，当务之急是生产出一种设计简单而又性能可靠，并且易于生产的能够发射这种子弹的新式步枪。AR-15 步枪的设计非常合理，没有精密的加工设备很难生产。放眼世界，能够生产这种加工设备的公司找不到几家。第三世界的国家只能进行简单生产，而它们对新式步枪的需求又非常迫切，所以阿玛莱特公司决定对 AR-15 步枪的设计进行修改。

修改后生产出来的步枪就是阿玛莱特 AR-18 步枪。它使用了 AR-15 步枪的基本设计原理，为降低成本和生产难度采用了更简单的工艺（钢材冲压、注塑和模铸等工艺）。这些制造方法使 AR-18 步枪更易于生产、维护和使用。无论是从外形上，还是从设计上看，AR-18 步枪都类似于 AR-15 步枪，但是由于该枪的机匣是用冲压钢板制成的，所以它的轮廓要比 AR-15 步枪的轮廓大一些。在存放或从枪后部射击时，它的塑料枪托可以沿套筒座一侧折叠。

完成设计

完成 AR-18 步枪的设计后，阿玛莱特公司开始寻找买主，但是由于 AK-47 和 M16A1 步枪已经泛滥成灾，世界武器市场已趋于饱和，所以买者寥寥无几。虽然该公司和日本达成了一项生产协议，但事情一波三折，经过几年，最后还是不了了之。后来，英国的斯特林武器公司购买了这种步枪的生产许可证，生产了一些 AR-18 步枪，而且还一度把生产转到了新加坡。一些国家采取了先购买，然后由本地生产的方法。更为重要的是一些国家以 AR-18 步枪的设计为基础，设计出了它们自己的突击步枪，因此 AR-18 的核心布局与设计理念依然通过不同厂家的不同型号不断推陈出新。

性能诸元

AR-18 突击步枪

口径：5.56 毫米

重量：3.48 千克（带 20 发弹匣）

枪长：940 毫米（枪托伸展后），737 毫米（枪托折叠后）

射速：800 发 / 分

枪口初速：1000 米 / 秒

弹匣：20 发、30 发和 40 发弹匣

左图：AR-18 步枪最初是在日本制造的，但公开亮相却是在贝尔法斯特武器展览会上。标准的 AR-18 步枪都带有折叠式枪托

鲁格迷你 14 准军事和特种部队步枪

鲁格迷你 14 步枪于 1973 年投产。该枪并没有追求自第二次世界大战开始广泛采用的大规模量产工艺，而是又回归到第二次世界大战前讲究精密加工和精细设计的枪械制造。迷你 14 步枪无疑是使用过去（第二次世界大战之前）的制作方式生产出来的优秀武器。在钢板冲压和精铸工艺诞生前，步枪仍需要通过机床进行精密机加工制造。

类型

从设计上看，迷你 14 步枪是第二次世界大战时期的 7.62 毫米加兰德 M1 军用步枪的 5.56 毫米型。鲁格公司采用了加兰德步枪的发射机构，把周密合理的设计与使用新技术生产的弹药完美结合在一起。精美的制造艺术和故意的渲染对于那些渴望求新求变的人们来说，可能会产生一定的吸引力。大名鼎鼎的迷你 14 步枪就是这样诞生的。

从外形上看，迷你 14 步枪具有第二次世界大战前的步枪的特点。所有原材料都质量一流。当时在步枪生产中已经开始大量使用塑料制品，但迷你 14 步枪的护木与枪托是由优质胡桃木车制而成。迷你 14 步枪不仅重视视觉上的吸引力，而且对步枪的安全要求丝毫没有放松。为了防止尘土和脏污进入枪械内部，迷你 14 步枪经过了精心设计。该枪精湛的表面处理工艺也提升了其外观的吸引力，全枪的烤蓝都非常精美，所以迷你 14 步枪在市场上颇受欢迎，在中东地区甚至出现了采用抛光不锈钢表面的迷你 14 步枪供不应求的现象。

出口

虽然几个主要军事大国都没有使用迷你 14 步枪，但是迷你 14 步枪已经销售给许多国家的警察部队、私人保镖、安全机构以及特种部队。和许多时髦的现代突击步枪相比，他们更喜欢使用制造精良、性能稳定的迷你 14 步枪。为了满足一些国家军队的需要，鲁格公司后来又研制出一种特殊的型号——迷你 14/20GB 突击步枪。士兵们应该喜欢这种突击步枪，因为该枪安装有刺刀卡榫。警察则会喜欢采用玻璃纤维护木的 AC-566 突击步枪。另一大创新型号是 AC-556GF 突击步枪，它使用了折叠式枪托和短枪管。这两种 AC-556 都是多用途突击步枪，既可以单发射击，也可以全自动射击，而标准的迷你 14 步枪只能单发射击。

性能诸元

迷你 14 步枪

口径：5.56 毫米

重量：3.1 千克（装弹后带 20 发子弹）

枪长：946 毫米

射速：40 发 / 分

枪口初速：1005 米 / 秒

弹匣：5 发、20 发或 30 发弹匣

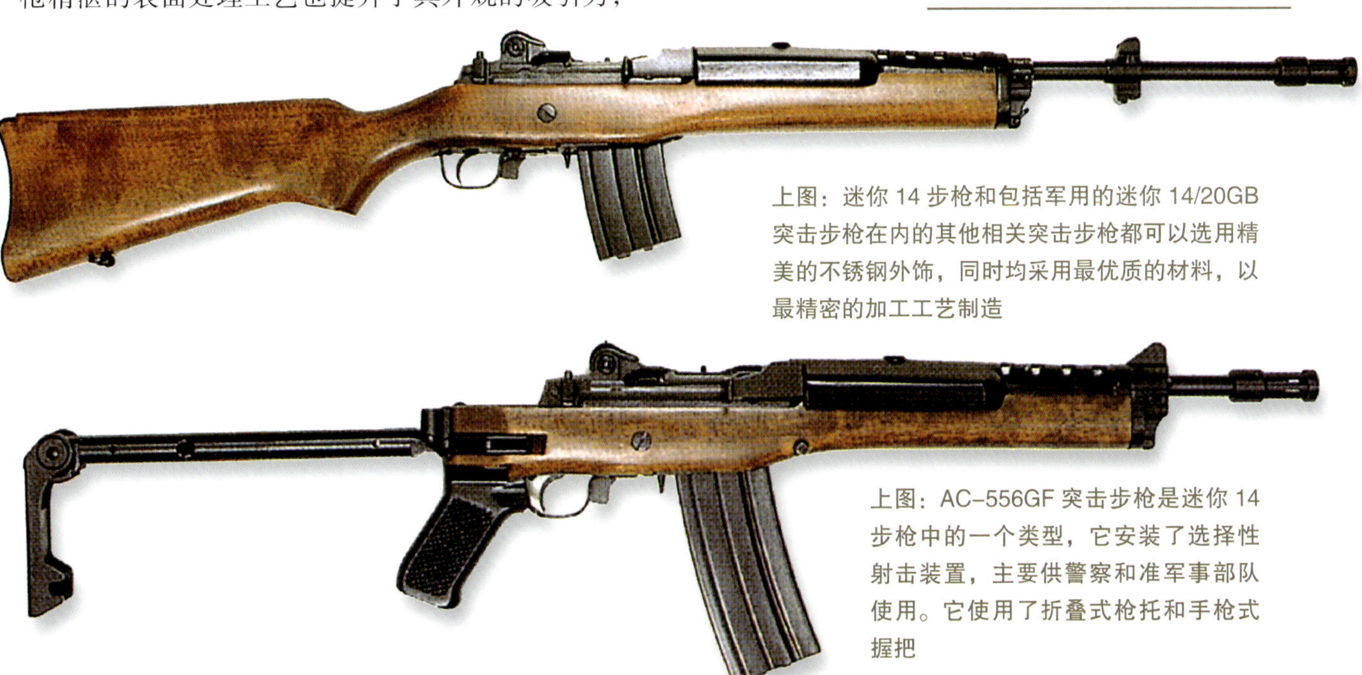

上图：迷你 14 步枪和包括军用的迷你 14/20GB 突击步枪在内的其他相关突击步枪都可以选用精美的不锈钢外饰，同时均采用最优质的材料，以最精密的加工工艺制造

上图：AC-556GF 突击步枪是迷你 14 步枪中的一个类型，它安装了选择性射击装置，主要供警察和准军事部队使用。它使用了折叠式枪托和手枪式握把

SSG 69 狙击步枪

上图：斯太尔 SSG 69 使用的是卡勒斯 ZF69 望远镜，有效瞄准距离可达 800 米（875 码）。这种步枪没有安装普通的机械瞄准具。SSG 69 使用的是与众不同的旋转式弹匣，但也可以使用可装 10 发子弹的盒形弹匣

奥地利陆军赋予 1969 年列装的斯太尔－曼利夏狙击步枪的正式型号为 SSG 69，其中的 SSG 意为“神枪手步枪”（Scharfschutzengerwehr）的缩写。该枪被许多国家的军方和警方狙击手使用，并有多种型号，从采用加重型枪管和大型拉机柄的警用型到最新的狙击 / 运动设计型号 SPG P11 型步枪。

不过 SSG 步枪的基本设计实际上可以追溯至 20 世纪初：该枪的枪机和弹匣设计继承自斯太尔公司为希腊军队生产的曼利夏－施奈尔 M1903 型步枪。SSG 69 依然采用栓动式枪机，枪机周围设有 6 个对称布置的闭锁凸笋。

后端闭锁设计在著名的李 · 恩菲尔德步枪上率先取得成功。虽然在理论上，后膛闭锁由于是整个枪机，而非枪机头承受火药燃气压力，所以相对危险。但不论是曼利夏步枪还是李 · 恩菲尔德步枪都没有发生严重问题。后膛闭锁反而有一个受到许多射手欢迎的优点：上膛时子弹直接被枪机推入弹膛即可，无需在弹膛后方留出闭锁凸笋的回转空间，上膛动作因此更加流畅快捷。此外，SSG 69 还沿用了曼利夏步枪的旋转式弹仓，单排旋转弹仓的供弹也比双排交错进弹的直弹匣更加稳定。不过另一方面，部分使用者又认为多凸笋闭锁装置会影响射击精度，同时也不便于使用复装子弹。

该枪的枪管长 650 毫米（26 英寸），枪管外部锻有细密的环状纹路，并车出了枪口帽。该枪的枪管缠距为 305 毫米（12 英寸），采用冷锻工艺：加工时，钢坯置于心轴上，心轴外表面刻有与枪管阴膛线相对应的凸起，经过机器连续锤锻，在枪管内表面形成膛线，同时也将外表面加工成形。

锥形枪管

锥形内膛设计首先由斯太尔公司发明，随后被其他许多枪械制造商效仿。这种设计使得枪管呈现出后粗前细的独特外观。连接枪管与机匣之间的螺纹枪管座全长达 57 毫米（2.24 英寸），比大多数步枪的都要长。在枪管座被旋入机匣到位后，接口处还会被套上一个非常结实的同心固紧环。这种设计使得枪管与枪机之间的连接极为坚固可靠，但也使得更换枪管只能通过返厂的方式进行。

SSG 69 的枪机设计本身就非常顺滑，在此基础上还采用了特氟龙耐磨涂层，手感极佳。该枪配有上膛指示器，两段式保险布置在机匣右侧，通过滑片拨动。在保险处于“打开”状态时，枪机将被锁死，这种设计有利有弊，需要射手在射击前自行留意保险是否被打开。该枪的保险即便是在上膛状态下仍能保证枪支安全。

SPG P11 型步枪可以选用双扳机，双扳机非常适合手小的射手使用。该枪的模块化设计使得更换扳机组件非常容易，但购买第二套组件的价格并不便宜。

SSG 69 的标准可拆卸式旋转弹仓容量为 5 发，弹仓四壁采用透明塑料制作，能够直观看到内部还有多少枪弹。与其他许多步枪的弹匣不同的是，单

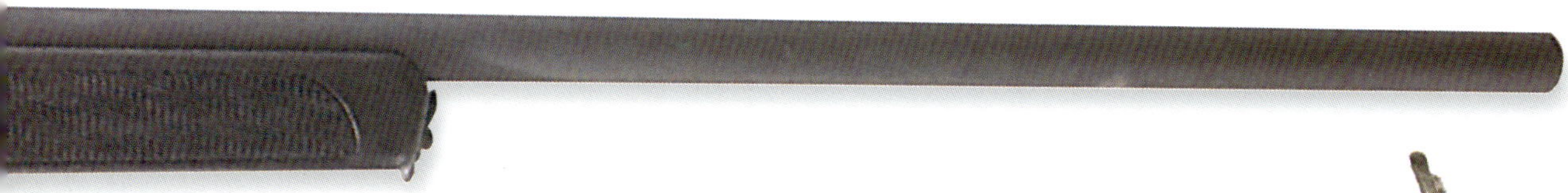

性能诸元

SSG 69 狙击步枪

口径：7.62 毫米
重量：4.6 千克（装弹前，带瞄准具）
枪长：全长 1140 毫米（44.9 英寸），
　　枪管长 650 毫米（25.6 英寸）
枪管长：650 毫米
枪口初速：860 米 / 秒
弹匣容量：5 发或 10 发

排旋转式弹仓内的子弹每一发都叠放在上一发的上方，因此纤细的弹尖不会在射击时受到损伤。该枪也可选装 10 发弹匣，不过弹匣会从护木中露出一部分。

SSG 69 的精度在现代狙击步枪中可谓典范。在 100 码距离上发射如雷明顿公司的温彻斯特弹（弹头重 168 格令，格令为重量单位，1 格令 =0.0648 克）时，一组 5 发弹的散布范围仅不到 15 毫米（0.6 英寸）。如果使用高质量手工装填弹药，甚至能达到更小的散布（散布范围是指弹丸在射击时分布的面积或区域）。

右图：SSG 69 是奥地利军队标准的狙击手专用步枪。山地部队的狙击手在对付沿山道前进的部队时，使用这种步枪可以封锁山道

FN 30-11 狙击步枪

FN 30 型步枪采用传统的毛瑟式枪机，该枪被比利时陆军和其他多国的军队与执法机构用作狙击步枪。

毛瑟步枪和 FN 步枪的关系可追溯到 1891 年。FN 公司获得毛瑟步枪的生产许可证后，开始为比利时军队制造毛瑟步枪。FN 公司和毛瑟公司就以后的产品出口问题达成协议后，开始向远东和南美洲出口毛瑟步枪。如果后来不发生战争，两公司就会彻底贯彻它们之间所达成的协议。从 1897 年到 1940 年，比利时制造了 50 多万支采用毛瑟式枪机的步枪，出售给世界上许多国家的军队。在第二次世界大战期间，由于德国占领了比利时，这种步枪的生产被迫中断。1946 年，比利时又恢复了这种步枪的生产。由于在第二次世界大战后，战争剩余物资数量庞大，唾手可得，所以生产的使用新式枪栓击发装置的步枪除了特别的客户之外，很难找到买主。于是，该公司开始生产运动 / 狙击型步枪。

宝刀未老的步枪

FN 30-11 狙击步枪最初生产于 1930 年。这种步枪源自 1898 型毛瑟步枪，经过轻微改进就变成了 24 型步枪。1950 年，比利时恢复了 FN 30-11 狙击步枪的生产。FN 30-11 型的内部结构与 G98 步枪几乎没有区别，但加工精度和工艺质量要明显

性能诸元

30-11 狙击步枪

口径：7.62 毫米

重量：4.85 千克（装弹前）

枪长：1117 毫米

枪管长：502 毫米

枪口初速：850 米 / 秒

供弹具：5 发固定式弹仓

上图：FN 30–11 狙击步枪可以安装多种附件。图中的大号瞄准具是北约标准的红外线夜视仪。它安装的这种两脚架，FN MAG 机枪也可以使用

高于普通步枪。军用狙击步枪使用北约的 7.62 毫米 ×51 毫米子弹，并且也能发射高质量的民用子弹。FN 出品的大部分该型枪仍使用 5 发固定式弹仓，不过也有部分可以安装容量 10 发的可拆卸弹匣。

FN 30–11 狙击步枪的设计特点是：该枪采用重枪管，毛瑟式栓动枪机，毛瑟式前膛闭锁装置。许多射手认为这是最安全同时也最精准的枪械设计。FN 30–11 狙击步枪的枪托配有可调节腮垫，可以根据射手需求调节高度。该枪标配的瞄准具包括 FN 公司的 28 毫米 4 倍瞄准镜和觇孔机械瞄准具。其他附件包括两脚架（与著名的 FN MAG 7.62 毫米通用机枪通用）和托腮垫板，枪背带和携行箱。该枪的瞄准镜基座可以安装包括红外夜视瞄准镜在内的所有符合北约标准的瞄准镜。

上图：比利时的 FN 30–11 狙击步枪最初是供警察和准军事部队使用的，不过同时也有许多国家的军队装备了该型枪。图中的 FN 30–11 狙击步枪安装的是运动射击瞄准具。形状古怪的枪托可以根据射手个人的情况进行调整

MAS FR-F1 和 F2 狙击步枪

MAS 公司（圣·安东尼武器制造公司）目前是法国地面武器工业集团（GIAT）的一部分。从 20 世纪 20 年代开始，法国陆军的轻武器大部分都是由该公司生产的。法国目前使用的狙击步枪是在第二次世界大战期间法军标准军用步枪的基础上研制而成的。法军的狙击枪配发数量比西方其他国家的军队都要多。与其他西方国家军队将狙击手编制在营一级不同，法军（苏军也一样）在每个步兵分排（相当于步兵班）中都编制有狙击手：每个分排下辖 8 名装备 FA MAS 突击步枪的步枪手，一名配备 AA-52 轻机枪的机枪手和一名狙击手。

证明极为合理的设计原理

FR-F1 步枪是 1964 年由 MAS 公司的总设计师吉恩·福内尔在 MAS 军用步枪的基础上研制成功的，于 1966 年投入生产。F1 步枪和 MAS 36 军用步枪一样，使用法国陆军的 7.55 毫米 ×54 毫米标准子弹，但也可以使用北约的 7.62 毫米 ×51 毫米标准子弹。F1 步枪的枪管可以自由浮动，与下方的前护木没有固定连接；该枪还采用了别具特色的手枪式握把。F1 步枪安装有标准的枪口制动器和两脚架。木制枪托可以调节强度，如果需要还可加装托腮垫。该枪采用的制式瞄准镜 Model 1953 L.806 型放大倍率只有 3.8 倍，因此遭到诟病。另一方面，法国有些部队，如著名的法国军团尤其以善于射击而名扬四海。法国执法机构使用的 FR-F1 步枪安装了“蔡司 - 戴瓦里”1.5 ~ 6 倍可变倍率瞄准镜和其他类型瞄准镜。

FR-F2 步枪于 1984 年投入生产。这种步枪只能发射北约 7.62 毫米的标准子弹。这导致法军步兵分排内装备着 3 种不同型号的步枪弹。F2 步枪枪管的前部有一个连接轭，上面可以安装坚固的两脚架。枪管外被塑料套管包裹。连续射击后，枪管温度上升，这个塑料套管有助于降低枪管的温度，减少热空气导致的偏光效应。

F1 步枪中还有供射击运动员使用的运动型步枪（或称 B 型步枪）。该型枪取消了两脚架，并在机匣上方的长条安装基座上安装有觇孔瞄准具。在 F2 基础上研制的“狩猎高手”型步枪则安装有光学瞄准具。

左图：图中法国狙击手正在使用他的 FR-F1 狙击步枪上面的望远镜进行观察，枪管放在树枝上。狙击手从来不使用这样的姿势射击，这种姿势射击精度最差

性能诸元

FR-F1 狙击步枪

口径：7.62 毫米或 7.5 毫米
重量：5.42 千克（装弹前）
枪长：1138 毫米
枪管长：552 毫米
枪口初速：852 米 / 秒
弹匣：10 发弹匣

沙科 TRG 狙击步枪

上图：图中展示的是两脚架支起的萨科 TRG 狙击枪。机匣是由锻钢制造的，而重型枪管也是通过冷锻生产的，枪口装有枪口制退器和消焰器。该枪的护木采用铝合金框架

芬兰的狙击步枪长期以来一直由位于里希迈基的沙科公司设计和制造，该公司现在隶属于意大利的伯莱塔公司，但在市场中仍使用沙科的名字。他们的狙击步枪产品是 TRG。

沙科 TRG 是一款常规的栓动步枪，沙科公司认为，为了保证第一枪射击的有效性和精确性，栓式枪机不能轻视。TRG 存在两个专业的狙击版本：发射 0.308 温彻斯特弹（7.62 毫米 ×51 毫米 NATO）的 TRG 22 和发射 0.338 拉普阿 - 马格努姆弹（8.6 毫米 ×71 毫米弹）的 TRG 42。TRG 42 也能改为发射 0.300 温彻斯特 - 马格努姆弹。TRG 22 和 TRG 42 分别是对更早期的 TRG 21 7.62 毫米和 0.338 TRG 41 的改进，很多设计细节得到加强，其中包括改进的枪托结构，修改的枪口制退器和改进的两脚架。机匣由脱氧钢材料制造。该枪采用 3 个闭锁凸笋，闭锁稳定可靠，枪机翻转角度仅为 60 度，大号拉机柄也非常便于拉栓。所有的 TRG 都基本不考虑使用机械瞄准具，因为它们在设计时只考虑了光学或电子昼视 / 夜视瞄准器，具体使用哪种由使用者决定。

子弹装填在双排可拆卸式盒型弹匣中。TRG 22 的弹匣容量为 10 发，TRG 42 为 5 发，装填 0.300 温彻斯特 - 马格努姆弹药时，TRG 42 的弹匣可装填 7 发。

性能诸元

TRG 22 狙击步枪

口径：7.62 毫米

重量：4.7 千克（不带垫片）

枪长：1150 毫米（不安装枪托板垫片时）

枪管长：660 毫米

枪口初速：900 米 / 秒

弹匣：10 发弹匣

可调节枪托

可多重调节的枪托是由聚氨酯材料制成的，同时采用铝合金骨架加以巩固。间隔垫片使得腮垫的高度可以调节，并实时根据风力影响和倾斜度做出调整。枪托底板可以借助间隔垫片同时调整距离和角度，也可以调整高度和倾斜度，所有因素最终使得使用者实际上可以“自定义”他们的步枪。枪托是左右手均可用的，颜色可选橄榄绿或黑色。

两段式扳机的扳机力为 1 千克 ~ 2.5 千克（2.2 磅 ~ 5.5 磅）。扳机的长度以及水平 / 垂直倾斜度均可调整。如有需要，整个扳机护圈环可以拆下而不影响步枪剩余部分。保险栓位于扳机护环内部，扳机前方，它在步枪射击时是无声的。当击针被底火帽阻塞时，保险栓会将扳机和枪栓锁定在闭合位置。

赫卡忒 2 型 12.7 毫米栓动狙击步枪

赫卡忒 2 型 12.7 毫米（0.5 英寸）狙击步枪设计的主要目的是打击高价值的敌方关键系统，而非杀伤敌方人员。

赫卡忒 2 型采用常规栓动式设计，最初由法国 PGM 精密仪器公司设计和制造，该公司是著名的运动和警用步枪的制造商。PGM 公司于 20 世纪 80 年代后期扩张进入狙击步枪领域，提出的众多设计方案均被法国和其他欧洲国家警察部队所采纳。赫卡忒 2 型 12.7 毫米狙击步枪于 1988 年投产。PGM 公司随后与比利时的赫斯塔尔公司达成一项市场协定，后者目前正在销售带本公司商标的赫卡忒 2 型步枪。

起源

赫卡忒 2 型 12.7 毫米狙击步枪起源于 PGM 公司更小口径的狙击步枪，但赫卡忒 2 型整体尺寸被大幅放大以适应新型的 12.7 毫米 ×99 毫米口径（0.5 英寸）子弹。使用这种子弹的赫卡忒 2 型步枪据称能达到 1500 米（1640 码）的有效射程，不过性能最终取决于所用的子弹类型。弹匣容量为 7 发，枪托可快速拆卸以便于携带。

比赛级别的重型枪管长度为 700 毫米（27.56 英寸），在刚度和冷却方面均处于领先地位，它还安装了一个大型的枪口制退器，据称其效果非常显著，射击时给使用者带来的后坐力不超过 7.62 毫米（0.3 英寸）步枪。

然而，制退器端口处的冲击波非常明显，附近的人能强烈地感觉到。枪支的机匣是由高品质的航空级铝合金制造的。

为了辅助携带，赫卡忒 2 型安装了一个可折叠的手提握把；木制枪托自带可调节托肩板，并且不需要任何特殊工具就可以调节枪托。

枪支安放到射击位置后，枪托套件下方还可根据需要增加一个可调节的枪托支撑杆，既能提高瞄准时的稳定性，也能分担枪支整体的重量，尤其是当赫卡忒 2 型处于哨兵或目标观测位置时。

早期的赫卡忒 2 型采用 M60 机枪的可折叠两脚架，但后来的型号换成了完全可调版本。两脚架安装在机匣前端。枪支尾部也可以安装一个单脚架，附着在枪托下方的某点处，这样有助于减轻使用者上半身所受的压力，尤其是长时间使用的时候。

枪支的其他特征还包括拉机柄可以为了保险或其他目的快速拆下，枪机保险开关被布置于机匣右侧。

消声型

赫卡忒 2 型消声型可以在枪口制退器的位置处安装一个超大号的消声器。（不安装光学瞄准器时）其重量也增加到大约 17.24 千克（38 磅）。众所周知，赫卡忒 2 型在法国陆军中大量使用，但也可能在其他国家军队中有所服役。它还被卖到了美国，主要由警察部队和国内安全部队使用。

性能诸元

赫卡忒 2 型狙击步枪

口径：12.7 毫米

重量：13.5 千克（大约）

枪长：1380 毫米，1110 毫米（枪托拆卸后）

枪管长：700 毫米

枪口初速：900 米 / 秒

弹匣：7 发弹匣

左图：图中展示的是安装了光学瞄准器的赫卡忒 2 型狙击步枪。该枪最初主要被设计为反器材步枪，并不用于直接反人员

上图："猎豹"M1 可以击穿轻型混凝土和砖瓦墙壁。该枪的枪管安装在造型独特的筒形套管中，该枪也能安装到俄制 PKM 机枪的三脚架上

"猎豹"反器材狙击步枪

匈牙利"猎豹"狙击步枪系列共有 3 种基本型号，主要的区别在于枪栓和口径的不同。

"猎豹"M1 和 M1A1 12.7 毫米（0.5 英寸）狙击步枪为单发栓动步枪，该枪的枪管安装在筒形机匣套管内，两脚架也固定在套管顶部。带垫片的枪托板连接在枪管的延伸部分上。手枪式握把还兼做拉机柄，直接固定在采用多凸笋闭锁原理的枪机上。装填子弹时，仅需要小幅度拧转手枪式握把就能开锁并拉开枪栓，从而让枪膛暴露出来。放入子弹后，射手转动握把将枪机复位，此时击锤也已待击，射手便可直接射击。枪托和垫片上还有一个握把供闲着的一只手使用。该枪配备有可调节两脚架和高效的枪口制退器。常用的瞄准镜为 12×60 望远式瞄准镜。同时也可安装夜视瞄准镜。

背包结构

"猎豹"M1A1 基本上与"猎豹"M1 相似，但该枪被固定在背包式的框架上，背包不仅便于携带，也可在松软地面或积雪地面上充当瞄准底座。两脚架仍然安装在筒形套管上，但当枪支使用背包结构时它就折叠收起以便于携带。"猎豹"M1 和 M1A1 步枪都使用苏制 12.7 毫米 ×108 毫米子弹。对于车辆尺寸的目标而言，枪支的最大有效瞄准范围大约为 2000 米（2187 码）。

反器材步枪

虽然主要基于"猎豹"M1 狙击步枪，"猎豹"M2 和 M2A1 主要用作反器材步枪，该系列与"猎豹"M1 最大的区别在于它是一款半自动武器。"猎豹"M2 和 M2A1 采用主动闭锁长后坐自动原理，发射苏联 12.7 毫米 ×108 毫米子弹，盒型弹匣位于手枪握把和扳机套件旁边，容量为 5 发或 10 发。

"猎豹"M2 所有其他方面都与"猎豹"M1 相似，它们使用同样的弹药，不过 M2 的有效射程下降到了 1000 米～1200 米（1094 码～1312 码）之间。

"猎豹"M2A1 是 M2 的缩短版本，后者主要用于空降部队和伞降部队。该武器的尺寸使其成为城市作战的理想选择，因为更大或更长的狙击步枪在城市空间中的使用大大受限。M2A1 使用 6×24 瞄准器，但不能使用夜视瞄准器。14.5 毫米（0.57 英寸）口径的"猎

性能诸元

"猎豹"M1 狙击步枪

口径：12.7 毫米
重量：19 千克
枪长：1570 毫米
初速：842 米 / 秒

"猎豹"M2A1 狙击步枪

口径：12.7 毫米
重量：10 千克
枪长：1260 毫米
枪口初速：838 米 / 秒
弹匣：5 发或 10 发弹匣

"猎豹"M3 狙击步枪

口径：14.5 毫米
重量：20 千克
枪长：1880 毫米
枪口初速：1002 米 / 秒
弹匣：5 发或 10 发弹匣

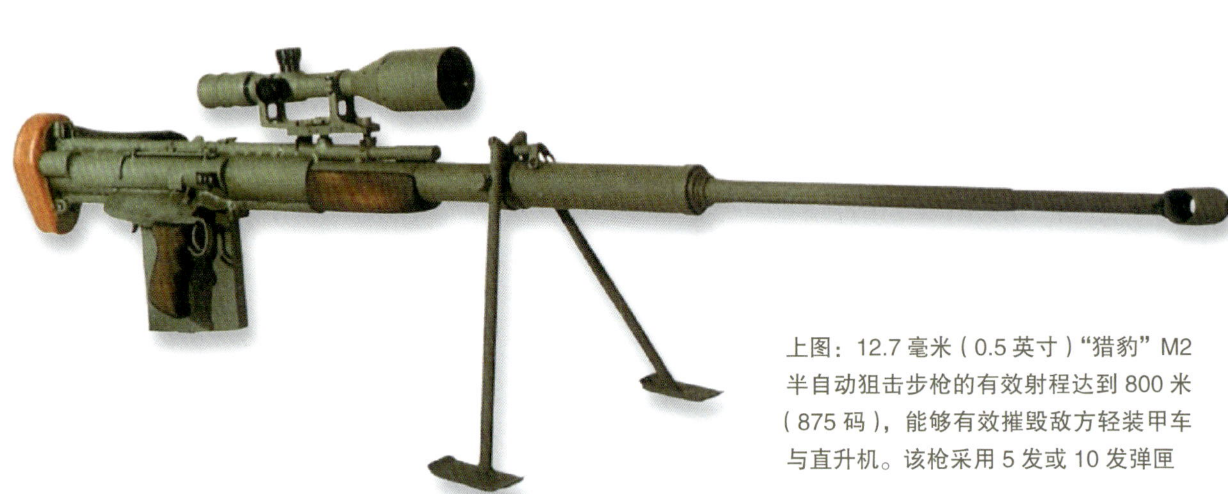

上图：12.7 毫米（0.5 英寸）“猎豹” M2 半自动狙击步枪的有效射程达到 800 米（875 码），能够有效摧毁敌方轻装甲车与直升机。该枪采用 5 发或 10 发弹匣

豹” M3 是一款半自动狙击步枪，也装有两脚架，主要针对轻型装甲车、直升机和野外防御工事提供远程重火力打击。M3 本质上就是放大版本的 M2，使用苏制 14.5 毫米 ×114 毫米子弹，长后坐自动原理，配备有液压减震器和更高效的枪口制退器，从而使其射击时的后坐力下降到大口径狩猎步枪的水平。发射穿甲弹的“猎豹” M3 能在 100 米（109 码）的距离处击穿 30 毫米（1.18 英寸）均质装甲板，600 米（656 码）距离时可击穿 25 毫米（0.98 英寸）均质装甲板。M3 的最大有效射程为 1000 米（1094 码）。

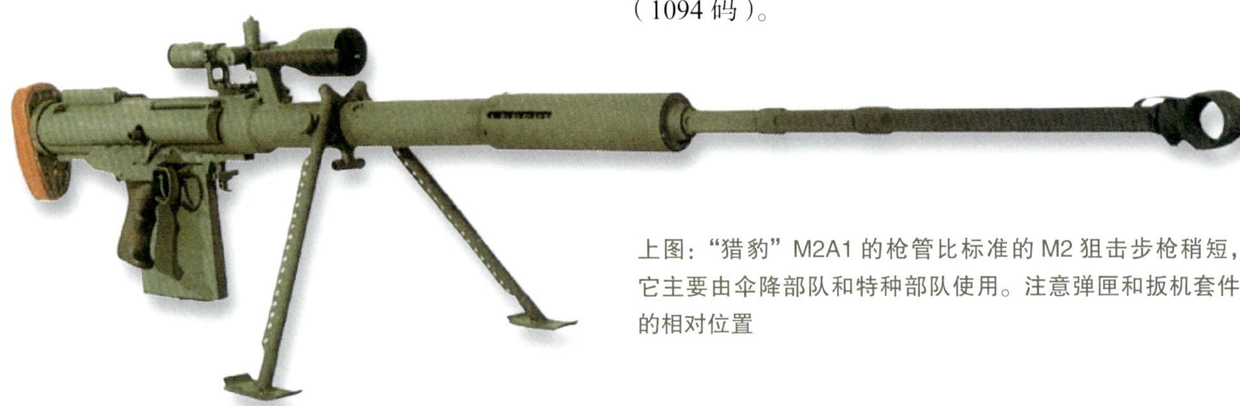

上图：“猎豹” M2A1 的枪管比标准的 M2 狙击步枪稍短，它主要由伞降部队和特种部队使用。注意弹匣和扳机套件的相对位置

毛瑟 SP 66 和 SP 86 狙击步枪

联邦德国奥伯多夫的毛瑟－沃克公司在栓动步枪的设计和生产上有着悠久的历史和不凡的背景。目前这种步枪被称作毛瑟步枪。

该公司发明的前置闭锁式栓动式枪机仍然为许多设计者所采用。毛瑟－沃克公司甚至研制了毛瑟式枪机的派生型，如将拉机柄位置从枪机后方挪到前方。对于大多数类型步枪来说，这样做并没有什么意义，但是对于专业性极强的狙击步枪来说，则意味着在枪栓自身相对缩小的情况下，射手无需挪动头部便可拉栓；并且这还意味着枪管的长度相对较长，有利于提高射击的精度。用这种方法制造的“毛瑟－沃克”狙击步枪被称为 SP 66 狙击步枪。这种改进后的枪机只不过是这种价值非凡的步枪的一个事例而已。其他改进有：使用重型枪管，枪托上有一个精心设计的大拇指孔，可调节腮垫和专用枪口装置。枪口装置可以作为消焰器偏转枪口焰使得其不影响射手瞄准，同时也能作为制退器减小后坐力。这两种功能非常重要，它可以使射手精确和快捷地发射第二发或第三发子弹。

上图：这支毛瑟 SP 86 狙击步枪安装了夜视仪。射手们建议制造商对这种型号的每一支狙击步枪的瞄准装置都进行严格的挑选和校正

上图：远距离精确射击取决于性能优越的子弹。毛瑟公司选中了北约的 7.62 毫米子弹。这支毛瑟狙击步枪安装了激光测距仪

精良的制作

SP 66 步枪的制作标准从开始到出厂都非常高。甚至整个枪身表面都进行了细密的防滑刻纹处理。它的扳机特别宽，适合于戴手套时使用。

瞄准具的选择同样经过了仔细的挑选。这种步枪没有固定的瞄准具。它使用的标准望远镜是“蔡司－戴瓦里”ZA 型，它的放大能力为 1.5 ~ 6 倍。SP 66 步枪可以安装夜视仪。为了满足一些人的特殊需要，他们曾经建议制造商对 SP 66 步枪的口径进行仔细挑选。和一些步枪专门使用的子弹一样，SP 66 狙击步枪使用在精制基础上进一步精选的北约 7.62 毫米狙击步枪弹。

尽管 SP 66 狙击步枪仅根据订单制造，但仍然获得了极大成功。除了供联邦德国武装部队使用外，它还出口到 12 个甚至更多国家。出于安全上的考虑，这些国家的购买者都不愿意透露自己的名字。

SP 86 狙击步枪和 SP 66 狙击步枪相比，价格要便宜一些，主要供警察使用。这种步枪使用新式枪机和冷锻枪管，弹匣可装 9 发子弹。火焰抑制器和枪口制动器合二为一。另外，SP 86 狙击步枪还有一个木制装饰物。为了防止弯曲变形，上面还带有通气孔。

上图：毛瑟 SP 86 狙击步枪使用的是可拆卸式双排弹匣。这种弹匣可装 9 发子弹。这种狙击步枪是在 SP 66 狙击步枪的基础上改进而成的

上图：这种 SP 66 步枪被称为 86 SR 狙击步枪，它装备有各种瞄准具和两脚架。这种支架可用于高精度的射击比赛。军用型号的 86 SR 狙击步枪基本上都装有望远镜，但没有前置式两脚架

瓦尔特 WA2000 狙击步枪

WA2000 狙击步枪是由瓦尔特公司生产制造的。它应该出现在“星球大战”时代。因为和标准的轻武器相比，它独特的外形更像电影中使用的武器。这种步枪专门供狙击手使用，瓦尔特公司特意摈弃了此前轻武器设计的种种惯例，在对客户的要求作出全面评估之后，独辟蹊径，开始了独特的设计。

步枪设计中最重要的部分非枪管莫属。瓦尔特公司决定在枪管的前部和后部使用钳形构造，确保子弹穿过枪膛时传送的扭矩不会抬高枪口、偏离瞄准点。整个枪管上刻有凹槽。这些凹槽不仅能提供更多的制冷空间，而且还可以减少射击引起的振动。振动会使子弹的方向发生偏离。为了消除上膛动作对射击姿态的影响以及减小后坐力，WA2000 狙击步枪还采用了导气式原理。射手的抵肩点与枪管始终处于一条直线上，这样在射击后枪口就不会上跳。

如此一来，外形奇特的 WA2000 狙击步枪从理论上就有了一定的道理。但是，对于 WA2000 狙击步枪来说，更为奇特的是它采用了无托结构——导气式枪机位于扳机组件后方。无托式布局使得该枪长度紧凑且易于操作，同时没有对枪管长度做出妥协。不过无托式布局导致抛壳口就位于托腮板的另一侧，无法换手操作，瓦尔特公司因此设计了左撇子专用版本的 WA2000 狙击步枪。

WA2000 狙击步枪的生产工艺极其精湛。托底板与腮垫可以根据射手的需要调整。为了增加瞄准时的稳定性，手枪式握把的形状通过精密机加工车制而成。该枪使用的是标准的施米特和本德尔瞄准镜，放大倍数为 2.5 ~ 10，该枪还可以安装其他类型的望远镜。

瓦尔特公司决定使用最好的狙击手专用子弹。目前 WA2000 狙击步枪使用的是温彻斯特公司生产的 7.62 毫米马格努姆弹；同时，WA2000 狙击步枪也可以使用其他类型的子弹，如北约 7.62 毫米步枪弹，或者是狙击手比较喜爱的由瑞士生产的 7.5 毫米子弹。当然使用后两种子弹时，需要改换枪机和枪管。

性能诸元

WA2000 狙击步枪

口径：多种口径

重量：8.31 千克（装弹后）

枪长：905 毫米

枪管长：650 毫米

枪口初速：不详

弹匣：6 发弹匣

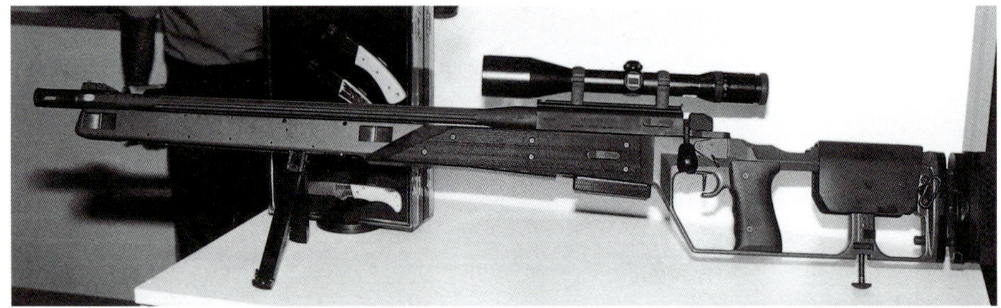

上图：WA2000 狙击步枪是专门为狙击任务而设计的。除了在精度和射手有效使用这种步枪的能力方面，其他都进行了特殊设计

上图：这就是大名鼎鼎的瓦尔特 WA2000 狙击步枪。它安装了施米特和本德尔瞄准镜。它使用的是温彻斯特公司生产的马格努姆 7.62 毫米子弹

H&K 狙击步枪

上图：MSG 90 狙击步枪和 PSG1 狙击步枪相比，价格低廉，MSG 90 狙击步枪引人注目的设计有：轻型枪管和枪托，前护木上安装有折叠式两脚架

性能诸元

PSG1 狙击步枪

口径：7.62 毫米

重量：8.1 千克（装弹前）

枪长：1208 毫米

枪管长：650 毫米

枪口初速：860 米 / 秒

弹匣：5 发或 20 发弹匣

H&K 的步枪种类繁多，几乎可以满足军队的所有要求。该公司一直没有忽视狙击步枪的研制，但是和标准武器相比，狙击步枪的设计要复杂得多，其生产需要更加精细。为了准确击中远距离目标，狙击步枪需要加装望远镜基座以及其他附件，但同时这些附加装置又不能影响狙击步枪的性能。实际上，H&K 的狙击步枪与其他许多狙击步枪相比都更加适合野战军用，而其他类型的狙击步枪则更偏重于射击精度，对于野战条件下的适应能力重视不足。

H&K 生产的狙击武器中，最有代表性的武器是 7.62 毫米的 G3 A3ZF 狙击步枪和 G3 SG/1 狙击步枪。联邦德国警察就使用这两种步枪。后一种带有轻型两脚架。这两种狙击步枪的共同之处是性能优异，基本上都属于“经典”型的标准武器，最初都是为了满足大规模生产的需要而设计的，其设计目的并不是执行特殊的狙击任务。

20 世纪 80 年代中期，H&K 调整了研制方向，生产出一种特殊的 PSG1 狙击步枪。据说在设计这种步枪之前，该公司征求了许多潜在客户（各国的特种部队）的意见，如德国第 9 边防大队、英国特别空勤团和以色列的多支特种部队。

PSG1 狙击步枪仍然是以 H&K 特色的回转枪机闭锁设计为基础，同时采用导气式半自动枪机和采用多边形膛线的高精度重枪管。G3 步枪的影响仍然可以从 PSG1 狙击步枪套筒座的轮廓和可装 5 发或 20 发弹匣的弹匣槽（同时也可以向弹膛内逐发手动填弹）看出。其他部分则焕然一新。弹匣槽的前部是新式的前护木和长长的枪管，枪托结构经过了重新设计，射手可以根据个人需要进行调整。

精确的瞄准设置

最初生产的 PSG1 狙击步枪使用的是可放大 6 倍的“汉索尔德特”望远镜，在 100 米 ~ 600 米的有效射程内有 6 个可调节分划。不过后来生产的 PSG1 狙击步枪安装有适配多种瞄准镜的爪型桥架基座。据说这种步枪极其精确，但是出于显而易见的原因，这些说法从来也没有得到过证实。

PSG1 狙击步枪还配有一款专用三脚架以提高射击精度，不过该三脚架的具体型号目前尚不得而知，或许是 H&K 生产的机枪三脚架的改进型（PSG1 狙击步枪的枪托就是 HK21 机枪枪托的改进型）。PSG1 狙击步枪是目前所有狙击步枪中价格最昂贵的，每支订购价为 9000 多美元。

1990 年，该公司又生产出一种新式的 HK 狙击步枪——MSG90（军用狙击步枪，MSG 是 Militarisch Scharfshutzen Gewehr 的缩写，后缀“90”指这种步枪生产的时间）。为了吸引更多客户，扩大市场销售量，在 PSG1 系列步枪中，这种新式的狙击步枪的价格最低，它的设计完全以 G3 步枪为主。MSG90 和 PSG1 狙击步枪采用相同的扳机组件，不过换装较轻的枪管和较为轻巧的枪托，枪全长 1165 毫米，重 6.4 千克。

加利尔狙击步枪

自 1948 年以色列建国以来，狙击手在以色列武装部队中一直占据着重要地位，并且多年来，以色列军队的狙击手使用的狙击步枪来自世界多个国家和地区。为了生产出自己的狙击手专用步枪，以色列进行了多次尝试。以色列陆军的狙击手曾经使用了一种以色列自行研制的 M26 7.62 毫米狙击步枪。这种步枪完全是手工制作，使用了苏联的 AKM 和比利时的 FAL 步枪的设计。但是，由于多种原因，M26 狙击步枪未能获得成功。随后以色列选中了以色列军工公司生产的标准军用步枪——7.62 毫米加利尔突击步枪，以这种突击步枪为基础研制新式的狙击步枪。

因此，以色列研制出来的加利尔狙击步枪和最初的加利尔突击步枪在外形上极其相似，但它的确是一种新式武器。它的几乎每一个零部件都经过了重新设计，并且在制造中每一个部件都非常接近设计中规定的承受限度。它使用的是新式枪管，两脚架可以任意调整。折叠式枪托（可以向前折叠以减少携带和装运时占用的面积）带有可调节托底板和腮垫。机匣左侧设置有凸出的导轨，上面安装了可放大 6 倍的尼姆罗德望远镜。

新的内部机构

加利尔狙击步枪只有单发射击模式，同时沿用了自动步枪型的 20 发弹匣。枪口装有枪口制动器 / 枪口抑制器，射击时，可以减少后坐力和枪管向上抬升的幅度。枪口可以安装消音器，但是必须使用亚音速子弹。正如人们希望的那样，它还可以安装各种类型的夜视器材。另外，这种狙击步枪还保留了它的机械瞄准具。

加利尔狙击步枪的适用性非常强，和目前的高精度狙击步枪相比，它更适合于艰苦的军旅条件。尽管其基本设计经过多次改进，但借助于两脚架，在 600 米的射程内，子弹之间的间距直径不会超过 300 毫米。这种两脚架用途广泛，可以执行多种狙击任务。

上图：加利尔狙击步枪不用时，可以和它的瞄准镜一起装在一个特殊的包裹内。使用光学瞄准具时，光学过滤器可以减轻太阳的照射强度。它有一个既可以携带又可以射击的枪背带、两个弹匣和一套与其他装备一样重要的清洁工具

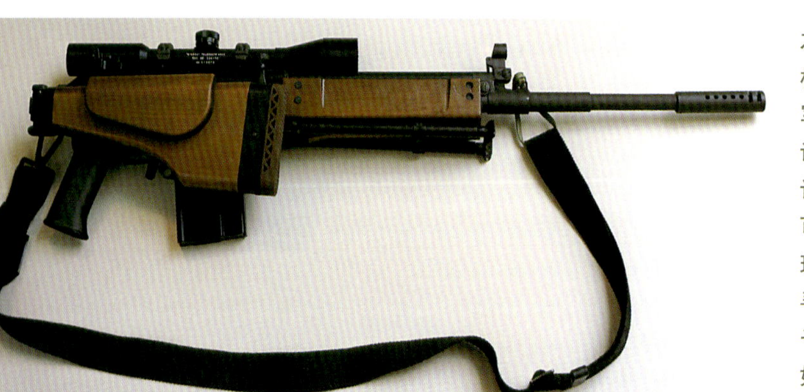

左图：加利尔狙击步枪是根据以色列国防军的大量实战经验而设计的，所以，其设计更重视在作战中的可靠性能，而不是在理想条件下追求超乎寻常的精确性。这对于以色列来说没什么好奇怪的

性能诸元

加利尔狙击步枪

口径：7.62 毫米

重量：6.4 千克（包括两脚架和枪背带）

枪长：1115 毫米

枪管长：508 毫米

枪口初速：815 米 / 秒

弹匣容量：20 发

伯莱塔“狙击手”狙击步枪

上图：虽然从整体上看，伯莱塔“狙击手”狙击步枪的设计比较传统，但有些设计确实非常先进，从而使它成为一种精度高、性能可靠的狙击步枪

性能诸元

伯莱塔“狙击手”狙击步枪

口径：7.62 毫米

重量：5.55 千克（包括两脚架和枪背带）

枪长：1165 毫米

枪管长：586 毫米

枪口初速：865 米 / 秒（大约）

弹匣容量：10 发

当高精度的狙击步枪在 20 世纪 70 年代风行国际市场的时候，几乎所有的轻武器制造商都开始设计它们认为能满足国际市场需要的武器。有些狙击步枪要比市场上的狙击步枪优秀多了，但是有一种狙击步枪被大多数人忽视了，这就是口径为 7.62 毫米的伯莱塔“狙击手”狙击步枪。这种步枪没有使用数字进行命名。另外，说到它的军事用途，一些意大利准军事警察部队在国内执行特殊的安全任务时，可能使用的就是这种狙击步枪。

传统的设计

和许多新潮的太空时代狙击步枪的设计相比，伯莱塔“狙击手”狙击步枪除了该公司一贯的高标准设计和制作的特点之外，给人印象最深的还是它传统的设计。

“狙击手”步枪使用了手动偏转枪机式闭锁设计，枪管为普通的重型枪管。最引人注目的设计是它的优质木制枪托上刻有拇指孔，枪托与手枪式握把连接在一起。

先进的设计

尽管从整体上看，伯莱塔的设计比较传统，但“狙击手”还是有几处比较先进的设计。木制的前置式枪托内隐藏着一个向前突出的平衡物，在自由浮动式枪管的下面，可以起到减震器的作用，射击时，它可以减少枪管震动的幅度。在前置式枪托的前端，可以安装轻型两脚架（可以根据需要进行调整）。射击时，使用这种支架有助于狙击手握枪的稳定性。前置式枪托下面有一个槽沟，可以供射手调整手（前面握枪的手）的位置。如果需要的话，槽沟的前端还可以当作枪背带的悬挂点。枪托和腮垫可以根据需求调整，同时该枪的枪口还安装有标准的消焰器。

和其他现代狙击步枪的不同之处是，伯莱塔“狙击手”有一套完整的可以根据需要调整的精密机械瞄准具，尽管在正常情况下可能用不到。该枪在机匣顶部设有符合北约标准的光学和夜视瞄准镜安装基座，几乎可以安装所有类型的军用光电瞄准系统。正常情况下，伯莱塔“狙击手”使用的是通用的“蔡司－戴瓦里”Z 型瞄准镜，其放大能力为 1.5～6 倍，许多狙击步枪都使用这种放大镜。另外，它还可以安装其他类型的瞄准镜。

德拉贡诺夫 SVD 战斗狙击步枪

上图：德拉贡诺夫狙击步枪使用的枪栓系统和 AK-47 及其系列步枪的枪栓系统非常类似，但是经过改进，发射 7.62 毫米 ×54 毫米有底缘步枪弹。SVD 狙击步枪和 AK-47 突击步枪的零部件不能互换使用

性能诸元

SVD 狙击步枪

口径：7.62 毫米

重量：4.39 千克（未装弹）

枪长：1225 毫米（不包括刺刀）

枪管长：547 毫米

枪口初速：830 米 / 秒

弹匣容量：可装 10 发子弹

上图：苏联一贯重视狙击手在战场上所起的重要作用，并且一直向狙击手提供最优秀的武器。德拉贡诺夫 SVD 狙击步枪是冷战时期著名的狙击步枪，并且俄罗斯军队很可能也保留了这种步枪。尽管它的枪管比较长，体积比较大，精度不如 L42 步枪，但是，它的性能非常可靠。它使用的是改进型 AK-47 突击步枪的气动操作系统和半自动击发装置。该枪的弹匣尺寸较大

任何熟悉“伟大卫国战争”的人都不会忘记苏军狙击手在第二次世界大战中扮演的重要角色。战后，狙击手的地位并没有降低；为了加强狙击手在军中的重要作用，苏联研制出的 SVD 狙击步枪（有时被称为德拉贡诺夫狙击步枪）被公认为是同时期狙击步枪中最优秀的狙击步枪。

一流的武器

SVD 狙击步枪最早出现于 1963 年，并且此后一直是优秀的步兵武器。它是一种半自动武器。虽然使用了和 AK-47 突击步枪同样的操作原理，但它的气动操作系统经过了改进。和 AK-47 不同的是，AK-47 使用 7.62 毫米 ×39 毫米短弹，而 SVD 狙击步枪使用的则是老式的 7.62 毫米 ×54 毫米有底缘步枪弹。这种有缘式步枪弹最初是 19 世纪 90 年代生产的，供莫辛－纳甘步枪使用。这种子弹一直是狙击步枪较为理想的子弹，并且目前俄罗斯的一些机枪仍在使用这种子弹，其性能相当可靠。

SVD 狙击步枪的枪管较长，而且平衡性能极佳，便于操作，后坐力也不大。正常情况下，在射击时，它的枪背带可以帮助射手瞄准，而其他国家则比较喜欢使用两脚架。机匣的左侧安装了一个有 4 倍放大能力的 PSO-1 望远镜。PSO-1 望远镜的设计与众不同，它有一个内置式红外线探测器。有了这种探测器，PSO-1 望远镜可以作为被动式夜视仪使用。尽管在正常情况下它是和一个独立的红外线目标照明设置一起使用的。如果光学瞄准具失灵，SVD 狙击步枪还有备用的机械瞄准具。

或许，对于狙击步枪来说，最奇怪的设计是 SVP 狙击步枪居然安装了刺刀。至于为什么要安装刺刀，谁也说不清楚。它使用的弹匣可装 10 发子弹。

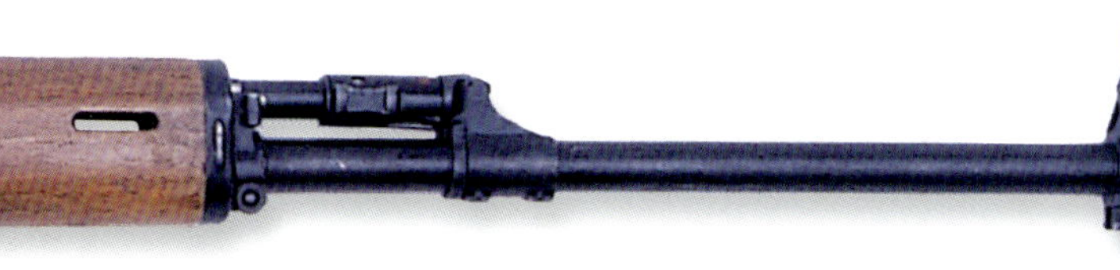

上图：如果德拉贡诺夫的长枪管还不太好辨认的话，那么它的削边式枪托一定会令人过目不忘。SVD 狙击步枪保留了 AK-47 突击步枪在战场上抗撞击、耐磨损的优点

远距离的精确武器

试验表明，SVD 狙击步枪能够准确击中射程在 800 米距离上的目标。虽然这种步枪的枪管较长，但操作和射击时却非常舒适。华约组织和其他国家都装备了这种步枪。苏军在阿富汗战场就使用了这种步枪。其中有一些 SVD 狙击步枪落到穆斯林游击队手中。据推测目前受到苏联和俄罗斯影响的部分国家使用这种步枪。

VS 94 PS 型狙击步枪

挪威的 VS 94 PS 7.62 毫米（0.3 英寸）狙击步枪采用了广泛使用的毛瑟 G98 步枪枪机的改进版本，后者实际上与在挪威陆军中服役的 NM 149S 7.62 毫米步枪非常相似。这些步枪基本上采用相同的内部设计，延续了很多其他高精度步枪的基本线条。VS 94 是与挪威警察部队合作研发的，最初主要是提供给警察部队中专业的射击手使用，不过该枪也被其他许多军事和准军事部队中使用。VS 94 的一个与众不同的特点是重量，装上一个光学瞄准器后，它比同级别的武器重 1 千克（2.2 磅）。

NM 149S 和 VS 94 都是由位于多卡的挪威武器系统公司制造的，它们使用相同的独具特色的重型枪管。VS 94 主要用于在 800 米（875 码）范围内提供高精度射击，为了达到这个目标，该枪选用一具施密特和本德尔 3-12×50 PM 2 瞄准镜，瞄准镜安装于机匣顶部的导轨上，拆装均不会影响步枪的归零。该枪还可配备可调节的机械瞄准具，瞄准镜则可换成西姆拉德 KN 250。

芬兰弹药

为了保证尽可能高的精度，VS 94 只使用 7.62 毫米 ×51 毫米北约制式（NATO）竞赛级子弹步枪弹，该弹药来自芬兰的纳莫－拉普尔公司。子弹装载于一个 5 发容量的盒型弹匣中。满载的弹匣可直接插到步枪中，或者在枪栓松开的情况下手动装载子弹。一个枪口配件同时充当枪口制退器和消焰器。VS 94 的枪托是由多层山毛榉木叠压而成，其长度可以通过间隔垫片调节；该枪还装有可调节托腮板。步枪采用竞赛级扳机，扳机力 1.5 千克（3.3 磅）。

VS 94 可安装一个全可调式两脚架，其安装在前支架端点处的一个底座上，前护木下方开有 3 对通风孔。枪托下方也有一根可伸缩支撑杆，以保证瞄准的精度，或者承担枪支的一部分重量。如有需要，VS 94 也可装上一个消音器。

性能诸元

VS 94 狙击步枪

口径：7.62 毫米

重量：7 千克空重（装上瞄准器）

枪长：1160 毫米

枪管长：600 毫米

弹匣：5 发弹匣

下图：作为一款常规的栓动单发射击 7.62 毫米（0.3 英寸）狙击步枪，VS 94 PS 本质上是从同公司的 NM 149S 步枪演变而来的，后者主要在挪威军队中使用，而 VS 94 PS 则在警察部队中使用。VS 94 PS 安装有可调节腮垫

哈里斯 M87R 和 M93 大口径狙击步枪

左图：哈里斯（以前的麦克米伦）M87R 12.7 毫米（0.5 英寸）狙击步枪装备一款尤为沉重的枪管，该枪没有固定式机械瞄准具

最初由麦克米伦枪械公司制造的 M87R 狙击步枪随后在美国亚利桑那州的哈里斯公司投产，该公司在 1995 年收购了麦克米伦枪械公司，并保留了该狙击步枪的原始商标。

M87R 步枪是基于 M87 步枪而来的，后者是更早期的一款常规单发栓动式步枪，M87R 在其基础上增加了一个 5 发容量的弹匣。M87R 步枪发射勃朗宁 12.7 毫米 ×99 毫米（0.5 英寸）子弹，这种弹药赋予了枪支极强的反器材作战能力，同时具备超远距离人员狙杀能力。

M87R 采用重型枪管，其前端安装了一个独具特色的“胡椒瓶”状的多孔枪口制退器。M87R 采用半护木设计，不过枪托也附带有手枪式握把，该级别的某些武器经常可以看到这种形式，如法国的赫卡忒 2 12.7 毫米狙击步枪。该枪采用聚合物塑料制造的枪托，射手可以调整长度和腮垫高度。M87R 没有安装固定式机械瞄准具，不过可以在瞄准镜基座上安装各种瞄准镜。

M87R 的一个衍生型号——M93 采用 10 发或 20 发容量弹匣，并且采用铰链式枪托，从而使得武器的携行更加方便。

枪支的使用

M93 最适合用作反狙击武器，但也可担负爆炸物处理任务。对于后者而言，枪支在安全范围内向危险目标射击，进而引爆可疑物。如果爆炸物没有引爆，12.7 毫米子弹将损毁引爆装置，进而提升常规处理程序的安全性。M93 曾被大量美国执法机构采用，法国陆军也采用了 M93 和 M87R。据报道，该武器也曾在波斯尼亚和索马里出现过。

性能诸元

M93 狙击步枪

口径：12.7 毫米

重量：9.52 千克（未装弹）

枪长：1346 毫米（枪托伸展后），991 毫米（枪托折叠后）

枪管长：737 毫米

弹匣：10 发或 20 发弹匣

左图：M87R 和 M93（图中所示）都可安装一个两脚架，其位于枪托的前端。M93 可作为爆炸物处理步枪使用

左图：哈里斯 M87R 和 M93 采用手动保险，位于拉机柄旁边。M93 没有 M87R 步枪所用的“胡椒瓶”枪口制退器

西格－绍尔 SSG 3000 狙击步枪

西格－绍尔 SSG 3000 7.62 毫米（0.3 英寸）狙击步枪是一款高精度栓动狙击步枪，该枪融合了最先进的枪械设计技术，是从成功的绍尔 200 STR 竞赛步枪的基本设计方案中发展而来的。SSG 3000 来自瑞士诺伊豪森武器公司和德国埃肯弗尔德 J.P. 绍尔父子有限公司（J.P. Sauer und Sohn）的一个联合项目。SSG 3000 主要由军队使用，同时也销售给特警部队，后者有时需要在超远距离处一次击中目标。

SSG 3000 步枪基于一套模块系统，枪管和机匣采用螺接。扳机系统和 5 发容量的弹匣作为一个整体直接装进机匣，基本的枪托是由非曲木层压板制成的。枪托也具有通风系统以减少热量对重型枪管造成的翘曲影响。

一体化机匣

容纳枪机的机匣由一整块优质钢材一体化铣切而成。枪机头有 6 个闭锁凸笋。这样保证了枪支射击时枪栓上受到的压力不会传递到机匣。轻型击针和较短的击针行程使得枪支的击发间隙非常短。使用的子弹是 51 毫米北约制式（NATO）标准型子弹。SSG 3000 的枪管非常沉重，采用冷锻工艺，前端装有枪口制退器和消焰器。该枪的膛线为 4 条右旋凹膛线，缠度为 305 毫米（12 英寸）。

枪支具有两级精确的扳机挡位，扳机拉度和重量均可调节，具体可分为单级或双级两种模式。滑动的保险位于扳机上方，可锁定扳机、击针和枪栓。击针前端的一个信号针用于指示枪支是否上膛了。

为了达到最高的精度，SSG 3000 步枪必须使用高标准的竞赛级 7.62 毫米 ×51 毫米（0.308 温彻斯特）子弹。击发保险拨片位于扳机护圈内，扳机的上方。

使用者的调整

枪托的设计非常符合人体工程学，它装备了一个可调整的腮垫，从而使得使用者可长时间保持在瞄准位置而不产生疲劳。枪托的重量、长度、偏移和倾斜度都可调整，整套系统——枪托、枪栓和机匣——也可供左撇子使用。枪支前端的一个轨道可安装两脚架或背带。

该型枪仅配备光学瞄准镜，没有预装供紧急状态下使用的机械瞄准具。常规的底座在设计时都与推荐的瞄准器相匹配，即亨索尔特 1.5 ~ 6 × 42 BL 瞄准镜，该瞄准器是专为 SSG 3000 步枪而设计的，但步枪上也可安装一个北约标准的瞄准器底座。

训练版本

出于降低训练和演习成本的目的，枪支还有一套 5.59 毫米（0.22 英寸 LR）长步枪弹转换套件。SSG 3000 于 1991 年投产，投入使用的 SSG 3000 服役版本得到了欧洲和美国警察部队的喜爱。西格－绍尔公司后来成为西格武器 AG 公司的一部分，后者反过来也更名为瑞士轻武器公司（SAN Swiss Arms）。SSG 3000 的更现代化版本以及专为美国市场而生产的版本将原始的叠层木板枪托换成了聚合材料枪托。

左图：SSG 3000 是现代化高精度栓动弹匣供弹狙击步枪的优秀代表。模块化设计方案使用可拆卸的枪管 / 机匣和扳机 / 弹匣套件

性能诸元

SSG 3000 狙击步枪

口径：7.62 毫米

重量：5.4 千克（空弹匣和不安装瞄准器）
6.2 千克（空弹匣但装上瞄准镜）

枪长：1180 毫米（大约，取决于枪托的调整）

枪管长：610 毫米（除去消焰器后）

枪口初速：750 米 / 秒（取决于弹药类型）

弹匣：5 发弹匣

L42 狙击步枪

上图：老式的No.4李·恩菲尔德经过重新设计后，改进成口径为7.62毫米的L42A1狙击步枪。L42A1使用了新式的重型枪管、可装10发子弹的新盒形弹匣，枪管前部的护木被整体切除。枪托上增加了腮垫。扳机和瞄准镜支架都进行了改动

李·恩菲尔德步枪在英国军队的悠久历史可以追溯到19世纪90年代。虽然经过了百年历史的风云变幻，该枪的回转后拉枪机设计没有发生太大变化。英国军队保留的是L42A1狙击步枪。最近，L42A1步枪被精密国际公司生产的L96狙击步枪取代。这两种步枪的口径均为7.62毫米。L42A1步枪是在第二次世界大战期间No.4 Mk 1（T）或Mk 1×（T）7.7毫米狙击步枪基础上改造而来的。在转换（或称为重新设计）时，它使用了新式的枪管、弹匣、扳机装置、固定瞄准具和前护木。第二次世界大战时的No.32 Mk 3望远镜（重新命名为L1A1）和机匣上的支架都保留下来。改进后的狙击步枪性能可靠，结实耐用，而且适用性较强，不仅英国陆军使用，而且英国皇家海军陆战队也使用。

用现在的观点看，L42A1狙击步枪完全是上一代的产品，但在800多米的射程内仍具备首发命中目标的能力，当然，这在很大程度上取决于射手的技能和使用子弹的类型。正常情况下，射手都选择由拉德韦·格林的英国皇家兵工厂生产的“绿斑”子弹。这种特殊的子弹精度较高。

L42A1步枪需要细心的照顾、经常性的校正和保养。不用时，要装在特殊的箱子里保存和运输，步枪要和光学瞄准具、清洁工具、射击背带或许还有一些备用部件（如额外的弹匣）一起存放。L42A1步枪保留了7.7毫米步枪使用的弹匣。这种弹匣可装10发子弹。但是，弹匣的形状经过了改进，可以使用新式的无底缘步枪弹。常常为人所忽视的武器记录本也要保存在箱子内。

L42A1并不是唯一的7.62毫米李·恩菲尔德步枪。李·恩菲尔德步枪中有一种被称为特殊的L39A1比赛/射击专用步枪，这种步枪可用于射击比赛。另外，它还有两种型号：“特使”步枪和“强制者”步枪。前者可以看成L39A1步枪的民用比赛步枪。后者为专门定制的L42A1型步枪。这种步枪的枪管较重，枪托轮廓经过了改进。这种步枪专门供警察使用。

下图：L42A1步枪是旧式7.7毫米李·恩菲尔德步枪的改进型。L42A1步枪的口径为7.62毫米，作为英国的军用步枪使用了许多年。在马尔维纳斯群岛战争中，英国陆军和皇家海军陆战队都使用过这种步枪。图中的步枪和射手都使用了用棉麻制成的伪装网

性能诸元

L42A1 狙击步枪

口径：7.62毫米

重量：4.43千克

枪长：1181毫米

枪管长：699毫米

枪口初速：838米/秒

弹匣：10发弹匣

L96 狙击步枪

L42A1 狙击步枪是以李·恩菲尔德军用步枪为基础研制的。李·恩菲尔德步枪使用的回转后拉枪机可以追溯至 19 世纪 80 年代，并且在随后的半个多世纪里，进行了多次改进。作为军用步枪，在经过多年可靠、有效的使用后，已经被英国陆军的标准的 L96A1 狙击步枪取代。L96A1 步枪是为专门用途而设计的。L96A1 狙击步枪是由精密国际公司设计和制造的。它和 L42A1 狙击步枪不同的是，它不是由久经沙场、值得信赖的军用步枪改进而成的，它更类似于在体育比赛——如奥运会——中特别使用的射击专用步枪，所以在远距离射程内它把射击精度发挥到了极致，而射程远、精度高正是现代化狙击步枪的一大特点。

No.4 Mk（T）和 L42A1 步枪都属于李·恩菲尔德系列步枪。No.4 步枪作为英国军队标准的狙击步枪已经使用了许多年，但是这两种步枪都是在标准军用步枪的基础上改进而成的。作为狙击步枪，其缺少创新性改动。L42A1 步枪从精度上看相当不错，但是，时代在前进，技术在发展，这意味着英国可以把更新的技术应用于狙击步枪的研制上。曾经有一段时间，由于资金限制，英国陆军要求采购新式狙击步枪的提议被否决，但是在 1984 年，峰回路转，英国陆军的愿望终于得到了满足。

传统设计

非常有趣的是，最终被选中参加试验的 3 种步枪没有一种是超精确的太空时代型步枪。相反它们的设计都相当传统，但使用的都是现代化的聚合物材料，并且设计极其精密和细致。被选中的参赛步枪是由帕克 - 黑尔公司设计的帕克 - 黑尔 85 型步枪；由国际武器公司设计的一种型号；精密国际公司的 PM 型步枪（由奥运会金牌得主马尔科姆·库柏设计）。威尔特郡的沃明斯特轻武器技术学校的技术人员对这 3 种型号的步枪反复进行试验。尽管三者之间并没有明显的差异，但是最后，PM 型步枪被选中。在作出这个决定的过程中，评估小组可能在某种程度上受到英国特别空勤团的影响。因为英国特别空勤团采购了少量 PM 型步枪，并且获得了一定经验。

尽管 PM 型步枪完全属于传统型设计，但仅看表面难免失之偏颇。PM 型步枪使用的是不锈钢重型枪管，枪管铆接在铝合金底座上。枪管口径为 7.62 毫米。该枪的其他部件有两脚架、前护木、击发装置和后枪托。这些部件表面均包裹有塑料外壳。虽然该枪的前护木似乎包围着枪管，但枪管是完全浮动式的。

性能诸元

L96A1 狙击步枪

口径：7.62 毫米

重量：6.5 千克

枪长：1124 毫米

枪管长：654 毫米

枪口初速：不详

弹匣：10 发弹匣

前置闭锁枪机

PM 型步枪使用的是塔斯科望远镜和手动回转枪机（使用前置式闭锁）。这样设计是为了保证枪栓后移时不会碰到射手的脸部。两脚架是用轻型合金材料制成的，可以和枪托下面的一个可回收的独脚“锥”一起使用。当射手长时间瞄准射击时（射手在射击的区域内瞄准时，步枪的重量都落在两脚架和独脚“锥”上），独脚“锥”可以当作支撑物。盒形弹匣可装 5 发子弹。扳机装置可以调整和移动。

PM 型步枪至少有 4 种类型。已经装备部队的有两种：一种名为反恐型，已经供英国陆军部队使用；另一种首批 1212 支步兵型，从 1986 年开始陆续装备部队。后者有一个 6 × 42 瞄准镜（译者注：6 × 24 瞄准镜是一种适用于远距离精确射击的瞄准装置，具有 6 倍放大能力和较好的光线收集能力）和备用机械瞄准具，有效射程超过 900 米。另外两种类型是：一种是竞赛型，配有固定机械瞄准具，只能单发装填；另一种是远距离型，使用雷明顿公司生产的 7 毫米马格努姆弹或温彻斯特公司生产的 7.62 毫米马格努姆弹。

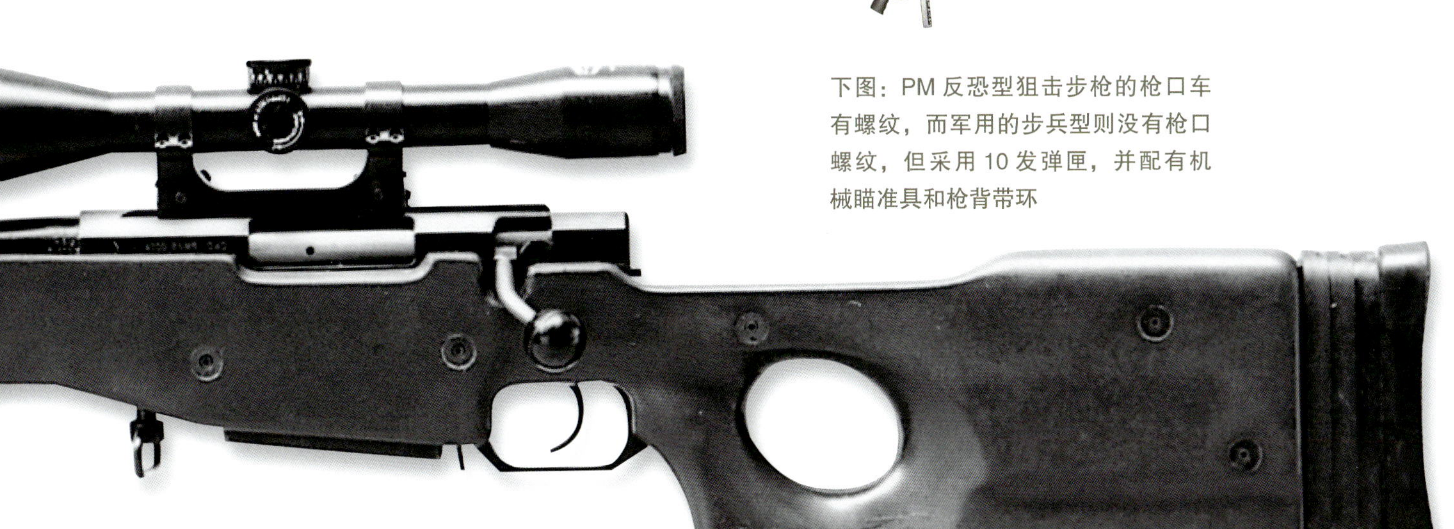

下图：PM 反恐型狙击步枪的枪口车有螺纹，而军用的步兵型则没有枪口螺纹，但采用 10 发弹匣，并配有机械瞄准具和枪背带环

下图：狙击的艺术包括射手对周围环境的利用能力，避免在移动时被敌人发现行踪。这名狙击手和他的狙击步枪经过了精心伪装，人们很难发现他们（人和枪）的轮廓

帕克－黑尔 Model 82 型狙击步枪

英国伯明翰的帕克－黑尔公司多年来一直从事各种专用比赛步枪和配套瞄准具的制造，并且也从事一种特殊工作——负责狙击步枪的设计和制造。该公司最著名的产品是口径为 7.62 毫米的帕克－黑尔 82 型步枪（又称帕克－黑尔 1200TX 狙击步枪）。已经有几个国家的军队和警察接受了这种狙击步枪。

82 型狙击步枪的外形和设计都非常传统。它使用了和经典的毛瑟 G98 步枪使用的击发设置非常类似的手动回转枪机和自由浮动式重型枪管。枪管重 1.98 千克，采用冷锻铬钼钢制造。不可拆卸的固定弹仓容量为可装 4 发子弹。扳机装置为完全独立的部件，能够根据需要进行调整。

为了满足客户的特殊要求，82 型狙击步枪有多种类型。根据需要，82 型狙击步枪可以通过更换腮垫调整托腮高度；通过更换托底板调整枪托长度。该枪可安装多种类型瞄准具，不过通常安装的仍是竞赛用机械瞄准具；如果需要更换光学瞄准镜，则需要拆下后瞄准具，在其原位安装瞄准镜后镜桥基座，配合同样位于机匣顶部的瞄准镜前基座。82 型步枪可以选装多种类型的准星，或光学和夜视瞄准镜。

军用狙击步枪

澳大利亚陆军使用的 82 型狙击步枪带有一个“卡赫拉斯·赫利亚”ZF 69 望远镜。加拿大陆军为了当地的需要，使用的是 82 型 /1200TX 狙击步枪的改进型——C3 狙击步枪。新西兰军队也使用 82 型狙击步枪。

帕克－黑尔公司生产了一种可以用于特殊训练的 82 型狙击步枪。这种步枪只能单发射击，安装

下图：澳大利亚、加拿大和新西兰军队都曾装备帕克－黑尔 82 型狙击步枪。该枪在光线良好的情况下，仅依靠机械瞄准具就可狙击 400 米外的点目标，如果加装瞄准镜则可以在最大有效射程上命中

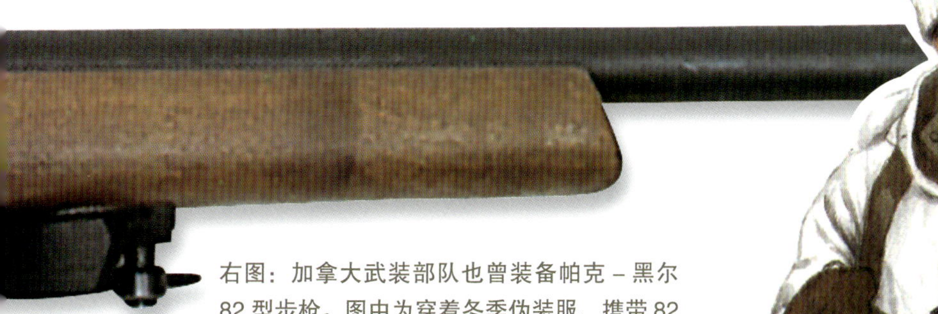

右图：加拿大武装部队也曾装备帕克－黑尔 82 型步枪。图中为穿着冬季伪装服、携带 82 型步枪的加拿大士兵。这种步枪使用毛瑟型枪栓击发装置。它的盒形弹匣可装 4 发子弹

了比赛专用型瞄准具，没有安装望远镜。英国国防部把这种步枪称为“L81A1 学员训练步枪”。这种步枪的护木和枪托都比较短。

82 型步枪的改进型被称为 85 型步枪。和 82 型步枪的枪托外形相比，85 型步枪的枪托外形改动较大。85 型步枪使用可装 10 发子弹的盒形弹匣，并且安装了标准的两脚架（82 型步枪也可以使用）。

85 型步枪加上瞄准具后重 5.7 千克。这种步枪曾参加了英国为寻找新式狙击步枪而举行的武器比赛。在比赛中，精密国际公司设计的步枪获胜。于是，帕克－黑尔公司停止了这种步枪的生产，并在1990 年把这种步枪的制造权（包括各种类型的设计权）出售给美国吉布斯步枪公司。该公司以帕克－黑尔的商标继续生产这种步枪。

性能诸元

82 型狙击步枪

口径：7.62 毫米

重量：4.8 千克

枪长：1162 毫米

枪管长：660 毫米

枪口初速：大约 840 米 / 秒

供弹具：4 发固定弹仓

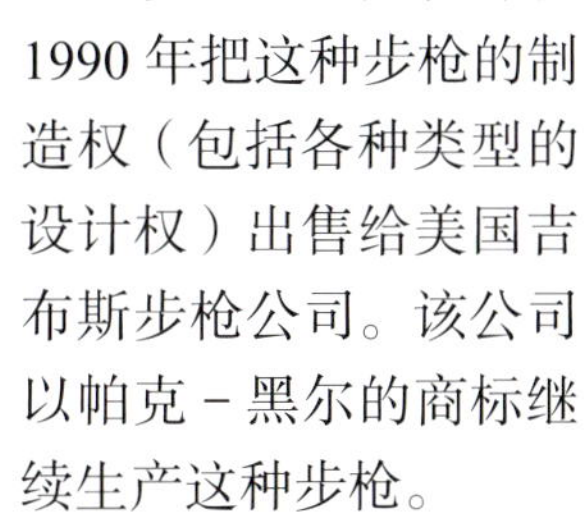

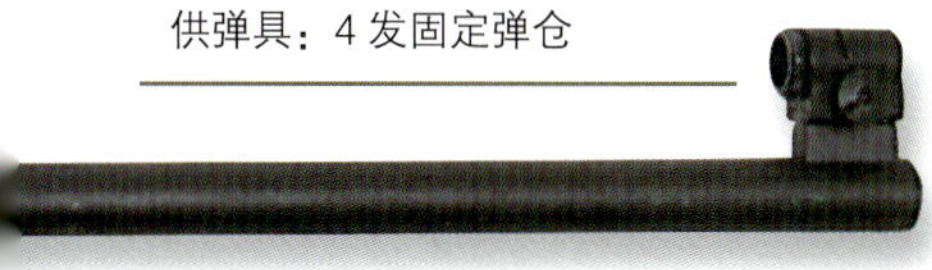

M21 狙击步枪

在 20 世纪 60 年代末，美国武装部队开始把北约标准的 7.62 毫米子弹改为 5.56 毫米子弹。但显而易见的是，在狙击步枪的正常作战距离上，大口径弹药仍然有效得多，狙击步枪仍需要维持较大的口径。美国陆军因此保留了“M14 国家射击竞赛标准型（精准型）”狙击步枪，该枪的军方型号目前已经被改为 M21 狙击步枪。

M21 狙击步枪是在 M14 7.62 毫米步枪的基础上改造而来的特殊型号，而 M14 则作为美军制式步枪服役多年。M21 狙击步枪在外观和内部设计方面与 M14 狙击步枪依然非常相似，不过在制造工艺方面进行了一些改进。

细致入微

该枪从枪管开始便对部件

上图：尽管大多数以色列狙击手都使用加利尔狙击步枪，但仍有一些狙击手使用 M14 狙击步枪的精确型——美国的 M21 狙击步枪。以色列在入侵黎巴嫩期间和 1982 年 8 月打击巴勒斯坦解放组织的行动中使用了这两种步枪

性能诸元

M21 狙击步枪

口径：7.62 毫米

重量：5.55 千克（装弹后）

枪长：1120 毫米

枪管长：559 毫米

枪口初速：853 米 / 秒

弹匣：20 发弹匣

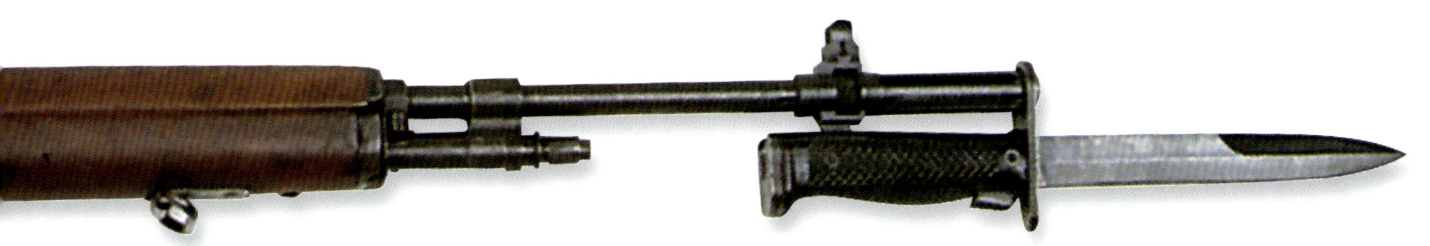

上图：这支 M14 狙击步枪是伦敦步兵学校武器博物馆的收藏品。M21 狙击步枪是 M14 狙击步枪的特殊改进型，它的零部件都经过了高水平的加工。它装有枪口抑制器和可放大 3 倍的望远镜

进行精选，只有精度高于严苛的公差标准才能被选中，为避免影响精度，精选枪管不会进行镀铬处理。M21 狙击步枪的消焰器也采用了全新设计，且精心安装以避免出现误差。该枪的扳机组件采用手工组装并可在 2 千克 ~ 2.15 千克间调节扳机力。M21 狙击步枪最初采用一体式胡桃木枪托，随后更换为带有环氧树脂握持部位的玻璃纤维枪托。导气式自动系统也进行了诸如手工抛光和手工装配等步骤以保证自动机构动作平滑。

M21 狙击步枪保留了全自动射击的功能，但在正常情况下，只能半自动（单发）射击。

M21 狙击步枪通常安装一部 3 倍瞄准镜。除了常见的瞄准十字线外，镜头内还刻有测距分划，可以辅助射手快速测定目标距离并自动调节表尺。在安装瞄准镜后，M21 狙击步枪可以在 300 米距离上确保 10 发子弹间的任意弹着点距离不大于 152 毫米。

M21 狙击步枪还配备有较为少见的消声器，M21 狙击步枪的专用消声器并不会降低子弹的飞行速度，而是通过一系列消声碗将火药燃气的速度降低到音速以下。这种消声器在保证枪弹弹道平直的同时，几乎消除了射手开火时的特征，使得敌军更加难以定位狙击手。

巴雷特 M82 和 M95 狙击步枪

1981 年，26 岁的罗尼 · 巴雷特以勃朗宁枪管短后坐原理研制出了 M82 型 12.7 毫米半自动狙击步枪（简称 M82），该型狙击步枪可以发射 M2 勃朗宁重机枪使用的 M33 型机枪弹。

M82 在后坐力尚可接受的同时，射程远，精度高。一问世就得到了美国军方的关注。美国驻黎巴嫩贝鲁特的军队因恐怖袭击而遭受重大损失后，美国军方开始寻找一种能够穿透车辆薄层装甲的武器。一些北约军队也对这种步枪表现出极大兴趣。于是，M82A1 步枪作为军用武器投入生产。

在 1991 年“沙漠风暴”行动期间，M82A1 步枪的优越性能在战场上得到了验证：美国军队用它成功地击毁大量伊拉克装甲车，击毙了关键作战人员。美国海军陆战队大力提倡装备 M82A1 步枪，并且和巴雷特公司合作，实施一项旨在改进 M82A1 步枪的计划。这种武器的最新改进包括：可以拆卸的携行提把、两脚架、轻量化部件和新式的光学瞄准具。这种瞄准具可以在白天和黑夜使用，很快装备了部队。

弹药

目前，标准的穿甲燃烧弹是新式的拉弗斯 Mk 211 穿甲燃烧弹，该弹穿甲体中的金属锆能够在击中目标后爆燃，并且点燃弹药中的燃烧物质。

M82 主要有两种类型：M82A1 步枪制造于 1983—1992 年；M82A2 步枪于 1990 年投入生产，将 M82A1 步枪的笨重枪身改进为无托结构，全枪长缩短到 1409 毫米，重量减少到 12.24 千克，它的击发装置和弹匣都设在了扳机组件的后部。

最新式的巴雷特 12.7 毫米狙击步枪是 M95 步枪。它的射程和使用的弹药和 M82A2 步枪非常类似基本可以视作 M82A2 步枪的栓动型号。M95 步枪长 1143 毫米，重 11.2 千克，盒形弹匣可装 5 发子弹，使用可放大 10 倍的标准望远镜，有效射程约为 1830 米。

性能诸元

巴雷特“轻型 50”M82A1 狙击步枪

口径：12.7 毫米

重量：12.9 千克

枪长：1448 毫米

枪管长：737 毫米

枪口初速：854 米 / 秒

弹匣：11 发弹匣

上图：艾维尔 · 约翰逊 500 型狙击步枪是基于为 M2 勃朗宁重机枪研制的 M33 型重机枪弹而开发的最早的大口径狙击步枪。该枪是在可更换多种口径的艾维尔 · 约翰逊 300 型狙击步枪基础上发展而来的

M40 狙击步枪

下图：美国海军陆战队于 1966 年选中了雷明顿公司的 700 型步枪。这种步枪经过改进可以满足陆战队的特殊需求。M40A1 狙击步枪和 M40 狙击步枪的不同之处是，M40A1 步枪采用更短更重的不锈钢枪管、玻璃纤维枪托和更大倍率的瞄准镜

美国海军陆战队一直拥有自己的装备采购渠道，并且美国官方长期以来也承认海军陆战队在遂行两栖战中享有特殊的权利。海军陆战队有权要求采购和使用特殊设备以满足自己的需要。如此一来，海军陆战队非常乐意选择一种新式的狙击步枪来取代 M1C 和 M1D 步枪，这两种步枪是在 M1 加兰德步枪的基础上改进而成的。为了应付苛刻的实战环境，海军陆战队对这种新式狙击步枪提出了自己的要求。

重视狙击手

狙击手一直在美国海军陆战队当中享有特殊地位。与其他地面部队相比，狙击手往往作为先头部队展开行动，在获取敌方情报的同时远程狙杀敌军指挥官或其他重要人员。因此在越南战争爆发后，美国海军陆战队不满于陆军装备的 M14 和 M21 狙击步枪，决定为陆战队狙击手装备比制式步枪更精良的狙击武器。虽然陆战队并没在民间市场上寻得完全满足其要求的步枪，但找到了一款基本满足其需求的民用步枪。这就是雷明顿 M700 型步枪，该枪配用重枪管，使用 40XB 型靶枪枪机。美国海军陆战队随后决定将该枪定为制式狙击步枪，并在 1966 年将其正式定型为 M40 狙击步枪。该枪的首批军方订单为 800 支，随后增加至 995 支，第一批 M40 狙击步枪基于采用一体式木质枪托的雷明顿 M7000BDL 型民用步枪。

M40 狙击步枪采用经典的毛瑟式手动回转后拉枪机和重型枪管。该枪通常配备 3～9 倍可变倍率“雷德菲尔德”瞄准，以及容量为 5 发的可拆卸式弹匣。M40 的设计中规中矩，不过工艺水平相当精湛。

性能诸元

M40A1 狙击步枪

口径：7.62 毫米

重量：6.57 千克

枪长：1117 毫米

枪管长：610 毫米

枪口初速：777 米 / 秒

弹匣：可装 5 发子弹的盒形弹匣

右图：美国海军陆战队决定选择自己的狙击步枪后，订购了雷明顿公司生产的 M700 型民用步枪。部分该型枪当时仍保留有机械瞄准具（如图）。M40 军用狙击步枪是雷明顿 M700 步枪的改进型，尽管后来生产出新式的 M40A1 狙击步枪，但 M40 狙击步枪仍在使用。这种狙击步枪只有美国海军陆战队使用

战场表现

海军陆战队装备 M40 狙击步枪之后，事实证明 M40 狙击步枪一点也没有让人失望。但是，海军陆战队根据战场上获取的作战经验，本着精益求精的精神，认为它的基本设计仍有潜能可挖。于是海军陆战队要求雷明顿武器公司进一步改进，其中包括用新式的不锈钢枪管取代它的旧式枪管，用玻璃纤维枪托（由麦克米伦兄弟公司提供）取代它的旧式枪托。此外 M40 狙击步枪还换装了专门为海军陆战队研制的乌内特尔（Unertl）10 倍光学瞄准镜。此外该枪还取消了备份的机械瞄准具。

经过这些大的变化，M40 狙击步枪就变成了 M40A1 狙击步枪。M40A1 狙击步枪是在弗吉尼亚州奎蒂科市雷明顿公司的车间内生产的，仅供美国海军陆战队使用。这种步枪的零部件分别由雷明顿公司（击发装置）、温彻斯特公司（弹匣底板）、麦克米伦兄弟公司和其他承包公司提供。

从总的情况看，自狙击步枪生产以来，M40A1狙击步枪算得上是最精确的“传统”型狙击步枪，尽管还没有确切的数字来证实这种说法。它精确的主要原因是使用了重型不锈钢枪管和一流的光学瞄准具。尽管这种瞄准具可能会出现失真和变形现象，但是与同类瞄准具相比，它的放大倍率要大得多。射手使用它可以清楚地发现目标的形状，而且这种瞄准具还可以根据需要进行调整。

极高的精度

和其他类型的狙击步枪一样，狙击步枪的精度取决于选用子弹的性能，当然还有射手的技能。然而，从过去的情况来看，美国海军陆战队对狙击手的要求极其严格，狙击手要花费大量时间接受训练。总的来说，M40A1狙击步枪是一种“狙击手都想拥有”的武器。

FN2000模块化武器系统

FN埃斯塔勒公司用5.56毫米的突击步枪取代了著名的FN FAL（英国陆军称之为SLR-自动步枪）7.62毫米。第二次世界大战后，FN FAL步枪为该公司赢得了显赫的声名，但FAL的后继型号却没获得多大的成功，在竞争激烈的轻武器市场上，大多数国家的军队要么采购美国步枪（M16），要么研制自己的小口径步枪（法国的FA MAS，意大利的伯莱塔系列步枪，英国不尽如人意的SA80），所以比利时同类型的武器在国际武器市场上产生的影响实在有限。而FN2000模块化武器系统能否在国际市场上成为畅销的武器目前尚难确定，但是该公司着眼于创新的设计确实令人关注，在20世纪80年代后期，经过一番宣传和鼓动，它的P90单兵武器确实引起了世界各国的关注。现在再审视一下FN2000模块化武器系统，从中可以看出该公司确实汲取了P90单兵武器的经验。FN2000模块化武器系统的操作极其简单，一学就会，其结构非常适合在战场上快速而又简单地分解和组装。

武器设计

FN2000模块化武器系统采用了无托结构，为了减少整枪的长度，弹匣位于扳机后面。全枪长不到700毫米。这对于乘坐装甲车的士兵来说非常有用，当他们下车投入战斗时，经常发现自己已经处于高楼林立的市区。

FN2000模块化武器系统解决了英国使用无托结构设计的步枪——SA80步枪存在的一个严重问题。SA80步枪只能从右肩处射击，如果你试图从左肩处射击，那么空弹壳弹出时正好打在你脸上。

上图：FN2000模块系统的射击装置非常灵巧，它和传统的武器不同，它的空弹壳不是从一侧弹出，它的枪口右边靠后的地方有一个抛壳孔，空弹壳就是从这个抛壳孔中向前弹出的

由于20名士兵中平均有1名士兵使用左手（左撇子），在这种情况下，这种设计显然存在问题。而且SA80步枪招致更大批评的地方在于，在高楼林立的市区作战时，士兵常常需要从左手处射击，而使用SA80步枪时，士兵必须露出大半个身子（枪和身体保持一定的距离）才能射击。

FN2000模块化武器系统使用了独特的抛壳系统，空弹壳向前弹出，而不是向一侧弹出。这样用左手射击时，空弹壳、气体或其他脏物就不会接触射手的脸部。另外，快慢机、保险和弹匣释放钮均能无障碍地左右手互换操作。

FN2000模块化武器系统发射北约5.56毫米

下图：FN2000 是一款完全模块化的突击武器系统。武器的基本模块可以安装各种外部模块，用途极为广泛。图中的 FN2000 模块化武器系统安装了 40 毫米榴弹发射器和先进的电子火控系统

下图：FN2000 大量采用了人体工程学友好型设计。这些技术最初应用于先进的 P90 冲锋枪。FN2000 模块化武器系统是用平滑的复合材料制成的，左右手均可使用

下图：FN2000 模块化武器系统的顶部导轨可以安装各种类型的瞄准装置。图中的瞄准装置为标准的可放大的 1.6 倍的瞄准镜。它也可以安装夜视仪或榴弹火控系统

×45 毫米弹。它使用了传统导气式自动原理和回转枪机闭锁，射速较快（循环射速可达 800 发/分），短点射精度相当高。该枪采用了模块式结构，根据需要，射手能快速地更换它的设置（事实上，这种武器更适合执法部门使用，但是随着维和任务的增加，军用和警用的界线日趋模糊）。它的枪托是用坚硬的聚合物塑料制成的。瞄准具上可以安装射手偏好的瞄准系统（或者陆军能支付得起的瞄准系统）。标准的瞄准系统是放大 1.6 倍的光学瞄准镜，足以轻松地击中瞄准的目标，不需要为了瞄准而费力地眯起双眼。连接着扳机护圈的前护木可以被拆下，更换为

性能诸元

FN2000 模块化武器系统

口径：5.56×45 NATO 步枪弹

全长：694 毫米

枪管长：400 毫米

弹匣容量：30 发

重量：3.6 千克（空枪），4.6 千克（带 40 毫米的榴 弹发射器）

榴弹发射器，手电筒或其他附件。

与传统步枪不同的是，该枪的手枪式握把可以兼做步枪和枪挂榴弹发射器的握把。在获得美国的研制许可后，FN 公司研制出了一套计算机化火控模块。该模块整合了激光测距仪，能够自动计算榴弹瞄准点并为 40 毫米榴弹发射器瞄准具装订表尺。不过这套系统目前仍因为尚未充分经过实战检验，仅进行过媒体演示而受到质疑，反对者认为其耐用程度不足以承受战场的恶劣环境。反对者还提出了火控系统电池的问题，他们认为电池的使用时间太短且会增加士兵的负重。英国特别空勤团中著名的“Barvo Two Zero”的命运提醒所有部队，甚至是最优秀的部队在战斗中也无法携带太重的装备。

榴弹发射器

F2000 模块化武器系统的榴弹发射器采用泵动式装填，回转式闭锁。它能发射各种类型的 40 毫米弹药：基本的高爆弹初速为 76 米 / 秒。榴弹发射器的枪管长 230 毫米，安装上榴弹发射器后，枪全长增至 727 毫米。这种武器使用起来相当方便，

FN公司简史

比利时国营兵工厂，在生产高质量的军用武器方面有着悠久的历史。为了制造比利时政府订购的 150000 支毛瑟步枪，该公司于 1889 年创建。随后，该公司和约翰 · 勃朗宁建立了业务联系。勃朗宁是历史上最具有创新意识的武器设计大师。

20 世纪 30 年代，在戴多恩 · 赛弗的领导下，该公司开始研制系列自动步枪，从而为该公司在第二次世界大战后的成功奠定了基础。

FN49 型步枪被优秀的 FN FAL 步枪取代。FN FAL 是一流的作战步枪，按照设计使用北约新式的 7.62 毫米标准子弹。FN FAL 步枪是整个步枪历史中非常成功的武器。FAL 步枪被出口到 90 多个国家和地区。

20 世纪 60—70 年代，FN 公司生产出了小口径步枪。在小口径步枪的基础上，FN 公司又生产出了 FAL 步枪的派生枪，经过重新设计，最后使用的是北约新式的 5.56 毫米子弹。FNC 步枪相当优秀，性能可靠，射击精度较高，但和 FAL 步枪相比，出口量有限。

上图：FN FAL 曾是英军的制式步枪。英国军队使用这种步枪已有 30 年的历史

FN49 型步枪是 FN 公司的第一代半自动步枪

FNC 是以 FN FAL 为基础生产的轻型突击步枪

和老式的 7.62 毫米步枪相比，更是如此。老式步枪的长度超过了 1 米。

未来前景

和当今的所有先进的步兵武器一样，FN2000 模块化武器系统的前途取决于西方各国政府是否愿意为其步兵投入更多资金。各国的国防官员都知道 FN2000 模块化武器系统明显优于 M16 步枪（或相当于 M16 的其他步枪），他们可以以此为理由劝说其政府领导人提供必要的资金。

FN2000 模块化武器系统的前途还取决于另一个因素：步枪能否继续用 5.56 毫米的口径。在 1991 年海湾战争和后来的阿富汗战争中，5.56 毫米步枪弹已经暴露出它的局限性：在战场上，远距离作战已经成为未来战争的普遍规律，而近距离作战只能属于另类。有些士兵或许愿意重新使用 7.62 毫米步枪。所有参加过海湾战争和阿富汗战争的国家的步兵连都增加了 5.56 毫米机枪的数量。

FA MAS FELIN 步枪

法军从 20 世纪 80 年代初开始列装口径为 5.56 毫米的 FA MAS 无托自动步枪，该枪的研制始于 1972 年，并于 1979 年定型。FA MAS 由圣埃蒂安兵工厂（MAS）生产，该工厂后来被法国地面武器集团（GIAT）收购。

FA MAS FELIN 步枪的外形非同寻常，非常像法军最喜爱的一种乐器——军号，所以士兵们给它起了个绰号“军号”。法国军队非常喜爱 FA MAS 步枪，在多次战斗中，这种步枪都有不俗的表现。这和英国的 SA80 步枪（更正规的是 L85）相比，有着天壤之别。不过该枪的重量依然和被其替换的 7.62 毫米半自动步枪相当。

和 SA80 步枪不同的是，在射击时，FA MAS 步枪可以相对方便地实现换手操作（托腮垫和抛壳口可以调整方向），但设计人员建议士兵在战场上最好不要随意转换使用（从左向右，或从右向左），因为在转换的过程中需要拆卸和再安装，这样容易造成小零件丢失，而且其一旦丢失，枪就无法使用了。它的折叠式两脚架的实用性极强，能够增加有效射程。

FA MAS 家族最新型号的步枪是 FA MAS G2 步枪，该枪在此前的 FA MAS F1 型和 F2 型基础上进行了改进，包括将自动原理更换为延迟后坐自动原理。FA MAS G2 具备单发、三发点射和全自动 3 种射击模式。该枪的保险和快慢机位于扳机护圈附近，快慢机有单发和全自动两档。在弹匣井后方的枪身底面还布置有一个三发点射和全自动模式的切换开关。该枪的其他改进包括用枪背带环取代

左图：FA MAS FELIN 步枪和目前的 FA MAS 步枪相比，增加了大量的目标定位设置和一个小型榴弹发射器，从而提高了步兵的作战能力，无论白天还是黑夜都能取得最大的作战效果

性能诸元

FA MAS G2 模块系统

口径：5.56 毫米

全长：757 毫米

枪管长：488 毫米

弹匣：20 或 30 发弹匣

重量：3.5 千克（空枪），3.9 千克（带 30 发子弹的弹匣）

该位置原本安装的折叠式两脚架（不过可根据需要重新安装两脚架），取消固定式榴弹发射器，扳机护圈延长至包裹整个握把，弹匣井修形，并具备兼容北约标准30发弹匣（M16步枪所采用的型号）和FA MAS专用25发弹匣的能力。FA MAS G2步枪的枪管下面可以安装M203 40毫米榴弹发射器。FA MAS G2步枪仍然可以发射400克的枪榴弹。自第一次世界大战以来，法国一直对枪榴弹情有独钟。FA MAS G2步枪的射速可以调整，每分钟在1000 ~ 1100发之间。

下图：从理论上讲，PAPOP系统可以向法国步兵提供大量的战术和目标定位信息，从而使法国步兵成为一支作战能力更强悍的新型部队

上图：从图中可以看出下一代法国步兵的风采。这些士兵刚从步兵战车上跳下，他们装备了FA MAS FELIN步枪和PAPOP单兵系统

最近的改进情况

作为法国未来步兵计划的一部分，FA MAS FELIN步枪是FA MAS F1步枪的改进型，最近法国进行了一系列试验，这种步枪被称为复合武器和复合弹药（PAPOP）。从理论上讲，法国的FA MAS FELIN和美国陆军的“陆地勇士”、澳大利亚陆军的“陆地125系统”和英国的FIST非常类似。

参与法国军事计划的公司有法国陆上武器集团、汤姆森-CSF Texen公司和其他6家公司。法国的军事计划符合《北约AC225文件》的基本精神。该计划的目的就是实现步兵和武器系统的一体化。和目前步兵使用的武器系统相比，未来的武器系统在夜间作战的效果更加明显，能力更加出众，能广泛、高效地把图像设施应用于战术信息的接收和利用。和目前装备步枪、机枪和榴弹发射器之类武器的常规步兵相比，装备新式武器系统的未来步兵在作战区域内的作战能力将得到极大提高。

特征

FA MAS FELIN步枪的装备完全能满足白天和黑夜射击、利用从其他小组成员获得的数据提供射

击辅助、距离探测、本能瞄准和射击以及战场敌我识别等作战要求。另外，它还配有步兵需要的通信系统（具备语音、数据和图像传输功能）。这种设计集多种特征于一体。士兵白天使用这种武器，在300米的射程内，瞄准站立和固定的目标（人）射击，命中率可达90%；夜晚在200米和400米的射程内，瞄准同类目标射击时，命中率完全相同。

从根本上讲，这种武器系统按照预定的指令把步枪和榴弹发射器的能力综合在一起，从而研究和制造出一种射程更远、致命性更强的武器。它的另一大特点是全面提高核生化的防护水平。和目前的防护装备相比，未来的防护设备对于使用者来说会更加友好。设计这种防护设备的目的是在不降低防护水平的基础上，确保身穿防护服的士兵有更强的机动能力（士兵通过减少服装重量，变得更加灵活）。

武器配置

目前的PAPOP综合了步枪（发射现在标准的5.56毫米步枪弹）和榴弹发射器（发射35毫米榴弹）的功能（目前美国的“理想单兵战斗武器”使用的是40毫米榴弹），减小口径的同时也减轻了武器的重量，所以携带起来更加方便，射程也相应得到提高，但必须注意的是，不能因减小口径而降低武器的作战能力。

OICW系统一样，PAPOP系统也配备有一套数字化支援系统。研制这种支援系统的目的是使士兵在300米的射程内，无论白天还是黑夜，都能够迅速探测到目标的准确位置，更重要的是能区分出谁是友军，谁是敌人。PAPOP系统配有远距离瞄准系统，士兵可以从掩体处射击，并且该系统还能为其他武器指定攻击的目标。这种系统可以使用类似现代化飞机上使用的向飞行员提供图像数据的方法，把图像数据传送到安装在士兵头盔上的灵巧的显示器中，士兵随时可以接收重要的战术信息，而且在接收信息的同时，士兵的眼睛无需离开前面的目标或地形。在陆基系统中心，指挥官能够通过接收的数据看到他的士兵看到的一切。

可编程榴弹

PAPOP配套的35毫米智能榴弹可通过预编程选择最优的榴弹破片散布模式，从而在打击特定类型目标时取得最好的杀伤效果。这种设计类似于霰弹枪使用的可调节喉缩（一般在霰弹枪枪管口部有一小段内膛尺寸缩小的部位，这就是缩口，又被称为喉缩），能够让榴弹破片集中或分散。35毫米榴弹重200克，属于体积最小的一类。法国人认为这种榴弹完全可以满足未来的作战任务的需要。

下图：法国陆军目前具有高水平的作战能力，但法国高层希望用作战效能更高、用途更广的武器武装法军，加快法军的转型步伐，早日成为高度信息化的军队

FN MAG 中型机枪

下图：比利时的 FN MAG 机枪是第二次世界大战后通用型机枪应用最为广泛的武器。该枪的许多零件都采用硬质金属机精密加工的方式制造。虽然它比较重，但结实耐用，目前世界上仍有许多国家在生产这种武器

下图：荷兰陆军装备的德国坦克炮塔上安装了 FN MAG 机枪。照片摄于 1984 年 9 月举行的军事演习。这支 FN MAG 机枪安装了空包弹适配器

上图：1982 年马尔维纳斯群岛战争期间，L7A1 机枪被仓促地安装在临时准备的防空支架上，以防范阿根廷的飞机对停泊在圣卡洛斯港口的英国军舰发动袭击

第二次世界大战期间的实战经验证明了通用机枪（GPMG）的重要性，通用机枪可以在突击任务中依托两脚架实施伴随火力支援；同时也可以在防御作战中安装在重型三脚架上发扬持续机枪火力。因此在 1945 年后，许多国家的枪械设计师都开始研究本国的通用机枪设计方案，而比利时则在 20 世纪 50 年代初研制出了其中的佼佼者。位于赫斯塔尔的比利时国营兵工厂（FN）研制出了 FN 通用机枪（简称 FN MAG）。该型机枪很快便被许多国家的军队装备，并成为目前世界上使用最广泛的现代化机枪。

FN MAG 机枪发射北约标准的 7.62 毫米步枪弹，采用标准的导气式自动原理：在子弹发射后，从枪管中引出的火药燃气将推动枪机后坐。相比同期的许多机枪，FN MAG 机枪在枪管下方的导气管末端设有气体调节器，射手可以根据弹药的种类或其他因素调节枪械的射速。为了实现持续射击，该枪的枪管可以轻松地快速更换。

高质量武器

FN MAG 机枪的枪身非常坚固，部分零部

右图：以色列军工公司获得了 FN MAG 机枪的生产许可证。以色列武装部队的各个军兵种都使用 FN MAG 机枪

性能诸元

FN MAG 机枪

口径：7.62 毫米

重量：10.1 千克（枪），
10.5 千克（三脚架），
3 千克（枪管）

枪长：1260 毫米

枪管长：545 毫米

枪口初速：840 米 / 秒

射速：600 ~ 1000 发 / 分

供弹具：50 发金属弹链

件由压制钢板铆接，另有许多零件由硬质金属机加工制成，这也使得该枪全枪重量较大，不太便于携行。不过坚固的结构却使得该枪能够承受各种粗暴使用，并仅需要在过热前更换枪管就能维持机枪长时间射击。FN MAG 机枪采用弹链供弹，不过由于需要携带长弹链，弹链在进弹过程中往往会钩挂到各种异物上。

在当作轻机枪（LMG）使用时，FN MAG 机枪使用枪托和简单的两脚架；当作持续性射击武器时（枪托常要拆卸掉），需要安装在沉重的三脚架上，通常还要使用缓冲器来减少部分后坐力。FN MAG 机枪也可以安装在其他类型的支架上，常安装在装甲车上当作同轴武器使用，或安装在枢轴枪架上作为自卫机枪使用，也可以安装在三脚架或车辆顶盖上的支架上，当作防空武器使用。海军的许多轻型舰船上也使用这种机枪。

英国的FN MAG机枪

根据生产许可证，许多国家都生产过 FN MAG 机枪。其中较为人熟知的就是英国。英国把 FN MAG 机枪称作 L7A2 机枪，生产了一些改进型 FN MAG 机枪，并且远销海外。在未来可预见的一段时间内，英国陆军仍会继续使用和生产这种机枪。生产并装备 FN MAG 机枪的国家有许多，其中包括以色列、南非、新加坡和阿根廷。而使用 FN MAG 机枪的国家就更多了，有瑞典、爱尔兰、希腊、加拿大、新西兰和荷兰等。FN MAG 机枪几乎从无过时之虞。

作战中的 GPMG 通用机枪

上图：英国陆军装备的通用机枪（GPMG）派生自比利时 FN MAG 机枪，后者是第二次世界大战后非常成功的机枪之一

压制敌人

GPMG 通用机枪的另一大主要任务则是利用其持续火力压制敌方阵地或利用弹雨覆盖某一特定区域。通常，持续火力压制任务会由配备三脚架的重机枪承担，重机枪配有水冷套筒，用于冷却枪管。

第二次世界大战期间，德国研制出了 MG 42 机枪，该枪可以同时承担轻重两种机枪的任务。在配备两脚架时，该枪是一款理想的轻机枪；而得益于精妙的设计和可以快速更换枪管的能力，MG 42 在安装三脚架和专用瞄准具后便能成为非常成功的持续火力压制兵器。这便是最早的通用机枪。

通用机枪的理念非常诱人：士兵们仅需学习一种机枪的操作，便可通过更换配件获得两种机枪的功能。第二次世界大战结束后，通用机枪领域群雄并起，而该领域的先行者——FN 公司的 FN MAG 机枪则是其中的佼佼者。

上图：GPMG 通用机枪构成了英国陆军步兵部队火力的主体。图中，射手正集中精力向目标射击，而他的副手则保障弹链供弹顺畅

FN MAG 通用机枪的产量如今已经超过 20 万挺，装备了多达 75 个国家的军队。它是一种牢固的简单的武器，重量轻到足以让一人携行，但它也可以安装三脚架以实现持续射击。

英军中的 GPMG 在服役后取代了两种武器：从一战前就开始服役的维克斯水冷重机枪和二战期间服役的、著名的布伦轻机枪。

在过去的 50 年中，步兵分队的战术一直围绕着班组火力展开，每个步兵班通常编制 8 ~ 13 人，其中有由 2 ~ 3 人组成机枪小组，其余步兵则分为步枪小组。机枪小组使用带两脚架的轻机枪提供火力掩护，在己方步枪手推进时压制敌方火力，而步枪手则在机枪小组转移时提供火力掩护，从而实现交替掩护向敌军发起突击。英军在马尔维纳斯群岛战争期间成功采用了这种战术。

SBS突击

马尔维纳斯群岛战争期间，SBS（皇家海军特别舟艇中队）大量使用通用机枪，在圣卡洛斯水域的登陆行动中，SBS 中队 S 分队及其配属的海军陆战队约 40 人，携带多达 16 挺 GPMG 对范宁角的阿根廷军队阵地发动攻击。英军大量发射曳光弹，使得阿军误认为至少有一个营的敌人在发起攻击，惊慌失措的阿军因此直接向英军投降。

坐着射击

在近距离作战中，通用机枪仅使用 50 发短弹链，射击者通常在机枪右侧安装一个老旧的 1944 式“水瓶袋”以充当子弹袋。枪支的背带跨在背部和肩部，从而方便射击者在前进过程中随时向遇到的目标射击。

这种设计方式在 1972 年 7 月 19 日的米尔巴特行动中大显神威，当时第 22 特别空勤团（22nd SAS）G 中队的约 80 名士兵在阿曼的米尔巴特营救一支被约 250 名阿拉伯游击队围攻的 SAS 8 人教官小队。英军突击队中有约 1/3 的士兵携带 GPMG。在进行持续射击时，GPMG 通常会安装在三脚架上。三脚架依靠弹簧实现缓冲，采用前一后二的布局，在展开后会被锁定。三脚架上的机枪后坐行程非常短，弹簧缓冲器也会吸收枪身的振动。

英国陆军往往将 GPMG 集中使用，实施持续射击，这种使用方式与被该枪取代的维克斯重机枪非常相似。这样就可以用弹雨覆盖一大片地区，使得敌军步兵在区域中寸步难行。GPMG 也可以被布置在防御阵地侧翼，覆盖英军阵地前方的大片区域。

多用途

通用机枪还是一款多用途枪械。主战坦克使用一款改进型 GPMG，其无需翻开受弹器盖便可装入弹链，因此可以在狭窄的坦克炮塔内安装使用。该型机枪还会将所有火药燃气从枪管排出车外，而非通过气体调节器驱动枪机，因为这样会导致火药燃气很快充满车舱。（译者注：英军坦克和步兵战车使用的同轴机枪其实是美国设计的 L94A1 型外能源机枪。）

上图：GPMG 的两脚架使得该枪非常精准，尤其是在卧姿射击时

英军步兵班目前也不再装备 GPMG，而是 L86 型“轻型支援武器”（LSW）每个步兵班装备一挺 L86，3 支 L85 单兵武器（短步枪）和 8 支 SA 80 突击步枪。

海湾战争中的通用机枪

GPMG 及其“孪生兄弟”——FN MAG 机枪均参与了 1991 年的沙漠风暴行动。英国第 1 装甲师使用了通用机枪，而埃及、巴基斯坦、摩洛哥、阿曼、阿联酋、卡塔尔和科威特组成的联合部队则装备了 FN MAG 机枪。

美军也装备了 MAG 机枪，型号为 M240，被用作车辆上的同轴或训练用机枪。GPMG 表现优异，同时也维持着世界上最优秀通用机枪的声誉。

标准的比利时设计：GPMG

重量轻，便于携带，结构简单而牢固，易于拆卸和维修，发射威力巨大的 7.62 毫米（0.3 英寸）NATO 子弹……这一系列特征使得 GPMG 多年来一直挑起英军主力全自动支援武器的大梁，该枪在步兵班组中已经被 L86 LSW 所取代。

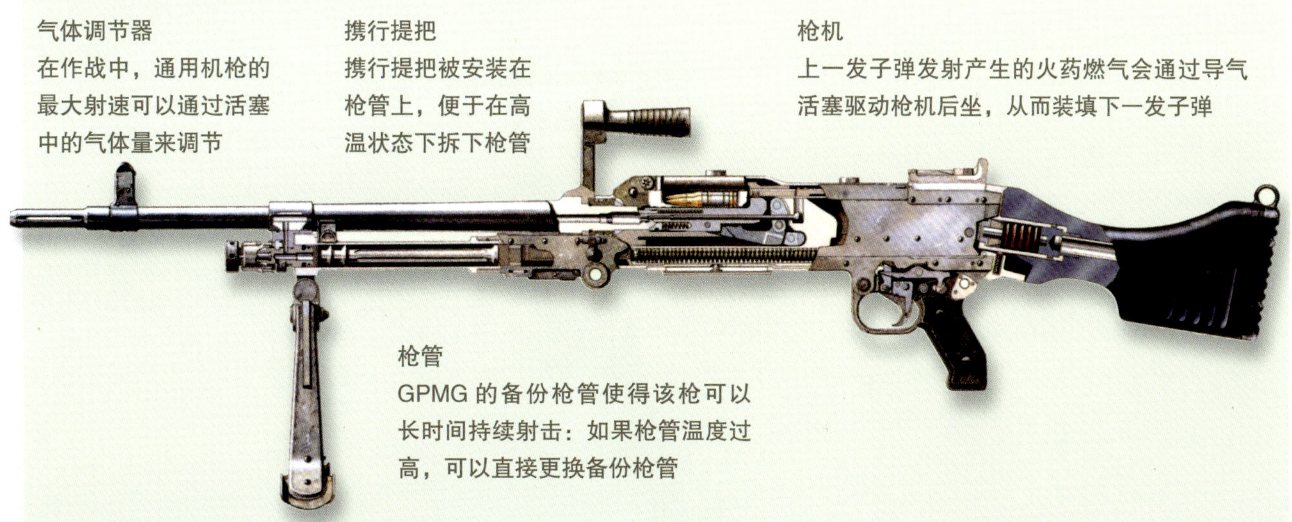

FN 米尼米轻机枪

随着大部分北约成员国和许多国家将制式步枪弹口径从 7.62 毫米改为更小更轻的 5.56 毫米，各国都需要换装一款小口径轻机枪。FN 公司顺势推出了新型小口径机枪，即后来广为人知的 FN 米尼米轻机枪（简称 FN 米尼米），该枪于 1974 年首次公开。

传统与创新的结合体

米尼米轻机枪继承了一部分 FN MAG 机枪的设计，包括快拆枪管和气体调节器，不过该枪又采用了新的回转枪机闭锁原理，枪机沿两条导槽往复运动，从而确保了枪机动作的平稳流畅。新枪机使得 FN 米尼米非常可靠，供弹系统则让该枪的可靠性更上一层楼。全新的供弹设计是 FN 米尼米对于现代轻机枪发展的一大重要贡献，并对此后的轻机枪产生了长期的影响。该枪摆脱了此前的机枪那种需要将长长的弹链搅在一起携带的窘境，它的弹链盒直接安装在枪身下方，弹链在盒内规整地叠放好。在展开两脚架后，弹链盒也不会影响机枪射击；而在不需要弹链盒时，又可以将其直接拆下。此外，FN 米尼米的受弹器还能直接使用步枪弹匣。

FN 公司敏锐地认识到美国 M16 步枪会很快成为同类步枪中的标杆，因此让 FN 米尼米具备直接插入 M16 的 30 发弹匣的能力后，只要卸下弹链，就能将弹匣直接从受弹器盖下方的弹匣插口插入机匣。

进入美国军队

和 M16 步枪的结合让 FN 公司受益匪浅。因为美国陆军不仅看中了米尼米轻机枪，而且还把它当作美国陆军的火力支援武器。美国人把这种武器称为 M249 自动武器。由于早期的 M193 步枪弹被淘汰，M249 发射的是北约新标准的 SS109 步枪弹。SS109 步枪弹比 M193 子弹长且重，还需要采用不同的膛线，不过在其他方面和 M193 较为相似。

FN 米尼米有两种派生型号，使用短枪管与伸缩枪托的空降型，以及安装在装甲车上的无枪托型。FN 米尼米轻机枪自身有许多独特的地方：扳机护圈可以拆下，以便射手在佩戴冬季手套或防化服手套时使用，前护木内装有清洁套件，弹链盒上有简易指示器标示盒内残余弹药量等。

性能诸元

FN 米尼米轻机枪

口径：5.56 毫米

重量：6.5 千克（含两脚架），
9.7 千克（带 200 发子弹）

枪长：1050 毫米

枪管长：465 毫米

枪口初速：915 米 / 秒（SS109 子弹）

射速：750 ~ 1000 发 / 分

供弹具：100 发或 200 发弹链，或 30 发弹匣

上图：FN 米尼米被美国陆军选中，并得到了 M249 “班组自动武器”（SAW）这一正式型号，该枪首先装备的是作为“快速部署联合特遣队”组成部分的空降师

上图：FN 米尼米标配有两脚架，在中近距离火力支援任务中，该枪需要两脚架来稳定枪身

上图：FN 米尼米重量轻，便于携带和使用。枪管上方的携行提把不仅方便携带，也能用于装卸枪管

上图：现代化武器必须经受住世界上任何环境的考验，在任何情况下，都能保持有效和稳定的性能

上图：FN 米尼米的子弹带可以整齐地折叠在枪身下面的盒子里。作战时，甚至射手采取卧姿射击时，这个盒子都不会影响射手的活动

vz.59 机枪

捷克斯洛伐克技术人员在机枪的设计方面获得了极大成功。捷克斯洛伐克设计机枪的历史可追溯到 1926 年生产的 vz.26 机枪。著名的布伦机枪就是在 vz.26 机枪的基础上研制而成的。在 20 世纪 50 年代初期，捷克斯洛伐克继承了过去的光荣设计历史，又生产出一种新式的 vz.52 机枪。这种机枪基本上是旧式设计的改进型，该枪采用弹链供弹，但并没有像早期的 vz 机枪一样获得成功。目前，除了在各类游击队和类似形式武装组织中，已经很少能看到这种武器。该枪很快就被 vz.59 机枪取代。

虽然 vz.59 机枪比 vz.52 机枪还要简单，但是在外观和自动原理上完全相同。事实上，vz.59 机枪使用了 vz.52 机枪包括导气式自动原理在内的诸多设计。vz.59 的供弹系统吸收了 vz.52 机枪系统的特点，许多人认为该系统是 vz.52 机枪上唯一成功的设计。在这套供弹系统中，弹链被导槽引导进机匣内部，最后一套推弹杆系统将枪弹向前直接顶出弹链。这套系统被苏制的 PK 系列机枪所借鉴；vz.59 机枪的弹链通常被收纳在金属弹链箱内。vz.59 机枪的另一大变化在于换用苏制 7.62 毫米 ×54 毫米步枪弹。这种子弹的威力更大，取代了 vz.52 系列机枪使用的同口径短弹。

在 vz.59 系列武器中，使用轻型枪管的被称为 vz.59L 机枪。该枪可以将弹链箱悬挂于枪械右侧，外观看上去很不对称。该枪在两脚架模式下可以作为轻机枪使用，同时也可安装在三脚架上。

重型枪管

为进行持续射击而安装重枪管的 vz.59 机枪被直接称为 vz.59 机枪；此外，留有安装螺孔，被用作车辆同轴或车载机枪的型号被称为 vz.59T。vz.59 机枪的子型号还不止于此，捷克斯洛伐克对外出口了多款 vz.59 系列机枪，其中还包括发射北约制式 7.62 毫米步枪弹的 vz.68 型，维塞卡 · 兹布罗约维卡兵工厂仍在生产该型机枪。

性能诸元

vz.59 机枪

口径：7.62 毫米

重量：8.67 千克（带两脚架，使用轻型枪管），
19.24 千克（带三脚架，使用重型枪管）

枪长：1116 毫米（使用轻型枪管），
1215 毫米（使用重型枪管）

枪管长：593 毫米（轻型枪管），
693 毫米（重型枪管）

枪口初速：810 米 / 秒（使用轻型枪管），
830 米 / 秒（使用重型枪管）

射速：700 ~ 800 发 / 分

供弹具：50 或 250 发金属弹链

上图：vz.59 机枪用途广泛，配用轻型短枪管和小型金属弹链盒时，可以当作轻机枪使用；安装上重枪管，使用子弹带则可以当作重机枪使用。这种武器的扳机直接安装于手枪式握把上

下图：捷克斯洛伐克的口径为 7.62 毫米的 vz.59 机枪是其早期 vz.52/57 机枪的改进型，但是它更易于生产。这种武器主要是为了瞄准国际武器出口市场而生产的。vz.59 机枪研制成功不久就开始供捷克斯洛伐克的武装部队使用，vz.59 系列机枪在世界各个角落都能看到

望远镜

vz.59 机枪有一个非同寻常的设计——可放大 4 倍的望远镜，这种望远镜可以安装在两脚架和三脚架上使用，内部有发光瞄准分划，可以在夜晚使用，也可以在防空射击时使用。在防空射击时，vz.59 机枪可以在常规三脚架顶部安装加长杆，成为简易防空枪架。

过去，在世界武器市场上出现最多的捷克斯洛伐克武器就是它的轻武器，今天捷克的轻武器仍然深受许多采购商欢迎。所以在 20 世纪 70—80 年代，在中东地区，尤其是黎巴嫩，随处都可以看到捷克斯洛伐克制造的机枪。在一些战乱频繁的地区，人们时常也能遇到 vz.52 系列机枪。

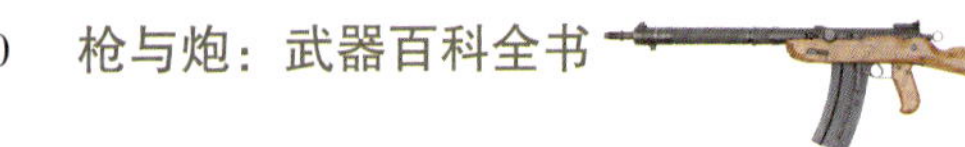

MAS AAT 52 机枪

左图：法国外籍军团和法国陆军其他部队使用的武器完全相同，所以外籍军团也使用 MAS AAT 52 机枪。图中是一支轻型的 MAS AAT 52 机枪。外籍军团走到哪里，哪里就会有 MAS AAT 52 机枪

性能诸元

MAS AAT 52 机枪

口径：7.5 毫米

重量：9.97 千克（带两脚架，使用轻型枪管），
11.37 千克（带两脚架，使用重型枪管），
10.6 千克（三脚架）

枪长：1145 毫米（枪托伸展后，使用轻型枪管），
1245 毫米（使用重型枪管）

枪管长：500 毫米（轻型枪管），
600 毫米（重型枪管）

枪口初速：840 米 / 秒

射速：700 发 / 分

供弹具：50 发金属弹链

这款目前被称为 MAS AAT 52 的机枪是 20 世纪 50 年代镇压东南亚独立运动时法国研制的武器。当时，法国陆军装备了来自美国、英国和德国的大量轻武器，其后勤保养和零部件均不统一。由于种类繁杂，法国决定使用一种通用型机枪。这就是口径为 7.5 毫米的 MAS AAT 52 机枪。设计这种机枪的初衷是易于生产，所以它使用了多种冲压和焊接部件。

延迟式后坐力

MAS AAT 52 机枪和现代机枪的不同之处是它使用了一种延迟式后坐自动原理，它利用射击时子弹所产生的力量向后把闭锁装置推回到原来的位置，并且还能向供弹系统提供动力。这种系统在使用手枪子弹的冲锋枪中运行良好，但是，机枪使用步枪子弹时，如果想确保安全的话，就需要增添更多的装置。MAS AAT 52 机枪中使用了两段式枪机，枪机头与机体之间有一根闭锁杠杆。当闭锁杠杆按照设计开始后坐之后，机头才会随之向后移动。为了保证抛壳顺畅，减少卡壳的机率，弹膛在弹壳颈部位置刻有凹槽，使得气体能够进入弹膛与弹壳之间。MAS AAT 52 机枪抛出的空弹壳颈部都有压住的凸棱，非常容易辨识。

下图：法国 MAS AAT 52 机枪使用的是延迟式后坐力设置。弹膛内的凹槽可以降低抽壳所需力度。也许我们还会遇到口径为 7.62 毫米的 MAS AAT 52 机枪，这种型号的 MAS AAT 52 机枪被称为 AAT F1 机枪。MAS AAT 52 机枪使用两脚架和三脚架，装甲车上使用的 MAS AAT 52 机枪也带有各种支架。目前 MAS AAT 52 机枪已经停止生产

两脚架和三脚架

士兵使用 MAS AAT 52 机枪时，能够从两脚架和三脚架上射击，不过使用三脚架持续射击时，需要为其安装重型枪管。当作轻机枪使用时，MAS AAT 52 机枪相当笨拙，不利于携带，尤其是当它左侧装有一个可装 50 发弹链的弹药箱时。因为这个原因，这个弹药箱常被拆卸下来，子弹带向下随意悬挂起来。MAS AAT 52 机枪有一个独特的设计，作为轻机枪使用时，它的枪托下安装了独腿支架。由于枪管可以快速更换，这个设计因此显得有些尴尬——枪管可随时拆卸下来。不过由于 MAS AAT 52 机枪的枪管直接和两脚架固定在一起，因此在轻机枪状态下更换枪管非常麻烦。为了方便散热，MAS AAT 52 机枪的枪管完全裸露在外。

MAS AAT 52 机枪的最初设计是为了发射口径为 7.5 毫米的子弹。这种子弹最初是供 1929 型轻机枪的使用而研制的，它的威力相当大，不过随着北约国家纷纷换装 7.62 毫米北约标准步枪弹，没有跟随这一潮流的法国成了异类，MAS AAT 52 机枪因此出口数量较少。经过改进，可发射北约子弹的 MAS AAT 52 机枪被称为 AAT F1 机枪。法国陆军的一些部队装备了这种机枪，但这种机枪的出口情况并不理想。

从整体上看，MAS AAT 52 机枪相当不错。但其本身仍然存在一些缺点，使一部分人不愿意使用它。在一些人眼中，该枪存在着安全性差的痼疾。这种机枪虽然已经停止生产，但有些国家的军队仍在使用。

H&K 的机枪

德国轻武器设计和制造公司——H&K 的总部位于内卡河畔奥尔登多夫。目前被英国的 BAE 系统公司收购。它是世界上所有现代轻武器设计公司中非常成功的公司。它不仅成功地生产出系列突击步枪和冲锋枪，而且还生产出了种类繁多的空气冷却式机枪。

这样谈论 H&K 的产品未免过于简单。该公司的机枪基本上都是在该公司的 G3 突击步枪和相关突击步枪的基础上经过改进研制成功的。这些机枪均采用延迟后坐自动与滚柱枪机闭锁原理，而且有些轻机枪和使用重型枪管与两脚架的突击步枪几乎没什么差别。

更令人难以区别它们之间的差异的是：几乎该公司生产的每一种机枪的供弹系统都可以使用弹链和弹匣；它们的口径要么是 7.62 毫米，要么是 5.56 毫米；且使用 5.56 毫米子弹的型号中又有发射老式 M193 弹和新式 SS109 子弹的不同型号；使用弹匣供弹的型号都有一个特点，即可以使用标准的盒形弹匣（可装 20 发或 30 发子弹），容量为 80 发的双螺旋弹鼓。

基本型号

口径为 7.62 毫米的 HK-21A1 机枪就是基本型号中的一种。它是在最初的 HK-21 机枪的基础上改进而成的。HK-21 机枪于 1970 年投入生产，目前已停止生产。HK-21A1 只能使用弹链，使用两脚架时，可当作轻机枪使用；使用三脚架时，可当作中型机枪（持续射击）使用。这种机枪具有枪管更换能力，枪管过热时，可迅速更换。

到 21 世纪初时，只有希腊和葡萄牙根据生产许可证还在生产 HK-21A1 机枪。从 H&K 生产的系列武器中可以看到 G3 突击步枪的影子。HK-21 机枪就是 G3 突击步枪的改进型。HK-23E 机枪是在 HK-21 机枪的基础上的改进型，该枪的瞄准基线更长，有三发点射装置。它的枪管较长，供弹装置也进行了改进。另外，还有一种口径为 5.56 毫米的名为 HK-23E 的同类型机枪。

上面所提到的几种型号的机枪都使用弹链供弹。另外，还有多种弹匣供弹型号：和 HK-21A1 机枪对应的使用弹匣供弹的是 HK-11A1 机枪；同时和 HK-21E 和 HK-23E 机枪对应的使用弹匣供弹的是 HK-11E 和 HK-13E 机枪。HK-13 系列武器于 1972 年投入生产，其设计目的是弥补口径为 5.56 毫米的 HK-33 系列突击步枪的不足。和突击步枪一样，H&K 的系列机枪首先打开了东南亚市场。20 世纪 70 年代初，东南亚地区对各种体积小、重量轻、后坐力适当、使用 5.56 毫米子弹的机枪非常欢迎。当时 5.56 毫米子弹已经被各国普遍接受。

性能诸元

HK-21A1 机枪

口径：7.62 毫米
重量：8.3 千克（带两脚架）
枪长：1030 毫米
枪管长：450 毫米
枪口初速：800 米 / 秒
射速：900 发 / 分
供弹具：100 发弹链

上图：H&K 的 HK-11 机枪是 HK-21 机枪的弹匣供弹型号，口径为 7.62 毫米

上图：H&K 的 HK-13 机枪有多种型号。图中的弹匣供弹型插有 40 发弹匣

下图：H&K 的 HK-13E 机枪具备三发点射模式，也可使用全自动射击

上图：H&K 的 HK-21 机枪在德国已经停止生产，但有些国家仍在使用，如葡萄牙

上图：HK-21A1 机枪是早期 HK-21 机枪的改进型。该枪只能使用弹链，弹链可以被叠放在受弹器下方的弹链盒内

极大的灵活性

所有这些听起来可能会让人迷惑不解，但是从这些各种口径、各类子弹供弹系统、各类支架中可归纳出一个根本原因，就是H&K生产机枪的能力。该公司的武器几乎可以满足部队的所有战术需要。子弹带供弹的型号或许可以被看成通用型机枪，不过口径为 5.56 毫米的型号在持续射击时或许确实太轻了，而使用弹匣供弹的型号或许可以被视为真正的轻机枪。令人吃惊的是所有这些武器的零部件都具有兼容性，可以互换使用；并且通常情况下，它们的弹匣和同类的支援武器——突击步枪的弹匣也完全一样。

H&K 在 21 世纪初推出了 5.56 毫米的 MG 36 机枪。这种机枪使用了最先进的技术。枪全长 998 毫米，枪管长 480 毫米，带两脚架不带弹匣时重量为 3.57 千克。MG 36 机枪反映了现代突击步枪的设计特点：体积小，大量使用塑料部件，携带提把上有嵌入式瞄准设置，使用 30 发弹匣或双螺旋的“贝塔 -C”弹鼓（可装 100 发子弹）。

MG 3 机枪

MG 42 是第二次世界大战期间非常优秀的机枪。该枪摈弃了以往机枪长期采用的、大量运用耗时且昂贵的精密机加工硬质金属部件的设计，转而采用便宜的冲压和焊接零部件。这种优秀的设计很快引发了全球各国的普遍关注。

旧瓶装新酒

当联邦德国成为北约成员国后，立即获得了重新武装的权利。联邦德国开始生产一系列武器来装备新成立的武装部队。MG 42 机枪成为联邦德国优先考虑重新设计的武器之一。

最初的 MG 42 机枪的设计目的是发射第二次世界大战末期的德国的 7.92 毫米标准子弹。但是因为联邦德国使用的是更短的北约标准 7.62 毫米子弹，所以必须对 MG 42 重新设计才能适应 7.62 毫米子弹。开始时，联邦德国只是把库存的 MG 42 机枪进行简单改进，使之适应 7.62 毫米子弹。改进后的 MG 42 机枪被命名为 MG 2 机枪；与此同时，联邦德国莱茵金属公司制订了生产口径为 7.62 毫米的新式武器的计划。该公司生产出几种型号的机枪，最后都被命名为 MG 1 机枪。因为其目的只不过是适应 7.62 毫米子弹，所以改动较小。

现役型号

现役型号是 MG 3 机枪，仍然由莱茵金属公司制造。

从外观上看，第二次世界大战时的MG 42机枪和MG 3机枪除了有细小的差异外，基本上一模一样，外行人很难发现其中的差异。MG 1机枪和MG 3机枪之间则有很大差异。然而，从整体上看，MG 3机枪保留了最初型号的所有特征，它使用的多种支架都是在第二次世界大战时的原型枪的基础上进行调整或简单改进而成的。有一种三脚架和最初的三脚架完全一样，并且它使用的防空型连体支架仍然适用于MG 42机枪。目前的MG 3机枪有多种支架。

如上所述，MG 42机枪是为了大规模生产而设计的；同样，MG 3机枪也具有这一特征。这样一来，这种武器非常适合世界上许多工业欠发达的国家/地区制造。事实证明，对这些不发达国家来说，制造MG 3机枪之类的武器相对来说比较容易。有许多国家已经或正在试图获得它的生产许可证，如智利、巴基斯坦、西班牙和土耳其。应该注意的是，这些国家有的是仿制MG 1（而不是MG 3）机枪。南斯拉夫也生产过MG系列——直接仿制MG 42机枪，仍然使用7.92毫米的口径。这种机枪被命名为SARAC M1953。

广泛使用

北约成员国内使用MG 3机枪或同类型武器的国家有联邦德国和意大利，并且丹麦、挪威等国的军队也使用这种武器。葡萄牙不仅使用MG 3机枪，而且还将其出口到国外。如此一来，旧式MG 42机枪的生产国就不局限于联邦德国。和MG 3机枪相比，MG 42机枪并不逊色，任何试图对MG 42的最初设计的改进或提高显然都是毫无意义的。

上图：MG 3机枪的可靠性能和多种支架大大增强了这种武器在整体战术上的灵活性

上图：这支MG 3机枪安装在两脚架上。它由两名士兵操作，一人担任射手，另一人负责装弹。它使用的金属链子弹带可以装在带提把的弹链盒内

性能诸元

MG 3机枪

口径：7.62毫米

重量：10.5千克（枪），0.55千克（两脚架）

枪长：1225毫米

枪管长：531毫米

枪口初速：820米/秒

射速：700~1300发/分

弹匣：50发金属弹链

上图：联邦德国的MG 3机枪是第二次世界大战时期著名的MG 42机枪的现代改进型。目前是北约非常优秀的机枪。MG 3机枪的射速快，枪管可在极短的时间内更换，它既可以使用两脚架射击，也可以使用较重的三脚架持续射击，能够提供强大的支援火力

PK 机枪

苏联的轻武器设计中有一个非常显著的特点，就是把创新和保守两种完全相反的设计奇怪地混合在一起，似乎从苏联的每一代武器中都可发现这一特征。AK-47 突击步枪家族使用新奇的 7.62 毫米 ×39 毫米步枪弹给人留下了深刻印象。后来，苏联的机枪继续使用威力更大、带有底缘的 7.62 毫米 ×54 毫米步枪弹。当初的莫辛 - 纳甘系列步枪使用这种弹药是为了便于抽壳，而 PK 通用型机枪也使用了这种步枪弹。

PK 机枪家族有几大成员。PK 为基本型号，它使用重型枪管，枪管外部刻有凹槽。PK 机枪于 1964 年首度公开亮相，随后 PKM 机枪登上了历史舞台，与 PK 机枪相比，PKM 机枪更轻，结构更简单。PKS 机枪是 PK 机枪的地面防空型号，装在三脚架上。PKT 机枪是装甲车内使用的 PK 机枪；PKM 机枪则是带有两脚架的 PK 型号。当 PKM 机枪安装在三脚架上使用时，就变成了 PKMS 机枪。PKB 机枪则将常规的枪托和扳机替换为了铲形握把和蝴蝶状下压式扳机。

PK 机枪几乎能够适应所有环境，便于所有类型的人员使用。对苏联红军来说，它是真正的多用途武器，既可以作为步兵火力支援武器，又可以使用特殊支架在装甲车内使用。

PK 机枪基于卡拉什尼科夫回转枪机闭锁原理，采用与卡拉什尼科夫步枪相同的自动原理。PK 机枪内部使用的部件出奇的少，机匣内仅包括枪机、活塞、几片弹簧以及和子弹供弹系统相关的几个部件，所以 PK 机枪很少会出现部件断裂或阻塞事故。当作轻机枪使用时，该枪的弹链盒安装于机匣下方；安装在三脚架上射击时，该枪可以使用不同长度的弹链；为了减少磨损和帮助散热，PK 机枪的枪管进行了镀铬处理，但是作为重机枪使用时，它必须定期更换枪管。

上图：安装在三脚架上持续性射击时，PKM 机枪就变成了 PKMS 机枪。枪管下面的两脚架可以向后折叠

PKM 机枪的最新改进型被称为 PKP “佩彻涅格人”。这种机枪和 PKM 机枪的 80% 的零部件相同，但它使用的是新式固定枪管。枪管安装了被动式通风系统，射速高达 1000 发 / 分；在进行 40/50 发点射时，其循环射速为 600 发 / 分。

在种类繁多的现代机枪中，PK 系列机枪当仁不让地占有一席之地。不仅苏联和华约组织以及它们的继承者使用，而且还大量出口到许多国家。

性能诸元

PK 机枪

口径：7.62 毫米

重量：9 千克（枪未装弹），
7.5 千克（三脚架），
2.44 千克（可装 100 发子弹的子弹带）

枪长：1160 毫米

枪管长：658 毫米

枪口初速：825 米 / 秒

射速：690 ~ 720 发 / 分

弹匣：可装 100 发、200 发或 250 发金属弹链

上图：图中为苏联的 PK 系列 7.62 毫米机枪中的 PKM 轻机枪。这种机枪设计简单，结实耐用，枪内活动部件极少。华约组织和世界其他国家曾大量使用该型枪

RPK 机枪

下图：苏联的 RPK 机枪是华约组织标准的火力支援武器。它使用的是固定式枪管，不可更换，也没有持续射击能力。它可能会被人视为 AKM 突击步枪的改进型。它和 RPK 机枪一样，都使用 7.62 毫米子弹

性能诸元

RPK 机枪

口径：7.62 毫米

重量：5 千克（枪），
2.1 千克（75 发子弹鼓式弹匣）

枪长：1035 毫米

枪管长：591 毫米

枪口初速：732 米 / 秒

射速：660 发 / 分

供弹具：75 发弹鼓，或 30 或 40 发弹匣

在装备性能优异的 PK 系列通用机枪的同时，苏军还列装了作为班组支援火力的 RPK 型 7.62 毫米轻机枪。RPK 机枪于 1966 年首度亮相，当时有许多军事观察员认为该枪其实就是 AKM 突击步枪的加长版。实际上，该枪除了换用加长重枪管以及加装轻型两脚架之外，其他方面的确与 AKM 突击步枪差别不大。

RPK 机枪与 AKM 突击步枪之间有许多共同点：均发射相同的 7.62 毫米 ×39 毫米中间威力枪弹，且大量零部件可以互换。二者的操作与维护保养也几乎完全一致，射手可以同时掌握两种枪的使用方式。RPK 机枪使用专用的 75 发弹鼓，不过也可以使用 AKM 突击步枪的弹匣。不过，RPK 机枪没有安装刺刀卡榫。

固定式枪管

虽然被设计成轻机枪，但令人惊讶的是 RPK 机枪并不具备在过热时更换枪管的功能。为了保证枪管不会过热，机枪手们在接受训练时需要养成在一分钟内最多仅用 RPK 机枪进行 80 发点射的习惯。虽然这一射速在大多数战场环境下已经够用，但在紧急情况下可能会成为弱点。RPK 机枪除了采用前文提到的 75 发弹鼓外，也可安装弧形弹匣（容量为 30 发或 40 发），此外该枪还能安装红外夜视瞄准镜。

从 20 世纪 70 年代起，苏联红军逐步将其主力步枪弹从 7.62 毫米 ×39 毫米转换为 5.45 毫米 ×39 毫米型，并换装基于 AKM 突击步枪研制的 AK-74 步枪。RPK 机枪也为适配新型步枪弹进行改进，作为改进成果的 RPK-74 缩小了某些部件的尺寸以适应新型小口径步枪弹，不过外形依然与 RPK 机枪非常相似。

流行武器——RPK机枪

苏联和华约组织的许多成员国都使用 RPK 机枪。民主德国显然也生产过这种武器，并且前苏联加盟共和国仍在生产这种武器。这种武器被运送到许多同情苏联的国家，不用说，它们肯定会落入许多各类游戏队的手中。在 20 世纪 70 年代和 80 年代黎巴嫩内战期间，人们就看到过 RPK 机枪，并且在安哥拉和葡萄牙之间的战争以及随后发生的安哥拉内战中，这种武器也曾大量使用。尽管它的射速有限，但在未来许多年内，无疑许多国家还会使用这种武器。虽然有的国家还在生产 RPK-74 机枪，但是，俄罗斯及其盟友仍然保留了大量 RPK 机枪。

苏制大口径机枪

KPV 机枪（Крупнокалиберный Пулемёт Владимирова，КПВ，即“弗拉迪米洛夫大口径机枪”的缩写）是世界上大量装备的机枪中威力最强大的型号。该枪于 1944 年研制成功，发射苏制 14.5 毫米 ×115 毫米大口径机枪弹，该枪可发射穿甲燃烧弹和高爆燃烧曳光弹，其枪口动能是 12.7 毫米机枪的两倍。

KPV 机枪从 20 世纪 40 年代后期开始列装苏军部队，通常安装在轮式枪架上，由轻型车辆牵引。

右图：苏军装甲车辆上普遍安装有机枪作为辅助武器，车顶机枪不仅可以用于防空，也能用于自卫。图中是口径为 12.7 毫米的 DShK-38/46 机枪

下图：这是一支 NSV 重型机枪［译者注：NSV 的名称源于三位苏联设计师的姓氏首字母缩写：尼基京（G.I. Nikitin）、萨科连科（J.S. Sokolnikov）、伏尔科夫（V.I. Volkov）］。该枪被安装在 6T7 型三脚架上，配有肩托和瞄准镜。在平射时，能够提供毁灭性火力，既可以打击步兵，也可以打击车辆

该枪的标准枪架型号为 ZPU-1/2/4，分别对应单管、双管和 4 管型号。KPV 机枪枪身重 49.1 千克，安装到 ZPU-1 枪架后的全重则达到 161.5 千克。KPV 机枪采用空气冷却，镀铬枪管，枪管短后坐自动原理。该枪采用旋转式枪机，弹链可以从左右两侧输入，单组弹链长度为 40 发，机枪循环射速可达 600 发 / 分，枪口初速高达 1000 米 / 秒。KPV 机枪身全长 2006 毫米，可更换的枪管则长 1346 毫米。

苏军随后又装备了 12.7 毫米的 NSV 重机枪，用于替换性能存在不足的 DShK 重机枪。NSV 重机枪以该枪的设计师尼克金、沙科洛夫和伏尔科夫 3 人名字的首字母拼成。该枪采用气冷枪管，弹链供弹，发射的机枪弹能在 500 米距离上击穿 16 毫米装甲。NSV 重机枪采用导气式自动原理和为了保证击发装置能够顺利运行，该枪的机匣内安装了后坐力缓冲器。标准的 NSV 重机枪可安装可放大 3 ~ 6 倍的 SPP 望远镜。车载机枪 NSV 重机枪被称为 NSVT 机枪。

21 世纪初，NSV 重机枪将被同样口径、重 25.5 千克的科尔德机枪取代。科尔德机枪也采用导气式自动原理，枪管镀铬，但采用了不同的闭锁原理。据说这种机枪比 NSV 重机枪更精确，尤其是安装了可选装的瞄准镜或夜视仪之后。目前尚无科尔德机枪长度的数据。它安装在三脚架上和使用子弹带（50 发子弹）时，重量可达 41.5 千克；这种武器的其他数据是，枪口初速 820 ~ 860 米 / 秒，射速为 650 ~ 750 发 / 分。

上图：安装在牵引式 4 轮车架上，ZPU-4 机枪能发射密集的火力，可以当作轻型防空武器使用。该枪的枪架上安装了简单的对空瞄准装置，但未采用动力操控

性能诸元

NSV 重机枪

口径：12.7 毫米

重量：25 千克（枪），41 千克（枪，三脚架和 50 发子弹的子弹带）

枪长：1560 毫米

枪管长：不详

枪口初速：845 米 / 秒

射速：700 ~ 800 发 / 分

供弹具：50 发金属弹链

IMI 内格夫机枪

上图：标准的内格夫轻机枪安装了两脚架，使用可散式金属弹链

以色列军事工业集团（IMI）研制的内格夫机枪是以色列国防军标准的轻型自动武器之一，它和比利时同级别的武器——FN 米尼米轻机枪非常相似。相似程度并不仅限于它们的外观，以色列和比利时的机枪在性能、精度、可靠程度和重量等方面都有着惊人的相似之处。

性能诸元

IMI 内格夫机枪

口径：5.56 毫米

重量：7.6 千克（带两脚架，但不装子弹）

枪长：1020 毫米（枪托伸展后），
780 毫米（枪托折叠后）

枪管长：460 毫米

枪口初速：不详

射速：700～850 发或 850～1000 发 / 分

供弹具：150 发金属弹链，或者 M16 或加利尔突击步枪的弹匣

替代性武器

恰恰像 FN 米尼米轻机枪在许多国家的军队中部分取代了 FN MAG 机枪一样，以色列也计划用内格夫机枪部分取代以色列的 MAG 58 机枪。内格夫机枪不仅可以作为步兵携带的武器使用，还可以安装在装甲车和直升机上使用。另外，以色列还计划用内格夫机枪取代 FN 米尼米轻机枪、缴获的苏制 PK 和 RPD 机枪。以色列军队的 FN 米尼米轻机枪并不多，而且以色列士兵也不太喜欢这种武器。

内格夫机枪采用导气式原理，运用现代设计理念和加工方式。该枪有两种型号：标准型和突击队型。突击队型更短更轻：枪托展开后全长 890 毫米，折叠时长 680 毫米；枪管长 330 毫米，全枪重 6.95 千克。

突击队型内格夫机枪没有安装标准型的导轨转接器，因此无法安装 ITL AIM1/D 激光指示器。突击队型通常安装有突击前握把，而并未安装两脚架。标准型和突击队型都采用软质弹药袋盛放 150 发弹链。此外，内格夫机枪还能直接使用步枪弹匣。

CIS“无敌 100”（Ultimax 100）轻机枪

新加坡是一个小国家，在 21 世纪初，它却逐渐成为国际武器市场上的重要一员。该国的武器生产几乎是从一穷二白的基础上发展起来的。在短短的时间内，新加坡建立起了自己的国防制造工业体系，特别是生产出了“无敌 100”轻机枪（或 3U-100，简称“无敌 100”），它在众多武器中尤为引人注目。

要想知道“无敌 100”的来历，还得从 1978 年说起。为了奠定未来新加坡武器生产的基础，新成立的新加坡特许工业公司（已更名为 ST 动能公司）获得美国 AR-18 和 M16A1 5.56 毫米步枪的生产许可证后，开始生产这两种武器。后来，该公司决定走自己的路，设计自己的武器。“无敌 100”就是在这样的背景下研制出来的。在克服早期研制中出现的问题后，“无敌 100”目前已成为众多机枪中的佼佼者。

弹药

“无敌 100”使用口径为 5.56 毫米的 M193 子弹，并且改进后也可以发射新式的 SS109 子弹，该枪的设计尤其轻巧。该公司非常清楚，它出产的这种机枪必须适合身材相对矮小的亚洲人使用。

出于这方面的考虑，该公司生产的“无敌 100”操作时和突击步枪非常类似。为了把后坐力减小到最小程度，该公司费尽心机，甚至采用了均衡后坐原理，采用恒定后坐原理的机枪，枪机并不会在机匣后挡板处直接停止后坐，而是借助一套弹簧系统，将后坐力均匀分摊在后坐过程中传递，从而实现后坐力的恒定，这就使得武器非常容易操控。在抵肩射击时，“无敌 100”的操作非常舒适。

和突击步枪的近似之处还有它的供弹系统。“无敌 100”采用安装于机匣下方的 100 发弹鼓。弹鼓通常会被机枪手装在专用的携行具中。为了便于在行进间射击，该枪安装有突击前握把；为了便于携行，该枪的枪托也可拆卸。“无敌 100”安装有可折叠式两脚架，并具备快速更换枪管的能力。如果需要，该枪还能兼容 M16A1 步枪的 30 发弹匣。

“无敌 100”轻机枪还有各类附件，其中最独特的当数其消音器，使用这种消音器时需要安装专用枪管。此外，“无敌 100”还有一种专用的双联枪架，两挺机枪以弹鼓朝向两侧的姿态并联在一起射击。该枪还罕见地可以安装刺刀。“无敌 100”的枪口留有枪榴弹发射装置，无需特别准备便可发射枪榴弹。

“无敌 100”的最新改进型为两种：采用固定式枪管的“无敌 100”Mk 2 机枪和可以快速更换枪管的“无敌 100”Mk 3 机枪，未来还会出现更多子型号。“无敌 100”的前景一片光明：新加坡国防军已经装备该型机枪，其他国家也对该枪表现出了极大兴趣。在目前的众多轻机枪中，该枪是最便携且性能最具吸引力的。

左图：“无敌 100”Mk 3 轻机枪是一种非常理想的轻武器。它体积小，重量轻，易于操作和携带，适合大多数东南亚国家的军队使用。在克服早期研制中出现的问题后，新加坡已经全面投产这种武器

性能诸元

“无敌 100”轻机枪

口径：5.56 毫米

重量：6.5 千克（含 100 发子弹的鼓式弹匣）

枪长：1030 毫米

枪管长：508 毫米

枪口初速：990 米 / 秒

射速：400 ~ 600 发 / 分

供弹具：100 发弹鼓，或 20 发与 30 发弹匣

圣芭芭拉（赛特迈）阿梅利轻机枪

尽管看上去赛特迈公司的阿梅利机枪和第二次世界大战期间的 MG 42 机枪及其现代型 MG 3 机枪在外观上惊人地相似，但它确实属于一种全新的武器。该枪采用了和 H&K 的突击步枪和机枪（以及赛迈特 L 型突击步枪）完全一致的滚柱延迟后坐自动原理枪机。目前赛特迈公司由美国通用动力的子公司圣芭芭拉军工控股。阿梅利机枪和 L 型突击步枪有着密切的血缘关系，这两种武器的零部件具有一定的兼容性，可以互换使用。

快速更换的枪管

阿梅利机枪采用开膛待击模式，为了避免在长时间射击时遭遇枪管过热，该枪的枪管可以快速更换。在持续射击时，枪管过热是一个比较重要的问题。它具有较好的战术通用性能，使用两脚架时，可作为轻机枪使用；使用三脚架时，可以当作重型机枪使用，以提供强大的持续火力。阿梅利机枪使用北约的 5.56 毫米标准子弹，供弹系统为子弹带送弹。弹链长 100 或 200 发，装载可拆卸的弹药盒内。它有两种射速可供选择：作为重型枪机时，其射速在 850 ~ 900 发 / 分之间；作为轻型枪机时，其射速增加到 1200 发 / 分左右。

毫无疑问，阿梅利机枪是目前所有 5.56 毫米轻 / 重型机枪中最优秀的一种。它的作战效果极为显著，因此成为恐怖分子和游击队最喜爱的武器。从政治角度讲，这的确令人痛心，其中的原因是阿梅利机枪可以拆卸成相对较小的几部分，装在手提箱之类的箱子内就可以自由携带。恐怖分子极有可能把这种武器携带到平民生活区或工作区周围。也正是出于这个原因，许多国家一直禁止进口这种武器。

左图：阿梅利轻机枪的效果显著，既可以当作轻机枪使用，也可以当作重型机枪使用，能够提供强大的持续性火力。它的子弹带可以装在枪身左侧的分离式塑料盒内

性能诸元

阿梅利轻机枪

口径：5.56 毫米
重量：5.3 千克（未装弹）
枪长：900 毫米
枪管长：400 毫米
枪口初速：不详
射速：850 ~ 900 发 / 分（重型枪机），
1200 发 / 分（轻型枪机）
供弹具：100 发或 200 发金属弹链

西格（SIG）710-3 机枪

上图：西格 710-3 型 7.62 毫米通用机枪是在第二次世界大战期间德国研制的 MG 42 机枪的基础上改进而成的，按道理，它应该成为世界上非常优秀的机枪，但结果是刚生产不久就停止了生产

7.62 毫米西格 710-3 机枪在开始设计时就显示出了名枪的风范。它的整体设计、结构和性能非常完美，预示着它一旦问世，必将成为枪中翘楚。但是，事实上，这一切都没有发生。这种本来极有前途的机枪已经停止生产，并且只能在诸如玻利维亚、文莱和智利之类的国家才能发现这种武器。

性能诸元

瑞士工业集团的西格 710-3 机枪

口径：7.62 毫米

重量：9.25 千克（枪），2.5 千克（重型枪管），2.04 千克（轻型枪管）

枪长：1143 毫米

枪管长：559 毫米

枪口初速：790 米 / 秒

射速：800～950 发 / 分

供弹具：弹链

极为精密的武器

之所以出现这种奇怪的事情，还得从头说起。瑞士无论设计什么武器，总是坚持至精至美的原则。但在国际市场上，人们情愿出高价购买瑞士的手表，却未必愿意出高价购买瑞士生产的机枪，尤其是当这类武器可以用简单的加工工具和金属冲压制品制造时，更是如此。

西格 710-3 机枪是西格 710 系列机枪的第 3 个型号，西格 710-1 机枪在第二次世界大战结束后不久投产，该枪基本可以视作 57 型突击步枪的机枪型号，运用了赛特迈公司和 H&K 的突击步枪采用的滚柱闭锁枪机。西格 710 机枪运用了延迟反吹自动原理，同时在弹膛上刻槽以避免空弹壳抽壳困难。西格 710-1 机枪由于订单有限而几乎完全是手工制造的，工艺极为精良。西格 710-3 机枪由于产量增加而运用了部分金属冲压部件。

瑞士在机枪设计方面深受德国的 MG 42 机枪的影响。在第二次世界大战结束后的几年时间里，瑞士根据 MG 42 的设计生产出了几种类型的机枪。瑞士工业集团的西格 710-3 机枪的扳机和 MG 42 机枪的扳机设计完全一样，它们的供弹系统也完全相同。这种机枪的效率相当高，以至于可以毫不费力地使用美国和德国的子弹。它的闭锁装置和 StG 45 机枪完全相同。由于德国在 1945 年 5 月战败投降，所以 StG 45 机枪未能装备部队。

然而，瑞士工业集团的西格 710-3 机枪确实使用了瑞士自己的设计，这不限于快速更换枪管的设计。另外，瑞士还研制了供这种武器使用的多种附件，包括当作重型机枪持续射击时使用的三脚架（带缓冲器）。该枪还配备有潜望瞄准镜和望远瞄准镜等专用附件。有了这些装置，在世界各种类型的机枪中，西格 710-3 机枪应该称得上是当时最先进的机枪。然而，该型机枪却没有获得出色的市场反响。由于这种机枪的研制和生产费用太高（另外，瑞士政府对轻武器的出口有严格的限制），最终导致这种机枪早早停止了生产。

维克多 SS77 型 7.62 毫米通用机枪

南非的7.62毫米（0.3英寸）维克多SS77（L9）通用机枪的发展开始于1977年，1986年开始服役，这个时间跨度是因为其他国防设备的优先级更为迫切而中断了维克多SS77通用机枪（简称SS77）的研发。

武器的名字SS来自其设计者——史密斯（Smith）和舍赖吉（Soregi）。该枪采用常见的导气式自动原理，枪管可快速更换，装备两脚架和可折叠枪托，其中枪托自最初的型号出现以来经历了多次改进和加强。从设计上看，SS77融合了众多其他自动武器的设计特征，尤其是英国布伦轻机枪和苏制RGM戈留诺夫重机枪。

发射原理

SS77采用100发或200发容量的钢制弹链。将枪机的尾部向翼侧拨到机匣的一个凹槽中即可锁定枪机，从而在射击时实现牢固闭锁。射击完成后，枪管下方的一个气体活塞驱动枪栓连动座向后移动。SS77的气体调节系统使得枪支的维护相对简单。枪机框内的柱状击铁与长方形枪机上的一个凸轮相接触，击铁的摆动使得枪机从闭锁槽中脱离，然后向下前方抽取和抛出空弹壳。枪机框后端顶部的一根拨杆与机匣上方的受弹器拨弹杆连接。形状特殊的拨弹杆围绕一个支点转动，前端的抱弹爪每次抓住下一颗子弹的一半部分向前移动，进入装填位置。在复进过程中，拨弹杆推动子弹走完剩余距离，枪机将子弹推入弹膛，枪机停止移动后，枪机框继续移动，与枪机凸轮接触的击铁带动枪机后部进入闭锁槽。然后击铁推动击针击发子弹。

拨开固定销后可以迅速地拆卸枪管，然后旋转枪管以使其隔断螺纹与机匣脱离。枪管本身的外表面刻有凹槽，它既能减轻重量，又能提高冷却性

上图：气动式SS77使用横向摆动的枪栓，它锁定在机匣侧面的一个凹槽中，这种方式是受到了苏联戈留诺夫系统的影响

下图：图中展示的是全尺寸的南非SS77机枪——未改装的7.62毫米口径通用机枪。该武器也能改装成更轻型的版本，即维克多“迷你”SS

上图：SS77 在设计时主要考虑到了南非境内多灌木的自然环境，它曾位列世界上最好的机枪。该武器在封闭环境中也可以安全射击，如战斗车辆内部或碉堡内部，因为它在废弃口附近安装了一个可调节的气体调节器，从而尽量减少气体外溢

能。如果有必要，能够快速拆卸的可折叠式枪托可以拆下，并换成 D 形握把或遥控装备。除了自带的可折叠式两脚架，该武器还适用多种其他支架。其中包括一种三脚架底座，它可以让 SS77 真正成为一款多用途机枪，还有一种车载底座，如卡车驾驶室顶部可灵活并排安装两挺 SS77 机枪。

牢固的结构

SS77 采用了最好的原材料，制造过程精细，事实证明它的可靠性和牢固性都非常高，即使在南非恶劣的环境下也能正常使用。它能发射上万发子弹而不产生任何问题，仅偶尔需要更换枪管。除了三脚架之外，该枪还装有携行提把。

SS77 先后装备南非国防军和科威特军队。人们通常认为它是有史以来最好的机枪。

SS77 的一个非同寻常的特征是，借助一组套件，该 7.62 毫米口径机枪可改装为维克多迷你 SS 5.56 毫米（0.219 英寸）轻机枪。套件包括一个新型的更轻的枪管、受弹器盖、弹膛、改进的枪机和新的导气活塞。改进的武器发射 5.56 毫米 ×45 毫米子弹，采用 100 发弹链。由此而产生的 5.56 毫米武器重量有所降低，不装弹时重量为 8.26 千克（18.2 磅）。SS77 通用机枪被改装成 5.56 毫米口径武器后，基本不会再改回重型版本，尤其是在需要携带机枪长距离行军的部队中。也有部分维克多迷你 SS 5.56 毫米轻机枪是丹尼尔公司完全新生产的产品。

性能诸元

维克多 SS77 型 7.62 毫米通用机枪

口径：7.62 毫米

重量：9.6 千克（未装弹），2.5 千克（枪管重）

枪长：1155 毫米（枪托伸展后），940 毫米（枪托折叠后）

枪管长：550 毫米（不安装消焰器）

枪口初速：840 米 / 秒（大约）

射速：600 ~ 900 发 / 分

弹匣：可散式或不可散式金属弹链

左图：SS77 机枪是由南非最大的军火商——丹尼尔公司制造的。该武器还曾出口到了科威特

ST 动能公司 50MG 型重机枪

上图：50MG 型重机枪不仅可以用于地面上，也能安装在车辆上，还能安装在舰艇上，图中该枪就安装在军舰的枢轴枪架上

考虑到有必要填补 7.62 毫米（0.3 英寸）机枪和 20 毫米机关炮之间的空白，新加坡特许工业公司（ST 动能公司）于 1983 年开始设计一款新型的 12.7 毫米（0.5 英寸）口径机枪。他们的目标是设计出比勃朗宁 M2HB 更简单更轻型的武器，以此改善可携带性和简化野外维护。另一个主要目标是发射本国制造的轻型脱壳穿甲弹（saboted light armour penetrator：SLAP）。

ST 动能公司的设计非常简单，采用模块化制造工艺，从而使其组装和维修非常便捷。因此，整个武器仅包含 210 个部件，构成 5 个基本组件，具体如下：

1. 压制钢机匣，前端包括两个管道，分别安装活塞和反冲连杆。

2. 进弹系统位于机匣顶部，并使用独立的链轮齿。这种设计是为了方便标准的 M15A2 型弹链从左右任意一侧供弹。

3. 扳机模块包括扳机和击锤阻铁，外加一个安全锁。扳机模块有两个版本，"半自动"版本包括半自动和全自动射击模式，"自动"版本仅有全自动射击模式。

4. 枪管的更换可在数秒之内完成，没有任何壳头间隙的问题。与勃朗宁 M2HB 不同，该武器拥有固定的壳头间隙。气体调节器共有两种模式，分别用于正常环境和恶劣环境。

5. 枪机框模块包括一对活塞和连接在枪栓主体上的反冲连杆，连杆由两个快速释放的挂钩控制。枪栓和枪栓连动座之间的一个枪机锁装置保证枪支不会在非待发状态下发射。

性能诸元

50MG 型重机枪

口径：12.7 毫米

重量：30 千克（空枪）
9 千克（枪管全重）

枪长：1778 毫米

枪管长：1143 毫米

枪口初速：887 米 / 秒（M8 机枪弹），1185 米 / 秒（脱壳穿甲弹）

最大射程：M8 机枪弹 6800 米，SLAP 弹 7600 米，有效射程 1830 米

供弹具：M15A2 可散式弹链

导气式自动原理

50MG 型重机枪采用导气式自动原理，开膛待击。枪机框在待发时位于受弹器后方，与击针阻铁相连。按下扳机后就会释放枪机框，随着枪机向前运动，弹链上的子弹会被拨进弹槽中。在子弹上膛后，在枪机框向前运动的同时，枪机会旋转，通过枪机上的凸轮实现闭锁。枪机框组件向前运动的动

能驱动击针向前运动，撞击底火击发。

在开火后，推进剂产生的火药燃气会被部分导入导气活塞内，枪机框被导气活塞向后推，从而导致枪机旋转、开锁并抽出弹膛内的空弹壳。枪机框继续后坐，空弹壳从位于机匣底部的抛壳口中弹出。在复进簧完全压实后，枪机框会开始复进，如果射手持续按压扳机，该枪会如此循环，实现自动射击。而如果其松开扳机，枪机框会被阻铁挡住。在弹链耗尽后，枪机框会停留在前方闭锁位置。

上图：50MG 型 12.7 毫米机枪可以在左右两侧供弹方式间切换，射手可以灵活选择。枪架左右两侧都可以布置弹链箱支架

50MG 型重机枪可以被安装在三脚架、枢轴枪架和环形枪架上，也可以安装在40/50“穹顶”遥控武器站上。士兵们可以选配的附件包括镀铬枪管、三脚架转接器、M3 型三脚架、枢轴枪架、弹药箱支架、空包弹适配器和光学瞄准镜安装支架。

L4 布伦机枪

将古老的布伦轻机枪划入现代轻机枪或许听上去令人感到吃惊，尤其是考虑到这款轻机枪的设计可以追溯至 20 世纪 30 年代的话。布伦轻机枪最初采用当时英国制式的 0.303 口径（7.7 毫米）有缘步枪弹，不过随着 20 世纪 50 年代北约决定换装新的北约标准 7.62 毫米（0.3 英寸）步枪弹，库存着大量布伦轻机枪的英军开始考虑通过直接改装这些已经老旧却依然堪用的机枪，从而节省大量经费。随后英军立刻责成位于米德赛克斯恩菲尔德－洛克皇家轻武器厂着手改进布伦机枪。

简单的改进

转换为新的口径需要对布伦机枪进行全面检修。不过省事儿的是，第二次世界大战期间，加拿大有家公司生产了大量的 7.92 毫米布伦机枪。这种机枪使用的是无缘式子弹。英国人发现这种布伦机枪的枪机非常适合口径 7.62 毫米的新式子弹。除了更换新枪机之外，改装后的布伦轻机枪还使用新式的镀铬枪管，此举不仅可以减少枪管磨损，也能减少更换枪管的次数。第二次世界大战期间的布伦轻机枪往往需要频繁更换枪管，但改进后的布伦轻机枪仅配发了一根备份枪管。

在被 L7 机枪（比利时 FN MAG 机枪的英国生产型）取代前，英军装备的最后一款布伦机枪是 L4A4 型。L4A4 机枪改进自布伦 Mk 3 机枪，不过没有装备一线步兵部队，而是装备到其他需要机枪的军种，如英国皇家炮兵用 L4A4 机枪作为防空和掩护炮兵阵地的机枪；皇家通信兵用该枪警戒通信阵地；英军国土防卫部队等部队也配发该枪。英国皇家空军还装备过 L4A4 机枪。

另有一种被称为 L4A5 的型号，改装自布伦 Mk 2，主要由皇家海军使用。每支该型枪配发的是两支全钢枪管，而非一支镀铬枪管。

性能诸元

L4A4 机枪

口径：7.62 毫米
重量：9.53 千克（未装弹）
枪长：1133 毫米
枪管长：536 毫米
初速：823 米／秒
射速：500 发／分
供弹具：30 发弹匣

上图：提起第二次世界大战时期的布伦机枪，人们对它的敬意会油然而生。最新式的布伦机枪是 L4A4。它使用北约的 7.62 毫米子弹。它使用了新式枪管、枪机和可装 30 发子弹的直弹匣。目前 L4A4 机枪已经退出了英国军队

上图：虽然在第二次世界大战期间，布伦轻机枪被大量用作轻型防空武器，且在某些情况下还算有效。虽然在后来的改进中布伦机枪依然通用，但已经无力迎击快速的攻击机和直升机

上图：尽管 L4 系列机枪已经被一线部队淘汰，但许多二线部队仍在大量使用。二线部队中的管理人员和专业技术人员一般不会直接参加战斗

其他次要类型

还有一种被命名为 L4A3 的机枪，由于是老式布伦 Mk 2 机枪的改进型，所以生产数量极少，非常少见。另外，很少遇到的型号有 L4A1（最初型号 X10E1）机枪。它是标准的布伦 Mk 3 机枪（有两个钢制枪管）的改进型，主要是为研制 L4 系列而生产的。L4A2（又称 X10E2）机枪是标准的布伦 Mk 3（配发两根钢制枪管和一个两脚架）的改进型。L4A6 机枪是 L4A1（枪管镀铬）的改进型。L4A7 机枪主要是为了满足印度陆军的需要而研制的，并且仅到绘制出图纸的阶段就停止了。印度希望在对标准的布伦 Mk 1 机枪（枪管镀铬）改进的基础上生产出更先进的机枪。

L4 系列机枪虽然更换了口径，但沿用了 7.7 毫米布伦轻机枪的导气式自动机构设计。有一点值得注意，L4 系列 7.62 毫米机枪使用的是直弹匣，而 7.7 毫米布伦机枪使用的是弧形弹匣。L4 系列机枪没有使用老式布伦系列机枪标志性的喇叭形枪口帽。

L4A4 机枪作为防空机枪使用时配备有堪称复杂的防空瞄准装置。L4A4 机枪不能像 7.7 毫米布伦机枪一样安装在三脚架上，不过可以安装在自行火炮以及其他装甲车辆的车顶舱门上。

在完成改造后，布伦机枪以新的面貌继续服役，且在可以预见的未来仍不会彻底退出现役。仍有多个英联邦成员国在使用布伦轻机枪，有的甚至还在使用发射 7.62 毫米（0.303 英寸）弹药的型号。虽然设计已经老旧，但 L4A4 机枪老当益壮，在许多性能上仍不逊于更加现代化的设计。

L86 型轻机枪

许多年来，英国陆军一直把安装两脚架的英国 FN MAG-L7A2 机枪作为制式轻机枪。L7A2 机枪相当优秀，但步兵携带时略显笨重。作为支援武器，目前人们普遍认为它使用的子弹威力太大。随着恩菲尔德武器系统的出现（又称轻型武器 80，或 SA80 和 L85），L7A2 机枪作为支援武器的日子快要结束了，它将被一种新式武器取代。这种武器在研制阶段被称为 XL 73E2 轻型支援武器（LSW）。在换装 L86 型轻机枪后英国决定保留军队中的 L7A2 机枪，将其作为可提供持续支援火力的重型机枪使用，而且一用就是许多年。

英军以 L86A1 "轻型支援武器"（LSW）这一正式型号装备该枪。它综合了恩菲尔德武器系统和 L85A1 标准突击步枪的特点。由于采用通用的基本设计，所以这两种武器有许多共同之处，并且很容易辨认出来。轻型支援武器的枪管较重，该枪的轻型两脚架设置在靠近枪口的位置，布置在钢制支架上；此外该枪还在枪托下方安装有后握把以改善射手的据枪稳定性。

"枪托"一词可能会引起人们的误会，因为 L86 型轻机枪采用无托设计。LSW 的扳机组件位于弹匣前面。与常规布局的轻机枪相比，无托布局使得 LSW 更加短小精悍。LSW 大量使用了钢制部件，不过前护木和布置有扳机的手枪式握把都由硬质尼龙塑料制成。LSW 和 SA 80 的弹匣实现了通用——M16A1 使用的标准盒形弹匣，可装 30 发子弹。

口径变化

LSW 的口径和配用弹药进行了多番调整。最初它的口径是根据英国实验的 4.85 毫米子弹设计的，但是在选中美国的 M193 5.56 毫米子弹后，4.85 毫米的子弹就被淘汰了。而选中北约标准的 SS109 5.56 毫米子弹后，M193 子弹也遭遇了同样的命运。首批量产型 LSW 配用 SS109 步枪弹，该枪与 SA80 同样配备 SUSAT 光学瞄准镜。安装在机匣上方的镜座上，该瞄准镜也能被替换为夜视瞄准镜。

性能诸元

L86A1 型轻机枪

口径：5.56 毫米
重量：6.88 千克（装弹后）
枪长：900 毫米
枪管长：646 毫米
枪口初速：970 米 / 秒
射速：700 ~ 850 发 / 分
供弹具：30 发弧形弹匣

下图：当 L1A1 步枪被 5.56 毫米的 L85 步枪取代时，英国陆军使用了同样口径的支援武器取代了 L7 通用型机枪。不过 L7 通用机枪最终被作为重机枪保留了下来

计划中的枪械附件

LSW在1985年以L86A1的型号投产服役时，研究人员就开始为该枪规划多种附加装置。用于发射低威力弹药的教练用适配器，同时还配备有空包弹适配器。此外，该枪还配备有一根多用途工具用于分解和简易维修，这个工具还能被安装到枪身上作为携行把手。该枪的枪口装置的布局可以发射枪榴弹，不过LSW在规划中并不打算被频繁用于发射枪榴弹。

LSW的研制历程可谓命途多舛，且因为北约标准步枪弹的更换和其他诸多考量而多次反复。到交付部队时，LSW本应成为一款没有严重缺陷的优秀武器，但事与愿违，该枪遇到了和L85A1步枪相同的严重问题。

上图：图中前方的士兵手持的就是当时尚在研制中的4.85毫米型轻型支援武器，计划用于掩护配套的4.85毫米步枪。但随着北约决定接受比利时研制的5.56毫米步枪弹，性能更先进的4.85毫米步枪弹最终只能被束之高阁。后方士兵手持的是GPMG机枪

下图：L86A1轻型支援武器和L85 5.56毫米步枪的许多零部件彼此兼容，可以互换使用。它们的明显区别是轻型支援武器使用的枪管较重，安装有轻型两脚架和后握把。轻型支援武器和单兵武器使用的弹匣完全一样

勃朗宁 M2HB 重机枪

勃朗宁 M2 机枪由约翰·勃朗宁设计，它是目前仍在生产而且大规模装备部队的机枪中最古老的型号。该枪最初作为航空机枪研制，不过在投入使用后发展出了在地面使用的 M1921 型重机枪，1932 年在此基础上研制出了 M2 重机枪，后又推出了经久不衰的 M2HB 重机枪。M2HB 重机枪采用重枪管，能够在两次更换枪管之间以较高的射速发射大量的子弹。更换枪管需要耗费较长时间留出足够的余量，并需要花时间调整。不过 M2HB 重机枪的这一缺点因为该枪的优秀性能和极高可靠性而瑕不掩瑜。这种机枪射击时产生的后坐力适度，再加上优秀的表现和优异的性能，深受士兵的喜爱。最近几年，美国的武器制造公司——拉莫防卫公司生产了一种适用于所有 M2 系列机枪的 QCB（快速更换枪管）成套工具后，一种新式的 M2 机枪出现了。这就是 M2HB-QCB 机枪（或称 M2HQB 机枪）。

M2 机枪重量较其他机枪相比，略显笨重，这是 M2 机枪在使用中的一个缺陷，所以拉莫防卫公司推出了 M2 轻机枪。这种机枪仍然使用 M2 的枪管短后坐自动原理，和 M2 机枪 75% 的零部件完全一样，但它比 M2 轻 11 千克，仅重 27 千克。该公司抓住良机，再次改进这种武器，使用一种可调整的缓冲器后，该枪的射速可以在 550 ~ 750 发 / 分之间调节；轻型枪管可在短时间内更换，枪管内镀有钨铬合金，该枪安装了消焰器和扳机保险。

弹药类型

M2 机枪之所以能长期生产并装备部队，其中的奥秘不仅在于它拥有可靠的性能和精确的远程射击能力，而且还在于专为这种武器设计的高性能子弹。M2 机枪使用的标准子弹有 M2 AP（穿甲弹）、FN169 APEI（穿甲爆破燃烧弹）、M8 API（穿甲燃烧弹）、M20 API-T（穿甲燃烧曳光弹）、M2 和 M33 实心弹、M1 和 M23 燃烧弹，以及 M10、M17 和 M21 曳光弹。这些机枪弹都采用 138.4 毫米的弹壳，重 120 克。该枪的弹头重量一般在 39.7 克 ~ 46.8 克之间，子弹初速在 850 米 ~ 920 米 / 秒之间，最大有效射程约 3000 米。

如果发射更现代化的弹种，M2 机枪还能具备更强的性能，而挪威纳莫（Nammo）公司提供的弹药是其中的佼佼者，该公司随后被罗弗斯（Raufoss）公司收购。如果配合全新的“柔性枪

下图：虽然 M2 机枪已经使用了许多年，但是时至今日，它仍是西方国家最优秀的重型机枪。它的性能优越，能够有效地打击轻型装甲车、装甲车和直升机

性能诸元

勃朗宁 M2HB 重机枪

口径：12.7 毫米

重量：38 千克（枪），
20 千克（M3 三脚架）

枪长：1650 毫米

枪管长：1143 毫米

枪口初速：930 米 / 秒

射速：450 ~ 600 发 / 分

弹匣：100 发弹链

上图：（图中）在实验性装甲车的炮塔上架设轻量型 M2 机枪。轻量型 M2（译者注：轻量型 M2 重机枪和 M2 轻机枪不一样）在具备与原版 M2 机枪相当性能的同时，还可以根据需要调整射速，具备较大的灵活性

右图：在机动作战中，M2HB 机枪被安装在车辆上，具有卓越的进攻和防御能力。而在图中这样的防御状态时，防御部队可以在它周围垒起沙袋，构筑成掩体后，可有效对付敌人的机枪

架”，新型机枪弹能够大幅度提升机枪的精度，不过代价则是枪架重量增加多达 18 千克，且即便换装新型弹药，M2 机枪的威力也不如 20 毫米机关炮弹。

相匹配的子弹

纳莫公司的 3 类弹药都有相同的规格和重量。发射的子弹重量在 43 克 ~ 47 克之间；枪口初速为 915 米 / 秒。在 1000 米射程内，MP NM140 子弹能以 45 度角穿透 11 毫米厚的装甲；在击中 2 毫米厚的硬物后，一般可分裂为 20 个碎片。MP-T NM160 属于精度稍差一点的曳光弹；AP-S NM173 子弹和 MP NM140 子弹一样精确，在 1500 米的射程内，能以 30 度角穿透 11 毫米厚的装甲。

M60 通用机枪

美制 M60 通用机枪（简称 M60）的研制可以追溯至第二次世界大战后期，当时该枪的型号为 T44，该枪大量借鉴了在当时性能优越的德制机枪的设计：供弹机构直接抄袭自 MG 42，导气活塞和枪机组件则抄袭了具备革命性意义的 FG 42 型 7.92 毫米伞兵步枪。T44 在投入量产后获得了 M60 这一型号，该枪大量采用冲压钢制零件和塑料零件，第一批该型枪于 20 世纪 50 年代后期装备美国陆军。

首批 M60 可谓出师不利。这批初期型号的操作手感极差，且细节设计存在许多不完善之处：例如如果想要更换枪管，射手需要将近乎半挺机枪大卸八块才能实现。在消除了早期批次所存在的问题后 M60 的表现已经能称得上中规中矩，不过仍有许多士兵抱怨称这款机枪的操作手感仍不尽如人意。不过 M60 作为美军首款通用机枪的地位不可磨灭，且直到目前仍被用于多种任务中。

多面手

M60 主要被作为步兵班组支援武器，在枪口位置配有可以折叠的冲压钢制两脚架。在作为班用机枪使用时，该枪配备的携行提把用起来太小，且布置位置根本不符合重心，提枪行进时非常别扭。因此，士兵们在行进间开火时将机枪用枪带固定。M60 作为轻机枪有些笨重，因此美国陆军的 M60 正逐步被 5.56 毫米的 M249 米尼米轻机枪取代。作为重机枪时，M60 可以安装在三脚架上，也可以安装在车载枪架上。

专用型号

M60 有一些特殊用途的型号：M60C 安装在直升机的外置枪架上，遥控开火。M60D 取消了枪托，被安装在武装直升机和部分车辆的枢轴枪架上。M60E2 则进行了多处改进，主要在装甲车辆上作为同轴机枪使用。

在漫长的生产过程中，M60 的生产一直由马里蒙特集团的萨科防御系统部负责。该公司时刻关注 M60 暴露出来的缺点，尤其是作为轻机枪使用时暴露出来的缺点。

因此，该公司研制出一种马里蒙特轻机枪。为了减轻重量，便于操作，他们对 M60 进行了较大改动：两脚架向后移到了机匣下方，加装前握把，简化导气系统，并预留了安装冬季用扳机的空间。这样，新式的 M60 轻机枪和原来的 M60 轻机枪相比，重量轻，更易于操作。当然，这种枪目前仅作为轻机枪使用。有几个国家的军队对改进后的 M60 轻机枪给予了较高评价。

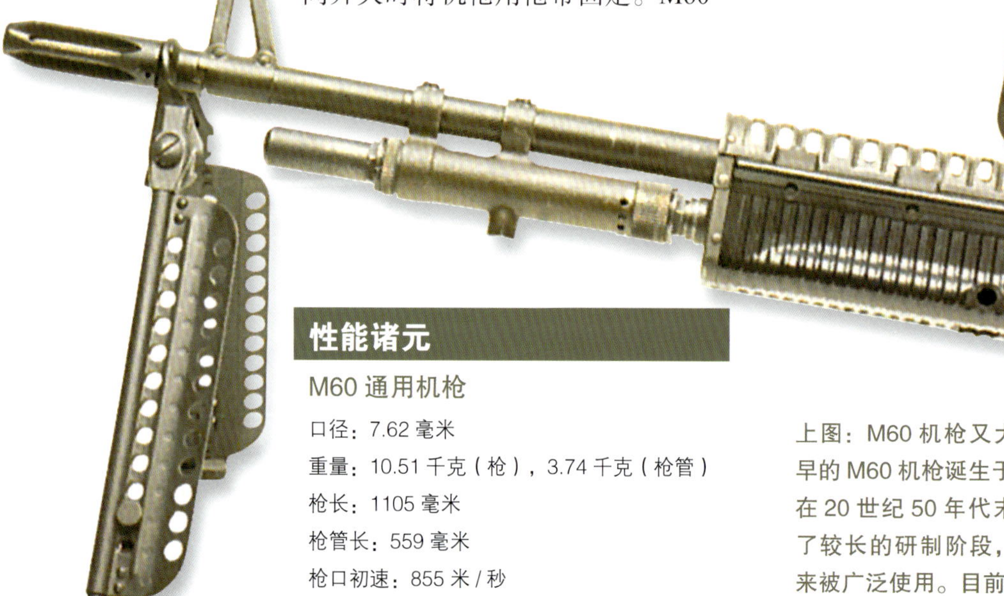

上图：M60 机枪又大又重，不易操作。最早的 M60 机枪诞生于 20 世纪 40 年代末期，在 20 世纪 50 年代末期装备部队之前经历了较长的研制阶段，自 20 世纪 60 年代以来被广泛使用。目前的 M60 机枪性能可靠，效果显著，许多国家和地区的军队都在使用

性能诸元

M60 通用机枪

口径：7.62 毫米

重量：10.51 千克（枪），3.74 千克（枪管）

枪长：1105 毫米

枪管长：559 毫米

枪口初速：855 米 / 秒

射速：550 发 / 分

供弹具：50 发金属弹链

上图：作为全口径武器，M60 机枪可以发射北约的7.62 毫米标准子弹。M60 机枪非常适合用作远距离火力支援武器。在这种情况下，M60 要装在坚固的三脚架上，这个支架可以提供稳固的射击平台。枪口附近的轻型两脚架可以向后折叠到导气管上

目前除美国外，还有一些国家和地区的军队装备了这种武器。韩国也使用 M60。另外，澳大利亚陆军也装备了 M60。

右图：一旦安装在两脚架或三脚架上，M60 将如虎添翼，威力倍增。M60 的主要缺陷是更换枪管费时、费力。这就意味着，空气冷却型的 M60 需要足够的冷却时间才能长时间持续射击

枪榴弹及其发射器

虽然目前仍有部分国家的军队装备有枪榴弹，但实际使用的国家数量已经很少。其中有两个原因：步枪发射榴弹产生的后坐力较强，常常会给步枪带来损害，并且精确瞄准相当困难。近年来，枪榴弹的尾管中开始安装一种名叫俘弹器的部件，这种部件使得步枪无需装填专用空包弹就能发射榴弹，普通步枪弹在射出后会被俘弹器卡住，同时其动能则推动枪榴弹飞向目标。

意大利研制出一种名为 AP/AV700 的特殊步兵支援武器。事实上，它是一种安装在共用底盘或发射器上的并排式三列枪榴弹筒。枪榴弹发射管的外部留有闭气箍，用于发射普通的标准步枪弹。装填在发射器内的步枪子弹在发射后会被榴弹尾部的俘弹器抱住，同时子弹击发产生的火药燃气又会点燃布置在枪榴弹尾部的小型助推火箭，从而将枪榴弹的射程增加至 700 米。此外 AP/AV700 发射的枪榴弹还具备更高的精确性和密集度，因为在飞行中，枪榴弹除了尾翼稳定外，还能通过小型助推火箭产生的火药燃气提升自旋速度，从而改善飞行稳定性。

发射器可以通过更换枪管在北约标准 7.62 毫米和 5.56 毫米步枪弹之间切换。此外该型发射器也能够发射常规枪榴弹。

配备空心装药弹头的破甲枪榴弹的破甲深度可达 120 毫米，且爆炸毁伤效果显著。AP/AV700 不仅可以单管发射，也能 3 发齐射，且射速可达每分钟 6 ~ 7 次齐射。

多种用途

AP/AV700 榴弹发射器的用途包括：步兵部队可以用它替代传统的轻型迫击炮，也可以安装在轻型装甲或软装甲车辆上，轻型巡逻艇或登陆艇上、外围阵地或碉堡 / 地堡也可以使用这种武器。在携行储运时，发射器被放置在一个专用包装箱中，而

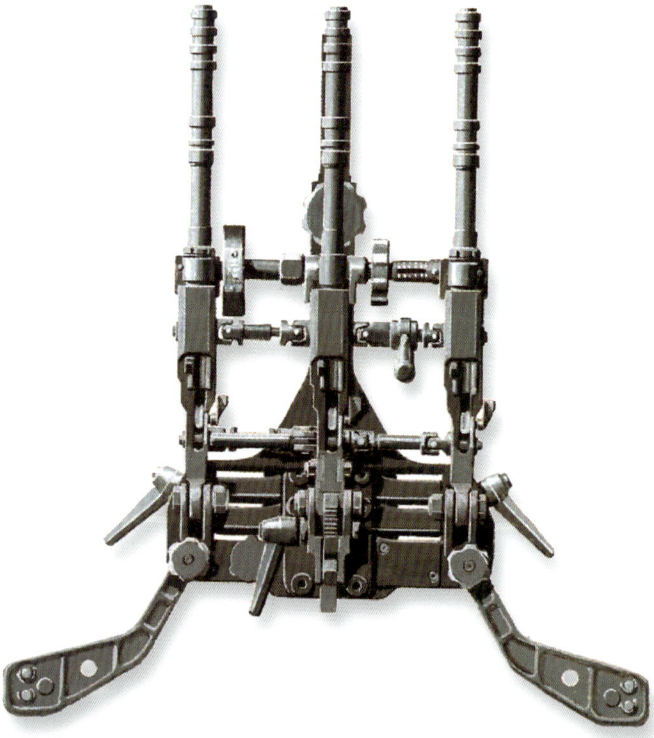

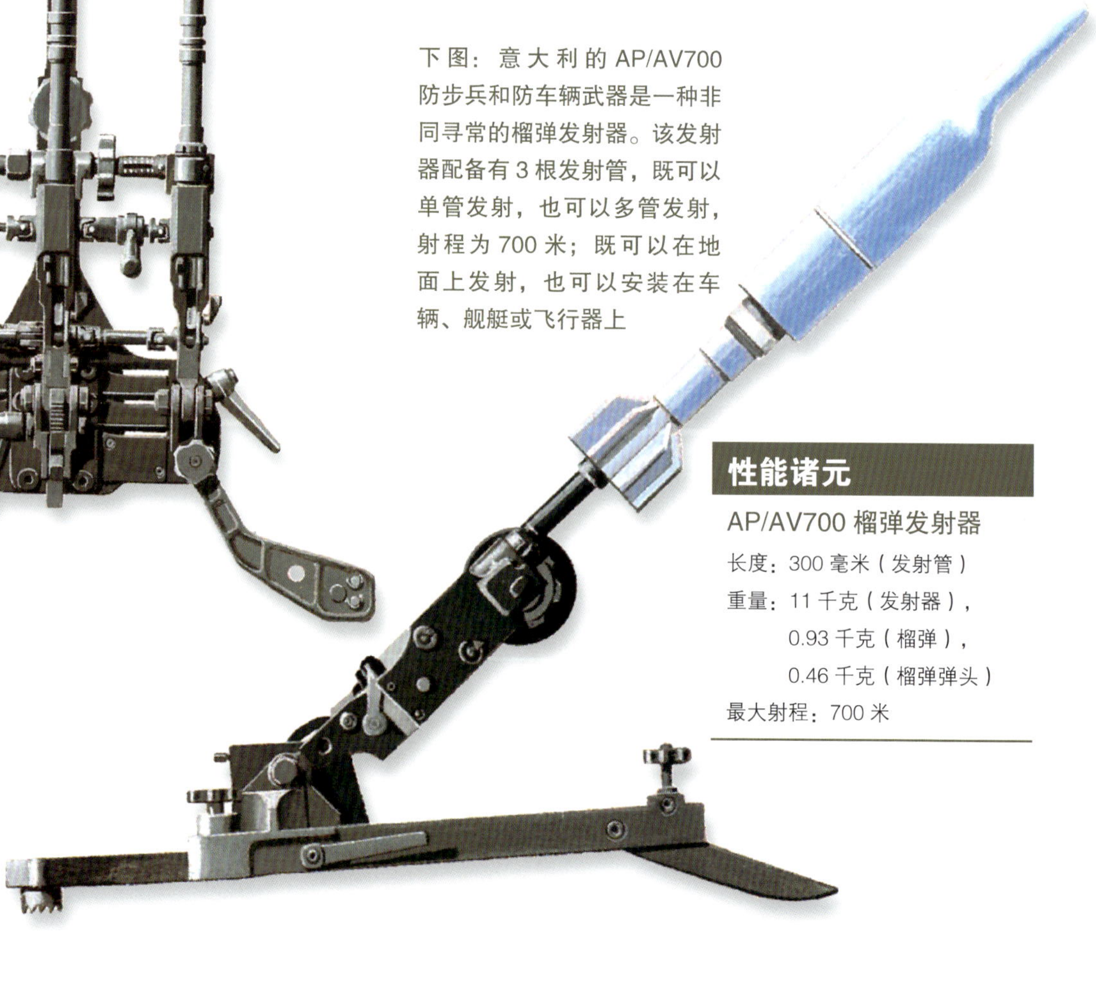

下图：意大利的 AP/AV700 防步兵和防车辆武器是一种非同寻常的榴弹发射器。该发射器配备有 3 根发射管，既可以单管发射，也可以多管发射，射程为 700 米；既可以在地面上发射，也可以安装在车辆、舰艇或飞行器上

性能诸元

AP/AV700 榴弹发射器

长度：300 毫米（发射管）
重量：11 千克（发射器），
0.93 千克（榴弹），
0.46 千克（榴弹弹头）
最大射程：700 米

榴弹则被放置在另一个包装箱中。

AGS-17 30毫米“烈焰”（简称AGS-17）是一种苏制自动榴弹发射器，最早于1975年亮相。目前依然大量装备俄军的连级部队。AGS-17榴弹发射器一露面，立即在西方武器设计人员中引起了轰动，因为它和西方的榴弹发射装置有较大区别。当然，随后西方各国也开始了研制类似的榴弹发射器。

AGS-17榴弹发射器发射口径较小的高爆榴弹，射速约为60发/分，采用29发弹链供弹。通常装盛弹链的弹链箱布置于发射器右侧。AGS-17通常安装在三脚架上，发射器机匣后部可安装瞄准镜提高射击精度。该型发射器采用简单的枪机后坐自动原理，枪机自带拨弹板，用于驱动弹链运动。自动榴弹发射器既能够直射，也能够曲射，且曲射射程更远。

阿富汗战场

苏联军队在阿富汗战争中使用了AGS-17榴弹发射器。苏联军队不仅把它安装在三脚架上，而且还有一种可以安装在直升机上的特殊支架。在阿富汗战场，苏联军队大量使用AGS-17榴弹发射器压制游击队的火力。然而，这种武器令西方观察员最难忘的还是它的射程。它的最大射程为1750米，不过在实战中通常不超过1200米。因此自动榴弹发射器相比迫击炮具备更好的火力反应灵活性，较高的射速也能弥补弹头重量较轻带来的威力较小的缺点。AGS-17榴弹发射器的主要缺陷是重量：发射器和三脚架的重量超过53千克，这意味着最少需要两名士兵才能操作这种武器。如果持续射击，还需要更多士兵携带弹药。

性能诸元

AGS-17“烈焰”榴弹发射器

口径：30毫米

长度：840毫米

重量：18千克（发射器），
35千克（三脚架），
0.35千克（榴弹）

最大射程：1750米

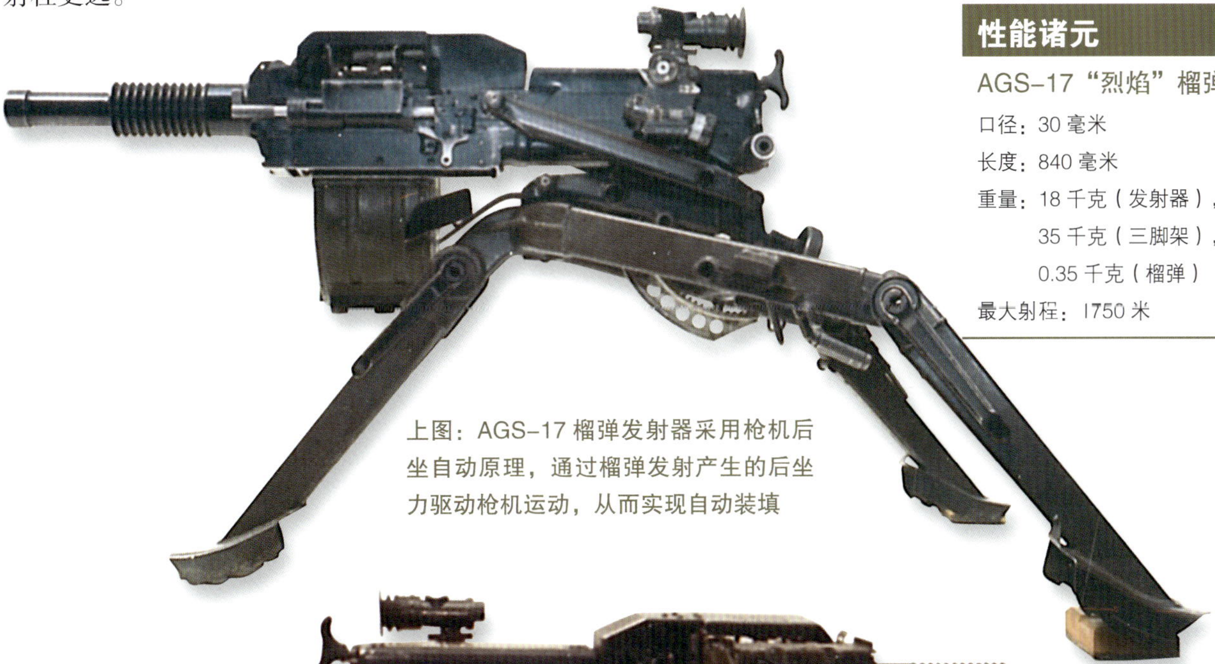

上图：AGS-17榴弹发射器采用枪机后坐自动原理，通过榴弹发射产生的后坐力驱动枪机运动，从而实现自动装填

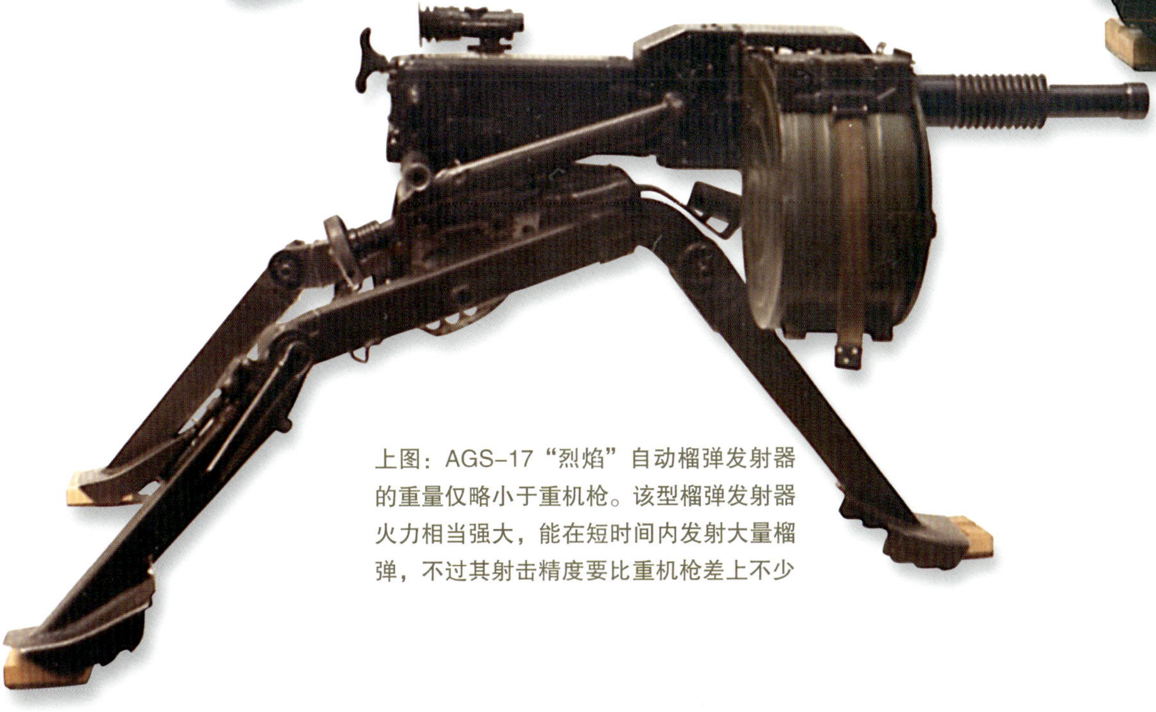

上图：AGS-17“烈焰”自动榴弹发射器的重量仅略小于重机枪。该型榴弹发射器火力相当强大，能在短时间内发射大量榴弹，不过其射击精度要比重机枪差上不少

低压榴弹及其发射器

低初速枪榴弹的主要研制目的是填补手榴弹和轻型迫击炮之间的火力射程空白。这种榴弹初速低，弹道高，因此可以作为反坦克武器使用：由于下落时弹道近乎垂直，只需要配备小型破甲战斗部就有可能击穿坦克薄弱的顶部装甲。不过低初速榴弹自诞生以来一直存在一个重大缺陷：落点难以控制。各国普遍认为，低初速榴弹结构简单，成本低廉，因此只要为步兵配置一定数量的低初速榴弹就能显著提高其火力。

美国的40毫米榴弹研制始于M406系列，M406系列榴弹有多种型号，但共同特点就是弹药

上图：M79是第一种专用线膛榴弹发射器。这种榴弹发射器为单发射击，最大射程为400米。它的主要缺陷是射手在使用榴弹发射器的时候无法使用步枪

左图：一名美国陆军新兵正在学习如何使用M16A1步枪下挂的M203榴弹发射器。榴弹发射器和表尺都安装到了专用的步枪前护木上

上图：步枪射手如果有M203榴弹发射器之类的武器，即使没有迫击炮和火炮的火力支援，也有能力提供火力支援

又短又粗，酷似大号手枪弹。该型榴弹采用了高低压发射原理：火药在高压燃烧室内点燃后，火药燃气通过多个孔洞进入低压室中膨胀做功，从而以较低的膛压将榴弹发射出去。

专用发射器

M406 榴弹有专门的发射器，而不是用步枪发射。美国的第一种榴弹发射器是著名的 M79。M79 榴弹发射器是一种基于铰链式霰弹枪设计专门研制的榴弹发射器，射手需要打开铰链，从后方填入榴弹，通常采用抵肩瞄准射击。M79 榴弹发射器的应用比较广泛（事实上，英国皇家海军陆战队在 1982 年的马尔维纳斯群岛战争中就使用了这种榴弹发射器）。它的主要缺陷是体积大，只能单发射击。这意味着必须专门编制配备和使用榴弹发射器的榴弹手，且他在战斗中无法使用步枪。

为解决这一缺陷，美军随后研制了 M203 枪挂榴弹发射器。该榴弹发射器采用泵动式原理，可以直接挂在 M16A1 和 M16A2 步枪的护木下方。M203 榴弹发射器在 20 世纪 60 年代后期通过美国军方验收后就一直是美军的制式枪挂榴弹发射器。M203 榴弹发射器的弹药可以从下方装填，因此不会影响步枪本身的操作。该发射器重量适中，装弹后为 1.63 千克。美军几乎所有的步兵班都编有一名或更多配备 M203 枪挂榴弹发射器的掷弹兵。M203 榴弹发射器常常使用 M406 系列中的高爆榴弹，但有时也使用烟幕弹、标识烟幕弹、照明弹和其他类型的榴弹。

适当精度

M203 榴弹发射器的精度较高，能够在 150 米的射程内对点目标精确打击，也能够在最大射程内对面目标实施打击。它的最大射程是 350 米 ~ 400 米（译者注：不同弹头的榴弹最大射程不一，取决于发射榴弹的类型）。在有效射程内，榴弹的性能（尤其是高爆弹）取决于引信的性能。碰炸引信需要能够被容纳于窄小的榴弹弹头内，而更大的引信，其性能则通常更加可靠。但必须在引信和装药中作出取舍，如果引信太大，就会导致威力不足，需要发射更多榴弹才能摧毁目标。

自动发射器

在单发榴弹发射器研制成功后，对于自动榴弹发射器的需求也应运而生。由于 M79 和 M203 榴弹发射器都

性能诸元

Mk 19 榴弹发射器

口径：40 毫米
长度：全长 1.028 米
重量：35 千克（发射器）
射速：375 发 / 分
最大射程：1600 米

M79 榴弹发射器

口径：40 毫米
长度：全长 737 毫米
重量：2.72 千克（发射器）
最大射程：350 米

M203 榴弹发射器

口径：40 毫米
长度：全长 389 毫米
重量：1.36 千克（发射器）
最大射程：350 米

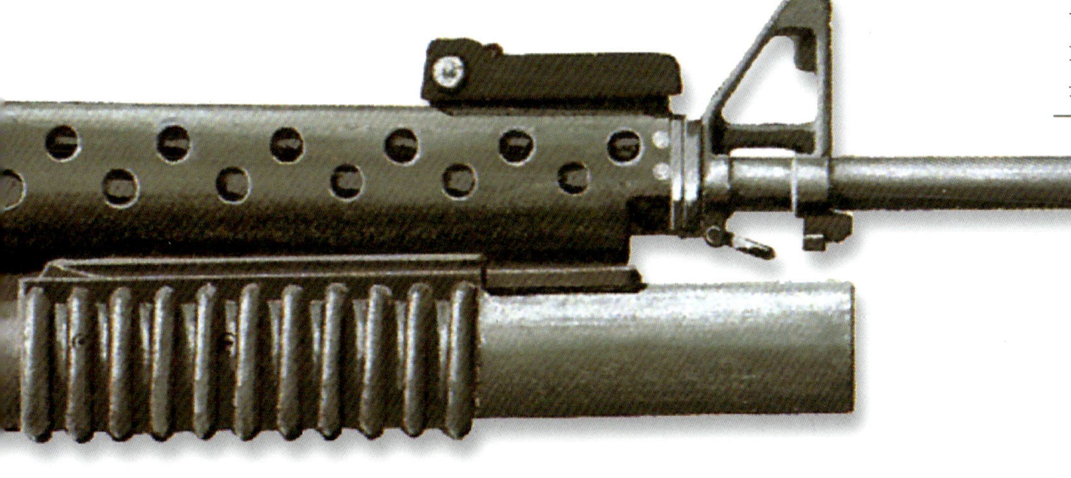

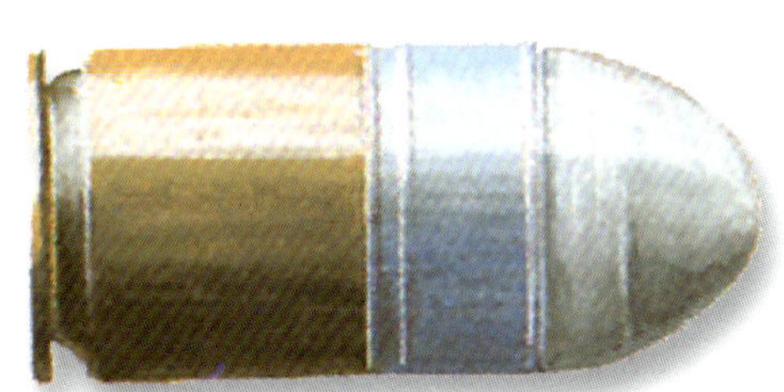

是单发射击的武器，所以美国开始把研发重点放在一种能发射 40 毫米榴弹的自动武器上。

美国首先研制出了试验性的 XM 174 榴弹发射器，但并未将其列装部队。随后美军在 M406 系列榴弹的基础上，加重弹头并增加推进装药，由此研制出了 M384 系列榴弹，并研制了发射该弹药的 Mk 19 自动榴弹发射器。Mk 19 自动榴弹发射器采用了与M2勃朗宁12.7毫米重机枪相同的自动原理，枪管极短，采用弹链供弹，射速为 375 发 / 分。在实战中，Mk 19 自动榴弹发射器可以安装在三脚架和车辆 / 轻型舰艇的固定枪架上。除了射速更高之外，Mk 19 自动榴弹发射器的射程也比枪挂榴弹发射器更远。

除了这类发射高低压榴弹的榴弹发射器之外，传统的枪榴弹也并未彻底退出历史舞台。枪榴弹设计简单成本低廉，能够直接使用步枪发射，所以许多国家仅需要最基础的轻武器弹药生产设施，就能研制枪榴弹。此外还有专门用途的枪榴弹，如采用空心装药战斗部的破甲弹，可以用于打击装甲车，碉堡 / 掩体和轻型舰艇等轻装甲目标。此外还有专门用于杀伤暴露人员的反人员榴弹。此类榴弹中甚至还有直接使用榴弹发射器作为弹头的型号。枪榴弹可以通过尾翼来实现飞行稳定。

性能诸元

H&K 的 HK69A1 单发榴弹发射器（德国）

口径：40 毫米

长度：全长 610 毫米（枪托伸展后）

重量：1.8 千克（发射器）

最大射程：300 米

L1A1 单发榴弹发射器（英国）

口径：66 毫米

长度：全长 695 毫米

重量：2.7 千克（发射器）

最大射程：100 米

榴弹的适用性

GME-FMK2-MO 是典型具备枪射能力的手榴弹。该型手榴弹由阿根廷研制，采用传统的手榴弹设计，装有炸药 75.8 克，使用引信设置上的火药引爆，引信设置重 44.79 克，延迟时间在 3.4 ~ 4.5 秒之间。高爆弹药被引爆后，榴弹弹体分裂为多个碎片，每一个碎片重 3 ~ 5 克，能够杀伤 5 米范围内的人员。作为枪榴弹使用时，把这种榴弹安装在发射器的顶部，由专用空包弹助推。这两种弹药（榴弹

下图：使用下挂在 M16 步枪上的 M203 榴弹发射器的美军步兵，可以看到步枪的弹匣可以兼做榴弹发射器的握把

上图：Mk 19 自动榴弹发射器（如图）采用弹链供弹，图中的弹链上装填的是 40 毫米破甲弹。该发射器射速为 375 发 / 分，能够对较大范围内的目标实施饱和火力压制。这种榴弹发射器能使用各种类型的榴弹

和子弹）分别位于发射管上部和步枪的枪膛内。拔出保险销后，射手就可以瞄准发射。这种榴弹的射程为 350 米 ~ 400 米，它可以选择在空中或地面爆炸，当然这要取决于射手的射击技巧。

特殊的榴弹

比利时的 MECAR 公司设计和制造了一种典型的专用枪榴弹——ARP-RFL-40 BT。标准的 7.62 毫米和 5.56 毫米步枪都可以发射这种榴弹。这种榴弹的最大直径是 40 毫米，全长 243 毫米，重 264 克。枪榴弹尾管内装有俘弹器，步枪弹的弹头会在出膛时被由 5 根金属片组成的俘弹器牢牢抱住，利用弹丸动能将榴弹射出。最大射程为 275 米，有效射程为 100 米，发射角为 45 度。

该型枪榴弹的初速为 60 米 / 秒。榴弹以 70 度角下落后，弹头能穿透 125 毫米厚的钢板或 400 毫米厚的混凝土。

上图：身穿“虎斑”迷彩的美国陆军侦察兵在越南练习 M79 榴弹发射器射击。M79 的外形酷似大号玩具枪

勃朗宁自动霰弹枪

下图：勃朗宁自动霰弹枪并没有专门的军用型号，但事实证明它结实耐用，性能先进，完全可以当作军事武器使用。设伏者在有利的地形下最喜爱使用这种武器。在紧急情况下，这种霰弹枪能在 3 秒钟内发射 5 发子弹

将勃朗宁自动霰弹枪视作军用武器其实是不准确的，该枪从未生产过军用型号。最早的勃朗宁自动霰弹枪（准确地说应是半自动或自动装填霰弹枪）设计于1898年，由比利时的FN公司负责生产。目前仍在使用的此类霰弹枪都是比利时制造的。霰弹枪主要是作为运动武器而设计的，但不久后，军队也开始大量使用霰弹枪，霰弹枪常作为安全警卫或负责类似工作人员的武器。约翰·勃朗宁和美国的雷明顿公司经过谈判达成了生产许可证的协议。在第二次世界大战期间，美国陆军和其他国家的军队大量使用雷明顿公司生产的霰弹枪，典型的有雷明顿 11A 型和雷明顿 12 型霰弹枪。

下图：在马来亚危机期间，英国第 18 独立旅的一名士兵正在巡逻。他携带的就是勃朗宁自动霰弹枪。这种霰弹枪在近距离内发射的火力令人生畏

优秀的丛林战武器

第二次世界大战之后，勃朗宁运动型霰弹枪在一些地区，如中美洲和南美洲，被广泛用于军事目的，但是直到马来亚危机（1948—1960 年）发生时，作为军用武器，勃朗宁霰弹枪才确立了它在军中的地位。在整个漫长的危机事件中，英国陆军一直使用格林纳尔 GP 霰弹枪和勃朗宁自动霰弹枪，常把运动型霰弹枪的长枪管尽可能地截短。英军使用的霰弹枪的标准口径大多数是 12 号［号（铅径）/ gauge：一种口径单位，常用于霰弹枪］，管状弹仓容量为 5 发，通常发射猎用大口径铅弹。

不久，英军再次认识到霰弹枪的独特优势：自动霰弹枪在近距离的丛林战中几乎是最优秀的武器。无论是作为伏击还是反伏击武器，勃朗宁自动霰弹枪都是最理想的武器。因为它能够在 3 秒钟的时间内发射 5 发霰弹。当时有关这些霰弹枪（而且还使用了雷明顿 870R 型霰弹枪）在战斗中的使用情况很少能够公之于众。不过在马来亚危机期间，凡是在马来亚服过役的英国士兵可能都曾使用过勃朗宁自动霰弹枪。

1960 年以后，英国陆军不再使用勃朗宁自动霰弹枪，而使用更加常规的武器，但是人们怀疑英军为了特殊的目的仍然保留了一些霰弹枪。尽管霰弹枪在马来亚非常流行，但是士兵们发现霰弹枪再次装填弹药太慢，使用时需要格外细心，尤其是它的枪管太短，自动装填设置不得不承受过多的射击负荷。

在罗得西亚独立运动中，勃朗宁自动霰弹枪再次大显身手。在小规模部队的行动中，霰弹枪的应用极为广泛。20 世纪 60 年代期间，虽然曾经掀起了一阵设计霰弹枪的高潮，但仍然没出现过军用型勃朗宁自动霰弹枪。

性能诸元

勃朗宁自动霰弹枪（标准型号）

口径：12 号（18.4 毫米）
长度：711 毫米（枪管）
重量：4.1 千克（装弹后）
供弹具：5 发管状弹仓

FN 防暴霰弹枪

如名所示，FN 防暴霰弹枪主要供警察和准军事部队使用。从设计上看，它确实没有什么特别之处，这种霰弹枪采用泵动原理，5 发管状弹仓供弹。在霰弹枪的设计上，FN 公司可不是门外汉，因为在 20 世纪 20 年代，约翰 · 勃朗宁设计的多种霰弹枪最早都是由 FN 公司生产的，并且自那之后，在霰弹枪的设计和制造方面，FN 公司一直处于领先地位。FN 公司设计的霰弹枪大多是供体育运动使用的，但是运动型霰弹枪几乎不需要什么大的改动就可以供执法人员使用，并且 FN 公司对此从来没有掩饰过什么。

防暴霰弹枪最早出现于 1970 年。这种霰弹枪是在 FN 自动运动型霰弹枪被广泛使用的基础上研制成功的。FN 公司一度还生产了 3 种可以互相兼容的枪管。第一种型号有前后瞄准具，但是后来生产的型号中，前后瞄准具被取消了。目前，霰弹枪的标准枪管长度是 500 毫米，安装有标准的枪托橡胶衬垫和枪背带。

坚固的设计

防暴霰弹枪和 FN 自动运动型霰弹枪的主要区别是，防暴霰弹枪要比民用霰弹枪更加粗壮坚固。例如为了增强枪托的强度，有一根长螺钉直接贯穿了枪托前后。同时为了承受各类碰撞和粗暴使用，全枪许多部件都换用了经过硬化处理的金属部件。

上图：霰弹枪的弹药类型五花八门，令人眼花缭乱。不同国家有不同的分类。（图中）左边是 FN 霰弹枪使用的常规的小直径鸟弹，中间则是细长的金属箭形弹，右侧的则是布伦内克独头弹

此外，金属部件表面还涂有特殊涂层，从而尽可能地降低了保养需求。

出于维持较高可靠性的考虑，FN 公司甚至决定要保留最初的 5 发单管。虽然，同时期的准军事部队使用的其他型号霰弹枪都增加了弹仓容量，但 FN 公司从来没有生产大容量弹匣的想法，相反，该枪还保留了简单的弹仓隔断装置，隔断后，射手每拉栓一次都需要向弹膛内填入一枚霰弹。FN 公司曾试图发明一种半自动的防暴霰弹枪，这种霰弹枪弹容量为 6 发。

虽然 FN 公司生产的防暴霰弹枪具备发射全口径独头弹的能力，不过大部分该型枪还是只会发射 12 号霰弹：实际上该公司并没有生产发射其他口径霰弹的防暴霰弹枪。该型枪目前已经装备了比利时警察和多支准军事部队，并取得了对部分国家警察部队的销售成果。作为一款结实坚固的武器，该枪能够充分胜任准军事部队的需求。

左图：世界各国的警察部队都装备有类似于 FN 防暴霰弹枪的霰弹枪。霰弹枪在近距离上命中率高，且产生的流弹不会对数百码外的无辜人群造成威胁

性能诸元

FN 防暴霰弹枪

口径：12 号（18.4 毫米）

长度：970 毫米（全长），500 毫米（枪管）

重量：2.95 千克

供弹具：5 发管状弹仓

伯莱塔 RS 200 和 RS 202P 霰弹枪

伯莱塔军械公司是一家牢牢扎根于意大利，产品却面向全世界的武器制造公司。毫无疑问，在世界轻型武器的设计和制造上，伯莱塔军械公司可谓大名鼎鼎，备受尊敬。在霰弹枪的设计和制造上，该公司也是独领风骚。虽然该公司生产的霰弹枪开始时是面向民用市场，主要作为运动型霰弹枪使用，但是不久，该公司就紧跟潮流，开始生产更加结实耐用的霰弹枪。这种霰弹枪主要供警察和准军事部队使用。这类霰弹枪中，最早的型号是 12 Ga. 的伯莱塔 RS 200（警用型）泵动式霰弹枪。

精美的做工

和伯莱塔公司生产的其他武器一样，RS 200（警用型）泵动式霰弹枪的设计完美，制作精良，尤其以结实耐用著称，非常适合警察和准军事部队使用。

伯莱塔 RS 200 霰弹枪的主要创新之处在于新型滑块闭锁装置，能够防止武器在弹膛闭锁前就发射。击锤有特殊的保险簧片，直接安装在枪机上的抓弹爪可以在无需射击的情况下安全地取出已经上

上图：RS 200（警用型）泵动式霰弹枪的弹仓可装 6 发子弹，第 7 发子弹可以装在弹膛内。RS 200（警用型）泵动式霰弹枪的击针为惯性操作，可以防止枪支在闭锁完毕前走火

膛的实弹。另一个有趣的设计是，警察和准军事部队使用的 RS 200 霰弹枪可以发射小型催泪弹；和发射常用的霰弹枪子弹和金属子弹一样，最大射程可达 100 米。

先进的设计

尽管目前 RS 200 霰弹枪已经停止生产，但许多国家的警察和其他部队还在使用这种武器。伯莱塔公司目前生产的霰弹枪是 RS 202P 霰弹枪。RS 202P 和 RS 200 霰弹枪的主要区别是装弹程序不同。和 RS 200 霰弹枪相比，RS 202P 霰弹枪的装弹更为简便，同时枪机设计也有细微区别。RS 202P 霰弹枪有两种类型，第一种 RS 202-M1 霰弹枪旨在通过采用金属框架式向左折叠枪托缩短全枪长度以利于携行。第二种是 RS 202P-M2 霰弹枪，同样采用向左折叠的框架式枪托，同时可以更换不同的喉缩以实现霰弹散布的灵活调整。该枪配备了开有散热孔的枪管护套以便于握持。为了便于瞄准，该枪还安装了专用的瞄准具。

RS 202P 霰弹枪外形和 RS 200 霰弹枪完全一样，但出售情况不太理想，主要原因是伯莱塔霰弹枪在外观上缺乏独树一帜的特色。目前已经打入世界市场的霰弹枪不仅性能更加先进，而且许多霰弹枪为了吸引人们的兴趣，在设计中都增加了视觉效果。目前 RS 202P 霰弹枪仅按订单生产。从其性能和精美的做工看，在未来相当长时间内，伯莱塔霰弹枪还将继续驰骋于世界轻武器市场上。

左图：RS 202-M1 霰弹枪是 RS 202P 霰弹枪的一种，它的枪托可以折叠，口径为 12 号。和最初的型号相比，装弹要容易得多，其枪机也得到了改进

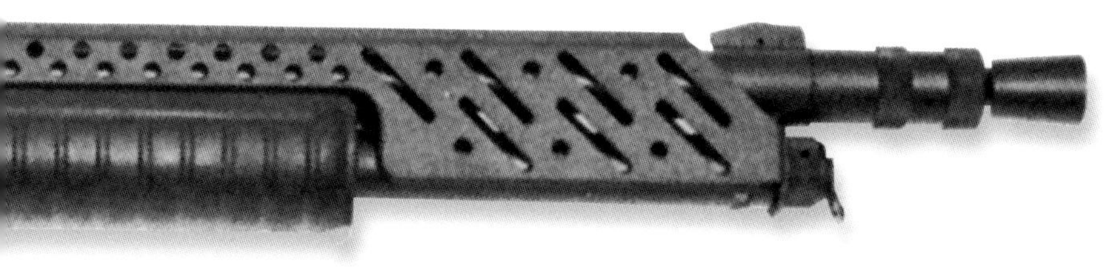

左图：这是一支 RS 202-M2 霰弹枪。该枪的枪管外包裹有带散热孔的护套，以便在连续射击枪管发热后依旧便于握持。伯莱塔霰弹枪的枪口可以安装喉缩，从而调整弹丸的散布

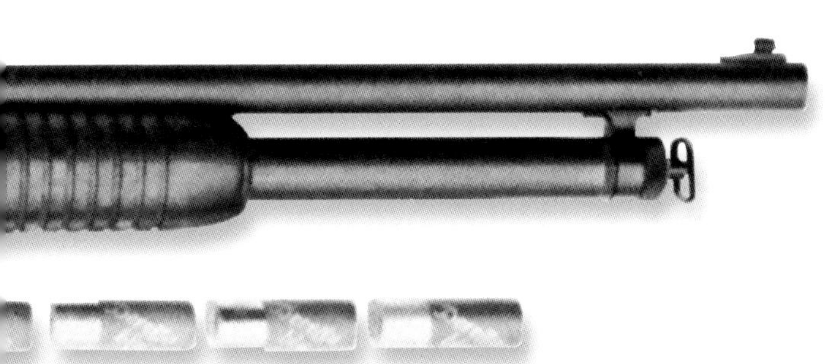

性能诸元

RS 200（警用型）泵动式霰弹枪

口径：12 号（18.4 毫米）

长度：1030 毫米（全长），520 毫米（枪管长）

重量：大约 3 千克

供弹具：5 发或 6 发管状弹仓

SPAS 12 型霰弹枪

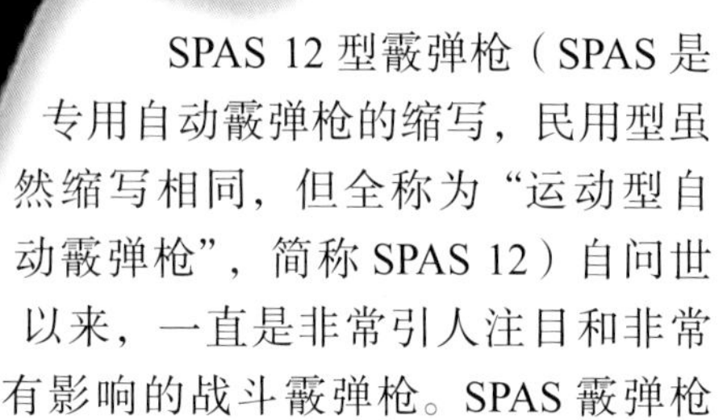

SPAS 12 型霰弹枪（SPAS 是专用自动霰弹枪的缩写，民用型虽然缩写相同，但全称为“运动型自动霰弹枪”，简称 SPAS 12）自问世以来，一直是非常引人注目和非常有影响的战斗霰弹枪。SPAS 霰弹枪是由意大利的卢奇·福兰奇·斯帕公司设计和生产的。多年来，该公司在运动型霰弹枪的发明上一直独领风骚。20 世纪 70 年代初期，当各国对战斗霰弹枪的需求骤然上升时，卢奇·福兰奇·斯帕公司的设计小组决定使用创新性的思维设计出新式的霰弹枪：一定要研制一种真正的战斗霰弹枪，而不是在当时运动型霰弹枪的基础上改装而成的战斗霰弹枪。SPAS 11 型霰弹枪就是在这样的背景下问世的。这种霰弹枪的许多设计都突出了其军用目的。为了优化它的性能，减少维修次数，设计人员尽可能缩短了它的枪管；为了提高射击的精度，该公司在制造时又进行了专门处理。这样，射手只需经过短暂训练，就能做到首发命中目标。

沉重和坚固

和该公司的 SPAS 12 型霰弹枪一样，SPAS 11 型霰弹枪不仅分量足，而且极其坚固，可以当作大棒使用。它有明显与众不同的外表，没有传统式样的枪托，两种子型号分别采用固定框架式金属枪托（11 型）和可折叠金属枪托（12 型）。该枪最引人注目的就是其巨大的泵动式装填装置，实际上该枪同时具备半自动和人力泵动两种装填模式。通过按压位于前护木（兼做泵动手柄）前部的转换按钮就能切换射击模式。按压按钮后，将护木前推到底即可进入半自动模式。半自动状态下，该枪采用导气式原理，火药燃气会驱动位于弹管周围的导气活塞。该枪采用摆动式闭锁凸笋与枪管尾部的闭锁面咬合闭锁。机匣采用轻合金制成。为减少磨损，枪管与导气活塞采用钢制成，内部镀铬。枪的整个外露的表面都经过了喷砂处理，并涂有黑色磷酸盐涂料，手枪式握把和护木都是用塑料制成的。

管状弹匣

短枪管下方的管状弹仓可装 7 发子弹。该枪可以使用从小口径鸽弹到重型独头弹在内的各种弹药，其中重型独头弹的侵彻力足以穿透钢板。

SPAS 霰弹枪的其他设计也颇具创新特色。SPAS 12 在外观上最独特的恐怕就是其带有一个大型金属弯钩的可折叠枪托。这根弯钩可以钩住射手小臂，作为单手据枪的辅助装置。不过尝试过这种使用方式的人都不会认为这种射击方式非常轻松。SPAS 12 还安装有手枪式握把，在枪口处可以安装枪榴弹发射器，用于发射小型催泪瓦斯弹和辣椒素（CS）弹，射程可达 150 米（165 码）。虽然该枪配有霰弹枪瞄准具，不过一枚常规 12 号霰弹在 40 米距离上的弹丸散布直径可达 900 毫米（35.4 英寸），因此在典型的交战距离上，霰弹枪并不需要精确瞄准。

SPAS 霰弹枪是真正的专用于作战的霰弹枪。训练有素的人使用它时威力惊人。SPAS 12 被销售到许多国家，供这些国家的军队和准军事部队使用。有一些在民用市场上出售，其中有相当一部分被霰弹枪爱好者抢购。但是许多国家的法律禁止私人持有短管的霰弹枪，所以需要换装长枪管后才能合法持有。

下图：许多国家的军队和警察都装备的是从运动霰弹枪改造而来的军用霰弹枪，而卢奇·福兰奇·斯帕公司的 SPAS 11 和 SPAS 12（如图）型霰弹枪则是彻头彻尾的战斗霰弹枪。这款火力恐怖的武器既能使用单发泵动模式，也能切换为半自动模式，半自动模式下的射速可达 4 发 / 秒

性能诸元

SPAS 12 型霰弹枪

口径：12 号（18.4 毫米）

长度：1041 毫米（枪托伸展后），
710 毫米（枪托折叠后）

枪管长：460 毫米

重量：4.2 千克

供弹具：7 发管状弹仓

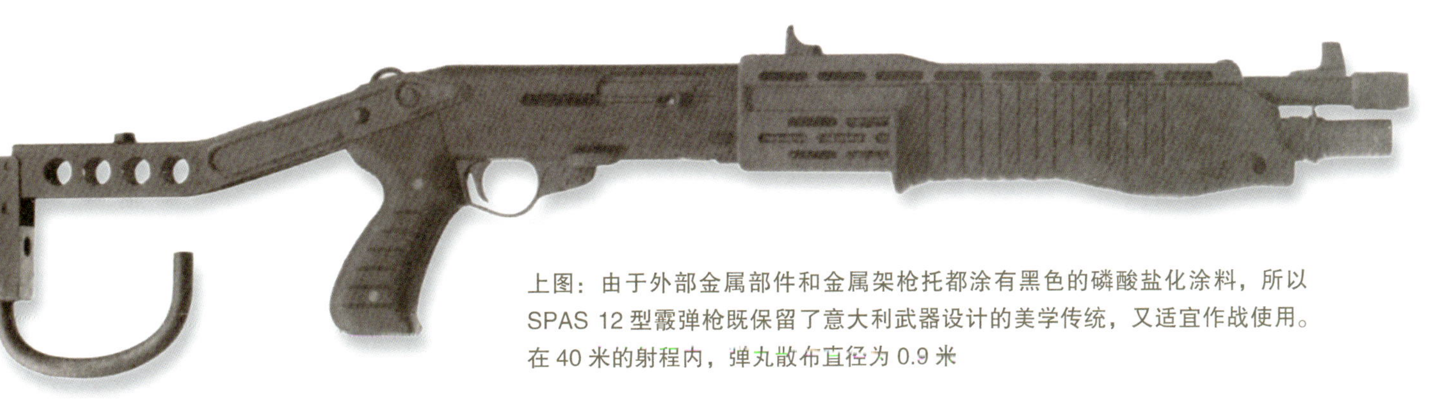

上图：由于外部金属部件和金属架枪托都涂有黑色的磷酸盐化涂料，所以 SPAS 12 型霰弹枪既保留了意大利武器设计的美学传统，又适宜作战使用。在 40 米的射程内，弹丸散布直径为 0.9 米

下图：SPAS 12 型霰弹枪的一个主要特点就是枪托后部有一个钩子，在射手单手射击时，它可以支撑住射手的前臂。然而，采用这种姿势射击时，该枪极难控制

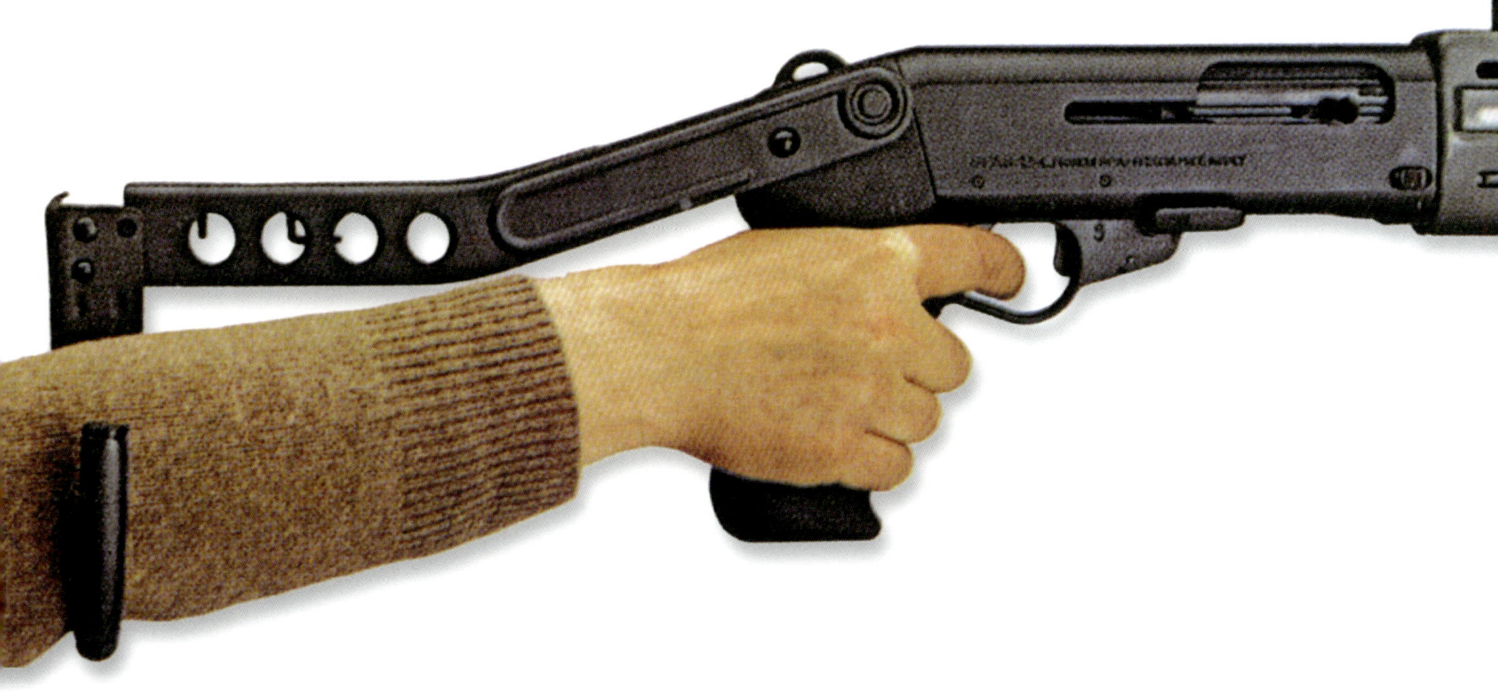

SPAS 15 型霰弹枪

SPAS 15 型霰弹枪（简称 SPAS 15）是早期 SPAS 12 型霰弹枪的进一步改进型号。这种霰弹枪的火力强大，主要供警察和军队使用。该枪采用导气式自动原理，半自动射击，以及弹匣供弹，从而实现较高射速。与管状弹仓相比，弹匣的换弹速度更快。SPAS 15 的通用性也相当不错，既能以半自动模式发射全威力霰弹，也能切换为人力泵动模式发射低膛压的非致命弹药，如催泪弹和橡皮弹。

SPAS 15 基于枪机回转闭锁与短行程活塞原理，导气活塞安装于枪管上方。枪机组件左右两侧有凸柱，和复进簧可以视作一个整体进行分解。

该枪的拉机柄位于机匣上方的提把内，左右手均可操作。SPAS 15 的手动保险位于扳机护圈内部，可以直接锁住扳机。同时扳机护圈下方的手枪式握把上还设有枪机保险。

SPAS 15 采用可调节的开放式瞄准具，也可以加装诸如红点瞄准具和激光指示器等附加瞄准设备。SPAS 15 的机匣采用铝合金制作，握持部件则均为硬质塑料材料。早期型 SPAS 15 采用固定式塑料枪托或可折叠的金属骨架式枪托，不过近期生产的型号改为了可向侧面折叠的塑料枪托。该枪的弹匣也采用塑料材料。

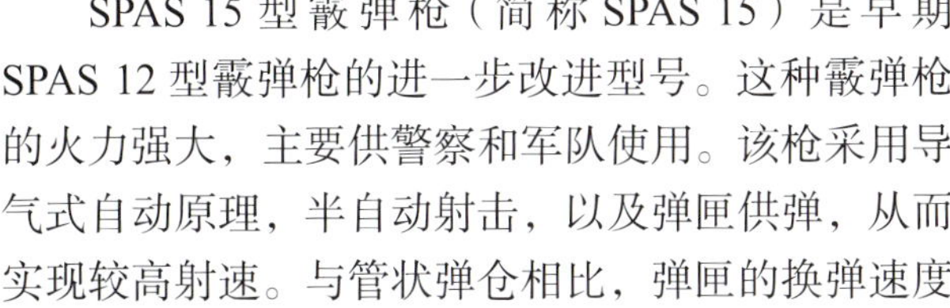

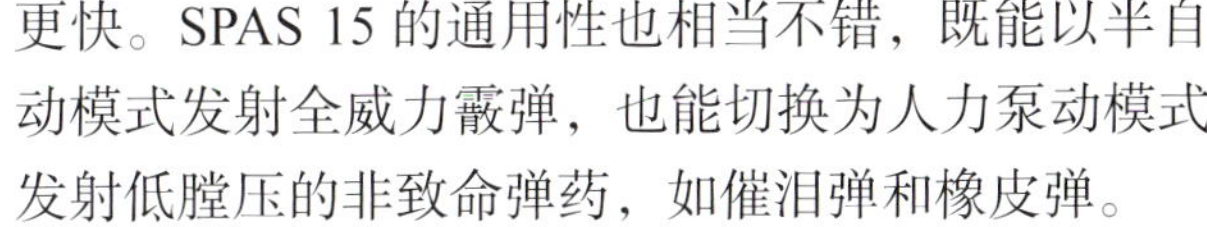

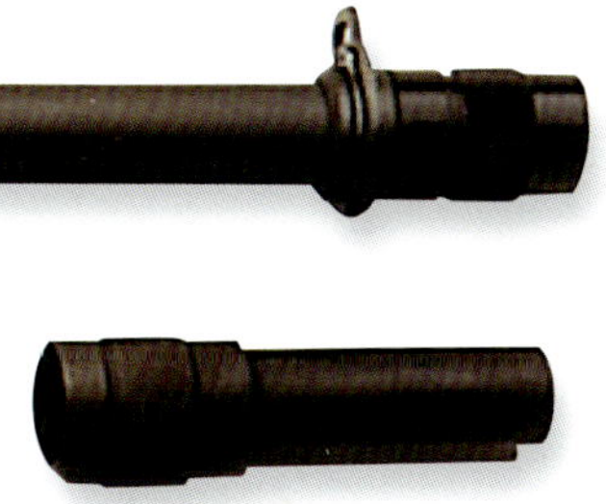

上图：在众多战斗霰弹枪中，SPAS 15 具备极高的战术灵活性，该枪除了可选装不同类型枪托，具备多种射击模式和采用弹匣供弹外，还可通过“可变喉缩”系统更换不同的喉缩

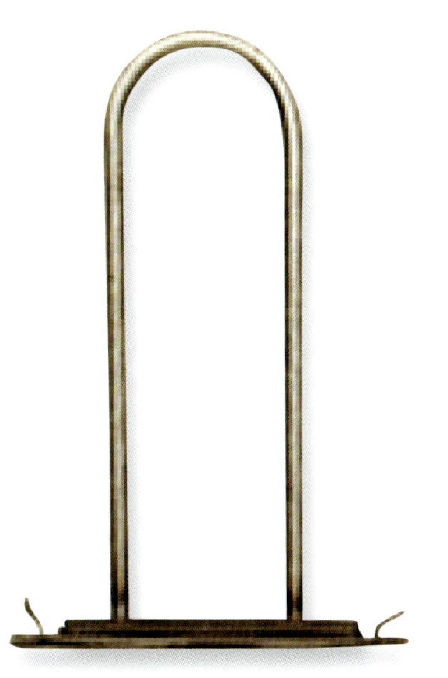

性能诸元

SPAS 15 型霰弹枪

口径：12 Ga.

长度：1000 毫米（枪托伸展后），
750 毫米（枪托折叠后）

枪管长：450 毫米

重量：3.9 千克（装弹前）

供弹具：6 发弹匣

“打击者”霰弹枪

上图：南非这样在种族隔离时代就大力发展军工企业的国家，研制出了一些令人刮目的轻武器，南非阿姆塞尔公司研制的半自动“打击者”霰弹枪就是极好的例子。这种霰弹枪的旋转弹鼓可装 12 发子弹，和传统的枪支相比，火力更为猛烈

南非的阿姆塞尔公司研制的“打击者”是一款 12 号口径半自动霰弹枪。这种霰弹枪于 20 世纪 80 年代中期出现在国际武器市场。它是由南非独立自主研制而成的武器。最初的“打击者”霰弹枪是由阿姆塞尔公司生产的，后由约翰内斯堡附近的卢纳尔特技术系统公司负责生产，而且根据生产许可证协议，美国也生产这种霰弹枪。美国的许多执法机构采购这种霰弹枪供特警小队使用，并且美国还研制出其他类型的霰弹枪。“打击者”霰弹枪的适用范围较广，既可用于平民自卫，也可以完全用于军事作战。

旋转弹鼓

“打击者”霰弹枪的最重要、最独特的设计是它的旋转弹鼓，可装 12 发子弹。霰弹从弹鼓后方的装填孔中装入，弹匣前部有一根发条，可以用来上紧卷簧，这个弹簧操纵着弹鼓旋转。一旦装弹完毕，每扣动扳机一次就可发射一发子弹，第二发子弹旋转后和击针在同一直线上。如果击针和第二发子弹不能在同一直线上，子弹就不能射出。和其他类型的霰弹枪相比，据说它的后坐力要小得多；和大多数的类似霰弹枪相比，它的枪管较短，至于其中的真正原因，尚不清楚。或许该枪的后坐力被其一系列对应设计所缓解：“打击者”霰弹枪除了手枪式握把外还安装有前握把，此外还配有向上折叠的金属枪托。该枪的枪管外包裹有带散热孔的护套，以避免连续发射之后滚烫的枪管灼伤射手的手部，如果连续射击 12 发霰弹，该枪的枪管温度将会非常高。

气动弹射

“打击者”霰弹枪的其他设计有：采用双动式扳机和导气式自动原理。气动抛壳系统会在发射后，再装填前，将空弹壳弹出枪身。

“打击者”霰弹枪可发射多种类型的霰弹，从弹丸直径非常小的鸽弹（南非种族隔离政府常用这种致命弹药驱散示威人群），到重型独头弹。该枪可以在枪托折叠的状态下开火，但如果不展开枪托，发射大威力弹药时的手感绝对谈不上舒适。

近距离使用

“打击者”霰弹枪的瞄准具比较简单，因为它显然不仅属于那种用于清除示威人群或在高楼林立的地区近距离作战的射程非常近的武器。事实证明，它在丛林（低矮的树林）作战中效果卓著。在低矮的丛林中，由于地面植被普遍较低，士兵的视觉会受到限制，所以在非常近的距离内，交火和伏击事件屡见不鲜。

“打击者”霰弹枪不仅被美国执法机构广泛使用，而且南非陆军和警察也大量使用。另外，以色列的军队和警察在作战中也大量使用了这种霰弹枪。

左图：从整个外观上看，“打击者”霰弹枪较短，它的旋转弹匣大得惊人。这种弹匣可装 12 发 12 号霰弹。“打击者”霰弹枪的外观极为奇特，令人过目难忘。这种霰弹枪性能出众，在近距离作战时，强大的火力具有决定性意义

“莫斯伯格”500 型霰弹枪

莫斯伯格父子公司虽然在运动型霰弹枪的研制上卓有成就，但是在作战型霰弹枪的研制上只能算是一个新手。因为它最早的战斗霰弹枪——“莫斯伯格”500 型（简称 500 型）到 1961 年才锋芒初露。从此之后，莫斯伯格霰弹枪在国际市场上名声大噪，并且 500 型霰弹枪一直是该公司的拳头产品。

500 型霰弹枪口径为 12 号（18.4 毫米），泵动装填。该枪的机匣采用高质量铝合金铸造，枪管延长段通过螺接安装在机匣上，从而减少机匣在发射时受到的压力。为了保证强度和可靠性，诸如抽壳钩和泵动滑轨之类的部件都采用了双重布置。从整体上看，500 型霰弹枪的价格较低，但有了这些设置，500 型霰弹枪非常结实，经久耐用。所以警察部队非常喜欢 500 型及其派生类霰弹枪。另外，该公司还生产了军警用的 500 型霰弹枪。

其中之一就是 ATP-8SP 型霰弹枪。它是在 500 型霰弹枪（警用）的基础上改进成的。该枪的部件表面均进行了亚光防锈处理。枪口布置有刺刀卡榫，甚至为发射独头弹而预留有瞄准镜基座。不过该枪很少安装瞄准镜。该枪的枪管上还能安装带散热孔的隔热护套。它的射程和 500 型霰弹枪差不多。它使用一种可以向上折叠的金属枪托取代了正常情况下使用的硬木制成的固定枪托。ATP-8SP 型霰弹枪在市场上颇受欢迎。但目前已被一种改进的作战型霰弹枪取代。

无托结构设计

这就是 500 型 12 号无托霰弹枪。枪如其名，它使用的是无托结构设计，手枪枪把组件设在了机匣的前端。这样，这种霰弹枪比常规的霰弹枪要短一些，所以在狭小的空间中，更便于使用和操作。许多国家的军队和警察大量采购了这种霰弹枪。“莫斯伯格”500 型 12 号无托霰弹枪的套筒座和许多部件的表面都用坚硬的热性塑料材料包裹，所以它的部件几乎不需要外套或其他东西包裹。由于从整体上看无托结构设计太引人注意了，所以这一特点常被人忽略。按照设计，该枪的翻转式前后瞄准具都可以在使用时翻起，不需要时放下。

“莫斯伯格”500 型 12 号无托霰弹枪完全可以重新开始制造，但是莫斯伯格公司生产了一套设备，可以把目前的 500 型霰弹枪改进成新式的“莫斯伯格”500 型 12 号无托霰弹枪。

另一种具有军事潜力的“莫斯伯格”霰弹枪是该公司 20 世纪 70 年代研制的 590 型霰弹枪，这种霰弹枪的结构更为坚固。

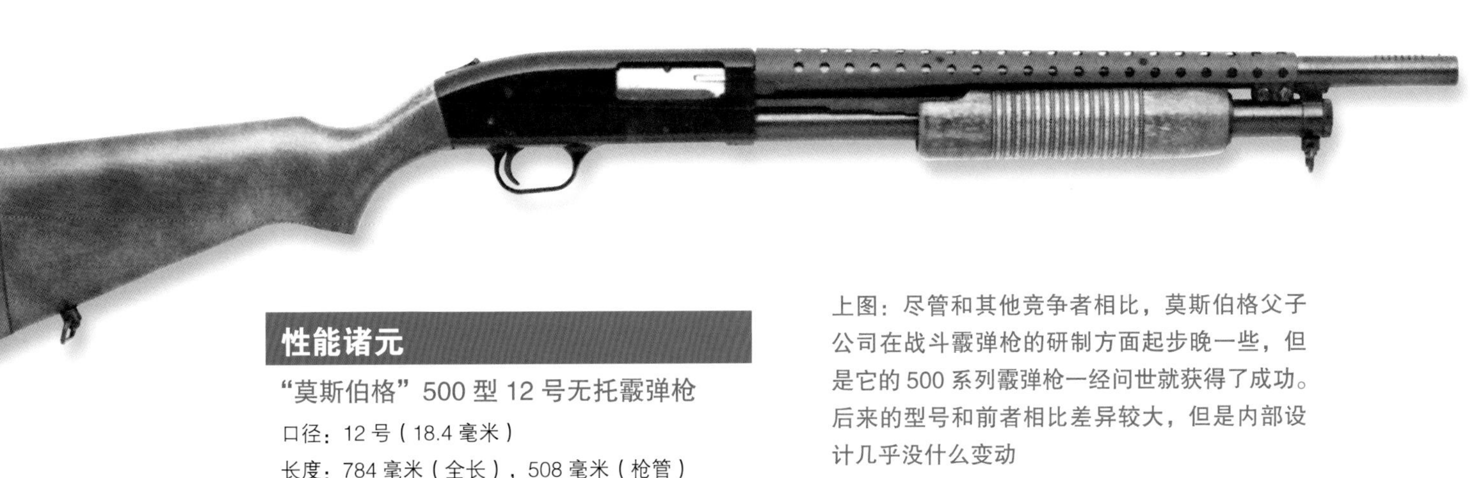

上图：尽管和其他竞争者相比，莫斯伯格父子公司在战斗霰弹枪的研制方面起步晚一些，但是它的 500 系列霰弹枪一经问世就获得了成功。后来的型号和前者相比差异较大，但是内部设计几乎没什么变动

性能诸元

“莫斯伯格”500 型 12 号无托霰弹枪

口径：12 号（18.4 毫米）

长度：784 毫米（全长），508 毫米（枪管）

重量：3.85 千克

供弹具：6 发或 8 发管状弹仓

伊萨卡 37M 和 P 霰弹枪

在美国，霰弹枪已经成为警察和狱警的必备武器，以至于许多霰弹枪的制造商发现生产霰弹枪是一件非常有利可图的事，制造商可以按照每个警察部门的说明生产出他们特别需要的武器，有的要求非常接近于军用型霰弹枪，伊萨卡 LAPD 型霰弹枪就是其中的一种。这种武器是在伊萨卡 DS 型（DS 是 Deer Slayer 的缩写）的基础上研制成的，而 DS 型霰弹枪是根据伊萨卡 37M 和 P 型霰弹枪研制成功的。伊萨卡 37M 和 P 型霰弹枪设计完善，制作精良，结实耐用，能够满足警察的需要。

悠久的家族

37 型系列霰弹枪曾经风光一时，在第二次世界大战期间，该枪被美国陆军选中作为军用霰弹枪。当时它的主要用途仅限于霰弹枪的一般用途，包括暴乱控制和担负警卫任务，并派生出 3 种枪管长度不同的型号。目前的 M 型和 P 型霰弹枪与第二次世界大战期间的型号并没有太大区别，但是

目前的霰弹枪的制作更加粗糙。目前的霰弹枪有几种型号，供选择的范围也较广。其中最重要的有两种："国土安全"37 型和"监视"37 型。前者用于自卫，供警察使用；后者为袖珍型武器，枪管较短，常规的枪托被手枪握把取代。37 型霰弹使用 5 发或 8 发容量的弹管供弹。该枪有两种长度的枪管，长度分别为 470 毫米和 508 毫米。这两种枪管都配备有普通喉缩，用于发射常规 12 号霰弹，不过 DS 型也可以配用高精度滑膛枪管，用于发射重型独头弹。DS 型霰弹枪仅有 508 毫米的枪管，安装有瞄准具；弹管容量和 37 型霰弹枪一样，容量为 5 或 8 发。

供洛杉矶警察局使用的 LAPD 型霰弹枪带有橡皮枪托衬垫、专用的瞄准具、枪背带和携带皮带的 DS 型霰弹枪。它的枪管长 470 毫米，配备可装 5 发子弹的管状弹匣。和其他 37 型系列霰弹枪一样，该枪也采用非常结实耐用的泵动式枪机。有几个国家的特种部队使用这些霰弹枪。

为了减少磨损，保持清洁，所有 M 和 P 型霰弹枪都进行了金属防锈处理。

性能诸元

37M 型和 P 型霰弹枪

口径：12 号（18.4 毫米）

长度：1016 毫米（带 508 毫米的枪管），470 毫米或 508 毫米（枪管）

重量：2.94 千克或 3.06 千克（取决于枪管的长度）

供弹具：容量为 5 发或 8 发的管状弹仓

左图：勃朗宁霰弹枪的设计起源于第一次世界大战期间。伊萨卡 37 型霰弹枪是第二次世界大战期间标准的军用霰弹枪。M 型和 P 型（军用和警用）霰弹枪使用的管状弹仓可装 5 发或 8 发子弹

左图：使用可装 8 发子弹的 M 和 P 型霰弹枪的枪管长 508 毫米，而枪管更短的霰弹枪使用可装 5 发子弹的管状弹仓。DS 型霰弹枪安装了步枪使用的瞄准具，所以射击极为精确

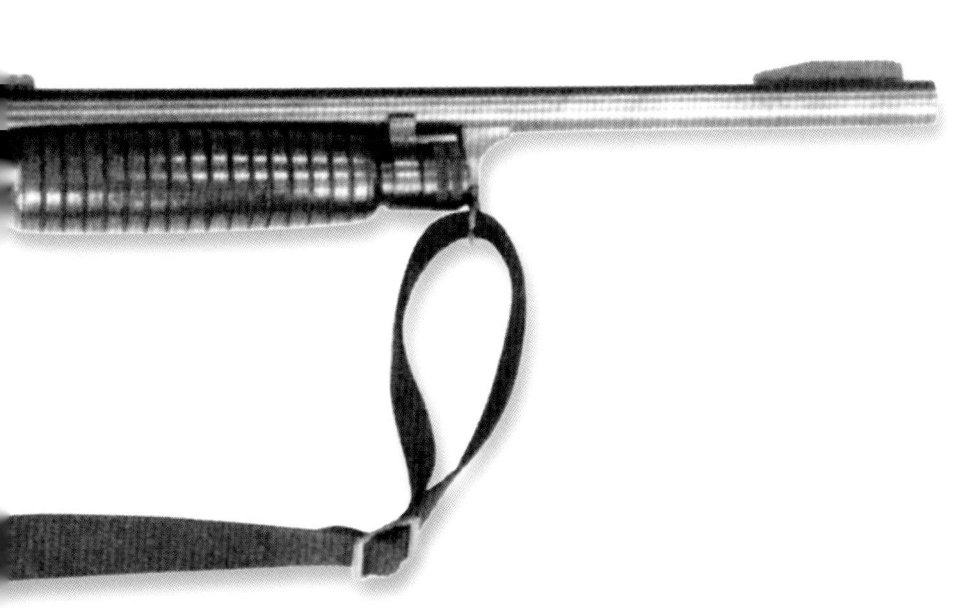

左图：这是一支表面极为精美的伊萨卡 37DS 型警用霰弹枪。该枪最初被用作民用狩猎武器。不过其重量轻，精度高，使用可靠等优点使得其成为非常有效的警用和执法武器

温彻斯特霰弹枪

美国的温彻斯特公司以生产步枪著称于世。该公司也生产霰弹枪，供运动市场和警察及准军事部队使用。过去，该公司生产的霰弹枪的品种齐全，种类繁多，其中包括第二次世界大战期间使用的著名霰弹枪——12 型和有史以来生产极少的使用盒形弹匣的战斗霰弹枪。但目前该公司生产的型号仅限于几种手工操作的使用滑座击发设置的霰弹枪。

温彻斯特霰弹枪的基本型号是口径为 12 号的“温彻斯特防卫者”。这种霰弹枪是专门为常规警察部队研制的，但有的也落到了几个国家的正规军队手中。从整体上看，“防卫者”霰弹枪属于完美的传统型设计，不过该枪的机械设计要明显比同类产品紧凑许多。温彻斯特公司生产的武器一直保持了这样的传统。另外，该公司生产的武器，其制造和表面处理工艺标准也非常高。

枪机滚转闭锁

该枪通过拉动泵动手柄实现开闭锁，滚转闭锁枪机的使用使得该枪安全性非常优秀，且开锁过程还能得到后坐力辅助，因此该枪的射速几乎可以媲美半自动霰弹枪。温彻斯特霰弹枪枪管下方的管式弹仓容量为 6 ~ 7 发，长度几乎延伸到了枪口下方。由于所采用的霰弹弹壳长度有所区别（例如常规霰弹就比重型独头弹要短），实际能够装入的霰弹数量也有所不同。常规的温彻斯特霰弹枪采用烤蓝或磷化防锈处理，但警用型温彻斯特霰弹枪的金属部件均采用不锈钢制作。警用型还配有类似步枪的瞄准镜，弹管长度也稍短于“防卫者”标准型。该枪还布置有枪背带环。

海军专用型号

或许，目前最与众不同的温彻斯特霰弹枪当数“水兵”1300 型。这种霰弹枪是专门为海军和

性能诸元

“温彻斯特防卫者”霰弹枪

口径：12 号（18.4 毫米）

长度：457 毫米（枪管长）

重量：3.06 千克，或 3.17 千克（不锈钢型）

供弹具：6 或 7 发的管状弹仓，或 5 到 6 发的管状弹仓（不锈钢型）

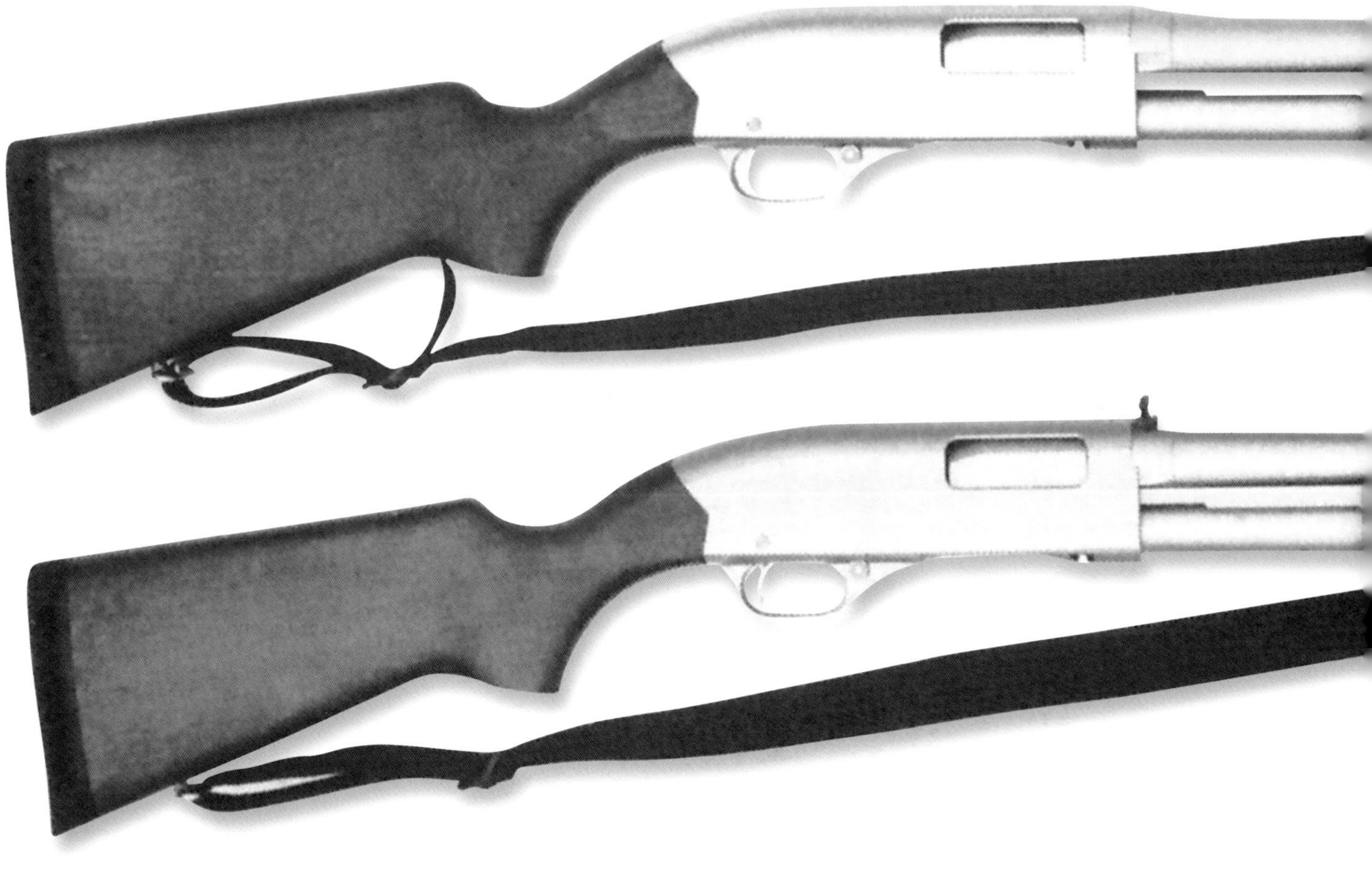

海军陆战队设计的。它是在“温彻斯特防卫者”霰弹枪的基础上设计的，但是和警用型霰弹枪更为接近，因为在设计中出于抗腐蚀性考虑，所以是用不锈钢制成的。海军使用的武器都必须经得起盐类腐蚀，而不锈钢的抗腐蚀性较强。为了保证这种霰弹枪具有完全的抗腐蚀能力，“水兵”霰弹枪的所有外部金属部件都镀上了金属铬。这样，“水兵”霰弹枪从外观上看尤其与众不同。但是，在作战中，人们也发现它存在一些问题。不过，这种霰弹枪一般都销售给类似于海岸警卫队的准军事部队。海岸警卫队认为登船检查部队需要这种武器。

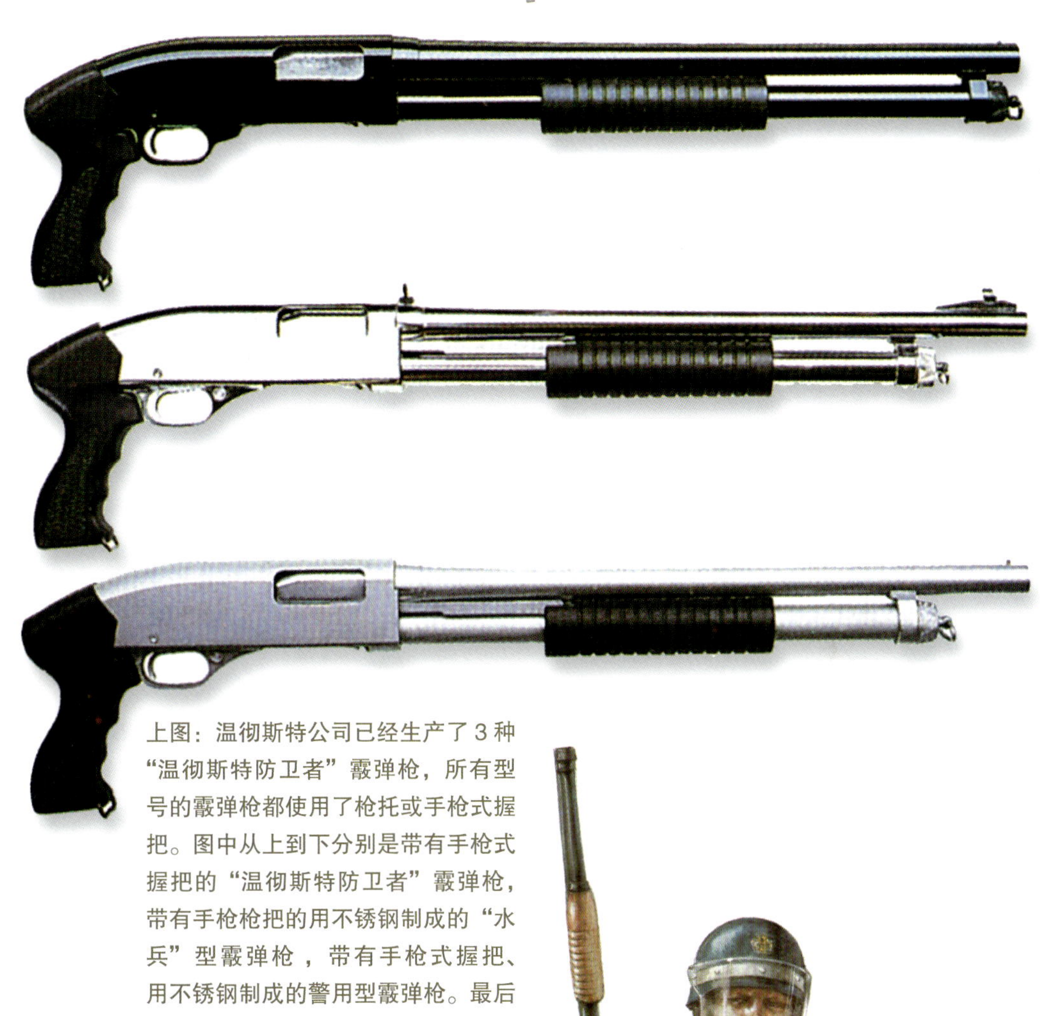

上图：温彻斯特公司已经生产了 3 种“温彻斯特防卫者”霰弹枪，所有型号的霰弹枪都使用了枪托或手枪式握把。图中从上到下分别是带有手枪式握把的“温彻斯特防卫者”霰弹枪，带有手枪枪把的用不锈钢制成的“水兵”型霰弹枪，带有手枪式握把、用不锈钢制成的警用型霰弹枪。最后一种霰弹枪使用的管状弹仓更短一些

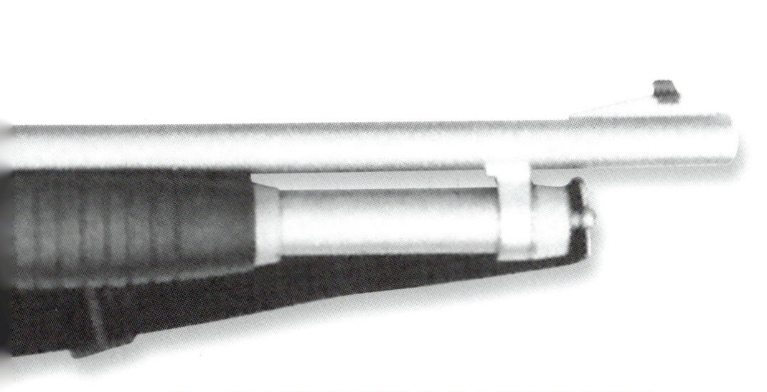

上图：1200 型泵动霰弹枪是由美国温彻斯特公司生产的。枪管长 457 毫米，它的金属部件的表面都镀有金属铬，具有较强的抗腐蚀能力

右图：英国警察越来越喜爱美国的温彻斯特霰弹枪。图中的英国警察手持温彻斯特霰弹枪，头戴防暴头盔，上身穿防弹背心，全身着防火服。在大都会区警察局特种武器警官出动时，人们就会在伦敦街头看到装备霰弹枪的警员

潘科"气锤"霰弹枪

上图：与众不同的"气锤"霰弹枪采用和第一次世界大战时期的韦伯利和福斯贝里自动装填转轮手枪非常相近的供弹原理。开火时，环绕枪管的气缸内的火药燃气向后驱动活塞，活塞联动的驱动杆拨动转轮上的斜向导槽，实现转轮转动，将下一发霰弹推入开火位置。由于空弹壳会留在转轮中，因此"气锤"霰弹枪可以避免无托式枪械可能出现的空弹壳打脸问题。在全自动模式下，转轮内的弹药会在 2.5 秒内射空。枪口防跳器会在武器连射时减小枪口上跳

性能诸元

"气锤"霰弹枪

口径：12 号（18.4 毫米）

全长：762 毫米

枪管长：457 毫米

重量：4.57 千克（装弹后）

供弹具：容量为 10 发的转轮

潘科公司的"气锤"霰弹枪（简称"气锤"）虽然是一款直到最近才亮相的战斗霰弹枪，不过该枪的设计原理却已经诞生一段时间。该枪由约翰·安德森设计，并在 1984 年为该枪申请了专利保护。"气锤"采用了许多安德森独创的设计，例如其全自动射击模式，以及采用预装型 10 发转轮供弹。

"气锤"采用导气式原理和无托设计，因此外观可谓别具一格。该枪的塑料旋转转轮位于扳机组件后方。预装 10 发霰弹的转轮通过弹簧卡榫被别入装弹口后，射手通过推拉前护木实现上膛。在开火时，该枪的枪管会向前运动。在枪管动作的同时，连接着枪管的驱动杆随之运动，拨动转轮上的倾斜导槽，从而实现转轮转动，装填下一发子弹。枪管在前冲到位后，会在复进簧的推力下向后运动，此时转轮也已经运动到位（这种设计也出现在英国第一次世界大战中使用的韦伯利和福斯贝里转轮手枪上）。在枪管复位后，"气锤"就做好了待击准备。该枪仅有全自动射击模式，射速 240 发 / 分。由于枪口安装了向下倾斜的防跳器，因此可以部分缓解连射导致的剧烈枪口上跳。枪口防跳器同时也被用作消焰器。

极少使用金属的武器

"气锤"霰弹枪大量使用坚硬的塑料制品。事实上，全枪只有枪管、复进簧、转轮旋转机构和防跳器（兼做抑制器）为钢制。该枪的转轮也被称为"弹药盒"，可以提前装填，然后用塑料胶带密封（装弹前拆除），胶带上有不同颜色表明弹盒内的子弹类型。弹鼓无法仅装填一枚霰弹，不过可以通过扳机控制实现单发。

瞄准具安装在提把顶部的槽沟内。左撇子射手也可以使用这种霰弹枪，因为该枪不会抛壳，所有的空弹壳都留在转轮内，射击后随转轮取出。在转轮内没有弹药时，只要按压卡榫，转轮就会自行落下。

"气锤"的设计非常有趣且具备不小的潜力，但该枪至今仍未投入量产。

雷明顿 870 型 Mk 1 霰弹枪

在此前的历史中，雷明顿霰弹枪比其他霰弹枪用于战斗的次数都多得多。如果把雷明顿的作战用枪支列出一个名单，那么恐怕一张纸也写不完，所以我们在这里仅介绍该公司的一款战斗霰弹枪——雷明顿 870 型（简称 870 型）霰弹枪。这种霰弹枪改进后供美国海军陆战队使用，军用雷明顿 870 型霰弹枪的正式型号为：12 号口径雷明顿 870 型 Mk 1 霰弹枪。

870 型霰弹枪曾经是使用非常广泛的霰弹枪。它的基本型号被称为 870R 型（防暴型）和 870P 型（警用型），此后又诞生了其他改装和改进型号。870 型霰弹枪使用泵动式装填原理。1966 年，美国海军陆战队按计划举行了一系列战斗霰弹枪试验。在测试中，870 型展现了比其他霰弹枪都要优秀的可靠性，也因此最受欢迎，由此，870 型霰弹枪成为美国海军陆战队的首选武器。经过几次改进，这种霰弹枪完全达到了海军陆战队的作战要求，被命名为 870 型 Mk 1 霰弹枪后投入生产，并且从此以后，美国海军陆战队一直保留了这种武器。这些改进包括更换更长的管状弹仓，枪管周围加装隔热护套避免灼伤射手。此外，该枪还在表面喷涂了亚光防锈涂料。

性能诸元

雷明顿 870 型 Mk 1 霰弹枪

口径：12 号（18.4 毫米）
枪长：1060 毫米
枪管长：533 毫米
重量：3.6 千克
供弹具：7 发管状弹仓

左图：霰弹枪在丛林战中的作用极为显著，英国陆军在马来亚镇压游击队活动以及与印度尼西亚的冲突中大量使用霰弹枪。英国军队在远东使用的 870 型霰弹枪安装了完整的枪托。英军使用的另一种霰弹枪是防暴型霰弹枪。这种霰弹枪安装了折叠式枪托，使用加长的管状弹仓

正统的霰弹枪设计

870 型 Mk 1 霰弹枪采用传统的泵动式原理，有两根扳机固定销，采用倾斜枪机设计，枪机直接与枪管延长段啮合实现闭锁。该枪采用 7 发管状弹仓，布置在枪管下方。870 型霰弹枪的枪管可以在数分钟内更换，此外还配有从鸽弹到箭形弹在内的多种弹药类型。该枪还可装配诸如背带环等附件。根据美国海军陆战队的要求，该枪在管状弹仓延长段（用于增加备弹数）前方安装了刺刀卡榫，可以安装与 M16 步枪相同的刺刀。军用型雷明顿霰弹枪安装有带散热孔的枪管护套，以及许多民用 870 型霰弹枪没有安装的橡胶枪托垫，这种托垫被美军认为是在战斗中必需的。

自这种霰弹枪问世以来，美国海军陆战队在历次作战中经常使用这种武器。在大规模两栖作战

下图：雷明顿霰弹枪在战争中有着悠久的使用历史，但是 870 型霰弹枪直到 20 世纪 60 年代中期才被美军正式接受。当时美国海军陆战队在越南的丛林战中大量使用这种武器。另外，警察也大量使用这种武器

中，这种霰弹枪使用的较少，但在其他类型的任务中，美国海军陆战队大量使用。例如：在 1975 年 5 月发生的“马亚圭斯”事件中，一艘美国商船在柬埔寨的西哈努克港附近停泊被拘留后，美国组建和派遣了部队，负责拦截检查过往船只。在越战期间，美国海军（常常是“海豹”小队）大量使用而且目前仍在使用这种武器。

美军还曾经制订了一项 870 型 Mk 1 霰弹枪的改进计划，使之可配备 10 发或 20 发子弹的弹匣，使用这种弹匣具有明显的战术优势。但是越南战争结束后，正当这项计划处于研制的顶峰阶段时，美国终止了这项计划。

警察、保安和准军事部队也非常喜爱 870 型霰弹枪。他们一般选择的型号都带有可装 8 发子弹的弹匣，使用固定或折叠式枪托，或者手枪式握把，枪管长 551 毫米或 709 毫米，枪口安装有气缸抑制器（或改进的气缸抑制器）、准星照门式瞄准具和“鬼环”式瞄准具、战术闪光灯、激光瞄准仪、发射非致命性子弹的专用装置，以及发射致命性子弹（如鹿弹和独头弹等）的专用装置。

先进战斗霰弹枪（ACS）

1972 年，由麦斯威尔 · G. 艾奇逊设计的艾奇逊突击霰弹枪（样枪）为研制新式霰弹枪——突击型霰弹枪铺平了道路。该型霰弹枪采用导气辅助的后坐式自动原理。艾奇逊霰弹枪（和作战型霰弹枪不同）以 M16 突击步枪的组件为基础，该枪的尺寸和布局与 M16 突击步枪非常相似，不过专门用于发射诸如鹿弹和独头弹等大威力弹药。它的设计较为简单，枪管被螺接到长筒状的机匣内，机匣内部还布置有枪机和复进簧。该枪的扳机组件使用了 BAR M1918 的设计，同时还采用了汤姆森冲锋枪的手枪式握把。这种霰弹枪既可以半自动射击，也可以全自动射击；既可以使用可装 5 发子弹的弹匣，也可以使用 20 发弹鼓。

1973—1979 年，艾奇逊霰弹枪的设计原理得到了验证。随后，制造商生产出了艾奇逊霰弹枪的改进型号。该枪最显著的特点就是，枪械的内部机构直接被包裹在可以从左右两边打开的两瓣式枪身中。从 1981 年开始，在美国和韩国少量生产了该型枪。在 1984 年，它的生产标准又经过修改，包括刺刀卡榫和前护木防滑纹在内的设计都被简化。所有的艾奇逊突击霰弹枪都能发射北约标准枪榴弹，既可采用 7 发单进弹匣，也能安装 20 发弹鼓。

新一代武器

20 世纪 80 年代初期，为了研制出能够发射大推力的多用途弹头（有效射程 100 米～150 米），美国开始实施一项名为近距离攻击武器系统（CAS）的研制计划。参与研制的成员中就有 H&K 和温彻斯特 / 奥林公司。前者负责武器开发，后者负责弹药的研制。

H&K 研制的近距离攻击武器（CAW）采用滑膛枪管，并具备可切换单连发射击的功能。CAW 可以发射钨合金箭形弹和大威力独头弹。该枪基于导气式自动原理辅助的后坐式自动原理，配备全浮

上图：H&K 研制的近距离攻击武器——霰弹枪有长有短。该枪采用枪管短后坐自动原理，全自动状态射击时，射速为 240 发 / 分

性能诸元

艾奇逊突击霰弹枪

口径：12 号（18.4 毫米）

枪长：991 毫米

枪管长：不详

重量：5.45 千克

射速：600 发 / 分

供弹具：7 发弹匣

H&K CAW 霰弹枪

口径：12 号（18.4 毫米）

枪长：988 毫米或 762 毫米

枪管长：686 毫米或 457 毫米

重量：3.86 千克

供弹具：10 发弹匣

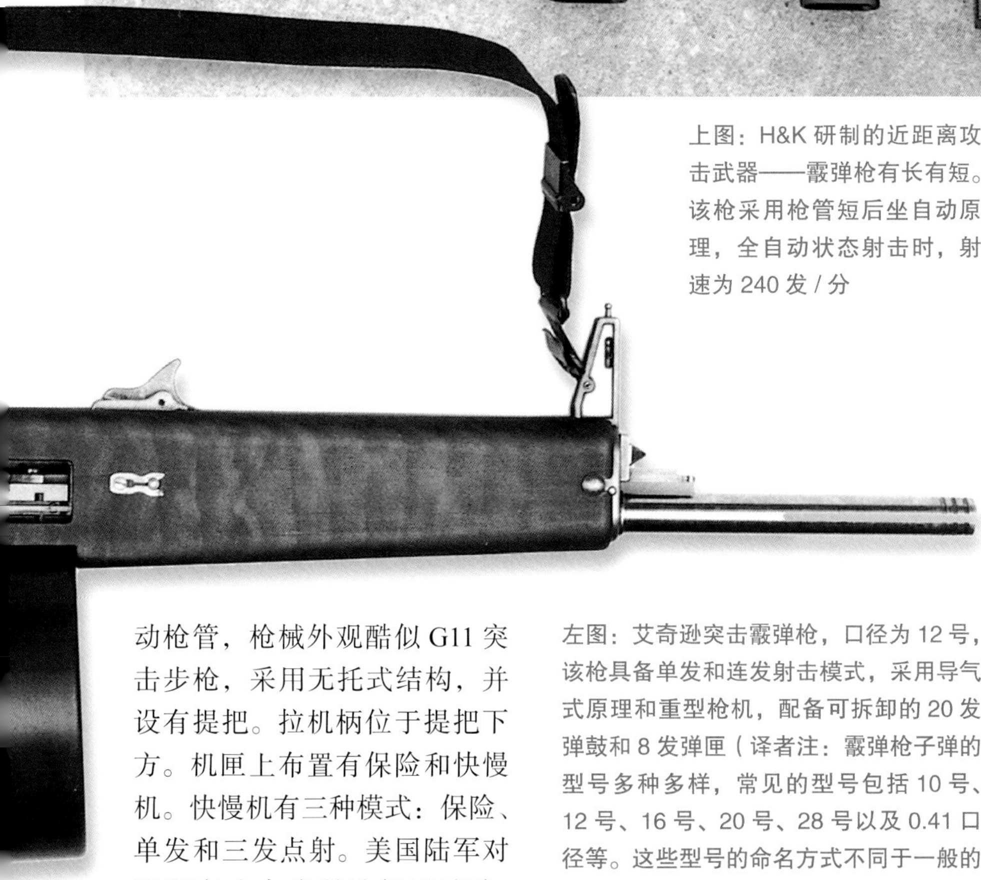

左图：艾奇逊突击霰弹枪，口径为 12 号，该枪具备单发和连发射击模式，采用导气式原理和重型枪机，配备可拆卸的 20 发弹鼓和 8 发弹匣（译者注：霰弹枪子弹的型号多种多样，常见的型号包括 10 号、12 号、16 号、20 号、28 号以及 0.41 口径等。这些型号的命名方式不同于一般的子弹，它们使用“号”来表示口径大小，而不是直接以直径命名。例如，12 号霰弹枪的口径为 18.4 毫米，这是因为“号”是指一磅铅能够熔成多少发圆丸子，这些丸子的直径就是该霰弹枪的口径）

动枪管，枪械外观酷似 G11 突击步枪，采用无托式结构，并设有提把。拉机柄位于提把下方。机匣上布置有保险和快慢机。快慢机有三种模式：保险、单发和三发点射。美国陆军对近距离攻击武器进行了试验，之后由于美国终止了整个研制计划，所以近距离攻击武器的研发也就中途夭折了。

第二次世界大战后的火炮

自第二次世界大战结束后，现代化火炮的火力已经翻了不止一番，新型弹药的杀伤力方面的进步甚至还要更为显著。更先进的冶金技术使得火炮更轻且更加坚固，由此能够发射推进装药更强，更符合空气动力学的弹药，从而实现更远的射程。

计算机化火控系统可以引导多门火炮在15秒时间内向同一个敌方目标发动急速射。现代火炮的射速也得到了长足进步，许多火炮系统可以在20秒内完成5发甚至更多发的急速射。在第二次世界大战期间就已经得到广泛使用的火箭炮兵如今也变得更加精确且致命。

如今，一个装备18门多管火箭炮的俄军炮兵营能够在30秒内向27.4千米（17英里）外的目标倾泻多达35吨的火箭弹。而美军装备的多管火箭发射系统（MLRS）可以在不到45秒内向约6个足球场大的面积发射8000枚手榴弹大小的子弹药。

左图：1970 年，第 1 海军陆战师的炮手正准备向靠近他们的越南北方部队开火。他们的 106 毫米（6.3 英寸）无后坐力炮定位于反坦克武器，但在越南更多地用作人员杀伤武器

轻型迫击炮

一般情况下，轻型迫击炮的定义为：口径最大不超过60毫米，重量（拆卸成几大部分时）要轻到足以使人力携带。

奥地利的SMI公司在迫击炮的生产中使用了多种金属原料及加工方法，对迫击炮的设计、开发和制造产生了重大影响，但迫击炮仅是该公司生产的武器之一。该公司生产的许多轻型迫击炮的性能都非常先进。

类型

从口径上看，该公司生产的最小口径的迫击炮是M6 60毫米。它有3种类型：M6/214标准迫击炮、M6/314远程迫击炮和M6/530轻型迫击炮。其中设计最传统的是M6/314迫击炮，它的炮管较长。M6/530迫击炮又被称为M6/530“突击队”迫击炮，它的炮管较轻，没有两脚架，仅有一个小型座钣，主要供单兵使用，可以装上扳机击发装置。这3种迫击炮都可以发射60毫米迫击炮的炮弹，其中SMI公司自己生产的HE-80炮弹重1.6千克，M6/314远程迫击炮发射这种炮弹，射程能达到4200米。

上图：一名英军步兵正准备把炮弹装进50.8毫米（2英寸）迫击炮的炮口。这种迫击炮供班级部队使用，除了能大量发射高爆炮弹之外，还能发射照明弹和烟幕弹

性能诸元

M6/314迫击炮

口径：60毫米
长度：1.082米
重量：18.3千克（迫击炮），1.6千克（炮弹）
最大射程：4200米

51毫米迫击炮

口径：51毫米
长度：0.75米
重量：6.28千克（迫击炮），0.92千克（HE炮弹），0.8千克（照明弹），0.9千克（烟幕弹）
最大射程：800米

莱兰迫击炮

口径：71毫米
重量：9千克（炮管包），8千克（弹药包）
最大射程：800米

M224轻型连用迫击炮

口径：60毫米
长度：1.106米
重量：21.11千克
最大射程：3475米

60毫米哈奇开斯－布朗特轻型迫击炮

口径：60毫米
长度：0.724米（炮管和后膛）
重量：全重14.8千克，1.65千克（炮弹）
最大射程：2000米

60毫米索尔塔姆迫击炮

口径：60.75毫米
长度：0.74米
重量：14.3千克（射击状态，带两脚架），1.59千克（炮弹）
最大射程：2555米

先进的武器

英国研制51毫米迫击炮是为了取代第二次世界大战前设计的51毫米迫击炮。研制这种新式迫击炮的工作始于20世纪70年代初期，主要由皇家武器研究所负责。经过大量工作，该研究所研制出一种新式迫击炮。这种迫击炮有一个独腿支架，但最后由于没有成功而放弃了。

英国陆军排级部队使用51毫米迫击炮。这种迫击炮从外观上看和其他国家的突击队使用的迫击炮非常相似，但它的结构更为复杂。它主要由炮管和座钣组成，但设计更为精细。迫击炮使用了绳索拉发式扳机。它使用的瞄准具非常复杂，内置夜间瞄准用的发光瞄准具。英国设计这种迫击炮主要强调了它的近距离作战能力，它的射程可以近到50米。它使用了一种近距离嵌入设置（SRI），通常该装置被存放在包裹炮管的炮口护套内。使用时，把SRI插入炮管底部，起到延长击针的作用，同时，围绕SRI的助推气体可以减小低处炮管的压力，可以通过降低初速来缩短射程。

正常情况下，迫击炮的最小射程为150米，最大射程为800米。单兵使用网式背带就可以携带，并且在战斗中，炮管绑上网式橡胶带有助于瞄准和炮管的稳定。炮弹装在帆布包和蛛网状的包内，清洁工具和其他辅助性工具可以装在网状的皮夹内。

弹药种类有高爆炮弹、照明弹和烟幕弹。高爆弹采用锯齿状的预制反步兵破片。该炮一个较为精妙的设计是，为了避免重复装填，在膛内有弹时装入第二发炮弹，第二发炮弹会突出炮口。高爆弹的反步兵破片杀伤面积相当于老式51毫米迫击炮弹的5倍。

下图：这是美国陆军的M224轻型连用迫击炮。图中的火炮安装在简易座钣上，没有两脚架。M224迫击炮的性能优越，它的炮弹安装了先进的引信系统

上图：在韩国举行的一次演习中，一名美军步兵肩扛M29 81毫米迫击炮的重型三脚架。由于这种迫击炮太重，无法满足现代战场上的需要，所以美军研制出了M224 60毫米迫击炮

英军使用51毫米迫击炮的用途之一是向“米兰”反坦克导弹小组在夜间作战时提供照明；烟幕弹可以应用于所有类型步兵战斗行动中，与高爆弹一样历史悠久。

标准的单兵弹药包可以装5发炮弹。在不影响正常作战载重能力的情况下，每个步兵能携带一门迫击炮和一个弹药包。

瑞典军工企业虽然规模小，但技术却相当先进。它生产的莱兰迫击炮是一种特殊的步兵支援武器。它只能发射照明弹。使用步兵支援武器发射照明弹并不是什么新鲜事，但是它的用途却越来越重要。很久以来，各国军队在战场上都使用迫击炮发射特殊的炮弹，这种炮弹可以把小型降落伞弹射到很远的目标上空，然后起爆大威力的照明药，光亮把地面照射得如同白昼，利用光亮，导弹小组能够找到所要攻击的敌人或装甲目标。此外照明弹还并不仅有这两种用途。

单兵携带能力

莱兰迫击炮是由博福斯公司设计、研制和生产的。它的步兵型号（还有一种型号专门供作战车辆使用）可以装在两个塑料包内。一个包装炮管和两颗照明弹；另一个包装4颗照明弹。需要时，从包内取出炮管，用螺丝嵌进塑料包上面的弹槽内。射手坐在包上，使用水平仪把炮管调整到47度角。

上图：莱兰系统的组装模式表明这种非常有用的照明系统的设计极为简单。发射器可以安装在携带箱上。箱内还可以装 2 颗照明弹。另一个箱子内装有 4 颗炮弹

然后，取出照明弹，弹头引信上贴有各种标记，注明它的射程——400 米或 800 米。然后，把炮弹放在炮管底部，正常状态下即可发射。降落伞打开前，射击高度在 200 米 ~ 300 米之间，降落伞打开后，照明时间大约为 25 秒。在 160 米的高空，照明面积为直径约 630 米的圆形范围。

多年来，美国陆军一直把 M29 81 毫米迫击炮当作标准武器使用。虽然开始时这种迫击炮非常成功，但是后来在越南战争期间，随着标准的提高，美军认为这种迫击炮的射程不够，而且太重，所以美国陆军决定转而使用第二次世界大战时的 60 毫米迫击炮。20 世纪 60 年代，改进后的 60 毫米迫击炮的射程增加了许多。经过长期研制，美国又生产出 M224 60 毫米轻型连用迫击炮（简称 M224 迫击炮）。这种迫击炮的炮管较长，供步兵、空降部队和空中机动步兵部队使用。它安装了“突击队”型迫击炮中使用的常规两脚架或简单的座钣。座钣等部件是用铝合金制造成的，整个武器可以被拆卸为两部分，供人力携带，也可以安装在车辆上使用。

M224 迫击炮的主要组成部分有：6.53 千克的 M225 加农炮组件；6.9 千克 M170 两脚架组件；6.53 千克 M14 座钣组件和 1.63 千克重的 M8l 简易座钣，以及如 M64 瞄准具等附件。M224 迫击炮每分钟能发射 30 发炮弹，持续性射速为每分钟 20 发炮弹。

先进引信

或许，M224 迫击炮的最重要的设计是发射的弹药，尤其是它使用的多用途引信。M224 迫击炮可以发射高爆照明弹、烟幕弹和训练弹。先进多用途引信的型号为 M734。它是美军最先使用的一种电子元件。M734 有 4 种起爆模式可供选择：高空空爆、低空空爆、碰炸和延迟引信。引信被安装于炮弹的弹头处，如果所选择的引信没有起动，那么它会自动选择下一种引信。例如，如果选中了低空空爆引信，而它却没有起动，那么炮弹就会自动选中碰炸引信，如此类推。当炮弹击中地面时，如果炮弹还未爆炸，那么它就会自动转为延迟引信。炮弹飞行时，空气穿过一个微型涡轮，连通弹头内部的微型线路，这样，引信需要的电能就产生了。

这种炮弹的高空空爆引信或低空空爆引信相当可靠，且能够提升炮弹的毁伤效能，如果引信按照预选的起爆模式起动，破片覆盖范围将接近 81 毫米迫击炮。这种电子引信的造价昂贵。为了把费用降到合理的水平，武器公司一般都采用大批量生产的做法。

激光辅助

为了和 M224 迫击炮以及它的电子引信炮弹相匹配，美国陆军使用了能精确计算出目标距离的激光测距仪，使第一发炮弹就能准确地落在敌人头上，从而达到最大的作战效果。这样，M224 轻型连用迫击炮一下就从最初的一种微不足道的武器成为一种不可或缺的武器系统。

当然，还有其他类型的轻型迫击炮。比较典型的有法国 3 种 60 毫米哈奇开斯 - 布朗特迫击炮，以色列 52 毫米和 60 毫米索尔塔姆迫击炮，西班牙两种 ECIA60 毫米迫击炮，苏联（俄罗斯）各种类型的 50 毫米迫击炮，南斯拉夫 M8 50 毫米迫击炮。

左图：这名瑞典士兵携带一套完整的莱兰系统，右手中是管炮和两颗炮弹，左手中有 4 颗炮弹。所有这些武器弹药可以装在两个塑料箱内。莱兰系统仅用于夜间目标照明

中型迫击炮

人们对中型迫击炮的普遍定义是：口径在 60 毫米 ~ 102 毫米之间，重量在 35 千克 ~ 70 千克之间，发射炮弹重量在 3.5 千克 ~ 7 千克之间，射程在 1850 米 ~ 5500 米之间。

轻型迫击炮可以向连级小规模部队提供战术火力支援，而中型迫击炮是一种威力更大的武器。中型迫击炮一般装备到营或团级部队，用车辆运输。它的实用性和致命性更强，射程更远。

奥地利的 SMI 公司设计、开发和制造的中型迫击炮是 81.4 毫米的 M8 迫击炮。这种迫击炮深受英国中型迫击炮的影响，该炮的座钣大部分用铝合金制成，炮管用优质钢制成。和 SMI 公司的 M6 轻型迫击炮一样，M8 迫击炮也分为几种类型：M8/122 标准迫击炮和 M8/222 远程迫击炮。后者较重，炮管较长。和连级部队使用的轻型迫击炮一样，为了取得最好的战斗效果，该炮也采用了专用的炮弹。M8/222 远程迫击炮发射 HE-70 炮弹时，射程高达 6500 米。奥地利研制这种迫击炮的目的是取代奥地利陆军使用的英制 81 毫米迫击炮，并且 SMI 公司研制的系列中型迫击炮还打入了国际武器市场。另外，该公司还生产出一种口径为 82 毫米的迫击炮，这种迫击炮可以发射华约制式炮弹。

优秀的英国迫击炮

L16 迫击炮是第二次世界大战后由英国研制最成功的武器，不仅英国陆军，而且包括美国军队在内的许多国家的军队都使用这种迫击炮。美国陆军把这种迫击炮称为 M252 迫击炮。L16 81.4 毫米迫击炮获得成功的主要原因之一是它能够发射强装药的炮弹。正常情况下，这种炮弹持续射击时，会使炮管的温度升高。L16 迫击炮的炮管比正常迫击炮的炮管薄，炮管下半部分的周围装有起到冷却作用的散热片。这样发射炮弹速度较快，射程明显提高，有些类型的炮弹可以发射到 6000 米甚至更远。这种优势同样会带来一些不利因素，如炮口风会更加严重。

上图：长期以来，各国都担心在战场上会遇到核生化武器的威胁。（图中）L16 迫击炮炮组身穿核生化防护服，正在接受核生化条件下的作战训练

性能诸元

L16 迫击炮
口径：81.4 毫米
长度：1.28 米（炮管）
重量：37.85 千克（迫击炮），
4.2 千克（高爆炮弹）
最大射程：5650 米

布朗特 MO82-61L 迫击炮
口径：81.4 毫米
长度：1.45 米（炮管）
重量：41.5 千克（迫击炮），
4.325 千克（高爆炮弹）
最大射程：5000 米

82-PM 41 迫击炮
口径：82 毫米
长度：1.22 米（炮管）
重量：52 千克（迫击炮）
最大射程：2550 米

先进的设计

和炮管相比，L16 迫击炮的其他设计就逊色多了。它的支架因外形像字母“K”，所以被称为“K”形支架，使用这种支架可以快速、方便地调整射角。底盘和瞄准具由加拿大设计。底盘经过了特殊加工，铝合金浇铸在模具内，模具的膨胀度可以控制。座钣可以 360 度角转换，无需离开地面重新放置。

L16 迫击炮使用了不同类型的铝合金。这种迫击炮能发射北约军队的所有类型的 81 毫米炮弹。和其他武器一样，迫击炮使用与之相匹配的炮弹，会达到最佳的射击效果。最新型的高爆杀伤炸弹是 L36A2，重 4.2 千克，最大射程为 5650 米。其他炮弹包括烟幕弹、近程训练弹和布朗特照明弹。

上图：标准的车辆携带型 L16 迫击炮。该炮被搭载于 FV432 装甲运兵车底盘上。车内存放了多发炮弹

上图：图为朝鲜战争中，美军的一个迫击炮小组。此类战斗经常发生在夜间，迫击炮的位置容易暴露，所以为了保护阵地，迫击炮周围要用沙袋加固，或者借助周围自然环境来保护阵地的安全

L16 迫击炮在马尔维纳斯群岛战争和海湾战争中都有不俗的表现。在马尔维纳斯群岛战争中，其表现可以从阿根廷的一些报道中看出，阿方甚至称 L16 迫击炮的炮弹配备有红外制导装置，能丝毫不差地落在阿根廷士兵头上，攻击的精确程度实属罕见。

L16 迫击炮可以通过专用支架安装在 FV 432 等装甲车辆上。虽然英国已经研制出 M113 系列迫击炮，但是正常情况下，英军仍然使用 L16 迫击炮，它可以分解成多个部分，靠人力携带到战场上，投入战斗。

一流的设计

自从第一次世界大战以来，布朗特的名字一直和迫击炮的设计、研制和制造紧密相连。两次世界大战之间的设计成果大多被法国的斯托科斯·布朗特公司所继承。该公司已经成为布朗特公司的一部分。该公司生产的迫击炮种类从轻型、中型和重型无所不包，应有尽有。布朗特中型迫击炮的口径为 81 毫米，它有多种型号，范围从基本的 MO81-61C 迫击炮到有较长炮管的特殊型号，如 MO81-61L 迫击炮，该迫击炮的射程较远。

结实耐用、效果显著

这些迫击炮的设计比较传统。世界上许多国家的军队都购买了这种武器。为了与之相匹配，斯托科斯·布朗特公司还生产了大量炮弹和配套的推进装药。炮弹类型包括高爆炮弹、高爆杀伤弹、烟幕弹、照明弹和目标指示弹。目标指示弹主要为飞机指示目标。

苏联解体后，苏联陆军被俄罗斯联邦和其他多个较小国家瓜分。许多年来，苏联陆军研制了各种类型的迫击炮。令人吃惊的是，自第二次世界大战结束后，苏联就保留了大量的轻型、中型和重型迫击炮。这些迫击炮的标准口径有 50 毫米、82 毫米、107 毫米、120 毫米和 160 毫米。

左图：苏联 20 世纪 60 年代研制的“矢车菊”迫击炮的重量相对较轻，但用途广泛。它可以安装在包括射击平台在内的大型炮架上，既可以直接射击，也可以间接射击。和同类型的迫击炮相比，它的射速较高

上图：照片拍摄于越南战争期间。这支美国的迫击炮小组使用的中型迫击炮在战斗中能提供猛烈的火力支援。虽然如此，在战场上，美军仍需要轻型迫击炮

上图：奥地利的 81 毫米迫击炮的两名炮兵正在做发射准备。一名士兵正在校正武器和检查瞄准装置；另一名士兵正在检查两脚架的锥形腿摆放是否牢固

下图：迫击炮射击时，炮口产生强大的高压波会损伤操作人员的耳朵。所以图中美军迫击炮的炮兵手捂耳朵，至少能起到一定的保护作用。目前炮兵已经普遍使用听力保护装置

后来，虽然苏联军队把研制重点放在了口径为 107 毫米以上的重型迫击炮上，但是苏联也依然在装备中型迫击炮。苏联最早的中型迫击炮是 1936 年生产的 82-PM 36，它直接模仿了布朗特迫击炮的炮口装弹和平滑炮膛设计。随后的 82-PM 37 和 82-PM 36 迫击炮的主要区别是它们使用的炮弹不同（不是正方形底盘），而且在炮管和两脚架之间，82-PM 37 迫击炮使用了后坐力弹簧。82-PM 41 迫击炮主要是为了提高机动性能而设计的，它的两脚架带有转向轴，并带有两个冲压钢板制成的炮轮，中心处有升降杆。82-PM 43 和 82-PM 41 迫击炮的区别仅在于它有固定式炮轮，而 82-PM 41 迫击炮使用的是分离式炮轮。

最后，在 82-PM 37 迫击炮的基础上，苏联又生产出了新式的 82-PM 37 迫击炮。为了提高战场上的机动能力，它使用了轻型座钣和三脚架。

固执而又怪异的设计

在众多的迫击炮中，苏联有一种非常怪异的名为“矢车菊”的小型自动迫击炮。这种迫击炮生产于 1971 年。该炮的正式型号则为 2B9。它的口径为 82 毫米，它可以安装在一种形似山炮的炮架上，使用轻型车辆牵引。架设完毕后，它既可以像传统火炮那样直接射击，也可以以较大射角射击。在战斗中，炮架的轮子可以拆卸下来，放置在地面上，迫击炮则放置在底盘上。这种迫击炮可以手工从炮口装弹，也可以使用 4 发炮弹的弹夹从弹膛处自动供弹。高爆炮弹重 3.23 千克，最大射程为 4750 米。

安装在轻型装甲车上的“矢车菊”迫击炮有几种类型，通常安装在炮塔上使用。苏联及其加盟共和国的陆军的每一个步兵营都装备了 6 门“矢车菊”迫击炮。但是事实上，或许只有一线师的摩托化或机械化营才会配备齐全。

由于 81 毫米迫击炮的重量适当，能够提供较好的火力，而且费用也能支付得起，所以许多国家的军队都使用这种口径的迫击炮。值得注意的是，有许多国家虽然和上述情况不同，但也制造和装备了这种类型的迫击炮。芬兰塔米拉公司生产了两种迫击炮：M-38 和 M56。和塔米拉公司一样，以色列另一家火炮制造商——索尔塔姆公司也挤进了迫击炮市场。该公司生产的主要武器是 M-64 81 毫米中型迫击炮。这种迫击炮有各种型号：短小炮管型、长炮管型和双炮管型。西班牙的 ECIA 公司则生产了 L-N 型和 L-L 型 81 毫米迫击炮。

重型迫击炮

重型迫击炮通常是指口径超过 102 毫米、发射炮弹重于 7 千克、射程超过 6000 米的迫击炮。重型迫击炮的射程比中型迫击炮更远，威力更大，且依然具备较好的战术机动性。

奥地利的 SMI 公司生产的迫击炮的规格齐全，种类繁多。最大的一种是 M12 120 毫米迫击炮。这种武器既供奥地利军队使用，也出口到其他国家。和其他同口径的迫击炮一样，这种迫击炮是在苏联的 120-HM 38 迫击炮的基础上设计出来的，但它使用了更多的特殊金属，既减轻了重量，又增加了炮弹的装药量和射程。

M12 迫击炮使用了特殊的两脚架，这种支架安装了后坐力吸收装置，所以易于操作；该炮可以发射专门为其设计的 HE-78 炮弹。这种炮弹重 14.5 千克，包括 2.2 千克的战斗部装药，射程高达 8500 米。

法国处于领先地位

法国的布朗特公司生产的迫击炮有口径为 60 毫米和 81.4 毫米的轻型和中型迫击炮，但是该公司最著名的武器还是 120 毫米的重型迫击炮，从而使迫击炮真正成为常规火炮的多用途助手。许多国家的军队干脆用 120 毫米迫击炮取代了火炮。常规的迫击炮和小口径迫击炮一样，采用滑膛炮管，而线膛迫击炮则要复杂得多。从许多方面看，它和常规的大角度火炮非常类似。线膛迫击炮可以发射火箭增程弹：炮弹在弹道最高处点燃火箭发动机继续飞行，凭借火箭的加速，重 18.7 千克高爆炮弹的射程高达 13000 米。虽然这种带有膛线的布朗特迫击炮的体积和重量较大，但它确实用途广泛，性能卓越。120 毫米系列迫击炮主要有：MO120-60 轻型迫击炮、MO120-M65 加强迫击炮、MO120-AM 50 重型迫击炮、MO120-LT 迫击炮和 MO120-RT-61 线膛迫击炮。

美国 106.7 毫米迫击炮在第二次世界大战爆发前夕完成研制，最初该型火炮主要用于发射烟幕弹，且该型火炮在全球服役了很长时间。在第二次世界大战后，该型火炮经过了多轮改进计划，从火炮本身到弹药都经过了多轮改进，甚至大部分人都已经忘了该型火炮最初被称为“化学迫击炮”（除了使用过的士兵们），目前，这种迫击炮被称为 M30 107 毫米迫击炮。这是一种线膛炮迫击炮，能发射旋转式稳定弹头。目前的 M30 迫击炮没有使用最初的矩形座钣，现在它使用较重的圆形座钣，炮管用一根单独的圆柱支撑。炮管可以在座钣上旋转，并且装有反后坐系统。这种系统可以吸收射击

上图：索尔塔姆 120 毫米标准迫击炮是一种重型迫击炮。图中的迫击炮正准备装运。注意它的炮口处于保护状态。装载车上还有工具、零部件和其他设备。图中的 IMI 照明弹内部装有 6 颗推进弹

时产生的强大后坐力。有了这些附属装置，该型迫击炮的全重达到了 305 千克。这么重的迫击炮，要在匆忙中投入或撤出战斗相当困难，所以这种迫击炮需要的人手较多，装载的车辆较大。事实上，大多数 M30 迫击炮根本没有地面支架，它们在 M113 装甲车内有特殊的支架，直接从装甲车顶部的舱口射击。

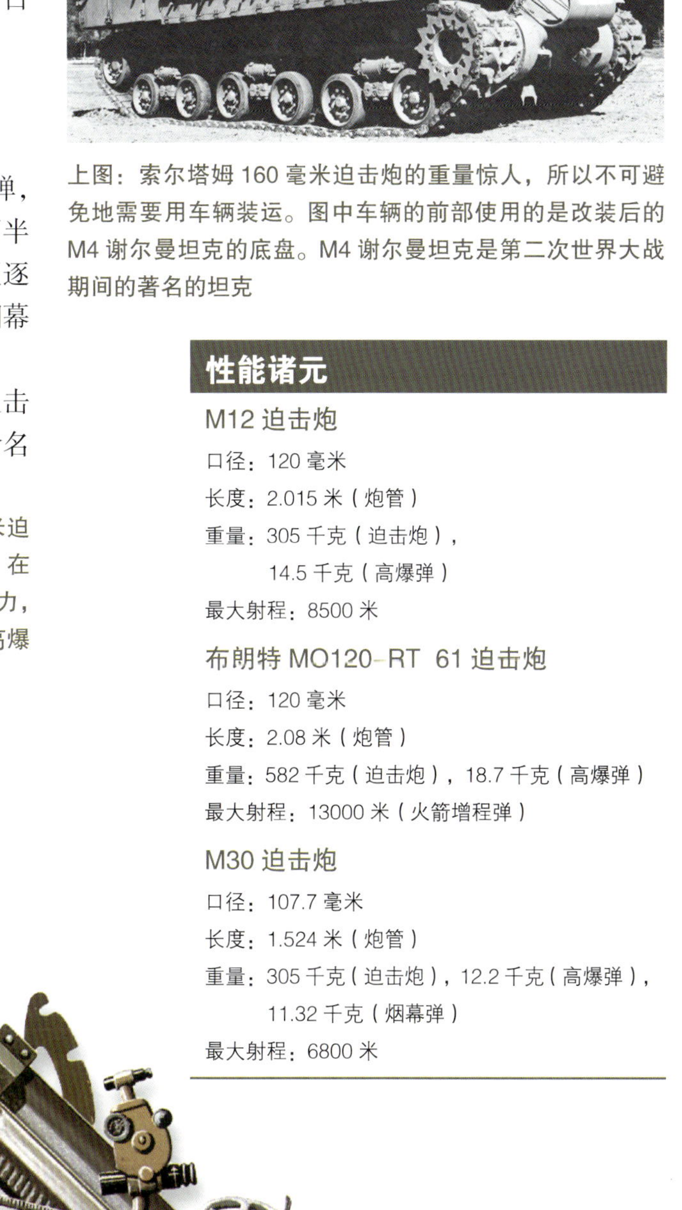

上图：索尔塔姆 160 毫米迫击炮的重量惊人，所以不可避免地需要用车辆装运。图中车辆的前部使用的是改装后的 M4 谢尔曼坦克的底盘。M4 谢尔曼坦克是第二次世界大战期间的著名的坦克

性能出众的炮弹

M30 迫击炮使用的炮弹与其说是迫击炮炮弹，不如说是火炮炮弹更准确一些。该炮的装药采用半固定式，可根据射程需要进行增减。炮弹的类型逐年都在增加，目前至少有三种高爆炮弹、两种烟幕弹、一种照明弹和两种化学弹。

以色列的索尔塔姆公司生产了各种类型的迫击炮，但只有它的重型迫击炮是以该公司的名字命名

下图：苏联的 1943 型 160 毫米迫击炮是一种老式的大型迫击炮，在战场上具有较强的火力支援能力，常常取代常规火炮。它发射的高爆杀伤性炮弹重 40.8 千克

性能诸元

M12 迫击炮

口径：120 毫米
长度：2.015 米（炮管）
重量：305 千克（迫击炮），
14.5 千克（高爆弹）
最大射程：8500 米

布朗特 MO120-RT 61 迫击炮

口径：120 毫米
长度：2.08 米（炮管）
重量：582 千克（迫击炮），18.7 千克（高爆弹）
最大射程：13000 米（火箭增程弹）

M30 迫击炮

口径：107.7 毫米
长度：1.524 米（炮管）
重量：305 千克（迫击炮），12.2 千克（高爆弹），
11.32 千克（烟幕弹）
最大射程：6800 米

的。索尔塔姆公司生产了两种大口径——120毫米迫击炮和160毫米迫击炮。这两种类型的迫击炮的体积相当大，需要专门的轮式运输车才能运送。这两种120毫米迫击炮中，一种被称为轻型迫击炮，另一种被称为M-65标准迫击炮。

供步兵使用而设计的轻型迫击炮投入战斗时需要用轮式运输车运送，然后由人力拖拉。标准迫击炮的体积更大，需要用车辆牵引到战场才能参加战斗。两种120毫米索尔塔姆迫击炮的射程几乎没什么差异：标准迫击炮的边棱较为平缓，但两者使用的炮弹相同，如果需要，都可以安装在装甲车上。该公司生产的120毫米炮弹重12.9千克，其中高爆炮弹的弹头重2.3千克。

超重型迫击炮

索尔塔姆公司生产出M-66 160毫米重型迫击炮之后，迫击炮就超出了步兵支援武器与火炮之间的界线。每门M-66迫击炮有6~8名炮兵。它的炮管太长，以至于只能放弃炮口装填，转而采用后膛装填。M-66迫击炮的炮弹重40千克，射程为9300米。M-66迫击炮全重1700千克，这意味着该炮往往被安装在改装后的坦克底盘上。

苏联陆军从第二次世界大战之前以及大战期间，就开始大量使用包括107-PBHM 38 107毫米迫击炮、120-HM 38 120毫米迫击炮、120-43型迫击炮和160-43型迫击炮等在内的多种重型迫击炮。苏联生产的160毫米迫击炮取代了常规的火炮，成为师属炮兵的武器。这种重型迫击炮采用后膛装填，长度和重量都极为惊人。苏军随后还装备了M-160和M-240迫击炮，M-240口径达到240毫米。这种令人生畏的迫击炮最初出现于1953年。使用两轮炮架，处于运输状态时，长6.51米。从许多方面看，M-240迫击炮和M-160 160毫米迫击炮都非常相似，M-240也采用后膛装填。该炮在炮管重心位置安装有枢轴，在装填时，炮口降低，炮尾升起以便水平装填炮弹，随后装入发射药，炮口升起，炮尾闭锁，完成射击准备。

下图：要增加或减少射程时，迫击炮无需改变射角，炮兵可以通过增减发射药来增加或减少迫击炮的射程。图中是美国的106.7毫米迫击炮。该炮的炮管上直接刻有射程和对应装药数据的简易射表

上图：布朗特120毫米膛线型迫击炮的炮膛放在底盘上，轮式支架安装在身管重心位置。这种迫击炮从炮口装弹，炮弹重18.7千克

M-240迫击炮非常庞大，炮管长5.34米。在射击状态下，M-240迫击炮全重3610千克。如此大的体积和重量，威力自然非常惊人，它发射的高爆炮弹重100千克，最大射程为9700米，炮口初速为362米/秒。

这种战场上的庞然大物需要9个士兵才能操作，最大射速为1发/分。

生产重型迫击炮的国家还有芬兰、西班牙、瑞典和瑞士。芬兰的塔姆帕拉公司制造的重型迫击炮有M-40 120毫米和M-58 160毫米迫击炮。西班牙的ECIA公司研制出了L型105毫米迫击炮、L型120毫米迫击炮和SL型迫击炮。瑞典的博福斯公司生产有M/41C 120毫米迫击炮。瑞士的瓦冯法布里克公司制造出了64型和74型120毫米迫击炮。

下图：图中的布朗特迫击炮的口径为 120 毫米，属于典型的重型迫击炮，其性能极其先进。由于这种迫击炮的体积和重量惊人，所以只有使用车辆运载才能保证它在战场上的机动能力

性能诸元

120 毫米索尔塔姆标准迫击炮

口径：120 毫米

长度：2.154 米（炮管）

重量：245 千克（战斗中迫击炮的重量），12.9 千 克（高爆弹）

最大射程：8500 米

索尔塔姆 M–66 迫击炮

口径：160 毫米

长度：3.066 米（炮管）

重量：1700 千克（战斗中迫击炮的重量），40 千克（高爆弹）

最大射程：9600 米

1943 型 120 毫米迫击炮

口径：120 毫米

长度：1.854 米（炮管）

重量：275 千克（迫击炮），16 千克（高爆杀伤弹）

最大射程：5700 米

加农迫击炮

左图：这是一辆SIBMAS 6×6装甲车。它的炮塔上安装了一门布朗特60毫米加农迫击炮。为了增加射程，它的炮管比较长。该炮通常采用后膛装填，扳机击发

布朗特公司研制出了发射专用炮弹的加农迫击炮，这在世界上是绝无仅有的。为了发明出一种多用途的近距离支援武器，布朗特公司结合了高射角的迫击炮和常规火炮的优点，生产出了加农迫击炮。加农迫击炮的设计相当简单。该炮具备膛口装填与后膛装填两种模式：在低弹道射击时采用后膛装填，在高弹道射击时采用前膛装填。

最初研制时，这种武器安装在轻型装甲车上，但是事实证明加农迫击炮的潜力还远不仅于此：经过演化，它还有其他用途。加农迫击炮没有安装在两脚架或其他基座上的型号。

两种武器类型

布朗特加农迫击炮有口径60毫米和81.4毫米两种类型。60毫米加农迫击炮主要用于步兵支援，而81毫米加农迫击炮一般安装在带有装甲的大型车辆或装甲车上（60毫米加农迫击炮也可以安装在轻型装甲车的炮塔上，有时还可以安装在轻型巡逻艇上）。这些炮塔式支架是为了向步兵提供近距离支援而设计的。

布置在滑膛炮管周围的弹簧缓冲装置能够吸收大部分后坐力，尽量减小对炮耳的冲击力。这种加农迫击炮既可以发射常规的迫击炮炮弹，也可以

上图：布朗特LR型60毫米加农迫击炮，该炮兼具平射炮和滑膛迫击炮的性能特点，既能前膛装填，也能在狭窄的车舱内后膛装填。该炮发射专用炮弹时曲射射程可达5000米

使用特殊的霰弹或空心装药的穿甲弹。以低弹道模式发射时，标准的60毫米加农迫击炮的射程大约为500米；使用常规模式发射时，射程可以增加到2050米。作为迫击炮使用时，从炮口装填炮弹，炮弹下落后撞击固定式击针；但是作为低弹道的加农炮使用时，炮弹则通过炮膛的设置装填。布朗特公司还生产了一种特殊的60毫米远程加农迫击炮，该炮的平射和曲射射程分别为500米和5000米，曲射时需要装填专用炮弹。

更强的能力

81毫米加农迫击炮的设计更加复杂。由于这种加农迫击炮主要供装甲车使用，所以安装了一套后坐缓冲装置，其重量远远超过了60毫米加农迫击炮。然而，大型加农迫击炮能够发射口径为81毫米的所有炮弹，同时也能发射专用炮弹，这种专用的“箭”式穿甲弹采用专用发射药，只能平射。该炮可以在1000米距离上击穿50毫米装甲。

这两种加农迫击炮的改进工作仍在继续，并且世界上许多国家的军队已经开始大规模地使用这两种武器，尤其是那些欠发达国家更是如此。

上图：这是一门安装在充气巡逻艇上的布朗特60毫米加农迫击炮，我们可以明显地看到位于耳轴后方的装填机构。加农迫击炮兼具前装和后装能力，不过这门安装在巡逻艇上的加农迫击炮只能后膛装填

性能诸元

60毫米布朗特加农迫击炮（标准型）

口径：60毫米

长度：1.21米

重量：42千克（加农迫击炮），1.72千克（高爆炮弹）

最大射程：500米（平射），2050米（曲射）

81毫米布朗特加农迫击炮（标准型）

口径：81.4毫米

长度：2.3米（炮管）

重量：500千克（加农迫击炮），4.45千克（高爆炮弹）

最大射程：1000米（直接射击），8000米（间接射击）

下图：轻型车辆的炮塔上安装加农迫击炮后，具有强大的作战能力。平射可以对付近距离的敌人，曲射可以攻击较远距离的敌人。这辆SIBMAS装甲车上，60毫米加农迫击炮取代了20毫米机关炮

M50 型 155 毫米榴弹炮

M50 型 155 毫米（6.1 英寸）榴弹炮是自 20 世纪 50 年代以来法国陆军的制式牵引榴弹炮，瑞典的博福斯公司也曾获得许可为瑞典陆军生产这种火炮，他们称之为“法式 15.5 厘米野战榴弹炮”。目前该炮在法军中已经大部分被 TR 型 155 毫米牵引加榴炮取代，后者具备内置辅助动力装置且射程更远。瑞典军队装备的 M50 型榴弹炮也被博福斯的 FH-77A 榴弹炮替换。M50 型榴弹炮（该炮的另一个型号为 OB-56-56 BF）——也曾出口到以色列、黎巴嫩（其中一些在 1982 年夏季的战斗中被以色列从巴勒斯坦解放组织手中缴获）、摩洛哥和瑞士。

M50 型榴弹炮身管长 4.41 米（14 英尺 5.6 英寸），采用非传统的多室炮口制退器、随动液压反后坐装置、螺纹炮闩。火炮采用开脚式大架，每侧大架都安装有两个橡胶炮轮。在行军时，大架合拢，由末端的闭锁装置锁定。为了便于在公路上快速行军，M50 的炮轮还安装有气动刹车装置，压缩空气由牵引车供应。

进入发射阵地后，火炮由展开的大架两腿末端的驻锄和前部的圆形座钣共同支撑。

50 型榴弹炮的操作共需 11 名炮手，法国陆军通常使用贝利埃 GBU 15 型 6×6 卡车作为牵引车辆，该车同时也负责运载炮手和弹药。该型火炮采用分装式弹药，高爆弹重量为 43 千克（94.8 磅），最大炮口初速为 650 米 / 秒（2135 英尺 / 秒），射程为 18000 米（19685 码）。它也可以发射照明弹和烟幕弹。白朗公司研制了一种火箭增程高爆弹，最大射程达到 23300 米（25480 码）。该型炮的最大射速为 2 到 3 发 / 分。

为了满足以色列陆军的要求，法国布尔日军备研究与制造基地为将 M50 型榴弹炮安装在了大幅度改造后的谢尔曼坦克底盘上，这款自行火炮于 1963 年装备以色列陆军，并被定型为 M50 型 155 毫米自行榴弹炮。该武器现在仅有后备部队使用，不久之后将彻底退役。底盘的改进之处很多，其中包括将发动机移到车辆前部右侧，驾驶员位于其左侧。155 毫米榴弹炮安装在车体尾部的一个顶部开放式舱室中，顶部在天气潮湿的环境下可安装一个柏油帆布顶盖。存储箱挂在车体外部履带上方。车辆进入发射位置后，车体尾部向下展开，两侧的门开启，储存的弹药暴露出来。M50 型自行榴弹炮的战斗全重为 31 吨，乘员为 8 人。在 1973 年中东战争中，有多门该型榴弹炮在苏伊士运河附近的密集作战中被埃及人缴获。

性能诸元

M50 型 155 毫米榴弹炮

口径：155 毫米（6.1 英寸）

重量：运输时 9000 千克（19841 磅），发射时 8100 千克（17857 磅）

尺寸：（行军状态）长度 7.8 米（25 英尺 7 英寸），宽度 2.75 米（9 英尺），高度 2.5 米（8 英尺 2.4 英寸）

俯仰角：-4~+69 度

方向射界：共计 80 度

最大射程：标准弹药 18000 米（19685 码），火箭增程弹药 23300 米（25480 码）

下图：发射状态下，M50 型榴弹炮的重量主要由座钣和开脚式大架承担

下图：多室炮口制退器是 M50 型榴弹炮的一个有趣特征，旨在减小火炮发射时对反后坐系统产生的后坐力

奥托－梅莱拉 M56 型 105 毫米驮载榴弹炮

守卫意大利北方山地的阿尔卑斯山地步兵部队以及意军唯一的空降旅都需要一款可以快速分解以便于跨山运输的 105 毫米（4.13 英寸）榴弹炮，同时组装形态下也要足够轻，以便于空投或悬挂在直升机下方。为了满足这一要求，位于拉斯佩齐亚的意大利军火制造商奥托－梅莱拉公司设计了著名的 modello 56 型（M56）105 毫米驮载榴弹炮（简称 M56 榴弹炮）。该炮于 1957 年投产，并很快装备全球 30 多个国家。截至 21 世纪初期，该炮的装备数量已经超过 2500 门，并见证了很多地区的战斗。英国人在南也门以及婆罗洲冲突中使用过该武器，而阿根廷人则在 1982 年的马尔维纳斯群岛战争中使用过。按照今天的标准，M56 榴弹炮属于短程榴弹炮，而在英国部队中服役的 M56 榴弹炮被皇家兵工厂研制的 105 毫米轻型加榴炮取代，后者最大射程达到 17000 米（18590 码），而 M56 榴弹炮的射程仅为 10575 米（11565 码）。

上图：配属于英国皇家海军突击队的皇家炮兵部队正在装载一门 105 毫米驮载榴弹炮。英军常用瑞典的 Bv 202 全地形车作为火炮牵引车，该车辆在马尔维纳斯群岛战役中成功地用于牵引更现代化的 105 毫米轻型榴弹炮

右图：奥托－梅莱拉 56 型 105 毫米榴弹炮较轻的重量以及出色的便携性使其成为在艰难地形中作战部队的首选。图中的是在意大利陆军中服役该型炮。该炮拆除了防盾以减重

炮口制退器

M56 榴弹炮的身管很短，并装有一个多室炮口制退器，一套液压缓冲装置和弹簧复位装置，采用立式滑动炮闩。炮架采用开脚式大架，并安装了橡胶炮轮以实现高速牵引。作为 M56 榴弹炮的设计特色之一，其炮轮有两种安装方式：在常规野战使用时，炮轮升起，俯仰角为 -5～+65 度，方向射界共计 36 度（左右各 18 度）；而在执行反坦克任务时，弹簧悬挂的炮轮会被放倒，火炮俯仰角为 -5～+25 度，方向射界为 36 度。炮轮放低可以让全炮高度从 1.93 米（6 英尺 4 英寸）降低为 1.55 米（5 英尺 1 英寸），从而更便于在反坦克作战中隐蔽。

M56 榴弹炮在恶劣地形中运输时可分解成 11 个部分，在和平时期，防盾通常被拆下以节省重量。该炮炮班编制为 7 人，通常由长轴距货车或相似车辆牵引。该炮也能由 UH-1 或相似直升机吊运。M56 榴弹炮的另一个优势是它发射与美国 M101 和 M102 型 105 毫米牵引火炮相同的炮弹，而这种弹药在全世界范围内都有制造。M56 榴弹炮可发射的弹药包括 21.06 千克（46.4 磅）的高爆弹，炮口初速 472 米 / 秒，以及烟幕弹、照明弹和破甲弹，其中破甲弹重量为 16.7 千克（36.8 磅），可以击穿 102 毫米（4 英寸）厚的装甲。

性能诸元

M56 型 105 毫米榴弹炮

口径：105 毫米（4.13 英寸）
重量：运输时 1290 千克（2844 磅）
尺寸：（行军状态）长 3.65 米（11 英尺 11.7 英寸），宽 1.5 米（4 英尺 11 英寸），高 1.93 米（6 英尺 4 英寸）
俯仰角：-5～+65 度
方向射界：36 度
最大射程：10575 米（11565 码）

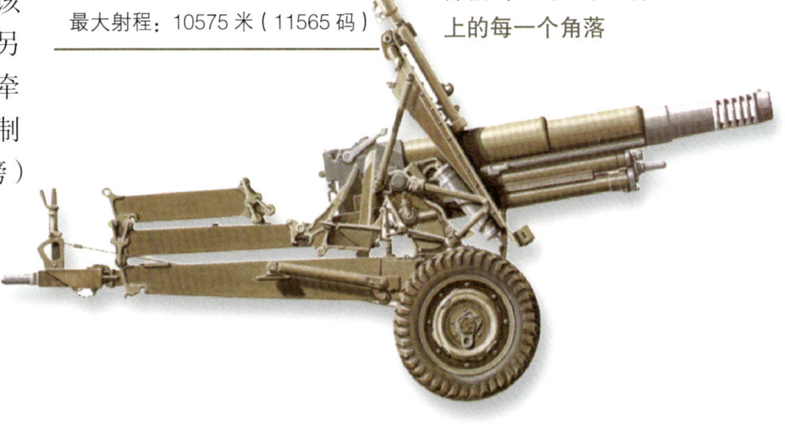

下图：图中展示的是行军状态下的奥托－梅莱拉 M56 型 105 毫米驮载榴弹炮，炮架分三段叠放起来以减小武器的总长度。自 1957 年以来，奥托－梅莱拉公司累计制造的 M56 榴弹炮数量超过 2500 门，并被出口到几乎世界上的每一个角落

英国 140 毫米加农炮

上图：皇家炮兵部队的炮手正在手动操作一门 140 毫米加农炮的驻锄。140 毫米加农炮于 1942 年服役，采用分装弹药，除了两种高爆弹药外，还能发射发烟弹和照明弹

1945 年之后，140 毫米（5.5 英寸）加农炮——中型加农炮放弃了此前使用的 45.4 千克（100 磅）炮弹，改用 36.3 千克（80 磅）高爆弹，更换了包含 5 个药包的发射装药，最大射程增加至 16460 米（18000 码）。事实证明，这种火炮 / 炮弹组合足以满足多种需求，并在 1945 年之后在多国军队中服役了几十年。战后的同盟关系以及英军的大量剩余物资使得 140 毫米加农炮被赠送给了包括缅甸、希腊、新西兰、巴基斯坦和葡萄牙等国家，同时该炮也一直在英国陆军中活跃于第一线，直到 1978 年最后一门才退役。即使如此，此后仍有一些在位于拉克希尔的皇家炮兵学院继续使用，主要是利用剩余的库存炮弹进行射击训练。其中最后一门训练用火炮直到 20 世纪 90 年代中期才退役。20 世纪 50 年代英军曾着手研制 140 毫米加农炮和百夫长坦克底盘组合而成的自行加农炮，但最终没有成功。

1945 年之后，140 毫米加农炮最重要的一个使用者就是南非陆军，他们将这种武器称为 G2 140 毫米加农炮。但到了 20 世纪 70 年代时，随着南非北部边境线问题的出现以及联合国武器制裁的到来，南非发现老旧的 G2 已经早被对方苏联支援的火炮所超越。作为一项临时措施，南非当地的一家公司（纳斯切姆公司）研制了一种新型的高爆破片复合增程炮弹，将最大射程提高到 21000 米（22965 码），新的 G5 和 G6 155 毫米（6.1 英寸）火炮问世后，这种炮弹几乎不再使用了。纳斯切姆公司还推出了一款改进型烟幕弹，其最大射程达到 15400 米（16840 码）。

需要 10 名操作人员的 140 毫米加农炮已经从除了缅甸之外的所有国家部队中退役，不过近年来巴基斯坦仍在将该炮作为预备役库存武器使用。

性能诸元

140 毫米加农炮

口径：140 毫米（5.5 英寸）

重量：行军和射击时均为 5851 千克（12900 磅）

尺寸：（行军状态）长 7.52 米（24 英尺 8 英寸），宽 2.54 米（8 英尺 4 英寸），高 2.62 米（8 英尺 7 英寸）

俯仰角：-5 ~ +45 度

方向射界：共计 60 度

最大射程：36.3 千克（80 磅）高爆弹 16460 米（18000 码）

下图：英国二战时代的 140 毫米加农炮在南非军队中被称为 G2 型加农炮，图中展示了一门 G2 正在进行夜间射击演习的情景

M101 型 105 毫米榴弹炮

M101 型 105 毫米（4.13 英寸）榴弹炮（简称 M101 型）是有史以来非常成功的火炮之一。1940—1953 年，M101 的总产量达到 10202 门，并被众多国家装备，截至 21 世纪初期，仍然有 60 个国家在使用这种火炮。该炮可以追溯至 1920 年就开始研制的 M1 型榴弹炮，但当时仅生产了部分样炮，1934 年出现的 M2 型榴弹炮可以发射定装榴霰弹。该炮在 1940 年 3 月被定型为 M2A1，配用 M2 型双轮炮架。第二次世界大战结束后，M2 和 M2A1 分别被重新命名为 M101 型和 M101A1 型。这款火炮的身管不长，导致射程不大，但炮管寿命达到 20000 发。该炮采用横楔式炮闩，并配备拉发发火装置。液气反后坐系统安装在炮管上方和下方，火炮后坐行程恒定。

M101 型使用 M1 弹药系统，该弹药后来成为标准的北约弹药，并且被后来的很多火炮所采用。M101 型火炮系列采用半定装式弹药，高爆弹包括通用的 M1 高爆弹和包含 18 枚 M39 子弹药的 M444 子母弹。此外还有一种碎甲弹，可在 1500 米（1640 码）距离处击穿 102 毫米（4 英寸）装甲。后来还研制出了两种火箭增程弹，一种是标准的 17.46 千克（38.5 磅）M548 高爆弹，射程为 14600 米（15965 码），另一种是标准的 21.06 千克（46.5 磅）M1 高爆弹，射程为 11270 米（12325 码）。此外这些炮弹还配备有多种类型的碰炸和定时引信。

该炮的布局非常简单。盒形截面的开脚式大架可直接将后坐力传递到驻锄上。全炮质心正好在炮轮轴上方。M101 型的炮班人员人数为 8 人。

该炮的衍生型号包括为东南亚国家研制的 M3，它的炮管更短，并采用 75 毫米（2.95 英寸）野战榴弹炮炮架。法国版本的 M101A1——HM2 型榴弹炮采用 AMX-105/50 或 AMX-105B 自行榴弹炮的炮管，加拿大 C1 则更换了全新的单肉（译者注：单肉是冶金学术语）自紧身管，德国版本的 FH 105（L）则配备一个单室炮口制退器，并且炮管更长。

上图：虽然在很多方面都已经过时，尤其是射程，但 M101 型凭借其极高的可靠性仍然在广泛使用，另外美国存储的 M101 型也数量巨大

下图：M101 型可以安装一个防盾，但实际使用中很少安装。火炮的最大射速为 10 发 / 分，持续射击时会下降到 3 发 / 分

性能诸元

M101A1 型榴弹炮

口径：105 毫米（4.13 英寸）

重量：行军时和发射时均为 2258 千克（4978 磅）

尺寸：（行军状态）长 5.99 米（19 英尺 9 英寸），宽 2.16 米（7 英尺 1 英寸），高 1.574 米（5 英尺 2 英寸）

俯仰角：-5 ~ +66 度

方向射界：46 度

最大射程：M1 炮弹 11270 米（12325 码），M548 炮弹 14600 米（15965 码）

最大射速：10 发 / 分

M102 型 105 毫米榴弹炮

上图：1983 年入侵格林纳达行动期间，美国第 82 空降师正在发射一门 M102。注意火炮非同寻常的炮架结构

美国陆军曾长期装备 1940 年定型的 M2 型 105 毫米（4.13 英寸）榴弹炮，该炮改进自 M1 榴弹炮，到 1953 年停产时共计生产了 10202 门。二战后，M2 的型号改为 M101，该炮目前仍然在全世界范围内广泛服役。M101 火炮系列的主要缺陷在于其重量，不同型号的重量从 2030 千克（4475 磅）到 2258 千克（4978 磅）不等，此外该炮也没有全向环射能力。

美军在 1955 年发布了一项需求，要求生产一种比 M101 更轻的新型 105 毫米榴弹炮，且使用相同种类的炮弹。岩岛兵工厂设计的新型火炮被称为 XM102，其中第一门于 1962 年完工。一系列试验之后，该炮正式定型，次年开始以 M102 的型号（简称 M102）开始服役。第一批 M102 量产炮于 1964 年 1 月完工，仅仅几个月之后，这批火炮就被部署到越南，此时正逢美军开始大规模增兵越南。

由于研制时间太短，早期的 M102 不可避免地遇到了技术和可靠性问题，但不久之后都被解决了。M102 的常规编制为每个营 18 门，一个营分为 3 个连，每个连 6 门 M102。M102 此前主要装备空降部队和空中机动部队，对他们而言，较低的重量是比较大的射程更重要的因素，目前已经处于预备役状态。M102 也被很多其他国家使用，其中包括巴西、萨尔瓦多、危地马拉、约旦、黎巴嫩、马来西亚（预备役）、菲律宾、沙特阿拉伯（国民警卫队）、泰国和乌拉圭。

M102 包括 4 个主要部件，即 M137 炮身、M37 反后坐系统、M31 炮架，以及火控装备。M137 加农炮采用立楔式炮闩，但没有安装炮口制退器。可调反后坐系统使得该炮不必挖掘驻锄坑。M102 最非同寻常的特征是双轮盒式炮架，炮架由铝合金材料制造以尽可能减重。进入射击阵地后，一个圆形座钣从其安放的位置下放到地面上，然后两个橡胶轮胎式负重轮被抬起距离地面一定高度的位置，以此最大限度地保证射击姿态稳定。炮尾末端的一个转盘使得炮架可围绕座钣 360 度旋转。这种炮架设计在越南南方发挥了重要作用，因为 M102 往往需要同时应对不同方向的目标。

由于炮管更长，M102 发射与 M101 相同的炮弹时，炮口初速更高，因而射程也更大：发射 M1 高爆弹时射程达到 11500 米（12575 码）。

性能诸元

M102 型榴弹炮

口径：105 毫米（4.13 英寸）

重量：（射击和运输时）1496 千克（3300 磅）

尺寸：（行军状态）长度 5.182 米（17 英尺），宽度 1.962 米（6 英尺 5.2 英寸），高度 1.59 米（5 英尺 2.6 英寸）

俯仰角：-5～+75 度

方向射界：360 度

最大射程：（M1 炮弹）11500 米（12575 码），（M548 炮弹）15100 米（16515 码）

最大射速：10 发 / 分

M114 型 155 毫米榴弹炮

当前的型号为 M114 型的美制 155 毫米（6.1 英寸）榴弹炮的研制可以追溯至第二次世界大战前，于 1941 年 5 月正式定型，并从 1942 年开始列装，当时是作为 M1918 155 毫米榴弹炮的 M1 继承者，而 M1918 则是美国根据法制 M1917 榴弹炮研制的。M1 的源头可追溯到 1934 年，美军当时启动了一个项目，即为 M1918 设计和研制一款新型的开脚式炮架。随后美国人决定不再在现有武器的基础上进行改进，而是着眼长远，决定研制一款全新榴弹炮，其设计任务交给了岩岛兵工厂。

不同的炮架

美国人决定让新型大口径榴弹炮使用为大口径加农炮研制的炮架，借此降低设计、研发和制造成本，同时为美国陆军提供两款在技战术指标上可相互配合的重炮。新型加农炮最初的规划口径为 119 毫米（4.7 英寸），但最终完成时口径为 114 毫米（4.5 英寸），以便使用与英国 114 毫米火炮相同的弹药。

与此同时，M1 榴弹炮的产量超过 6000 门，二战之后，M1 更名为 M114，配用经过细微修改的炮架的型号则被称为 M114A1。

M114 的炮班编制为 11 人，该炮由 M1 或 M1A1 身管、M6 系列后坐装置，以及 M1A1 或 M1A2 炮架构成。区别在于 M1A1 加农炮是由强度更大的钢制造的，其炮架装备齿条—齿轮型摇架（译者注：齿条齿轮是一种机械装置），而 M1A2 则采用螺旋式摇架。该炮采用开槽螺纹炮闩，以及可调液压反后坐装置。炮架采用开脚式大架，炮管两侧各装有一个小型防盾，左侧防盾在进入射击状态时可以放倒。

在射击状态下，火炮依靠三点保持平衡（摇架和两个炮尾）。在行军状态时，摇架位于防盾前方，炮尾（末端设有增强抓地力的驻锄）则锁定在一起，然后连接在牵引车辆上。

M114A2 型采用改进的加长身管，并将膛线缠距从 1/12 修改为 1/20 以提高射程。

弹药种类

M114 可使用多种炮弹（其中包括两种烟幕弹，一种教练弹以及“铜斑蛇”激光制导炮弹），但最常用的仍是分装式的 42.9 千克（94.6 磅）M107 高爆弹和 43.09 千克（95 磅）M449 子母弹（内含 60 枚杀伤榴弹），炮口初速为 564 米 / 秒（1850 英尺 / 秒）。M114 还有几种为欧洲、以色列和韩国市场而准备的升级型号。21 世纪早期，M114 榴弹炮系列仍然在 37 个国家服役，其中一些国家还在大量使用这种过时的但可靠性和有效性都不错的武器。

性能诸元

M114 型榴弹炮

口径：155 毫米（6.1 英寸）

重量：（行军状态）5800 千克（12787 磅），（射击状态）5760 千克（12698 磅）

尺寸：（行军状态）长度 7.315 米（24 英尺），宽度 2.44 米（8 英尺），高度 1.803 米（5 英尺 11 英寸）

俯仰角：-2 ~ +63 度

方向射界：左 24 度，右 25 度

最大射程：发射 M107 炮弹或 M449 炮弹时 14600 米（15965 码）

最大射速：前 30 秒 2 发，前 2 分钟 8 发，前 60 分钟 16 发，持续射击模式下 40 发 / 时

左图：M114 榴弹炮系列在越南战争期间在美国及其盟友中大量使用。这种武器通常部署在地处战略要地的火力基地中，它们的补给通常通过陆地输送（如果被切断的话也可以空运），这些火力基地主要用于切断越共的补给交通线

M-46 型 130 毫米加农炮

上图：可靠性高，卓越的射程，高水平的精度，这一系列因素使得 M-46 至今仍是一款强大而高效的武器，尽管它是在二战结束时设计出来的

苏制 M-46 型 130 毫米（5.1 英寸）加农炮据信是从海军舰炮发展而来的，该炮于 1954 年五一国际劳动节阅兵中首度亮相。正是由于这个原因，M-46 有时也被称为 M1954。尽管年代久远，M-46 仍然是一款有效的武器，该炮射程极远，曾参与过中东和越南的战争。在越南战争中，只有射程高达 32700 米（35760 码）的 M107 175 毫米（6.9 英寸）自行加农炮可以在射程上压制 M-46。

外国使用者

除了苏联，还有 50 多个国家曾装备 M-46。印度人将火炮从原装炮架上拆下，安装到维克斯 Mk 1 主战坦克的底盘上，此新组合就是“胜利”自行加农炮。在苏军当中，M-46 主要部署在集团军属炮兵团，每个团下辖 2 个 M-46 加农炮营，每个营编制 18 门 M-46（3 个连，每个连 6 门）。每个团

性能诸元

M-46 型加农炮

口径：130 毫米（5.12 英寸）

重量：行军状态 8450 千克（18629 磅），战斗状态 7700 千克（16975 磅）

尺寸：（行军状态）长度 11.73 米（38 英尺 5.8 英寸），宽度 2.45 米（8 英尺 0.5 英寸），高度 2.55 米（8 英尺 4.4 英寸）

俯仰角：-2.5 ~ +45 度

方向射界：50 度

最大射程：27150 米（29690 码）

上图：一个苏军 M-46 130 毫米（5.12 英寸）炮兵连在演习中处于伪装状态。运输时，其炮管可以退回至大架末端，以此减小总体长度。火炮还配有一辆两轮小车，连接在炮尾的最末端

还下辖一个团指挥所、一个后勤连、一个炮兵侦察连，以及一个装备 18 门 D-20 152 毫米（6 英寸）加榴炮的加榴炮营。方面军（译者注：方面军是编制单位）属炮兵师则下辖两个 M46 团，每个团配备 54 门 M-46，每个团包括 3 个营，每个营配备 18 门。M-46 在埃及也有所生产。

“胡椒瓶”炮口制退器

M-46 的身管长 7.6 米（24 英尺 11.2 英寸），并且安装了一个与众不同的“胡椒瓶”炮口制退器以及横楔式炮闩。反后坐系统由一套液压缓冲器和一套液气复进机构成，两个装置分别位于炮管上下方。为了缩短行军状态火炮长度，炮身可解脱反后坐装置，顺着摇架向后退至大架处。开脚式大架的末端在行军时会加装一个双轮小车。在运输时，驻锄可被拆下，放置于大架上方。M-46 的炮班编制为 9 人，行军战斗转换需要 4 分钟。多种车辆均可充当 M-46 的牵引车，如 AT-S、ATS-59 和 M1972 无装甲火炮牵引车，以及 AT-P 履带式装甲火炮牵引车。

上图：M-46 130 毫米（5.12 英寸）加农炮的一个与众不同的特征就是极长的炮管，以及“胡椒瓶”炮口制退器。该炮服役时间超过 50 年，但其射程直到现在才被发射火箭增程弹的西方新型炮兵武器所超越

M-46 采用分装弹，具体弹种包括高爆破片杀伤榴弹（HE-FRAG）和曳光被帽穿甲弹（APC-T）。HE-FRAG 重量为 33.4 千克（73.63 磅），装药 4.63 千克（10.2 磅），最大炮口初速为 1050 米 / 秒（3445 英尺 / 秒）。33.6 千克（74.07 磅）的 APC-T 弹装药 0.127 千克（0.26 磅），炮口初速与 HE-FRAG 相同，可以在 1000 米（1095 码）距离处击穿 230 毫米（9.05 英寸）装甲。其他可用的炮弹还包括照明弹和烟幕弹，从 20 世纪 60 年代后期开始该炮还装备了火箭增程弹。叙利亚在 1973 年的中东战争中首次使用火箭增程弹。在伊朗服役的 M-46 使用一种伊朗自行研制的复合增程弹，其射程达到 37000 米（40465 码）。供 M-46 使用的炮弹至少还在 12 个国家生产过，其中包括芬兰和南非。

虽然从来没有在俄罗斯生产过，但 M-46 在俄罗斯被大量使用，并参与了多场战争：在 20 世纪 80 年代的两伊战争中，双方都曾使用过 M-46。

M-46 还经历过多次升级，如更换 L/45 155 毫米（6.1 英寸）炮管。很多国家都曾进行过类似改进，如印度、以色列、荷兰和南斯拉夫。印度的升级计划处于原始阶段，但他们打算升级尚在印度军队中服役的全部 750 门 M-46。

S-23 型 180 毫米加农炮

在冷战的大部分时期，S-23 在射程上都超过了西方的牵引式和自行火炮。该炮于 1955 年的莫斯科阅兵中首度亮相，在随后很多年中，该炮被西方国家认为是 203 毫米（8 英寸）炮，并被称为 M1955 加榴炮。人们一般认为它在 1955 年之前就已经开始服役了，并且是从一款海军舰炮发展而来的。在 1973 年的中东战争中，大量此种武器被缴获，然后被情报人员带回以色列进行了详细的研究。研究之后才发现它的真实口径是 180 毫米（7.09 英寸），正确的苏军型号为 S-23。

在苏联陆军中，S-23 被编成下辖 12 门炮的炮兵旅，每个炮兵师下辖一个装备 S-23 的重型炮兵旅。在撤装 S-23 后，苏军炮兵师下辖师部；一个装备 36 门 T-12/MT-12 牵引式反坦克炮的反坦克团；一个多管火箭炮旅，下辖 4 个装备 BM-27 的营（共计 72 辆发射车）；一个炮兵侦察营；一个通信连；一个摩托化运输营；两个装备 M-46 130 毫米（5.1 英寸）加农炮的炮兵团（共计 108 门加农炮）；以及两个装备 D-20 152 毫米（6 英寸）加榴炮或 M1973 自行加榴炮的团（共计 108 门加榴炮）。

出口的使用者

S-23 曾在大量其他国家服役过，其中包括埃及、印度、伊拉克和叙利亚，还有一些可能的使用者，如古巴、埃塞俄比亚、朝鲜、黎巴嫩、蒙古和索马里。该火炮正常情况下由 AT-T 重型履带式火炮牵引车牵引，牵引车同时还搭载 16 名炮手和少量待发弹药。S-23 的炮管长大约为 8.8 米（28 英尺 10.46 英寸），炮口装有“胡椒瓶”型制退器，采用螺纹炮闩，反后坐系统位于炮管下方。为了减小运输过程中的总体长度，炮管在摇架上后退至大架尾部。炮架是分离炮尾式的，前端装有两个双重的橡胶炮轮，尾部则安装一辆两轮小拖车。

S-23 发射采用可调式药包发射药的 84.09 千克（185.4 磅）QF-43 榴弹，最大炮口初速为 790 米 / 秒（2590 英尺 / 秒），还可发射 97.7 千克（215.4 磅）的 G-572 混凝土穿透弹，此外还能发射当量为 200 吨的战术核弹。

火箭增程弹

S-23 服役一段时间之后，又装备了一种火箭助推高爆弹：炮口初速为 850 米 / 秒（2790 英尺 / 秒），最大射程达到 43800 米（47900 码），不过普通弹射程也可达 30400 米（33245 码）。由于炮弹重量巨大，S-23 的最大射速相对较慢（1 发 / 分），持续射击时每两分钟发射 1 发炮弹。

性能诸元

S-23 型 180 毫米加农炮

口径：180 毫米（7.09 英寸）

重量：作战时 21450 千克（47288 磅）

尺寸：（行军状态）长度 10.485 米（34 英尺 4.8 英寸），宽度 2.996 米（9 英尺 10 英寸），高度 2.621 米（8 英尺 7.2 英寸）

俯仰角：-2 ~ +50 度

方向射界：44 度

最大射程：高爆弹 30400 米（33245 码），火箭增程弹 43800 米（47900 码）

左图：图中展示的是行军状态下的 S-23 型 180 毫米加农炮，其大架尾部安装有双轮小车。该炮在许多年中都被认为是一款 203 毫米（8 英寸）武器，但 1973 年以色列缴获该武器并进行检测之后发现它的实际口径为 180 毫米（7.09 英寸）

D-20 型 152 毫米加榴炮

D-20 型 152 毫米（6 英寸）加榴炮设计于“伟大卫国战争”（1941—1945 年）刚结束之际，但直到 1955 年才首度公开，因此西方国家长期以来一直称之为 M1955。与常见的苏联火炮设计做法相同，D-20 也是采用了一种基于现存炮架的设计，即采用 D-74 122 毫米（4.8 英寸）加农炮的炮架。D-20 继承了苏制火炮的设计传统，各项性能全面。尽管已经长期服役，据报道，俄罗斯依然装备有 1000 多门处于现役状态的 D-20。虽然苏联停产了 D-20，但是全球还有许多国家都装备有该型火炮。

D-20 的炮管长度为 5.195 米（17 英尺 0.5 英寸），安装一部双式炮口制退器，采用半自动立楔炮闩。炮根和反后坐装置都得到了炮盾的保护，而开脚式大架则可以安放在支架下方的座钣上，从而依托座钣实现 360 度环射。在短距离转移时，每侧大架的驻锄前方都安装有小轮。D-20 曾使用专用的 AT-S 履带式中型牵引车作为牵引车辆，但现在更常用的牵引车是乌拉尔 -375 6×6 重型卡车。

D-20 通常发射的是装填 TNT 炸药的高爆破片杀伤榴弹（HE-FRAG），其重量达到 43.51 千克（95.92 磅）。该炮弹的射程为 17410 米（19040 码），而火箭增程弹射程可达到 24000 米（26245 码）。火箭增程弹由于精度难以保证而使用数量较少。D-20 也可使用其他类型炮弹，如混凝土穿透弹、烟幕弹和照明弹。D-20 采用可调整的发射药包配合金属弹壳。在执行反装甲任务时 D-20 可以发射实心的穿甲曳光弹（AP-T）和破甲弹（HEAT）。非常规炮弹包括针对密集人群的箭形榴霰弹，以及内含多枚反坦克地雷的子母布雷弹，布雷弹会在飞行过程中打开，此外还有内装反步兵地雷的布雷弹。D-20 还能发射“红土地”激光制导炮弹。2S3 152 毫米自行加榴炮也是基于 D-20 的发展型号。

D-20 出现在所有受到苏联影响的地方，所以在遥远的刚果和芬兰遇到这种火炮也不足为奇了。D-20 在两伊战争期间广泛参加战斗，叙利亚陆军也装备有这款火炮。

下图：D-20 可发射一种 48.78 千克（107.54 磅）的穿甲弹，炮口初速为 600 米 / 秒（1969 英尺 / 秒），可在 1000 米（1095 码）的距离处水平击穿 124 毫米（4.88 英寸）装甲

性能诸元

D-20 加榴炮

口径：152 毫米（6 英寸）

重量：行军状态 5700 千克（12566 磅），战斗状态 5650 千克（12456 磅）

尺寸：（行军状态）长度 8.1 米（26 英尺 7 英寸），宽度 2.35 米（7 英尺 8.5 英寸），高度 2.52 米（8 英尺 3.5 英寸）

俯仰角：-5 ~ +65 度

方向射界：在炮架上为 58 度

最大射程：HE-FRAG 炮弹 17410 米（19040 码），火箭增程弹 24000 米（26245 码）

CITEFA 77 型 155 毫米榴弹炮

20 世纪 70 年代后期，阿根廷从法国购买了大量 AMX-13 系列轻型履带式车辆，同时组装了大量该车族。其中包括装备 90 毫米（3.54 英寸）火炮的 AMX-13 轻型坦克，AMX VCI 装甲运兵车，以及 Mk F3 155 毫米（6.1 英寸）自行火炮。

M114替代者

当时，阿根廷军队中标准的 155 毫米牵引式榴弹炮是美国的 M114 型，该火炮研制于二战时期，最大射程为 14600 米（15967 码）。阿根廷武装部队研究与开发院（西班牙原文是：Instituto de

Investigaciones Cientificas y Tecnicas de las Fuerzas Armadas: CITEFA）设计了一款新的大架，上面搭载完整的 Mk F3 自行火炮炮身（包括炮管、摇架、反后坐系统和平衡装置）。

经过试验之后，该武器进入阿根廷军队服役，并被命名为 CITEFA 77 型 L33 X1415 榴弹炮，L33 表示该炮的身管倍径，77 则为列装年份。后来的一个版本——81 式在某些细节上有所差异，但其炮管也是阿根廷自己制造的，而没有采用法国制造的炮管。

马尔维纳斯群岛战争

与奥托－梅莱拉 56 型 105 毫米（4.13 英寸）驮载榴弹炮一样，CITEFA 77 也参加了马尔维纳斯群岛战争，所有参战的该型火炮最终都被英国人缴获，其中一些被运到英国用于测试和展示。

CITEFA 77 型榴弹炮的炮管长度为 5.115 米（16 英尺 9.4 英寸），采用双室炮口制退器和螺纹炮闩。炮架采用焊接钢结构，摇架包括下架和上架两部分。方向机安装在下架上，并与摇架耳轴以及大架相连。大架为开尾式，也采用焊接结构。每侧大架都装有一个小型橡胶轮胎负重轮，大架末端装有一个驻锄。火炮进入战斗状态后，炮架的车轮被架起，离开地面一定高度，然后火炮由一个圆形钢制座钣支撑，座钣通过一个球座与炮架相连。在行军状态下，底板会被向上收起，离地净高 0.3 米（12 英寸）。火炮的最大射速为 4 发/分，持续最大射速为 1 发/分。

弹药类型

CITEFA 77 型榴弹炮主要发射一种 43 千克（94.8 磅）的高爆弹，最大炮口初速为 765 米/秒（2510 英尺/秒），最大射程为 22000 米（24059 码）；它也能发射照明弹和烟幕弹。

CITEFA 77 型榴弹炮还能发射一种火箭增程弹，但至少在马尔维纳斯群岛战争中没有使用这种弹药。

在射击时，固定在炮架下方的圆形钢制座钣会支撑火炮；这有助于将巨大的后坐冲击波分散到更大范围的地面上

上图：为了便于撤收与展开，CITEFA 77 型榴弹炮在大架末端安装有橡胶辅助轮

性能诸元

CITEFA 77 型

口径：155 毫米（6.1 英寸）

重量：行军状态 8000 千克（17637 磅）

尺寸：（行军状态）长度 10.15 米（33 英尺 3.6 英寸），宽度 2.67 米（8 英尺 9 英寸），高度 2.2 米（7 英尺 2.6 英寸）

俯仰角：+67 度

方向射界：70 度

最大射程：常规炮弹 22000 米（24059 码），火箭增程弹 23300 米（25481 码）

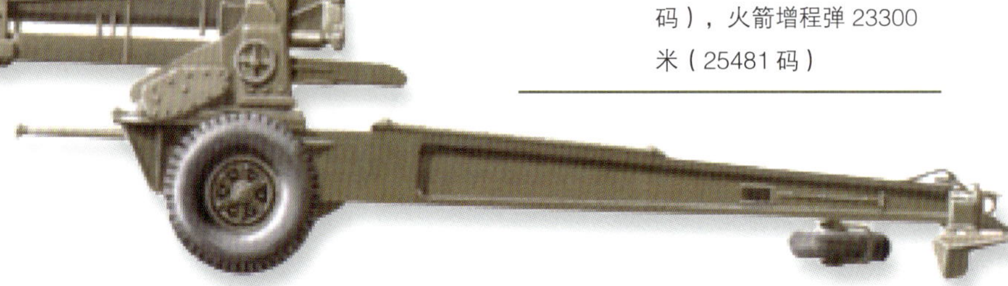

上图：图中展示的是行军状态的 CITEFA 77 型 155 毫米（6.1 英寸）榴弹炮，图中可看到其炮尾。炮尾末端下方装有一个小型橡胶轮胎负重轮，主要用于减轻炮手放列火炮时的工作强度

GHN-45 型 155 毫米加榴炮

20 世纪 70 年代，比利时著名的军火制造商 PRB 公司与加拿大空间研究公司共同建立了一个新公司——国际 SRC 公司，总部设在布鲁塞尔。

该公司研制了一款名为 GC-45 的加榴炮，随后泰国皇家海军陆战队订购了 12 门，公司还为 M114 155 毫米（6.1 英寸）榴弹炮设计了一个改装套件。前两门 GC-45 在加拿大制造，剩余 10 门在加拿大生产，但最终由奥地利钢铁联合公司组装。

奥地利的发展

奥地利钢铁联合公司进一步发展的成果就是 GHN-45 型 155 毫米（6.1 英寸）加榴炮，后来约旦订购了 200 门该火炮。这批武器的生产开始于 1981 年，第一批成品于 1982 年交付。其中一些从约旦转移到伊拉克，并在 20 世纪 80 年代的海湾战争中被用于对付伊朗。最初交付给泰国的武器则用于泰国边境与柬埔寨的军事行动中。

基本版本

GHN-45 的基本版本通常由标准的 10 吨级 6×6 卡车牵引。此外还研制过一种在炮架前端安装一套辅助动力装置的版本。该装置使得火炮可以自行移动，最大行驶速度为 35 千米 / 时（22 英里 / 时），80 升（17.6 加仑）的燃料箱可保证火炮行驶 150 千米（93 英里）。正常情况下，火炮会由卡车运送至下一个射击阵地，而炮身围绕炮尾旋转 180 度并锁定，以此缩短行军时的全长，在抵达射击阵地后利用辅助动力装置自行驶入炮位，同时辅助火炮的放列与撤收。

GHN-45 采用标准的 L/45 炮管，安装一个三室炮口制退器，发射标准的美国 M107 高爆弹时最大射程为 17800 米（19466 码），发射 M101 炮弹时最大射程为 24000 米（26247 码）。如果使用 PRB 公司生产的增程全膛（ERFB）炮弹，最大射程可达到 30000 米（32808 码），而底部排气的 ERFB 炮弹射程更可达 39000 米（42651 码）。然而，在如此大的射程下，目标识别和射弹散布将会成为主要问题。

炮弹选择

增程全口径（ERFB）炮弹是从更早的次口径增程炮弹发展而来的，相比常规炮弹，ERFB 弹体更长，炮弹气动外形更加优化，空气阻力更小。底排增程弹（ERFB/BB）则在弹底布置了少量推进装药，从而进一步降低尾部气动阻力，减缓飞行速度衰减，从而进一步增大射程。基本的高爆 ERFB 炮弹重 45.54 千克（100.4 磅），其中爆炸物重 8.62 千克（19 磅）。其他种类炮弹还包括烟幕弹和照明弹。

性能诸元

GHN-45 型 155 毫米加榴炮

口径：155 毫米（6.1 英寸）

重量：8900 千克（19621 磅）

尺寸：（行军状态）长度 9.068 米（29 英尺 9 英寸），宽度 2.48 米（8 英尺 1.6 英寸），高度 2.089 米（6 英尺 10.2 英寸）

俯仰角：-5～+72 度

方向射界：70 度

最大射程：ERFB 炮弹 30000 米（32808 码），底部排气的 ERFB 炮弹 39000 米（42651 码）

下图：图中展示的是运输过程中的 GHN-45 155 毫米（6.1 英寸）加榴炮，其中火炮锁定在了炮尾上方。奥地利生产的这款武器在约旦陆军中首次投入使用，伊拉克利用该武器在与伊朗的战争中取得很大的成功

TR 型 155 毫米牵引式加榴炮

英国、意大利和联邦德国选择先发展 155 毫米（6.1 英寸）牵引榴弹炮（FH-70），然后再发展自行版本（SP-70），而法国则反其道而行之。基于 AMX-30 主战坦克底盘的 GCT 155 毫米自行火炮于 1977 年投入生产，首个买主是沙特阿拉伯，第一批成品于 1978 年完工，但该型号直到 1979 年才被法国陆军采纳。随后伊拉克也订购了该型自行火炮。TR 型 155 毫米牵引式火炮的原型于 1979 年首次面世，在对 8 辆原型车进行一系列试验之后，1989 年正式开始生产。法国陆军购买了最早一批的 155 门以取代更老旧的 M50 型 155 毫米榴弹炮。

右图：TR 型 155 毫米牵引式加榴炮在炮架前端安装了一套辅助动力装置。该装置不仅能让火炮在阵地周围短距离移动，还能帮助火炮的放列和撤收，并且为炮弹装填系统提供动力

武器的设计

TR 型 155 毫米牵引式加榴炮的炮管长 6.2 米（20 英尺 4 英寸），安装一个双室炮口制退器，采用液气反后坐系统和横楔式炮闩。该加榴炮采用开脚式大架，炮架前部装有一套辅助动力装置。29 千瓦（39 马力）的发动机驱动 3 台液压泵，其中两台用于驱动两个炮轮，第 3 台为高低机、方向机、悬挂系统、炮尾顶轮装置以及推弹机提供动力。辅助动力装置可使火炮在射击阵地附近短途自行移动，或者在公路上行驶，最大速度可达 8 千米 / 时。

当被牵引或依靠自身动力行驶时，TR 型 155 毫米牵引式加榴炮将其炮管旋转 180 度，并锁定在大架上方的行军固定器上。炮弹装填系统让火炮具备 1 发 /6 秒的爆发射速，前两分钟的射速达到 6 发 / 分，此后最大射速稳定在 120 发 / 时。输弹机故障时，火炮也可以手动装填。在所有冷战时期的欧洲战场设想中，该火炮可以在发射阵地被敌人占领时再次快速部署。

弹药种类

TR 型 155 毫米牵引式加榴炮在设计时就被要求能够使用所有北约标准的炮弹和法国 155 毫米炮弹。它也曾使用过各种类型的弹药：更老旧的 56/59 型高爆弹，射程为 19250 米（21050 码）；现代化一些的 Cr TA 68 高爆弹，重量为 43.2 千克（95.25 磅），射程为 24000 米（26245 码）；155 毫米照明弹（光强达到 80 万坎德拉），射程为 21500 米（22515 码）；烟雾燃烧弹，射程为 21300 米（23295 码）；白朗火箭增程弹，射程为 30500 米（33355 码）。使用的其他炮弹还包括子母炮弹，其中包含 6 枚反坦克地雷

性能诸元

TR 型 155 毫米牵引式加榴炮

口径：155 毫米（6.1 英寸）

重量：行军和射击状态均为 10650 千克（23479 磅）

尺寸：长度（行军状态）8.25 米（27 英尺 0.8 英寸），宽度（行军状态）3.09 米（10 英尺 1.7 英寸），高度（射击状态）1.65 米（5 英尺 5 英寸）

俯仰角：-5 ~ +65 度

方向射界：65 度

最大射程：标准炮弹 24000 米（26245 码），火箭增程弹 30500 米（33355 码）

下图：沙漠风暴行动，一门 TR 型 155 毫米牵引式加榴炮在其射击阵地。法国陆军利用 TR 型 155 毫米牵引式加榴炮替换了已经服役 30 多年的 50 型 155 毫米榴弹炮

或 63 枚人员杀伤小炸弹。TR 型 155 毫米牵引式加榴炮所用的最新的炮弹是法国—瑞典 BONUS 子母弹，该弹药是由法国地面武器工业集团（GIAT）和博福斯公司（Bofors）联合研制的，并且已经进入法国和瑞典军队中服役。BONUS 内含 2 枚反装甲末敏弹。末敏弹在目标顶部引爆，可以摧毁坚固的装甲目标最薄弱的顶部装甲。

TR 型 155 毫米牵引式加榴炮的炮班编制为 8 人，通常由 TRM 10000（6×6）卡车牵引，牵引车还装载 48 枚准备就绪的炮弹，车上还配有一套起重装置，用于吊运弹药托盘。该型加榴炮也可以使用多种其他类型的牵引车。

索尔塔姆 M-68 型和 M-71 型 155 毫米加榴炮

以色列唯一的牵引式火炮制造商就是索尔塔姆公司。M-68 型 155 毫米（6.1 英寸）加榴炮研制于 20 世纪 60 年代后期，首门样炮完工于 1968 年，两年之后第一批量产型号问世。据目前所知，牵引型 M-68 的使用者仅有新加坡和泰国海军陆战队，但索尔塔姆 L-33 自行加榴炮沿用了 M-68 的炮管、高低机和方向机。L-33 进入以色列陆军服役时恰好赶上 1973 年的中东战争。

M-68 的炮管长 5.18 米（17 英尺），炮管上安装有单室炮口制退器和抽烟装置，采用横楔式炮闩。反后坐系统位于炮管上方，反后坐系统位于上方，气动复进机位于炮管侧面。在行军状态下，火炮大架以上的部分可旋转 180 度，并将炮管固定在大架上的行军固定器上。M-68 采用开脚式大架，每侧大架各安装两个橡胶炮轮，每个轮子配备一部液压制动器，最大牵引速度可达 100 千米 / 时（62 英里 / 时）。射击时，炮架由一个螺旋式发射台支撑。火炮配备 4 个驻锄，每侧大架末端安装一个，火炮发射时会使用驻锄。另外一对驻锄则作为备用，可以避免炮手在调整射向时需要立即挖出驻锄。M-68 的炮班编制为 8 人。

左图：M-68 型 155 毫米加榴炮在射击状态时将大架牢固地扎进地里。开脚式炮架在当时不是主流选择，其炮架装有 4 个橡胶轮胎负重轮，每个轮子安装一个液压制动器，制动器由牵引车控制

上图：图中展示的是运输状态下的索尔塔姆 M-68 型 155 毫米加榴炮，它正由一辆卡车牵引。在过去 30 多年里，以色列人以该加榴炮为基础研制了多代新型火炮

下图：索尔塔姆 M-68 型 155 毫米加榴炮在运输时将炮管旋转 180 度，锁定在炮尾上方。以色列陆军曾将该炮安装在经过改造的谢尔曼坦克底盘上作为自行火炮使用

性能诸元

M-68 型 155 毫米加榴炮

口径：155 毫米（6.1 英寸）

重量：行军状态 95000 千克（20944 磅），射击状态 8500 千克（18739 磅）

尺寸：（行军状态）长度 7.2 米（23 英尺 7.5 英寸），宽度 2.58 米（8 英尺 5.6 英寸），高度 2 米（6 英尺 6.7 英寸）

俯仰角：-5 ~ +52 度

方向射界：90 度

最大射程：标准高爆弹 21000 米（22965 码）

炮弹

M-68 发射 43.7 千克（96.3 磅）的北约标准高爆弹，最大射程为 21000 米（22965 码），还能发射烟幕弹和照明弹。此外，火炮也能使用索尔塔姆公司自行设计的一种炮弹，最大炮口初速为 820 米 / 秒（2690 英尺 / 秒），最大射程为 23500 米（25700 码），而北约标准的炮弹最大炮口初速为 725 米 / 秒（2380 英尺 / 秒）。

M-68 已经不再量产，不过如果订单数量较大，它也可以再次投入生产。随后出现的 M-71 榴弹炮使用与 M-68 相同的炮架、炮膛和反后坐系统，但换用了更长的 L/39 炮管。M-71 右侧大架上安装了一部具备任意角推弹能力的推弹机，由此具备 4 发 / 分的爆发射速。M-71 也在以色列陆军中服役，该炮发射高爆弹时最大射程达 23500 米（25700 码）。

在试验中，M-71 曾在左炮尾上安装过一套辅助动力装置，并在右炮尾上安装过一个弹药装填起重机。安装辅助动力装置的版本被称为 839P 型，其最大公路行驶速度达到 17 千米 / 时（10.6 英里 / 时）。量产改进型 945 型则已经被新型的 TIG 155 毫米加榴炮所取代，后者可由 C-130 空运，可选择 39、45 和 52 倍径三种长度的身管。不同长度的炮管可在战场上便捷地更换。

FH2000 型 155 毫米加榴炮系统

新加坡的 FH2000 型 155 毫米（6.1 英寸）牵引式加榴炮是从更早期的 FH-88 155 毫米榴弹炮发展而来的，第一批样炮于 1990 年初亮相。FH2000 与更早期的武器不同之处在于，FH-88 采用 39 倍径身管，而 FH2000 则换装 52 倍径身管，因而射程也更远。FH2000 的研制一直持续到 1992 年晚期，到 1995 年中时，新加坡国防军已经装备 18 门 FH2000。这一数量对于新加坡这个城市国家已经相当多，而且 FH2000 还是世界上首款装备部队的 52 倍径 155 毫米加榴炮。迄今为止 FH2000 没有出口到其他国家。

在大多数方面，FH2000 与 FH-88 都是相似的，不过 FH2000 在前一代的基础上成了一整个炮兵系统，新增了如新加坡国产的专用炮弹等配套装备。该武器系统及其炮弹均由新加坡技术动力公司（STK）制造。

52 倍径身管发射远程全膛底排弹（ERFB-BB）时最大射程达到 40000 米（131234 英尺），而标准的 M107 高爆弹最大射程为 19000 米（62336 英尺）。ERFB-BB 炮弹重量达到 46.7 千克（103 磅），理论装填量为 8 千克（17.63 磅）TNT 炸药，高质量的钢结构进一步增强碎片破坏能力。此外，除了常规的烟幕弹和燃烧弹，FH2000 还可使用一种 ERFB-BB 子母弹，其中包含 64 枚多用途小炸弹。子母弹及其所含炸弹都是新加坡自主设计，并进入新加坡军队服役。

下图：FH2000 是第一批投入使用的 52 倍径炮管的火炮，这也迅速成为现代化远程火炮的标准配置。一套电动推弹机保证了较高的最大射速，并提供 4 种模式：自动、自动备份、电气手动和液压手动

性能诸元

FH2000 加榴炮

口径：155 毫米（6.1 英寸）

重量：行军状态 13500 千克（29762 磅）

尺寸：（行军状态）长度 10.95 米（35 英尺 9 英寸），宽度 2.80 米（9 英尺 5 英寸），高度 2.55 米（8 英尺 4.4 英寸）

俯仰角：-3 ~ +70 度

方向射界：左右各 30 度

最大射程：ERFB-BB 炮弹 40000 米（131234 英尺）

FH2000 炮架包含一套 53 千瓦（71 马力）的辅助动力装置，为火炮系统提供了一定程度的自力推进能力，可在发射区域内小幅移动，同时也为射击平台的升降以及开脚式大架的开闭提供液压动力。

FH-70 型 155 毫米牵引式榴弹炮

1968 年，英国与联邦德国签署一份谅解备忘录，共同研制一款 155 毫米（6.1 英寸）榴弹炮，用于替换英国的 140 毫米（5.5 英寸）加农炮和美国人提供的 M114 155 毫米榴弹炮。

新武器必须满足的要求是更高的射速，具备持续射击能力，射程更大，杀伤力更强，可用弹药种类多，机动性强，以及部署更便捷。

英国牵头下研制成功的牵引式榴弹炮便是 FH-70，而联邦德国牵头研制的自行榴弹炮——SP-70 最终没有成功。

上图：除了原始的研发者——英国、德国、意大利、沙特阿拉伯陆军和日本地上自卫队也装备有 FH-70

意大利伙伴

FH-70 共生产了 19 门原型炮，1970 年，意大利加入此项目。1976 年，FH-70 通过服役验收，第一批量产型于 1978 年完工。3 个国家都建有生产线。英国订购了 71 门，联邦德国和意大利分别为 216 门和 164 门。该火炮还进入沙特阿拉伯军队服役，日本也获得生产许可，在本国为日本陆上自卫队生产该型火炮。

FH-70 的炮管长 6.02 米（19 英尺 9 英寸），安装一个双室炮口制退器以及一套半自动立楔式炮闩。FH-70 采用开脚式大架，前部装有一套辅助动力装置。这使得 FH-70 可自行在公路上行驶，最大行驶速度达到 16 千米 / 时（10 英里 / 时）。此外，辅助动力装置还为火炮转向，以及主辅车轮的升降提供动力。运输时，炮管向后旋转 180 度，并且锁定在大架上方。为了满足持续射击的要求，火炮安装了一套半自动装填系统，具备任意角装填能力。装填系统通过推弹机将炮弹直接推入炮膛。三发炮弹急速射仅需 13 秒，而常规的持续射速为 6 发 / 分。

弹药

FH-70 据称可以发射大多数北约标准的 155 毫米弹药，包括火箭助推的制导炮弹，但该炮通常仅使用 3 种炮弹：43.50 千克（96 磅）的高爆弹、烟幕弹（弹底喷射）和照明弹，其中照明弹可提供亮度达 100 万坎德拉的照明长达一分钟之久。

性能诸元

FH-70 型 155 毫米牵引式榴弹炮

口径：155 毫米（6.1 英寸）

重量：行军和战斗状态均为 9300 千克（20503 磅）

尺寸：（行军状态）长度 9.80 米（32 英尺 1.8 英寸），宽度 2.20 米（7 英尺 4.6 英寸），高度 2.56 米（8 英尺 4.8 英寸）

俯仰角：-3 ~ +70 度

方向射界：56 度

最大射程：标准炮弹 24 千米（15 英里），火箭增程弹 30000 米（32810 码）

下图：图中展示的是发射状态下的 FH-70 型 155 毫米牵引式榴弹炮。该武器发射标准的高爆弹时最大射程为 24 千米（15 英里）

博福斯 FH-77 型 155 毫米牵引式榴弹炮

上图：运输形态的博福斯 FH-77A 型 155 毫米野战榴弹炮。炮架前端的辅助动力装置可帮助炮手快速便捷地将火炮部署到发射阵地

20 世纪 60 年代后期，瑞典陆军开展了一系列研究去确定未来火炮的需求。最终瑞典决定研制一款新型的 155 毫米（6.1 英寸）牵引式加榴炮，同时具有卓越的越野能力，较高的射速，可用弹药种类多。

当时，博福斯公司正在制造“班德卡农”1A 型 155 毫米自行加榴炮，该炮凭借自动装填系统实现了高射速和全装甲化，火炮待发弹为 16 发。然而，其主要缺陷在于尺寸和重量（53 吨），限制了其在瑞典某些地区的移动能力，同时也不便于伪装。

博福斯公司获得了研制新型牵引式火炮的合同，新型火炮就是后来的 FH-77A 型 155 毫米野战榴弹炮，其中瑞典陆军于 1975 年下达了第一批订单。FH-77A 的炮管长 5.89 米（19 英尺 4 英寸），安装“胡椒瓶”炮口制退器，采用立楔式炮闩。开脚式炮架前端装有一套辅助动力装置，可辅助 FH-77A 在公路上自行移动，同时也具备一定的越野能力。该火炮通常由萨博 - 斯堪尼亚（6×6）卡车牵引，牵引车同时还运载弹药和 6 名乘员，其中包括指挥官、炮手、送弹手、装填手和吊臂操作手。

越野行军

当卡车和 FH-77A 跨越地势崎岖的山区时，榴弹炮的主轮可与卡车传动轴和车架连接，从而形成 8×8 动力构型，最大速度可达 8 千米 / 时（5 英里 / 时）。在速度超过这一限制后，FH-77A 的主轮会自动脱离连接。FH-77A 的俯仰和方向调节都采用液压机械装置，但在紧急情况下也可以手动操作。FH-77A 的在火炮右侧布置有待发弹架，其中可放置三枚炮弹。

性能诸元

博福斯 FH-77A 榴弹炮

口径：155 毫米（6.1 英寸）

重量：行军状态 11500 千克（25353 磅）

尺寸：（行军状态）长度 11.60 米（38 英尺 0.7 英寸），宽度 2.64 米（8 英尺 8 英寸），高度 2.75 米（9 英尺 0.3 英寸）

俯仰角：+3 ~ +50 度

方向射界：50 度

最大射程：20 千米（14 英里）

典型的发射过程是将发射药包放在输弹槽上，后方是从载弹车上装进来的炮弹，弹丸被卡在输弹槽顶部，和发射药一起被推入炮膛，火炮发射。该炮具备在 6~8 秒内完成 3 发急速射的能力，同时在正常状态下维持 6 发 / 分的射速持续射击 20 分钟的能力。

博福斯公司研制的 NY77 炮弹重 42.40 千克（93.28 磅），炮口初速为 774 米 / 秒（2540 英尺 / 秒），最大射程为 22 千米（14 英里）。博福斯公司目前正在研制一款底排增程弹，最大射程可达到 27 千米（17 英里）至 30 千米（19 英里）之间。

出口火炮

博福斯公司研制的 FH-77B 专用于出口，该炮身管更长，仰角增加至 +70 度，安装机械化装填系统，还有一些其他重大改进。FH-77B 曾出口到尼日利亚、印度以及其他国家。为了满足瑞典国防军对岸防火炮的需求博福斯公司研制了 CD80，该炮本质上就是在 FH-77A 的炮架上安装 120 毫米（4.72 英寸）炮管的产物。

阿姆斯科 G5 型 155 毫米牵引加榴炮

上图：G5 正以 0 度的俯仰角射击。G5 的最大射程可达到 37 千米（23 英里）

二战过后的很多年里，南非国防军的主力大口径火炮仍是最大射程为 16.46 千米（10 英里）的英制 140 毫米（5.5 英寸）加农炮，以及最大射程为 12.25 千米（8 英里）的 88 毫米（25 磅）野战炮。

射程劣势

在安哥拉的军事行动中，南非国防军发现它们的火炮被苏联提供的火炮和火箭所压制。由于当时仍受到西方国家的军火禁运，南非立即决定研发两款能够与之对抗的国产武器系统。

由此而诞生的武器就是 G5 型 155 毫米加榴炮以及 24 管 127 毫米（5 英寸）多管火箭炮，它们及时投入生产，并赶上了突袭安哥拉的行动。

G5 在很大程度上借鉴了加拿大空间研究公司的 GC 45 型 155 毫米（6.1 英寸）加榴炮。然而，南非在 G5 中增加了众多新元素，因此本质上讲 G5 是一款全新的火炮。

G5 采用 45 倍径长身管，装备单室炮口制退器，采用间隔螺纹炮闩。炮尾安装有气动推弹机，可实现任意角装填；推弹机由右侧炮尾上的一个压气瓶提供动力。发射药包则为手动装填。

开脚式大架前端是一套辅助动力装置，其中包含一台 51 千瓦（68 马力）的柴油发动机。除了为主驱动轮提供动力外，辅助动力装置还能为炮架下方的旋转座钣的升降提供动力，大架的开闭以及尾轮的升降也由其提供动力。为了减小 G5 在行军时的长度，炮管通常可以旋转 180 度并锁定在大架上方。

最大射速

火炮在小于 15 度的俯仰角时方向射界为 84 度，大于 15 度的俯仰角时方向射界为 65 度。15 分钟内的最大射速为 3 发 / 分，最大持续射速大约为 2 发 / 分。G5 共需 8 名操作人员。

G5 可使用 5 种弹药，这些弹药也均在南非本土生产。标准的高爆弹重 45.50 千克（100 磅），这也是 ERFB 类型的炮弹。底部排气的高爆弹（HE BB）因安装有底排装置而重量略大，但其海平面射程达到 37000 米（40465 码），如果发射位置海拔更高，射程还会进一步增大。另外 3 种炮弹分别是照明弹、烟幕弹和白磷弹。

南非还为 G5 研制了一套完整的火控系统，其中包含炮口初速测量装置，还有装备一台 16 位微型计算机的 AS 80 火炮火控系统，S700 气象卫星地面站系统以及一整套通信设备。南非还曾研制了 155 毫米（6.1 英寸）自行 6×6 榴弹炮——G6，其采用的火炮以 G5 为基础，并且使用相同的弹药。

除了南非，G5 还曾出口到至少 4 个国家。萨达姆 · 侯赛因时期的伊拉克在 1990 年占领科威特行动中使用过 G5，但伊军的大多数火炮在随后的海湾战争中被摧毁。

上图：G5 在设计时使用 SAMIL 100 6×6 10 吨级卡车将其运送到发射阵地。牵引车还运载炮手和弹药

下图：古怪但卓越的火炮设计师杰拉尔德·布尔设计的 G5 融合了几款不同火炮武器的特征。最终的成品在性能上超过所有参考武器，该炮是目前研制成功并装备部队的 155 毫米火炮中，射程最远，精度最高的

性能诸元

阿姆斯科 G5 型 155 毫米牵引加榴炮

口径：155 毫米（6.1 英寸）

重量：运输时 13500 千克（29762 磅）

尺寸：（行军状态）长度 9.10 米（29 英尺 10.3 英寸），宽度 2.50 米（8 英尺 2.4 英寸），高度 2.30 米（7 英尺 6.6 英寸）

俯仰角：-3～+73 度

方向射界：最大 84 度（俯仰角大于 15 度时为 65 度）

最大射程：标准炮弹 30000 米（32810 码），底排增程弹 37000 米（40465 码）

英国 105 毫米轻型榴弹炮

L118 型 105 毫米轻型榴弹炮是理想的机动部队支援武器，非常适合在众多第三世界国家使用：适应崎岖的地形，可靠性高，能在极具战术价值的射程上提供有效的火力支援。

L118A1 轻型榴弹炮

1 火炮身管
2 炮闩外壳
3 立楔式炮闩：内部的一个电发火击针组件（3a）在炮闩关闭后便可击发
4 击发装置：由控制杆（4a）拉发
5 炮闩上的电触点
6 炮闩升降杆，在需要的时候完成后膛闭锁块的升降。拉开拉杆可以解锁炮闩，收回电击针，放下闭锁滑块，触发抛壳杆（图中未展示），最后将空弹壳从炮膛中抽出
7 摇架，炮管组件在其中滑动，并为反后坐系统提供固定点。反后坐系统包括液压后坐缓冲器（7a）以及补偿缸筒，一部液气复进机（7b）及其储气缸（7c），该装置在发射结束后将炮管复位到起始点
8 鞍状下架，给予火炮左右各 5 度的方向射界
9 大架
10 方向机手轮
11 高低机
12 扭杆悬挂装置
13 悬挂摇臂
14 减震器
15 刹车鼓
16 平衡装置
17 A 框架（牵引时支撑摇架前端）
18 钢丝绳（将悬挂装置固定在座钣上）
19 座钣（可实现火炮 360 度环射）
20 火炮瞄准手的座椅（瞄准器安装在鞍状下架的左侧）
21 分装弹药（包括触发和定时引信）
22 高爆弹，其中包含起爆药（22a），主装药（22b），以及在炮管中与膛线（22c）啮合的弹带
23 常规的带弹壳发射装药，通过不同颜色代表不同的发射药包，弹壳底部有一具电底火（由炮闩闭锁滑块上的电击针击发）。弹壳前方还有一个纤维包裹的附加药包（23b）内部填有强装药

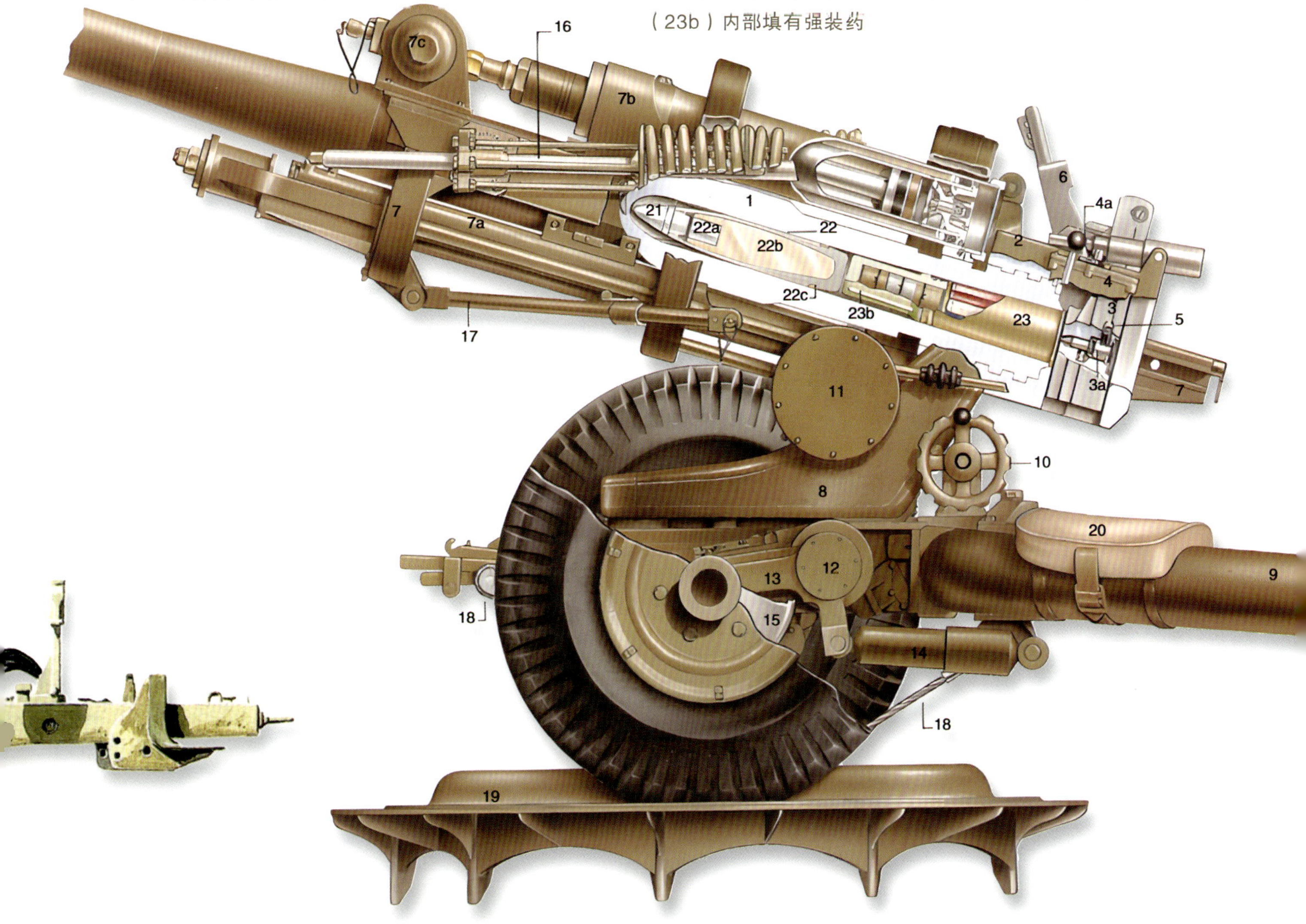

上图：虽然与更大口径的武器相比，英国L118A1 105毫米（4.13英寸）轻型榴弹炮的炮弹射程和威力都有所不足，它仍然是一款能在恶劣地形上有效作战的武器，特别是在松软地形以及诸如没有卡车或直升机搬运、运送火炮及其弹药的情况下作战的能力

右图：图中展示的是在挪威演习的一门英国陆军L118A1 105毫米（4.13英寸）轻型榴弹炮。英国的北约军事联盟一部分职责就是防御挪威北部，其中机动性强的轻型榴弹炮是主要防御力量

左图：一辆1吨级的卡车正牵引着一门L118A1轻型榴弹炮，图中火炮的炮管处于发射位置，而没有旋转180度放置于炮尾。牵引车上还有炮手和一些准备就绪的弹药，火炮和牵引车的组合非常适合“打了就跑”战术

下图：位于威尔特郡拉克希尔的皇家炮兵学院，105毫米轻型榴弹炮正在射击。除了皇家炮兵部队，轻型榴弹炮还在很多国家服役过，包括澳大利亚（也获得了生产许可）、文莱、爱尔兰、肯尼亚、马拉维、阿曼以及阿联酋

上图：位于威尔特郡拉克希尔的皇家炮兵学院进行的一次展示中，轻型榴弹炮正以最大的 70 度仰角射击。105 毫米轻型榴弹炮的发射药共有 7 个药号，因此可以在 2500 米 ~ 17200 米（2735 ~ 18810 码）间调节射程。105 毫米轻型榴弹炮使用与英国陆军以前使用的阿伯特 105 毫米自行榴弹炮相同的弹药

上图：轻型榴弹炮的一个关键特征是其炮尾，该火炮与奥托 – 梅莱拉驮载榴弹炮相比具有多方面的优势，如射程、射击稳定性、可靠性和高速牵引能力。火炮由抗腐蚀钢材料制造，炮膛操作手和装填手可在所有俯仰角下一直停留在炮尾之中。图中展示的是英国宇航系统公司生产的最新型号的 105 毫米轻型榴弹炮

右图：位于肯特郡圣哈斯德的皇家武器装备研究与发展院设计的轻型榴弹炮由诺丁汉皇家兵工厂制造，该工厂现在被英国宇航公司（现在的英国宇航系统公司）收购了。交付给英国的火炮共计 168 门，其中包括大量后备和训练武器；本国使用和出口市场总数量超过 400 门。图中展示的是火炮发射的情景：105 毫米轻型榴弹炮是同类型武器中射程最远的一款

性能诸元

L118 105 毫米轻型榴弹炮

炮管：口径 105 毫米（4.13 英寸），长度 3.175 米（10 英尺 5 英寸）

炮口制退器：双室

反后坐系统：液气型

后坐距离：水平射击时 1.07 米（42.125 英寸），70 度仰角射击时 0.33 米（13 英寸）

炮膛：垂直滑楔式

重量：行军和战斗状态均为 1860 千克（4100 磅）

升降部队：1066 千克（2350 磅）

尺寸：长度 行军状态（炮向前）6.629 米（21 英尺 9 英寸），行军状态（炮管置于炮尾上方）4.876 米（16 英尺），射击时（水平射击）7.01 米（23 英尺），宽度 1.778 米（5 英尺 10 英寸），高度 行军状态（炮管向前）2.63 米（8 英尺 2 英寸），行军状态（炮管置于大架上方）1.371 米（4 英尺 6 英寸），离地净高 0.5 米（19.75 英寸），车辙 1.4 米（4 英尺 7 英寸）

俯仰角：–5.5 ~ +70 度

方向射界：炮架 11 度，座钣 360 度

最大射速：1 分钟之内 12 发 / 分，3 分钟之内 6 发 / 分，持续射击 3 发 / 分

射程：最小射程 2500 米（2735 码），最大射程 17200 米（18810 码）

弹药种类：16.1 千克（35.5 磅）L31 高爆弹，10.49 千克（23.125 磅）L42 碎甲弹，15.88 千克（35 磅）L37、L38 和 L45 烟幕弹，以及 L43 照明弹

上图：作战中的轻型榴弹炮。作为削减重量最主要的措施，该火炮没有防盾，这会导致炮手很容易受到敌方弹片杀伤。轻型榴弹炮可用的炮弹种类有限但已经够用，最小和最大射程也能满足作战需求

M198 型 155 毫米牵引榴弹炮

美国陆军曾长期以经典的 M114 型 155 毫米（6.1 英寸）牵引式榴弹炮作为制式大口径榴弹炮。M114 发展于 20 世纪 30 年代，截至二战结束，总生产数量超过 6000 门。

M101 与 105 毫米（4.13 英寸）牵引式榴弹炮一样，M114 最大的缺陷是射程有限，以及方向射界过小。新型 155 毫米榴弹炮的正式要求发布后，岩岛兵工厂于 1968 年开始了设计工作，第一门原型炮在两年后完工。

上图：新墨西哥州，白沙导弹试验场，一枚激光制导炮弹从 M198 榴弹炮的炮管中飞出。这种炮弹旨在单发摧毁敌方固定或移动目标

武器原型

原型火炮共生产出 10 门，并命名为 XM198，经过试验和常规改进后，最终进入服役的新型榴弹炮被定型为 M198。1978 年，岩岛兵工厂开始生产新型榴弹炮，第二年，第一个配备 18 门 M198 榴弹炮的炮兵营在布拉格堡成立。每个营包括 3 个连，每个连配备 6 门 M198。除了美国陆军和美国海军陆战队，M198 也曾在澳大利亚服役（第一批 36 门替换了 140 毫米（5.5 英寸加农炮），此外还有大量其他国家使用过 M198，尤其是中东国家。

上图：图中展示的 M198 处于静态的发射阵地，前方的沙袋可提供一定的保护。该武器曾出口到许多其他国家，其中包括澳大利亚和一些中东国家

性能诸元

M198 榴弹炮

口径：155 毫米（6.1 英寸）

重量：行军和战斗状态均为 7163 千克（15790 磅）

尺寸：（行军状态）长度 12.34 米（40 英尺 6 英寸），宽度 2.794 米（9 英尺 2 英寸），高度 2.9 米（9 英尺 6 英寸）

俯仰角：-5 ~ +72 度

方向射界：45 度

最大射程：M107 炮弹 18150 米（19850 码），M549A1 火箭增程弹 30000 米（32810 码）

下图：图中展示的是 M198 型 155 毫米（6.1 英寸）牵引榴弹炮的两种行军状态中的一种。M198 现在是美国陆军和海军陆战队的标准 155 毫米榴弹炮，也正是它替换了老旧的 M114 155 毫米。M198 也是“武器改进计划”的主角，该计划旨在保证火炮进入 21 世纪后依旧能够适应战场环境

上图：这门 M198 榴弹炮已准备好发射，其发射人员在旁边等待。M198 的发射共需 9 名炮手。M198 在黎巴嫩和中东国家均有所使用

空中机动

在美国陆军和美国海军陆战队中服役时，M198 由 5 吨级 6×6 卡车牵引，牵引车还装载弹药和 9 名炮手，但火炮也可以由其他多种履带式和轮式车辆牵引。该武器也可以空中运输，如美国陆军的 CH-47C“支奴干”（Chinook）直升机和美国海军陆战队的 CH-53E“超种马”直升机（Super Stallion）都可以吊运该火炮。M198 主要装备美军步兵、空降兵和空中突击部队，而机械化步兵部队和装甲部队装备的则是 M109 型 155 毫米自行榴弹炮。美国海军陆战队于 1983 年在黎巴嫩首次使用 M198 榴弹炮。

主要部件

M198 的主要部件包括炮架、反后坐系统、火控系统和炮身系统（英国人一般称之为“军械”，ordnance）。M198 采用开脚大架和双位刚性悬挂系统。射击时，炮架下沉，前座钣直接接地。炮架上安装有高低机和方向机，而炮架上方则是安装有反后坐装置与复进机导槽的摇架。反后坐系统是液气式的，后坐长度可以调节。M199 炮身系统采用双室炮口制退器，外加一套过热警报设备，采用螺纹炮闩。火控装备包括一部 M137 型周视瞄准镜，两具射角仪，以及一具 M138 肘节式瞄准镜。

运输

火炮在行军时通常会将炮管旋转 180 度，锁定在炮尾上方。与大多数现代化欧洲 155 毫米牵引式火炮（包括多国联合设计的 FH-70，法国的 TR 和瑞典的 FH-77）不同，M198 没有辅助动力系统，因此火炮无法依靠自身动力移动。M198 可发射目前所有美国 / 北约标准的 155 毫米分装弹药，其中包括“铜斑蛇”激光制导反坦克炮弹、高爆弹、子母弹、火箭增程弹、照明弹、烟幕弹以及战术核炮弹。

美国现代化牵引火炮 M777 和 M119A1 榴弹炮

目前美国牵引式火炮武器的发展呈现出 3 种趋势，实际上其中一种不是真正的牵引式火炮。另外两种趋势可从 M777 155 毫米（6.1 英寸）联合轻型榴弹炮的服役和 M119A1 105 毫米（4.13 英寸）轻型牵引式榴弹炮的保留中看出来，后者曾被计划淘汰掉。第三大趋势则是用于配合 M777 的新型自行火箭炮。该系统就是海马斯（HIMARS），其核心是从多管火箭发射系统（MLRS）的双发射箱系统简化而来的单个 6 联装发射箱。为了减轻重量以便于空运，海马斯采用了 6×6 卡车的底盘。

升级项目

美国陆军曾计划淘汰 M119A1（英国皇家军械 105 毫米轻型榴弹炮设计方案的美国版本），转而采用新设备，即 M777。然而，高机动性行动以及特种部队行动，外加增程炮弹的发展，使得 105 毫米炮越来越受到关注。M119A1 也因此得到各种升级和改造，该火炮发射标准的美国 / 北约弹药，如 M1 高爆弹。升级中的最重要部分就是采用更符合流线型的火箭增程弹，这种炮弹可使现役的

左图：M777 的轻型炮架前方也有两个驻锄，两个开脚式大架均装有驻锄和减震器。标准的炮班编制为 7 人

下图：美国士兵正在欧洲某处的演习中操作他们的 M119A1 105 毫米（4.13 英寸）轻型牵引式榴弹炮。该武器的退役计划一度被中断，并配发了多款新型的射程更大的炮弹

左图：英国国防部考虑将 M777 牵引式榴弹炮作为其轻型机动式炮兵武器系统备选者之一，此外他们还评估了几款其他武器系统

M119A1 火炮射程从 11500 米（12575 码）增加到 17100 米（18700 码）。

这些改进尚未真正落实时，又有人提出了其他改进版本，其中最有趣的是南非的 105 毫米轻型试验火炮（LEO），其发射底排增程弹，标准射程达到 24000 米（26245 码），此外它还能发射一种破片杀伤炮弹，该炮弹在空中爆炸时，杀伤半径内的效果等同于标准的 155 毫米炮弹。与此同时，M119A1 似乎也有被保留下来的迹象。

未来的计划

M777 联合轻型榴弹炮将取代美国海军陆战队所有的牵引式榴弹炮，并成为在役的首要直接支援武器。美国陆军则将此武器用作轻型部队的常规支援力量，同时作为轻骑兵团的直接支援力量，取代所有的 M198 牵引式榴弹炮。M777 的 39 倍径身管与 M109A6 帕拉丁自行火炮的炮管相似。M777 是目前唯一进入服役的型号，但也计划了大量改进之处，主要集中在火控和符合人体工程学的操作性。但已经有人提议将 M777 替换为未来作战系统（Future Combat Systems：FCS）中的非瞄准线火炮（Non Line Of Sight Canon：NLOS-C）。一个技术演示项目已经利用 M777 的炮管进行了测试射击。一个计划的版本将安装履带以增强火炮的机动性。英国陆军也有一个类似于美国未来作战系统（FCS）的武器升级项目，即轻型机动式炮兵武器系统（Lightweight Mobile Artillery Weapon System：LIMAWS）。M777 和海马斯都是这项特殊计划的候选者。

性能诸元

M777 榴弹炮

口径：155 毫米（6.1 英寸）

重量：3745 千克（8256 磅）

尺寸：（行军状态）长度 9.275 米（30 英尺 3 英寸），宽度 2.77 米（9 英尺 1 英寸），高度 2.26 米（7 英尺 5 英寸）

俯仰角：-5 ~ +70 度

方向射界：45 度

最大射程：标准炮弹 24690 米（27000 码），火箭增程弹 30000 米（32808 码）

D-30 型 122 毫米牵引榴弹炮

D-30 型 122 毫米（4.8 英寸）榴弹炮（简称 D-30）是由位于斯维尔德洛夫斯克的第 9 兵工厂 F.F. 彼得罗夫设计局设计的，目的是替换 M1938（M30）122 毫米榴弹炮，后者是在二战前夕进入苏联军队服役的。D-30 在 20 世纪 60 年代早期开始服役，它表现出了诸多显著优势：如射程从 11800 米（12905 码）提高到 15400 米（16840 码），方向射界也从 49 度提高到 360 度。该武器至今还在 65 个国家服役，2S1“康乃馨”自行榴弹炮的炮管也是基于 D-30 而来的。叙利亚和埃及也研制过其他 D-30 的自行化版本。

苏联版本

在苏联的服役中，每个坦克师配备 36 门 D-30（编为一个两

上两图：苏联生产了大量 D-30，该武器还曾在克罗地亚、埃及、伊朗、伊拉克和南斯拉夫生产。时至今日还有大量在役的 D-30

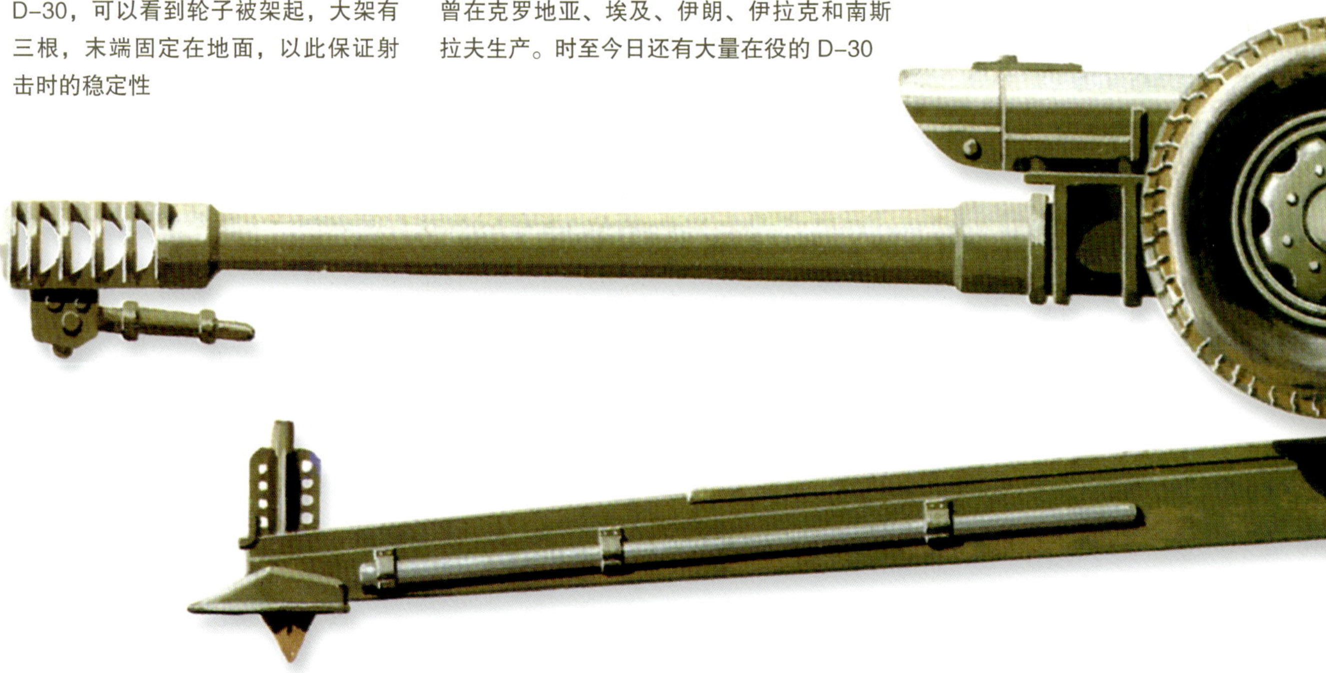

下图：图中展示的是发射状态下的 D-30，可以看到轮子被架起，大架有三根，末端固定在地面，以此保证射击时的稳定性

营制炮兵团，每个营3个连，每连6门），每个摩托化步兵师配备72门（每个摩托化步兵团下辖一个配备18门D-30的炮兵营，师属炮兵团下辖两个装备18门火炮的炮兵营）。苏联部队后来将每个连的火炮数量从6门增加到8门：因此每个营的D-30数量也从18门增加到24门。

D-30的炮管长4.875米（16英尺），安装一个多室炮口制退器，采用半自动立楔式炮闩，反后坐系统安装在炮管上方。该炮的行军牵引环直接安装在炮口制退器下方，行军时三脚大架的后方两腿会向前收至炮管下方，与前方大架并拢。在进入射击状态时，炮架下方的千斤顶座钣会首先将炮身撑起，同时车轮被架起，两侧大架展开120度，三根大架随后便稳稳地架设在地面上，火炮进入射击状态。D-30拥有一个小型防盾，牵引车辆通常是ZIL-157，或Ural-375D 6×6卡车，或MT-LB履带式车辆。

D-30发射分装弹，其中包括破片杀伤高爆弹（FRAG-HE）、尾翼稳定破甲弹（HEAT-FS）[可击穿460毫米（18.1英寸）装甲]、烟幕弹、化学弹、照明弹，以及后来的火箭增程弹，后者的射程可达到21000米（22965码）。

D-30M换上了双室炮口制退器，并将圆形的座钣换成了正方形的。D-30A则有一些其他改进，如新的摇架和改进的反后坐系统。

上图：图中展示的3门发射状态下的苏联D-30。多年来，苏联D-30一直是苏联炮兵部队的主力，但随后被2S1“康乃馨”自行火炮所取代

性能诸元

D-30型122毫米牵引榴弹炮

口径：122毫米（4.8英寸）

重量：行军状态3210千克（7077磅），射击状态3150千克（6944磅）

尺寸：（行军状态）长度5.4米（17英尺8.6英寸），宽度1.95米（6英尺4.8英寸），高度1.66米（5英尺5.6英寸）

俯仰角：-7～+70度

方向射界：360度

最大射程：高爆弹15400米（16840码），火箭助推高爆弹21000米（22965码）

2A36 型 152 毫米牵引远程加农炮

2A36 型 152 毫米（6 英寸）牵引远程加农炮（简称 2A36）的研制始于 20 世纪 70 年代，普姆机械工厂当时研制这款武器是为了替换老式的重型 M-46 130 毫米（5.12 英寸）火炮。该武器首次亮相时，西方国家称之为 M1976，而苏联军队称其为 Giatsint-B（hyacinth-B："风信子"-B）。"风信子"-S 自行火炮的研制则止于原型炮阶段。

生产

2A36 直到 1985 年才首度公开，但人们一般认为生产从 1976 年就开始了。生产一直持续到 20 世纪 80 年代，但出口贸易一直持续到 20 世纪 90 年代后期。总产量大约为 1500 门，确定的除苏联之外的出口国家仅有芬兰（24 门）和伊拉克（具体数量不详）。

2A36 的 49 倍径炮管长 8.187 米（26 英尺 10.5 英寸），该炮的主要弹药是高爆破片杀伤榴弹（HE-FRAG），且可通过装订引信在高爆和破片杀伤模式间切换，重 46 千克（101.4 磅），射程可达 27000 米（29530 码）。专用火箭增程弹射程可达到 40000 米（43745 码）。火炮在直射打击装甲目标时还可发射一种穿甲弹，穿甲弹的炮口初速大约为 800 米/秒（2625 英尺/秒）。据称 2A36 还具备发射核炮弹的能力，不过该炮配用的核炮弹目前已经退役。其他可用的炮弹还包括烟幕弹，混凝土侵彻弹和燃烧弹。

左图：2A36 安装一个多室炮口制退器，采用半自动横楔炮闩。炮架可实现高速越野牵引

右图：2A36 的优点在于较大的射程和较高的精度，HE-FRAG 炮弹可预先设定高爆或破片杀伤模式，该炮通常主要承担反炮兵任务

部署

每个"风信子"炮兵连都配备 6 门或 8 门 2A36，据称一个连可在一分钟之内投射 1 吨多的炮弹。

有资料称 2A36"风信子-B"有一款换装 53.8 倍径长炮管的改进型，但似乎该项目最终没有完成，而是 2A65 型 152 毫米（6 英寸）加榴炮进入部队服役。

2A36 共需 8 名炮手，其中一些受到防盾的保护。该炮的装填因配备输弹机而得到极大简化，在装弹后输弹机会运动至与推弹槽平齐，然后运用液压推弹杆将弹丸和发射药筒推入炮膛，短时最大射速达 5 发/分或 6 发/分。每门火炮的备弹基数为 60 枚。

2A36 通常由 KrAZ-260 9 吨 6×6 卡车牵引，当然也可以使用同级别的其他车辆，如履带式牵引车。牵引时，火炮炮架由一套 4 轮（两侧各两个）平衡梁式悬挂系统支撑，从而使得火炮可在崎岖的地形中达到 30 千米/时（18.6 英里/时）的速度。发射时，大架展开，然后火炮以炮架前部下方的一个圆形座钣为支撑。这种布局可让火炮左右各旋转 25 度。针对不同季节，火炮配备了几种不同的驻锄，"夏季"驻锄更大一些，以此适应夏季更松软的地面。

性能诸元

2A36 型 152 毫米牵引远程加农炮

口径：152.4 毫米（6 英寸）

重量：行军状态 9800 千克（21605 磅），战斗状态 9760 千克（21517 磅）

尺寸：（行军状态）长度 12.92 米（42 英尺 4.7 英寸），宽度 2.788 米（9 英尺 1.8 英寸），高度 2.76 米（9 英尺 0.7 英寸）

俯仰角：-2.5 ~ +57 度

方向射界：左右各 25 度

最大射程：27000 米（29530 码），火箭增程弹可达到 40000 米（43745 码）

俄罗斯反坦克炮 T-12/MT-12 和 2A45M“章鱼”（Sprut）-B

越来越多的陆军部队在反装甲战场中逐渐依赖反坦克导弹，而俄罗斯一直保留了特种反坦克火炮，并且认为它们可靠性更高，用途也比“一锤子买卖”的反坦克导弹多样化。虽然苏／俄制火炮基本都具备一定的直射反坦克能力，但俄军的军械库中仍保留有两种专用反坦克炮。

这两种反坦克炮中相对更老旧的一款追溯至1961年，即T-12（也被称为2A19）100毫米（3.9英寸）及在其基础上改进的MT-12（2A29）。两者主要的区别在于数量更多的MT-12改进了炮架，从而减少了牵引过程中炮架倾翻的可能性。如今存留于世的大多数都是MT-12型。

滑膛炮管

100毫米炮管是滑膛的，因此提高了炮弹炮口初速，进而提高了尾翼稳定脱壳穿甲弹（APFSDS）的动能。该炮弹重量为4.55千克（10.03磅），炮口初速可达1548米／秒（5079英尺／秒），最大射程大约为3000米（3281码），可在1000米（1094码）距离处击穿215毫米（8.47英寸）装甲。另一种专业的反装甲炮弹是9M117“堡垒”（Kastet）激光制导导弹。该导弹的最新版本是9M117M，采用串联的锥形装药的弹头，可在任意直射距离上击穿550毫米（21.7英寸）装甲。T-12和MT-12也能发射常规的破甲弹。为了增强多用途能力，该炮还安装了间瞄瞄准镜并配发榴弹，可作为野战加农炮使用。

据估计，俄罗斯武装部队目前仍保留有6000多门反坦克炮。第二种目前仍在役的俄制反坦克炮是2A45M 125毫米（4.92英寸）“章鱼-B”（Sprut-B）。2A45M于20世纪90年代后期首度公开亮相，该炮是将T-72等主战坦克上的D-81 125毫米坦克炮的炮身与形似D-30 122毫米（4.8英寸）牵引榴弹炮的三脚式360度方向射界炮架组合起来的产物。该型号最初设计用于替换T-12/MT-12系列100毫米火炮，但真正完成生产的只有测试批次。

上图：T-12/MT-12 和 2A45M 反坦克炮的乘员和作战装备由 MT-LB 履带式牵引车或 Ural-4320 6×6 卡车运载。图中，东德陆军的 MT-LB 牵引车牵引着一门 T-12 100 毫米（3.9 英寸）火炮

贫铀穿甲弹

2A45M 125毫米采用51倍径滑膛炮管，安装一个双室炮口制退器，所用炮弹与D-81火炮相同。其中包括一种重7.05千克（15.54磅）的贫铀穿甲弹，该炮弹炮口初速为1700米／秒（5577英尺／秒），最大射程大约为2100米（2297码），炮弹在最大距离处可击穿250毫米（9.84英寸）装甲。2A45M还能发射9M119M“芦笛”（Svir）激光制导炮射导弹，该弹采用破甲战斗部时，可在5000米（5468码）范围内直接击穿700毫米（27.56英寸）装甲。与俄罗斯其他反坦克炮一样，2A45M也能发射常规的破甲弹和榴弹。

2A45M没有大规模投入生产的主要原因之一是其重量——战斗状态重达6575千克（14495磅）。为了辅助小范围内的移动，炮架安装了辅助动力系统，该系统可驱动炮架的轮子，这种模式下最大速度限制在14千米／时，并且仅能小范围移动。更远距离的移动需要借助牵引车辆，一般是重型6×6卡车或其他履带式牵引车。

性能诸元

MT-12 反坦克炮

口径：100 毫米（3.9 英寸）
重量：战斗状态 2750 千克（6063 磅）
尺寸：行军状态长度 9.48 米（31 英尺 1.2 英寸）
俯仰角：-6～+20 度
方向射界：54 度
最大射程：3000 米（3281 码）

2A45M Sprut-B 反坦克炮

口径：125 毫米（4.92 英寸）
重量：战斗状态 6575 千克（14495 磅）
尺寸：行军状态长度 7.12 米（23 英尺 4.3 英寸）
俯仰角：-6～+25 度
方向射界：360 度
最大射程：2100 米（2297 码）

“红土地 -M”制导炮弹

俄罗斯火炮系统近期最重要的发展趋势，就是在自用型 152 毫米（6 英寸）弹药体系的基础上，开始研制符合北约标准的 155 毫米（6.1 英寸）弹药以拓展外销市场。目前仅有前华约国家研制的火炮还在使用 152 毫米炮弹，因此俄罗斯研制 155 毫米炮弹对其意义重大。

西方化的制导炮弹

最具吸引力的 155 毫米口径炮弹就是“红土地 -M”（Krasnopol-M）制导炮弹（CLGP）。该炮弹与标准的 9K25 152 毫米“红土地”制导炮弹不同，它进行了全面的重新设计，以适应北约标准的储弹架和操作设备，但制导技术没有改变。依然采用激光半主动制导。火炮只需要向目标的大概方向和俯仰角发射炮弹。炮弹射出之后，目标将被一套架设在三脚架上的目标指示器照射激光。其中一部分能量从目标上反射回来，并被炮弹前端上的传感器捕获。靠近目标时，弹载计算机会计算出弹道修正量，通过调整可动尾翼修正弹道，以大俯角冲向目标，而其目标通常仅为坦克大小。

“红土地 -M”炮弹长 955 毫米（37.6 英寸），全重 45 千克（99.2 磅），其中高爆破片杀伤榴弹（HE-FRAG）战斗部重 20 千克（44.09 磅），装药 6 千克（13.23 磅）。炮弹最大射程为 22000 米（24059 码），而激光目标指示器针对静态目标的最大跟踪照射距离大约为 7000 米（7655 码），对于移动目标的有效照射距离更小一些。

上图：俄罗斯在役的 155 毫米“红土地”炮弹通常由 D-20 牵引式榴弹炮使用。炮弹前部的引导头可以接收安装在三脚架上的 1D22 激光目标指示器（内置测距仪）发射的照射激光

出口的成功

据报道，155 毫米“红土地 -M”炮弹曾出口到印度，它也曾在法国和南非进行过测试，目的是扩充他们 155 毫米炮弹系列。

其他现代化俄罗斯炮弹还包括一种包含无线电干扰发生器的子母弹。俄罗斯的子母弹载荷通常比西方子母弹大。例如，一款俄罗斯 152 毫米炮弹包括 8 枚多用途子母弹，每枚重 1.4 千克（3.09 磅）。标准的北约 M864 包含 72 枚“榴弹”，每枚重大约 210 克（7.41 盎司）。

性能诸元

“红土地 -M”制导炮弹

口径：155 毫米（6.1 英寸）
重量：45 千克（99.21 磅）
长度：955 毫米（37.6 英寸）
射程：大约为 22000 米（24059 码）
弹头：20 千克（44.09 磅）HE-FRAG，其中爆炸物重 6 千克（13.23 磅）

左图：155 毫米的“红土地 -M”激光半主动制导炮弹可由如 M109 和 G6 自行火炮等西方火炮。炮弹在目标顶部装甲上方爆炸，命中角度在 +35 ~ +45 度之间

南斯拉夫 M-56 型 105 毫米榴弹炮

随着二战结束时德国在南斯拉夫的投降，大量德国火炮被抛弃，其中大部分都被南斯拉夫军队接管了。大约 40 年后，大量德国 88 毫米（3.46 英寸）火炮还在作为岸防火炮，而 105 毫米（4.13 英寸）牵引式 M18、M18M 和 M18/40 榴弹炮继续在后备部队中服役。二战刚结束时，美国给南斯拉夫提供了大量牵引式火炮，其中包括 M114 155 毫米（6.1 英寸）和 M101 105 毫米（4.13 英寸）榴弹炮，以及 M59 155 毫米（6.1 英寸）“长脚汤姆”加农炮。其中一些直到 20 世纪 90 年代早期南斯拉夫解体时还在服役，而 M114 的仿制型号为 M-65。南斯拉夫也设计和生产了两款武器以满足自己的需要，即 M-56 型 105 毫米（4.13 英寸）榴弹炮和 M-46 型 76 毫米（3 英寸）山地炮，后者主要是为了南斯拉夫山地部队的特殊要求。

M-56炮架

M-56 的炮管长 3.48 米（11 英尺 5 英寸），安装一个多室炮口制退器，炮管上下方分别安装一套液压后坐减震器和液气复进机，火炮采用横楔式炮闩。炮架是开脚式的，每个炮尾末端装有一个驻锄。M-56 的分体式倾斜炮盾覆盖了炮管两侧。一些炮架曾安装过与美制 M101 型榴弹炮相似的轮毂和轮胎，装上美式炮轮后火炮的牵引速度可达到 70 千米 / 时（43.5 英里 / 时），而另外一些则安装了与二战时期的德国 105 毫米（4.13 英寸）榴弹炮相似的实心轮胎。当装上实心轮胎后，火炮无法高速牵引。火控装备包括一具 4 倍周视瞄准镜、一具 2 倍反坦克直射瞄准具，以及一部象限仪。

炮弹类型

该炮采用半定装式炮弹（弹壳内装填有可调的发射药包）。以下炮弹可在短时内达到 16 发 / 分的最大射速：重 15 千克（33.1 磅）的高爆弹，炮口初速为 570 米 / 秒（1870 英尺 / 秒）；重 15.8 千克（34.8 磅）的烟幕弹；穿甲曳光弹；以及曳光碎甲弹。曳光碎甲弹重 10 千克（22.05 磅），当其命中装甲车辆时，2.2 千克（4.85 磅）的爆炸物在爆炸之前会紧贴装甲板，最终能以 30 度的倾角击穿厚达 100 毫米（3.9 英寸）的装甲板。

M-56 的一个非同寻常的特征是在紧急情况下，该炮可以在不打开大架的状态下发射，不过这种情况下方向射界和俯仰角均仅有 16 度。M-56 炮班编制为 11 人，通常由一辆 TAM 1500（4×4）卡车牵引。最初人们认为 M-56 仅在南斯拉夫军队服役，但有些也在萨尔瓦多服役，在这种情况下它由美国的 2.5 吨（6×6）卡车牵引，它还曾在塞浦路斯服役过。一些 M-56 出口到了伊拉克，这些火炮参与了 1990 年伊拉克入侵科威特行动以及随后的沙漠风暴行动。20 世纪 90 年代的南斯拉夫内战期间，M-56 榴弹炮曾被参战多方使用过，如 1991 年南斯拉夫军队对克罗地亚杜布罗夫尼克为期 3 个月的轰炸行动，以及 1992—1996 年对萨拉热窝的血腥围攻。

性能诸元

M-56 型榴弹炮

口径：105 毫米（4.13 英寸）

重量：运输时 2100 千克（4630 磅），射击时 2060 千克（4541 磅）

尺寸：（行军状态）长度 6.17 米（20 英尺 3 英寸），宽度 2.15 米（7 英尺 0.6 英寸），高度 1.56 米（5 英尺 1.4 英寸）

俯仰角：-12～+68 度

方向射界：52 度

最大射程：13000 米（14215 码）

上图：萨尔瓦多在役的 M-56 型 105 毫米榴弹炮与美国 M101 型 105 毫米榴弹炮非常相似，而后者在二战之后也提供给了南斯拉夫。然而，M56 的防盾更大，并且安装一个多室炮口制退器

下图：一辆运输状态的南斯拉夫 M-56 型 105 毫米榴弹炮。这种特殊型号的火炮采用与德国 105 毫米榴弹炮相似的实心橡胶轮胎，而南斯拉夫在二战之后也使用过德国 105 毫米榴弹炮

Mk 61 型 105 毫米自行榴弹炮

AMX 公司（Atelier de Construction d'Issy-les-Moulineaux）在 20 世纪 40 年代后期研制的 AMX-13 轻型坦克奠定了一个履带式车辆系列的基础。法国陆军很早就发布需求，要求生产一款 105 毫米（4.13 英寸）自行榴弹炮，即 Mk 61，最终决定以改造的 AMX-13 坦克底盘为基础。在对原型车进行试验之后，Mk 61 于 20 世纪 50 年代后期在罗阿讷生产厂投入生产，其在法国陆军中的正式型号为"50 型装甲自行榴弹炮"（Obusier de 105 Modèle 50 sur Affût Automoteur）。该炮随后转由克勒索－卢瓦尔公司（现 GIAT 集团）生产，该公司后来接管了 AMX-13 及其衍生产品的研制工作。

除了法国陆军，以色列、摩洛哥和荷兰也曾装备 Mk 61，荷兰型换装了更长的 30 倍径身管。第一个淘汰 Mk 61 的使用者是以色列，该炮被 M109A1 155 毫米（6.1 英寸）取代；在法国陆军中，Mk 61 被 GCT 155 毫米自行火炮所取代。

Mk 61 采用全装甲钢焊接车体，可保护乘员免受轻武器和炮弹破片的伤害。发动机和传动装置在车辆前端，驾驶员在左侧，全封闭的战斗室在尾部。车顶和车尾都有进出舱口，指挥官的顶盖上装有潜望镜，可观察外部情况。该炮采用扭杆悬挂，车体两侧各有 5 个橡胶轮胎负重轮和 3 个履带托带轮。主动轮和引导轮则分别位于车辆前部和尾部。液压减震器安装在第一个和最后一个车轮轴上。履带是钢制的，但可以安装橡胶垫以减少对路面的损伤。

下图：Mk 61 采用 AMX-13 轻型坦克的底盘。没有炮塔以及中型口径炮管的设计，不久之后就过时了

武器细节

105 毫米榴弹炮采用双室炮口制退器，俯仰角为 -4.5 ~ +66 度，方向射界为左右各 20 度；俯仰和方向的调整都是手动的。火炮可发射多种不同的分装弹，其中包括一种重 16 千克（35.3 磅）的高爆弹，最大射程为 15000 米（16405 码），还有一种破甲弹，水平命中可击穿 350 毫米（13.8 英寸）装甲板，65 度角命中可击穿 105 毫米（4.13 英寸）装甲板。火炮共携带 56 枚炮弹，在通常情况下会包括 6 枚破甲弹。火炮顶部会安装一挺 7.62 毫米（0.3 英寸）或 7.5 毫米（0.295 英寸）机枪作为防空武器；车体内部还配有一挺同型号机枪用于自卫；机枪备弹共 2000 发。

Mk 61 没有核生化（NBC）三防系统，也不具备两栖作战能力。另一个缺陷是方向射界不足。Mk 61 原型车曾出现过，其中一些还被瑞典购买，一种类似车辆装上了一个炮塔，从而可以实现 360 度的方向射界。等到安装炮塔版本的火炮问世时，大多数国家已经决定将他们的 105 毫米火炮换成更有效的 155 毫米火炮了。Mk 61 的底盘也被用作"罗兰"地空导弹系统以及一种摩托化布雷车的试验底盘。

性能诸元

Mk 61 型 105 毫米自行榴弹炮

乘员：5 人

重量：16500 千克（36375 磅）

尺寸：长度 5.7 米（18 英尺 8.4 英寸），宽度 2.65 米（8 英尺 8.3 英寸），高度 2.7 米（8 英尺 10.3 英寸）

动力平台：一台 SOFAM 8Gxb 汽油发动机，功率 186 千瓦（250 马力）

性能：速度 60 千米 / 时（37 英里 / 时），行程 350 千米（217 英里）

爬坡能力：60 度

垂直越障高度：0.65 米（2 英尺 2 英寸）

跨壕宽度：1.6 米（5 英尺 3 英寸）

Mk F3 型 155 毫米自行加农炮

二战刚结束时，法国陆军的制式自行榴弹炮是美国 M41 155 毫米（6.1 英寸）榴弹炮，其本质上就是在 M24“霞飞”轻型坦克底盘上安装略作改进的 M114 牵引式榴弹炮炮身。20 世纪 60 年代，该火炮被 Mk F3 155 毫米自行火炮（简称 Mk F3）所取代，后者本质上就是在缩短版的 AMX-13 轻型坦克底盘尾部安装一门以 M50 型牵引榴弹炮为基础的 155 毫米火炮。Mk F3 在法国陆军中的正式型号为“F3 型装甲自行加农炮”（Canon de 155 mm Modèle F3 Automoteur），20 世纪 80 年代 Mk F3 替换了 GCT 155 毫米自行加榴炮，Mk F3 还曾出口到阿根廷、智利、塞浦路斯、厄瓜多尔、科威特、摩洛哥、秘鲁、卡塔尔、苏丹、阿联酋和委内瑞拉。

Mk F3 以及其他 AMX-13 轻型坦克系列型号最初都是由一家法国国营工厂——罗阿讷生产制造的，因为该工厂拥有 AMX-30 主战坦克系列及其他车辆，以及 AMX-10P 系列的生产线，然而，整个 AMX-13 系列，其中包括 Mk F3 的生产后来转移给了克勒索 - 卢瓦尔公司，后者现在被法国地面武器工业集团（GIAT）收购。

火炮的俯仰

155 毫米炮管安装在底盘最后端，仰角为 0 ~ +67 度，仰角为 +50 度时左右方向射界均为 20 度，仰角为 +57 度时左右方向射界分别为 16 度和 30 度。仰角和方向射界的调整都是手动的。行军时，火炮被锁定在右侧 8 度方向射界的位置。33 倍径炮管装备双室炮口制退器，以及螺纹炮闩。

上图：Mk F3 型 155 毫米自行加农炮在发射状态时，将尾部的两个驻锄固定在地面上以此稳定整个火炮。很显然，火炮和炮手都没有装甲防护

该炮发射分装弹，具体包括以下类型：高爆弹，最大射程超过 20000 米（21875 码）；燃烧弹和烟幕弹，射程为 17750 米（19410 码）；火箭增

下图：发展于 20 世纪 50 年代的 Mk F3 可以发射多种炮弹，其中包括 Mk 56 高爆弹、烟幕弹、照明弹以及 M107 炮弹

上图：截至 2003 年，Mk F3 还在 11 个国家服役，最近一次交付是法国于 1997 年向最大的使用者——摩洛哥供应一批 Mk F3

性能诸元

Mk F3 型 155 毫米自行加农炮

乘员：2 人
重量：17400 千克（38360 磅）
尺寸：总体长度（炮向前）6.22 米（20 英尺 5 英寸），宽度 2.72 米（8 英尺 11 英寸），高度 2.085 米（6 英尺 10 英寸）
动力平台：一台 186 千瓦（250 马力）SOFAM 8Gxb 汽油发动机
性能：速度 60 千米 / 时（37 英里 / 时），行程 300 千米（185 英里）
爬坡能力：40 度
垂直越障高度：0.6 米（2 英尺）
跨壕宽度：1.5 米（4 英尺 11 英寸）

程弹，射程为 25330 米（27670 码）。前几分钟的最大射速为 3 发 / 分，持续射速为 1 发 / 分。射击开始前需手动释放车尾的两个驻锄，然后车辆向后移动以创造更稳定的射击平台。

除了火炮和乘员缺乏保护之外，Mk F3 的一个重大缺陷是车辆内部仅能容纳驾驶员和指挥员。其他炮手则由 AMX VCA（Véhicule Chenillé d' Accompagnement：履带式支援车辆）或 6×6 卡车运载，此外车上还需运载 25 枚炮弹、发射药以及引信。履带式支援车辆还能牵引一辆 2 吨级 F2 弹药挂车，以携带额外的 30 枚炮弹和弹药。

Mk F3 的涉水深度可达 1 米（3 英尺 3 英寸），但没有核生化（NBC）三防系统；车上可安装主动式或被动式夜视装备，并且该炮安装有直瞄和曲射瞄准镜，以及炮兵对讲机和电线。车辆的动力装置是一台汽油发动机，但很多车辆都将其换成了通用汽车底特律 6V-53T 柴油机，功率为 209 千瓦（280 马力）。该发动机提高了火炮的公路行驶速度，实际行程也从 300 千米（185 英里）提高到了 400 千米（250 英里）。

以色列自行火炮
M-50、L33、罗马赫和多赫

20 世纪 50 年代，以色列使用多种牵引式火炮支援他们的机械化部队，但同时也发现这些武器无法跟上高速机动部队，特别是在不存在道路的沙漠。与大多数北约成员国当时的感受一样，以色列也发现大装药量的 155 毫米（6.1 英寸）炮弹比 105 毫米（4.13 英寸）炮弹有效得多，尽管如此，以色列仍在大量使用二战时期的美国“牧师”自行榴弹炮和法国 Mk 61 型 105 毫米自行榴弹炮。

服役

进入以色列军队服役的第一批 155 毫米口径自行武器是法国布尔日军械研究制造中心研制的 M-50，它于 1963 年开始服役。该火炮系统以谢尔曼坦克底盘为基础，将发动机向前移动到驾驶员右侧，以此在车体尾部的一个开顶式舱室中安装一门法制 M-50 型榴弹炮，且以色列此时已经在使用 M-50 型榴弹炮。

M-50 型榴弹炮在战场上展开时，车体尾部两侧的舱门开启，水平的弹药架伸出，舱门向下折叠以给炮手提供操作榴弹炮的空间。底座下方还有额外的储弹舱，车体两侧还各有一个外部储弹舱。榴弹炮发射 43 千克（95 磅）的高爆弹，最大射程为 17600 米（19250 码）。榴弹炮的最大仰角为 +69 度，但方向射界非常有限。M-50 炮班编制为 8 人，满

上图：第一批进入以色列军队服役的 155 毫米（6.1 英寸）自行火炮就是 M–50。它于 1963 年开始服役，首次于 1967 年的第三次中东战争中投入战斗

载重量为 31000 千克（68340 磅）。该武器系统在 1967 年的第三次中东战争中首次投入使用，其主要缺陷是战斗室顶部没有任何防护措施。

以色列军队中的 M–50 后来被 L33 取代了（命名自其火炮身管倍径），该火炮由以色列的索尔塔姆公司研制，在 1973 年的赎罪日战争中首次投入使用。该火炮以 M4A3E8 谢尔曼坦克底盘为基础，沿用了 M–50 的水平螺旋弹簧悬挂系统，而不是垂直螺旋弹簧悬挂系统，因此提高了越野能力。原始的汽油发动机也换成了康明斯柴油发动机，因此提高了实际行程。

久经考验的火炮

M–68 155 毫米加榴炮几乎与同型牵引式火炮完全一样，火炮安装在上层结构的前部，俯仰角为 -3～+52 度，左右方向射界均为 30 度。俯仰角和方向射界的调整都是手动的。火炮装有一个单室炮口制退器、一套抽烟装置、一部行军固定器，以及半自动横楔式炮闩。

气动推弹机

为了辅助维持较高的最大射速以及任何俯仰角下的炮弹装填，火炮安装了一套气动推弹机。火炮可发射 43 千克的高爆弹，最大射程为 21000 米（22965 码）；此外也可以使用烟幕弹和照明弹。火炮共可携带 60 枚炮弹及其发射药，其中 16 枚是待发弹。火炮顶部装有一挺 7.62 毫米（0.3 英寸）机枪，用作为自卫机枪和防空机枪。

车体是为全装甲钢焊接，可以保护乘员免受轻武器和炮弹破片的伤害。车体两侧均有进出舱口，弹药补给口位于车体尾部；炮弹可在火炮射击过程中从这些舱口补充进来。驾驶员坐在前部靠左的位置，指挥官在其后方，机枪射击手位于对侧相似位置：所有乘员都有自己的出入舱口，并且舱口前方和左右都有防弹窗口以便于观察。

与更早期的 M–50 改装版本不同，L33 将发动机从前部移到了尾部，动力通过一根传动轴传输到前部的传动装置。

以色列还使用过两套美国自行火炮系统，即 M107 175 毫米（6.9 英寸）自行加农炮和 M109 155 毫米自行榴弹炮，这两款武器也被升级为“罗马赫”和“多赫”标准。前者发射以色列本土设计的 Mk 7 Mod 7 次口径增程（ERSC）炮弹，射程为 40 千米（24.9 英里），同时装备一挺额外的 7.62 毫米机枪。

性能诸元

索尔塔姆 L33 自行火炮

乘员：8 人

重量：41500 千克（91490 磅）

尺寸：总体长度（炮向前）8.47 米（27 英尺 9.5 英寸），车体长度 6.47 米（21 英尺 2.7 英寸），宽度 3.5 米（11 英尺 6 英寸），高度 3.45 米（11 英尺 3.8 英寸）

动力平台：一台康明斯 VT 8–460–Bi 液体冷却柴油机，功率 343 千瓦（460 马力）

性能：最大公路行驶速度 36.8 千米 / 时（23 英里 / 时），最大行程 260 千米（162 英里）

爬坡能力：60 度

垂直越障高度：0.91 米（3 英尺）

跨壕宽度：2.3 米（7 英尺 6.6 英寸）

下图：L33 155 毫米（6.1 英寸）的炮手正在一次演习中操作他们的武器。以 M4A3 坦克底盘为基础的 L33 在 1973 年的阿以战争中大量使用，该炮采用 M–68 牵引式加榴炮系统的武器装备

ASU-57 空降自行反坦克炮

ASU-57（ASU 是苏联对空运突击炮的简称，57 代表火炮口径）研制于 20 世纪 50 年代，是专为苏联空降部队所设计的，首次与公众见面是在 1957 年莫斯科红场的一次阅兵中。火炮本身源自二战时期的 ZiS-2（M1943）反坦克炮，而发动机则来自民用的"胜利"牌汽车。

有限的生产

ASU-57 的车体是采用焊接铝合金结构，装甲厚度均为 6 毫米（0.24 英寸），因此车体很容易受到损伤。发动机位于前部右侧，冷却系统位于左侧，传动装置位于最前端。敞篷乘员舱位于尾部，驾驶员和装填手在右侧，指挥官（同时也充当火炮手）在左侧。驾驶员和指挥官前面是一个装甲翻板，其中包括两个观察窗；车辆不在战斗区域时，翻板可向上折起以提供更好的视野。ASU-57 顶部可覆盖一层柏油帆布，尾部通常安装一个自救原木，这种自救原木也是苏联装甲车辆的一个共同特征。

扭杆式悬挂装置包括 4 个独立的挂胶负重轮，主动轮位于最前端，第 4 个负重轮也兼做引导轮；另外每侧还有 2 个托带轮。ASU-57 涉水深度为 0.7 米（28 英寸），但没有核生化（NBC）三防系统。

车辆装备一门 Ch-51 或 Ch-51M 线膛炮，位置在车辆中心线上。Ch-51 是第一个进入服役的型号，它装备一个长炮管以及多槽炮口制退器。Ch-51 随后被 Ch-51M 取代，后者的炮管略短一些，并且装备一个双室炮口制退器。两款火炮都采用垂立楔式炮闩及液压弹簧式反后坐系统，可以发射以下整装式炮弹：高爆破片弹［炮口初速为 695 米 / 秒（2280 英尺 / 秒）］，穿甲弹［980 米 / 秒（3215 英尺 / 秒）］，垂直命中时可在 1000 米（1094 码）的距离处击穿 85 毫米（3.35 英寸）装甲板，以及高速穿甲弹［垂直命中时可在 1000 米（1094 码）的距离处击穿 100 毫米（3.94 英寸）装甲板］，据估计，一个训练有素的车组最大可达到 10 发 / 分的射速。火炮的俯仰角和方向射界调整都是手动的，其中俯仰角范围为 -5 ~ +12 度，左右方向射界均为 8 度。车辆通常被用于运载 4 名伞兵，外加一挺 7.62 毫米（0.3 英寸）机枪。机枪可以被拆下来投入徒步使用。

部署

苏联的每个空降师下辖 3 个步兵团，每个团配

上图：一辆 ASU-57 正在跨过雪地，背景中是一门 85 毫米（3.35 英寸）牵引式反坦克炮。注意 ASU-57 车体左侧的自救原木，驾驶员的头暴露在外面

性能诸元

ASU-57 空降自行反坦克炮

乘员：3 人

重量：3.35 吨

尺寸：总体长度 4.995 米（16 英尺 4.7 英寸），车体长度 3.48 米（11 英尺 5 英寸），宽度 2.086 米（6 英尺 10 英寸），高度 1.18 米（3 英尺 10.5 英寸）

动力平台：一台 41 千瓦（55 马力）M-20E 4 缸汽油发动机

性能：最大公路行驶速度 45 千米 / 时（28 英里 / 时），最大公路行程 250 千米（155 英里）

爬坡能力：60 度

垂直越障高度：0.5 米（20 英寸）

跨壕宽度：1.4 米（4 英尺 7 英寸）

上图：图中展示的是一门 ASU-57 空运自行反坦克炮，其装备一门 Ch-51M 57 毫米（2.24 英寸）火炮，炮口安装一个双挡板制退器。很多年来，它一直是苏联空降师的主要自行反坦克炮，但后来被 ASU-58 取代，后者是一款更大型的火炮，并且改善了装甲防护

属一个反坦克炮营，炮兵营包含3个连，每个连配备6门ASU-57，因此每个师共有54门这种武器。在苏联，前线部署的ASU-57被ASU-58换下后转而用于训练，后者不仅威力更大，同时装甲防护也更强。

有趣的是，ASU-57的研制时间大体上与美国的M56空降自行反坦克炮相近，后者装备90毫米（3.54英寸）火炮。

运输时，ASU-57装在一个特殊容器中，一架图波列夫Tu-4运输机可运载两个容器。20世纪50年代后期服役的安东诺夫An-12运输机则可在货舱内容纳两辆停放在货盘上的ASU-57。货盘上备有降落伞和反冲火箭系统以便于软着陆。

ASU-85空降自行反坦克炮

战后一段时间苏联空降师的标准自行反坦克炮是ASU-57。它的重量仅为3.35吨，装备一门长身管57毫米（2.24英寸）火炮。除了57毫米炮弹的穿甲能力不足之外，ASU-57本身的防护装甲也非常薄，乘员舱的顶部也没有任何防护措施。

ASU-57替代者

20世纪50年代后期，更强大的ASU-85自行反坦克炮出现了，并于1960年进入苏联空降部队服役，同时也进入波兰军队服役。与老旧的ASU-57相比，ASU-85改进了防护装甲、火力和机动性。SD-44 85毫米（3.35英寸）火炮安装在大倾角装甲板上，方向射界仅有12度，俯仰角为-4～+15度；方向射界和俯仰角均是手动的。火炮发射的整装弹药包括高爆穿甲弹和高速穿甲弹；火炮共计可携带40枚炮弹。该炮还装有一挺PKT 7.62毫米（0.3英寸）同轴机枪。有些反坦克炮还在顶部安装一挺DShKM 12.7毫米（0.5英寸）机枪以充当防空力量。

性能诸元

ASU-85空降自行反坦克炮

乘员：4人

重量：15.6吨

尺寸：总体长度8.49米（27英尺10.2英寸），车体长度6米（19英尺8英寸），宽度2.8米（9英尺2.2英寸），高度2.1米（6英尺10.7英寸）

动力平台：一台V-6柴油发动机，功率179千瓦（240马力）

性能：最大公路行驶速度45千米/时（28英里/时），最大公路行程260千米（162英里）

涉水深度：1.1米（3英尺7英寸）

爬坡能力：70度

垂直越障高度：1.1米（3英尺7英寸）

跨壕宽度：2.6米（8英尺6英寸）

ASU-85的车体由装甲钢焊接而成，车体前方的装甲最厚。车辆可直接装进如An-12等战术运输机内部，同时具备伞降能力。标准的装备包括夜视仪，车体尾部通常带有副油箱，以此增加车辆行驶距离。ASU-85从苏联军队退役时没有直接的替代者，空降部队的远程反坦克任务转为由专用反坦克导弹或是配备反坦克导弹的BMD伞兵战车承担。

上图：图中展示了一次演习中一列ASU-85自行火炮前进的情景，行军纵队得到了旁边的ZPU-1 14.5毫米（0.57英寸）高射机枪的掩护

下图：苏联ASU-85阅兵车穿过莫斯科。ASU-85没有大量出口，但参与了1968年占领捷克斯洛伐克行动

SU-100 坦克歼击车

二战期间，苏联人基于坦克底盘研制了大量坦克歼击车。其中 SU-85 和 SU-100 是基于 T-34 坦克，SU-152 则是基于 KV 重型坦克。它们的生产比坦克更便捷和简单，并且生产数量也相对更大。

SU-85 和 SU-100 在外观上非常相似，最大区别在于它们的口径：SU-85 的火炮口径为 85 毫米（3.35 英寸），而 SU-100 的火炮口径为 100 毫米（3.94 英寸）。SU-100 的战斗室位于车辆前端，D-10S 主炮安装在倾斜车体前装甲上的一个球形底座中，方向射界和俯仰角均有限，并且都是手动控制的。

SU-100 主炮备弹为 34 发，高爆穿甲弹可在 1000 米（1904 码）距离上击穿 180 毫米（0.7 英寸）装甲。其他可用炮弹包括 OF-412 高爆破片弹。

上图：SU-100 在配置上与 T-34 相似，相同的部件比例达到 75%。虽然基于共同的车体，与更早期的 SU-85 相比，SU-100 的前部装甲厚度从 45 毫米（1.77 英寸）增加到 75 毫米（2.95 英寸）

性能诸元

SU-100 坦克歼击车

乘员：4 人

重量：31.6 吨

尺寸：总体长度 9.45 米（31 英尺），车体长度 6.19 米（20 英尺 3.7 英寸），宽度 3.05 米（10 英尺），高度 2.245 米（7 英尺 4.4 英寸）

动力平台：一台 V-2-34M 柴油发动机，功率 388 千瓦（520 马力）

性能：最大公路行驶速度 55 千米 / 时（34 英里 / 时），最大公路行程 300 千米（186 英里）

涉水深度：1.3 米（4 英尺 3 英寸）

爬坡能力：60 度

垂直越障高度：0.73 米（29 英寸）

跨壕宽度：2.5 米（8 英尺 2 英寸）

战时使用

1945 年 1 月，SU-100 首次在匈牙利投入战斗，其任务主要是应对敌方坦克，但也可用作直瞄火力支援角色，二战末期，事实证明它在城市战中非常有效。

战争结束时，SU-100 坦克歼击车的产量为 3037 辆，战后大量坦克歼击车出口到国外，尤其是中东国家，其中一些还参与了埃及和叙利亚之间的战争。战后很长一段时间里，SU-100 仍然在华沙组织大多数国家军队中服役；20 世纪 50 年代期间，捷克斯洛伐克还在生产这种车辆。截至 2004 年中期，SU-100 仍然在一些国家服役。

从苏军作战部队中退役后，很多 SU-85 和 SU-100 突击炮被改装成装甲抢修车。一些 SU-100 也被用作指挥车，并且装上了额外的通信设备。

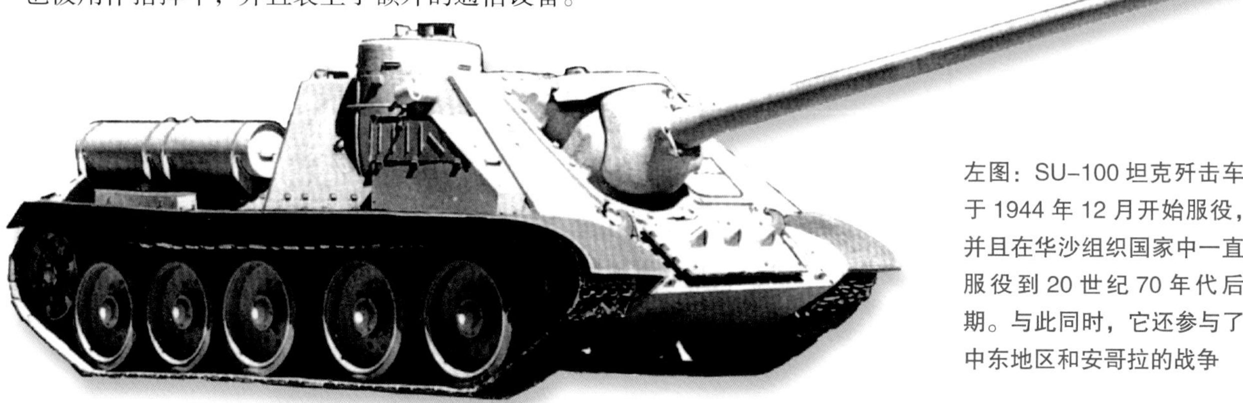

左图：SU-100 坦克歼击车于 1944 年 12 月开始服役，并且在华沙组织国家中一直服役到 20 世纪 70 年代后期。与此同时，它还参与了中东地区和安哥拉的战争

M50 昂图斯坦克歼击车

20 世纪 50 年代早期，美国海军陆战队发布一项需求，要求生产一种高机动性的坦克歼击车。1951 年 10 月，美国海军陆战队批准生产不少于 5 种原型车辆，并且所有原型车都采用无后坐力炮作为其主武器。这些原型车生产出来并进行测试后，1953 年 2 月批准生产 24 例 T165，它装备 6 门 106 毫米（4.2 英寸）无后坐力炮。第一批原型车的试验表明，炮座、火控系统和悬挂系统还需要进一步改进。剩余车辆经过简单改进后更名为 T165E2。这些车辆在试验并改进之后，最终被美国海军陆战队采纳，并于 1955 年正式命名为 M50 106 毫米自行多联火炮，更常用的名字是“昂图斯”（Ontos：希腊语中“小东西”的意思）。1955 年 8 月，阿利斯—查尔姆斯公司获得 297 门火炮的生产合同，所有火炮均在 1957 年 11 月之前完工。此后不久，海军陆战队决定把原始的通用汽车汽油发动机更换为克莱斯勒汽油发动机，功率提高至 134 千瓦（180 马力），此后，1963 年 6 月，最初的制造商获得订单，要求把 294 辆 M50 按照该标准改进，即 M50A1；与此同时，车辆还进行了大量其他的小幅改进。

上图：美国海军陆战队所用的 M50 昂图斯坦克歼击车。注意顶部 4 门 106 毫米（4.2 英寸）无后坐力炮上方的 12.7 毫米（0.5 英寸）测距枪。乘员必须离开车辆才能为试射枪补充弹药

下图：图中展示了一辆正在越南作战的 M50 昂图斯坦克歼击车，该照片很好地展示了车辆上 106 毫米无后坐力炮的布局情况

战斗中的昂图斯

M50 曾在越南和多米尼加使用，但它从美国海军陆战队退役时没有直接的接替者，不过便携式和自行式的反坦克制导武器（ATGW）实现的功能与之类似。昂图斯装备 6 门 M40A1C 无后坐力炮，它们安装在车体尾部的一个公共炮座上。这些炮管的左右方向射界均为 40 度，俯仰角为 -10 ~ +20 度，俯仰角和方向射界的调整都是手动的。顶部的四门无后坐力炮上方都安装有一挺 M8C 12.7 毫米（0.5 英寸）测距枪：射手先用光学瞄准镜瞄准目标，然后用试射枪射击，命中目标后会升起一阵烟雾，随后射手就能准确发射无后坐力炮。一次可以发射一门或多门无后坐力炮，最大有效射程大约为 1095 米（1200 码），不过最大射程可能超过 6860 米（7500 码）。无后坐力炮发射整装弹，其中包括破甲弹（HEAT）和曳光塑性高爆弹（HEP-T），后者在英国被称为碎甲弹（HESH）。车辆共可携带 18 枚 106 毫米炮弹和 80 枚试射弹。此外，火炮底座顶部还可安装一挺 M1919A4 7.62 毫米（0.3 英寸）机枪，用于自卫。

驾驶员坐在车体前部左侧，发动机在其右方，异常拥挤的乘员舱在车辆尾部；乘员舱的进出则是通过车体尾部的对开舱门。发动机是通用汽车公司的 XT-90-2 发动机，驱动传输装置将动力传送到车体前部的主动轮。

M50 的底盘也被用于众多试验车辆，其中包括几种装甲车 / 运兵车，但没有一种最终投入生产。

上图：M50 的 6 门无后坐力炮最大有效射程大约为 1095 米（1200 码），但最大射程可到达 6860 米（7500 码）

性能诸元

M50 昂图斯坦克歼击车

乘员：3 人

重量：8640 千克（19050 磅）

尺寸：长度 3.82 米（12 英尺 6 英寸），宽度 2.6 米（8 英尺 6 英寸），高度 2.13 米（6 英尺 11 英寸）

动力平台：一台 108 千瓦（145 马力）GMC 302 式汽油发动机

性能：最大公路行驶速度 48 千米 / 时（30 英里 / 时），最大行程 240 千米（150 英里）

爬坡能力：60 度

垂直越障高度：0.762 米（30 英寸）

跨壕宽度：1.42 米（4 英尺 8 英寸）

M56“蝎子”90 毫米空降自行反坦克炮

除了手持式武器，二战期间美国空降部队所用的最重要的反坦克武器就是吉普牵引式 M1 57 毫米（2.24 英寸）反坦克炮，它本质上就是在美国本土制造的英国“6 磅”火炮。美军在战后发布需求，要求研制一款高机动自行反坦克炮，可以在空降行动最初期通过降落伞空投，同时火力达到一辆坦克的水平。通用汽车集团凯迪拉克汽车分部制造了两辆原型车，型号为 T101。该车在进一步改进后更名为 T101E1，并最终被定型为 M56 90 毫米自行反坦克炮，不过更普遍使用的还是其昵称“蝎子”。凯迪拉克汽车分部在 1953—1959 年生产了该型号火炮。在美国陆军中，M56 仅分配给了第 82 和第 101 空降师，且在 20 世纪 60 年代被 M551 谢里登装甲侦察车空降突击车取代。一些 M56 被提供给了西班牙和摩洛哥，还有一些也被美国陆军部署到了越南，主要用于提供火力支援。

M56的车体是全焊接铝合金结构，发动机和传动装置在前部，火炮在中部，乘员舱在车体尾部。发动机与通用汽车集团（阿里森分部）传动装置耦合，其中包括一个后退挡和两个前进挡，传动装置反过来将动力传送到两侧的最后一个驱动轮。悬挂装置是扭杆式的，共有4个挂胶负重轮，诱导轮在尾部，主动轮在前部；没有拖带轮，配用挂胶钢制履带。

上图：图中展示的M56的一款原型车——T101，其90毫米火炮刚射击结束，火炮向后移动了一段距离，而底盘前部已经脱离地面。火炮激起的灰尘妨碍了炮手下一次的射击

炮口制退器

主武器是一门M54 90毫米（3.54英寸）火炮，并且装有炮口制退器，采用立楔式炮闩。手动控制的火炮俯仰角为-10~+15度，左右方向射界均为30度。火炮下方和尾部共可携带29枚炮弹；火炮可以发射穿甲曳光弹（AP-T）、曳光被帽穿甲弹（APC-T）、高爆曳光弹（HE-T）、破甲弹（HEAT）、高爆反坦克曳光弹（HEAT-T），以及高速训练曳光弹（HVTP-T）。M56的火力远远超过M41轻型坦克的76毫米（3英寸）火炮，但其主要缺陷在于底盘太轻，90毫米火炮发射时，整车通常会后退数米，目标也容易被炮口激起的灰尘所遮掩。

另一个不足是缺乏对乘员的装甲保护，火炮的防盾非常小。控制方向盘的驾驶员位于火炮左侧，瞄准手在其后方；炮长配备一个4.1倍或8倍放大率的瞄准镜。驾驶员座位左手边的一个盒子里装的是无线电设备。炮长坐在无线电设备的上方。另外两个（更不幸的）乘员位于车辆的右侧，排气管正好在他们的对面。

M56的底盘也被用作了大量其他车型的基础，其中包括一款装甲运兵车，但其上层结构更高，尾部增加了一个乘员舱，此外还有81毫米（3.2英寸）和107毫米（4.2英寸）自行迫击炮运载车，M40 106毫米（4.17英寸）无后坐力反坦克炮运载车，导弹发射车以及一款装备4挺M2HB 12.7毫米（0.5英寸）机枪的防空车辆；但所有这些试验车辆都没有进入生产。

性能诸元

M56“蝎子”空降自行反坦克炮

乘员：4人

重量：7030千克（15500磅）

尺寸：总体长度（包括火炮）5.841米（19英尺2英寸），车体长度4.555米（14英尺1英寸），宽度2.577米（8英尺5英寸），高度2.067米（6英尺9英寸）

动力平台：一台大陆6缸汽油发动机，功率149千瓦（200马力）

性能：最大公路行驶速度45千米/时，最大公路行程225千米（140英里）

爬坡能力：60度

垂直越障高度：0.762米（30英寸）

跨壕宽度：1.524米（5英尺）

右图：M56 90毫米（3.54英寸）自行反坦克炮（“蝎子”）是专为美国第82和第101空降师而设计的。其主要缺陷是保护装甲的不足，它仅有一块很小的防盾

M107 型 175 毫米自行加农炮

20 世纪 50 年代，美国陆军标准的 203 毫米（8 英寸）自行榴弹炮是 M55，它沿用了 M53 155 毫米（6.1 英寸）自行火炮的炮塔和底盘。两款火炮的共同缺陷都是重量过大（重量大约为 45 吨）而不便于空运，同时其汽油发动机提供的动力仅能行驶 260 千米（160 英里）。20 世纪 50 年代中期，美国陆军决定设计一系列采用新的通用底盘和炮架的自行火炮，可以空运和快速投入及撤离战斗。原型车由美国太平洋铁路车辆铸造公司完成，分别命名为 T235 175 毫米（6.89 英寸）自行火炮、T236 203 毫米自行榴弹炮，以及 T245 155 毫米自行火炮。进一步的发展措施包括将汽油发动机替换为柴油发动机以提高行程，经此改造的 T235 被重命名为 M107，T236 被重命名为 M110。该系列火炮的

图中展示了一辆 M107。该武器在整个北约区域都有所部署，它发射 66.78 千克（147 磅）的高爆弹，炮口初速为 914 米/秒（2998 英尺/秒）。越南战争期间，M107 也用于提供远程射击支援，支援范围达到 30 千米（18.6 英里）

上图：一辆美国陆军的 M107 正在行驶之中。所有这种车型后来都升级到了 M110A2 配置，即更换了 175 毫米（6.89 英寸）的主武器

底盘也被用作多种大型装甲抢修车辆的基础，但仅有 T120E1 投入生产，定型后的型号被确定为 M578 型轻型装甲抢修车；该型号装甲抢修车在很多国家服役，其中包括美国。

M107 的生产最初由太平洋铁路车辆铸造公司承担；第一批车于 1962 年完工，第一个装备该型炮的营于 1963 年初在希尔堡（美国野战炮兵的发源地）成立。后来的生产任务也分给了福特汽车公司，1965—1980 年，鲍恩－麦克劳林－约克公司（BMY）也参与了生产。

美国陆军的 M107 部署于集团军属远程加农炮营，每个营配备 12 门，但所有这些武器后来都换成了 M110A2 203 毫米火炮，因为后者可发射更重型的 203 毫米火箭增程弹，而射程也仅小幅减小，仍然超过 29000 米（31715 码）。M107 曾出口到了希腊、伊朗、以色列、意大利、韩国、荷兰、西班牙、土耳其、英国和联邦德国，很多国家都把他们的 M107 升级为 M110A2 配置。

M110 完全沿用了 M107 的底盘。175 毫米火炮的俯仰角为 -2～+65 度，左右方向射界均为 30 度。方向射界和俯仰角的调整都由动力装置完成，但在紧急情况下也可手动调整。美国陆军唯一确定的标准炮弹是 M437A1 或 M437A2 高爆弹，最大射程为 32700 米（35760 码），但以色列使用的一种专用炮弹射程可达到 40000 米（43745 码）。为了辅助炮手装载 66.78 千克（147 磅）的炮弹，底盘尾部安装了一个起重机和装填器。该装置可将炮弹从地面上提起，然后装进炮膛。弹药装填完成后火炮发射。M107 仅能携带两枚炮弹及其发射药，它共需 13 名操作人员，其中 5 人（驾驶员、指挥员和 3 名炮手）乘坐 M107。剩余的人由 M548 履带式运货车运载，该车同时还运载大部分的弹药。一些国家也使用 6×6 卡车支援 M107，但通常卡车的越野机动性都较差。

性能诸元

M107 型 175 毫米自行加农炮

乘员：5+8 人

重量：28168 千克（57690 磅）

尺寸：总体长度（炮向前）11.256 米（36 英尺 7 英寸），车体长度 5.72 米（18 英尺 9 英寸），宽度 3.149 米（10 英尺 4 英寸），高度 3.679 米（12 英尺）

动力平台：一台 302 千瓦（405 马力）底特律 8V-71T 式柴油发动机

性能：最大公路行驶速度 56 千米 / 时（35 英里 / 时），最大行程 725 千米（450 英里）

爬坡能力：60 度

垂直越障高度：1.016 米（3 英尺 4 英寸）

跨壕宽度：2.326 米（7 英尺 9 英寸）

2S1“康乃馨”（M1974）122毫米自行榴弹炮

二战之后，苏联将其重点放在了牵引式火炮的发展上，而北约则重点发展自行火炮。虽然后者的生产、维护和操作的成本都更高，但它们与牵引式火炮相比确实有很多优势，如更强的越野能力、对于乘员和弹药全方位的保护装甲、核生化（NBC）三防系统，以及更短的展开和撤收时间。苏联确实继续了专用坦克歼击车的研制，但直到1974年第一款122毫米（4.8英寸）自行榴弹炮才在波兰的一次阅兵中公开亮相，该炮于1972年进入苏联和波兰军队服役。北约根据第一次了解这款122毫米（4.8英寸）自行榴弹炮的时间将其称为M1974，而该炮的苏军正式型号为2S1。该炮也曾出口到阿尔及利亚、安哥拉、保加利亚、古巴、捷克斯洛伐克、埃塞俄比亚、民主德国、芬兰、匈牙利、伊朗、伊拉克、利比亚、罗马尼亚、叙利亚、乌拉圭、也门和南斯拉夫。保加利亚和波兰均获得了生产许可，大部分原苏联加盟国也都使用过这种武器。在苏联陆军中，每个摩托化步兵师配备36门M1974，每个坦克师配备72门。

布局

M1974的布局与M109相似，发动机、传动装置和驾驶员位于前部，全封闭的炮塔位于尾部。悬挂装置是可调节的，包括七个负重轮，主动轮在前，引导轮在尾部；没有托带轮。当在雪地或沼泽地使用时，常规的400毫米（15.75英寸）履带可换成更宽的670毫米（26.4英寸）履带，以降低车辆对地面的压力。标准的装备包括一套核生化（NBC）三防系统以及为驾驶员和指挥官配备的整套夜视装备。M1974是水陆两栖车辆，通过履带划水在水上航行，速度为4.5千米/时（2.8英里/时）。

炮塔中安装了一门由D-30牵引式榴弹炮改装的122毫米炮，俯仰角为-3～+70度；炮塔方向射界为360度。炮塔的方向射界和火炮的俯仰角调整都是电动的，在紧急情况下可以手动调节。火炮配备有双室炮口制退器，炮管抽烟装置以及半自动立楔炮闩；炮管的运输锁在车体顶部。榴弹炮发射一种21.72千克（47.9磅）的高爆弹，最大射程为15300米（16730码），此外还可发射化学炮弹、照明弹、烟幕弹和尾翼稳定破甲弹（HEAT-FS）。HEAT-FS用于应对坦克，垂直命中时可在1000米（1095码）范围内击穿460毫米（18.1英寸）装甲。还有一种火箭增程弹（HE/RAP）的最大射程达到21900米（23950码）。2S1还能发射“捕鲸者-2”激光制导炮弹，射程为12000米（13123码）。常规的弹药基数为40枚炮弹：32枚高爆弹，6枚烟幕弹和两枚HEAT-FS。该炮还配备有一部电动推弹机以获得更高的最大射速（5发/分），同时也具备任意角装填能力。

2S1的底盘也被用作了大量装备的装甲指挥车、配备反炮兵雷达的装甲侦察车（ACRV），以及化学武器侦察车辆和扫雷车辆的底盘。

左图：M1974的苏联名称是2S1“康乃馨”，与2S3“郁金香”不同，2S1是水陆两栖车辆。2S1的底盘也用作了MT-LBus（北约标准下的炮兵指挥和侦察车）、MTK-2扫雷车以及RKhM防化侦察车辆的基础。图中展示的是一辆芬兰的2S1

性能诸元

2S1“康乃馨”122毫米自行榴弹炮

乘员：4人

重量：15700千克（34612磅）

尺寸：长度7.3米（23英尺11.4英寸），宽度2.85米（9英尺4英寸），高度2.4米（7英尺0.5英寸）

动力平台：一台YaMZ-238N V-8柴油发动机，功率224千瓦（300马力）

性能：最大公路行驶速度61.5千米/时（38英里/时），最大行程500千米（311英里）

爬坡能力：77度

垂直越障高度：0.7米（2英尺3英寸）

跨壕宽度：3米（9英尺10英寸）

2S19 型 152 毫米自行火炮系统

2S19 型（MSTA-S）152 毫米（6 英寸）自行火炮（简称 2S19）在设计时将 2S3 152 毫米榴弹炮和 2S5 加农炮的性能特点整合到了一款自行火炮之中。因此，2S19 既有 2S5 自行火炮较长的 152 毫米炮管，也有基于 T-72 和 T-80 坦克的新型车体，火炮完全封闭在一个大型的装甲炮塔之中，炮塔位于车体中央，并且可以 360 度旋转。

2S19 的研制工作开始于 1985 年，当时的项目代号为“农场”（Ferma），研制单位是制造 2S5 火炮的乌拉尔运输与机械工业公司（Uraltransmash）。1988 年，2S19 在乌拉尔运输与机械工业公司投产，随后生产线转移到了巴什科尔托斯坦共和国的斯捷尔利塔马克机械生产工厂（STEMA）。苏联陆军在 1989 年接受了他们的第一批样炮，但随后的生产进度很慢，截至 2002 年，生产数量仅为 650 门。白俄罗斯和乌克兰也装备了 2S19。

该炮采用的 2A64 152 毫米火炮的弹道性能与 2S5 基本一致。标准的 152 毫米高爆破片杀伤榴弹最大射程为 24700 米（27012 码），底部排气高爆弹最大射程为 28900 米（31605 码）。标准的高爆弹重 43.56 千克（96 磅），2S19 也能发射 50 千克（110 磅）的 9K25“红土地”激光制导炮弹，射程为 15000 米（16404 码）。先进的车载地面导航与火控系统可使得 2S19 在需要时独立作战。

2S19 共有 5 名乘员：炮长、驾驶员、瞄准手以及 2 名装填手。当需要从外部输送炮弹时（如需要在车内保留一定数量准备就绪的炮弹），还需再增加 2 名装填手。车上装有一部液压辅助装弹臂，用于向炮塔内装填炮弹。所有 50 枚炮弹及其发射药筒都储存在炮塔内的半自动装弹机上。该炮的弹药装填装置性能优秀，首轮急速射可达到 8 发 / 分的射速。炮塔顶部还装有一挺 12.7 毫米高射机枪作为自卫和防空武器。

高性能

与很多更早期的自行火炮武器相比，2S19 的性能更具优势，主要表现为 V-84A V-12 柴油发动机可提供 626 千瓦（840 马力）的动力，最大公路行驶速度达到 60 千米 / 时（37 英里 / 时）。

从 1993 年开始，乌拉尔运输与机械工业公司开始大力推销出口型 2S19，但没有结果。因此，研发工作直接指向 155 毫米（6.1 英寸）武器，该版本最初是为俄罗斯陆军而设计的，但为了满足出口的要求，现在改用北约标准的炮弹和弹药了。出口型号被称为 2S19M1 或 MSTA-S-155，该炮换装 155 毫米 52 倍径身管，发射北约标准的 L15A1 155 毫米高爆弹时射程为 30000 米（32808 码）。底部排气的增程炮弹射程预期可达到 41000 米（44838 码），此外它还能发射智能炮弹，如 BONUS 末敏弹。2S19M1 的原型车早在 2003 年就制造出来了，但官方一直没有展示出来。

性能诸元

2S19 型 152 毫米自行火炮系统

乘员：5 人

重量：42000 千克（92592 磅）

尺寸：长度 11.9 米（39 英寸），宽度 3.58 米（11 英尺 9 英寸），高度 2.985 米（9 英尺 9.5 英寸）

动力平台：一台 V-84A V-12 柴油发动机，功率 626 千瓦（840 马力）

性能：最大公路行驶速度 60 千米 / 时（37 英里 / 时），公路行程 500 千米（311 英里）

涉水深度：（在没有准备的情况下）1.2 米（3 英尺 11 英寸）

爬坡能力：47 度

垂直越障高度：0.5 米（1 英尺 7 英寸）

跨壕宽度：2.8 米（9 英尺 6 英寸）

下图：2S19 是 2S3“郁金香”152 毫米和 2S5“风信子”155 毫米火炮的替代者，通常一个连配备 6 门 2S19

2S3“郁金香”(M1973)152毫米自行加榴炮

M1973 152 毫米（6 英寸）自行加榴炮的苏军正式型号为 2S3，每个苏军坦克师和摩托化步兵师当时都配备 18 门 2S3。该武器曾出口到阿尔及利亚、安哥拉、保加利亚、古巴、民主德国、伊拉克、利比亚、叙利亚、越南和苏联的各加盟共和国。其底盘是克拉格 SA-4 地空导弹系统以及 GMZ 装甲布雷车的缩短版本。

M1973 共有 3 个舱室，驾驶员在前部，发动机在右侧，炮塔在尾部，其中炮塔在车体最后方，炮塔尾舱伸出了车体上方很长一段。扭杆式悬挂装置包括 6 个负重轮，第 1、2 个和第 3、4 个负重轮之间存在较大缝隙；主动轮在前，诱导轮在尾部，此外还有 4 个托带轮。指挥官的顶盖在炮塔顶部左侧，其上安装了一挺 7.62 毫米（0.3 英寸）机枪，用作自卫和防空武器。这也是车顶上唯一的舱盖，但炮塔右侧还有一个舱盖。车体尾部是一个大型的舱门，可以向下打开，舱门两侧各有一个圆形舱口。这两个圆形舱口，以及炮塔尾部的两个方形舱口都用于快速从外部递送炮弹和引信。

性能诸元

2S3“郁金香”152 毫米自行加榴炮

乘员：4 人

重量：27500 千克（60626 磅）

尺寸：总体长度（炮向前）8.4 米（27 英尺 6.7 英寸），车体长度 7.8 米（25 英尺 7 英寸），宽度 3.2 米（10 英尺 6 英寸），高度 2.8 米（9 英尺 2.2 英寸）

动力平台：一台 V-59 V-12 柴油发动机，功率 388 千瓦（520 马力）

性能：最大公路行驶速度 60 千米/时（37 英里/时），最大行程 500 千米（311 英里）

爬坡能力：60 度

垂直越障高度：0.7 米（3 英尺 7 英寸）

跨壕宽度：3 米（9 英尺 10 英寸）

2S3 的火炮基于 D-20 152 毫米加榴炮，但在双室炮口制退器后方增加了炮管抽烟装置，能在打开炮闩时避免烟雾进入乘员舱。2S3 发射 43.5 千克（95.9 磅）的高爆破片破甲弹，最大射程为 18500 米（20230 码）。其他可发射的炮弹包括尾翼稳定破甲弹、曳光穿甲弹、底排增程弹（射程达到 24000 米/26245 码）、照明弹、烟幕弹、燃烧弹、火箭弹、散射反坦克或人员杀伤炮弹、“红土地”激光制导炮弹以及 2000 吨级战术核炮弹。车上共可携带 45 枚炮弹及其弹药，最大射速为 4 发/分。火炮的俯仰角为 -4～+60 度，炮塔可 360 度旋转。

与 M1974 122 毫米（4.8 英寸）自行榴弹炮不同，M1973 不具备两栖能力，但它的涉水深度达到 1.5 米（4 英尺 11 英寸）。M1973 装有核生化（NBC）三防系统以及红外夜视装备。

下图：在苏联陆军中服役的 2S3“郁金香”奠定了其他用途车辆的标准底盘，其中包括 SA-4 导弹发射器和 GMZ 布雷车

下图：2S3 所用的 2A33 152 毫米火炮弹道性能与 D-20 牵引式火炮相同，并且两者所用的炮弹也相同

2S5“风信子”152 毫米自行火炮

2S5“风信子”152 毫米自行火炮（简称 2S5）的设计起源于 20 世纪 60 年代后期，其原型车出现于 1972 年。生产的准备工作开始于 1976 年，生产厂家就是现在的乌拉尔运输与机械工业公司，第一批该型炮在 1980 年交付给苏联。项目的起源是为 2S3 152 毫米（6 英寸）自行加榴炮生产一款配套的远程加农炮，两者使用相同的车体和悬挂装置。然而，2S5 的火炮是完全开放的，对炮手没有采取任何保护措施。苏军可能是认为加农炮的远程射击能力使其可以在安全的战场纵深发射。标准的 152 毫米炮弹的最大射程为 28400 米（31059 码），经过空气动力学优化的新型高爆弹的最大射程达到 37000 米（40464 码）。

钢制车体装甲厚度为 15 毫米（0.59 英寸），可以在运输过程中防御炮弹破片和轻武器的伤害。火炮移动时，驾驶员和指挥官位于车体前部装甲板后方，指挥官在驾驶员后方，388 千瓦（520 马力）的柴油发动机位于驾驶员右侧。另外 3 名乘员则在车体尾部独立的舱室中。

投入战斗

2S5 的展开和撤离时间大约为 3 分钟。在战场上部署时，车体尾部会向下放下一具驻锄。一些 2S5 还在车体前部安装了推土机铲，用于清理战场上的障碍物，或者在没有特种工兵支援时挖掘射击工事。火炮在转移时，2A37 加农炮长长的炮管固定在一个斜坡上，准备射击时再解锁，炮口装有多室炮口制退器。

2S5 可携带 30 枚炮弹及其弹药，分装弹垂直存放，借助一套传送系统将传送带式弹匣送至炮膛。炮弹的装填和推弹是半自动的。这些装置使得火炮发射速度达到 6 发 / 分，每次射击结束后，立楔式炮闩打开并自动弹出空弹壳。苏联军方声称，一个装备 6 门 2S5 的连队可在炮弹落在目标区域之前在空中保持 40 发炮弹。每个 2S5 炮兵营由 3 个连构成。

标准的高爆破片弹重 46 千克（101 磅），发射药和弹壳最大重量为 34 千克（75 磅）。2S5 是可以发射 9K25“红土地”激光制导炮弹的武器之一。

2S5 在生产了 2000 多门之后就停止生产了。其中一些在 1994 年卖给了芬兰（18 门），但这也是唯一成功的出口订单，其余生产出来的该型炮在苏联解体后被各原加盟成员国瓜分。2S19 152 毫米自行火炮现在替换了俄罗斯军队中在役的 2S5。然而，2S5 的生产线仍然存在，并且俄罗斯也一直努力将其打进全球军火市场。2S5 的其他使用者还包括白俄罗斯、格鲁吉亚、乌克兰和乌兹别克斯坦。

性能诸元

2S5“风信子”152 毫米自行火炮

乘员：5 人

重量：28200 千克（62170 磅）

尺寸：长度 8.33 米（27 英尺 3.9 英寸），宽度 3.25 米（10 英尺 8 英寸），高度 2.76 米（9 英尺）

动力平台：一台 V-59 V-12 增压柴油发动机，功率 388 千瓦（520 马力）

性能：最大公路行驶速度 63 千米 / 时（39 英里 / 时），最大行程 500 千米（311 英里）

涉水深度：1.05 米（3 英尺 5 英寸）

爬坡能力：58 度

垂直越障高度：0.7 米（3 英尺 7 英寸）

跨壕宽度：2.5 米（8 英尺 2 英寸）

下图：2S5 的弹药既可以从存放在车体尾部的弹药中装填，也可以从地面直接装填。车上共可携带 30 枚炮弹及其发射药

阿伯特型 105 毫米自行火炮

二战结束后，英国皇家炮兵标准的自行火炮是“25 磅”“教堂司事”火炮，该火炮是在加拿大设计和生产的。英国随后以改进的“百夫长”坦克底盘为基础生产了多种自行火炮，其中包括一种“25 磅”野战炮和另一款 140 毫米（5.5 英寸）加农炮。20 世纪 50 年代之前，这些口径的火炮都不符合北约标准，当时北约标准的炮弹是 105 毫米（4.13 英寸）和 155 毫米（6.1 英寸）。为了满足皇家炮兵对 155 毫米口径火炮的迫切需求，美国向英国大量提供了 M44 自行榴弹炮，而英国则着手研制一款 105 毫米自行火炮，该火炮使用 FV432 装甲人员输送车（APC）的发动机、传动装置和悬挂装置。

新的合同

维克斯公司获得了 12 辆原型车的合同，其中 6 辆安装汽油发动机，其余 6 辆安装柴油发动机。原型车经过一系列试验之后，该公司获得了生产合同，生产周期为 1964—1967 年。在英国陆军中，FV433 阿伯特型 105 毫米自行火炮（简称阿伯特）主要由皇家炮兵使用，每个团包括 3 个连，每个连配备 8 门阿伯特。阿伯特曾部署到了联邦德国的英国军队中，还有一些在威尔特郡拉克希尔皇家炮兵学院服役，另有一些在加拿大莎菲德的英国陆军训练基地服役。印度曾使用过一种简单版本的阿伯特，没有装备幅度围帐、电动方向机、核生化（NBC）三防系统以及夜视装备等“奢侈装备”，英国陆军也少量装备了这种简化型。

装甲防护

阿伯特的车体和炮塔是全铸造钢制结构的，可为 4 名乘员提供全方位的保护，免受轻武器和炮弹破片的伤害。驾驶员位于车体前部左侧，发动机在其右侧。炮塔安装在车体最尾部，炮长和瞄准手在炮塔内部右侧，装填手则在左侧。除了炮长和装填手的车顶舱盖，车体尾部也开有一个大型舱门，弹药也可以从这里补充。阿伯特装备了核生化（NBC）三防系统和红外线探照灯，该型车在刚刚进入英军服役时还配有一副浮渡围帐。

该炮的主武器为一门诺丁汉皇家兵工厂制造的 105 毫米火炮，一挺 7.62 毫米（0.3 英寸）布伦轻机枪，该机枪存放于车长座位旁，主要作为防空武器，此外，炮塔两侧各安装了 3 个电动烟幕弹发射器。105 毫米火炮上安装了一个双室炮口制退器和炮管抽烟装置，采用半自动炮闩。火炮方向射界为 360 度，采用电动方向机，火炮俯仰角为 -5 ~ +70 度，只能手动调整。火炮最大射程为 17000 米（18600 码），可以发射以下几种分装弹：高爆弹、碎甲弹、烟幕弹（3 种）以及照明弹。火炮上共可携带 40 枚炮弹。

诺丁汉皇家兵工厂的 105 毫米轻型榴弹炮也可以使用阿伯特的弹药，前者的炮管即是从阿伯特的 L13A1 火炮发展而来的。

20 世纪 80 年代早期，阿伯特逐渐开始被 M109A2 155 毫米替换，但该炮直到 20 世纪 90 年代早期才从皇家炮兵部队退役，被 AS90 和 MLRS（多管火箭发射系统）彻底取代。

上图：20 世纪 80 年代后期准备用于替换流产的 SP-70 155 毫米（6.1 英寸）火炮的阿伯特

性能诸元

阿伯特型 105 毫米自行火炮

乘员：4 人

重量：16556 千克（36500 磅）

尺寸：总体长度（炮向前）5.84 米（19 英尺 2 英寸），车体长度 5.709 米（18 英尺 8.8 英寸），宽度 2.641 米（8 英尺 8 英寸），高度（未安装武器时）2.489 米（8 英尺 2 英寸）

动力平台：一台罗尔斯－罗伊斯 6 缸柴油发动机，功率 179 千瓦（240 马力）

性能：最大公路行驶速度 47.5 千米 / 时（30 英里 / 时），最大行程 390 千米（240 英里）

爬坡能力：6 度

垂直越障高度：0.609 米（2 英尺）

跨壕宽度：2.057 米（6 英尺 9 英寸）

左图：皇家炮兵部队野战团的阿伯特火炮在使用时需要两栖 6×6 阿尔维斯高机动运输车进行支援保障，后者主要为其运载弹药。阿伯特可在核生化环境中作战

AS90 型 155 毫米自行加榴炮

AS90 型全履带 155 毫米（6.1 英寸）自行加榴炮（简称 AS90）起源于维克斯造船和工程公司的一次冒险尝试，而英国陆军计划的国际化 SP-70 155 毫米项目在 1986 年终止之后接受了 AS90。皇家炮兵部队要求将面向第三世界市场的简单火炮转变成先进的火炮系统，而这一过程花费了多年时间，英军订购的 179 门 AS90 从 1993 年开始交付。

自 1993 年以来，AS90 经历了数次重大改进，其中一些现在还在持续当中。可能最重要的改进就是将原始的 L/39 155 毫米炮管换成全新的 52 倍径炮管。这极大地提高了射程，火炮最初的射程仅为 24700 米（27012 码），但现在使用稍作改进的 L15 高爆弹（老旧的 FH-70 也可使用）可达到 30000 米（32808 码）。更换炮管的 AS90 发射增程炮弹时射程更提高到 40000 米（43744 码）。长炮管和短炮管都可以发射所有现存的北约标准炮弹。目前，英国陆军中仅有 96 门火炮计划更换新型 L/52 炮管，但其他榴弹炮随后也将跟进。

为了充分利用射程的优势，AS90 增加了众多以计算机为基础的系统，基本覆盖了所有功能，如电控高低机和方向机，地面导航和通信等。其他系统还包括新型弹药操作系统，该系统可使用来自南非的模块化发射药，进而取代原始的发射药包。

下图：虽然宣称车载系统与德国 PzH 2000 同样优秀，但 AS90 的出口没有取得成功，购买者仅限于英国陆军

充足的平台化数据处理和火控装备使得每辆 AS90 可以充当一个独立作战单位，但此装备通常以连队为单位部队，每个连配备 8 辆 AS90。AS90 可在 10 秒内连续发射三发炮弹，或者保持 18 发 /3 分钟的最大持续射速。车内备弹为 48 枚。

AS90 曾出现过两种面向出口市场的变型，两者都包含专为英国陆军的 AS90 研制的系统和长炮管。其中一个用于普通出售，名为“勇敢之心”，另一个——“沙漠 AS90”主要用于极端条件行动，因为它装备了额外的冷却系统以及相应的沙漠环境套件。波兰则将“勇敢之心”的炮塔和 L/52 炮管安装到了自研的履带式底盘上。

性能诸元

AS90 型 155 毫米自行加榴炮

乘员：5 人

重量：45000 千克（99208 磅）

尺寸：长度 9.9 米（32 英尺 5 英寸），宽度 3.4 米（11 英尺 1 英寸），高度 3 米（9 英尺 9 英寸）

动力平台：一台康明斯 V-8 柴油发动机，功率 492 千瓦（660 马力）

性能：最大公路行驶速度 55 千米 / 时（34 英里 / 时），最大行程 370 千米（229 英里）

爬坡能力：60 度

垂直越障高度：0.88 米（2 英尺 9 英寸）

跨壕宽度：2.8 米（9 英尺 2 英寸）

下图：AS90 最初装备 L/39 炮管，但一个改装项目为其换装了 L/52 炮管。改装之后火炮射程大幅提高，弹道性能也有所改善。该炮的调炮系统是全电动的

PzH 2000 型 155 毫米自行榴弹炮

三国联合研制的 SP-70 项目在 1986 年结束后，克劳斯 - 玛菲 · 威格曼公司（KMW: Krauss-Maffei Wegmann）为德国陆军又研制了 PzH 2000 型 155 毫米（6.1 英寸）自行榴弹炮（简称 PzH 2000），而莱茵金属陆地系统公司是其主要的分包商。截至 2002 年，德国、希腊、意大利和荷兰订购了 PzH 2000，交付数量分别为 185 门、24 门、70 门和 57 门。

主武器

PzH 2000 采用的是莱茵金属公司新研制的 52 倍径加榴炮，该炮可兼容当前所有北约标准的炮弹和发射药，发射常规的 L15A2 炮弹的有效射程为 30000 米（32808 码），而各类增程弹的射程可达到 41000 米（44838 码）。典型代表就是莱茵金属公司的 RH 40 底排增程弹，该弹配用一套模块化装药系统。

火炮的俯仰角为 -2.5 ~ +65 度，调整依靠电力自动完成，方向射界为 360 度。为了精准部署调整炮管以及快速完成调炮，PzH 2000 装备了一套 GPS 导航系统。一台车载弹道计算机通过无线电数据链与车体外部的火控指挥台相连，只要接收到目标位置和炮弹数据，就可以自动完成作战任务。每发炮弹发射结束后都要检查火炮的位置，如有需要，也可以借助弹道计算机提供的火控数据自动完成检查。PzH 2000 可以在 17000 米（18600 码）的距离上实现 5 发炮弹多发同时弹着（MRSI）。

全自动弹药装填系统具备半自动和备份手动模式，最大射速可达到 10 发 / 分（装备改进的自动装填器后可达到 12 发 / 分的最大射速）。火炮可以维持 3 发 / 分的速率连续发射，直至炮弹耗尽。车辆底盘中央可以携带 60 枚炮弹和 288 个模块化发射药（或相当数量的发射药包）。2 名炮手补充所有的炮弹需要 12 分钟。通常炮班人员编制为 5 人，但实际作战中仅需 3 人即可。车辆还安装了一挺 7.62 毫米（0.3 英寸）机枪，用作自卫和防空武器。PzH 2000 此前在瑞典进行了试验，希望作为岸防火炮打击海上移动的目标。

性能诸元

PzH 2000 型 155 毫米自行榴弹炮

乘员：3 人 +2 人

重量：55330 千克（121981 磅）

尺寸：总体长度（炮向前）11.669 米（38 英尺 3 英寸），车体长度 7.92 米（25 英尺 3 英寸），宽度 3.58 米（11 英尺 8 英寸），高度（炮塔顶部）3.06 米（10 英尺）

动力平台：一台 MTU MT881 Ka-500 V8 柴油发动机，功率 736 千瓦（987 马力）

性能：最大公路行驶速度 61 千米 / 时（37 英里 / 时），巡航距离 420 千米（260 英里）

爬坡能力：50 度

垂直越障高度：1 米（3 英尺 3 英寸）

跨壕宽度：3 米（9 英尺 9 英寸）

左图：德国陆军对 PzH 2000 的总需要数量大约为 450 辆，意大利、荷兰和希腊也订购了该武器，使其或多或少地成为欧洲标准的自行火炮

班德卡农 1A 型 155 毫米自行火炮

长期以来，博福斯公司一直是地面火炮和舰炮（及其相应弹药系统）的设计、研发和生产领域中的佼佼者。博福斯公司为瑞典陆军研制的班德卡农 1A 型 155 毫米（6.1 英寸）自行火炮就是典型代表之一。第一辆原型车于 1960 年完工，经过大量试验和一些改进之后，该武器在 1966—1968 年投入生产。班德卡农 1A 型 155 毫米自行火炮作为投入使用的第一代全自动自行火炮具有与众不同的特征。它也是当时最重、速度最慢的火炮，这样导致其难以隐蔽，战术机动性也非常有限。

车体和炮塔均采用全焊接装甲钢车体，装甲厚度为 10 毫米（0.4 英寸）到 20 毫米（0.8 英寸）之间。车辆采用了博福斯 S 型坦克的众多部件，包括动力组和悬挂装置。发动机和传动装置位于车体前部，驾驶员坐在炮塔正前方。该炮采用液气悬挂，车体两侧各安装六个负重轮，主动轮在前，最后一个则是诱导轮。悬挂系统可以锁定以增强射击平台稳定性。

性能诸元

班德卡农 1A 型 155 毫米自行火炮

乘员：5 人

尺寸：总体长度（炮向前）11 米（36 英尺 1 英寸），车体长度 6.55 米（21 英尺 6 英寸），宽度 3.37 米（11 英尺 0.7 英寸），高度（包括防空机枪）3.85 米（12 英尺 7.6 英寸）

动力平台：一台罗尔斯－罗伊斯柴油发动机，功率 179 千瓦（240 马力），一台波音燃气涡轮发动机，功率 224 千瓦（300 马力）

性能：最大公路行驶速度 28 千米 / 时，最大行程 230 千米（143 英里）

垂直越障高度：0.95 米（3 英尺 1.4 英寸）

跨壕宽度：2 米（6 英尺 6.7 英寸）

炮塔底座

炮塔安装在车体尾部，由两个部分组成，155 毫米火炮即安装在这两个部件之间。驾驶员、火炮瞄准手和无线电操作员坐在摇架左侧，而装填手和 7.62 毫米（0.3 英寸）防空机枪手则在右侧。炮塔方向射界的调整是手动的，炮管水平放置时左右方向射界均为 15 度，炮管低于水平线时右方向射界减小为 4 度。电动调节时，俯仰角为 +2 ~ +38 度，手动调节时变化为 -3 ~ +40 度。155 毫米炮管安装了“胡椒瓶”炮口制退器，但没有抽烟装置，半自动立楔式炮闩向下开启。火炮的一个与众不同的特征是它采用了可更换的扳机。运输时，火炮被锁定在车体前部的行军固定器上。炮弹从车尾外部的一个装甲弹舱中装填。该弹匣由 7 个弹夹构成，每个弹夹可装载两枚炮弹，共计可装载 14 枚炮弹，炮弹通过一个装填托盘装进炮膛，然后再由装填器推进炮膛。装填托盘和装填器均依靠弹簧操作。第一枚炮弹必须手动装填，随后的炮弹则可以自动装填，火炮手可以选择单发射击或全自动射击模式。空弹匣从炮膛中向炮尾弹出。弹夹里的炮弹都耗尽之后，卡车会运来新的弹夹，炮管会提高到 +38 度仰角，弹舱顶盖垂直打开，炮塔顶部的一个起重机沿着滑杆移动，然后抓取弹夹将其放进弹匣，顶盖关闭后，起重机再回到运输时的位置。上述整个过程仅耗时 2 分钟。

标准的高爆弹重 48 千克（105.8 磅），射程为 25600 米（28000 码）。

左图：瑞典使用的班德卡农 1A 型 155 毫米自行火炮是一款沉重而缓慢的武器，但其 50 倍径炮管可将相对较重的炮弹和较远射程使得其能够具备战术优势

帕尔玛利亚155毫米自行榴弹炮

上图：专为出口市场研制的帕尔玛利亚曾被出口给利比亚和尼日利亚，而阿根廷曾购买了20个帕尔玛利亚炮塔，并将其安装在TAM坦克的底盘上。常规的帕尔玛利亚使用OF-40主战坦克底盘

帕尔玛利亚155毫米（6.1英寸）自行榴弹炮是当时的奥托－梅莱拉公司（OTO-Melara）专为出口市场而研制的，与OF-40主战坦克有许多部件通用，OF-40目前仍是阿联酋军队的现役装备。第一辆帕尔玛利亚原型车于1981年完工，次年正式投入生产。截至目前，阿根廷、利比亚和尼日利亚曾订购过该武器，数量分别为20辆、210辆和25辆（也可能是50辆）。

帕尔玛利亚（以一个意大利岛屿命名）的布局与坦克相似，驾驶员位于车体前部，炮塔在中央，发动机和传动装置在尾部。帕尔玛利亚的底盘和OF-40主战坦克底盘最大的区别是前者的装甲更薄，并且发动机是一台559千瓦（750马力）的V-8柴油发动机，而OF-40装备的是619千瓦（830马力）的V-10柴油发动机。

帕尔玛利亚的155毫米（6.1英寸）41倍径炮管安装了抽烟装置和多室炮口制退器。炮塔可360度旋转，俯仰角为-4～+70度，采用液压调炮装置，在紧急情况下也可以手动调炮。帕尔玛利亚的一个与众不同的特征是为炮塔安装了一套辅助动力系统，从而节省燃料。帕尔玛利亚同时拥有手动和半自动装填系统。使用半自动装填系统时，火炮可在30秒内连续发射3发炮弹，然后每15秒发射一发炮弹，直至23枚待发弹全部用完；另外7枚炮弹存储在车体其他位置。射击结束后，火炮会自动回位到+2度的仰角位置，并打开炮闩，火炮在动力装置的辅助下装填炮弹，手动装填发射药后，炮膛将会关闭，然后火炮就可以射击了。帕尔玛利亚所用的所有炮弹都是西梅尔公司研制的，炮弹共有5种，重量均为43.5千克（95.9磅）。标准的高爆弹、烟幕弹和照明弹射程为24700米（27010码），轻型高爆弹射程为27500米（30075码），高爆火箭增程弹射程为30000米（32810码）。然而，火箭增程弹增加的射程是以牺牲装药量为代价的，标准炮弹和轻型炮弹的装药量为11.7千克（25.8磅），而火箭增程弹仅为8千克（17.6磅）。炮塔顶部右侧的指挥官位置处安装了一挺7.62毫米（0.3英寸）机枪、炮塔两侧各可安装4个电击发烟幕弹发射器。火炮还能安装很多其他装备，包括夜视装备以及核生化（NBC）三防系统，车辆的标准装备包括一个车体逃生舱口、舱底排水泵，以及车载灭火系统。

性能诸元

帕尔玛利亚155毫米自行榴弹炮

乘员：5人

重量：46000千克（101410磅）

尺寸：总体长度（炮向前）11.47米（37英尺7.6英寸），车体长度7.4米（24英尺3.3英寸），宽度2.35米（7英尺8.5英寸），高度（不包括机枪）2.87米（9英尺5英寸）

动力平台：一台V-8柴油发动机，功率559千瓦（750马力）

性能：最大公路行驶速度60千米/时（37英里/时），最大行程400千米（250英里）

爬坡能力：60度

垂直越障高度：1米（3英尺3英寸）

跨壕宽度：3米（9英尺10英寸）

ZTS vz.77 达纳 152 毫米自行加榴炮

捷克斯洛伐克的 ZTS vz.77 达纳是第一款正式装备部队的现代化轮式自行榴弹炮（译者注：捷克斯洛伐克 1992 年解体后两个国家都具备生产达纳自行火炮的能力）。与常见的履带式榴弹炮相比，轮式自行榴弹炮有几个优势：制造简单，成本低廉，维护便捷，战略机动性更强，此外轮式装甲车的道路行驶速度比履带式车更快，此外作战行程也大得多。

1981 年开始服役的达纳基于太脱拉 T815 型 8×8 卡车底盘，这是当时越野性能非常好的卡车底盘之一。乘员舱在前部，左右侧分开的全封闭炮塔在中部，发动机舱在车尾。车体采用全装甲钢焊接外壳，可以保护乘员免受轻武器和炮弹破片的伤害。乘员一般待在前舱中，仅在作战时才进入炮塔。

发动机连接着一部手动变速箱，变速箱共有 10 个前进挡和两个后退挡，变速箱反过来将动力传递给一个双速分动器，因此整辆车共有 20 个前进挡和 4 个后退挡。前 4 个车轮具备动力辅助转向能力，车中央的一套轮胎压力调节系统使得驾驶员可以根据实际路况调整轮胎压力。

射击开始之前，3 套液压稳定器（一套位于车体尾部发动机舱下方，另外第二个和第三个车轴两侧还各有一套）下放到地面以保证基本的稳定性。炮塔可以左右旋转，总方向射界为 225 度，152 毫米（6 英寸）炮管（装有炮口制退器，但没有抽烟装置，因为炮管安装在左右两侧炮管之间）可以发射捷克斯洛伐克和俄罗斯的炮弹，火炮的俯仰角为 -4 ~ +70 度。

上图：ZTS vz.77 达纳基于特塔拉 T815 8×8 卡车底盘，其炮塔位于车辆中部，炮管安装在炮塔封闭的两个部分之间

火炮装有一套液压动力的自动装填系统，火炮手可以选择单发射击和全自动射击模式，该型车最多可携带 60 枚分装弹，但在更多情况下仅携带 40 枚。最大射速为 5 发 / 分，而 7 分钟之内可连续发射 30 发炮弹。火炮可发射两种类型的高爆弹，重量均为 43.56 千克（96 磅），标准炮弹的射程为 18700 米（20450 码），底排增程弹射程达到 20080 米（21960 码）。还有一种包含 42 枚反坦克炸弹的 EKK 子母弹。车辆装有核生化（NBC）三防系统和空调系统，炮塔右侧还装有一挺 NSV 12.7 毫米（0.5 英寸）机枪。斯洛伐克共和国制造的达纳曾出口给利比亚和波兰。

性能诸元

ZTS vz.77 达纳 152 毫米自行加榴炮

乘员：5 人

重量：29250 千克（64484 磅）

尺寸：总体长度（炮向前）11.156 米（36 英尺 7.2 英寸），宽度 3 米（9 英尺 10 英寸），高度（炮塔顶部）2.85 米（9 英尺 4.2 英寸）

动力平台：一台特塔拉 V-12 柴油发动机，功率 257 千瓦（345 马力）

性能：最大公路行驶速度 80 千米 / 时（50 英里 / 时），最大行程 740 千米（460 英里）

垂直越障高度：0.6 米（24 英寸）

跨壕宽度：2 米（6 英尺 7 英寸）

左图：截至 1994 年初，捷克和斯洛伐克都生产达娜自行火炮，其该型火炮的生产数量超过 750 辆，后来捷克的研制重点已经转向采用 155 毫米口径的 ZTS 苏珊娜轮式自行加榴炮

G6 型 155 毫米自行加榴炮

自原型车从 1981 年出现以来，丹尼尔公司研制的 155 毫米（6.1 英寸）自行加榴炮接受了一系列的改进和升级，该武器现在被称为 LIW G6（译者注：LIW 是丹尼尔公司新推出系列的型号，这款火炮依然叫 G6）。它升级涵盖了 G6 的所有系统，但基本的 6×6 车辆底盘多年来基本上没有变化。

最早的 G6 沿用了 G5 牵引式榴弹炮的 45 倍径炮管。当时可用的炮弹最大射程将近达到 40000 米（43745 码）。最新升级的版本换上了 L/52 炮管，并且发射增程炮弹，射程因此超过 53000 米（57960 码）。正在进行的工作旨在将射程提高至 70000 米（76555 码），新型炮弹融合了冲压喷气式动力装置。此外还将引进一套轨道修正系统以保证在射程极限时的精度。

在提高射程的同时，火控系统也经历了众多升级，而炮塔内部也得到改进，增加了炮塔驱动和火炮瞄准系统。此外，车上还装备了改进的通信套件和一套地面导航系统，指挥官配备了一套火炮控制系统，该系统可将指令、射击参数、通信、导航以及常规的弹道信息相关的数据呈现出来。

尽管变化很大，G6 的乘员仍然保持为 6 人，携带的炮弹数量依然是 45 枚。原始的发射药包现在换成了更容易处理的模块化装药。所用炮弹是增程全膛（ERFB）弹药，可以选择添加底部排气发动机以消除炮弹底部的阻力旋涡。高爆弹重 45.3 千克（99.9 磅），安装底部排气发动机后增加至 47.7 千克（105.2 磅）。其他可用炮弹还包括烟幕弹、照明弹、燃烧弹、宣传弹，以及雷达回波炮弹。增程的高爆弹即是增速远程弹（VLAP：Velocity-enhanced Long-Range Artillery Projectile）。由于结合了底部排气和火箭助推装置，炮弹射程超过 53000 米，但装药量仅为 8.7 千克（19.2 磅）。G6 可以在轮子上射击，放下 4 个支撑架后稳定性会大幅提升。射击过程中，炮管可以依靠动力装置自动调炮，左右两侧方向射界均为 90 度，火炮俯仰角为 -5 ~ +75 度。

火炮标准的最大射速是前 15 分钟内每分钟发射 4 发，但如果有半自动装填装置的辅助，它可以在 25 秒内发射 3 发炮弹。除了南非，阿曼和阿联酋也曾使用过 G6。

性能诸元

LIW G6 型 155 毫米自行加榴炮

乘员：6 人

重量：47000 千克（103616 磅）

尺寸：总体长度（炮向前）10.34 米（33 英尺 11 英寸），车体长度 9.2 米（30 英尺 2.2 英寸），宽度 3.4 米（11 英尺 2 英寸），高度（炮塔顶部）1.9 米（6 英尺 3 英寸）

动力平台：一台气冷柴油发动机，功率 386 千瓦（518 马力）

性能：最大公路行驶速度 90 千米 / 时（56 英里 / 时），最大行程 700 千米（435 英里）

涉水深度：1 米（3 英尺 3 英寸）

垂直越障高度：0.5 米（20 英寸）

跨壕宽度：1 米（3 英尺 3 英寸）

上图：G6 兼具性能优良和成本低廉两个优势。南非购买了 43 辆 G6，阿曼和阿联酋分别购买了 24 辆和 78 辆

下图：G6 最引人注目的性能是超大的射程，无论是原始的 L/45 炮管，还是新的 L/52 炮管都具有射程上的优势

GCT 系列 155 毫米自行榴弹炮

20 世纪 60 年代后期，为了替换 Mk F3 155 毫米（6.1 英寸）和 Mk 61 105 毫米（4.13 英寸）自行榴弹炮，法国军队研制了一款新型自行火炮，即 GCT（Grande Cadence de Tir：高射速）型自行榴弹炮（简称 GCT），该火炮基于略作改进的 AMX-30 主战坦克底盘。第一辆原型车于 1972 年完工，第一批预生产的 10 辆经过试验之后，于 1977 年正式投产。由于各种原因，沙特阿拉伯成为第一个装备 GCT 的国家，并且最终订购了 63 辆，外加整套火控系统。法国陆军将 GCT 定型为 155 AUF1，共装备 273 辆，装备多个炮兵团（每个团 4 个 5 车制炮连）。后来，伊拉克和科威特又分别订购了 86 辆和 18 辆。GCT 由法国地面武器工业集团（GIAT）生产。

全焊接炮塔中安装有一门 155 毫米 40 倍径火炮，装有多室炮口制退器，并且采用立楔炮闩。火炮俯仰角为 -4～+66 度，方向射界为 360 度。火炮方向和俯仰都依靠液压动力装置调节，在紧急情况下也可以手动调炮。GCT 最大的特征是配有全自动装填系统，火炮携带 42 枚炮弹，炮塔尾舱内还装有同样数量的发射药筒。弹药的种类取决于战术需要，但一般为 36 枚高爆弹（6 个弹架，每个 6 枚）和 6 个烟幕弹（一个弹架）。

炮弹重装

向弹药架上补充炮弹通过炮塔尾部上的两个舱门完成。乘员可在 15 分钟之内完成弹药的补充。自动装填系统使得火炮的最大射速达到 8 发 / 分，瞄准手可以选择单发射击模式或 6 发连射模式，其中 6 发炮弹连续射击仅需 45 秒。GCT 还可以发射高爆弹（4 种类型，其中底部排气型射程可达 29000 米 /31715 码）、照明弹、烟幕弹和子母弹。炮塔顶部装有一挺 7.62 毫米（0.3 英寸）或 12.7 毫米（0.5 英寸）机枪。

后来，155AUF1T 经历了众多改进，法国的 174 辆 155AUF1T 升级成了 155AUF2，新的 52 倍径身管可将底排增程弹发射到 40000 米（43745 码）的距离处，升级版本还换用了麦克 E9 柴油发动机。新型炮塔也可以用于其他 40 吨级主战坦克的底盘。

性能诸元

GCT 系列 155 毫米自行榴弹炮

乘员：4 人

尺寸：总体长度（炮向前）10.25 米（33 英尺 7.5 英寸），宽度 3.15 米（10 英尺 4 英寸），高度 3.25 米（10 英尺 8 英寸）

动力平台：一台伊斯帕诺—西扎 HS 110 水冷 V-12 多燃料发动机，功率 537 千瓦（720 马力）

性能：最大公路行驶速度 60 千米 / 时（37 英里 / 时），最大行程 450 千米（280 英里）

爬坡能力：60 度

垂直越障高度：0.93 米（37 英寸）

跨壕宽度：1.9 米（6 英尺 3 英寸）

上图：GCT 的装备包括夜视仪和通风装备，而备选装备则包括核生化（NBC）三防系统和炮口初速测量仪

下图：虽然作为法国陆军在役的 Mk F3 和 Mk 61 自行火炮的替代者，GCT 的首个使用者却是沙特阿拉伯，此后伊拉克和科威特也使用过 GCT 自行榴弹炮。全自动装填系统使得 GCT 系列 155 毫米的最大射速高达 8 发 / 分

“猛击者”155 毫米自行榴弹炮

“猛击者”（Slammer）155 毫米（6.1 英寸）自行榴弹炮是应以色列国防军陆军的要求而设计的，首次于 1990 年面世，虽然第一批两辆原型车在 1983 年中就完成试制，然而“猛击者”（现在称为 Sholef）没有获得订单，不过该炮已经为可能的出口市场做好了生产准备。

为了简化以色列国防军的后勤，“猛击者”的 155 毫米炮塔安装在一款基于“梅卡瓦”主战坦克改造的底盘上。360 度方向射界的焊接钢装甲炮塔以及其上的 52 倍径 155 毫米榴弹炮是由以色列索尔塔姆公司设计和制造的。榴弹炮的俯仰角为 -3 ~ +75 度，发射增程 155 毫米炮弹时最大射程超过 40000 米（43745 码）。榴弹炮还装备了一套计算机控制的装填控制系统（LCS），共有 9 发待发弹，可在 1 分钟之内全部发射出去。该炮也可以在 10 秒之内完成 3 发急速射。LCS 还可以选择和设定炮弹引信，并且插入发射药火帽。使用 LCS 时，炮塔中只需 2 名弹药搬运员，指挥官通过一个控制面板监测和控制全过程。最后一名乘员是驾驶员。车辆具有全套核生化防护措施，以及标准的夜视装备。

在执行机动射击任务时，“猛击者”携带 60 枚炮弹及其发射药，所有弹药均由 LCS 装填。另外 15 枚炮弹装载于车内各个角落。对于更多的静态射击任务而言，弹药可以从供弹车上装填进来，炮弹通过一个起重机送进炮塔。紧急情况下，LCS 可以更换为手动操作，但射速会有所下降。包括 LCS 和火炮在内的整套系统都可以安装到现有的自行火炮底盘上，M109 就是有可能接受这种改造的车辆之一。根据实际情况，火炮上还可以安装自动火控系统和导航系统。

改进的炮管

“猛击者”的 155 毫米火炮是一款牵引式火炮——TIG 2000 的修改版本。同样的火炮也计划安装在 ATMOS 2000 上，该武器以改装的太脱拉 6×6 卡车底盘为基础。行军状态下，火炮被牢牢固定在行军固定器上。炮管装有双室炮口制退器和抽烟装置。

虽然基于梅卡瓦主战坦克，“猛击者”的底盘还是有一些自己的特色，但共同点是同样的柴油发动机以及全自动传动装置。虽然比梅卡瓦主战坦克轻一些（后者的准确重量没有公布），“猛击者”的最大行程大约为 400 千米（248 英里），速度达到 46 千米 / 时（28.5 英里 / 时）。有人预测，所有新生产的“猛击者”都将采用最新的梅卡瓦主战坦克的底盘，从而具有更高的全方位自动化水平和作战性能。

性能诸元

“猛击者”155 毫米自行榴弹炮

乘员：4 人

重量：没有公布

尺寸：总体长度（炮向前）11 米（36 英尺 1 英寸），宽度 3.7 米（12 英尺 1.7 英寸），高度 3.4 米（11 英尺 2 英寸）

动力平台：一台通用动力 AVDS-1790-6A 液体冷却 V-12 柴油发动机，功率 671 千瓦（900 马力）

性能：最大公路行驶速度 46 千米 / 时（28.5 英里 / 时），最大行程 400 千米（248 英里）

涉水深度：1.3 米（4 英尺 3 英寸）

爬坡能力：没有公布

垂直越障高度：没有公布

跨壕宽度：没有公布

下图：“猛击者”拥有众多先进的特征，其威力巨大的火炮射程极具优势，但它没有获得订单

75 式 155 毫米自行榴弹炮

日本陆上自卫队在 20 世纪 50 年代成立时，其所有火炮都是美国提供的牵引式火炮。随着 20 世纪 60 年代机械化趋势的发展，美国还提供了 30 门 M52 105 毫米（4.13 英寸）和 10 门 M44 155 毫米（6.1 英寸）自行榴弹炮。到了 20 世纪 60 年代后期，日本开始研制国产 105 毫米和 155 毫米自行榴弹炮，前者最终被定型为 74 式，后者则为 75 式。74 式一共仅生产了 20 门，因为日本决定集中力量生产更有效的 75 式 155 毫米自行榴弹炮。生产一直持续到 20 世纪 80 年代后期，总产量为 201 门：三菱重工负责车体的生产和最终的组装，日本精工负责火炮和炮塔的制造。

M109的相似性

75 式在很多方面与美国陆军和很多其他部队所用的 M109 相似，发动机和传动装置在前部，全封闭的炮塔在尾部。6 名乘员包括炮塔中的炮长、瞄准手、2 名装填手和无线电操作员，以及位于车体前部的驾驶员。车体和炮塔是全焊接铝合金结构的，其厚度可以保护乘员免受轻武器和炮弹破片的伤害。悬挂装置是扭杆式的，每侧各包含 6 个负重轮，其中最后一个充当诱导轮，主动轮在前，没有托带轮。

30 倍径身管的 155 毫米火炮配备有隔断螺纹炮闩和炮管抽烟装置，以及双室炮口制退器。行军时，75 式的炮管会固定在安装于车体首上的行军固定器上。火炮的俯仰角为 -5 ~ +65 度，炮塔可以旋转 360 度。火炮的俯仰和方向调炮均由液压动力装置完成，但在紧急情况下也可以手动调炮。射击前，安装在车尾的两个驻锄会放倒，以提供更稳定的射击平台。

75 式具备在 3 分钟之内发射 18 发炮弹的能力，该最大射速通过使用两个鼓形弹舱（炮塔两侧各一个，每个内装 9 枚炮弹），一条两段伸长式装弹滑轨以及一部液压推弹器实现的。射击结束后，火炮自动回复至 +6 度仰角进行下一次装填，炮闩打开，装弹滑轨抵达预定位置，然后炮弹和发射药被液压推弹机推入炮膛，炮闩关闭，推弹滑轨返回初始位置，至此火炮做好再次射击的准备。鼓式弹匣可以电动或手动旋转，也可以通过炮塔尾部的两个舱门从外界装填弹药。

在实战中，75 式可以在敌人的反炮兵火力到来前发射 12 ~ 18 枚炮弹，随后转移到下一个火力阵地。除了两个鼓形弹舱里的 18 枚炮弹，车体内部还可装载 10 枚炮弹、56 个引信，以及 28 组发射装药。车体外部、指挥官位置处还装有一挺标准的 M2HB 12.7 毫米（0.5 英寸）机枪，用作自卫和防空武器。

性能诸元

75 式 155 毫米自行榴弹炮

乘员：6 人

重量：25300 千克（55775 磅）

尺寸：总体长度(炮向前)7.79 米(25 英尺 6.7 英寸)，宽度 3.09 米（10 英尺 1.7 英寸），高度（不含机枪）2.545 米（8 英尺 4 英寸）

动力平台：一台三菱水冷 6 缸柴油发动机，功率 336 千瓦（450 马力）

性能：最大公路行驶速度 47 千米 / 时（29 英里 / 时），最大行程 300 千米（185 英里）

爬坡能力：60 度

垂直越障高度：0.7 米（27 英寸）

跨壕宽度：2.5 米（8 英尺 2 英寸）

下图：75 式 155 毫米自行榴弹炮本质上是日本参照美国 M109 自行榴弹炮而设计和生产的对应武器

M109 型 155 毫米自行榴弹炮

M109 型 155 毫米（6.1 英寸）自行榴弹炮是世界上使用最广泛的自行榴弹炮。该炮的研制可以追溯至 1952 年，当时美军发布了一项需求，要求生产一款新的自行榴弹炮以替换 M44 型 155 毫米（6.1 英寸）。当时，T195 型 110 毫米（4.33 英寸）自行榴弹炮已经设计完成了，因此新武器沿用它的车体和炮塔，但火炮改为 156 毫米（6.14 英寸）榴弹炮。1956 年又改为 155 毫米（6.1 英寸）口径以适应北约的标准，1959 年，第一辆原型车被生产出来，并被命名为 T196。原型车存在很多问题，很多方面需要重新设计以提高其可靠性。

柴油动力

与此同时，美国决定未来所有的装甲车辆都采用柴油动力装置，以此提高行程，所以 T196 安装柴油发动机后更名为 T196E1。1961 年，该型号被批准进入服役，并且正式定型为 M109 型自行榴弹炮（简称 M109）。第一辆原型车于 1962 年完工，生产单位是克利夫兰陆军坦克生产厂，该工厂后来先后被凯迪拉克汽车分部和克莱斯勒汽车公司运营。20 世纪 70 年代，M109 系列所有型号的生产均由鲍恩－麦克劳林－约克公司（现在的联合防卫公司）接管。

在美国陆军中，54% 的装甲和机械化师装备了 M109（每个师装备 3 个 M109 营，每个营下辖 3 个配备 6 门火炮的炮兵连）。除了美国陆军和美国海军陆战队，M109 还在其他 29 个国家服役，一些国家在近些年来放弃了该型火炮。M109 曾参加了中东和远东地区的军事行动。

布局

M109 的车体和炮塔是全焊接铝合金结构的。驾驶员坐在车体前部左侧，发动机舱在其右侧，炮塔位于车尾。悬挂系统为经受充分检验的扭杆式悬挂装置，每侧各有 7 个负重轮，主动轮在前，诱导轮在后，没有托带轮。火炮标准装备包括红外夜视灯和一个两栖浮渡套件，安装浮渡围帐后 M109 可以在水上依靠履带划水前进。

M109 装备一门 M126 型 155 毫米榴弹炮，俯仰角为 -5 ~ +75 度，炮塔可 360 度旋转。俯仰和方向的调节都由电动装置完成，紧急情况下也可手动调节。火炮装有大型炮管抽烟装置，大型炮口制退器和韦林螺纹炮闩。正常最大射速为 1 发 / 分，但短时间内也可以达到 3 发 / 分。火炮可以发射众多种类的炮弹，其中包括高爆弹（最大射程为 14320 米 /15660 码）、照明弹、战术核弹、烟幕弹、战术反恐炮弹、VX 或 GB 毒气炮弹。车顶指挥官舱门上安装了一挺 M2HB 12.7 毫米（0.5 英寸）机枪，备弹 500 发，用于自卫。

右图：持续的升级使得 M109 得以完全适应现代化作战行动，换装更长的炮管意味着火炮射程大幅提高

M109 能够长时间生产的一个原因是其底盘可以接受持续升级，并且能安装更长炮管的火炮，从而进一步提高射程。

以 M109 为基础的主要变型包括装备更长炮管 M185 的 M109A1，重新设计装填器并且增加了 22 枚备弹的 M109A2，两个装备核生化三防系统的型号升级版本——M110A3 和 M109A4，M109A4 的升级版本 M109A5，以及 M109A6 帕拉丁。其中帕拉丁是 21 世纪前 10 年间的生产型号（美国陆军订购了 957 辆），它融合了众多战术和可靠性方面的改进措施。

性能诸元

M109A6 型帕拉丁榴弹炮

乘员：4 人

尺寸：总体长度（炮向前）9.677 米（31 英尺 8 英寸），宽度 3.922 米（12 英尺 10.4 英寸），高度 3.62 米（11 英尺 10.5 英寸）

动力平台：一台底特律 8V-71T 液体冷却柴油发动机，功率 328 千瓦（440 马力）

性能：最大公路行驶速度 64.5 千米 / 时（40 英里 / 时），最大行程 344 千米（215 英里）

爬坡能力：60 度

垂直越障高度：0.53 米（21 英寸）

跨壕宽度：1.83 米（6 英尺）

下图：基本的 M109 自行榴弹炮安装短炮管的 M126 火炮。M109 是所有自行武器中使用最广泛的型号，它在世界范围内参与了大量作战行动，同时也经历了多次改装和升级

M110 型 203 毫米自行榴弹炮

M110 型 203 毫米（8 英寸）自行榴弹炮（简称 M110）沿用了 M107 175 毫米（6.9 英寸）自行火炮的底盘和炮座。M110 是太平洋汽车与铸造公司研制的一系列自行火炮中的一款，该系列使用通用底盘试验性地搭载了 T235 175 毫米（6.9 英寸）火炮，T236 203 毫米榴弹炮和 T245 155 毫米火炮。

M110 于 1963 年进入美国陆军野战炮兵部队服役，每个步兵师下辖一个 M110 连，每个连配备 4 辆 M110，或者是一个装甲和机械化师下辖一个 M110 营，配备 12 辆 M110。M110 的生产最初于 20 世纪 60 年代后期结束了，但到了 20 世纪 70 年代，鲍恩－麦克劳林－约克公司又重新开始生产，该公司后来与 FMC 公司合并组建了联合防务公司。除了美国陆军和美国海军陆战队，M110 还曾或者目前仍在众多国家和地区的武装力量服役，包括巴林、比利时、以色列、意大利、日本、约旦、摩洛哥、荷兰、巴基斯坦、沙特阿拉伯、韩国、西班牙、土耳其以及英国。很多国家，尤其是欧洲国家，都借助美国提供的套件对 M110 进行了升级。

M110 底盘采用全装甲钢焊接结构，驾驶员位于车体前部左侧的装甲板下面，发动机舱在其右侧，榴弹炮安装在车尾底盘顶部的炮座上。悬挂装置扭杆式的，两侧各包括 5 个大型负重轮，最后方的一个充当诱导轮；主动轮在前部，没有托带轮。M110 位于射击位置时，悬挂装置可以锁定以提供更稳定的射击平台。

M2A2 203 毫米榴弹炮是在二战之前研制的，该炮沿用了 M158 的炮座，俯仰角为 -2～+65 度，左右方向射界均为 30 度。俯仰和方向的调节都依靠液压动力装置完成，紧急情况下也可以手动调节。M2A2 没有炮口制退器，也没有抽烟装置，炮膛采用带槽螺纹后膛闭锁块。底盘后方安装有装弹吊车和推弹机，吊车将炮弹从地面上抓起，由推弹机装进炮膛。火炮可发射下列炮弹：92.53 千克（204 磅）高爆弹，最大射程为 16800 米（18375 码），包含 104 颗或 195 颗榴弹的子母弹，GB 或 VX 毒气弹，以及战术核弹。M110 仅携带两枚炮弹及其弹药，其他炮弹都装载于 M548 运输车上，该车同时还搭载炮班其他成员。M110 共有 13 名乘员，其中 5 人（炮长、驾驶员和 3 名炮手）坐在 M110 上。

M110 最主要的一个缺陷是完全没有对炮组的防护，炮组很容易受到炮弹破片、轻武器以及核生化毒气的杀伤。美军曾研制了一套防护套件，但没有实际使用过。

美国所有的 M110 都升级到了 M110A1 或 M110A2。M110A1 装备更长炮管的 M201 火炮，发射 M106 高爆弹时最大射程为 22860 米（25000 码），或者发射 M650 火箭增程高爆弹，最大射程为 29990 米（32800 码）；其他炮弹还包括 M404 型反步兵子母弹（ICM），其中包含 104 颗人员杀伤榴弹，M509A1 型反步兵子母弹包含 180 颗人员杀伤榴弹，此外还有 GB 或 VX 毒气弹，二元毒气炮弹，或战术核弹。

M110A2 几乎与 M110A1 完全一样，但安装了一个炮口制退器，从而使得火炮可装填 9 组 M118A1 发射药，而 M110A1 最多仅能装填 8 组，因而最大射程得以提高。

下图：图中展示的是美国陆军的一辆 M110A2。它与以前的 M110 版本有所不同，它炮管更长，并且安装了炮口制退器。美国陆军中所有 M110 系列武器都计划安装车组防护罩和核生化（NBC）三防系统，但最终没有实际安装

性能诸元

M110A2 自行榴弹炮

乘员：5 人 +8 人

重量：28350 千克（62500 磅）

尺寸：总体长度（炮向前）10.73 米（35 英尺 2.4 英寸），宽度 3.15 米（10 英尺 4 英寸），高度 3.14 米（10 英尺 3.6 英寸）

动力平台：一台底特律 8V-71T 液体冷却柴油发动机，功率 302 千瓦（405 马力）

性能：最大公路行驶速度 54.7 千米 / 时（34 英里 / 时），最大行程 523 千米（325 英里）

爬坡能力：60 度

垂直越障高度：1.016 米（40 英寸）

跨壕宽度：2.36 米（7 英尺 9 英寸）

“十字军”155毫米自行榴弹炮

上图：“十字军”采用液气悬挂系统，车辆两侧各安装6对挂胶负重轮，诱导轮在前，主动轮在后，托带轮数量不确定

上图：在射击试验中，“十字军”自行榴弹炮证明了，该炮从停车到开火射击仅需40秒，并且可以达到10～12发/分的爆发射速。动力平台最初是一台英国的珀金斯CV-12柴油发动机，但在2000年换成了M1A2艾布拉姆斯主战坦克的燃气涡轮发动机

虽然“十字军”155毫米（6.1英寸）自行榴弹炮项目已经不复存在——项目于2002年最终结束，它仍然象征着野战炮的最高发展水平。“十字军”在很多方面进行了创新，最突出的当数由两台车辆——榴弹炮和配套弹药运载补给车组成的武器系统。

榴弹炮部分是一门XM1001自行榴弹炮（SPH），另一部分是XM1002弹药补给车（RSV）。两辆车只有在补充弹药和燃料时才会连接在一起。整套武器系统都安装了计算机控制的自动化设备。例如，所有弹药和引信的选择，SPH的操作和装填都由机械化设备完成，3名乘员甚至都不参与上述过程。RSV上的3名乘员可以在数秒之内将新炮弹传送到SPH，不需要人工干涉和监测。SPH可携带48枚炮弹及配套发射药，RSV上还能再携带100枚。

液体冷却

XM297E2 155毫米榴弹炮身管长52倍径，发射适配弹药时最大射程超过40000米（43745码），发射XM982的增程炮弹射程等先进增程弹药时甚至能进一步增加至50000米（54680码）。按照设计，炮管可达到10发/分的射速，因此炮管装有液体冷却系统。火炮的展开和撤收大约仅需30秒，高速移动所需的动力来自一台霍尼韦尔/通用电气燃气涡轮发动机以及一套艾利森自动化传动装置。

研发到达炮塔和底盘的测试阶段时，优先权的变化导致该项目终止了，由于每辆战车的重量超过45吨，该武器系统的重量有些过重了。“十字军”的一些先进技术可以用在未来更轻型的武器装备上。由于没有确定接替“十字军”的新型火炮，美国陆军仍将继续使用M109A6 155毫米“帕拉丁”系统。

性能诸元

XM1001“十字军”155毫米自行榴弹炮

乘员：3人

重量：43630千克（96186磅）

尺寸：总体长度（炮向前）7.01米（23英尺），宽度3.33米（10英尺11英寸），高度2.92米（9英尺7英寸）

动力平台：一套霍尼韦尔/通用电气LV-100-5燃气涡轮发动机，功率1118千瓦（1500马力）

性能：最大公路行驶速度67千米/时（41.5英里/时）

ASTROS 2 炮兵压制火箭系统

基于为巴西武装部队设计、研制和生产各种各样的地面发射或空中发射的非制导火箭而积累的经验，巴西阿韦布拉斯航宇工业公司 (Avibras) 研制了一套更有效的炮兵压制火箭系统，并命名为 ASTROS 2。该武器的研制于 20 世纪 80 年代早期完成，第一批成品于 1983 年完工，此后公司为国内和出口市场生产了大量该武器系统，特别是为中东国家（伊拉克、卡塔尔和沙特阿拉伯），最近更多的是为亚洲国家生产（如马来西亚）。伊拉克还生产了一款被称为“萨杰尔”（Sajeel）的国产版 ASTROS 2。

ASTROS 2 由两套关键装备构成：发射车和装弹车，两者都基于同样的 6×6 越野卡车底盘，后者安装了起重机以装填弹药。两者前部的驾驶室都拥有全方位的装甲保护。此外，还有一套可选的指挥中心 / 火控系统，可以安装在 6×6 底盘或更紧凑的 4×4 底盘上。

非制导地对地火箭的发射器安装于尾部，可以安装于不同口径的火箭，口径越大，有效射程通常就更大。

射程最小的火箭是 SS-30，它由 30 个发射管组成，对外宣称的最大射程是 30 千米（18.6 英里）。下一个型号是 SS-40，包含 16 个发射管，最大射程为 35 千米（21.7 英里）。目前最大的火箭是 SS-60，其最大射程宣称可达到 60 千米（37.3 英里），包含 4 个发射管。SS-80 的研制已经完成，其最大射程可达到 90 千米（55.9 英里）。

性能诸元

ASTROS 2（SS-30 火箭）炮兵压制火箭系统

乘员：3 人

底盘：10 吨级 Tectran AV-VBA 6×6 卡车

口径：127 毫米（5 英寸）

发射管数量：32 个

火箭长度：3.9 米（12 英尺 10 英寸）

火箭重量：68 千克（149.9 磅）

最大射程：30 千米（18.6 英里）

弹头类型：高爆弹

弹头类型

为了满足不同的作战需求，火箭可搭载不同种类的弹头，其中包括针对装甲车辆顶部装甲的榴弹，还有布雷和反跑道弹药等。最近还诞生了一种射程更大的带弹翼版本，被称为 ASTROS TM（Tactical Missile：战术导弹），该系统的射程据称可达到 150 千米（93.2 英里），但至今还没有投产。

火箭由操作员坐在驾驶室中发射，可以选择单发，也可以选择多管齐射。标准的火箭是非制导的，采用固体推进剂，环绕式尾翼在导弹末端展开。

虽然最初研制时定位于地对地使用，ASTROS 2 现在也被用于海岸防御，第一个使用者就是巴西军队。该系统通常与一套车载雷达系统配套使用，由雷达引导 ASTROS 2 火箭打击海上目标。

最新消息表明，AVIBRAS 公司正在研制 ASTROS 3，它将基于更大型的 8×8 卡车，该车辆不仅可以装备和发射标准系列的 SS-30、SS-40、SS-60 和 SS-80 火箭，还能发射新一代火箭，如 SS-150。

下图：1990—1991 年的海湾战争期间，沙特阿拉伯军队的一套 ASTROS 2 系统停放在半地下射击阵地中，这场战争中，伊拉克和沙特阿拉伯都大量使用了 ASTROS 2

LARS 轻型火箭炮系统

110毫米（4.33英寸）轻型火箭炮系统（LARS）是由威格曼公司（后来的克劳斯－玛菲·威格曼公司）在20世纪60年代中期研制的，并于1969年进入联邦德国军队服役。西德军队对其的正式型号为“110 SF2 型炮兵火箭”（Artillerie Raketenwerfer 110 SF2），每个德军师下辖一个装备8套LARS的连，每个连还配备两套以4×4卡车底盘为基础的射击指挥车和一辆携带144枚火箭的弹药补给车。

升级到LARS 2标准之后，发射系统安装到了一辆7000千克（15432磅）MAN 6×6卡车底盘的尾部，系统由两排并列的18个发射管组成。尾翼稳定的固体推进火箭可在17.5秒内全部发射完毕，手动装填大约需要15分钟。最小和最大射程分别为6千米（3.7英里）和14千米（8.7英里）。火箭共可发射7种弹头，其中包括装填AT-2型伞降地雷的DM-711型布雷弹头，DM-21高爆破片弹头（近爆引信），装填8枚AT-1反坦克地雷的DM-701，DM-28训练弹头，DM-11破片弹头（触发引信），备选的还有DM-39雷达靶弹和DM-15烟幕弹弹头。

截至20世纪80年代中期，联邦德国军队中共有209套LARS 2发射器系统服役，更大射程的MLRS于80年代后期至90年代早期投入使用后，LARS 2逐渐进入后备部队。21世纪伊始，LARS 2彻底从前线部队中退出，但也可能进入其他北约国家部队中服役了。

性能诸元

LARS 2 轻型火箭炮系统

作战重量：17480千克（38537磅）

乘员：3人

底盘：/吨（15432磅）型MAN 6×6卡车

口径：110毫米（4.33英寸）

发射管数量：36个

火箭长度：2.263米（7英尺5英寸）

火箭重量：35千克（77磅）

弹头类型：高爆破片弹、子母弹、烟幕弹、演习弹、雷达制导炮弹

弹头重量：17.3千克（38磅）

上图：LARS 2系统的MAN 6×6卡车驾驶室上安装了一挺MG3 7.62毫米（0.3英寸）机枪，其方向射界为360度，俯仰角为+9～+50度。3名乘员都坐在无装甲保护的驾驶室中

左图：联邦德国陆军的轻型火箭炮系统从LARS升级到了LARS 2标准。升级的项目包括一套全新的火控系统、新型号火箭，采用MAN 6×6底盘而增加的机动性，MAN卡车是联邦德国陆军的标准越野卡车

瓦尔基里 Mk 1 多管火箭炮

瓦尔基里（Valkiri）Mk 1 127 毫米（5 英寸）的研制开始于 1977 年，当时是为了应对苏联的 BM-21 122 毫米（4.8 英寸）多管火箭筒系统以及周边非洲邻国在役的其他远程火炮武器。第一批 Mk 1 系统于 1981 年晚期进入南非陆军服役，并且被分配到炮兵团，每个连配备 8 套系统，这些火箭系统既可自己独立作战，也可与常规的火炮武器协同作战，用于进攻区域性目标，如游击队营房、部队或火炮集结地，或者保护装甲薄弱的车队。该系统由一个 24 管的发射器组成，安装在一辆 4×4 SAMIL 卡车底盘的尾部，顶部是帆布顶棚骨架以使其在转移过程中看起来就像是一辆普通的卡车。机动性强的 Valkiri 非常适合机械化跨境突袭行动，尤其是针对西南非洲人民组织（SWAPO）游击队营地和躲避在安哥拉腹地的军事力量。每套瓦尔基里 Mk 1 系统还分配了第二辆 5 吨级卡车，其上运载 48 枚火箭弹。满载的 24 枚炮弹可在 24 秒内全部发射出去，重新装填大约需要 10 分钟。固体推进剂火箭携带一枚高爆破片弹头，其中包含大约 3500 颗钢珠，杀伤范围达到 1500 平方米（16146 平方英尺）。射程从最小的 8 千米（5 英里）到最大的 22 千米（13.7 英里）变化不等，具体取决于所安装的阻力环。

上图：瓦尔基里火箭系统发射时的火光很小，这有助于躲避非洲游击部队使用苏联提供的远程火炮实施炮火反制

性能诸元

瓦尔基里 Mk 1 多管火箭炮

作战重量：6440 千克（14198 磅）
乘员：2 人
底盘：2.2 吨（4850 磅）SAMIL 20 4×4 卡车
口径：127 毫米（5 英寸）
发射管数量：24 个
火箭长度：2.68 米（8 英尺 10 英寸）
火箭重量：53 千克（117 磅）
弹头类型：高爆破片炮弹，接触式近爆引信，杀伤范围 1500 平方米（16146 平方英尺）
最大射程：22 千米（13.7 英里）

左图：瓦尔基里 Mk 1 发射器系统顶部安装了伪装的帆布顶棚骨架，目的是使其看起来像常规的南非 SAMIL 20 4×4 轻型卡车。顶篷放下时，两者几乎没有任何区别

瓦尔基里 Mk 2 127 毫米多管火箭炮

南非在 1984 年入侵安哥拉时，他们所用的是英国提供的老旧的“25 磅”野战炮和 140 毫米（5.5 英寸）中型加农炮。这些武器远远落后于安哥拉使用的，包括 D-30 122 毫米（4.8 英寸）牵引式榴弹炮和 BM-21 122 毫米多管火箭炮在内的苏制火炮。

为了应对这些威胁，南非启动了一个大规模炮兵武器发展项目，其中包括研制 G5/45 155 毫米（6.1 英寸）牵引式火炮系统和 127 毫米（5 英寸）瓦尔基里 Mk 1 多管火箭系统。后者是由索姆赫姆公司研制的，使用无装甲的梅赛德斯 - 奔驰乌尼莫克（Unimog）4×4 卡车底盘，南非军队大量使用了这种底盘。底盘尾部安装了一个 24 管发射器，用于发射 127 毫米无制导火箭弹。火箭的最小射程为 8000 米（8749 码），最大射程为 22000 米（24059 码）。

不久之后，在前线部队服役的瓦尔基里 Mk 1 系统就被大幅改进的瓦尔基里 Mk 2 多管火箭炮系统取代了，后者也被称为“短尾雕”（Bateleur）。

瓦尔基里 Mk 2 在火力上显著增强，同时具备更强的越野能力，因为它采用了 6×6 底盘。

瓦尔基里 Mk 2 安装在南非本土制造的 SAMIL 100 底盘上，底盘车辆还装有一个全装甲保护的驾驶室。驾驶室不仅可以保护乘员免受轻武器和炮弹破片的伤害，同时驾驶室下方的 V 形结构也有助于防御反坦克地雷，地雷一直是南非面临的一个难题。

安装在底盘尾部的电动发射器包含 40 个 127 毫米火箭弹发射管。火箭弹可以携带不同弹头，其中包括高爆破片弹头，可安装近炸引信以提升对暴露目标的杀伤力

火箭可以单独发射，也可以多枚齐射，完成一轮 40 发齐射需要 20 秒。部署到发射位置后，两个液压控制的千斤顶会下放固定在地面上，以提升射击稳定性。

瓦尔基里 Mk 2 所用的固体推进剂火箭最小射程为 8000 米（8860 码），最大射程为 36000 米（39370 码），此射程比南非军队在安哥拉遇到的 BM-21 型 40 管火箭发射系统的射程更远。

性能诸元

瓦尔基里 Mk 2 127 毫米多管火箭炮

乘员：3～4 人

尺寸：长度 9.3 米（30 英尺 6 英寸），宽度 2.35 米（7 英尺 8.5 英寸），高度 3.4 米（11 英尺 2 英寸）

重量：21500 千克（47399 磅）

动力平台：一台 ADE V-10 柴油发动机，功率 234.9 千瓦（315 马力）

性能：最大公路行驶速度 90 千米 / 时（56 英里 / 时），行程 800 千米（497 英里）

涉水深度：1.2 米（3 英尺 11 英寸）

爬坡能力：50 度

垂直越障高度：0.5 米（1 英尺 8 英寸）

武器载荷：40 个 127 毫米（5 英寸）火箭

上图：一套瓦尔基里 Mk 2 多管火箭炮系统正在发射一枚 127 毫米火箭。该系统取代了南非军队此前装备的瓦尔基里 Mk 1 多管火箭炮

下图：瓦尔基里 Mk 2 以带装甲驾驶室的 SAMIL 100 6×6 越野卡车为底盘

BM-21（波兰升级版）122 毫米（4.8 英寸）多管火箭系统

俄罗斯 SPLAV 国营科研生产联合体 BM-21 40 管 MRS（多管火箭系统）122 毫米（4.8 英寸）是世界上使用最广泛的多管火箭炮，目前仍在 50 多个国家的前线部队服役。很多国家曾制造或仿造过该武器，它也在非洲，中东地区和亚洲参与了大量的战斗。

虽然 BM-21 的基本设计方案出现于 20 世纪 50 年代，它至今仍是一款极其有效的系统，很多国家计划让其服役至 21 世纪。其最大的缺陷一般认为是火箭射程不足。

波兰曾经是华沙组织成员，但现在是北约成员国，曾多年使用 BM-21，也开展了一个重大升级计划以再延长 BM-21 使用寿命 20 年。BM-21（波兰升级版）的变化之处很多。40 管的发射器从原始的俄罗斯乌拉尔 -375D 系列 6×6 底盘拆下，转而安装到了一款新型的波兰本土制造的 Star 1466 6×6 卡车上，从而简化了后勤保障。该底盘拥有一个新型的 4 门驾驶室（内部可容纳 6 人），同时驾驶室可向前倾斜以方便对动力装置的日常维护。驾驶室还装备了倾斜装甲，可以保护乘员免受轻武器和炮弹破片的伤害。

提高的机动性

为了提高车辆越野能力，系统底盘安装了一套中央轮胎气压调节系统，驾驶员可根据实际地形调节轮胎压力。如在沙地上行驶时，轮胎可排出一部分气体以增加轮胎与地面的接触面积。当在公路上行驶时，轮胎压力可以增大一些。

发射器的俯仰和方向都采用电动控制，但紧急情况下也可手动调节。为了提高射击精度，火箭系统还装备了波兰新型的火控系统，该系统也适用于波兰陆军的 2S1 122 毫米自行榴弹炮，新型的 L/52 “蟹”式 155 毫米（6.1 英寸）自行火炮，以及 98 毫米（3.86 英寸）迫击炮。

标准的俄罗斯 122 毫米火箭的最大射程仅为 20 千米（12.4 英里），但法国和波兰工业界为升级的系统设计了一系列新型火箭。新一代火箭的有效射程大幅提高，因此降低了敌方火炮反击力量的威胁。基本的新一代火箭携带一枚高爆弹头，最大射程达到 41 千米（25.5 英里）。另外两种是子母弹头和反坦克布雷弹头，两者的最大射程均为 35 千米（21.75 英里）。子母弹火箭可携带 42 颗波兰本土研制的小型高爆反坦克榴弹，而另一种反坦克弹头包含 5 颗更大一些的反坦克榴弹。

性能诸元

BM-21（波兰升级版本）多管火箭系统

口径：122 毫米（4.8 英寸）

乘员：通常是 3 人

重量：14000 千克（30864 磅）

尺寸：长度 7.4 米（24 英尺 3 英寸），宽度 2.5 米（8 英尺 2 英寸），高度 3 米（9 英尺 10 英寸）

动力平台：一台 MAN 6 缸柴油发动机，功率 121 千瓦（162 马力）

性能：最大公路行驶速度 85 千米 / 时（53 英里 / 时），行程 700 千米（435 英里）

涉水深度：1.2 米（3 英尺 11 英寸）

爬坡能力：60 度

下图：波兰升级版本的 BM-21 多管火箭系统以波兰本土制造的 Star 1466 6×6 卡车底盘为基础，但同时引入了众多改进之处

LOV RAK 24/128 和 M96“台风”多管火箭炮

克罗地亚 LOV（Lako Oklopno Vozilo：轻型装甲车辆）装甲输送车是 LOV RAK 24/128 自行多管火箭发射器（简称 LOV RAK 24/128）的底盘。LOV RAK 24/128 目前仍在克罗地亚军队中服役。

克罗地亚“电鳐”公司研制了 LOV 装甲车。LOV 从 1992 年开始研制，1995 年首次与公众见面。LOV 基本的底盘是轮式“电鳐”HV 4×4 TK-130 T-7。底盘上安装一个焊接钢装甲车体。这些装甲板可为 LOV 装甲运兵车提供免疫 5.56 毫米（0.219 英寸）和 7.62 毫米（0.3 英寸）子弹的防护力。装甲板还可防御炮弹破片和人员杀伤地雷。

LOV 的驾驶员坐在车辆前方左侧，并拥有一个小型的防弹窗口。指挥官坐在驾驶员右侧。指挥官配有一个 360 度视野的潜望镜。LOV 的乘员舱位于车尾，士兵可通过车尾的两个舱门，或车辆中部两侧的舱门进出车辆，或者是车顶的 3 个舱盖。乘员舱的两侧均有射击孔。LOV 装甲运兵车不具备两栖作战能力。

LOV RAK 24/128 的配置中最重要的是多管火箭发射器，此外也可以执行辅助支援任务。多管火箭发射器炮塔可替换 LOV RAK 24/128 中的乘员舱。炮塔前面的封闭空间中可容纳瞄准手、火控装备和 24 枚备用火箭。LOV RAK 24/128 共有 24 个火箭发射管，炮塔两侧各有 12 个。炮塔可旋转 360 度，俯仰角为 -5～+45 度。

LOV RAK 24/128 装备 M91 128 毫米（5.04 英寸）火箭，射程为 8500 米（9296 码），也可发射 M93 128 毫米火箭，其射程达到 13500 米（14764 码）。火箭的发射可在车辆上完成，也可在 50 米（55 码）范围之内通过一台便携电脑控制。该距离可保证操作员不受火箭反冲气体的伤害。LOV RAK 24/128 的最大速度为 100 千米 / 时（62 英里 / 时），最大行程为 700 千米（435 英里）。

M96“台风”

M96“台风”是另一种克罗地亚多管火箭发射车，它发射 122 毫米（4.8 英寸）火箭。23500 千克（51808 磅）的系统安装在捷克生产的太脱拉 813 8×8 重型卡车底盘上，作为同类卡车中越野性能可能最先进的一款，M96“台风”具备卓越的崎岖地形机动能力。32 管火箭发射器由一台火控计算机控制，辅助设备包括一套地面导航计算机，其中包括全球定位系统（GPS）接收器。准备射击时，4 部稳定千斤顶会固定发射装置四周。整个发射装置区域包括多管火箭炮，一套待发火箭架（最多可装载 32 枚）以及相应的火控计算机。

上图：M96“台风”多管火箭发射器系统安装在太脱拉 8×8 越野卡车底盘上，发射器共有 32 个 122 毫米（4.8 英寸）火箭发射管，此外车上还有相同数量的备用火箭

下图：LOV RAK 24/128 多管火箭发射器以现有的装甲运兵车底盘为基础，其典型特征是车体中央的一套轮胎压力调节系统，以及车辆的装甲防护能力

LAROM 多管火箭炮

LAROM是由罗马尼亚巴克岛的“航星”（Aerostar）SA 公司，以色列军事工业公司（IMI），罗马尼亚国防部以及“罗技”（Romtechnica）RA 公司联合研制的一款多管火箭发射系统。“航星” SA 是发起承包商，负责 LAROM 发射器的生产和升级。

LAROM 多管火箭发射系统是在现有的轮式 APRA-40 FMC 多管火箭发射武器的基础上改进而来的，后者可发射 40 个 122 毫米（4.8 英寸）火箭。APRA-40 以罗马尼亚生产的 DAC 665 卡车为底盘。目前，罗马尼亚军队中大约有 160 套 APRA-40 系统。升级的 LAROM 多管火箭发射系统的炮班编制为 5 人。

LAROM 多管火箭发射系统在设计时即可适配不同口径。在 APRA-40 的基础上，LAROM 进行了持续的升级，如液压系统、稳定器以及火控系统。LAROM 多管火箭发射系统既可发射原始的 122 毫米火箭，也可发射 IMI 的 160 毫米（6.3 英寸）轻型火箭系列。LAROM 未来将配备 IMI 的 ACCULAR 弹道修正火箭。

LAROM升级

“航星” SA 可将所有 APRA-40 多管火箭发射系统升级到 LAROM 标准。升级主要围绕不同方面的性能。其中包括车辆底盘和火炮系统的升级，系统整体重量的降低以弥补升级的 LAROM 发射箱增加的重量，还有各种新型弹药。此外，发射器的液压系统和电子系统也都进行了现代化升级，基于战术计算机的指挥和火控系统可以自动获取和处理数据。稳定器系统也得到改进，精度有所提高。

下图：LAROM 火箭系统是以色列军事工业公司和几家罗马尼亚国防企业联合研制的产品

LAROM 装备 26 个发射管，分别位于两个战术发射箱容器中。发射器可以单发，也可自动连续发射，射击间隔在 0.5 ~ 1.8 秒内分成四挡。

LAROM 发射器可在 20 秒内发射 40 枚“冰雹”，或在 45 秒内发射 26 枚 LAR Mk 4 火箭。每发 LAR 火箭可在直径为 200 米（219 码）的范围内散布 104 颗榴弹。LAR Mk 4 射程为 45 千米（28 英里），也可发射 IMI 的多用途人员杀伤和反器材榴弹。LAR 火箭采用复合固体推进剂发动机，环绕状的稳定尾翼在火箭离开发射管后会自动展开。外表看起来与更早期的 LAR Mk 2 相似，但 Mk 4 使用了改进的推进剂，进而提高了射程。

火控

系统的火控可以在车辆内部进行，也可在 50 米（55 码）之外的掩体内通过电缆进行。LAROM 的战术计算机拥有卓越的人机交互性能，可以快速实现目标瞄准和射击准备，以及武器的控制。火控系统还融合了一套先进的火炮指挥和控制系统（ACCS）。该系统适用于克罗地亚所有的炮兵部队和使用弹药。

训练或射击精度调整期间使用的是 LAR 教练弹。这些弹药内部没有装填子弹药，但装填了烟幕弹以方便观察员确定火箭弹落点。教练弹可以用于实弹射击。训练用的火箭发射箱与实战用的重量相同，但内部仅装载 13 枚火箭。该发射箱拥有 LAROM 系统所有发射模式的模拟电子器件。所有 LAR 发射箱都是一次性用品，因而省去了维护过程。

以色列军事工业公司的火箭系统 MAR 290、LAR 160 和 LAR 350

20 世纪 60 年代中期，以色列军事工业公司（IMI）的火箭系统分部开始研制一种非制导的地对地火箭系统。研制的第一款这种武器是 290 毫米（11.41 英寸）火箭，它被命名为 MAR-290，并且安装在过时的谢尔曼中型坦克底盘上。该系统的发射架上共有 4 根发射管，最大射程可达到 25 千米（15.5 英里）。

自从 MAR-290 服役后，IMI 又研制了多种火箭炮系统，主要瞄准出口市场。其中两个最主要的型号是轻型火箭炮 160（LAR 160）和更大口径的中型火箭炮 350（MAR 350）。LAR 160 采用一体式发射储运箱，每个发射箱装填 13 或 18 枚火箭弹。这些发射箱安装在电动旋转转塔，转塔可以适配多种类型底盘。例如，阿根廷就使用了一种改进的 TAM 坦克底盘。该底盘能承载两个装填 18 枚 LAR 160 160 毫米（6.29 英寸）火箭的发射箱，或者一个 4 管 LAR 350 350 毫米（13.78 英寸）火箭发射箱。火箭弹发射后，6×6 弹药补给卡车会送来新的火箭发射箱。还有一种由卡车牵引的发射箱版本。

第一代 160 毫米火箭是 Mk 1 型，其最小射程

上图：这些以色列 LAR 160 火箭安装在改进的阿根廷 TAM 坦克底盘上。火箭可携带不同类型的弹头，发射箱在出厂时就密封包装好了，从而使其能在第一批火箭发射完后快速更换新的发射箱

下图：装有 18 枚 LAR 160 160 毫米火箭的发射箱正在吊装到一辆阿根廷军队在役的 TAM 发射器底盘上。火箭发射箱的更换需要一辆装备起重机的卡车

为 12 千米（7.5 英里），最大射程为 30 千米（18.6 英里）。最新的 Mk 4 型火箭使用新的推进剂，最小射程仍为 12 千米（7.5 英里），但最大射程提高到了 45 千米（27.9 英里）。

火箭可搭载不同类型的弹头，如高爆弹，或是包含反坦克子弹药的集束弹头，其子弹药还配有自毁引信。反坦克子弹药可以打击敌方装甲车辆薄弱的顶部装甲。

更大口径的 350 毫米火箭最小射程为 30 千米（18.6 英里），最大射程为 100 千米（62.1 英里），全部 4 枚火箭弹可在 30 秒内发射完毕。

上图：除了履带式车辆和装甲车辆，以色列的 LAR 火箭系列也可以安装在卡车和拖车底盘上。图中，一个拖车版本的 LAR 160 火箭发射器正在发射一枚 160 毫米火箭

性能诸元

基于 TAM 底盘的 LAR 160 火箭系统

乘员：3 人

重量：33700 千克（74295 磅）

动力平台：一台 MTU V-6 柴油发动机，功率 537 千瓦（720 马力）

尺寸：长度 6.75 米（22 英尺 1 英寸），宽度 3.12 米（10 英尺 2 英寸），高度 3.05 米（10 英尺）

性能：最大公路行驶速度 75 千米 / 时（46 英里 / 时），公路行程 590 千米（366 英里）

涉水深度：1.5 米（4 英尺 11 英寸）

右图：新的 18 联装 LAR 160 火箭发射箱正装载到一辆 AMX-13 系列全履带式底盘上。LAR 火箭发射器系列包括 160 毫米和 350 毫米两种口径，可以不做大幅改动就安装到多种装甲车辆上

埃及自行多管火箭炮 SAKR-18/-30 和 VAP

埃及军工企业仿制了苏联的 132 毫米（5.2 英寸）和 122 毫米（4.8 英寸）火箭弹，分别用于军队中在役的苏联 BM-13-16 和 BM-21 系统。他们还测绘仿制了 BM-21，研制出一款新型 30 联装火箭发射器，安装在日产 2.5 吨（5512 磅）五十铃 6×6 卡车底盘上，此外还在苏联的 3500 千克（7716 磅）ZIL 卡车上安装了更常见的 40 管火箭发射器。前者在外观上与朝鲜的 BM-11 火箭炮（派生自 BM-21）相似，并采用相同底盘。

除了仿制型号，这些企业还为埃及陆军设计和生产了两套全新的武器系统。它们分别是 122 毫米口径的 SAKR-18 和 122 毫米口径的 SAKR-30 多管火箭发射器。前者的射程为 18 千米（11.2 英里），它采用货车底盘，共有 21 管、30 管和 40 管 3 种型号，使用长 3.25 米（10.66 英尺）、重 67 千克（141.7 磅）的助推火箭，配备重 21 千克（46.3 磅）的子母弹弹头，其中包含 28 颗人员杀伤榴弹或 21 颗反坦克榴弹。

SAKR-30 的射程为 30 千米（18.6 英里），可发射 3 种类型的火箭，其长度从 2.5 米（8.2 英尺）

到3.16米（10.37英尺）变化不等。最长的一款重量为63千克（138磅），携带24.5千克（54磅）的弹头，其中包含5颗反坦克榴弹。中等长度的火箭长3.1米（10.17英尺），重61.5千克（135.6磅），携带23千克（50.7磅）的弹头，其中包含28颗反坦克榴弹或35颗人员杀伤榴弹。反坦克榴弹与SAKR-18中所用的相同，可以击穿80毫米（3.15英寸）装甲，而两套系统所用的人员杀伤榴弹杀伤半径均为15米（49.2英尺）。最小的火箭重量为56.5千克（124.6磅），携带基本的17.5千克（38.6磅）高爆破片弹头。BM-21和SAKR-18系统均使用了改进的轻型火箭发动机以提高射程，同时配套使用新型的复合星形药柱推进剂，而不再使用标准的苏联双基药柱推进剂，不过射程更小的火箭系统仍常用双基推进剂。

轻型火箭

为了应对步兵和反游击作战，埃及还制造了一款12枚VAP 80毫米（3.15英寸）轻型车载多管火箭发射系统。其底座安装在一辆4×4吉普式车辆的尾部，采用遥控发射。1.49米（4.92英尺）长的12千克（26.5磅）尾翼稳定火箭可以携带高爆破片弹头或照明弹头。最大射程为8千米（5英里）。

烟幕

还有一种特殊的烟幕发射系统。其共有两种形态，一种是12枚火箭的长方形框架发射器，安装在瓦利德4×4轮式装甲运兵车的尾部，另一种是箱形的四联装发射器，安装在T-62主战坦克炮塔的两侧。两者都发射80毫米（3.15英寸）口径、长1.51米（4.95英尺）的D-3000火箭，该火箭可形成一道长达15分钟的烟幕。瓦利德发射车一次性发射12个火箭可形成一道1000米（3281英尺）长的烟幕。

上图：图中展示的是一辆埃及军队中在役的安装于VAP-80轻型车辆上的80毫米（3.15英寸）火箭发射器系统，其12管的发射器已经提升到射击位置了。12千克（26.5磅）的火箭射程为8千米（5英里）

下图：埃及人将本国产的12管火箭发射器安装到了瓦利德4×4装甲运兵车的尾部，用于发射D-3000 80毫米（3.15英寸）烟幕火箭，以此掩护密集的部队和装甲进攻车辆

75 式 130 毫米多管火箭炮

为了补充已有的牵引式和自行火炮，日本陆上自卫队授予日本工业界一份联合研制合同，责成其研制一款 130 毫米（5.1 英寸）自行火箭系统。

小松公司负责生产底盘，因为它在全履带式车辆的研制方面经验丰富。非制导地对地火箭的制造交给了尼桑汽车公司的航空分部，该公司即是今天的 IHI 航空工业公司。

第一批原型车于 1973 年完工，经过大量的试验后，该炮正式被定性为 75 式多管火箭系统，该系统的总产量为 66 套。

近年来，日本陆上自卫队又装备了美国的 12 管 227 毫米（8.94 英寸）火箭发射器系统，以作为 75 式多管火箭系统的补充。负责在日本组装新系统的正是 IMI 航空工业公司。多管火箭发射系统（MLRS）的射程远远超过 75 式，同时精度也更高。75 式多管火箭发射器的底盘基于 73 式履带式装甲运兵车的底盘，二者有大量部件通用。全封闭的乘员舱位于车辆前部，其上安装了一挺 M2 12.7 毫米（0.5 英寸）机枪，主要用于自卫。

车体尾部安装了一座电动转塔，火箭发射器安装其上，发射器共包含 30 个发射管，火箭的实际直径为 131.5 毫米（5.17 英寸）。火箭采用固体推进剂发动机，最大射程为 14500 米（15857 码），该射程按照现代的标准而言还是不足的。火箭可以一次发射一枚，也可以在 12 秒之内齐射所有火箭。

该车辆装备了夜间驾驶辅助设备，但没有两栖作战能力，因为日本地上自卫队不要求两栖作战。

为了进一步提高精度，75 式 130 毫米多管火箭发射器通常与一套 75 式自力推进测风装置配套使用。后者以三菱的 73 式装甲运兵车为基础，但增加了一根桅杆以安装测风设备。

性能诸元

75 式 130 毫米多管火箭炮

乘员：3 人

重量：16500 千克（36376 磅）

动力平台：一台 537 千瓦（720 马力）的三菱 V4 水冷柴油发动机

尺寸：长度 5.78 米（18 英尺 11 英寸），宽度 2.8 米（9 英尺 1 英寸），高度 2.7 米（8 英尺 10 英寸）

性能：最大公路行驶速度 50 千米 / 时（31 英里 / 时），公路行程 300 千米（186 英里）

涉水深度：1 米（3 英尺 2 英寸）

左图：图中的 75 式多管火箭发射器已经将其 30 个火箭发射管提升到发射位置。值得注意的是，12.7 毫米（0.5 英寸）勃朗宁机枪安装在火箭发射器前方的车顶

BM-21“冰雹”多管火箭炮

作为苏联和俄罗斯多管火箭发射系统的主要研制单位，Splav 国营科研生产联合体在 20 世纪 50 年代中期设计了 BM-21“冰雹”齐射火箭系统（Reaktivaya Sistema Zalpovogo Ognya）。研发在 1958 年完成，该型火箭炮于 1963 年开始服役。当时苏军师属炮兵团下辖一个装备 BM-21 的营，和平时期每个营配备 12 门，战时增加至 18 门。该系统也装备集团军和方面军炮兵，其中每个团下辖 3 个装备 12 门 BM-21 的营（战时增加至 18 门）。

主要任务

BM-21 的主要任务是在各种行动中提供支援火力，如压制反坦克导弹、迫击炮和炮兵阵地，摧毁敌方坚固工事，消灭敌方有生力量等。

BM-21 以乌拉尔 -375D 为底盘，最新的 BM-21-1“冰雹”以 Ural-4360 6×6 卡车为底盘，40 管发射器（4 排 10 管）安装在卡车后方的两个轴上，方向射界为 180 度（左 60 度，右 120 度），仰角为 55 度（0～+55 度）。射击时，两根千斤顶会下放并固定到地面上，火箭可以单发，也可以多发齐射，火控可在车上完成，也可在 60 米（65 码）之外遥控。发射 40 枚火箭共需 20 秒，发射器的完成再装填需要 7 分钟。

每套 BM-21 包括一辆 BM-21 多管火箭发射车和一辆 9F37 补给车辆，后者携带所需数量的 M-21-OF 火箭，该火箭的厂房编号为 9M22U。基本的火箭在飞行中依靠 4 个尾翼实现旋转稳定，火箭直径为 122 毫米（4.8 英寸），长度为 3.226 米（10 英尺 7 英寸）。全弹重 77.5 千克（170.9 磅），可以携带高爆破片弹头、烟幕弹头、燃烧弹头、化学弹头，第一种和最后一种分别重 19.4 千克（42.77 磅）和 19.3 千克（42.55 磅）。火箭以最大的速度——690 米 / 秒（2264 英尺 / 秒）飞行时射程可达到 20380 米（22290 码）。其他火箭包括 66 千克（145.5 磅）的 9M22M，其长 2.87 米（9 英尺 5 英寸），携带 18.4 千克（40.56 磅）高爆破片弹头，射程为

上图：黎巴嫩北部，一场血腥的战斗过后，真主党武装的一辆 BM-21 准备转移

上图：BM-21 以 6×6 的卡车为底盘，因而具有一定的离地净高，从而非常适合欧洲和中东地区的地形

上图：由于具有良好的越野机动性和可靠性，BM-21 非常适合在阿富汗等地使用，其高弹道发射的火箭弹能够打击深谷中的敌人

上图：BM-21 的重新装载需要 7 分钟，因为 40 个火箭必须手动装进发射管中

20000 米（21875 码）；还有 48.5 千克（106.9 磅）的 9M28，其长 1.905 米（6 英尺 3 英寸），携带标准的弹头，射程为 10800 米（11810 码）。

1976 年，苏军开始装备 36 管的 BM-21“冰雹 -I”，其基于 MT-LB 履带式底盘，一些坦克和摩托化步兵团组建了装备多管火箭发射系统的连队。该系统使用一种升级的火箭，其弹头是高爆预制破片弹头或燃烧弹头。

6000 千克（13123 磅）的 BM-21“冰雹 -V”是用于伞兵部队的轻型火箭系统，其包含 12 个发射管，以 GAZ-66B 4×4 卡车为底盘。火箭可以单发，也可以齐射，再装填需要 5 分钟。BM-21-P 是单管发射器。目前 BM-21 在大约 54 个国家中服役，该武器也是不断升级的对象之一。

上图：BM-21 系统发射器的最大仰角达 +55 度，以车辆中心线为基准最大可左右分别旋转 60 度和 120 度

上图：苏联尤其喜爱多管火箭发射系统，他们也将其陆地战争武器设计的主要力量集中到了诸如 BM-21 的火箭发射系统上

下图：BM-21 是华沙组织国家标准的多管火箭发射系统。其产量超过 2000 辆，一些国家曾仿制过该火箭炮，包括克罗地亚、埃及、印度、伊朗、伊拉克、朝鲜、巴基斯坦、斯洛文尼亚和罗马尼亚

性能诸元

BM-21“冰雹”多管火箭炮

类型：40 管多管火箭系统

乘员：6 人

重量：满载时 13700 千克（30203 磅）

底盘：4000 千克（8818 磅）Ural-375D 6×6 卡车

尺寸：（行军状态）长度 7.35 米（24 英尺 1 英寸），宽度 2.69 米（8 英尺 10 英寸），高度 2.85 米（9 英尺 4 英寸）

动力平台：一台 ZIL-375 水冷 V-8 汽油发动机，功率 134 千瓦（180 马力），手动变速，包括五个前进挡和一个后退挡

性能：最大公路速度 80 千米 / 时（50 英里 / 时），最大行程 1000 千米（621 英里）

涉水深度：1.5 米（4 英尺 11 英寸）

爬坡能力：60 度

垂直越障高度：0.65 米（2 英尺 1.6 英寸）

跨壕宽度：0.875 米（2 英尺 10.4 英寸）

火箭：口径 122 毫米（4.8 英寸），长度和弹头有不同选择，其中 9M218 子母弹携带包含 45 颗反坦克榴弹

多管火箭发射系统（MRLS）

美国陆军不是多管火箭发射器概念的领先者，最早装备的两款炮兵火箭还是自空射火箭弹改进而来的。尽管如此，1976 年，美国陆军的红石兵工厂发起了一项通用型支援火箭系统的可行性研究。他们认为这种武器可以提供较高射速的低成本武器，可以有效地打击敌方的人员、轻型装备、防空系统和指挥机构。

北约标准火箭炮

最初的 5 项提议在 1979 年开始试验之前削减到了 2 项，1980 年，沃特多管火箭发射系统成为最终的胜利者。截至此时，原始的简单发射器已经发展成为先进的北约多管火箭发射系统，并于 1982 年进入美国军队服役。

多管火箭发射系统现在由洛克希德 - 马丁公司的导弹和火控分部生产。

美国陆军中部署了 850 多套，作为一个北约的项目，多管火箭发射系统还被出口到众多北约国家，其中包括丹麦、法国、德国、希腊、意大利、芬兰、挪威、土耳其和英国。其他出口国家还包括巴林、以色列、日本和韩国。

M270 多管火箭发射系统是机动性极高的自行火箭发射系统，能够发射多种火箭弹和导弹，该型火箭炮以 M2/M3 布兰德利战斗车为底盘。

履带式底盘

可左右旋转和上下俯仰的发射器安装在底盘尾部，发射器共包含 12 枚火箭，分别装于两个 6 管的发射箱中，补给车可在 10 分钟之内完成所有火箭的装填。导弹可以逐枚发射，也可以多枚齐射，数量从 2 枚到 12 枚均可。计算机化的火控系统可在每枚导弹发射完之后自动调整发射管。3 名乘员可在全装甲化的驾驶室中发射完所有 12 个火箭，总时间不超过 1 分钟。

多管火箭发射系统的弹药包括 3 种火箭，另有 6 种型号正在研制之中。该武器的所有使用者都曾装备的 M26 火箭弹研制于 20 世纪 80 年代早期。

上图：一个连队的 MLRS 同时发射会造成毁灭性打击，它可在一个目标区域内投下上万颗子弹药

左图：多管火箭发射系统的计算机化火控系统可在数秒之内完成调炮，12 枚 M26 火箭弹可在一分钟之内完成精确的齐射

上图：以 M2 布兰德利作战车辆为底盘的 M270 多管火箭发射系统可以在崎岖的地形中有效地跟上装甲和机械化部队

性能诸元

洛克希德－马丁 MRLS 多管火箭发射系统

类型：自行 227 毫米（9 英寸）多管火箭发射系统

乘员：3 人，驾驶员、火炮手和区域指挥官

尺寸：总体长度 6.9 米（22 英尺 7.7 英寸），宽度 2.9 米（9 英尺 9 英寸），高度 2.6 米（8 英尺 7 英寸）

重量：25191 千克（55535 磅）

动力平台：涡轮增压柴油机，功率 373 千瓦（500 马力）

性能：最大公路行驶速度 64 千米 / 时（40 英里 / 时），公路行程 438 千米（300 英里）

武器载体：两个 6 管 227 毫米（9 英寸）火箭发射箱

最大射速：60 秒内齐射 12 枚

再装填时间：小于 10 分钟（一个人装填）

火箭射程：常规火箭 32 千米（20 英里），增程火箭 45 千米（28 英里）

子母弹

M26 火箭弹的全弹道射程为 32 千米（20 英里），每枚火箭包含 644 颗 M77 多用途榴弹，在目标上空从载体中散投下来。其子弹药主要用于杀伤人员，同时也能打击其他软目标和轻型装甲车辆。此外还有一种反坦克子母弹，其中包含 28 颗德国制造的反坦克子弹药。

20 世纪 90 年代，早期研制的增程火箭 M26A1/A2 包含的子弹药数量减少至 518 颗，但射程增加到 45 千米（28 英里）。MRLS 还配备有射程缩短的训练弹，用于标准的美国陆军火炮靶场内的演习，其最大射程为 15 千米（9 英里），弹头中装载的是非爆炸性材料。

目前正在研制的新型火箭包括制导型 MLRS（XM30），其来源于一个 1999 年发起的国际合作项目，参与者包括美国、英国、意大利、法国和德国。GMLRS 将装备一套全球定位系统，内部的制导装置整合在火箭中，制导火箭前端的鸭式小翼有助于增加可控性。其最大射程可超过 60 千米（37 英里），精度达到米级。MSTAR 是另一个项目，它将智能巡飞弹技术融合到了下一代弹药系统之中。

洛克希德－马丁公司目前正对现有的 MLRS 系统实施两个新的升级项目。新型的 M270A1 发射器增加了一套改进型火控系统（IFCS）和改进型发射器机械系统（ILMS）。美国陆军在 2002 年开始将美国的多管火箭发射器系统升级到 M270A1。

多管火箭发射系统在 1991 年的海湾战争中首次投入使用。英美两国部队在沙漠风暴中共发射了 10000 多枚火箭和 32 枚陆军战术导弹，对没有防护措施的伊拉克军队造成毁灭性打击。在这些恐怖的袭击中存活下来的伊拉克士兵都称多管火箭发射系统打击是“钢铁之雨”。

下图：MLRS 火箭是非制导的，因此不适合攻击精确目标，其最大射程为 32 千米（20 英里）。然而，它针对分散目标极具杀伤力

陆军战术导弹系统（ATACMS）

20 世纪 80 年代，多管火箭发射系统经过改造后具备发射陆军战术导弹系统（ATACMS）的能力。ATACMS 主要为作战指挥官提供一种远程导弹，可执行对远离前线的敌纵深实施战场遮断的能力。ATACMS 导弹比 MLRS 所用的 M26 火箭弹大得多，它们装载于一个看起来与 MLRS 相似的发射箱中，主要从 MLRS 系列的发射器中发射。

战斗检验

首批 ATACMS 于 20 世纪 80 年代后期装备部队，随后在“沙漠风暴”行动中接受了实战检验，美军在行动中成功发射了 32 枚导弹。每枚 4 米长的导弹装有 950 颗 M74 人员杀伤 / 反器材子弹药，其射程超过 160 千米（99 英里）。ATACMS Block 1 导弹共计生产和部署了 1600 多枚，后来又出现了改进型 ATACMS Block 1A 导弹。

ATACMS Block 1A 导弹配备改进的制导套件，其中包含全球定位系统。它携带的 M74 子母弹数量缩减到了 300 颗，但射程增加到了 300 千米（186 英里），由于精度有所提高，其杀伤力至少保持了与更早期导弹相同的水平。ATACMS Block 1A Unitary 是相同的导弹，但携带一枚重达 227 千克（500 磅）的弹头。洛克希德 - 马丁公司的导弹和火控分部正在研制一款射程为 140 千米（87 英里）的 ATACMS Block 2 导弹，其中包含 13 颗智能反装甲子弹药（Brilliant Anti-Armor：BAT）。这款 ATACMS 导弹的关键部分包括固体燃料火箭发动机和一套 GPS/ 惯性制导系统。

诺斯罗普 - 格鲁曼公司研制的 BAT 弹药是无动力的滑翔型炮弹，利用声学和热学传感器检测目标和末端自引导，进而可以独立地追踪目标。改进的 BAT P3I 弹药可自动追踪和摧毁超远距离外的快速移动目标，进而具备纵深打击能力。ATACMS 通用型撒布器目前也在研制中，旨在让标准的 ATACMS Block 2 导弹具备装载各类子弹药的能力。

下图：ATACMS 可由标准的 M270 发射器发射，而不需要做任何改装。这一枚大型导弹可以装填在与 6 枚 227 毫米（9 英寸）火箭发射箱相同尺寸的发射箱中

性能诸元

陆军战术导弹系统（ATACMS）

长度：大约为 4 米（13 英尺）

直径：大约为 0.61 米（24 英寸）

射程：大于 160 千米（99 英里）（增程型号超过 300 千米 / 186 英里）

推进器：固体燃料火箭发动机

制导装置：ATACMS 环形激光陀螺仪（ATACMS Block 1），GPS 惯性导航（ATACMS Block 1A, 2, 2A）

作战载荷：人员杀伤 / 反器材弹头，反装甲弹头和其他类型弹头

负载：每辆 MRLS 可携带两枚导弹——两个发射箱，每个发射箱装载一枚导弹

左图：ATACMS 有效性的关键在于精准投放上千颗子母弹的能力

海马斯

海马斯是多管火箭发射系统（MRLS）系列中最新的产品，在轮式底盘上具备了多管火箭系统的火力。海马斯可装填一个6联火箭发射箱，或是一枚ATACMS陆军战术导弹，底盘是陆军的新型FMTV 5吨级卡车，相比之下，标准的M270履带式发射器则装备两个6联火箭发射箱或两枚ATACMS导弹。

海马斯最大的优势在于它可以发射所有多管火箭系统的弹药，同时也能为先头部队和轻型部队提供全面的火力支援。

标准的多管火箭系统的一个缺陷是战略机动性不足；海马斯可以空运，而重型履带式发射器仅能由空军C-5和C-17运输机运输，而这些飞机在大规模战役中经常供应不足。

由于尺寸较小，海马斯可以由常见的洛克希德-马丁公司的C-130“大力神”飞机运输，从而使得多管火箭力量到达以前不可能到达的地方。它还保留了多管火箭系统成功的自动装填功能。

上图：海马斯发射车辆基于高机动性的5吨级卡车，也有一些使用美国陆军的新型FATV或中型战术车辆

海马斯原型车在美国陆军第18空降军中服役。2000年，美国海军陆战队也加入了海马斯项目。海军陆战队评估之后决定将海马斯融合进来。首支海马斯部队于2005年具备作战能力。

下图：公开拍摄的海马斯平台发射ATACMS导弹的画面表明，轮式发射器可以发射所有MRLS兼容的弹药

RM-70 型 122 毫米火箭炮

捷克斯洛伐克的 RM-70 型火箭炮系统（简称 RM-70）从 20 世纪 70 年代初开始研制。

捷克斯洛伐克于 1985 年装备了 RM-70 的改进型号，目前还配备了一套弹药升级套件。该系统得到了斯洛伐克 ZTS 兵工厂的支持，该公司将系统生产在了要求的底盘之上。

RM-70 的主要特征是快速装填系统。所有的 40 枚 122 毫米（4.8 英寸）尾翼稳定火箭发射完之后，定向器可迅速与另一个 40 枚火箭的弹药架对齐，然后机械装置自动将火箭装进定向管中。整个装填过程所需时间不到 1 分钟，远远少于常规的手动装填方式，从而使得 RM-70 可以快速发动两次毁灭性的齐射，其间仅相隔 18 秒至 22 秒。

RM-70 安装在太脱拉 8×8 卡车上，最初底盘采用的是带有装甲化驾驶室的太脱拉 813 卡车。1985 年之后，换用改进的太脱拉 815 卡车，驾驶室可以容纳 4 名乘员，但没有保护装甲。两种卡车都可以选择安装清除障碍物的推土铲。

122 毫米火箭弹本质上与苏联 / 俄罗斯的 BM-21 “冰雹” 系统相同，射程都是 20000 米（65616 英尺）。通过升级火箭发动机，最新版本的火箭弹最大射程可达到 36000 米（118110 英尺）。弹头类型多种多样，从高爆破片弹头到预制破片增强杀伤弹，以及可装填多种反坦克地雷的火箭布雷弹。

民主德国曾使用过 RM-70、1994 年，他们将 150 套 RM-70 移交给了希腊。RM-70 还曾出口到安哥拉、厄瓜多尔、卢旺达和津巴布韦。

性能诸元

RM-70 型 122 毫米火箭炮

乘员：4 人
火箭口径：122 毫米
发射管数量：40 管
重量：系统全重 25300 千克（50705 磅）
火箭重量：66 千克（145 磅）
弹头重量：18.4 千克（40.5 磅）
最大射程：20000 米（65616 英尺）（升级后可达到 36000 米 /118110 英尺）
尺寸：长度 8.8 米（28 英尺），宽度 2.55 米（8 英尺 4.4 英寸），高度 2.96 米（9 英尺 8.5 英寸）

上图：图中的 RM-70 火箭发射器停在一定的俯仰角和方向射界位置。没有装甲化驾驶室的太脱拉卡车也可以充当其底盘

下图：尽管有保护装甲，驾驶室的轮廓还是会暴露出 RM-70 的搭载车辆——太脱拉 8×8 卡车的外形轮廓。该版本的火箭系统也可以安装推土铲

伊拉克的炮兵火箭系统

左图：图中展示的是一辆伊拉克的“蛙-7”炮兵火箭，该炮进口自遥远的俄罗斯，在“沙漠风暴”行动结束后被遗弃在此。萨达姆·侯赛因的军队装备有多种进口炮兵武器系统

在美国发动“伊拉克自由”行动之前，伊拉克武装部队装备了大量火箭炮系统，其中包括进口的系统，如获得生产许可的巴西航宇工业公司（AVIBRAS）的阿斯特洛斯（ASTROS）火箭，其中包括各种口径的火箭（Sajeel 系列），还有大量来自埃及和前苏联的 BM-21 122 毫米（4.8 英寸）“冰雹”系统。此外，还有一些系统是伊拉克国产的，其中一部分获得了外部技术支持。

有一款 12 管 107 毫米（4 英寸）轻型火箭炮，该炮是仿制北方工业公司的 63 式 107 毫米轻型火箭炮。大多数 107 毫米发射器都是牵引式的，而其他的则是安装在履带式装甲车上。按照伊拉克的说法，发射 19 千克（41.8 磅）的火箭时最大射程为 8000 米（26246 英尺）。

另一套伊拉克国产火箭炮则是可安装在不同底盘上的 30 管 122 毫米火箭炮，其源头可能是埃及的 SAKR-36 系统，发射 66 千克（145 磅）的火箭，射程为 20000 米（65616 英尺）。这款 122 毫米火箭炮也可安装在履带式装甲车辆上。

阿巴比

南斯拉夫曾利用伊拉克提供的资金合作研制了一套 262 毫米（10.3 英寸）火箭炮系统，伊拉克称之为阿巴比（Ababeel）50，南斯拉夫则称之为 M-87 奥尔坎（Orkan）。

该系统包括 12 个发射管，安装在一辆重型卡车上，火箭弹重量大约为 389 千克（850 磅），最大射程为 50000 米（164041 英尺）。伊拉克似乎少量生产了该型火箭炮，并将其投入与伊朗的战争中。

性能诸元

蛙-7 炮兵火箭

乘员：4 人
重量：25705 千克（56669 磅）
火箭重量：2300 千克（2 吨 590 磅）
弹头：高爆弹头、化学弹头、核弹头
弹头重量：550 千克（1212 磅）
最大射程：70000 米（229658 英尺）
尺寸：长度 10.7 米（35 英尺），宽度 2.8 米（9.3 英尺），高度 3.5 米（11 英尺 5 英寸）

“蛙”

另一款更少见的火箭炮系统是阿巴比 100，可能是伊拉克本土设计的。阿巴比 100 有 4 个发射管，安装在卡车上。关于它的细节外人所知甚少，伊拉克对外宣称的射程可达到 10 千米（328083 英尺）。还有一种名为莱西 90（Laith 90）的系统，它仿制了苏联“蛙-7”（Frog）550 毫米（21.6 英寸）炮兵战术，最大射程为 90 千米（295275 英尺）。其中几套系统在“沙漠风暴”行动和后来的“持久自由”行动中被摧毁了。

洛克桑公司的火箭炮系统

1988 年成立的土耳其洛克桑公司主要为土耳其武装部队生产火箭和导弹。除其他产品外，该公司也根据美国雷神公司颁发的许可证生产“毒刺”导弹的发射和飞行发动机。洛克桑公司由 MKEK 等多家子公司组成。

“冰雹”

洛克桑公司还制造了两款火箭炮系统，两者的起源都来自其他国家。107 毫米（4.2 英寸）牵引式火箭炮基于 63 式 107 毫米火箭炮，而另一种 122 毫米（4.8 英寸）车载火箭炮则是基于苏联 / 俄罗斯的 122 毫米“冰雹”火箭炮。

洛克桑 107 毫米牵引式系统由 12 个发射管组成，型号为 T-107。所有火箭齐射需要 7 ~ 9 秒的时间，每次齐射可投射大约 100 千克（220 磅）的爆炸物。火箭是尾翼稳定型的，除了高爆弹头外，也可以使用装填 2800 颗钢珠的高爆钢珠弹头，这种方式下火箭的杀伤半径约 25 米（82 英尺）。标准火箭弹的射程为 8500 米（27887 英尺），增程火箭弹（TR-107）的射程可增加到 13000 米（42650 英尺）。

洛克桑 122 毫米系统被称为 T-122，通常安装在土耳其本土生产的 MAN 6 × 6 战术卡车底盘上。

快速射击

火箭从两个安装在可旋转和俯仰的基座上的发射箱中发射，发射箱装在车辆尾部，长度为 2.03 米（6 英尺 6 英寸）。所有的 40 个火箭可在 80 秒之内完成齐射。装填火箭弹后，火箭炮系统总重为 22200 千克（48941 磅）。

钢珠

标准的 122 毫米火箭弹本质上与俄罗斯的“冰雹”系统发射的火箭弹是一样的，最大射程为 20000 米（65616 英尺）。土耳其国产火箭弹可携带包含 5500 颗钢珠的弹头，从而提高了火箭杀伤力。另一款本土研制的火箭是 TRB-122，射程为 40000 米（131233 英尺），还有 TRK-122 子母弹，其射程为 30000 米（98425 英尺），并且包含 56 颗子弹药。

性能诸元

T-107 火箭炮

火箭口径：107 毫米（4.21 英寸）
发射管数量：12 管
系统重量：620 千克（1366 磅）
火箭重量：19.5 千克（43 磅）
弹头重量：8.4 千克（18.5 磅）
最大射程：8500 米（27887 英尺）
定向器长度：880 米（34 英寸）

T-122 火箭炮

火箭口径：122 毫米（4.8 英寸）
发射管数量：2 × 20 管
系统重量：22200 千克（48941 磅）
火箭重量：66.6 千克（146.8 磅）
弹头重量：18.4 千克（40.5 磅）
最大射程：20000 米（65616 英尺）
定向管长度：3 米（9 英尺 10.1 英寸）

左图：洛克桑火箭炮系统可安装在 MAN 6 × 6 卡车底盘上，虽然这款 107 毫米（4.2 英寸）系统来源于一个外国的设计方案。图中展示的火箭炮安装在了一辆拖车上

特鲁埃尔 140 毫米多管火箭炮

西班牙军队此前大量装备了西班牙国产的 D-10（10 管）和 E-21（21 管）多管火箭炮系统，它们均安装在西班牙本土制造的 6×6 越野卡车底盘的尾部。

这些老旧的多管火箭系统后来逐渐被圣芭芭拉系统公司（已被美国的通用动力陆地系统公司收购）制造的特鲁埃尔 40 管 140 毫米（5.51 英寸）多管火箭发射器（简称特鲁埃尔）所取代。特鲁埃尔是由西班牙政府所属的火箭研究和发展委员会研制的。

特鲁埃尔以西班牙生产的毕加索 3055 6×6 越野卡车为底盘。西班牙军队大量使用这种底盘，该车用途广泛，能执行从牵引 105 毫米（4.13 英寸）和155毫米（6.1英寸）火炮到运载货物在内的任务。

特鲁埃尔前部的驾驶室装有装甲以避免 140 毫米火箭在发射时对乘员造成伤害。前部和翼侧的窗子都装有保护装甲，车辆顶部舱盖上还装有一挺 7.62 毫米（0.3 英寸）机枪，用作自卫和防空武器。

为了增加火箭发射时整个车辆的稳定性，4 个千斤顶可以通过远程遥控下放固定到地面。其中两个在前部车轴后方，另外两个在车辆最尾端。

发射器的俯仰角为 0 ~ +55 度，方向射界为 240 度，俯仰角和方向射界的调节都依靠动力装置完成。非制导火箭的最小射程为6000米（6562码），最大射程为 28000 米（30621 码）。

火箭可使用多种弹头，其中包括高爆 / 破片弹和子母弹。子母弹可以包含 42 颗人员杀伤弹，或者 28 颗更大反坦克破甲弹。后者主要用于攻击坦克和其他装甲车辆顶部较薄弱的部位，按照制造商的说法，反坦克子弹可击穿 100 毫米（3.9 英寸）的均质装甲板。此外还有专用的布雷火箭，可以携带反坦克地雷或烟幕弹。

右图：特鲁埃尔 40 管火箭发射器的尾部视角。车辆尾部的支柱可进行远程控制，用于增加火箭发射时车辆的稳定性。未来，西班牙可能会用多管火箭炮系统（MLRS）取代特鲁埃尔，前者的射程更大，可用的火箭类型也更多

再装填

火箭发射完之后，特鲁埃尔系统一般会快速转移到一个补给区域，然后重新装填新的火箭，训练有素的班组可在 5 分钟内手动装填完毕。

特鲁埃尔多管火箭系统的第一个用户是西班牙陆军，他们共接收了 14 套该系统。特鲁埃尔还被用于了国际出口市场，但迄今为止已知的出口国家只有加蓬，共计接收了 8 套。

性能诸元

特鲁埃尔 140 毫米多管火箭炮

乘员：3 人

尺寸：长度 7 米（22 英尺 11.6 英寸），宽度 2.2 米（7 英尺 2.6 英寸），高度 2.9 米（9 英尺 6 英寸）

重量：19000 千克（41887 磅）

动力平台：一台“毕加索”6 缸柴油发动机，功率 149.1 千瓦（200 马力）

性能：最大公路行驶速度 80 千米 / 时（50 英里 / 时），最大行程 550 千米（342 英里）

涉水深度：1.1 米（3 英尺 7 英寸）

爬坡能力：55 度

武器负载：40 个 140 毫米（5.51 英寸）火箭

下图：特鲁埃尔多管火箭系统部署在发射阵地。驾驶室周围的遮挡物已经放下，以避免火箭发射时对乘员造成伤害

M-87 奥尔坎 262 毫米和 M-77 奥加尼 128 毫米多管火箭炮

南斯拉夫在牵引式和自行多管火箭系统的设计、研发和制造方面积累了大量经验。

20 世纪 80 年代，南斯拉夫开始研制 12 管 M-87 262 毫米（10.31 英寸）多管火箭系统，该武器也曾被称为奥尔坎。伊拉克后来加入了该项目，伊拉克版本被称为阿巴比 50，两者在外观上几乎完全相同。

M-87 奥尔坎系统以南斯拉夫国产的 FAP 3235 8×8 重型卡车为底盘，车辆装有两门的全封闭驾驶室，整个驾驶室可以向前放倒以便于动力组的维护。发射器安装在底盘的最末端，发射器俯仰和方向调节均通过电动装置完成。火箭炮发射时，液压千斤顶会放到地面以增强射击稳定性。

固体推进剂火箭弹的最大射程达到 50000 米（54681 码）。火箭可携带多种弹头，其中包括高爆弹头和各种人员杀伤或反坦克子母弹。

有限的生产

M-87 奥尔坎系统的具体生产数量没有对外公布，但可以确定的是该武器由于 20 世纪 90 年代南斯拉夫爆发内战而没有大量生产。

20 世纪 70 年代，南斯拉夫研制了 32 管的 M-77 128 毫米（5.04 英寸）奥加尼多管火箭系统，它以南斯拉夫本土制造的 FAP 2026 系列 6×6 越野卡车为底盘。它也有一个双门的驾驶室，车辆中部可装载 32 个 128 毫米火箭，32 管火箭发射器安装在车辆尾部。

行军时，发射器及其火箭重载系统可快速盖上伪装物和一块帆布，从而使得发射车辆在外观上看起来就是一辆普通的卡车。南斯拉夫后来将这种方法也应用到了更大型的 M-87 262 毫米奥尔坎多管火箭系统。

M-77 奥加尼系统发射的 128 毫米火箭最大射程为 20600 米（22528 码），所有的火箭可在 30 秒内发射完毕，火箭的发射可在驾驶室中完成，也可远程控制。火箭携带高爆弹头或碎片炮弹弹头。满载的 32 个火箭发射完后，该系统可快速借助驾驶室正后方的发射箱进行重装。

与更大型的 M-87 262 毫米奥尔坎系统一样，M-77 128 毫米奥加尼系统的底盘中部也装有一套轮胎气压调节系统，从而使得驾驶员可根据实际地形调节轮胎的压力。

性能诸元

M-77 奥加尼 128 毫米火箭炮

乘员：5 人

尺寸：长度 8.4 米（27 英尺 6.7 英寸），宽度 2.49 米（8 英尺 2 英寸），高度 3.1 米（10 英尺 2 英寸）

重量：22400 千克（49383 磅）

动力平台：一台 190.9 千瓦（256 马力）柴油发动机

性能：最大公路行驶速度 80 千米 / 时（50 英里 / 时），行程 600 千米（373 英里）

涉水深度：0.3 米（11.8 英寸）

爬坡能力：60 度

垂直越障高度：0.5 米（1 英尺 7 英寸）

武器载荷：32 个 128 毫米（5.04 英寸）火箭

下图：M-87 262 毫米（10.31 英寸）奥尔坎多管火箭系统已做好射击准备。该系统共需 5 名人员操作，驾驶室顶部装有一挺防空机枪。注意车上覆盖柏油帆布的弓形框架

图书在版编目（CIP）数据

枪与炮：武器百科全书：全 2 册 /（英）克里斯·毕晓普（Chris Bishop）主编；石健主译. -- 杭州：浙江大学出版社，2025.6. -- ISBN 978-7-308-26113-5

Ⅰ. E92-49

中国国家版本馆CIP数据核字第 2025E78E88 号

浙江省版权局著作权合同登记图字：11-2025-001

枪与炮：武器百科全书（全2册）

［英］克里斯·毕晓普（Chris Bishop）主编　石　健　主译

责任编辑　钱济平
责任校对　陈　欣
装帧设计　西风文化
出版发行　浙江大学出版社
（杭州市天目山路 148 号　邮政编码 310007）
（网址：http://www.zjupress.com）
排　　版　西风文化工作室
印　　刷　北京文昌阁彩色印刷有限责任公司
开　　本　889 mm×1194 mm　1/16
印　　张　40
字　　数　1210 千
版 印 次　2025 年 6 月第 1 版　2025 年 6 月第 1 次印刷
书　　号　ISBN 978-7-308-26113-5
定　　价　398.00 元（全 2 册）

浙江大学出版社市场运营中心联系方式：（0571）88925591；http://zjdxcbs.tmall.com.

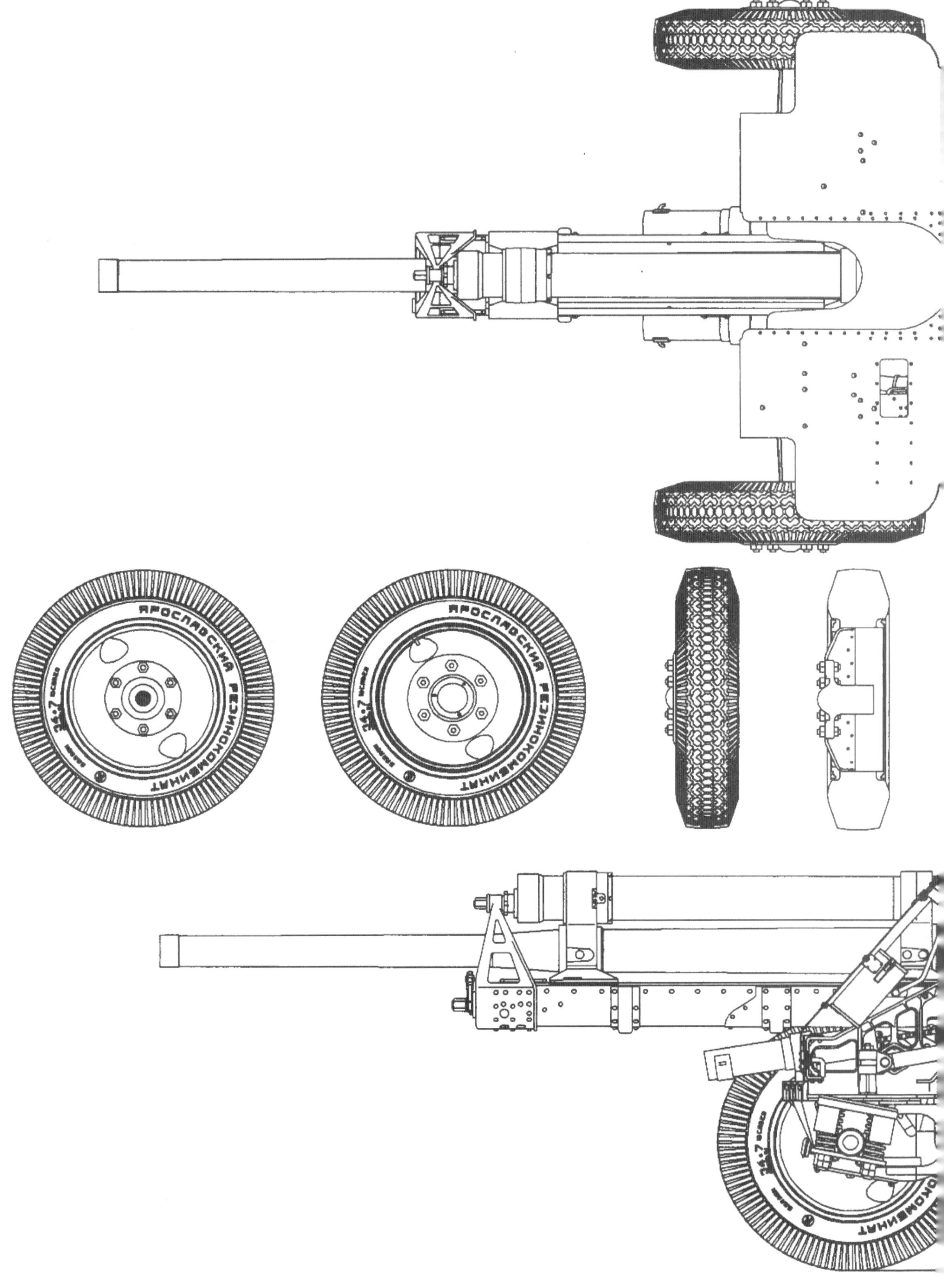
ЯРОСЛАВСКИЙ РЕЗИНОКОМБИНАТ